Walter Wunderlich, Gunter Kiener

Statik der Stabtragwerke

Teubner

B. G. Teubner Stuttgart · Leipzig · Wiesbaden

Bibliografische Information der Deutschen Bibliothek
Die Deutsche Bibliothek verzeichnet diese Publikation in der Deutschen Nationalbibliographie; detaillierte bibliografische Daten sind im Internet über <http://dnb.ddb.de> abrufbar.

Walter Wunderlich
Studium an der Technischen Hochschule Hannover mit Bauingenieurdiplom 1958. Mehrjährige Tätigkeit im Brückenbau. Promotion zum Dr.-Ing. TH Hannover, Habilitation, Wissentschaftlicher Rat und Professor an der TH Braunschweig. Gastprofessor 1971/1972 an der University of California in Berkeley. Ab 1972 ordentlicher Professor für Konstruktiven Ingenieurbau an der Ruhr-Universität Bochum. 1988 Wechsel an die Technische Universität München als Ordinarius für Statik, emeritiert 1999. Seit 1975 Prüfingenieur für Baustatik und Mitwirkung an vielen Ingenieurbauten. Wissenschaftliche Arbeiten im Bereich der Statik und Computational Mechanics mit Schwerpunkten in der Theorie und Berechnung von Tragwerken sowie der Methoden der Finiten Elemente. Über 150 Veröffentlichungen in wissenschaftlichen Journalen und Büchern.
Email: ww@statik.bauwesen.tu-muenchen.de
Internet: www.statik.bv.tu-muenchen.de

Gunter Kiener
Studium des Bauingenieurwesens an der Technischen Hochschule München. Tätigkeit in der Industrie 1970 bis 1972, danach am Lehrstuhl für Statik der TU München. Promotion 1977, Habilitation 1985, apl. Professor 1992, seit 2001 auch Mitwirkung im Masterprogramm Computational Mechanics. Veröffentlichungen und Vorträge zur linearen und nichtlinearen Berechnung von Tragwerken. Begutachtung der Standsicherheit statisch und dynamisch beanspruchter Bauwerke.
Email: kiener@statik.bauwesen.tu-muenchen.de
Internet: www.statik.bv.tu-muenchen.de

1. Auflage März 2004

Der B. G. Teubner Verlag ist ein Unternehmen von Springer Science+Business Media.
www.teubner.de

Umschlaggestaltung: Ulrike Weigel, www.CorporateDesignGroup.de

Gedruckt auf säurefreiem und chlorfrei gebleichtem Papier.

ISBN 978-3-519-05061-2 ISBN 978-3-322-80128-9 (eBook)
DOI 10.1007/ISBN 978-3-322-80128-9

Walter Wunderlich, Gunter Kiener

Statik der Stabtragwerke

Vorwort

Aus stabförmigen Tragelementen zusammengesetzte Strukturen werden in vielen Konstruktionsbereichen des Ingenieurwesens eingesetzt, vor allem im Bauwesen, aber auch in vielen anderen Gebieten wie z.B. im Automobil- und Flugzeugbau. Der Berechnung von Stabtragwerken sind zahlreiche Bücher und Tafelwerke gewidmet, von denen die meisten von der Reihenfolge her das Kraftgrößenverfahren vor dem Weggrößenverfahren (Verschiebungsgrößenverfahren, Steifigkeitsmethode) behandeln. Sie folgen damit dem historischen Entwicklungsprozess der Stabstatik, der von den vorhandenen Rechenhilfsmittteln geprägt ist.

Mit der raschen Verbreitung des Computers hat das Weggrößenverfahren immer mehr an Bedeutung gewonnen, während das Kraftgrößenverfahren zumeist nur noch für Kontrollzwecke oder aus didaktischen Gründen in der Lehre eingesetzt wird. Gleichzeitig hat sich das Prinzip der virtuellen Arbeiten als gemeinsame Basis sowohl für die Formulierung der Grundgleichungen als auch zur Systemanalyse und zur Bestimmung der Elementeigenschaften bewährt.

Mit dem vorliegenden Buch folgen die Autoren diesem grundlegenden Wandel im Einsatz der Berechnungsmethoden. Deshalb wird unter Verzicht auf spezielle Verfahren und Rechenrezepte eine übergreifende methodische Darstellung bevorzugt und besonderer Wert auf eine systematische Herleitung der Grundgleichungen und Verfahren auf der Basis des Prinzips der virtuellen Arbeiten gelegt. Dabei stehen die Formulierung mit Verschiebungsgrößen sowie das Weggrößenverfahren im Vordergrund, das bei Stabtragwerken auch als Finite-Element-Methode mit genauen oder angenäherten Elementen aufgefasst werden kann und dessen Element-System-Aufbau direkt bei anderen Strukturen wie z.B. bei Platten und Schalen anwendbar ist.

Die Darstellung wird auf die lineare Theorie beschränkt, die wir jedoch umfassend und ausführlich unter Einbeziehung der Torsionswirkungen (ohne und mit Wölbbehinderung) bei räumlich beanspruchten Stabtragwerken behandeln. Die gezeigte Vorgehensweise lässt sich generell auch auf nichtlineare Fragestellungen übertragen, auf deren Behandlung aber vom Umfang des Buches her verzichtet werden muß. Doch wird mit den besprochenen Grundlagen eine breite Basis für weitergehende Studien der nichtlinearen Berechnung von Tragwerken geschaffen.

Der vorliegende Inhalt ist zum größten Teil aus Lehrveranstaltungen der beiden Verfasser entstanden. Dies bezieht sich auf die jeweilige Bearbeitung von Vorlesungen, die der erstgenannte Autor an der Ruhr-Universität Bochum und an der Technischen Universität München gehalten hat (Kapitel 3, 4, 6 bis 8 und 15) sowie auf Lehrveranstaltungen des zweitgenannten Autors an der Technischen Universität München (Kapitel 5, 9 bis 14).

Vom Schwierigkeitsgrad her richtet sich der Stoff an Studierende des Ingenieurwesens nach dem Vorexamen, speziell im Vertiefungsstudium des konstruktiven Ingenieurbaus und verwandter Fächer im Maschinenbau sowie in den neuen Masterstudiengängen (z. B. in Computational Mechanics oder Computational Engineering). Dasselbe gilt auch für Ingenieure mit Diplomabschluss, die sich weitergehende Kenntnisse über die Grundlagen und Methoden computerorientierter Verfahren der Stabtragwerke aneignen oder das Buch als Nachschlagewerk verwenden wollen. Vorausgesetzt werden Grundkenntnisse der höheren Mathematik, der Mechanik und der elementaren Statik.

Zur Einteilung des Stoffes ist zu bemerken, dass zum einen Wert auf die folgerichtige Herleitung der vollständigen linearen Grundgleichungen der Stabtheorie aus den Beziehungen des dreidimensionalen elastischen Kontinuums gelegt wird und zum anderen die Ermittlung der Elementeigenschaften sowie die Durchführung der Tragwerksberechnung im Mittelpunkt stehen. Unter Verwendung des Elementkonzepts und auf der Basis des Prinzips der virtuellen Verschiebungen werden zunächst eben beanspruchte Stabtragwerke und danach räumlich beanspruchte Stabtragwerke im Rahmen des Weggrößenverfahrens behandelt. Schließlich wird der Inhalt des Buches durch zwei Kapitel über statisch bestimmte ebene und räumlich beanspruchte Tragwerke (Kapitel 5 und 12) sowie das Kapitel 15 mit der Behandlung des Kraftgrößenverfahrens für statisch unbestimmte Systeme ergänzt. Bei letzterem wird eine konsistente Herleitung der Methode über das Prinzip der virtuellen Kräfte betont.

München, im Dezember 2003

Walter Wunderlich
Gunter Kiener

Inhaltsverzeichnis

1 Einführung

1.1 Aufgaben der Statik

Die Statik ist Teilgebiet der Mechanik, somit wiederum Teilgebiet der Physik. Als solches untersucht sie allgemein Kräfte, Spannungen, Verzerrungen und Verschiebungen in festen Körpern, die sich in diesen unter beliebigen Einwirkungen im Zustand der Ruhe einstellen.Setzt man sie zur rechnerischen Untersuchung dieser Kräfte, Spannungen, Verzerrungen und Verschiebungen in Tragwerken ein, so wird sie zur angewandten Naturwissenschaft. Ein Tragwerk im allgemeinen Sinne des Wortes ist jede Struktur, die konzentriert oder verteilt wirkenden Lasten oder sonstigen Einwirkungen ausgesetzt wird. Beispiele sind Brücken und Türme, die tragenden Teile eines Gebäudes oder sonstigen Bauwerks, eines Automobils oder Eisenbahnwagons usw. Als technische Disziplin und integraler Bestandteil des Planungs- und Konstruktionsprozesses von Tragwerken des konstruktiven Ingenieurbaus, des Maschinenbaus und verwandter Fächer sichert sie deren bestmögliche Eignung für den vorgesehenen Gebrauch.

Die zentralen Aufgaben der Statik waren von jeher analytisch-rechnerischer Natur. Damit lassen sich vorab ihre wichtigsten Fundamente nennen. Um quantitative Untersuchungen über das Verhalten einer Tragstruktur unter gegebenen Einwirkungen anstellen zu können, ist es zunächst einmal notwendig, ihre materielle Wirklichkeit in ein Modell abzubilden, das einer solchen Analyse zugänglich ist. Dies ist nur mit Mitteln und Methoden der Mechanik und der Mathematik möglich. Darüber hinaus sind diese Modelle zahlenmäßig auszuwerten. Somit ist die Statik wesentlich von den zur Verfügung stehenden Rechenhilfsmitteln abhängig.

Dies gilt grundsätzlich auch, wenn ein bereits gebautes Tragwerk oder das materielle Modell eines geplanten Tragwerkes einem Versuch mit dem Ziel unterworfen wird, sein Verhalten unter vorgegebenen Einwirkungen zu studieren. Von Experimenten dieser Art erwarten wir in erster Linie, dass sie die Zulässigkeit der später zu erläuternden mechanischen Modellbildung bestätigen oder in Zweifel ziehen und auf diese Weise zu ihrer Verbesserung beitragen.

1.2 Zur Entwicklung der Rechenhilfsmittel und Verfahren der Statik

Innerhalb des Bauwesens sehen Bauingenieure wie Architekten ihre Ursprünge häufig im mittelalterlichen Baumeister, der sowohl für den Entwurf als auch für die Standsicherheit seiner Bauten verantwortlich war.

Seit Alters her werden Bauwerke vorwiegend nach funktionellen Gesichtspunkten geplant, nach traditionellen, künstlerischen und architektonischen Ansprüchen gestaltet und auf der Basis überlieferter, weitgehend empirisch gefundener Erfahrungsregeln errichtet. Die Gesetzmäßigkeiten der Mechanik (mit dem Sonderfall der Statik) wurden vom Baumeister oft über eine nicht näher definierte Begabung erfühlt.

Ende des 17. und Anfang des 18. Jahrhunderts kann man einen Entwicklungsschub feststellen, der durch das Eindringen und Verankern physikalisch-mathematischer Grundlagen in den bautechnischen Entwurf und die Berechnung von Tragwerken jeder Art bestimmt wird und der zur Entstehung des Bauingenieurwesens führt.

Diese Entwicklung wurde möglich, nachdem Newton und Leibniz das Differential- und Integralkalkül entwickelt hatten. Mit diesem Kalkül gelingt es, so unterschiedliche physikalische Phänomene wie die Ausbreitung von Wärme in Festkörpern, die Strömung von Grundwasser in durchlässigem Boden oder das Verhalten von elastischen Bauteilen unter Einwirkungen allgemein zu beschreiben. Dieser Vorgang führt zu einer mathematischen Darstellung, deren Ergebnis sich als System gewöhnlicher oder partieller Differentialgleichungen oder gleichwertiger integraler Formulierungen darstellt. Beispiele und Meilensteine dieser Entwicklung aus dem Bereich der linearen Stabstatik sind:

- Biegeträger: Bernoulli J. (1705), Parent A. (1708), Navier H. (1744)
- Torsion von Stäben mit Vollquerschnitt: St.Venant A. J.-C. B. (1847)
- Elastisch gebettete Träger: Winkler E. (1867)
- Torsion von Stäben mit einzelligem Hohlquerschnitt: Bredt R. (1896))
- Torsion von Stäben mit mehrzelligem Hohlquerschnitt: Lorenz H. (1911)
- Schubweiche Träger: Timoshenko S. P. (1921)
- Dünnwandige Stäbe mit Wölbkrafttorsion: Reißner H. (1926), Wagner H., Pretscher W. (1929)
- Kastenträger mit mehrzelligen Querschnitten unter Biegung: Goodey W. J. (1936), Pflüger A. (1937)
- Sandwichträger: Hoff N. J. , Mautner S. E. (1946)
- Verbundträger: Stüssi F. (1947)
- Stäbe mit veränderlichen Querschnitten: Likar O. (1964)
- Kastenträger mit Profilverzerrung: Wlassow W. Z. (1940), Dabrowski R. (1965), Steinle A. (1967)

Die hier genannten Jahreszahlen beziehen sich i. A. auf die Veröffentlichung einer korrekten und vollständigen Formulierung der jeweils maßgebenden Grundgleichungen.

Davon ausgehend war die klassische Statik der Zeit bis in die 60er Jahre des letzten Jahrhunderts durch Insellösungen für einzelne Aufgaben bzw. Tragstrukturen gekennzeichnet, deren Stellenwert und Nutzen durch die zahlenmäßige Auswertbarkeit mit den jeweils verfügbaren Rechenhilfsmitteln bestimmt war, also Rechenschieber, mechanische Rechenmaschinen usw. Diese enge Verbindung der Entwicklung der Statik (als technischer Disziplin) mit derjenigen der Rechenhilfsmittel ist von ihren Anfängen bis zur Gegenwart gültig. Das Rechenhilfsmittel unserer Zeit ist der Computer. Sein Einfluss auf die Entwicklung des Faches Statik geht dabei über seine Bedeutung als reines Werkzeug zur Durchführung elementarer Zahlenoperationen weit hinaus. Dazu lassen sich zumindest die folgenden Aussagen treffen:

1. Durch die stürmisch sich entwickelnde Leistungsfähigkeit des Computers entfällt in weiten Bereichen technischer Forschung und Anwendung die Gefahr, z. B. eine in statischer Hinsicht korrekt gestellte Aufgabe allein aus Gründen der Genauigkeit oder der Kapazität der Rechenhilfsmittel nicht bis zur zahlenmäßigen Auswertung verfolgen zu können. Dies hat zu einer außerordentlichen Verbreiterung der Möglichkeiten strukturmechanischer Modellbildung geführt, wodurch die technische Wirklichkeit von Tragstrukturen besser erfasst werden kann als mit sehr vereinfachten, aber berechenbaren Modellen. Damit einher geht das Streben, konsistente Berechnungstheorien für Stäbe, Flächentragwerke und Kontinua zu finden. Als Beispiel sei hier der Übergang von der klassischen Schalenstatik als einer Sammlung von Einzellösungen bis hin zu einer durchgehend tensoriell formulierten Theorie der Schalentragwerke genannt. Diese Vielfalt mechanischer Modellbildung wird von den Möglichkeiten praktischer Ausführung in neuen konstruktiven Formen, Bauweisen und Werkstoffen unterstützt und gefördert.

2. Aus der Forderung der Berechenbarkeit heraus wurden in der klassischen Statik vorhandene Interaktionen so weitgehend wie möglich aus der Betrachtung ausgeklammert, da ihre mathe-

matische Formulierung häufig auf nichtlineare Beziehungen führt. Klassisches Beispiel hierfür ist die bautechnische Behandlung des Biegeknickens oder des Biegedrillknickens, bei dem es heute noch zulässig ist, den Spannungs- und den Stabilitätsnachweis getrennt zu führen. Analoge Überlegungen lassen sich z. B. für die Interaktion von globalem und lokalem Stabilitätsversagen bei Stäben mit sehr dünnwandigen Querschnitten anstellen. Was für fachinterne Interaktionen gilt, besitzt im weiteren auch fächerübergreifend Gültigkeit: Die in der Wirklichkeit stets vorhandene Gleichzeitigkeit und damit auch auf der Ebene der maßgebenden Grundgleichungen gegebene Kopplung mehrerer physikalischer Vorgänge unterschiedlicher Art muss nicht mehr von vornherein an der Nichtberechenbarkeit scheitern, sondern kann in angemessener Weise im Rechenmodell berücksichtigt werden. Beispiele hierfür finden sich überall dort, wo Tragwerke unterschiedlicher Art von flüssigen oder gasförmigen Medien umgeben sind. Diese fächerübergreifende Komponente findet ihren stärksten Ausdruck in dem neuen Wissensgebiet der "Computational Mechanics".

Um das Rechenhilfsmittel Computer bestmöglich zu nutzen, ist es erforderlich, Algorithmen zu entwickeln, die auf die Arbeitsweise dieser Maschine zugeschnitten sind. Der Rechner zwingt damit seinen Nutzern - aus welchem Anwendungsgebiet sie auch kommen mögen - in gewissen Grenzen eine gemeinsame Sprache auf. Rechnerangepasste Algorithmen lassen sich zum Beispiel vorteilhaft in Matrizenschreibweise darstellen. Dies führt über verschiedene Fächer hinweg zu einer gemeinsamen numerischen Sprache. Darüber hinaus ebnet der Computer den Weg zu einheitlich formulierten Theorien ("The computer shapes the theory.") und computerorientierten Verfahren wie der Methode der Finiten Elemente.

1.3 Rechenprogramme in Forschung, Praxis und Lehre

Die derzeitige Situation in der Entwicklung und der Anwendung von Rechenprogrammen in Forschung, Lehre und Praxis ist unter anderem durch folgende Sachverhalte gekennzeichnet:

1. Forschung, Lehre und Praxis in einer ingenieurwissenschaftlichen Disziplin wie z.B. dem Bauingenieurwesen sind zu keiner Zeit deckungsgleich gewesen und dürfen es ihrer Natur nach auch nicht sein. Dennoch waren ihre Tätigkeitsfelder vor der Erfindung des Elektronenrechners stark aufeinander bezogen: Die Forschung war überwiegend bemüht, Antworten auf aktuelle Fragen der Baupraxis bzw. Tragwerksanalyse zu liefern. An den Hochschulen gelehrte Verfahren konnten weitgehend unverändert zur statischen Berechnung und Bemessung von Tragwerken angewendet werden. Mit dem Eindringen des Computers in das Bauingenieurwesen haben sich Forschung, Lehre und Praxis sehr viel eigenständiger und mit unterschiedlicher Ausrichtung entwickelt, als dies davor der Fall war.
2. Im Bereich der Forschung werden konsequent die Möglichkeiten moderner Rechner genutzt. Die entwickelten Verfahren der Tragwerksanalyse haben für lineare und für nichtlineare Probleme einen außerordentlich hohen Stand erreicht. Insbesondere die für die Tragwerksanalyse zentralen Finite-Element-Verfahren werden seit den sechziger Jahren zunehmend als eine Methodengruppe begriffen, Systeme von linearen und nichtlinearen Differentialgleichungen numerisch zu lösen. Dementsprechend werden sie nicht nur im Bauingenieurwesen, sondern in allen ingenieur- und naturwissenschaftlichen Fächern angewendet und weiterentwickelt.
3. In der Praxis des Ingenieurwesens stehen den technischen Entwurfsbüros heute außerordentlich wirkungsvolle Programmsysteme zur Verfügung, die von Software-Firmen auf der Basis neuester Forschungsergebnisse entwickelt werden. Die erforderlichen Programmeingaben können weitgehend automatisiert erstellt werden. Zur Eingabe sowie zur Kontrolle der Ergebnisse stehen Visualisierungstechniken zur Verfügung, die das Auffinden von Fehlern erleich-

tern. Dem steht als Nachteil gegenüber, dass der Anwender selbst häufig weder die mechanischen Grundlagen seines Programms noch die eingesetzten Algorithmen kennt oder versteht. Dies kann einerseits dadurch bedingt sein, dass der Programmentwickler diese Grundlagen nicht oder nicht hinreichend erläutert. Andererseits ist es ebenso möglich, dass der Anwender Grundlagen und Algorithmen nicht kennt, weil sie in seinem Studium nicht enthalten waren oder er sie sich danach nicht weiterbildend angeeignet hat.

4. Die Lehre an den Hochschulen und Fachhochschulen orientiert sich häufig noch immer an handrechnungsorientierten Methoden und Aufgabenstellungen der Vergangenheit, die schon derzeit und künftig zunehmend mit anderen Mitteln bearbeitet werden. Das mag dadurch begründet sein, dass diese bewährten Vorgehensweisen in ihren Einzelschritten häufig anschaulich deutbar sind und dem menschlichen Vorstellungsvermögen weitgehend entgegenkommen. So wurden im Rahmen der klassischen, handrechnungsorientierten Ingenieurausbildung Verfahren gelehrt und eingeübt, die exakt in der Weise in den Ingenieurbüros und Baufirmen zur Anwendung kamen. Durch die Entwicklung moderner Rechner und entsprechender Rechenprogramme ist es erforderlich, die akademische Lehre kontinuierlich anzupassen, was auch zunehmend geschieht. Ihre Inhalte und Ausrichtung sind durch die zwingende Forderung zuverlässiger Berechenbarkeit und die aktuellen Rechenhilfsmittel bestimmt.

1.4 Folgerungen für die Lehre

Aus den obigen Überlegungen folgt, dass es erforderlich ist, jungen Ingenieurstudenten Denkweisen und Verfahren zu lehren, die auf die Rechenhilfsmittel und Möglichkeiten unserer Zeit zugeschnitten und für sie ausgelegt sind. Die Rechenhilfsmittel der Gegenwart und in viel höherem Maße die der Zukunft sind aber Computer mit weiter steigender Rechen- und Speicherkapazität. Für die akademische Lehre ergibt sich aus diesem Sachverhalt unter anderem:

1. Da die Berechenbarkeit bei vielen Aufgaben der täglichen Praxis nicht mehr das maßgebende oder kein wesentliches Problem darstellt, kann heute im Gegensatz zur klassischen Lehre darauf verzichtet werden, Handrechenvermögen zu fordern und um ihrer selbst Willen zu üben.
2. Ingenieure der Zukunft sollten mit der numerischen Sprache vertraut sein, in der rechnerorientierte Algorithmen entwickelt und dargestellt werden. Für den Bereich der in dieser Arbeit behandelten Stabtragwerke ist dies heute das Matrizenkalkül.
3. Um den weiten Rahmen physikalischer Modellierbarkeit nutzen und auch fachübergreifende Aufgaben richtig verstehen zu können, ist es erforderlich, die physikalischen und methodischen Grundlagen in deutlich höherem Maße als früher zu lehren.

1.5 Gegenstand und Ziel des vorliegenden Buches

Vor dem Hintergrund der oben geschilderten Zusammenhänge lassen sich die Ziele dieses Buches kurz zusammenfassen:

1. Die mechanischen, algorithmischen und numerischen Grundlagen der Statik werden soweit dargestellt, als dies für die Modellbildung und lineare Berechnung von Stabtragwerken nach Theorie I. Ordnung sowie für das Studium ihres Tragverhaltens erforderlich ist.
2. Es werden computer-orientierte Verfahren zur Berechnung der Zustandsgrößen von ebenen und räumlichen Stabtragwerken hergeleitet und dargestellt, um damit den Leser in die Lage zu versetzen, entsprechende Aufgaben der Statik zu bearbeiten.

3. Rechenprogramme liefern - dem Wunsch des Benutzers entsprechend - umfangreiches Zahlenmaterial bis hin zur bildlichen Darstellung. Der Nutzer solcher Programme soll nach Lektüre dieses Buches das Tragverhalten und die Tragfähigkeit der so untersuchten Tragwerke sicher beurteilen können.
4. Weiter ist es Ziel dieses Buches, den Leser in die Lage zu versetzen, zeitgemäßen Programmen zugrundeliegende mechanische Modelle und Rechenverfahren und damit entsprechende Programmbeschreibungen lesen, verstehen und inhaltlich (in ihren mechanischen Grundlagen) einordnen zu können.
5. Schließlich soll der Leser in die Lage versetzt werden, weiterführende Veröffentlichungen zur linearen und nichtlinearen Berechnung von Stabtragwerken lesen und inhaltlich verarbeiten zu können.

Letztendlich weisen wir darauf hin, dass es nicht unser Ziel ist, ein umfassendes Kompendium oder Handbuch vorzulegen, das auch dem flüchtigen Leser Antwort auf detaillierte Fragen gibt. Vielmehr legen wir Wert auf eine übersichtliche und konsequente Darstellung der mechanischen und methodischen Grundlagen der Statik.

Ferner ist es für das Verständnis und die Aufarbeitung dieses Textes sicher zweckmäßig, das eine oder andere Beispiel ins Einzelne gehend auch in Zahlen durchzuarbeiten. Dies sollte man nur bei einfachen Beispielen mit Bleistift und Papier von Hand zu tun. Für das allgemeine Verständnis empfehlen wir darüberhinaus dem Leser, sich ein Programm zu erschließen, welches zumindest Prozeduren für Matrizenalgebra enthält und über Zeichenroutinen verfügt und mit dem er in der Lage ist, die in diesem Buch dargelegten Grundlagen und Methoden anzuwenden und nachzuvollziehen.

"... denn es ist ausgezeichneter Menschen unwürdig, gleich Sklaven Stunden zu verlieren mit Berechnungen." Leibniz (1646 - 1716)

1.6 Vorkenntnisse des Lesers

Vorkenntnisse des Lesers werden in folgenden Gebieten vorausgesetzt:

1. Grundzüge der Technischen Mechanik, soweit sie Stäbe betreffen und grundlegende Begriffe der Elastizitätstheorie als gemeinsame Grundlage jeglicher Strukturmechanik. Insbesondere ist es erforderlich, dass der Leser mit den Begriffen der mechanischen Verzerrungen (Dehnungen und Gleitungen) und Spannungen (Normalspannungen, Schubspannungen) sowie mit grundlegenden Begriffen zum Prinzip der virtuellen Verschiebung und der Theorie der Differentialgleichungen vertraut ist.
2. Grundzüge der Höheren Mathematik (Algebra, Differential- und Integralrechnung) in einem Umfang, der den üblichen Einführungsvorlesungen an Technischen Hochschulen und Universitäten entspricht.
3. Grundzüge der Matrizenrechnung (als Mittel der Herleitung und Darstellung von Rechenverfahren).

2 Grundzüge der Modellbildung für Stabtragwerke

2.1 Tragwerke und ihr Aufbau

Tragwerke oder Tragstrukturen im Sinne der Statik sind diejenigen Teile eines Bauwerkes, eines Fahrzeugs, eines Schiffes, einer Maschine oder anderer Strukturen, deren Aufgabe es ist, Lasten oder andere Einwirkungen aufzunehmen und in ihre Auflager oder Fundamente abzutragen. Beispiele hierfür sind Krane aus Stahl, Brücken aus Holz, Stahl oder Spannbeton, die tragenden Teile einer Autokarrosserie oder eines Flugzeugs, ein System weit gespannter Hallenbinder, ein einfacher Stahlrahmen (vgl. Bild 2.4) oder das aus Stützen und Deckenplatten bestehende Skelett eines Hochhauses aus Stahlbeton.

Tragwerke bestehen aus Bauteilen, Bauteilverbindungen und Lagern. Bauteile können aus ganz unterschiedlichen Materialien hergestellt sein und ebenso unterschiedlichen Aufbau und Aussehen besitzen. Stabtragwerke bestehen aus Stäben, Stabverbindungen oder Anschlüssen und Lagern. Beispiele für Stäbe (Stabelemente) sind: Ein gerader Träger aus Stahlbeton, eine Stütze oder ein Rundstab aus Stahl, ein verdübelter Träger aus Holz, ein ringförmiger Träger aus Aluminium oder ein Brettschichtträger mit linear veränderlichen Querschnittsabmessungen.
Im Sinne der Statik wird ein Bauteil nicht durch einen wie immer gearteten Herstellungsprozess, durch sein Aussehen oder durch Gebrauchsfunktionen bestimmt, sondern durch sein Verhalten unter vorgegebenen Einwirkungen. Dieses Tragverhalten wird durch Grundgleichungen in differentieller oder integraler Form beschrieben. In diesem Buch werden wir beides verwenden und das Prinzip der virtuellen Verschiebungen betonen. Alle weiteren Anwendungsformeln bauen auf diesen grundlegenden Beziehungen auf.

Bestehen Tragwerke aus mehr als einem Bauteil, so sind Annahmen über die Bauteilverbindungen erforderlich. Bauteilverbindungen (Anschlüsse) können sein: Schweißnähte bei Stahl- oder Aluminiumkonstruktionen, Dübel, Schrauben oder Nägel bei Tragwerken aus Holz, Klebeverbindungen bei Kunststoffstrukturen. Von monolithischen Verbindungen spricht man bei Stahl- und Spannbetonkonstruktionen, wenn durch den Herstellungsvorgang eine unmittelbar tragfähige Verbindung anzuschließender Bauteile erreicht wird.

Schließlich sind Tragwerke als Ganzes in ihrer Lage zu stützen. Beispiele hierfür sind die Elastomere- oder Rollenlager bei Brücken, massive Fundamente bei Hochbauten und Fels- oder Erdanker bei abgespannten Hallenbauten.

2.2 Bauteile als Sonderformen dreidimensionaler Körper

Bauteile sind in ihrer stofflichen Wirklichkeit stets dreidimensionale Körper, die ein nicht verschwindendes, endliches Volumen im Raum ausfüllen. Vereinfachungen im Sinne der Statik ergeben sich einerseits aus ihrer geometrischen Beschreibung, andererseits aus den Eigenschaften einwirkender Lasten und der Ausbildung der Auflager. Diese Vereinfachungen orientieren sich und folgen aus dem charakteristischen Tragverhalten dieser Bauteile. Dies soll zunächst phänomenologisch anhand des in Bild 2.1 dargestellten massiven Baukörpers aus Beton beschrieben werden. Dabei wird angenommen, dass er in den Schnitten $x = 0$ und $x = l$ unverschieblich festgehalten und auf seiner Oberfläche in einem Bereich $a \cdot a$ durch eine konstante Flächenlast $\overline{p}_z$ beansprucht ist.

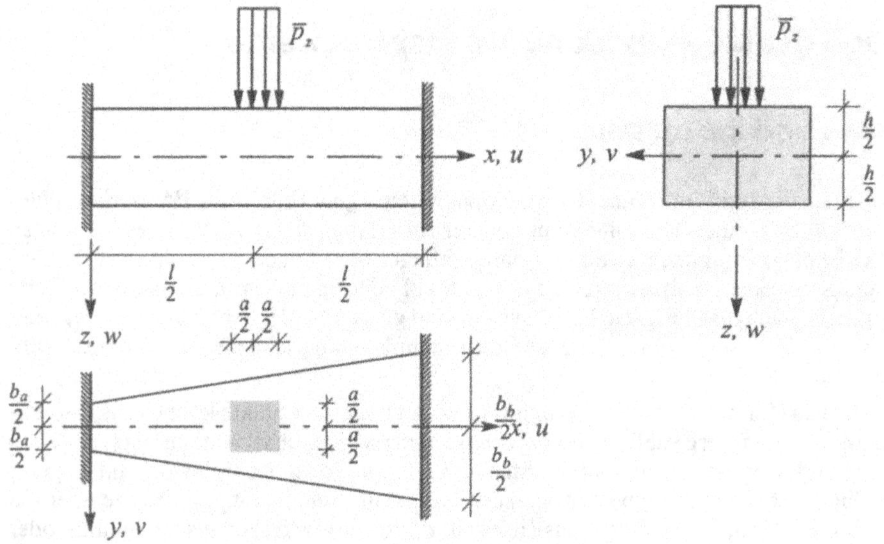

Bild 2.1 Bauteil mit in *x*-Richtung veränderlichen Abmessungen unter Blocklast

Liegen die geometrischen Abmessungen l, b_a, b_b und h dieses Bauteiles in der gleichen Größenordnung, so wird sich in diesem Körper ein Verschiebungs- und Spannungszustand einstellen, der nur durch eine räumliche Berechnung ermittelt werden kann. Dies wäre zum Beispiel gegeben für $l = 2.0\,m$, $h = 1.2\,m$, $b_a = 0.8\,m$, $b_b = 1.4\,m$ und $a = 0.6\,m$. Führen wir ein lokales x-y-z-Koordinatensystem ein, so wird das Verhalten dieses dreidimensionalen Kontinuums durch Grundgleichungen beschrieben, die in Integralform oder als Satz von i Differentialgleichungen L_i in den drei Koordinaten x, y, und z des Volumens gegeben sind:

3-D:

$$\int_z \int_y \int_x \left(F(x, y, z, \frac{\partial}{\partial x}, \frac{\partial}{\partial y}, \frac{\partial}{\partial z}, \ldots) \right) dx\, dy\, dz = 0 \quad oder \quad L_i \left(x, y, z, \frac{\partial}{\partial x}, \frac{\partial}{\partial y}, \frac{\partial}{\partial z}, \ldots \right) = 0$$

Die detaillierte Form der Grundgleichungen eines dreidimensionalen Körpers ist dem Kapitel 3.2 und der Zusammenfassung in Abschnitt 3.2.5 zu entnehmen.

Beträgt die Höhe h weniger als etwa ein Zehntel der Länge l und der kleineren Breitenabmessung b, so lassen sich sowohl die Verschiebungen als auch die Spannungen in jedem Punkt durch die lotrechten Verschiebungen $w(x,y)$ der Bauteilmittelfläche $z = 0$ beschreiben. Dieser Fläche gehören alle Punkte des Baukörpers an, die im unbelasteten Zustand in der ortsfest gedachten x-y-Ebene liegen. Ein Bauteil dieser Art wird als Platte bezeichnet. Ihr Tragverhalten wird durch Grundgleichungen L_i beschrieben, die partielle Ableitungen in zwei Flächenkoordinaten enthalten:

2-D:
$$\int_y \int_x \left(F(x, y, \frac{\partial}{\partial x}, \frac{\partial}{\partial y}, \ldots) \right) dx\, dy = 0 \quad oder \quad L_i \left(x, y, \frac{\partial}{\partial x}, \frac{\partial}{\partial y}, \ldots \right) = 0$$

Betragen auch die Abmessungen b_a, b_b und h etwa weniger als ein Zehntel der Länge l, so gelingt es, Verschiebungen und Spannungen in jedem Punkt des Baukörpers aus den Verschiebungen der Bauteillängsachse allein zu bestimmen. Der Längsachse gehören alle Punkte an, die im unbelasteten Zustand auf der ortsfest gedachten x-Achse liegen. Das Tragverhalten eines Stabes z.B. mit linear veränderlicher Breite $b = b(x)$ und konstanter Höhe h wird dann durch gewöhnliche Grundgleichungen beschrieben, die nur noch von der Koordinate x der Längsachse abhängen. Die Veränderlichkeit der Zustandsgrößen in den beiden anderen Koordinaten wird durch Annahmen über die Verteilung über den Querschnitt erfasst. Wegen der entlang der x-Achse veränderlichen Abmessung $b(x)$ ergeben sich z.B. die Querschnittsfläche als auch das Biegeträgheitsmoment als Funktion von x, was veränderliche Koeffizienten in den maßgebenden Gleichungen zur Folge hat:

1-D: $$\int_x \left(F(x, \frac{d}{dx}, ...\right) dx = 0 \qquad oder \qquad L_i\left(x, \frac{d}{dx}, ...\right) = 0$$

Für den Fall konstanter Breite b ergeben sich die Querschnittswerte als feste Größen, so dass die Koeffizienten der maßgebenden Gleichungen konstant sind, z.B. erhält man die Grundgleichungen in integraler Form als Prinzip der virtuellen Verschiebungen bzw. in differentieller Form als Differentialgleichung des Biegebalkens:

$$\int_x \left(\frac{d^2(\delta w)}{dx^2}\; EI\; \frac{d^2 w}{dx^2} - \delta w\, \overline{p}_z \right) dx = 0 \qquad oder \qquad EI\, \frac{d^4 w}{dx^4} = \overline{p}_z$$

Aus dieser Darstellung folgt, dass es möglich ist, das skizzierte Bauteil unter der gegebenen Belastung grundsätzlich als Kontinuum (3-D) zu untersuchen. Eine solche Berechnung würde sicher die genauesten Ergebnisse liefern. Der numerische Aufwand erweist sich jedoch in vielen Fällen als ungerechtfertigt hoch. Liegen bestimmte Bauteilabmessungen vor, so resultieren aus dem Übergang vom Kontinuum zum Flächentragwerk (2-D) und gegebenenfalls zum Stab (1-D) erhebliche Vereinfachungen in den Grundgleichungen und damit auch im erforderlichen Aufwand.

2.3 Bauteilverbindungen

Die Konstruktion eines Tragwerks durch Zusammenfügen von Stäben gleichen aber auch unterschiedlichen Typs erfolgt durch Anschlüsse (Verbindungen). Sie werden in Abhängigkeit vom Aufbau der anzuschließenden Bauteile in Punkten (bei Stäben), Linien (bei Flächentragwerken) oder Flächen (bei Körpern) wirkend angenommen. Bei ebenen und räumlichen Rahmen werden Punkte, in denen Stäbe verbunden werden, als Knoten bezeichnet.

Die konkrete Ausbildung einer Bauteilverbindung hängt naturgemäß von der Art der Baustoffe, der zu koppelnden Bauteile und dem der Verbindungsmittel sowie von konstruktiven Überlegungen ab. Für ebene Rahmen aus Stahl sind u. a. die in Bild 2.2 schematisch dargestellten Möglichkeiten von Anschlüssen denkbar. Im Fall a) werden eine durchlaufende Stütze und ein horizontal abgehender Riegel einschließlich der erforderlichen Aussteifungsbleche durchgehend verschweißt. Damit ergibt sich für die Berechnung des Systems im Knoten k eine biegesteife Verbindung, die sowohl Kräfte als auch Momente übertragen kann und von der angenommen wird, dass sie im Schnittpunkt der Systemlinien der zu verbindenden Stäbe liegt. Biegesteife Verbindungen werden in der Regel bei monolithisch hergestellten Stahlbetonrahmen angenommen.

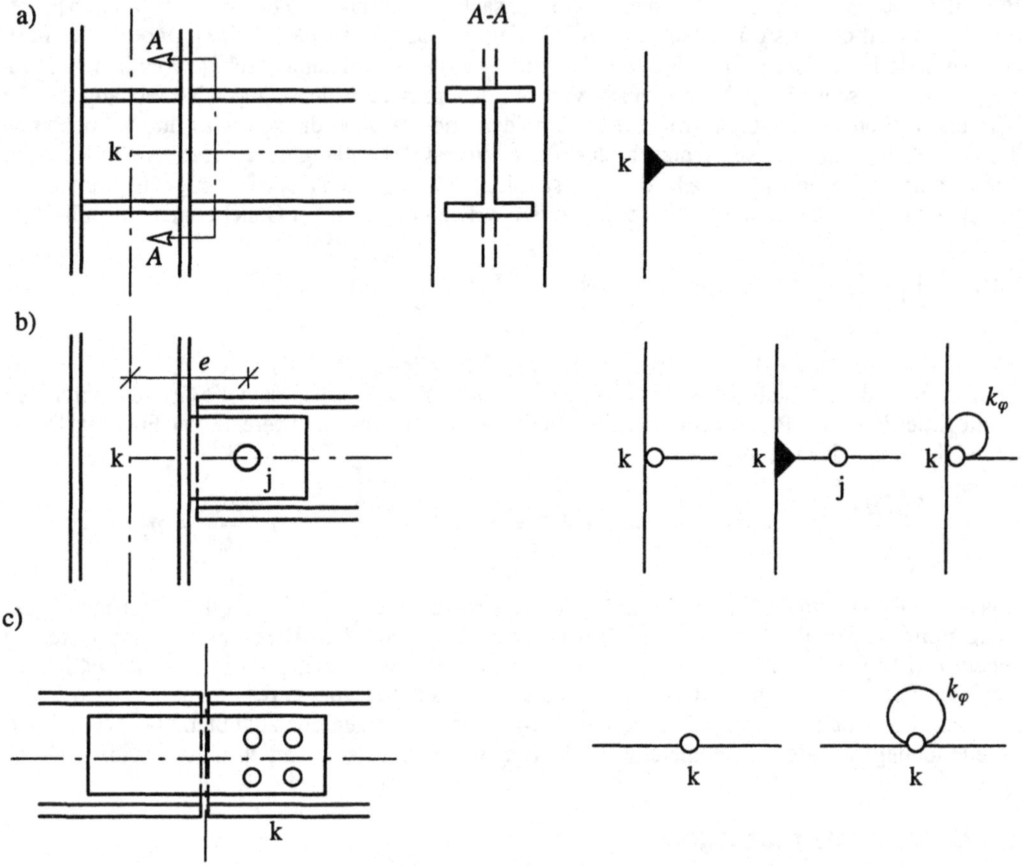

Bild 2.2 Biegesteife und gelenkige Bauteilverbindungen bei ebenen Rahmen aus Stahl: Konstruktion (schematische Darstellung) und Umsetzung ins statische System

Im Fall b) werden beidseits des Steges des rechten Trägers Stahllaschen an der Stütze angeschweißt. Der rechte Träger wird rechnerisch über einen oder, konstruktiv bedingt, über eine Gruppe von Schrauben wie gezeichnet angeschlossen. Damit entsteht ein gelenkiger Anschluss, der Kräfte, aber kein Moment übertragen kann. Das verbindende Gelenk wird in Abhängigkeit von der geforderten Genauigkeit der Berechnung entweder im Schnittpunkt der Systemlinien der zu verbindenden Bauteile im Knoten *k* oder im Mittelpunkt des Gelenkes im Knoten *j* liegend angenommen. Werden für den Anschluss zwei oder mehr Schrauben verwendet, so kann eine gewisse Drehsteifigkeit der Verbindung durch Einführen einer Drehfeder k_φ erfasst werden, deren Größe von der konstruktiven Ausbildung der Verbindung abhängig sein wird. Bolzen oder Stabdübelverbindungen des konstruktiven Holzbaus können häufig als Gelenkverbindungen angenommen werden.
Ein weiteres Beipiel für eine Verbindung von Stäben, die in ihrer Wirkungsweise zwischen einem starren und einem gelenkigen Anschluss liegt, stellen z.B. Dübelkreisverbindungen des Holzbaus dar. Auch in diesen Fällen kann der Nachgiebigkeit der Verbindung wie in Bild 2.3 dargestellt durch Ansatz einer Drehfeder Rechnung getragen werden.

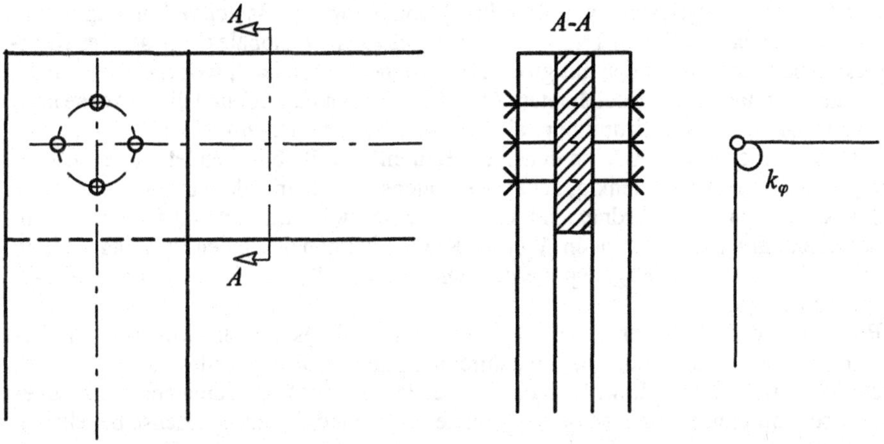

Bild 2.3 Nachgiebige Bauteilverbindungen im Holzbau:
Konstruktion und Umsetzung ins statische System (schematisch)

2.4 Koordinatensysteme

Bauteile, Anschlüsse, Lager (s. Abschnitt 2.5) und Einwirkungen (s. Abschnitt 2.6) werden zu Kommunikations- und Kontrollzwecken in einer Zeichnung, der sogenannten statischen Systemskizze, festgehalten. Bild 2.5 zeigt dieses statische System des in Bild 2.4 dargestellten ebenen Rahmens und seine Belastung.

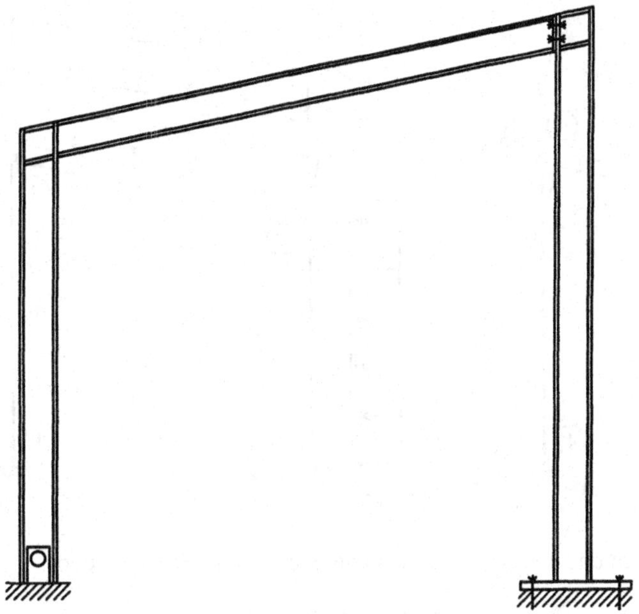

Bild 2.4 Ansicht eines Stahlrahmens (schematische Darstellung)

Zur Beschreibung der Lage und gegenseitigen Zuordnung von Bauteilen, Bauteilverbindungen, Lagern und Einwirkungen legen wir für ein Tragwerk als Ganzes stets ein globales kartesisches Koordinatensystem fest. Seine Achsen werden mit großen Buchstaben bezeichnet, wobei die X- und die Y-Achse i. A. waagerecht und zu ausgezeichneten Tragwerksachsen parallel und die Z-Achse nach unten (z.B. an einem Bauwerk zum Erdmittelpunkt weisend) angenommen werden.
Im statischen System werden alle Punkte, in denen ein Bauteil oder Stab frei endet, in denen zwei oder mehr Bauteile (Stabelemente) gelenkig, nachgiebig oder starr miteinander verbunden sind, sowie alle Punkte, in denen Lager angeordnet sind, als Knoten bezeichnet, durchnummeriert und im statischen System in einem Kreis eingetragen. Weitere Knoten können durch den Wirkungsbereich von Lasten oder verfahrensbedingt festgelegt werden. Die Lage der Knoten ist im globalen X-Y-Z-Koordinatensystem festgelegt.
Die einzelnen Bauteile bzw. Stabelemente werden durch ihren Anfangs- und den Endknoten in Bezug auf das Gesamtsystem bestimmt und ebenfalls durchnummeriert. Ergänzend wird jedem durch seine Endknoten definierten Bauteil bzw. Stab ein lokales kartesisches Koordinatensystem zugeordnet, dessen Achsen mit kleinen Buchstaben bezeichnet werden und dessen y-Achse bei ebenen Rahmen stets in Richtung der globalen Y-Achse weist und dessen x-Achse vom Anfangs- zum Endknoten zeigt (es sei denn, es wird abweichendes vereinbart). Die lokale z-Achse ergänzt die x- und die y-Achse zu einem Rechtssystem. Im Vorgriff auf Kapitel 4 sei noch erwähnt, dass die lokale z-Achse eines Querschnitts bei ebenen Rahmen definitionsgemäß Symmetrieachse ist und in der Tragwerksebene liegt.

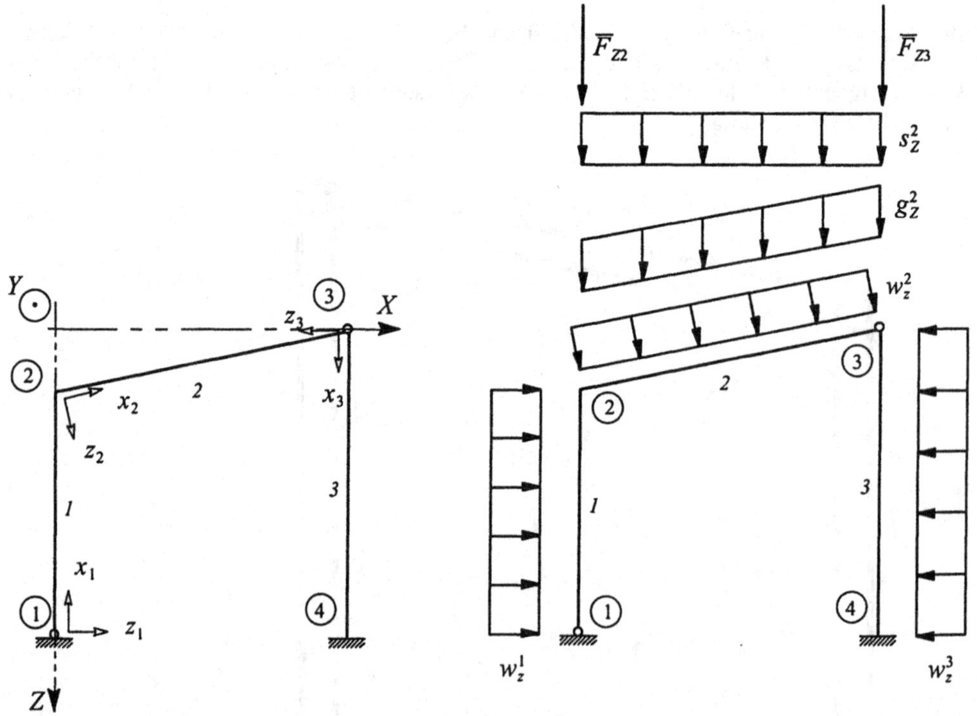

Bild 2.5 Statisches System des ebenen Rahmens von Bild 2.4 und Einwirkungen

2.5 Lager und Stützungen

Als Spezialfall einer Bauteilverbindung kann die Ausformung von Lagern angesehen werden. Sie stützen Tragwerke und halten sie in der geplanten Position fest. Lager bzw. ihre Kontaktflächen besitzen stets endliche Ausdehnung. Für den Zweck einer statischen Berechnung werden sie ungeachtet dessen in diskreten Tragwerkspunkten wirkend angenommen und bringen Verschiebungen in Richtung und Verdrehungen um die globalen Achsen einen Widerstand entgegen.
Im globalen Bezugssystem definierte Verschiebungen bzw. Verdrehungen werden beim Weggrößen - Verfahren mit großen Buchstaben geschrieben; ein tiefgestellter Index kennzeichnet den zugeordneten Knoten: U_k, V_k, W_k, Φ_{Xk}, Φ_{Yk}, Φ_{Zk}. Auflagerreaktionen werden analog bezeichnet, aber in entgegengesetzter Richtung als positiv definiert.

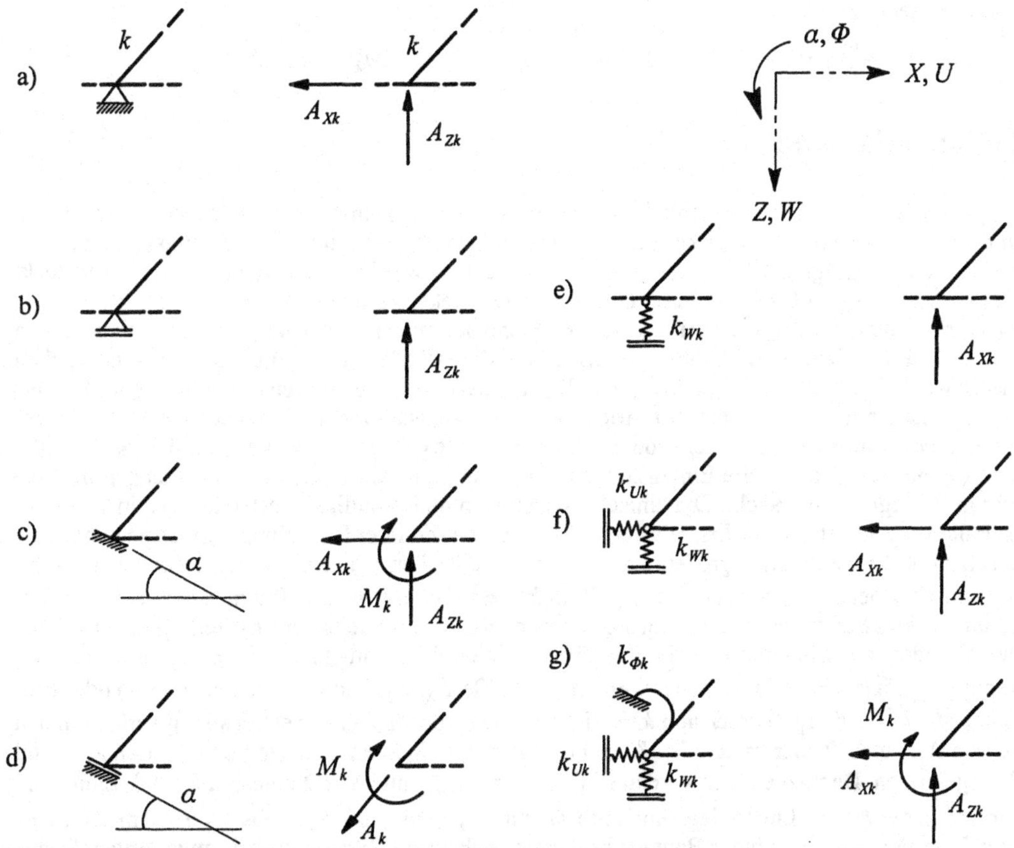

Bild 2.6 Auflager bei ebenen Rahmen; Detail im statischen System und Lagerreaktionen

In Bild 2.6 sind die wichtigsten Lagerarten für in der *X*-*Z*-Ebene liegende und in dieser Ebene gelagerte und belastete Fachwerke und Rahmen zusammengestellt. Entsprechende Symbole für räumliche Stabtragwerke werden in Kapitel 12 bereitgestellt. Ein unverschiebliches Gelenklager wie in a) verhindert jede Verschiebung, somit auch Verschiebungen U_k und W_k, aber nicht eine Verdrehung Φ_k des Lagerknotens *k*. Bezogen auf das globale Koordinatensystem können also die zugeordneten

Lagerreaktionen A_{Xk} und A_{Zk} aktiviert werden. Im gelenkig waagerecht verschieblichen Lager in b) wird die Verschiebung in Z-Richtung unterbunden, während sich eine Verschiebung in X-Richtung und eine Verdrehung des Knotens k frei einstellen können. Hier kann nur eine Lagerreaktion, die Auflagerkraft A_{Zk} von Null verschieden sein. Im Fall c) ist der Knoten k unverschieblich und unverdrehbar festgehalten (eingespannt), wobei es belanglos ist, unter welchem Winkel die Festhaltung eingezeichnet wird. Im globalen Koordinatensystem können drei Lagerreaktionen ungleich Null werden, die Kräfte A_{Xk} und A_{Zk} sowie ein Einspannmoment M_k. Im Fall d) kann der Knoten k auf der unter α geneigten Linie gleiten, er kann sich jedoch nicht verdrehen. Während die Verdrehung Φ_k stets verschwindet, sind die Verschiebungen U_k und W_k stets kinematisch voneinander abhängig gemäß:

$$W_k = U_k \tan \alpha$$

In Bild 2.6, Beispiel e) bis g) ist der Knoten k jeweils nachgiebig gehalten. Für die Lagerreaktionen erhält man bei Annahme eines linearen Stoffgesetzes für die jeweils nicht verschwindenden Auflagerkomponenten:

$$A_{Xk} = U_k \cdot k_{Uk} \qquad A_{Zk} = W_k \cdot k_{Wk} \qquad M_k = \Phi_k \cdot k_{\Phi k}$$

2.6 Einwirkungen

Tragwerke werden durch unterschiedliche Arten von Lasten beansprucht. Ihrer mechanischen Natur nach lassen sich diese Einwirkungen in Kraft-, Verschiebungs- und in Verzerrungsgrößen einteilen. Diese eingeprägten Größen (Einwirkungen, Lasten) werden zur Unterscheidung von Reaktionen und Widerstandsgrößen durch *Überstreichung* gekennzeichnet (vgl. Bild 2.5).
Eingeprägte Kraftgrößen stammen aus dem Eigengewicht von tragenden und mit dem eigentlichen Tragwerk fest verbundenen nicht tragenden Bauteilen (ständige Lasten) oder aus veränderlichen oder beweglichen Verkehrslasten (nichtständige Lasten). Letztere werden durch feste oder flüssige Bau- und Lagerstoffe oder sonstige Einrichtungen und Ausstattungen, durch Schnee, durch Eigenlasten oder Erddruck anstehenden Bodens, durch ruhende oder sich bewegende Flüssigkeiten oder Gase (Wind) sowie durch die Einwirkungen von Menschen, Maschinen und Fahrzeugen in Ruhe oder in Bewegung verursacht. Dynamische Wirkungen nichtständiger Lasten können in bestimmten Fällen in Form statischer Ersatzlasten erfasst werden. Zu ihrer Ermittlung verweisen wir auf die einschlägige Literatur. Kraftgrößen sind ihrer physikalischen Natur entsprechend zunächst volumen- oder flächenbezogen zu ermitteln (z.B. in kN/m^3 oder kN/m^2). Im Rahmen der statischen Berechnung eines Stabtragwerks werden sie gegebenenfalls zu Einzellasten (Einzelkräfte, Einzelmomente) oder zu Linienlasten (Linienkräfte, Linienbiegemomente, Linientorsionsmomente) zusammengefasst. Einzelwirkungen werden als Kräfte $\overline{F}_X$, $\overline{F}_Y$ und $\overline{F}_Z$ (Dimension kN) oder Momente $\overline{M}_X$, $\overline{M}_Y$ und $\overline{M}_Z$ (Dimension kNm) im globalen Koordinatensystem des Tragwerks (mit den Achsen X, Y und Z) oder im lokalen Koordinatensystem eines Bauteils (mit den Achsen x, y und z) ausgewiesen. Demgegenüber werden Linienlasten $\overline{p}_x$, $\overline{p}_y$ und $\overline{p}_z$ (Dimension kN/m), Linientorsionsmomente $\overline{m}_x$ und Linienbiegemomente $\overline{m}_y$ und $\overline{m}_z$ (Dimension jeweils kNm/m) meist im lokalen Koordinatensystem eines Bauteils bestimmt (siehe dazu Bild 2.5 und die zugehörigen Erläuterungen).
Eingeprägte Verschiebungen treten im allgemeinen als Widerlagersenkungen $\overline{U}_X$, $\overline{U}_Y$ und $\overline{U}_Z$ oder Widerlagerverdrehungen $\overline{\Phi}_X$, $\overline{\Phi}_Y$ und $\overline{\Phi}_Z$ auf. Größe und Richtung dieser Lagerbewegungen sind z.B. bei Fundamentbewegungen auf der Grundlage bodenmechanischer Untersuchungen festzulegen.

Bei Stabtragwerken können auch eingeprägte Verzerrungen aus Temperatureinflüssen sowie aus Schwind- und Kriechenvorgängen einzelner Bauteile resultieren. Werden alle Fasern eines Stabquerschnitts um den gleichen, nur von der Stablängsordinate abhängigen Betrag $\overline{T}_S = \overline{T}_S(x)$ erwärmt, so erfährt die Stabachse ebenso wie alle zu ihr parallelen Stabfasern bei zwängungsfreier Lagerung eine gleichmäßige Dehnung. Eine ungleichmäßige Erwärmung der Ober- und Unterseite eines Stabes führt bei Annahme eines über die Stabhöhe konstanten Temperaturgradienten im allgemeinen neben einer für einen Querschnitt konstanten Dehnung auch zu einer Verkrümmung des Stabes bzw. der Stabachse, die beide bei der Berechnung als gegebene Größen zu behandeln sind.

Die Eigenschaften der beschriebenen Einwirkungen unterschiedlicher Art sind in der Regel nicht absolut bekannt, sondern nur in einem gewissen Unschärfebereich. Ungeachtet dessen werden sie im vorliegenden Kontext als deterministisch festgelegte Größen behandelt. Eine weiterführende Behandlung dieses Problemkreises auf wahrscheinlichkeitstheoretischer Grundlage findet man z.B. in *Klingmüller, Bourgund (1992)*.

2.7 Struktur der Grundgleichungen der Statik

Die statische Berechnung eines Tragwerks verbindet unabhängig von ihrem Gegenstand, vom maßgebenden technischen Regelwerk, vom angewendeten Verfahren und von den eingesetzten Rechenhilfsmitteln stets vier Gruppen von Zustandsgrößen (vgl. Bild 2.7):

a ***Einwirkungen*** (angreifende Lasten oder Lastmomente)
b ***Schnittgrößen*** (Kräfte, Momente),
c ***Verzerrungen*** (Dehnungen, Verkrümmungen, Verwindungen)
d ***Verschiebungen*** (Verschiebungen, Verdrehungen).

Verzerrungen und Schnittgrößen sind einander jeweils im Sinne eines Arbeitskomplementen zugeordnet.

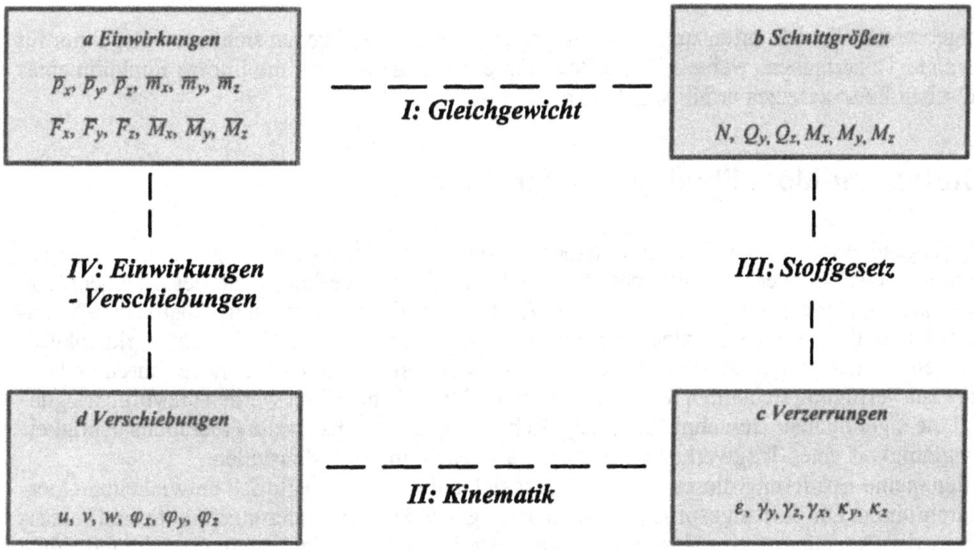

Bild 2.7 Zustandsgrößen und grundlegende Beziehungen der Statik

Die Einwirkungen der Gruppe *a* sind mit den Spannungen bzw. Schnittgrößen der Gruppe *b* über ***I: Gleichgewichtsbedingungen*** verbunden, die man auf die unverformte oder verformte Geometrie beziehen kann. Sie werden über Gleichgewichtsbetrachtungen am differentiellen Element oder - grundsätzlich gleichwertig - über ein geeignetes Arbeits- oder Energieprinzip erhalten (z.B. über das Prinzip der virtuellen Verschiebungen).
Die Schnittgrößen oder Spannungen der Gruppe *b* sind mit den Verzerrungen der Gruppe *c* über ***III: Stoffgesetze*** verbunden. Diese können linear, nichtlinear im Feld (zwischen den Randknoten eines Stabelementes, Fließzonentheorie) oder nichtlinear in diskreten Punkten (Fließgelenktheorie) formuliert sein. Verzerrungen und Spannungs- bzw. Schnittgrößen sind dabei definitionsgemäß einander als Arbeitskomplemente zugeordnet.
Die Verzerrungen der Gruppe *c* sind über ***II: Kinematische Beziehungen*** mit den Verschiebungen und Verdrehungen der Gruppe *d* verbunden.

Die Gleichgewichtsbeziehungen, das Stoffgesetz (für das Kontinuum oder einzelne Stabfasern) und die kinematischen Beziehungen können je für sich linear oder nichtlinear sein. Sind alle Beziehungen linear, so ergeben sich auch lineare Beziehungen zwischen den Einwirkungen der Gruppe *a* und den Verschiebungen der Gruppe *d*, und die Lösungen entsprechender Aufgaben sind immer eindeutig. In diesem Fall gilt das lineare Überlagerungsgesetz (z.B. im Sinne der Umordnung einer gegebenen Belastung in symmetrische und antimetrische Anteile). Ist eine der obigen Beziehungen nichtlinear, so ist auch die Beziehung zwischen Einwirkungen und Verschiebungen nichtlinear. Daraus folgt, dass Überlagerung und Lastumordnung im allgemeinen nicht möglich sind. Schließlich können bei bestimmten Beanspruchungen mehrere Lösungszweige auftreten (Gleichgewichts-Verzweigung).
Weiter ist festzuhalten, dass die Grundgleichungen sowohl in differentieller Form (Differentialgleichungen) als auch in integraler Form (Arbeits- bzw. Energieprinzipe) verwendet werden können. So ist das in dieser Ausarbeitung überwiegend angewendete Prinzip der virtuellen Verschiebungen eine integrale Form des Gleichgewichts und gibt eine Aussage über die betrachtete Struktur, während die differentielle Gleichgewichtsbedingung als Differentialgleichung lokal an jedem Punkt des Tragwerks zu erfüllen ist. Beide Formulierungen sind gleichwertig und ineinander überführbar.

Rein algebraische Beziehungen zur Erfassung des Tragverhaltens ergeben sich in der Regel nur für ausgewählte Teilaufgaben, wenn z.B. die Reaktion eines Lagers durch die lineare Funktion eines Hooke'schen Federgesetzes erfaßt werden kann.

2.8 Stufen der Modellbildung in der Statik

Die Überlegungen der obigen Abschnitte haben deutlich gemacht, dass die sogenannte "Statische Berechnung eines Tragwerkes" mit einem Entscheidungsprozess verknüpft ist, dessen eigentliche Ursache darin liegt, dass wir nie die stoffliche Wirklichkeit dieser Tragstruktur "berechnen", sondern dass wir an ihrer Stelle stets eine mechanische Abbildung - also ein Modell der Wirklichkeit - untersuchen. Weiter führen wir diese Berechnung stets mit einem numerischen Verfahren und mit Hilfe der zur Verfügung stehenden Rechenhilfsmitteln durch. Schließlich werden die Vorüberlegungen und die eigentlichen Berechnungen zielgerichtet organisiert: Es ist die Gebrauchstüchtigkeit und Tragfähigkeit eines Tragwerkes für bestimmte Einwirkungen festzustellen.
Eine allgemeine Erörterung dieses Vorgangs lässt sich anhand der in Bild 2.8 entwickelten Übersicht durchführen. Die dort angesprochenen Gliederungs- und Untergliederungspunkte sind keineswegs bei jeder Berechnung von Neuem in der dargestellten Ausführlichkeit zu durchlaufen. Vielmehr wird der Ersteller einer Statischen Berechnung auf der Grundlage seiner Kenntnisse und Erfahrungen "Voreinstellungen" wählen und bewährte Vorgehensweisen übernehmen. Lediglich

diejenigen Fragen wird er von Neuem entscheiden, für die er keine derartigen Lösungen unbesehen anwenden kann.
Es sei angemerkt, dass die Überlegungen dieses Abschnitts - teilweise im Vorgriff - die grundlegenden Beziehungen, die zwischen den vier Gruppen von Zustandsgrößen jeder statischen Berechnung bestehen, voraussetzen. Sie können vorab als Vorausschau auf die Inhalte der folgenden Abschnitte oder immer wieder rückblickend gelesen werden.

1. Fachspezifische Modellbildung (Strukturmodell, Statisches System)

1.1 Festlegung einer Aufgabe sowie Art und Genauigkeit der Ergebnisse
1.2 Auswahl modellbestimmender Eigenschaften der Wirklichkeit
1.3 Wahl eines fachspezifischen Modells für Einzel- und Gesamtstrukturen
1.4 Werte der Parameter des bzw. der fachspezifischen Modells(e)

2. Formulierung oder Wahl mechanischer Grundgleichungen (Mechanisches Modell)

2.1 Mögliche Teilstrukturen
2.2 Gesamtstruktur
Ergebnis z.B.: Algebraische, differentielle oder integrale Formulierungen

3. Rechenverfahren (Numerisches Modell)

3.1 Mögliche Teilstrukturen
3.2 Gesamtstruktur; evtl. Verbindung von Teilstrukturen zur Gesamtstruktur

4. Daten

4.1 Ausgangs- und Ergebnisdaten: Erfassung, Organisation, Verwaltung
4.2 Ergebnisdaten: Aufbereitung, Darstellung, Visualisierung, Dokumentation

5. Ergebnisse und Kontrollen

5.1 Ausgewiesene Ergebnisse ausreichend? *nein* → 4.1
5.2 Ergebnisse im Rahmen der eingesetzten Numerik richtig? *nein* → 2.1
5.3 Berechnung mit gewählten Parameterwerten ausreichend? *nein* → 1.4
5.4 Fachspezifische Modelle richtig? *nein* → 1.3
5.5 Wirklichkeit hinreichend genau erfasst? *nein* → 1.2
5.6 Aussagekraft oder Gültigkeitsbereich der Fragestellung richtig? *nein* → 1.1

Bild 2.8 Ebenen der Modellbildung, Berechnung und Ergebnisbeurteilung

Zu Bild 2.8, *1. Fachspezifische Modellbildung (Strukturmodell, Statisches System)*
In einem ersten Abschnitt einer fachspezifischen Modellbildung ist die eigentliche Fragestellung zu formulieren. Es ist festzustellen, welches Tragwerk für welchen Zweck zu berechnen ist und welche Ergebnisse mit welcher Genauigkeit erforderlich sind, um seine Eignung für die vorgesehene

Nutzung beurteilen zu können. Vor dem Hintergrund der Tatsache, dass nur diejenigen Eigenschaften einer Struktur einer rechnerischen Analyse zugänglich sind, die im mechanischen Modell überhaupt enthalten sind, ist außerdem zu entscheiden, welche stofflichen oder strukturellen Eigenschaften für die fachspezifischen Modelle von Bauteilen oder der Gesamtstruktur zu berücksichtigen sind. Schließlich sind die stofflichen, geometrischen oder sonstigen Parameter der festgelegten Bauteil- und Strukturmodelle zahlenmäßig festzulegen.

Zu Bild 2.8, *2. Formulierung oder Wahl mechanischer Grundgleichungen*

Im zweiten Hauptabschnitt der Formulierung und Wahl eines mechanischen Modells sind die fachspezifischen Vorgaben des ersten Abschnitts i. A. mit Mitteln und Methoden der Mechanik und der Mathematik in ein mechanisches Modell zu überführen. Der Vorgang bezieht sich auf Bauteile (in dem in Abschnitt 2.2 gegebenen Sinne), auf die Gesamtstruktur und auf die Lagerausbildung. Hier wird man nur in selteneren Fällen ein eigenes mechanisches Modell für ein bestimmtes Bauteil entwickeln, sondern man wird die in der Literatur vorhandenen Formulierungen z. B. für Fachwerkstäbe, Biegeträger, Sandwichträger, Druckstäbe, Stäbe veränderlichen Querschnitts oder etwa Drillstäbe übernehmen.
Es ist anzumerken, dass auf dieser Ebene zunächst das mechanische Modell an sich z. B. für ein bestimmtes Bauteil festgelegt wird. Die mathematische Beschreibung liegt dabei in aller Regel in der Form einzelner oder eines Systems von Grundgleichungen vor, welche die möglichen Aussagen zum Tragverhalten enthalten. Formeln über einzelne Zustandsgrößen eines Bauteils bei einer gegebenen Lagerung und Belastung sind aus diesen ableitbar.

Zu Bild 2.8, *3. Rechenverfahren (Numerisches Modell), 4. Daten*

Liegen die mechanischen Modelle für Bauteile in einer geeigneten Form vor, so bedarf es numerischer Strategien, also numerischer Verfahren zur Bestimmung der gesuchten Zustandsgrößen in allen Bauteilen der gesamten Struktur (numerisches Modell). Wie bereits in Kapitel 1 dieses Buches bemerkt, ist die Entwicklung, Auswahl und Durchführung geeigneter Vorgehensweisen durch die zur Verfügung stehenden Rechenhilfsmittel bestimmt. In unserer Zeit werden numerische Berechnungen fast ausschließlich mit Hilfe leistungsfähiger Computer durchgeführt.
Entsprechend der Güte der Modellbildung und dem Grad der Linearisierung verfügt der konstruktive Ingenieur über unterschiedliche Berechnungsverfahren. Welche Methode für die Untersuchung eines Tragwerkes angewendet wird, ist einerseits durch das Tragwerk und seine Beanspruchung (also durch die Zulässigkeit der Linearisierung einer oder mehrerer der Beziehungen I bis III), andererseits durch wirtschaftliche oder praxisbezogene konstruktive Überlegungen bestimmt. Vereinfachende Linearisierung verkürzt einerseits Berechnung und Aufwand, andererseits wird das Tragverhalten der Baukonstruktionen weniger wirklichkeitsgetreu erfasst.
Die Leistungsfähigkeit unserer Rechner und der Entwicklungsstand linearer computer-orientierter Verfahren der Statik haben dazu geführt, dass Fragen der numerischen Durchführbarkeit bzw. der erzielbaren Genauigkeit zunehmend eine untergeordnete Rolle spielen (im Gegensatz zu früheren Verfahren, die auf graphischem Wege oder mit dem Rechenschieber durchzuführen waren). Demgegenüber haben Probleme der Erfassung, und Verwaltung von Ausgangs- und Ergebnisdaten sowie die Aufbereitung, Darstellung, Visualisierung und Dokumentation von Rechenergebnissen erheblich an Bedeutung und Komplexität zugenommen.

Zu Bild 2.8, *5. Ergebnisse und Kontrollen*

Nahezu unabhängig von den eingesetzten Verfahren und Rechenhilfsmitteln erweisen sich die im letzten Abschnitt der Ergebnisbeurteilung gestellten Fragen. Erst wenn keine der angegebenen Fragen zu einem Rücksprung im Prozess der Analyse eines Tragwerks führt, kann diese als abgeschlossen gelten.

2.9 Elementkonzept als Grundlage der Tragwerksanalyse

Die Unterteilung einer Struktur in kleinere Bestandteile (Elemente, Intervalle, Abschnitte, Einzelteile, Teilsysteme) ist eine altbekannte Vorgehensweise bei der Berechnung verschiedener Aufgabenstellungen der Statik. Sie ist sowohl bei den üblichen baustatischen Verfahren wie auch bei anderen Methoden der Strukturberechnung gebräuchlich. Auch stärker mathematisch-mechanisch orientierte Vorgehensweisen wie das Differenzenverfahren (Gitter) machen von Untereinteilungen des zu behandelnden Gebietes Gebrauch. Schließlich gab die Zerlegung eines Gebietes oder einer Struktur in endliche bzw. finite Elemente der "Finite-Element-Methode" den Namen.

Zur einheitlichen Darstellung verschiedener Vorgehensweisen und Methoden bietet damit die Aufteilung einer Struktur in Elemente beziehungsweise die Zusammenfassung von Elementen zum Tragwerk einen systematischen Ansatzpunkt. In der Anwendung dieses Elementkonzepts auf Stabtragwerke denkt man sich die Struktur aus einer Summe von einzelnen Stäben (Elementen) zusammengesetzt, die an den Knoten verbunden sind:

$$\text{Elementkonzept:} \qquad \text{Struktur (System)} = \sum \text{Elemente (Stäbe)}$$

Die Bedeutung des Elementkonzepts wird besonders offensichtlich, wenn es im Zusammenhang mit der Integralform der Grundgleichungen - auch als globale Grundgleichungen bezeichnet - eingesetzt wird. Das Zusammenfügen der Elemente zum Gesamtsystem kann dann mit Hilfe eines Arbeitsprinzips durch Summenbildung der inneren und äußeren Arbeiten erfolgen, und wir kommen zu einem bausteinartigen Vorgehen, bei dem die einzelnen Stabelemente in einfacher Weise zum System zusammenzubauen sind. Dies ist darin begründet, dass die Arbeit als grundlegende physikalische Größe (Invariante) durch einen skalaren Wert auszudrücken ist und diese direkt aufsummiert werden können.

Wählt man z.B. Verschiebunggrößen als Unbekannte der Systemberechnung, so ist es folgerichtig, als Arbeitsformulierung das Prinzip der virtuellen Arbeiten zu verwenden, auch als Prinzip der virtuellen Verschiebungen bezeichnet, das in Kapitel 3 näher erläutert wird. Für die Elementeigenschaften erhält man damit die ingenieurgemäß einfach interpretierbaren Steifigkeitswerte, die man bei der Systemberechnung mit Hilfe des Weggrößenverfahrens anschaulich überlagern kann. Die Addition aller Anteile der inneren Arbeit, ergänzt durch die Arbeit der Einwirkungen auf die Stäbe und die Knoten (äußere Arbeit), liefert die Bedingungsgleichung zur Bestimmung der Unbekannten des Weggrößenverfahrens (Knotengleichgewicht):

$$\textit{Prinzip der virtuellen Arbeiten:} \qquad \delta W = \sum_{Elemente} \delta W_i + \sum_{Elemente} \delta W_a + \sum_{Knoten} \delta W_a = 0$$

Wie nachfolgend schematisch dargestellt, kommt man durch Einsetzen des genauen oder eines genäherten Verlaufs der Verschiebungen in das Prinzip der virtuellen Arbeiten zu einer genauen oder zu einer genäherten Steifigkeitsmatrix $\boldsymbol{k}$ für jedes Element und damit nach Überlagerung zum algebraischen Gleichungssystem des Weggrößenverfahrens $\boldsymbol{K}\,\boldsymbol{V} = \overline{\boldsymbol{P}}$, vgl. Kapitel 7. Für den Fall der Näherungsansätze wird diese Vorgehensweise auch als Methode der Finiten Elemente bezeichnet.

Das Elementkonzept ist nicht nur bei eindimensionalen Stabtragwerken anwendbar, sondern in gleicher Weise auch bei zweidimensionalen Flächentragwerken, beim dreidimensionalen Kontinuum und darüber hinaus in vielen anderen Anwendungsbereichen, vgl. auch *Wunderlich (1987)*.

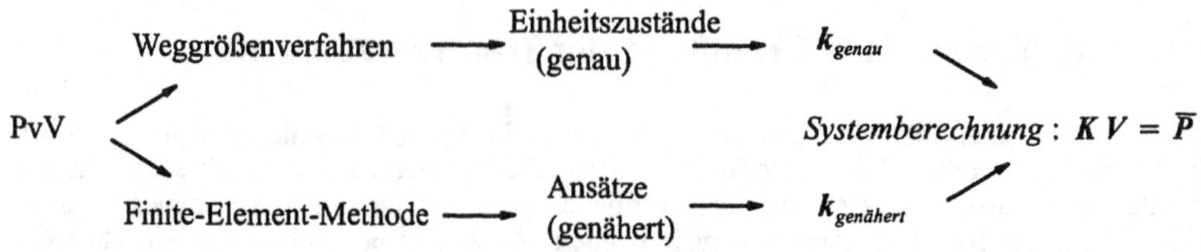

Element - Eigenschaften

Ein wesentlicher Schritt bei der Strukturberechnung ist die genaue oder näherungsweise Ermittlung der Element-Eigenschaften. Sowohl der Verlauf der Geometrie als auch z. B. der Biegesteifigkeit des Elements werden durch Interpolation über den Elementbereich und durch numerische Integration erfasst. Dabei können die Interpolationsfunktionen entweder die genaue Lösung erfassen oder aber nur Näherungen darstellen. So sind die Einheitszustände der baustatischen Methoden für Stabsysteme meist als genaue Interpolationsfunktionen zu deuten, während z. B. die Ansätze der Finite-Element-Verfahren oder der Randelementmethode Näherungen sind, deren Güte die Genauigkeit der Ergebnisse bestimmen, vgl. Tabelle 2.1:

Tabelle 2.1 Verfahren und Interpolation

Verfahren	*Interpolation*
Baustatische Methoden	Einheitszustände
Finite-Element-Methode	Ansätze über Elementbereich
Randelement-Verfahren	Ansätze über die Gebietsränder
Verfahren nach Ritz, Galerkin,Trefftz	Ansätze über Gesamtbereich

Bei der Ermittlung der Elementeigenschaften unterscheiden wir in dieser Hinsicht "genaue" Elemente - in dem Sinne, dass sie die Struktureigenschaften der Modellbildung numerisch genau enthalten - und Näherungs-Elemente, die aufgrund von Ansätzen mit entsprechenden Fehlern behaftet sind. Dies erlaubt es, auch die Einheitszustände der Kraft- und Weggrößenverfahren der Stabstatik als spezielle, die jeweiligen Nebenbedingungen erfüllenden Ansätze zu interpretieren, die für bestimmte Verläufe der Biegesteifigkeiten eine genaue Integration der Grundgleichungen zulassen und damit als genaue Elemente zu klassifizieren sind.

Genaue Elemente sind also dadurch gekennzeichnet, dass die Eigenschaften des mechanischen Modells durch analytische oder numerische Integration mit einer vorgebbaren relativen Genauigkeitsschranke bestimmt werden können. Diese Vorgehensweise ist i. A. bei Problemen möglich, die durch gewöhnliche Dgln. direkt beschreibbar oder auf solche zurückzuführen sind.

Näherungs-Elemente: Bei veränderlichen Eigenschaften längs der Stabachse bzw. komplexen Grundgleichungen sind die Elementeigenschaften nicht mehr genau, sondern meist nur näherungsweise bestimmbar. Dies trifft vor allem bei zwei- und dreidimensionalen Aufgabenstellungen zu. Als allgemeine Grundlage zur approximativen Bestimmung sind die Grundgleichungen in integraler Form besonders geeignet, indem z.B. geeignete Interpolationsansätze in das zugehörige Arbeitsprinzip eingesetzt werden.
Vor dem Hintergrund der Überlegungen der vorhergehenden Abschnitte wollen wir jetzt in Umrissen die grundlegenden Leitlinien einer Tragwerksanalyse skizzeren, die im Detail in den folgenden Abschnitten dargestellt werden.

Erläuterung am Beispiel

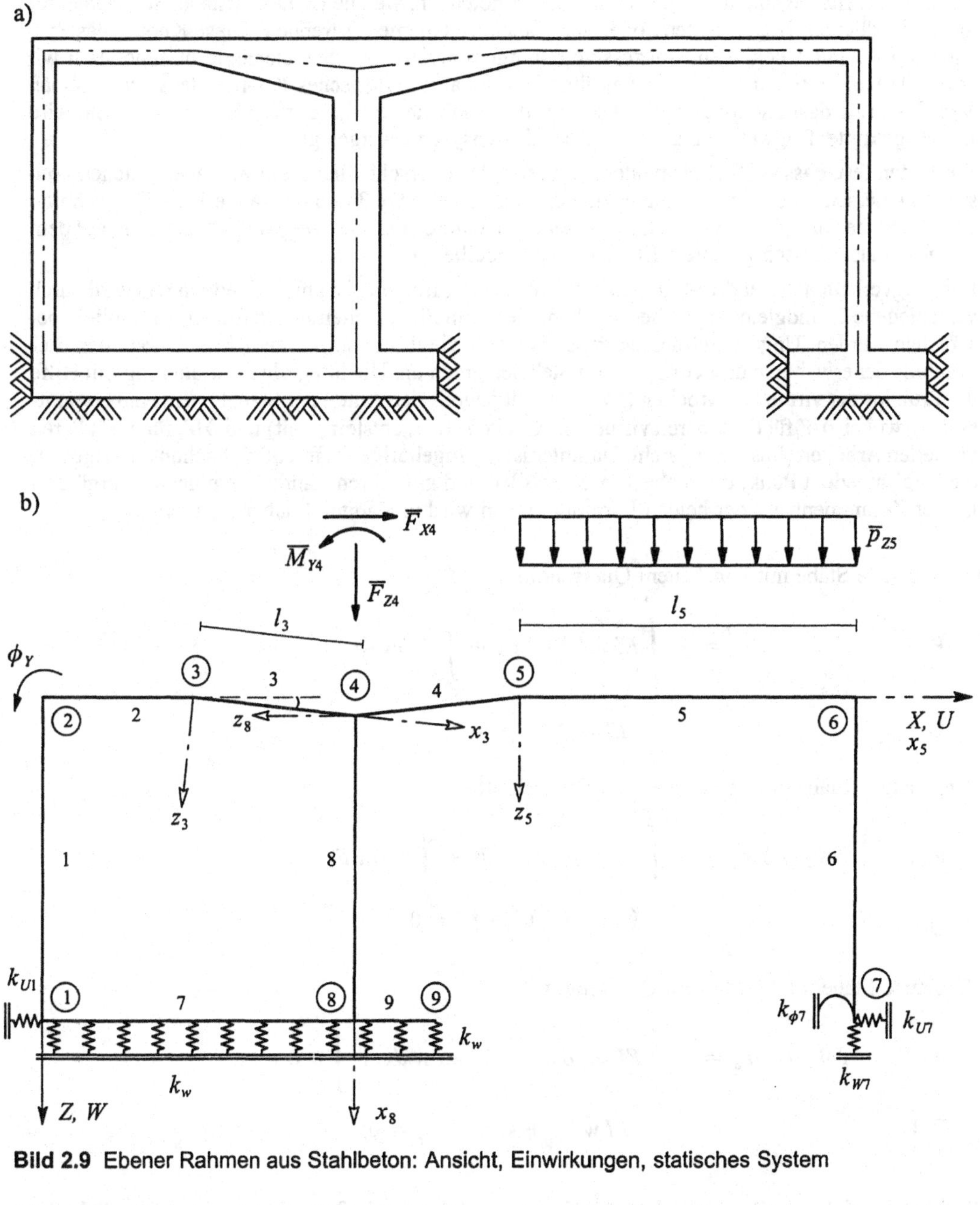

Bild 2.9 Ebener Rahmen aus Stahlbeton: Ansicht, Einwirkungen, statisches System

Wir wollen dies anhand des in Bild 2.9 a) in Form eines Schalplans aufgezeichneten ebenen Rahmens aus Stahlbeton erläutern. Für den Zweck dieses Abschnitts wird angenommen, dass alle Bauteile senkrecht zur Zeichenebene die gleiche Abmessung besitzen. Weiterhin sind in der Zeichnung strichpunktiert die Mittellinien bzw. Schwerlinien dieser Bauteile eingetragen.

Das Tragwerk wird in diesem ersten Schritt der Modellbildung als statisches System idealisiert, das aus eindimensionalen Bauteilen - den Stabelementen - aufgebaut und in 2.9 b) dargestellt ist. Im nächsten Schritt tragen wir im Bild sogenannte Knoten ein, welche Bauteile (Stäbe, Stabelemente) unterschiedlichen Tragverhaltens oder verschiedener Geometrie trennen. Diese Knoten des Systems werden mit 1 beginnend sukzessive durchnummeriert. Die Stabelemente nummerieren wir ebenfalls und ordnen dabei jedem von ihnen ein lokales kartesisches Koordinatensystem gemäß Kap. 2.4 so zu, dass alle lokalen y-Achsen aus der Zeichenebene herausweisen. Entsprechend wird für das gesamte Tragwerk ein globales Koordinatensystem festgelegt.

Wir halten fest, dass die Stabelemente 1, 2, 5, 6 und 8 unterschiedliche Längen, aber gleichen konstanten Querschnitt besitzen. Demgegenüber weisen die Stäbe 3 und 4 veränderliche Querschnitte auf. Die Stäbe 7 und 8 haben zwar konstanten Querschnitt, sind aber wegen ihrer Lagerung auf dem Baugrund als elastisch gebettete Elemente zu modellieren.

Das Tragverhalten dieser drei Gruppen von Stäben unter Biegung ist unterschiedlich und wird durch verschiedene Grundgleichungen beschrieben, die wir in Einzelheiten in den folgenden Kapiteln besprechen werden. Ungeachtet dessen geben wir hier vorab den grundsätzlichen Aufbau des Biegeanteils der erwähnten drei Gruppen von Stabelementen an. Die integrale Formulierung mit Hilfe des Prinzips der virtuellen Arbeiten (PvV) enthält jeweils den Anteil des Stabelements am Gesamtsystem, wobei δW_i für die inneren virtuellen Arbeiten (Elementsteifigkeit) und δW_a für die äußeren virtuellen Arbeiten (Lastanteil) steht. Darunter ist die zugehörige Differentialgleichung angegeben, die lokal in jedem Punkt der Stabachse zu erfüllen und ggf. durch Randbedingungen zu ergänzen ist.Der Zusammenhang der beiden Formulierungen wird in Kapitel 4 näher erläutert.

Ungebettete Stäbe mit konstantem Querschnitt

PvV $$\delta W_i + \delta W_a = - \int_0^l EI\, w''\, \delta w''\, dx + \int_0^l \bar{p}_z\, \delta w\, dx$$

Dgl. $$EI\, w'''' - \bar{p}_z = 0$$

Ungebettete Stäbe mit veränderlichem Querschnitt

PvV $$\delta W_i + \delta W_a = - \int_0^l EI(x)\, w''\, \delta w''\, dx + \int_0^l \bar{p}_z\, \delta w\, dx$$

Dgl. $$(EI(x)\, w'')'' - \bar{p}_z = 0$$

Gebettete Stäbe mit konstantem Querschnitt

PvV $$\delta W_i + \delta W_a = - \int_0^l EI\, w''\, \delta w'' + k_w\, w\, \delta w\, dx + \int_0^l \bar{p}_z\, \delta w\, dx$$

Dgl. $$EI\, w'''' + k_w\, w - \bar{p}_z = 0$$

Basierend auf diesen Grundgleichungen sind nun die Eigenschaften der verschiedenen Stabelemente zu bestimmen. Wie oben erläutert, erhält man genaue Elemente dann, wenn es gelingt, genaue Lösungen der zugehörigen Differentialgleichungen anzugeben oder diese mit einer vorgebbaren Genauigkeit zu bestimmen. Dies ist immer möglich, wenn die Gleichungen konstante

Koeffizienten besitzen. Im Falle des obigen Rahmens sind also lediglich die Stäbe mit veränderlichen Stabeigenschaften durch Näherungselemente zu erfassen.

Mit Weggrößen als Unbekannte und dem Prinzip der virtuellen Verschiebungen als Grundlage erhält man - ausgehend von den virtuellen Arbeitsanteilen der Verzerrungen $\boldsymbol{\varepsilon}$ und den im Sinne einer Arbeit zugeordneten Spannungsresultierenden $\boldsymbol{s}$ - als Anteil der inneren Arbeit (Widerstandsgrößen des Stabes) je Element i

$$- \delta W_i = \int \delta\boldsymbol{\varepsilon}^T \boldsymbol{s}\, dx = \int \delta\boldsymbol{\varepsilon}^T \boldsymbol{E}\, \boldsymbol{\varepsilon}\, dx = \delta\boldsymbol{v}^{iT} \boldsymbol{p}^i = \delta\boldsymbol{v}^{iT} \boldsymbol{k}^i\, \boldsymbol{v}^i ,$$

wobei die diskreten Verschiebungen $\boldsymbol{v}^i$ der beiden Stabenden mit den zugehörigen Kraftgrößen $\boldsymbol{p}^i$ an diesen Punkten durch die Stab-Steifigkeiten $\boldsymbol{k}^i$ verbunden sind. Die Ermittlung der Steifigkeitskoeffizienten der Stäbe wird für eben beanspruchte Stäbe in Kapitel 4 detailliert behandelt.

System-Berechnung

Das Elementkonzept beinhaltet weiterhin, dass verschiedene Methoden der Strukturberechnung in einem einheitlichen, systematischen Rahmen gesehen werden können. Wie bereits erwähnt, ist es von besonderem Vorteil, dass der Zusammenbau der Elemente zum System anschaulich als Summation aller am betrachteten Tragwerk geleisteten virtuellen Arbeiten zu deuten ist.

So kann die gesamte innere virtuelle Arbeit aus den jeweiligen Anteilen der einzelnen Stäbe durch einfache Summenbildung gewonnen werden:

$$- \delta W_i = \sum_{Stäbe} \int \delta\boldsymbol{\varepsilon}^T \boldsymbol{s}\, dx = \sum_{Stäbe} \int \delta\boldsymbol{\varepsilon}^T \boldsymbol{E}\, \boldsymbol{\varepsilon}\, dx = \sum_{Stäbe} \delta\boldsymbol{v}^{iT} \boldsymbol{k}^i\, \boldsymbol{v}^i$$

Entsprechendes gilt für die gesamte äußere virtuelle Arbeit, die sich aus der Summe der Anteile der Einwirkungen auf die Stäbe und auf alle Knoten zusammensetzt:

$$\delta W_a = \sum_{Stäbe} \delta W_a + \sum_{Knoten} \delta W_a = \sum_{Stäbe} \delta\boldsymbol{v}^{iT} \overline{\boldsymbol{p}}^{i0} + \sum_{Knoten} \delta\boldsymbol{V}^T \overline{\boldsymbol{P}}^*$$

Die Knoten unseres Beispielrahmens besitzen je zwei Freiheitsgrade der Verschiebung U_k, W_k in Richtung der Achsen X und Z und einen Freiheitsgrad der Verdrehung Φ_k um die globale Y-Achse und werden für den jeweiligen Knoten im Vektor $\boldsymbol{V}_k$ zusammengefasst.

Herrscht Gleichgewicht, so hat die Summe (das Integral) der im gesamten System geleisteten inneren virtuellen Arbeiten δW_i dieselbe (skalare) Größe wie die virtuelle Arbeit der vorgegebenen äußeren Einwirkungen δW_a. Diese Gleichgewichtsbedingung kann unter Beachtung der Vorzeichen als Prinzip der virtuellen Verschiebungen (auch Prinzip der virtuellen Arbeiten genannt)

$$\delta W = \sum_{Elemente} \delta W_i + \sum_{Elemente} \delta W_a + \sum_{Knoten} \delta W_a = 0$$

zusammengefasst werden. Es führt zu den Bestimmungsgleichungen für die unbekannten Knotenverschiebungen $\boldsymbol{V}$ des Weggrößenverfahrens, die damit die Gleichgewichtsbedingungen über alle Knoten des Tragwerks darstellen. Mit dem Summieren aller Elementanteile der virtuellen Arbeiten bilden wir im Fall unseres Beispiels also für alle Knoten des Systems die Summe der Kräfte in Richtung der Achsen X und Z sowie die Summe der Momente um die Y-Achse. Dieser Vorgang liefert im Allgemeinen genau soviele unabhängige Gleichungen wie zur Ermittlung der unbekannten Knotenweggrößen $\boldsymbol{V}$ erforderlich sind.

Die System-Berechnung nach dem Weggrößenverfahren wird ausführlich für eben beanspruchte Tragwerke in den Kapiteln 6 und 7 und für räumlich beanspruchte Tragwerke im Kapitel 13 gezeigt.

Abschließend fügen wir diesem Kapitel ein Schema an, das einen Überblick über den inhaltlichen Aufbau des Buches gibt:

2. Grundzüge der Modellbildung für Stabtragwerke 3. Vom Kontinuum zum Stab Grundgleichungen	
Elementeigenschaften 4. Eben beanspruchte Elemente: Grundgleichungen, Lösungen und Eigenschaften	9. Reine Torsion von Stäben 10. Räumlich beanspruchte Elemente: Grundgleichungen 11. Räumlich beanspruchte Elemente: Lösungen und Eigenschaften
5. Kraftgrößen statisch bestimmter, ebener Rahmen	12. Kraftgrößen statisch bestimmter, räumlicher Rahmen
Sytemberechnung 6. Drehwinkelverfahren als Sonderfall des Weggrößen-verfahrens 7. Weggrößenverfahren für eben beanspruchte Strukturen 8. Tragverhalten spezieller Stabtragwerke	13. Weggrößenverfahren für räumlich beanspruchte Strukturen: Modellbildung, Berechnung und Tragverhalten
14. Einflusslinien: Eigenschaften, Berechnung und Auswertung 15. Strukturberechnung mit dem Kraftgrößenverfahren	

Bild 2.10 Inhaltsübersicht

3 Vom Kontinuum zum Stab

3.1 Vorbemerkung

Im Zuge der historischen Entwicklung wurden die Differentialgleichungen und äquivalenten Integralprinzipe, welche das Tragverhalten von Stäben aber auch von Platten, Scheiben und Schalen beschreiben, nahezu unabhängig voneinander formuliert. Außer der Herleitung der grundlegenden Gleichungen war es zumeist das Ziel der Bemühungen, analytische Lösungen für Bauteile unter bestimmten Lagerungs- und Lastfällen anzugeben oder gegebenenfalls Tabellen oder graphische Hilfsmittel zur Bearbeitung entsprechender Aufgaben bereitzustellen.

In der klassischen Ingenieurausbildung wurde daher die Stabstatik unabhängig von einer übergeordneten Elastizitätstheorie räumlicher Körper gelehrt. Dies entsprach auch den Möglichkeiten der zur Verfügung stehenden graphischen oder sonstigen Rechenhilfsmittel (Rechenschieber). Die Grundlagen der Elastizitätstheorie wurden eher als höhere Technische Mechanik vorgetragen und angewendet, um analytische Lösungen für ausgewählte Probleme zu erhalten. Hierzu zählten z.B. Krafteinleitungsprobleme sowie die Spannungsverteilung in gelochten Scheiben.

Nach dem heutigen Stand der Kontinuumsmechanik und der Rechenhilfsmittel sprechen mehrere Gründe dafür, ein Lehrbuch über Stabstatik mit einem kurzen Überblick über die Grundlagen der räumlichen Elastizitätstheorie zu beginnen:

1. Wie bereits im Kapitel 2.2 dargestellt, ist jedes Bauteil zunächst ein räumlicher Körper. Bedingt durch den besonderen Charakter der Bauteilabmessungen, der Lagerung oder der Verbindung mit Nachbarbauteilen sowie aufgrund der Art der Belastung können Annahmen über die Geometrie und das Stoffgesetz getroffen werden, die zu speziellen Modellen von Bauteilen führen. Damit kommt man vom dreidimensionalen Kontinuum, dessen Tragverhalten in drei unabhängigen Ortsvariablen beschrieben werden muss, zu Bauteilen, deren Tragverhalten in zwei oder einer unabhängigen Ortsvariablen beschrieben werden kann. Zur ersten Gruppe von Bauteilen gehören Flächentragwerke wie Scheiben, Platten und Schalen, zur zweiten gehören Stäbe unterschiedlicher Art.
2. Die Eigenart, Leistungsfähigkeit und die Anwendungsgrenzen eines bestimmten Bauteilmodells werden deutlich, wenn die maßgebenden kinematischen und stofflichen Hypothesen aus den übergeordneten Beziehungen des räumlichen Kontinuums entwickelt werden. Dies kann mit heutigen Rechnern und Methoden auch auf dem Wege einer numerischen Simulation quantitativ sichtbar gemacht werden.
3. Wie bereits erwähnt, waren die Möglichkeiten der Modellbildung der klassischen Statik infolge der begrenzten Einsatzmöglichkeiten historischer Rechenhilfsmittel eingeschränkt. Durch die Leistungsfähigkeit unserer Rechner entfallen diese Einschränkungen und die Möglichkeiten der mechanischen Modellbildung nehmen in Theorie, Ausbildung und Praxis heute einen wesentlich höheren Stellenwert ein, als dies vor der Einführung des heute gebräuchlichen Rechenhilfsmittels, des Computers, der Fall war.
4. Gegenstand dieses Buches sind ebene und räumliche Stabtragwerke. Somit ist eine konsistente Darstellung der Biegung und Torsion von Stäben erforderlich, die für beliebige Querschnitte auf den Grundlagen der räumlichen Elastizitätstheorie aufbaut.

5. Eine Reihe von Aufgaben der Statik sind zuverlässig nur auf der Grundlage der Kontinuumsmechanik zu beantworten (z.B. die Ermittlung von Spannungen in Krafteinleitungsbereichen). Die Einführung der maßgebenden Beziehungen des Kontinuums von Anfang an eröffnet die Möglichkeit, Grundlagen und Zusammenhänge zwischen einzelnen Teilgebieten und Anwendungszweigen der Statik frühzeitig zu erkennen und didaktisch zu verarbeiten.

Aus den genannten Gründen werden in diesem Kapitel zunächst die grundlegenden Beziehungen des dreidimensionalen elastischen Kontinuums angegeben, wobei die integrale Formulierung mit dem Prinzip der virtuellen Verschiebungen betont wird. Auf dieser Grundlage wird dann der Übergang vom dreidimensionalen Kontinuum zum eindimensional idealisierten Stab besprochen und die zugehörige Form des Prinzips der virtuellen Verschiebungen dargestellt. Aus den erhaltenen Ergebnissen werden in Kapitel 4 die maßgebenden Beziehungen eben beanspruchter und in den Kapiteln 9 bis 11 diejenigen räumlich beanpruchter Stäbe entwickelt.

Weitergehende Darstellungen zur Kontinuumsmechanik können der Literatur entnommen werden, z. B. *Green, Zerna (1954/1963), Leipholz (1968), Malvern (1969), Stein, Barthold (1996).*

3.2 Grundgleichungen des linear elastischen Kontinuums

3.2.1 Annahmen

In kontinuumstheoretischer Hinsicht gelten im Rahmen dieses Buches folgende Voraussetzungen:

1. Die untersuchten Bauteile sind aus einem homogenen Baustoff gefertigt, d.h. Struktur und Zusammensetzung des untersuchten Körpers sind in allen Punkten gleich.
2. Die mechanischen Eigenschaften des Baustoffs sind in jedem Punkt des Körpers für alle Richtungen gleich, d.h. der Baustoff ist isotrop.
3. Die Beziehungen zwischen Verzerrungen und Spannungen sind durch ein lineares Materialgesetz gegeben, d.h. es gelte ein erweitertes Hooke'sches Stoffgesetz.
4. Die Beziehungen zwischen Verschiebungen und Verzerrungen, die sogenannten kinematischen Beziehungen, sind linear.
5. Die sich unter beliebiger Belastung einstellenden Verschiebungen sind so klein, dass die Gleichgewichtsbedingungen auf die Geometrie des unverformten Körpers bezogen werden können.

Die genannten Annahmen zum Stoffgesetz sind bei kleinen Verschiebungen und kleinen Verzerrungen z.B. sehr gut für übliche metallische Baustoffe erfüllt. Bei Beton gilt dies weniger, doch wird dort häufig eine lineare Systemberechnung mit einer Bemessung kombiniert, bei der die speziellen Stoffeigenschaften (Rißbildung) erfasst werden. Bei Holzwerkstoffen ist insbesondere der vorhandenen Anisotropie Rechnung zu tragen.

3.2.2 Kinematik

Verschiebungen

Ein starrer Körper behält unter vorgegebenen Einwirkungen seine Form bei und verformt sich nicht. Reale Körper sind niemals starr. Sie verändern unter Lasten ihre Gestalt und jeder materielle Punkt erfährt Verschiebungen im Raum. Im Falle dreidimensionaler Bauteile führen wir die Verschiebungen als Funktionen der unabhängigen Koordinaten x, y und z eines Punktes des Kontinuums ein und bezeichnen sie mit u_x, u_y und u_z :

$$u_x = u_x(x,y,z) \qquad u_y = u_y(x,y,z) \qquad u_z = u_z(x,y,z) \tag{3-1}$$

Bild 3.1 zeigt einen beliebigen Punkt $P(x,y,z)$ eines dreidimensionalen Körpers in der unverformten Lage, der nach der Belastung um den Verschiebungsvektor u nach $P'(x,y,z)$ verschoben ist. Von den Verschiebungsfeldern nehmen wir an, dass sie stetige, hinreichend oft differenzierbare Funktionen sind. Es wird ein rechtsorientiertes kartesisches Koordinatensystem verwendet.

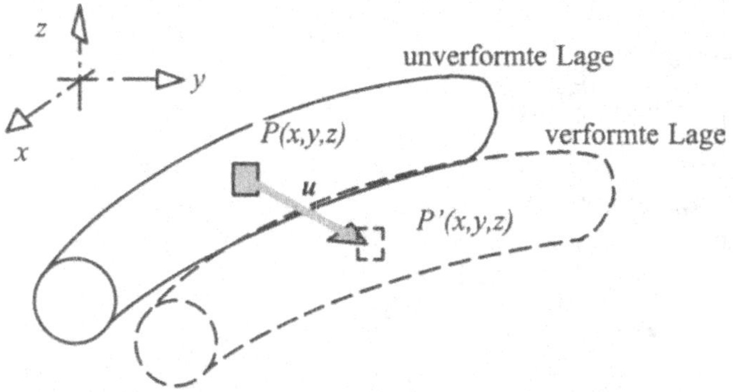

$$u = \begin{bmatrix} u_x(x,y,z) \\ u_y(x,y,z) \\ u_z(x,y,z) \end{bmatrix} = \begin{bmatrix} u_x \\ u_y \\ u_z \end{bmatrix}$$

Bild 3.1 Vektor der Verschiebungen mit Komponenten

Verzerrungen

Wie die Erfahrung lehrt, resultieren die Beanspruchungen eines Bauteils nicht direkt aus den zu beobachtenden Verschiebungen (z.B. nicht aus Starrkörperverschiebungen oder -verdrehungen), sondern aus den auf eine Länge bezogenen Änderungen der Verschiebungen, den Verzerrungen. Im Rahmen einer linearen Theorie kann diese lineare Veränderung in Koordinatenrichtung, bezogen auf die Längendifferenz, direkt als Längsdehnung definiert werden, vgl. Bild 3.2.

$$\varepsilon_x \approx \frac{u_x + \frac{\partial u_x}{\partial x}dx - u_x}{dx} = \frac{\partial u_x}{\partial x}$$

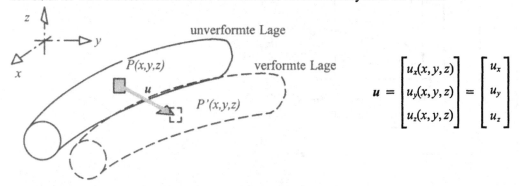

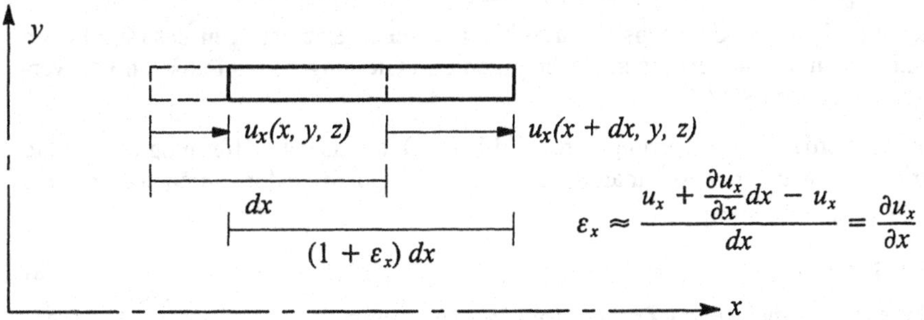

Bild 3.2 Dehnung ε_x in der x-y-Ebene

Insgesamt erhält man für die Dehnungen in Richtung der drei Achsen:

$$\varepsilon_x \approx \frac{\partial u_x}{\partial x} \qquad \varepsilon_y \approx \frac{\partial u_y}{\partial y} \qquad \varepsilon_z \approx \frac{\partial u_z}{\partial z} \tag{3-2/1}$$

Für die Gleitungen als Änderungen des ursprünglich rechten Winkels liest man (bei Vernachlässigung der Verschiebungsableitungen gegenüber der Einheit im Nenner) aus Bild 3.3 ab:

$$\gamma_{xy} = \gamma_x + \gamma_y \approx \frac{u_y + \frac{\partial u_y}{\partial x}dx - u_y}{dx} + \frac{u_x + \frac{\partial u_x}{\partial y}dy - u_x}{dy} = \frac{\partial u_x}{\partial y} + \frac{\partial u_y}{\partial x}$$

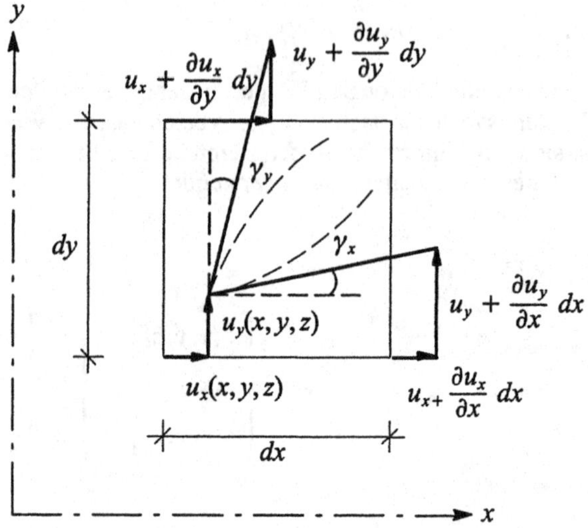

Bild 3.3 Gleitungen in einer Ebene z = *konst.*

Die beiden anderen Gleitungen ergeben sich in analoger Weise. Außerdem erkennen wir daraus die Symmetrie der Schubverzerrungen, so dass drei Gleichungen zur Beschreibung der insgesamt sechs Schubverzerrungen ausreichen:

$$\gamma_{xy} = \gamma_{yx} \approx \frac{\partial u_x}{\partial y} + \frac{\partial u_y}{\partial x} \quad ; \qquad \gamma_{yz} = \gamma_{zy} \approx \frac{\partial u_y}{\partial z} + \frac{\partial u_z}{\partial y} \quad ; \qquad \gamma_{zx} = \gamma_{xz} \approx \frac{\partial u_z}{\partial x} + \frac{\partial u_x}{\partial z} \qquad \text{(3-2)/2}$$

Mit den Beziehungen (3-2) liegen die sechs linearen kinematischen Beziehungen des räumlichen Kontinuums vor, mit denen die Verzerrungen (Dehnungen und Gleitungen) als Funktion von Verschiebungsableitungen gegeben sind.

In allgemeinerer Form werden die Verzerrungen mit Hilfe des Quadrats der Entfernung der Punkte P und P' beschrieben. Dazu verwendet man die Differenz der Quadrate der Linienelemente ds_0 vor und ds_1 nach der Lasteinwirkung

$$\Delta ds^2 = ds_1^2 - ds_0^2 \qquad \text{(a)}$$

mit dem Linienelement im unbelasteten Zustand (mit $u_x = u_y = u_z = 0$)

$$ds_0^2 = dx^2 + dy^2 + dz^2 \qquad \text{(b)}$$

und unter Last entsprechend

$$ds_1^2 = (dx + du_x)^2 + \left(dy + du_y\right)^2 + (dz + du_z)^2 \,. \qquad \text{(c)}$$

Nach Streichen der Terme, die Produkte von Ableitungen enthalten, bleibt z.B. für den ersten Anteil

$$(dx + du_x)^2 - dx^2 \approx 2\left(\frac{\partial u_x}{\partial x} dx^2 + \frac{\partial u_x}{\partial y} dx\, dy + \frac{\partial u_x}{\partial z} dx\, dz\right)$$

Analog erhält man die Anteile in den beiden anderen Richtungen.

Mit den Abkürzungen

$$ds_0^T = [\,dx \quad dy \quad dz\,] \qquad F = \begin{bmatrix} \frac{\partial u_x}{\partial x} & \frac{\partial u_x}{\partial y} & \frac{\partial u_x}{\partial z} \\ \frac{\partial u_y}{\partial x} & \frac{\partial u_y}{\partial y} & \frac{\partial u_y}{\partial z} \\ \frac{\partial u_z}{\partial x} & \frac{\partial u_z}{\partial y} & \frac{\partial u_z}{\partial z} \end{bmatrix}$$

lässt sich (a) mit den linearen Änderungen der Verschiebungskomponenten in Matrizenschreibweise fassen und den Verzerrungen zuordnen:

$$\Delta ds^2 = 2\, ds_0^T\, \boldsymbol{F}\, ds_0 \tag{d}$$

Damit kann man in jedem materiellen Punkt $P(x, y, z)$ eines Bauteils die Differenz der Quadrate der Linienelemente $ds_1^2 - ds_0^2$ vor und nach der Belastung errechnen, indem die Matrix der Verschiebungsableitungen $\boldsymbol{F}$, wie dargestellt, von links mit $ds_0{}^T$ und von rechts mit ds_0 multipliziert wird. Die Matrix $\boldsymbol{F}$ selbst muss also im Rahmen der dargestellten linearen Betrachtung alle Informationen enthalten, die den Verzerrungszustand im Punkt $P\,(x,y,z)$ beschreibt. Wenn die Größe Δds^2 für jedes beliebige ds_0 verschwindet (dies ist offensichtlich dann der Fall, wenn $\boldsymbol{F}$ eine Nullmatrix darstellt), dann kann die stoffliche Umgebung von P nur eine Starrkörperverschiebung oder eine Starrkörperdrehung erfahren und die Verzerrungen verschwinden.

3.2.3 Stoffgesetz

Bei der Durchführung eines eindimensionalen Zugversuchs beobachtet man, dass eine Dehnung mit einer Querkontraktion verbunden ist. In Bild 3.4 ist die Spannung auf die Querschnittsfläche A_0 des unbelasteten Probestabes bezogen.

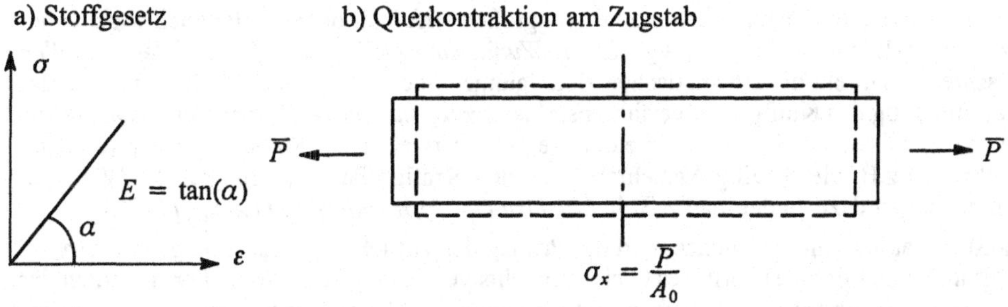

Bild 3.4 σ-ε-Diagramm des eindimensionalen Zugversuches

Für den Zugstab folgt dabei in Längsrichtung die Längsdehnung $\varepsilon_x = \sigma_x/E$, während quer dazu der Körper schmaler wird. Die Querdehnungen ergeben sich zu $\varepsilon_y = \varepsilon_z = -\nu\,\varepsilon_x = -\nu\,\sigma_x/E$, wobei die Querdehnzahl ν im elastischen Bereich eine Konstante ist und für die meisten Metalle ungefähr den Wert 0.2 bis 0.3 aufweist. Für Gummi erhält man im Experiment nahezu den Wert 0.5, der zugleich eine Obergrenze für die Querdehnzahl ist, bei der sogenannte Inkompressibilität vorliegt.

In entsprechender Weise beobachtet man zwischen der Schubspannung und der Schubverzerrung den Zusammenhang $\tau = G\,\gamma$ mit dem sog. Schubmodul G. Bei homogenen und isotropen Materialeigenschaften sind Gleitungen nicht mit den Dehnungen gekoppelt und die Anzahl der Materialkonstanten des verallgemeinerten Hooke'schen Gesetzes des Kontinuums lässt sich von 36 bzw. 21 Materialkonstanten auf lediglich 2 zurückführen, vgl. z.B. *Green, Zerna (1954/1963)*. Diese beiden Materialkonstanten E und ν werden als Elastizitätsmodul und Querdehnzahl bezeichnet. Der Schubmodul G ist damit durch die Beziehung

$$G = \frac{E}{2\,(1+\nu)} \tag{3-3}$$

verknüpft .Unter der Annahme linear - elastischen Materialverhaltens (vgl. Kapitel 3.2.1) gilt dann in Erweiterung des (eindimensionalen) Hooke'schen Gesetzes:

$$\varepsilon_x = \frac{1}{E}\left[\,\sigma_x - \nu\left(\sigma_y + \sigma_z\right)\right]\;; \quad \varepsilon_y = \frac{1}{E}\left[\,\sigma_y - \nu\left(\sigma_x + \sigma_z\right)\right]; \quad \varepsilon_z = \frac{1}{E}\left[\,\sigma_z - \nu\left(\sigma_y + \sigma_x\right)\right];$$

$$\gamma_{xy} = \frac{1}{G}\,\tau_{xy}\;; \qquad \gamma_{yz} = \frac{1}{G}\,\tau_{yz}\;; \qquad \gamma_{zx} = \frac{1}{G}\,\tau_{zx}\,. \tag{3-4}$$

Dieses Stoffgesetz des räumlichen Kontinuums, das die Verzerrungen (Dehnungen und Gleitungen) mit den entsprechenden Spannungen linear verknüpft, ist ein wesentlicher Bestandteil der linearen Elastizitätstheorie, vgl. dazu auch *Leipholz (1968)*.

3.2.4 Prinzip der virtuellen Verschiebungen (Gleichgewicht)

Das Konzept der *virtuellen Arbeiten* hat in der Mechanik eine fundamentale Bedeutung und wurde schon früh verwendet, z.B. in Arbeiten von Johann Bernoulli. Es ist die Basis vieler Energiesätze und gibt mit Hilfe des Arbeitsbegriffs eine integrale Formulierung über das gesamte System. Es kann in verschiedenen Varianten formuliert werden und beinhaltet je nach Wahl der unbekannten Variablen bestimmte Grundgleichungen in Integralform. Als *Prinzip der virtuellen Verschiebungen* beschreibt es direkt das Gleichgewicht über das gesamte System und bildet die Grundlage verschiedener Lösungsverfahren mit Verschiebungen als Unbekannte, z.B. für das zur Berechnung von Stabsystemen heute überwiegend verwendete Weggrößenverfahren oder für die noch allgemeiner einsetzbare Finite-Element-Methode, vgl. *Stein, Wunderlich (1973)*. Als *Prinzip der virtuellen Kräfte* beschreibt es direkt die kinematischen Bedingungen über das gesamte System und ist Basis für die Formulierung des Kraftgrößenverfahrens. Als *verallgemeinertes Prinzip der virtuellen Arbeiten* beinhaltet es verschiedene Grundgleichungen und verwendet als Mehrfeldprinzip (oder gemischtes Prinzip) z.B. gleichzeitig Verschiebungen und Kraftgrößen als Unbekannte. Weitergehende Darstellungen dazu findet man z.B. in *Washizu (1975), Wunderlich (1973), (1977)*.

In den meisten Kapiteln dieses Buches wird das Prinzip der virtuellen Verschiebungen als Grundlage und als integrale (globale) Form des Gleichgewichts verwendet, so auch zur Formulierung der Gleichgewichtsbedingungen und statischen Randbedingungen für das Kontinuum im Rahmen dieses Abschnitts. Deshalb werden einführend zunächst die Begriffe der virtuellen Verschiebung und der virtuellen Arbeit näher erläutert.

Virtuelle Arbeit und Virtuelle Verschiebungen

Unter einer *virtuellen* Verschiebung verstehen wir eine *gedachte* Verschiebung der Punkte eines Körpers, die unabhängig von den wirklich vorhandenen Kräften und Verschiebungen als infinitesimal kleine Störung der wirklichen Verschiebung überlagert wird. Im übrigen sind die virtuellen Verschiebungen aber beliebig. Häufig werden sie auch als infinitesimal kleine Zuwächse der wirkli-

chen Verschiebung angesehen, was der anschaulichen Vorstellung entgegenkommt. Im Rahmen der Formulierung des Prinzips der virtuellen Verschiebungen setzen wir jedoch voraus, dass diese gedachten Verschiebungen von vornherein die kinematischen Gleichungen und kinematischen Randbedingungen erfüllen, dass sie damit also *kinematisch verträglich* sind.
Wir bezeichnen die virtuellen Verschiebungen durch das vorangestellte Symbol δ - z.B. δu - , das aus der Variationsrechnung kommt (z.B. *Courant, Hilbert(1968), Fung (1965)*). Sie bildet den mathematischen Hintergrund der auch als Variationsprinzipe bezeichneten virtuellen Arbeitsprinzipe. Die virtuellen Verschiebungen müssen über den Integrationsbereich in dem Maße stetig und stetig differenzierbar sein, wie es die im Zuge der Herleitung geforderten Verschiebungsableitungen der kinematischen Gleichungen erfordern. Mit Hilfe dieser Grundgleichungen kann man zu den virtuellen Verzerrungen kommen - z.B. zu $\delta\varepsilon = \delta\varepsilon(u)$ - und auf diese Weise die Darstellung vereinfachen.

Der Begriff der *virtuellen Arbeit* folgt unmittelbar durch die multiplikative Verknüpfung der virtuellen Verschiebung δu_x mit dem entsprechenden Arbeitskomplement, also der im Sinne einer Arbeit konjugierten wirklichen Kraft p_x, wie dies z.B. aus $\delta u_x\, p_x$ ersichtlich ist. Entsprechend liefert die virtuelle Verzerrung mit Hilfe der konjugierten Spannungskomponente den virtuellen Arbeitsanteil $\delta\varepsilon_x\, \sigma_x$. Auf diese Weise kann man auch die Spannungen als Arbeitskomplemente der entsprechenden Verzerrungen auffassen und zur Definition der Spannungen gelangen.

Es zeigt sich, dass es mit der Verwendung der virtuellen Arbeit als einer invarianten (vom Bezugssystem unabhängigen) Größe gelingt, grundlegende Zusammenhänge zu erkennen und zu formulieren, wie dies der nächste Abschnitt am Beispiel des Prinzips der virtuellen Verschiebungen zeigt.

Prinzip der virtuellen Verschiebungen für das Kontinuum

Gegeben sei ein elastisch verformbarer Körper, der sich unter der Einwirkung von Oberflächenlasten oder Volumenlasten (Eigengewicht) im Gleichgewicht befindet.

Gesucht sind die Beziehungen, die zwischen den Einwirkungen und den an einem Volumenelement $dV = dx\, dy\, dz$ definierten Spannungen σ_x, σ_y, σ_z, τ_{xy}, τ_{xz}, τ_{yx}, τ_{yz}, τ_{zx}, τ_{zy} im Gleichgewichtsfall bestehen müssen. Bild 3.5 zeigt ein aus dem Körper herausgeschnittenes Volumenelement mit den dort definierten Spannungen. Bei den doppelt indizierten Größen gibt der erste Index die Richtung der Normalen einer Schnittfläche, der zweite die positive Wirkungsrichtung der Spannung an.

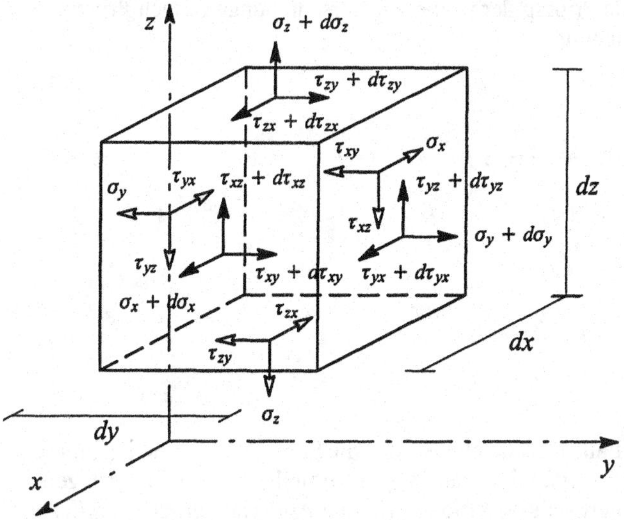

Bild 3.5 Wirkungsrichtung positiver Spannungen an den positiven (Pfeilspitzen ausgefüllt) und negativen Schnittufern (Pfeilspitzen leer) eines differentiellen Volumenelementes

Für die weitere Ableitung betrachten wir nun nicht das differentielle Element, sondern die virtuelle Arbeit im gesamten Kontinuum, das durch eine geschlossene Oberfläche S von seiner Umgebung abgegrenzt ist. Diese Oberfläche besteht aus zwei Teilflächen: Auf S_u sind nur Verschiebungen, auf S_σ sind nur Spannungen vorgeschrieben, entsprechend den beiden möglichen Arten von Randbedingungen eines Körpers. Die Orientierung der Oberfläche wird in jedem ihrer Punkte durch die nach außen weisende Einheitsnormale $\boldsymbol{n}$ festgelegt, vgl. Anhang A1.

Für den dreidimensionalen Körper summieren wir alle Arbeiten, die von den virtuellen Verschiebungen bzw. von den davon abhängigen virtuellen Verzerrungen mit den entsprechenden Arbeitskomplementen gebildet werden. Im Inneren des Körpers erhalten wir die sog. inneren virtuellen Arbeiten aus dem Produkt aller virtuellen Verzerrungen mit den dazu konjugierten wirklichen Spannungen, summiert über das gesamte Volumen:

$$\delta W_i = -\int_V \left[\sigma_x\,\delta\varepsilon_x + \sigma_y\,\delta\varepsilon_y + \sigma_z\,\delta\varepsilon_z + \tau_{xy}\,\delta\gamma_{xy} + \tau_{xz}\,\delta\gamma_{xz} + \tau_{yz}\,\delta\gamma_{yz}\right] dV \qquad (3\text{-}5)/1$$

Das negative Vorzeichen der inneren virtuellen Arbeit entsteht dadurch, dass die mit Hilfe des Schnittprinzips definierten Spannungen entgegengesetzt zu den Verzerrungen infolge des Angriffs einer positiven äußeren Last gerichtet sind.

Entsprechend ergeben sich die äußeren virtuellen Arbeiten aus dem Produkt der virtuellen Verschiebungen mit den zugeordneten Einwirkungen, summiert über das Volumen und die Oberfläche S_σ:

$$\delta W_a = \int_V \left[\bar{q}_x\,\delta u_x + \bar{q}_y\,\delta u_y + \bar{q}_z\,\delta u_z\right] dV + \int_{S_\sigma} \left[\bar{p}_x\,\delta u_x + \bar{p}_y\,\delta u_y + \bar{p}_z\,\delta u_z\right] dS \qquad (3\text{-}5)/2$$

Herrscht Gleichgewicht, so hat die Summe (das Integral) der im gesamten Körpervolumen geleisteten inneren virtuellen Arbeit (Spannungen mal virtuelle Verzerrungen) δW_i denselben (skalaren) Wert wie die virtuelle Arbeit der vorgegebenen Einwirkungen δW_a, also der äußeren virtuellen Arbeit infolge der auf S_σ wirkenden Oberflächenkräfte $\bar{p}_x$, $\bar{p}_y$ und $\bar{p}_z$ und der im gesamten Körpervolumen wirkenden Volumenkräfte $\bar{q}_x$, $\bar{q}_y$ und $\bar{q}_z$. Zusammengefasst kann diese Gleichgewichtsbedingung unter Beachtung der Vorzeichen als Prinzip der virtuellen Verschiebungen (auch Prinzip der virtuellen Arbeiten genannt) in der Gleichung

$$\delta W_i + \delta W_a = 0 \qquad (3\text{-}6)$$

oder

$$\delta W = -\int_V \left[\sigma_x\,\delta\varepsilon_x + \sigma_y\,\delta\varepsilon_y + \sigma_z\,\delta\varepsilon_z + \tau_{xy}\,\delta\gamma_{xy} + \tau_{xz}\,\delta\gamma_{xz} + \tau_{yz}\,\delta\gamma_{yz}\right] dV + \int_V \left[\bar{q}_x\,\delta u_x + \bar{q}_y\,\delta u_y + \bar{q}_z\,\delta u_z\right] dV + \int_{S_\sigma} \left[\bar{p}_x\,\delta u_x + \bar{p}_y\,\delta u_y + \bar{p}_z\,\delta u_z\right] dS = 0$$

ausgedrückt werden. Sie besagt, dass im Falle des Gleichgewichts die Summe der virtuellen inneren und äußeren Arbeit verschwindet. Diese wird dabei auf den Wegen virtueller Verschiebungen geleistet, die wir uns - wie bereits oben erläutert - als Variationen (kleine Änderungen) der wirklichen Verschiebungen entstanden denken. Dabei müssen die kinematischen Randbedingungen einer gestellten Aufgabe erfüllt werden, d. h. die Verschiebungen müssen auf S_u vorgegebene Werte einhalten und die virtuellen Verschiebungen $\delta u(x, y, z)$, $\delta v(x, y, z)$ und $\delta w(x, y, z)$ dort verschwinden. Man bezeichnet die virtuellen Verschiebungen dann auch als kinematisch zulässig.

Das Prinzip der virtuellen Verschiebungen ist in dieser Form nicht auf lineare kinematische Beziehungen oder ein linear-elastisches Stoffgesetz beschränkt, sondern kann unter Beachtung geeignet definierter Verzerrungen und Spannungen ganz allgemein bei nichtlinearen Anwendungen eingesetzt werden. Es ist auch bei nichtkonservativen Lasten anwendbar, Potentialeigenschaften brauchen also nicht vorausgesetzt werden. In diesem Buch werden die Grundlagen, Elemente und Methoden für Stabtragwerke im Rahmen *linearer* Beziehungen aufbereitet.

Übergang vom integralen Prinzip der virtuellen Verschiebungen zu den differentiellen Gleichgewichtsbedingungen und den statischen Randbedingungen

Im Folgenden werden wir zunächst die differentielle Form der Gleichgewichtsbedingungen und die zugehörigen statischen Randbedingungen aus dem Prinzip der virtuellen Verschiebungen ohne zusätzliche mechanische Bedingungen oder Annahmen herleiten. Diese Vorgehensweise wird gewählt, um die vollständige Gleichwertigkeit der integralen und der differentiellen Formulierung der mechanischen Grundgleichungen aufzuzeigen.

Drückt man die in Gl.(3-5)/1 auftretenden virtuellen Verzerrungen durch Ableitungen der virtuellen Verschiebungen mit Hilfe der kinematischen Beziehungen (3-2) aus, so geht der Anteil der inneren virtuellen Arbeit über in:

$$\delta W_i = -\int_V \Big[\sigma_x \frac{\partial(\delta u_x)}{\partial x} + \sigma_y \frac{\partial(\delta u_y)}{\partial y} + \sigma_z \frac{\partial(\delta u_z)}{\partial z}$$

$$+ \tau_{xy}\left(\frac{\partial(\delta u_x)}{\partial y} + \frac{\partial(\delta u_y)}{\partial x}\right) + \tau_{xz}\left(\frac{\partial(\delta u_z)}{\partial x} + \frac{\partial(\delta u_x)}{\partial z}\right) + \tau_{yz}\left(\frac{\partial(\delta u_z)}{\partial y} + \frac{\partial(\delta u_y)}{\partial z}\right)\Big]\, dV$$

Die Terme dieses Anteils lassen sich mit Hilfe von $\frac{\partial}{\partial x}(\sigma_x\,\delta u_x) = \frac{\partial \sigma_x}{\partial x}\,\delta u_x + \sigma_x \frac{\partial(\delta u_x)}{\partial x}$ oder

$$\sigma_x \frac{\partial(\delta u_x)}{\partial x} = \frac{\partial \sigma_x}{\partial x}\,\delta u_x - \frac{\partial}{\partial x}(\sigma_x\,\delta u_x) \tag{e}$$

mit dem Ziel umformen, dass keine Ableitungen der virtuellen Verschiebungen mehr auftreten. Dies gelingt, wenn wir die analog dem letzten Term der obigen Gleichung aufgebaute Beziehung mit Hilfe des Gauß'schen Integralsatzes -vgl. Anhang A1- von einem Volumenintegral in ein Oberflächenintegral umformen. Zu beachten ist dabei noch, dass das Flächenintegral nur auf der Oberfläche S_σ auszuwerten ist, da die virtuellen Verschiebungen δu, δv und δw voraussetzungsgemäß auf S_u verschwinden (kinematisch zulässige virtuelle Verschiebungen). Man erhält:

$$\int_V \Big[\frac{\partial}{\partial x}(\sigma_x\,\delta u_x) + \frac{\partial}{\partial y}(\tau_{yx}\,\delta u_x) + \frac{\partial}{\partial z}(\tau_{zx}\,\delta u_x)$$

$$+ \frac{\partial}{\partial x}(\tau_{xy}\,\delta u_y) + \frac{\partial}{\partial y}(\sigma_y\,\delta u_y) + \frac{\partial}{\partial z}(\tau_{zy}\,\delta u_y)$$

$$+ \frac{\partial}{\partial x}(\tau_{xz}\,\delta u_z) + \frac{\partial}{\partial y}(\tau_{yz}\,\delta u_z) + \frac{\partial}{\partial z}(\sigma_z\,\delta u_z)\Big]\, dV =$$

$$= \int_{S_\sigma} \Big[(\sigma_x n_x + \tau_{yx} n_y + \tau_{zx} n_z)\, \delta u_x + (\tau_{xy} n_x + \sigma_y n_y + \tau_{zy} n_z)\, \delta u_y + (\tau_{xz} n_x + \tau_{yz} n_y + \sigma_z n_z)\, \delta u_z \Big]\, dS = \int_{S_\sigma} \Big[p_x\, \delta u_x + p_y\, \delta u_y + p_z\, \delta u_z \Big]\, dS \qquad \text{(f)}$$

Aus der obigen Gleichung wird ersichtlich, dass die Ausdrücke in den runden Klammern des Oberflächenintegrals jeweils als Komponente eines Spannungsvektors aufzufassen sind, der in Richtung der (im Sinne einer Arbeit) konjugierten Verschiebungskomponente weist. Daraus folgen die drei Komponenten des Spannungsvektors $\boldsymbol{p}$ zu

$$\begin{aligned} \sigma_x n_x + \tau_{yx} n_y + \tau_{zx} n_z &= p_x \\ \tau_{xy} n_x + \sigma_y n_y + \tau_{zy} n_z &= p_y \\ \tau_{xz} n_x + \tau_{yz} n_y + \sigma_z n_z &= p_z \end{aligned} \qquad \text{(3-7)}$$

Diese Gleichungen gelten in jedem Punkt auf der Oberfläche S_σ eines belasteten Körpers. Sie beschreiben, wie die Spannungen an einer beliebig geneigten Oberfläche zu den drei Komponenten des Spannungsvektors zusammengesetzt werden. Für einen Punkt auf der Oberfläche ist die Richtung des Normalenvektors $\boldsymbol{n}$ durch die Richtungscosinus beschrieben:

$$n_x = \cos(n,x), \qquad n_y = \cos(n,y)\,, \qquad n_z = \cos(n,z) \qquad \text{(g)}$$

Unter Berücksichtigung der gezeigten Umformung mit Hilfe des Gauß'schen Integralsatzes erhalten wir unter Beachtung von Gl. (e) für die innere virtuelle Arbeit

$$\delta W_i = \int_V \Big[\left(\frac{\partial \sigma_x}{\partial x} + \frac{\partial \tau_{yx}}{\partial y} + \frac{\partial \tau_{zx}}{\partial z} \right) \delta u_x + \left(\frac{\partial \tau_{xy}}{\partial x} + \frac{\partial \sigma_y}{\partial y} + \frac{\partial \tau_{zx}}{\partial z} \right) \delta u_y + \left(\frac{\partial \tau_{xz}}{\partial x} + \frac{\partial \tau_{yz}}{\partial y} + \frac{\partial \sigma_z}{\partial z} \right) \delta u_z \Big]\, dV - \int_{S_\sigma} \Big[p_x\, \delta u_x + p_y\, \delta u_y + p_z\, \delta u_z \Big]\, dS \qquad \text{(h)}$$

Zusammen mit der äußeren virtuellen Arbeit δW_a, vgl. Gl.(3-5)/2,

$$\delta W_a = \int_V \Big[\bar{q}_x\, \delta u_x + \bar{q}_y\, \delta u_y + \bar{q}_z\, \delta u_z \Big]\, dV + \int_{S_\sigma} \Big[\bar{p}_x\, \delta u_x + \bar{p}_y\, \delta u_y + \bar{p}_z\, \delta u_z \Big]\, dS$$

ergibt sich schließlich nach Zusammenfassung in die drei Koordinatenrichtungen die Form:

$$\begin{aligned}\delta W = \int_V \Big[& \left(\frac{\partial \sigma_x}{\partial x} + \frac{\partial \tau_{yx}}{\partial y} + \frac{\partial \tau_{zx}}{\partial z} + \overline{q}_x \right) \delta u_x \\ & + \left(\frac{\partial \tau_{xy}}{\partial x} + \frac{\partial \sigma_y}{\partial y} + \frac{\partial \tau_{zx}}{\partial z} + \overline{q}_y \right) \delta u_y \\ & + \left(\frac{\partial \tau_{xz}}{\partial x} + \frac{\partial \tau_{yz}}{\partial y} + \frac{\partial \sigma_z}{\partial z} + \overline{q}_z \right) \delta u_z \Big] dV \\ & - \int_{S_\sigma} \left[(p_x - \overline{p}_x)\, \delta u_x + (p_y - \overline{p}_y)\, \delta u_y + (p_z - \overline{p}_z)\, \delta u_z \right] dS = 0 \end{aligned} \tag{3-8}$$

Daraus kann man entnehmen, dass für beliebige kinematisch zulässige virtuelle Verschiebungen die virtuelle Arbeit δW nur dann gleich Null ist, wenn die Ausdrücke in den runden Klammern jeder für sich verschwinden. Das sind aber gerade die Gleichgewichtsbedingungen und die zugehörigen statischen Randbedingungen des Kontinuums:

$$\begin{aligned} \frac{\partial \sigma_x}{\partial x} + \frac{\partial \tau_{yx}}{\partial y} + \frac{\partial \tau_{zx}}{\partial z} + \overline{q}_x &= 0 \\ \frac{\partial \tau_{xy}}{\partial x} + \frac{\partial \sigma_y}{\partial y} + \frac{\partial \tau_{zy}}{\partial z} + \overline{q}_y &= 0 \\ \frac{\partial \tau_{xz}}{\partial x} + \frac{\partial \tau_{yz}}{\partial y} + \frac{\partial \sigma_z}{\partial z} + \overline{q}_z &= 0 \end{aligned} \tag{3-9}$$

$$p_x = \overline{p}_x \qquad p_y = \overline{p}_y \qquad p_z = \overline{p}_z \tag{3-10}$$

Ist der Körper im Gleichgewicht, so müssen die drei Bedingungen (3-9) in jedem Punkt des Kontinuums und die drei Randbedingungen (3-10) auf jedem Punkt der Oberfläche S_σ erfüllt sein. Man kann daraus die mechanisch inhaltliche Bedeutung des Prinzips entnehmen:

Ein Körper ist mechanisch nur im Gleichgewicht, wenn unter kinematisch zulässigen virtuellen Verschiebungen die virtuelle Arbeit verschwindet.

Mit der obigen Umformung konnte gezeigt werden, dass das Prinzip der virtuellen Arbeiten (3-6) direkt in Gl. (3-8) als integrale (globale) Form von Gleichgewicht und statischen Randbedingungen überführt werden kann. Bei der Umformung wird das Divergenztheorem nach Gauß verwendet, vgl. (A1-9) im Anhang A1. Damit können wir z.B. bei einem Produkt unter dem Integral die Ableitung der einen Größe durch die Ableitung der anderen ersetzen, wobei sich ein zusätzlicher Randterm ergibt. Diese mathematische Umformung enthält keine zusätzliche mechanische Annahme. Die entsprechende eindimensionale Form des Gauß'schen Satzes ist die wohlbekannte Formel für die partielle Integration oder Teilintegration, vgl. Gl. (A1-1).

Die Ableitung der differentiellen Gleichgewichtsbedingungen (3-9) erfolgt häufig durch direkte Betrachtung am differentiellen Volumenelement (Bild 3.5), wobei die differentiellen Zuwächse in eine Taylor-Reihe zu entwickeln sind. Bei der gezeigten Ableitung über das Prinzip der virtuellen Arbeiten ist dies hingegen nicht erforderlich. Vielmehr hat es den Vorteil, dass diese integrale Form des Gleichgewichts direkt als Ausgangspunkt der Formulierung der Stabtheorie sowie auch als Grundlage des Weggrößenverfahrens und der numerischen Ermittlung von Elementmatrizen nutzbar ist. Außerdem enthält sie in konsistenter Weise die zugehörigen statischen Randbedingungen.

3.2.5 Zusammenfassung der Grundgleichungen

Für den späteren Gebrauch und übersichtlichen Bezug werden die Grundgleichungen des Kontinuums außer in konventioneller Schreibweise auch in Matrizenschreibweise zusammengestellt. Dafür ist es erforderlich, Zustandsgrößen (Verschiebungen, Verzerrungen, Spannungen, Kräfte) als Komponenten von Spaltenmatrizen bereitzustellen, deren Reihenfolge jeweils aus den nachfolgenden Beziehungen hervorgeht. Weiterhin erweist es sich als nutzbringend, Operatormatrizen zu definieren, deren Einträge auch Ableitungsvorschriften enthalten. Dabei wirkt die Differentiation auf die entsprechende Variable der Spaltenmatrix.

Kinematik:

$$\begin{aligned}
\varepsilon_x &\approx \frac{\partial u_x}{\partial x} \\
\varepsilon_y &\approx \frac{\partial u_y}{\partial y} \\
\varepsilon_z &\approx \frac{\partial u_z}{\partial z} \\
\gamma_{xy} &\approx \frac{\partial u_x}{\partial y} + \frac{\partial u_y}{\partial x} = \gamma_{yx} \\
\gamma_{yz} &\approx \frac{\partial u_y}{\partial z} + \frac{\partial u_z}{\partial y} = \gamma_{zy} \\
\gamma_{zx} &\approx \frac{\partial u_z}{\partial x} + \frac{\partial u_x}{\partial z} = \gamma_{xz}
\end{aligned}$$

oder

$$\begin{bmatrix} \varepsilon_x \\ \varepsilon_y \\ \varepsilon_z \\ \gamma_{xy} \\ \gamma_{yz} \\ \gamma_{zx} \end{bmatrix} = \begin{bmatrix} \frac{\partial}{\partial x} & 0 & 0 \\ 0 & \frac{\partial}{\partial y} & 0 \\ 0 & 0 & \frac{\partial}{\partial z} \\ \frac{\partial}{\partial y} & \frac{\partial}{\partial x} & 0 \\ 0 & \frac{\partial}{\partial z} & \frac{\partial}{\partial y} \\ \frac{\partial}{\partial z} & 0 & \frac{\partial}{\partial x} \end{bmatrix} \begin{bmatrix} u_x \\ u_y \\ u_z \end{bmatrix} \tag{3-2}$$

$$\boldsymbol{\varepsilon} = \boldsymbol{D}_u \; \boldsymbol{u}$$

Stoffgesetz:

$$\begin{aligned}
\varepsilon_x &= \frac{1}{E}\left[\sigma_x - \nu\left(\sigma_y + \sigma_z\right)\right] & \gamma_{xy} &= \frac{1}{G}\tau_{xy} \\
\varepsilon_y &= \frac{1}{E}\left[\sigma_y - \nu\left(\sigma_x + \sigma_z\right)\right] & \gamma_{yz} &= \frac{1}{G}\tau_{yz} \\
\varepsilon_z &= \frac{1}{E}\left[\sigma_z - \nu\left(\sigma_y + \sigma_x\right)\right] & \gamma_{zx} &= \frac{1}{G}\tau_{zx}
\end{aligned}$$

oder

$$\begin{bmatrix} \varepsilon_x \\ \varepsilon_y \\ \varepsilon_z \\ \gamma_{xy} \\ \gamma_{yz} \\ \gamma_{zx} \end{bmatrix} = \frac{1}{E} \begin{bmatrix} 1 & -\nu & -\nu & 0 & 0 & 0 \\ -\nu & 1 & -\nu & 0 & 0 & 0 \\ -\nu & -\nu & 1 & 0 & 0 & 0 \\ 0 & 0 & 0 & 2(1+\nu) & 0 & 0 \\ 0 & 0 & 0 & 0 & 2(1+\nu) & 0 \\ 0 & 0 & 0 & 0 & 0 & 2(1+\nu) \end{bmatrix} \begin{bmatrix} \sigma_x \\ \sigma_y \\ \sigma_z \\ \tau_{xy} \\ \tau_{yz} \\ \tau_{zx} \end{bmatrix} \tag{3-4}$$

$$\boldsymbol{\varepsilon} = \boldsymbol{E}^{-1} \; \boldsymbol{\sigma}$$

Invertiertes Stoffgesetz:

$$\sigma_x = \frac{E}{1+\nu}\left[\varepsilon_x + \frac{\nu}{1-2\nu}(\varepsilon_x+\varepsilon_y+\varepsilon_z)\right] \qquad \tau_{xy} = G\gamma_{xy}$$

$$\sigma_y = \frac{E}{1+\nu}\left[\varepsilon_y + \frac{\nu}{1-2\nu}(\varepsilon_x+\varepsilon_y+\varepsilon_z)\right] \qquad \tau_{yz} = G\gamma_{yz}$$

$$\sigma_z = \frac{E}{1+\nu}\left[\varepsilon_z + \frac{\nu}{1-2\nu}(\varepsilon_x+\varepsilon_y+\varepsilon_z)\right] \qquad \tau_{zx} = G\gamma_{zx}$$

oder:

$$\begin{bmatrix}\sigma_x\\ \sigma_y\\ \sigma_z\\ \tau_{xy}\\ \tau_{yz}\\ \tau_{zx}\end{bmatrix} = \frac{E}{1+\nu}\begin{bmatrix}\frac{1-\nu}{1-2\nu} & \frac{\nu}{1-2\nu} & \frac{\nu}{1-2\nu} & 0 & 0 & 0\\ \frac{\nu}{1-2\nu} & \frac{1-\nu}{1-2\nu} & \frac{\nu}{1-2\nu} & 0 & 0 & 0\\ \frac{\nu}{1-2\nu} & \frac{\nu}{1-2\nu} & \frac{1-\nu}{1-2\nu} & 0 & 0 & 0\\ 0 & 0 & 0 & \frac{1}{2} & 0 & 0\\ 0 & 0 & 0 & 0 & \frac{1}{2} & 0\\ 0 & 0 & 0 & 0 & 0 & \frac{1}{2}\end{bmatrix}\begin{bmatrix}\varepsilon_x\\ \varepsilon_y\\ \varepsilon_z\\ \gamma_{xy}\\ \gamma_{yz}\\ \gamma_{zx}\end{bmatrix} \qquad (3\text{-}11)$$

$$\boldsymbol{\sigma} \quad = \quad \boldsymbol{E} \quad \boldsymbol{\varepsilon}$$

Gleichgewicht (Differentialgleichungen):

$$\frac{\partial\sigma_x}{\partial x} + \frac{\partial\tau_{yx}}{\partial y} + \frac{\partial\tau_{zx}}{\partial z} + \overline{q}_x = 0 \qquad \tau_{xy} = \tau_{yx}$$

$$\frac{\partial\tau_{xy}}{\partial x} + \frac{\partial\sigma_y}{\partial y} + \frac{\partial\tau_{zy}}{\partial z} + \overline{q}_y = 0 \qquad \tau_{yz} = \tau_{zy}$$

$$\frac{\partial\tau_{xz}}{\partial x} + \frac{\partial\tau_{yz}}{\partial y} + \frac{\partial\sigma_z}{\partial z} + \overline{q}_z = 0 \qquad \tau_{zx} = \tau_{xz}$$

oder

$$\begin{bmatrix}\frac{\partial}{\partial x} & 0 & 0 & \frac{\partial}{\partial y} & 0 & \frac{\partial}{\partial z}\\ 0 & \frac{\partial}{\partial y} & 0 & \frac{\partial}{\partial x} & \frac{\partial}{\partial z} & 0\\ 0 & 0 & \frac{\partial}{\partial z} & 0 & \frac{\partial}{\partial y} & \frac{\partial}{\partial x}\end{bmatrix}\begin{bmatrix}\sigma_x\\ \sigma_y\\ \sigma_z\\ \tau_{xy}\\ \tau_{yz}\\ \tau_{zx}\end{bmatrix} + \begin{bmatrix}\overline{q}_x\\ \overline{q}_y\\ \overline{q}_z\end{bmatrix} = \begin{bmatrix}0\\ 0\\ 0\end{bmatrix} \qquad (3\text{-}9)$$

$$\boldsymbol{D}_\sigma^T \quad \boldsymbol{\sigma} \quad + \quad \overline{\boldsymbol{q}} \quad = \quad \boldsymbol{0}$$

Statische Randbedingungen:

$$\sigma_x n_x + \tau_{yx} n_y + \tau_{zx} n_z = p_x = \overline{p}_x$$
$$\tau_{xy} n_x + \sigma_y n_y + \tau_{zy} n_z = p_y = \overline{p}_y$$
$$\tau_{xz} n_x + \tau_{yz} n_y + \sigma_z n_z = p_z = \overline{p}_z$$

oder

$$\underbrace{\begin{bmatrix} n_x & 0 & 0 & n_y & 0 & n_z \\ 0 & n_y & 0 & n_x & n_z & 0 \\ 0 & 0 & n_z & 0 & n_y & n_x \end{bmatrix}}_{A^T} \underbrace{\begin{bmatrix} \sigma_x \\ \sigma_y \\ \sigma_z \\ \tau_{xy} \\ \tau_{yz} \\ \tau_{zx} \end{bmatrix}}_{\sigma} = \underbrace{\begin{bmatrix} p_x \\ p_y \\ p_z \end{bmatrix}}_{p} = \underbrace{\begin{bmatrix} \overline{p}_x \\ \overline{p}_y \\ \overline{p}_z \end{bmatrix}}_{\overline{p}} \qquad (3\text{-}10)$$

$$A^T \sigma = p$$

Prinzip der virtuellen Verschiebungen (Gleichgewicht und Stat. Randbedingungen):

$$\delta W_i + \delta W_a = 0 \qquad (3\text{-}6)$$

mit

$$\delta W_i = -\int_V \left[\sigma_x \delta\varepsilon_x + \sigma_y \delta\varepsilon_y + \sigma_z \delta\varepsilon_z + \tau_{xy} \delta\gamma_{xy} + \tau_{xz} \delta\gamma_{xz} + \tau_{yz} \delta\gamma_{yz} \right] dV \qquad (3\text{-}5)/1$$

$$\delta W_a = \int_V \left[\overline{q}_x \delta u_x + \overline{q}_y \delta u_y + \overline{q}_z \delta u_z \right] dV + \int_{S_\sigma} \left[\overline{p}_x \delta u_x + \overline{p}_y \delta u_y + \overline{p}_z \delta u_z \right] dS \qquad (3\text{-}5)/2$$

oder :

$$-\delta W = \int_V \left[\delta\boldsymbol{\varepsilon}^T \boldsymbol{\sigma} - \delta\boldsymbol{u}^T \overline{\boldsymbol{q}} \right] dV - \int_{S_\sigma} \delta\boldsymbol{u}^T \overline{\boldsymbol{p}} \, dS = 0 \qquad (3\text{-}12)$$

Zu beachten ist, dass die obige Schreibweise der inneren virtuellen Arbeit in dem Sinne eine Abkürzung ist, als man sich die darin enthaltenen Verzerrungen und Spannungen vollständig in Verschiebungen ausgedrückt denken muss. Vollständig ausgeschrieben erhalten wir nach Einsetzen von Kinematik (3-2) und Stoffgesetz (3-4) die Form:

$$-\delta W = \int_V \left[\delta\boldsymbol{u}^T {}_u\boldsymbol{D}^T \boldsymbol{E} \boldsymbol{D}_u \, \boldsymbol{u} - \delta\boldsymbol{u}^T \overline{\boldsymbol{q}} \right] dV - \int_{S_\sigma} \delta\boldsymbol{u}^T \overline{\boldsymbol{p}} \, dS = 0 \qquad (3\text{-}13)$$

In (3-13) ist die Verzerrung nach (3-2) durch $\boldsymbol{\varepsilon}^T = [\boldsymbol{D}_u \boldsymbol{u}]^T = \boldsymbol{u}^T {}_u\boldsymbol{D}^T$ ausgedrückt, wobei der untere Index vor der Operatormatrix so zu verstehen ist, dass sich die Ableitungen in der Operatormatrix auf die davor stehende Spaltenmatrix beziehen. Diese Schreibweise hat den Vorteil, dass z.B. aus der Form ${}_u\boldsymbol{D}^T \boldsymbol{E} \boldsymbol{D}_u$ deren Symmetrie direkt erkennbar ist, vgl. dazu *Wunderlich (1976).*

Resultierende Differentialgleichungen in Verschiebungen

Setzt man die kinematischen Beziehungen (3-2) in das Stoffgesetz (3-4) und die so erhaltenen Spannungen in die Gleichgewichtsbedingungen (3-9) des Kontinuums ein, so erhält man die maßgebenden Differentialgleichungen in Verschiebungsgrößen:

$$\frac{E}{2(1+\nu)}\left[\frac{\partial^2 u_x}{\partial x^2}+\frac{\partial^2 u_x}{\partial y^2}+\frac{\partial^2 u_x}{\partial z^2}+\frac{1}{1-2\nu}\left(\frac{\partial^2 u_x}{\partial x^2}+\frac{\partial^2 u_y}{\partial x \partial y}+\frac{\partial^2 u_z}{\partial x \partial z}\right)\right]+\bar{q}_x=0 \qquad (3\text{-}14)/1$$

$$\frac{E}{2(1+\nu)}\left[\frac{\partial^2 u_y}{\partial x^2}+\frac{\partial^2 u_y}{\partial y^2}+\frac{\partial^2 u_y}{\partial z^2}+\frac{1}{1-2\nu}\left(\frac{\partial^2 u_x}{\partial y \partial x}+\frac{\partial^2 u_y}{\partial y^2}+\frac{\partial^2 u_z}{\partial y \partial z}\right)\right]+\bar{q}_y=0 \qquad (3\text{-}14)/2$$

$$\frac{E}{2(1+\nu)}\left[\frac{\partial^2 u_z}{\partial x^2}+\frac{\partial^2 u_z}{\partial y^2}+\frac{\partial^2 u_z}{\partial z^2}+\frac{1}{1-2\nu}\left(\frac{\partial^2 u_x}{\partial z \partial x}+\frac{\partial^2 u_y}{\partial z \partial y}+\frac{\partial^2 u_z}{\partial z^2}\right)\right]+\bar{q}_z=0 \qquad (3\text{-}14)/3$$

Wir werden in späteren Kapiteln von diesen Beziehungen Gebrauch machen.

Die oben gegebenen Gleichungen (3-14) sind die maßgebenden Differentialgleichungen der räumlichen Elastizitätstheorie in Verschiebungsfeldern, vgl. auch *Hahn (1985)*. Funktionen u_x, u_y und u_z, die diese Gleichungen und die einer speziellen Aufgabe zugeordneten Randbedingungen erfüllen, stellen Lösungen dieser Aufgabenstellung dar.

Resultierende Verträglichkeitsbedingungen in Verzerrungen

Geht man umgekehrt von Spannungsfeldern σ_x, σ_y, σ_z, τ_{xy}, τ_{yz} und τ_{zx} aus, welche die Gleichgewichtsbedingungen (3-9) und die statischen Randbedingungen (3-10) einer speziellen Aufgabe identisch erfüllen mögen, so errechnet man aus dem Stoffgesetz (3-4) sechs Verzerrungskomponenten des Kontinuums. Mit diesen lassen sich aus den sechs kinematischen Beziehungen des Körpers (3-2) nur dann widerspruchsfrei drei Verschiebungsfelder ermitteln, wenn die Verzerrungsfelder die folgenden Integrabilitätsbedingungen erfüllen. Sie werden auch als Verträglichkeits- oder Kompatibilätsbedingungen bezeichnet (zur Herleitung dieser Beziehungen vergleiche man z.B. *Hahn (1985)*):

$$\frac{\partial^2 \gamma_{xy}}{\partial x \partial y}=\frac{\partial^2 \varepsilon_x}{\partial y^2}+\frac{\partial^2 \varepsilon_y}{\partial x^2} \qquad (3\text{-}15)/1$$

$$\frac{\partial^2 \gamma_{yz}}{\partial y \partial z}=\frac{\partial^2 \varepsilon_y}{\partial z^2}+\frac{\partial^2 \varepsilon_z}{\partial y^2} \qquad (3\text{-}15)/2$$

$$\frac{\partial^2 \gamma_{zx}}{\partial z \partial x}=\frac{\partial^2 \varepsilon_z}{\partial x^2}+\frac{\partial^2 \varepsilon_x}{\partial z^2} \qquad (3\text{-}15)/3$$

$$\frac{\partial^2 \varepsilon_x}{\partial y \partial z}=\frac{1}{2}\frac{\partial}{\partial x}\left(-\frac{\partial \gamma_{yz}}{\partial x}+\frac{\partial \gamma_{zx}}{\partial y}+\frac{\partial \gamma_{xy}}{\partial z}\right) \qquad (3\text{-}15)/4$$

$$\frac{\partial^2 \varepsilon_y}{\partial x \partial z}=\frac{1}{2}\frac{\partial}{\partial y}\left(\frac{\partial \gamma_{yz}}{\partial x}-\frac{\partial \gamma_{xz}}{\partial y}+\frac{\partial \gamma_{xy}}{\partial z}\right) \qquad (3\text{-}15)/5$$

$$\frac{\partial^2 \varepsilon_z}{\partial x \partial y}=\frac{1}{2}\frac{\partial}{\partial z}\left(\frac{\partial \gamma_{yz}}{\partial x}+\frac{\partial \gamma_{xz}}{\partial y}-\frac{\partial \gamma_{xy}}{\partial z}\right) \qquad (3\text{-}15)/6$$

3.3 Grundgleichungen der Biegung und Torsion des Stabes

Es ist das Ziel dieses Kapitels, die maßgebenden Beziehungen eines Stabes unter Längs- und Querbelastung aus den Grundgleichungen des Kontinuums herzuleiten. Diese umfassen die kinematischen Beziehungen, das Stoffgesetz und das Prinzip der virtuellen Verschiebungen als globale Gleichgewichtsbedingung. Die daraus folgenden Differentialgleichungen mit den zugeordneten Randbedingungen werden im Kapitel 4 zunächst für den Fall des Stabes unter Längskraft und einachsiger Biegung ermitttelt und durch die zugehörigen Elementsteifigkeiten und Lastspalten ergänzt. Für den allgemeinen Fall des räumlich belasteten Stabes (Längswirkung, zweiachsige Biegung und Torsion, unter Einschluss der Wölbkraft-Torsion) werden die entsprechenden Elementeigenschaften in den Kapiteln 9 bis 11 entwickelt.

3.3.1 Annahmen der Stabtheorie

Im Rahmen einer Stabtheorie wird davon ausgegangen, dass die Zustands- und Beanspruchungsgrößen multiplikativ in Anteile, die dem Querschnitt zugeordnet sind und solche, die längs einer Stabachse veränderlich sind, aufgespalten werden können. Dabei wird bei geraden Stäben der Stabachse ein kartesisches x-y-z-Koordinatensystem zugeordnet: x ist die Längsachse, y und z sind die Querschnittsachsen, vgl. Bild 3.6. Ist die Stabachse nicht gerade, können stattdessen gekrümmte Koordinaten verwendet werden,vgl. *Wunderlich, Beverungen (1977)*.

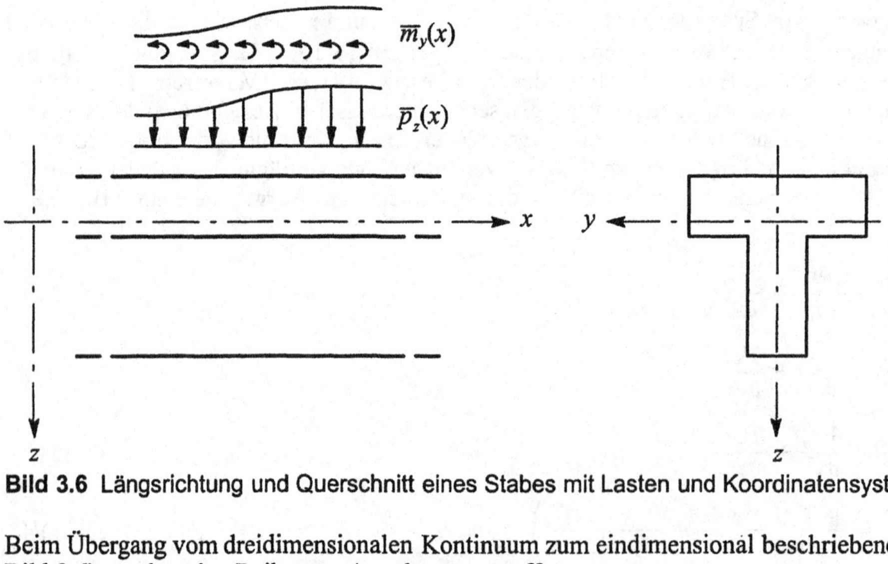

Bild 3.6 Längsrichtung und Querschnitt eines Stabes mit Lasten und Koordinatensystem

Beim Übergang vom dreidimensionalen Kontinuum zum eindimensional beschriebenen Stab (vgl. Bild 3.6) werden eine Reihe von Annahmen getroffen:

1. Im Rahmen dieses Buches gelten lineare geometrische und physikalische Beziehungen.
2. Die Querschnittsabmessungen des Stabes werden gegenüber den Abmessungen in der Längsachse als klein vorausgesetzt.
3. Alle Lasten wirken als Linien- oder Einzellasten und werden auf die Längsachsen bzw. die Hauptachsen bezogen, ggf. durch geeignete Transformationen.

4. Der Stabquerschnitt bleibt unter Lasten formtreu. Damit wird der Einfluß der Verzerrungen $\varepsilon_y, \varepsilon_z$ *und* γ_{yz} in der Querschnittsebene vernachlässigt, woraus folgt, dass Spannungen in der Querschnittsebene nur aus Gleichgewichtsüberlegungen gewonnen werden können .
5. Die Querschubverzerrungen infolge Biegung werden entweder als Mittelwert über den Querschnitt erfasst (schubweiche Profile) oder nach der Hypothese von *Bernoulli* vernachlässigt (schubstarrer Querschnitt).
6. Die Schubverzerrungen infolge Wölbkrafttorsion werden entweder näherungsweise über den Querschnitt erfasst oder nach der Hypothese von *Wagner* vernachlässigt (analog der Hypothese von Bernoulli).

Die Zulässigkeit dieser Annahmen ist durch Versuche hinreichend abgesichert. Die Folgerungen, die sich aus ihnen für das mechanische Modell des Biegeträgers ergeben, werden in den folgenden Abschnitten besprochen.Bei der Herleitung der Grundgleichungen des Stabes werden zusätzliche kinematische Hypothesen eingeführt, die an entsprechender Stelle näher erläutert werden.

Außerdem ist angemerkt, dass Ableitungen nach der Stabkoordinate x im Weiteren vereinfachend durch einen hochgestellten Strich bezeichnet werden (z.B. du/dx als u').

Vernachlässigung von Anteilen quer zur Stabachse

Gemäß Annahme 4 werden die Einflüsse der Verzerrungen in der Querschnittsebene vernachlässigt. Damit entfallen im Prinzip der virtuellen Arbeiten des Kontinuums die in (3-16) angegebenen Anteile:

$$-\delta W = \int_V \big(\sigma_x \delta\varepsilon_x + \tau_{xy}\delta\gamma_{xy} + \tau_{xz}\delta\gamma_{xz} + \underbrace{\sigma_y \delta\varepsilon_y + \sigma_z \delta\varepsilon_z + \tau_{yz}\delta\gamma_{yz}}_{\text{vernachlässigt}} \big)\, dV - \int_{S_p} \big(\bar{p}_x \delta u_x + \bar{p}_y \delta u_y + \bar{p}_z \delta u_z \big)\, dS = 0 \qquad (3\text{-}16)$$

Kinematische Hypothesen

Die drei Verschiebungskomponenten eines beliebigen Punktes *P(x, y, z)* des Kontinuums werden durch die Verschiebungen u, v, w, die Verdrehungen $\varphi_x, \varphi_y, \varphi_z$ und die Verwindung ψ eines Punktes auf einer zunächst beliebigen, senkrecht zum Querschnitt liegenden Stabachse ausgedrückt:

$$\underset{\text{Kontinuum}}{\begin{bmatrix} u_x \\ u_y \\ u_z \end{bmatrix}} \longrightarrow \underset{\text{Stabachse}}{\begin{bmatrix} u \\ v \\ w \\ \hline \varphi_x \\ \varphi_y \\ \varphi_z \\ \hline \psi \end{bmatrix}} \begin{matrix} \text{Verschiebungen} \\ \\ \text{Verdrehungen} \\ \\ \text{Verwindung} \end{matrix}$$

Der Zusammenhang zwischen den drei Verschiebungskomponenten eines Punktes des Stabkontinuums und den sieben Weggrößen eines Punktes auf der Stabachse wird durch kinematische Hypothesen vorgegeben:

$$\begin{aligned} u_x &= u + y\,\varphi_z + z\,\varphi_y + \omega(y,z)\,\psi \\ u_y &= v - z\,\varphi_x \\ u_z &= w + y\,\varphi_x \end{aligned} \qquad (3\text{-}17)$$

Diese werden im Weiteren erläutert und mit Hilfe von Bild 3.7 bis Bild 3.9 mechanisch veranschaulicht, wobei die Annahmen für die Längsverschiebung u_x durch die drei Anteile aus Längskraft, zweiachsiger Biegung und Torsionsverwölbung bestimmt sind.

Erläuterung für die Längsverschiebung u_x

1. Längskraft: Konstanter Anteil der Längsverschiebung u_x

Eine über den Querschnitt konstante Beanspruchung des Stabes (z.B. beim Fachwerkstab) kann durch einen konstanten Anteil der Längsverschiebung erfasst werden:

$$u_x(N) = u$$

2. Biegung: Linear über die Höhe bzw. linear über die Breite veränderlich

Wird ein Stab durch zweiachsige Biegung beansprucht, so wird eine lineare Veränderlichkeit der Längsverschiebungen über die Höhe (Ansicht) bzw. über die Breite (Grundriss) angenommen und damit auch eine lineare Verteilung der zugehörigen Längsdehnungen über die Höhe bzw. Breite:

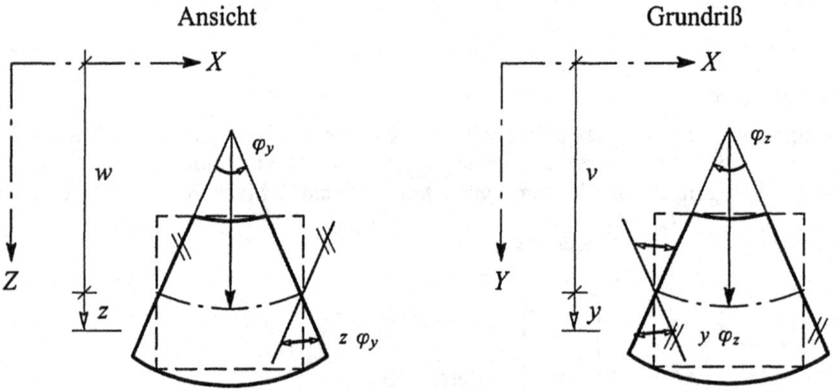

$$u_x(M_y, M_z) = y\,\varphi_z + z\,\varphi_y$$

Bild 3.7 Biegeanteile der Längsverschiebung u_x

Die Richtungsdefinition der Verdrehungen sind Bild 3.7 zu entnehmen, vgl. auch Bild 3.10.

3. Verwölbung infolge Torsion: Zweidimensionale Verteilung $\omega(y, z)$ über den Querschnitt

Wird ein Stab verdreht, so bleibt sein Querschnitt im Allgemeinen nicht eben, sondern erfährt eine Verschiebung in Längsrichtung des Stabes - siehe Bild 3.8 -, die "windschief" so über den Querschnitt verteilt ist, dass keine Resultierende in Längsrichtung vorhanden ist. Diese als Verwölbung bezeichneten Längsverschiebungen sind generell für die Ermittlung des Torsions-Trägheitsmoments von Bedeutung, außerdem vor allem bei dünnwandigen Querschnitten, vgl. dazu Kapitel 9 und 11, in denen deren querschnittsabhängige Ermittlung ausführlich behandelt wird.

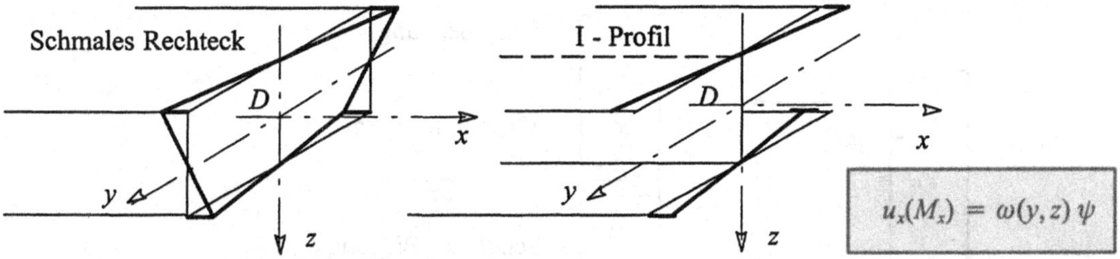

Bild 3.8 Verwölbungsanteil der Längsverschiebung u_x infolge Torsion

Werden die Verwölbungen behindert, so entstehen Längsspannungen gleicher Verteilung, die aufgrund ihrer Veränderung in Längsrichtung auch eine Umlagerung des Torsionsmomentes bewirken, das dann aus zwei Anteilen besteht, dem "reinen" oder "St. Venant'schen" Torsionsmoment M_{xV} und dem "Wölb-Torsionsmoment" $M_{x\omega}$, auch jeweils als "primäres" und "sekundäres" Torsionsmoment bezeichnet. Diese sog. Wölbkrafttorsion wird näher in den Kapiteln 10 und 11 untersucht.

Die Lage des Drehpunktes bzw. des Schubmittelpunktes wird in Kap.3.3.4.3 und in A3 behandelt.

Erläuterung für die Verschiebungen u_y und u_z

Die Verschiebungen u_y und u_z sind jeweils aus den Anteilen der Verbiegung der Stabachse und der Verdrehung des Stabes zusammengesetzt.

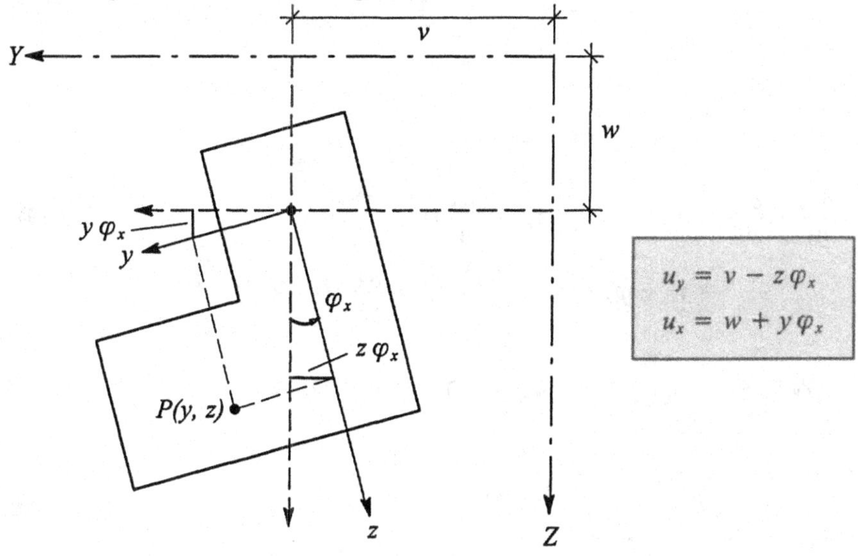

Bild 3.9 Biege- und Verdrehungsanteile der Verschiebungen u_y und u_z

3.3.2 Kinematik (Reduktion Kontinuum - Stabachse)

Im Rahmen einer Stabtheorie ist es außerdem sinnvoll, auf die Stabachse bezogene, mechanisch deutbare Variable für die Dehnung, die Verkrümmungen, die Schubgleitungen und den Schub aus Torsionswirkungen einzuführen:

Kontinuum Stabachse

$$\begin{bmatrix} \varepsilon_x \\ \hline \gamma_{xy} \\ \gamma_{xz} \end{bmatrix} \longrightarrow \begin{bmatrix} \varepsilon \\ \kappa_y \\ \kappa_z \\ \kappa_\omega \\ \hline \gamma_y \\ \gamma_z \\ \gamma_{xV} \\ \gamma_{x\omega} \end{bmatrix} \begin{matrix} \text{Längsdehnung} \\ \\ \text{Verkrümmungen} \\ \\ \\ \text{Schub aus Biegung} \\ \\ \text{Schub aus Torsion} \\ \end{matrix}$$

Ihre Definition ergibt sich durch Einsetzen der kinematischen Annahmen (3-17) in die kinematischen Beziehungen (3-2) des Kontinuums:

Kontinuum Stab

$$\varepsilon_x = \frac{\partial u_x}{\partial x} \qquad = u' + y\,\varphi_z{}' + z\,\varphi_y{}' + \omega\,\psi' \tag{3-18}$$

$$\boxed{\varepsilon_x = \varepsilon + y\,\kappa_z + z\,\kappa_y + \omega\,\kappa_\omega}$$

Dehnung aus Längskraft Verkrümmungen aus Biegung Verwölbung

$$\gamma_{xy} = \frac{\partial u_y}{\partial x} + \frac{\partial u_x}{\partial y} = v' + \varphi_z - z\,\varphi_x{}' + \frac{\partial \omega}{\partial y}\,\psi \tag{3-19}$$

$$= v' + \varphi_z - \left(z + \frac{\partial \omega}{\partial y}\right)\varphi_x{}' + \frac{\partial \omega}{\partial y}\,(\psi + \varphi_x{}')$$

mit $\gamma_y = v' + \varphi_z\,,\quad \gamma_{xV} = \varphi_x{}'\,,\quad \gamma_{x\omega} = \psi + \varphi_x{}'$:

$$\boxed{\gamma_{xy} = \gamma_y - \left(z + \frac{\partial \omega}{\partial y}\right)\gamma_{xV} + \frac{\partial \omega}{\partial y}\,\gamma_{x\omega}}$$

Schub aus Querkraft Schub aus reiner Torsion Schub aus Wölbkrafttorsion

$$\gamma_{xz} = \frac{\partial u_z}{\partial x} + \frac{\partial u_x}{\partial z} = w' + \varphi_y + y\,\varphi_x' + \frac{\partial \omega}{\partial z}\,\psi \tag{3-20}$$

$$\boxed{\gamma_{xz} = \gamma_z - \left(-y + \frac{\partial \omega}{\partial z}\right)\gamma_{xV} + \frac{\partial \omega}{\partial z}\,\gamma_{x\omega}}$$

Schub aus Querkraft	Schub aus reiner Torsion	Schub aus Wölbkrafttorsion

Damit lassen sich die Verzerrungen des Stabkontinuums durch entsprechende Größen - bezogen auf die Stabachse - ausdrücken. Man erkennt daraus, dass Dehnung und Gleitung des Stabes über die Höhe konstant und die Dehnungsanteile infolge der Verkrümmungen linear verlaufen, während alle Torsionsanteile eine zweidimensionale Verteilung über den Stabquerschnitt aufweisen.
Die Verzerrungen und Verkrümmungen der Stabachse kann man in einem Vektor $\kappa(x)$ zusammenfassen:

$$\kappa^T(x) = [\ \varepsilon \quad \kappa_z \quad \kappa_y \quad \kappa_\omega\ ] \tag{3-21}$$

Entsprechend ordnet man die allein von den Querschnittsordinaten abhängigen Verläufe an

$$\omega^T(y,z) = [\ 1 \quad y \quad z \quad \omega\ ] \tag{3-22}$$

und erhält für die Längsdehnung eines beliebigen Punktes des Stabkörpers nach (3-18) die Form:

$$\varepsilon_x(x,y,z) = \omega^T(y,z)\ \kappa(x)\,. \tag{3-23}$$

Die obigen Gleichungen zeigen den Zusammenhang zwischen den neu eingeführten Verzerrungsgrößen eines Punktes der Stabachse mit den entspechenden Weggrößen des Stabes (Kinematik):

Längsdehnung	$\varepsilon = u'$		(3-24)
Verkrümmungen	$\kappa_z = \varphi_z'$	$\kappa_y = \varphi_y'$	(3-25)
Wölb-Verkrümmung	$\kappa_\omega = \psi'$		(3-26)
Schubgleitungen	$\gamma_y = v' + \varphi_z$	$\gamma_z = w' + \varphi_y$	(3-27)
Torsionswirkungen	$\gamma_{xV} = \varphi_x'$,	$\psi = \gamma_{x\omega} - \varphi_x'$	(3-28)

Für den Fall einwirkender Verzerrungen ist in diesen Gleichungen $\kappa(x)$ durch $\kappa(x) + \bar{\kappa}(x)$ zu ersetzen, vgl. auch den Abschnitt 3.3.4.4 über Einwirkungen, speziell Gln. (3-58) bis (3-60).

Auswirkung zusätzlicher kinematischer Hypothesen:

Mit der zusätzlichen Annahme, dass die Schubverzerrungen aus Biegung von vernachlässigbarem Einfluss sind (*Bernoulli-Hypothese*), folgt:

$$\gamma_y = v' + \varphi_z = 0 \qquad \text{oder} \qquad \varphi_z = -v' \tag{3-29}$$

$$\gamma_z = w' + \varphi_y = 0 \qquad \text{oder} \qquad \varphi_y = -w' \tag{3-30}$$

Die weitere Annahme, dass auch die Schubanteile aus der Wölbkrafttorsion vernachlässigbar sind (*Wagner-Hypothese*), führt zur Nebenbedingung

$$\gamma_{x\omega} = \psi + \varphi_x' = 0 \quad \text{oder} \quad \psi = -\varphi_x' = -\vartheta' \tag{3-31}$$

Dabei wurde zusätzlich die in der Literatur häufig verwendete Bezeichnung $\vartheta = \varphi_x$ eingeführt.

Mit diesen Hypothesen folgt für die Reduktion der Verzerrungen des Stabkontinuums:

$$\varepsilon_x = \varepsilon + y\,\kappa_z + z\,\kappa_y + \omega\,\kappa_\omega = u' - y\,v'' - z\,w'' - \omega\,\vartheta'' \tag{3-32}$$

$$\text{mit } \kappa_z = \varphi_z{}' = -\,v'' \,,\quad \kappa_y = \varphi_y{}' = -\,w'' \,,\quad \kappa_\omega = \psi' = -\,\vartheta''$$

$$\gamma_{xy} = -\left(z + \frac{\partial\omega}{\partial y}\right)\vartheta' \,; \qquad \gamma_{xz} = -\left(-\,y + \frac{\partial\omega}{\partial z}\right)\vartheta' \tag{3-33}$$

Aus Gl.(3-32) wird deutlich, dass als Folge der eingeführten kinematischen Hypothesen nunmehr zweite Ableitungen der Verschiebungsgrößen in den kinematischen Gleichungen auftreten. Außerdem sind die Arbeitskomplemente der Schubverzerrungen aus Biegung und Wölbbehinderungen (vgl. Gl.(3-40)) daraus nicht mehr über das Stoffgesetz bestimmbar, sondern müssen aus Gleichgewichtsüberlegungen ermittelt werden.

3.3.3 Stoffgesetz

Für den eindimensionalen Stab verwenden wir ein eindimensionales Hooke'sches Gesetz für die einzelnen Stabfasern und vernachlässigen dabei Querkontraktionseinflüsse (Stabfasermodell):

$$\sigma_x(x,y,z) = E\,\varepsilon_x(x,y,z); \qquad \tau_{xy}(x,y,z) = G\,\gamma_{xy}(x,y,z); \qquad \tau_{xz}(x,y,z) = G\,\gamma_{xz}(x,y,z)$$

Mit (3-18) bis (3-20) erhält man für die Anteile aus Längswirkung und Biegung:

$$\sigma_x(x,y,z) = E\,\omega^T(y,z)\,\kappa(x) \qquad \tau_{xy}(x,y,z) = G\,\gamma_y \qquad \tau_{xz}(x,y,z) = G\,\gamma_z \tag{3-34}$$

Dabei ist jedoch zu berücksichtigen, dass die Schubverzerrung γ_y bzw. γ_z nur einen auf die Stabachse bezogenen Mittelwert darstellt. Die tatsächliche Verteilung der Schubspannungen ist von der Geometrie der vorhandenen Querschnitte abhängig. Dies berücksichtigt man durch die Einführung von Schub-Korrekturfaktoren α_S, der Tafelwerken zu entnehmen ist, z.B. *Ramm, Hofmann (1995)*. Er wird aus dem Vergleich der Formänderungsarbeiten des Kontinuums und des vorhandenen Stabkörpers bestimmt und ergibt sich z.B. für den Rechteckquerschnitt des Stabes zu $\alpha_s = 5/6$. In allgemeiner Form schreibt man

$$\tau_{xy}(x,y,z) = \alpha_{sy}\,G\,\gamma_y \qquad \tau_{xz}(x,y,z) = \alpha_{sz}\,G\,\gamma_z \tag{3-35}$$

Dieser Querschubanteil des Stoffgesetzes wird bei Einführung der Normalenhypothese durch *Bernoulli* gegenüber dem Biegeanteil vernachlässigt. Lediglich bei schubweichen Stäben (z.B. Sandwichquerschnitten, kurzen Kragarmen) oder Stabsystemen mit schubweichen Baugliedern ist dieser Anteil von praktischer Bedeutung.

Für die Schubspannungen aus St. Venantscher Torsion gilt das allgemeine Hooke'sche Gesetz der dreidimensionalen Elastizitätstheorie (zur näheren Begründung siehe Kap. 9):

$$\tau_{xy,V}(x,y,z) = G\,\gamma_{xy,V}(x,y,z)\,, \qquad \tau_{xz,V}(x,y,z) = G\,\gamma_{xz,V}(x,y,z) \tag{3-36}$$

Zur Unterscheidung wird hier der Index V bei den Spannungen und Gleitungen angefügt.

Auch für die aus der Wölbkrafttorsion folgenden Schubanteile können (ähnlich wie beim Schub aus Biegung) querschnittsabhängige Schub-Korrekturfaktoren $\alpha_{x\omega}$ bestimmt werden. Näheres dazu ist der o.g. Literatur zu entnehmen, vgl. auch *Heilig (1961)*. Bei Einführung der *Wagner-Hypothese* wird der Einfluss dieser Anteile ebenfalls vernachlässigt.

3.3.4 Prinzip der virtuellen Verschiebungen (PvV)

3.3.4.1 Ausgangsformulierung

Das Prinzip der virtuellen Verschiebungen wurde in Abschnitt 3.2.4 für ein elastisches Kontinuum hergeleitet und lautet nach Gl.(3-6):

$$-\,\delta W = -\,\delta(W_i + W_a) = 0$$

Zur Herleitung der maßgebenden Formulierung für eine eindimensionale Stabtheorie geht man von der Vorstellung aus, dass jeder Stab gemäß dem Elementkonzept ein Bestandteil eines belasteten Tragwerks ist (siehe Kap. 2.9) und alle Stäbe zusammen das Gesamtvolumen des Kontinuums bilden. Die Lagerung der Struktur wird durch statische oder kinematische Randbedingungen beschrieben. Jedem Stab sei (wie in Kapitel 2) ein lokales kartesisches Koordinatensystem mit der x-Koordinate längs der Stabachse und der jeweiligen Querschnittsfläche A eines Punktes der Stabachse zugeordnet. Sofern nicht anders vermerkt, wird außerdem zur Schreibvereinfachung verabredet, dass in den Arbeitsausdrücken das Integral über x sich über alle Stäbe (also über das Gesamtvolumen) erstreckt. Dann gilt gemäß Gl. (3-5)/1 allgemein für die virtuelle innere Arbeit:

$$-\,\delta W_i = \int_x \int_A [\,\sigma_x\,\delta\varepsilon_x + \sigma_y\,\delta\varepsilon_y + \sigma_z\,\delta\varepsilon_z + \tau_{xy}\,\delta\gamma_{xy} + \tau_{yz}\,\delta\gamma_{yz} + \tau_{zx}\,\delta\gamma_{zx}\,]\,dA\,dx \tag{3-37}$$

Die virtuelle Arbeit der Einwirkungen erhält man aus Gl. (3-5)/2 durch Anpassung der Einwirkungen des Kontinuums an diejenigen des Stabes entlang der Längskoordinate x einer zunächst beliebig gewählten Stabachse. Weiter sind evtl. vorhandene Einzellasten und Lasten an den Rändern R_p anzusetzen:

$$\begin{aligned}\delta W_a = & \int_l [\,\overline{p}_x\,\delta u + \overline{p}_y\,\delta v + \overline{p}_z\,\delta w + \overline{m}_x\,\delta\varphi_x + \overline{m}_y\,\delta\varphi_y + \overline{m}_z\,\delta\varphi_z + \overline{m}_\omega\,\delta\psi\,]\,dx \\ & + [\,\overline{N}\,\delta u + \overline{Q}_y\,\delta v + \overline{Q}_z\,\delta w + \overline{M}_x\,\delta\varphi_x + \overline{M}_y\,\delta\varphi_y + \overline{M}_z\,\delta\varphi_z + \overline{M}_\omega\,\delta\psi\,]_{R_p}\end{aligned} \tag{3-38}$$

Zur Unterscheidung von den inneren Größen sind die Einwirkungen überstrichen gekennzeichnet.

3.3.4.2 Virtuelle innere Arbeit im beliebigen Bezugssystem

Mit der Annahme 4 unter 3.3.1 (Querschnitte bleiben formtreu) geht Gl. (3-37) über in:

$$-\,\delta W_i = \int_V [\,\sigma_x\,\delta\varepsilon_x + \tau_{xy}\,\delta\gamma_{xy} + \tau_{xz}\,\delta\gamma_{xz}\,]\,dV$$

Einsetzen der Kinematik der Stabachse liefert gemäß Gl.(3-18) bis Gl. (3-20):

$$\begin{aligned}-\,\delta W_i = \int_x \int_A & \Big\{\sigma_x\,[\,\delta u' + y\,\delta\varphi_z' + z\,\delta\varphi_y' + \omega\,\delta\psi'\,] \\ & + \tau_{xy}\,[\,\delta\,(v' + \varphi_z) + \delta\left(\frac{\partial\omega}{\partial y}\,\psi - z\,\varphi_x'\right)] \\ & + \tau_{xz}\,[\,\delta\left(w' + \varphi_y\right) + \delta\left(\frac{\partial\omega}{\partial z}\,\psi - y\,\varphi_x'\right)]\Big\}\,dA\,dx\end{aligned}$$

Einführung von Schnittgrößen

Die querschnittsbezogenen Integrale lassen sich vorab berechnen und ergeben die auf die Stabachse bezogenen Spannungsresultierenden bzw. Schnittgrößen:

$$- \delta W_i = \tag{3-39}$$

$$= \int_x \{ \overbrace{[\int_A \sigma_x \, dA]}^{N} \overbrace{\delta u'}^{\delta\varepsilon}$$ Längskraft

$$+ \int_x \overbrace{[\int_A \sigma_x \, y \, dA]}^{M_z} \overbrace{\delta \varphi_z'}^{\delta\kappa_z} + \overbrace{[\int_A \sigma_x \, z \, dA]}^{M_y} \overbrace{\delta \varphi_y'}^{\delta\kappa_y}$$ Biegemomente

$$+ \overbrace{[\int_A \tau_{xy} \, dA]}^{Q_y} \overbrace{\delta (v' + \varphi_z)}^{\delta\gamma_y} + \overbrace{[\int_A \tau_{xz} \, dA]}^{Q_z} \overbrace{\delta \left(w' + \varphi_y\right)}^{\delta\gamma_z}$$ Querkräfte

$$+ \int_x \overbrace{[\int_A \sigma_x \, \omega \, dA]}^{M_\omega} \overbrace{\delta \psi'}^{\delta\kappa_\omega}$$ Wölb-Bimoment

$$+ \overbrace{[\int_A \left(\tau_{xz} \left(y - \frac{\partial \omega}{\partial z}\right) - \tau_{xy} \left(z - \frac{\partial \omega}{\partial y}\right) \right) dA]}^{M_{xV}} \overbrace{\delta \varphi_x'}^{\delta\gamma_{xV}}$$ Torsionsmoment nach St. Venant (ohne Wölbbehinderung)

$$+ \overbrace{[\int_A \left(\tau_{xz} \frac{\partial \omega}{\partial z} + \tau_{xy} \frac{\partial \omega}{\partial y} \right) dA]}^{M_{x\omega}} \overbrace{\delta(\varphi_x' + \psi)}^{\delta\gamma_{x\omega}} \} \, dx$$ Torsionsmoment aus Wölbschub (Wölbbehinderung)

Nach Definition der angegebenen Spannungsresultierenden erhält man unabhängig von der Vorgabe eines Stoffgesetzes unter Bezug aller Größen auf die Stabachse x:

$$- \delta W_i = \int_x \left(N \delta\varepsilon + M_z \delta\kappa_z + M_y \delta\kappa_y + M_\omega \delta\kappa_\omega + Q_y \delta\gamma_y + Q_z \delta\gamma_z + M_{xV} \delta\gamma_{xV} + M_{x\omega} \delta\gamma_{x\omega} \right) dx \tag{3-40}$$

Dieser Ausdruck der inneren virtuellen Arbeit zeigt deutlich, welche Schnittgrößen eines Punktes der Stabachse den Verzerrungsgrößen im Sinne einer Arbeit zugeordnet sind (Arbeitskomplemente). Der Sachverhalt ist in Tabelle 3.1 dargestellt, aus der auch die Verteilung dieser Größen über den Querschnitt zu entnehmen ist.

Tabelle 3.1 Schnittgrößen und konjugierte Verzerrungsgrößen des Stabquerschnitts

	Verlauf der Spannungen über den Stabquerschnitt				Verlauf von $\varepsilon_x, \gamma_{xz}, \gamma_{xy}$ über den Stabquerschnitt		
3-D	konstant	linear (eine Richtung)	$f(y, z)$ (z.B. bilinear)	3-D	konst.	linear	$f(y, z)$
σ_x	$\int \sigma_x \, dA = N$			ε_x	ε		
		$\int \sigma_x \, y \, dA = M_z$				κ_z	
		$\int \sigma_x \, z \, dA = M_y$				κ_y	
			$\int \sigma_x \, \omega \, dA = M_\omega$				κ_ω
τ_{xz}	$\int \tau_{xz} \, dA = Q_z$			γ_{xz}	γ_z		
			$\int [\tau_{xz} (y - \frac{\partial \omega}{\partial z}) - \tau_{xy} (z - \frac{\partial \omega}{\partial y})] dA = M_{xV}$				γ_{xV}
τ_{xy}	$\int \tau_{xy} \, dF = Q_y$			γ_{xy}	γ_y		
			$\int [\tau_{xy} \frac{\partial \omega}{\partial y} + \tau_{xz} \frac{\partial \omega}{\partial z}] \, dA = M_{x\omega}$				$\gamma_{x\omega}$

Die eingeführten Weggrößen und Schnittgrößen des Stabes mit der Definition ihrer positiven Richtungen sind in Bild 3.10 angegeben. Dabei ist zu beachten, dass eine spannungsorientierte Definition der Momente verwendet wird, die sich beim Moment M_z und der zugehörigen Verdrehung φ_z von einer koordinatenorientierten Definition im Vorzeichen unterscheidet.

Richtungsdefinition der Zustandsgrößen der Stabachse

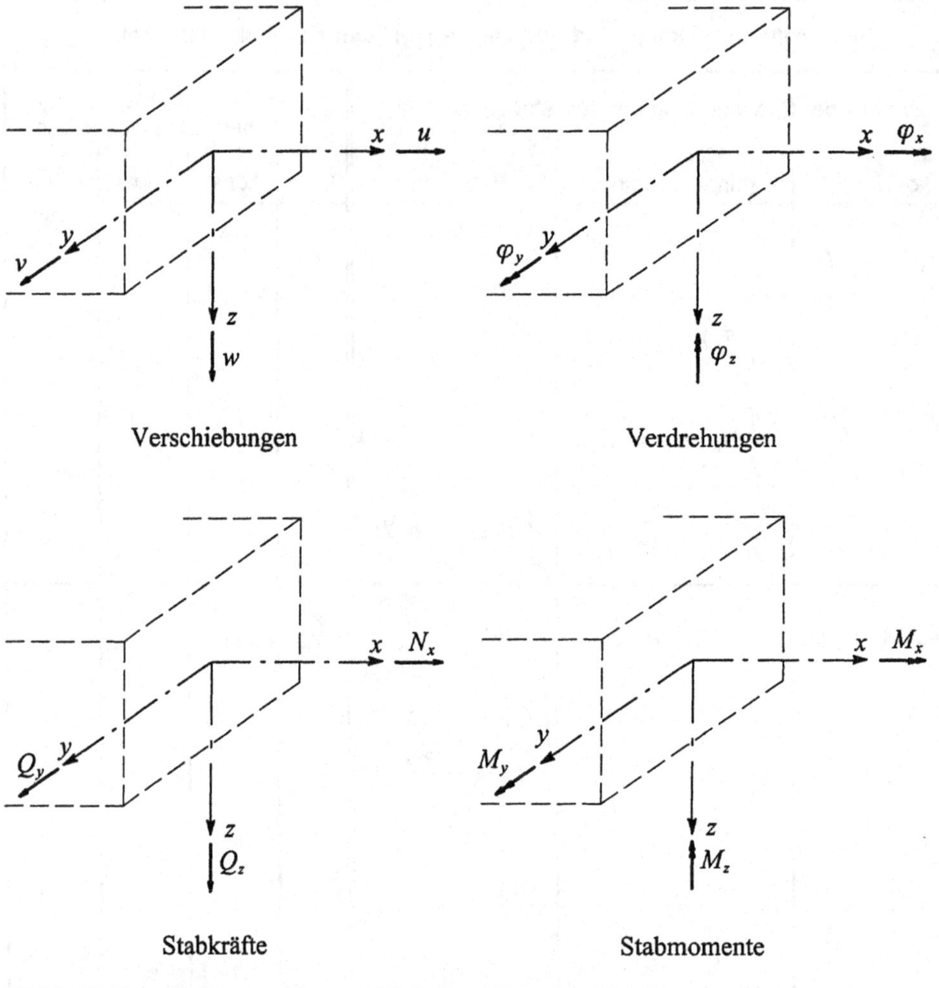

Bild 3.10 Verschiebungsgrößen und Schnittgrößen eines Punktes der Stabachse, hier: symmetrischer Querschnitt, allgemein: vgl. Bild 3.11

Nach Einführung der zusätzlichen kinematischen Hypothesen

$$\gamma_y = \gamma_z = \gamma_{x\omega} = 0 \tag{3-41}$$

entfallen in Gl. (3-40) die zugeordneten drei Anteile und es verbleibt nach Einsetzen der drei Verschiebungen *u, v, w* und der Verdrehung ϑ der Stabachse die Beziehung

$$-\,\delta W_i = \int_x \left(N\,\delta u' + M_z\,\delta v'' - M_y\,\delta w'' - M_\omega\,\delta\vartheta'' + M_{xV}\,\delta\vartheta' \right) dx \tag{3-42}$$

Einführung von Querschnittswerten

Ersetzt man die Spannungen bzw. die Schnittgrößen mit Hilfe des Stoffgesetzes durch die zugeordneten Verzerrungsgrößen, so ergibt sich auf einfache Weise die Definition der Querschnittswerte, mit deren Hilfe die Veränderlichkeit der Verzerrungen über den Stabquerschnitt im integralen Sinne erfasst wird. Es ist dabei zweckmäßig, die Anteile aus der Längswirkung und die aus der Schubwirkung nacheinander zu betrachten. Aufgrund des elastischen Werkstoffgesetzes (3-4) sind diese Anteile im dreidimensionalen Stabkontinuum nicht gekoppelt.

Längswirkungen

Betrachten wir zunächst den Anteil der Verzerrungen in Längsrichtung, so erhält man mit (3-23) und (3-34) aus (3-37):

$$-\delta W_i = \int_x \int_A [\,\delta\varepsilon_x(x,y,z)\,\sigma_x(x,y,z)\,]\,dA\,dx = \int_x \int_A [\,\delta\kappa^T(x)\,\omega(y,z)\,E\,\omega^T(y,z)\;\kappa(x)\,]\,dA\,dx$$

$$= \int_x \delta\kappa^T(x) \int_A [\omega(y,z)\,E\,\omega^T(y,z)]\,dA\;\;\kappa(x)\;dx$$

$$= \int_x \Bigg\{ \delta\varepsilon\, E \left[\varepsilon \int 1\,dA + \varkappa_z \int y\,dA + \varkappa_y \int z\,dA + \varkappa_\omega \int \omega\,dA \right] +$$

$$+\,\delta\varkappa_z\, E \left[\varepsilon \int y\,dA + \varkappa_z \int y^2\,dA + \varkappa_y \int y\,z\,dA + \varkappa_\omega \int y\,\omega\,dA \right] +$$

$$+\,\delta\varkappa_y\, E \left[\varepsilon \int z\,dA + \varkappa_z \int y\,z\,dA + \varkappa_y \int z^2\,dA + \varkappa_\omega \int \omega\,z\,dA \right] +$$

$$+\,\delta\varkappa_\omega\, E \left[\varepsilon \int \omega\,dA + \varkappa_z \int y\,\omega\,dA + \varkappa_y \int \omega\,z\,dA + \varkappa_\omega \int \omega^2\,dA \right] \Bigg\}\,dx \tag{3-43}$$

$$= \int_x [\,\delta\varepsilon \quad \delta\kappa_z \quad \delta\kappa_y \quad \delta\kappa_\omega\,]\; E \begin{bmatrix} A & S_z & S_y & S_\omega \\ S_z & I_z & I_{yz} & I_{z\omega} \\ S_y & I_{zy} & I_y & I_{y\omega} \\ S_\omega & I_{z\omega} & I_{\omega y} & I_\omega \end{bmatrix} \begin{bmatrix} \varepsilon \\ \kappa_z \\ \kappa_y \\ \kappa_\omega \end{bmatrix} dx \tag{3-44}$$

Der Vergleich von Gl. (3-43) mit der Matrizenform (3-44) zeigt die üblichen Abkürzungen für die Querschnittswerte. Dabei stehen S_y, S_z und S_ω für die Statischen Momente und das Statische Wölbmoment, I_z, I_y und I_ω für die Biegeträgheitsmomente und den Wölbwiderstand sowie I_{yz} und $I_{\omega z}$, $I_{\omega y}$ für das Zentrifugalmoment und die sog. Wölbflächenmomente.
Jedoch sei hier auch auf die Definition nach *Bornscheuer (1952)* hingewiesen, bei der sich die Bezeichnung der Indizes nach den Koordinaten unter dem Flächenintegral richtet.

Die vollbesetzte Matrix der Querschnittswerte in (3-44) zeigt deutlich, dass bei einem beliebigen Bezugssystem alle der Längsrichtung zugeordneten Dehnungsgrößen und damit alle entsprechenden Grundgleichungen gekoppelt sind. Der Übergang zu entkoppelten Gleichungen gelingt nur, wenn allein auf der Hauptdiagonale Querschnittswerte auftreten und die übrigen Werte verschwinden. Mit diesen Bedingungen lässt sich die Lage spezieller Achsen, der so genannten Hauptachsen, bestimmen. Dieser Übergang ist ausführlich im Anhang A3 gezeigt.

Schubanteile der Torsion ohne Wölbbehinderung

Betrachten wir nun die Schubanteile (3-19) und (3-20), so folgt mit (3-36) für die Torsionswirkung

$$-\delta W_i = \int_x \int_A \left[\, \tau_{xy,V}(x,y,z)\, \delta\gamma_{xy,V}(x,y,z) + \tau_{zx,V}(x,y,z)\, \delta\gamma_{zx,V}(x,y,z) \,\right] dA\, dx$$

$$= \int_x \int_A \left[G\vartheta' \left(\frac{\partial\omega}{\partial y} + z\right) \delta\vartheta' \left(\frac{\partial\omega}{\partial y} + z\right) + G\vartheta' \left(\frac{\partial\omega}{\partial z} - y\right) \delta\vartheta' \left(\frac{\partial\omega}{\partial z} - y\right)\right] dA\, dx$$

$$= \int_x \delta\vartheta' \quad G I_T \quad \vartheta' \, dx$$

Das darin enthaltene Integral über die Fläche A bezeichnet man als Torsions-Trägheitsmoment. Es lässt sich (vgl. Gl.(9-17)) in die Form

$$I_T = \int_A \left[\frac{\partial\omega}{\partial y}\, z - \frac{\partial\omega}{\partial z}\, y + z^2 + y^2\right] dA \tag{3-45}$$

bringen, aus der ersichtlich ist, dass zur Ermittlung dieses Flächenwertes der Verlauf der Verwölbung ω über den Querschnitt bekannt sein muss.

3.3.4.3 Virtuelle innere Arbeit im Hauptachsensystem

Längswirkungen und Schubanteile der Torsion ohne Wölbbehinderung

Die nicht auf der Hauptdiagonale liegenden Querschnittswerte in (3-44) verschwinden, wenn Längskräfte und Biegemomente bzw. die entsprechenden Dehnungen und Verkrümmungen auf die Schwerachse und die Querschub- und Torsionswirkungen auf die Schubmittelpunktsachse als Drehachse bezogen werden, vgl.Anhang A3 . Für die virtuelle Arbeit der inneren Kräfte entsteht bei Bezug auf diese Hauptachsen die Form

$$\int_x \left\{ \begin{bmatrix} \delta\varepsilon & \delta\kappa_z & \delta\kappa_y & \delta\kappa_\omega \end{bmatrix} E \begin{bmatrix} A & 0 & 0 & 0 \\ 0 & I_z & 0 & 0 \\ 0 & 0 & I_y & 0 \\ 0 & 0 & 0 & I_\omega \end{bmatrix} \begin{bmatrix} \varepsilon \\ \kappa_z \\ \kappa_y \\ \kappa_\omega \end{bmatrix} + \delta\gamma_{xV}\, G I_T\, \gamma_{xV} \right\} dx$$

oder

$$-\delta W_i = \int_x \left[\, \delta\varepsilon\, EA\, \varepsilon + \delta\kappa_z\, EI_z\, \kappa_z + \delta\kappa_y\, EI_y\, \kappa_y + \delta\kappa_\omega\, EI_\omega\, \kappa_\omega + \delta\gamma_{xV}\, GI_T\, \gamma_{xV} \,\right] dx \tag{3-46}$$

Dieser Ausdruck entspricht Gl. (3-40) ohne die Anteile aus den Querkräften und dem sekundären Torsionsmoment (Wölbschub). Durch Vergleich lassen sich die Beziehungen zwischen den Schnittgrößen und den konjugierten Verzerrungsgrößen ablesen:

$$N = EA\ \varepsilon\ ; \qquad M_z = EI_z\ \kappa_z\ ; \quad M_y = EI_y\ \kappa_y\ ; \qquad M_\omega = EI_\omega\ \kappa_\omega \tag{3-47}$$

$$M_x = M_{xV} = G\,I_T\ \gamma_{xV} \tag{3-48}$$

Zur Erläuterung ist in Bild 3.11 dargestellt, auf welche Achsen die verschiedenen Zustandsgrößen zu beziehen sind, damit die Grundgleichungen in entkoppelter Form benutzt werden können.

Daraus ist zu ersehen, dass dies für die aus den Längswirkungen folgenden Größen (u , N), (φ_y , M_y), (φ_z , M_z) die Schwerpunktsachse S ist und für die Querkräfte, Torsionsmomente und ihre konjugierten Weggrößen (v , Q_y), (w , Q_z), (φ_x , M_x) dagegen die Schubmittelpunktsachse M.

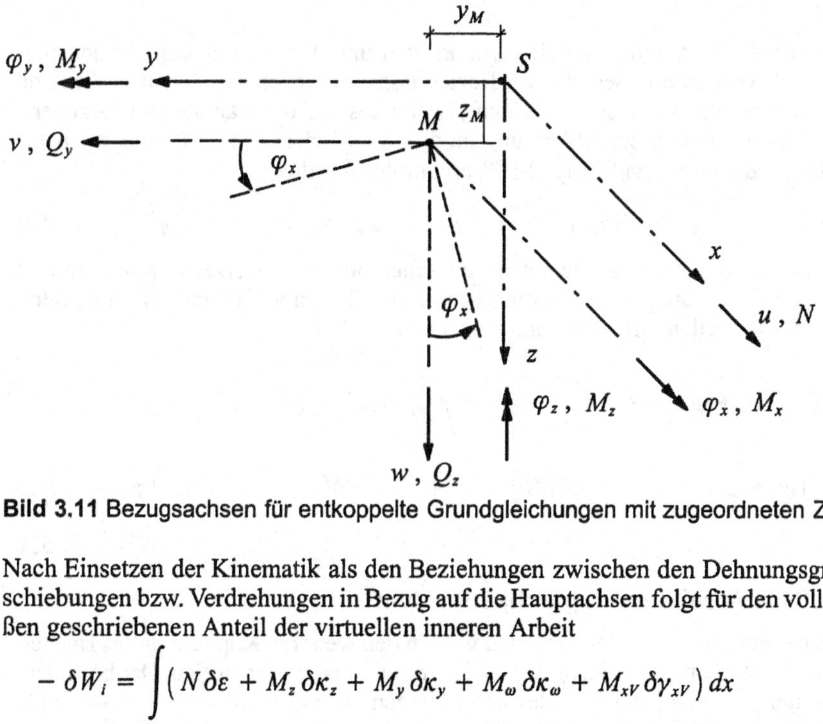

Bild 3.11 Bezugsachsen für entkoppelte Grundgleichungen mit zugeordneten Zustandsgrößen

Nach Einsetzen der Kinematik als den Beziehungen zwischen den Dehnungsgrößen und den Verschiebungen bzw. Verdrehungen in Bezug auf die Hauptachsen folgt für den vollständig in Weggrößen geschriebenen Anteil der virtuellen inneren Arbeit

$$-\,\delta W_i = \int_x \left(N\,\delta\varepsilon + M_z\,\delta\kappa_z + M_y\,\delta\kappa_y + M_\omega\,\delta\kappa_\omega + M_{xV}\,\delta\gamma_{xV} \right) dx \tag{3-49}$$

$$= \int_x \left(\delta u'\ EA\ u' + \delta\varphi_z'\ EI_z\,\varphi_z' + \delta\varphi_y'\ EI_y\,\varphi_y' + \delta\psi'\ EI_\omega\,\psi' + \delta\varphi_x'\ GI_T\,\varphi_x' \right) dx$$

Aufgrund der kinematischen Hypothesen (3-41) folgt mit $\varphi_z = -\,v', \varphi_y = -\,w', \varphi_x = -\,\vartheta'$, $\psi = -\,\varphi_x' = -\,\vartheta''$ (vgl. auch Gln. (3-29) bis (3-31)) aus Gl. (3-42):

$$-\,\delta W_i = \int_x \left(N\,\delta u' - M_z\,\delta v'' - M_y\,\delta w'' - M_\omega\,\delta\vartheta'' + M_{xV}\,\delta\vartheta' \right) dx$$

$$= \int_x \left(\delta u'\ EA\ u' + \delta v''\ EI_z\,v'' + \delta w''\ EI_y\,w'' + \delta\vartheta''\ EI_\omega\,\vartheta'' + \delta\vartheta'\ GI_T\,\vartheta' \right) dx \tag{3-50}$$

Zusätzliche Schubanteile

Sind für die Anwendung bei bestimmten Fragestellungen (z.B. kurze Kragarme, Sandwich-Balken, mehrteilige Stäbe mit Ersatz-Schubsteifigkeit) die Arbeitsanteile aus Schub infolge Querkräften oder bei dünnwandigen Querschnitten der Einfluss des sekundären Torsionsmoments nicht vernachlässigbar und damit die Hypothesen (3-29) bis (3-31) nicht möglich, so lassen sich die Gleichungen (3-46) bis (3-49) entsprechend ergänzen:

$$- \delta W_i^{Schub} = \int_x \left(\delta\gamma_y \, Q_y + \delta\gamma_z \, Q_z + \delta\gamma_{x\omega} \, M_{x\omega} \right) dx \, ,$$

$$= \int_x \left(\delta\gamma_y \, a_{sy} GA \, \gamma_y + \delta\gamma_z \, a_{sz} GA \, \gamma_z + \delta\gamma_{x\omega} \, a_{x\omega} GA \, \gamma_{x\omega} \right) dx \qquad (3\text{-}51)$$

Dieser Ausdruck entspricht den Anteilen aus den Querkräften und dem sekundären Torsionsmoment in Gl. (3-40). Durch Vergleich lassen sich die Beziehungen zwischen den Schnittgrößen und den konjugierten Dehnungsgrößen ablesen, in denen jeweils das auf die Hauptachsen bezogene Stoffgesetz enthalten ist. Dabei sind zur Abkürzung modifizierte Flächen A_{sy}, A_{sz} und $A_{x\omega}$ unter Einschluss der jeweiligen α– Werte (vgl. Kap. 3.3.3) eingeführt worden:

$$Q_y = GA_{sy} (v' + \varphi_z) \qquad Q_z = GA_{sz} \left(w' + \varphi_y \right) , \qquad M_{x\omega} = GA_{x\omega} (\varphi_x' + \psi) \qquad (3\text{-}52)$$

Nach Einsetzen der Kinematik als den Beziehungen zwischen den Schubverzerrungsgrößen und den Verschiebungen bzw. Verdrehungen der Hauptachsen folgt für den vollständig in Weggrößen geschriebenen Anteil der virtuellen Arbeit der inneren Kräfte

$$- \delta W_i^{Schub} = \int \left\{ Q_y \, \delta(v' + \varphi_z) + Q_z \, \delta\left(w' + \varphi_y \right) + M_{x\omega} \, \delta(\varphi_x' + \psi) \right\} dx$$

$$= \int \left\{ \delta(v' + \varphi_z) \, GA_{sy} (v' + \varphi_z) + \delta(w' + \varphi_y) \, GA_{sz} (w' + \varphi_y) + \delta(\varphi_x' + \psi) \, GA_{x\omega} (\varphi_x' + \psi) \right\} dx \qquad (3\text{-}53)$$

3.3.4.4 Virtuelle äußere Arbeit im Hauptachsensystem

Für die Formulierung der äußeren virtuellen Arbeiten wird in den weiteren Kapiteln dieses Buches vorausgesetzt, dass alle Einwirkungen *in Bezug auf die Hauptachsen* angegeben sind. Das bedeutet, dass nach der Bestimmung der Hauptachsen alle Einwirkungen entsprechend umzurechnen sind. Diese Transformation wird als nächstes in diesem Abschnitt behandelt.

Einwirkende Kraftgrößen (Lasten)

Hierbei nehmen wir an, dass einwirkende Lasten im Lastangriffspunkt $P(y_p, z_p)$ angreifen. Der Index p weist auf die Koordinaten des Lastangriffspunktes in Bezug auf den Schwerpunkt hin. So sind beispielsweise für den Fall der einachsigen Biegung mit Längskraft beliebig angreifende Lasten vorher auf die Schwerachsen zu transformieren. Für die in einer Lastachse mit den Querschnittskoordinaten (y_p, z_p) wirkenden Strecken-Längskräfte $\overline{p}_{xp}$ ergeben sich analog der kinematischen Annahmen (3-17) wegen $u_p = u + z_p \, \varphi_y$ zusätzliche Strecken-Biegemomente $\overline{m}_y = z_p \, \overline{p}_{xp}$, die zusammen mit $\overline{p}_x = \overline{p}_{xp}$ in der Schwerachse angreifen. Einwirkungen, die zu Torsionseinflüssen führen, sind demgegenüber auf die Koordinaten y_M , z_M des Schubmittelpunkts M zu beziehen, vgl. Bild 3.12.

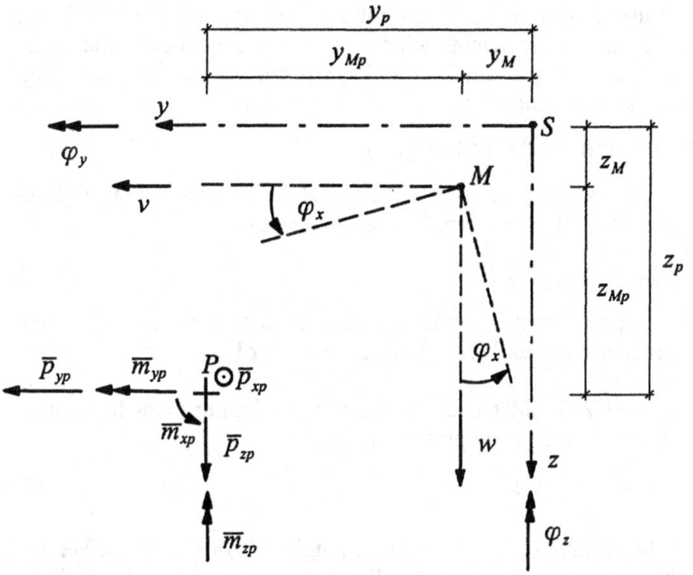

Bild 3.12 Angriffspunkt der Einwirkungen im Querschnitt

Für beliebig angreifende Lasten erfolgt die Umrechnung der Lasten entsprechend Gl.(3-17) mittels

$$u_p = u + y_p \varphi_z + z_p \varphi_y + \omega_p \psi$$
$$v_p = v - \varphi_x z_{Mp} \qquad (3\text{-}54)$$
$$w_p = w + \varphi_x y_{Mp}$$

Als Beispiel für die Umrechnung betrachten wir die in der beliebigen Lastangriffsachse P einwirkenden Streckenlasten, wobei die damit gebildete äußere virtuelle Arbeit entsprechend Gl. (3-38) aufgebaut ist:

$$\delta W_a = \int_x \left[\bar{p}_{xp}\,\delta u_p + \bar{p}_{yp}\,\delta v_p + \bar{p}_{zp}\,\delta w_p + \bar{m}_{xp}\,\delta\varphi_x + \bar{m}_{yp}\,\delta\varphi_y + \bar{m}_{zp}\,\delta\varphi_z + \bar{m}_{\omega p}\,\delta\psi \right] dx \qquad (3\text{-}55)$$

Setzt man in diesen Arbeitsausdruck die Beziehungen (3-54) ein und fasst die zu den Weggrößen der Hauptachsen konjugierten Lastanteile zusammen, so folgt

$$\delta W_a = \int_x \Big[\underbrace{(\bar{p}_{xp})}_{\bar{p}_x}\,\delta u + \underbrace{(\bar{p}_{yp})}_{\bar{p}_y}\,\delta v + \underbrace{(\bar{p}_{zp})}_{\bar{p}_z}\,\delta w + \underbrace{(\bar{m}_{xp} - z_{Mp}\,\bar{p}_{yp} + y_{Mp}\,\bar{p}_{zp})}_{\bar{m}_x}\,\delta\varphi_x \Big]\, dx$$
$$(3\text{-}56)$$
$$+ \underbrace{(\bar{m}_{yp} + z_p\,\bar{p}_{xp})}_{\bar{m}_y}\,\delta\varphi_y + \underbrace{(\bar{m}_{zp} + y_p\,\bar{p}_{xp})}_{\bar{m}_z}\,\delta\varphi_z + \underbrace{(\bar{m}_{\omega p} + \omega_p\,\bar{p}_{xp})}_{\bar{m}_\omega}\,\delta\psi \Big]\, dx$$

Daraus ist die Zuordnung zu den auf die Hauptachsen bezogenen Lastanteilen direkt zu entnehmen, die der in Gl.(3-38) angegebenen Form der virtuellen äußeren Arbeiten entspricht.

In gleicher Weise ergeben sich die entsprechenden virtuellen äußeren Arbeiten für die Anteile aus einwirkenden Einzellasten. Formal sind nur die Kleinbuchstaben der Streckenlasten durch die Großbuchstaben der Einzellasten und das Integral durch eine Summe über alle Punkte des Tragwerks zu ersetzen, in denen Einzelwirkungen angreifen.

Einwirkende Verzerrungen (Dehnungen, Verkrümmungen)

Wenn die Einwirkungen aus einer gleichmäßigen Erwärmung eines Bauteils oder aus einem konstanten Temperaturgradienten über seine Höhe stammen, werden diese durch

$$\bar{\varepsilon}_T = \alpha_T \bar{T} \qquad \bar{\kappa}_{zT} = \alpha_T \overline{\Delta T_y} / h_y \qquad \bar{\kappa}_{yT} = \alpha_T \overline{\Delta T_z} / h_z \tag{3-57}$$

beschrieben. Da eingeprägte Verzerrungen dieser Art jedoch auch aus Schwinden oder Kriechen der Bauteile oder aus plastischen Verzerrungen resultieren können, wird der Index T im Folgenden weggelassen.
Analog zum Vektor der Verzerrungen (3-21) bildet man für die Längsdehnung eines beliebigen Punktes des Stabkörpers nach (3-18) den Vektor eingeprägter Verzerrungen:

$$\bar{\kappa}(x) = \left[\bar{\varepsilon} \quad \bar{\kappa}_z \quad \bar{\kappa}_y \quad 0 \right] \tag{3-58}$$

Es ist zu beachten, dass eingeprägte Dehnungen $\bar{\varepsilon}(x)$ und Verkrümmungen $\bar{\kappa}(x)$ als bekannte Verzerrungen nicht explizit in einem in Verzerrungen geschriebenen Prinzip der virtuellen Verschiebungen enthalten sind.Der Einfluss eingeprägter Verzerrungen tritt jedoch dadurch in Erscheinung, dass die virtuellen Verschiebungen kinematisch zulässig sein müssen.

Die kinematischen Beziehungen ohne eingeprägte Verzerrungen sind für die Längsdehnungen und Verkrümmungen in Gl. (3-24) und (3-25) angegeben, die nun um die Anteile der Einwirkungen nach (3-58) zu ergänzen sind. Man erhält die vollständigen kinematischen Beziehungen

Längsdehnung $$\varepsilon = u' - \bar{\varepsilon} \tag{3-59}$$

Verkrümmungen $$\kappa_z = \varphi_z' - \bar{\kappa}_z \qquad \kappa_y = \varphi_y' - \bar{\kappa}_y \tag{3-60}$$

Drückt man nun das zunächst in Verzerrungen geschriebene Arbeitsprinzip mit Hilfe der ergänzten kinematischen Gleichungen (3-59) und (3-60) in Verschiebungsgrößen aus, so erscheinen dadurch auch die eingeprägten Verzerrungen im Prinzip der virtuellen Verschiebungen. Die entsprechenden äußeren virtuellen Arbeiten erhalten wir, indem in Gl. (3-44) bzw. (3-46) die ergänzten kinematischen Beziehungen (3-59) und (3-60) eingesetzt werden. Unter Bezug auf die Hauptachsen folgt aus (3-46) als zusätzlicher Anteil für das Prinzip der virtuellen Verschiebungen:

$$\delta W_{\bar{\varepsilon}} = \int_x \left(\delta u' \, EA \, \bar{\varepsilon} + \delta\varphi_z' \, EI_z \, \bar{\kappa}_z + \delta\varphi_y' \, EI_y \, \bar{\kappa}_y \right) dx \tag{3-61}$$

Vorgegebene Weggrößen (Verschiebungen, Verdrehungen)

Vorgegebene Verschiebungen (z.B. Stützensenkungen) werden durch die kinematischen Randbedingungen erfasst, welche die kinematisch zulässigen Verschiebungszustände einhalten müssen und treten nicht explizit in dem in Verschiebungen geschriebenen Prinzip der virtuellen Arbeiten auf, vgl. auch Kap.4.1.

3.3.4.5 Resultierende Formulierung für den geraden Stab

Schließlich erhalten wir aus dem für das Kontinuum formulierten Prinzip der virtuellen Verschiebungen die analoge Form für den geraden Stab, bezogen auf Hauptachsen. Die innere virtuelle Arbeit wird dabei häufig mit Hilfe der Schnittgrößen oder der Verzerrungen abgekürzt geschrieben. Dies ist zur Schreiberleichterung zweckmäßig, jedoch ist zu beachten, dass nur die Weggrößen bzw. deren Ableitungen die Unbekannten des Prinzips der virtuellen Verschiebungen sind.

Wie aus der bisherigen Darstellung deutlich wird, kann man das Arbeitsprinzip durch Aufsummieren der verschiedenen Anteile gewinnen, was eine Veranschaulichung des komplexen Sachverhalts erleichtert. Auf dieser Basis ist nachfolgend das Prinzip der virtuellen Arbeiten für den geraden Stab in verschiedenen Formen zusammengefasst.

Ausgedrückt in Schnittgrößen $\boldsymbol{s}(\boldsymbol{u})$ und konjugierten Dehnungsgrößen $\boldsymbol{\varepsilon}(\boldsymbol{u})$ sind die Anteile der vom Werkstoffgesetz unabhängigen Form in den durch ihre Nummern bezeichneten Gleichungen zu finden:

$$\delta W = \underbrace{\delta W_i\{Gl.(3\text{-}40)\}}_{\text{Widerstandsgrößen}} + \underbrace{\delta W_a\,\{Gl.(3\text{-}38)\}}_{\text{Einwirkende Lasten}} = 0$$

oder ausgeschrieben:

$$\begin{aligned}
-\delta W = & \int_x [\, N\,\delta\varepsilon + M_z\,\delta\kappa_z + M_y\,\delta\kappa_y + M_\omega\,\delta\kappa_\omega + Q_y\,\delta\gamma_y + Q_z\,\delta\gamma_z + M_{xV}\,\delta\gamma_{xV} + M_{x\omega}\,\delta\gamma_{x\omega}\,]\,dx \\
& - \int_l [\, \overline{p}_x\,\delta u + \overline{p}_y\,\delta v + \overline{p}_z\,\delta w + \overline{m}_x\,\delta\varphi_x + \overline{m}_y\,\delta\varphi_y + \overline{m}_z\,\delta\varphi_z + \overline{m}_\omega\,\delta\psi\,]\,dx \\
& - [\, \overline{N}\,\delta u + \overline{Q}_y\,\delta v + \overline{Q}_z\,\delta w + \overline{M}_x\,\delta\varphi_x + \overline{M}_y\,\delta\varphi_y + \overline{M}_z\,\delta\varphi_z + \overline{M}_\omega\,\delta\psi\,]_{R_p} = 0 \qquad (3\text{-}62)
\end{aligned}$$

Nach Einsetzen des elastischen Stoffgesetzes und Definition der Querschnittswerte erhalten wir die in Dehnungsgrößen $\boldsymbol{\varepsilon}(\boldsymbol{u})$ ausgedrückte Form

$$\delta W = \underbrace{\delta W_i\,\{Gl.(3\text{-}46)\} + \delta W_i\,\{Gl.(3\text{-}51)\}}_{\text{Widerstandsgrößen}} + \underbrace{\delta W_a\,\{Gl.(3\text{-}38)\}}_{\text{Einwirkende Lasten}} = 0$$

oder ausgeschrieben:

$$\begin{aligned}
-\delta W = & \int_x \left[\, \delta\varepsilon\, EA\,\varepsilon + \delta\kappa_z\, EI_z\,\kappa_z + \delta\kappa_y\, EI_y\,\kappa_y + \delta\kappa_\omega\, EI_\omega\,\kappa_\omega + \delta\gamma_{xV}\; G\,I_x\;\gamma_{xV} \right] dx \\
& + \int_x \left[\, \delta\gamma_y\, GA_{sy}\,\gamma_y + \delta\gamma_z\, GA_{sz}\,\gamma_z + \delta\gamma_{x\omega}\, GA_{x\omega}\,\gamma_{x\omega} \right] dx \\
& - \int_x \left[\, \delta u\,\overline{p}_x + \delta v\,\overline{p}_y + \delta w\,\overline{p}_z + \delta\varphi_x\,\overline{m}_x + \delta\varphi_y\,\overline{m}_y + \delta\varphi_z\,\overline{m}_z + \delta\psi\,\overline{m}_\omega \right] dx \\
& + \left[\, \delta u\,\overline{N} + \delta v\,\overline{Q}_y + \delta w\,\overline{Q}_z + \delta\varphi_x\,\overline{M}_x + \delta\varphi_y\,\overline{M}_y + \delta\varphi_z\,\overline{M}_z + \delta\psi\,\overline{M}_\omega \right]_{R_p} = 0 \qquad (3\text{-}63)
\end{aligned}$$

Schließlich folgt nach Einsetzen der kinematischen Beziehungen die vollständig in Weggrößen $\boldsymbol{u}$ geschriebene Form, die jetzt auch die Anteile einwirkender Verzerrungen enthält

$$\delta W = \delta W_i \,\{Gl.(3\text{-}49)\} + \delta W_i \,\{Gl.(3\text{-}53)\} + \delta W_a \,\{Gl.(3\text{-}38)\} + \delta W_{\bar{\varepsilon}} \,\{Gl.(3\text{-}61)\} = 0$$

Widerstandsgrößen — Einwirkende Lasten — Einwirkende Verzerrungen

oder ausgeschrieben:

$$-\delta W = \int_x \left[\delta u'\, EA\, u' + \delta\varphi_z'\, EI_z\, \varphi_z' + \delta\varphi_y'\, EI_y\, \varphi_y' + \delta\psi'\, EI_\omega\, \psi' + \delta\varphi_x'\, GI_T\, \varphi_x'\right] dx$$

Längswirkung — Biegung um y-Achse — Biegung um z-Achse — Wölbkraft-Torsion — Reine Torsion

$$+ \int_x \left[\delta(v' + \varphi_z)\, GA_{sy}\, (v' + \varphi_z) + \delta(w' + \varphi_y)\, GA_{sz}\, (w' + \varphi_y) + \delta(\varphi_x' + \psi)\, GA_{x\omega}(\varphi_x' + \psi)\right] dx$$

Schub aus Querkraft in y-Richtung — Schub aus Querkraft in z -Richtung — Schub aus Wölbkraft-Torsion

$$- \int_x \left[\delta u\, \bar{p}_x + \delta v\, \bar{p}_y + \delta w\, \bar{p}_z + \delta\varphi_x\, \bar{m}_x + \delta\varphi_y\, \bar{m}_y + \delta\varphi_z\, \bar{m}_z + \delta\psi\, \bar{m}_\omega\right] dx$$

Einwirkende Streckenlasten

$$- \int_x \left[\delta u'\, EA\, \bar{\varepsilon} + \delta\varphi_z'\, EI_z\, \bar{\kappa}_z + \delta\varphi_y'\, EI_y\, \bar{\kappa}_y\right] dx \qquad = 0 \qquad (3\text{-}64)$$

Einwirkende Verzerrungen

Dabei ist zu beachten, dass hier zur Schreibvereinfachung nur die längs der Stäbe einwirkenden Streckenlasten und eingeprägten Verzerrungen im Integral über x angeschrieben sind, das sich definitionsgemäß über alle Stäbe des Tragwerks erstrecken soll. Die Anteile für angreifende Einzelwirkungen (z.B. Einzellasten) sind sinngemäß zu ergänzen, indem den Integralen entsprechende Summen hinzugefügt werden, die alle vorhandenen Einzelwirkungen über das Tragwerk erfassen, so wie dies in Gl.(3-38) und (3-63) enthalten ist.

Nach Einführung der Hypothesen (3-41) ergibt sich nach Vernachlässigung der aus den Schubverzerrungen folgenden Anteile wegen $\varphi_z = -v'$, $\varphi_y = -w'$, $\psi = -\varphi_x' = -\vartheta'$ (vgl. auch Gln.(3-29) bis (3-31)) die Form

$$\delta W = \delta W_i\{Gl.\ (3\text{-}50)\} + \delta W_a\{Gl.(3\text{-}38)\} + \delta W_{\bar{\varepsilon}}\{Gl.\ (3\text{-}61)\} = 0,$$

oder ausgeschrieben:

$$-\delta W = \int_x \left[\delta u' EA\, (u' - \bar{\varepsilon}) + \delta v'' EI_z\, (v'' + \bar{\kappa}_z) + \delta w'' EI_y\, (w'' + \bar{\kappa}_y) + \delta\vartheta'' EI_\omega\, \vartheta'' + \delta\vartheta' GI_T\, \vartheta'\right] dx$$

$$- \int_x \left[\delta u\, \bar{p}_x + \delta v\, \bar{p}_y + \delta w\, \bar{p}_z + \delta\varphi_x\, \bar{m}_x + \delta\varphi_y\, \bar{m}_y + \delta\varphi_z\, \bar{m}_z + \delta\psi\, \bar{m}_\omega\right] dx = 0 \qquad (3\text{-}65)$$

4 Elementbeziehungen des eben beanspruchten Stabes

In der Modellbildung stabförmiger Tragwerke verwenden wir das Elementkonzept, vgl. Kap. 2.9. Danach wird die betrachtete Struktur in eine geeignete Anzahl von stabförmigen Elementen zerlegt, die an Knoten des Systems miteinander verbunden sind. Deshalb werden in diesem Kapitel zunächst verschiedene Möglichkeiten ausführlich erörtert, die Eigenschaften von Stabelementen zu beschreiben. Dies erfolgt hier zunächst exemplarisch für den eben beanspruchten, geraden Stab und wird später in Kapitel 11 für den räumlich beanspruchten Stab ergänzt. In der Systemberechnung werden die Elemente dann zum Gesamt-Tragwerk zusammengesetzt, vgl. Kap. 6 und 7.

Die ebene Beanspruchung eines stabförmigen Bauteils ist dadurch gekennzeichnet, dass die Einwirkungen nur Dehnungen und Spannungen hervorrufen, die in der x-z-Ebene und nicht in der y-Richtung veränderlich sind, vgl. Bild 4.1. Biegung um die z-Achse oder Torsionswirkungen (z.B. infolge außermittigen Lastangriffs) werden dabei in diesem Kapitel nicht betrachtet, auch um die Darstellung der grundlegenden Zusammenhänge durch einfachere Beziehungen zu erleichtern.

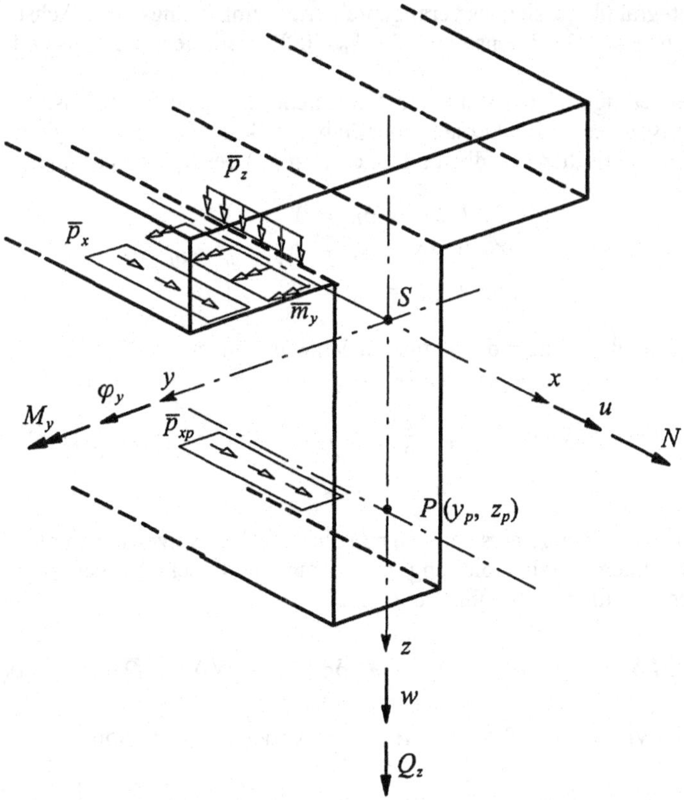

Bild 4.1 Positive Wirkungsrichtung von Lasten und Zustandsgrößen am eben beanspruchten Stab

4.1 Vom Prinzip der virtuellen Verschiebungen zu den lokalen Grundgleichungen (Dgln.) und statischen Randbedingungen

Das Prinzip der virtuellen Verschiebungen lässt sich generell in eine Form überführen, aus der man unmittelbar ablesen kann, welche lokalen Grundgleichungen (in differentieller Form) sie enthalten. Dies wird nachfolgend für die Anteile der Längskraft und der einachsigen Biegung gezeigt; andere Wirkungen lassen sich analog behandeln, vgl. Kapitel 11. Zur Vereinfachung der Schreibweise werden dabei in diesem Kapitel die Zustandsgrößen $M_y, \varphi_y, \kappa_y, Q_z, \gamma_z$ ohne unteren Index geschrieben. Nach Gl. (3-40) und Gl. (3-38) erhält man für die innere und äußere virtuelle Arbeit, (ggf. zu ergänzen um Anteile für vorgegebene Verzerrungen) für das gesamte System:

$$\delta W_i = -\int_x \underbrace{(N\,\delta\varepsilon + Q\,\delta\gamma + M\,\delta\kappa)\,dx}_{\text{aus Elementbeanspruchung}}$$

$$\delta W_a = \int_x \underbrace{(\overline{p}_x\,\delta u + \overline{p}_z\,\delta w + \overline{m}_y\,\delta\varphi)\,dx}_{\text{aus Elementlasten}} + \underbrace{[\overline{N}\,\delta u + \overline{Q}\,\delta w + \overline{M}\,\delta\varphi]\Big|_{R_p}}_{\text{aus vorgegebenen Rand- und Knotenlasten}}$$

Dabei vereinbaren wir, dass das Integral über x sich als verallgemeinerte Summe längs der x-Achse aller Stäbe der betrachteten Struktur erstreckt. Ebenso enthalte R_p alle Einzellasten an Rand- und Innenknoten des Systems.

Als zusätzliche Bedingung (Nebenbedingung) der virtuellen Verschiebungen gilt: Ein zulässiger virtueller Verschiebungszustand muss in jedem Punkt x längs der Stabachse kinematisch verträglich sein (s. Gln. 3-59, 3-60) und die kinematischen Randbedingungen (*auf* R_u) des Systems erfüllen:

$$\left.\begin{aligned} \delta\varepsilon &= \delta(u' - \overline{\varepsilon}) = \delta u' \\ \delta\gamma &= \delta\varphi + \delta w' \\ \delta\kappa &= \delta(\varphi' - \overline{\kappa}) = \delta\varphi' \end{aligned}\right\} \text{ in } x \qquad \left.\begin{aligned} \delta(u + \overline{u}) &= \delta u = 0 \\ \delta(w + \overline{w}) &= \delta w = 0 \\ \delta(\varphi + \overline{\varphi}) &= \delta\varphi = 0 \end{aligned}\right\} \text{ auf } R_u$$

Unter diesen Nebenbedingungen gelte das Prinzip der virtuellen Verschiebungen (4-1):

$$-\delta W = \int_x \left[N\,\delta\varepsilon + Q\,\delta\gamma + M\,\delta\kappa - \overline{p}_x\,\delta u - \overline{p}_z\,\delta w - \overline{m}_y\,\delta\varphi\right] dx - [\overline{N}\,\delta u + \overline{Q}\,\delta w + \overline{M}\,\delta\varphi]\Big|_{R_p} = 0$$

Zur Ableitung der zugehörigen Grundgleichungen ersetzt man nun die virtuellen Verzerrungen mittels der angeführten Nebenbedingungen durch Ableitung der virtuellen Verschiebungen (die eingeprägten Verzerrungen werden hier nicht mitgeführt) und erhält:

$$-\delta W = \int_x \left[N\,\delta u' + Q\,\delta(\varphi + w') + M\,\delta\varphi' - \overline{p}_x\,\delta u - \overline{p}_z\,\delta w - \overline{m}_y\,\delta\varphi\right] dx - [\overline{N}\,\delta u + \overline{Q}\,\delta w + \overline{M}\,\delta\varphi]\Big|_{R_p}$$

Danach werden die Ableitungen der virtuellen Größen mit Hilfe der partiellen Integration

$$\int_a^b u\,dv = [u\,v]\Big|_a^b - \int_a^b v\,du \qquad \text{bzw. über das gesamte System:} \qquad \int_x u\,dv = [u\,v]\Big|_R - \int_x v\,du$$

umgeformt (siehe Anhang A1), wobei zusätzliche Randterme auf $R = R_p + R_u$ entstehen:

$$-\delta W = +[N\delta u]\Big|_R - \int_x N'\delta u\,dx + \int_x Q\,\delta\varphi\,dx + [Q\,\delta w]\Big|_R - \int_x Q'\delta w\,dx + [M\,\delta\varphi]\Big|_R - \int_x M'\,\delta\varphi\,dx$$

$$-\int_x \left[\overline{p}_x\,\delta u + \overline{p}_z\,\delta w + \overline{m}_y\,\delta\varphi\right]dx - [\overline{N}\delta u + \overline{Q}\,\delta w + \overline{M}\,\delta\varphi]\Big|_{R_p} = 0$$

Sortieren nach den virtuellen Verschiebungen und Berücksichtigung der Nebenbedingungen (Kinematik und kinematische Randbedingungungen) liefert die zu (4-1) gleichwertige Beziehung:

$$-\delta W = -\int_x \underbrace{\left\{\delta u\left[N' + \overline{p}_x\right] + \delta w\left[Q' + \overline{p}_z\right] + \delta\varphi\left[M' - Q + \overline{m}_y\right]\right\}}_{\text{Gleichgewichtsbedingungen}} dx$$

$$+ \underbrace{\left\{\delta u\,[N - \overline{N}]\right\}\Big|_{R_p} + \left\{\delta w\,[Q - \overline{Q}]\right\}\Big|_{R_p} + \left\{\delta\varphi\,[M - \overline{M}]\right\}\Big|_{R_p}}_{\text{Kräfterandbedingungen}} = 0 \qquad \text{(4-2)}$$

Daraus kann man entnehmen, dass für beliebige kinematisch zulässige virtuelle Verschiebungen die virtuelle Arbeit δW des gesamten Tragwerks nur dann gleich Null ist, wenn die Ausdrücke in den eckigen Klammern jeder für sich verschwinden. Das sind aber gerade die lokalen Gleichgewichtsbedingungen für jeden Punkt längs der Stabachsen x und diestatischen Randbedingungen des Systems auf R_p. Man kann daraus die mechanische Bedeutung des Prinzips entnehmen:

Ein Tragwerk ist im Gleichgewicht, wenn unter kinematisch zulässigen virtuellen Verschiebungen die Summe aus innerer und äußerer virtueller Arbeit verschwindet.

Die Bedingung, dass die gesamte virtuelle Arbeit den Wert Null annimmt, ist gleichbedeutend mit der Forderung, dass im Falle des Gleichgewichts die (skalaren) Werte der inneren und der äußeren virtuellen Arbeiten gleich sein müssen.

Mit der obigen Umformung konnte also gezeigt werden, dass das Prinzip der virtuellen Arbeiten - Gl. (4-1) - eine integrale (globale) Form des Gleichgewichts und der statischen Randbedingungen - Gl. (4-2) - darstellt. Bei dieser Umformung wird im wesentlichen die Teilintegration verwendet, die eine spezielle eindimensionale Form des Gauß'schen Satzes darstellt, vgl. Anhang A1. Damit lässt sich z.B. bei einem Produkt unter dem Integral die Ableitung der einen Größe durch die Ableitung der anderen ersetzen, wobei sich ein zusätzlicher Randterm ergibt. Es ist zu betonen, dass dies eine rein mathematische Umformung ist, die keine zusätzliche mechanische Annahme beinhaltet.

Für die Längswirkung in den Stäben und an den Rändern eines Bauteils folgt direkt aus Gl. (4-2):

$$N' + \overline{p}_x = 0 \quad \text{in } x \qquad N = \overline{N} \quad \text{auf } R_p \qquad \text{(4-3)}$$

Dies ist die lokale Gleichgewichtsbedingung und die statische Randbedingung. Entsprechend ergeben sich aus Gl. (4-2) für die Biegeanteile die Beziehungen:

$$Q_z' + \overline{p}_z = 0 \quad \text{in } x \qquad Q_z = \overline{Q}_z \quad \text{auf } R_p \qquad \text{(4-4)}$$

$$M_y' - Q_z + \overline{m}_y = 0 \quad \text{in } x \qquad M_y = \overline{M}_y \quad \text{auf } R_p \qquad \text{(4-5)}$$

Diese lokalen Gleichgewichtsbedingungen werden häufig auch durch anschauliche Betrachtung am differentiellen Trägerelement mit Hilfe von Bild 4.2 oder Bild 4.3 gewonnen. Bei dieser Vorgehensweise sind die differentiellen Zuwächse der Kraftgrößen in eine Taylorreihe zu entwickeln, die nach dem linearen Glied abgebrochen wird. Es wird angemerkt, dass eine solche Entwicklung bei der oben gezeigten Herleitung aus dem Prinzip der virtuellen Arbeiten nicht erforderlich ist.

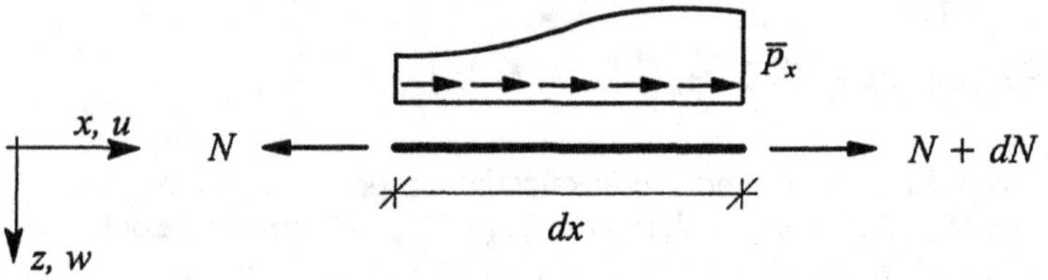

Bild 4.2 Längswirkungen am differentiellen Stabelement

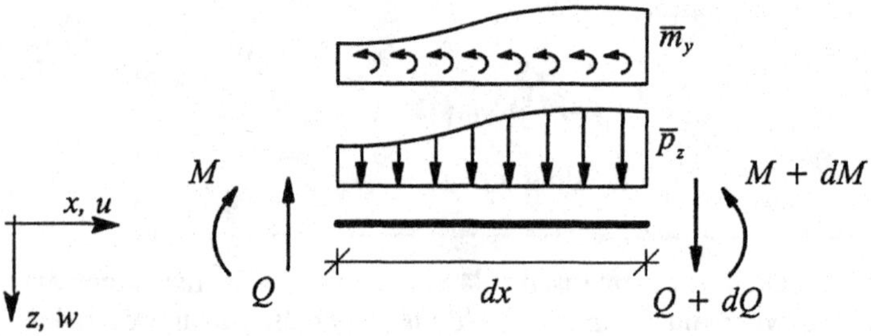

Bild 4.3 Biegewirkungen am differentiellen Stabelement

4.1.1 Lokale Grundgleichungen (Differentialgleichungen)

Grundgleichungen in differentieller Form

Mit den Ergebnissen des letzten Abschnitts können die lokalen Grundgleichungen eines Balkenelements unter Längskraft und einachsiger Biegung zusammengefasst werden. Neben der langschriftlichen Form ist auch die äquivalente Matrizendarstellung (analog Abschnitt 3.2.5) angegeben.

Gleichgewicht, aus Gln. (4-3) bis (4-5):

$$\begin{aligned} \sum N = 0 \qquad & \frac{dN}{dx} + \overline{p}_x = 0 \\ \sum Q = 0 \qquad & \frac{dQ}{dx} + \overline{p}_z = 0 \\ \sum M = 0 \qquad & \frac{dM}{dx} - Q + \overline{m}_y = 0 \end{aligned} \quad \text{oder} \quad \begin{bmatrix} d_x & 0 & 0 \\ 0 & d_x & 0 \\ 0 & -1 & d_x \end{bmatrix} \begin{bmatrix} N \\ Q \\ M \end{bmatrix} + \begin{bmatrix} \overline{p}_x \\ \overline{p}_z \\ \overline{m}_y \end{bmatrix} = \begin{bmatrix} 0 \\ 0 \\ 0 \end{bmatrix} \tag{4-6}$$

$$\boldsymbol{D}_s^T \quad \boldsymbol{s} \quad + \quad \overline{\boldsymbol{q}} \quad = \quad \boldsymbol{0}$$

Kinematik, aus Kap. 3, Gln. (3-59), (3-27) und (3-60):

$$\begin{aligned} \varepsilon &= u' - \overline{\varepsilon} \\ \gamma &= w' + \varphi \\ \kappa &= \varphi' - \overline{\kappa} \end{aligned} \qquad \text{oder} \quad \boldsymbol{\varepsilon} = \begin{bmatrix} \varepsilon \\ \gamma \\ \kappa \end{bmatrix} = \begin{bmatrix} d_x & 0 & 0 \\ 0 & d_x & 1 \\ 0 & 0 & d_x \end{bmatrix} \begin{bmatrix} u \\ w \\ \varphi \end{bmatrix} - \begin{bmatrix} \overline{\varepsilon} \\ 0 \\ \overline{\kappa} \end{bmatrix} = \boldsymbol{D}_u \boldsymbol{u} - \overline{\boldsymbol{\varepsilon}} \tag{4-7}$$

Für $\gamma = 0$ liefert die Bernoulli-Annahme: $\varphi = -w'$ bzw. $\kappa = -w'' - \overline{\kappa}$

Stoffgesetz, aus Kap. 3, Gln. (3-34):

$$N = EA\,\varepsilon \qquad Q = \alpha_s\, GA\,\gamma \qquad M = EI\,\kappa \qquad \text{oder } s = \begin{bmatrix} N \\ Q \\ M \end{bmatrix} = \begin{bmatrix} EA\,\varepsilon \\ GA_s\,\gamma \\ EI\,\kappa \end{bmatrix} = E\,\varepsilon \tag{4-8}$$

Es wird betont, dass für die entkoppelte Form der Gleichungen (4-6) bis (4-8) vorausgesetzt ist, dass die Querschnittswerte auf Hauptachsen bezogen werden, vgl. Kap. 3.3.4.3.

Zusammenfassung der differentiellen Grundgleichungen

a) Als Differentialgleichungssystem 1. Ordnung

Gleichgewicht (4-6), Kinematik (4-7) und Stoffgesetz (4-8) bilden zusammen mit den statischen und kinematischen Randbedingungen einen vollständigen Satz von lokalen Grundgleichungen, die bei Bezug aller Zustandsgrößen und Lasten auf die Hauptachsen für Längswirkung und Querwirkung entkoppelt sind. Sie lassen sich direkt als zwei Systeme von Dgln. erster Ordnung schreiben:

Längswirkung:

$$\frac{d}{dx}\begin{bmatrix} u \\ N \end{bmatrix} = \begin{bmatrix} 0 & \frac{1}{EA} \\ 0 & 0 \end{bmatrix}\begin{bmatrix} u \\ N \end{bmatrix} + \begin{bmatrix} \bar{\varepsilon} \\ -\bar{p}_x \end{bmatrix} \tag{4-9}$$

Querwirkung:

$$\frac{d}{dx}\begin{bmatrix} w \\ \varphi \\ Q \\ M \end{bmatrix} = \begin{bmatrix} 0 & -1 & \frac{1}{GA_s} & 0 \\ 0 & 0 & 0 & \frac{1}{EI} \\ 0 & 0 & 0 & 0 \\ 0 & 0 & 1 & 0 \end{bmatrix}\begin{bmatrix} w \\ \varphi \\ Q \\ M \end{bmatrix} + \begin{bmatrix} 0 \\ \bar{\kappa} \\ -\bar{p}_z \\ -\bar{m}_y \end{bmatrix} \tag{4-10}$$

$$z'(x) = A \quad z(x) + \bar{r}(x)$$

Mit der Hypothese nach *Bernoulli* wird der Schubanteil mit $\frac{1}{GA_s} \sim 0$ vernachlässigt.

b) Als kondensierte Differentialgleichungen

Einsetzen von Kinematik (4-7) und Stoffgesetz (4-8) in die lokalen Gleichgewichtsbedingungen (4-6) liefert jeweils eine Dgl. höherer Ordnung:

Längswirkung: $$(EA\,u')' = -\bar{p}_x + EA\,\bar{\varepsilon}' \tag{4-11}$$

Querwirkung: $$(EI\,w'')'' = \bar{p}_z + \bar{m}_y' - EI\,\bar{\kappa}'' \tag{4-12}$$

Die Gleichung für die Querwirkung gilt unter Annahme der *Bernoulli*-Hypothese.

4.1.2 Lösungen der Differentialgleichungen

a) Lösung des Differentialgleichungssystems 1. Ordnung (für *A* = *konst.*)

Die in der Matrizenform $z'(x) = A\ z(x) + \bar{r}(x)$ geschriebenen Grundgleichungen (4-9) bzw. (4-10) lassen sich für konstante Koeffizienten durch eine Matrizen-Exponentialreihe lösen. Die entstehende Integralmatrix ist aufgrund der mechanisch sinnvoll gewählten Variablen direkt als sogenannte Übertragungsmatrix $\boldsymbol{U}$ deutbar, die in Kap. 4.4 noch ausführlicher besprochen wird. Sie beschreibt die Veränderung der in z enthaltenen Zustandsgrößen längs der Stabachse x:

$$z(x) = e^{Ax}\, z(0) + e^{Ax} \int_0^x e^{-At}\, \bar{r}(t)\, dt = U(x)\, z(0) + \bar{z} \tag{4-13}$$

$$\text{mit} \quad U(x) = e^{Ax} = I + \frac{1}{1!}Ax + \frac{1}{2!}A^2x^2 + \frac{1}{3!}A^3x^3 + \frac{1}{4!}A^4x^4 + \ldots$$

Aufgrund der speziellen Struktur der auch als Differentialmatrix bezeichneten Koeffizientenmatrix $\boldsymbol{A}$ bricht die Exponentialreihe im vorliegenden Fall nach der dritten Potenz von x ab und führt zu kubischen Polynomen als Lösung.

Die Lastanteile sind analog nach

$$\bar{z}(x) = x\left(I + \frac{1}{2!}Ax + \frac{1}{3!}A^2x^2 + \frac{1}{4!}A^3x^3 + \frac{1}{5!}A^4x^4 + \ldots\right)\bar{r} \tag{4-14}$$

zu bestimmen, wobei die Partikularlösung je nach Verlauf der Lastanteile auch höhere Potenzen von x enthält. Weitere Hinweise sind dem Anhang A2 zu entnehmen.

Zur numerischen Berechnung der Integralmatrix als Lösung eines Systems von Differentialgleichungen 1. Ordnung existieren eine Vielzahl von Methoden. Eine Zusammenstellung ist in *Wunderlich (1966)* zu finden. Neben der direkten Auswertung der oben angegebenen Reihe kann man auch das zugehörige Matrizenpolynom berechnen, indem man das Clayley-Hamilton Theorem verwendet, welches jedoch die Kenntnis aller Eigenwerte der Matrix A voraussetzt, *Zurmühl, Falk (1986)*.

Sind die Eigenschaften des Elements längs der Stabachse variabel, so ergibt sich eine Differentialmatrix mit veränderlichen Koeffizienten. Auch in diesem Fall kann die Integration über Matrizenreihen erfolgen, die dann entsprechend zu modifizieren sind, zum Beispiel über einen Koeffizientenvergleich von Differentialmatrix und Lösung. Außerdem ist die numerische Integration mit Hilfe verschiedener Varianten des Runge-Kutta-Verfahrens möglich.

b) Lösung der kondensierten Differentialgleichungen

Der homogene Anteil der Dgl. für die Längswirkung mit EA = konst.

$$(EA\, u')' = 0$$

hat die Lösung: $$u(x) = C_1 + C_2\, x \tag{4-15}$$

Entsprechend hat der homogene Anteil der Dgl. für die Querwirkung (mit EI = konst. und Normalenhypothese)

$$(EI\, w'')'' = 0$$

die "analytische" Lösung: $$w(x) = C_1 + C_2\, x + C_3\, x^2 + C_4\, x^3 \tag{4-16}$$

Die Lastanteile (Partikularanteile der Dgl.) folgen daraus z.B. durch Variation der Konstanten.

Unter einer "analytischen Lösung" wird in diesem Buch die genaue Lösung von Differentialgleichungen mit Hilfe von definierten Funktionen (bekannten Funktionen) im klassischen Sinn verstanden wie sie in Form von Polynomen (Potenz-Ausdrücken, vgl. obige Lösungen), trigonometrischen, hyperbolischen oder anderen speziell definierten Funktionen verwendet werden. Dies dient zur Unterscheidung von genauen Lösungen, die mit Hilfe von Potenzreihen mit einer vorgebbaren Genauigkeit ermittelt werden wie dies bei der unter Gl. (4-13) angegebenen Lösung der Fall ist.

4.2 Bezeichnungen und Definitionen

Vor der weiteren Behandlung verschiedener Vorgehensweisen und Lösungsverfahren werden zunächst die verwendeten Bezeichnungen der Zustandsgrößen mit den Vorzeichen-Konventionen sowie die Definitionen und Schreibweisen der verschiedenen Elementmatrizen zusammengestellt.

4.2.1 Zustandsgrößen und Vorzeichen-Konventionen

Es erweist sich als zweckmäßig, Zustandsgrößen wie auch Grundgleichungen zur übersichtlicheren Darstellung in Matrizenform zusammenzufassen. Dabei werden Weggrößen und im Sinne einer Arbeit dazu konjugierte Kraftgrößen in derselben Reihenfolge in die jeweilige Spaltenmatrix geschrieben. Zur Unterscheidung der Stäbe wird der Element-Index i an die Spaltenmatrix oben angeschrieben, während ein unterer Index den Knoten kennzeichnet, an den der Stab angeschlossen ist, vgl. auch Kapitel 2. Dabei werden die Beziehungen am Element bzw. am Knoten jeweils auf ein lokales bzw. ein globales Koordinatensystem bezogen.

Vorzeichenkonvention für Weggrößen

Zunächst werden Schreibweise und positive Wirkungsrichtungen der Weggrößen beim eben beanspruchten Stab-Element in Bild 4.4 angegeben. Die verwendeten Weggrößen an einem Stabende sind als Spaltenmatrix geschrieben und mit $\boldsymbol{v}_a$ bzw. $\boldsymbol{v}_b$ (mit unterem Knotenindex) bezeichnet. Die Weggrößen beider Stabenden sind in der Spaltenmatrix $\boldsymbol{v}$ zusammengefasst, vgl. Gl. (4-17).

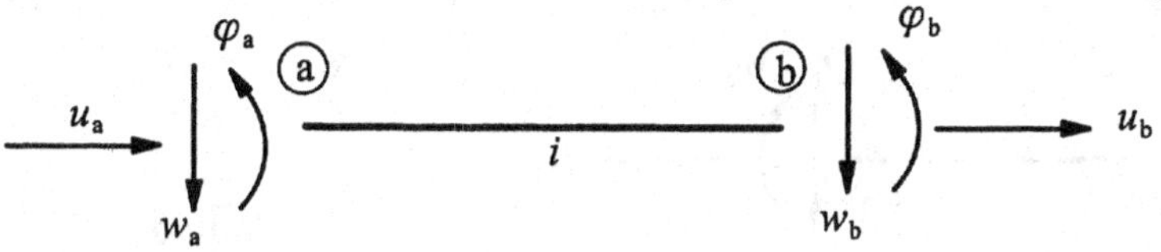

$$\begin{bmatrix} u_a \\ w_a \\ \varphi_a \end{bmatrix} = \boldsymbol{v}_a \qquad \boldsymbol{v}_b = \begin{bmatrix} u_b \\ w_b \\ \varphi_b \end{bmatrix}$$

$$\boldsymbol{v}^i = \begin{bmatrix} \boldsymbol{v}_a \\ \boldsymbol{v}_b \end{bmatrix} \qquad (4\text{-}17)$$

Stabend-Weggrößen

Bild 4.4 Weggrößen an den Stabenden

Vorzeichenkonvention 1 für Kraftgrößen (Kraftgrößen- und Übertragungsverfahren)

Bild 4.5 zeigt ein Stabelement mit den Kraftgrößen an beiden Enden, die gemäß der üblichen Vorzeichenkonvention - hier als Vorzeichenkonvention 1 bezeichnet - an den beiden Enden links und rechts in unterschiedlichen Richtungen positiv definiert sind, im Unterschied zu den Weggrößen.

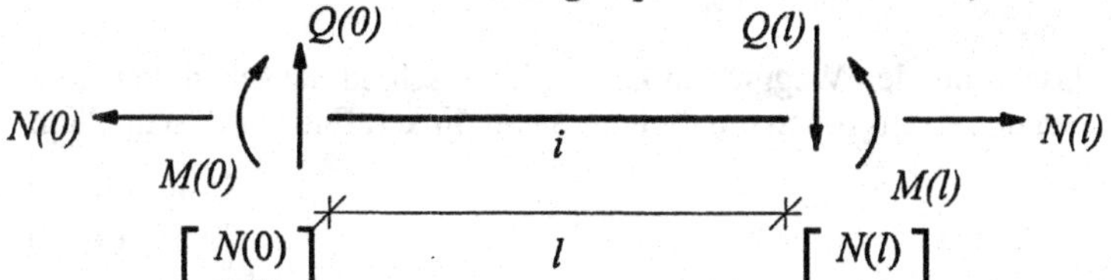

$$\begin{bmatrix} N(0) \\ Q(0) \\ M(0) \end{bmatrix} = \boldsymbol{s}_a \qquad \boldsymbol{s}_b = \begin{bmatrix} N(l) \\ Q(l) \\ M(l) \end{bmatrix}$$

$$\boldsymbol{s} = \begin{bmatrix} \boldsymbol{s}_a \\ \boldsymbol{s}_b \end{bmatrix} \qquad (4\text{-}18)$$

Bild 4.5 Schnittgrößen an den Stabenden (Vorzeichenkonvention 1)

Die Kraftgrößen an einem Stabende werden übersichtlich als Spaltenmatrix geschrieben und mit $\boldsymbol{s}_a$ bzw. $\boldsymbol{s}_b$ bezeichnet. Es ist außerdem gebräuchlich, die Schnittgrößen beider Stabenden in einer einzigen Spaltenmatrix $\boldsymbol{s}$ zusammenzufassen, vgl. Gl. (4-18).

Vorzeichenkonvention 2 für Stabend-Kraftgrößen (Weggrößenverfahren)

In der Durchführung des Weggrößenverfahrens (vgl. Kapitel 7) zeigt es sich, dass hierfür eine Änderung der üblichen Vorzeichenkonvention zweckmäßig ist. Würde dieser Unterschied nicht gemacht, so müsste man später beim Zusammensetzen der Elemente zum Gesamtsystem beim Vorzeichen immer überlegen, ob man das linke oder das rechte Stabende betrachtet, wenn an einem bestimmten Knoten Gleichgewicht gebildet wird. Dies gilt in gleicher Weise für den Sonderfall des Drehwinkelverfahrens (vgl. Kapitel 6). Aus den in der Literatur verwendeten Vorzeichenkonventionen wird hier diejenige benutzt, bei der man gegenüber der üblichen Konvention nur die Vorzeichen der Kraftgrößen am linken Stabende umdrehen muss. Zur Unterscheidung führen wir beim Weggrößenverfahren die zusätzliche Vorzeichenkonvention 2 (VzK2) ein, während die Vorzeichenkonvention 1 (VzK1) allgemein die für Schnittgrößen und die beim Kraftgrößen- und Übertragungsverfahren gebräuchliche Festlegung kennzeichnet.

Bild 4.6 zeigt die positiven Wirkungsrichtungen der Kraftgrößen an beiden Enden eines Stabelements gemäß Vorzeichenkonvention 2. Man erkennt im Vergleich zu Bild 4.4 und Bild 4.5, dass sich nur bei den Kraftgrößen die Vorzeichen in beiden Konventionen unterscheiden, nicht aber bei den Weggrößen. Bei Vorzeichenkonvention 2 haben jetzt die Kraftgrößen N_a, M_a und Q_a am linken Stabende dieselbe Richtung wie die Weggrößen. Konjugierte Weg- und Kraftgrößen bilden also miteinander eine positive Arbeit.

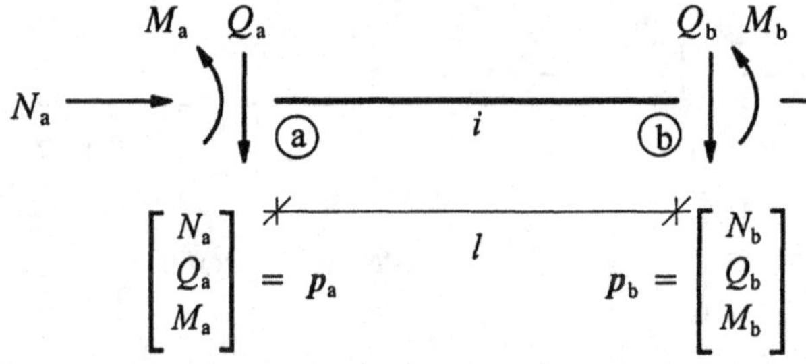

$$\boldsymbol{p} = \begin{bmatrix} \boldsymbol{p}_a \\ \boldsymbol{p}_b \end{bmatrix} \qquad (4\text{-}19)$$

Stabend-Kraftgrößen

Bild 4.6 Kraftgrößen an den Stabenden (Vorzeichenkonvention 2)

Die Kraftgrößen an einem Stabende werden wiederum als Spaltenmatrix geschrieben und mit $\boldsymbol{p}_a$ bzw. $\boldsymbol{p}_b$ bezeichnet, unten indiziert mit dem entsprechenden Index des anschließenden Knotens. Außerdem werden die Kraftgrößen beider Stabenden in einer einzigen Spaltenmatrix $\boldsymbol{p}$ zusammengefasst, vgl. Gl. (4-19).

Es wird noch einmal erwähnt, dass es bei den Weggrößen keinen Unterschied zwischen den Konventionen 1 und 2 gibt und dass bei den Kraftgrößen nur diejenigen am linken Ende unterschiedlich definiert sind:

$$\boldsymbol{p}_a = -\boldsymbol{s}_a \; ; \quad \boldsymbol{p}_b = \boldsymbol{s}_b \qquad (4\text{-}20)$$

Bei der Bezeichnung der Kraft- und Weggrößen ist außerdem zu unterscheiden, ob es sich um eine Zustandsgröße am Knoten oder an den Stabenden handelt. Hierzu wird festgelegt, dass die auf globale Koordinaten bezogenen Knotengrößen mit großen Buchstaben und die Stabgrößen mit kleinen Buchstaben geschrieben werden, vgl. Bild 4.4 und Bild 4.7.

$$\overline{P}_k = \begin{bmatrix} \overline{P}_X \\ \overline{P}_Z \\ \overline{M} \end{bmatrix}_k$$

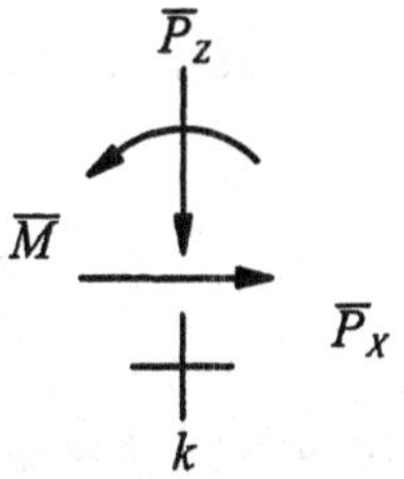

Knoten-Kraftgrößen (Einwirkungen)

$$V_k = \begin{bmatrix} U \\ W \\ \phi \end{bmatrix}_k$$

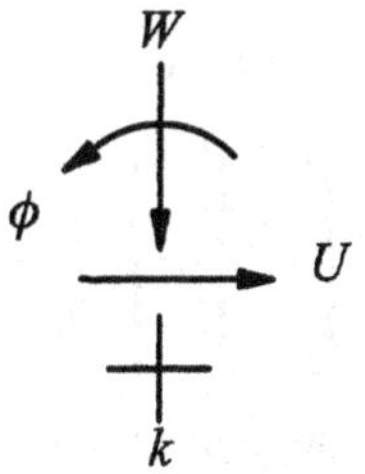

Knoten-Weggrößen

Bild 4.7 Kraftgrößen und Weggrößen am Knoten *k* (auf globale Koordinaten bezogen)

Außerdem können Knotengrößen von vornherein vorgegeben und nicht unbekannt sein. Deshalb werden alle vorgegebenen (eingeprägten) Größen durch einen Querstrich über dem Buchstaben gekennzeichnet, z.B. Knotenlasten durch $\overline{P}$, vgl. auch Kap. 2. Ist eine Knotenkraft als Einwirkung vorgegeben, so ist die im Sinne einer Arbeit konjugierte Weggröße unbekannt und umgekehrt.

4.2.2 Definition von Elementmatrizen

Die Zustandsgrößen an den Stabenden eines Elements lassen sich in unterschiedlicher Weise zusammenfassen. In der Verbindung bestimmter Größen der beiden Stabenden erfassen wir für den jeweiligen Stab dessen Eigenschaften, die in der späteren Systemberechnung mit denen der anderen Stäbe kombiniert werden. So richtet sich die Elementbeschreibung im wesentlichen nach der Wahl der Unbekannten bei der Systemberechnung. Doch kann es manchmal auch vorteilhaft sein, bestimmte Elementmatrizen umzurechnen, wenn sich für die Systemberechnung z.B. das Weggrößenverfahren am besten eignet, sich aberauf Elementebene eine genaue Lösung besser anders ermitteln lässt, z.B. als Übertragungsmatrix oder als analytische Lösung mit anderen Variablen.
Die Anzahl der Variablen in $\boldsymbol{v}$ und $\boldsymbol{s}$ bzw. $\boldsymbol{p}$ richtet sich nach der Aufgabenstellung wie in Bild 4.4 bis Bild 4.6 exemplarisch für den eben beanspruchten Stab angegeben.

Wir betrachten nun verschiedene Kombinationsmöglichkeiten der Stabend-Größen, wobei man auf die unterschiedlichen Konventionen der Vorzeichen beim Übertragungsverfahren (*VzK1*) und beim Weggrößenverfahren (*VzK2*) achten muss. Außerdem ist festzuhalten, dass hier einleitend zunächst die formale Schreibweise im Zusammenhang dargestellt ist. Die Berechnung der zugehörigen numerischen Werte wird in den weiteren Unterkapiteln im Einzelnen besprochen.

Übertragungsmatrix und Steifigkeitsmatrix

a. Übertragungsmatrix $\boldsymbol{U}^i$: $\quad \boldsymbol{z}_b^i = \boldsymbol{U}^i\boldsymbol{z}_a^i + \overline{\boldsymbol{z}}^i$ (*Vorzeichen-Konvention 1*)

$$\boldsymbol{z}_b^i = \begin{bmatrix} \boldsymbol{v}_b \\ \boldsymbol{s}_b \end{bmatrix}^i = \begin{bmatrix} \boldsymbol{U}_{vv} & \boldsymbol{U}_{vs} \\ \boldsymbol{U}_{sv} & \boldsymbol{U}_{ss} \end{bmatrix}^i \begin{bmatrix} \boldsymbol{v}_a \\ \boldsymbol{s}_a \end{bmatrix}^i + \begin{bmatrix} \overline{\boldsymbol{v}} \\ \overline{\boldsymbol{s}} \end{bmatrix}^i \qquad (4\text{-}21)$$

Der Spaltenvektor $\boldsymbol{z}$ enthält die Verschiebungs- und die Kraftgrößen an einem Ort der Stabachse. Die Übertragungsmatrix $\boldsymbol{U}^i$ beschreibt die Veränderung von $\boldsymbol{z}$ beim Übergang vom Ort a zum Ort b. Aufgrund ihrer Definition kann sie auch die Veränderung der Zustandsgrößen zwischen zwei beliebigen Stellen längs der Koordinate x beschreiben, vgl. auch *Pestel, Leckie (1963), Kersten (1982).* Die Ermittlung der numerischen Werte wird für den eben beanspruchten Stab im Kapitel 4.4, für den räumlich beanspruchten Stab in Kapitel 11.3.2 gezeigt.

b. Steifigkeitsmatrix k^i: $p^i = k^i\, v^i + p^{i0}$ (*Vorzeichen-Konvention* 2)

$$p^i = \begin{bmatrix} p_a \\ p_b \end{bmatrix}^i = \begin{bmatrix} k_{aa} & k_{ab} \\ k_{ba} & k_{bb} \end{bmatrix}^i \begin{bmatrix} v_a \\ v_b \end{bmatrix}^i + \begin{bmatrix} p_a^0 \\ p_b^0 \end{bmatrix}^i \tag{4-22}$$

Die Spaltenvektoren p^i bzw. v^i enthalten jeweils alle Weggrößen bzw. alle Kraftgrößen der beiden Stabenden. Die beim Weggrößenverfahren benötigte Steifigkeitsmatrix k^i eines Elements i beschreibt, wie groß die Kraftgrößen (oder Momente) sein müssen, um eine bestimmte Verschiebung (oder Verdrehung) der Größe 1 zu erreichen, wie groß also die Steifigkeit des Stabelements ist. Die Ermittlung der numerischen Werte wird für den eben beanspruchten Stab im Kapitel 4.3, für den räumlich beanspruchten Stab in Kapitel 11.3.3 bzw. 11.4.3 gezeigt.

Abspaltung der Starrkörperanteile und reduzierte Steifigkeitsmatrix

Die Steifigkeitsmatrix muss auch bei Vorgabe von Starrkörper-Bewegungen die Information enthalten, dass diese im Stab keine Beanspruchungen hervorrufen können. Sie besitzt deshalb soviel voneinander linear abhängige Zeilen und Spalten (und Eigenwerte) wie Randbedingungen zur eindeutigen Lagerung des Stabes erforderlich sind und hat eine verschwindende Determinante, d. h. sie ist singulär. Erst durch das Einarbeiten von Randbedingungen wird sie regulär und dann als reduzierte Steifigkeitsmatrix bezeichnet. Analog der vollständigen Steifigkeitsmatrix verbindet diese die reduzierten Kraftgrößen mit den reduzierten Weggrößen, deren Anzahl im Vergleich zu (4-22) nur noch halb so groß ist wie die vollständige Steifigkeitsmatrix:

$$p_{red} = k_{red}\, v_{red} \tag{4-23}$$

Formal kann die Abspaltung der Starrkörperanteile auf verschiedene Weise je nach gewählten Randbedingungen erfolgen. Dies ist in allgemeiner Form durch

$$v_{red} = [\; g_a \quad g_b \;] \begin{bmatrix} v_a \\ v_b \end{bmatrix} = g\; v \tag{4-24}$$

beschreibbar, wobei die gewählten Randbedingungen den Inhalt der Transformationsmatrix g bestimmen, vgl. zur Erläuterung das Beispiel in Kap. 4.4.1 mit Gln. (4-53) und (4-54).

Die im Sinne einer Arbeit zu v_{red} konjugierten Kraftgrößen p_{red} sowie die Beziehung zwischen der vollständigen Steifigkeitsmatrix und ihrer reduzierten Form k_{red} lassen sich aufgrund der Bedingung ermitteln, dass die Starrkörperanteile keinen Beitrag zur virtuellen inneren Arbeit leisten:

$$(\delta v_{red})^T\, p_{red} = \delta v^T\, p \qquad \text{oder} \qquad (\delta v_{red})^T\, k_{red}\, v_{red} = \delta v^T\, k\; v \tag{4-25}$$

Man erhält für die zugehörige Transformation der Kraftgrößen nach Einsetzen der Beziehung (4-24) in (4-25) und Umordnen

$$(g\;\delta v)^T\, p_{red} = \delta v^T g^T\, p_{red} \quad \Rightarrow \quad p = g^T\, p_{red} \;\; oder \quad p = \begin{bmatrix} p_a \\ p_b \end{bmatrix} = \begin{bmatrix} g_a \\ g_b \end{bmatrix} p_{red}$$

Mit (4-25) und (4-23) folgt dann als Beziehung zwischen reduzierter und vollständiger Steifigkeitsmatrix die Transformation:

$$g^T\, k_{red}\, g = k \tag{4-26}$$

c. Überführung der Übertragungsmatrix U^i in eine Steifigkeitsmatrix k^i

Die Übertragungsmatrix eines Stabelementes hat dieselbe Größe wie die Steifigkeitsmatrix, jedoch sind die Größen der Stabenden in anderer Weise angeordnet. Daraus erkennt man, dass man die Übertragungsmatrix in die Steifigkeitsmatrix eines Elements durch entsprechende Umordnung überführen kann:

$$v_b = U_{vv}v_a + U_{vs}s_a + \bar{v} \qquad s_a = U_{vs}^{-1}v_b - U_{vs}^{-1}U_{vv}v_a - U_{vs}^{-1}\bar{v}$$

$$s_b = U_{sv}v_a + U_{ss}s_a + \bar{s} \qquad s_b = U_{sv}v_a + U_{ss}(U_{vs}^{-1}v_b - U_{vs}^{-1}U_{vv}v_a - U_{vs}^{-1}\bar{v}) + \bar{s}$$

Dabei ist die unterschiedliche Vorzeichenkonvention der Kraftgrößen am linken Stabende zu beachten, die gemäß Gl. (4-20) aus Bild 4.5 und Bild 4.6 zu entnehmen ist:

$$p_a = -s_a \;, \; p_b = s_b$$

Dies ergibt in der Anordnung der Steifigkeitsbeziehung (4-22) in Vorzeichenkonvention 2 die Form

$$\begin{bmatrix} p_a \\ p_b \end{bmatrix}^i = \begin{bmatrix} U_{vs}^{-1}U_{vv} & -U_{vs}^{-1} \\ U_{sv} - U_{ss}U_{vs}^{-1}U_{vv} & U_{ss}U_{vs}^{-1} \end{bmatrix}^i \begin{bmatrix} v_a \\ v_b \end{bmatrix}^i + \begin{bmatrix} U_{vs}^{-1}\bar{v} \\ \bar{s} - U_{ss}U_{vs}^{-1}\bar{v} \end{bmatrix}^i \tag{4-27}$$

Durch Vergleich mit (4-22) sind daraus die Transformationsbeziehungen der vier Untermatrizen von k^i zu entnehmen. Diese Möglichkeit der Umrechnung ist von Vorteil, wenn die Lösung für eine bestimmte Aufgabenstellung leichter durch Ermittlung der Übertragungsmatrix (z.B. durch Integration eines Systems gewöhnlicher Differentialgleichungen nach Kapitel 4.1.1) zu erzielen ist.

d. Überführung der Steifigkeitsmatrix k^i in eine Übertragungsmatrix U^i

Eine analoge Transformation kann bei Vorliegen der Steifigkeitsmatrix angegeben werden:

$$p_a = k_{aa}\,v_a + k_{ab}\,v_b \qquad \Rightarrow v_b = k_{ab}^{-1}\,p_a - k_{ab}^{-1}\,k_{aa}\,v_a$$

$$p_b = k_{ba}\,v_a + k_{bb}\,v_b \qquad \Rightarrow p_b = \left(k_{ba} - k_{bb}\,k_{ab}^{-1}\,k_{aa}\right)v_a + k_{bb}\,k_{ab}^{-1}\,p_a$$

Daraus folgt mit $s_a = -p_a$; $s_b = p_b$ in der Anordnung der Übertragungsmatrix (4-21)

$$\begin{bmatrix} v_b \\ s_b \end{bmatrix} = \begin{bmatrix} -k_{ab}^{-1}\,k_{aa} & k_{ab}^{-1} \\ -k_{ba} + k_{bb}\,k_{ab}^{-1}\,k_{aa} & -k_{bb}\,k_{ab}^{-1} \end{bmatrix} \begin{bmatrix} v_a \\ s_a \end{bmatrix} = \begin{bmatrix} U_{vv} & U_{vs} \\ U_{sv} & U_{ss} \end{bmatrix} \begin{bmatrix} v_a \\ s_a \end{bmatrix} \tag{4-28}$$

Durch Vergleich mit (4-21) sind daraus die Transformationsbeziehungen der vier Untermatrizen von U^i zu entnehmen. Diese Möglichkeit kann für die Ermittlung von Zwischenwerten längs des Stabes von Interesse sein, da sich hierfür der Einsatz der Übertragungsmatrix anbietet.

Nachgiebigkeitsmatrix

Nachgiebigkeitsmatrix f^i: (*Vorzeichen-Konvention 2*)

$$v_R^i = f^i\,p_R^i + v_R^{i0} \tag{4-29}$$

Die Spaltenvektoren v_R^i bzw. p_R^i enthalten jeweils diejenigen Weggrößen bzw. Kraftgrößen der beiden Stabenden, die aus der elastischen Beanspruchung des Stabes resultieren. Die beim Kraftgrößenverfahren (vgl. Kap.15) gebräuchliche Nachgiebigkeitsmatrix f^i eines Elements i beschreibt, wie groß die Verschiebung (oder Verdrehung) infolge einer bestimmten Kraftgröße (oder Moments) der Größe 1 ist, wie nachgiebig sich also ein Stabelement verhält.

Die Ermittlung der numerischen Werte wird für den eben beanspruchten Stab in Kapitel 4.5 und Kapitel 15 gezeigt.

Spezielle Eigenschaften der Nachgiebigkeitsmatrix $\boldsymbol{f}^i$

Im Unterschied zur Steifigkeitsmatrix enthält die Nachgiebigkeitsmatrix keine Anteile aus Starrkörperbewegungen und hat deshalb nur die Größe eines Quadranten der entsprechenden Steifigkeitsmatrix. Aus dieser ist sie deshalb auch nicht durch Inversion zu gewinnen. Denn die in $\boldsymbol{k}^i$ enthaltenen Starrkörperanteile bewirken, dass diese singulär und nicht invertierbar ist. Erst durch die Abspaltung dieser Anteile gemäß Gl. (4-24) $\boldsymbol{v}_{red} = \boldsymbol{g}\,\boldsymbol{v}$ ist es möglich, eine reduzierte Steifigkeitsmatrix $\boldsymbol{k}^i_{red}$ zu gewinnen, die regulär ist und aus deren Inversen sich die Nachgiebigkeitsmatrix gewinnen lässt:

$$\boldsymbol{f} = \boldsymbol{k}_{red}^{-1} \tag{4-30}$$

Umgekehrt kann man diese Beziehung benutzen, um bei bekannter Nachgiebigkeitsmatrix die reduzierte Steifigkeitsmatrix und nach Einarbeitung der Starrkörperanteile mit Hilfe von (4-26) auch die vollständige Steifigkeitsmatrix zu gewinnen.

4.3 Steifigkeitswerte von Stäben

4.3.1 PvV als Grundlage zur Ermittlung der Stabsteifigkeiten

Im Rahmen des Elementkonzepts denkt man sich das System aus einer Summe von einzelnen Stäben (Elementen) zusammengesetzt, die an den Knoten verbunden sind, vgl. auch Kap. 2.9. Beim Prinzip der virtuellen Verschiebungen hat dies zur Folge, dass die gesamte innere virtuelle Arbeit aus den Anteilen der einzelnen Stäbe aufsummiert werden kann:

Elementkonzept: $\quad \text{System} = \sum \text{Elemente (Stäbe)}$

Betrachten wir nun in diesem Sinne den Fachwerkstab. In Gleichung (4-1) ist das Prinzip der virtuellen Verschiebungen mit den Anteilen der inneren und der äußeren Arbeiten angegeben. Die Ermittlung der Elementeigenschaften eines Fachwerkstabes erfolgt über die inneren Anteile der Längswirkungen, da definitionsgemäß keine Biegewirkungen berücksichtigt werden:

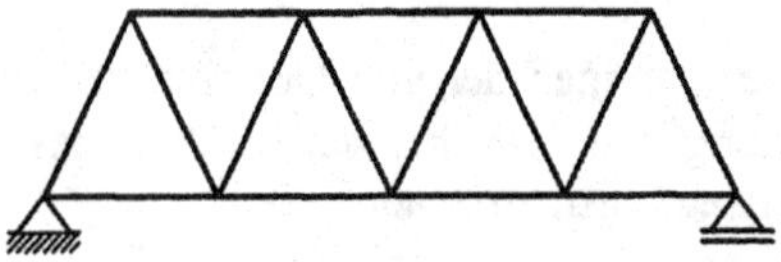

$$-\delta W_i = \sum_{Stäbe} \int \delta\varepsilon\, N\, dx = \sum_{Stäbe} \int \delta\varepsilon\, EA\, \varepsilon\, dx$$

Bild 4.8 Fachwerk (Nur Längswirkungen)

Insgesamt muss die Summe aller virtuellen Arbeiten für das betrachtete Tragwerk erfasst werden.

Betrachten wir nun den Biegeanteil des nachstehenden Rahmens. Auch hier sind Stoffgesetz und Kinematik über Gleichung (4-7) von vornherein zu erfüllen und das Prinzip der virtuellen Verschiebungen gemäß Gl. (4-1) zur Ermittlung der Elementsteifigkeiten heranzuziehen. Für eine Torsionsbeanspruchung wären zusätzliche Arbeitsanteile in entsprechender Form zu addieren, vgl. Kap. 9 und 11. Das gleiche gilt für mögliche Bettungsanteile, die in ähnlich einfacher Form zusätzlich berücksichtigt werden können, vgl. Kap. 4.3.4.

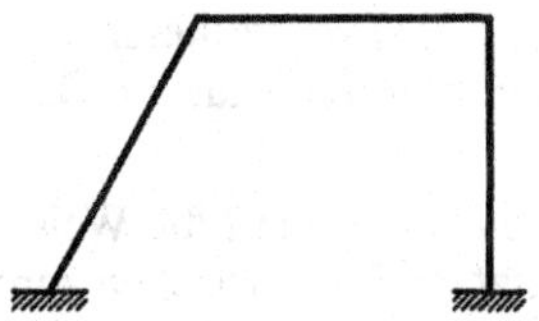

$$-\delta W_i = \sum_{Stäbe} \int (\delta\varepsilon\, N + \delta\varkappa\, M)\, dx = \sum_{Stäbe} \int (\delta\varepsilon\, EA\, \varepsilon + \delta\varkappa\, EI\, \varkappa)\, dx$$

Bild 4.9 Ebener Rahmen (Längswirkungen und Biegung)

4.3.2 Steifigkeitswerte und Lastanteile des Fachwerkstabes

Die Steifigkeitswerte eines Fachwerkstabes sind gemäß Gl. (4-22) in der Beziehung zwischen den Längskräften und Verschiebungen der Stabenden definiert:

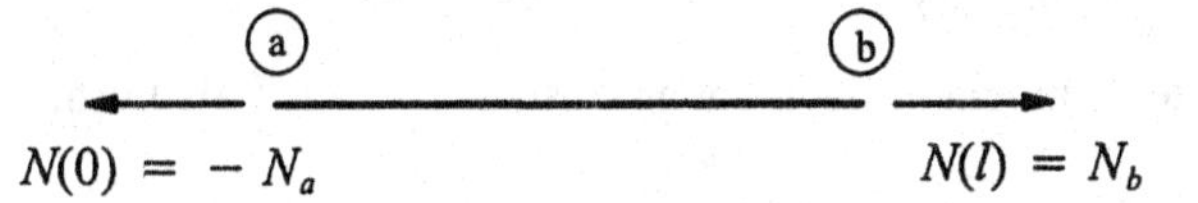

$$\begin{bmatrix} N_a \\ N_b \end{bmatrix} = \begin{bmatrix} k_{aa} & k_{ab} \\ k_{ba} & k_{bb} \end{bmatrix} \begin{bmatrix} u_a \\ u_b \end{bmatrix}$$

$$\boldsymbol{p} = \boldsymbol{k} \quad \boldsymbol{v}$$

Bild 4.10 Stab mit Längskräften

Es stellt sich nun die Frage, wie man die Steifigkeitswerte in $\boldsymbol{k}$ numerisch ermittelt. Dazu verwendet man das Prinzip der virtuellen Verschiebungen und setzt in den entsprechenden Längskraftanteil den Verlauf der Dehnungen - ausgedrückt in Verschiebungen - ein. Zwei Fälle sind dabei zu unterscheiden:

1. Der Verlauf der Verschiebungen ist aus der homogenen Lösung der zugehörigen Dgl. (4-9) oder (4-11) bekannt. In diesem Fall lässt sich eine exakte Steifigkeitsmatrix ermitteln.
2. Den Verlauf der Verschiebungen kennt man nicht von vornherein und ist deshalb auf eine Schätzung angewiesen. Dann kann man auch nur eine Näherung für die Steifigkeitswerte erzielen.

Für den Fall des Fachwerkstabes mit konstantem Querschnitt ist der lineare Verlauf von u die genaue Lösung der homogenen Dgl. Deshalb lassen sich die genauen Steifigkeiten dadurch gewinnen, dass dieser Verlauf zwischen den beiden Knoten für die anzusetzenden Funktionen N_i verwendet wird:

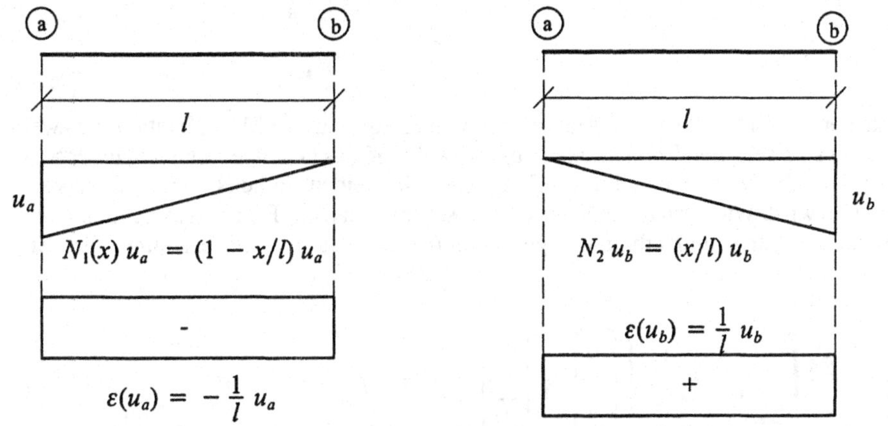

Bild 4.11 Formfunktionen der Längsverschiebung und daraus resultierende Dehnungen

Man kann dies durch Einsetzen in die Differentialgleichungen (4-9) oder (4-11) kontrollieren. Daraus resultiert aufgrund der kinematischen Gleichungen (4-7) ein konstanter Verlauf für die Dehnungen und damit auch für die Längskräfte.

Die Wahl des ersten Einheits-Verschiebungszustands erfolgt gemäß Bild 4.11 nun auf die Weise, dass am Knoten a die Verschiebung zu Eins und am Knoten b zu Null gesetzt wird. Dazwischen wird der genaue lineare Verlauf verwendet. Der zweite Einheits-Verschiebungs-Zustand wird analog so gewählt, dass am Knoten b die Verschiebung zu Eins und am Knoten a zu Null gesetzt wird:

$$N_1(x) = 1 - x/l \;, \qquad N_2(x) = x/l$$

Zusammengefasst schreibt man die Beziehungen für die Verschiebung und die Dehnung $\varepsilon = u'$ eines Stabelements in Abhängigkeit der Verschiebungen der Stabenden als

$$u(x) = N_1(x)\, u_a + N_2(x)\, u_b \,, \qquad \varepsilon(x) = \varepsilon(u_a) + \varepsilon(u_b) = \frac{1}{l}(u_b - u_a) \tag{4-31}$$

Angemerkt wird noch, dass die verwendeten Einheits-Verschiebungszustände N_i auch als Formfunktionen bezeichnet werden.

Man muss nun den Dehnungsverlauf gemäß Gl. (4-31) bzw. Bild 4.11 in das Prinzip der virtuellen Verschiebungen - hier ergänzt durch einen Anteil für vorgegebene Dehnungen $\bar{\varepsilon}$ -

$$\int_l \delta u'\, EA\, u'\, dx \;-\; \int_l [\, \delta u\, \bar{p}_x + \delta u'\, EA\, \bar{\varepsilon}\,]\, dx \tag{4-32}$$

einsetzenund numerisch integrieren. Die multiplikative Verknüpfung der beiden konstanten Verläufe der Dehnungen im Anteil der inneren virtuellen Arbeit ergibt vier Werte:

$$\int_l \delta u'(x)\, EA\, u'(x)\, dx = \int_l \delta\left[\frac{1}{l}(u_b - u_a)\right] EA \left[\frac{1}{l}(u_b - u_a)\right] dx$$

$$= \left[\, \delta u_a \;\middle|\; \delta u_b \,\right] \underbrace{\left[\begin{array}{c|c} \dfrac{EA}{l} & -\dfrac{EA}{l} \\ \hline -\dfrac{EA}{l} & \dfrac{EA}{l} \end{array}\right]}_{\mathbf{k}^i} \underbrace{\left[\begin{array}{c} u_a \\ \hline u_b \end{array}\right]}_{\mathbf{v}^i}$$

Die beiden Werte der Koeffizienten auf der Hauptdiagonalen folgen aus der Multiplikation der zwei Formfunktionen mit sich selbst und sind deshalb positiv, während das negative Vorzeichen der beiden anderen Werte durch die unterschiedlichen Steigungen der beiden Einheits-Verschiebungszustände hervorgerufen wird. Wie oben bereits angedeutet, schreibt man das Ergebnis zweckmäßigerweise in Form einer Matrix und erhält die gesuchte (exakte) Steifigkeitsbeziehung für den Fachwerkstab:

$$\begin{bmatrix} N_a \\ N_b \end{bmatrix}^i = \frac{EA}{l} \begin{bmatrix} 1 & -1 \\ -1 & 1 \end{bmatrix}^i \begin{bmatrix} u_a \\ u_b \end{bmatrix}^i + \begin{bmatrix} N_a^0 \\ N_b^0 \end{bmatrix}^i \quad \text{oder} \quad \mathbf{p}^i = \mathbf{k}^i\, \mathbf{v}^i + \mathbf{p}^{i0} \tag{4-33}$$

Berechnung der Lastspalten

Zu ergänzen sind noch die numerischen Werte der in der obigen Gl. (4-33) bereits angeführten Lastanteile, die sich durch Einsetzen der Einheits-Verschiebungszustände in den Anteil der äußeren virtuellen Arbeiten ergeben, vgl. Gl. (4-32). Dies erfolgt getrennt für die verschiedenen Lastfälle bzw. die eingeprägten Dehnungen und liefert die zugehörigen Werte an den beiden Stabenden, die auch als Reaktionen infolge der Einwirkungen zu deuten sind. Für eine Linienlast $\overline{p}(x)$ ergibt sich:

$$\int_l \delta u(x)\, \overline{p}(x)\, dx = \int_l \delta[N_1(x)\, u_a + N_2(x)\, u_b]\, \overline{p}(x)\, dx$$

$$= \delta u_a \int_l [N_1(x)\, \overline{p}(x)]\; dx + \delta u_b \int_l [N_2(x)\, \overline{p}(x)]\; dx = \delta u_a\; N_a^0 + \delta u_b\; N_b^0$$

Die ausgewerteten Lastanteile der Stabendwerte sind für einige Lastfälle in Tabelle 4.1 angegeben.

Tabelle 4.1 Kraftgrößen an den Stabenden $\boldsymbol{p}^{i0}$ aus Längsbelastung des Elements i

Last: $\alpha = \frac{a}{l}$; $\beta = \frac{b}{l}$	N_a^0	N_b^0
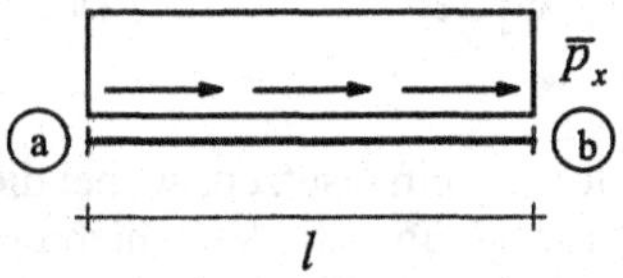	$-\frac{\overline{p}_x l}{2}$	$-\frac{\overline{p}_x l}{2}$
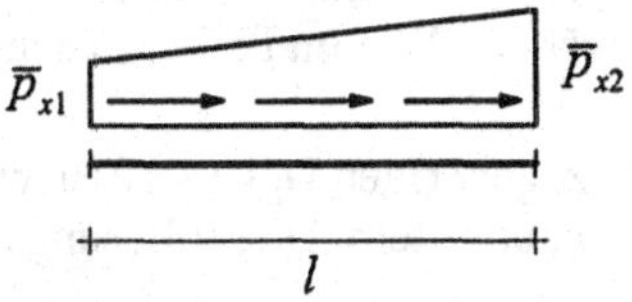	$-\frac{l}{6}\left(2\overline{p}_{x1} + \overline{p}_{x2}\right)$	$-\frac{l}{6}\left(\overline{p}_{x1} + 2\overline{p}_{x2}\right)$
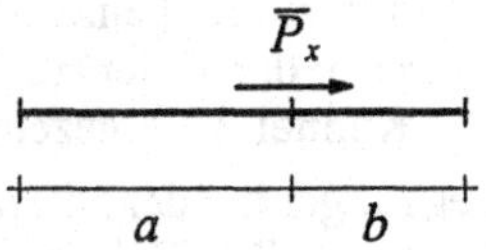	$-\overline{P}_x\beta$	$-\overline{P}_x\alpha$
	$\overline{\varepsilon}\, EA$	$-\overline{\varepsilon}\, EA$

4.3.3 Steifigkeitswerte und Lastanteile des Biegeträgers

Die Ermittlung der Steifigkeitsmatrix für den Fachwerkstab ist besonders einfach und diente als Einstieg. Als nächstes wird die Vorgehensweise für den in Bild 4.12 dargestellten Fall der einachsigen Biegung gezeigt.

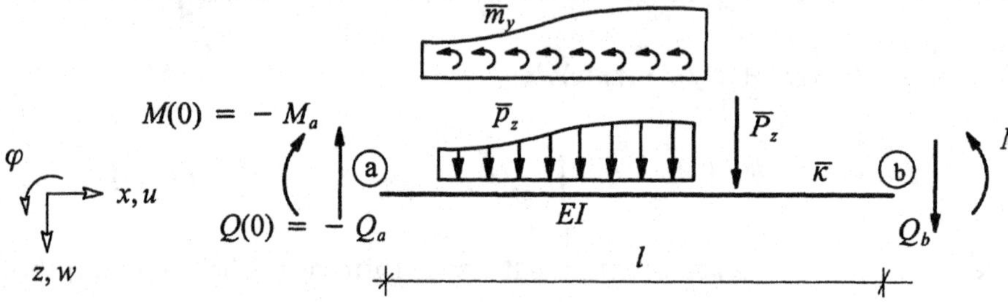

Bild 4.12 Stabelement für Biegung um die y-Achse

Als Ausgangspunkt dienen die in Gl. (4-34) angegebenen Biegeanteile des Prinzips der virtuellen Verschiebungen.

$$\text{PvV:} \quad \int_{(l)} \delta w''\, EI_y\, w''\, dx - \int_{(l)} [\, \delta w\, \overline{p}_z - \delta w'\, \overline{m}_y - \delta w''\, EI_y\, \overline{\kappa}\,]\, dx \tag{4-34}$$

Auch hier ist wieder der Verlauf der Durchbiegung in die Arbeitsgleichung einzusetzen, wobei die Randbedingungen besonders zu beachten sind, die entweder eine Aussage über die Verschiebung selbst oder über die Neigung der Biegelinie (z.B. bei einer Einspannung) enthalten können.
Die Einheits-Verschiebungszustände sind deshalb entsprechend zu wählen. Wie im Fall des Fachwerkstabes sind auch hier zwei Fälle zu unterscheiden:

1. Der Verlauf der Verschiebungen ist aus der homogenen Lösung der zugehörigen Dgl. (4-10) bzw. (4-12) bekannt. In diesem Fall lässt sich eine exakte Steifigkeitsmatrix ermitteln. Dieser Lösungsweg wird in diesem Abschnitt gezeigt.
2. Den Verlauf der Verschiebungen kennt man nicht von vornherein. Deshalb ist man auf eine Schätzung angewiesen und erhält auch nur eine Näherung für die Steifigkeitswerte, deren Genauigkeit sich nach der Güte des Ansatzes richtet. Diese Vorgehensweise wird in Kapitel 4.3.4 gezeigt.

Der erste Fall - genaue Ermittlung der Steifigkeitsmatrix - ist für den Biegeträger bei der Differentialgleichung (4-10) bzw. der kondensierten Form (4-12) für den Fall konstanter Koeffizienten gegeben. Dazu gehört als homogene Lösung nach Gl. (4-16) ein kubischer Verlauf der Durchbiegung, der zur Bestimmung der genauen Steifigkeitswerte des Balkenelements anzusetzen ist. Daher verwenden wir jeweils einen kubischen Verlauf der Durchbiegung für den auf den Knoten a bezogenen Einheits-Verschiebungszustand und Einheits-Verdrehungszustand. Entsprechendes gilt für die beiden auf den Knoten b bezogenen Verläufe, so dass sich mit N_1 bis N_4 vier Einheitszustände und insgesamt vier unbekannte Randwerte ergeben, die den vier Freiwerten eines kubischen Polynoms entsprechen:

$$w(x) = N_1(x)\, w_a + N_2(x)\, \varphi_a + N_3(x)\, w_b + N_4(x)\, \varphi_b \tag{4-35}$$

Der Verlauf des jeweiligen Einheitszustands lässt sich durch Anpassung des kubischen Polynoms an die Randbedingungen ermitteln oder ist aus mathematischen Tafelwerken zu entnehmen, z.B. *Bronstein et al. (1995), Zurmühl, Falk (1986).*

z, w Durchbiegung $w(x)$

Verkrümmung $\kappa(x) = -w''$

$w(\xi) =$

$\kappa(\xi) =$

$v(w_a)$ $(1 - 3\xi^2 + 2\xi^3) w_a$

$\dfrac{(6 - 12\xi)}{l^2} w_a$ $\kappa(w_a)$

$v(\varphi_a)$ $+(-\xi + 2\xi^2 - \xi^3) l\,\varphi_a$

$+\dfrac{(-4 + 6\xi)}{l}\varphi_a$ $\kappa(\varphi_a)$

$w(w_b)$ $+(3\xi^2 - 2\xi^3) w_b$

$+\dfrac{(-6 + 12\xi)}{l^2} w_b$ $\kappa(w_b)$

$w(\varphi_b)$ $+(\xi^2 - \xi^3) l\,\varphi_b$

$+\dfrac{(-2 + 6\xi)}{l}\varphi_b$ $\kappa(\varphi_b)$

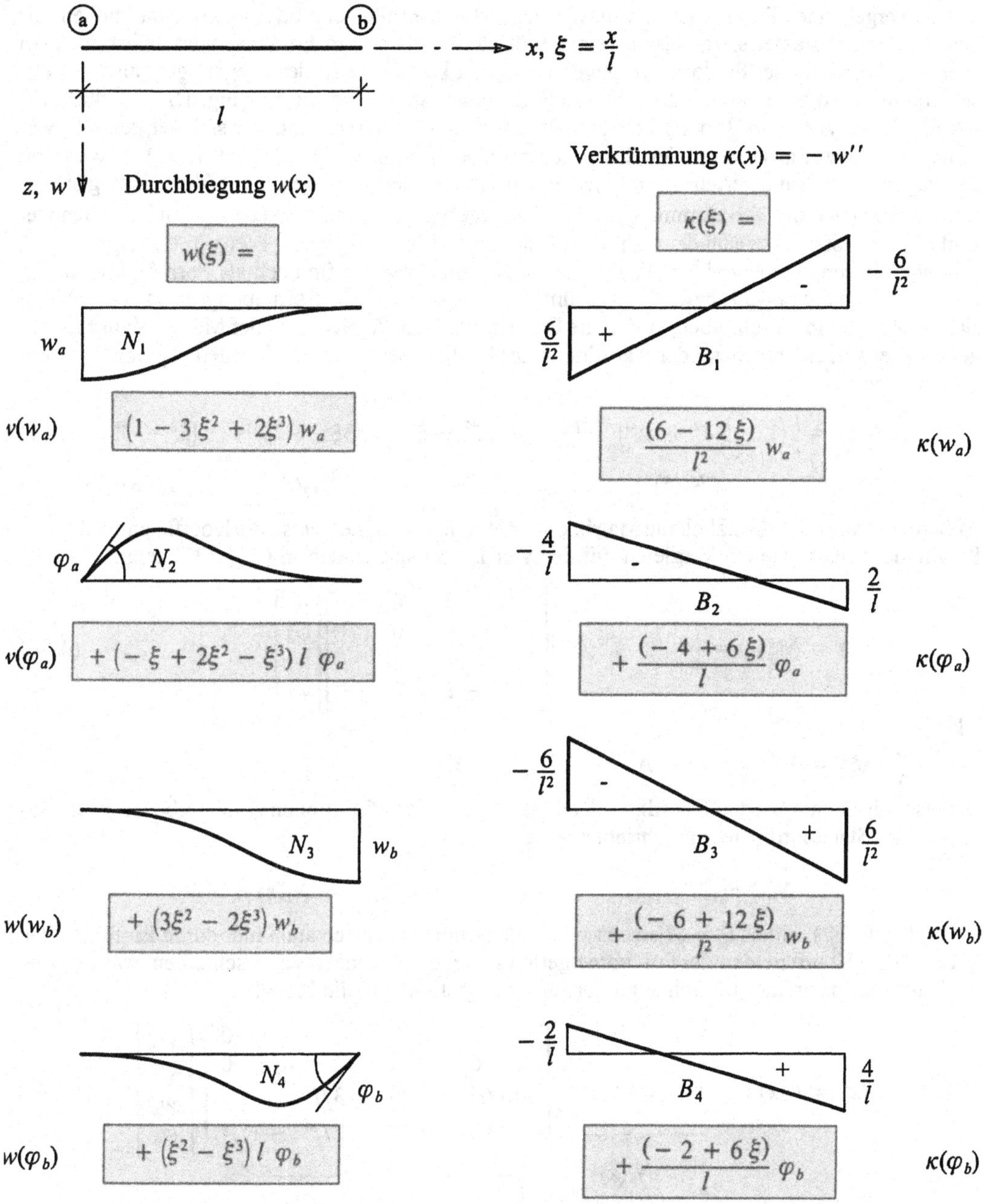

(4-35)

$$w(\xi) = N_1\,w_a + N_2\,\varphi_a + N_3\,w_b + N_4\,\varphi_b$$

(4-36)

$$\kappa(\xi) = B_1\,w_a + B_2\,\varphi_a + B_3\,w_b + B_4\,\varphi_b$$

Bild 4.13 Verschiebungs- und Verkrümmungszustände für den Balken (kubischer Verlauf)

Die sich ergebenden Funktionen erweisen sich als sog. Hermite'sche Interpolationsfunktionen. Sie sind dadurch charakterisiert, dass an einer Stützstelle neben dem Funktionswert selbst auch der Wert der Ableitung der Funktion vorgegeben werden kann, im Fall des Biegeträgers also die Verschiebung und die negative erste Ableitung an dieser Stelle, die Verdrehung. Diese Einheitszustände N_1 bis N_4 sind in Bild 4.13 dargestellt, aus dem auch hervorgeht, wie sich der gesamte Verschiebungsverlauf aus diesen vier Zuständen nach $w(x) = w(w_a) + w(\varphi_a) + w(w_b) + w(\varphi_b)$ mit den zugehörigen Randwerten $w_a, \varphi_a, w_b, \varphi_b$ zusammensetzt. Für die spätere Verwendung sind in diesem Bild auch die Verkrümmungsverläufe angegeben, die man mit $\kappa(x) = -w''$ aus den vier Einheitsverschiebungszuständen erhält und die sich als $\kappa(x) = \kappa(w_a) + \kappa(\varphi_a) + \kappa(w_b) + \kappa(\varphi_b)$ schreiben lassen. Die jeweiligen Funktionen bezeichnet man häufig auch als Formfunktionen für die Verschiebungen (4-35) bzw. die Verkrümmungen (4-36). Der Verschiebungsansatz (4-35) lässt sich in Matrizenform schreiben, wobei die Einheitszustände N_1 bis N_4 in der Matrix $\boldsymbol{N}$ zusammengefasst werden, entsprechend der Anordnung der Kraftgrößen an den Stabenden in $\boldsymbol{p}$ und der Weggrößen in $\boldsymbol{v}$:

$$\boldsymbol{N}(\xi) = \Big[\underbrace{(1 - 3\xi^2 + 2\xi^3)}_{N_1(\xi)} \quad \underbrace{(-\xi + 2\xi^2 - \xi^3)}_{N_2(\xi)} \quad \underbrace{(3\xi^2 - 2\xi^3)}_{N_3(\xi)} \quad \underbrace{(\xi^2 - \xi^3)}_{N_4(\xi)} \Big] \tag{4-37}$$

Außerdem kann man zusätzlich die Matrix $\boldsymbol{G}_\xi$ einführen, die spaltenweise die Koeffizienten der vier Polynome enthält, wie ein Vergleich mit den vier Einheitszuständen in Gl. (4-37) zeigt:

$$w(\xi) = \boldsymbol{N}(\xi)\,\boldsymbol{v} = \begin{bmatrix} 1 & \xi & \xi^2 & \xi^3 \end{bmatrix} \begin{bmatrix} 1 & 0 & 0 & 0 \\ 0 & -l & 0 & 0 \\ -3 & 2l & 3 & l \\ 2 & -l & -2 & -l \end{bmatrix} \begin{bmatrix} w_a \\ \varphi_a \\ w_b \\ \varphi_b \end{bmatrix} \tag{4-38}$$

oder

$$w(\xi) = \boldsymbol{N}(\xi)\,\boldsymbol{v} = \quad \boldsymbol{N}_u(\xi) \quad \boldsymbol{G}_\xi \quad \boldsymbol{v}$$

Die bisher in der normierten Koordinate ξ ausgedrückten Formfunktionen können ebenso in Abhängigkeit der Stabkoordinate x geschrieben werden

$$\boldsymbol{N}(x) = [\ N_1(x) \quad N_2(x) \quad N_3(x) \quad N_4(x)\ ],$$

indem ξ in (4-37) mittels $\xi = x/l$ ersetzt wird. Weiterhin lassen sich auch hier durch Einführen der Matrix $\boldsymbol{G}$ die Koeffizienten der Polynome getrennt von den Potenzen von x schreiben, was im Hinblick auf die später auszuführende numerische Integration Vorteile bietet:

$$w(x) = \boldsymbol{N}(x)\,\boldsymbol{v} = \underbrace{\begin{bmatrix} 1 & x & x^2 & x^3 \end{bmatrix}}_{\boldsymbol{N}_u(x)} \underbrace{\begin{bmatrix} 1 & 0 & 0 & 0 \\ 0 & -1 & 0 & 0 \\ -3/l^2 & 2/l & 3/l^2 & 1/l \\ 2/l^3 & -1/l^2 & -2/l^3 & -1/l^2 \end{bmatrix}}_{\boldsymbol{G}} \begin{bmatrix} w_a \\ \varphi_a \\ w_b \\ \varphi_b \end{bmatrix} \tag{4-39}$$

Dabei muss beachtet werden, dass die Matrix **G** gegenüber $\mathbf{G}_\xi$ eine modifizierte Form erhält. Entsprechend kann der Verschiebungsverlauf mit Hilfe dieser vier Polynome ausgedrückt werden:

$$w(x) = \boldsymbol{N}(x)\ \boldsymbol{v} = \boldsymbol{N}_u(x)\ \boldsymbol{G}\ \boldsymbol{v}$$

Daraus ist der Zusammenhang $\boldsymbol{N}(x) = \boldsymbol{N}_u(x)\ \boldsymbol{G}$ zwischen den Formfunktionen abzulesen.

Für die weitere Ermittlung der Steifigkeitsmatrix können wir vorteilhaft ausnutzen, dass der Biegeanteil des Prinzips der virtuellen Verschiebungen allein in Verkrümmungen auszudrücken ist. Diese sind über die kinematischen Gleichungen $\kappa(x) = -w''(x)$ mit den Verschiebungen verbunden und enthalten beim Biegeträger die zweiten Ableitungen der Verschiebungen, so dass auch die Einheitszustände in der Matrix $\boldsymbol{N}$ zweimal abzuleiten sind. Für die aus den Verschiebungen folgenden Verkrümmungen ergibt sich mit $\kappa(x) = -w''(x) = -\boldsymbol{N}''(x)\ \boldsymbol{v} = \boldsymbol{B}\ \boldsymbol{v}$ gemäß Bild 4.13:

$$\begin{aligned}\kappa(x) &= \kappa(w_a) + \kappa(\varphi_a) + \kappa(w_b) + \kappa(\varphi_b)\\ &= B_1\ w_a + B_2\ \varphi_a + B_3\ w_b + B_4\ \varphi_b = \boldsymbol{B}\ \boldsymbol{v} = \boldsymbol{B}_u(x)\ \boldsymbol{G}\ \boldsymbol{v}\end{aligned}$$

In der Matrix $\boldsymbol{B}$ sind die zu den Einheits-Verschiebungszuständen gehörenden Verkrümmungen des Biegeträgers zusammengefasst. Aufgrund des kubischen Verlaufs der Verschiebungen beschreiben sie einen linearen Verlauf der Verkrümmungen (und damit auch der Momente), vgl. Bild 4.13. Beim symmetrischen Einheitszustand für die Verschiebungen geht der zugehörige Verlauf für die Verkrümmungen in der Mitte durch Null, beim Einheitszustand für die Verdrehungen ist dies im Drittelspunkt der Fall. Die Werte an den Stabenden folgen durch Einsetzen der normierten Koordinaten *0* und *1* an diesen Stellen.

Berechnung der Steifigkeitsmatrix k^i mit dem gewählten Verschiebungsansatz :

In der weiteren Auswertung werden unter Verwendung des Elementkonzepts diese Ausdrücke für die Verkrümmungen in den Biegeanteil des Prinzips der virtuellen Verschiebungen

$$-\delta W = -\sum_{\text{Elemente}} \left[-\int_a^b \underbrace{EI\,\varkappa}_{M(x)}\,\delta\varkappa\,dx + \int_a^b \underbrace{\bar{p}_z}_{\text{Streckenlasten}}\,\delta w\,dx \right]$$

elementweise eingesetzt und numerisch ausgewertet. Dabei ist hier zur Schreibvereinfachung exemplarisch nur ein Lastfall berücksichtigt. Für den Anteil eines Elements i folgt :

$$-(\delta W_i + \delta W_a)^i = \delta \boldsymbol{v}^{iT} \left[\underbrace{\int_a^b \boldsymbol{B}^T(x)\,EI\,\boldsymbol{B}(x)\,dx}_{\boldsymbol{k}^i}\ \underbrace{\boldsymbol{v}}_{\boldsymbol{v}^i}\ + \underbrace{\left(-\int_a^b \boldsymbol{N}^T(x)\,\bar{p}_z(x)\,dx\right)}_{\boldsymbol{p}^{i0}} \right]^i \tag{4-40}$$

oder

$$-(\delta W_i + \delta W_a)^i = \delta \boldsymbol{v}^{iT} \left[\boldsymbol{k}^i\,\boldsymbol{v}^i + \boldsymbol{p}^{i0} \right] = \delta \boldsymbol{v}^{iT}\,\boldsymbol{p}^i$$

Dabei ist die numerische Integration der obigen Gl. (4-40) mit den in Bild 4.13 dargestellten Formfunktionen für die Verkrümmungen durchzuführen. Durch gegenseitiges "Überlagern" der vier Funktionen ergeben sich insgesamt 16 Koeffizienten der Steifigkeitsmatrix $\boldsymbol{k}$ (vier Untermatrizen). Die vier Werte auf der Diagonalen erhält man durch Multiplikation der zu den Einheitszuständen gehörenden Formfunktionen der Verkrümmungen mit sich selbst und anschließende Integration, die übrigen durch wechselseitige "Überlagerung" der verschiedenen Zustände. Wie man erkennt, erhält die entstehende Steifigkeitsmatrix aufgrund ihrer Ableitung aus einem Arbeitsprinzip eine symmetrische Struktur, insgesamt sind also nur 4 + 6 = 10 Koeffizienten zu bestimmen.
Der Rechengang zur Ermittlung der Steifigkeitsmatrix ist nachstehend in Matrizenschreibweise dargestellt. Diese spezifische Form lässt sich sehr gut verallgemeinern und bei anderen Aufgabenstellungen in analoger Form anwenden.

Stabend-Größen: $\boldsymbol{v}^{iT} = [w_a \quad \varphi_a \quad w_b \quad \varphi_b]^i \qquad \boldsymbol{p}^{iT} = (\boldsymbol{k}^i \boldsymbol{v}^i)^T = [Q_a \quad M_a \quad Q_b \quad M_b]^i$

Ansatzfunktion: $w(x) = \boldsymbol{N}_u(x)\,\boldsymbol{G}\,\boldsymbol{v}^i \qquad \text{mit } \boldsymbol{N}_u(x) = [1 \quad x \quad x^2 \quad x^3]$

Verkrümmungen:

für EI = konstant gilt: $\boldsymbol{B}_u(x) = -\boldsymbol{N}_u''(x) = -\dfrac{d^2\boldsymbol{N}_u(x)}{dx^2} = -[0 \quad 0 \quad 2 \quad 6x]$

$$\int_0^l \boldsymbol{B}_u^T EI\,\boldsymbol{B}_u\,dx = EI \int_0^l \begin{bmatrix} 0 & 0 & 0 & 0 \\ 0 & 0 & 0 & 0 \\ 0 & 0 & 4 & 12x \\ 0 & 0 & 12x & 36x^2 \end{bmatrix} dx = EI \begin{bmatrix} 0 & 0 & 0 & 0 \\ 0 & 0 & 0 & 0 \\ 0 & 0 & 4l & 6l^2 \\ 0 & 0 & 6l^2 & 12l^3 \end{bmatrix}$$

Steifigkeitsmatrix:

$$\boldsymbol{k}^i = \boldsymbol{G}^T \int_0^l \{\boldsymbol{B}_u^T EI\,\boldsymbol{B}_u\,dx\}\,\boldsymbol{G}$$

$$\boldsymbol{G}: \begin{bmatrix} 1 & 0 & 0 & 0 \\ 0 & -1 & 0 & 0 \\ -\frac{3}{l^2} & \frac{2}{l} & \frac{3}{l^2} & \frac{1}{l} \\ \frac{2}{l^3} & -\frac{1}{l^2} & -\frac{2}{l^3} & -\frac{1}{l^2} \end{bmatrix}$$

$$\int_0^l \boldsymbol{B}_u^T EI\,\boldsymbol{B}_u\,dx: \quad EI \begin{bmatrix} 0 & 0 & 0 & 0 \\ 0 & 0 & 0 & 0 \\ 0 & 0 & 4l & 6l^2 \\ 0 & 0 & 6l^2 & 12l^3 \end{bmatrix} \qquad \frac{EI}{l^3} \begin{bmatrix} 0 & 0 & 0 & 0 \\ 0 & 0 & 0 & 0 \\ 0 & 2 & 0 & -2 \\ 6 & 0 & -6 & -6l \end{bmatrix}$$

$$\boldsymbol{G}^T: \begin{bmatrix} 1 & 0 & -3/l^2 & 2/l^3 \\ 0 & -1 & 2/l & -1/l^2 \\ 0 & 0 & 3/l^2 & -2/l^3 \\ 0 & 0 & 1/l & -1/l^2 \end{bmatrix} \qquad \frac{EI}{l^3} \begin{bmatrix} 12 & -6l & -12 & -6l \\ -6l & 4l^2 & 6l & 2l^2 \\ -12 & 6l & 12 & 6l \\ -6l & 2l^2 & 6l & 4l^2 \end{bmatrix} = \boldsymbol{k}^i$$

Nach Auswertung mit Hilfe des oben gezeigten Multiplikationsschemas folgt die Steifigkeitsmatrix eines Balken-Elements $\boldsymbol{k}^i$. Sie enthält die homogene Lösung für den Biegeträger, die dem Anteil der inneren Arbeit im Prinzip der virtuellen Verschiebungen entspricht. Die Steifigkeits-Beziehung für den beidseitig eingespannten Stab (Biegeanteil) lautet damit:

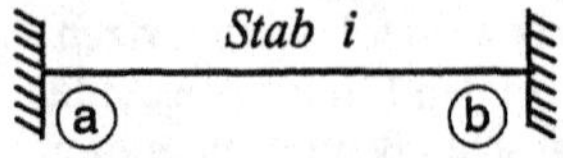

$$\begin{bmatrix} Q_a \\ M_a \\ - \\ Q_b \\ M_b \end{bmatrix} = \frac{EI}{l^3} \left[\begin{array}{cc|cc} 12 & -6l & -12 & -6l \\ -6l & 4l^2 & 6l & 2l^2 \\ \hline -12 & 6l & 12 & 6l \\ -6l & 2l^2 & 6l & 4l^2 \end{array}\right] \begin{bmatrix} w_a \\ \varphi_a \\ - \\ w_b \\ \varphi_b \end{bmatrix} + \begin{bmatrix} Q_a^0 \\ M_a^0 \\ - \\ Q_b^0 \\ M_b^0 \end{bmatrix} \qquad (4\text{–}41)$$

Berechnung der Lastspalten

Zu ergänzen sind noch die Lastanteile, die sich durch Einsetzen der Formfunktionen für die Verschiebungen in die äußeren virtuellen Arbeiten ergeben, vgl. Gleichung (4-40). Der erste Term beschreibt dabei die Einwirkung einer Streckenlast. Eine virtuelle äußere Arbeit entsteht durch Multiplikation mit der konjugierten Verschiebung, die mit Hilfe des gewählten Ansatzes zu schreiben ist. Dadurch ist die Last der Reihe nach mit den Einheitsverschiebungszuständen zu multiplizieren. Nach Auswertung der sich ergebenden Ausdrücke mit Hilfe der numerischen Integration folgt die zur Steifigkeitsmatrix eines Elementes zugehörige Lastspalte. Deren Koeffizienten lassen sich anschaulich deuten: sie stellen die Werte der Kräfte und Momente am Auflager des beidseits eingespannten Trägers (Grundelement des geometrisch bestimmten Hauptsystems) dar. In entsprechender Weise erhält man weitere Lastspalten für andere Einwirkungen, vgl.Tabelle 4.2., in der auch Temperatureinwirkungen und vorgegebene Randverschiebungen (z.B. infolge Stützensenkungen) erfasst sind, vgl. auch *Wendehorst(1996), Duddeck, Ahrens(1997).*
Die derart gewonnenen Lastspalten nennt man konsistente Lastspalten, da sie durch Einsetzen derselben Ansätze in alle Terme des Prinzips der virtuellen Arbeiten entstanden sind. Eine andere Möglichkeit wäre die Aufteilung der Lasten auf die Lager des Balkenelements nach dem Hebelgesetz, die i. A. eine inkonsistente Approximation darstellt und dann zu systematischen Fehlern führt.

Modifiziertes Stabelement

Zu erwähnen ist noch, dass anstelle des beidseits eingespannten Trägers als Grundelement auch ein modifiziertes Stabelement verwendet werden kann, wenn z.B. eine gelenkige Lagerung an einem Rand vorliegt. Diese Variante reduziert die Anzahl der Unbekannten und ist vor allem für Kontrollrechnungen per Hand angezeigt. Angesichts der heutigen Rechnerleistung ist jedoch diese Modifikation im Rahmen eines Rechenprogramms weniger erforderlich. Der Vollständigkeit halber wird die modifizierte Steifigkeitsmatrix angegeben:

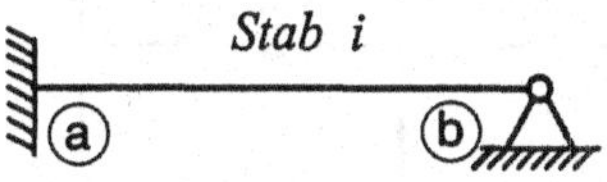

$$\begin{bmatrix} Q_a \\ M_a \\ - \\ Q_b \end{bmatrix} = \frac{EI}{l^3} \left[\begin{array}{cc|c} 3 & -3l & -3 \\ -3l & 3l^2 & 3l \\ \hline -3 & 3l & 3 \end{array}\right] \begin{bmatrix} w_a \\ \varphi_a \\ - \\ w_b \end{bmatrix} + \begin{bmatrix} Q_a^0 \\ M_a^0 \\ - \\ Q_b^0 \end{bmatrix} \qquad (4\text{-}42)$$

Entsprechend sind die modifizierten Lastanteile aus Tabelle 4.3 zu entnehmen.

Abschließend werden die wichtigsten Bezeichnungen dieses Abschnitts zusammengefasst:

$$p^i = k^i\, v^i + p^{i0} \quad \text{mit} \quad k^i = \int_a^b B^T(x)\, EI\, B(x)\, dx \quad \text{und} \quad p^{i0} = -\int_a^b N^T(x)\, \bar{p}_z(x)\, dx$$

k^i	Steifigkeitsmatrix des Elements i
v^i, p^i	Spaltenmatrix der Weggrößen, Kraftgrößen an den Stabenden
p^{i0}	Spaltenmatrix der Einwirkungen, Anteile aus Strecken- und Einzellasten (Auflagerraktionen am eingespannten Träger)
$N(x)$	Matrix der Formfunktionen für die Verschiebung $w(x)$ (Interpolationsfunktionen, Ansatzfunktionen)
$B(x)$	Matrix der Formfunktionen für die Verkrümmung $\kappa(x)$

Tabelle 4.2 Kraftgrößen an den Stabenden p^{i0} aus Querbelastung des Elements i ($\alpha = a/l$, $\beta = b/l$)

Lastfall:	M_a^{i0}	M_b^{i0}	Q_a^{i0}	Q_b^{i0}
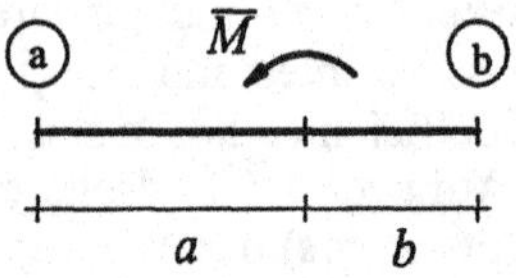	$\overline{M}\beta(3\alpha - 1)$	$\overline{M}\alpha(3\beta - 1)$	$-\frac{\overline{M}}{l}6\alpha\beta$	$\frac{\overline{M}}{l}6\alpha\beta$
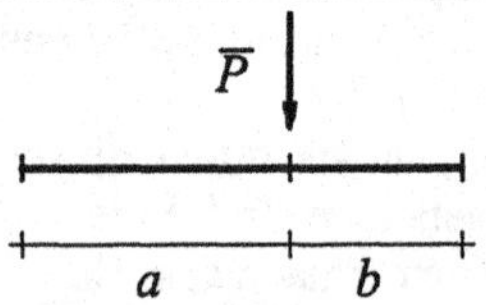	$\overline{P}a\beta^2$	$-\overline{P}b\alpha^2$	$-\overline{P}\beta^2(1 + 2\alpha)$	$-\overline{P}\alpha^2(1 + 2\beta)$
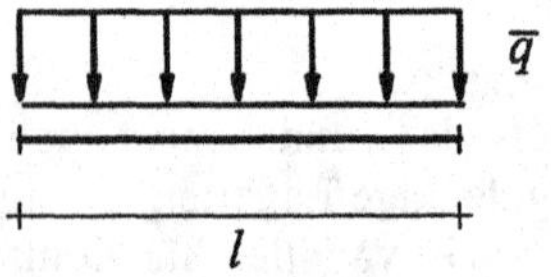	$\frac{\overline{q}l^2}{12}$	$-\frac{\overline{q}l^2}{12}$	$-\frac{\overline{q}l}{2}$	$-\frac{\overline{q}l}{2}$
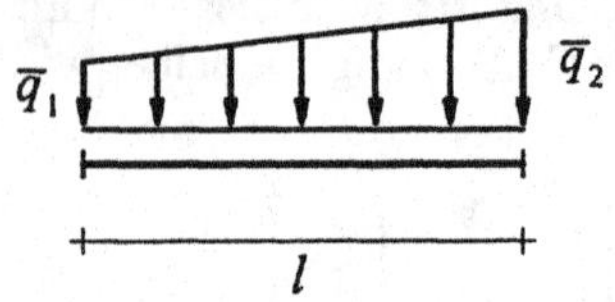	$\frac{l^2}{60}(3\overline{q}_1 + 2\overline{q}_2)$	$-\frac{l^2}{60}(2\overline{q}_1 + 3\overline{q}_2)$	$-\frac{l}{20}(7\overline{q}_1 + 3\overline{q}_2)$	$-\frac{l}{20}(3\overline{q}_1 + 7\overline{q}_2)$
$\overline{\kappa} = \frac{\alpha_T \Delta\overline{T}}{h}$; $\Delta\overline{T} = \overline{T}_u - \overline{T}_o$ 	$EI\overline{\kappa}$	$-EI\overline{\kappa}$	0	0
$\Delta\overline{w} = \overline{w}_b - \overline{w}_a$ 	$\frac{6EI}{l^2}\Delta\overline{w}$	$\frac{6EI}{l^2}\Delta\overline{w}$	$-\frac{12EI}{l^3}\Delta\overline{w}$	$\frac{12EI}{l^3}\Delta\overline{w}$

Tabelle 4.3 Kraftgrößen an den Stabenden $\boldsymbol{p}^{i0}$ aus Querbelastung des Elements i (modifiziertes Hauptsystem: einseitig gelenkig gelagerter Stab), ($\alpha = a/l$, $\beta = b/l$)

○ : Wenn sich das Gelenk im Knoten a befindet, gilt das umgekehrte Vorzeichen.

Lastfall:	M_k^{i0} k = a bzw. b	Q_k^{i0} k = a bzw. b	Q_k^{i0} k = b bzw. a
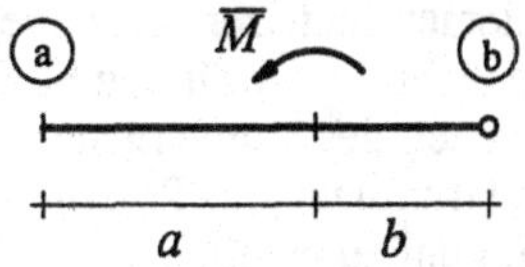	$\overline{M}\,\frac{1-3\beta^2}{2}$	$-\frac{\overline{M}}{l}\,\frac{3(1-\beta^2)}{2}$ ○	$\frac{\overline{M}}{l}\,\frac{3(1-\beta^2)}{2}$ ○
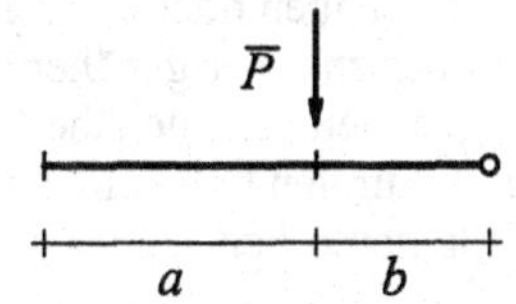	$\overline{P}a\,\beta\frac{(1+\beta)}{2}$ ○	$-\overline{P}\,\frac{3\beta-\beta^3}{2}$	$-\overline{P}(\alpha - \frac{\beta-\beta^3}{2})$
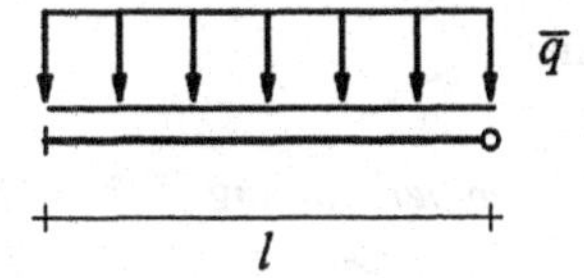	$\frac{\overline{q}l^2}{8}$ ○	$-\frac{5\overline{q}l}{8}$	$-\frac{3\overline{q}l}{8}$
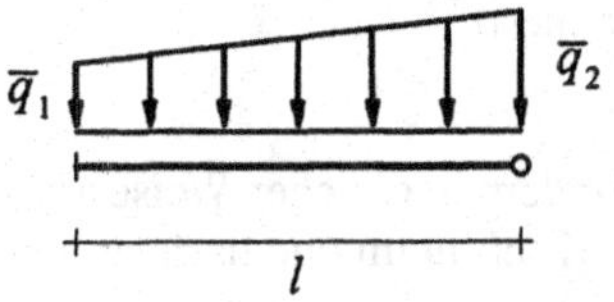	$\frac{l^2}{120}(8\overline{q}_1 + 7\overline{q}_2)$ ○	$-\frac{l}{40}(16\overline{q}_1 + 9\overline{q}_2)$	$-\frac{l}{40}(4\overline{q}_1 + 11\overline{q}_2)$
$\overline{\kappa} = \frac{\alpha_T \Delta T}{h}$; $\Delta T = T_u - T_o$ 	$\frac{3}{2}EI\,\overline{\kappa}$ ○	$-\frac{3}{2l}EI\,\overline{\kappa}$	$\frac{3}{2l}EI\,\overline{\kappa}$
$\Delta\overline{w} = \overline{w}_b - \overline{w}_a$ 	$\frac{3EI}{l^2}\Delta\overline{w}$	$-\frac{3EI}{l^3}\Delta\overline{w}$ ○	$\frac{3EI}{l^3}\Delta\overline{w}$ ○

4.3.4 Näherungsweise Ermittlung der Steifigkeiten

Im letzten Abschnitt wurde ausführlich gezeigt, wie man für ein Balkenelement die Steifigkeitsmatrix und die Lastspalte durch Einsetzen der genauen Lösungen in das Prinzip der virtuellen Arbeiten ermittelt. Im Fall des Biegebalkens konnten wir kubische Polynome als die genaue Lösung für konstanten Verlauf der Querschnitte längs der Stabachse verwenden. Ist jedoch die genaue Lösung der zugehörigen Differentialgleichungen nicht bekannt, so können wir trotzdem durch Einsetzen von geschätzten Funktionsverläufen - auch Ansätze genannt - genäherte Elementmatrizen gewinnen. Allerdings sind diese mit Fehlern behaftet, die umso größer ausfallen, je mehr die gewählten Funktionen von der genauen Lösung abweichen. Dabei stellt sich die Frage nach der Konvergenz, die für bestimmte Größen positiv beantwortet werden kann, sofern man als Grundlage das Prinzip der virtuellen Verschiebungen verwendet und die Ansätze bestimmte Bedingungen erfüllen.

Wie nachfolgend schematisch dargestellt, kommt man durch Einsetzen der genauen oder einer genäherten Lösung in das Prinzip der virtuellen Arbeiten zu einer genauen oder zu einer genäherten Steifigkeitsmatrix für jedes Element und nach deren Überlagerung zum genauen oder genäherten algebraischen Gleichungssystem des Weggrößenverfahrens, vgl. Kapitel 7. Für den Fall der Näherungsansätze wird diese Vorgehensweise auch als Methode der Finiten Elemente bezeichnet.

Weggrößenverfahren ⟶ Einheitszustände (genau) ⟶ **k** (genau) ↘

PvV ↗↘ *Systemberechnung* ($\boldsymbol{K}\ V = \overline{P}$)

Finite-Element-Methode ⟶ Ansätze (genähert) ⟶ **k** (genähert) ↗

Diese Methodik ist nicht nur im eindimensionalen Fall anwendbar, sondern in gleicher Weise auch bei zweidimensionalen Flächentragwerken, beim dreidimensionalen Kontinuum und darüber hinaus in vielen anderen Anwendungsbereichen.
Dazu wird auf die Literatur verwiesen *(Argyris, Mjelnek(1987), Bathe (1986), Schwarz (1980), Zienkiewicz (1984))*, doch wollen wir hier exemplarisch am eindimensionalen Fall des gebetteten Balkens (vgl. Bild 4.14) die Vorgehensweise erläutern, die dem des Weggrößenverfahrens vollständig entspricht und sich nur in der Wahl der Ansätze unterscheiden kann.

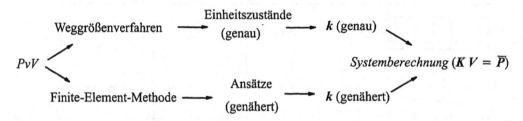

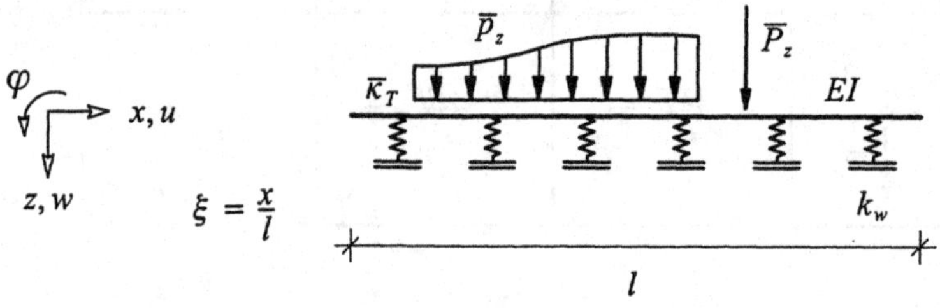

Bild 4.14 Kontinuierlich gebetteter Balken

Ein anderes Beispiel eines Trägers, für den man im Allgemeinen keine genaue Lösung angeben kann, ist der Träger mit veränderlichen Steifigkeiten *EI(x)* (vgl. Bild 4.15), der hier jedoch aus Platzgründen nicht weiter verfolgt wird.

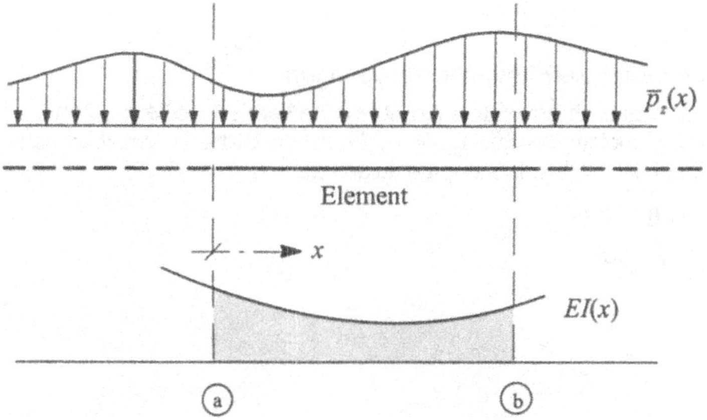

Bild 4.15 Träger veränderlicher Steifigkeit und Belastung

Wahl eines Verschiebungsansatzes

Ansatz von Interpolationspolynomen

Wählt man - wie im letzten Abschnitt gezeigt - als Ansätze die Einheits-Verschiebungszustände (Bild 4.13), so folgt für die Verschiebung

$$w = N_1(x)\, w_a + N_2(x)\, \varphi_a + N_3(x)\, w_b + N_4(x)\, \varphi_b \;=\; \boldsymbol{N}(x)\; \boldsymbol{v} \qquad (4\text{-}43)$$

Entsprechend ergeben sich aus den kinematischen Gleichungen die Verkrümmungen zu

$$\kappa = B_1(x)\, w_a + B_2(x)\, \varphi_a + B_3(x)\, w_b + B_4(x)\, \varphi_b \;=\; \boldsymbol{B}(x)\; \boldsymbol{v} \qquad (4\text{-}44)$$

Nach Einsetzen in den Elementanteil des Prinzips der virtuellen Verschiebungen erhält man entsprechend Gleichung (4-40) den Ausdruck für die Steifigkeitsmatrix des Elements.

Ansatz von Potenzreihen

Bei der Wahl der Ansätze kann man nun statt mit Interpolations-Polynomen auch mit Potenzreihen arbeiten. Für ein Element mit vier Knotenfreiheitsgraden wird z.B. eine viergliedrige Potenzreihe

$$w(x) = C_0 + C_1\, x + C_2\, x^2 + C_3\, x^3$$

angesetzt, oder anders geschrieben, wobei die Freiwerte $\hat{w}_i$ als generalisierte Verschiebungen aufgefasst werden:

$$w(x) = 1\, \hat{w}_0 + x\, \hat{w}_1 + x^2\, \hat{w}_2 + x^3\, \hat{w}_3$$

In Matrizenschreibweise:

$$w(x) = \boldsymbol{N}_u(x)\, \hat{\boldsymbol{w}} \qquad \boldsymbol{N}_u = \begin{bmatrix} N_{u1}(x) & N_{u2}(x) & N_{u3}(x) & N_{u4}(x) \end{bmatrix} = \begin{bmatrix} 1 & x & x^2 & x^3 \end{bmatrix}$$

$$\hat{\boldsymbol{w}}^T = \begin{bmatrix} \hat{w}_1 & \hat{w}_2 & \hat{w}_3 & \hat{w}_4 \end{bmatrix}$$

Dieser Ansatz wird hier bis zur dritten Potenz (also mit vier Unbekannten) gewählt, um die Korrespondenz zu den in Kap. 4.3.3 gewählten Interpolations-Polynomen zu zeigen. Diese werden nun wiederum in eine Matrix $\boldsymbol{N}_u$ geschrieben, die ebenso bezeichnet, jedoch durch einen unteren Index u unterschieden wird. Die mathematischen Freiwerte werden mit $\hat{w}_i$ bezeichnet und in der Matrix $\hat{w}^T$ zusammengefasst.

Ersetzen allgemeiner Freiwerte durch die Knotenverschiebungen

Die Verbindung zwischen den mathematisch gewählten Ansätzen und den Interpolations-Polynomen mit Knotenverschiebungen als Unbekannte (vgl. Bild 4.13) kann man dadurch erreichen, dass man den mathematischen Ansatz an den Stabenden a und b auswertet:

$$x=0: \quad N_u(0) = [\,1 \quad 0 \quad 0 \quad 0\,]$$

$$x=l: \quad N_u(l) = [\,1 \quad l^1 \quad l^2 \quad l^3\,]$$

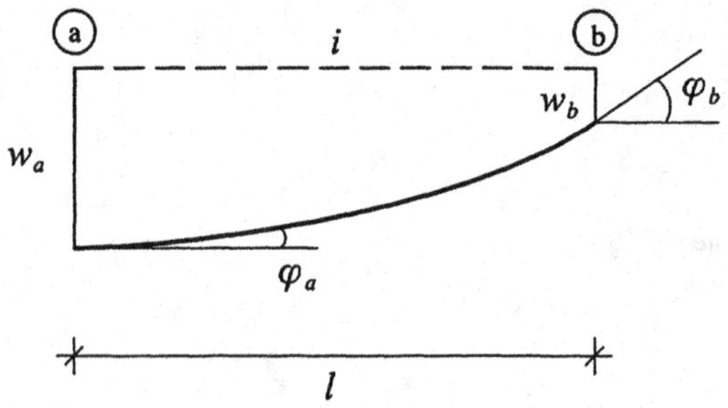

Bild 4.16 Biegelinie im Element *i*

Die Weggrößen an den Elementrändern sind im Vektor der Knotenverschiebungen enthalten:

$$v = \begin{bmatrix} w_a \\ \varphi_a \\ w_b \\ \varphi_b \end{bmatrix} = \begin{bmatrix} w_a \\ -\,w_a' \\ w_b \\ -\,w_b' \end{bmatrix}$$

Mit dem viergliedrigen Potenzreihen-Ansatz und seinen Ableitungen

$$N_u = [\,1 \quad x \quad x^2 \quad x^3\,]\ ; \qquad N_u' = [\,0 \quad 1 \quad 2x \quad 3x^2\,]$$

können vier Randbedingungen formuliert werden:

$$x = x_a = 0: \qquad w_a = N_{ua}\,\hat{w} \qquad \varphi_a = -\,(N_{ua})'\,\hat{w}$$

$$x = x_b = l: \qquad w_b = N_{ub}\,\hat{w} \qquad \varphi_b = -\,(N_{ub})'\,\hat{w}$$

Man erhält für die Weggrößen an den Knoten:

$$\begin{bmatrix} w_a \\ \varphi_a \\ w_b \\ \varphi_b \end{bmatrix} = \begin{bmatrix} 1 & 0 & 0 & 0 \\ 0 & -1 & 0 & 0 \\ 1 & l & l^2 & l^3 \\ 0 & -1 & -2l & -3l^2 \end{bmatrix} \hat{w}$$

$$v \quad = \quad \hat{N}_u \quad \hat{w}$$

Wegen der jeweils gleichen Anzahl von Freiwerten der mathematisch gewählten Ansätze und der Stabend-Verschiebungen ist die reguläre Matrix N_u quadratisch und lässt sich invertieren

$$\hat{w} = \hat{N}_u^{-1}\, v = G\, v \qquad \text{mit} \qquad G = \hat{N}_u^{-1} = \begin{bmatrix} 1 & 0 & 0 & 0 \\ 0 & -1 & 0 & 0 \\ -\frac{3}{l^2} & \frac{2}{l} & \frac{3}{l^2} & \frac{1}{l} \\ \frac{2}{l^3} & -\frac{1}{l^2} & -\frac{2}{l^3} & -\frac{1}{l^2} \end{bmatrix}, \tag{4-45}$$

wobei zur Vereinfachung die neue Matrixbezeichnung G eingeführt wird. Sie enthält die Vorzahlen, die zusammen mit den Potenzen von x das jeweilige Interpolations-Polynom bilden, was sich auch durch Vergleich mit den Beziehungen (4-39) im letzten Kapitel erkennen lässt.

Der Übergang zwischen den beiden Ansatzarten wird deutlich, wenn man (4-45) in die Funktion der Biegelinie $w(x)$ einsetzt. Man erhält:

$$w(x) = N_u(x)\, \hat{w} = N_u(x)\, G\, v = N(x)\, v$$

Daraus folgt die Beziehung zwischen dem Polynomansätzen und den Potenzansätzen zu:

$$N_u(x)\, G = N(x) \tag{4-46}$$

Den gezeigten Übergang kann man unter der oben angegebenen Voraussetzung einer regulären Matrix immer anwenden, wenn man aus einem beliebigen Potenzreihen-Ansatz die Interpolations-Polynome für die unbekannten Knotenverschiebungen entwickeln will.

Näherungslösung für Elementmatrizen mit Hilfe des PvV

Grundlegende Beziehungen für den gebetteten Balken

Die in Abschnitt 4.3.3 unter Bild 4.12 angegebenen Grundgleichungen des Biegeträgers sind hierfür um den Einfluss der elastischen Bettung zu erweitern. Diese wird durch die elastische Bettungsziffer k_w erfasst, welche die Federkraft $k_w\, w$ bewirkt und zur Summe der zusätzlichen virtuellen Arbeiten $\delta w\, k_w\, w$ führt. Der Verlauf der Bettung wird längs des Elements als konstant angenommen.

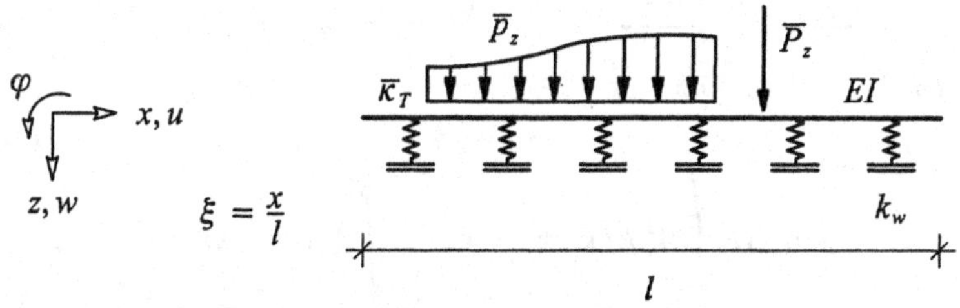

Bild 4.17 Balken mit kontinuierlicher Bettung und Belastung

Damit lautet der Anteil eines Elements im PvV bzw. die zugehörige Differentialgleichung:

$$\text{PvV:} \quad \int_x (\delta w''\, EI\, w'' + \delta w\, k_w\, w)\, dx - \int_x [\delta w\, \bar{p}_z - \delta w''\, EI\, \bar{\kappa}]\, dx \tag{4-47}$$

$$\text{Dgl.:} \quad (EI\, w'')'' + k_w\, w - \bar{p}_z + (EI\, \bar{\kappa})'' = 0 \tag{4-48}$$

$$\text{oder} \quad Q = M' \;; \quad \bar{p}_z = -Q' + k_w\, w \;; \quad M = -EI\,(\varphi' + \bar{\kappa}); \quad \varphi = w'$$

Es sei dabei erwähnt, dass für konstante Werte von EI und k_w auch analytische Lösungen und damit "genaue" Elementmatrizen angegeben werden können, vgl. Kap. 8.2 und *Avramidis (1986)*. Die hier dargestellte Näherungslösung ist dagegen auch für allgemeinere Fälle anwendbar.

Das Prinzip der virtuellen Arbeiten $-\delta W = -(\delta W_i + \delta W_a) = 0$ umfasst alle im gesamten System geleistete Arbeit. Wird das System mit der Modellvorstellung des Elementkonzepts in Elemente und Knoten zerlegt, so kann die innere Arbeit als Summe aller Elemente geschrieben werden, die durch die äußere Arbeit möglicher Einzelwirkungen an den Knoten zu ergänzen sind:

$$-\delta W = \sum_{Elemente} \int_x \left[\delta w'' EI\,(w'' + \overline{\kappa}) - \delta w\, \overline{p}_z + \delta w\, k_w\, w\right] dx - \sum_{Knoten} \left[\delta U_{zk} \overline{P}_z + \delta \Phi_k \overline{M}_k\right] = 0 \tag{4-49}$$

Ermittlung der Grundmatrizen eines Elements

Für den Anteil eines einzelnen Elements i an der gesamten virtuellen Arbeit folgt aus (4-49):

$$-(\delta W_i + \delta W_a)^i = \int_x \left[\delta w'' EI\,(w'' + \overline{\kappa}) - \delta w\, \overline{p}_z + \delta w\, k_w\, w\right] dx$$

Nach Einsetzen von

$$\delta w(x) = \boldsymbol{N}_u(x)\ \boldsymbol{G}\ \delta \boldsymbol{v} = \delta \boldsymbol{v}^T\ \boldsymbol{G}^T\ \boldsymbol{N}_u^T(x)$$

$$\delta \kappa(x) = -\delta w'' = -\boldsymbol{N}_u''(x)\ \boldsymbol{G}\ \delta \boldsymbol{v} = \boldsymbol{B}_u(x)\ \boldsymbol{G}\ \boldsymbol{v} = \delta \boldsymbol{v}^T\ \boldsymbol{G}^T\ \boldsymbol{B}_u^T(x)$$

folgt je Element (dabei wird die virtuelle Verschiebung affin zur wirklichen Verschiebung gewählt und EI als konstant angenommen):

$$\delta W = \underbrace{\delta \boldsymbol{v}^T \boldsymbol{G}^T \int_a^b \boldsymbol{B}_u^T\, EI\, \boldsymbol{B}_u\, dx\, \boldsymbol{G}\, \boldsymbol{v}}_{\boldsymbol{k}_B^i \text{ Biegung}} + \underbrace{\delta \boldsymbol{v}^T \boldsymbol{G}^T \int_a^b \boldsymbol{N}_u^T(x)\, k_w\, \boldsymbol{N}_u(x)\, dx\, \boldsymbol{G}\, \boldsymbol{v}}_{\boldsymbol{k}_w^i \text{ Bettung}}$$

Elementsteifigkeitsmatrizen

$$+ \underbrace{\delta \boldsymbol{v}^T \boldsymbol{G}^T \int_a^b \boldsymbol{B}_u^T\, EI\, \overline{\kappa}\, dx}_{\boldsymbol{p}_T^{i0} \text{ eingepr. Verkrümmung}} - \underbrace{\delta \boldsymbol{v}^T \boldsymbol{G}^T \int_a^b \boldsymbol{N}_u^T(x)\, \overline{p}_z(x)\, dx}_{\boldsymbol{p}_q^{i0} \text{ Linienlast}} \tag{4-50}$$

Lastspalten

Die Addition aller Arbeitsanteile von (4-50), ergänzt durch die Arbeit der Einzelwirkungen an den Knoten, liefert das Gleichungssystem des Weggrößenverfahrens (Knotengleichgewicht):

$$\delta W = \sum_{Elemente} \delta W^i + \sum_{Knoten} \delta W_k = \sum_{Elemente} \delta \boldsymbol{v}^{iT}\left[(\boldsymbol{k}_B^i + \boldsymbol{k}_w^i)\, \boldsymbol{v}^i + (\boldsymbol{p}_T^{i0} + \boldsymbol{p}_q^{i0})\right] - \delta \boldsymbol{V}^T \overline{\boldsymbol{P}}^* = 0$$

Dieses Verfahren zur Berechnung der gesamten Struktur wird ausführlich in den Kapiteln 6 und 7 dargestellt.

Berechnung der Bettungssteifigkeit k_w^i mit dem gewählten Verschiebungsansatz:

Die Ermittlung des Biegeanteils der Elementsteifigkeitsmatrix wurde in Kapitel 4.3.3 gezeigt. Ein kubischer Ansatz führte dort bei konstanten Koeffizienten der zugehörigen Grundgleichungen zu genauen Steifigkeitswerten für den Träger ohne Bettung. Der zusätzliche Bettungsterm verändert jedoch die Lösung so stark, dass die Anwendung eines kubischen Polynomansatzes

$$w(x) = \boldsymbol{N}_u(x)\,\boldsymbol{G}\,\boldsymbol{v}^i \quad \text{mit} \quad \boldsymbol{N}_u(x) = \begin{bmatrix} 1 & x & x^2 & x^3 \end{bmatrix}, \quad \boldsymbol{v}^{iT} = \begin{bmatrix} w_a & \varphi_a & w_b & \varphi_b \end{bmatrix}^i$$

beim gebetteten Balken nur zu einer Näherung führen kann. Für diesen Ansatz wird die Berechnung des Anteils der Bettungssteifigkeit im Folgenden ausführlich als Matrizenschema dargestellt. Zunächst wird das Integral des Bettungsterms in (4-50) über die Elementlänge ausgewertet:

$$\int_0^l \boldsymbol{N}_u^T k_w \boldsymbol{N}_u \, dx = k_w \int_0^l \begin{bmatrix} 1 & x & x^2 & x^3 \\ x & x^2 & x^3 & x^4 \\ x^2 & x^3 & x^4 & x^5 \\ x^3 & x^4 & x^5 & x^6 \end{bmatrix} dx = k_w \begin{bmatrix} l & l^2/2 & l^3/3 & l^4/4 \\ l^2/2 & l^3/3 & l^4/4 & l^5/5 \\ l^3/3 & l^4/4 & l^5/5 & l^6/6 \\ l^4/4 & l^5/5 & l^6/6 & l^7/7 \end{bmatrix}$$

Vor- und Nachmultiplikation mit der Matrix $\boldsymbol{G}$, welche die Polynomkoeffizienten enthält, liefert den Anteil der Bettung der genäherten Steifigkeitsmatrix:

$$\boxed{\boldsymbol{k}_w^i = \boldsymbol{G}^T \int_0^l \{\boldsymbol{N}_u^T k_w \boldsymbol{N}_u \, dx\}\, \boldsymbol{G}}$$

$$\boldsymbol{G}: \begin{bmatrix} 1 & 0 & 0 & 0 \\ 0 & -1 & 0 & 0 \\ -3/l^2 & 2/l & 3/l^2 & 1/l \\ 2/l^3 & -1/l^2 & -2/l^3 & -1/l^2 \end{bmatrix}$$

$$\int_0^l \boldsymbol{N}_u^T k_w \boldsymbol{N}_u \, dx : \quad k_w \begin{bmatrix} l & l^2/2 & l^3/3 & l^4/4 \\ l^2/2 & l^3/3 & l^4/4 & l^5/5 \\ l^3/3 & l^4/4 & l^5/5 & l^6/6 \\ l^4/4 & l^5/5 & l^6/6 & l^7/7 \end{bmatrix} \qquad k_w \begin{bmatrix} l/2 & -l^2/12 & l/2 & l^2/12 \\ 3l^2/20 & -l^3/30 & 7l^2/20 & l^3/20 \\ l^3/15 & -l^4/60 & 4l^3/15 & l^4/30 \\ l^4/28 & -l^5/105 & 3l^4/14 & l^5/42 \end{bmatrix}$$

$$\boldsymbol{G}^T: \begin{bmatrix} 1 & 0 & -3/l^2 & 2/l^3 \\ 0 & -1 & 2/l & -1/l^2 \\ 0 & 0 & 3/l^2 & -2/l^3 \\ 0 & 0 & 1/l & -1/l^2 \end{bmatrix} \qquad \frac{k_w l}{420} \begin{bmatrix} 156 & -22l & 54 & 13l \\ -22l & 4l^2 & -13l & -3l^2 \\ 54 & -13l & 156 & 22l \\ 13l & -3l^2 & 22l & 4l^2 \end{bmatrix} = \boldsymbol{k}_w^i \qquad (4\text{-}51)$$

Zusammen mit dem Biegeanteil (4-41) erhalten wir mit (4-51) die vollständige Steifigkeitsmatrix für den gebetteten Balken in einer durch den kubischen Ansatz vorgegebenen Näherung. In der Anwendung dieser genäherten Steifigkeitsmatrizen ist darauf zu achten, dass in den Bereichen, in denen sich der Verlauf der Ergebnisse stärker ändert, die Elementeinteilung entsprechend eng zu wählen ist. Hinweise dazu gibt ein Anwendungsbeispiel, das im Kapitel 8.1 diskutiert wird.

Abschließend ist noch zu erwähnen, dass Näherungsansätze und genäherte Steifigkeitsmatrizen typisch für die Finite-Element-Methode sind und dass dieses auch als Weggrößenverfahren (Kap. 7) mit genäherten Ansätzen (oder genauen, falls bekannt) aufgefasst werden kann.

4.4 Übertragungsmatrix

4.4.1 Zustandsgrößen und Grundgleichungen

Ein auf einachsige Biegung beanspruchtes Balkenelement ist in Bild 4.18 mit den Weg- und Kraftgrößen nach Vorzeichen-Konvention 1 dargestellt. Die Beziehungen zwischen den Zustandsgrößen zweier Punkte der Stabachse werden soweit wie möglich auf anschaulichem Wege angegeben und für die Übertragungsmatrix eines Elements in der speziellen Anordnung nach Gl. (4-21) geschrieben.

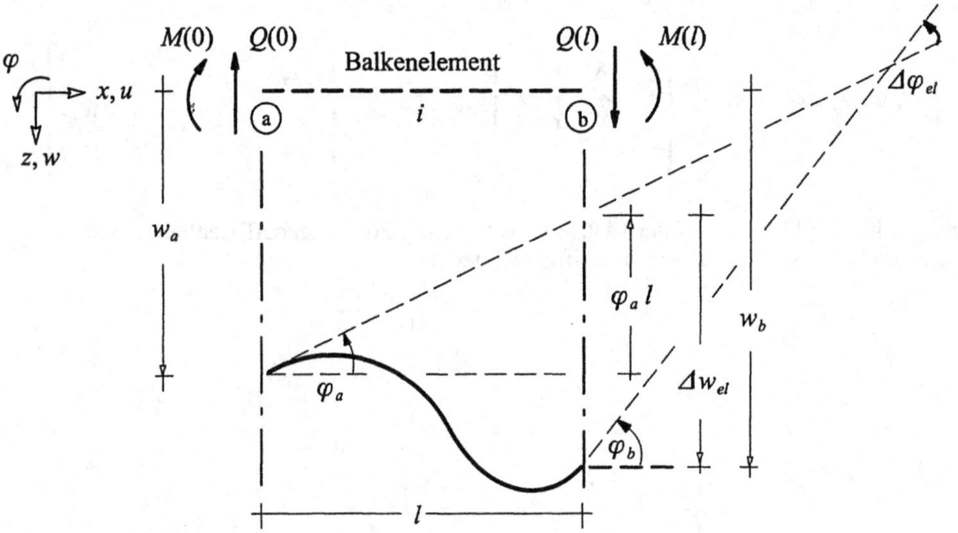

Bild 4.18 Balkenelement mit Zustandsgrößen

Bilden des Gleichgewichts der Kräfte in z-Richtung und der Momente um Punkt b liefert:

Gleichgewicht:

$$Q(l) = Q(0)$$
$$M(l) = Q(0)\,l + M(0)$$

In Matrizenschreibweise:

$$\begin{bmatrix} Q(l) \\ M(l) \end{bmatrix} = \begin{bmatrix} 1 & 0 \\ l & 1 \end{bmatrix} \begin{bmatrix} Q(0) \\ M(0) \end{bmatrix} \tag{4-52}$$
$$\boldsymbol{s}_b = \boldsymbol{U}_{ss} \quad \boldsymbol{s}_a$$

Außerdem sind die geometrischen Beziehungen aus Bild 4.18 direkt zu entnehmen:

Kinematik:

$$w_b = w_a - \varphi_a\, l + \Delta w_{el}$$
$$\varphi_b = \qquad \varphi_a + \Delta\varphi_{el}$$

$$\begin{bmatrix} w_b \\ \varphi_b \end{bmatrix} = \begin{bmatrix} 1 & -l \\ 0 & 1 \end{bmatrix} \begin{bmatrix} w_a \\ \varphi_a \end{bmatrix} + \begin{bmatrix} \Delta w_{el} \\ \Delta\varphi_{el} \end{bmatrix} \tag{4-53}$$
$$\boldsymbol{v}_b = \boldsymbol{U}_{vv} \quad \boldsymbol{v}_a + \Delta\boldsymbol{v}$$

Der erste Anteil beschreibt mit $\boldsymbol{U}_{vv}$ die Starrkörperverschiebungen, der zweite die Verschiebungen des Stabendes (bezogen auf den Stabanfang), die aus elastischen Formänderungen stammen. Dieser als $\Delta \boldsymbol{v}$ bezeichnete Term ist noch mit den Kraftgrößen zu verknüpfen, was dem Wesen nach eine Nachgiebigkeitsrelation ist. Diese könnte am einfachsten mit dem Arbeitssatz ermittelt werden, der jedoch erst im Rahmen des Kraftgrößenverfahrens in Kap. 15 formuliert wird. Um dem nicht vorzugreifen, folgen wir hier dem unter 4.2.2 skizzierten allgemeinen Weg über die reduzierte Steifigkeitsmatrix $\boldsymbol{k}_{red}$ der sich als vergleichsweise langwieriger darstellt. Dazu führen wir die reduzierte Steifigkeitsmatrix gemäß der Definition (4-29) und mit (4-30) als

$$\Delta \boldsymbol{v} = \boldsymbol{f}\, \Delta \boldsymbol{p} \qquad \text{mit} \quad \boldsymbol{f} = \boldsymbol{k}_{red}^{-1}$$

ein und berücksichtigen für das oben gewählte Stabelement die gewählte Abspaltung der Starrkörperanteile. Umordnen der kinematischen Beziehung (4-53) liefert:

$$\Delta \boldsymbol{v} = \boldsymbol{v}_{red} = \boldsymbol{v}_b - \boldsymbol{U}_{vv}\, \boldsymbol{v}_a = \begin{bmatrix} -\boldsymbol{U}_{vv} & \boldsymbol{I} \end{bmatrix} \begin{bmatrix} \boldsymbol{v}_a \\ \boldsymbol{v}_b \end{bmatrix} = \boldsymbol{g}\, \boldsymbol{v} \qquad (4\text{-}54)$$

Die im Sinne einer Arbeit zu $\boldsymbol{v}_{red}$ konjugierten Kraftgrößen $\Delta \boldsymbol{p} = \boldsymbol{p}_{red}$ lassen sich aufgrund der Bedingung (4-25) ermitteln, die besagt, dass die Starrkörperanteile keinen Beitrag zur virtuellen inneren Arbeit leisten. Mit dem Einsetzen der Beziehung (4-54) in (4-25) und Umordnen folgt:

$$\delta(\boldsymbol{g}\, \boldsymbol{v})^T \boldsymbol{p}_{red} = \delta \boldsymbol{v}^T \boldsymbol{g}^T \boldsymbol{p}_{red} \quad \Rightarrow \quad \boldsymbol{p} = \boldsymbol{g}^T \boldsymbol{p}_{red} \quad oder \quad \boldsymbol{p} = \begin{bmatrix} \boldsymbol{p}_a \\ \boldsymbol{p}_b \end{bmatrix} = \begin{bmatrix} -\boldsymbol{U}_{vv} \\ \boldsymbol{I} \end{bmatrix} \boldsymbol{p}_{red} \qquad (4\text{-}55)$$

Daraus lässt sich ablesen, dass die Bedingung (4-25) für $\Delta \boldsymbol{p} = \boldsymbol{p}_b$ erfüllt ist. Die Kraftgrößen am rechten Stabende sind also im Sinne einer Arbeit konjugiert zu den gewählten Deformationsgrößen $\Delta \boldsymbol{v}$, die keine Starrkörper-Anteile enthalten. Dieser Sachverhalt lässt sich noch veranschaulichen, indem man sich das Stabelement am linken Ende eingespannt denkt, so dass mit der Randbedingung $\boldsymbol{v}_a = \boldsymbol{0}$ die Starrkörper-Anteile eliminiert sind:

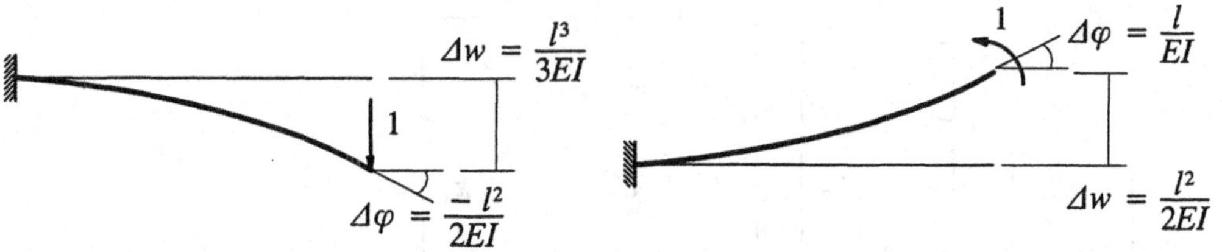

Bild 4.19 Stabend-Weggrößen $\boldsymbol{v}_b$ mit $\boldsymbol{v}_a = 0$ infolge $\boldsymbol{p}_{red} = \boldsymbol{p}_b = \boldsymbol{I}$

Kraft- und Weggrößen am rechten Stabende sind dann durch die reduzierte Steifigkeitsmatrix des links eingespannten Trägers mittels $\boldsymbol{p}_b = \boldsymbol{k}_R\, \boldsymbol{v}_b = \boldsymbol{k}_{bb}\, \boldsymbol{v}_b$ verbunden. Berücksichtigt man noch den Übergang von Vorzeichen-Konvention 2 zu Vorzeichen-Konvention 1 durch $\boldsymbol{p}_b = \boldsymbol{s}_b$ und drückt man die Kraftgrößen $\boldsymbol{s}_b$ durch diejenigen am linken Ende mit Hilfe der Gleichgewichtsbeziehung (4-52) aus, so folgt schließlich die gesuchte Beziehung zwischen $\Delta \boldsymbol{v}$ und $\boldsymbol{s}_a$, die in den zweiten Term der Gl. (4-53) eingesetzt werden kann und damit die Untermatrix $\boldsymbol{U}_{vs}$ für den Aufbau der Übertragungsmatrix liefert:

$$\Delta \boldsymbol{v} = \boldsymbol{v}_{red} = \boldsymbol{v}_b = -\boldsymbol{k}_{bb}^{-1}\, \boldsymbol{U}_{ss}\, \boldsymbol{s}_a = \boldsymbol{U}_{vs}\, \boldsymbol{s}_a \qquad (4\text{-}56)$$

Ausgeschrieben erhalten wir daraus nach Inversion der Untermatrix $\boldsymbol{k}_{bb}$ aus (4-41) und mit (4-52) die Belegung der Untermatrix $\boldsymbol{U}_{vs}$:

$$\overbrace{\begin{bmatrix} 1 & 0 \\ l & 1 \end{bmatrix}}^{U_{ss}}$$

$$\underbrace{\frac{l^3}{EI}\begin{bmatrix} \frac{1}{3} & -\frac{1}{2l} \\ -\frac{1}{2l} & \frac{1}{l^2} \end{bmatrix}}_{k_{bb}^{-1} = f} \quad \underbrace{\begin{bmatrix} -\frac{l^3}{6EI} & -\frac{l^2}{2EI} \\ \frac{l^2}{2EI} & +\frac{l}{EI} \end{bmatrix}}_{U_{vs}}$$

Im Zuge der obigen Ableitung kann noch eine weitere bemerkenswerte Beziehung angegeben werden. Aus dem Vergleich der Gleichung $p_a = -U_{vv}^T p_b$ aus (4-55) mit der Gleichgewichtbedingung $s_a = U_{ss}^{-1} s_b$ aus (4-52) folgt unter Beachtung von $p_a = -s_a$, $p_b = s_b$ aus (4-20) für die gewählte Abspaltung der Starrkörperanteile die Beziehung zwischen Gleichgewicht und Kinematik

$$U_{ss}^{-1} = U_{vv}^T ,$$

die ein Ausdruck der sogenannten statisch-geometrischen Analogie ist. Diese Beziehung zwischen Grundgleichungen, die von ihrer mechanischen Bedeutung her zunächst völlig unabhängig erscheinen, lässt sich auf die Gleichung (4-25) zurückverfolgen. Man erkennt, dass diese Struktureigenschaft letztlich eine Folge der zu Grunde liegenden Arbeitsformulierung ist.

Der Aufbau der vollständigen Steifigkeitsmatrix aus der reduzierten Form mit Hilfe der ebenfalls aus (4-25) folgenden Transformation (4-26)

$$\begin{bmatrix} k_R \end{bmatrix} \quad \overbrace{\begin{bmatrix} -U_{vv} \ , & I \end{bmatrix}}^{g}$$

$$\underbrace{\begin{bmatrix} -U_{vv}^T \\ I \end{bmatrix}}_{g^T} \quad \underbrace{\begin{bmatrix} -U_{vv}\,k_R \\ k_R \end{bmatrix}}_{g^T k_R} \quad \underbrace{\begin{bmatrix} U_{vv}^T\,k_R\,U_{vv} & -U_{vv}^T\,k_R \\ -k_R\,U_{vv} & k_R \end{bmatrix}}_{g^T k_R g = k}$$

macht noch einmal deutlich, dass die zugehörige reduzierte Steifigkeitsmatrix gerade mit der Untermatrix k_{bb} der vollständigen Steifigkeitsmatrix übereinstimmt. Aus ihr lässt sich ebenfalls wie in (4-55) ablesen, dass sich der reine Deformationsanteil v_{red} mit den Kraftgrößen an beiden Stabenden durch $p = g^T k_R\, g\, v = g^T k_R\, v_{red} = g^T p_{red}$ in Verbindung bringen lässt oder ausgeschrieben:

$$p_a = -U_{vv}^T\, k_R\, v_{red} = -U_{vv}^T\, p_{red}, \qquad p_b = k_R\, v_{red}$$

4.4.2 Übertragungsmatrix des Balkenelements

Die im letzten Unterkapitel 4.4.1 angegebenen Gleichungen wurden nur für den auf Biegung beanspruchten Träger hergeleitet. In entsprechender Weise lässt sich die Übertragungsmatrix für den Stab mit Längswirkungen gewinnen. Aufgrund der einfachen Beziehungen kann auch die Steifigkeitsmatrix (4-33) direkt mit Hilfe von Gl. (4-27) in die folgende Übertragungsmatrix umgeformt werden:

$$\begin{bmatrix} u(l) \\ N(l) \end{bmatrix}^i = \begin{bmatrix} 1 & \frac{l}{EA} \\ 0 & 1 \end{bmatrix}^i \begin{bmatrix} u(0) \\ N(0) \end{bmatrix}^i \qquad \text{oder} \qquad z_b = U^i z_a \tag{4-57}$$

Damit lässt sich die Übertragungsmatrix für Längskraft und Biegung wie folgt zusammenfassen:

$$\begin{bmatrix} u(l) \\ w(l) \\ \varphi(l) \\ \hline N(l) \\ Q(l) \\ M(l) \end{bmatrix} = \left[\begin{array}{ccc|ccc} 1 & 0 & 0 & -\frac{l}{EA} & 0 & 0 \\ 0 & 1 & -l & 0 & -\frac{l^3}{6EI} & -\frac{l^2}{2EI} \\ 0 & 0 & 1 & 0 & \frac{l^2}{2EI} & \frac{l}{EI} \\ \hline 0 & 0 & 0 & 1 & 0 & 0 \\ 0 & 0 & 0 & 0 & 1 & 0 \\ 0 & 0 & 0 & 0 & l & 1 \end{array}\right] \begin{bmatrix} u(0) \\ w(0) \\ \varphi(0) \\ \hline N(0) \\ Q(0) \\ M(0) \end{bmatrix} \tag{4-58}$$

$$z_b = U \; z_a$$

Dabei haben die Untermatrizen von U eine direkte mechanische Bedeutung:

$$z_b^i = \begin{bmatrix} v_b \\ s_b \end{bmatrix}^i = \begin{bmatrix} U_{vv} & U_{vs} \\ U_{sv} & U_{ss} \end{bmatrix}^i \begin{bmatrix} v_a \\ s_a \end{bmatrix}^i$$

U_{vv} : Anteile der Starrkörperverschiebungen (Kinematik), z.B. aus (4-53)

U_{vs} : Nachgiebigkeitsmatrix des links eingespannten Kragträgers, z.B. aus (4-56)

U_{sv} : hier = $\mathbf{0}$; sonst Einfluss einer Dreh - oder Senkbettung im Gleichgewicht

U_{ss} : Anteile aus Gleichgewichtsbedingungen, z.B. aus (4-52)

4.4.3 Lastspalten

Ist das Trägerfeld durch Einzel - oder Linienkräfte, Einzel - oder Linienmomente oder durch eine eingeprägte Krümmung (aus Temperatur, Kriechen, Schwinden, Plastizität usw.) belastet, so ist in der Grundbeziehung von Gl. (4-21) $z_b = U\,z_a + \bar{z}$ der Lastvektor $\bar{z}(x)$, bzw. $\bar{z}(l)$ zu berücksichtigen. Die Veränderung der Zustandsgrößen von $x = 0$ bis $x = l$ erhält man nach Bild 4.20 durch Aufsummieren der einzelnen Lastanteile längs der Stabachse in

$$\bar{z}^T(l) = [\bar{w}(l)\,,\ \bar{\varphi}(l)\,,\ \bar{Q}(l)\,,\ \bar{M}(l)] \qquad \text{Zuwächse der Zustandsgrößen aus Belastung.}$$

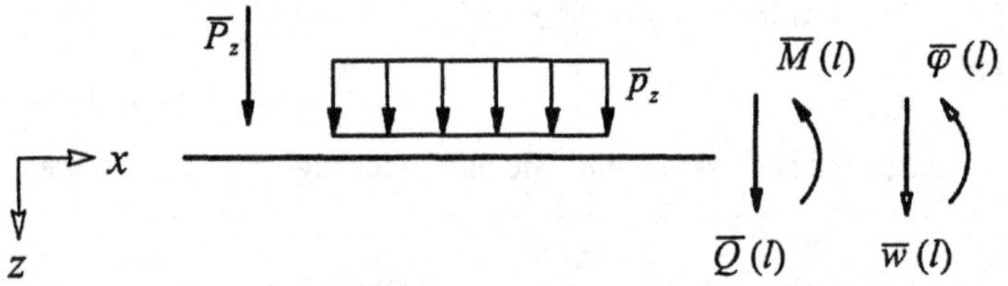

Bild 4.20 Balkenelement mit Lasten und Komponenten des Lastvektors

Aus den Grundbeziehungen am Träger (siehe Kapitel 4.1.1) folgen bestimmte Integrale, die jeweils am rechten Stabende z.B. für eine konstante Linienlast $\bar{p}_z = \bar{p}$ auszuwerten sind:

$$Q' + \bar{p}_z = 0: \quad \bar{Q}(l) = -\int_0^l \bar{p}_z(x)\,dx = -\bar{p}\,l$$

$$M' - Q + \bar{m}_y = 0: \quad \bar{M}(l) = \int_0^l [\,\bar{Q}(x) - \bar{m}_y(x)\,]\,dx = \int_0^l -\bar{p}\,x\,dx = -\frac{1}{2}l^2\bar{p}$$

$$\varphi' = \frac{M}{EI} + \bar{\kappa}: \quad \bar{\varphi}(l) = \int_0^l [\,\frac{1}{EI}\bar{M}(x) + \bar{\kappa}(x)\,]\,dx = \int_0^l \frac{1}{EI}(-\frac{1}{2}x^2\bar{p})\,dx = -\frac{1}{EI}\frac{1}{6}l^3\bar{p}$$

$$w' = -\varphi: \quad \bar{w}(l) = -\int_0^l \bar{\varphi}(x)\,dx = -\int_0^l \frac{1}{EI}(-\frac{1}{6}x^3\bar{p})\,dx = \frac{1}{EI}\frac{1}{24}l^4\bar{p}$$

Diese Ergebnisse finden sich (mit $l = b$) in Zeile 3 der Tabelle 4.4.

In ähnlicher Weise erhält man die Lastspalten für die Beanspruchung des Stabes infolge Längsbelastung $\bar{p}_x$. Dafür stehen die in Gl. (4-9) angegebenen Beziehungen zur Verfügung. Nach Auswertung analog der oben für den Biegestab gezeigten Vorgehensweise erhält man die in Tabelle 4.5 angegebenen Lastglieder, vgl. auch *Kersten (1982), Ramm, Hofmann (1995).*

Tabelle 4.4 Lastvektor $\overline{\mathbf{z}}^i$ aus Querbelastung im Element *i*

Belastung Stababschnitt *i*	Komponenten des Lastvektors $\overline{z}^i$			
	$\overline{w}(l)$	$\overline{\varphi}(l)$	$\overline{Q}(l)$	$\overline{M}(l)$
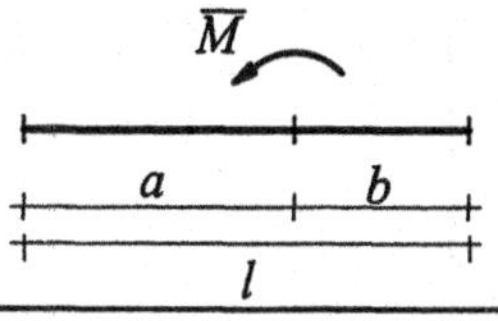	$\frac{\overline{M}\,b^2}{2EI}$	$-\frac{\overline{M}\,b}{EI}$	0	$-\overline{M}$
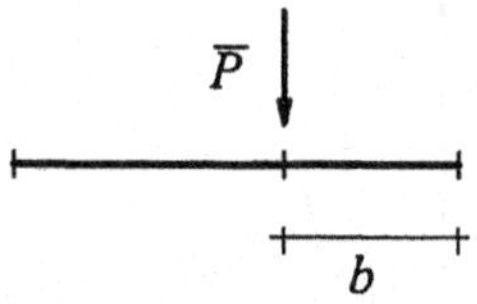	$\frac{\overline{P}\,b^3}{6EI}$	$-\frac{\overline{P}\,b^2}{2EI}$	$-\overline{P}$	$-\overline{P}\,b$
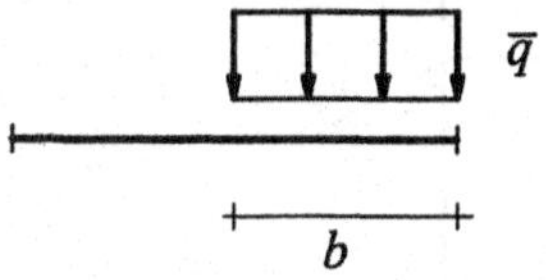	$\frac{\overline{q}\,b^4}{24EI}$	$-\frac{\overline{q}\,b^3}{6EI}$	$-\overline{q}\,b$	$-\frac{\overline{q}\,b^2}{2}$
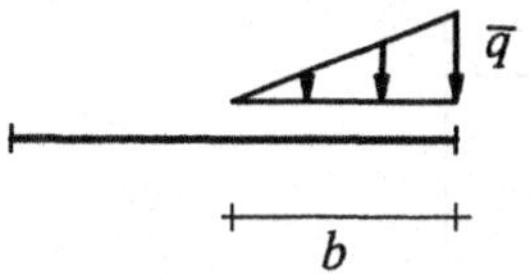	$\frac{\overline{q}\,b^4}{120EI}$	$-\frac{\overline{q}\,b^3}{24EI}$	$-\frac{\overline{q}\,b}{2}$	$-\frac{\overline{q}\,b^2}{6}$
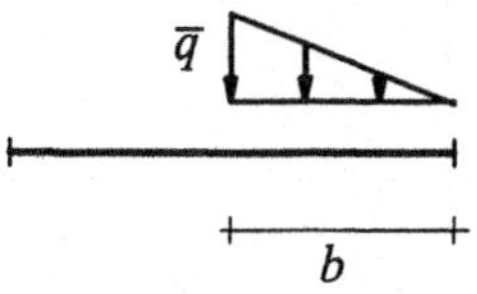	$\frac{\overline{q}\,b^4}{30EI}$	$-\frac{\overline{q}\,b^3}{8EI}$	$-\frac{\overline{q}\,b}{2}$	$-\frac{\overline{q}\,b^2}{3}$
$\overline{\kappa} = \frac{\alpha_T \Delta T}{h}$; $\Delta T = T_u - T_o$ 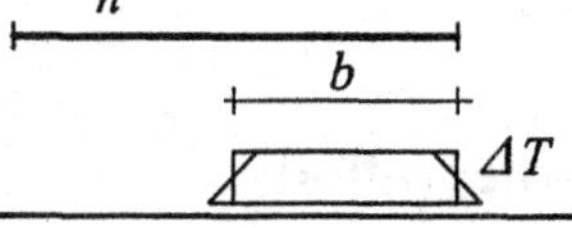	$-\overline{\kappa}\,\frac{b^2}{2}$	$\overline{\kappa}\,b$	0	0

Tabelle 4.5 Lastvektor $\bar{z}^i$ aus Längsbelastung im Element i

Belastung Stababschnitt i	Komponenten des Lastvektors $\bar{z}^i$	
	$\bar{u}(l)$	$\bar{N}(l)$
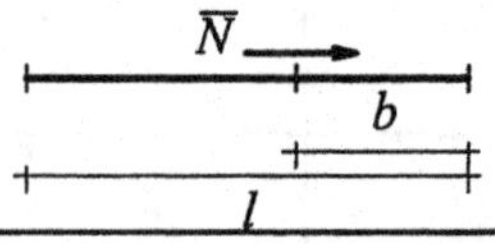	$-\dfrac{\bar{N}\,b}{EA}$	$-\bar{N}$
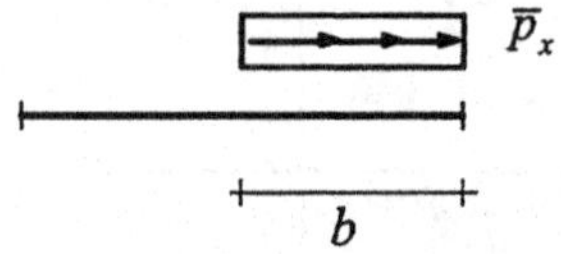	$\dfrac{\bar{p}_x\,b^2}{2EA}$	$-\bar{p}_x\,b$
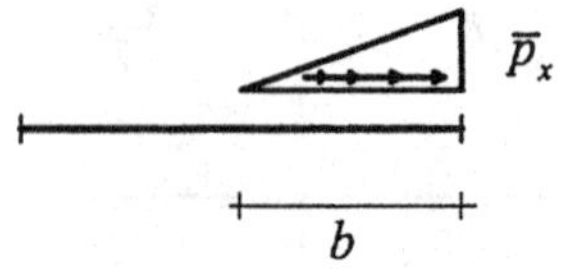	$\dfrac{\bar{p}_x\,b^3}{6EA}$	$-\dfrac{\bar{p}_x\,b}{2}$
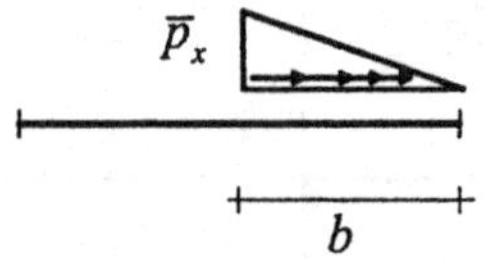	$\dfrac{\bar{p}_x\,b^3}{3EA}$	$-\dfrac{\bar{p}_x\,b}{2}$
$\bar{\varepsilon} = \alpha_T\,T$; 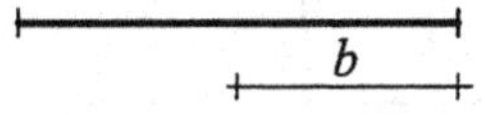	$\bar{\varepsilon}\,b$	0

4.4.4 Ermittlung von *k* und *U* mittels direkter Reihenintegration

Für Systeme von gewöhnlichen Differentialgleichungen 1.Ordnung kann die Lösung gemäß Anhang A2 immer durch eine Reihenentwicklung gewonnen werden. Für mechanisch anschaulich deutbare Unbekannte $z_a^T = [\,w \;\; \varphi \;\; Q \;\; M\,]_a^T$ ist die Integralmatrix des Stabendes, die die Lösungen enthält, mit der Übertragungsmatrix identisch.

Die Umformung in die entsprechende Steifigkeitsmatrix des Stababschnitts ist aufgrund der jeweils anders angeordneten Freiwerte in einfacher Weise möglich, vgl. Kapitel 4.2.2

4.5 Nachgiebigkeitsmatrix

Im Rahmen des Kraftgrößenverfahrens (Kap. 15) wird zur Beschreibung der Elementeigenschaften die im Kapitel 4.2.2 in Gl. (4-29) definierte Nachgiebigkeitsmatrix $\boldsymbol{f}^i$ verwendet. Sie verbindet die Weggrößen der Stabenden mit den dort vorhandenen Kraftgrößen: $\boldsymbol{v}_R^i = \boldsymbol{f}^i \boldsymbol{p}_R^i + \boldsymbol{v}^{i0}$. Bei bekannter Steifigkeitsmatrix lässt sie sich nach Abspalten der Starrkörperanteile gemäß der ebenfalls in Kapitel 4.2.2 in den Gln. (4-23) bis (4-26) angegebenen Vorgehensweise einfach durch Inversion der reduzierten Steifigkeitsmatrix nach Gl. (4-30) gewinnen:

$$\boldsymbol{f} = \boldsymbol{k}_R^{-1}$$

Damit wird auch deutlich, dass die Nachgiebigkeitsmatrix definitionsgemäß nur an einem Bauteil mit vorgegebenen Randbedingungen bestimmbar ist. Da der Balken aber auf unterschiedliche Weise gelagert sein kann, z.B. als Kragträger oder als Balken auf zwei Stützen, so ergeben sich verschiedene Möglichkeiten für die Abspaltung der entsprechenden Starrkörperanteile und damit je nach Randbedingung auch ein unterschiedlicher Aufbau der sie beschreibenden $\boldsymbol{g}$-Matrizen, vgl. Gl. (4-24). Zur Verdeutlichung werden für die zwei erwähnten Lagerungsarten eines Biegebalkens die zugehörigen $\boldsymbol{g}$-Matrizen angegeben:

Fall 1: Kragbalken (siehe auch Bild 4.19)

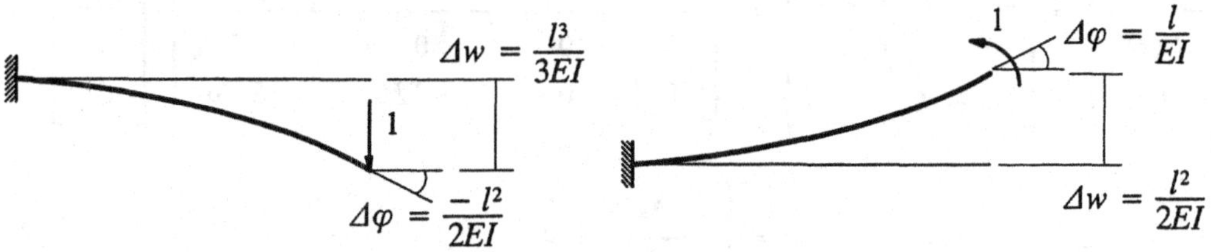

Bild 4.21 Stabend-Größen für eingespannten Balken ($\boldsymbol{v}_{red}$ infolge $\boldsymbol{p}_{red} = \boldsymbol{p}_b = \boldsymbol{I}$)

$$\Delta \boldsymbol{v} = \boldsymbol{v}_{red} = \boldsymbol{v}_b - \boldsymbol{U}_{vv}\boldsymbol{v}_a = [\,-\boldsymbol{U}_{vv} \quad \boldsymbol{I}\,]\begin{bmatrix}\boldsymbol{v}_a\\ \boldsymbol{v}_b\end{bmatrix} = \boldsymbol{g}\ \boldsymbol{v}$$

Fall 2: Gelenkig gelagerter Balken

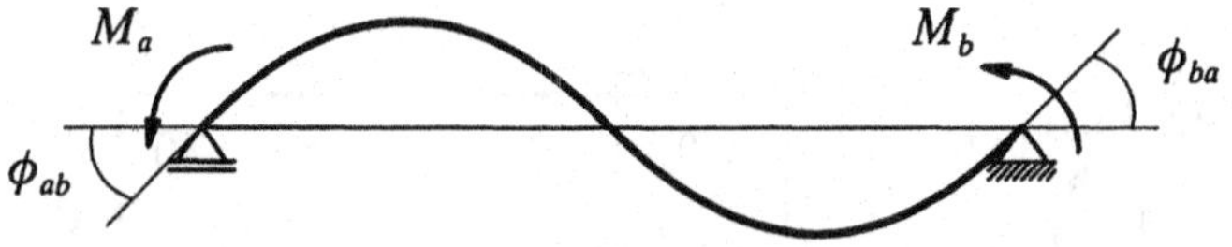

$$\boldsymbol{p}_{red} = \begin{bmatrix} M_a \\ M_b \end{bmatrix}$$

Bild 4.22 Stabend-Größen für gelenkig gelagerten Balken

$$\Delta \boldsymbol{v} = \boldsymbol{v}_{red} = \begin{bmatrix} -1/l & 1 & 1/l & 0 \\ -1/l & 0 & 1/l & 1 \end{bmatrix}\begin{bmatrix}\boldsymbol{v}_a\\ \boldsymbol{v}_b\end{bmatrix} = \boldsymbol{g}\ \boldsymbol{v} = \begin{bmatrix}\phi_{ab}\\ \phi_{ba}\end{bmatrix} = \begin{bmatrix}(w_b - w_a)/l + \varphi_a \\ (w_b - w_a)/l + \varphi_b\end{bmatrix}$$

Aus der letzten Beziehung sind für den gelenkig gelagerten Balken die Starrkörperanteile $(w_b - w_a)/l$ abzulesen und auch, dass für gleiche Verschiebungen der beiden Stabenden die sog. Sehnen-Tangenten-Winkel ϕ_{ik} mit den jeweiligen Stabend-Verdrehungen φ_k übereinstimmen.

4.6 Ermittlung von *k* und *U* mit Hilfe analytischer Lösungen

In den Kapiteln 4.3 bis 4.5 wurde die Berechnung verschiedener Elementmatrizen des Stabes behandelt, wobei die Lösungen überwiegend in direkter Anwendung des Prinzips der virtuellen Verschiebungen gewonnen wurden. Dies ermöglicht auch in den Fällen eine numerische Approximation, in denen eine analytische Lösung der Grundgleichungen in Differentialform nicht möglich ist. Zur Verwendung des Begriffs der "analytischen Lösung" in diesem Buch wird auf die Erläuterung am Ende des Abschnitts 4.1.2 verwiesen.

Für den Fall der Balkenbiegung sind in Kap. 4.1.1 genaue Lösungen der Differentialgleichungen für bestimmte Sonderfälle angegeben. Dafür und für ähnliche Fälle wird in diesem Abschnitt exemplarisch eine entsprechende Umformung der mathematisch allgemeinen Schreibweise in die mechanisch anschaulich deutbare Form der Steifigkeitsmatrix $\boldsymbol{k}$ bzw. der Übertragungsmatrix $\boldsymbol{U}$ gezeigt. Wir verwenden dafür den Spezialfall des Stabes mit konstanter Biegesteifigkeit EI mit der genauen Lösung der linearen Theorie, vgl. (4-11), Querwirkung. Durch entsprechend Ableitung erhält man außerdem den Verlauf aller Zustandsgrößen:

$$\begin{bmatrix} w(x) \\ \varphi(x) \\ \hline Q(x) \\ M(x) \end{bmatrix} = \begin{bmatrix} w \\ -w' \\ \hline -EI\,w''' \\ -EI\,w'' \end{bmatrix} = \begin{bmatrix} 1 & x & x^2 & x^3 \\ 0 & -1 & -2x & -3x^2 \\ \hline 0 & 0 & 0 & -EI\,6 \\ 0 & 0 & -EI\,2 & -EI\,6x \end{bmatrix} \begin{bmatrix} C_1 \\ C_2 \\ \hline C_3 \\ C_4 \end{bmatrix}$$

$$= \begin{bmatrix} \boldsymbol{N}_u \\ \hline \boldsymbol{N}_s \end{bmatrix} \boldsymbol{c}$$

Die in $\boldsymbol{c}$ zusammengefassten vier Freiwerte C_1 bis C_4 wurden in Kap. 4.3.4 auch als generalisierte Freiwerte $\hat{\boldsymbol{w}}^T = [\,\hat{w}_a\ \hat{\varphi}_a\ \hat{w}_b\ \hat{\varphi}_b\,]$ bezeichnet. Sie können durch die vier mechanisch anschaulichen Freiwerte der Stabenden $\boldsymbol{v}^T = [\,w_a\ \varphi_a\ w_b\ \varphi_b\,]$ oder in anderer Anordnung direkt durch die vier Zustandsgrößen am Stabanfang $\boldsymbol{z}_a^T = [\,w\ \varphi\ Q\ M\,]_a$ ersetzt werden:

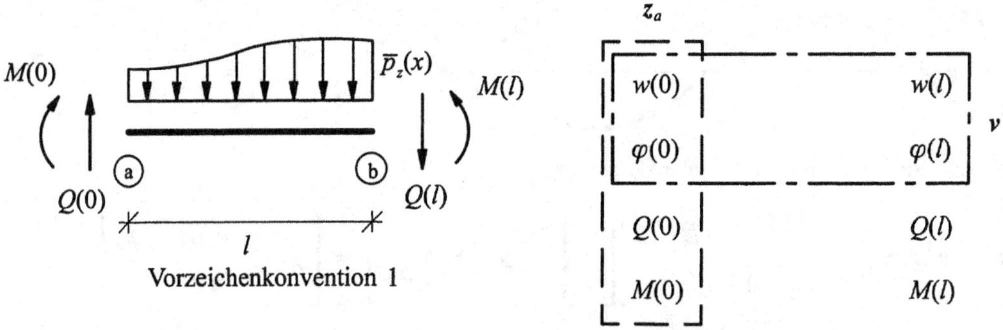

Bild 4.23 Balkenelement mit unterschiedlicher Anordnung der Stabend-Größen

Damit erhält man durch Umordnen der bekannten Lösung die Steifigkeitsmatrix $\boldsymbol{k}$ oder die Übertragungsmatrix $\boldsymbol{U}$. Dazu müssen die in $\boldsymbol{N}_u$ und $\boldsymbol{N}_s$ enthaltenen Funktionsverläufe der Zustandsgrößen zunächst an den beiden Stabenden ausgewertet werden. Die diskreten Werte an den Stabenden sind analog $\boldsymbol{N}_u$ und $\boldsymbol{N}_s$ in $\hat{\boldsymbol{N}}_u$ bzw. $\hat{\boldsymbol{N}}_v$ und $\hat{\boldsymbol{N}}_s$ (VzK1) bzw. $\hat{\boldsymbol{N}}_p$ (VzK2) zusammengefasst:

$$\boldsymbol{v} = \begin{bmatrix} \boldsymbol{v}_a \\ -- \\ \boldsymbol{v}_b \end{bmatrix} = \begin{bmatrix} w(0) \\ \varphi(0) \\ \hline w(l) \\ \varphi(l) \end{bmatrix} = \begin{bmatrix} \hat{\boldsymbol{N}}_u(0) \\ --- \\ \hat{\boldsymbol{N}}_u(l) \end{bmatrix} \boldsymbol{c} = \hat{\boldsymbol{N}}_v \, \boldsymbol{c}$$

$$\boldsymbol{p} = \begin{bmatrix} \boldsymbol{p}_a \\ -- \\ \boldsymbol{p}_b \end{bmatrix} = \begin{bmatrix} -Q(0) \\ -M(0) \\ \hline Q(l) \\ M(l) \end{bmatrix} = \begin{bmatrix} -\hat{\boldsymbol{N}}_s(0) \\ --- \\ \hat{\boldsymbol{N}}_s(l) \end{bmatrix} \boldsymbol{c} = \hat{\boldsymbol{N}}_p \, \boldsymbol{c}$$

Bild 4.24 Stabend-Größen, ausgedrückt durch mathematische Freiwerte

Die *Steifigkeitsmatrix* ist definiert durch:

$$\boldsymbol{p} = \boldsymbol{k}\, \boldsymbol{v}$$

Ausgedrückt durch die Werte der analytischen Lösung an beiden Stabenden erhält man:

$$\hat{\boldsymbol{N}}_p \, \boldsymbol{c} = \boldsymbol{k}\, \hat{\boldsymbol{N}}_u \, \boldsymbol{c}$$

Daraus folgt:

$$\boxed{\boldsymbol{k} = \hat{\boldsymbol{N}}_p \, \hat{\boldsymbol{N}}_u^{-1}} \tag{4-59}$$

Die *Übertragungsmatrix* ist definiert durch:

$$\boldsymbol{z}_b = \boldsymbol{U}\, \boldsymbol{z}_a$$

Ausgedrückt durch die Werte der analytischen Lösung an beiden Stabenden ergibt sich:

$$\begin{bmatrix} \boldsymbol{v}_b \\ -- \\ \boldsymbol{s}_b \end{bmatrix} = \underbrace{\begin{bmatrix} \hat{\boldsymbol{N}}_u(l) \\ --- \\ \hat{\boldsymbol{N}}_s(l) \end{bmatrix}}_{\hat{\boldsymbol{N}}_z(l)} \boldsymbol{c} = \boldsymbol{U} \underbrace{\begin{bmatrix} \hat{\boldsymbol{N}}_u(0) \\ --- \\ \hat{\boldsymbol{N}}_s(0) \end{bmatrix}}_{\hat{\boldsymbol{N}}_z(0)} \boldsymbol{c} = \boldsymbol{U}\, \boldsymbol{z}_a$$

Daraus folgt:

$$\boxed{\boldsymbol{U} = \hat{\boldsymbol{N}}_z(l)\, \hat{\boldsymbol{N}}_z(0)^{-1}} \tag{4-60}$$

Für die Übertragungsmatrix gilt die gleiche Form, wenn statt der Gesamtlänge l eine beliebige Koordinate x längs des Stabes eingesetzt wird.
Eine entsprechende Umformung kann mit den aus den Einwirkungen folgenden Partikularanteilen (inhomogene Anteile) durchgeführt werden.

4.7 Übersicht: Wege zur Ermittlung von Element-Eigenschaften (Steifigkeits- und Übertragungsmatrizen)

Definitionen:

Übertragungsmatrix $\boldsymbol{U}$ (4-21)

$$z_b = U z_a + \bar{z}, \qquad z_a = \begin{bmatrix} v_a \\ \hline s_a \end{bmatrix}$$

Steifigkeitsmatrix $\boldsymbol{k}$ (4-22)

$$p = k v + \bar{p}^0, \qquad v = \begin{bmatrix} v_a \\ \hline v_b \end{bmatrix}$$

Grundgleichungen:

Differentialgleichungen
(4-2) bzw. (4-9) bis (4-12)

Prinzip der virt. Verschiebungen
(4-1) bzw. (4-32) (4-34) (4-47)

Lösung mittels:

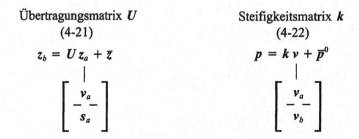

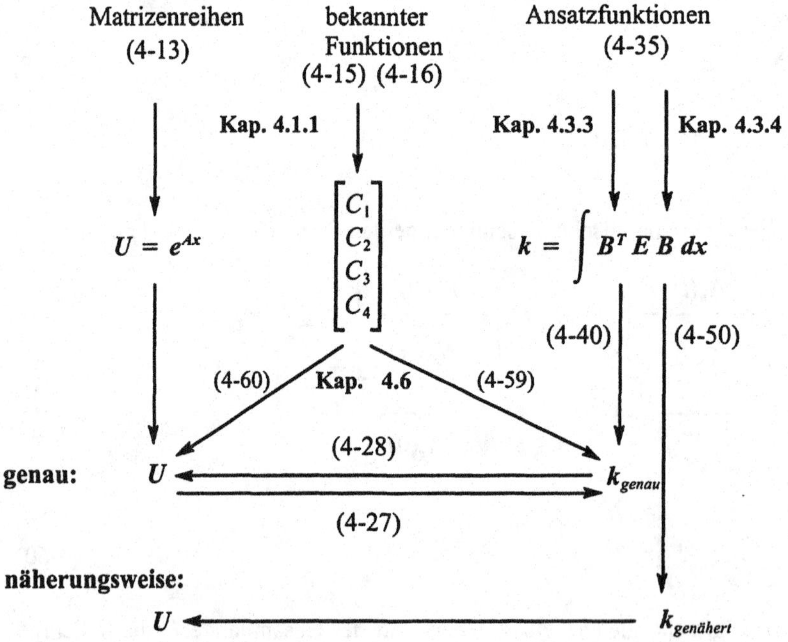

Bild 4.25 Zur Ermittlung von Element-Eigenschaften

5 Kraftgrößen statisch bestimmter ebener Tragwerke

5.1 Übersicht

In den Kapiteln 3 und 4 wurde gezeigt, dass zur Berechnung der Zustandsgrößen eines Tragwerks die Grundgleichungen für die Kinematik, das Stoffgesetz und die Formulierung des Gleichgewichts in gekoppelter Form zu lösen sind. Für die Entwicklung der maßgebenden Differentialgleichungen oder entsprechender integraler Arbeitsaussagen kann auf keine dieser Grundaussagen verzichtet werden. Für eine wichtige Gruppe von Tragwerken, nämlich für statisch bestimmte Systeme, können jedoch Auflager- und Verbindungsreaktionen sowie Schnittkräfte aus Gleichgewichtsüberlegungen allein ermittelt werden. Die Gleichgewichtsbedingungen sind von den anderen erwähnten Grundgleichungen entkoppelt. Dies gilt für alle Arten von statisch bestimmten ebenen oder räumlichen Stabtragwerken.
Die elastischen Eigenschaften ihrer Bauteile, Verbindungen und Lager, deren Stoffgesetze bzw. deren Steifigkeiten werden nur benötigt, wenn ergänzend zu Kraftgrößen auch Weggrößen in ausgewählten Punkten oder Bereichen der Struktur auszuweisen sind.
Da im Rahmen der hier entwickelten linearen Theorie der Einfluss von Verschiebungen in den Gleichgewichtsbedingungen unberücksichtigt bleibt, können die einzelnen Bauteile statisch bestimmter Tragwerke im Zuge der Ermittlung der Kraftgrößen als starre Körper betrachtet werden. Entsprechendes gilt für nachgiebige Lager und Bauteilverbindungen.
Wenngleich statisch bestimmte Tragwerke ohne Schwierigkeiten mit dem in den Kapiteln 6, 7 und 13 behandelten Weggrößenverfahren bzw. der Methode der Finiten Elemente berechnet werden können, wollen wir in diesem Kapitel zeigen, wie Kraftgrößen solcher Systeme, d. h. Auflager- und Verbindungsreaktionen und Schnittgrößen, aus Gleichgewichtsbedingungen allein bestimmt werden können. Für die Berechnung der Schnittgrößen sind die in Kapitel 4 bereitgestellten Gleichgewichtsbeziehungen (4-3), (4-4) und (4-5) ausreichend, die den Zusammenhang zwischen den in der Stabachse wirkenden Linienlasten $\overline{p}_x$, $\overline{p}_z$ und $\overline{m}_y$ und den zugeordneten Schnittgrößen N, Q_z und M_y herstellen.

In Bild 5.1 ist ein im Knoten 2 gehaltener Fachwerkstab unter Einzellasten $\overline{P}_{Xk}$ und Linienlast $\overline{p}_X$ dargestellt.

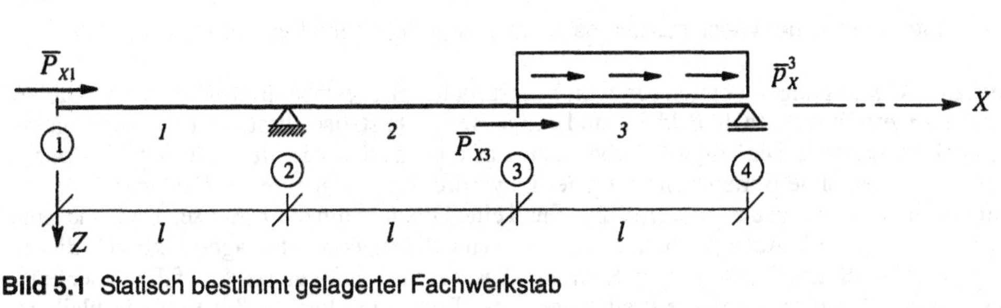

Bild 5.1 Statisch bestimmt gelagerter Fachwerkstab

Ein solches Bauteil kann per Definition nur Lasten in Richtung seiner (geraden) Achse aufnehmen, so dass das in Knoten 4 dargestellte Lager für diesen Lastfall konstruktiver Natur ist und keine Be-

anspruchung erfährt. Weil außerdem Verschiebungen quer zur Stabachse und Verdrehungen des ganzen Stabes (z. B. um die globale Y-Achse) nicht relevant sind, bleibt als einziger Freiheitsgrad des Stabes eine Verschiebung in Richtung der Stablängsachse. Somit kann zur Berechnung der horizontalen Lagerreaktion in Knoten 2 genau eine Bedingung angegeben werden, die das Gleichgewicht aller Kräfte in Richtung der globalen X-Achse sichert. Dagegen reicht die Zahl an Gleichgewichtsbedingungen bei zwei oder mehr unabhängigen Lagerreaktionen nicht aus, um diese zu bestimmen. Fachwerkstäbe dieser Art werden als statisch unbestimmt gelagert, verschiedentlich auch als statisch unbestimmt bezeichnet. Wie oben erwähnt, ist es für ihre Berechnung erforderlich, die elastischen Eigenschaften von Bauteilen und Lagern in Betracht zu ziehen. Die Ermittlung von Zustandsgrößen solcher Systeme wird in den späteren Kapiteln besprochen.
In Abschnitt 5.4.4 wird weiterhin ein formelmäßiges Kriterium zur Bestimmung der statischen Bestimmtheit bzw. des Grades der sogenannten statischen Unbestimmtheit angegeben.

Mehrere Fachwerkstäbe lassen sich zu einem ebenen Fachwerk verbinden. Einige Beispiele solcher Systeme sind in Bild 5.2 dargestellt. Im Falle statischer Bestimmtheit lassen sich auch hier alle Lager- und Verbindungsreaktionen, sowie die Schnittgrößen aller Einzelstäbe aus Gleichgewichtsbedingungen allein berechnen.

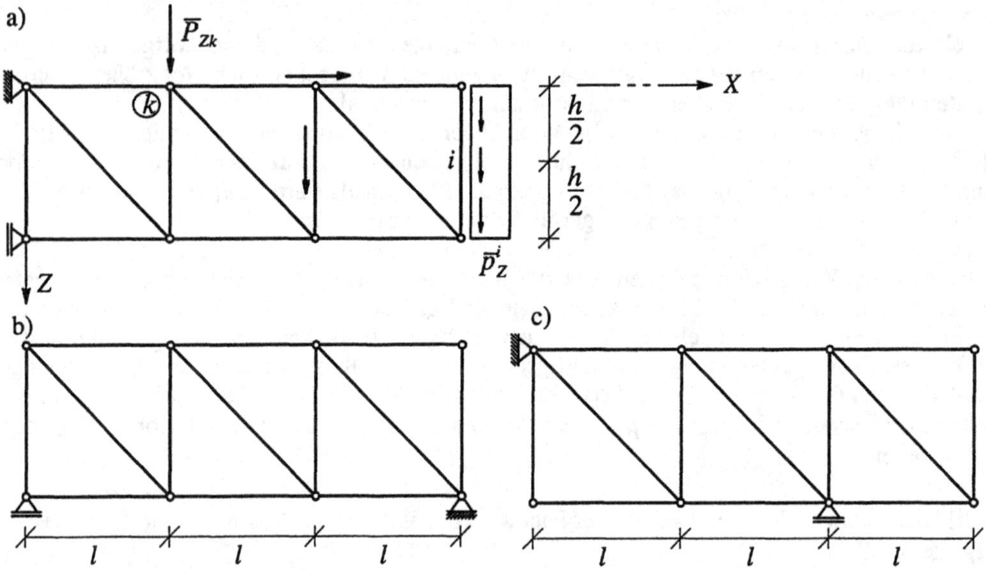

Bild 5.2 In unterschiedlicher Weise statisch bestimmt gelagerte, ebene Fachwerke

Entsprechende Überlegungen können für eben beanspruchte Biegestäbe, bzw. eben beanspruchte Stabsysteme angestellt werden. In Bild 5.3 sind einige Beispiele statisch bestimmt gelagerter gerader Biegestäbe dargestellt. Die Tragwerksebene, die Lasten und alle Lager liegen in der X-Z-Ebene. Der Stabzug a) weist ohne Berücksichtigung der Lager drei Freiheitsgrade der Bewegung auf: je eine Translation in Richtung der Achsen X und Z und eine Drehung um die Y-Achse. Da keine Einwirkung in Richtung der X-Achse vorhanden ist, ergibt sich die zugeordnete Lagerreaktion in dieser Richtung stets zu Null. Die Festhaltung in Richtung dieser Achse ist für diesen Lastfall wieder konstruktiver Natur und der zugeordnete Freiheitsgrad der Bewegung kann außer Betracht bleiben. Dies gilt auch für die X-Komponente der Systeme a), b), e) und f) sowie die schräg wirkenden Lagerkräfte der Systeme c) und d). Somit können zur Bestimmung der verbleibenden zwei Lagerreaktionen zwei unabhängige Gleichungen formuliert werden, z. B. kann die Summe aller Kraftkompo-

nenten in Richtung der Z-Achse und die Summe aller Momente um die Y-Achse zu Null gesetzt werden.
Enthält eine Lagerkonstellation weniger als zwei unabhängige Lagerreaktionen (auf das Koordinatensystem X-Y-Z bezogen), so liegt ein verschiebliches Tragwerk vor. Bei mehr als zwei unabhängigen Freiheitsgraden des Lager reicht die mögliche Zahl an Gleichgewichtsbedingungen nicht aus, um die Reaktionen zu errechnen. Diese Tragwerke werden wiederum als statisch unbestimmt bezeichnet.

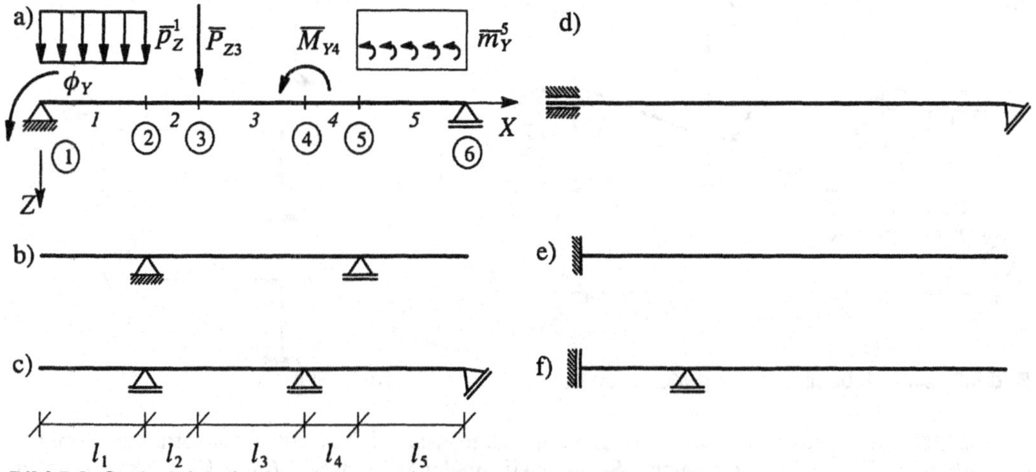

Bild 5.3 Statisch bestimmt gelagerte, eben beanspruchte Biegestäbe

In Bild 5.4 ist das in Bild 5.3 gegebene Bauteil mit modifizierten Lasten für eine etwas geänderte Konstellation von Auflagern dargestellt.

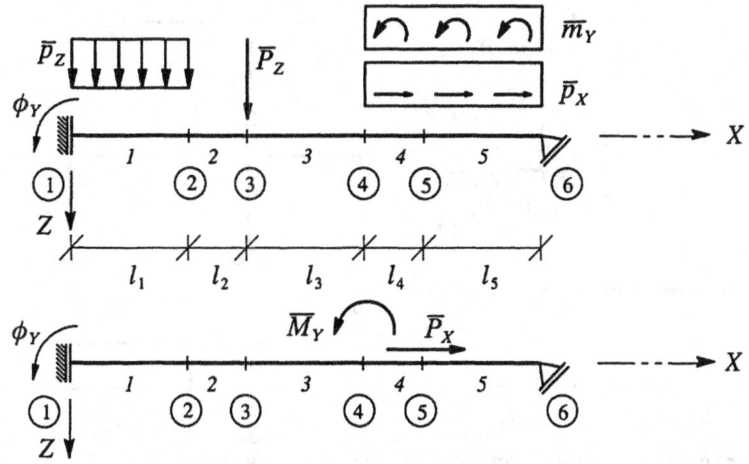

Bild 5.4 Statisch bestimmt gelagerte, eben beanspruchte Rahmenstäbe

Man erkennt unschwer, dass die Einwirkungen des Systems a) zu einer nicht verschwindenden Auflagerkraft im Knoten 6 und somit zu einer Normalkraft im gesamten Stabzug führt. Die Tragwirkung des Fachwerkstabes und des reinen Biegeträgers treten also gemeinsam auf. Wir bezeichnen derartige Stäbe als Rahmenstäbe. Demgegenüber führt das Biegemoment des Systems b) unter $\overline{M}_Y$ zu einem reinen Biegezustand beziehungsweise unter $\overline{P}_X$ zu einem reinen Normalkraftzustand.

Die oben für statisch bestimmt gelagerte Stäbe angestellten Überlegungen gelten in völlig analoger Weise für eben beanspruchte und eben gelagerte geknickte Stabzüge (Bild 5.5) und für ebenso gelagerte und beanspruchte verzweigte Stabzüge (Bild 5.6).

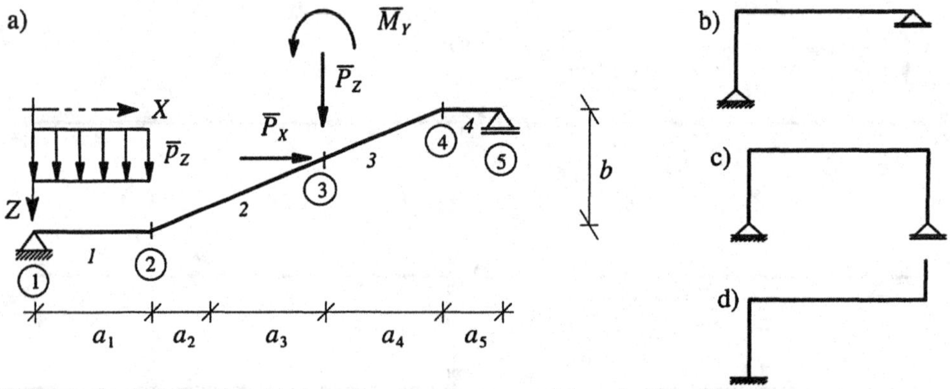

Bild 5.5 Statisch bestimmt gelagerte, eben beanspruchte geknickte Stabzüge

Gerade Stäbe sowie geknickte und verzweigte Stabzüge lassen sich zu eben beanspruchten Strukturen verbinden. Einige Beispiele solcher Systeme sind in den Bildern 5.27 (ohne Einwirkungen) und 5.28 dargestellt. Im Falle statischer Bestimmtheit lassen sich auch hier alle Lager- und Verbindungsreaktionen, sowie die Schnittgrößen aller Bauteile allein aus Gleichgewichtsbedingungen bestimmen. Die Berechnung dieser Zustandsgrößen wird in Unterkapitel 5.4 gezeigt.

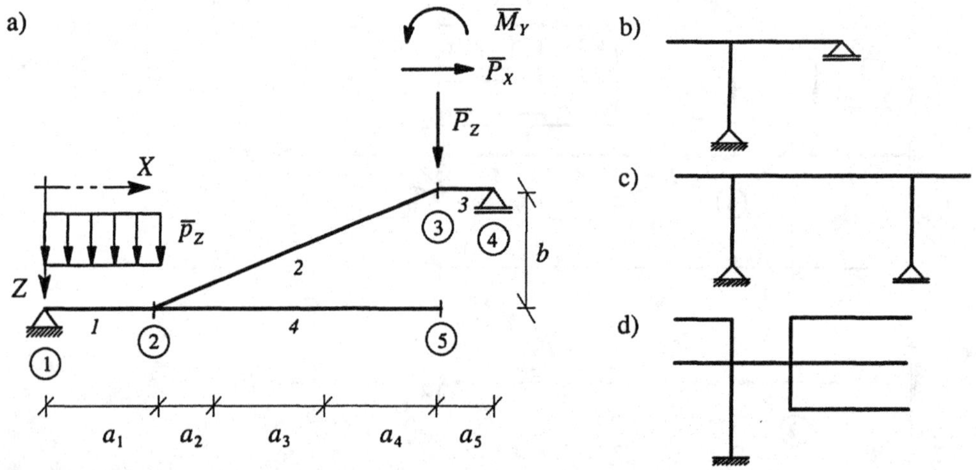

Bild 5.6 Statisch bestimmt gelagerte, eben beanspruchte verzweigte Stabzüge

5.2 Transformationsbeziehungen in der Ebene

5.2.1 Zustandsgrößen

Bei geknickten Rahmenstäben sind die Achsen lokaler Koordinatensysteme i. A. nicht mehr parallel zu denen benachbarter Stäbe bzw. zu denen des globalen Bezugssystems. Deswegen stellen wir zunächst die Beziehungen bereit, mit denen die Komponenten gegebener Last- und Verschiebungsvektoren bei einem Wechsel des Bezugssystems zu transformieren sind. Die gleichen Beziehungen werden später benötigt, um die Komponenten entsprechender Schnittkraftvektoren umzurechnen.

Vorgegeben seien zunächst allgemein die Komponenten (u_X, u_Z) eines in der X-Z-Ebene liegenden (z.B. Verschiebungs-) Vektors $\boldsymbol{u}$ in einem globalen kartesischen X-Y-Z-Bezugssystem. Dieses Koordinatensystem wird durch Drehung um den Winkel α um die Y-Achse in das lokale, ebenfalls kartesische x-y-z-Bezugssystem überführt (siehe Bild 5.7).

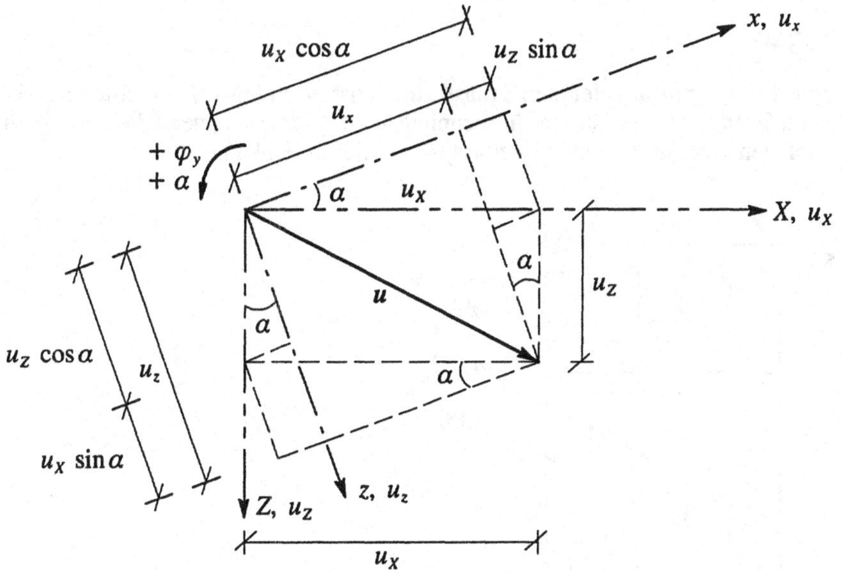

Bild 5.7 Ebene Drehung eines X-Z-Koordinatensystems um einen Winkel α; Vektorzerlegung

Dann erhält man die Vektorkomponenten (u_x, u_z) im lokalen Bezugssystem zu:

$$\begin{bmatrix} u_x \\ u_z \end{bmatrix} = \begin{bmatrix} \cos\alpha & -\sin\alpha \\ \sin\alpha & \cos\alpha \end{bmatrix} \begin{bmatrix} u_X \\ u_Z \end{bmatrix} \tag{5-1}$$

Wie in Kapitel 4 gezeigt, bilden diese Verschiebungen (Translationen) zusammen mit dem Drehwinkel φ_y die unabhängigen kinematischen Freiheitsgrade ebener Rahmenstäbe beim Weggrößenverfahren. Fasst man die Verschiebungen und den Drehwinkel der Stabenden des eben beanspruchten Stabes zu einem Vektor zusammen, so gilt:

$$\begin{bmatrix} u_x \\ u_z \\ \varphi_y \end{bmatrix} = \begin{bmatrix} \cos\alpha & -\sin\alpha & 0 \\ \sin\alpha & \cos\alpha & 0 \\ 0 & 0 & 1 \end{bmatrix} \begin{bmatrix} u_X \\ u_Z \\ \varphi_Y \end{bmatrix} \qquad \boldsymbol{u} = \boldsymbol{T}\,\boldsymbol{u}_G \qquad (5\text{-}2.1)$$

Die Vektorkomponenten im globalen Bezugssystems kann man umgekehrt aus denen des lokalen aus der Beziehung:

$$\begin{bmatrix} u_X \\ u_Z \\ \varphi_Y \end{bmatrix} = \begin{bmatrix} \cos\alpha & \sin\alpha & 0 \\ -\sin\alpha & \cos\alpha & 0 \\ 0 & 0 & 1 \end{bmatrix} \begin{bmatrix} u_x \\ u_z \\ \varphi_y \end{bmatrix} \qquad \boldsymbol{u}_G = \boldsymbol{T}^{-1}\,\boldsymbol{u} \qquad (5\text{-}2.2)$$

ermitteln. Mit $\boldsymbol{T}^{-1} = \boldsymbol{T}^T$ gilt auch $\boldsymbol{u}_G = \boldsymbol{T}^T \boldsymbol{u}$ (d. h. die Matrix $\boldsymbol{T}$ und die Transformation sind orthogonal).

5.2.2 Einwirkungen

Die im vorangehenden Abschnitt abgeleiteten Transformationsbeziehungen für Kräfte und Verschiebungen gelten im Grundsatz auch für die Umrechnung von Linienlasten, deren Wirkungsrichtung sich z. B. am lokalen oder am globalen Bezugssystem orientieren kann.

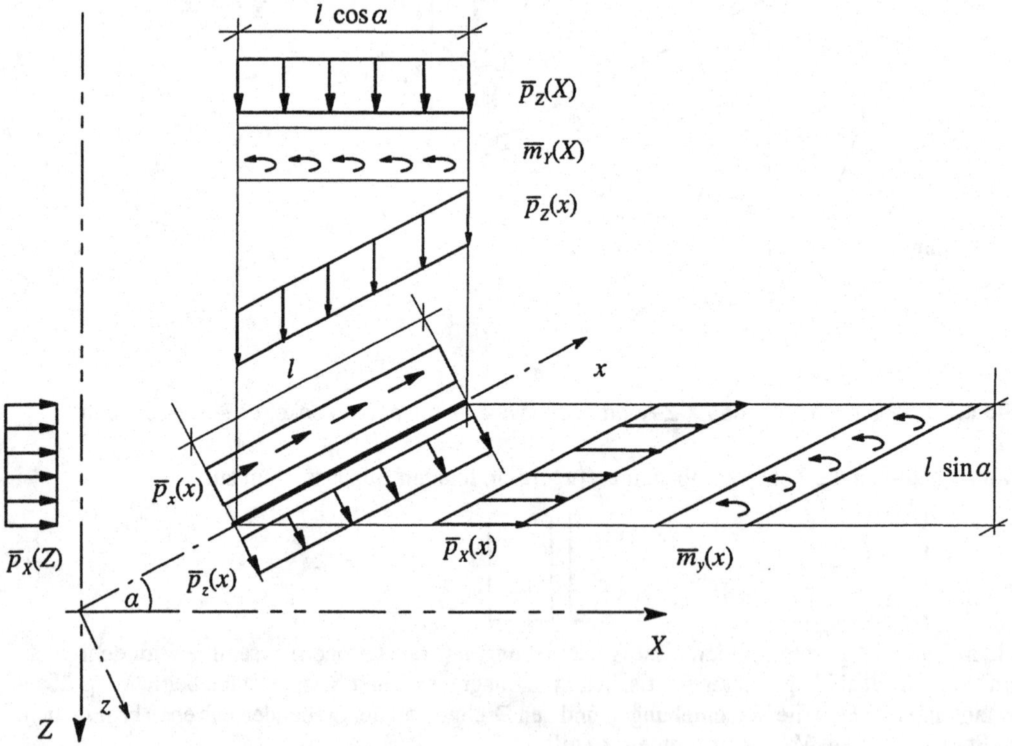

Bild 5.8 Linienlasten und Linienmomente im globalen und im lokalen Bezugssystem

Dabei ist jedoch zu beachten, dass einwirkende Linienkräfte bzw. Linienmomente auf die Längeneinheit der Stabachse (im lokalen Bezugssystem) und auf die Längeneinheit im Grundriss oder im Aufriss (im globalen Bezugssystem) bezogen sein können. In Bild 5.8 wird dies durch die Groß- bzw. Kleinschreibung der Indizes bzw. der unabhängigen Veränderlichen zum Ausdruck gebracht. Für die Transformation global orientierter, aber auf die Längeneinheit der lokalen Stabachse bezogene Linienkräfte gilt die Beziehung (vgl. Eigengewichtslasten, Schneelasten, Windlasten):

$$\begin{bmatrix} \bar{p}_x(x) \\ \bar{p}_z(x) \\ \bar{m}_y(x) \end{bmatrix} = \begin{bmatrix} \cos\alpha & -\sin\alpha & 0 \\ \sin\alpha & \cos\alpha & 0 \\ 0 & 0 & 1 \end{bmatrix} \begin{bmatrix} \bar{p}_X(x) \\ \bar{p}_Z(x) \\ \bar{m}_Y(x) \end{bmatrix} \qquad \bar{q}_x = T\,\bar{q}_{Gx} \qquad (5\text{-}3.1)$$

Die umgekehrte Transformation erfolgt mit der Inversen $T^{-1} = T^T$:

$$\begin{bmatrix} \bar{p}_X(x) \\ \bar{p}_Z(x) \\ \bar{m}_Y(x) \end{bmatrix} = \begin{bmatrix} \cos\alpha & \sin\alpha & 0 \\ -\sin\alpha & \cos\alpha & 0 \\ 0 & 0 & 1 \end{bmatrix} \begin{bmatrix} \bar{p}_x(x) \\ \bar{p}_z(x) \\ \bar{m}_y(x) \end{bmatrix} \qquad \bar{q}_{Gx} = T^T\,\bar{q}_x \qquad (5\text{-}3.2)$$

Für die Transformation global orientierter, auf die Längeneinheit von Grund- bzw. Aufriss bezogener Einwirkungen in ebenfalls global orientierte, jedoch auf die Längeneinheit der Stabachse bezogenen Größen wird die Diagonalmatrix T_l, für die umgekehrte Transformation ihre Inverse herangezogen:

$$\begin{bmatrix} \bar{p}_X(x) \\ \bar{p}_Z(x) \\ \bar{m}_Y(x) \end{bmatrix} = \begin{bmatrix} \sin\alpha & 0 & 0 \\ 0 & \cos\alpha & 0 \\ 0 & 0 & \cos\alpha \end{bmatrix} \begin{bmatrix} \bar{p}_X(Z) \\ \bar{p}_Z(X) \\ \bar{m}_Y(X) \end{bmatrix} \qquad \bar{q}_{Gx} = T_l\,\bar{q}_{GX} \qquad (5\text{-}4.1)$$

$$\begin{bmatrix} \bar{p}_X(Z) \\ \bar{p}_Z(X) \\ \bar{m}_Y(X) \end{bmatrix} = \begin{bmatrix} \frac{1}{\sin\alpha} & 0 & 0 \\ 0 & \frac{1}{\cos\alpha} & 0 \\ 0 & 0 & \frac{1}{\cos\alpha} \end{bmatrix} \begin{bmatrix} \bar{p}_X(x) \\ \bar{p}_Z(x) \\ \bar{m}_Y(x) \end{bmatrix} \qquad \bar{q}_{GX} = T_l^{-1}\,\bar{q}_{Gx} \qquad (5\text{-}4.2)$$

Ist in den letzten beiden Beziehungen das Linienbiegemoment $\bar{m}_Y(x) = \bar{m}_y(x)$ nicht auf die Längeneinheit des Grundrisses, sondern auf die des Aufrisses zu beziehen ($\bar{m}_Y(Z)$), so gilt $T_{l\,3,3} = \sin\alpha$.

Weiter folgt mit (5-3.2) aus (5-4.2):

$$\bar{q}_{GX} = T_l^{-1}\,T^T\,\bar{q}_x \qquad (5\text{-}5)$$

5.3 Stäbe und Stabzüge

5.3.1 Fachwerkstäbe

Die Berechnung von Lagerreaktionen und Schnittgrößen von Fachwerkstäben wird anhand des in Bild 5.1 dargestellten Systems gezeigt.

Lagerreaktionen

Zur Berechnung der Lagerreaktion in Knoten 2 trennt man gedanklich den Stabzug vom Auflager und führt gleichzeitig die unbekannte Auflagerreaktion A_{X2} ein, tragwerksseitig positiv entgegen der X-Richtung, auf der Seite des Lagers entgegengesetzt wirkend (s. Bild 5.9). Nunmehr kann ein vollständiger Rundschnitt geführt werden, der hier das gesamte System mit allen Einwirkungen und allen möglichen Lagerreaktionen umfasst. Der in Bild 5.9 mit gestrichelter Linie eingezeichnete Rundschnitt bestimmt das System von Kraftgrößen, das im Folgenden untersucht wird.

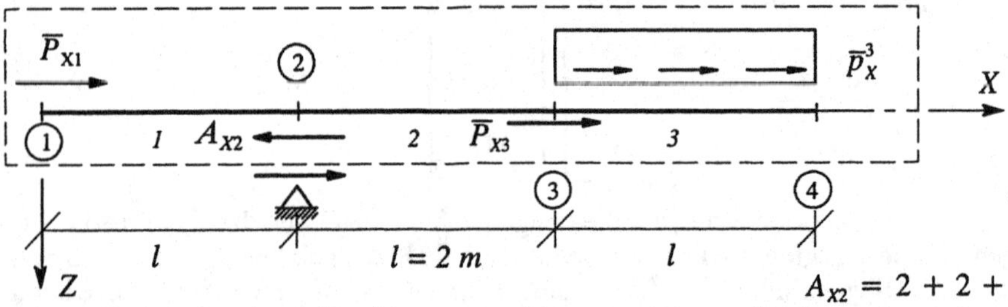

$\overline{P}_{X1} = 2\,kN$

$\overline{p}_X^3 = 1\,kN/m$

$\overline{P}_{X3} = 2\,kN$

$A_{X2} = 2 + 2 + 2 \cdot 1 = 6\,kN$

Bild 5.9 Fachwerkstab mit Einwirkungen und Lagerreaktionen; Zahlenwerte

Wenn die Auflagerkraft im Knoten s angreift, lautet die Bedingung für das Gleichgewicht der Kräfte am Stabzug bei n Knoten und $m = n - 1$ Stababschnitten allgemein:

$$\sum F_X = 0: \quad \sum_{k=1}^{n} \overline{P}_{Xk} + \sum_{i=1}^{m} \int \overline{p}_X^i \, dX - A_{Xs} = 0 \tag{5-6}$$

Daraus erhält man die gesuchte Auflagerkraft zu $A_{Xs} = \sum_{k=1}^{n} \overline{P}_{Xk} + \sum_{i=1}^{m} \int \overline{p}_X^i \, dX.$

Die gegebenenfalls erforderlichen Integrationen können, bei entsprechend angepassten Integrationsgrenzen, im globalen oder im lokalen Bezugssystem des Abschnitts durchgeführt werden.

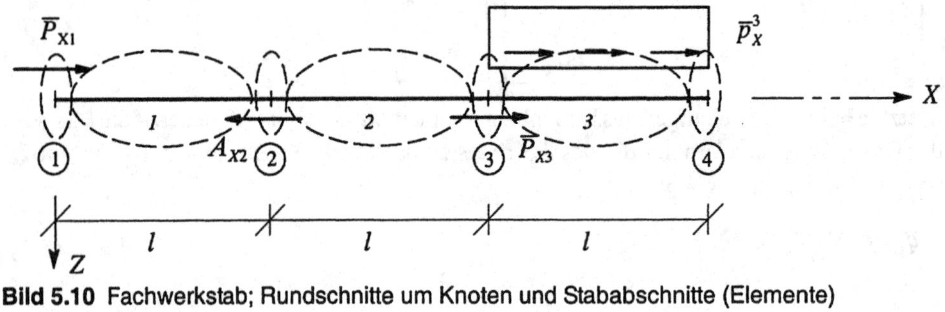

Bild 5.10 Fachwerkstab; Rundschnitte um Knoten und Stababschnitte (Elemente)

Schnittgrößen

Die Differentialgleichung, die das Tragverhalten von Fachwerkstäben (Dehnstäben) beschreibt, wurde mit der zugehörigen Randbedingung in Unterkapitel 4.1, Gl. (4-3) hergeleitet.
Im Falle eines Fachwerkstabes ist die einzige unbekannte Schnittgröße die Normalkraft. Zur ihrer Berechnung kann man nun um Knoten und Stababschnitte (Elemente) sukzessive von Anfang des Stabes beginnend Rundschnitte durchführen und aus dem Gleichgewicht der Kräfte die fehlende Schnittkraft jeweils rechts des Knotens bzw. am rechten Abschnittsende bestimmen. In Bild 5.10 ist eine mögliche Folge von Rundschnitten schematisch mit gebrochener Linie eingezeichnet. Die Rundschnitte schneiden dabei die Stabachse im Abstand null vor oder nach dem jeweiligen Knoten. Wie oben erwähnt, können die erforderlichen Integrationen bei den hier betrachteten geraden Stabzügen im elementeigenen lokalen oder im globalen Koordinatensystem durchgeführt werden. Wie in Kapitel 2 festgelegt, werden die Achsen lokaler Koordinatensysteme klein geschrieben (siehe z. B. Bild 5.11, Abschnitt 3 des Stabzuges).

Rundschnitt um	*Knoten* 1:	$N^1(0) = -\overline{P}_{X1}$
	Element 1:	$N^1(l) = N^1(0)$
	Knoten 2:	$N^2(0) = N^1(l) + A_{X2}$
	Element 2:	$N^2(l) = N^2(0)$
	Knoten 3:	$N^3(0) = N^2(l) - \overline{P}_{X3}$
	Element 3:	$N^3(l) = N^3(0) - \int \overline{p}_x^3 \, dx$

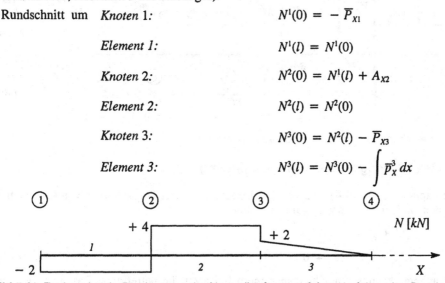

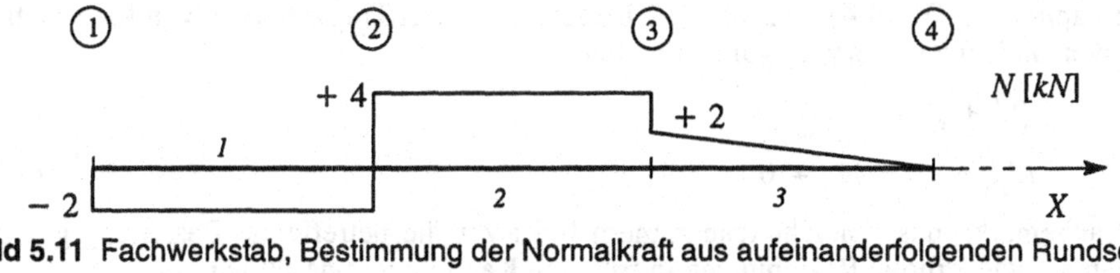

Bild 5.11 Fachwerkstab, Bestimmung der Normalkraft aus aufeinanderfolgenden Rundschnitten

In Bild 5.11 ist dieser Vorgang für das Beispiel von Bild 5.10 ausführlich dargestellt. Der Bezug von Schnittgrößen zu einem Stabelement wird stets durch einen hochgestellten Index verdeutlicht. Das Ergebnis der Schnittkraftermittlung kann im globalen Koordinatensystem des Bauteils dargestellt werden.

5.3.2 Biegestäbe

Die folgenden Zusammenhänge werden anhand des in Bild 5.3 f) dargestellten Systems erläutert.

Lagerreaktionen

Zur Berechnung der unbekannten Lagerreaktionen entfernt man gedanklich wie in Kap. 5.3.1 die entsprechenden Auflager selbst und führt an diesen Stellen die mechanisch gleichwertigen Auflagerreaktionen ein wie in Bild 5.12 dargestellt (die lagerseitigen Reaktionen sind nicht mehr eingezeichnet).

Damit lautet die Bedingung für das Gleichgewicht der Kräfte in Z-Richtung und das der Momente um den Ursprung des globalen Koordinatensystems allgemein:

$$\sum F_Z = 0:\quad \sum_{k=1}^{n} \overline{P}_{Zk} + \sum_{i=1}^{m} \int \overline{p}^{\,i}_Z \, dX - \sum_{s=1}^{r} A_{Zs} = 0 \tag{5-7.1}$$

$$\sum M_Y = 0:\quad \sum_{k=1}^{n} (-\overline{P}_{Zk} X_k + \overline{M}_{Yk}) + \sum_{i=1}^{m} \int (-\overline{p}^{\,i}_Z X + \overline{m}^{\,i}_Y) \, dX + \sum_{s=1}^{r} (A_{Zs} X_s - M_{Ys}) = 0 \tag{5-7.2}$$

Die erste Summe in diesen Gleichungen erstreckt sich über alle n Knoten, die zweite über alle m Elemente und die dritte über alle r Auflagerknoten. Die letztgenannte Summe über die Knoten mit Auflagerreaktionen ist der Übersicht halber getrennt angegeben.

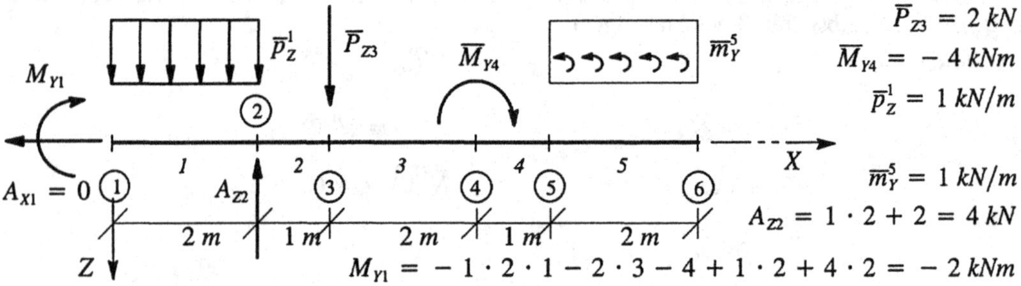

Bild 5.12 Biegestab mit Einwirkungen und Lagerreaktionen

Schnittgrößen (Gleichgewicht an Rundschnitten)

Die in Unterkapitel 4.1, Gl. (4-4)/1 und (4-5)/1 hergeleiteten, das Tragverhalten von Biegestäben beschreibenden Gleichgewichtsbedingungen lauten:

(4-4)/1: $$Q_z' + \overline{p}_z = 0 \tag{5-8}$$

(4-5)/1: $$M_y' - Q_z + \overline{m}_y = 0 \tag{5-9}$$

Dabei wird angemerkt, dass Gleichungsnummern links vor die betreffende Beziehung gesetzt werden, wenn auf wiederholte Beziehungen in früheren Kapiteln verwiesen wird.

Für einen späteren Bezug formen wir diese Gleichungen um und erhalten nach einmaliger bzw. zweimaliger Integration:

$$Q_z' = -\overline{p}_z; \qquad Q_z(x) = -\int_0^x \overline{p}_z(x)\,dx + Q_z(0) \tag{5-10}$$

$$M_y' = Q_z - \overline{m}_y; \quad M_y'(x) = -\int_0^x \overline{p}_z(x)\,dx - \overline{m}_y(x) + Q_z(0)$$

$$M_y(x) = -\int_0^x\int_0^x \overline{p}_z(x)\,dx\,dx - \int_0^x \overline{m}_y(x)\,dx + Q_z(0)\,x + M_y(0) \tag{5-11}$$

Die Schnittgrößen des Biegeträgers (Biegestabes) sind das Biegemoment und die zugeordnete Querkraft. Zur Berechnung ihres Wertes an den Elementrändern (damit auch beidseits der Knoten) kann man wie in Abschnitt 5.3.1 um Knoten und Elemente sukzessive von Anfang des Stabes beginnend Rundschnitte durchführen und aus dem Gleichgewicht der Kräfte und Momente die fehlenden Schnittgrößen rechts des Knotens bzw. am Ende eines Elements berechnen.

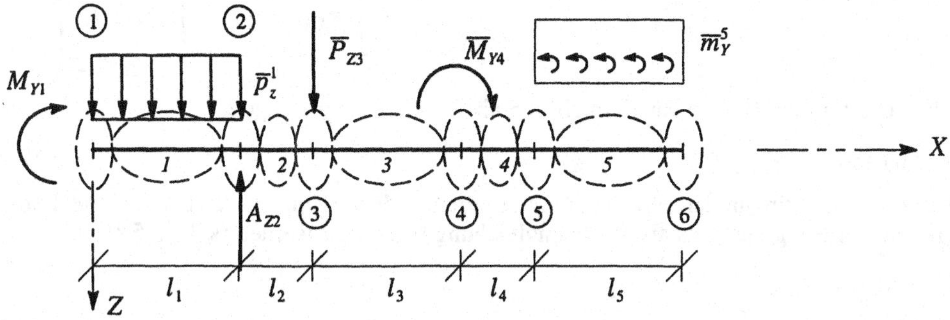

Bild 5.13 Biegestab; Rundschnitte um Knoten und Elemente

Die Durchführung der Integrationen kann wieder in einem elementeigenen lokalen oder im globalen Koordinatensystem durchgeführt werden. Die Integrationsgrenzen sind gegebenenfalls anzupassen. Für das Beispiel von Bild 5.13 ist dieser Vorgang in Bild 5.14 bildlich dargestellt.

Rundschnitt um *Knoten* 1: $M^1(0) = M_{Y1};$ $Q^1(0) = 0$

Element 1: $M^1(l_1) = M^1(0) + Q^1(0)\, l_1 - \bar{p}_z^1 \frac{l_1^2}{2};$ $Q^1(l_1) = -\bar{p}_z^1 l_1$

Knoten 2: $M^2(0) = M^1(l_1);$ $Q^2(0) = Q^1(l_1) + A_{Z2}$

Element 2: $M^2(l_2) = M^2(0) + Q^2(0)\, l_2;$ $Q^2(l_2) = Q^2(0)$

usw.

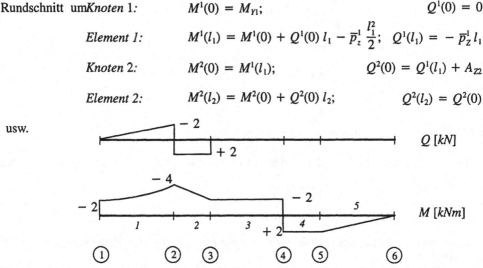

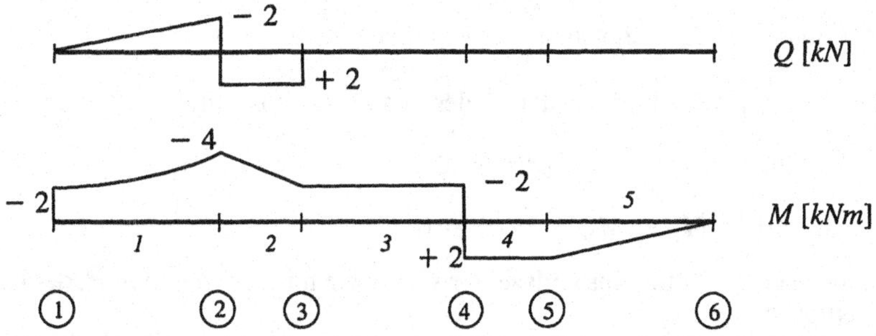

Bild 5.14 Biegestab; Bestimmung von *M* und *Q* aus aufeinanderfolgenden Rundschnitten

Schnittgrößen (Übertragungsverfahren)

Der oben anhand aufeinander folgender Rundschnitte durchgeführte Vorgang lässt sich für den Einsatz eines Rechners bequem matriziell formulieren.

Mit dem in Abschnitt 4.4.1 eingeführten Zustandsvektor $\boldsymbol{s}(x)$, der Übertragungsmatrix $\boldsymbol{U}_{ss}$ sowie mit dem Lastvektor $\bar{\boldsymbol{s}}$ (vgl. Gl. (5-11))

$$s(x) = \begin{bmatrix} Q_z(x) \\ M_y(x) \end{bmatrix}; \qquad U_{ss} = \begin{bmatrix} 1 & 0 \\ l & 1 \end{bmatrix}; \qquad \bar{s} = \begin{bmatrix} -\int_0^l \bar{p}_z(x)\,dx \\ -\int_0^l \int_0^l \bar{p}_z(x)\,dx\,dx - \int_0^l \bar{m}_y(x)\,dx \end{bmatrix}$$

gilt für die Schnittgrößen an den Rändern eines Stabelementes i der Länge l:

$$s^i(l) = U^i_{ss}\, s^i(0) + \bar{s}^i \tag{5-12}$$

Die Gleichgewichtsbedingungen an Knotenrundschnitten, in denen Einzellasten und Lagerreaktionen angreifen, können gleichfalls als Matrizengleichung formuliert werden (s. Bild 5.15).

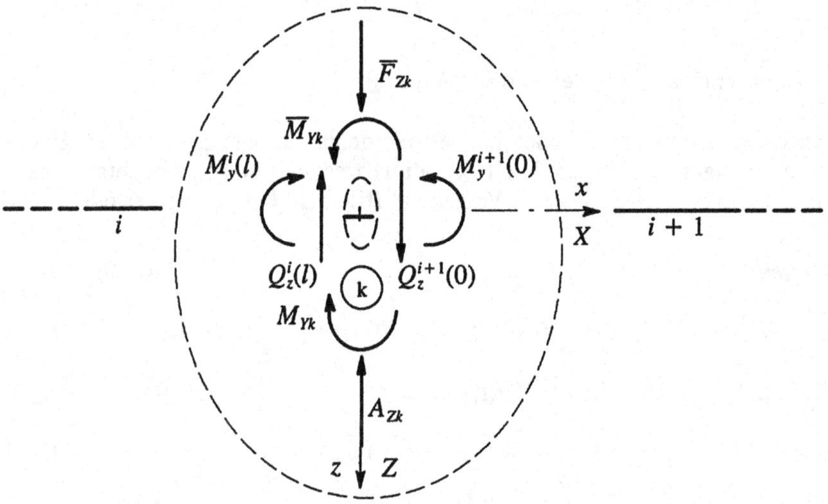

Bild 5.15 Rundschnitt am Knoten k; Schnittgrößen und Knotenlasten

Zunächst liest man aus Bild 5.15 ab (lokales und globales Bezugssystem sind gleich orientiert):

$$Q^{i+1}_z(0) + \bar{F}_{Zk} - A_{Zk} - Q^i_z(l) = 0$$

$$M^{i+1}_y(0) + \bar{M}_{Yk} - M_{Yk} - M^i_y(l) = 0$$

Mit dem oben eingeführten Zustandsvektor $s(x)$ sowie mit den Vektoren $\bar{P}_k$ der Lasten und A_k der Lagerreaktionen

$$\bar{P}_k = \begin{bmatrix} \bar{P}_{Zk} \\ \bar{M}_{Yk} \end{bmatrix} \qquad A_k = \begin{bmatrix} A_{Zk} \\ M_{Yk} \end{bmatrix}$$

gilt am Knoten k:

$$s^{i+1}(0) = s^i(l_i) - \bar{P}_k + A_k \tag{5-13}$$

Die Auswertung der Gleichgewichtsbedingungen an den in Bild 5.14 anschaulich entwickelten Rundschnitten lautet jetzt in Matrizenschreibweise:

$$s^1(0) = -\overline{P}_1 + A_1$$

$$s^1(l_1) = U^1_{ss}\, s^1(0) + \overline{s}^1$$

$$s^2(0) = s^1(l_1) - \overline{P}_2 + A_2$$

$$s^2(l_2) = U^2_{ss}\, s^2(0) + \overline{s}^2$$

$$s^3(0) = s^2(l_2) - \overline{P}_3 + A_3 \text{ .... usw.}$$

Die Gleichgewichtsbedingungen (5-8) und (5-9) bestimmen eine Reihe von Eigenschaften der Zustandsgrößen $Q(x)$ und $M(x)$, die im Einzelfall bei der Konstruktion dieser Zustandslinien von Hand und bei der Kontrolle und Interpretation entsprechender Programmausdrucke von Nutzen sein können. Dies soll anhand des in Bild 5.16 dargestellten Biegeträgers auf zwei Stützen erläutert werden. Der Träger sei im Hinblick auf die angenommene Belastung in vier Bereiche (Elemente) unterteilt. In ihnen setzten wir stetige und hinreichend oft differenzierbare Lastfunktionen voraus. Dann gilt im lokalen Koordinatensystem der einzelnen Bereiche:

1. Die maßgebenden Gleichgewichtsbedingungen (5-8) und (5-9) stellen gewöhnliche, lineare Differentialgleichungen dar. Daraus folgt, dass ein beliebiges Lastkollektiv in beliebige Lastfälle zerlegt, die Berechnung der Schnittgrößen getrennt durchgeführt und die Ergebnisse danach überlagert, d. h. summiert werden dürfen. Am Beispiel bildet das im Knoten 5 wirkende Lastmoment die Lastgruppe 1, die Einzelkräfte sind zur Lastgruppe 2 und die Linienlasten zur Lastgruppe 3 zusammengefasst (s. Bild 5.16 oben). Bei der Berechnung etwa eines Hallenrahmens wird man die Gesamtheit der Einwirkungen unter Beachtung der einschlägigen Vorschriften aufspalten, z. B. in die Lastfälle Eigengewicht, Verkehrslast 1, ..., Kranlast links, Kranlast rechts, usw.

2. Aus (5-8) folgt, dass die Ableitung der Funktion der Querkraft $\frac{dQ_z(x)}{dx}$ gleich ist der negativen Lastordinate $\overline{p}_z(x)$ (vgl. die Neigung der Querkraftlinie der Lastgruppe 3 in Bild 5.16).

3. Aus (5-9) folgt, dass die Momentenlinie $M_y(x)$ dort eine waagrechte Tangente, bzw. ein Extremum aufweist, an der $Q_z(x) - \overline{m}_y(x) = 0$ gilt (vgl. den Verlauf der Querkraft- und der Momentenlinien der Lastgruppen 2 und 3 sowie der gesamten Belastung in Bild 5.16).
Bei fehlendem Linienbiegemoment liefern also die Nullstellen der Querkraft die Orte, in denen die Biegemomente im Feld extreme Werte annehmen. Dies gilt nicht zwingend, wenn der betragsmäßig größte Wert am Rand eines Stabelementes erreicht wird.

4. Aus (5-10) folgt, dass die Funktion der Querkraft gleich ist einer Stammfunktion der Linienkraft $\overline{p}_z(x)$, zuzüglich einer konstanten Funktion, die durch den Anfangswert $Q_z(0)$ gegeben ist. Besitzt $\overline{p}_z(x)$ in einem Element die Gestalt einer Parabel n-ter Ordnung, so stellt die Funktion der Querkraft ein Polynom $(n+1)$-ter Ordnung dar. So ist im Bereich von Stab 3 ist die Linienkraft $\overline{p}_z$ der Lastgruppe 3 konstant und damit der Verlauf der Querkraft linear. Im Bereich der Stäbe 2 und 4 ist die Querbelastung linear veränderlich, womit sich die Querkraft in beiden Bereichen als quadratische Parabel ergibt.

5. Aus (5-9) folgt, dass die Ableitung der Funktion des Biegemomentes $\frac{dM_y(x)}{dx}$ sich zu $Q_z(x) - \overline{m}_y(x)$ ergibt (vgl. etwa die abschnittsweise konstante Neigung der Momentenlinie der Lastgruppe 2 in Bild 5.16).

6. Aus (5-11) folgt das Biegemoment $M_y(x)$ als zweifaches Integral der Linienquerbelastung $\overline{p}_z(x)$ zuzüglich einem einfachen Integral über das Linienbiegemoment $\overline{m}_y(x)$ und einem linearen Anteil $Q_z(0)\,x$. Besitzt $\overline{p}_z(x)$ die Form eines Polynoms o_p-ter Ordnung und $\overline{m}_y(x)$ die eines Polynoms o_m-ter Ordnung, so folgt für die Ordnung o_M der resultierenden Momentenlinie (mit i. A. $Q_z(0) \neq 0$):

$\overline{p}_z$ bzw. o_p	$\overline{m}_y$ bzw. o_m	o_M
$\overline{p}_z \equiv 0$	$\overline{m}_y \equiv 0$	$o_M = 1$
$\overline{p}_z \equiv 0$	$\overline{m}_y =$ konst.; $o_m = 0$	$o_M = 1$
$\overline{p}_z \equiv 0$	$\overline{m}_y =$ linear; $o_m = 1$	$o_M = 2$
$\overline{p}_z =$ konst.; $o_p = 0$	$o_m = 1$	$o_M = 2$
$\overline{p}_z =$ linear; $o_p = 1$	$o_m = 2$	$o_M = 3$
$\overline{p}_z =$ quadr.; $o_p = 2$	$o_m = 3$	$o_M = 4$

Der Index p, m bzw. M bei der Ordnung des jeweiligen Polynoms stellt den Bezug zur statischen Größe Linienkraft $\overline{p}_z(x)$, Linienbiegemoment $\overline{m}_y(x)$ bzw. Biegemoment $M_y(x)$ her.
Wie unter Punkt 4 bereits erwähnt, ist im Bereich von Stab 3 die Linienkraft $\overline{p}_Z$ der Lastgruppe 3 konstant, die Querkraft also eine lineare Funktion und das Biegemoment somit eine quadratische Parabel. Im Bereich der Stäbe 2 und 4 ist die Querbelastung linear veränderlich, womit sich die Querkraft in beiden Bereichen als quadratische Funktion und das Biegemoment als kubische Parabel ergibt.

7. Einzelwirkungen $\overline{P}_z$ und $\overline{M}_y$ stellen mathematisch Singularitäten der entsprechenden Linienlasten dar und besitzen den gleichen positiven Wirkungssinn wie letztere. Ihre geschlossene mathematische Behandlung ist z. B. im Operatorenkalkül von Mikusinski möglich. Ohne dieses oder vergleichbare Kalküle lassen sich jedoch allgemein Aussagen über das Verhalten der Zustandsgrößen im Angriffspunkt singulärer Lasten finden, wenn man an allen Orten, an denen die verteilten Lastfunktionen Knicke oder Sprünge aufweisen sowie an den Angriffsorten singulärer Lasten Bereichsgrenzen (Knoten) einführt.
Zusammen mit den an Bereichsgrenzen bzw. Knoten geltenden Übergangsbedingungen folgt dann aus den Gln. (5-10) und (5-11):
Im Angriffspunkt einer Einzelkraft besitzt die Querkraftlinie einen Sprung vom Betrag der angreifenden Kraft (vgl. z. B. die Querkraftlinie der Lastgruppe 2) und die Momentenlinie einen Knick. Im Angriffspunkt eines Einzelmomentes besitzt die Momentenlinie einen Sprung vom Betrag dieses Momentes.

Die mit den Anmerkungen 1. bis 7. aufgezeigten Zusammenhänge können anhand der in Bild 5.16 dargestellten Zustandslinien überprüft werden.

In der zeichnerischen Darstellung der Funktionen der Normalkraft und der Querkraft werden in der Regel ihre Zahlenwerte an Element- und Abschnittsrändern, Sprungstellen und in jenen Orten angegeben, in denen diese Zustandsgrößen extreme Werte annehmen.
Die tatsächliche Wirkungsrichtung der Normalkraft ist hinreichend durch das Vorzeichen, die der Querkraft durch das Vorzeichen im lokalen Bezugssystem bestimmt. Für den Verlauf des Biegemomentes gilt i. A. die Konvention, positive Momente an der Zugseite, negative Momente an der Druckseite anzutragen. Umgekehrt wird die Zugseite im stets bekannten lokalen Bezugssystem durch positive Werte der Momente ausgewiesen.

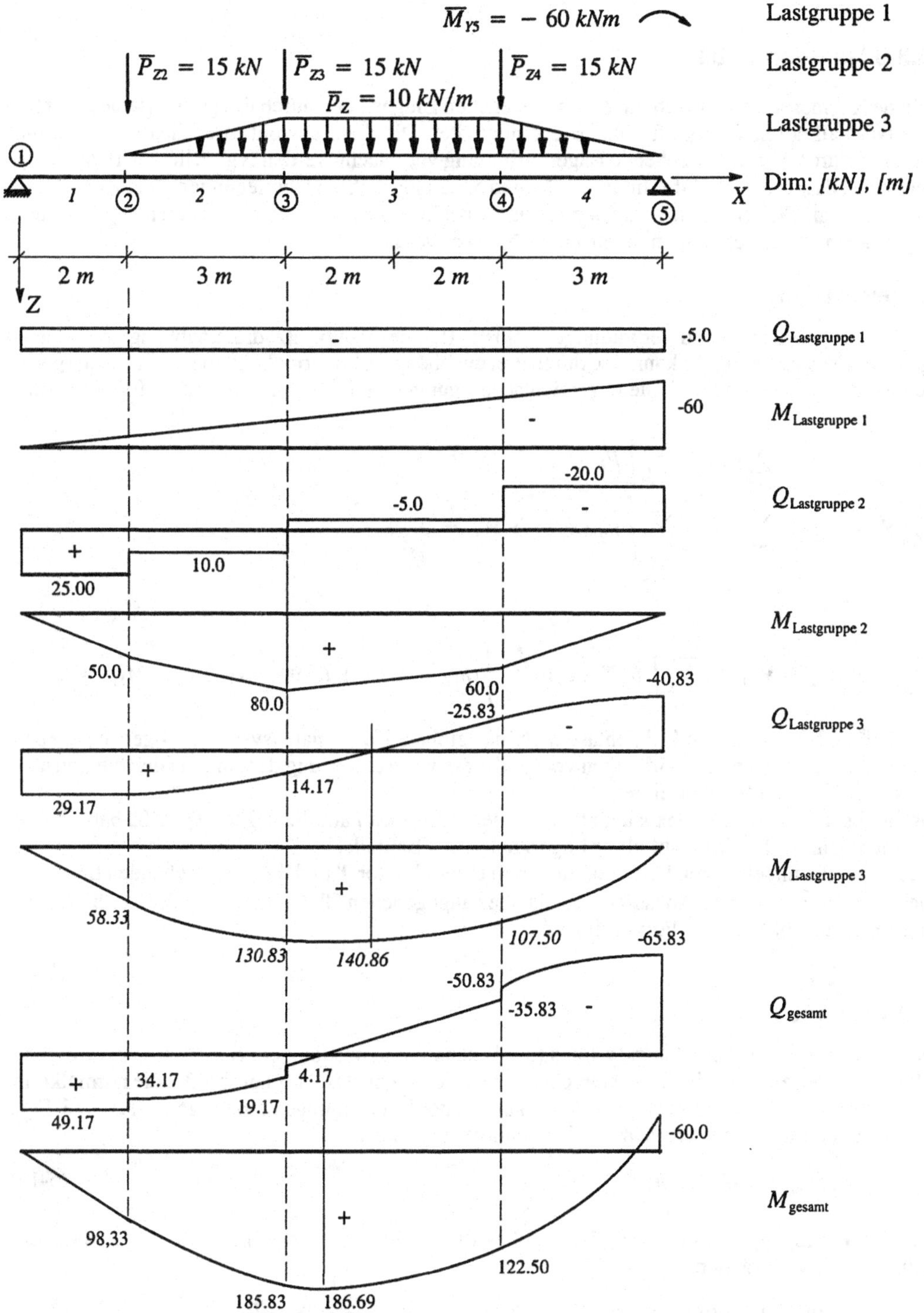

Bild 5.16 Überlagerung von Schnittkraftlinien, dargestellt am beidseits gelenkig gelagerten Träger

5.3.3 Rahmenstäbe

Ebene Rahmenstäbe unterscheiden sich von ebenen Biegestäben durch das gemeinsame Auftreten von Normalkräften, Querkräften und Biegemomenten. Dies kann sowohl durch die Belastung selbst als auch durch eine entsprechende Lagerausbildung verursacht werden (vgl. Bild 5.4 a). Die Folge davon ist, dass die in den Abschnitten 5.3.1 und 5.3.2 angestellten Überlegungen gleichzeitig anzuwenden sind. Weiter ist zu berücksichtigen, dass eine ausmittig wirkende Linienlängsbelastung $\overline{p}_{xp}(x)$ auch ein Linienbiegemoment $m_y = \overline{p}_{xp}(x)\, z_p$ verursacht.

Lagerreaktionen

Ein von seinen Lagern und Verbindungen gelöster Rahmenstab besitzt drei unabhängige Freiheitsgrade der Verschiebung. Er kann also durch drei unabhängige Lagerreaktionen in seiner Lage gehalten werden. Somit sind drei Gleichgewichtsbedingungen zu ihrer Bestimmung zu formulieren.

$$\sum F_X = 0: \quad \sum_{k=1}^{n} \overline{P}_{Xk} + \sum_{i=1}^{m} \int \overline{p}_X^i \, dX - A_{Xs} = 0$$

$$\sum F_Z = 0: \quad \sum_{k=1}^{n} \overline{P}_{Zk} + \sum_{i=1}^{m} \int \overline{p}_Z^i \, dX - \sum_{s=1}^{r} A_{Zs} = 0$$

$$\sum M_Y = 0:$$

$$\sum_{k=1}^{n} (-\overline{P}_{Zk} X_k + \overline{M}_{Yk}) - \sum_{i=1}^{m} \int \overline{p}_Z^i X \, dX + \sum_{i=1}^{m} \int (\overline{m}_{Yp}^i + \overline{p}_{Xp}^i z_p) \, dX + \sum_{s=1}^{r} (A_{Zs} X_s - M_{Ys}) = 0$$

In diesen Gleichungen sind Linienlasten auf das globale Koordinatensystem bezogen angegeben. Liegen lokal bezogene Einwirkungen vor, sind diese vor Auswertung der obigen Gleichungen nach Abschnitt 5.2.2 zu transformieren.

Weiter bezieht sich der Index k auf alle n Knoten, der Index i auf die m Elemente (Stababschnitte, Bereiche) und der Index s auf alle r Lagerknoten des Bauteils.

Fasst man die unbekannten Lagerreaktionen in einem Vektor $\boldsymbol{Y}$ und die entsprechenden Lastresultierenden in $\overline{\boldsymbol{P}}$ zusammen, so lassen sich die oben angegebenen Gleichungen mit der Koeffizientenmatrix $\boldsymbol{Q}$ stets in folgende Form bringen:

$$\boldsymbol{Q}\,\boldsymbol{Y} = \overline{\boldsymbol{P}} \tag{5-14}$$

Schnittgrößen

Nach Auflösung des Gleichungssystems (5-14) kann die Ermittlung der Schnittgrößen erfolgen. Hierzu werden zunächst in den entsprechenden Beziehungen des Abschnitts 5.3.2 die normalkraftbezogenen Anteile in den Zustandsvektoren und in der Übertragungsmatrix ergänzt (s. Gl. (5-17)). In gleichem Sinne erweitert man den Knotenlastvektor zu:

$$\overline{\boldsymbol{P}}_k^T = \begin{bmatrix} \overline{P}_{Xk} & \overline{P}_{Zk} & \overline{M}_{Yk} \end{bmatrix} \tag{5-15}$$

Mit den Festlegungen (5-17) und (5-15) gelten die Beziehungen (5-12) und (5-13) in Matrizenschreibweise unverändert:

$$\boldsymbol{s}^i(l) = \boldsymbol{U}_{ss}^i\, \boldsymbol{s}^i(0) + \overline{\boldsymbol{s}}^i \qquad \boldsymbol{s}^{i+1}(0) = \boldsymbol{s}^i(l) - \overline{\boldsymbol{P}}_k \tag{5-16}$$

Die Dimension der Vektoren, beziehungsweise der Übertragungsmatrix und ihre Belegung wird in dieser Schreibweise nicht explizit angegeben, sondern ergibt sich aus der Aufgabenstellung.

$$s(x)=\begin{bmatrix}N(x)\\Q_z(x)\\M_y(x)\end{bmatrix};\quad U_{ss}=\begin{bmatrix}1&0&0\\0&1&0\\0&l&1\end{bmatrix};\quad \bar{s}=\begin{bmatrix}-\int\limits_0^l \bar{p}_x(x)\,dx\\-\int\limits_0^l \bar{p}_z(x)\,dx\\-\int\limits_0^l\int\limits_0^l \bar{p}_z(x)\,dx\,dx-\int\limits_0^l\left(\bar{m}_{yp}(x)+\bar{p}_{xp}\,z_p\right)dx\end{bmatrix} \tag{5-17}$$

Auf Sonderfälle, die zu singulären Gleichungssystemen führen, wird im nächsten Abschnitt weiter eingegangen.

5.3.4 Geknickte Rahmenstäbe

Lagerreaktionen

Bei der Berechnung der Lagerreaktionen von Bauteilen können unter gewissen Bedingungen Schwierigkeiten auftreten, die jetzt besprochen werden. Dazu betrachten wir den in Bild 5.17 dargestellten Rahmenstab, der durch drei unter dem Winkel α_s wirkende Lagerkräfte gehalten ist.

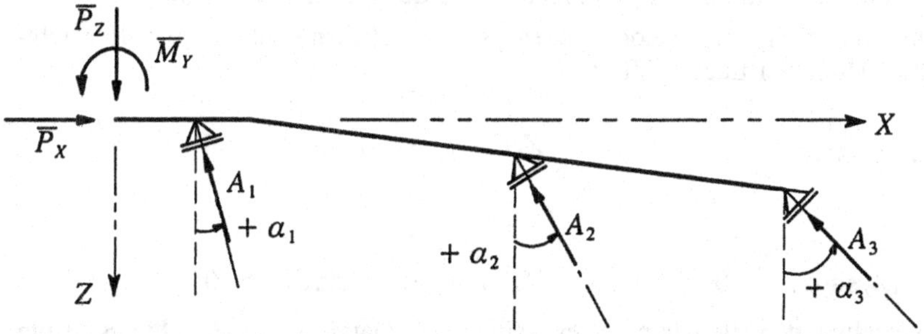

Bild 5.17 Geknickter Stabzug mit Lasten und statisch bestimmter Lagerung

Ohne Einschränkung der Allgemeingültigkeit nehmen wir den Angriffspunkt der Resultierenden der Einwirkungen im Ursprung des globalen Koordinatensystems an. Da die Stützung voraussetzungsgemäß statisch bestimmt erfolgt, reichen die Gleichgewichtsbedingungen zur Errechnung der Lagerkräfte aus.

$$-\sum A_s\,\sin\alpha_s+\bar{P}_X=0 \tag{5-18.1}$$

$$-\sum A_s\,\cos\alpha_s+\bar{P}_Z=0 \tag{5-18.2}$$

$$\sum A_s X_s\,\cos\alpha_s-\sum A_s Z_s\,\sin\alpha_s+\bar{M}_Y=0 \tag{5-18.3}$$

Mit den in Abschnitt 5.3.3 eingeführten Bezeichnungen erhält man in Matrizenschreibweise

$$\boldsymbol{Q}\,\boldsymbol{Y} = \overline{\boldsymbol{P}} \quad \text{bzw.:} \quad -\begin{bmatrix} \sin\alpha_1 & \sin\alpha_2 & \sin\alpha_3 \\ \cos\alpha_1 & \cos\alpha_2 & \cos\alpha_3 \\ -X_1\cos\alpha_1 & -X_2\cos\alpha_2 & -X_3\cos\alpha_3 \\ +Z_1\sin\alpha_1 & +Z_2\sin\alpha_2 & +Z_3\sin\alpha_3 \end{bmatrix} \begin{bmatrix} A_1 \\ A_2 \\ A_3 \end{bmatrix} + \begin{bmatrix} \overline{P}_X \\ \overline{P}_Z \\ \overline{M}_Y \end{bmatrix} = \begin{bmatrix} 0 \\ 0 \\ 0 \end{bmatrix}.$$

Dieses Gleichungssystem lässt sich stets eindeutig nach den unbekannten Kräften A_i auflösen, solange die Determinante der Koeffizientenmatrix $\boldsymbol{Q}$

$$\begin{aligned} \det|\boldsymbol{Q}| &= \\ &\sin\alpha_1\cos\alpha_2(-X_3\cos\alpha_3 + Z_3\sin\alpha_3) - \sin\alpha_1\cos\alpha_3(-X_2\cos\alpha_2 + Z_2\sin\alpha_2) \\ &+ \sin\alpha_2\cos\alpha_3(-X_1\cos\alpha_1 + Z_1\sin\alpha_1) - \sin\alpha_2\cos\alpha_1(-X_3\cos\alpha_3 + Z_3\sin\alpha_3) \\ &+ \sin\alpha_3\cos\alpha_1(-X_2\cos\alpha_2 + Z_2\sin\alpha_2) - \sin\alpha_3\cos\alpha_2(-X_1\cos\alpha_1 + Z_1\sin\alpha_1) \end{aligned} \tag{5-19}$$

nicht verschwindet.

Dies ist für $\alpha_1 \neq \alpha_2 \neq \alpha_3$ i. A. der Fall. In folgenden Fällen ergibt sich offensichtlich eine verschwindende Koeffizientendeterminante $\det|\boldsymbol{Q}| = 0$:

1. Fall: $\alpha_1 = \alpha_2 = \alpha_3$ (alle Lagerachsen liegen parallel.)

$$\begin{aligned} &\sin\alpha\cos\alpha(-X_3\cos\alpha + Z_3\sin\alpha) - \sin\alpha\cos\alpha(-X_2\cos\alpha + Z_2\sin\alpha) \\ &+ \sin\alpha\cos\alpha(-X_1\cos\alpha + Z_1\sin\alpha) - \sin\alpha\cos\alpha(-X_3\cos\alpha + Z_3\sin\alpha) \\ &+ \sin\alpha\cos\alpha(-X_2\cos\alpha + Z_2\sin\alpha) - \sin\alpha\cos\alpha(-X_1\cos\alpha + Z_1\sin\alpha) = 0 \end{aligned}$$

2. Fall: Die Wirkungslinien aller Aussteifungselemente schneiden sich in einem Punkt.

Verschiebt man den Ursprung des globalen Koordinatensystems in diesen Punkt, so gilt offensichtlich z. B. für die Wirkungslinie der Lagerkraft 1:

$$\frac{X_1}{Z_1} = \tan\alpha_1 = \frac{\sin\alpha_1}{\cos\alpha_1} \qquad X_1\cos\alpha_1 - Z_1\sin\alpha_1 = 0$$

Analog folgt:

$$X_2\cos\alpha_2 - Z_2\sin\alpha_2 = 0 \qquad X_3\cos\alpha_3 - Z_3\sin\alpha_3 = 0$$

Mit diesem Ergebnis verschwinden alle Klammerterme in (5-19). Damit ist das Gleichungssystem (5-18) singulär und lässt sich nicht auflösen. Die Struktur besitzt einen nicht gebundenen Freiheitsgrad der Bewegung und ist im Sinne der Statik der Tragwerke nicht tauglich.

Es sei erwähnt, dass Fall 1 auch aus Fall 2 erhalten wird, wenn der gemeinsame Schnittpunkt der Lagerwirkungslinien ins Unendliche wandert.

Systeme, bei denen die Koeffizientendeterminante des Gleichungssystems zur Berechnung der Lagerreaktionen singulär wird, werden in der Literatur im allgemeinen als *Ausnahmefälle der Statik* bezeichnet. Sie besitzen trotz einer hinreichenden Zahl von Lagerreaktionen offensichtlich ungebundene kinematische Freiheitsgrade und dürfen nicht verwendet werden.

Klammern wir diese Art von Stützung aus, so können die Lagerreaktionen geknickter, statisch bestimmt gelagerter Stabzüge auf der Grundlage der in Abschnitt 5.3.3 bereitgestellten Beziehungen (5-14) ermittelt werden.

Schnittgrößen an den Knicken eines Stabzugs: Systematik

Bei geknickten Rahmenstabzügen ist bei der Formulierung der Gleichgewichtsbedingungen an den Knoten die gegenseitige Verdrehung benachbarter lokaler Koordinatensysteme zu berücksichtigen. Dieser Sachverhalt ist allgemein für die den Knoten k+1 einschließenden Elemente i und i+1 in Bild 5.18 dargestellt.

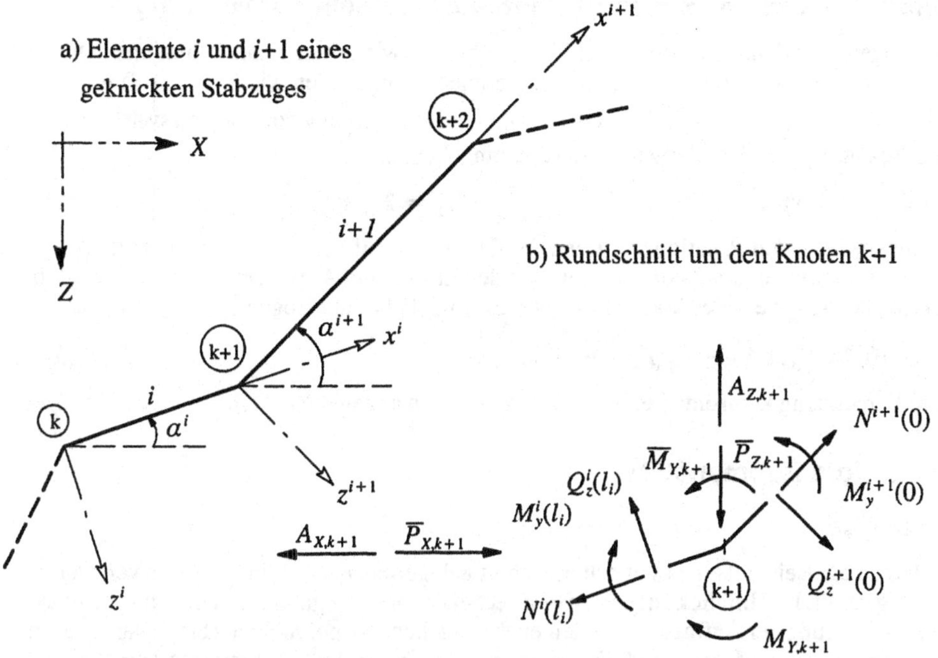

Bild 5.18 Transformation der Schnittgrößen am Knick eines ebenen Rahmenstabes; Rundschnitt um den Knoten k+1

Im getrennt gezeichneten Rundschnitt um den Knoten k+1 sind die im globalen Koordinatensystem definierten Knotenlasten und die knotenseitigen Schnittgrößen der abgehenden Elemente eingetragen.

Am Rundschnitt um den Knoten muss das Gleichgewicht der Kräfte und Momente z. B. im lokalen Koordinatensystem des Elements $i+1$ erfüllt sein.

Mit der Abkürzung

$$\Delta a = a^{i+1} - a^{i} \tag{5-20}$$

folgt durch Vektorzerlegung und Addition aus Bild 5.18:

$$N^{i+1}(0) - N^{i}(l)\cos\Delta a + Q_z^{i}(l)\sin\Delta a$$
$$+ \left(\overline{P}_{X,k+1} - A_{X,k+1}\right)\cos\left(a^{i+1}\right) - \left(\overline{P}_{Z,k+1} - A_{Z,k+1}\right)\sin\left(a^{i+1}\right) = 0 \tag{5-21.1}$$

$$Q_z^{i+1}(0) - N^{i}(l)\sin\Delta a - Q_z^{i}(l)\cos\Delta a$$
$$+ \left(\overline{P}_{X,k+1} - A_{X,k+1}\right)\sin\left(a^{i+1}\right) + \left(\overline{P}_{Z,k+1} - A_{Z,k+1}\right)\cos\left(a^{i+1}\right) = 0 \tag{5-21.2}$$

$$M_y^{i+1}(0) + \overline{M}_{k+1,y} - M_{Y,k+1} - M_y^i(l) = 0 \qquad (5\text{-}21.3)$$

In diesen Gleichungen sind jeweils $N^i(l)$, $Q_z^i(l)$ und $M_y^i(l)$ die Komponenten des Schnittkraftvektors am Ende von Element i, $\overline{P}_{X,k+1}$, $\overline{P}_{Z,k+1}$ und $\overline{M}_{Y,k+1}$ diejenigen des im Knoten k+1 eingeprägten resultierenden Kraftvektors und $A_{X,k+1}$, $A_{Z,k+1}$ und $M_{Y,k+1}$ die Komponenten der Lagerreaktionen.

Schnittgrößen an den Knicken eines Stabzugs: matrizielle Formulierung

Die Beziehungen (5-21) lassen sich mit Hilfe der oben entwickelten Transformationsmatrix für Vektoren matriziell formulieren. Fassen wir die Rahmenschnittgrößen wie in Gl. (4-8) im Vektor $s^T(x) = \begin{bmatrix} N(x) & Q(x) & M(x) \end{bmatrix}$ zusammen, so folgt für den Übergang vom Bezugssystem des Elements i ins Bezugssystem des Elements $i+1$ (und umgekehrt):

$$s_{k+1}^{i+1} = T_{\Delta a}^T \, s_{k+1}^i \qquad s_{k+1}^i = T_{\Delta a} \, s_{k+1}^{i+1} \qquad (5\text{-}22)$$

An die Stelle von α in den Rotationsmatrizen der Gln. (5-2) tritt dabei die Beziehung (5-20). Für die Transformation der am Knoten $k+1$ wirkenden Lasten und Auflagerreaktionen vom globalen ins lokale Bezugssystem des Stabes $i+1$ wird Gl. (5-2.1) herangezogen. Damit ergibt sich:

$$s^{i+1}(0) = T_{\Delta a} \, s^i(l) - T_a \left(\overline{P}_{k+1} - A_{k+1}\right) \qquad (5\text{-}23)$$

Die weitere Berechnung kann entsprechend den weiter oben angegebenen Überlegungen erfolgen.

5.3.5 Verzweigte Rahmenstäbe

Vorgehensweise

In Bild 5.19a) ist ein Beispiel eines statisch bestimmt gelagerten, eben beanspruchten verzweigten Stabzuges dargestellt. Im Hinblick auf den zu besprechenden Rechengang wählt man i. A. ohne spezielle Berücksichtigung der Auflagerknoten einen durchgehenden, geknickten Hauptstabzug a und nummeriert dessen Knoten fortlaufend. Dieser Stabzug ist im Bild mit durchgehendem Strich gezeichnet. Verzweigen von diesem Stabzug a weitere (mit gebrochenem Strich gezeichnete) Stabzüge b, c, usw.., so verfährt man mit deren Knotennummern analog. Nach Benennung der erforderlichen Zahl von Stabzügen zweigen von diesen nur noch Einzelstäbe oder geknickte Stabzüge ab, deren Knoten analog fortlaufend nummeriert werden.

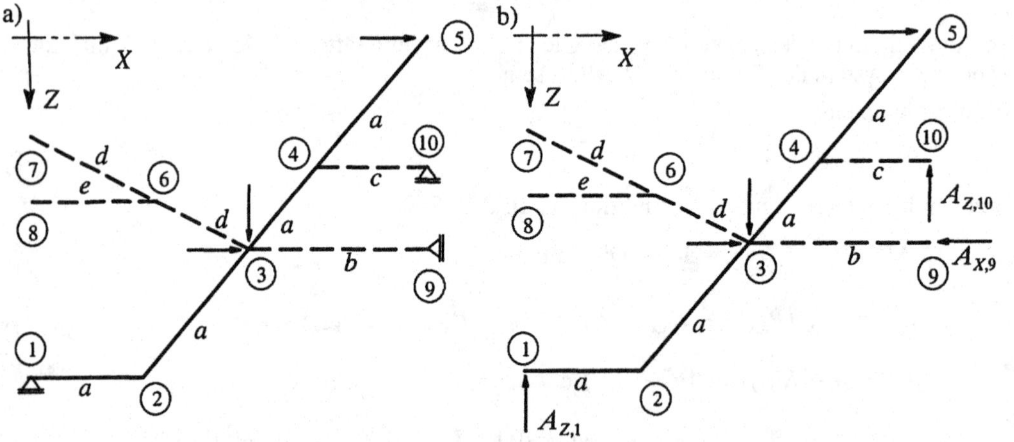

Bild 5.19 a) Statisch bestimmt gelagerter, verzweigter Stabzug. b) Auflagerreaktionen

Nunmehr lassen sich für die gesamte Struktur die Lagerreaktionen bestimmen, vgl. Bild 5.19b).

Im nächsten Schritt werden die Anschluss-Schnittgrößen der vom Hauptstabzug a abgehenden Teilstabzüge b, c, usw. bestimmt. Dazu wird der Stabzug a als Widerlager für die abgehenden Teilstabzüge betrachtet. Wir trennen diese gedanklich voneinander und führen an den Anschlussknoten die entsprechenden drei Zwischenreaktionen als Unbekannte ein. Sie werden zweckmäßigerweise im globalen Bezugssystem definiert. Verzweigen Teilstabzüge selbst, so ist dieser Vorgang zu wiederholen, bis nur noch Kragstäbe übrig bleiben (Bild 5.20). Nunmehr lassen sich alle Anschluss-Reaktionen der Teilstabzüge b, c, usw.. nach Abschnitt 5.3.3 bzw. 5.3.4 sowie deren Schnittgrößen nach Abschnitt 5.3.3 bestimmen.

Mit den Anschluss-Reaktionen der Teilstabzüge und den Anfangs bereits berechneten Auflagerreaktionen der Gesamtstruktur können abschließend die Schnittgrößen des Hauptstabzugs ebenfalls nach Abschnitt 5.3.4 ermittelt werden.

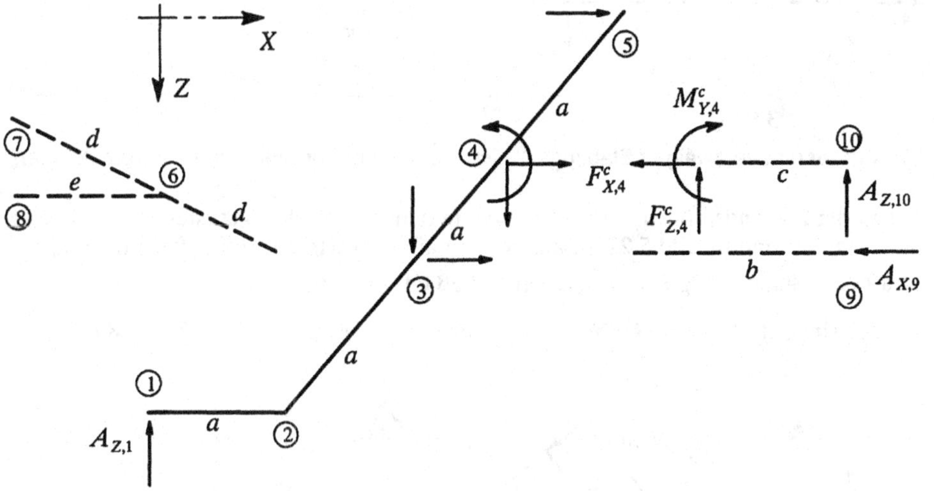

Bild 5.20 Statisch bestimmt gelagerter, verzweigter Stabzug: Anschlussreaktionen

Beispiel: Geknickter, verzweigter Stabzug

Die Überlegungen und Zusammenhänge des Abschnitts 5.3.3 (ebene Rahmenstäbe) sollen abschließend anhand des in Bild 5.21 dargestellten Tragwerks erläutert werden.

Der geknickte und verzweigte Stabzug ist in den Knoten 1 und 4 statisch bestimmt gelagert. Die Berechnung der unbekannten Lagerreaktionen A_{X1}, A_{Z1} und A_4 (s. Bild 5.21) kann auf der Grundlage der Gl. (5-14) durchgeführt werden und führt auf folgendes Gleichungssystem:

$$\begin{bmatrix} 1 & 0 & \sin 20° \\ 0 & 1 & \cos 20° \\ -4 & 0 & 9\cos 20° \end{bmatrix} \begin{bmatrix} A_{X1} \\ A_{Z1} \\ A_4 \end{bmatrix} = \begin{bmatrix} 0 \\ (3+3+3+5)\cdot 1 \\ (3\cdot 1.5 + 5\cdot 4.5 + 3\cdot 7.5 + 3\cdot 4.5)\cdot 1 \end{bmatrix} = \begin{bmatrix} 0 \\ 14 \\ 63 \end{bmatrix}$$

Daraus ergibt sich der Vektor der Auflagerreaktionen zu: $Y^T = \begin{bmatrix} -2.193 & 7.9725 & 6.4122 \end{bmatrix}$

Zur Berechnung des Stabzuges 1-2-3-4 benötigen wir die Schnittgrößen des Stabes 4 im Knoten 2.

Man erhält elementar: $Q^4(0) = 3\ kN$ und $M^4(0) = 4.5\ kNm$

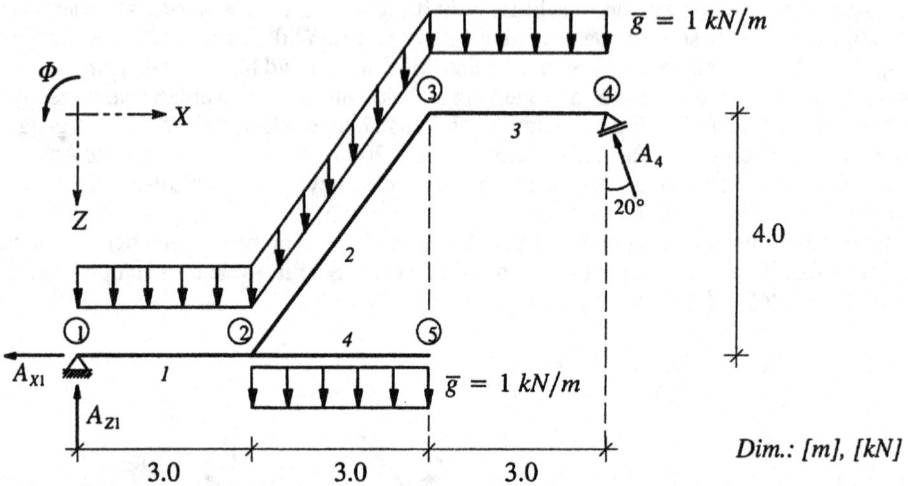

Bild 5.21 Geknickter und verzweigter Stabzug: Statisches System, Einwirkungen, Lagerreaktionen

Die Berechnung der Zustandsgrößen wird sukzessive in den lokalen Bezugssystemen der Stäbe 1 bis 3 durchgeführt. Sie sind in Bild 5.22 zusammen mit allen einwirkenden Kräften eingetragen. Die Linienkräfte des Stabes 2 ergeben sich dabei gemäß Gl. (5-3) zu:

$\overline{p}_x(x) = -\overline{p}_Z(x)\ \sin 53.13° = -\ 0.6\ kN \qquad \overline{p}_z(x) = +\ \overline{p}_Z(x)\ \cos 53.13° = 0.8\ kN$

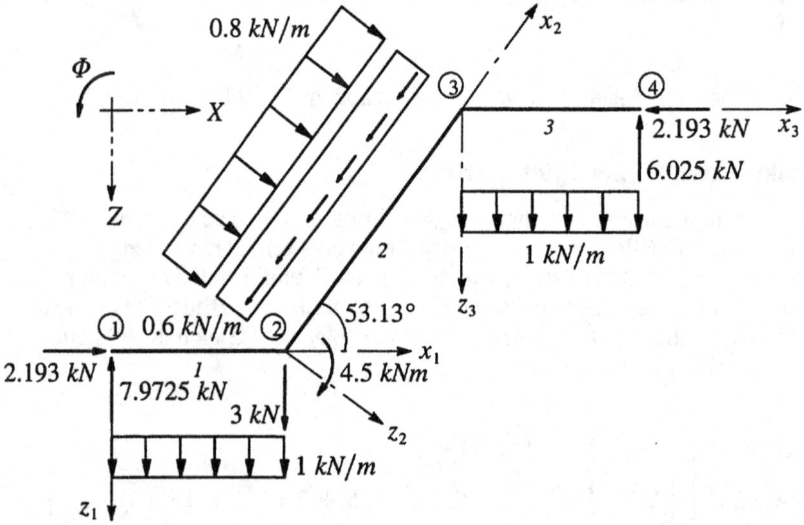

Bild 5.22 Am Stabzug 1-2-3-4 verteilt und diskret wirkende Kräfte und lokale Koordinatensysteme

Die Schnittgrößen am Anfang und am Ende der einzelnen Stäbe können auf der Basis von Gl. (5-23) errechnet werden. Für die Lagerreaktionen und eingeprägte Lasten des Knotens 1 erhält man:

$$A_1^T = \begin{bmatrix} -2.193 & 7.9725 & 0 \end{bmatrix} \qquad P_1^T = 0^T$$

Stab 1: Für diesen Stab sind die Rotationsmatrizen $T_{\Delta a}$ und T_a Einheitsmatrizen. Weiterhin entfällt der erste Term der rechten Seite von Gl. (5-23).

$$s^1(0) = A_1 = \begin{bmatrix} -2.193 & 7.9725 & 0 \end{bmatrix}^T$$

(5-17.2): $$U_{ss}^1 = \begin{bmatrix} 1 & 0 & 0 \\ 0 & 1 & 0 \\ 0 & 3 & 1 \end{bmatrix}$$ (5-17.1): $$\bar{s}^1 = \begin{bmatrix} 0 & -3 & -4.5 \end{bmatrix}^T$$

(5-16): $$s^1(l) = U_{ss}^1\, s^1(0) + \bar{s}^1 = \begin{bmatrix} -2.193 & 4.9725 & 19.4240 \end{bmatrix}^T$$

$$T_{\Delta a}^2 = T^2 = \begin{bmatrix} 0.6 & -0.8 & 0 \\ 0.8 & 0.6 & 0 \\ 0 & 0 & 1 \end{bmatrix}$$

Lagerreaktionen und eingeprägte Lasten des Knotens 2 (Anschlussreaktionen von Stab 4):

(5-15): $$\bar{P}_2 = \begin{bmatrix} 0 & 3 & -4.5 \end{bmatrix}^T \qquad A_2 = 0$$

Stab 2 (Schnittgrößen am Stabanfang, Übertragungsmatrix, Lastvektor, Schnittgrößen am Stabende und Transformationsmatrix):

(5-23): $$s^2(0) = \begin{bmatrix} -2.8956 & -0.5696 & 23.924 \end{bmatrix}^T$$

(5-17.2): $$U_{ss}^2 = \begin{bmatrix} 1 & 0 & 0 \\ 0 & 1 & 0 \\ 0 & 5 & 1 \end{bmatrix}$$ (5-17.1): $$\bar{s}^2 = \begin{bmatrix} 4 & -3 & -7.5 \end{bmatrix}^T$$

(5-16): $$s^2(l) = U_{ss}^2\, s^2(0) + \bar{s}^2 = \begin{bmatrix} 1.1044 & -3.5696 & 13.576 \end{bmatrix}^T$$

$$T_{\Delta a}^3 = \left(T_{\Delta a}^2\right)^T \qquad T^3 = I$$

Lagerreaktionen und eingeprägte Lasten des Knotens 3:

$$\bar{P}_3 = A_3 = 0$$

Stab 3 (Schnittgrößen am Stabanfang, Übertragungsmatrix, Lastvektor und Schnittgrößen am Stabende):

$$s^3(0) = T_{\Delta a}^3\, s^2(l) \qquad s^2(l) = \begin{bmatrix} -2.1931 & -3.0253 & 13.576 \end{bmatrix}^T$$

$$U_{ss}^3 = U_{ss}^1 \qquad \bar{s}^3 = \bar{s}^1$$

$$s^3(l) = U_{ss}^3 \qquad s^3(0) = \begin{bmatrix} -2.1931 & -6.0253 & 0 \end{bmatrix}^T$$

Die Schnittgrößen N, Q und M sind in Bild 5.23 dargestellt.

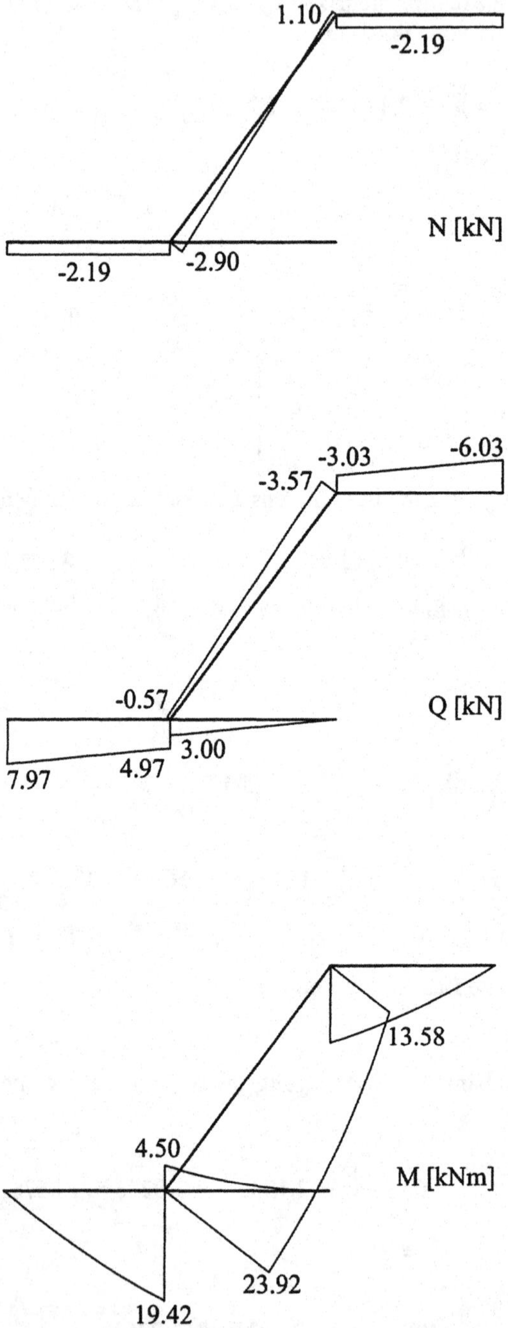

Bild 5.23 Verlauf der Schnittgrößen des in Bild 5.21 dargestellten Systems

5.4 Zusammengesetzte Systeme

5.4.1 Übersicht

Wie mehrfach erwähnt, lassen sich aus einzelnen Stabzügen zusammengesetzte Systeme aufbauen. Auch hier gibt es die Gruppe der statisch bestimmten Tragwerke, deren Kraftgrößen aus Gleichgewichtsbedingungen allein berechnet werden können. Wir werden zunächst für einige ausgewählte Fachwerke und ebene Rahmen dieser Art die Berechnung der Kraftgrößen zeigen, um schließlich in Abschnitt 5.4.4 ein Kriterium zur Bestimmung des sogenannten Grades der statischen Unbestimmtheit anzugeben.

5.4.2 Fachwerke

Unter einem ebenen Fachwerk verstehen wir ein Tragwerk mit folgenden Eigenschaften:

a. Als Einzelstäbe werden ausschließlich Dehnstäbe (Fachwerkstäbe) zugelassen.

b. Sie sind in den Tragwerksknoten im Rahmen des mechanischen Modells gelenkig miteinander verbunden.

c. Einwirkungen des Gesamtsystems bestehen aus Kräften, die unmittelbar in den Knoten eingetragen werden. Verteilte oder diskrete Lasten im Bereich eines Stabes dürfen nur Normalkräfte hervorrufen. Verschiebungen und Dehnungen wirken nur in Richtung der Stabachse.

d. Die Lager eines Fachwerks nehmen ausschließlich Kräfte (d. h. keine Momente) auf.

e. Stäbe und Lager sind in einer Ebene angeordnet (i. A. der globalen *X*-*Z*-Ebene des Tragwerks), in der auch die Belastung wirkt.

Wegen dieser Annahmen zum System und seiner Belastung kann sich die Berechnung auf die Bestimmung der Lagerkomponenten und Stabnormalkräfte beschränken. Hierfür stehen in der Ebene zunächst die drei globalen Gleichgewichtsbedingungen für die Gesamtstruktur zur Verfügung. Weiter lassen sich für jeden Rundschnitt um einen Knoten je zwei Gleichungen (für das Gleichgewicht der Kräfte in Richtung der globalen *X*- und *Z*-Achse) anschreiben.

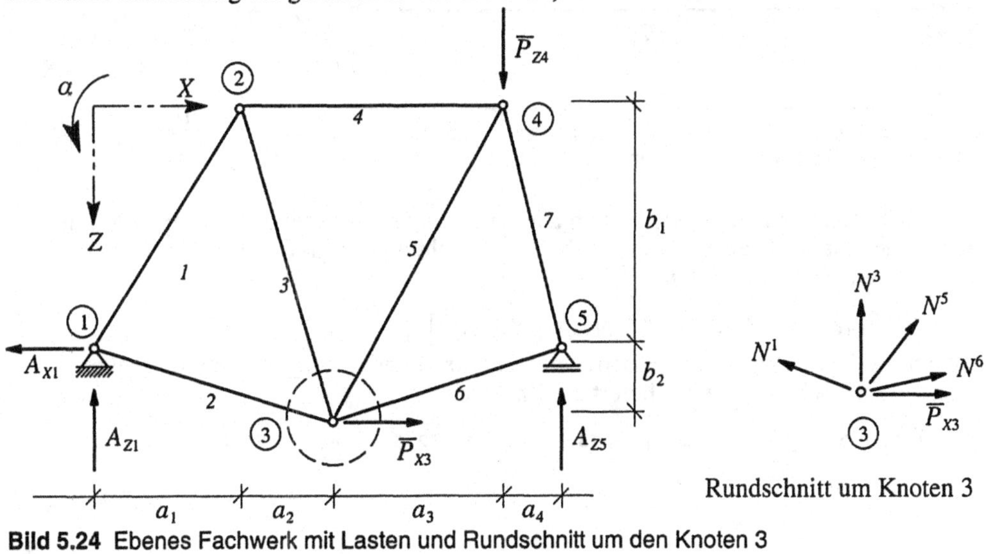

Bild 5.24 Ebenes Fachwerk mit Lasten und Rundschnitt um den Knoten 3

Für das in Bild 5.24 gezeigte Fachwerk ergeben sich mit 3 Lagerkomponenten und 7 Stabkräfte zusammen 10 Rechenunbekannte, zu deren Bestimmung 3 globale Gleichgewichtsbedingungen und weitere 7 an Knotenrundschnitten des Fachwerks herangezogen werden können.
Die globalen Gleichgewichtsbedingungen können analog Teilabschnitt 5.3.3 für die Gesamtstruktur formuliert werden.
Die Gleichgewichtsbedingungen an den Knotenrundschnitten ergeben sich bei Streichung aller Momente in gleicher Weise wie in Teilabschnitt 5.3.4. In Bild 5.24 ist zur Erläuterung der Knoten 3 mit den an ihm wirkenden Normalkräften getrennt herausgezeichnet. Das Kräftegleichgewicht liefert allgemein:

$$\sum_j (N^j \cos\alpha^j) + \overline{P}_{Xk} = 0 \qquad \sum_j (N^j \sin\alpha^j) + \overline{P}_{Zk} = 0 \qquad (5\text{-}24)$$

In diesen Gleichungen erfasst der Index j alle am Knoten k angeschlossenen Stäbe.
Mit den in Abschnitt 5.3.3 eingeführten Bezeichnungen lassen sich die einzelnen Gleichungen von (5-24) wieder zu einer Beziehung der Form $Q\,Y = \overline{P}$ zusammenfassen (vergl. (5-14)).

Beispiel: Fachwerk

Wir werden diese Vorgehensweise anhand des in Bild 5.25 dargestellten regelmäßigen Fachwerks zeigen, das mit $a_1 = a_2 = a_3 = a_4 = b_1 = 2.5\ m$ und $b_2 = 0.0\ m$ aus der in Bild 5.24 angegebenen Struktur entsteht. Dabei können zwei Varianten der Formulierung der Gleichgewichtsbedingungen unterschieden werden.

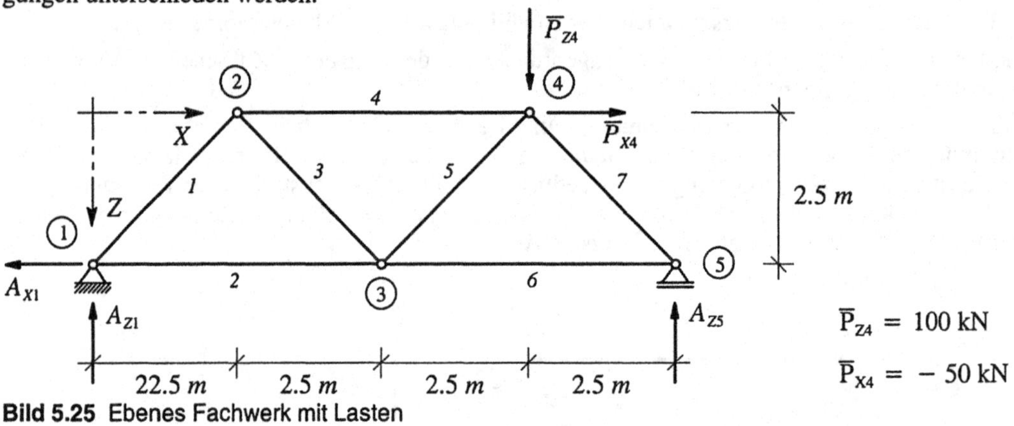

Bild 5.25 Ebenes Fachwerk mit Lasten

Im *ersten Falle* führen wir Rundschnitte um alle 5 Knoten des Fachwerks durch und formulieren die Gleichungen für das Gleichgewicht der Kräfte in Richtung der globalen Achsen.
Mit den Vektoren der Unbekannten

$$Y^T = \left[N^1\ N^2\ N^3\ N^4\ N^5\ N^6\ N^7\ A_{X1}\ A_{Z1}\ A_{Z5} \right]$$

folgen die in Bild 5.26 abgedruckte Koeffizientenmatrix Q und der zugeordnete Lastvektor $\overline{P}$.
Die Lösung des Gleichungssystems liefert die Unbekannten:

$$Y = [-53.0 \quad -12.5 \quad 53.0 \quad -75.0 \quad -53.0 \quad 62.5 \quad -88.4 \quad -50.0 \quad 37.5 \quad -62.5]$$

$$
Q = \begin{bmatrix}
0.71 & 1.00 & 0.00 & 0.00 & 0.00 & 0.00 & 0.00 & -1.00 & 0.00 & 0.00 \\
0.71 & 0.00 & 0.00 & 0.00 & 0.00 & 0.00 & 0.00 & 0.00 & 1.00 & 0.00 \\
-0.71 & 0.00 & 0.71 & 1.00 & 0.00 & 0.00 & 0.00 & 0.00 & 0.00 & 0.00 \\
-0.71 & 0.00 & -0.71 & 0.00 & 0.00 & 0.00 & 0.00 & 0.00 & 0.00 & 0.00 \\
0.00 & -1.00 & -0.71 & 0.00 & 0.71 & 1.00 & 0.00 & 0.00 & 0.00 & 0.00 \\
0.00 & 0.00 & 0.71 & 0.00 & 0.71 & 0.00 & 0.00 & 0.00 & 0.00 & 0.00 \\
0.00 & 0.00 & 0.00 & -1.00 & -0.71 & 0.00 & 0.71 & 0.00 & 0.00 & 0.00 \\
0.00 & 0.00 & 0.00 & 0.00 & -0.71 & 0.00 & -0.71 & 0.00 & 0.00 & 0.00 \\
0.00 & 0.00 & 0.00 & 0.00 & 0.00 & -1.00 & -0.71 & 0.00 & 0.00 & 0.00 \\
0.00 & 0.00 & 0.00 & 0.00 & 0.00 & 0.00 & -0.71 & 0.00 & 0.00 & 1.00
\end{bmatrix}
$$

$$
\overline{P} = [\;0.0 \quad 0.0 \quad 0.0 \quad 0.0 \quad 0.0 \quad 0.0 \quad 50.0 \quad 100.0 \quad 0.0 \quad 0.0\;]
$$

Bild 5.26 Ebenes Fachwerk (Bild 5.25); Matrix Q und Lastvektor $\overline{P}$

Im *zweiten Fall* untersuchen wir eine Variante des Verfahrens, bei der die ersten sieben Zeilen der Koeffizientenmatrix Q und die ersten sieben Einträge des Lastvektors $\overline{P}$ der oben beschriebenen ersten Variante übernommen werden. Sie sichern das Gleichgewicht der Kräfte in X- und Z-Richtung an Rundschnitten um die Knoten 1 bis 3 sowie das Gleichgewicht der Kräfte in X-Richtung an einem Rundschnitt um Knoten 4. Die noch fehlenden drei Beziehungen lassen sich gewinnen, indem für die gesamte Struktur das Gleichgewicht der Kräfte in Richtung der Achsen X und Z und das Gleichgewicht der Momente um die Y-Achse gefordert wird. Die Koeffizientenmatrix Q', und der zugeordnete Lastvektor $\overline{P}'$ der Variante sind damit wie folgt belegt:

$$
Q' = \left[\begin{array}{ccccccc|ccc}
0.71 & 1.00 & 0.00 & 0.00 & 0.00 & 0.00 & 0.00 & 1.00 & 0.00 & 0.00 \\
0.71 & 0.00 & 0.00 & 0.00 & 0.00 & 0.00 & 0.00 & 0.00 & 1.00 & 0.00 \\
-0.71 & 0.00 & 0.71 & 1.00 & 0.00 & 0.00 & 0.00 & 0.00 & 0.00 & 0.00 \\
-0.71 & 0.00 & -0.71 & 0.00 & 0.00 & 0.00 & 0.00 & 0.00 & 0.00 & 0.00 \\
0.00 & -1.00 & -0.71 & 0.00 & 0.71 & 1.00 & 0.00 & 0.00 & 0.00 & 0.00 \\
0.00 & 0.00 & 0.71 & 0.00 & 0.71 & 0.00 & 0.00 & 0.00 & 0.00 & 0.00 \\
0.00 & 0.00 & 0.00 & -1.00 & -0.71 & 0.00 & 0.71 & 0.00 & 0.00 & 0.00 \\
\hline
0.00 & 0.00 & 0.00 & 0.00 & 0.00 & 0.00 & 0.00 & -1.00 & 0.00 & 0.00 \\
0.00 & 0.00 & 0.00 & 0.00 & 0.00 & 0.00 & 0.00 & 0.00 & 1.00 & 1.00 \\
0.00 & 0.00 & 0.00 & 0.00 & 0.00 & 0.00 & 0.00 & 0.00 & 0.00 & 10.00
\end{array}\right]
$$

$$
\overline{P}' = [0.0 \quad 0.0 \quad 0.0 \quad 0.0 \quad 0.0 \quad 0.0 \quad 50.0 \quad 50.0 \quad 100.0 \quad 625.0]
$$

In diesen Gleichungen treten die Stabnormalkräfte nicht auf.

Betrachtet man die Eintragungen von Q', $\overline{P}'$ und Y, so erkennt man, dass folgende Partitionierung in Untermatrizen möglich ist:

$$
\begin{bmatrix} Q'_{NN} & Q'_{NL} \\ Q'_{LN} & Q'_{LL} \end{bmatrix} \begin{bmatrix} Y_N \\ Y_L \end{bmatrix} = \begin{bmatrix} \overline{P}'_N \\ \overline{P}'_L \end{bmatrix}
$$

Berücksichtigt man, dass Q_{LN}' eine Nullmatrix ist, so lässt sich das gesamte Gleichungssystem in zwei Schritten lösen. Im ersten Schritt erhält man die Auflagerreaktionen zu $Y_L = (Q_{LL})^{-1}\,\overline{P}_L'$. Die unbekannten Stabnormalkräfte folgen aus $Q'_{NN}\;Y_N = -\,Q'_{NL}\;(Q'_{LL})^{-1}\;\overline{P}'_L + \overline{P}'_N$.

Der damit gegebene Weg lässt sich weiterentwickeln zur Lösung des zuletzt aufgeschriebenen Gleichungssystems. Betrachtet man die bereits errechneten Auflagerkräfte als gegeben, so erhält man aus Zeile 2 die Normalkraft N^1, dann aus Zeile 1 die Normalkraft N^2, dann aus Zeile 4 die Normalkraft N^3 usw. Diese Vorgehensweise entspricht dem Verfahren des *Ritter'schen Schnittes* in der klassischen Fachwerkstatik.

Es sei angemerkt, dass klassische Verfahren zur Fachwerksberechnung sich in der Regel als Techniken zur Lösung von Gleichungssystemen mit speziellem Aufbau interpretieren lassen.

5.4.3 Rahmen

Wie in Unterkapitel 5.1 erläutert, können zusammengesetzte Strukturen aus statisch bestimmt gelagerten geraden, geknickten und verzweigten Stabzügen entwickelt werden. In Bild 5.27 sind einige Beispiele für Gelenkträger (Beipiele a) und b)) und Rahmen (Beispiele c) bis f)) dargestellt.

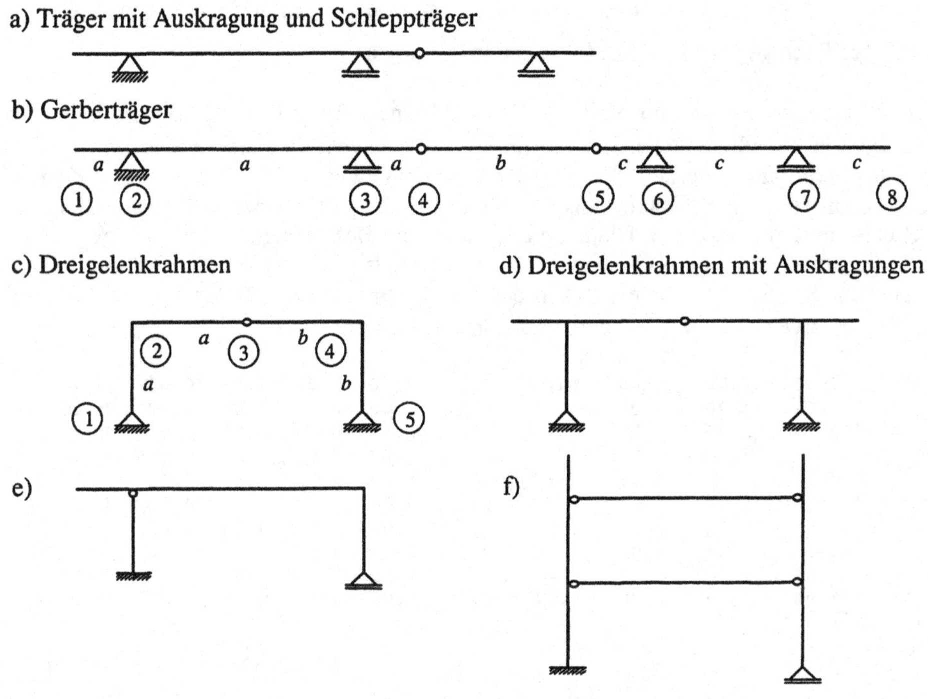

Bild 5.27 Statisch bestimmt gelagerte, ebene Durchlaufträger und Rahmen

Werden diese Systeme durch beliebige, in der Tragwerksebene wirkende Einzel- oder Linienlasten oder durch sonstige Einwirkungen beansprucht, so sind vor der eigentlichen Schnittgrößenberechnung der Bauteile die Lager- und Verbindungsreaktionen zu ermitteln.
Dieser Vorgang wird am Beispiel des in Bild 5.28 mit Abmessungen und Lasten dargestellten Rahmens gezeigt.

Lager- und Verbindungsreaktionen

Zur Bestimmung der Lager- und Zwischenreaktionen lösen wir gedanklich alle Verbindungen, bringen an ihrer Stelle paarweise die Reaktionskräfte und -momente in positiver Wirkungsrichtung an und stellen alle Bauteile mit ihren Einwirkungen und Reaktionskräften der Übersichtlichkeit halber im Sinne einer Explosionszeichnung (s. Bild 5.29) dar.
Die Wirkungslinien der Komponenten der Reaktionskräfte werden zweckmäßigerweise parallel zum globalen Koordinatensystem angenommen. Die Annahme der positiven Wirkungsrichtung ist grundsätzlich freigestellt.

Sind in einem Knoten nur zwei Bauteile miteinander verbunden, so werden an den betroffenen Bauteilen die gleich großen, aber entgegengesetzt wirkenden Verbindungsreaktionen angesetzt (vgl. z.B. die Knoten 2 und 4 in Bild 5.29). Sind in einem Knoten drei oder mehr Bauteile miteinander verbunden, so ist es zweckmäßig, die Verbindungsreaktionen zwischen dem Knoten und jedem der Bauteile gesondert als Unbekannte einzuführen (vgl. z.B. Knoten 5 in Bild 5.29).

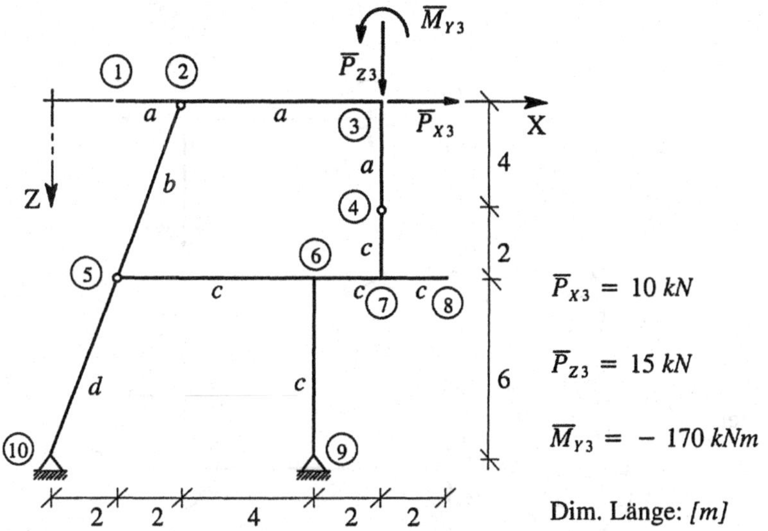

Bild 5.28 Statisch bestimmter Rahmen mit Abmessungen und Einwirkungen

Das für Bauteilverbindungen besprochene Vorgehen gilt sinngemäß für Lagerreaktionen. Die positive Wirkungsrichtung der Komponenten von Lagerreaktionen wird jedoch vereinbarungsgemäß dem globalen Bezugssystem entgegenwirkend angenommen.

Bild 5.29 entnimmt man (durch Abzählen), dass die vier Stabzüge a, b, c und d, der freie Knoten 5 und die Lager über 14 Komponenten von Reaktionskräften untereinander verbunden sind.

Unter gegebener Last müssen alle an einem Stabzug (Bauteil) wirkenden Kräfte und Momente im Gleichgewicht sein. Damit lässt sich jedem Stabzug in Bild 5.29 ein vollständiger Rundschnitt zuordnen, dessen Kräftesystem für sich im Gleichgewicht sein muss. Da im Knoten 5 drei (also mehr als zwei) Stabzüge miteinander verbunden sind, ist darüber hinaus das Gleichgewicht der Anschlussreaktionen zu sichern. Dazu führen wir einen weiteren Rundschnitt um diesen Knoten selbst ein. Da Lager- und Verbindungsreaktionen stets paarweise mit entgegengesetzter Wirkungsrichtung angenommen wurden, ist damit auch Gleichgewicht für die gesamte Struktur gesichert. Alle Rundschnitte sind in Bild 5.29 mit gestrichelter Linie eingezeichnet.

Wir sammeln die Rechenunbekannten des Systems in der Reihenfolge steigender Knotennummern im Vektor der Unbekannten $\boldsymbol{Y}$. Zur Berechnung dieses Vektors stehen je Bauteil drei, zusätzlich für den Knoten 5 zwei, zusammen also 14 Gleichgewichtsbedingungen zur Verfügung. Mit dem bereits festgelegten Vektor $\boldsymbol{Y}$ besitzt das zu formulierende Gleichungssystem also wieder den Aufbau $\underline{\boldsymbol{Q}}\,\boldsymbol{Y} = \overline{\boldsymbol{P}}$ (vgl. (5-14)).

Die Eintragungen der Koeffizientenmatrix $\underline{\boldsymbol{Q}}$ und des Lastvektors $\overline{\boldsymbol{P}}$ erhält man, wenn zunächst für die Stabzüge a bis d jeweils der Reihe nach Gleichgewicht der Kräfte in X- und in Z-Richtung sowie Gleichgewicht der Momente um die globale Y-Achse gefordert wird. Auf diese Weise sind die Eintragungen der ersten $3 \cdot 4 = 12$ Zeilen von $\underline{\boldsymbol{Q}}$ und $\overline{\boldsymbol{P}}$ festgelegt. Mit dem Summenzeichen in der 4. bis 12. Zeile des Vektors $\overline{\boldsymbol{P}}$ ist zum Ausdruck gebracht, dass hier alle Knotenlasten des jeweiligen

Stabzugs zu erfassen sind. Die Eintragungen der 13. und 14. Zeile von $\boldsymbol{Q}$ und $\overline{\boldsymbol{P}}$ ergeben sich aus der Forderung des Gleichgewichts der Kräfte in X- und Z-Richtung am Knoten 5 (vgl. Bild 5.30). Die Belegung der Matrix $\boldsymbol{Q}$ ist zusammen mit der des Vektors der Rechenunbekannten $\boldsymbol{Y}$ in Bild 5.30 gezeigt.

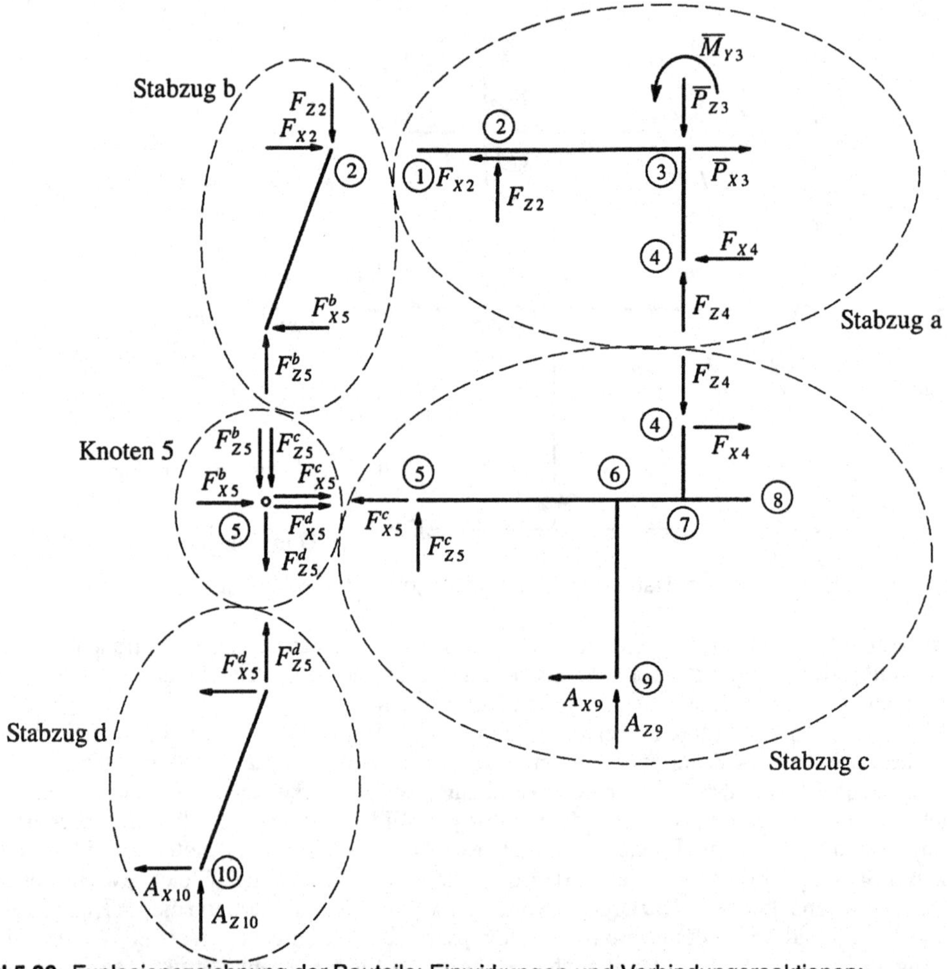

Bild 5.29 Explosionszeichnung der Bauteile; Einwirkungen und Verbindungsreaktionen; Rundschnitte um die Stabzüge a bis d und um den Knoten 5

Die Lösung dieses Gleichungssystems liefert die in Bild 5.30 mit angegebenen Werte der unbekannten Lager- und Zwischenreaktionen.
Ein negatives Vorzeichen im Zahlenergebnis bedeutet dabei, dass die am Tragwerk tatsächlich wirkende Kraft der angenommenen positiven Richtungen entgegen wirkt. Sind Lager- und Verbindungsreaktionen bekannt, so können die Schnittgrößen aller Bauteile - wie in den Abschnitten 5.3.1 bis 5.3.3 dargestellt - berechnet werden.

$$\bar{P} = \left[\begin{array}{c} \bar{P}_{X3}^{\,a} \\ \bar{P}_{Z3}^{\,a} \\ \bar{M}_{Y3}^{\,a} \\ \hline \sum \bar{P}_{Xk}^{\,b} \\ \sum \bar{P}_{Zk}^{\,b} \\ \sum \bar{M}_{Y}^{\,b} \\ \hline \sum \bar{P}_{Xk}^{\,c} \\ \sum \bar{P}_{Zk}^{\,c} \\ \sum \bar{M}_{Y}^{\,c} \\ \hline \sum \bar{P}_{Xk}^{\,d} \\ \sum \bar{P}_{Zk}^{\,d} \\ \sum \bar{M}_{Y}^{\,d} \\ \hline \bar{P}_{X5} \\ \bar{P}_{Z5} \end{array}\right] = \left[\begin{array}{c} -10.0 \\ -15.0 \\ 170.0 \\ \hline 0 \\ 0 \\ 0 \\ \hline 0 \\ 0 \\ 0 \\ \hline 0 \\ 0 \\ 0 \\ \hline 0 \\ 0 \end{array}\right] \qquad Y = \left[\begin{array}{c} F_{X2} \\ F_{Z2} \\ F_{X4} \\ \hline F_{Z4} \\ F^{b}_{X5} \\ F^{b}_{Z5} \\ \hline F^{c}_{X5} \\ F^{c}_{Z5} \\ F^{d}_{X5} \\ \hline F^{d}_{Z5} \\ A_{X9} \\ A_{Z9} \\ \hline A_{X10} \\ A_{Z10} \end{array}\right] = \left[\begin{array}{c} 2.727 \\ -8.182 \\ 7.273 \\ \hline 23.18 \\ 2.727 \\ -8.182 \\ \hline 4.356 \\ -13.07 \\ -7.083 \\ \hline 21.25 \\ 2.917 \\ 36.25 \\ \hline 7.083 \\ -21.25 \end{array}\right]$$

Bild 5.30 Statisch bestimmter Rahmen (vgl. Bild 5.28); Belegung des Lastvektors und des Vektors der unbekannten Lager- und Verbindungsreaktionen

Lösung des Gleichungssystems $Q\,Y = \bar{P}$ in Teilen

Abschließend sei auf eine Eigenschaft des eben analysierten Rahmens hingewiesen, die auch ihren Niederschlag im Aufbau der Koeffizientenmatrix findet:
Entfernt man im ursprünglichen Tragwerk die Stabzüge c und d (mit ihren Einwirkungen), so verbleibt eine Struktur, die denen der Bilder 5.27 c) und d) gleicht. Sie enthalten stets zwei gerade, geknickte oder verzweigte Stabzüge, die auf zwei Gelenklagern ruhen und die mit einem Momentengelenk verbunden sind, welches nicht auf der Verbindungslinie der Gelenklager liegen darf. Tragwerke dieser Art sind statisch bestimmt und werden als Dreigelenkrahmen bezeichnet.
Wie man sogleich erkennt, bildet der Stabzug c-d einen zweiten Dreigelenkrahmen, der auf den ersten aufgesetzt ist. Unter der Annahme fester Gelenklager in den Knoten 4 und 5 können also die Verbindungs- und Lagerreaktionen des oberen Dreigelenkrahmens vorab ermittelt werden. Die Verbindungs- und Lagerreaktionen des unteren Dreigelenkrahmens können dann im zweiten Schritt berechnet werden, wobei die Lagerreaktionen des oberen Rahmens als Einwirkungen auf den unteren eingeführt werden. Tatsächlich lässt sich das Gleichungssystem aus Bild 5.31 durch zweckmäßige Partitionierung in zwei kleinere Gleichungssysteme zerlegen:

$$\begin{bmatrix} Q_{oo} & Q_{ou} = 0 \\ Q_{uo} & Q_{uu} \end{bmatrix} \begin{bmatrix} Y_o \\ Y_u \end{bmatrix} = \begin{bmatrix} \bar{P}_o \\ \bar{P}_u \end{bmatrix} \qquad \begin{aligned} Q_{uo}\,Y_o &= -\,\bar{P}_o \\ Q_{uo}\,Y_o + Q_{uu}\,Y_u &= -\,\bar{P}_u \\ Y_o &= -\,Q_{oo}^{-1}\,\bar{P}_o \\ Q_{uu}\,Y_u &= -\,\bar{P}_u + Q_{uo}\,Q_{oo}^{-1}\,\bar{P}_o \end{aligned}$$

Beide Vorgehensweisen liefern selbstverständlich das gleiche Ergebnis.

$$
Q = \left[\begin{array}{cccccc|cccccccc}
-1.0 & 0 & -1.0 & 0 & 0 & 0 & 0 & 0 & 0 & 0 & 0 & 0 & 0 & 0 \\
0 & -1.0 & 0 & -1.0 & 0 & 0 & 0 & 0 & 0 & 0 & 0 & 0 & 0 & 0 \\
0 & 4.0 & -4.0 & 10.0 & 0 & 0 & 0 & 0 & 0 & 0 & 0 & 0 & 0 & 0 \\
\hline
1.0 & 0 & 0 & 0 & -1.0 & 0 & 0 & 0 & 0 & 0 & 0 & 0 & 0 & 0 \\
0 & 1.0 & 0 & 0 & 0 & -1.0 & 0 & 0 & 0 & 0 & 0 & 0 & 0 & 0 \\
0 & -4.0 & 0 & 0 & -6.0 & 2.0 & 0 & 0 & 0 & 0 & 0 & 0 & 0 & 0 \\
\hline
0 & 0 & 1.0 & 0 & 0 & 0 & -1.0 & 0 & 0 & 0 & -1.0 & 0 & 0 & 0 \\
0 & 0 & 0 & 1.0 & 0 & 0 & 0 & -1.0 & 0 & 0 & 0 & -1.0 & 0 & 0 \\
0 & 0 & 4.0 & -10.0 & 0 & 0 & -6.0 & 2.0 & 0 & 0 & -12.0 & 8.0 & 0 & 0 \\
\hline
0 & 0 & 0 & 0 & 0 & 0 & 0 & 0 & -1.0 & 0 & 0 & 0 & -1.0 & 0 \\
0 & 0 & 0 & 0 & 0 & 0 & 0 & 0 & 0 & -1.0 & 0 & 0 & 0 & -1.0 \\
0 & 0 & 0 & 0 & 0 & 0 & 0 & 0 & -6.0 & 2.0 & 0 & 0 & -12.0 & 0 \\
\hline
0 & 0 & 0 & 0 & 1.0 & 0 & 1.0 & 0 & 1.0 & 0 & 0 & 0 & 0 & 0 \\
0 & 0 & 0 & 0 & 0 & 1.0 & 0 & 1.0 & 0 & 1.0 & 0 & 0 & 0 & 0
\end{array}\right]
$$

$$
Y^T = \left[\begin{array}{cccccccccccccc} F_{X2} & F_{Z2} & F_{X4} & F_{Z4} & F^b_{X5} & F^b_{Z5} & F^c_{X5} & F^c_{Z5} & F^d_{X5} & F^d_{Z5} & A_{X9} & A_{Z9} & A_{X10} & A_{Z10} \end{array}\right]
$$

Bild 5.31 Belegung der Koeffizientenmatrix und des Vektors der Unbekannten des Gleichungssystems zur Bestimmung der unbekannten Lager- und Verbindungsreaktionen

5.4.4 Zur statischen Bestimmtheit ebener Fachwerke und Rahmen

Nach den Überlegungen der Abschnitte 5.1 bis 5.4.3 fassen wir zusammen: Ein Stabzug oder Rahmen wird als statisch bestimmt bezeichnet, wenn seine Lager- und Verbindungsreaktionen und seine Schnittgrößen allein aus Gleichgewichtsbedingungen ermittelt werden können.

Ein gerader, geknickter und/oder verzweigter offener Stabzug besitzt, von seinen Lagern und Verbindungen gelöst, in seiner Ebene drei Freiheitsgrade der Bewegung, die man durch zwei Translationen in Richtung der beliebig festgelegten X- und Z-Achsen und durch eine Drehung, z.B. um die globale Y-Achse ausdrücken kann. Unter ruhenden Einwirkungen sind diese Bewegungen ausgeschlossen, sofern das Gleichgewicht aller am Stabzug angreifenden Lasten und Lagerreaktionen in Richtung der X- und der Z-Achse sowie das Gleichgewicht der Momente um die globale Y-Achse erfüllt ist. Somit sind je Bauteil drei unabhängige Lagerreaktionen erforderlich, die aus diesen drei Gleichgewichtsbedingungen errechnet werden können. Werden zwei oder mehr Stabzüge zu einem Tragsystem verbunden, so führen wir gedanklich in den Lager- und Verbindungsknoten (i. A. auf das globale Bezugssystem bezogen) unabhängige Lager- und Verbindungsreaktionen ein (vgl. Bild 5.32).

Zu ihrer Berechnung stehen wiederum je Stabzug drei und je Gelenkknoten zwei unabhängige Gleichgewichtsbedingungen zur Verfügung. Tragwerke, bei denen die Anzahl der unbekannten Lager- und Verbindungsreaktionen und die Anzahl der solchermaßen formulierbaren Gleichungen übereinstimmen, werden statisch bestimmt genannt.

Bezeichnet s die Anzahl der Stabzüge sowie r_V und r_L die der unabhängigen Verbindungs- und Lagerreaktionen, so können wir diesen Sachverhalt formelmäßig ausdrücken:

$$n = r_V + r_L - 3s \tag{5-25}$$

Ein Tragwerk ist *statisch bestimmt* für $n = 0$, *beweglich* für $n < 0$ und *statisch unbestimmt* für $n > 0$.

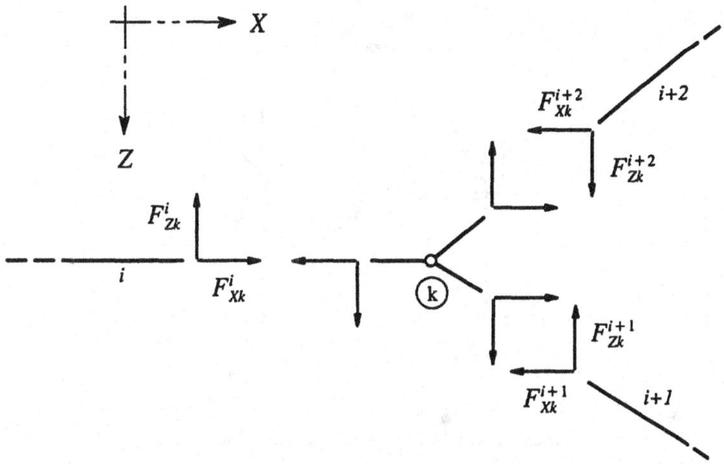

Bild 5.32 Verbindungsreaktionen am Knoten k

Werden bei einem ebenen System s Stäbe in einem Gelenkknoten miteinander verbunden, so beträgt die Anzahl der unabhängigen Verbindungsreaktionen dieses Knotens $r_V = 2\,(s - 1)$.
Durch Anwendung von Gl. (5-25) auf das in Bild 5.29 dargestellte System folgt der Grad der statischen Unbestimmtheit zu $n = 8 + 4 - 3\,4 = 0$. Bei Anwendung der gleichen Formel auf das Fachwerk von Bild 5.25 erhalten wir ausführlich:

$$n = 2\,[(2 - 1) + (3 - 1) + (4 - 1) + (3 - 1) + (2 - 1)] + 3 - 3\,7 = 0$$

Dabei wurden die einzelnen Fachwerkstäbe als vollwertige Stabzüge betrachtet.

Das Gleichungssystem zur Bestimmung der Lager- und Verbindungsreaktionen ist für $n \neq 0$ in folgenden Fällen nicht lösbar:

1. Wenn die Anzahl der unbekannten Lager- und Verbindungsreaktionen *größer* ist als die Zahl der zur Verfügung stehenden Gleichgewichtsbedingungen. In diesen Fällen spricht man von statisch unbestimmten Systemen. Wie oben mehrfach erwähnt, werden bei solchen Tragwerken die kinematischen und stofflichen Gesetze seiner Bauteile zur Bestimmung der Schnittgrößen benötigt. Vergleiche hierzu die grundlegende Darstellung des Kraftgrößenverfahrens in Kap. 15.
2. Wenn die Anzahl der unbekannten Lager- und Verbindungsreaktionen *kleiner* ist als die Zahl der zur Verfügung stehenden Gleichgewichtsbedingungen. In diesen Fällen reichen die vorgesehenen Lager- und Verbindungsreaktionen nicht aus, alle Freiheitsgrade der Bewegung des gesamten Tragwerks oder einzelner Teile vollständig zu binden. Da die Struktur damit als Ganzes oder in Teilen im Rahmen der vorausgesetzten linearen Kinematik beweglich ist, ist es als Tragwerk ungeeignet und bedarf einer konstruktiven Überarbeitung.

Abschließend und im Hinblick auf Kap. 15 wird die Anwendung von Gl. (5-25) auf statisch unbestimmte Systeme gezeigt. Dazu werde der Rahmen von Bild 5.33 a) betrachtet. Um den Grad der statischen Unbestimmtheit zu erhalten, führen wir an geeignet gewählten Punkten so viele Schnittkraftgelenke ein, bis ein statisch bestimmtes System miteinander verbundener, offener Stabzüge entsteht. Die Anzahl der eingeführten Schnittkraftgelenke entspricht dem Grad der statischen Unbestimmtheit. Nach Einführung von jeweils 6 Schnittkraftgelenken sind die in Bild 5.33 b) bis d) dargestellten Teilsysteme statisch bestimmt.

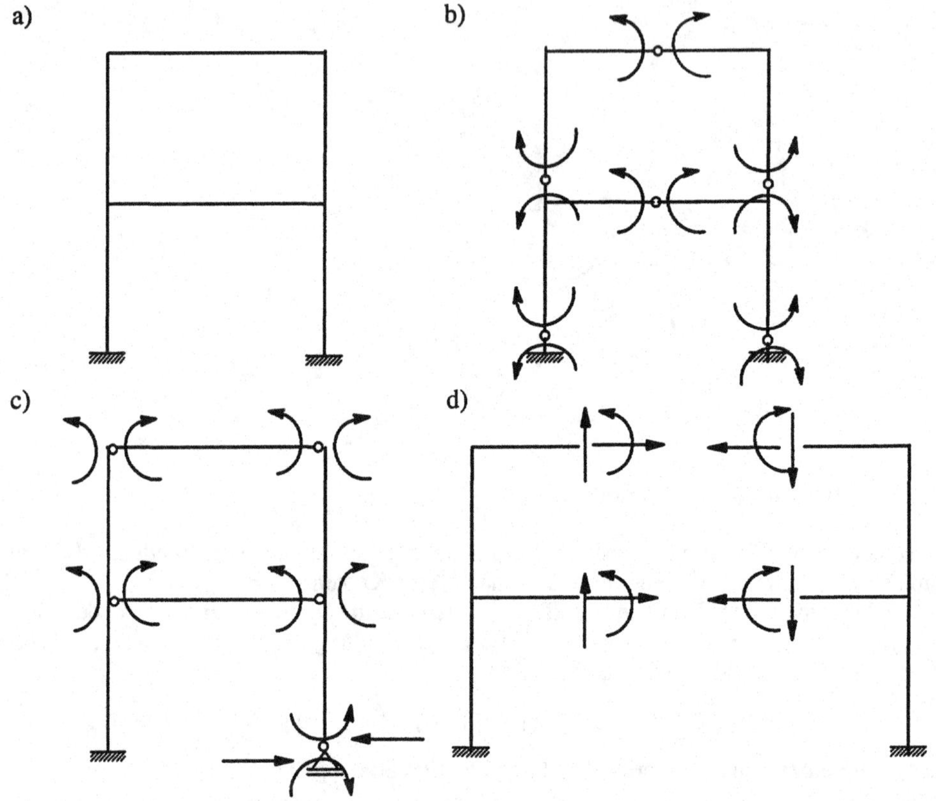

Bild 5.33 6-fach statisch unbestimmter Rahmen a), statisch bestimmte Teilsysteme b) bis d)

5.5 Zur Berechnung von Weggrößen (Hinweise)

In den Kapiteln 5.1 bis 5.4.4 haben wir uns damit befasst, unter welchen Bedingungen die Lager- und Verbindungsreaktionen sowie die Schnittgrößen ebener und eben beanspruchter Stäbe, Stabzüge und Rahmen aus Gleichgewichtsbedingungen allein ermittelt werden können. Weiter haben wir Verfahren angegeben, um diese Zustandsgrößen zu berechnen. Werden ergänzend Weggrößen in diskreten Punkten eines Tragwerks benötigt, so können diese zweckmäßigerweise mit Hilfe des Arbeitssatzes ermittelt werden, der in Kapitel 15 behandelt wird.

Wie bereits erwähnt, können Weg- und Schnittgrößen auch statisch bestimmter Systeme in einem Zuge mit Hilfe des Weggrößenverfahrens berechnet werden. Wir werden uns damit in den folgenden Kapiteln befassen.

6 Drehwinkelverfahren als Sonderfall des Weggrößenverfahrens

6.1 Einführung, geometrische Unbestimmtheit

Vor der Behandlung des allgemeinen Weggrößenverfahrens im nächsten Kapitel wollen wir zunächst die Vorgehensweise anhand eines Sonderfalles der Methode ausführlich erläutern. Dieser als Drehwinkelverfahren bezeichnete Spezialfall ist dadurch gekennzeichnet, dass man je Knoten nur die Verdrehung der Biegelinie als Unbekannte ansetzen kann. Dies ist bei Tragwerken möglich, bei denen z.B. aufgrund der Geometrie und der Lagerung keine Verschiebungen der Knoten auftreten können. Hierbei handelt es sich im wesentlichen um linienförmige Stab-Tragwerke wie z.B. Durchlaufträger und hinreichend ausgesteifte Rahmen. Bei Rahmentragwerken ist es zum Beispiel möglich, dass aufgrund einer starren Lagerung oder wegen der Annahme dehnstarrer Stäbe an den Knoten keine Verschiebungen auftreten, sondern nur Verdrehungen.

Ist der in diesem Kapitel gezeigte Lösungsweg für den genannten Spezialfall erarbeitet, so ist damit auch die allgemeine Vorgehensweise des Weggrößenverfahrens vorgezeichnet. Wir müssen dann im nächsten Kapitel nur noch von einem Freiheitsgrad pro Knoten auf mehrere Freiheitsgrade pro Knoten übergehen und die Methodik verallgemeinern.

Charakteristisch für die Vorgehensweise ist, dass wir auch hier wieder das Elementkonzept verwenden: Das System setzt sich aus einer Summe von Elementen zusammen. Wir greifen uns die Elemente einzeln heraus, beschreiben deren Eigenschaften (wie in Kapitel 4 geschehen) und setzen die Stabelemente über die Betrachtung der gesamten Struktur mit Hilfe eines algebaischen Gleichungssystems wieder zusammen. Als Unbekannte dieser sog. geometrisch unbestimmten Berechnung führen wir an jedem Knoten den Wert der Verdrehung der Biegelinie des Stabes ein. Hingegen werden bei dem in Kapitel 7 behandelten allgemeinen Weggrößenverfahren an jedem Knoten sowohl Verschiebungen als auch Verdrehungen als Unbekannte verwendet, vgl. Bild 6.1:

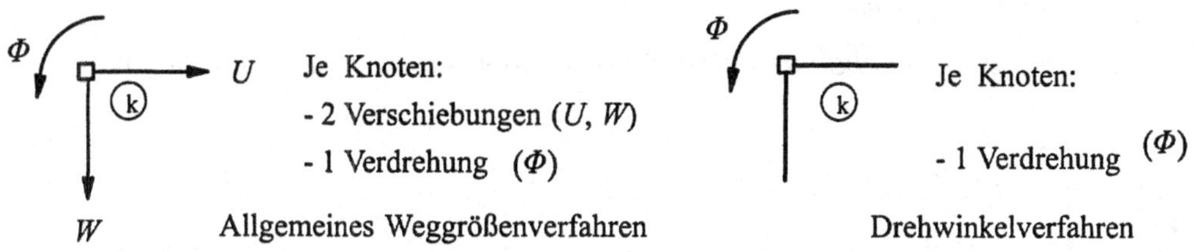

Bild 6.1 Knoten-Weggrößen als Unbekannte

Es sollte noch erwähnt werden, dass beim herkömmlichen Drehwinkelverfahren - wie es z.B. von *Guldan (1959)* verwendet worden ist - auch gekoppelte Knotenverschiebungen in Form von Stabsehnen-Drehwinkeln berücksichtigt wurden, wobei die Dehnsteifigkeiten der Stäbe zu unendlich anzusetzen waren (dehnstarre Stäbe). Varianten der Methode sind die Verfahren von *Cross (1930)* und *Kani (1949)*, mit denen die Gleichungssysteme iterativ gelöst werden. Diese Vorgehensweisen sind jedoch nur für die Handrechnung von Bedeutung; für eine computergestützte Berechnung werden derartige Aufgabenstellungen einfacher mit dem allgemeinen Weggrößenverfahren erfaßt.

Wir erläutern die Vorgehensweise des Drehwinkelverfahrens anhand eines Durchlaufträgers über drei Felder und auf vier Stützen, wobei der rechte Rand als eingespannt vorgegeben wird. Er wird durch verschiedene Einwirkungen - eine Einzellast und gleichmäßig verteilte Lasten - beansprucht.

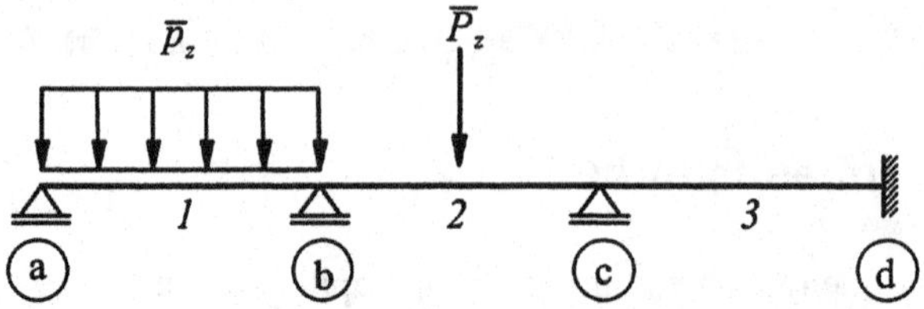

Bild 6.2 Beispiel: Durchlaufträger über drei Felder

Die Knoten und Stäbe dieser Struktur sind nun noch zu bezeichnen: Gemäß der für dieses Buch gewählten Bezeichnungsweise - vgl. Kap. 2 und Kap. 4.2 - erhalten Knoten kleine Buchstaben (oder Ziffern), Elemente werden mit Ziffern durchnummeriert. Am Beispiel bezeichnen wir die Knoten demnach mit a, b, c und d sowie die Elemente mit *1, 2* und *3*. Als Index schreiben wir die Knotennummer unten und die Elementnummer oben an eine Größe. Die Wahl kleiner Buchstaben für die Knoten erfolgt aus didaktischen Gründen zur besseren Unterscheidung. Später werden wie auch in den Beispielen und in der praktischen Anwendung Ziffern verwendet.

Weiterhin müssen wir untersuchen, wie die Lasten zwischen den Knoten berücksichtigt werden. Es ist zweckmäßig, diese im Rahmen des Elementkonzepts in einer ersten Stufe in Knotenbelastungen zu überführen. Danach erst wird in einer zweiten Stufe das System selbst berechnet, das aus Elementen und Knoten besteht und das allein an den Knoten belastet ist. Mit dem ersten Schritt erfaßt man die am Element angreifenden Lasten (manchmal auch als Feldlasten oder örtliche Wirkungen bezeichnet), indem man sich zunächst die Stäbe in die Knoten starr eingespannt denkt (die Verdrehung der Knoten sei Null) und dort die Reaktionen aus der Elementbelastung ermittelt. Diese bringt man dann als Aktionen (also mit umgekehrten Vorzeichen) auf die entsprechenden Knoten auf und berechnet damit das Gesamtsystem. Man kann sich das auch so vorstellen, dass man für jedes Feld den beidseits eingespannten Träger als Grundelement des geometrisch bestimmten Hauptsystems auffasst und an diesem den Verlauf der Momente und Querkräfte zwischen den Knoten sowie die Auflagerreaktionen an den Knoten ermittelt. Für die Einzellast im Feld 2 wird dieser Weg anhand von Bild 6.3 und Bild 6.4 erläutert:

1.) Am Stab mit unverdrehbaren Knoten: Reaktionen aus Elementlasten bestimmen

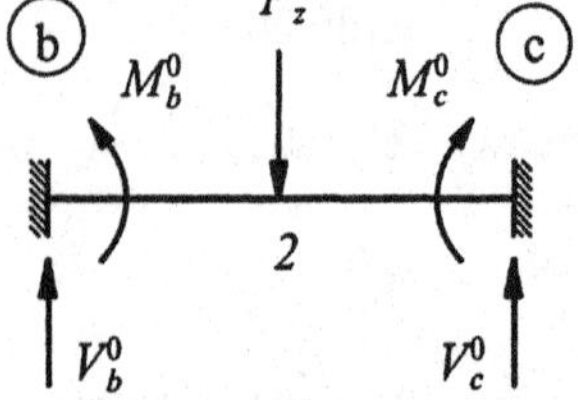

Bild 6.3 Geometrisch bestimmtes Grundelement für Stab 2

2.) System mit Knotenlasten berechnen: Unbekannte Knotenverdrehungen bestimmen

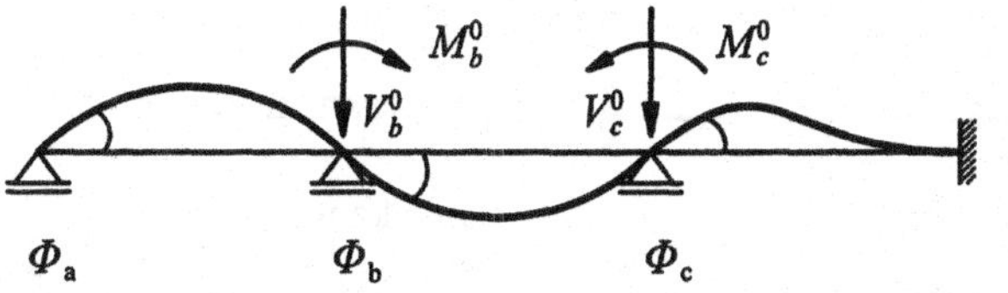

Bild 6.4 Unbekannte Knoten-Verdrehungen Φ_k mit Knotenlasten

Die Unbekannten für die gesamte Berechnung sind die Drehwinkel der Knoten Φ_a, Φ_b und Φ_c. Zu beachten ist, dass in diesem Beispiel die Verdrehung am Knoten *d* vorgegeben und nicht unbekannt ist. Zur Erläuterung ist in Bild 6.4 die Biegelinie des Trägers mit den Verdrehungen und den Lasten an den Knoten eingezeichnet. Außerdem wird in Bild 6.3 der beidseits eingespannte Träger skizziert, mit dem die Elementlasten auf Knotenlasten zurückgeführt werden. Dies ist neben der Auflagerkraft auch ein Auflagermoment, die dann beide mit umgedrehtem Vorzeichen als Knotenlast (die direkt in das Auflager abgeleitet wird) und als angreifendes Knotenmoment auf das System aufgebracht werden. Kommen an einem Knoten mehrere Stäbe zusammen, so sind deren Wirkungen an diesem Knoten zusammenzufassen. Diese zweistufige Vorgehensweise ist nach Durchführung der Hauptberechnung noch durch eine dritte Stufe (Nachlaufrechnung) zu ergänzen, wenn die Zustandsgrößen der beiden Stufen zum jeweiligen Verlauf der Schnittgrößen in den Elementen zusammengesetzt werden sollen. Damit ist die allgemeine Vorgehensweise skizziert, die im Weiteren noch im Detail und auch mit Hilfe eines Zahlenbeispiels erläutert wird.

6.2 Lösungsweg des Drehwinkel-Verfahrens

6.2.1 Aufbau in Schritten

Das Drehwinkelverfahren als Sonderfall des allgemeinen Weggrößenverfahrens wird am oben eingeführten Beispiel des Durchlaufträgers (Bild 6.2) aufgebaut. Bei der praktischen Durchführung besteht der *erste Schritt* immer aus der fachspezifischen Modellbildung, vgl. Kap. 2. In unserem Fall würde sich aus einem in der Praxis vorgegebenen Tragwerk mit bestimmten Abmessungen das angegebene statische System des Durchlaufträgers durch Idealisierung ergeben. Beispielsweise müsste gewährleistet sein, dass die gewählte Einspannung des rechten Randes in der Realität auch vorhanden ist. Bei einer elastischen Einspannung (z.B. in eine biegesteife Wand) wäre an dieser Stelle eine Drehfeder im idealisierten System zu berücksichtigen.

Der *zweite Schritt* besteht nun in der Wahl des geometrisch bestimmten Hauptsystems - wie dies bereits gezeigt wurde - und der zugehörigen Last- und Einheitsverschiebungszustände. Zunächst ist jedoch eine gegebene Struktur in Elemente zu unterteilen, und es sind die Knoten mit den Unbekannten festzulegen. Dies ist im vorliegenden Fall eines Durchlaufträgers relativ einfach, man unterteilt nämlich im allgemeinen dort, wo sich etwas ändert. Dies sind hier die Stützen, aber es ist auch vorstellbar, dass an den Stellen, an denen Einzelkräfte angreifen, eine Elementgrenze festgelegt wird. Dies gilt auch für Stellen, an denen die Balkensteifigkeit sich sprunghaft ändert. Man wird jedoch die Anzahl der Unbekannten nicht unnötig vergrößern, in unserem Fall fassen wir die Einzellast als Elementlast auf. Insgesamt entsteht damit ein Gleichungssystem mit drei Unbekannten.
Für jedes Feld (Element) wählen wir den beidseits eingespannten Träger (*Schritt 2a*) als Grundelement und belasten ihn mit den vorhandenen Einwirkungen des Elements. Außerdem werden die unbekannten Knotenverdrehungen angegeben, vgl. Bild 6.5.

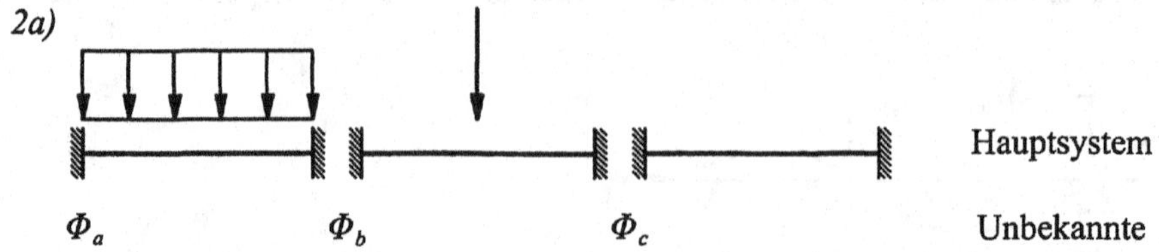

Bild 6.5 Beispiel: Geometrisch bestimmtes Hauptsystem und Unbekannte Φ_k

Danach werden für dieses Hauptsystem sowohl die Zustandsgrößen als auch die Auflagerkräfte und Auflagermomente an den Stabenden infolge der Elementlasten bestimmt. Die Auflagermomente (Volleinspannmomente) sind dann mit umgedrehtem Vorzeichen als Knotenlasten für die folgende Systemberechnung (wie dies für den Stab 2 in Bild 6.4 gezeigt worden ist) aufzubringen. Daraus ergibt sich der Lastzustand der geometrisch unbestimmten Rechnung (*Schritt 2b*).
Außerdem werden die Wirkungen der unbekannten Drehwinkel weiterverfolgt (*Schritt 2c*): diese sind den Knoten zugeordnet, im Beispiel also den Knoten *a*, *b* und *c*. Im Knoten d ist die Verdrehung mit Null vorgegeben, also bekannt. Wir erhalten somit drei unbekannte Drehwinkel. Betrachtet man nun das erste Feld, so ist dieses Element einmal unter der Wirkung der Unbekannten Φ_a am linken Ende und zum anderen unter der Wirkung der Unbekannten Φ_b am rechten Ende zu untersuchen, vgl. Bild 6.6, in der auch die zugehörigen Biegelinien qualitativ angegeben sind. An den Enden des Stabelements sind die dort vorhandenen Stabend-Verdrehungen mit einem kleinen φ bezeichnet. Diese sind mit den Knotenverdrehungen Φ über die geometrische Verträglichkeit verknüpft. Sofern keine Knicke an diesen Stellen vorgegeben werden sollen, sind die Verdrehungen an den Knoten und an den Stabenden gleich, was in Bild 6.6 durch jeweils eine Beziehung an den drei Knoten angedeutet wird.

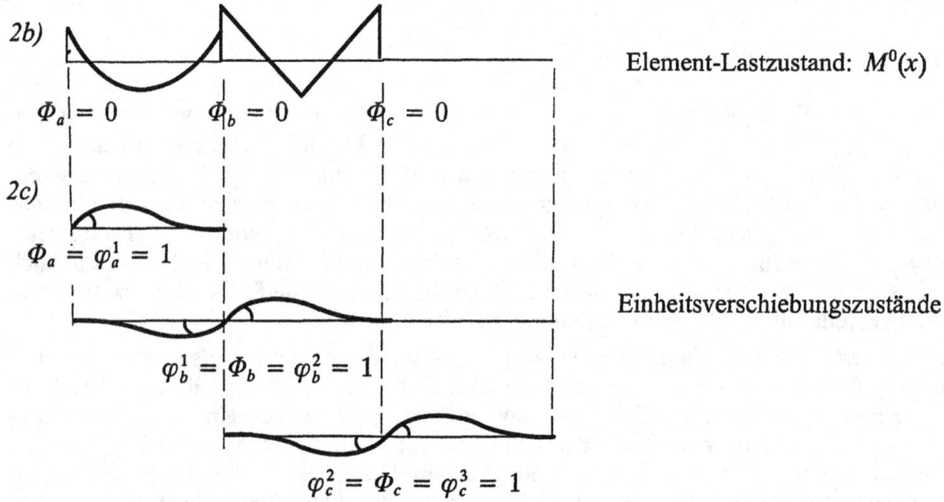

Bild 6.6 Element-Lastzustand und Einheitsverschiebungszustände

Betrachten wir nun die Felder der Reihe nach: Im ersten Feld (Element 1) setzt man am linken Stabende die Verdrehung Eins an. Man kann sich das auch so vorstellen, dass man links den Knoten mit einem Moment so verdreht, dass bei dem dort angeschlossenen Stab die zugehörige Stabend-Verdrehung den Wert Eins annimmt. Dies spiegelt den Einfluss der Unbekannten Φ_a am linken Stabende wieder. In gleicher Weise verfährt man mit der Unbekannten Φ_b, die aber zwei benachbarte Stäbe beeinflusst, nämlich den Stab *1* und den Stab *2,* wie sich dies in der zugehörigen Gleichung für die geometrische Verträglichkeit ausdrückt, vgl. Bild 6.6, in dem qualitativ die zugehörigen Biegelinien eingezeichnet sind. In gleicher Weise wird der Einfluss der Unbekannten im Knoten *c* auf die benachbarten Stäbe berücksichtigt, und wir erhalten die Einheits-Verschiebungszustände der verschiedenen Elemente des Durchlaufträgers. Der Einfluss dieser Einheits-Stabend-Verdrehungen wird nun weiter verfolgt, indem für jedes Stabelement die Größe der Momente an den Stabenden errechnet werden, die für eine Verdrehung der Größe Eins erforderlich sind. Auf diese Weise erhält man für jeden Stab eine Information über dessen Steifigkeit und kommt zu den Steifigkeitskoeffizienten, die für das gesamte Weggrößenverfahren charakteristisch sind und deren Bestimmung im Kapitel 4 gezeigt worden ist. Mit den entsprechenden Momentenanteilen folgen aus Gl. (4-41) die zugehörigen Werte der Steifigkeitsmatrix $\boldsymbol{k}$ und aus Tabelle 4.2 die Volleinspannmomente der Einwirkungen im Feld.

3.) ⓐ ——————— ⓑ
i

$$M_a = k_{aa}\varphi_a + k_{ab}\varphi_b + M_a^0 \qquad = \frac{EI}{l}(4\varphi_a + 2\varphi_b) + M_a^0$$

$$M_b = k_{ba}\varphi_a + k_{bb}\varphi_b + M_b^0 \qquad = \frac{EI}{l}(2\varphi_a + 4\varphi_b) + M_b^0$$

$$\begin{bmatrix} M_a \\ M_b \end{bmatrix} = \begin{bmatrix} k_{aa} & k_{ab} \\ k_{ba} & k_{bb} \end{bmatrix}\begin{bmatrix} \varphi_a \\ \varphi_b \end{bmatrix} + \begin{bmatrix} M_a^0 \\ M_b^0 \end{bmatrix} \qquad = \frac{EI}{l}\begin{bmatrix} 4 & 2 \\ 2 & 4 \end{bmatrix}\begin{bmatrix} \varphi_a \\ \varphi_b \end{bmatrix} + \begin{bmatrix} M_a^0 \\ M_b^0 \end{bmatrix}$$

$$\boldsymbol{p}^i = \boldsymbol{k}^i \quad \boldsymbol{v}^i + \boldsymbol{p}^{i0}$$

Steifigkeiten Lastanteile

Bild 6.7 Steifigkeiten und Lastanteile am Stabelement

Das ist *Schritt 3*, mit dem man die Steifigkeiten für alle Stäbe sowie die Lastanteile erhält. Knoten-Verdrehungen Φ und Stabend-Verdrehungen φ sind sorgfältig zu unterscheiden: Die Knoten-Verdrehungen sind die Unbekannten des Gleichungssystems, während die Stabend-Verdrehungen für die Beschreibung der Stabeigenschaften maßgebend sind. Wenn nun die Stabend-Verdrehungen und die Knoten-Verdrehungen an einem Knoten gleichgesetzt werden, so ist dies mit der Formulierung der geometrischen (oder kinematischen) Verträglichkeit gleichwertig. Es gibt dort keine Knicke und eine stetige Biegelinie ist gewährleistet.

Wir stellen fest, dass die Einheits-Verschiebungszustände sich nur über die Felder erstrecken, die einem Knoten benachbart sind und nicht über das gesamte System wie es z.B. bei den Einheits-Spannungszuständen des Kraftgrößenverfahrens der Fall ist. Deshalb lässt sich das Weggrößenverfahren wesentlich einfacher formalisieren als das Kraftgrößenverfahren und führt auf ein schwächer besetztes Gleichungssystem, das häufig eine sogenannte Bandstruktur aufweist.

Es sei hier nebenbei angemerkt, dass beim Kraftgrößenverfahren (Kapitel 15) die kinematischen Verträglichkeitsbedingungen benutzt werden, um das Gleichungssystem aufzubauen und die Unbekannten auszurechnen. Wie aus Bild 6.6 hervorgeht, setzt man beim Weggrößenverfahren die kinematische Verträglichkeit zwischen den Stabelementen dagegen von vornherein als erfüllt voraus. Da man auch das Stoffgesetz als bekannt annimmt, bleiben im Rahmen des Drehwinkelverfahrens also nur noch die Gleichgewichtsbedingungen zur Bestimmung der Unbekannten übrig.
Damit wurden alle Schritte einschließlich der Berechnung der Steifigkeitwerte eines Stab-Elements besprochen. Sie sind in Bild 6.8 noch einmal zusammengefaßt.

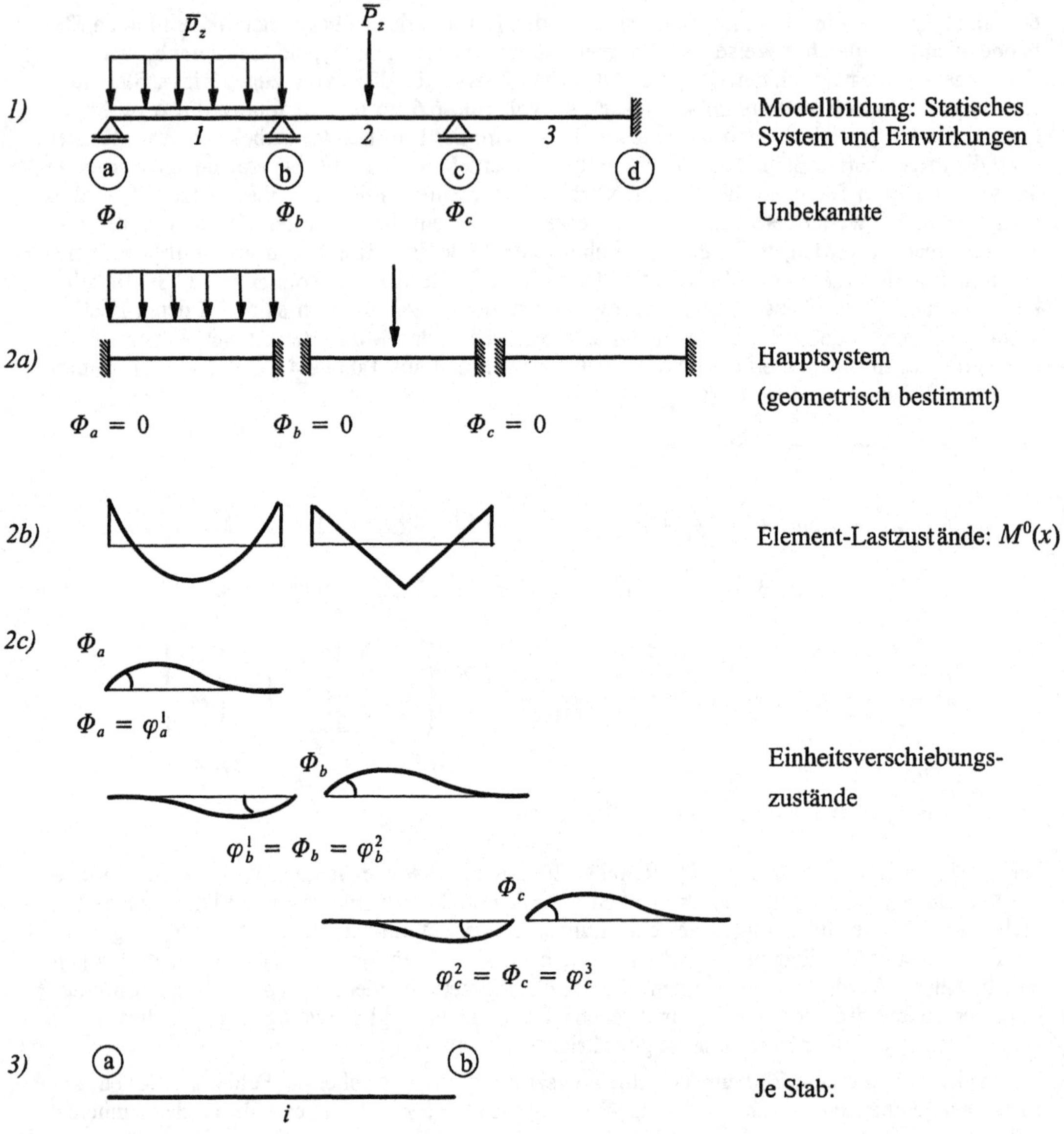

$$M_a = \frac{4EI}{l}\varphi_a + \frac{2EI}{l}\varphi_b + M_a^0$$

$$M_b = \frac{2EI}{l}\varphi_a + \frac{4EI}{l}\varphi_b + M_b^0$$

$$p = k\,v + p^0$$ Steifigkeiten + Lastanteile

Bild 6.8 Zusammenfassung der Schritte 1 bis 3

Im nächsten *Schritt 4* befassen wir uns mit der Überlagerung der Elementanteile zur Gesamtstruktur. Die Frage ist jetzt: Wie werden die einzelnen Elemente zu einer Struktur zusammengesetzt? Es ist bereits erläutert worden, dass von den drei Arten von Grundgleichungen des Stabes (vgl. Kap. 2.7) dafür nur noch die Gleichgewichtsbedingungen zur Verfügung stehen. Die geometrische Verträglichkeit (Kinematik) wurde bereits verwendet, indem die Knotenverdrehungen mit den Stabend-Verdrehungen gleichgesetzt wurden. Ebenso wird das Stoffgesetz als bekannt vorausgesetzt. Zur Erläuterung der Bildung des Gleichgewichts an den Knoten dient die bereits in Bild 6.1 gezeigte Struktur, ein am rechten Ende eingespannter Durchlaufträger:

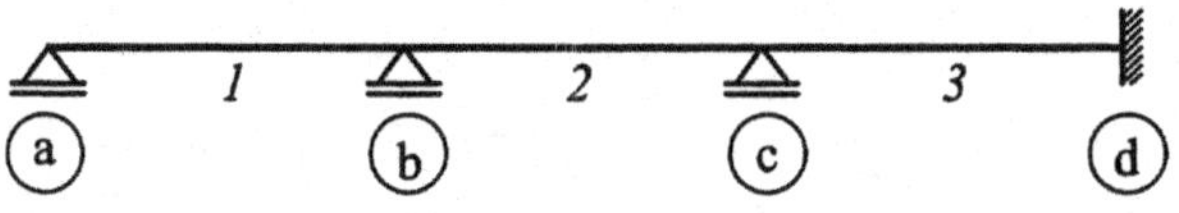

Systemberechnung

$$\sum M_a = 0: \; M_a^1(\Phi_a) + M_a^1(\Phi_b) + M_a^{10} = 0$$

Gleichgewicht

$$\sum M_b = 0: \; M_b^1(\Phi_a) + M_b^1(\Phi_b) + M_b^{10} + M_b^2(\Phi_b) + M_b^2(\Phi_c) + M_b^{20} = 0$$

$$\sum M_c = 0: \; M_c^2(\Phi_b) + M_c^2(\Phi_c) + M_c^{20} + M_c^3(\Phi_c) + M_c^3(\Phi_d) + M_c^{30} = 0$$

Bild 6.9 Bilden von Gleichgewicht an den Knoten

Im Schritt 4 betrachtet man der Reihe nach die Knoten, in denen die Unbekannten angesetzt worden sind und bildet dort das Gleichgewicht aller Momente. Am Knoten *b* wird diese Vorgehensweise besonders deutlich, da hier zwei Stäbe benachbart sind. Man erkennt, dass im Knoten *b* für jeden Stab jeweils zwei Momenten-Anteile aus den Einheits-Verdrehungszuständen der beiden Stabenden addiert werden, zu denen noch die Element-Lastanteile (mit ^{0} bezeichnet) hinzukommen.

Nach dem Bilden des Gleichgewichts im Knoten *b* ist noch die Momentensumme im Knoten *c* mit den Anteilen der Stäbe *2* und *3* zu betrachten. Jedoch sind im Knoten *d* die Randbedingungen bekannt, so dass diese Anteile und die entsprechende Bedingungsgleichung entfallen. Auf diese Weise lässt sich gut erkennen, wie das Gleichungssystem aufgebaut ist und was es mechanisch bedeutet.

Jedoch sind die Momente noch durch die unbekannten Knotenverdrehungen auszudrücken. Im Schritt 3 wurden die Momente mit den Stabend-Verdrehungen über die Steifigkeitswerte in Verbindung gebracht (vgl. Bild 6.7). Weiterhin sind die Verdrehungen der Stabenden mit denen der Knoten über die geometrische Verträglichkeit verknüpft (vgl. Bild 6.6). Der Aufbau der Gleichungen wird am Beispiel des Momentengleichgewichts am Knoten *b* gezeigt:

$$\sum M_b = 0: \; 2\frac{EI}{l}\cdot\varphi_a^1 + 4\frac{EI}{l}\cdot\varphi_b^1 + M_b^{10} \qquad \text{Stab 1}$$

$$+ 4\frac{EI}{l}\cdot\varphi_b^2 + 2\frac{EI}{l}\cdot\varphi_c^2 + M_b^{20} = 0 \qquad \text{Stab 2}$$

Für jeden Knoten bildet man auf diese Weise das Momentengleichgewicht, ersetzt die Momente über die Steifigkeiten durch die Stabend-Verdrehungen und diese schließlich durch die Knoten-Verdrehungen.

Dieser Vorgang wird nachstehend für alle drei Stäbe mit den vier Knoten dargestellt, wobei wegen der Einspannung im Knoten *d* eine Unbekannte entfällt. Es ergibt sich ein Gleichungssystem, in dem die Addition der Steifigkeiten benachbarter Stäbe deutlich sichtbar wird:

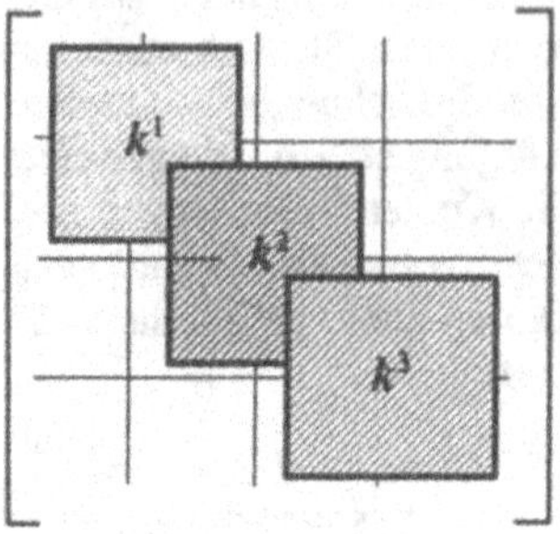

$$\begin{bmatrix} \Phi_a \\ \Phi_b \\ \Phi_c \\ \Phi_d = 0 \end{bmatrix} = \begin{bmatrix} 0 \\ 0 \\ 0 \\ - \end{bmatrix} - \begin{bmatrix} M_a^{10} \\ M_b^{10} + M_b^{20} \\ M_c^{20} + M_c^{30} \\ - \end{bmatrix} = \begin{bmatrix} \overline{P}_a \\ \overline{P}_b \\ \overline{P}_c \\ - \end{bmatrix}$$

$$\boldsymbol{K} \qquad \boldsymbol{V} = \overline{\boldsymbol{P}}^* - \overline{\boldsymbol{P}}^0 = \overline{\boldsymbol{P}}$$

Unter der Annahme gleicher Stab-Steifigkeiten EI erhält man z.B. am Knoten b den Faktor 4 + 4 auf der Hauptdiagonale, was den Einfluss der beiden benachbarten Stäbe zeigt:

$$\begin{aligned} \textstyle\sum M_a &= 0: \\ \textstyle\sum M_b &= 0: \\ \textstyle\sum M_c &= 0: \end{aligned} \quad \frac{EI}{l} \begin{bmatrix} 4 & 2+0 & 0 \\ 2 & 4+4 & 2 \\ 0 & 0+2 & 4+4 \end{bmatrix} \begin{bmatrix} \Phi_a \\ \Phi_b \\ \Phi_c \end{bmatrix} = \begin{bmatrix} 0 \\ 0 \\ 0 \end{bmatrix} - \begin{bmatrix} M_a^{10} \\ M_b^{10} + M_b^{20} \\ M_c^{20} + M_c^{30} \end{bmatrix}$$

$$\boldsymbol{K} \qquad \boldsymbol{V} = \overline{\boldsymbol{P}}^* - \overline{\boldsymbol{P}}^0$$

Entsprechend ist auf der rechten Seite der Anteil der Elementlasten benachbarter Stäbe ebenfalls zu addieren.

Man erhält die Systemmatrix, die man in Analogie zur Element-Steifigkeitsmatrix auch als Steifigkeitsmatrix des Systems mit $\boldsymbol{K}$ bezeichnet. Die Unbekannten werden in einer Spaltenmatrix $\boldsymbol{V}$ zusammengefaßt, ebenso die Lastanteile in zwei Spaltenmatrizen.

Sofern eingeprägte Knoten-Momente zu berücksichtigen sind, so werden diese vorgegebenen Knotenwerte zur Unterscheidung mit einem oben geschriebenen Stern bezeichnet. Die Element-Lastanteile (mit ^{0}) und die direkten Knotenlasten (mit Stern) ergeben zusammen die rechte Seite des Gleichungssystems. Diese Anteile können auch aus Temperatur oder anderen vorgegebenen Wirkungen folgen. Zusammengefasst wird das Gleichungssystems wie folgt geschrieben:

$$\boldsymbol{K}\,\boldsymbol{V} = \overline{\boldsymbol{P}}^* - \overline{\boldsymbol{P}}^0 = \overline{\boldsymbol{P}}\,.$$

Als nächstes wird in *Schritt 5* das gewonnene Gleichungssystem gelöst, z.B. mit Hilfe des bekannten Gauß'schen Eliminations-Verfahrens. Damit sind die Knotenverdrehungen $\boldsymbol{V}$ bekannt, die jedoch für die praktische Verwendung nur eine geringe Rolle spielen. Deshalb ist noch eine Nachlaufrechnung erforderlich, um zum Beispiel die Momente oder Querkräfte zu gewinnen. Dies erfolgt durch Rückwärts-Einsetzen in die schon bisher verwendeten Beziehungen.

In *Schritt 6* werden zunächst über die Verträglichkeit die Stabend-Weggrößen aus den Knoten-Verdrehungen gewonnen:

$$\varphi_a^1 = \Phi_a \qquad \varphi_b^1 = \varphi_b^2 = \Phi_b \qquad \varphi_c^2 = \varphi_c^3 = \Phi_c$$

Von den Verdrehungen an den Stabenden kommt man im *Schritt 7* über die Steifigkeiten der Stäbe zu den Momenten an den Stabenden. Außerdem sind die Wirkungen der Elementlasten in den jeweiligen Stäben zu berücksichtigen, indem deren Endwerte mit den aus der Systemberechnung erhaltenen Einzelwerten gemäß $\boldsymbol{p} = \boldsymbol{k}\,\boldsymbol{v} + \boldsymbol{p}^0$ an den Stabenden überlagert werden. Die Element-Lastanteile $\boldsymbol{p}^0$ wurden am beidseits eingespannten Träger erfaßt und sind folgerichtig bei der Rückrechnung wieder zu ergänzen. So ist bei der Streckenlast in Feld 1 der parabelförmige Verlauf des Moments zwischen die überlagerten Einzelwerte der Stabenden einzufügen und entsprechend der dreiecksförmige Verlauf des zur Einzellast gehörigen Moments im Feld 2, vgl. Bild 6.10 und Bild 6.12 sowie die Zahlenrechnung des Beispiels in Kap. 6.3. Entsprechend ist bei den Querkräften vorzugehen, vgl. Bild 6.13.

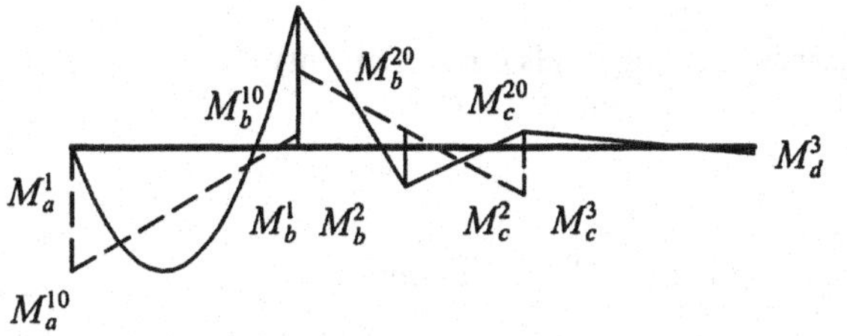

Momente

(Vorzeichenkonvention 1)

Bild 6.10 Verlauf des Biegemoments, Vorzeichenkonvention 1

6.2.2 Einseitig eingespannter Träger als modifiziertes Grundelement

Ergänzend wird noch als Sonderfall eine Variante des Grundelements dargestellt: Anstelle des beidseitig eingespannten Balkens kann man auch ein modifiziertes System einsetzen, das an einem Ende gelenkig gelagert ist. Sofern eine solche Randbedingung vorliegt, kann man sich dadurch eine Unbekannte sparen, was jedoch nur noch bei Überschlagsrechnungen per Hand von Bedeutung ist. In die nachstehend angegebene Steifigkeitsbeziehung für den beidseits eingespannten Träger wird dazu die Bedingung $M_b = 0$ für die gelenkige Lagerung am Stabende b eingearbeitet. Die zweite Gleichung liefert dann eine Abhängigkeit zwischen den beiden Stabend-Verdrehungen. Eingesetzt in die erste Gleichung erhalten wir modifizierte Steifigkeitswerte.
Damit bleibt nur eine Gleichung für eine Unbekannte übrig. Diesen Vorgang nennt man auch statische Kondensation. Am vorliegenden Beispiel könnte dieses modifizierte Grundelement für den Stab *1* verwendet werden, so dass man nur noch zwei Gleichungen mit zwei Unbekannten für das Gesamtsystem erhalten würde . Entsprechend sind auch die Lastanteile zu modifizieren.

$$\begin{bmatrix} M_a \\ M_b \end{bmatrix} = \frac{EI}{l} \begin{bmatrix} 4 & 2 \\ 2 & 4 \end{bmatrix} \begin{bmatrix} \varphi_a \\ \varphi_b \end{bmatrix}$$

$$M_b = 0 = \frac{EI}{l}\,(2\varphi_a + 4\varphi_b) \qquad 2\varphi_b = -\varphi_a$$

$$M_a = \underbrace{\frac{EI}{l}\,3}_{\text{modifizierte Steifigkeit}}\,\varphi_a$$

Bild 6.11 Modifiziertes Grundelement

Damit haben wir das Drehwinkelverfahren als Spezialfall des Weggrößenverfahrens in seinen wesentlichen Punkten abgehandelt. Die Vorgehensweise ist in der folgenden Übersicht zusammengestellt und in analoger Form direkt auf das allgemeine Weggrößenverfahren übertragbar.

6.2.3 Übersicht: Vorgehensweise beim Drehwinkelverfahren

1. Modellbildung:

- Statisches System und Elementeinteilung
- Geometrie und Stabkennwerte
- Einwirkungen: Lasten, vorgegebene Verschiebungen, Temperaturbeanspruchungen u. ä.

2a. Hauptsystem

- geometrisch bestimmt (i. A. beidseits eingespannter Träger als Grundelement)
- geometrisch Unbestimmte Φ_k des Systems, zusammengefasst in V

2b. Lastzustände

- infolge Einwirkungen
- Auflagerreaktionen und Verläufe der Zustandsgrößen am Grundelement

2c. Einheitsverschiebungszustände

- infolge Einheitswirkungen der Unbekannten an den Knoten
- Auflagerreaktionen und Verläufe der Zustandsgrößen am Grundelement

3. Ermittlung der Steifigkeiten und Lastanteile

- für jedes Stabelement in lokalen Koordinaten
- mit Hilfe des Prinzips der virtuellen Verschiebungen $\longrightarrow$ $\boldsymbol{k}$, $\boldsymbol{p}^0$

4. Aufbau des algebraischen Gleichungssystems (*Gleichgewicht*)

- Aufbau der Gesamt-Steifigkeitsmatrix $\boldsymbol{K}$ der Struktur
- Aufbau des Lastvektors $\overline{\boldsymbol{P}}$ aus Knotenlasten $\overline{\boldsymbol{P}}^*$ und Feldbelastungen $\overline{\boldsymbol{p}}_G^0$
- für die Gesamtstruktur $\longrightarrow$ $\boldsymbol{K}\,\boldsymbol{V} = \overline{\boldsymbol{P}}$ mit $\overline{\boldsymbol{P}} = \overline{\boldsymbol{P}}^* - \overline{\boldsymbol{P}}^0$

5. Lösen des Gleichungssystems

- liefert die unbekannten Weggrößen der Knoten $\longrightarrow$ $\boldsymbol{V}$
  unter Berücksichtigung der Randbedingungen

6. Ermittlung der endgültigen Weggrößen

- Stabend-Weggrößen über Knoten-Verträglichkeit aus Knoten-Weggrößen
- Verlauf im Feld ergänzen

7. Ermittlung der Kraftgrößen

- Kraftgrößen an Stabenden über Element-Beziehungen aus Weggrößen
- Verlauf der Schnittgrößen im Feld ergänzen

8. Beurteilung und Weiterverarbeitung der Ergebnisse (Bemessung etc.)

- Plausibilitätsüberlegungen
- Kontrolle von Gleichgewicht in globalen Schnitten

6.3 Zahlenbeispiel: Berechnung eines Durchlaufträgers

Der Rechengang wird jetzt an einem Beispiel (Bild 6.2) zahlenmäßig vorgeführt, das schon bisher für die allgemeine Erläuterung in Kapitel 6.2 verwendet worden ist.

Schritt 1: Modellbildung (Statisches System)

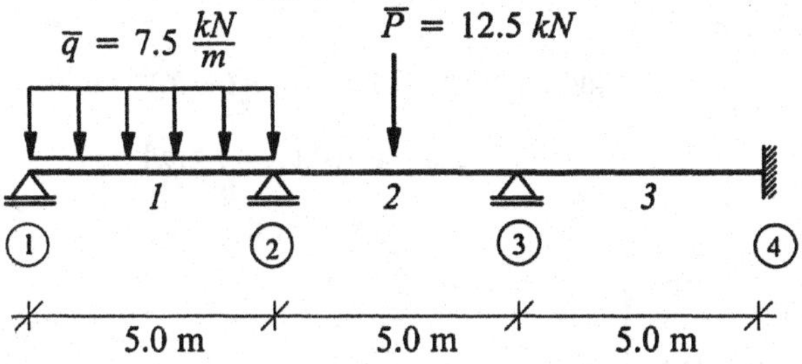

Schritt 2: Hauptsystem, Last- und Einheitszustände

Die für das Weggrößenverfahren charakteristische Wahl des beidseits eingespannten Balkens als Hauptsystem ist unter Kapitel 6.2 in Bild 6.5 und Bild 6.6 näher erläutert.

Schritt 3: Elementsteifigkeiten und Belastung

Modellbildung und Diskretisierung in den *Schritten 1 und 2* führen zu den in *Schritt 3* angegebenen Elementanteilen. Die Vorzeichen richten sich nach der speziell für das Weggrößenverfahren eingeführten Vorzeichen-Konvention 2, was insbesondere bei der Erfassung der Elementlasten zu beachten ist.

Element 1

$$\begin{bmatrix} M_1^1 \\ M_2^1 \end{bmatrix} = \frac{EI}{l}\begin{bmatrix} 4 & 2 \\ 2 & 4 \end{bmatrix} \cdot \begin{bmatrix} \varphi_1 \\ \varphi_2 \end{bmatrix} + \begin{bmatrix} \overline{q}l^2/12 \\ -\overline{q}l^2/12 \end{bmatrix} = \begin{bmatrix} 80 & 40 \\ 40 & 80 \end{bmatrix} \cdot \begin{bmatrix} \varphi_1 \\ \varphi_2 \end{bmatrix} + \begin{bmatrix} 15.625 \\ -15.625 \end{bmatrix}$$

Element 2

$$\begin{bmatrix} M_2^2 \\ M_3^2 \end{bmatrix} = \frac{EI}{l}\begin{bmatrix} 4 & 2 \\ 2 & 4 \end{bmatrix} \cdot \begin{bmatrix} \varphi_2 \\ \varphi_3 \end{bmatrix} + \begin{bmatrix} \overline{P}l/8 \\ -\overline{P}l/8 \end{bmatrix} = \begin{bmatrix} 80 & 40 \\ 40 & 80 \end{bmatrix} \cdot \begin{bmatrix} \varphi_2 \\ \varphi_3 \end{bmatrix} + \begin{bmatrix} 7.8125 \\ -7.8125 \end{bmatrix}$$

Element 3

$$\begin{bmatrix} M_3^3 \\ M_4^3 \end{bmatrix} = \begin{bmatrix} 80 & 40 \\ 40 & 80 \end{bmatrix} \cdot \begin{bmatrix} \varphi_3 \\ \varphi_4 = 0 \end{bmatrix}$$

Schritt 4: Aufbau des Gleichungssystems (Gleichgewichtsbedingungen)

Wie in Kap.6.2 ausführlich gezeigt, kommen wir in *Schritt 4* mit der Überlagerung der Elementanteile und dem Bilden des Momenten-Gleichgewichts für die drei Knoten (vgl. auch Bild 6.9) zu dem unten angegebenen symmetrischen Gleichungssystem:

Knoten 1 $\sum M_1 = 0 \rightarrow M_1^1 = 0$ $\qquad 80\,\Phi_1 + 40\,\Phi_2 + 15.625 = 0$

Knoten 2 $\sum M_2 = 0 \rightarrow M_2^1 + M_2^2 = 0$

$$(40\Phi_1 + 80\Phi_2 - 15,625) + (80\Phi_2 + 40\Phi_3 + 7.8125) = 0$$

$$40\Phi_1 + 160\Phi_2 + 40\Phi_3 - 7.8125 = 0$$

Knoten 3 $\sum M_3 = 0 \rightarrow M_3^2 + M_3^3 = 0$

$$(40\Phi_2 + 80\Phi_3 - 7,8125) + (80\Phi_3) = 0$$

$$40\Phi_2 + 160\Phi_3 - 7.8125 = 0$$

Gleichungssystem

$$\begin{bmatrix} 80 & 40 & 0 \\ 40 & 160 & 40 \\ 0 & 40 & 160 \end{bmatrix} \cdot \begin{bmatrix} \Phi_1 \\ \Phi_2 \\ \Phi_3 \end{bmatrix} = \begin{bmatrix} -15.625 \\ 7.8125 \\ 7.8125 \end{bmatrix}$$

Schritt 5: Lösung

Daraus folgen in *Schritt 5* die Unbekannten des Gleichungssystems zu:

$$\Phi_1 = -0.247897 \qquad \Phi_2 = 0.105168 \qquad \Phi_3 = 0.022536$$

Schritt 6: Weggrößenberechnung: Stabendgrößen + Überlagern des Feldverlaufs

Bei der Rückrechnung erhält man über die geometrische Knoten-Verträglichkeit zunächst die Drehwinkel an den Stabenden gemäß Schritt 2c in Bild 6.8. Diese Werte, multipliziert mit den Einheits-Verschiebungszuständen aus Schritt 2a, liefern auch den Verlauf der Drehwinkel längs der Stäbe. Für die Bemessung haben die Verdrehungen jedoch i. A.wenig Bedeutung. Deshalb wird deren numerische Ermittlung hier nicht weiter verfolgt.

Schritt 7: Schnittgrößenberechnung: Stabendgrößen + Überlagern des Feldverlaufs

Mit Hilfe der Stabend-Verdrehungen lassen sich über die Elementbeziehungen die Stabend-Momente ermitteln, deren Werte noch in Vorzeichen-Konvention 1 umzurechnen sind. Dann wird der Verlauf der Momente aus den jeweiligen Elementlasten (vgl.Bild 6.5) zwischen diese Endwerte "eingehängt", wie in Bild 6.12 für den gesamten Durchlaufträger gezeigt ist.

Element 1

$$\begin{bmatrix} M_1^1 \\ M_2^1 \end{bmatrix} = \frac{EI}{l}\begin{bmatrix} 4 & 2 \\ 2 & 4 \end{bmatrix} \cdot \begin{bmatrix} \varphi_1 \\ \varphi_2 \end{bmatrix} + \begin{bmatrix} \overline{q}l^2/12 \\ -\overline{q}l^2/12 \end{bmatrix} = \begin{bmatrix} 80 & 40 \\ 40 & 80 \end{bmatrix} \cdot \begin{bmatrix} -0.247897 \\ 0.105168 \end{bmatrix} + \begin{bmatrix} 15.625 \\ -15.625 \end{bmatrix}$$

$$\begin{bmatrix} M_1^1 \\ M_2^1 \end{bmatrix} = \begin{bmatrix} -15.625 \\ -1.5024 \end{bmatrix} + \begin{bmatrix} 15.625 \\ -15.625 \end{bmatrix} = \begin{bmatrix} 0.0 \\ -17.1274 \end{bmatrix} \quad \left(\underset{\text{VzK 1}}{\begin{bmatrix} 0.0 \\ -17.13 \end{bmatrix}}\right)$$

Element 2

$$\begin{bmatrix} M_2^2 \\ M_3^2 \end{bmatrix} = \frac{EI}{l}\begin{bmatrix} 4 & 2 \\ 2 & 4 \end{bmatrix} \cdot \begin{bmatrix} \varphi_2 \\ \varphi_3 \end{bmatrix} + \begin{bmatrix} \overline{P}l/8 \\ -\overline{P}l/8 \end{bmatrix} = \begin{bmatrix} 80 & 40 \\ 40 & 80 \end{bmatrix} \cdot \begin{bmatrix} 0.105168 \\ 0.022536 \end{bmatrix} + \begin{bmatrix} 7.8125 \\ -7.8125 \end{bmatrix}$$

$$\begin{bmatrix} M_2^2 \\ M_3^2 \end{bmatrix} = \begin{bmatrix} 9.3148 \\ 6.0096 \end{bmatrix} + \begin{bmatrix} 7.8125 \\ -7.8125 \end{bmatrix} = \begin{bmatrix} 17.129 \\ -1.803 \end{bmatrix} \quad \left(\begin{bmatrix} -17.13 \\ -1.80 \end{bmatrix} \right)$$

VzK 1

Element 3

$$\begin{bmatrix} M_3^3 \\ M_4^3 \end{bmatrix} = \begin{bmatrix} 80 & 40 \\ 40 & 80 \end{bmatrix} \cdot \begin{bmatrix} \varphi_3 \\ \varphi_4 = 0 \end{bmatrix}$$

VzK 1

$$\begin{bmatrix} M_2^2 \\ M_3^2 \end{bmatrix} = \begin{bmatrix} 80 & 40 \\ 40 & 80 \end{bmatrix} \cdot \begin{bmatrix} 0.022536 \\ 0.0 \end{bmatrix} = \begin{bmatrix} 1.803 \\ 0.9015 \end{bmatrix} \quad \left(\begin{bmatrix} -1.80 \\ 0.90 \end{bmatrix} \right)$$

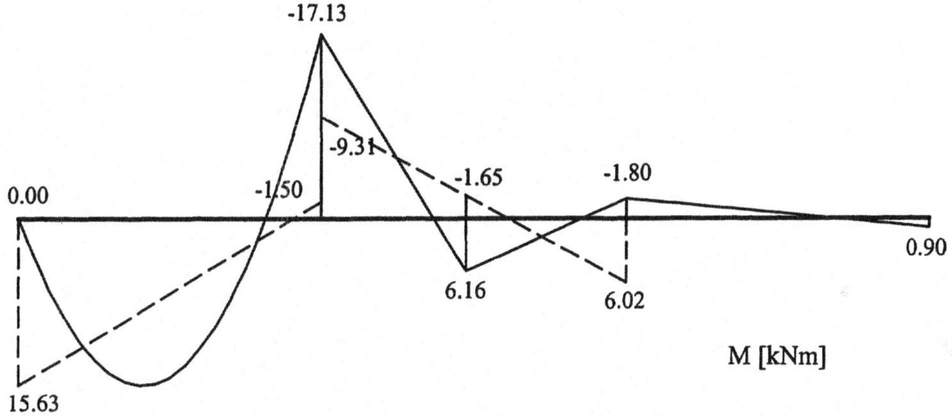

Bild 6.12 Verlauf des Biegemoments

In gleicher Weise ermittelt man mit Hilfe der Stabendwerte der Querkräfte und den aus den Elementlasten folgenden Verteilungen längs der Stäbe den vollständigen Querkraftverlauf:

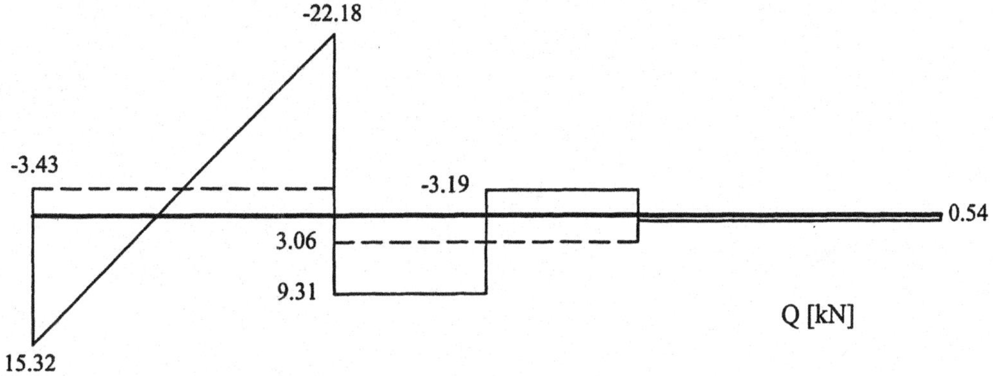

Bild 6.13 Verlauf der Querkraft

7 Weggrößenverfahren

7.1 Das Prinzip der virtuellen Verschiebungen als Grundlage des Weggrößenverfahrens

Zur Einführung wird das bereits in Kapitel 3 ausführlich abgeleitete Prinzip der virtuellen Verschiebungen noch einmal kurz erläutert und als Grundlage für die Berechnung ebener Tragwerke spezialisiert. Eben beanspruchte Tragwerke dienen wegen der einfacheren Schreibweise dabei nur als Beispiel, die Vorgehensweise des allgemeinen Weggrößenverfahrens darzustellen. Die Methode ist jedoch in derselben Weise auch für beliebig beanspruchte Stabtragwerke anzuwenden.

Im übrigen können wir nahtlos an das vorherige Kapitel anschließen, in dem dieses Verfahren für Tragwerke mit einem Freiheitsgrad pro Knoten auf anschaulichem Wege aufgebaut wurde.

Zunächst stellen wir in einem Schema die Differentialform des Gleichgewichts (Differentialgleichungen) der Integralform (Prinzip der virtuellen Verschiebungen als Arbeitsprinzip) gegenüber:

Differentialform (Dgln.)		*Integralform (Arbeitsprinzip)*
Gleichgewicht und stat. Randbedingungen	⇔	Prinzip der virtuellen Verschiebungen

Das Prinzip der virtuellen Verschiebungen ist im Sinne eines Arbeitsprinzips eine globale Aussage, das dem Gleichgewicht und den statischen Randbedingungen völlig äquivalent ist, wie bereits in den Kapiteln 3 und 4.1 gezeigt wurde. Als Voraussetzung gilt, dass ein kinematisch verträglicher Verschiebungszustand vorliegt, d. h., dass die kinematische Verträglichkeit und die kinematischen Randbedingungen erfüllt sind.

Prinzip der virtuellen Verschiebungen (PvV): $\quad -(\delta W_i + \delta W_a) = 0$

Ein Spannungszustand ist im Gleichgewicht, wenn für einen beliebigen virtuellen, kinematisch verträglichen Verschiebungszustand die Summe der virtuellen Arbeiten gleich Null ist.

Als Beispiel für die innere virtuelle Arbeit betrachten wir hier eine Struktur, dessen Stäbe durch Längswirkungen und einachsige Biegung beansprucht sind. Bei Längsbeanspruchung wird eine innere virtuelle Arbeit aus Spannung mal virtueller Dehnung geleistet. In analoger Weise lässt sich die virtuelle innere Arbeit der Biegestäbe als Produkt aus Moment und virtueller Verkrümmung schreiben, vgl. auch Gl. (3-65). Dabei sind die Arbeiten über alle Stäbe (Elemente) und Knoten aufzusummieren:

$$-\delta W = \sum_{Elemente} \int_x \left[\delta\varepsilon\, N + \delta\kappa\, M + \delta\gamma\, Q - \delta u\, \overline{p}_x - \delta w\, \overline{p}_z \right] dx$$

$$- \sum_{Knoten} \left[\delta U_{Xk} \overline{P}_{Xk} + \delta U_{Zk} \overline{P}_{Zk} + \delta \Phi_{Yk} \overline{M}_{Yk} \right] = 0$$

Einsetzen des Werkstoffgesetzes und der Kinematik führt auf eine reine Weggrößenformulierung als Ausgangspunkt sowohl für die Ermittlung der Elementanteile (Steifigkeitsmatrizen und Lastvektoren) als auch für die Berechnung des Gesamtsystems. Bei Vernachlässigung der Biegeschubverzerrungen ($\gamma = 0 : \quad \varphi = -w', \ \kappa = -w''$) ergibt sich mit Einschluss eingeprägter Längsdehnungen $\bar{\varepsilon}$ und eingeprägter Verkrümmungen $\bar{\kappa}$:

$$- \delta W = \sum_{Elemente} \int_x \left[\delta u' EA \, (u' - \bar{\varepsilon}) + \delta w'' EI \, (w'' + \bar{\kappa}) - \delta u \, \bar{p}_x - \delta w \, \bar{p}_z \right] dx$$

$$- \sum_{Knoten} \left[\delta U_{Xk} \bar{P}_{Xk} + \delta U_{Zk} \bar{P}_Z + \delta \Phi_{Yk} \bar{M}_k \right] = 0 \qquad (7\text{-}1)$$

Das Prinzip der virtuellen Verschiebungen ist in dieser Form für ebene Tragwerke geeignet. Vom Aufbau her ist es so dargestellt, dass zunächst die Anteile der virtuellen Arbeiten angegeben sind, die aus Längskraft und einachsiger Biegung resultieren und dann die äußere virtuelle Arbeit, die alle Anteile mit Lasteinwirkungen (mit Querstrich gekennzeichnet) enthält, sowohl die Streckenlasten auf den Stäben als auch die an den Knoten angreifenden Einzellasten. Es wird dann mit der Summe der Integrale über alle Stäbe und zusätzlich mit der Summe über alle Knoten die virtuelle Arbeit für das gesamte System gebildet. Wie oben erläutert, entspricht dies auch der integralen Formulierung des Gleichgewichts einschließlich der statischen Randbedingungen. Diese Äquivalenz von Differential- und Integralform wurde in Kap. 4.1 am Beispiel des Balkens ausführlich erläutert.

Festzuhalten ist noch, dass in Kapitel 4 das Prinzip der virtuellen Verschiebungen generell für die Bestimmung der Steifigkeitsmatrizen und Lastvektoren der einzelnen Elemente verwendet worden ist, z.B. für den Fachwerkstab und den Biegeträger.
Denn für den *Anteil eines einzelnen Elements i* an der gesamten virtuellen Arbeit folgt:

$$- \delta W = - \int_x [\delta u' EA \, (u' - \bar{\varepsilon}) + \delta w'' EI \, (w'' + \bar{\kappa}) \, dx$$

$$+ \int_x \left(\delta u \, \bar{p}_x + \delta w \, \bar{p}_z + \delta \varphi \, \bar{m}_y \right) dx$$

$$\text{mit} \quad N = EA \, \varepsilon, \qquad M = EI \kappa \,, \qquad \text{(Stoffgesetz)}$$

$$\varepsilon + \bar{\varepsilon} = u' \,, \qquad \kappa + \bar{\kappa} = - w'' \qquad \text{(Kinematik)}$$

Damit wird deutlich, dass das Prinzip der virtuellen Verschiebungen die allgemeine Grundlage ist, um sowohl Steifigkeitswerte und Lastanteile der Einzelstäbe numerisch zu bestimmen (Kapitel 4) als auch - wie in diesem Kapitel - eine Systemberechnung als Weggrößenverfahren durchzuführen.

7.2 Transformation von Zustandsgrößen

Im Unterschied zum lotrecht unverschieblich aufgelagerten Durchlaufträger sind bei ebenen Tragwerken (z.B. Rahmen) nicht nur die Verdrehungen unbekannt, sondern zusätzlich auch die Verschiebungen an den Knoten. Außerdem sind die Stabelemente nicht nur durchlaufend angeordnet, sondern sie können auch beliebig in der Ebene liegen. Es ist also erforderlich, die Orientierung eines beliebigen Stabes in Bezug auf ein globales Koordinatensystem zu beschreiben.

Dies wird beispielsweise in Bild 7.5 deutlich, in dem die Modellbildung eines ebenen Rahmens gezeigt ist. Die verschiedenen Stäbe haben in Bezug auf ein globales Koordinatensystem eine unterschiedliche Lage, die für ein einheitliches Bilden von Gleichgewicht (Überlagerung der Steifigkeitsmatrizen zum Gesamtsystem) zu erfassen ist.

Nachfolgend zeigen Bild 7.1 und Bild 7.2 die Kraft- und Weggrößen an den Stabenden, die einmal in Bezug auf das lokale Koordinatensystem des Stabes und zum anderen in Bezug auf das globale Koordinatensystem angeordnet sind. Dabei ist folgerichtig die Bezeichnungsweise der Kraft- und Weggrößen an den Stabenden zu unterscheiden. Für die globalen Größen der zugehörigen Spaltenmatrizen $\boldsymbol{p}$ und $\boldsymbol{v}$ erfolgt dies durch einen tiefgestelltes G.

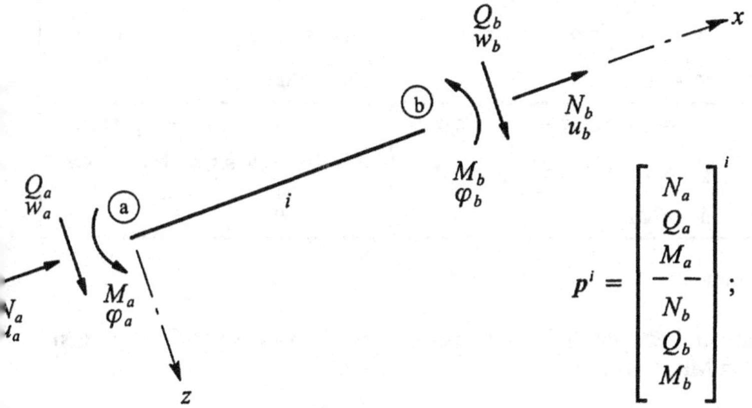

$$\boldsymbol{p}^i = \begin{bmatrix} N_a \\ Q_a \\ M_a \\ -- \\ N_b \\ Q_b \\ M_b \end{bmatrix}^i ; \quad \boldsymbol{v}^i = \begin{bmatrix} u_a \\ w_a \\ \varphi_a \\ -- \\ u_b \\ w_b \\ \varphi_b \end{bmatrix}^i$$

Bild 7.1 *Lokale* Kraft- und Weggrößen an den Stabenden (Vorzeichen-Konvention 2)

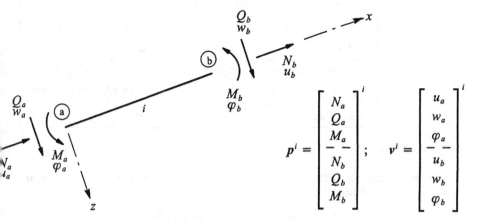

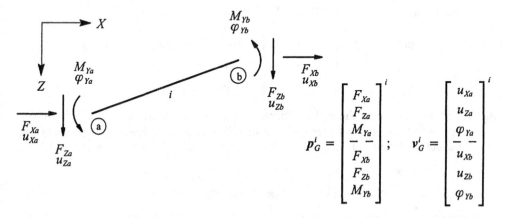

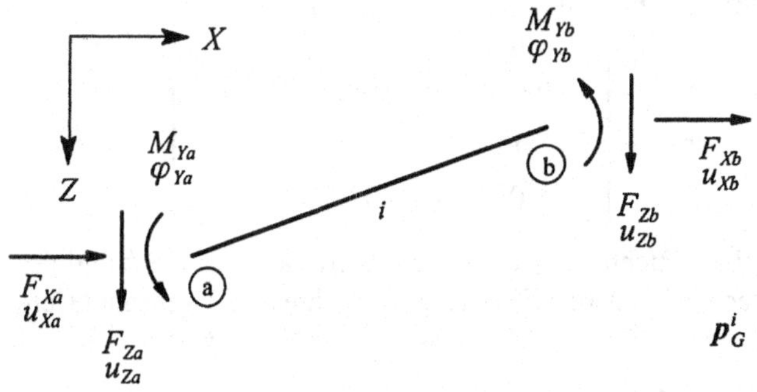

$$\boldsymbol{p}_G^i = \begin{bmatrix} F_{Xa} \\ F_{Za} \\ M_{Ya} \\ -- \\ F_{Xb} \\ F_{Zb} \\ M_{Yb} \end{bmatrix}^i ; \quad \boldsymbol{v}_G^i = \begin{bmatrix} u_{Xa} \\ u_{Za} \\ \varphi_{Ya} \\ -- \\ u_{Xb} \\ u_{Zb} \\ \varphi_{Yb} \end{bmatrix}^i$$

Bild 7.2 G*lobale* Kraft- und Weggrößen an den Stabenden (Vorzeichen-Konvention 2)

Die zugehörigen Transformationsbeziehungen sind in Kap. 5.2 angegeben und in Bild 7.3 zusammengestellt. Dabei ist zu beachten, dass nur die Kraft- und Verschiebungskomponenten sowie Vektorkomponenten mit Hilfe trigonometrischer Funktionen umzurechnen sind, nicht aber die Verdrehung und das zugehörige Moment, welche die gleichen Werte behalten.

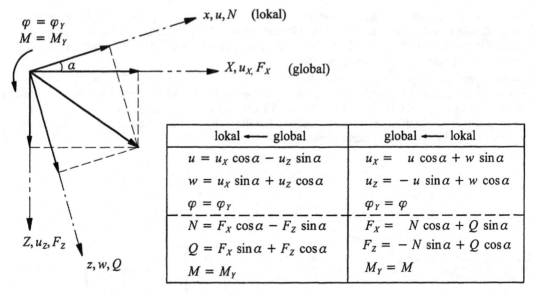

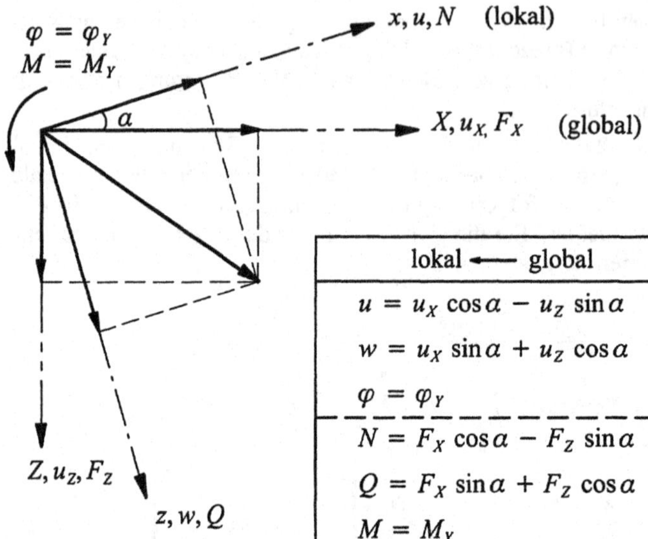

lokal ⟵ global	global ⟵ lokal
$u = u_X \cos\alpha - u_Z \sin\alpha$	$u_X = \quad u \cos\alpha + w \sin\alpha$
$w = u_X \sin\alpha + u_Z \cos\alpha$	$u_Z = -u \sin\alpha + w \cos\alpha$
$\varphi = \varphi_Y$	$\varphi_Y = \varphi$
$N = F_X \cos\alpha - F_Z \sin\alpha$	$F_X = \quad N \cos\alpha + Q \sin\alpha$
$Q = F_X \sin\alpha + F_Z \cos\alpha$	$F_Z = -N \sin\alpha + Q \cos\alpha$
$M = M_Y$	$M_Y = M$

Bild 7.3 Transformationsbeziehungen

Für die Transformation der Größen bezogen auf das globale und das lokale Koordinatensystem (und umgekehrt) folgen damit in Matrizenschreibweise die Beziehungen

Verschiebungsgrößen:	Kraftgrößen:	
$\boldsymbol{v}^i = \boldsymbol{T}^i \boldsymbol{v}^i_G$	$\boldsymbol{p}^i = \boldsymbol{T}^i \boldsymbol{p}^i_G$	(7-2)
$\boldsymbol{v}^i_G = \boldsymbol{T}^{iT} \boldsymbol{v}^i$	$\boldsymbol{p}^i_G = \boldsymbol{T}^{iT} \boldsymbol{p}^i$	(7-3)

mit der Transformationsmatrix $\boldsymbol{T}$ und $\boldsymbol{T}^{-1} = \boldsymbol{T}^T$ (orthogonale Transformation)

$$\boldsymbol{T} = \begin{bmatrix} \cos\alpha & -\sin\alpha & 0 \\ \sin\alpha & \cos\alpha & 0 \\ 0 & 0 & 1 \end{bmatrix} \qquad \boldsymbol{T}^{-1} = \begin{bmatrix} \cos\alpha & \sin\alpha & 0 \\ -\sin\alpha & \cos\alpha & 0 \\ 0 & 0 & 1 \end{bmatrix} \tag{7-4}$$

Als Folge der Transformation in die globale Richtung wird sich die Steifigkeitsmatrix $\boldsymbol{k}$ und die Lastspalte $\boldsymbol{p}^{i0}$ eines Stabelements entsprechend ändern, wie aus der nachfolgenden Umformung ersichtlich ist, bei der die lokalen und globalen Größen mit Hilfe von (7-3) ersetzt werden:

$$\boldsymbol{p}^i = \boldsymbol{k}^i \boldsymbol{v}^i + \boldsymbol{p}^{i0} \quad \Rightarrow \quad \boldsymbol{p}^i_G = \boldsymbol{T}^{iT} \boldsymbol{p}^i = \boldsymbol{T}^{iT} \boldsymbol{k}^i \boldsymbol{T}^i \boldsymbol{v}^i_G + \boldsymbol{T}^{iT} \boldsymbol{p}^{i0}$$

Daraus lassen sich die Transformationsbeziehungen unmittelbar ablesen :

Elementsteifigkeitsmatrix:	$\boldsymbol{k}^i$ (lokal)	$\Rightarrow \boldsymbol{k}^i_G = \boldsymbol{T}^{iT} \boldsymbol{k}^i \boldsymbol{T}^i$ (global)	(7-5)
Lastanteile:	$\boldsymbol{p}^{i0}$ (lokal)	$\Rightarrow \boldsymbol{p}^{i0}_G = \boldsymbol{T}^{iT} \boldsymbol{p}^{i0}$ (global)	(7-6)

Die vier Untermatrizen von $\boldsymbol{k}^i$ können auch jeweils für sich transformiert werden. Diese Art der Umformung ist jedoch nur für die Handrechnung in dieser Form zweckmäßig. In Rechenprogrammen wird die Elementsteifigkeitsmatrix $\boldsymbol{k}^i_G$ im globalen Koordinatensystem in allgemeiner Weise durch Matrizenmultiplikation in der Form $\boldsymbol{k}^i_G = \boldsymbol{T}^{iT} \boldsymbol{k}^i \boldsymbol{T}^i$ bestimmt.

7.3 Systemberechnung durch Bilden von Knotengleichgewicht

7.3.1 Einführung

Zur Berechnung der unbekannten Knotenverschiebungen und Knotenverdrehungen ist an jedem Knoten das Gleichgewicht der Kräfte bzw. Momente in Richtung der globalen Achsen aufzustellen, die nicht durch starre Festhaltungen behindert sind. Diese Knotenverschiebungen (*'Freiheitsgrade'*) werden fortlaufend durchnummeriert; ihre Nummer bezeichnet damit gleichzeitig die jeweilige Gleichgewichtsbedingung (Zeile des Gleichungssystems bzw. der System-Steifigkeitsmatrix und System-Lastspalte).

Die Gleichgewichtsbedingungen können durch Rundschnitte um alle Knoten oder mit Hilfe des Prinzips der virtuellen Verschiebungen erfaßt werden. Hierzu wird als Information benötigt, welche Stabend-Schnittgrößen zu welchen Gleichgewichtsbedingungen einen Beitrag liefern. Diese Zuordnung kann entweder direkt aus der Systemgeometrie durch Zuordnung der einzelnen Elemente zu den angrenzenden Knoten gewonnen werden oder allgemeiner durch formale Einführung einer sog. *Inzidenztafel Stab - Knoten.* Der zweite Weg wird in Kap. 7.5 gezeigt.

Als Beispiel für die Aufstellung des Gleichungssystems des Weggrößenverfahrens durch direktes Bilden des Gleichgewichts an den Knoten wird hier die Gleichgewichtsbedingung $\sum F_Z = 0$ für die vertikale Verschiebung U_Z im Knoten 2 aufgestellt (bezogen auf globale Koordinaten). Man bildet die Summe der vertikalen Kräfte über alle am Knoten 2 angeschlossenen Elemente, ergänzt durch eine direkt am Knoten 2 angreifende vertikale Einzellast $\bar{P}^*_{Z2}$:

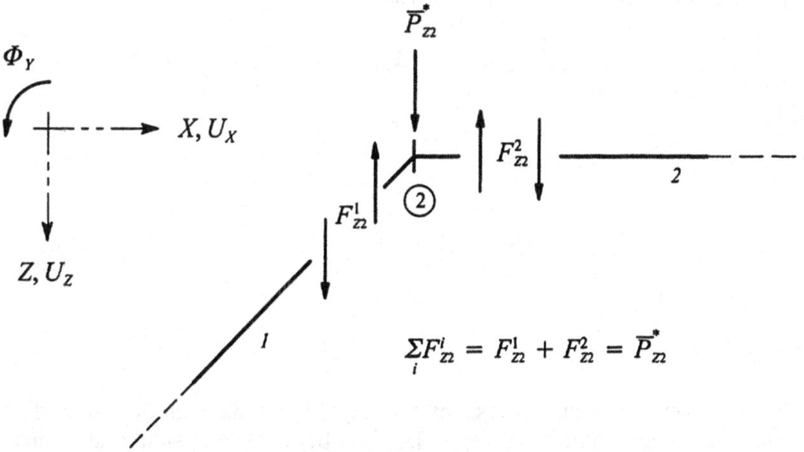

Bild 7.4 Gleichgewicht der vertikalen Kräfte F_Z am Knoten 2

Analog sind alle Gleichgewichtsbedingungen aufzustellen, die man den übrigen unbekannten Verschiebungen und Verdrehungen an diesem Knoten und allen anderen Knoten des Systems zuordnet. Für die Kraftgrößen $\boldsymbol{p}^i_G$ an den Element- bzw. Stabenden werden die Elementsteifigkeitsmatrix $\boldsymbol{k}^i_G$, die Verschiebungen $\boldsymbol{v}^i_G$ und die Volleinspanngrößen $\boldsymbol{p}^{i0}_G$ eingesetzt; dies erfolgt nach der Transformation in die *globalen* Koordinatenrichtungen (in *Vorzeichen-Konvention 2)* gemäß Gl. (7-5) und (7-6).

Fasst man die unbekannten Knotenverschiebungen (und -verdrehungen) in der Spaltenmatrix $\boldsymbol{V}$ zusammen, so lässt sich das Bilden von Gleichgewicht über alle Freiheitsgrade als Überlagerung der Element-Steifigkeitsmatrizen zur Gesamtsteifigkeitsmatrix des Systems $\boldsymbol{K}$ auffassen. Entsprechend erhalten wir mit

$$\overline{\boldsymbol{P}} = \overline{\boldsymbol{P}}^{*} - \overline{\boldsymbol{P}}^{0} \tag{7-7}$$

die Summe der Lastanteile aus den Elementlasten $\overline{\boldsymbol{P}}^{0}$ und den direkten Knotenlasten $\overline{\boldsymbol{P}}^{*}$. Das vollständige algebraische Gleichungssystem des Weggrößenverfahrens ergibt sich zu:

$$\boxed{\boldsymbol{K}\,\boldsymbol{V} = \overline{\boldsymbol{P}}} \tag{7-8}$$

7.3.2 Systemberechnung eines ebenen Rahmens

Die oben skizzierte Vorgehensweise, die durch anschauliches Bilden von Gleichgewicht für alle Freiheitsgrade gekennzeichnet ist, wird in diesem Kapitel anhand eines ebenen Rahmens ausführlich erläutert. Dabei zeigt sich, dass der in Kapitel 6 besprochene Lösungsweg völlig analog angewendet werden kann. Statt einem Freiheitsgrad pro Knoten sind jeweils drei Freiheitsgrade anzusetzen (zwei Verschiebungen und eine Verdrehung).

Modellbildung (Idealisierung):

Im *ersten Schritt* wird die Modellbildung behandelt, bei der das geplante oder vorhandene Tragwerk durch ein statisches System ersetzt wird. Dabei wird am Demonstrationsbeispiel angenommen, dass der dafür gewählte Rahmen durch entsprechend ausgebildete Fundamente fest eingespannt ist und dass Stiele und Riegel jeweils konstante Querschnitte aufweisen.

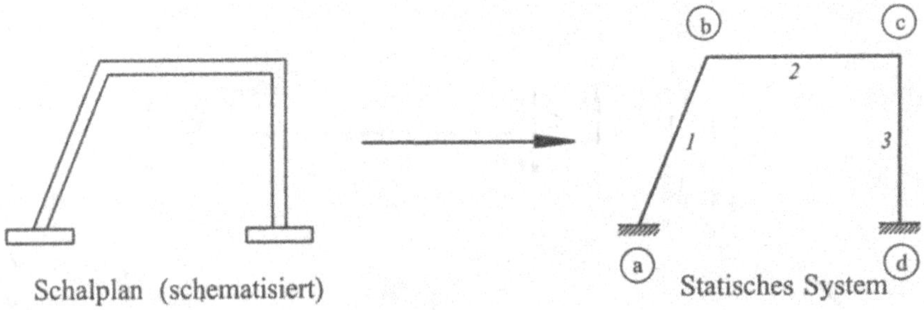

Bild 7.5 Zur Modellbildung

Außerdem sind sowohl die Abmessungen, Querschnittswerte, Materialkenngrößen und die Einwirkungen als auch die Elementeinteilung festzulegen. Das hier betrachtete System besteht aus drei Elementen und vier Knoten; gesucht ist der Verlauf der Zustandsgrößen über die Elemente, deren Werte an den Knoten und an den Orten mit extemen Werten.

Die Schnittgrößen eines Elements i sind in der Spaltenmatrix $\boldsymbol{s}^i$ aufgelistet, ebenso die zugeordneten Verzerrungen in $\boldsymbol{\varepsilon}^i$ und die Verschiebungen bzw. die Verdrehung in $\boldsymbol{v}^i$. Diese Zustandsgrößen haben i. A. über das Element einen veränderlichen Verlauf:

$$\begin{bmatrix} N(x) \\ Q(x) \\ M(x) \end{bmatrix}^i \xleftrightarrow{\text{Stoffgesetz}} \begin{bmatrix} \varepsilon(x) \\ \gamma(x) \\ \varkappa(x) \end{bmatrix}^i \xleftrightarrow{\text{Kinematik}} \begin{bmatrix} u(x) \\ w(x) \\ \varphi(x) \end{bmatrix}^i \qquad \text{Element } i$$

$$\boldsymbol{s}^i(x) \qquad \boldsymbol{\varepsilon}^i(x) \qquad \boldsymbol{u}^i(x)$$

Wahl der Unbekannten und Diskretisierung:

Als Unbekannte der Berechnung werden in *Schritt 2* die Weggrößen (Verschiebungen und Verdrehungen) der Knoten gewählt. Um den kontinuierlichen Verlauf der Zustandsgrößen über das Element mit den diskreten Knotengrößen in Verbindung zu bringen, führt man die Randgrößen der Elemente ein. Sie werden in den Spaltenmatrizen $\boldsymbol{p}^i_{kG}$ für die Kraftgrößen und $\boldsymbol{v}^i_{kG}$ für die Weggrößen am Elementrand zusammengefasst, vgl. Kap. 4.2.1. Die entsprechenden unbekannten Größen am Knoten werden mit $\boldsymbol{P}_k$ bzw. $\boldsymbol{V}_k$, die Einwirkungen mit $\overline{\boldsymbol{P}}_k$ bzw. $\overline{\boldsymbol{V}}_k$ bezeichnet:

Elementrand: Knoten:

$$\begin{bmatrix} F_X \\ F_Z \\ M_Y \end{bmatrix}^i_k \longleftrightarrow \begin{bmatrix} u_X \\ u_Z \\ \varphi_Y \end{bmatrix}^i_k \qquad \begin{bmatrix} \overline{P}_X \\ \overline{P}_Z \\ \overline{M}_Y \end{bmatrix}_k \longleftrightarrow \begin{bmatrix} U_X \\ U_Z \\ \Phi_Y \end{bmatrix}_k \quad \text{oder} \quad \begin{bmatrix} P_X \\ P_Z \\ M_Y \end{bmatrix}_k \longleftrightarrow \begin{bmatrix} \overline{U}_X \\ \overline{U}_Z \\ \overline{\Phi}_Y \end{bmatrix}_k$$

$\boldsymbol{p}^i_{kG}$	$\boldsymbol{v}^i_{kG}$	$\overline{\boldsymbol{P}}_k$	$\boldsymbol{V}_k$	$\boldsymbol{P}_k$	$\overline{\boldsymbol{V}}_k$
Kraftgrößen	Weggrößen	eingeprägte Kraftgrößen	unbekannte Weggrößen	unbekannte Kraftgrößen	eingeprägte Weggrößen

Am Beispiel eines Knotens sind die zugehörigen Kraftgrößen der benachbarten Stabenden und die Knotenlasten in Bild 7.6 dargestellt:

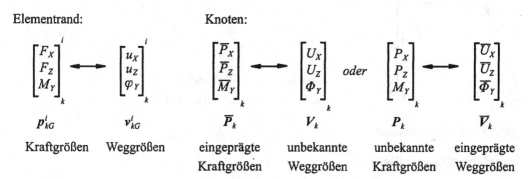

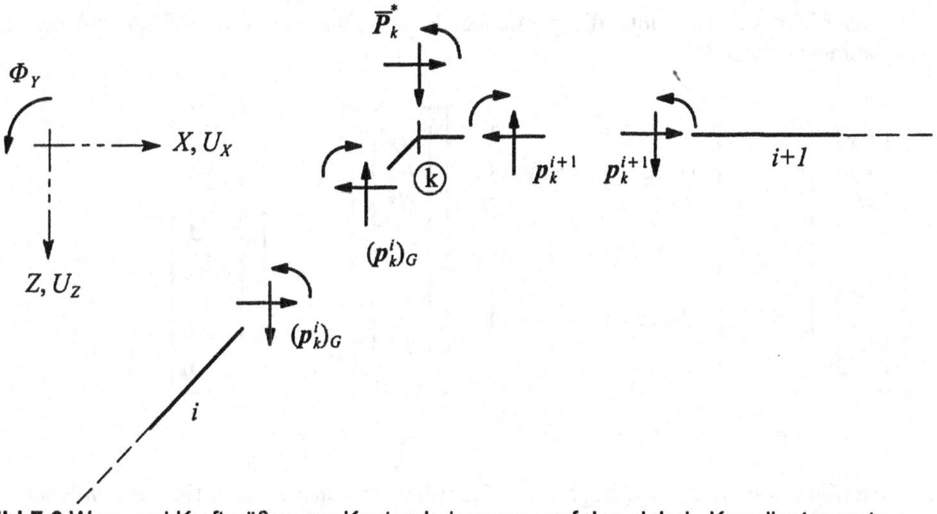

Bild 7.6 Weg- und Kraftgrößen am Knoten k, bezogen auf das globale Koordinatensystem

Elementmatrizen:

Im *dritten Schritt* werden die Elementeigenschaften der Stäbe gemäß Kapitel 4 durch die Beziehung zwischen den Kraftgrößen und den Weggrößen an den Elementrändern angegeben, vgl. Bild 7.7. Diese Koeffizienten sind ein Maß für die Steifigkeit des betreffenden Elements. Sie geben an, welche Kräfte für eine Einheitsverschiebung des Elementrandes erforderlich sind. In Matrizenanordnung spricht man von der Elementsteifigkeitsmatrix $\boldsymbol{k}^i$. Diese ist im allgemeinen zunächst auf ein lokales Elementkoordinatensystem bezogen *(Schritt 3a)*, z.B. für Stab 1:

$$\begin{bmatrix} p_a \\ p_b \end{bmatrix}^1 = \begin{bmatrix} k_{aa} & k_{ab} \\ k_{ba} & k_{bb} \end{bmatrix}^1 \begin{bmatrix} v_a \\ v_b \end{bmatrix}^1 + \begin{bmatrix} p_a^0 \\ p_b^0 \end{bmatrix}^1 \qquad p_b^1 = \begin{bmatrix} N \\ Q \\ M \end{bmatrix}_b^1, \quad v_b^1 = \begin{bmatrix} u \\ w \\ \varphi \end{bmatrix}_b^1$$

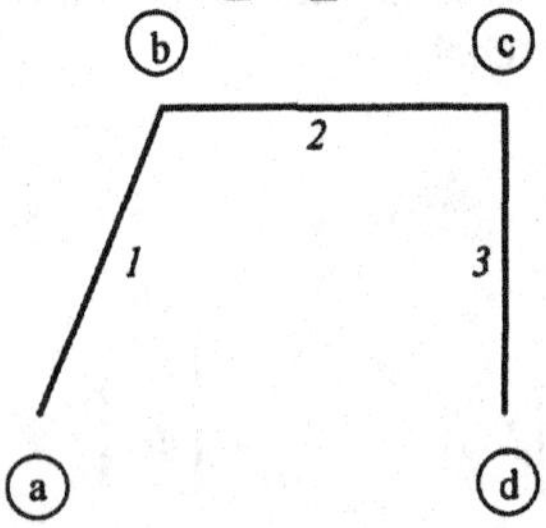

$$p^i = k^i v^i + p^{i0} \tag{7-9}$$

lokale Elementsteifigkeiten $\boldsymbol{k}^i$
und Volleinspannschnittgrößen $\boldsymbol{p}^{i0}$

Bild 7.7 Elementeigenschaften

Transformation am Element:

Für den Zusammenbau zum System ist mit *Schritt 3b* noch die Transformation vom *lokalen* Koordinatensystem des Elements auf ein einheitliches Gesamtkoordinatensystem - das *globale* Koordinatensystem - vorzunehmen, vgl. Kapitel 7.2 .

Im globalen Koordinatensystem lautet die grundlegende Beziehung des Weggrößenverfahrens für ein ebenes Rahmenelement i :

$$\begin{bmatrix} \begin{bmatrix} F_X \\ F_Z \\ M_Y \end{bmatrix}_a \\ \\ \begin{bmatrix} F_X \\ F_Z \\ M_Y \end{bmatrix}_b \end{bmatrix}^i = \left[\begin{array}{c|c} (k_{aa})_G & (k_{ab})_G \\ \hline (k_{ba})_G & (k_{bb})_G \end{array}\right]^i \begin{bmatrix} \begin{bmatrix} u_X \\ u_Z \\ \varphi_Y \end{bmatrix}_a \\ \\ \begin{bmatrix} u_X \\ u_Z \\ \varphi_Y \end{bmatrix}_b \end{bmatrix}^i + \begin{bmatrix} \begin{bmatrix} F_X^0 \\ F_Z^0 \\ M_Y^0 \end{bmatrix}_a \\ \\ \begin{bmatrix} F_X^0 \\ F_Z^0 \\ M_Y^0 \end{bmatrix}_b \end{bmatrix}^i \tag{7-10}$$

$$p_G^i = k_G^i \; v_G^i + p_G^{i0}$$

Die Elementsteifigkeitsmatrizen $\boldsymbol{k}_G^i$ (im *globalen* Koordinatensystem) und $\boldsymbol{k}^i$ (im *lokalen* Koordinatensystem) sind symmetrisch. Sie sind singulär, wenn die Randbedingungen noch nicht eingearbeitet sind.

Aufbau des Gleichungssystems:

In der weiteren Systemberechnung des Weggrößenverfahrens bildet man in *Schritt 4* das Gleichgewicht der Kraftgrößen im Knoten. Am Beispiel des Rahmens ist an allen Knoten (vgl. Bild 7.8) die Summe der Kraftgrößen an den Rändern aller benachbarten Elemente gleich den dort angreifenden Knotenlasten zu setzen. Außerdem sind für jeden Knoten die Stabend-Verschiebungen benachbarter Stäbe mit den Knoten-Verschiebungen gleichzusetzen (kinematische Verträglichkeit) wie dies in Bild 7.8 ebenfalls angegeben ist:

Gleichgewicht an den Knoten

$$(p_a^1)_G = \overline{P}_a^*$$

$$(p_b^1)_G + (p_b^2)_G = \overline{P}_b^*$$

$$(p_c^2)_G + (p_c^3)_G = \overline{P}_c^*$$

$$(p_d^3)_G = \overline{P}_d^*$$

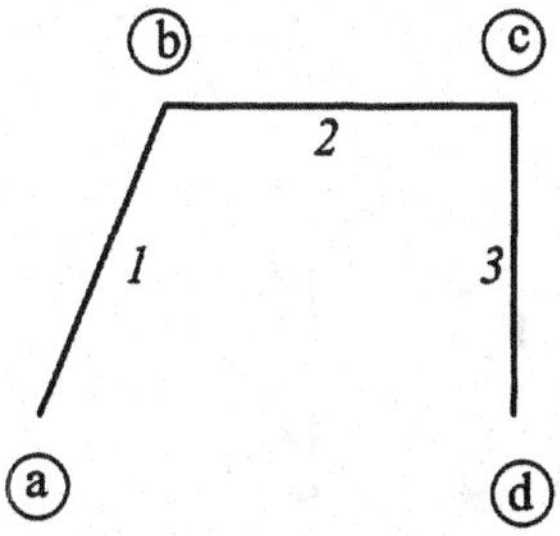

Kinematische Verträglichkeit an den Knoten:

$$(v_a^1)_G = V_a$$

$$(v_b^1)_G = (v_b^2)_G = V_b$$

$$(v_c^2)_G = (v_c^3)_G = V_c$$

$$(v_d^3)_G = V_d$$

Bild 7.8 Gleichgewicht und kinematische Verträglichkeit an den Knoten

Die Kraftgrößen p_G der Elementränder werden dann mit Hilfe der Steifigkeitskoeffizienten k_G durch deren korrespondierende Weggrößen v_G ersetzt. Weiterhin verbindet man über die kinematische Verträglichkeit in den Knoten die Randgrößen $(v_k^i)_G$ der Elemente mit den Knotenweggrößen V_k, den Unbekannten des Gleichungssystems. Dies wird für die Knoten a und b dargestellt, wobei hier der an allen Größen anzuschreibende Index $(..)_G$ zur Schreibvereinfachung weggelassen ist:

$$p_a^1 = k_{aa}^1 \, v_a^1 + k_{ab}^1 \, v_b^1 + p_a^{10} = k_{aa}^1 \, V_a + k_{ab}^1 \, V_b + p_a^{10} = P_a^*$$

$$\begin{aligned} p_b^1 + p_b^2 &= k_{ba}^1 \, v_a^1 + k_{bb}^1 \, v_b^1 + p_b^{10} + k_{bb}^2 \, v_b^2 + k_{bc}^2 \, v_c^2 + p_b^{20} \\ &= k_{ba}^1 \, V_a + k_{bb}^1 \, V_b + p_b^{10} + k_{bb}^2 \, V_b + k_{bc}^2 \, V_c + p_b^{20} = P_b^* \end{aligned}$$

Das Knotengleichgewicht stellt sich jetzt als eine Überlagerung der Steifigkeiten benachbarter Elemente zur Gesamtsteifigkeitsmatrix $\boldsymbol{K}$ (Systemmatrix) dar. An ihrer Struktur ist deutlich die Kopplung der Elementmatrizen benachbarter Stäbe am jeweiligen Knoten zu erkennen:

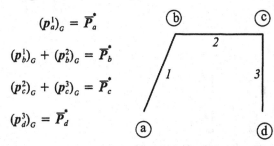

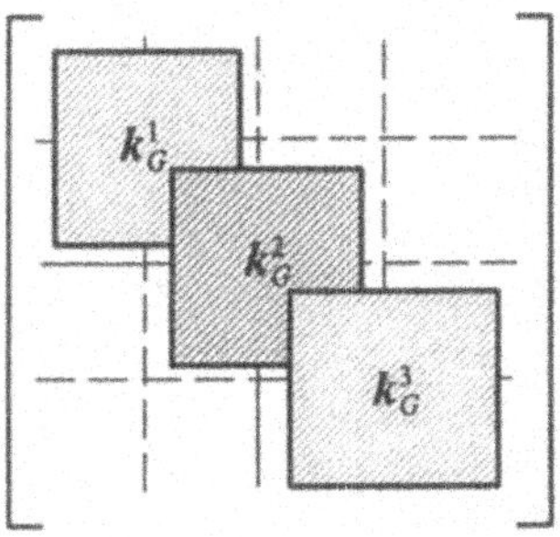

$$\begin{bmatrix} V_a \\ V_b \\ V_c \\ V_d \end{bmatrix} = \begin{bmatrix} \overline{P}_a^* \\ \overline{P}_b^* \\ \overline{P}_c^* \\ \overline{P}_d^* \end{bmatrix} - \begin{bmatrix} (p_a^{10})_G \\ (p_b^{10} + p_b^{20})_G \\ (p_c^{20} + p_c^{30})_G \\ (p_d^{30})_G \end{bmatrix} = \begin{bmatrix} \overline{P}_a \\ \overline{P}_b \\ \overline{P}_c \\ \overline{P}_d \end{bmatrix}$$

$$\mathbf{K} \qquad \mathbf{V} = \overline{\boldsymbol{P}}^* - \overline{\boldsymbol{P}}^0 = \overline{\boldsymbol{P}}$$

Bild 7.9 Gleichungssystem ohne Berücksichtigung der Randbedingungen

Es ergibt sich das in Bild 7.9 dargestellte singuläre Gleichungssystem, das erst durch Einsetzen der Randbedingungen regulär wird und nach den Unbekannten V_k aufgelöst werden kann. Mit den Randbedingungen des gewählten Beispiels $V_1 = V_4 = 0$ werden die entsprechenden Zeilen und Spalten gestrichen und es verbleibt das Gleichungssystem:

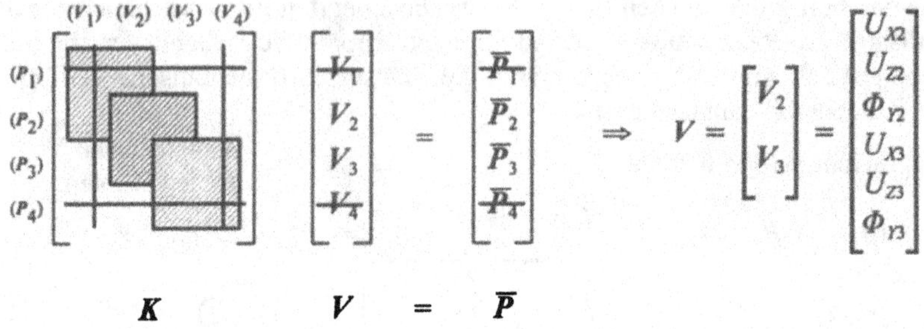

$$\Rightarrow \begin{bmatrix} (k^1_{22})_G + (k^2_{22})_G & (k^2_{23})_G \\ (k^2_{32})_G & (k^2_{33})_G + (k^3_{33})_G \end{bmatrix} \begin{bmatrix} V_2 \\ V_3 \end{bmatrix} = \begin{bmatrix} \overline{P}_2 \\ \overline{P}_3 \end{bmatrix}$$

Bild 7.10 Gleichungssystem mit Berücksichtigung der Randbedingungen

Nach der Lösung des Gleichungssystems in *Schritt 5* schließt sich noch eine Nachlaufrechnung an, in der - wie bereits in Kapitel 6 gezeigt - in *Schritt 6* zunächst die Stabend-Verschiebungen über die Knoten-Verträglichkeit aus den errechneten Knoten-Verschiebungen bestimmt werden. Die für die Bemessung erforderlichen Schnittgrößen lassen sich dann in *Schritt 7* mit Hilfe der Stabend-Kraftgrößen $p^i = k^i v^i + p^{i0}$ (Vorzeichen-Konvention 2) ermitteln. Bevor der Verlauf der Schnittgrößen im Feld ergänzt wird, hat eine Umrechnung von Vorzeichen-Konvention 2 in Vorzeichen-Konvention 1 zu erfolgen.

Zusammenfassend kann man feststellen, dass der in der Übersicht in Kapitel 6.2.3 für das Drehwinkelverfahren dargestellte Lösungsweg entsprechend ergänzt in gleicher Weise für das allgemeine Weggrößenverfahren gilt wie dies aus der nachstehenden Übersicht- Kap. 7.3.3 deutlich wird.

7.3.3 Übersicht: Vorgehensweise beim Weggrößenverfahren

1. Modellbildung
- Statisches System und Elementeinteilung
- Geometrie und Stabkennwerte
- Einwirkungen: Lasten, vorgegebene Verschiebungen, Temperatur u. ä.

2a. Hauptsystem
- geometrisch bestimmt (i. A. beidseits eingespannter Träger als Grundelement)
- geometrisch Unbestimmte V_k des Systems, zusammengefasst in V

2b. Lastzustand
- infolge Einwirkungen
- Auflagerreaktionen und Verläufe der Zustandsgrößen am Grundelement

2c. Einheitsverschiebungszustände
- infolge Einheitswirkungen der Unbekannten an den Knoten
- Auflagerreaktionen und Verläufe der Zustandsgrößen am Grundelement

3. Ermittlung der Steifigkeiten und Lastanteile
- für jedes Stabelement in lokalen Koordinaten
- mit Hilfe des Prinzips der virtuellen Verschiebungen $\longrightarrow$ k^i , p^{i0}
- Transformation in globale Koordinaten $\longrightarrow$ $k^i_G = T^{iT} k^i T^i$, $p^{i0}_G = T^{iT} p^{i0}$

4. Aufbau des algebraischen Gleichungssystems (*Gleichgewicht*)
- Aufbau der Gesamt-Steifigkeitsmatrix K der Struktur
- Aufbau des Lastvektors $\overline{P}$ aus Knotenlasten $\overline{P}^*$ und Feldbelastungen $\overline{p}^0_G$
- für die Gesamtstruktur $\longrightarrow$ $K\,V = \overline{P}$ mit $\overline{P} = \overline{P}^* - \overline{P}^0$

5. Lösen des Gleichungssystems
- liefert die unbekannten Weggrößen der Knoten $\longrightarrow$ V
  unter Berücksichtigung der Randbedingungen

6. Ermittlung der endgültigen Weggrößen
- Stabend-Weggrößen über Knoten-Verträglichkeit aus Knoten-Weggrößen
- Verlauf im Feld ergänzen

7. Ermittlung der Kraftgrößen
- Kraftgrößen an Stabenden über Element-Beziehungen aus Weggrößen
- Umwandlung VzK 2 in VzK 1 und Verlauf im Feld ergänzen

8. Beurteilung und Weiterverarbeitung der Ergebnisse (Bemessung etc.)
- Plausibilitätsüberlegungen,
- Kontrolle von Gleichgewicht in globalen Schnitten

7.4 Beispiel der Berechnung eines ebenen Rahmens

Ein Zahlenbeispiel soll die Vorgehensweise des Weggrößenverfahrens noch näher erläutern. Dazu wird derselbe einfache Rahmen verwendet, der schon bisher zur Veranschaulichung diente, vgl. Bild 7.5. Das System ist in drei Stabelemente unterteilt und mit zwei Lastfällen beaufschlagt, eine Streckenlast auf Stab 1 sowie zwei Knotenlasten. In Bild 7.11 sind weiterhin das globale Koordinatensystem mit den entsprechenden globalen Weggrößen sowie die drei lokalen Koordinatensysteme mit den lokalen Weggrößen eingezeichnet. Es wird noch darauf hingewiesen, dass die Knoten in diesem Beispiel mit Ziffern bezeichnet sind, während sie vorher aus didaktischen Gründen durch Kleinbuchstaben markiert wurden.

Schritt 1: System und Belastung → 'Modellbildung'

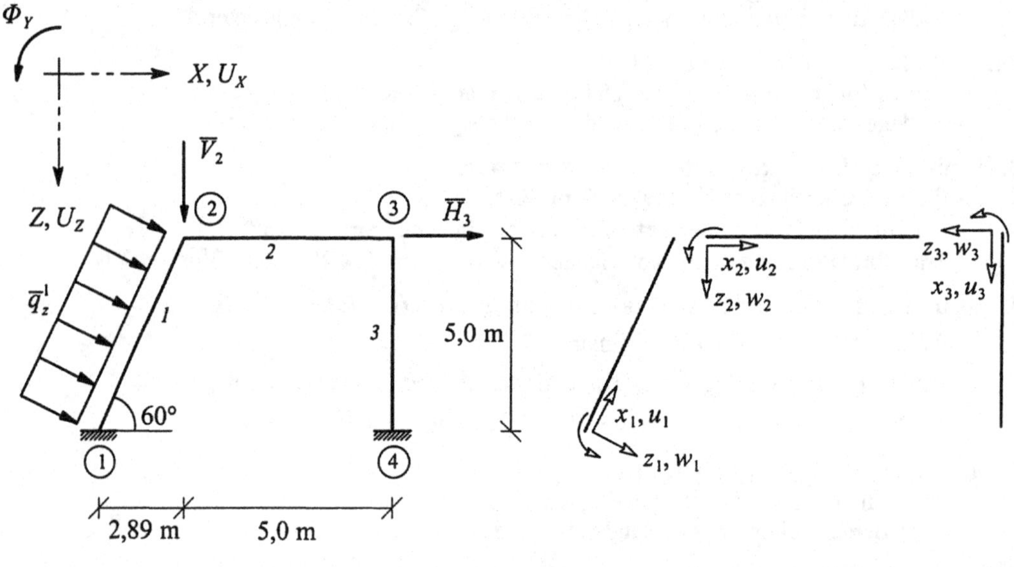

$E = 210\,000\ MN/m^2$	Stab 1:	$I = 0.00025\ m^4$	$A = 0.015\ m^2$ (HEB 300)
	Stab 2:	$I = 0.00025\ m^4$	$A = 0.015\ m^2$ (HEB 300)
	Stab 3:	$I = 0.00015\ m^4$	$A = 0.012\ m^2$ (HEB 260)

Einwirkungen:

Lastfall 1: $\overline{q}_Z^1 = 20\ kN/m$ Lastfall 2: $\overline{V}_2 = 200\ kN$ und $\overline{H}_3 = 50\ kN$

Bild 7.11 Rahmen, Geometrie, Lasten, lokale und globale Koordinaten

Schritt 2: Wahl der Unbekannten, Last- und Einheitsverschiebungszustände

Die Unbekannten des Weggrößenverfahrens sind die Werte der Verschiebungen und Verdrehungen an den gewählten Knoten. Beim vorliegenden Beispiel werden gemäß Bild 7.11 vier Knoten angesetzt, so dass zunächst zwölf Freiheitsgrade unbekannt sind, die sich durch das Einarbeiten der Randbedingungen an den Endknoten auf sechs Unbekannte vermindern. Die zugehörigen Einheitszustände und Lastanteile sind Kapitel 4 zu entnehmen.

Schritt 3a: Ermittlung der Elementmatrizen k^i und Lastanteile p^{i0} aus Feldbelastung

Durch Einsetzen der Längen, Querschnittswerte und der Werkstoffeigenschaften in die allgemeinen Beziehungen (4-33) und (4-41) erhält man die angegebenen lokalen Steifigkeitsmatrizen und Lastvektoren für die drei Stäbe.

Lokale Steifigkeitsmatrix, Element 1 ($i=1,\ a=1,\ b=2$):

$$\begin{matrix} & (u_a) & (w_a) & (\varphi_a) & (u_b) & (w_b) & (\varphi_b) \end{matrix}$$

$$k^1 = 10^3 \begin{bmatrix} 545.596 & 0.000 & 0.000 & -545.596 & 0.000 & 0.000 \\ 0.000 & 3.274 & -9.450 & 0.000 & -3.274 & -9.450 \\ 0.000 & -9.450 & 36.373 & 0.000 & 9.450 & 18.187 \\ -545.596 & 0.000 & 0.000 & 545.596 & 0.000 & 0.000 \\ 0.000 & -3.274 & 9.450 & 0.000 & 3.274 & 9.450 \\ 0.000 & -9.450 & 18.187 & 0.000 & 9.450 & 36.373 \end{bmatrix} \begin{matrix} (N_a^i) \\ (Q_a^i) \\ (M_a^i) \\ (N_b^i) \\ (Q_b^i) \\ (M_b^i) \end{matrix}$$

Lastvektor aus Feldbelastung, Element 1:

$$p^{10} = \begin{bmatrix} 0.00 \\ -57.74 \\ 55.56 \\ 0.00 \\ -57.74 \\ -55.56 \end{bmatrix} \begin{matrix} (N_a^{i0}) \\ (Q_a^{i0}) \\ (M_a^{i0}) \\ (N_b^{i0}) \\ (Q_b^{i0}) \\ (M_b^{i0}) \end{matrix} \qquad \text{(Lastfall 1)}$$

Lokale Steifigkeitsmatrix, Element 2 ($i=2,\ a=2,\ b=3$):

$$\begin{matrix} & (u_a) & (w_a) & (\varphi_a) & (u_b) & (w_b) & (\varphi_b) \end{matrix}$$

$$k^2 = 10^3 \begin{bmatrix} 630.000 & 0.000 & 0.000 & -630.00 & 0.000 & 0.000 \\ 0.000 & 5.040 & -12.600 & 0.000 & -5.040 & -12.600 \\ 0.000 & -12.600 & 42.000 & 0.000 & 12.600 & 21.000 \\ -630.000 & 0.000 & 0.000 & 630.000 & 0.000 & 0.000 \\ 0.000 & -5.040 & 12.600 & 0.000 & 5.040 & 12.600 \\ 0.000 & -12.600 & 21.000 & 0.000 & 12.600 & 42.000 \end{bmatrix} \begin{matrix} (N_a^i) \\ (Q_a^i) \\ (M_a^i) \\ (N_b^i) \\ (Q_b^i) \\ (M_b^i) \end{matrix}$$

Lastvektor aus Feldbelastung Element 2: p^{20} entfällt (identisch 0) in Lastfall 1 und 2.

Lokale Steifigkeitsmatrix, Element 3 ($i=3,\ a=3,\ b=4$):

$$\begin{matrix} & (u_a) & (w_a) & (\varphi_a) & (u_b) & (w_b) & (\varphi_b) \end{matrix}$$

$$k^3 = 10^3 \begin{bmatrix} 504.000 & 0.000 & 0.000 & -504.00 & 0.000 & 0.000 \\ 0.000 & 3.024 & -7.560 & 0.000 & -3.024 & -7.560 \\ 0.000 & -7.560 & 25.200 & 0.000 & 7.560 & 12.600 \\ -504.000 & 0.000 & 0.000 & 504.000 & 0.000 & 0.000 \\ 0.000 & -3.024 & 7.560 & 0.000 & 3.024 & 7.560 \\ 0.000 & -7.560 & 12.600 & 0.000 & 7.560 & 25.200 \end{bmatrix} \begin{matrix} (N_a^i) \\ (Q_a^i) \\ (M_a^i) \\ (N_b^i) \\ (Q_b^i) \\ (M_b^i) \end{matrix}$$

Lastvektor aus Feldbelastung, Element 3: p^{30} entfällt (identisch 0) in Lastfall 1 und 2.

Schritt 3b: Transformation der Elementgrößen vom lokalen in das globale Koordinatensystem $(k^i, p^{i0} \rightarrow k_G^i = T^{iT} k^i T^i,\ p_G^{i0} = T^{iT} p^{i0})$

Danach sind die drei Transformationsmatrizen für den Übergang vom lokalen in das globale Koordinatensystem aufgeführt. Mit Hilfe der in Kapitel 7.2 angegebenen Beziehungen erhält man nach Einsetzen der numerischen Werte die auf das globale Koordinatensystem bezogenen Steifigkeitsmatrizen der Elemente.

Transformationsmatrix Element 1, T^1 (α=60°):

$$T^i = \begin{bmatrix} 0.5000 & -0.8660 & 0.0000 & 0.0000 & 0.0000 & 0.0000 \\ 0.8660 & 0.5000 & 0.0000 & 0.0000 & 0.0000 & 0.0000 \\ 0.0000 & 0.0000 & 1.0000 & 0.0000 & 0.0000 & 0.0000 \\ 0.0000 & 0.0000 & 0.0000 & 0.5000 & -0.8660 & 0.0000 \\ 0.0000 & 0.0000 & 0.0000 & 0.8660 & 0.5000 & 0.0000 \\ 0.0000 & 0.0000 & 0.0000 & 0.0000 & 0.0000 & 1.0000 \end{bmatrix}$$

Steifigkeitsmatrix k_G^1 und Lastvektor p_G^{10} von Element 1 (*i=1, a=1, b=2*) im globalen Koordinatensystem:

$$\begin{matrix} (u_{Xa}) & (u_{Za}) & (\varphi_{Ya}) & (u_{Xb}) & (u_{Zb}) & (\varphi_{Yb}) \end{matrix}$$

$$k_G^i = 10^3 \begin{bmatrix} 138.854 & -234.832 & -8.184 & -138.854 & 234.832 & -8.184 \\ -234.832 & 410.015 & -4.725 & 234.832 & -410.015 & -4.725 \\ -8.184 & -4.725 & 36.373 & 8.184 & 4.725 & 18.187 \\ -138.854 & 234.832 & 8.184 & 138.854 & -234.832 & 8.184 \\ 234.832 & -410.015 & 4.725 & -234.832 & 410.015 & 4.725 \\ -8.184 & -4.725 & 18.187 & 8.184 & 4.725 & 36.373 \end{bmatrix} \begin{matrix} (F_{Xa}^i) \\ (F_{Za}^i) \\ (M_{Ya}^i) \\ (F_{Xb}^i) \\ (F_{Zb}^i) \\ (M_{Yb}^i) \end{matrix}$$

$$p_G^{i0} = \begin{bmatrix} -50.00 \\ -28.87 \\ 55.56 \\ -50.00 \\ -28.87 \\ -55.56 \end{bmatrix}$$

Die Transformation der Steifigkeitsmatrix von Element 2 entfällt, da lokale und globale Koordinaten die gleiche Richtung haben.

Transformationsmatrix Element 3, T^3 (α= − 90°):

$$T^i = \begin{bmatrix} 0.0000 & 1.0000 & 0.0000 & 0.0000 & 0.0000 & 0.0000 \\ -1.0000 & 0.0000 & 0.0000 & 0.0000 & 0.0000 & 0.0000 \\ 0.0000 & 0.0000 & 1.0000 & 0.0000 & 0.0000 & 0.0000 \\ 0.0000 & 0.0000 & 0.0000 & 0.0000 & 1.0000 & 0.0000 \\ 0.0000 & 0.0000 & 0.0000 & -1.0000 & 0.0000 & 0.0000 \\ 0.0000 & 0.0000 & 0.0000 & 0.0000 & 0.0000 & 1.0000 \end{bmatrix}$$

Steifigkeitsmatrix Element 3 im globalen Koordinatensystem $\boldsymbol{k}_G^3$ ($i=3$, $a=3$, $b=4$):

$$
\begin{array}{c} \\ \boldsymbol{k}_G^i = 10^3 \end{array}
\begin{array}{c}
\begin{array}{cccccc} (u_{Xa}) & (u_{Za}) & (\varphi_{Ya}) & (u_{Xb}) & (u_{Zb}) & (\varphi_{Yb}) \end{array} \\
\begin{bmatrix}
3.024 & 0.000 & 7.560 & -3.024 & 0.000 & 7.560 \\
0.000 & 504.000 & 0.000 & 0.000 & -504.00 & 0.000 \\
7.560 & 0.000 & 25.200 & -7.560 & 0.000 & 12.600 \\
-3.024 & 0.000 & -7.560 & 3.024 & 0.000 & -7.560 \\
0.000 & -504.000 & 0.000 & 0.000 & 504.000 & 0.000 \\
7.560 & 0.000 & 12.600 & -7.560 & 0.000 & 25.200
\end{bmatrix}
\end{array}
\begin{array}{c} (F^i_{Xa}) \\ (F^i_{Za}) \\ (M^i_{Ya}) \\ (F^i_{Xb}) \\ (F^i_{Zb}) \\ (M^i_{Yb}) \end{array}
$$

Schritt 4: Aufbau des Gleichungssystems

Die Überlagerung der Elementanteile zum Gesamtsystem wird analog der Beschreibung in Kapitel 7.3 vorgenommen. Das Ergebnis kann anhand der allgemeinen Darstellung in Kap. 7.3.2 nachvollzogen werden:

- Zusammenstellung der Weggrößen $\boldsymbol{V}$ der Knoten

$$
\boldsymbol{V} = \begin{bmatrix} \boldsymbol{V}_1 \\ \boldsymbol{V}_2 \\ \boldsymbol{V}_3 \\ \boldsymbol{V}_4 \end{bmatrix} \qquad
\boldsymbol{V}_1 = \begin{bmatrix} U_{X1} \\ U_{Z1} \\ \Phi_{Y1} \end{bmatrix} \qquad
\boldsymbol{V}_2 = \begin{bmatrix} U_{X2} \\ U_{Z2} \\ \Phi_{Y2} \end{bmatrix} \qquad
\boldsymbol{V}_3 = \begin{bmatrix} U_{X3} \\ U_{Z3} \\ \Phi_{Y3} \end{bmatrix} \qquad
\boldsymbol{V}_4 = \begin{bmatrix} U_{X4} \\ U_{Z4} \\ \Phi_{Y4} \end{bmatrix}
$$

- Zuordnung der Zustandsgrößen an den Stabenden und an den Knoten, vgl. Bild 7.8
- Aufbau des Gleichungssystems ohne Berücksichtigung der Randbedingungen durch Zusammenbau der Elementsteifigkeitsmatrizen $\boldsymbol{k}_G^i$ zur Gesamtsteifigkeitsmatrix $\boldsymbol{K}$ (Gleichgewicht im globalen Koordinatensystem) und Aufbau des Lastvektors $\overline{\boldsymbol{P}}$ aus Knotenlasten $\overline{\boldsymbol{P}}^*$ und Feldbelastungen $\overline{\boldsymbol{p}}_G^{i0}$, vgl Bild 7.9
- Einbringen der Randbedingungen $\boldsymbol{V}_1 = \boldsymbol{V}_4 = 0$ durch Streichen von Zeilen und Spalten (wie bereits in Bild 7.10 gezeigt und nachstehend wiederholt):

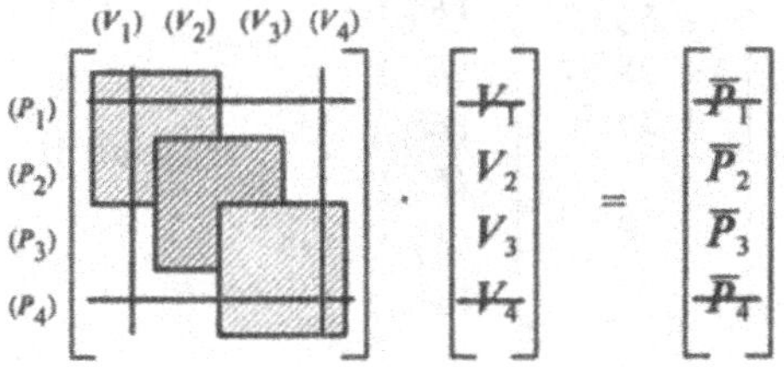

$$
\rightarrow \quad \boldsymbol{V} = \begin{bmatrix} \boldsymbol{V}_2 \\ \boldsymbol{V}_3 \end{bmatrix} = \begin{bmatrix} U_{X2} \\ U_{Z2} \\ \Phi_{Y2} \\ U_{X3} \\ U_{Z3} \\ \Phi_{Y3} \end{bmatrix}
$$

$$
\Rightarrow \begin{bmatrix} (\boldsymbol{k}_{22}^1)_G + (\boldsymbol{k}_{22}^2)_G & (\boldsymbol{k}_{23}^2)_G \\ (\boldsymbol{k}_{32}^2)_G & (\boldsymbol{k}_{33}^2)_G + (\boldsymbol{k}_{33}^3)_G \end{bmatrix} \begin{bmatrix} \boldsymbol{V}_2 \\ \boldsymbol{V}_3 \end{bmatrix} = \begin{bmatrix} \overline{\boldsymbol{P}}_2 \\ \overline{\boldsymbol{P}}_3 \end{bmatrix}
$$

Gesamtsteifigkeitsmatrix $\boldsymbol{K}$:

$\boldsymbol{K} =$

	(U_{X2})	(U_{Z2})	(Φ_{Y2})	(U_{X3})	(U_{Z3})	(Φ_{Y3})	
	138.854 +630.000	-234.832 0	8.184 0	-630.000	0	0	(F_{X2})
	-234.832 0	410.015 +5.040	4.725 -12.600	0	-5.040	-12.600	(F_{Z2})
	8.184 0	4.725 -12.600	36.373 +42.000	0	12.600	21.000	(M_{Y2})
	-630.000	0	0	630.000 +3.024	0 0	0 +7.560	(F_{X3})
	0	-5.040	12.600	0 0	5.040 +504.000	12.600 0	(F_{Z3})
	0	-12.600	21.000	0 +7.560	12.600 0	42.000 +25.200	(M_{Y3})

$$= 10^3 \begin{bmatrix} 768.854 & -234.832 & 8.184 & -630.000 & 0.000 & 0.000 \\ -234.832 & 415.055 & -7.875 & 0.000 & -5.040 & -12.600 \\ 8.184 & -7.875 & 78.373 & 0.000 & 12.600 & 21.000 \\ -630.000 & 0.000 & 0.000 & 633.024 & 0.000 & 7.560 \\ 0.000 & -5.040 & 12.600 & 0.000 & 509.040 & 12.600 \\ 0.000 & -12.600 & 21.000 & 7.560 & 12.600 & 67.200 \end{bmatrix} \begin{matrix} (F_{X2}) \\ (F_{Z2}) \\ (M_{Y2}) \\ (F_{X3}) \\ (F_{Z3}) \\ (M_{Y3}) \end{matrix}$$

- Lastvektoren des Systems: $\overline{\boldsymbol{P}} = \overline{\boldsymbol{P}}^* - \overline{\boldsymbol{P}}^0$

$$\overline{\boldsymbol{P}} = \begin{bmatrix} \\ \\ \mathbf{0} \\ \\ \\ \end{bmatrix} - \begin{bmatrix} -50.00 \\ -28.87 \\ -55.56 \\ \hline \\ \mathbf{0} \\ \\ \end{bmatrix} = \begin{bmatrix} +50.00 \\ +28.87 \\ +55.56 \\ \hline \\ \mathbf{0} \\ \\ \end{bmatrix} \begin{matrix} (F_{X2}) \\ (F_{Z2}) \\ (M_{Y2}) \\ (F_{X3}) \\ (F_{Z3}) \\ (M_{Y3}) \end{matrix} \qquad \text{(Lastfall 1)}$$

$$\overline{\boldsymbol{P}} = \begin{bmatrix} 0.00 \\ 200.00 \\ 0.00 \\ \hline 50.00 \\ 0.00 \\ 0.00 \end{bmatrix} - \begin{bmatrix} \\ \\ \mathbf{0} \\ \\ \\ \end{bmatrix} = \begin{bmatrix} 0.00 \\ 200.00 \\ 0.00 \\ \hline 50.00 \\ 0.00 \\ 0.00 \end{bmatrix} \begin{matrix} (F_{X2}) \\ (F_{Z2}) \\ (M_{Y2}) \\ (F_{X3}) \\ (F_{Z3}) \\ (M_{Y3}) \end{matrix} \qquad \text{(Lastfall 2)}$$

Schritt 5: Lösung des algebraischen Gleichungssystems zur Ermittlung der unbekannten Weggrößen V der Knoten (im globalen Koordinatensystem)

Die aus der Lösung des Gleichungssystems folgenden Werte für die Knotenverschiebungen für Lastfall 1 und 2 werden jeweils getrennt angegeben.

Vektor der unbekannten Weggrößen V aus $\boldsymbol{K}\,\boldsymbol{V} = \overline{\boldsymbol{P}} \quad \Rightarrow \quad \boldsymbol{V} = \boldsymbol{K}^{-1}\,\overline{\boldsymbol{P}}$:

$$V = \begin{bmatrix} U_{X2} \\ U_{Z2} \\ \Phi_{Y2} \\ U_{X3} \\ U_{Z3} \\ \Phi_{Y3} \end{bmatrix} \qquad \text{Lastfall 1:}\quad V = 10^{-3}\begin{bmatrix} 7.2190 \\ 4.1572 \\ 0.4111 \\ \hline 7.1865 \\ 0.0350 \\ -0.1641 \end{bmatrix} \qquad \text{Lastfall 2:}\quad V = 10^{-3}\begin{bmatrix} 18.5128 \\ 10.9474 \\ -0.9160 \\ \hline 18.5006 \\ 0.1253 \\ 0.2341 \end{bmatrix}$$

Schritt 6 und 7: Nachlaufberechnung zur Ermittlung der Weg- und Kraftgrößen am Element (exemplarisch hier nur für Lastfall 1 und Element 1)

Die Nachlaufrechnung für die Ermittlung aller Kraft und Weggrößen der drei Elemente wird hier exemplarisch für den Lastfall 1 und den Stab 1 durchgeführt:

- Weggrößen im lokalen Koordinatensystem des Elements 1: $\boldsymbol{v}^i = \boldsymbol{T}^i\,\boldsymbol{v}^i_G$

$$\boldsymbol{v}^1 = \begin{bmatrix} u_1 \\ w_1 \\ \varphi_1 \\ u_2 \\ w_2 \\ \varphi_2 \end{bmatrix} = \boldsymbol{T}^1\boldsymbol{v}^1_G = \boldsymbol{T}^1\begin{bmatrix} u_{X1} \\ u_{Z1} \\ \varphi_{Y1} \\ u_{X2} \\ u_{Z2} \\ \varphi_{Y2} \end{bmatrix} = \boldsymbol{T}^1\begin{bmatrix} \mathbf{0} \\ \hline 7.2190 \\ 4.1572 \\ 0.4111 \end{bmatrix} 10^3 = \begin{bmatrix} \mathbf{0} \\ \hline 0.0093 \\ 8.3304 \\ 0.4111 \end{bmatrix} 10^3$$

- Kraftgrößen im lokalen Koordinatensystem des Elements 1: $\boldsymbol{p}^i = \boldsymbol{k}^i\,\boldsymbol{v}^i + \boldsymbol{p}^{i0}$
  (Vorzeichen-Konvention 2):

$$\boldsymbol{v}^1 = \begin{bmatrix} \mathbf{0} \\ \hline 0.0093 \\ 8.3304 \\ 0.4111 \end{bmatrix} 10^3\,; \quad \boldsymbol{k}^1\boldsymbol{v}^1 = \begin{bmatrix} -5.05 \\ -31.15 \\ 86.20 \\ \hline 5.05 \\ 31.15 \\ 93.67 \end{bmatrix}; \quad \boldsymbol{p}^{10} = \begin{bmatrix} 0.00 \\ -57.74 \\ 55.56 \\ \hline 0.00 \\ -57.74 \\ -55.56 \end{bmatrix}; \quad \boldsymbol{p}^1 = \begin{bmatrix} -5.05 \\ -88.89 \\ 141.75 \\ \hline 5.05 \\ -26.58 \\ 38.12 \end{bmatrix}$$

Alternativ könnte die Berechnung auch gemäß $\boldsymbol{p}^i_G = \boldsymbol{k}_G{}^i\boldsymbol{v}^i_G + \boldsymbol{p}^{i0}_G$ und $\boldsymbol{p}^i = \boldsymbol{T}^i\,\boldsymbol{p}^i_G$ erfolgen.

- Berechnung der Zustandsgrößen im Feld (Vorzeichen-Konvention 1):
  Dabei ist zu beachten, dass für die Berechnung der Schnittgrößen in den Feldern die Knotenwerte der Kraftgrößen von Vorzeichen-Konvention 2 vorher auf die Vorzeichen-Konvention 1 umzurechnen sind. Erst danach wird z. B. für das Moment die Parabel, die aus der Streckenlast folgt, überlagert.

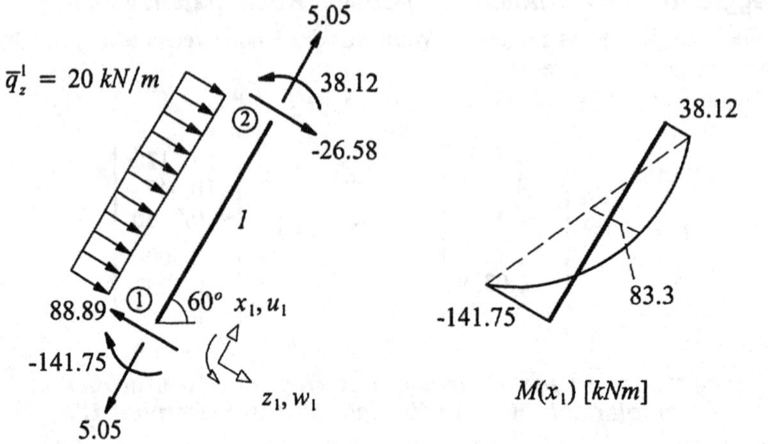

Bild 7.12 Ergänzung der Stabend-Momente mit der Wirkung der Elementlast

- Für Element 2 entfallen sämtliche Transformationen; Weg- und Kraftgrößen sind daher im lokalen und globalen Koordinatensystem identisch:

$$v^2 = v_G^2, \quad p^2 = p_G^2.$$

- Für Element 3 können die Schnittgrößen in analoger Weise wie bei Element 1 ermittelt werden.
- Die Auflagerreaktionen sind in den Knoten 1 und 4 aus den Stabend-Schnittgrößen in globalen Koordinaten zu berechnen.

Abschließend sind die Verläufe für die wesentlichen Bemessungswerte der beiden Lastfälle angegeben:

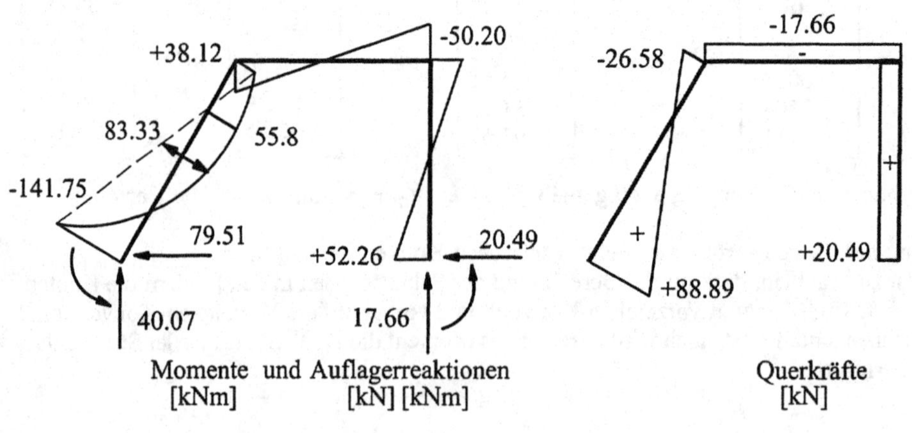

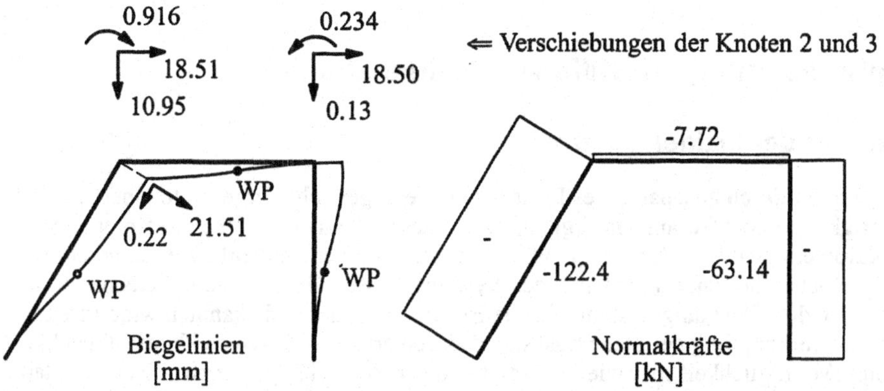

Bild 7.13 Verlauf von Zustandsgrößen, Lastfall 1 (WP: Wendepunkt der Biegelinie)

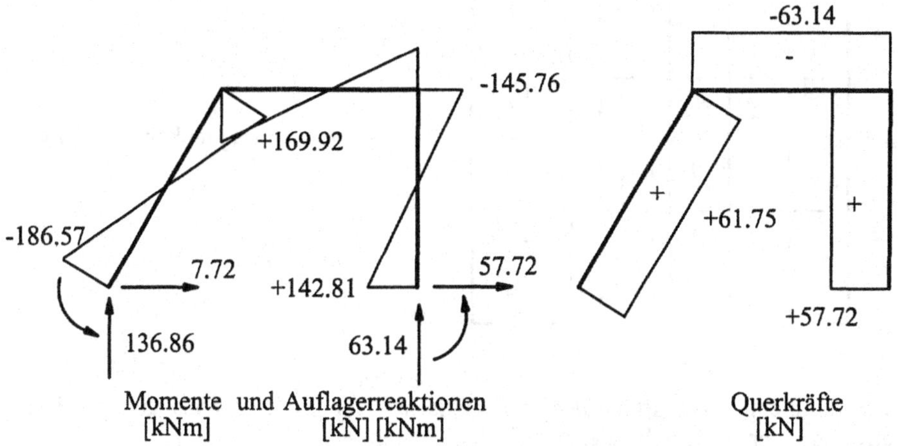

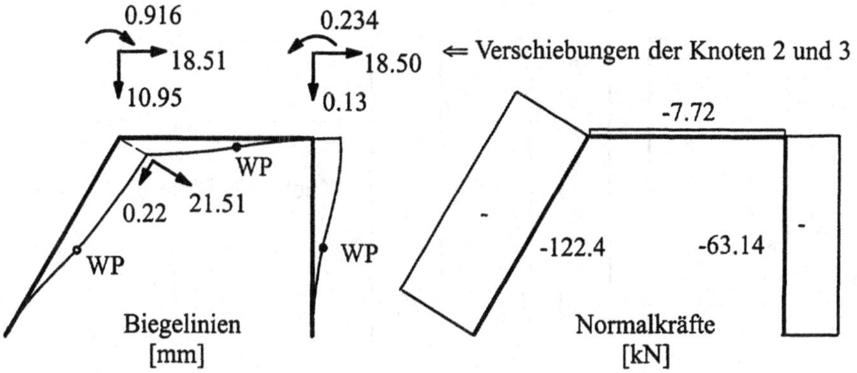

Bild 7.14 Verlauf von Zustandsgrößen, Lastfall 2

7.5 Systemberechnung mit Hilfe von Inzidenztafeln

7.5.1 Einführung der Inzidenzmatrix

Die im letzten Kapitel durch anschauliches Bilden von Gleichgewicht dargestellte Überlagerung der Elementsteifigkeiten zum Gesamt-Steifigkeitsmatrix des Systems kann für eine stärker computerorientierte Aufbereitung des Verfahrens weiter formalisiert werden. Aus Bild 7.9 war erkennbar, dass sich der geometrische Zusammenhang des Systems in der Gesamt-Steifigkeitsmatrix als Koeffizientenmatrix des Gleichungssystems für die Bestimmung der Unbekannten widerspiegelt. Diese topologische Verknüpfung der Stäbe lässt sich dadurch erfassen, dass man Knoten-Gleichgewicht und Knoten-Verträglichkeit matriziell schreibt und für die Verknüpfung zwischen den Stabend-Verschiebungen und den Knoten-Verschiebungen die Matrix $\boldsymbol{a}$ einführt. Sie gibt an, welcher Stab mit welchem Knoten verbunden ist und beschreibt damit die Topologie der Struktur:

$$\begin{bmatrix} \boldsymbol{v}_a^1 \\ \boldsymbol{v}_b^1 \\ \hline \boldsymbol{v}_b^2 \\ \boldsymbol{v}_c^2 \\ \hline \boldsymbol{v}_c^3 \\ \boldsymbol{v}_d^3 \end{bmatrix}_G = \left[\begin{array}{c|c|c|c} \boldsymbol{I} & & & \\ & \boldsymbol{I} & & \\ \hline & \boldsymbol{I} & & \\ & & \boldsymbol{I} & \\ \hline & & \boldsymbol{I} & \\ & & & \boldsymbol{I} \end{array}\right] \begin{bmatrix} \boldsymbol{V}_1 \\ \hline \boldsymbol{V}_2 \\ \hline \boldsymbol{V}_3 \\ \hline \boldsymbol{V}_4 \end{bmatrix} \qquad \text{Knoten-Verträglichkeit} \qquad (7\text{-}11)$$

$$\boldsymbol{v}_G = \boldsymbol{a} \quad \boldsymbol{V}$$

Die Matrix $\boldsymbol{a}$ wird mit einem Begriff aus der mathematischen Topologie auch als Knoten - Zweig - Inzidenzmatrix oder verkürzt als Inzidenzmatrix bezeichnet.

Schreibt man das Knoten-Gleichgewicht in analoger Form

$$\left[\begin{array}{cc|cc|cc} \boldsymbol{I} & & & & & \\ \hline & \boldsymbol{I} & \boldsymbol{I} & & & \\ & & & \boldsymbol{I} & \boldsymbol{I} & \\ \hline & & & & & \boldsymbol{I} \end{array}\right] \begin{bmatrix} \boldsymbol{p}_a^1 \\ \boldsymbol{p}_b^1 \\ \hline \boldsymbol{p}_b^2 \\ \boldsymbol{p}_c^2 \\ \hline \boldsymbol{p}_c^3 \\ \boldsymbol{p}_d^3 \end{bmatrix}_G = \begin{bmatrix} \boldsymbol{P}_a^* \\ \boldsymbol{P}_b^* \\ \boldsymbol{P}_c^* \\ \boldsymbol{P}_d^* \end{bmatrix} \qquad \text{Knoten-Gleichgewicht} \qquad (7\text{-}12)$$

$$\boldsymbol{a}^T \quad \boldsymbol{p}_G = \boldsymbol{P}^*$$

so zeigt sich, dass die Inzidenz-Matrix transponiert auch hier in Erscheinung tritt.

Dies ist durch die sogenannte statisch-geometrische Analogie begründet und letztlich eine Folge des zu Grunde liegenden Arbeitsprinzips.

Der durch die Systemberechnung erfasste Zusammenhang der Knotenkraftgrößen $\boldsymbol{p}_G$ und der Knotenweggrößen $\boldsymbol{v}_G$ mit der Überlagerung der Elementsteifigkeiten $\boldsymbol{k}_G$ zur Systemsteifigkeitsmatrix $\boldsymbol{K}$ ist in Bild 7.15 als Schema wiederholt. Wie erwähnt, beschreibt die Matrix $\boldsymbol{a}$ die Systemgeometrie (Topologie des Systems) und spiegelt die Zuordnung von Elementen und Knoten wider:

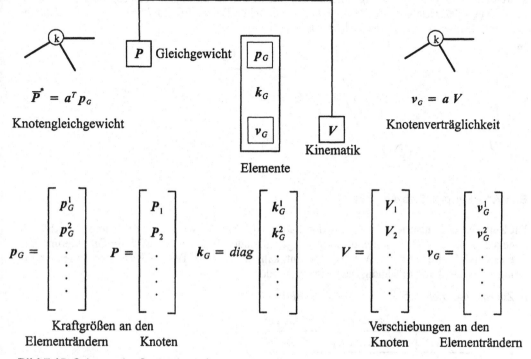

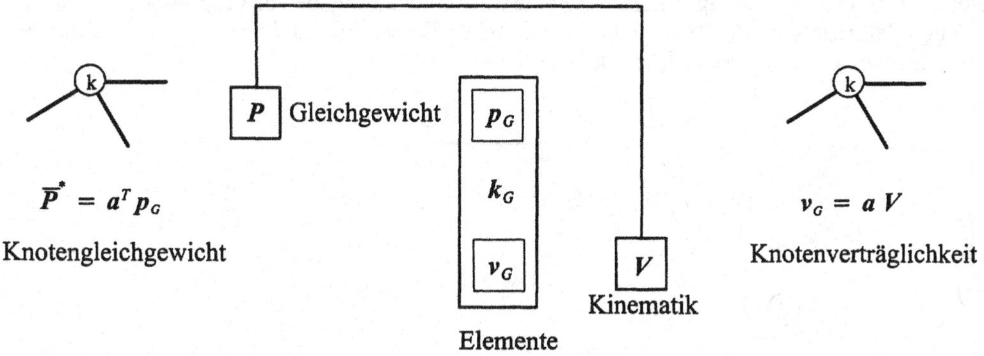

$$\boldsymbol{p}_G = \begin{bmatrix} p_G^1 \\ p_G^2 \\ \cdot \\ \cdot \\ \cdot \\ \cdot \end{bmatrix} \qquad \boldsymbol{P} = \begin{bmatrix} P_1 \\ P_2 \\ \cdot \\ \cdot \\ \cdot \\ \cdot \end{bmatrix} \qquad \boldsymbol{k}_G = diag \begin{bmatrix} k_G^1 \\ k_G^2 \\ \cdot \\ \cdot \\ \cdot \\ \cdot \end{bmatrix} \qquad \boldsymbol{V} = \begin{bmatrix} V_1 \\ V_2 \\ \cdot \\ \cdot \\ \cdot \\ \cdot \end{bmatrix} \qquad \boldsymbol{v}_G = \begin{bmatrix} v_G^1 \\ v_G^2 \\ \cdot \\ \cdot \\ \cdot \\ \cdot \end{bmatrix}$$

Kraftgrößen an den
Elementrändern Knoten

Verschiebungen an den
Knoten Elementrändern

Bild 7.15 Schema der Systemberechnung

Mit der Einführung der Inzidenzmatrix ist es möglich, die Überlagerung der Elementmatrizen zum Gleichungssystem des Weggrößenverfahrens formal einfach darstellen:

Ausgehend von den Gleichgewichtsbedingungen (7-12) $\boldsymbol{a}^T \boldsymbol{p}_G = \overline{\boldsymbol{P}}^*$ an allen Knoten werden unter Bezug auf ein einheitliches globales Koordinatensystem alle Stabend-Kräfte zunächst mit Hilfe der jeweiligen Steifigkeitsmatrizen und Lastspalten der Elemente durch die Stabend-Verschiebungen ausgedrückt

$$\boldsymbol{a}^T(\boldsymbol{k}_G \boldsymbol{v}_G + \boldsymbol{p}_G^0) = \overline{\boldsymbol{P}}^*$$

und dann über die kinematische Verträglichkeit (7-11) $\boldsymbol{v}_G = \boldsymbol{a}\,\boldsymbol{V}$ an allen Knoten in den unbekannten Knoten-Verschiebungen $\boldsymbol{V}$ geschrieben:

$$(\boldsymbol{a}^T \boldsymbol{k}_G \boldsymbol{a})\,\boldsymbol{V} + \boldsymbol{a}^T \overline{\boldsymbol{p}}_G^0 = \overline{\boldsymbol{P}}^* \qquad \text{oder} \qquad \boldsymbol{K} \quad \boldsymbol{V} + \overline{\boldsymbol{P}}^0 = \overline{\boldsymbol{P}}^*$$

Dabei entstehen neben der Gesamtsteifigkeitsmatrix $\boldsymbol{K}$ der Struktur der Lastvektor der Elementlasten, der noch mit der Lastspalte der direkten Knotenlasten zum Gesamt-Lastvektor auf der rechten Seite des Gleichungssystems zusammengefasst wird.

7.5.2 Inzidenztafel mit Beispielen und programmtechnische Realisierung

Die oben eingeführte Inzidenzmatrix $\boldsymbol{a}$ gibt an, welcher Stab mit welchem Knoten verbunden ist. Sie bezieht sich auf das gesamte System und ist aus diesem Grund mit vielen Nullen behaftet und deshalb für die praktische Benutzung wenig geeignet. Sie kann durch eine Tafel ersetzt werden - die sogenannte Inzidenztafel -, die nur die wesentlichen Informationen enthält. Diese Inzidenztafel beschreibt die Topologie eines Tragwerks und ist eine wesentliche Eingabe von Programmen, die nach dem Weggrößenverfahren arbeiten. An einem einfachen Beispiel (Bild 7.16) soll zunächst dargestellt werden, wie die Inzidenztafel aufzustellen ist:

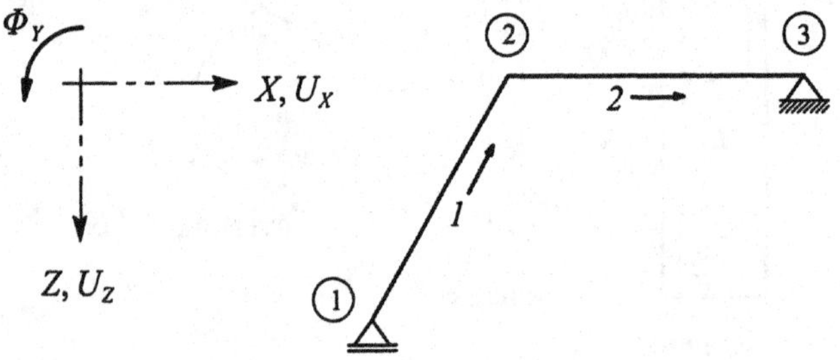

Bild 7.16 Beispiel: Stabzug

Die Zeilenanzahl entspricht der Anzahl der Stäbe, in den Spalten wird außer der Nummer des Stabes angegeben, an welchem Knoten dieser anfängt und endet. In Bild 7.16 ist diese Orientierung des Stabes durch Pfeile markiert. Wie man erkennt, kann durch diese Tabelle das System in seinem topologischen Aufbau vollständig beschrieben werden:

a. Zuordnungstafel Stab-Knoten (Inzidenztafel):

	Stabanfang	Stabende
Stab i	Knoten a	Knoten b
1	1	2
2	2	3

Sie kann außerdem dazu verwendet werden, den Zusammenbau des Gleichungssystems zu steuern. Dazu stellt man eine weitere Tabelle auf, in der man den Knotennummern eine fortlaufende Indizierung der unbekannten Freiheitsgrade an den jeweiligen Knoten bzw. Stabenden zuordnet.

b. Nummerierung der Freiheitsgrade (einschl. Randbedingungen):

Knoten	U_{Xk}	U_{Zk}	Φ_{Yk}
1	1	0	2
2	3	4	5
3	0	0	6

Starre Festhaltungen (als Bestandteil der Auflagerbedingungen) des Systems können dadurch berücksichtigt werden, dass die zugehörigen Verschiebungen (Verdrehungen) unterdrückt werden, was durch eine Null in der Tafel gekennzeichnet ist.

Alternativ hierzu können zunächst alle Freiheitsgrade enthalten sein, so dass die Gesamtsteifigkeitsmatrix nach der Addition der Elemente noch keine Randbedingungen enthält (und somit noch singulär ist). In einem zweiten Schritt müssen dann die globalen Festhaltungen dadurch eingebaut werden, dass in der Gesamtsteifigkeitsmatrix (und in der Lastspalte) die entsprechenden Zeilen und Spalten gestrichen werden (vgl. Bild 7.9 und Bild 7.10).
Federn sind als eigene Elemente (nicht als Randbedingungen) bei der Bildung der Gesamtsteifigkeitsmatrix zu berücksichtigen.

Für die weitere Bearbeitung werden die Inzidenztafel a. und die Nummerierung der Freiheitsgrade b. in der Zuordnungstafel c. zusammengefasst.

c. Zuordnungstafel Weggrößen an den Stabenden a und b - Knotenfreiheitsgrade:

Nr. der Weggröße / Stab i	ID_1 u_a^i	ID_2 w_a^i	ID_3 φ_a^i	ID_4 u_b^i	ID_5 w_b^i	ID_6 φ_b^i
1	1	0	2	3	4	5
2	3	4	5	0	0	6
	Stabanfang (Knoten a)			Stabende (Knoten b)		

Am Beispiel sind Randbedingungen an den Knoten 1 bis 3 vorgegeben, wo bestimmte Verschiebungsfreiheitsgrade zu Null gesetzt werden. Am Knoten 1 verbleiben zwei Unbekannte, denen die bei der fortlaufenden Indizierung der Freiheitsgrade (ID) die Nummern 1 und 2 zugeordnet werden. Entsprechend werden an die Stelle des Knotens 2 die Freiheitsgrade Nr. 3 bis 5 und für den Knoten drei der Freiheitsgrad Nr. 6 eingetragen. Daraus folgen Tabellenwerte, die bei den meisten Programmen als Eingabewerte dienen.

Zur weiteren Erklärung wird die Aufstellung der Inzidenztafel zusätzlich am oben verwendeten Rahmenbeispiel gezeigt:

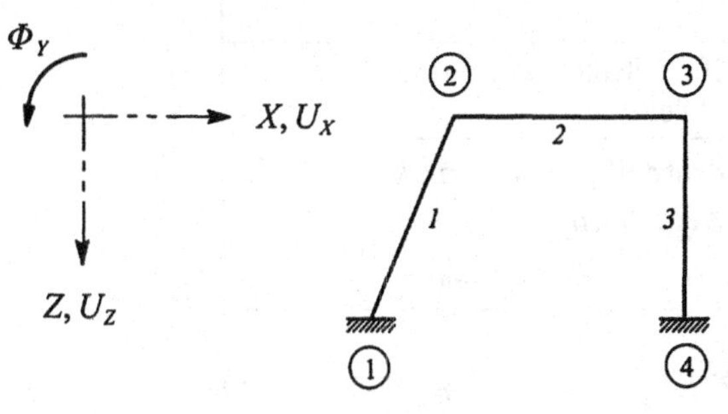

Bild 7.17 Beispiel: Rahmen

a. Inzidenztafel

Stab i	Knoten a	Knoten b
1	1	2
2	2	3
3	3	4

c. Zuordnungstafel

Nr. der Weggröße / Stab i	ID_1 u_a^i	ID_2 w_a^i	ID_3 φ_a^i	ID_4 u_b^i	ID_5 w_b^i	ID_6 φ_b^i
1	0	0	0	1	2	3
2	1	2	3	4	5	6
3	4	5	6	0	0	0
	Stabanfang (Knoten a)			Stabende (Knoten b)		

(7-13)

Mit Hilfe der Inzidenztafel kann man nun die Nummerierung der Freiheitsgrade der Elemente und der Systemfreiheitsgrade in Verbindung bringen und den Vorgang des Einspeicherns der Elementmatrizen in die Systemmatrix systematisieren.

d. Bildung von Gesamtsteifigkeitsmatrix und Lastvektoren :

Gesamtsteifigkeitsmatrix $\boldsymbol{K}$ und Lastvektoren $\overline{\boldsymbol{P}}$ mit 0 besetzen

Schleife über alle Stäbe bzw. Elemente i

- Schleife über alle Zeilen der Elemensteifigkeitsmatrix $j = 1, 2, ..., 6$ (Zeilen des Gleichungssystems - Kraftgrößen)
  - Schleife über alle Spalten der Elementsteifigkeitsmatrix $k = 1, 2, ..., 6$ (Spalten des Gleichungssystems - Weggrößen)
    Gesamtsteifigkeitsmatrix $\boldsymbol{K}$: $K_{ID_j,ID_k} := K_{ID_j,ID_k} + k_{jk}^i$
  - Schleife über alle Lastfälle $l = 1, 2, ...$
    Lastvektoren aus Elementlasten $\overline{\boldsymbol{P}}^0$: $\overline{P}^0_{ID_j,l} := \overline{P}^0_{ID_j,l} + p^{i0}_{j,l}$

Schleife über alle Freiheitsgrade $n = 1, 2, ...$

- Schleife über alle Lastfälle $l = 1, 2, ...$
  gesamte Lastvektoren $\overline{\boldsymbol{P}} = \overline{\boldsymbol{P}}^* - \overline{\boldsymbol{P}}^0$: $\overline{P}_{n,l} = \overline{P}^*_{n,l} - \overline{P}^0_{n,l}$

Bild 7.18 Flussdiagramm zur Bildung des Gleichungssystems

Am Beispiel wird die elementbezogene Nummerierung *(j,k)* mit der globalen Nummerierung (ID_j, ID_k) für jedes Element mit Hilfe der Tabelle in Verbindung gebracht. Programmtechnisch lässt sich dies verhältnismäßig einfach realisieren wie das angegebene Flussdiagramm zeigt. Dabei werden zunächst die Felder für die Gesamtsteifigkeitsmatrix und für die Lastvektoren mit Null besetzt. In einer Schleife über alle Stäbe erfolgt dann das Einspeichern der jeweiligen Elementsteifigkeitsmatrizen und Lastvektoren der Elemente. Dies ist im Diagramm durch die Schleifen über *i, j, k* und über *l* gekennzeichnet. Eine weitere Schleife bezieht sich auf die Lastvektoren infolge direkter Knotenlasten. Die in der Inzidenztafel angegebene Zuordnung der Indizes ist für das gewählte Beispiel aus Bild 7.17 zu entnehmen. Die Behandlung der Lastvektoren erfolgt in analoger Weise.

Die geschilderte Systematisierung des Zusammenbaus der Elementmatrizen und Lastspalten ist nichts anderes als eine automatische Wahl der Einheits-Verschiebungszustände und deren weitere Bearbeitung zu einem Gleichungssystem, das mechanisch die Gleichgewichtsbedingungen für alle Knoten beinhaltet. Diese Eigenschaft des Weggrößenverfahrens hat im wesentlichen dazu geführt, dass dieses Verfahren heute überwiegend für die computerorientierte Berechnung von Tragwerken eingesetzt wird und das früher häufig verwendete und in Kapitel 15 dargestellte Kraftgrößenverfahren weitgehend verdrängt hat.

7.5.3 Eigenschaften der Gesamtsteifigkeitsmatrix

Sowohl die Steifigkeitsmatrizen der Elemente als auch die Gesamtsteifigkeitsmatrix $\boldsymbol{K}$ sind symmetrisch und positiv definit. Dies ist durch die Ableitung des Verfahrens aus dem Prinzip der virtuellen Arbeiten begründet, das für den homogenen Anteil sowohl eine quadratische Form in den Dehnungen als auch eine Werkstoffmatrix mit positiver Hauptdiagonale enthält.

Darüber hinaus weist $\boldsymbol{K}$ eine Bandstruktur auf, die vor allem bei größeren Systemen ausgeprägt sein kann. Ihre Breite hängt von der Topologie der untersuchten Struktur ab wie nachfolgend anhand von zwei Beispielen erläutert wird, vgl. Bild 7.20 und Bild 7.21.

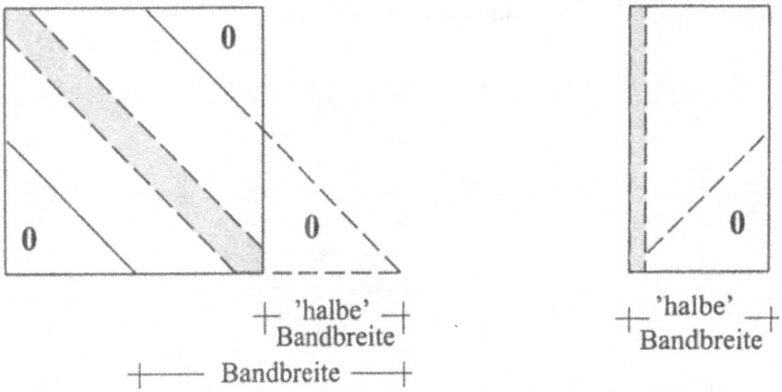

Bild 7.19 Zum Begriff der Bandbreite des Gleichungssystems

Zur Einsparung von Speicherplatz wird man i. A. von der Gesamtsteifigkeitsmatrix $\boldsymbol{K}$ nur die halbe Bandbreite abspeichern. Aufgrund dieser speziellen Struktur kann man für die Lösung des Gleichungssystems besonders darauf zugeschnittene Algorithmen verwenden, die wesentlich schneller arbeiten als solche, die für die Lösung allgemeiner Gleichungssystems ausgelegt sind.

Beispiele für eine günstige bzw. ungünstige Nummerierung der Knoten

Wie oben bereits erwähnt, enthält die Inzidenztafel eine topologische Abbildung des zu beschreibenden Systems. Wenn also die Nummerierung der Stäbe oder der Knoten geändert wird, so hat dies auch Auswirkungen auf die Struktur des entstehenden Gleichungssystems. Man kann sich deshalb die Frage stellen, wie die Nummerierung erfolgen muss, damit einen möglichst günstige Struktur, z.B. eine solche mit geringer Bandbreite, entstehen kann. Dies ist vor allen Dingen bei umfangreichen Systemen von Interesse, die zu großen Gleichungssystemen führen.

Zur Erläuterung wird ein Rahmen betrachtet, vgl. Bild 7.20, der auf zwei unterschiedliche Arten nummeriert wird. In einem Fall werden die Knoten entlang der Stiele gezählt, im zweiten werden die beiden Knoten 1 und 7 vertauscht. Unter der Skizze des Rahmens ist die sich ergebende Struktur des jeweiligen Gleichungssystems skizziert:

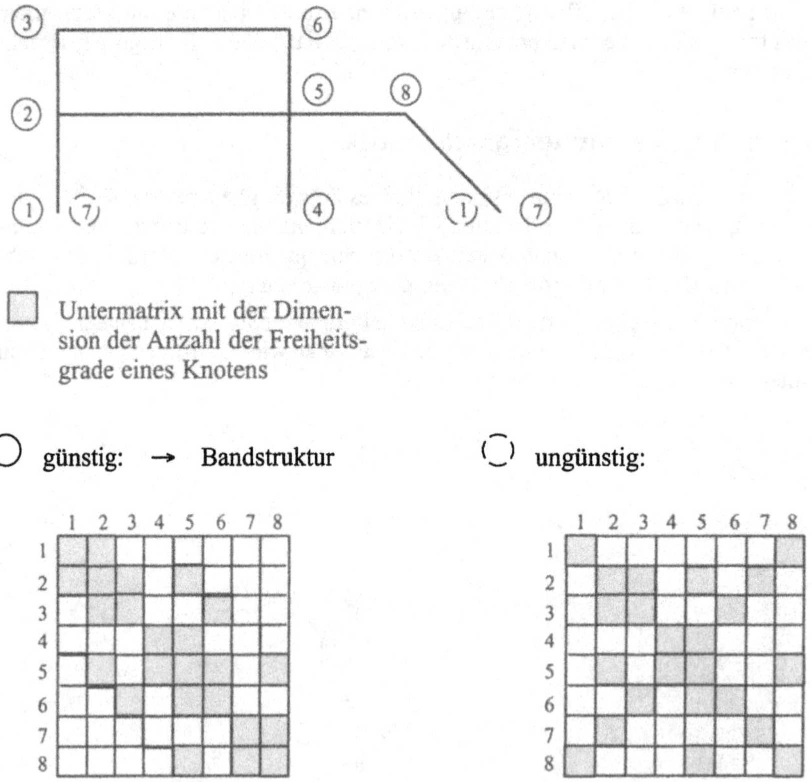

Bild 7.20 Systemmatrix: Abhängigkeit der Bandbreite von der Nummerierung

Wie man erkennt, wirkt sich das Vertauschen der Indizes der beiden äußeren Knotenpunkte des Rahmens sehr ungünstig aus, weil die Koeffizientenmatrix des Gleichungssystems (Systemmatrix) dadurch über die vorher gegebene Bandstruktur hinaus besetzt ist. In diesem Fall ist überhaupt keine Bandstruktur mehr zu erkennen, was aber an dem relativ kleinen Beispiel liegt.

Den Einfluss der Topologie auf die Bandstruktur wollen wir noch an einem weiteren Beispiel studieren. Dafür verwenden wir einen Stockwerkrahmen, der einmal vertikal (entlang der Knoten der Stiele) nummeriert ist und zum anderen jeweils in Querrichtung, vgl. Bild 7.21:

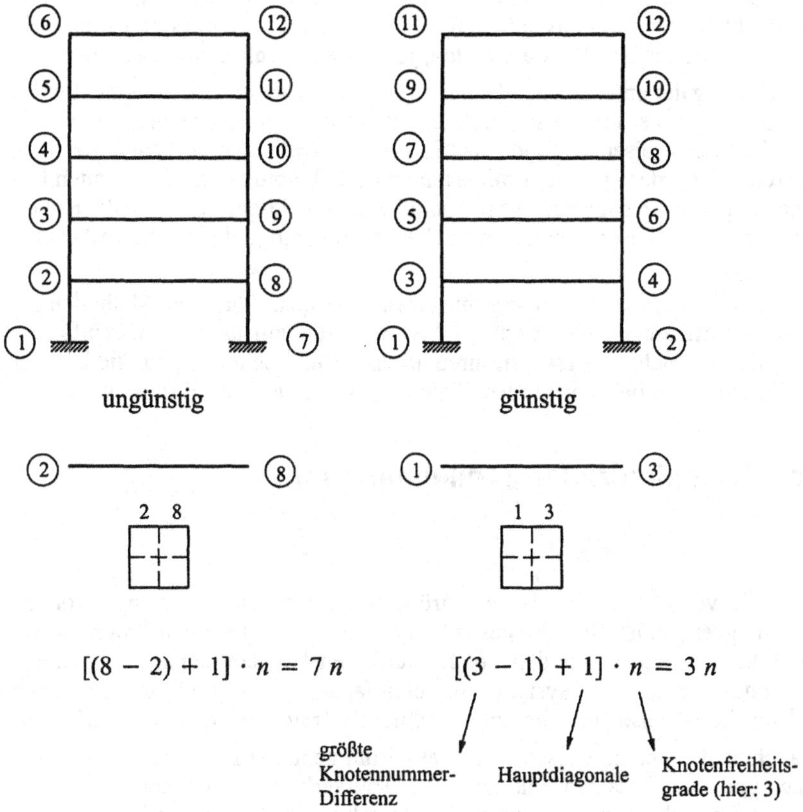

Bild 7.21 Bestimmung der Bandbreite eines Stabwerkrahmens

Wir stellen also fest, dass die Knotennummerierung die Bandbreite beeinflusst und sie direkt von der größten Differenz der Knotenindizes eines Stabes abhängt. Im ersten Fall folgt mit max Δk als größter Differenz der Knotennummern eines Stabes der Wert 6 (8 - 2 = 6) und im anderen Fall der Wert 2. Damit ist offensichtlich die zweite Nummerierung günstiger. Für die Bandbreite selbst erhalten wir als allgemeine Beziehung

$$(max\,\Delta k\ + 1)\, n_k\,, \qquad (7\text{-}14)$$

wobei sich der Faktor n_k auf die Anzahl der Freiheitsgrade je Knoten bezieht (in diesem Fall drei). Außerdem muss noch der Wert 1 für den Koeffizienten auf der Hauptdiagonalen berücksichtigt werden, der definitionsgemäß noch zur Bandbreite gehört.

Für eine optimale Wahl der Bandbreite lassen sich Strategien entwickeln, die eine automatische Knoten-Nummerierung erlauben und die in den meisten Stabwerksprogrammen implementiert sind, vgl. dazu die Hinweise in *Wunderlich, Redanz (1998)*. Neben dem Verfahren von *Rosen* ist auch die Vorgehensweise nach *Cuthill-McKee* zu nennen, die auf graphentheoretischen Überlegungen basiert. Dabei wird ein Knoten mit minimalem Grad als Startknoten verwendet. Unter einem Grad in graphentheoretischem Sinn versteht man dabei ein Verknüpfungsmaß, so dass der Startknoten eine möglichst geringe Kopplung mit anderen Freiwerten aufweist. Zu diesem Knoten werden dann die benachbarten Knoten bestimmt, und zwar dergestalt, dass sich die Reihenfolge an den aufsteigenden Graden orientiert. Diese in sich schlüssige und mathematisch fundierte Vorgehensweise ist jedoch stark von der Wahl des Startknotens abhängig. So wird man in den meisten Fällen nicht notwendigerweise das Minimum der Bandbreite erhalten, jedoch eine recht gute Näherung.

Die Prozeduren zur Speicherung der entstehenden Gleichungssysteme lassen sich im wesentlichen in zwei Gruppen einteilen. Die erste umfaßt solche, die sich an der Bandbreite orientieren, die zweite konturbezogene Vorgehensweisen, die auch als "Sky-Line"-Techniken bezeichnet werden. Bei der letzteren definieren die in jeder Spalte am weitesten von der Hauptdiagonale entfernten Koeffizienten mit Wert ungleich Null die sogenannte Spaltenhöhe, deren Gesamtheit dann die Kontur oder "Sky-Line" ergibt. Hierbei ist eine eindimensionale Speicherung möglich, jedoch wird ein zusätzliches Indexfeld benötigt.

Außerdem haben sich für Spezialfälle, insbesondere für schwach besetzte Matrizen, Methoden bewährt, bei denen für jeden signifikanten Koeffizienten (Wert $\neq 0$) die vollständige Indexinformation abgespeichert wird. Man bezeichnet diese Verfahren als "Sparse"-Techniken, auf die hier nur hingewiesen wird und die vor allem bei sehr großen Gleichungssystemen zum Einsatz kommen.

7.6 Kopplung von Freiheitsgraden (Teilelimination)

7.6.1 Einführung

Es hat sich gezeigt, dass die Vorgehensweise des Weggrößenverfahrens für eine computerorientierte Aufbereitung sehr gut geeignet ist. Sie wird deshalb in fast allen einschlägigen Programmsystemen verwendet. Doch hat man das zugrundeliegende Steifigkeitskonzept schon früher in den Zeiten der Handrechnung dazu benutzt, die Systeme zur vereinfachen, Teile von Strukturen durch Federn zu ersetzen und auf diese Weise einfacher zu berechnende Tragwerksmodelle zu erhalten.

Diese Möglichkeit ist auch heute noch interessant, wenn es darum geht, bei komplexen Strukturen die Übersicht zu behalten und einen besseren Einblick in das Tragverhalten zu gewinnen. Aus diesem Grund ist es nicht immer zweckmäßig, das gesamte Tragwerk in einem einzigen Modell abzubilden und auf diese Weise sowohl zu sehr großen Gleichungssystems zu kommen als auch sehr viele Daten auswerten zu müssen. Es ist vielmehr häufig sinnvoller, in Schritten vorzugehen und mit überschaubaren Teilsystemen zu arbeiten.

Dazu kann man die Lösung des gesamten Gleichungssystems in mechanisch geeigneten Schritten vornehmen. Bevor wir diese als statische Kondensation oder auch als Teilelimination bezeichnete Vorgehensweise näher untersuchen, wollen wir vorbereitend überlegen, wie man zum Beispiel Zwischenbedingungen, dehnstarre Stäbe (mit unendlicher Dehnsteifigkeit als Modell für Deckenscheiben) und Stäbe mit Gelenken in das Weggrößenverfahren einbeziehen kann.

7.6.2 Kopplung auf Elementebene

1. Fall : $EA \rightarrow \infty$

Ein dehnstarrer Stab koppelt die Längsverschiebungen an den Stabenden:

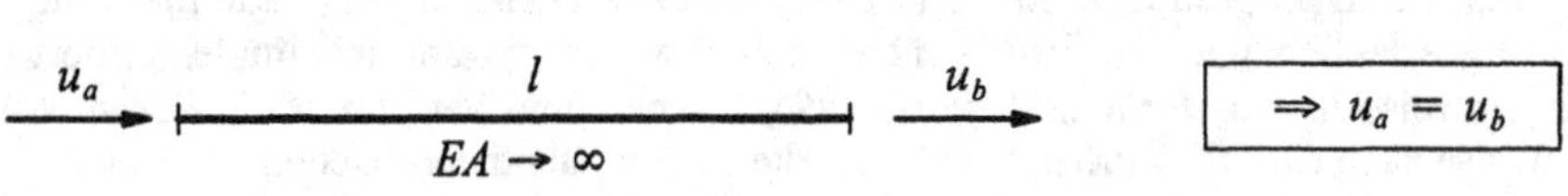

Bild 7.22 Dehnstarrer Stab

Aufgrund der Bedingung $EA \rightarrow \infty$ müssen die beiden Längsverschiebungen an den Stabenden gleich sein. Diese kinematische Kopplung reduziert somit die Anzahl der Freiheitsgrade auf eine Unbekannte und beschreibt eine Starrkörper-Verschiebung des Stabes.

2. Fall : $EI \rightarrow \infty$

Entsprechend koppelt ein biegestarrer Stab die Querverschiebungen an den Stabenden mit den Knotenverdrehungen an den Stabenden:

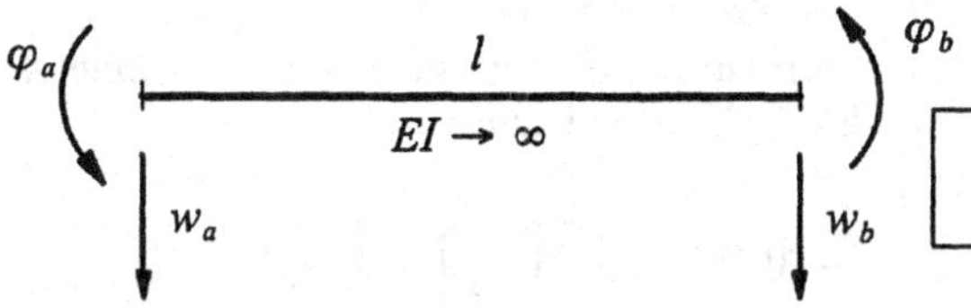

$$\Rightarrow \varphi_a = \varphi_b = -\frac{(w_b - w_a)}{l}$$

Bild 7.23 Biegestarrer Stab

Ein biegestarrer Stab kann sich nur so verdrehen, dass die beiden Verdrehungen der Stabenden gleich sind und sich als Differenz der Verschiebungen an den beiden Stabenden - geteilt durch die Länge - darstellen. Daraus folgt die obige Beziehung zwischen den Weggrößen an den Stabenden.

3. Fall : Gelenk am Stabende *b*

Die Vorgabe eines Momentengelenks bewirkt eine Kopplung zwischen der zum Moment konjugierten Verdrehung und den übrigen Weggrößen, vgl. auch Kap. 6.2.2, in dem dieses modifizierte Hauptsytem beim Drehwinkelverfahren untersucht wird und zu einer modifizierten Steifigkeitsbeziehung führt. Man unterteilt die Steifigkeitsmatrix in Anteile für die unabhängigen und die abhängigen Freiheitsgrade, die in $\boldsymbol{v}_1$ bzw. $\boldsymbol{v}_2$ zusammengefaßt sind:

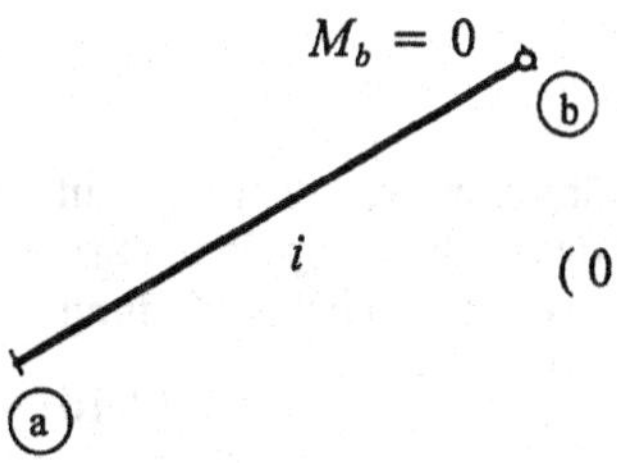

$$\begin{bmatrix} N_a \\ Q_a \\ M_a \\ \hline N_b \\ Q_b \\ (0=)\; M_b \end{bmatrix} = \left[\begin{array}{c|c} \boldsymbol{k}_{aa} & \boldsymbol{k}_{ab} \\ \hline \boldsymbol{k}_{ba} & \boldsymbol{k}_{bb} \end{array}\right] \begin{bmatrix} u_a \\ w_a \\ \varphi_a \\ \hline u_b \\ w_b \\ \varphi_b \end{bmatrix}$$

$$\begin{bmatrix} \boldsymbol{p}_1 \\ \hline (0=)\; \boldsymbol{p}_2 \end{bmatrix} = \left[\begin{array}{c|c} \boldsymbol{k}_{11} & \boldsymbol{k}_{12} \\ \hline \boldsymbol{k}_{21} & \boldsymbol{k}_{22} \end{array}\right] \begin{bmatrix} \boldsymbol{v}_1 \\ \hline \boldsymbol{v}_2 \end{bmatrix} \qquad (7\text{-}15)$$

Bild 7.24 Stab mit Gelenk und abhängigem Freiheitsgrad

Auf Grund der Bedingung $M_b = \boldsymbol{p}_2 = 0$ lässt sich die abhängige Weggröße $\boldsymbol{v}_2 = \varphi_b$ durch die unabhängigen Weggrößen $\boldsymbol{v}_1$ ausdrücken:

$$\varphi_b = v_2 = -\,k_{22}^{-1}\,k_{21}\,v_1 \,.$$

Die verbliebenen fünf unbekannten Kraftgrößen an den Stabenden lauten mit der reduzierten Steifigkeitsmatrix k_{red} :

$$p_1 = \underbrace{(k_{11} - k_{12}\,k_{22}^{-1}\,k_{21})}_{k_{red}}\,v_1 = k_{red}\,v_1 \,.$$

Wie man sieht, handelt es sich um ein schrittweises Eliminieren der Unbekannten (Teilelimination), wofür sich auch der Ausdruck *statische Kondensation* eingebürgert hat.

Für die Biegeanteile des betrachteten Stabes erhalten wir auf diese Weise die bereits in Kapitel 4 angegebene Gleichung (4-42) mit der modifizierten Steifigkeitsbeziehung

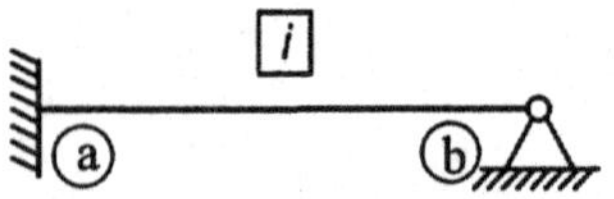

$$\begin{bmatrix} Q_a \\ M_a \\ - \\ Q_b \end{bmatrix} = \frac{EI}{l^3} \left[\begin{array}{cc|c} 3 & -3l & -3 \\ -3l & 3l^2 & 3l \\ \hline -3 & 3l & 3 \end{array}\right] \begin{bmatrix} w_a \\ \varphi_a \\ - \\ w_b \end{bmatrix} + \begin{bmatrix} Q_a^0 \\ M_a^0 \\ - \\ Q_b^0 \end{bmatrix} .$$

Die zugehörigen Lastanteile sind Tabelle 4.3 zu entnehmen.

Diesen am obigen Beispiel gezeigten Prozess kann man auch verallgemeinernd auf Element-Ebene durchführen, indem man die unbekannten Weggrößen eines Elements reduziert, oder man kann das gesamte Gleichungssystems auf diese Weise schrittweise lösen. Diese beiden Möglichkeiten werden wir nacheinander betrachten.

4. Fall : Teilelimination am Element

In gleicher Weise wie im letzten Beispiel können mechanisch gegebene Abhängigkeiten zwischen den Weggrößen der Stabenden angenommen werden. Für ein Stabelement verwenden wir dessen Steifigkeitsbeziehungen einschließlich Lastanteil

$$p^i = k^i\,v^i + p^{i0}$$

und teilen sie wie in Gl. (7-15) entsprechend der unabhängigen und abhängigen Freiheitsgrade auf. Rein formal stellt man sich dabei vor, dass die abhängigen Freiwerte an das Ende der Spaltenmatrix sortiert sind. Wie beim obigen Beispiel - ergänzt durch die Lastanteile - ergibt sich die Beziehung:

$$v_2 = -\,k_{22}^{-1}\,k_{21}\,v_1 - k_{22}^{-1}\,p_2^0 \,. \qquad (7\text{-}16)$$

Durch Einsetzen in die verbleibende Gleichung kann man diese vollständig durch die unabhängigen Freiwerte ausdrücken:

$$p_1 = \underbrace{(k_{11} - k_{12}\,k_{22}^{-1}\,k_{21})}_{k_{red}}\,v_1 + \underbrace{p_1^0 - k_{12}\,k_{22}^{-1}\,p_2^0}_{p_{red}^0} = k_{red}\,v_1 + p_{red}^0 \,. \qquad (7\text{-}17)$$

Man erhält auch hier eine reduzierte Steifigkeitsmatrix sowie einen reduzierten Lastvektor für das Element. Diese Vorgehensweise führt also zu einer kleineren Elementmatrix und damit beim Aufbau des gesamten Gleichungssystems auch zu weniger Unbekannten (*statische Kondensation)*. Nach der Lösung des reduzierten Gleichungssystems lassen sich die vorher eliminierten Unbekannten v_2 wieder durch Rückwärtseinsetzen in (7-16)bestimmen.

7.6.3 Kopplung auf Systemebene

Dieselbe Vorgehensweise lässt sich auf Systemebene völlig analog durchführen, wenn Abhängigkeiten zwischen den Knotengrößen angenommen werden können. Im Formalismus sind lediglich die klein geschriebenen Stabend-Größen $\boldsymbol{v}_1$ und $\boldsymbol{v}_2$ durch die groß geschriebenen Knotengrößen $\boldsymbol{V}_1$ und $\boldsymbol{V}_2$ zu ersetzen. Hierbei handelt es sich um eine Teilelimination des algebraischen Gleichungssystems, das im mechanischen Sinne das Knotengleichgewicht ausdrückt. Nach der Elimination von $\boldsymbol{V}_2$ folgt das reduzierte Gleichungssystem mit der reduzierten Steifigkeitsmatrix und den reduzierten Lastvektoren zu:

$$\underbrace{(\boldsymbol{K}_{11} - \boldsymbol{K}_{12}\boldsymbol{K}_{22}^{-1}\boldsymbol{K}_{21})}_{\boldsymbol{K}_{red}}\boldsymbol{V}_1 + \underbrace{\overline{\boldsymbol{P}}_1 - \boldsymbol{K}_{12}\boldsymbol{K}_{22}^{-1}\overline{\boldsymbol{P}}_2}_{\overline{\boldsymbol{P}}_{red}} = \boldsymbol{K}_{red}\boldsymbol{V}_1 + \overline{\boldsymbol{P}}_{red} = \boldsymbol{0} \qquad (7\text{-}18)$$

Nach dessen Lösung können die vorher eliminierten Unbekannten $\boldsymbol{V}_2$ wiederum durch Rückwärtseinsetzen aus der zu Gl. (7-16) analogen Beziehung bestimmt werden:

$$\boldsymbol{V}_2 = -\boldsymbol{K}_{22}^{-1}\boldsymbol{K}_{21}\boldsymbol{V}_1 + \boldsymbol{K}_{22}^{-1}\overline{\boldsymbol{P}}_2 \,. \qquad (7\text{-}19)$$

7.6.4 Einführung von Koppel-Matrizen

Zur Beschreibung der kinematischen Koppelbedingungen an beliebigen Stäben kann es sinnvoll sein, die geometrischen Zusammenhänge zu formalisieren und entsprechende Transformationsbeziehungen in einer Matrix zusammenzufassen.

Dazu verbindet man für das betrachtete Element i die vollständige Spaltenmatrix der Stabend-Verschiebungen mit den aufgrund kinematischer Kopplungen reduzierten Freiheitsgraden mit Hilfe der kinematischen Transformationsmatrix $\boldsymbol{R}^i$:

$$\boldsymbol{v}^i = \boldsymbol{R}^i\,\boldsymbol{v}^i_{red} \qquad (7\text{-}20)$$

Man erhält die entsprechend reduzierten Steifigkeitsmatrizen und Lastanteile in allgemeiner Form, wenn man die virtuellen Arbeiten betrachtet, welche einerseits die Stabend-Größen eines Stabes und andererseits die reduzierten Größen desselben Stabes leisten:

$$\delta\boldsymbol{v}^T\boldsymbol{p} = \delta\boldsymbol{v}^T_{red}\,\boldsymbol{p}_{red}$$

Ersetzt man in dieser Beziehung die ursprünglichen Stabend-Kräfte durch die Steifigkeitsbeziehung des Stabes $\boldsymbol{p} = \boldsymbol{k}\,\boldsymbol{v} + \boldsymbol{p}^0$ und die darin auftretenden Stabend-Verschiebungen wiederum mit Hilfe der Transformationsbeziehung Gl. (7-20) durch die reduzierten Freiheitsgrade, so erhält man:

$$\delta\boldsymbol{v}^T\boldsymbol{p} = \delta(\boldsymbol{R}\,\boldsymbol{v}_{red})^T\left[\,\boldsymbol{k}\,(\boldsymbol{R}\,\boldsymbol{v}_{red}) + \boldsymbol{p}^0\,\right]$$

$$= \delta\boldsymbol{v}^T_{red}\left[\underbrace{\boldsymbol{R}^T\boldsymbol{k}\,\boldsymbol{R}}_{\boldsymbol{k}_{red}}\,\boldsymbol{v}_{red} + \underbrace{\boldsymbol{R}^T\boldsymbol{p}^0}_{\overline{\boldsymbol{p}}_{red}}\right] = \delta\boldsymbol{v}_{red}\left[\underbrace{\boldsymbol{k}_{red}\,\boldsymbol{v}_{red} + \overline{\boldsymbol{p}}_{red}}_{\boldsymbol{p}_{red}}\right]$$

Daraus kann man in allgemeiner Form als Transformationsbeziehungen ablesen:

$$\begin{aligned} k^i_{red} &= R^{iT}\, k^i\, R^i \\ \bar{p}^i_{red} &= R^{iT}\, p^{i\,0} \\ v^i &= R^i\, v^i_{red} \end{aligned} \tag{7-21}$$

Weiterhin folgt als Beziehung zwischen den reduzierten Kraftgrößen und der Spaltenmatrix der vollständigen Kraftgrößen am Elementrand die zu Gl. (7-20) konjugierte Beziehung:

$$p^i_{red} = (R^i)^T\, p^i \tag{7-22}$$

7.6.5 Darstellung am Beispiel eines Hallenrahmens

Anhand eines praktischen Beispiels soll nunmehr verdeutlicht werden, wie die oben gezeigte statische Kondensation bzw. Kopplung von Freiheitsgraden anzuwenden ist.

System, Belastung und Weggrößen

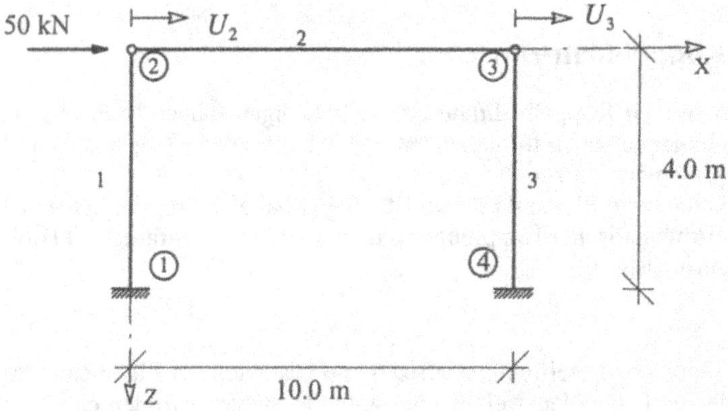

Querschnittswerte für eine Ausführung in Stahlbeton B35

Riegel:

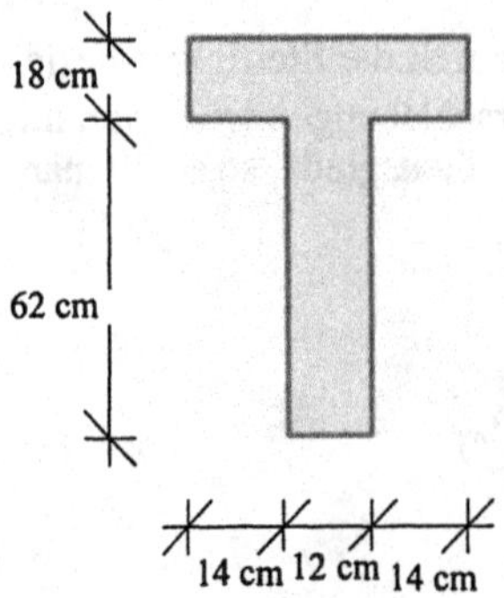

$A = 1464\ cm^2$

$I = 843211\ cm^4$

$E = 34000\ \dfrac{MN}{m^2}$

$EA = 4978\ MN$

$EI = 287\ MNm^2$

$EA/EI = 17{,}3\ 1/m^2$

Stütze:

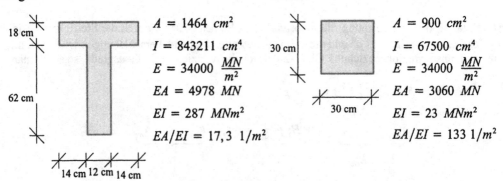

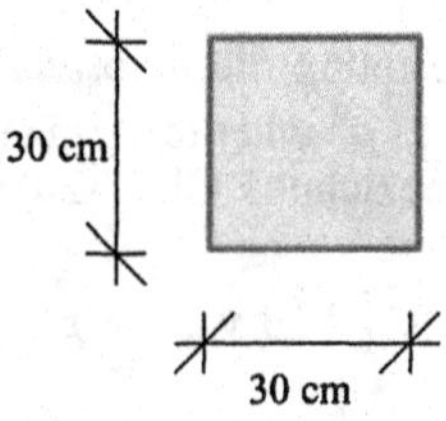

$A = 900\ cm^2$

$I = 67500\ cm^4$

$E = 34000\ \dfrac{MN}{m^2}$

$EA = 3060\ MN$

$EI = 23\ MNm^2$

$EA/EI = 133\ 1/m^2$

Bild 7.25 Hallenrahmen als Beispiel für die kinematische Kopplung

Ein Rahmen aus Stahlbeton ist durch eine Horizontalkraft belastet. System, Belastung und Querschnittswerte sind in Bild 7.25 angegeben. Diese spezielle Belastung führt dazu, dass der Riegel weder Biegemomente noch Querkräfte erhält. Aus Gleichgewichtsgründen treten in den Stielen auch keine Längskräfte auf, so dass als Unbekannte nur die beiden horizontalen Verschiebungen in den Knoten 2 und 3 übrig bleiben. Die Steifigkeiten der Stäbe sowie das daraus entstehende Gleichungssystem sind in Bild 7.26 angegeben:

Elementsteifigkeit der Stützen:

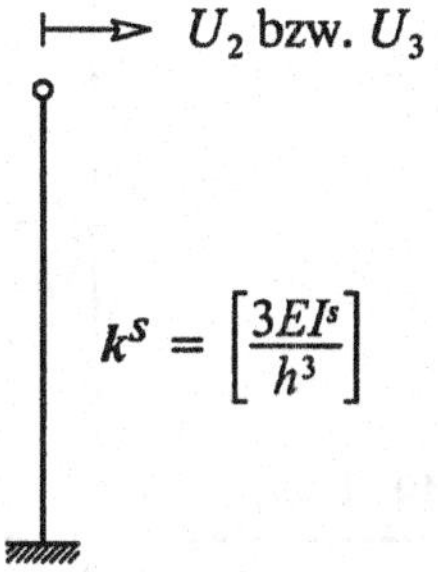

$$k^S = \left[\frac{3EI^s}{h^3}\right]$$

Elementsteifigkeit des Riegels:

$$k^R = \begin{bmatrix} \frac{EA^R}{l} & -\frac{EA^R}{l} \\ -\frac{EA^R}{l} & \frac{EA^R}{l} \end{bmatrix}$$

Globales Gleichungssystem, mit $\frac{l}{EA^R}$ durchmultipliziert :

$$\begin{bmatrix} 1+\frac{EI^S}{EA^R}\frac{3l}{h^3} & -1 \\ -1 & 1+\frac{EI^S}{EA^R}\frac{3l}{h^3} \end{bmatrix} \begin{bmatrix} U_2 \\ U_3 \end{bmatrix} = \begin{bmatrix} 0{,}05\ \frac{l}{EA^R} \\ 0 \end{bmatrix}$$

$$K \qquad V = \overline{P}$$

Bild 7.26 Steifigkeiten der Rahmenelemente, Systemgleichungen

Zunächst soll das numerische Verhalten einer normalen Berechnung dieses Rahmens nach dem Weggrößenverfahren untersucht werden, wenn die Dehnsteifigkeit des Riegels variiert wird. Dazu wird das Gleichungssystem wie angegeben normiert, woraus deutlich wird, dass mit zunehmender Dehnsteifigkeit des Riegels die Zeilen beziehungsweise Spalten des Gleichungssystems zunehmend gleiche Werte annehmen.

Bei der Lösung des Systems treten also Differenzen großer Zahl auf und die Ergebnisse werden instabil. Die Determinante der Koeffizientenmatrix des Systems geht gegen Null, wie dies aus Bild 7.27 ersichtlich ist, in dem $\boldsymbol{K}$ über $\eta = \log(EA^R)$ aufgetragen ist. .

Die entsprechenden Werte für die beiden Verschiebungen der Knoten sind darunter in Bild 7.28 dargestellt. Daraus ist ersichtlich, dass die Werte für die beiden Knotenverschiebungen sich numerisch zuverlässig nur dann ermitteln lassen, wenn die Biegesteifigkeiten der Stiele und die Dehnsteifigkeiten der Riegel in derselben Größenordnung liegen. Allerdings hängt der Bereich, in dem die Lösung des Gleichungssystems stabil bleibt, auch von der Genauigkeit ab, mit dem der Computer die Zahlendarstellung in der Gleitkomma-Arithmetik realisiert.

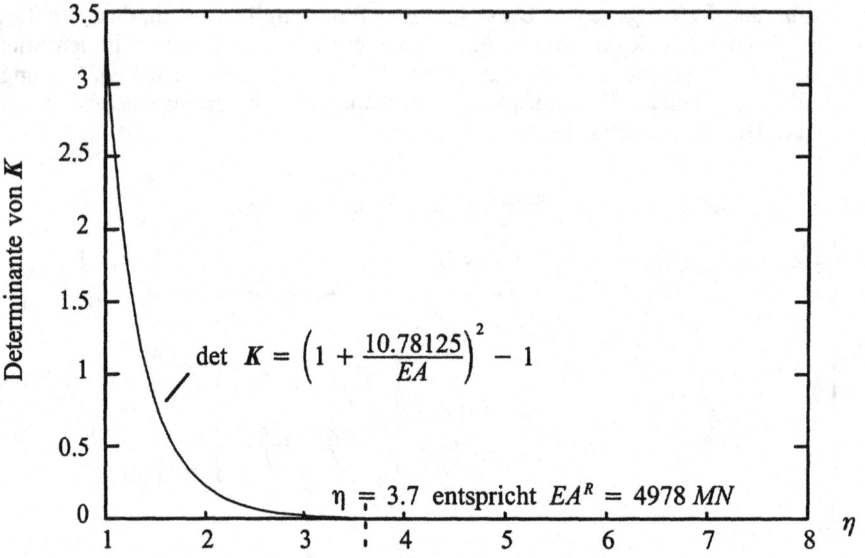

Bild 7.27 Determinante der Gesamtsteifigkeitsmatrix für $EI^S = 23$ MNm^2 und $EA^R = 10^\eta$ MN

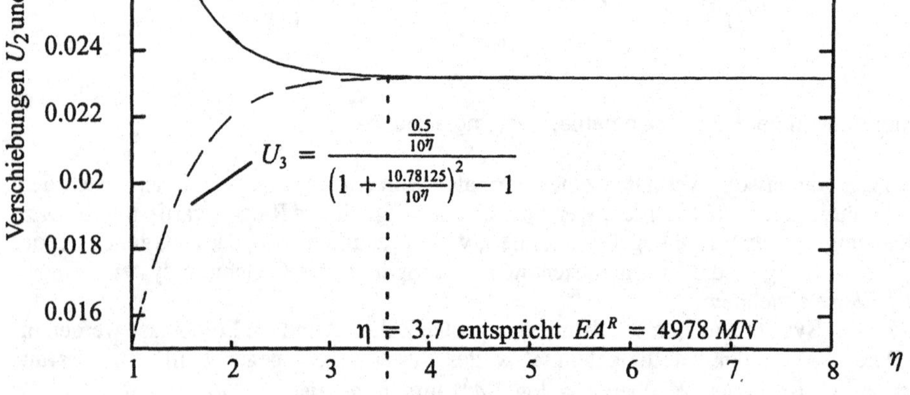

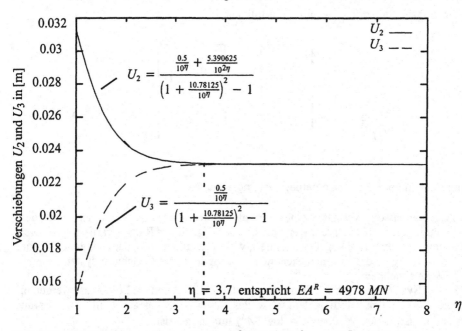

Bild 7.28 Verschiebungen U_2 und U_3 für $EI^S = 23$ MNm^2 und $EA^R = 10^\eta$ MN

Ungeachtet dessen ist es zur Vermeidung numerisch sensitiver Ergebnisse immer sinnvoll, große Steifigkeitsunterschiede bereits bei der Modellbildung zu berücksichtigen und z.B. für die horizontale Verschiebung in den beiden Knoten dieselbe Unbekannte anzusetzen, so dass damit die physikalische Realität sinnvoll abgebildet wird.

7.6.6 Beispiel: Einbau von kinematischen Abhängigkeiten

Wie in den Abschnitten 7.6.2 und 7.6.4 erwähnt, sollten kinematische Koppeleffekte bereits bei der Modellbildung berücksichtigt werden. Zur weiteren Erläuterung wird das in Bild 7.29 angegebene statische System ausführlich behandelt, das aus zwei Stäben und einer Dehnfeder besteht:

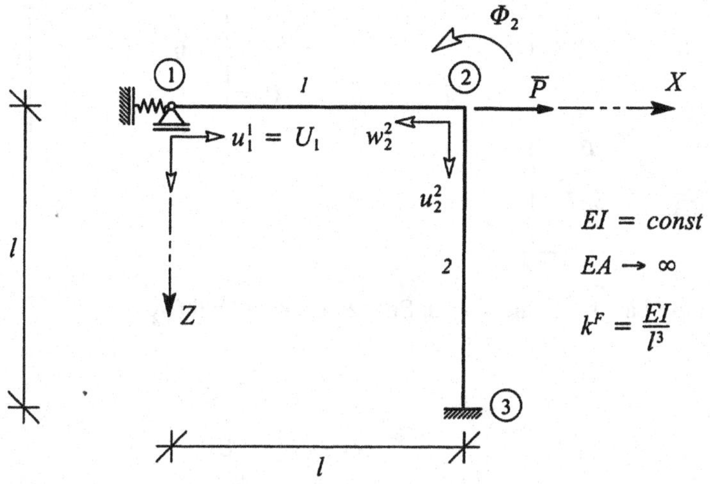

Bild 7.29 Stabzug mit dehnstarren Stäben

Reduzierte Elementsteifigkeiten

Aufgrund der dehnstarren Stäbe ($EA \to \infty$) sind die Längsverschiebungen an den Enden von Stab 1 gleich ($u_1^1 = u_2^1$). Außerdem verschwindet dort die Querverschiebung des Stabes ($w_2^1 = 0$).

Stab 1:

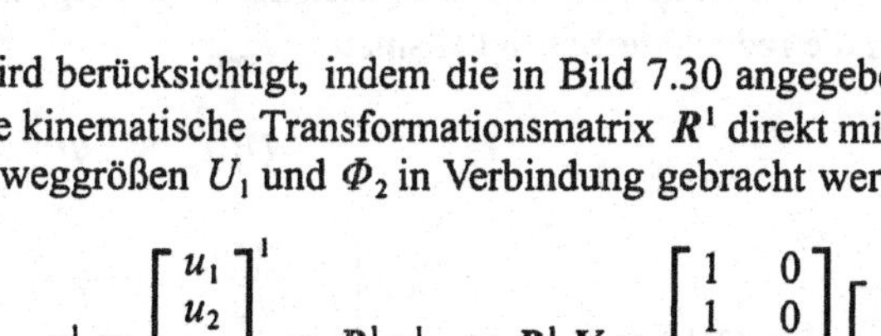

Bild 7.30 Stabend-Weggrößen, Stab 1

Dies wird berücksichtigt, indem die in Bild 7.30 angegebenen Stabend-Weggrößen des Stabes 1 über die kinematische Transformationsmatrix $\boldsymbol{R}^1$ direkt mit den beiden als Unbekannte gewählten Knotenweggrößen U_1 und Φ_2 in Verbindung gebracht werden:

$$\boldsymbol{v}^1 = \begin{bmatrix} u_1 \\ u_2 \\ w_2 \\ \varphi_2 \end{bmatrix}^1 = \boldsymbol{R}^1 \, \boldsymbol{v}^1_{red} = \boldsymbol{R}^1 \, \boldsymbol{V} = \begin{bmatrix} 1 & 0 \\ 1 & 0 \\ 0 & 0 \\ 0 & 1 \end{bmatrix} \begin{bmatrix} U_1 \\ \Phi_2 \end{bmatrix} \qquad \begin{aligned} aus\ u_1^1 &= U_1 \\ \varphi_2^1 &= \Phi_2 \end{aligned}$$

Zusätzlich ist zu berücksichtigen, dass wegen des starren Dehnstabes (Dehnsteifigkeit geht gegen Unendlich) die Kraftgrößen der Stabenden nicht über die Steifigkeitsmatrix des Stabes zu ermitteln sind. Deshalb werden die zugehörigen Zeilen und Spalten in der vollständigen Steifigkeitsmatrix des Elements weggelassen, was durch Streichung dieser Anteile gekennzeichnet ist. Damit erhalten wir durch Reduktion mit $\boldsymbol{R}^1$ gemäß Gl. (7-21) die *reduzierte* Steifigkeitsmatrix $\boldsymbol{k}^1_{red}$:

$$\boldsymbol{k}^1 = \begin{array}{c} \begin{array}{cccc} u_1 & u_2 & w_2 & \varphi_2 \end{array} \\ \left[\begin{array}{cc|cc} \cancel{\frac{EA}{l}} & \cancel{-\frac{EA}{l}} & 0 & 0 \\ \cancel{-\frac{EA}{l}} & \cancel{\frac{EA}{l}} & 0 & 0 \\ \hline 0 & 0 & \frac{3EI}{l^3} & \frac{3EI}{l^2} \\ 0 & 0 & \frac{3EI}{l^2} & \frac{3EI}{l} \end{array}\right] \end{array} \qquad \boldsymbol{k}^1_{red} = \boldsymbol{R}^{1T}\,\boldsymbol{k}^1\,\boldsymbol{R}^1 = \begin{array}{c} \begin{array}{cc} U_1 & \Phi_2 \end{array} \\ \left[\begin{array}{cc} 0 & 0 \\ 0 & \frac{3EI}{l} \end{array}\right] \end{array}$$

Analog erhält wegen $EA \rightarrow \infty$ die Längsverschiebung in Stab 2 den Wert Null ($u_2^2 = 0$):

Stab 2:

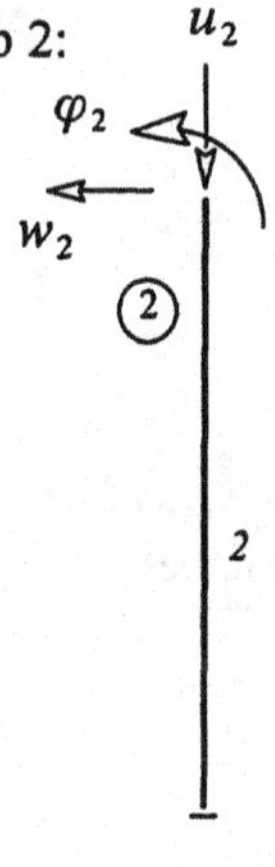

$$\text{aus } -w_2 = U_1$$
$$\varphi_2 = \Phi_2$$

$$\boldsymbol{v}^2 = \begin{bmatrix} u_2 \\ w_2 \\ \varphi_2 \end{bmatrix}^2 = \boldsymbol{R}^2 \cdot \boldsymbol{v}^2_{red} = \boldsymbol{R}^2 \cdot \boldsymbol{V} = \begin{bmatrix} 0 & 0 \\ -1 & 0 \\ 0 & 1 \end{bmatrix} \begin{bmatrix} U_1 \\ \Phi_2 \end{bmatrix}$$

Bild 7.31 Stabend-Weggrößen, Stab 2

Entsprechend zu Stab 1 werden auch hier die EA-Terme in der Elementsteifigkeit $\boldsymbol{k}^2$ weggelassen. Durch Transformation mit $\boldsymbol{R}^2$ ergibt sich die reduzierte Steifigkeitsmatrix $\boldsymbol{k}^2_{red}$:

$$\boldsymbol{k}^2 = \begin{array}{c} \begin{array}{ccc} u_2 & w_2 & \varphi_2 \end{array} \\ \left[\begin{array}{c|cc} \cancel{\frac{EA}{l}} & 0 & 0 \\ \hline 0 & \frac{12EI}{l^3} & \frac{6EI}{l^2} \\ 0 & \frac{6EI}{l^2} & \frac{4EI}{l} \end{array}\right] \end{array} \qquad \boldsymbol{k}^2_{red} = \boldsymbol{R}^{2T}\,\boldsymbol{k}^2\,\boldsymbol{R}^2 = \begin{array}{c} \begin{array}{cc} U_1 & \Phi_2 \end{array} \\ \left[\begin{array}{cc} \frac{12EI}{l^3} & \frac{6EI}{l^2} \\ \frac{6EI}{l^2} & \frac{4EI}{l} \end{array}\right] \end{array}$$

Außerdem ist noch die Feder am linken Auflager zu berücksichtigen:

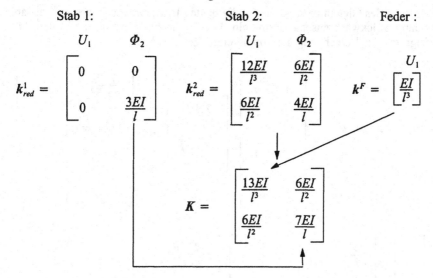

$$\longrightarrow \quad u_2 = U_1 \qquad k^F = \begin{bmatrix} \frac{EI}{l^3} \end{bmatrix}$$

Bild 7.32 Federelement

Aufstellen der reduzierten Gesamtsteifigkeitsmatrix aus den reduzierten Element-steifigkeiten

Die Überlagerung der reduzierten Steifigkeiten der beiden Stäbe und der Feder zur Koeffizienten-matrix für die beiden Unbekannten ist dem folgenden Schema zu entnehmen:

Stab 1:

$$\begin{array}{cc} U_1 & \Phi_2 \end{array}$$

$$k^1_{red} = \begin{bmatrix} 0 & 0 \\ 0 & \frac{3EI}{l} \end{bmatrix}$$

Stab 2:

$$\begin{array}{cc} U_1 & \Phi_2 \end{array}$$

$$k^2_{red} = \begin{bmatrix} \frac{12EI}{l^3} & \frac{6EI}{l^2} \\ \frac{6EI}{l^2} & \frac{4EI}{l} \end{bmatrix}$$

Feder :

$$U_1$$

$$k^F = \begin{bmatrix} \frac{EI}{l^3} \end{bmatrix}$$

$$K = \begin{bmatrix} \frac{13EI}{l^3} & \frac{6EI}{l^2} \\ \frac{6EI}{l^2} & \frac{7EI}{l} \end{bmatrix}$$

Aufstellen des Knotenlastvektors

Die Last $\overline{P}$ wirkt am selben Knoten und in derselben Richtung wie U_2. Wegen $U_2 = U_1$ ist somit die Platzierung von $\overline{P}$ im Knotenlastvektor festgelegt:

$$U_2 = U_1 \qquad \text{wegen } EA \rightarrow \infty \qquad \overline{\boldsymbol{P}} = \begin{bmatrix} \overline{P} \\ 0 \end{bmatrix} \begin{array}{c} U_1 \\ \Phi_2 \end{array}$$

Lösen des reduzierten Gleichungssystems

$$\underbrace{\begin{bmatrix} \frac{13EI}{l^3} & \frac{6EI}{l^2} \\ \frac{6EI}{l^2} & \frac{7EI}{l} \end{bmatrix}}_{\boldsymbol{K}} \underbrace{\begin{bmatrix} U_1 \\ \Phi_2 \end{bmatrix}}_{\boldsymbol{V}} = \underbrace{\begin{bmatrix} \overline{P} \\ 0 \end{bmatrix}}_{\overline{\boldsymbol{P}}} \quad \Rightarrow \quad \boldsymbol{V} = \begin{bmatrix} \frac{7}{55}\frac{l^3\overline{P}}{EI} \\ \frac{6}{55}\frac{l^2\overline{P}}{EI} \end{bmatrix} = \begin{bmatrix} U_1 \\ \Phi_2 \end{bmatrix}$$

Nachlaufrechnung

Nach der Lösung des Gleichungssystems für die beiden Unbekannten lassen sich die abhängigen Freiwerte durch Rückwärtseinsetzen ermitteln. Dies ist nachfolgend für die beiden Stäbe dargestellt, gefolgt von der Berechnung der konjugierten Kraftgrößen.

Stab 1:

$$\boldsymbol{v}^1 = \boldsymbol{R}^1\, \boldsymbol{v}^1_{red} = \boldsymbol{R}^1\, \boldsymbol{V} = \begin{bmatrix} 1 & 0 \\ 1 & 0 \\ 0 & 0 \\ 0 & 1 \end{bmatrix} \begin{bmatrix} \frac{7}{55}\frac{l^3\overline{P}}{EI} \\ -\frac{6}{55}\frac{l^2\overline{P}}{EI} \end{bmatrix} = \begin{bmatrix} \frac{7}{55}\frac{l^3\overline{P}}{EI} \\ \frac{7}{55}\frac{l^3\overline{P}}{EI} \\ 0 \\ -\frac{6}{55}\frac{l^2\overline{P}}{EI} \end{bmatrix} = \begin{bmatrix} u_1 \\ u_2 \\ w_2 \\ \varphi_2 \end{bmatrix}$$

$$\begin{bmatrix} N_1^1 \\ N_2^1 \\ \hline Q_2^1 \\ M_2^1 \end{bmatrix} = \left[\begin{array}{cc|cc} \cancel{\frac{EA}{l}} & -\cancel{\frac{EA}{l}} & 0 & 0 \\ -\cancel{\frac{EA}{l}} & \cancel{\frac{EA}{l}} & 0 & 0 \\ \hline 0 & 0 & \frac{3EI}{l^3} & \frac{3EI}{l^2} \\ 0 & 0 & \frac{3EI}{l^2} & \frac{3EI}{l} \end{array}\right] \begin{bmatrix} \frac{7}{55}\frac{l^3\overline{P}}{EI} \\ \frac{7}{55}\frac{l^3\overline{P}}{EI} \\ \hline 0 \\ -\frac{6}{55}\frac{l^2\overline{P}}{EI} \end{bmatrix} = \begin{bmatrix} - \\ - \\ \hline -\frac{18}{55}\overline{P} \\ -\frac{18}{55}\overline{P}l \end{bmatrix} \qquad \text{(VzK 2)}$$

Stab 2:

$$v^2 = R^2\ v^2_{red} = R^2\ V = \begin{bmatrix} 0 & 0 \\ -1 & 0 \\ 0 & 1 \end{bmatrix} \begin{bmatrix} \frac{7}{55}\frac{l^3\overline{P}}{EI} \\ -\frac{6}{55}\frac{l^2\overline{P}}{EI} \end{bmatrix} = \begin{bmatrix} 0 \\ -\frac{7}{55}\frac{l^3\overline{P}}{EI} \\ -\frac{6}{55}\frac{l^2\overline{P}}{EI} \end{bmatrix} = \begin{bmatrix} u_2 \\ w_2 \\ \varphi_2 \end{bmatrix}$$

$$\begin{bmatrix} N_2^2 \\ \hline Q_2^2 \\ M_2^2 \end{bmatrix} = \begin{bmatrix} \cancel{\frac{EA}{l}} & 0 & 0 \\ \hline 0 & \frac{12EI}{l^3} & \frac{6EI}{l^2} \\ 0 & \frac{6EI}{l^2} & \frac{4EI}{l} \end{bmatrix} \begin{bmatrix} 0 \\ \hline \frac{7}{55}\frac{l^3\overline{P}}{EI} \\ -\frac{6}{55}\frac{l^2\overline{P}}{EI} \end{bmatrix} = \begin{bmatrix} - \\ \hline \frac{48}{55}\overline{P} \\ \frac{18}{55}\overline{P}l \end{bmatrix} \qquad \text{(VzK 2)}$$

Wegen $EA \rightarrow \infty$ wurden in den Elementsteifigkeiten alle EA-Terme nicht berücksichtigt. Aus diesem Grund ist es jetzt auch nicht möglich, mit Hilfe der Elementsteifigkeiten die Normalkräfte zu berechnen. Dafür müssen die Gleichgewichtsbedingungen an den Knoten herangezogen werden.

Gleichgewicht am Knoten 2 zur Berechnung der Normalkräfte

Am Beispiel lassen sich durch Bilden des Gleichgewichts der Kräfte am Knoten 2 die beiden unbekannten Normalkräfte in horizontaler und vertikaler Richtung bestimmen, vgl. Bild 7.33:

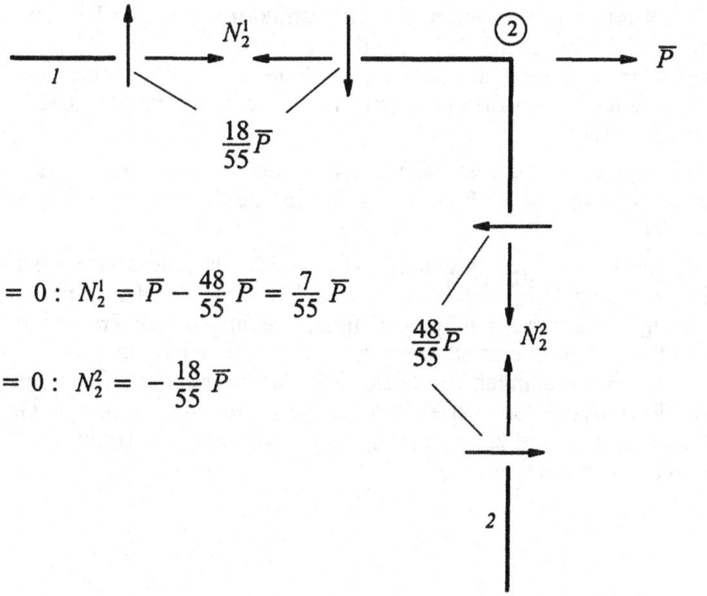

$$\sum H = 0: \ N_2^1 = \overline{P} - \frac{48}{55}\,\overline{P} = \frac{7}{55}\,\overline{P}$$

$$\sum V = 0: \ N_2^2 = -\frac{18}{55}\,\overline{P}$$

Bild 7.33 Gleichgewicht am Knoten 2

7.7 Substrukturtechnik

Die im Kapitel 7.6 behandelte statische Kondensation lässt sich noch verallgemeinern und dazu nutzen, die Einteilung eine Struktur in Elemente übersichtlicher zu gestalten sowie die Abarbeitung des zugehörigen Gleichungsystems schrittweise vorzunehmen. Während der letztgenannte Aspekt infolge zunehmend höherer Rechnerleistung immer stärker in den Hintergrund tritt, gewinnt eine ingenieurgemäße Modellbildung mit schrittweiser Vorgehensweise für die übersichtliche Lösung einer Aufgabenstellung immer mehr an Bedeutung.

So lässt sich die statische Kondensation mit der Vorweg-Elimination von Freiheitsgraden dazu nutzen, z.B. standardisierte Substrukturen zu definieren, welche bei der Modellbildung mehrfach vorkommen oder auch die Vorgehensweise in geeignete Bausteine zu zerlegen, die den Rechengang übersichtlicher zu gestalten helfen. Dabei werden komplexe Strukturen in Teilbereiche zerlegt, für die als eigenständige Systeme (sog. Substrukturen oder Makros) Steifigkeitsbeziehungen aufgestellt werden können. Für diese Teile werden die zugehörigen mechanischen Eigenschaften auf definierte Koppelfreiheitsgrade abgebildet (statische Kondensation) und in dieser Form für die Berechnung des Gesamttragwerks bereitgestellt.

Zur Erläuterung und als Demonstrationsbeispiel soll die in Bild 7.34 gezeigte Fachwerk-Konstruktion eines Turmdrehkrans dienen, dessen Ausleger und Turm als Substrukturen aufgefasst werden. Die Freiheitsgrade dieser Teile werden jeweils so kondensiert, dass die Verbindungsknoten zwischen den Bauteilen die Hauptknoten sind und die Zwischenknoten der beiden Substrukturen vorab eliminiert werden. Bei der Lösung als Gesamtsystem ergeben die an den 16 Knoten jeweils eingesetzten zwei Freiheitsgrade ein Gleichungsystem von 32 Unbekannten (ohne Randbedingungen). Mit einer entsprechenden Nummerierung folgt gemäß Gl. (7-14) eine Bandbreite von 18. Bei einer schrittweisen Lösung definieren wir zwei Substrukturen, deren Innenknoten vorab kondensiert werden. Beim Ausleger (sieben Knoten) verbleiben an der Hauptstruktur die beiden Knoten 5 und 7 und beim Turm (acht Knoten) die vier Knoten 1, 2, 4 und 5.
Die auf der untersten Ebene (Level 0) verbleibende Hauptstruktur hat noch 14 Unbekannte, während die beiden Substrukturen (auch Makro-Elemente genannt) im Level 1 durch statische Kondensation entsprechend reduziert werden.

Die am Beispiel erläuterte Vorgehensweise lässt sich verallgemeinern und systematisieren, indem man verschiedene Ebenen der Elimination einführt, denen bestimmte Substrukturen in anschaulicher Weise zugeordnet werden.

Dieser besondere Vorteil der Substrukturtechnik gibt die Möglichkeit, ein Tragwerk in mechanisch gleich aufgebaute Einheiten zu zerlegen. Hierbei lassen sich auch Symmetrien der Struktur berücksichtigen, wobei die zugehörigen Makros durch Spiegelungen, Drehungen oder Translationen aus einer Unterstruktur auf einfache Weise erzeugt werden können. Entwurfsbegleitend wird die Substrukturtechnik deshalb bei Berechnungen mit leicht geänderten Tragwerkseigenschaften in bestimmten Teilbereichen (Reanalysis), bei Verfeinerungen der Elementeinteilung in Gebieten hoher Beanspruchung (Netzadaption) und zur Idealisierung mit verfeinerten Tragwerkstheorien mittels kinematischer Kopplung eingesetzt.

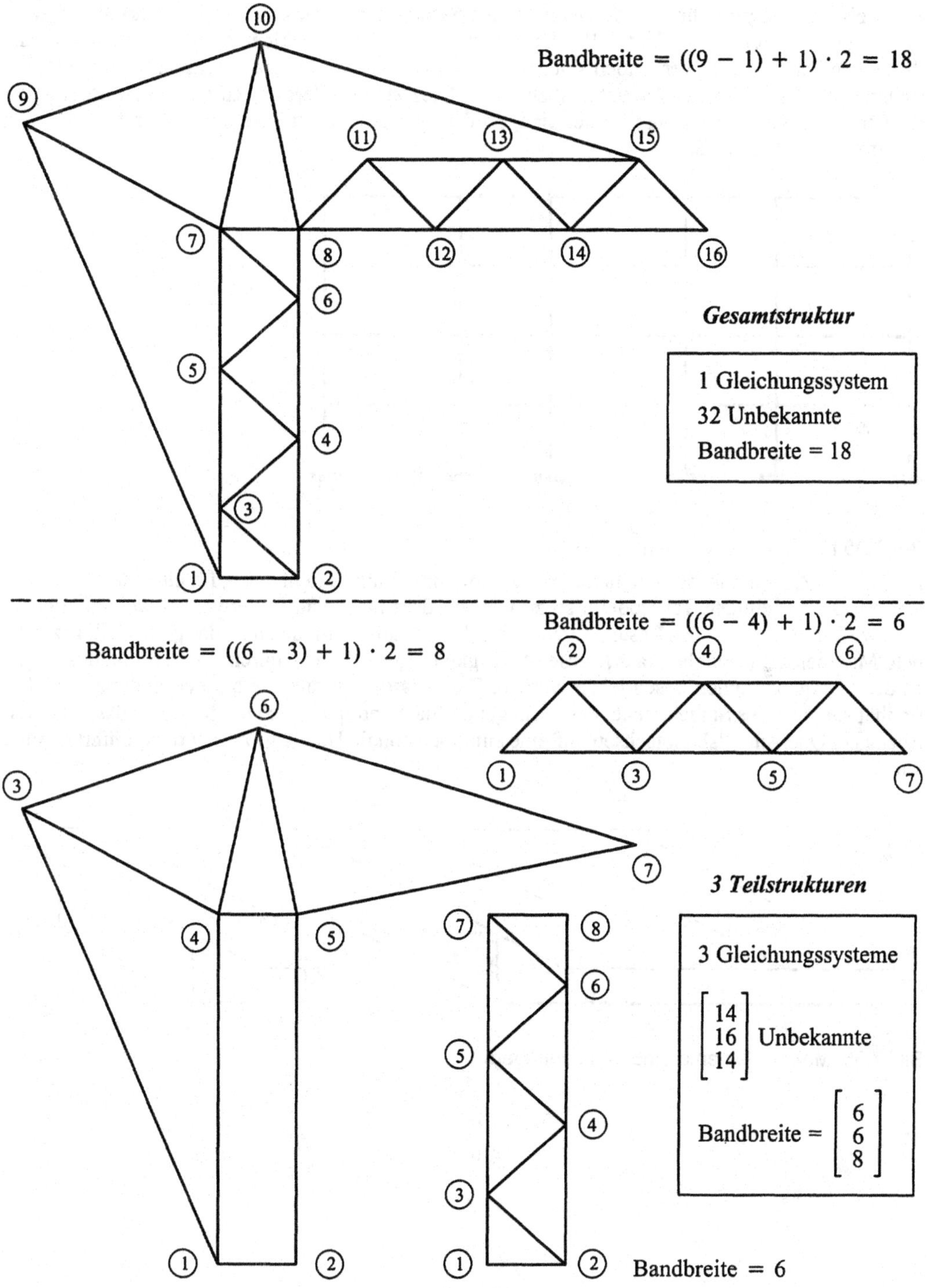

Bild 7.34 Turmdrehkran als Beispiel zur Substrukturtechnik

Als weiteres Beispiel für die Anwendung des Substrukturtechnik wird ein mehrteiliges Rahmentragwerk gezeigt, vgl. Bild 7.35. Es besteht aus drei vierstöckigen Rahmen, die durch eine Reihe von Pendelstäben verbunden sind. Hier bietet es sich bei der Tragwerksanalyse an, die drei Rahmen jeweils mit Makroelementen abzubilden. Dies ist besonders effektiv, wenn die Stockwerkrahmen auch noch gleich ausgebildet sind, so dass ein einmal aufgestelltes Makroelement sich mehrfach verwenden lässt.

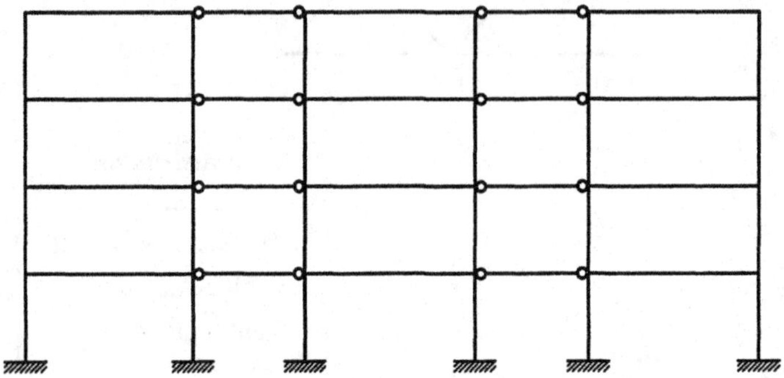

Bild 7.35 Mehrteiliger Rahmen

Eine andere Anwendungsmöglichkeit der Substrukturtechnik besteht darin, für eine zweidimensionale Struktur geeignete Teilmodelle so zu wählen, dass diese häufig verwendet werden können. Dies wird am Beispiel eines Kastenträgers (Bild 7.36) deutlich, für den man das gestrichelt gezeichnete Makroelement wählen kann, dessen Steifigkeitseigenschaften durch die Verbindungsknoten an den Übergangsstellen beschrieben werden. Damit lässt sich durch Wahl der eindimensionalen Freiheitsgrade eines Stabelements das vorliegende Flächentragwerk so modellieren, dass es durch Bezug auf Querschnittshauptachsen auf eine eindimensionale Hauptstruktur zurückgeführt werden kann:

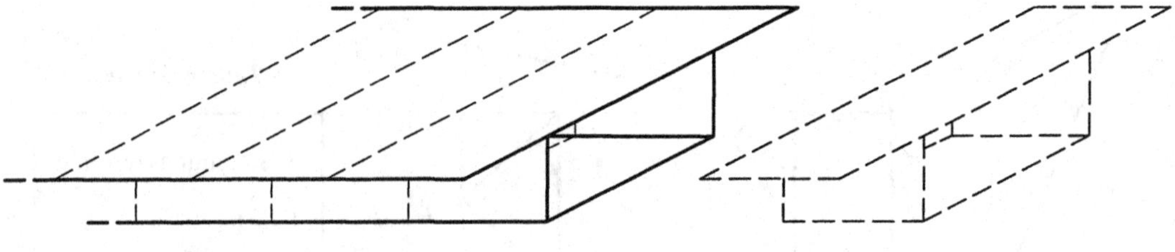

Bild 7.36 Makro-Elemente eines Kastenträgers

8 Tragverhalten spezieller Stabtragwerke

In diesem Kapitel behandeln wir das Tragverhalten einiger typischer Stabtragwerke. Zunächst wird der elastisch gebettete Balken untersucht und insbesondere der Einfluss der Bettung auf den Verlauf der Zustandsgrößen verfolgt. Dabei werden für die Systemberechnung sowohl genaue als auch angenäherte Elemente im Sinne von Kapitel 2.9 verwendet.

Danach wenden wir uns im Kapitel 8.2 der Modellbildung für Fachwerk-Strukturen zu, wobei möglichen "Nebenspannungen" besondere Aufmerksamkeit gewidmet wird. Schließlich studieren wir in Kapitel 8.3 an einem einfachen Rahmen, wie sich verschiedene Randbedingungen und Steifigkeitsverhältnisse seiner Stabelemente auswirken.

8.1 Genäherte Berechnung elastisch gebetteter Balken

8.1.1 Numerisches Lösungsverhalten am Beispiel eines Fundamentbalkens

Häufig erweist es sich als zweckmäßig, bei der Modellbildung von Stabtragwerken Elemente mit elastischer Bettung einzufügen. Damit können z.B. Gründungsbalken oder andere Teile erfasst werden, die kontinuierlich federnd aufgelagert sind. Wir betrachten den Einfluss der Bettung auf das numerische Lösungsverhalten anhand eines kontinuierlich gebetteten Fundamentbalkens, auf den drei Einzellasten wirken, vgl. Bild 8.1:

System und Belastung:

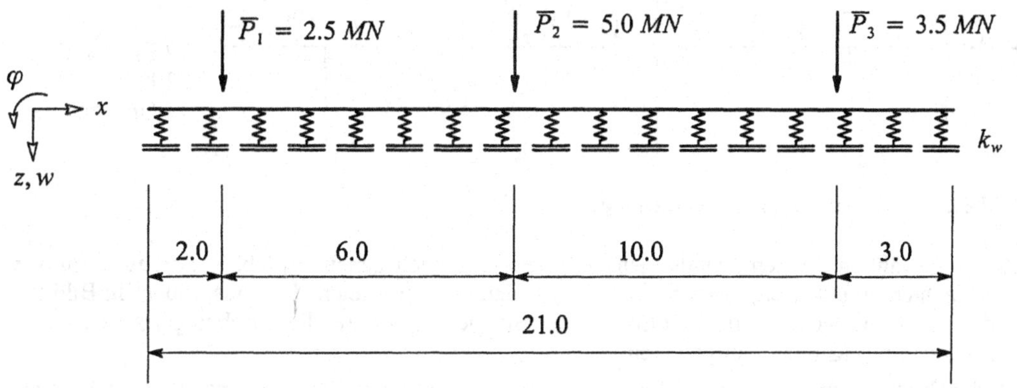

Dimension der Länge: *[m]*

Querschnitts- und Materialkennwerte:

Elastizitätsmodul $E = 2.1 \cdot 10^4 MN/m^2$ Trägheitsmoment $I = 1.08\ m^4$

Bild 8.1 Elastisch gebetteter Fundamentbalken

Für den allgemeinen Fall veränderlicher Stabeigenschaften haben wir in Kapitel 4.3.4 ein Balkenelement mit Bettung hergeleitet, bei dem ein Näherungsansatz verwendet wurde und das hier für die Berechnung des gebetteten Fundamentbalkens eingesetzt wird. Auf Grund der Näherung ist zu erwarten, dass sich die Genauigkeit der Lösung mit der Elementeinteilung verändert. Deshalb wird der in Bild 8.1 gezeigte Fundamentbalken mit drei verschiedenen Elementeinteilungen untersucht, die aus Bild 8.2 ersichtlich sind.

Für die Berechnung wird das Weggrößenverfahren verwendet, wobei im vorliegenden Fall zwei unbekannte Freiheitsgrade der Verschiebung W und der Verdrehung Φ je Knoten anzusetzen sind. Damit ergeben sich jeweils 18, 24 oder 44 Unbekannte für die drei gewählten Elementeinteilungen:

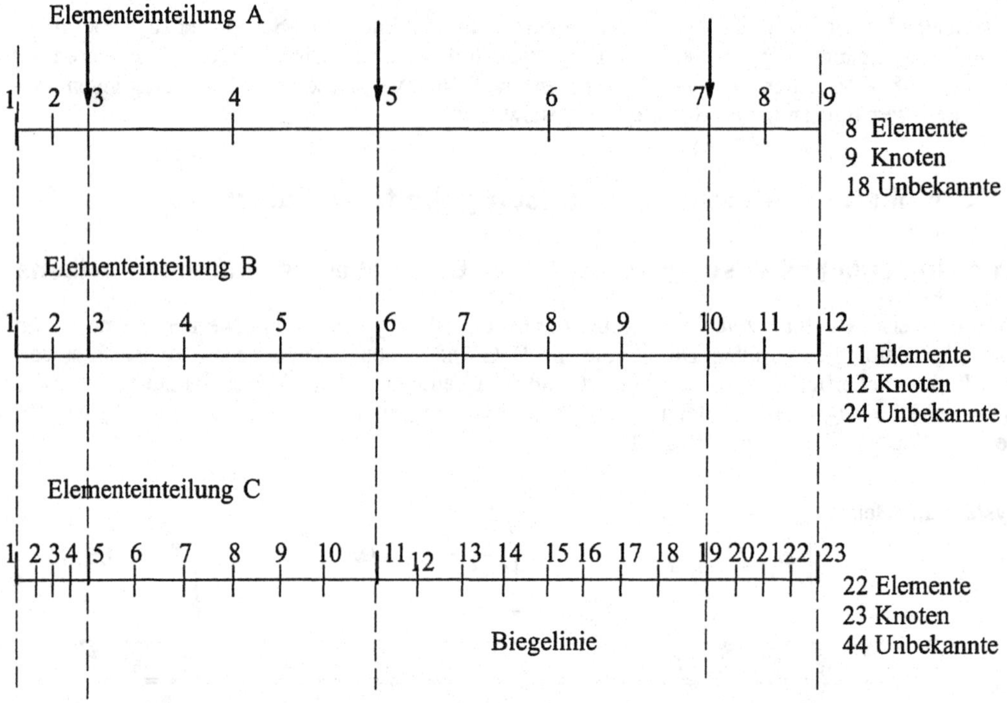

Bild 8.2 Verschiedene Elementeinteilungen

Für die gewählten Elementeinteilungen sind unterschiedlich genaue Ergebnisse nicht nur für die Unbekannten zu erwarten, sondern auch für die daraus abgeleiteten Zustandsgrößen. In Bild 8.3 sind deshalb die Ergebnisse der drei Elementeinteilungen sowohl für die Durchbiegung als auch für das Moment am Knoten 3 aufgetragen.

Für die Durchbiegung ist eine gleichmäßige Konvergenz mit zunehmender Anzahl der Unbekannten deutlich zu erkennen. Im vorliegenden Fall konstanter Stab-Steifigkeiten und konstanter Bettung kann auch eine analytische Lösung angegeben werden, und es zeigt sich, dass die Durchbiegung schon bei relativ grober Elementeinteilung nur einen geringen Fehler aufweist.
Dies hängt damit zusammen, dass die Durchbiegungen beim Weggrößenverfahren die grundlegenden Unbekannten sind und dass dafür die Gleichgewichtsbedingungen in den Knoten mit Hilfe des algebraischen Gleichungssystems direkt erfüllt werden: *Die Systemgleichungen erfüllen das Gleichgewicht nur an den Knoten, in den anderen Bereichen (Elementen) nur im Mittel.*

Dazu ist anzumerken, dass sich die Konvergenz im Allgemeinen nur im energetischen Sinne für die virtuelle Arbeit und die direkten Unbekannten des Gleichungsystems beweisen lässt..

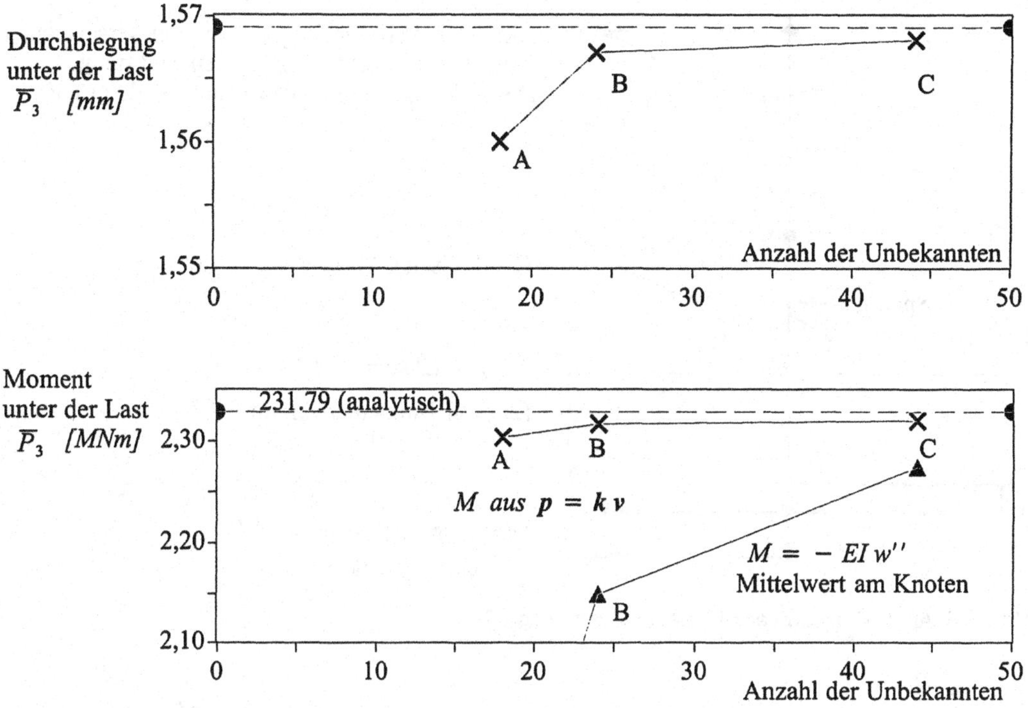

Bild 8.3 Konvergenzverhalten mit zunehmender Anzahl der Unbekannten

Als wesentlich schlechter stellt sich die Konvergenz der abgeleiteten Größen wie die des Biegemoments (vgl. Bild 8.3) und der Querkraft dar.
Dies lässt sich mit Hilfe des gewählten kubischen Verschiebungsansatzes für das Element erklären, der die genaue Lösung nicht darstellen kann. Moment und Querkraft hängen gemäß der Grundgleichungen über die zweite beziehungsweise dritte Ableitung mit der Verschiebung zusammen, so dass sich auf Grund der Differentiation vorhandene Approximationsfehler verstärken. Dies ist im Bild 8.4 erläutert, aus dem auch hervorgeht, dass sich für die Querkraft nur noch eine konstante Verteilung auf Grund des Ansatzes ergibt. Dies steht im Widerspruch zu der nicht-konstanten Veränderung der Querkraft, wie sie sich aufgrund der Bettung ergeben müsste.

Aus Bild 8.3 sind zwei verschiedene Möglichkeiten abzulesen, wie das Biegemoment aus den Ergebnissen der Knoten-Verschiebungen zu gewinnen ist. Zum einen erhält man die Stabend-Momente aus der Elementbeziehung $\boldsymbol{p} = \boldsymbol{k}\,\boldsymbol{v}$, vgl. Gl. (4-22), wie dies speziell bei der Berechnung von Stabtragwerken möglich ist. Zum anderen ergibt sich das Moment durch Ableitung des Verschiebungsverlauf gemäß $M = -EI\,w''$ und Bildung des Mittelwerts aus den meist unterschiedlichen Werten beidseits des jeweiligen Knotens. Dazu ist zu bemerken, dass die zweite Möglichkeit allgemeiner anwendbar ist, z.B. auch bei Flächentragwerken, während die Bestimmung der Stabend-Momente auf Stabtragwerke beschränkt ist.
Diese beiden Möglichkeiten werden für den vorliegenden Fall des elastisch gebetteten Fundamentbalkens in den nächsten beiden Abschnitten ausführlicher verglichen, indem die Ergebnisse sowohl

für den Verlauf der Momente als auch für den Verlauf der Querkräfte einander gegenübergestellt werden.

Kubischer Verschiebungsansatz: Nur Verschiebung (und Verdrehung) an den Knoten sind stetig. Die Ableitungen enthalten Knicke und Sprünge.

$$\varphi(x) = -w'$$

Quadratischer Verlauf der Verdrehung

$$M(x) = EI\kappa = -EI\,w''$$

Linearer Momentenverlauf

$$Q(x) = M'(x) = -EI\,w'''$$

Konstanter Querkraftverlauf

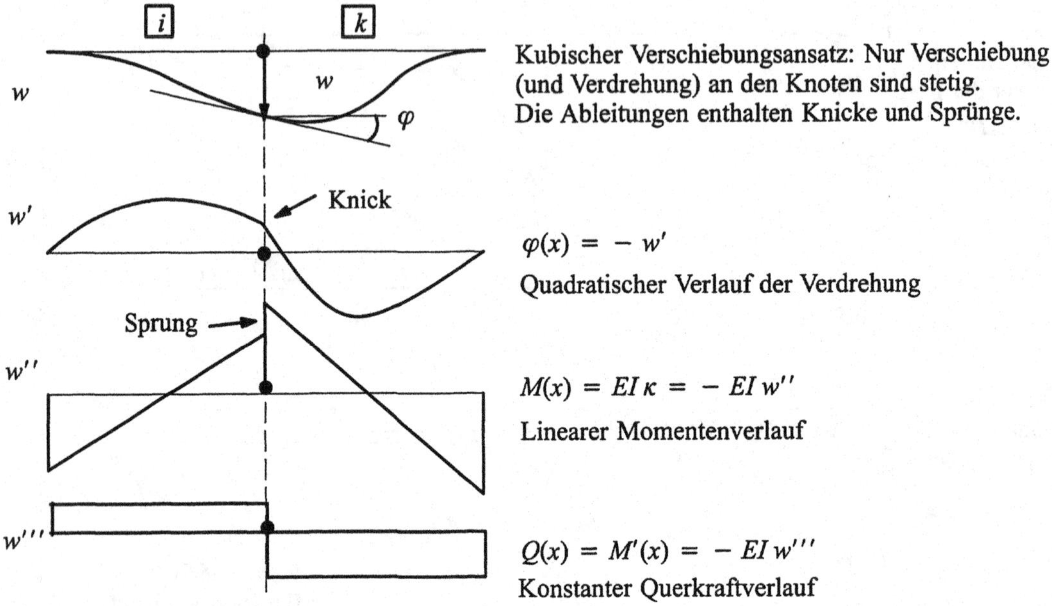

Bild 8.4 Approximation verschiedener Zustandsgrößen

8.1.2 Biegemomente des elastisch gebetteten Balkens unter Einzellasten

Ermittlung mit Hilfe der Stabendgrößen mittels $p = k\,v$

Die in p enthaltenen Stabend-Momente werden willkürlich linear verbunden. Der Verlauf zwischen den Knoten kann nur mit Hilfe des Verschiebungsansatzes ermittelt werden.

Ermittlung durch Ableitung der Verschiebungsansätze mittels $M = EI\,(-w'')$

Da für die höheren Verschiebungsableitungen keine Stetigkeit des Verlaufs über die Elementgrenzen gewährleistet ist, treten an diesen Sprünge auf, vgl. Bild 8.4. Insgesamt wird die Approximation der Schnittkräfte aufgrund der Verschiebungsableitungen schlechter und das Gleichgewicht wird im Element nur im Mittel erfüllt.

Die aus beiden Näherungen folgenden Werte an den Knoten sind erkennbar unterschiedlich. Mit zunehmender Anzahl der Unbekannten nähern sich die Ergebnisse einander an. Außerdem ist auch eine verschieden starke numerische Konvergenz zur analytischen Lösung festzustellen.

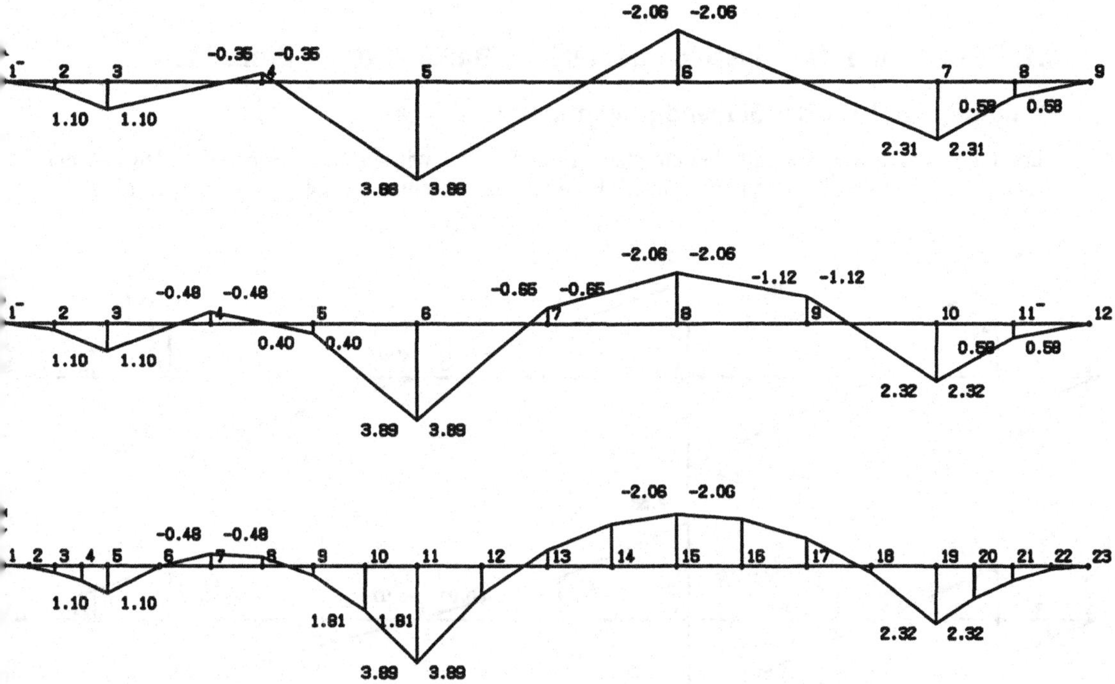

Bild 8.5 Approximation der Momente über die Stabendgrößen, drei Elementeinteilungen

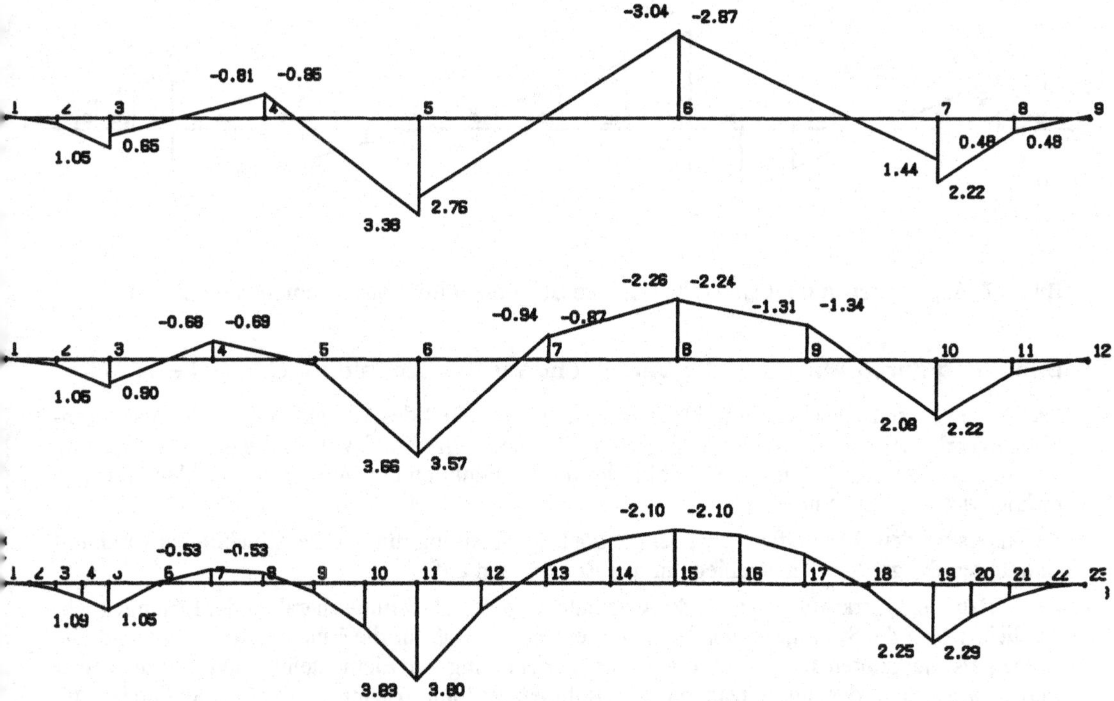

Bild 8.6 Approximation der Momente über die Verschiebungsableitungen, drei Elementeinteilungen

8.1.3 Querkräfte des elastisch gebetteten Balkens unter Einzellasten

Ermittlung mit Hilfe der Stabendgrößen mittels $p = k\,v$

Auch hier werden die in p enthaltenen Stabend-Querkräfte willkürlich linear verbunden und der Verlauf zwischen den Knoten kann nur mit Hife des Verschiebungsansatzes ermittelt werden.

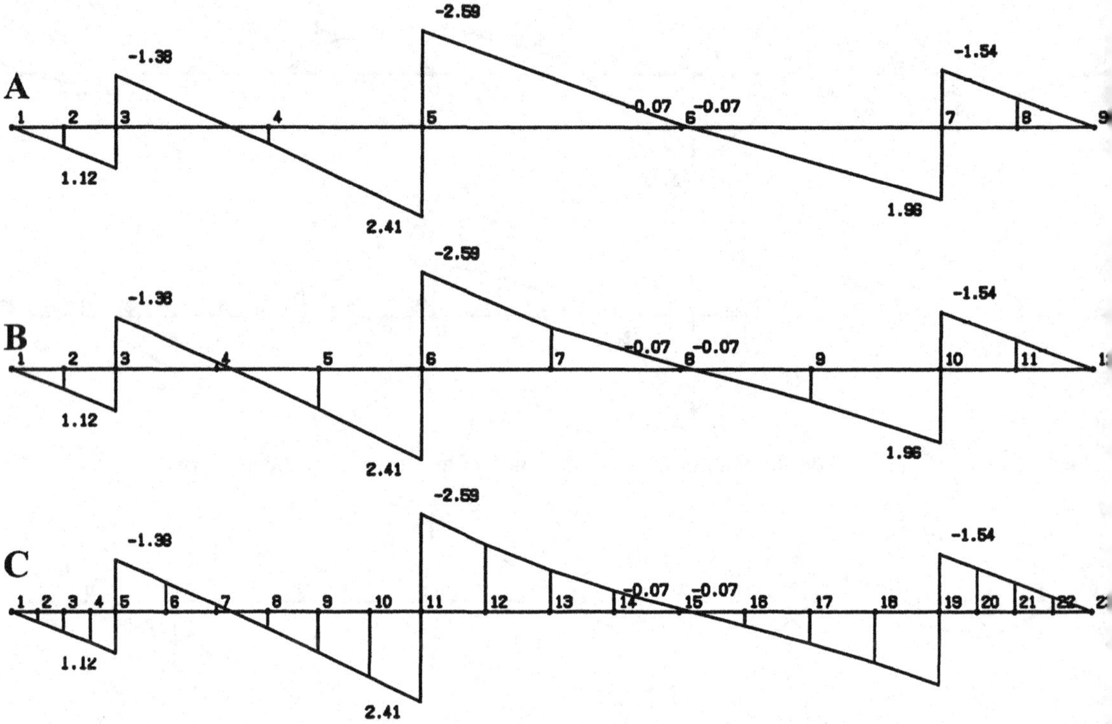

Bild 8.7 Approximation der Querkräfte über die Stabendgrößen, drei Elementeinteilungen

Ermittlung durch Ableitung der Verschiebungsansätze mittels $Q = EI\,(-\,w''')$

Da für die höheren Verschiebungsableitungen keine Stetigkeit des Verlaufs über die Elementgrenzen gewährleistet wird, treten Sprünge an den Elementgrenzen auf, vgl. Bild 8.4. Insgesamt wird dadurch die Approximation der Schnittkräfte, die als Funktion der Verschiebungsableitungen errechnet werden, schlechter.

Besonders bei den Querkräften, die über die höchste Ableitung mit den Verschiebungen verknüpft sind, treten die größten Unterschiede in den Ergebnissen auf.

Der Verlauf der Querkräfte wie auch der Momente zeigt den Näherungscharakter der Lösungen sehr deutlich, wobei die Sprünge an den Elementgrenzen ein Maß für die Güte der Näherung sind. Sie können als Indikatoren für eine automatische Verfeinerung der Elementeinteilung herangezogen werden wie dies bei der sog. Netzadaption im Rahmen der Finite-Element-Methode der Fall ist, vgl. z.B. *Stein (Ed.) (2002).*

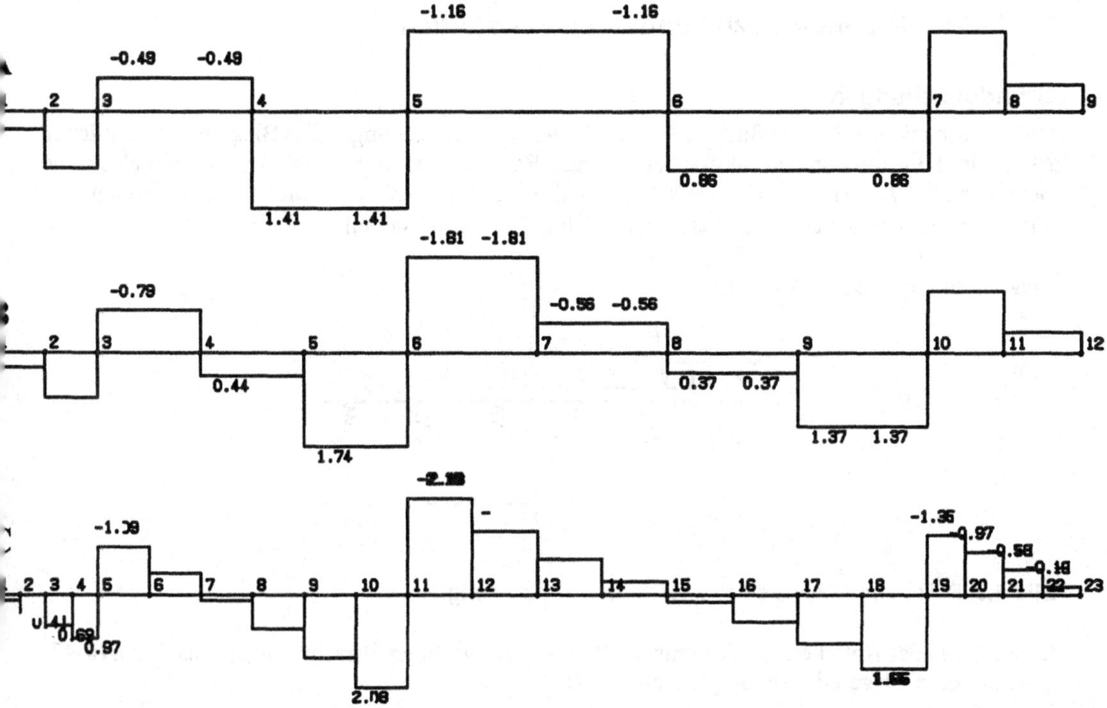

Bild 8.8 Approximation der Querkräfte über die Verschiebungsableitungen, drei Elementeinteilungen

8.2 Analytische Berechnung elastisch gebetteter Balken

Im letzten Unterkapitel 8.1 wurden die Besonderheiten behandelt, die bei der Berechnung von Strukturen mit Hilfe von Näherungs-Elementen zu beachten sind. Diese sind z.B. typisch für Untersuchungen mit Hilfe der Finite-Element-Methode und gerade bei eindimensionalen Stabtragwerken - wie beim elastisch gebetteten Balken - in relativ einfacher Weise zu verdeutlichen.

Auf der anderen Seite ist es gerade bei eindimensionalen Stabelementen häufig möglich, "genaue" Lösungen durch numerische Integration des zugehörigen Dgl.-Systems zu erhalten - wie in Kap. 4.1.2 erwähnt - und auf diese Weise mit genauen Elementen zu arbeiten. Dies gilt in vielen Fällen auch bei veränderlichen Eigenschaften längs der Stabachse, sofern entsprechende Verfahren für die numerische Integration angewendet werden.
Bei konstanten Koeffizienten in den maßgebenden Gleichungen lassen sich die Lösungen immer mit Hilfe bekannter Funktionen ausdrücken (analytische Lösungen).

Die Vorgehensweise mit analytischen Funktionen ist bereits vor längerem für die Handrechnung ausführlich aufbereitet worden und in vielen Lehrbüchern und Tabellenwerken, z.B. *Avramidis (1982)*, *Saal G., Saal H. (1981,1982)* dokumentiert. Die Ergebnisse erlauben es, systematische Erkenntnisse zum Tragverhalten derjenigen Strukturen zu gewinnen, die einer solchen Untersuchung zugänglich sind.

Als Beispiel dient hier der unendlich lange, elastisch gebettete Balken mit konstantem Verlauf des Biegeträgheitsmoments und der elastischen Bettung, dessen Tragverhalten näher behandelt wird.

8.2.1 Grundlegende Beziehungen und Lösungen

Grundgleichungen

Die in Abschnitt 4.3.3 unter Bild 4.12 angegebenen Grundgleichungen des Biegeträgers wurden in Abschnitt 4.3.4 um den Einfluss der elastischen Bettung erweitert, welcher durch die elastische Bettungsziffer k_w erfasst wird. Dies bewirkt die Bettungskraft $k_w\, w$ und führt im Prinzip der virtuellen Verschiebungen zum zusätzlichen virtuellen Arbeitsanteil $\delta w\, k_w\, w$.

Biegung um die lokale y-Achse:

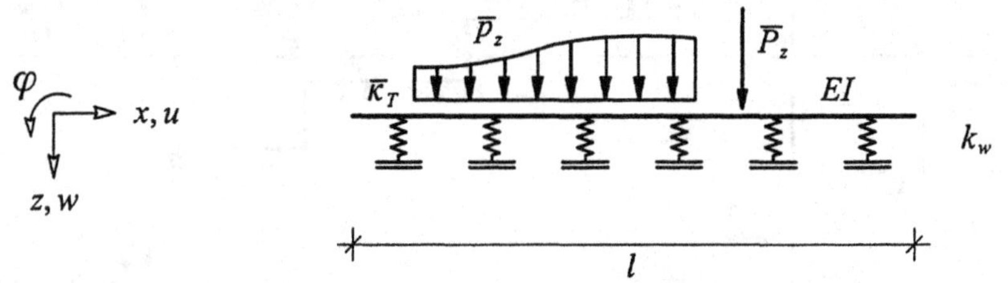

Bild 8.9 Balken mit kontinuierlicher Bettung und Belastung

Damit lautet der Anteil eines Elements im Prinzip der virtuellen Verschiebungen nach Gl. (4-47) bzw. die zugehörige Differentialgleichung (4-48):

$$\text{PvV:}\quad \int_x (\delta w''\, EI\, w'' + \delta w\, k_w\, w)\, dx - \int_x (\delta w\, \bar{p}_z - \delta w''\, EI\, \bar{\kappa})\, dx$$

$$\text{Dgl.:}\quad (EI\, w'')'' + k_w\, w - \bar{p}_z + (EI\, \bar{\kappa})'' = 0$$

$$\text{oder}\quad Q = M' \;;\quad \bar{p}_z = -\,Q' + k_w\, w\;;\quad M = -\,EI\,(\varphi' - \bar{\kappa});\quad \varphi = -\,w'$$

Werden die lokalen Grundgleichungen der letzten Zeile analog Gl. (4-10) direkt als System von Dgln. erster Ordnung geschrieben, so ist der Einfluss der Bettung in der dritten Gleichung (Kräfte-Gleichgewicht in z-Richtung) erkennbar:

$$\frac{d}{dx}\begin{bmatrix} w \\ \varphi \\ Q \\ M \end{bmatrix} = \begin{bmatrix} 0 & -1 & 0 & 0 \\ 0 & 0 & 0 & \frac{1}{EI} \\ k_w & 0 & 0 & 0 \\ 0 & 0 & 1 & 0 \end{bmatrix} \begin{bmatrix} w \\ \varphi \\ Q \\ M \end{bmatrix} + \begin{bmatrix} 0 \\ \bar{\kappa} \\ -\,\bar{p}_z \\ 0 \end{bmatrix}$$

$$z'(x) \quad = \quad A \quad z(x) \;+\; \bar{r}(x)$$

Für konstante Koeffizienten von EI und k_W lässt sich die Lösung gemäß Gl. (4-13) und (4-14) gewinnen. Die auftretenden Exponentialreihen können mit Hilfe der Eigenwerte der Differentialmatrix A auch in geschlossener Form angegeben werden. Diese Lösungen mit Hilfe bekannter Funktionen liegen in der Literatur in analytischer Form vor und werden hier für den wichtigen Sonderfall des unendlich langen Trägers angegeben. Die mit Hilfe dieser bekannten Lösungen sich ergebenden "genauen" Elementmatrizen $\boldsymbol{k}$ bzw. $\boldsymbol{U}$ sind der Literatur zu entnehmen oder mit Hilfe von Gl. (4-13) und (4-14) direkt numerisch zu ermitteln, vgl. auch Kap. 4.7 und Kap. 4.6.

Lösungen für den nach einer bzw. nach beiden Seiten unendlich langen Träger

Der unendliche lange Träger auf elastischer Bettung lässt sich mit den in Bild 8.10 angegebenen analytischen Lösungen beschreiben, die Aufschluss zum Tragverhalten und zu den charakteristischen Kenngrößen der Aufgabenstellung geben. So zeigt sich, dass das Abklingverhalten der Lösungen durch die sog. charakteristische Länge $L = \sqrt[4]{4EI/k_w}$ bestimmt wird. Dies wird besonders deutlich, wenn man das Verhalten unter einer Einzellast am beidseits unendlich langen Träger anhand des Verlaufs der Zustandsgrößen in Bild 8.11 betrachtet.

Kennzeichnende Größen:

EI	Biegesteifigkeit des gebetteten Trägers	[Kraft . Länge^2]
l	Länge des gebetteten Trägers	[Länge]
k_w	Bettungsmodul	[Kraft/Länge^2]
$L = \sqrt[4]{4EI/k_w}$	charakteristische Länge des gebetteten Trägers	[Länge]

Analytische Lösungen für den 'langen' Träger:

$$l/L \gtrsim 4 \qquad \xi = x/L$$

Definition von Hilfsfunktionen:

$$A_\xi = e^{-\xi}(\cos\xi + \sin\xi) \qquad B_\xi = e^{-\xi}\sin\xi$$

$$C_\xi = e^{-\xi}(\cos\xi - \sin\xi) \qquad D_\xi = e^{-\xi}\cos\xi$$

	$\lambda = \frac{a}{L}$, $\bar{p}$, a, $\xi \geq \lambda$, ξ	P, ξ	$\overline{M}$, ξ	P, ξ	$\overline{M}$, ξ
$w(\xi)$	$\frac{-\bar{p}L^4}{8EI}(D_\xi - D_{\xi-\lambda})$	$\frac{P}{2L\,k_w}A_\xi$	$\frac{-\overline{M}}{L^2k_w}B_\xi$	$\frac{2P}{L\,k_w}D_\xi$	$\frac{2\overline{M}}{L^2k_w}C_\xi$
$\varphi(\xi)$	$\frac{-\bar{p}L^3}{8EI}(A_\xi - A_{\xi-\lambda})$	$\frac{P}{L^2\,k_w}B_\xi$	$\frac{\overline{M}}{L^3k_w}C_\xi$	$\frac{2P}{L^2\,k_w}A_\xi$	$\frac{4\overline{M}}{L^3k_w}D_\xi$
$Q(\xi)$	$\frac{\bar{p}L}{4}(C_\xi - C_{\xi-\lambda})$	$\frac{-P}{2}D_\xi$	$\frac{\overline{M}}{2L}A_\xi$	$-PC_\xi$	$\frac{2\overline{M}}{L}B_\xi$
$M(\xi)$	$\frac{\bar{p}L^2}{4}(B_\xi - B_{\xi-\lambda})$	$\frac{PL}{4}C_\xi$	$\frac{-\overline{M}}{2L}D_\xi$	$-PL\,B_\xi$	$-\overline{M}A_\xi$
	Träger: beidseits unendlich lang			einseitig unendl. lang.	

Bild 8.10 Analytische Lösungen für den elastisch gebetteten unendlich langen Träger

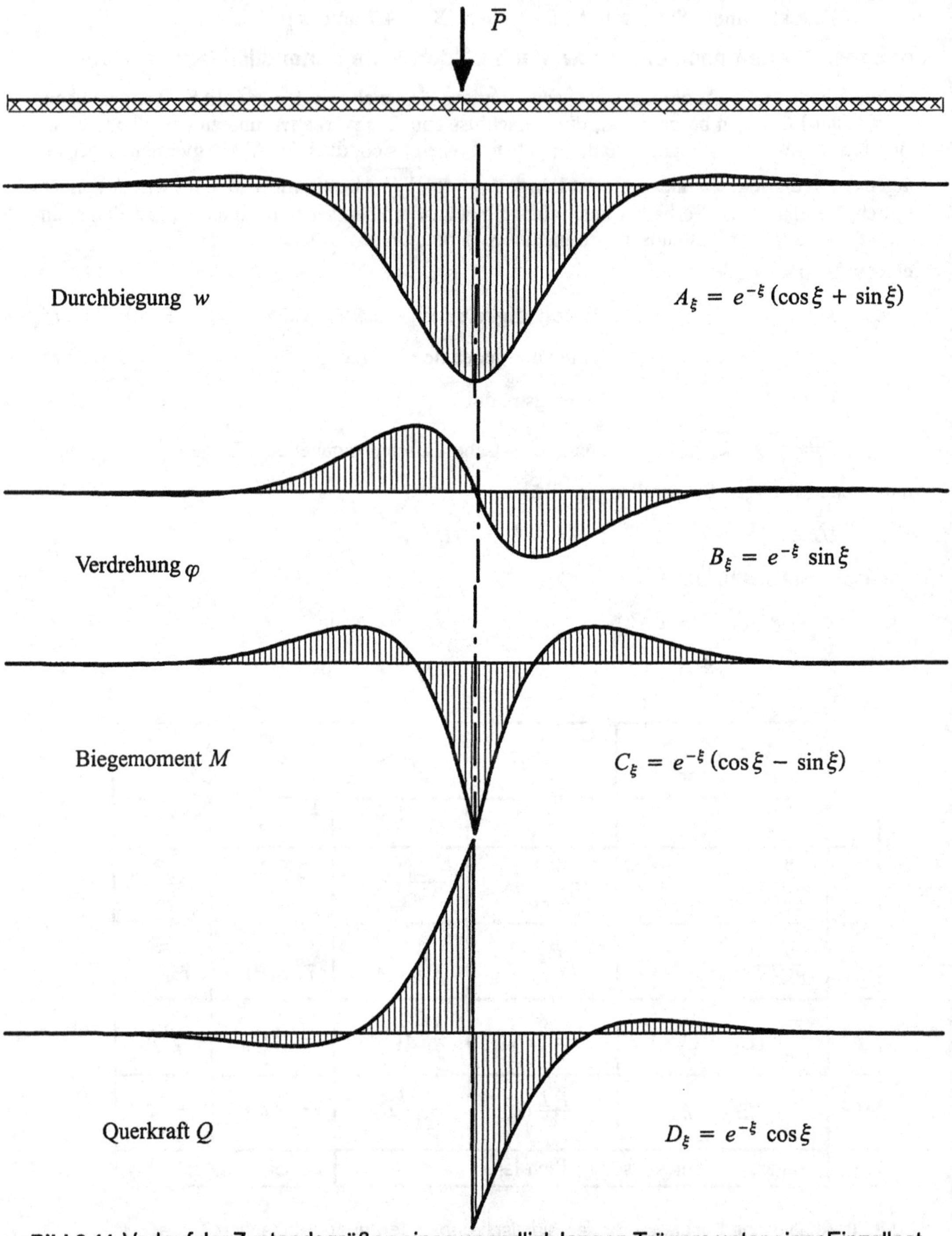

Bild 8.11 Verlauf der Zustandsgrößen eines unendlich langen Trägers unter einer Einzellast

Anwendungsgebiete von Trägern auf elastischer Bettung:

Die behandelten Lösungen des elastisch gebetteten Trägers sind in vielen Anwendungen von praktischem Interesse. In der Modellbildung werden häufig Elemente mit Bettung eingesetzt, z.B. zur

a. Berechnung von Gründungskörpern (Fundamentbalken, Fundamentplatten,Pfahlgründungen),
b. Berechnung von Gleiskörpern (Eisenbahnoberbau),
c. Berechnung von U-Bahn-Röhren, Brunnen, Schächten, Tübbingen,
d. Anwendung auf Probleme mit analogem Aufbau der Differentialgleichungen (Querverteilung in Trägerrosten und Kastenträgern, Schalenberechnungen).

8.2.2 Beispiel zum Tragverhalten: Kanalquerschnitt

Als Anwendungsbeispiel dient der in Bild 8.12 dargestellte Kanalquerschnitt, von dem angenommen wird, dass sich die Verhältnisse in Längsrichtung nicht ändern und damit in Querrichtung eine Modellierung als geschlossener Rahmen ausreicht. Für den Boden wird dabei ein Bettungsmodul mit zwei Grenzwerten angesetzt und die Bodenplatte als elastisch gebetteter Rahmenriegel abgebildet. Geometrie, Werkstoffkennwerte und Einwirkungen sind Bild 8.12 zu entnehmen.

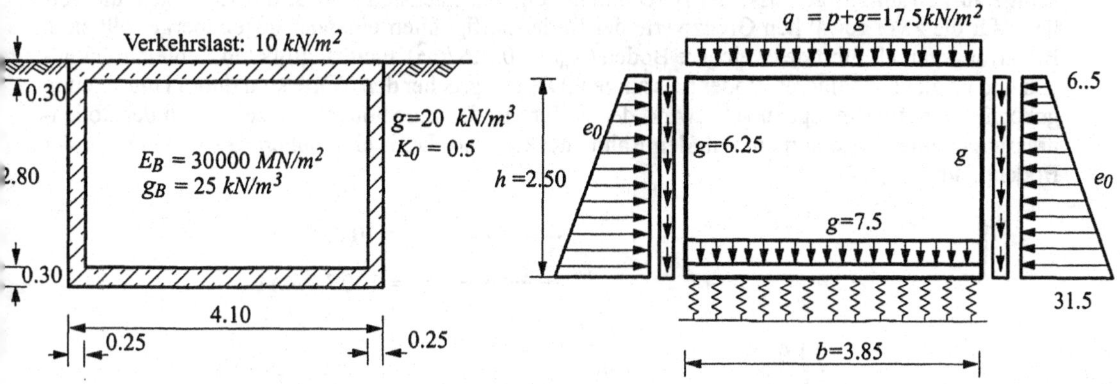

Bild 8.12 Kanalquerschnitt und statisches System

a. Modellbildung

In der folgenden Aufstellung sind die aus den Auflasten und Gewichten des Betons und des Bodens folgenden Erddruckwerte (Ruhedruck) sowie die Werte der übrigen Einwirkungen angegeben:

Bettungsmodul k_w :

	k_w = 10 MN/m²	fester Lehm oder Geschiebemergel	
	k_w = 100 MN/m²	dicht gelagerter Sand, Naturschotter	
Maße:	h = 2.50 m	b = 3.85 m	
Lasten: Riegel	g = 7,5 kN/m²		p = 10,0 kN/m²
Stiele, oben	σ_z = 13 kN/m²,		$e_o = K_0 \cdot \sigma_z$ = 6.5 kN/m²
unten	σ_z = 63 kN/m²'		$e_o = K_0 \cdot \sigma_z$ = 31.5 kN/m²
	g = 6.25 kN/m²		

Steifigkeiten: Stiele $EI_S = 39.1\ \mathrm{MNm^2/m}$
Riegel $EI_R = 67.5\ \mathrm{MNm^2/m}$

Bodenplatte: elastisch gebetteter Balken

$$\text{charakteristische Länge } L = \frac{1}{\lambda} = \sqrt[4]{\frac{4\,EI_R}{k_w}}$$

$k_w = 10$: $L = 2.28$ m $b/L = 3.85/2.28 = 1.69$
$k_w = 100$: $L = 1.28$ m $b/L = 3.85/1.28 = 3.00$

b. Berechnungsergebnisse

Die Berechnung des Kanalquerschnitts erfolgte mit Hilfe des im Kapitel 7 behandelten Weggrößenverfahrens. Für die Seitenwände und Deckplatte wird dabei das in Kapitel 4 entwickelte Balkenelement herangezogen, während die Bodenplatte als elastisch gebetteter Träger modelliert wird. Dabei werden die im Kapitel 8.2.1 behandelten genauen Elemente verwendet, da sowohl die Biegesteifigkeit als auch die Bettung längs der Bodenplatte als konstant angenommen werden kann. Hinweise zum Abklingverhalten der Lösungen liefern die angegebenen charakteristischen Längen, die deutlich unterschiedlich sind und zeigen, dass die Lösungen bei steiferem Boden wesentlich schneller abklingen.

Einige ausgewählte Ergebnisse der Berechnung zeigt das nachstehende Bild 8.13, in dem die Verläufe für die zwei gewählten Grenzwerte der Bodensteifigkeiten einander gegenübergestellt sind. Erwartungsgemäß führt der weichere Boden ($k_w = 10\ \mathrm{MN/m^2}$) auch zu größeren Sohleindrückungen und zu gleichmäßigeren Bodenpressungen. Die entsprechenden Werte sind durch Umrahmung gekennzeichnet. Demgegenüber bewirkt der steifere Boden eine höhere Konzentration der Bodenpressungen und Biegemomente an den Rahmenecken und damit eine höhere Beanspruchung der Bodenplatte.

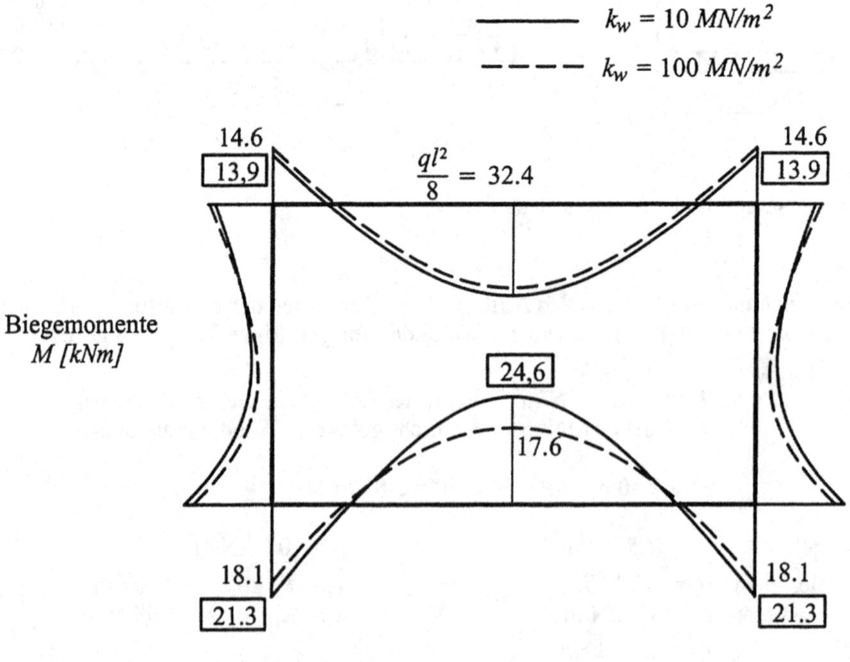

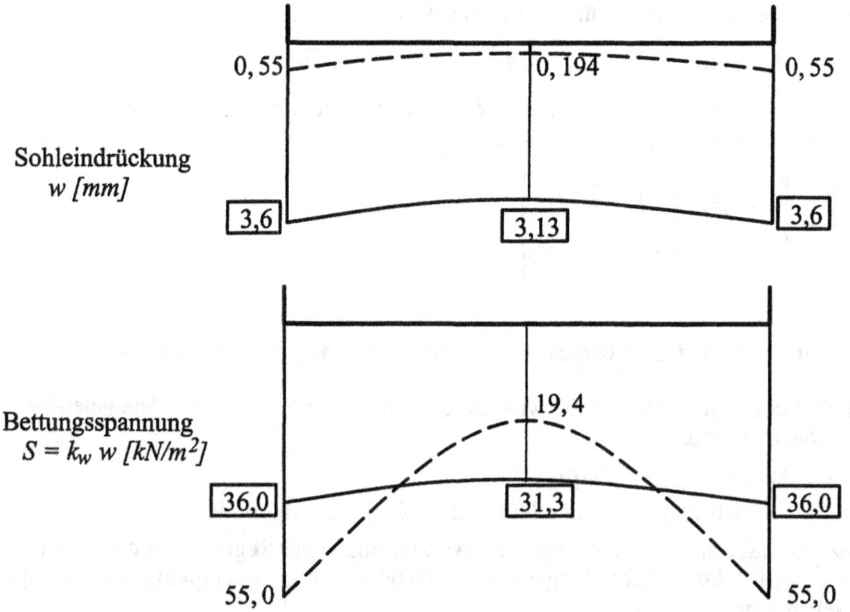

Bild 8.13 Kanalquerschnitt, Verlauf ausgewählter Zustandsgrößen

8.3 Ebene Fachwerke

8.3.1 Grundgleichungen und Lösungen

Die grundlegenden Beziehungen des Fachwerkstabes - vgl. Bild 8.14 - sind vergleichsweise einfach aufgebaut. Sie wurden im Kap. 4.3.2 angegeben, in dem auch die Steifigkeitsmatrix $\boldsymbol{k}$ eines Fachwerkelements abgeleitet wurde. Die zugehörigen Lastanteile $\boldsymbol{p}^0$ sind der Tabelle 4.1 zu entnehmen.

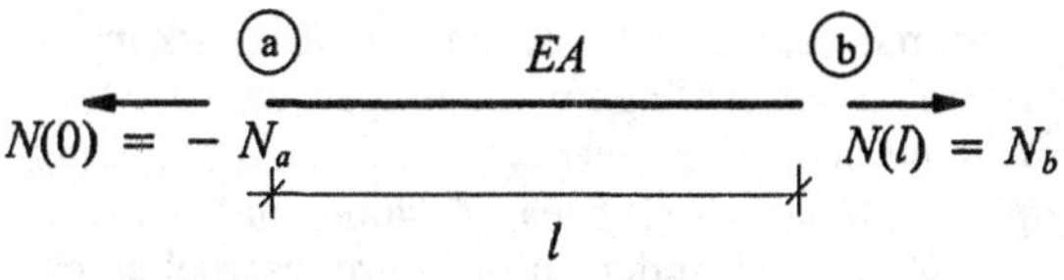

$$\begin{bmatrix} N_a \\ N_b \end{bmatrix} = \frac{EA}{l} \begin{bmatrix} 1 & -1 \\ -1 & 1 \end{bmatrix} \begin{bmatrix} u_a \\ u_b \end{bmatrix} + \begin{bmatrix} N_a^0 \\ N_b^0 \end{bmatrix}^i$$

$$\boldsymbol{p} = \boldsymbol{k} \quad \boldsymbol{v} + \boldsymbol{p}^0$$

Bild 8.14 Stab mit Längskräften

Die Herleitung erfolgte auf der Grundlage des Prinzips der virtuellen Verschiebungen nach Gl. (4-32). Je Element enthält es den Arbeitsanteil

$$\text{PvV}: \int_x \delta u' \, EA \, u' \, dx - \int_x (\delta u \, \bar{p}_x + \delta u' \, EA \, \bar{\varepsilon}) \, dx$$

Im Zusammenbau zum System sind gemäß der Vorgehensweise des Weggrößenverfahrens die Anteile aller Stäbe sowie die Einwirkungen an den Knoten aufzusummieren.

Die zugehörige Differentialgleichung für den Fachwerkstab lautet nach Gl. (4-11):

$$(EA\,u')' + \bar{p}_x - (EA\,\bar{\varepsilon})' = 0 \qquad oder \qquad N' + \bar{p}_x = 0 \quad , \qquad N = EA\,(u' - \bar{\varepsilon})$$

Die beiden lokalen Grundgleichungen der letzten Zeile können auch direkt als System von Dgln. erster Ordnung geschrieben werden, vgl. Gl. (4-9):

$$\frac{d}{dx}\begin{bmatrix} u \\ N \end{bmatrix} = \begin{bmatrix} 0 & \frac{1}{EA} \\ 0 & 0 \end{bmatrix}\begin{bmatrix} u \\ N \end{bmatrix} + \begin{bmatrix} \bar{\varepsilon} \\ -\bar{p}_x \end{bmatrix}$$

8.3.2 Besonderheiten bei der Modellbildung von Fachwerksystemen

In der Modellbildung des idealen Fachwerks wird davon ausgegangen, dass alle Stäbe gelenkig an den Knoten angeschlossen sind.

Für die konstruktive Ausbildung gilt allerdings:

Die Gurte von Fachwerksystemen werden häufig durchlaufend ausgebildet.

Die Anschlüsse der Stäbe an den Knoten von Fachwerken sind in der Regel weder gelenkig noch starr. Sie sind je nach Art der Verbindungsmittel mehr oder weniger nachgiebig. Es entstehen sogenannte 'Nebenspannungen'.

Damit stellt sich die Frage, inwieweit die Idealisierung als Gelenkfachwerk berechtigt ist und welche Größenordnung die zusätzlichen Spannungen haben, die sich auf Grund der Abweichungen vom idealen Fachwerk ergeben. Dazu werden einige Hinweise gegeben und dann ein Beispiel betrachtet, bei dem eine einfache Idealisierung als Gelenkfachwerk nicht ausreicht und das durch biegesteife Elemente zu ergänzen ist.

Die Idealisierung als Gelenkfachwerk hatte vor allen Dingen in den Zeiten der Handrechnung besondere Bedeutung als damit eine beträchtliche Reduzierung des Rechenaufwands gelang, womit es überhaupt erst möglich wurde, größere Fachwerke zu berechnen. Mit dem Einsatz der Computermethoden ist es heute jedoch nicht mehr schwierig, ein Fachwerk auch unter Einschluss der Biegeeinflüsse als Rahmentragwerk wirklichkeitsnah zu berechnen.
Trotzdem erscheint es für das Verständnis des Tragverhaltens einer Struktur sinnvoll, der Berechtigung einer solchen Idealisierung nachzugehen und mögliche Vereinfachungen bei der Modellbildung zu berücksichtigen.

Das besondere Tragverhalten des Fachwerks ist dadurch gekennzeichnet, dass die Einwirkungen vorzugsweise über die Dehnsteifigkeiten seiner Stäbe zu den Auflagern abgetragen werden. Voraussetzung ist allerdings, dass dies auf Grund der Geometrie des Fachwerks und seiner Auflagerung möglich ist und Biegewirkungen nur einen geringen Einfluss haben. Diese Zusammenhänge werden deutlich, wenn für ein bestimmtes Fachwerk die Zahlenwerte der Formänderungsarbeiten ermittelt werden, die einmal aus den Dehnsteifigkeiten der Fachwerkstäbe und zum anderen aus den Biegeeinflüssen resultieren. Sofern sich eine Fachwerkwirkung einstellen kann, z.B. durch Ausbildungen eines Fachwerkes mit Dreiecksfeldern, wird der aus der Dehnung resultierende Wert der Formänderungsarbeit zahlenmäßig sehr viel höher sein als der durch Biegewirkungen hervorgerufene. Biegewirkungen werden z.B. dadurch geweckt, dass die Obergurte an den Knoten kontinuierlich durchlaufen und dadurch begrenzt dort Biegung zur Wahrung der geometrischen Verträglichkeit erforderlich ist. Diese sog. "Nebenspannungen" wurden bereits im Zusammenhang mit dem Bau von Eisenbahnbrücken Ende des 19. Jahrhunderts untersucht, etwa von *Manderla (1880)*.

In diesem Zusammenhang wird hier zusätzlich zur Berechnung als ebener Rahmen eine Modellbildung (Variante 2 in Abschnitt 8.3.3) betrachtet, bei der die durchlaufende Wirkung in den Gurten näherungsweise von der Fachwerkwirkung entkoppelt und die Tragwirkung in zwei Schritten untersucht wird:

- Schritt 1: Berechnung der Normalkräfte über ein Gelenkfachwerk (Idealisierung)
- Schritt 2: Berechnung der Momente in den Gurten am Modell des starr auf die Knoten aufgelagerten Durchlaufträgers

8.3.3 Beispiel zum Tragverhalten: Nagelbinder aus Holz

Dazu dient ein schlanker Nagelbinder aus Holz als Beispiel - vgl. Bild 8.15 - , für den die beiden erwähnten Modellbildungen gewählt und die daraus folgenden Ergebnisse verglichen werden.

a. Geometrie und Einwirkungen

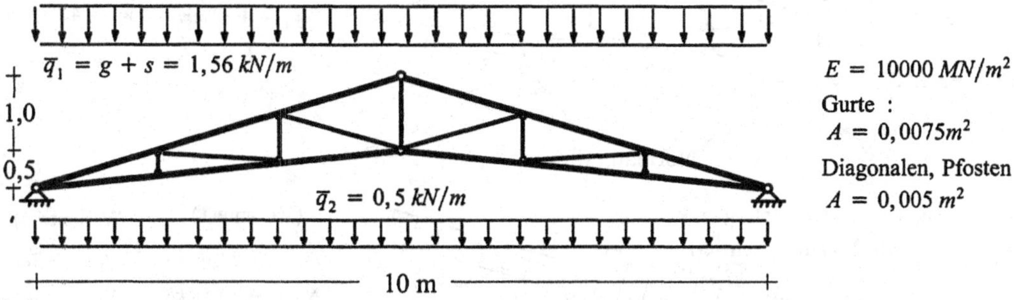

Bild 8.15 Nagelbinder aus Holz

b. Berechnungsmodelle

Die Ergebnisse der vollständige Untersuchung mit dehn- und biegesteifen Stabelementen nach Kap. 4.3, Gl. (4-33) und (4-41) mit den Lastanteilen in Tabelle 4.1 und Tabelle 4.2 (Variante **1**) soll mit der oben erwähnten Näherung (Variante **2**) verglichen werden:

Variante **1** : Berechnung als Rahmentragwerk mit durchlaufenden Gurten

Variante **2** : Berechnung der Normalkräfte am Gelenkfachwerk
Berechnung der Momente der Gurte am starr gestützten Durchlaufträger

c. Berechnungsergebnisse (Darstellung am halben System)

Die numerische Berechnung der beiden Varianten erfolgte mit dem in Kapitel 7 behandelten Weggrößenverfahren.

In Bild 8.16 sind die wesentlichen Ergebnisse der Untersuchung zusammengestellt, wobei zunächst die Verschiebungen gegenüber der unverformten Geometrie überhöht dargestellt sind. Die Ergebnisse der beiden Varianten sind innerhalb der Zeichengenauigkeit nicht zu unterscheiden und auch die zusätzlich angegebenen numerischen Werte zeigen nur geringfügige Unterschiede. Dasselbe gilt für die danach gezeigten Ergebnisse für die Normalkräfte, woraus man schließen kann, dass die Näherung der Variante 2 zur Ermittlung dieser beiden Zustandsgrößen ausreicht.

Dies gilt jedoch nicht für die Biegemomente. Deren Verläufe entlang des Ober-und Untergurts des Fachwerks unterscheiden sich beträchtlich und zwar insbesondere in den Bereichen, in denen das Fachwerk nur noch eine geringe Höhe aufweist. Die in Variante 2 über den Knoten 1 beziehungsweise Knoten 3 angenommene starre Auflagerung des Durchlaufträgers liefert dort zu große negative Momente, die durch die tatsächliche Nachgiebigkeit der Knotenpunkte wesentlich geringer sind und im Fall des Knotens 3 sogar zu einem positiven Moment führen. Dies hat auch beträchtlichen Einfluss auf die Feldmomente der Gurte und damit auf deren Bemessung. Damit bleibt festzuhalten, dass in den Endbereichen eines Dreieck-Fachwerks auf Grund der Geometrie die vorhandene Dehnsteifigkeit nicht ausreicht, um zusätzliche Biegeeinflüsse in diesem Bereich zu vermeiden.

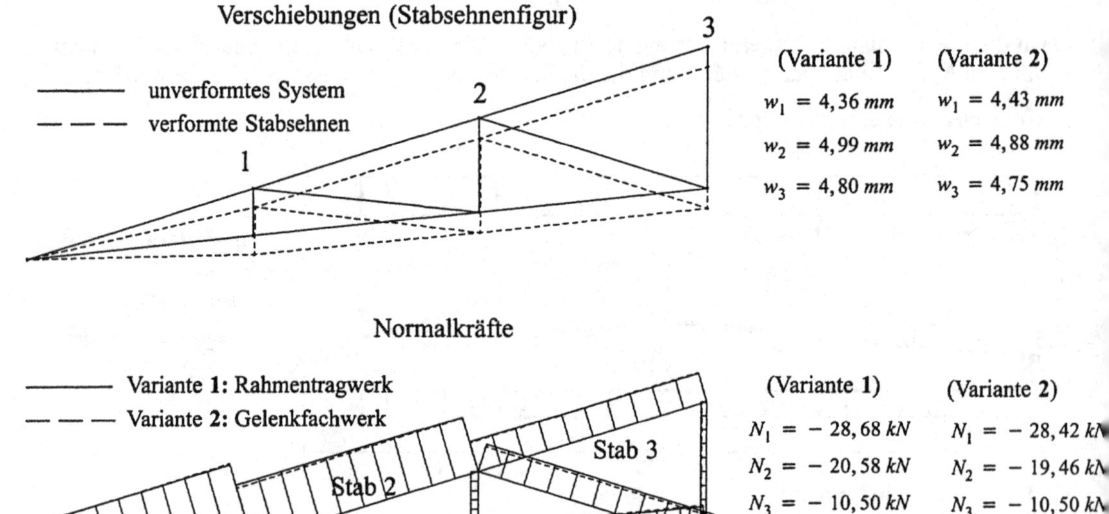

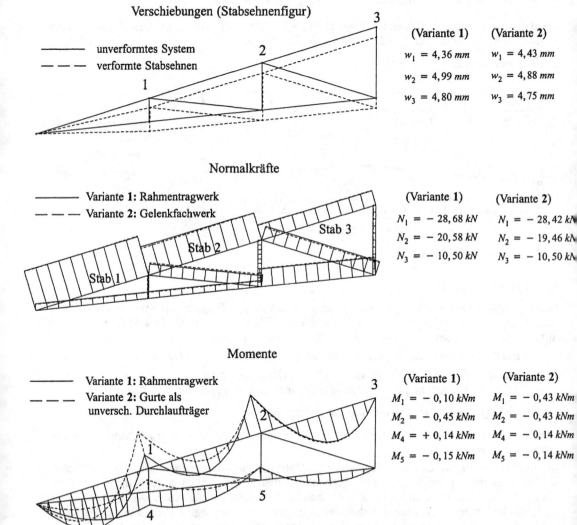

Bild 8.16 Fachwerkträger: Ergebnisse unterschiedlicher Modellbildung

8.4 Ebene Rahmen

8.4.1 Grundgleichungen und Lösungen

Die grundlegenden Beziehungen des ebenen Rahmenstabes umfassen sowohl die in Kap. 8.3.1 angegebenen Grundgleichungen und Elementbeziehungen des Fachwerkstabes - Dehnungsanteile längs der Stabachse - als auch die nachstehend aufgeführten Biegeanteile um die y-Achse, beide bezogen auf die Hauptachsen des Rahmenstabes. Die Biegeanteile wurden in Kap. 4.3.2 angegeben, in dem auch die in Bild 8.17 gezeigte Steifigkeitsmatrix $\boldsymbol{k}$ eines Biegeelements abgeleitet wurde. Die zugehörigen Lastanteile $\boldsymbol{p}^0$ sind der Tabelle 4.2 zu entnehmen.

Biegung um die lokale y-Achse:

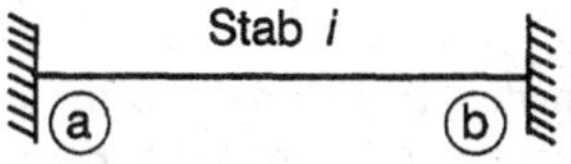

$$\begin{bmatrix} Q_a \\ M_a \\ \hline Q_b \\ M_b \end{bmatrix} = \frac{EI}{l^3} \left[\begin{array}{cc|cc} 12 & -6l & -12 & -6l \\ -6l & 4l^2 & 6l & 2l^2 \\ \hline -12 & 6l & 12 & 6l \\ -6l & 2l^2 & 6l & 4l^2 \end{array}\right] \begin{bmatrix} w_a \\ \varphi_a \\ \hline w_b \\ \varphi_b \end{bmatrix} + \begin{bmatrix} Q_a^0 \\ M_a^0 \\ \hline Q_b^0 \\ M_b^0 \end{bmatrix}$$

$$\boldsymbol{p} \quad = \quad \boldsymbol{k} \quad \boldsymbol{v} \quad + \quad \boldsymbol{p}^0$$

Bild 8.17 Elementbeziehung für die Biegung um die y-Achse

Die Herleitung erfolgte auf der Grundlage des Prinzips der virtuellen Verschiebungen nach Gl. (4-34). Je Element enthält es für die Biegung den Arbeitsanteil

$$\int_{(l)} \delta w''\, EI\, w''\, dx - \int_{(l)} [\delta w\, \overline{p}_z - \delta w'\, \overline{m}_y - \delta w''\, EI\, \overline{\varkappa}]\, dx$$

Die zugehörige Differentialgleichung für die Biegung um die y-Achse lautet mit Gl. (4-12):

$$(EI\,w'')'' - \overline{p}_z - \overline{m}_y' + (EI\,\overline{\varkappa})'' = 0$$

$$\text{oder} \quad \varphi = -\frac{dw}{dx}, \quad M_y = -EI\,(\frac{d\varphi}{dx} + \overline{\varkappa})\,, \quad \overline{p}_z = -\frac{dQ}{dx}\,, \quad Q = \frac{dM}{dx} + \overline{m}_y\,.$$

Die lokalen Grundgleichungen der letzten Zeile können auch direkt als System von Dgln. erster Ordnung geschrieben werden, vgl. Gl. (4-10):

$$\frac{d}{dx}\begin{bmatrix} w \\ \varphi \\ Q \\ M \end{bmatrix} = \begin{bmatrix} 0 & -1 & \frac{1}{GA_s} & 0 \\ 0 & 0 & 0 & \frac{1}{EI} \\ 0 & 0 & 0 & 0 \\ 0 & 0 & 1 & 0 \end{bmatrix} \begin{bmatrix} w \\ \varphi \\ Q \\ M \end{bmatrix} + \begin{bmatrix} 0 \\ \overline{\kappa} \\ -\overline{p}_z \\ -\overline{m}_y \end{bmatrix}$$

Diese Form lässt sich in der Vorgehensweise nach Kap. 4.1.2 auch als Ausgangspunkt für die Ermittlung von Elementmatrizen des sog. *Timoshenko*-Balkens heranziehen, bei dem auch die Arbeitsanteile des Querschubs berücksichtigt sind. Erst durch Einführung der Normalenhypothese nach *Bernoulli* ist der Schubanteil mit $\frac{1}{\alpha_s GA} = \frac{1}{GA_s} \sim 0$ zu vernachlässigen und liefert dann die oben angegebenen Grundgleichungen.

Im Zusammenbau zum System sind gemäß der Vorgehensweise des Weggrößenverfahrens die Anteile Dehnung und Biegung aller Stäbe sowie die zugehörigen Einwirkungen an den Knoten aufzusummieren.

8.4.2 Beispiele zum Tragverhalten einfeldriger Rahmen

Rahmensysteme werden häufig in der Konstruktion von Tragwerken im Ingenieurwesen eingesetzt. Ihre Berechnung kann auf der Grundlage der angegebenen Steifigkeitsmatrizen und des im Kapitel 7 besprochenen Weggrößenverfahrens mit Hilfe einer Vielzahl von existierenden Programmsystemen durchgeführt werden.
Trotzdem erscheint es angezeigt, einige grundlegende Eigenschaften des Tragverhaltens dieser Tragwerke anzusprechen und anhand eines einfachen und häufig verwendeten Rahmens zu erläutern. Dazu wird hier der einfeldrige Rahmen herangezogen, vgl. Bild 8.18, für den eine Parameterstudie mit Hilfe des Weggrößenverfahrens durchgeführt wird. Es sei noch angemerkt, dass dieser Rahmentyp auch in Tabellenwerken behandelt ist, aus denen die wichtigsten Beanspruchungsgrößen einfacher Rahmentypen zu entnehmen sind, z.B. aus *Kleinlogel, Haselbach (1967)*.

8.4.2.1 Auswirkungen verschiedener statischer Systeme

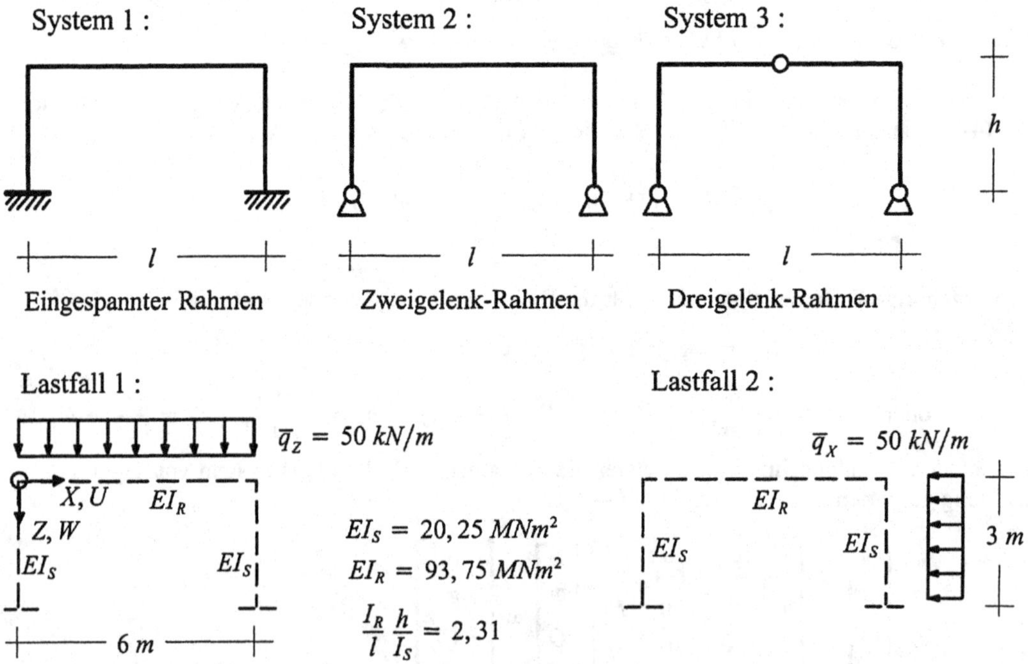

Bild 8.18 Einfeldriger Rahmen mit verschiedenen Randbedingungen und Einwirkungen

Lastfall 1

Momente in [kNm] :

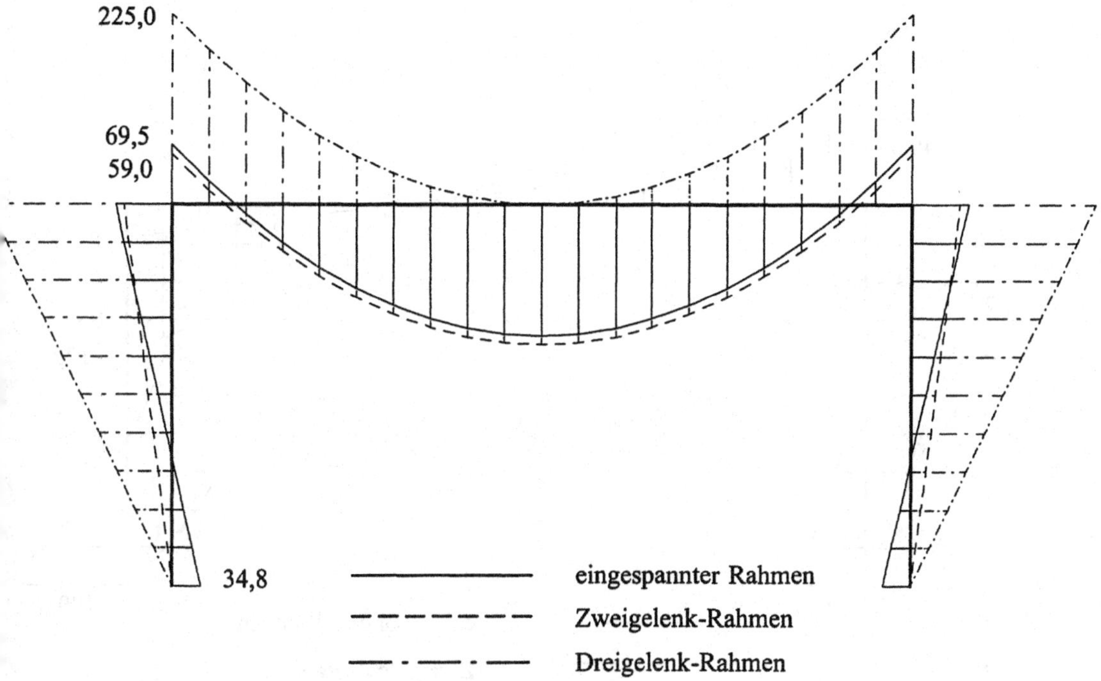

Biegelinien in [mm] :

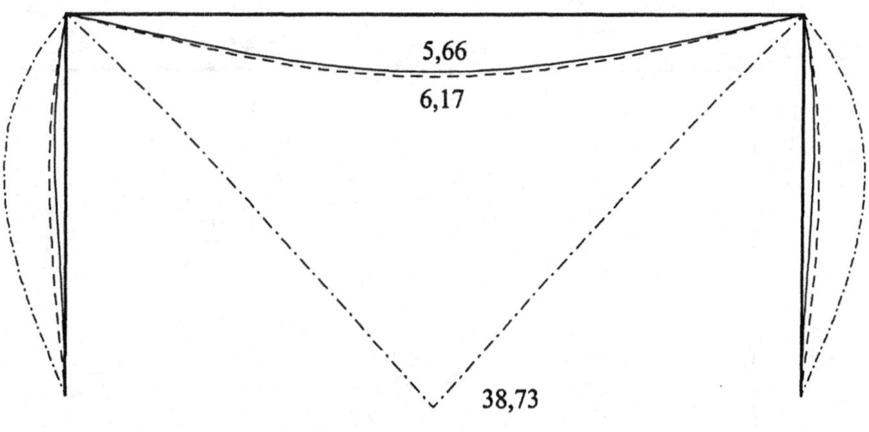

Bild 8.19 Momentenverlauf und Biegelinien verschieden gelagerter Rahmen, Lastfall 1: Senkrechte Gleichlast auf dem Riegel

Lastfall 2

Momente in [kNm] :

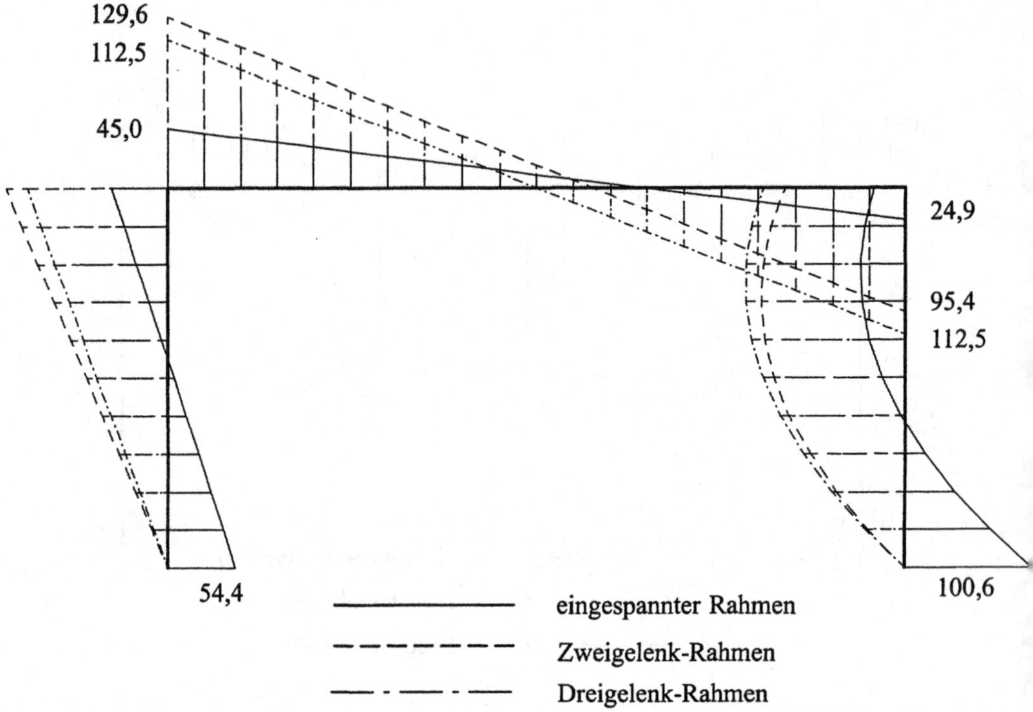

Biegelinien in [mm] :

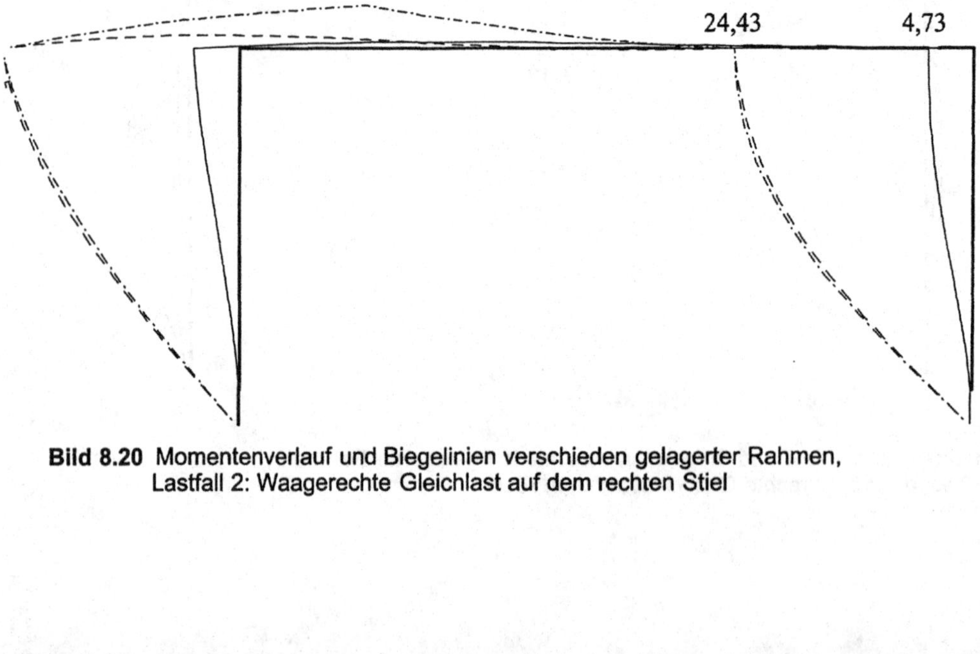

Bild 8.20 Momentenverlauf und Biegelinien verschieden gelagerter Rahmen, Lastfall 2: Waagerechte Gleichlast auf dem rechten Stiel

Als Erstes zeigen wir den Einfluss verschiedener Lagerungsbedingungen in den beiden Bildern, Bild 8.19 und Bild 8.20. Dabei wird deutlich, dass der statisch bestimmte Dreigelenkrahmen zwar einfach - auch per Hand - zu berechnen ist, dass er im Vergleich zum Zweigelenkrahmen oder dem eingespannten Rahmen jedoch große Verschiebungen und hohe Beanspruchungen aufweist.

Dies gilt vor allem für den Lastfall 1, senkrechte Belastung. Für horizontalen Lastangriff (Lastfall 2) verhalten sich Zwei- und Dreigelenkrahmen dagegen ähnlich. Beide sind gegen horizontale Einwirkungen empfindlich und erfahren wesentlich höhere waagerechte Verschiebungen des Rahmenriegels als der eingespannte Rahmen (System 3). Entsprechend sind die Biegemomente in den Rahmenecken größer.
Man erkennt deutlich, dass die Fußeinspannung gegenüber der gelenkigen Lagerung eine verbesserte Tragwirkung aufweist. Eine volle Einspannung ist aber in der praktischen Anwendung häufig nur durch wesentlich erhöhten Aufwand bei der Fundamenterstellung zu erzielen. Meist wird die wirklich vorhandene Einspannung elastisch sein, also zwischen den beiden Fällen System 1 und System 2 liegen. Dafür definiert man auch den sogenannten Einspanngrad, der linear zwischen dem Wert 0 der gelenkigen Lagerung und dem Wert 1 für die Einspannung angegeben wird.

Im Weiteren wird in den nächsten beiden Bildern, Bild 8.21 und Bild 8.22, der Einfluss der Steifigkeitsverhältnisse von Riegel und Stiel auf den Verlauf verschiedener Zustandsgrößen untersucht. Beim einfeldrigen Rahmen lässt sich dieser Einfluss in Abhängigkeit eines einzigen Parameters beschreiben, in dem die Verhältnisse der Trägheitsmomente und der Längenabmessungen von Stiel und Riegel zusammengefasst werden kann. Auch hier werden je Lastfall die Ergebnisse für die beiden unterschiedlichen Fußausbildungen, System 1(eingespannter Fuß) und System 2 (gelenkig gelagerter Fuß) getrennt verfolgt und die Ergebnisse in grafischer Form einander gegenübergestellt. Bei wirklichkeitsnaher elastischer Einspannung liegen die Ergebnisse dann gemäß dem Einspanngrad jeweils zwischen diesen beiden Kurven.

Es ist immer aufschlussreich, Grenzwertbetrachtungen durchzuführen, so auch hier, wobei der eine Grenzwert einen Rahmen beschreibt, der keine Riegelsteifigkeit aufweist, bzw. dessen Stielsteifigkeit als unendlich angenommen werden kann. Der andere Grenzwert beschreibt demgegenüber einen Rahmen mit unendlich großer Riegelsteifigkeit bzw. fehlender Stielsteifigkeit. In den Diagrammen sind zwischen diesen Grenzwerten die Verläufe für die beiden Fußausbildungen eingezeichnet. So lassen sich die Ergebnisse für die beiden Grenzfälle leicht nachprüfen und geben dazwischen Aufschluss über die Beanspruchung eines beliebigen Rahmens. Diese Diagramme können auch einen guten Anhaltspunkt zur Abschätzung bei Vorberechnungen oder zur Kontrolle anderweitig erzielter Ergebnisse geben.

8.4.2.2 Auswirkungen verschiedener Steifigkeitsverhältnisse

Lastfall 1

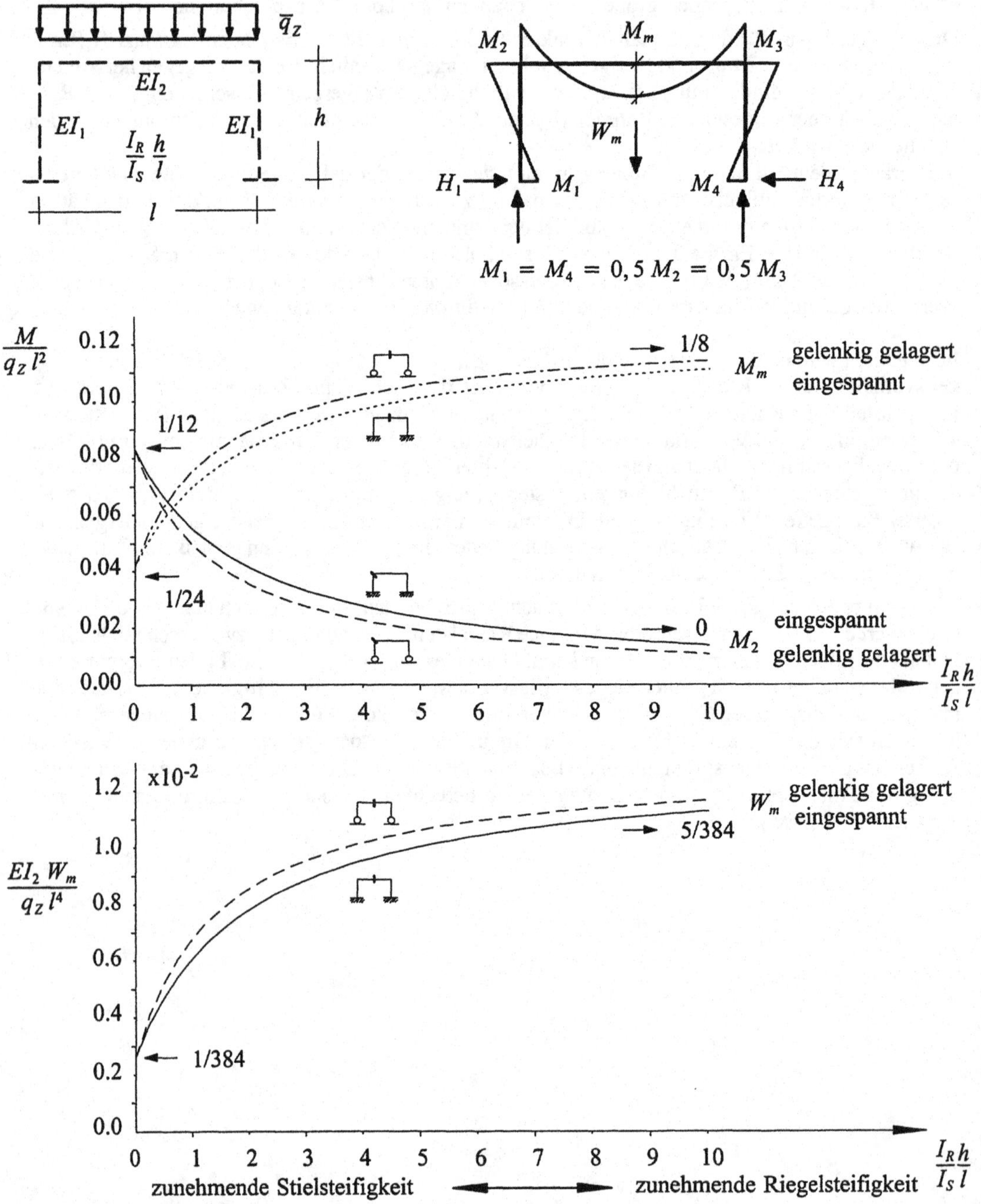

Bild 8.21 Momente und Verschiebungen, abhängig vom Steifigkeitsverhältnis, Lastfall 1

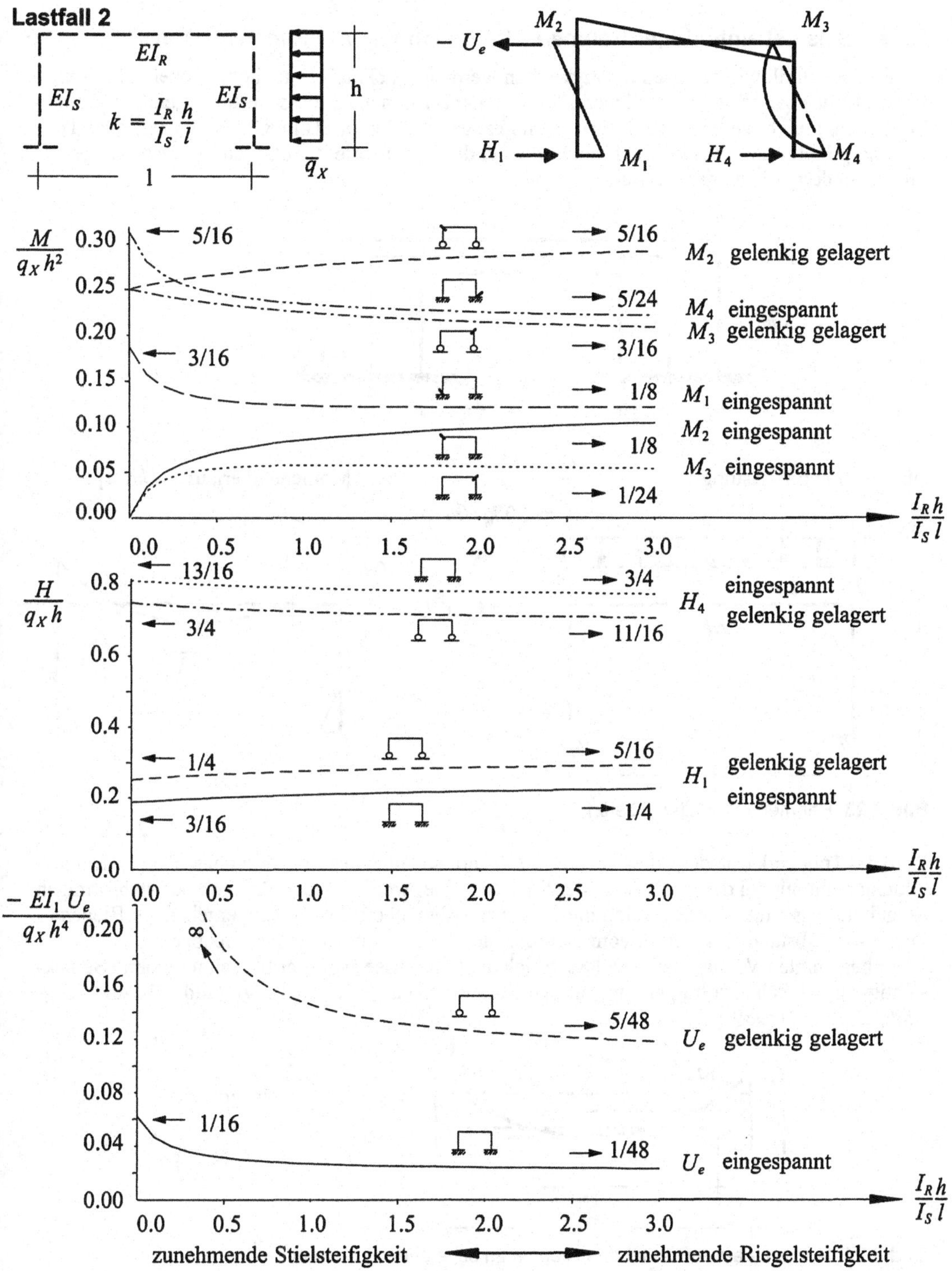

Bild 8.22 Momente, Horizontalkraft und -verschiebung abh. vom Steifigkeitsverhältnis, Lastfall 2

8.4.2.3 Beispiel einfeldriger Rahmen: Untersuchung von Rahmenecken

Bei der Modellbildung von Rahmentragwerken werden manchmal relativ hohe Bauteile näherungsweise als Stäbe abgebildet. In solchen Fällen ist darauf zu achten, dass aus der eigentlich falschen Idealisierung nicht unzulässige Folgerungen gezogen werden. Im Bild 8.23 ist ein massives Tragwerk dargestellt, dessen Stiele nicht mehr die bei der Stabtheorie getroffenen Voraussetzungen erfüllen, sondern scheibenartige Bauteile sind:

System :

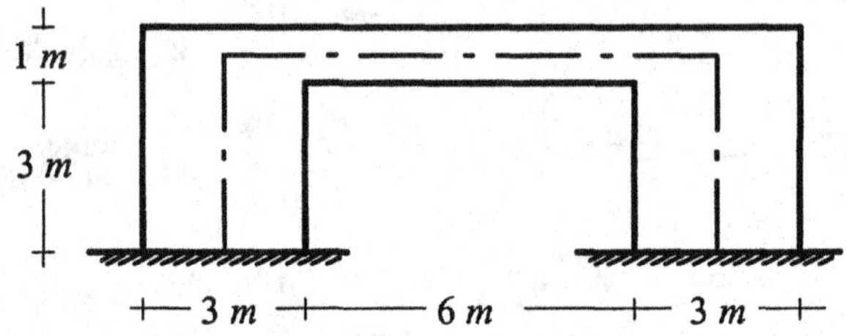

Stabsystem und Belastung :

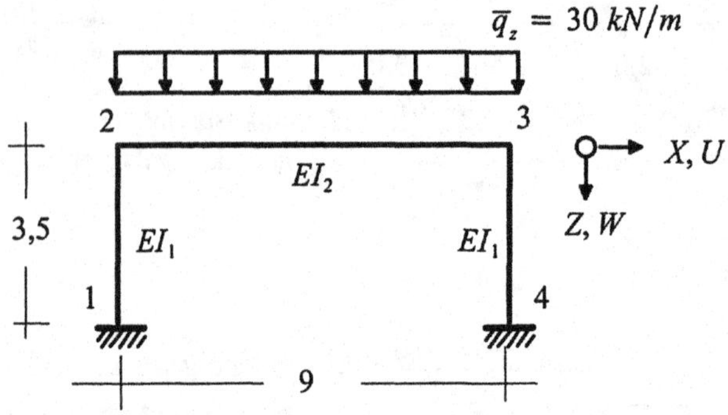

Momentenverlauf in [kNm] :

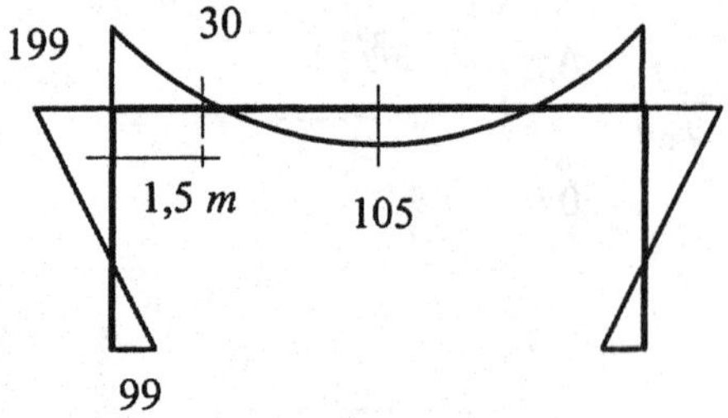

Bild 8.23 Rahmen mit breiten Stielen

Wird das Tragwerk trotzdem als Stabwerk idealisiert, so muss diese eigentlich unzulässige Modellbildung nicht nur bei der Bemessung der Stiele beachtet werden. Auch für den noch stabförmigen Riegel am Anschnitt zum Stiel sind die aus einer Rahmenberechnung sich ergebenden Biegemomente - im Abstand von 1,50 m vom theoretischen Rahmenknoten - unbrauchbar.
Unter bestimmten Voraussetzungen lassen sich die Ergebnisse aus einer Berechnung ohne Berücksichtigung der Scheibentragwirkung in den Rahmenecken umrechnen, vgl. Bild 8.24 und *Bargstädt, Duddeck (1989)*:

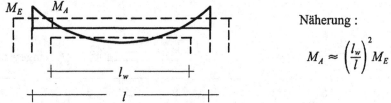

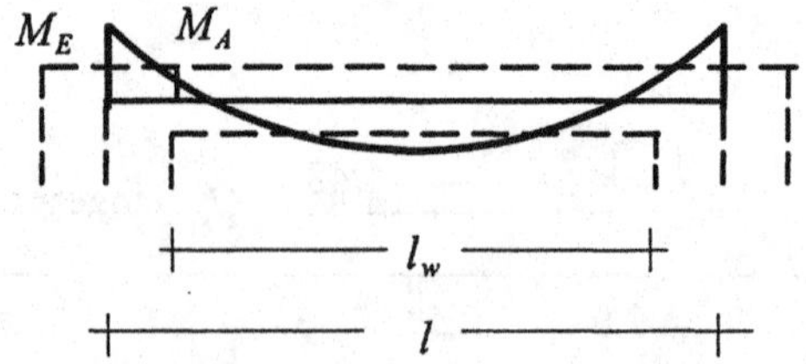

Näherung :

$$M_A \approx \left(\frac{l_w}{l}\right)^2 M_E$$

Bild 8.24 Momente am Anschnitt des Riegels an scheibenartige Bauteile

9 St. Venant'sche Torsion von Stäben

9.1 Vorbemerkung

In den Kapiteln 3 und 4 dieses Buches waren die grundlegenden Beziehungen des eben beanspruchten Stabes in differentieller und integraler Form hergeleitet worden. Im Hinblick auf allgemeine Stabtragwerke werden wir in diesem und den folgenden Kapiteln gleiches für den räumlich beanspruchten Stab tun.
Stabförmige Bauteile ebener und räumlicher Tragwerke werden unter allgemeiner Einwirkung häufig nicht nur gedehnt und gebogen, sondern auch verdreht. Bei der Berechnung dieser Beanspruchung ist die Querschnittsgestalt an sich, die Veränderung des Querschnitts entlang der Stabachse, die Entwicklung der Stabachse selbst, die Art der Lager- und Knotenausbildung sowie die Art und Verteilung der einwirkenden Belastung von maßgebender Bedeutung. Unterschiedliche Rechenmodelle für die Torsion, die im Laufe der Zeit insbesondere auf der Grundlage verschiedener kinematischer Annahmen entwickelt wurden, lassen sich in konsistenter Weise stets aus der St. Venant'schen Torsion des ohne Behinderung der Längsverschiebungen der Stabfasern (gabel-)gelagerten und beanspruchten Stabes herleiten.
Daher werden zunächst in den Unterabschnitten 9.2 bis 9.4 die mechanischen Grundlagen der Torsion von Stäben mit Vollquerschnitt mit und ohne Löchern behandelt, deren Querschnittsverwölbung nicht behindert ist. Es wird sich zeigen, dass dieses mechanische Modell auf der Grundlage noch zu spezifizierender Annahmen keine Vernachlässigungen im Rahmen der dreidimensionalen Elastizitätstheorie enthält, deren maßgebende Beziehungen in Kapitel 3.2 bereitgestellt sind. In Abschnitt 9.5 wollen wir anschließend die strenge Lösung für den Stab mit Rechteckquerschnitt vorstellen und erörtern.
Aufbauend auf dieser Darstellung werden in Abschnitt 9.6 die kinematischen Grundlagen einer Näherung für die St. Venant'sche Torsion von Stäben mit dünnwandigem offenen Querschnitt entwikkelt. Die in Unterabschnitt 9.7 anschließenden Überlegungen zum Tragverhalten schließen Stäbe mit dünnwandigem geschlossenen Querschnitt ein.
Die im vorliegenden Kapitel dargestellten Zusammenhänge bilden gleichzeitig die Grundlage für eine Kinematik der im Kapitel 10 zu entwickelnden Theorie der Wölbkrafttorsion von Stäben mit dünnwandigem, offenen Querschnitt.
Wir schicken voraus, dass das im Abschnitt 9.3 entwickelte mechanische Modell der St. Venant'schen Torsion streng für jede beliebige Querschnittsform gilt, wenn die Annahmen des Abschnitts 9.2 eingehalten werden. Spezielle Querschnittsgeometrien erlauben einfachere Torsionsmodelle, die an geeigneter Stelle angesprochen, bzw. vorgestellt werden.
Wie noch zu zeigen ist, bestimmt die Gestalt eines Querschnitts die Form der durch Torsion hervorgerufenen Längsverschiebungen. Aufgrund unterschiedlicher kinematischer Annahmen kann sie nur querschnittsbezogen formuliert werden.

Es sei weiter erwähnt, dass es St. Venant erstmals in drei im Jahre 1847 erschienenen Arbeiten gelungen ist, das im Folgenden zu beschreibende Torsionsmodell vollständig und richtig zu lösen (u. a. *St. Venant (1847)*). Es wird im deutschen Schrifttum mit seinem Namen verbunden und überwiegend als *St. Venant'sche,* mitunter auch als *reine* Torsion bezeichnet. In diesem Buch werden beide Begriffe parallel verwendet. Die ebenfalls vorgeschlagenen Bezeichnungen *Schubtorsion, wölbkraftfreie Torsion, zwangfreie Torsion* oder andere Begriffsbildungen haben sich nicht wirklich über die Grenzen einzelner Anwendungsbereiche hinaus durchsetzen können. Die im Stahlbau häufig verwendete Bezeichnung *primäre Torsion* (in Ergänzung bzw. im Gegensatz zur *sekundären Torsion* dünnwandiger Querschnitte des Metallbaus) scheint eher historisch denn sachlich begründet. In englischsprachigen Veröffentlichungen ist die Torsion ohne Behinderung der Verwölbung als *uniform torsion*, die Wölbkrafttorsion als *non-uniform torsion* eingeführt.

Es sei betont, dass in den Kapiteln 9, 10 (mit zugeordnetem Anhang 3) und 11 ausschließlich die mechanischen Grundlagen, die Eigenschaften und das Tragverhalten räumlich beanspruchter gerader Stäbe mit unterschiedlicher Querschnittsausbildung behandelt werden.
Dabei wird der Übergang von einem beliebigen Bezugssystem zum Hauptachsensystem mit ausgewiesener Schubmittelpunktsachse begründet und ausführlich erläutert. Bei der Torsion von Stäben mit dünnwandigem, offenen Querschnitt mit behinderter Verwölbung wird weiter eine neue Schnittgröße eingeführt, das sogenannte Bimoment der Wölbkrafttorsion. Die mechanische Begründung und der Anteil dieser Spannungsresultierenden zum Tragverhalten des Einzelstabes werden in den Kapiteln 10 und 11 behandelt.
Nach hinreichender Klärung dieser Probleme werden wir in der Lage sein, räumlich beanspruchte Tragwerke aus Stäben mit unterschiedlichen Querschnittsformen aufzubauen bzw. zu untersuchen. In Kapitel 12 wird die Berechnung der Kraftgrößen statisch bestimmter Systeme gezeigt. In Kapitel 13 folgt dann in Fortführung der Kapitel 6 bis 8 die Untersuchung geometrisch unbestimmter räumlich beanspruchter Tragwerke mit Hilfe des Weggrößenverfahrens.

9.2 Annahmen

Für den Stabkörper gelten die in Abschnitt 3.2.1 für das Kontinuum getroffenen Annahmen uneingeschränkt.

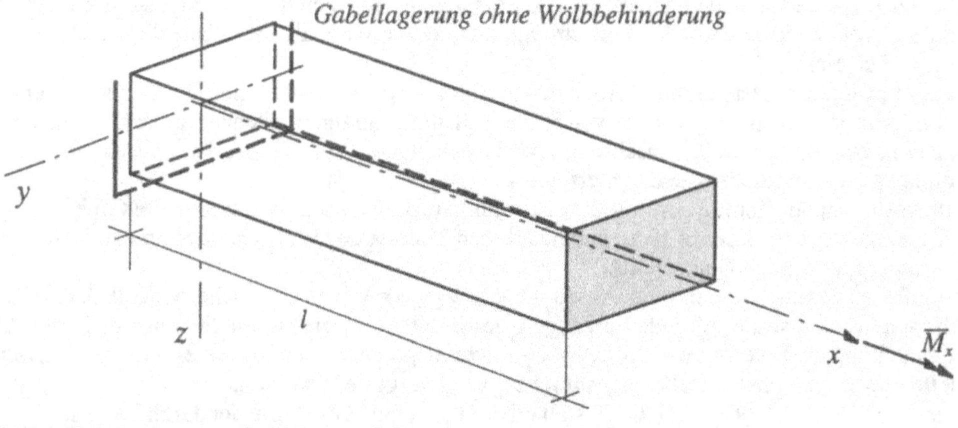

Bild 9.1 Gabelgelagerter Stabkörper mit Bezugssystem und Lastmoment

Wir führen die folgenden Überlegungen in einem kartesischen Bezugssystem durch. Die Koordinate x sei die gerade Längsachse (z.B. die Schwerachse), y und z sind beliebige Querschnittsachsen. Darüber hinaus wird vereinbart (vgl. Bild 9.1 und Bild 9.2):

1. Der Stab besitzt konstanten Querschnitt.
2. Die Querschnitte verdrehen sich in ihrer Ebene formtreu um die Stabachse, d. h. sie können sich als Ganzes verschieben oder verdrehen, erleiden jedoch weder Quernormalverzerrungen

ε_y oder ε_z noch Querschubverzerrungen γ_{yz}.

3. Die Verschiebung u der Querschnitte in Stablängsrichtung (Verwölbung) ist nicht behindert.
4. Die Mantelfläche bleibt spannungsfrei.
5. Die Eigenlasten des Stabes (Volumenkräfte) werden außer Acht gelassen.
6. In den Stirnflächen des Stabes wird über Schubspannungen ein Torsionsmoment eingeleitet. (Ihre Verteilung im Querschnitt wird Ergebnis der folgenden Untersuchung sein.)
7. Als wesentliche Annahme der St. Venant'schen Torsion gilt mit den Voraussetzungen 4. bis 6., dass das resultierende Torsionsmoment und mit ihm der Spannungs- und der Verzerrungszustand sich längs der Stabachse nicht ändern und somit konstant bleiben.

Wir bemerken, dass in diesen Annahmen keine einschränkenden Vorschriften über das Verhältnis von Querschnittsabmessungen (z.B. Breite, Höhe) zur Stablänge enthalten sind.

Die Zulässigkeit obiger Voraussetzungen wird durch die weiteren, im Sinne der linearen räumlichen Elastizitätstheorie widerspruchsfreien Darlegungen bestätigt.

Größen des St. Venant'schen Torsionsmodells, das durch die Annahmen 1. bis 7. bestimmt ist, werden im Folgenden durch den Index V gekennzeichnet.

9.3 Grundgleichungen

In diesem Unterkapitel wird die Darstellung aller maßgebenden Beziehungen der St. Venant'schen Torsion (Verschiebungen, Spannungen, Randbedingungen, Torsionsmoment, maßgebende Differentialgleichungen und zugeordnete Arbeitsformulierungen) sowohl in Abhängigkeit einer Verwölbungsfunktion $\omega = \omega(y, z)$, als auch in Abhängigkeit einer Spannungsfunktion $\psi = \psi(y, z)$ angegeben. In beiden Fällen legen wir Wert auf eine nahtlose Herleitung aus den Grundgleichungen der räumlichen Elastizitätstheorie. Beide Darstellungen sind mechanisch und mathematisch gleichwertig. In der Anwendung ergeben sich Vor- bzw. Nachteile.

9.3.1 Herleitung über eine Verwölbungsfunktion

Unter der *Verwölbung* eines Querschnitts versteht man allgemein die Funktion der Verschiebungen $u = u(x, y, z)$ in Richtung der Stabachse (x-Achse).

9.3.1.1 Kinematik der Verschiebungen; Spannungen

Bei Drehung um die Stabachse (z.B. die Schwerachse) und mit Annahme 2. kann der folgende Ansatz für die Verschiebung eines Punktes $P\ (x, y, z)$ postuliert werden (vgl. Bild 9.2):

$$u_x = u_x(x, y, z) \tag{9-1}$$

$$u_y = -\, z\, \vartheta(x) \tag{9-2.1}$$

$$u_z = y\, \vartheta(x) \tag{9-2.2}$$

Damit ergeben sich die Verzerrungen des Stabkontinuums mit den kinematischen Beziehungen (3-2) zu (vgl. Kap. 3; hier und in den folgenden Kapiteln bezeichnet ein Suffix /g die g-te einer Gruppe von Gleichungen):

(3-2)/1: $\varepsilon_x = \dfrac{\partial u_x}{\partial x}$ (3-2)/2: $\varepsilon_y = \dfrac{\partial u_y}{\partial y} = 0$ (3-2)/3: $\varepsilon_z = \dfrac{\partial u_z}{\partial z} = 0$

(3-2)/4: $\gamma_{xy} = \dfrac{\partial u_x}{\partial y} + \dfrac{\partial u_y}{\partial x} = \dfrac{\partial u_x}{\partial y} - z\dfrac{\partial \vartheta}{\partial x}$ (3-2)/5: $\gamma_{yz} = \dfrac{\partial u_y}{\partial z} + \dfrac{\partial u_z}{\partial y} = -\vartheta + \vartheta = 0$

(3-2)/6: $\gamma_{zx} = \dfrac{\partial u_z}{\partial x} + \dfrac{\partial u_x}{\partial z} = y\dfrac{\partial \vartheta}{\partial x} + \dfrac{\partial u_x}{\partial z}$

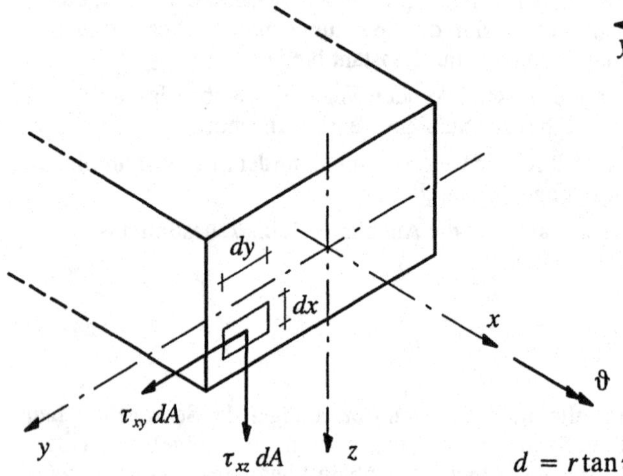

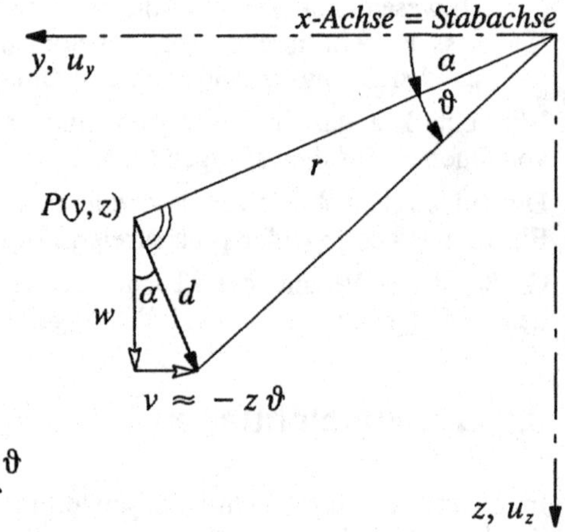

$$d = r\tan\vartheta$$
$$u_z = d\cos\alpha = r\tan\vartheta\,\cos\alpha = r\frac{\sin\vartheta}{\cos\vartheta}\frac{y}{r} \approx y\,\vartheta$$

Bild 9.2 Prismatischer Stabkörper, positives Schnittufer; Bewegung eines Punktes *P(y, z)* bei Drehung des formtreuen Querschnitts um die *x*-Achse (Schwerachse)

Die Normalspannungen der Gleichungen (3-11) erhalten wir damit in der Form:

$$\sigma_x = \frac{2\,G}{1-2\,\nu}\,(1-\nu)\,\frac{\partial u_x}{\partial x} \qquad \sigma_y = \frac{2\,G}{1-2\,\nu}\,\nu\,\frac{\partial u_x}{\partial x} \qquad \sigma_z = \frac{2\,G}{1-2\,\nu}\,\nu\,\frac{\partial u_x}{\partial x}$$

Mit Annahme 7. sind die Spannungen und somit auch die Normalspannungen unabhängig von der Stablängsordinate und es folgt $\dfrac{\partial^2 u_x}{\partial x^2} = 0$ sowie weiter durch Integration $\dfrac{\partial u_x}{\partial x} = \overline{C}\,\overline{\omega}(y,z)$ und $u_x(x,y,z) = \overline{C}\,x\,\overline{\omega} + C\,\omega(y,z)$. Dabei stellen $\overline{\omega}(y,z)$ und $\omega(y,z)$ freie Funktionen dar.
Mit Annahme 6. gilt in den Stirnflächen $x = 0$ und $x = l$: $\sigma_x(0,y,z) = \sigma_x(l,y,z) = 0$, somit $\dfrac{\partial u_x}{\partial x}(0,y,z) = \dfrac{\partial u_x}{\partial x}(l,y,z) = \dfrac{\partial u_x}{\partial x}(x,y,z) = 0$.
Damit ergibt sich $\overline{C} = 0$ und $u_x(y,z) = C\,\omega(y,z)$.
Geht man mit den Schubverzerrungen (3-2)/4 bis (3-2)/6 in die Schubgleichungen des Stoffgesetzes (3-11)/4 bis (3-11)/6, so erhält man die zugehörigen Schubspannungen. Mit der Annahme 7. muss sich auch deren Änderung in x-Richtung zu null ergeben:

$$\frac{\partial}{\partial x}\tau_{xy} = G\left(\frac{\partial^2 u_x}{\partial x\partial y} - z\frac{\partial^2\vartheta}{\partial x^2}\right) = 0 \qquad \frac{\partial}{\partial x}\tau_{yz} \equiv 0 \qquad \frac{\partial}{\partial x}\tau_{zx} = G\left(y\frac{\partial^2\vartheta}{\partial x^2} + \frac{\partial^2 u_x}{\partial x\partial z}\right) = 0$$

Wegen $\frac{\partial u_x}{\partial x} = 0$ verschwinden die von u abhängigen Terme und es lässt sich weiter schließen:

$$\frac{\partial^2\vartheta}{\partial x^2}(x) = 0 \qquad \frac{\partial\vartheta}{\partial x} = konst. \qquad \vartheta(x) = \vartheta'\,x + \vartheta(0) \tag{9-3}$$

Ohne Einschränkung der Allgemeinheit lässt sich jetzt für die Verwölbung u_x schreiben:

$$\boxed{u_x(x,y,z) = -\vartheta'\,\omega_V(y,z)} \tag{9-4}$$

Wie eingangs erwähnt, fügen wir den Index V zur Kennzeichnung des St. Venant'schen Torsionsmodells an. Weiter bezeichnet hier und im Folgenden wie bereits in früheren Abschnitten ein Apostroph die gewöhnliche Ableitung nach der Stablängsordinate x.
Die auf eine beliebige Drehachse bezogene Verwölbung $\omega_V(y,\ z)$ nennt man auch *Grundverwölbung*.
Weiter sei vermerkt, dass mit diesem Produktansatz die Verteilung von Verschiebungen, Verzerrungen und Spannungen im Querschnitt festgelegt ist. Damit folgen die Schubspannungen:

$$\boxed{\tau_{xy} = -G\vartheta'\left(\frac{\partial\omega_V}{\partial y} + z\right)} \qquad \boxed{\tau_{xz} = -G\vartheta'\left(\frac{\partial\omega_V}{\partial z} - y\right)} \tag{9-5}$$

9.3.1.2 Prinzip der virtuellen Verschiebungen (Gleichgewicht)

In diesem Teilabschnitt werden mit Hilfe des Prinzips der virtuellen Verschiebungen die Gleichgewichtsbedingungen hergeleitet, denen die oben angegebenen Schubspannungen und die zugeordnete Spannungsresultierende M_x zu genügen haben. Für diese Entwicklung denkt man sich einen Stab der Länge l eines drehelastisch gelagerten, gemäß Bild 9.3 belasteten Torsionsträgers unmittelbar vor seinen Anschlußknoten durch einen vollständigen Rundschnitt herausgetrennt. Die Mantelfläche dieses Stabkörpers ist gemäß Kapitel 9.2, Annahme 4., spannungsfrei. In den Stirnflächen wirken in einer noch zu bestimmenden Verteilung entsprechend Annahme 6. ausschließlich Schubspannungen. Damit werden im Sinne der räumlichen Elastizitätstheorie auf der gesamten Oberfläche des Stabkörpers Spannungen bzw. im Sinne einer Stabtheorie an den Rändern des Stabelementes Spannungsresultierende vorgeschrieben.

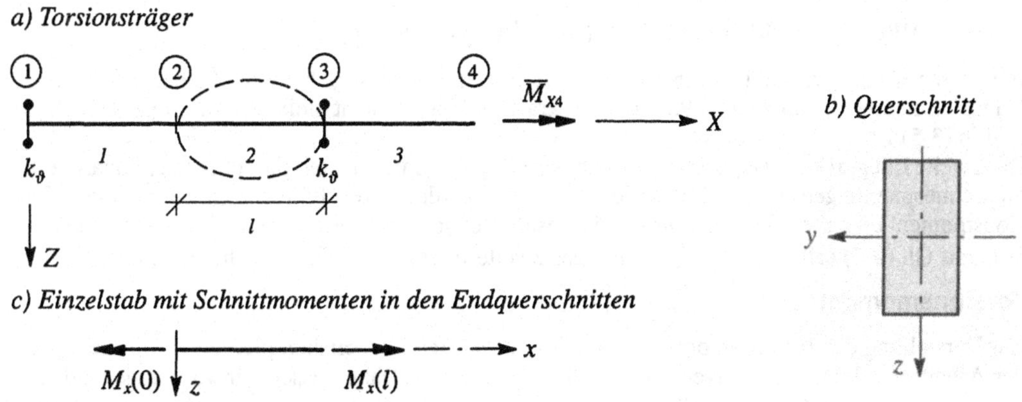

Bild 9.3 Drehelastisch gelagerter Torsionsträger;
Rundschnitt um ein Stabelement mit Spannungsresultierenden in den Endquerschnitten

Diesem Stab sei ein lokales kartesisches Koordinatensystem zugeordnet. In den Schnittstellen am Stabanfang und am Stabende sind, wie in Bild 9.3 angegeben, die resultierenden Schnittmomente in positiver Wirkungsrichtung anzunehmen.
Das Prinzip der virtuellen Verschiebungen gilt sowohl für das in Bild 9.3*a)* dargestellte System als Ganzes, als auch für das, durch einen vollständigen Rundschnitt aus dem Gesamtsystem herausgeschnittene Stabelement.

Prinzip der virtuellen Verschiebungen

In Abschnitt 3.2.4 wurde die für den dreidimensionalen Stabkörper geltende Formulierung des genannten Prinzips hergeleitet. Für die gewählte Rundschnittführung werden, wie bereits erwähnt, auf der gesamten Oberfläche des betrachteten Stabkörpers nur Spannungen vorgeschrieben. Damit verschwindet der Anteil S_u der Bauteiloberfläche, auf dem Verschiebungen vorzuschreiben sind, identisch und es gilt:

(3-5)/1: $$\delta W_i = -\int\limits_V \left(\sigma_x\,\delta\varepsilon_x + \sigma_y\,\delta\varepsilon_y + \sigma_z\,\delta\varepsilon_z + \tau_{xy}\,\delta\gamma_{xy} + \tau_{xz}\,\delta\gamma_{xz} + \tau_{yz}\,\delta\gamma_{yz}\right) dV$$

(3-5)/2: $$\delta W_a = \int\limits_V \left(\overline{q}_x\,\delta u + \overline{q}_y\,\delta v + \overline{q}_z\,\delta w\right) dV + \int\limits_{S_\sigma} \left(\overline{p}_x\,\delta u + \overline{p}_y\,\delta v + \overline{p}_z\,\delta w\right) dS$$

(3-6): $$\delta W_i + \delta W_a = 0$$

Wie in 9.3.1.1 dargestellt, verschwinden auf Grund der in 9.2 getroffenen Annahmen alle Normalspannungen und Querschubspannungen identisch. Die virtuelle Arbeit der Spannungen im Stabkörper (Gl. (3-5)/1) nimmt damit folgende Gestalt an:

$$\delta W_i = -\int\limits_V \left(\tau_{xy}\,\delta\gamma_{xy} + \tau_{xz}\,\delta\gamma_{xz}\right) dV \tag{9-6}$$

Die durch den Rundschnitt in den Stirnflächen des betrachteten Stabes wirkenden Schubspannungen bilden gemäß den Annahmen von Kapitel 9.2 ein resultierendes Torsionsmoment, dessen Arbeitsanteil wie folgt erfasst wird:

$$\delta W_R = M_x(l)\,\delta\vartheta(l) - M_x(0)\,\delta\vartheta(0) = \left[M_x(x_R)\,\delta\vartheta(x_R)\right]_0^l \tag{9-7}$$

In eckigen Klammern steht x_R für die Koordinaten des Stabanfangs bzw. des Stabendes.
Da mit Annahme 5. von Kapitel 9.2 Volumenkräfte ausser Betracht bleiben, entfällt das erste Integral in (3-5)/2.
Das zweite Integral kann wegen der spannungsfrei angenommenen Stabmantelfläche (Annahme 4.) nur Schubspannungen der Endflächen des Stabes bzw. als deren Resultierende ein eingeprägtes Torsionsmoment enthalten. Da der Einfluss der resultierenden Torsionsmomente der Stirnflächen bereits mit Gl. (9-7) erfasst ist, entfällt auch das zweite Integral in δW_a (Annahmen 6. und 7.).

Torsionsmoment

Zur Darstellung des Torsionsmomentes und des zugehörigen Arbeitskomplementes wird lediglich der Arbeitsanteil der Spannungen im Stabkörper betrachtet. Dabei lassen wir vorübergehend Annahme 7. (von Kapitel 9.2) außer Betracht, nehmen $\omega_V(y,z)$ als bekannt an und erhalten mit virtuellen Verzerrungen (vgl. (9-5))

$$\delta\gamma_{xy} = -\,\delta\vartheta'\left(\frac{\partial\omega_V}{\partial y} + z\right) \qquad\qquad \delta\gamma_{xz} = -\,\delta\vartheta'\left(\frac{\partial\omega_V}{\partial z} - y\right)$$

zunächst:

$$-\,\delta W_i = \int_l\int_A\left[\tau_{xy}\left(-\,\delta\vartheta'\left(\frac{\partial\omega_V}{\partial y} + z\right)\right) + \tau_{zx}\left(-\,\delta\vartheta'\left(\frac{\partial\omega_V}{\partial z} - y\right)\right)\right] dA\,dx$$

Umordnung ergibt:

$$-\,\delta W_i = \int_l \delta\vartheta' \int_A -\left(\tau_{xy}\left(\frac{\partial\omega_V}{\partial y} + z\right) + \tau_{zx}\left(\frac{\partial\omega_V}{\partial z} - y\right)\right) dA\,dx$$

Das querschnittsbezogene Integral liefert das Torsionsmoment der St. Venant'schen Torsion:

$$M_x = -\int_A\left(\tau_{xy}\left(\frac{\partial\omega_V}{\partial y} + z\right) + \tau_{zx}\left(\frac{\partial\omega_V}{\partial z} - y\right)\right) dA \qquad (9\text{-}8)$$

Damit gilt unabhängig von der Vorgabe eines Stoffgesetzes:

$$-\,\delta W_i = \int_l \delta\vartheta'\,M_x\,dx \qquad (9\text{-}9)$$

Das Torsionsmoment M_x und die bezogene Änderung des Drehwinkels, die Verwindung ϑ', erweisen sich als Komplemente im Sinne einer Arbeit.

Differentialgleichung am Stabelement und Randbedingungen

Zur Entwicklung der maßgebenden Differentialgleichung und der zugeordneten Randbedingungen am Stabelement fassen wir die Arbeitsanteile der Gln. (9-7) und (9-9) zusammen und erhalten für die gesamte virtuelle Arbeit, die am Stabkörper geleistet wird:

$$-\,\delta W = \int_l \delta\vartheta'\,M_x\,dx - \left[M_x(x_R)\,\delta\vartheta(x_R)\right]_0^l = 0$$

Partielle Integration und Umordnung der Randterme liefert:

$$\int_l \delta\vartheta\,(M_x')\,dx + \left[(M_x - M_x(x_R))\,\delta\vartheta\right]_0^l = 0$$

Die gesamte Arbeit verschwindet für beliebige virtuelle Verschiebungen, wenn die runde Klammer im Integranden und im Randterm je für sich verschwindet. Letzteres ist zu fordern, da wir für die virtuelle Verdrehung der Endquerschnitte keine geometrischen (kinematischen) (Rand-) Bedingungen vorgeschrieben haben. Zu null gesetzt liefert der entsprechende Klammerterm des Integranden die beschreibende Feldgleichung (Gleichgewicht) und derjenige des ausintegrierten Terms die zugeordnete Kräfte-Randbedingung (vgl. Kapitel 9.2, Annahme 7.).

$$\text{Dgl.:} \quad M_x' = 0 \qquad (9\text{-}10.1)$$

$$\text{Rb.}: \quad M_x(x_R) = M_x \tag{9-10.2}$$

In der letztgenannten Beziehung bezeichnet $M_x(x_R)$ auf der linken Gleichungsseite das durch den oben beschriebenen Rundschnitt freigesetzte, außen auf den Endquerschnitten des Stabkörpers wirkende (Schnitt-) Torsionsmoment, während M_x auf der rechten Seite der ebenfalls in x_R, jedoch im Stabkörper wirkenden Spannungsresultierenden zugeordnet ist.

Differentialgleichung der Verwölbung und Randbedingungen im Querschnitt

Zur Bestimmung der Funktion der Torsionsverwölbung $\omega(y, z)$ nehmen wir ϑ' in (9-6) als konstante Größe an (in Übereinstimmung mit den Ergebnissen von Abschnitt 9.3.1.1) und erhalten wieder mit Schubspannungen gemäß Gl. (9-5) und virtuellen Verzerrungen (mit $G = konst. \neq 0$ und $\vartheta' = konst. \neq 0$)

$$\delta\gamma_{xy} = -\,\delta\frac{\partial\omega_V}{\partial y} \qquad\qquad \delta\gamma_{xz} = -\,\delta\frac{\partial\omega_V}{\partial z}$$

zunächst:

$$\int_l -G\,\vartheta' \int_A \left[\left(\frac{\partial\omega_V}{\partial y} + z\right)\delta\frac{\partial\omega_V}{\partial y} + \left(\frac{\partial\omega_V}{\partial z} - y\right)\delta\frac{\partial\omega_V}{\partial z}\right] dA\,dx = 0$$

Das innere Integral ist unabhängig von x. Somit dürfen die Längs- und die Querschnittsintegration entkoppelt werden:

$$\left[\int_l -G\,\vartheta'\,dx\right]\left[\int_A \left[\left(\frac{\partial\omega_V}{\partial y} + z\right)\delta\frac{\partial\omega_V}{\partial y} + \left(\frac{\partial\omega_V}{\partial z} - y\right)\delta\frac{\partial\omega_V}{\partial z}\right] dA\right] = 0$$

Da das erste Integral i. A. nicht verschwindet, muss dies dem Prinzip entsprechend für das zweite, querschnittsbezogene Integral gelten. Auflösen der inneren Klammern liefert zunächst:

$$\int_A \left(\frac{\partial\omega_V}{\partial y}\frac{\partial\delta\omega_V}{\partial y} + \frac{\partial\omega_V}{\partial z}\frac{\partial\delta\omega_V}{\partial z} + \frac{\partial}{\partial y}(z\,\delta\omega_V) - \frac{\partial}{\partial z}(y\,\delta\omega_V)\right) dA = 0 \tag{9-11}$$

Von dieser Form des Prinzips der virtuellen Verschiebungen ausgehend werden wir im Kapitel 11.2 ein Verfahren vorstellen, um die Wölbfunktion $\omega_V(y, z)$ eines beliebigen Querschnitts zu berechnen. Im Anhang A1-3 wird die letzte Beziehung umgeformt zu (vgl. A1-8):

$$-\int_A \delta\omega_V\left(\frac{\partial^2\omega_V}{\partial y^2} + \frac{\partial^2\omega_V}{\partial z^2}\right) dA + \oint \delta\omega_V\left(\frac{\partial\omega_V}{\partial y}\,n_y + \frac{\partial\omega_V}{\partial z}\,n_z + z\,n_y - y\,n_z\right) ds = 0 \tag{9-12}$$

Diese Gleichung ist für beliebige virtuelle Verschiebungen $\delta\omega(y, z)$ offensichtlich erfüllt, wenn die runden Klammern im Integranden beider Integrale für sich verschwinden. Die erste Klammer liefert, zu null gesetzt, die maßgebende Dgl. für die Verwölbung der St. Venant'schen Torsion:

$$\boxed{\frac{\partial^2\omega_V}{\partial y^2} + \frac{\partial^2\omega_V}{\partial z^2} = 0} \tag{9-13}$$

Wegen $\vartheta' = konst. \neq 0$ kann diese Gleichung auch für die vollständige (aktuelle) Längsverschiebung angeschrieben werden:

$$\frac{\partial^2 u_x}{\partial y^2} + \frac{\partial^2 u_x}{\partial z^2} = 0 \qquad (9\text{-}14)$$

Wir erwähnen, dass man zu den Gln. (9-13) bzw. (9-14) auch gelangt, wenn man mit den Ansätzen (9-4.1) bis (9-4.3) in die kinematischen Beziehungen (3-2) und damit in das Stoffgesetz (3-11) geht und die so erhaltenen Spannungen in die erste Gleichgewichtsbedingungen (3-9)/1 des Stabkontinuums einsetzt. Die Gln. (9-13) und (9-14) stellen homogene partielle Differentialgleichungen 2. Ordnung von elliptischem Typ dar und werden als Laplace'sche Differentialgleichungen bezeichnet.
Wie man leicht nachprüft, sind die zweite und dritte der Gln. (3-9) wegen $\gamma_{yz} = \varepsilon_y = \varepsilon_z = 0$ identisch erfüllt.
Die Klammer im Randintegral von Gl. (9-12) liefert, zu null gesetzt, die Randbedingung für die Verwölbung im Querschnitt:

$$\boxed{n_z \frac{\partial \omega_V}{\partial z} + n_y \frac{\partial \omega_V}{\partial y} - y\, n_z + z\, n_y = 0} \qquad (9\text{-}15.1)$$

Diese Beziehung lässt sich anschaulich in der Querschnittsebene deuten (vgl. Bild 9.4). Die Schubspannungen (9-5) müssen gemäß Annahme 4. auf der Stabmantelfläche verschwinden, d. h. sie müssen auf den Rändern des Querschnitts parallel zu diesen gerichtet sein.

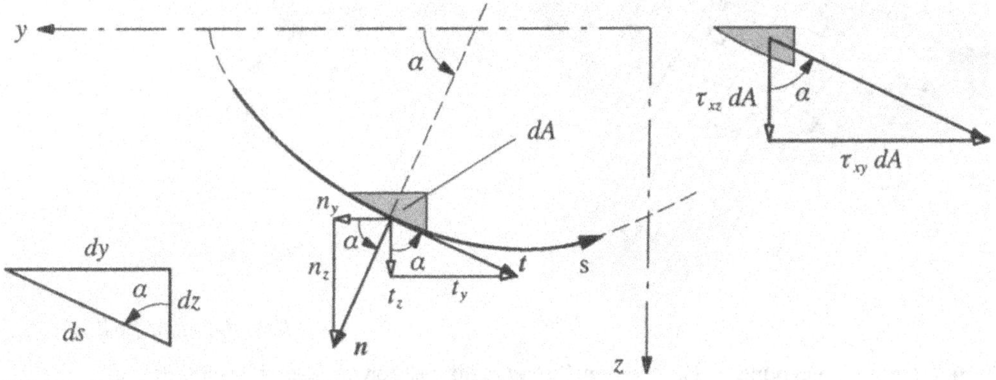

Bild 9.4 Schubspannungen auf den Querschnittsrändern
(der Drehvektor $+\,\alpha$ zeigt in Richtung der positiven x-Achse)

Für die in Bild 9.4 rechts dargestellte resultierende Schubspannung auf dem Querschnittsrand gilt:

$$\tan\alpha = \frac{\tau_{xy}}{\tau_{xz}} = -\frac{\dfrac{\partial \omega_V}{\partial y} + z}{\dfrac{\partial \omega_V}{\partial z} - y} = -\frac{dy}{dz} \qquad \left(\frac{\partial \omega_V}{\partial z} - y\right) dy - \left(\frac{\partial \omega_V}{\partial y} + z\right) dz = 0 \qquad (9\text{-}15.2)$$

Mit den Komponenten der nach "außen" gerichteten, auf der Berandungskurve senkrecht stehenden Einheitsnormalen

$$\boldsymbol{n} = \begin{bmatrix} n_y \\ n_z \end{bmatrix} = \begin{bmatrix} \cos\alpha \\ \sin\alpha \end{bmatrix} = \begin{bmatrix} \dfrac{dz}{ds} \\ -\dfrac{dy}{ds} \end{bmatrix} \qquad (9\text{-}16)$$

folgt auch:

$$\left(\frac{\partial \omega_V}{\partial z} - y \right) n_z + \left(\frac{\partial \omega_V}{\partial y} + z \right) n_y = 0 \tag{9-15.3}$$

Die Bedingung (9-15) muss zusammen mit der Feldgleichung (9-13) in allen Punkten des Querschnittsrandes erfüllt sein. Unabhängig vom Schubmodul und von der Verwindung bestimmen beide Gleichungen für einen gegebenen Querschnitt die zugeordnete Verwölbungsfunktion $\omega_V(y,\ z)$ und damit, bei bekanntem $\vartheta(x)$, den gesamten Verschiebungs- und Spannungszustand.

In Bild 9.5 ist als Beispiel die Grundverwölbung eines Stabes mit polygonaler Umrandung dargestellt. Die Grundverwölbung $\omega_V(y,\ z)$ für Kreis- und Kreisring-Querschnitte verschwindet dagegen identisch, wenn der Stab um seine Schwerachse verdrillt wird. Dieser Sachverhalt lässt sich über die Achsensymmetrie des Problems veranschaulichen (vgl. hierzu Anhang A3-3). Die exakte Lösung eines Rechteckquerschnittes wird in Kapitel 9.5 besprochen. Weitere Hinweise zur numerischen Ermittlung der Grundverwölbung von beliebigen Querschnitten werden in Abschnitt 9.3.4 und 11.2 gegeben.

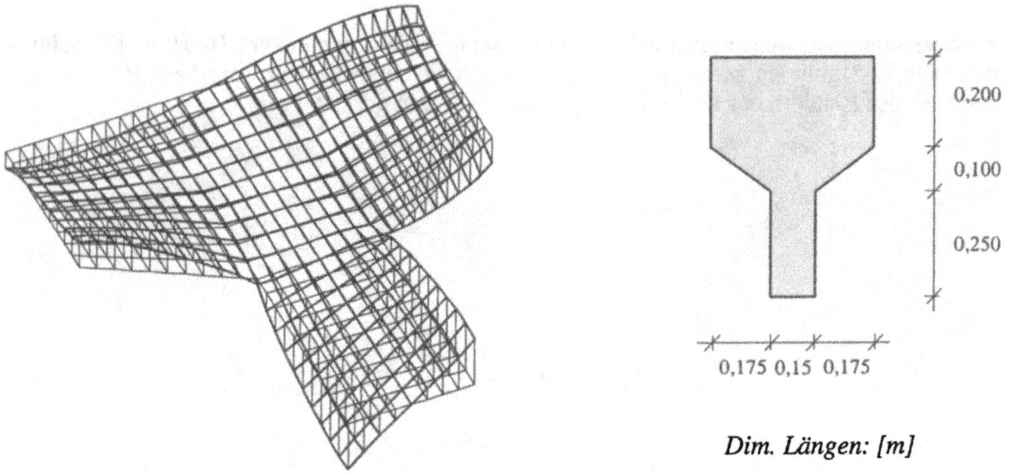

Bild 9.5 Grundverwölbung $\omega_V(y,\ z)$ eines Querschnitts mit polygonaler Umrandung; numerische Lösung mit der Finite-Element-Methode (vgl. dazu Abschn. 9.3.4 und 11.2)

Torsionsträgheitsmoment

Substituiert man in Gl. (9-6) mittels (9-5) die Schubspannungen und mittels (9-8) die Verzerrungen, so erhält man:

$$-\delta W_i = \int_l \int_A G\vartheta' \left(\frac{\partial \omega_V}{\partial y} + z \right) \delta\vartheta' \left(\frac{\partial \omega_V}{\partial y} + z \right) + G\vartheta' \left(\frac{\partial \omega_V}{\partial z} - y \right) \delta\vartheta' \left(\frac{\partial \omega_V}{\partial z} - y \right) dA\, dx$$

Ausmultiplizieren der Klammern und umordnen führt auf:

$$-\delta W_i = \int_l \int_A \delta\vartheta'\, G\vartheta' \left[\left(\frac{\partial \omega_V}{\partial y} + z \right)^2 + \left(\frac{\partial \omega_V}{\partial z} - y \right)^2 \right] dA\, dx$$

Das Querschnittsintegral ist unabhängig von der Stablängsordinate x und liefert das St. Venant'sche Torsionsträgheitsmoment. Es lässt sich folgendermaßen entwickeln:

$$\iint\left[\left(\frac{\partial\omega_V}{\partial y}+z\right)^2+\left(\frac{\partial\omega_V}{\partial z}-y\right)^2\right]dA=$$

$$=\iint\left[\frac{\partial}{\partial y}(\omega_V z)-\frac{\partial}{\partial z}(\omega_V y)+z^2+y^2\right]dA+\iint\left[\frac{\partial\omega_V}{\partial y}\left(\frac{\partial\omega_V}{\partial y}+z\right)+\frac{\partial\omega_V}{\partial z}\left(\frac{\partial\omega_V}{\partial z}-y\right)\right]dA$$

Der zweite Term der rechten Seite geht in die linke Seite von Gl. (9-11) über, wenn dort als virtuelle Verschiebung $\delta\omega_V(y,z)$ die wirkliche Verwölbung $\omega_V(y,z)$ gewählt wird. Er entfällt damit. Somit erhalten wir für das St. Venant'sche Torsionsträgheitsmoment:

$$I_{TV}=\iint\limits_A\left[\frac{\partial\omega_V}{\partial y}z-\frac{\partial\omega_V}{\partial z}y+y^2+z^2\right]dA \qquad (9\text{-}17)$$

Dieses Ergebnis lässt sich durch Integration der differentiellen Beiträge aller Teilmomente $dM_x=(-\tau_{xy}z+\tau_{xz}y)\,dA$ (vgl. Bild 9.2) anschaulich bestätigen:

$$M_x=\int\limits_A\left(-\tau_{xy}z+\tau_{xz}y\right)dA=G\vartheta'\iint\limits_A\left[\frac{\partial}{\partial y}(\omega_V z)+z^2-\frac{\partial}{\partial z}(\omega_V y)+y^2\right]dA$$

Mit (9-17) folgt auch:

$$M_x=G\,I_{TV}\vartheta' \qquad (9\text{-}18)$$

Gemäß Annahme 6. (mit 7.) ist das Torsionsmoment eine konstante Größe. Somit liefert die Ableitung der letzten Beziehung die maßgebende Gleichung für die Bestimmung der Verdrehung $\vartheta(x)$:

$$GI_{TV}\vartheta''=0 \qquad (9\text{-}19)$$

Dieses Ergebnis erhält man auch, wenn Gl. (9-18) in die erste der Gln. (9-10) eingesetzt wird. Wie oben erwähnt, verschwindet $\omega_V(y,\ z)$ lediglich für Kreis- und Kreisringquerschnitte identisch. In diesem Sonderfalle ergibt sich das St. Venant'sche Torsionsträgheitsmoment aus (9-17) als Summe der Biegeträgheitsmomente I_y+I_z.
Außerdem lässt sich feststellen, dass in einem Zustand reiner (St. Venant'scher) Torsion ein Linientorsionsmoment als Feldeinwirkung für allgemeine Querschnittsformen nicht zugelassen ist. Würden wir ein solches erlauben, so ergäben sich mit $\vartheta(x)''\neq 0$ entlang der Stabachse sich ändernde Längsverschiebungen diskreter Stabfasern, die zu Längsnormalspannungen führen müssten. Dies würde zu Widersprüchen im mechanischen Modell führen. Torsion mit veränderlicher Verwindung $\vartheta'(x)$ wird in Kap. 10 behandelt.

9.3.2 Herleitung über eine Spannungsfunktion

Ergänzend soll im folgenden Unterabschnitt die Lösung des St. Venant'schen Torsionsproblems mit Hilfe einer sogenannten Spannungsfunktion $\psi(y,z)$ gezeigt werden (*Prandtl (1903)*). Die Spannungsfunktion ist mit Hilfe der in Unterkapitel 9.4 zu besprechenden Membrananalogie anschaulich sehr gut nachvollziehbar. Wir werden später von beiden Lösungswegen Gebrauch machen.

9.3.2.1 Differentialgleichung; Randbedingungen

Die Beziehungen für die Verschiebungen (Gln. (9-4)), den Drehwinkel (Gln. (9-3)) und die Spannungen (Gln. (9-5)) werden von Abschnitt 9.3.1.1 übernommen.

(9-4): $u_x(x,y,z) = -\vartheta'\,\omega_V(y,z)$ (9-3): $\vartheta(x) = \vartheta' x + \vartheta(0)$

(9-5.1): $\tau_{xy} = -G\vartheta'\left(\frac{\partial\omega_V}{\partial y} + z\right)$ (9-5.2): $\tau_{xz} = -G\vartheta'\left(\frac{\partial\omega_V}{\partial z} - y\right)$

Differenziert man Gl. (9-5.1) nach z und Gl. (9-5.2) nach y, und hebt aus den entstehenden Beziehungen das gemischte Differential heraus, so entsteht:

$$\frac{\partial\tau_{xy}}{\partial z} - \frac{\partial\tau_{xz}}{\partial y} = -2G\vartheta' \qquad (9\text{-}20)$$

Differenziert man diese Beziehung nach y bzw. z und dividiert durch *den Schubmodul G*, so geht sie in die Beziehung Gl. (3-15)/5 bzw. (3-15)/6 über, wenn dort $\gamma_{yz} = \varepsilon_y = \varepsilon_z = 0$ gesetzt wird. Gl. (9-20) stellt also im Gegensatz zur Gleichgewichtsbedingung Gl. (9-13) eine *Verträglichkeitsbedingung* dar.

Die in diesem Unterabschnitt noch nicht benutzte Gleichgewichtsbedingung lautet

(3-9)/1: $\frac{\partial\tau_{xy}}{\partial y} + \frac{\partial\tau_{xz}}{\partial z} = 0$

Setzt man nun die Spannungen (nach Prandtl) zu

$$\tau_{xy} = G\vartheta'\,\frac{\partial\psi(y,z)}{\partial z} \qquad \tau_{xz} = -G\vartheta'\,\frac{\partial\psi(y,z)}{\partial y} \qquad (9\text{-}21)$$

so wird Gl. (3-9)/1 identisch erfüllt. Die Funktion ψ wird auch als Spannungsfunktion bezeichnet. Wie man unschwer nachprüft, sind die Gln. (3-9)/2 und (3-9)/3 ebenfalls identisch erfüllt. (Schub-) Spannungszustände, die in der Form der Beziehungen (9-21) dargestellt werden können, erfüllen also in jedem Falle die Gleichgewichtsbedingungen des Kontinuums.

Mit den Gln. (9-21) geht (9-20) über in:

$$\frac{\partial^2\psi}{\partial y^2} + \frac{\partial^2\psi}{\partial z^2} = -2 \qquad (9\text{-}22)$$

Diese Gleichung ist wie die entsprechende Beziehung für die Verwölbung von elliptischem Typ und wird, der nicht verschwindenden rechten Seite wegen, allgemein als Poissonsche Differentialgleichung bezeichnet. Die in den Gln. (9-21) auftretende Funktion $\psi(y,z)$ muss also in jedem Falle eine Lösung der partiellen Dgl. (9-22) sein, wobei die im folgenden Teilabschnitt herzuleitenden Randbedingungen eingehalten werden müssen.

Wir weisen darauf hin, dass die von den Querschnittsordinaten y und z abhängige Spannungsfunktion $\psi(y,z)$ nicht mit der von der Stablängsordinate x abhängigen Verwindung $\psi(x) = -\vartheta'(x)$ verwechselt werden darf.

Schließlich sei erwähnt, dass man allgemein unter einer Spannungsfunktion eine Funktion in einer, zwei oder drei Unabhängigen verstehen, die über eine von Fall zu Fall sich ändernde Vorschrift erlaubt, Spannungszustände darzustellen, die die jeweiligen Gleichgewichtsbedingungen a priori erfüllen. Die Spannungsfunktion selbst muss in der Regel eine Verträglichkeitsbedingung (im Sinne von Abschnitt 3.2.5) in Form einer Differentialgleichung oder eines zugeordneten Integralprinzips erfüllen (einschließlich der entsprechenden Randbedingungen).

Randbedingungen auf der Mantelfläche

Wegen der geforderten Spannungsfreiheit der Mantelfläche ergibt sich wie in Unterabschnitt 9.3.1.2 auf dem Querschnittsrand:

$$\tan\alpha = -\frac{\tau_{xy}}{\tau_{xz}} = -\frac{dy}{dz} \qquad \tau_{xz}\,dy - \tau_{xy}\,dz = 0 \qquad -G\vartheta'\left(\frac{\partial\psi}{\partial y}\,dy + \frac{\partial\psi}{\partial z}\,dz\right) = 0$$

Der Klammerterm stellt als totales Differential die Änderung von $\psi(s)$ bei einem Fortschreiten auf der Randkurve eines Querschnitts dar. Damit folgt aus der letzten Beziehung, dass die Spannungsfunktion ψ auf der Randkurve einen konstanten Wert haben muss:

$$\boxed{\psi(s) = konst.} \tag{9-23}$$

Da die Schubspannungen sich aus den Ableitungen der Spannungsfunktion ergeben, kann $\psi(s)$ bei Vollquerschnitten zu Null angenommen werden. Für Querschnitte mit Hohlräumen siehe Abschnitt 9.3.2.2, Teilabschnitt "Wert der Spannungsfunktion auf Innenrändern". Bild 9.6 zeigt die Spannungsfunktion des Querschnitts, dessen Verwölbung in Bild 9.5 dargestellt ist.

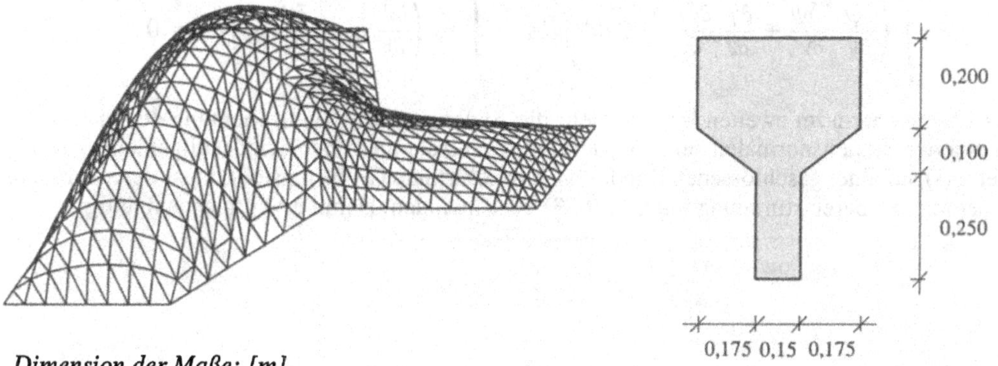

Dimension der Maße: [m]

Bild 9.6 Spannungsfunktion $\psi(y, z)$ eines Querschnitts mit polygonaler Umrandung; numerische Lösung mit Hilfe der Finite-Element-Methode

Die Spannungsfunktionen für Rechteckquerschnitte mit unterschiedlichen Seitenverhältnissen sind in den Bildern 9.12, 9.15 und 9.17 dargestellt.

9.3.2.2 Integrale Formulierung

Die Spannungsfunktion $\psi(y, z)$ ist mit Gl. (9-22) und der zugeordneten Randbedingung (9-23) eindeutig bestimmt. Im Hinblick auf eine numerische Lösung für beliebige Querschnittsformen wollen wir auch hier eine integrale Formulierung angeben.
Multiplikation von (9-22) mit einer Variation der Spannungsfunktion selbst und Integration über den Querschnitt liefert zunächst:

$$\int_A \left(\frac{\partial}{\partial y}\frac{\partial\psi}{\partial y} + \frac{\partial}{\partial z}\frac{\partial\psi}{\partial z} + 2\right)\delta\psi\,dA = 0$$

Mit der bekannten Regel für die Ableitung des Produktes zweier Funktionen folgt für die ersten beiden Terme:

$$\delta\psi \frac{\partial}{\partial y}\frac{\partial\psi}{\partial y} = \frac{\partial}{\partial y}\left(\delta\psi\,\frac{\partial\psi}{\partial y}\right) - \frac{\partial\psi}{\partial y}\,\frac{\partial\delta\psi}{\partial y} \qquad \delta\psi \frac{\partial}{\partial z}\frac{\partial\psi}{\partial z} = \frac{\partial}{\partial z}\left(\delta\psi\,\frac{\partial\psi}{\partial z}\right) - \frac{\partial\psi}{\partial z}\,\frac{\partial\delta\psi}{\partial z}$$

Damit geht die obige Gleichung über in:

$$\int_A \left(\frac{\partial}{\partial y}\left(\delta\psi\,\frac{\partial\psi}{\partial y}\right) + \frac{\partial}{\partial z}\left(\delta\psi\,\frac{\partial\psi}{\partial z}\right) - \frac{\partial\psi}{\partial y}\,\frac{\partial\delta\psi}{\partial y} - \frac{\partial\psi}{\partial z}\,\frac{\partial\delta\psi}{\partial z} + 2\delta\psi\right) dA = 0$$

Anwendung des Gaußschen Integralsatzes in der Form (A1-6) auf die ersten beiden Glieder des Integrals liefert:

$$\int_A \frac{\partial}{\partial y}\left(\delta\psi\,\frac{\partial\psi}{\partial y}\right) dA = \oint_s \delta\psi\,\frac{\partial\psi}{\partial y}\,n_y\,ds \qquad \int_A \frac{\partial}{\partial z}\left(\delta\psi\,\frac{\partial\psi}{\partial z}\right) dA = \oint_s \delta\psi\,\frac{\partial\psi}{\partial z}\,n_z\,ds$$

Damit erhält man:

$$\int_A \left(\frac{\partial\psi}{\partial y}\,\frac{\partial\delta\psi}{\partial y} + \frac{\partial\psi}{\partial z}\,\frac{\partial\delta\psi}{\partial z} - 2\,\delta\psi\right) dA - \oint_s \delta\psi\left(\frac{\partial\psi}{\partial y}\,n_y + \frac{\partial\psi}{\partial z}\,n_z\right) ds = 0$$

Der Klammerterm im zweiten Integral stellt die Änderung von $\psi(s)$ in Richtung der nach außen orientierten Einheitsnormalen auf den Querschnittsrand dar und verschwindet allgemein nicht. Da aber $\psi(s)$ auf einer geschlossenen Randkurve eine konstante Größe darstellt, muss deren virtuelle Änderung in Übereinstimmung mit Gl. (9-23) verschwinden. Damit erhält man endgültig:

$$\int_A \left(\frac{\partial\psi}{\partial y}\,\frac{\partial\delta\psi}{\partial y} + \frac{\partial\psi}{\partial z}\,\frac{\partial\delta\psi}{\partial z} - 2\,\delta\psi\right) dA = 0 \qquad (9\text{-}24)$$

Diese Gleichung kann auch unmittelbar mit Hilfe des Prinzips der virtuellen Kräfte gewonnen werden. Auf dieses dem Prinzip der virtuellen Verschiebungen komplementäre Arbeitsprinzip wird ausführlicher in Kapitel 16 eingegangen.

Torsionsmoment und Gleichgewicht am Stabelement

Das resultierende Torsionsmoment erhält man analog zu Abschnitt 9.3.1.2 durch Integration über den Querschnitt:

$$M_x = \int_A (-\tau_{xy}\,z + \tau_{xz}\,y)\,dA = G\vartheta' \int_A \left(-\frac{\partial\psi}{\partial z}\,z - \frac{\partial\psi}{\partial y}\,y\right) dA$$

$$M_x = -\,G\vartheta'\left[\int_{y_1}^{y_2}\int_{z_1}^{z_2} \frac{\partial\psi}{\partial z}\,z\,dz\,dy + \int_{z_1}^{z_2}\int_{y_1}^{y_2} \frac{\partial\psi}{\partial y}\,y\,dy\,dz\right]$$

Anwendung der partiellen Integration auf die inneren Integrale liefert:

$$M_x = -G\vartheta' \left\{ \int_{y_1}^{y_2} \left[[\psi z]_{z_1}^{z_2} - \int_{z_1}^{z_2} \psi \, dz \right] dy + \int_{z_2}^{z_1} \left[[\psi y]_{y_1}^{y_2} - \int_{y_1}^{y_2} \psi \, dy \right] dz \right\}$$

Die Integrationsgrenzen sind in Bild 9.7 für das Beispiel eines Rechteckquerschnitts eingetragen.

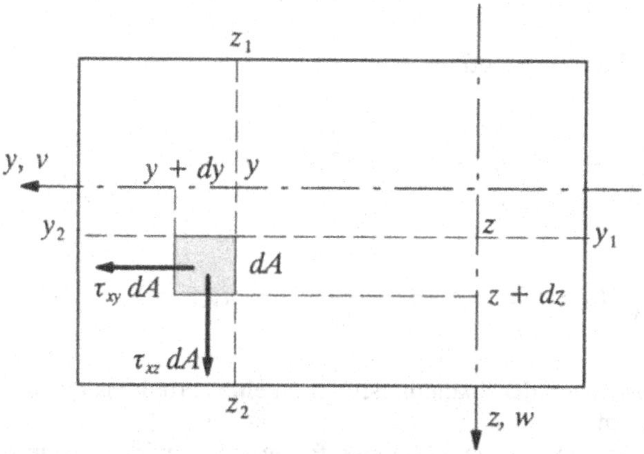

Bild 9.7 Zur Berechnung des Torsionsmomentes

Die ausintegrierten Terme verschwinden, da $\psi(y, z)$ auf den Querschnittsrändern zu Null gesetzt wurde und es folgt für das Torsionsmoment:

$$M_x = G\vartheta' \left[\int_{y_1}^{y_2} \int_{z_1}^{z_2} \psi \, dz \, dy + \int_{z_1}^{z_2} \int_{y_1}^{y_2} \psi \, dy \, dz \right] = G\vartheta' \, 2 \int_A \psi \, dA$$

$$M_x = G \, I_{TV} \, \vartheta'$$

Für das Torsionsträgheitsmoment als Funktion der Prandtlschen Spannungsfunktion erhält man:

$$I_{TV} = 2 \int_A \psi \, dA \qquad (9\text{-}25)$$

Für das Torsionsmoment M_x und den Drehwinkel $\vartheta(x)$ gelten die Gln. (9-18) und (9-19) unverändert.

Verwölbung

Bei bekannter Spannungsfunktion $\psi(y, z)$ lässt sich die zugeordnete Verwölbung aus einem Vergleich der Ausdrücke für die Schubspannungen bestimmen. Setzt man die Gln. (9-5) und (9-21) gleich, so ergibt sich zunächst:

$$\tau_{xy} = G\vartheta' \frac{\partial \psi}{\partial z} = -G\vartheta' \left(\frac{\partial \omega_V}{\partial y} + z \right) \qquad \tau_{xz} = -G\vartheta' \frac{\partial \psi}{\partial y} = -G\vartheta' \left(\frac{\partial \omega_V}{\partial z} - y \right)$$

Daraus folgt:

$$\frac{\partial \omega_V}{\partial y} = -\frac{\partial \psi}{\partial z} - z \qquad \frac{\partial \omega_V}{\partial z} = \frac{\partial \psi}{\partial y} + y \tag{9-26}$$

Als totales Differential von $\omega_V(y,z)$ erhält man

$$d\omega_V = \frac{\partial \omega_V}{\partial y}\,dy + \frac{\partial \omega_V}{\partial z}\,dz = -\left(\frac{\partial \psi}{\partial z} + z\right)dy + \left(\frac{\partial \psi}{\partial y} + y\right)dz$$

und es ergibt sich für die Verwölbung ω_V durch Integration:

$$\omega_V(y,z) = -\int_{y_1}^{y} \frac{\partial \psi}{\partial z}\,dy + \int_{z_1}^{z} \frac{\partial \psi}{\partial y}\,dz - z\int_{y_1}^{y} dy + y\int_{z_1}^{z} dz + \omega_V(y_1,z_1)$$

$$\omega_V(y,z) = -\int_{y_1}^{y} \frac{\partial \psi}{\partial z}\,dy + \int_{z_1}^{z} \frac{\partial \psi}{\partial y}\,dz - z\,(y-y_1) + y\,(z-z_1) + \omega_V(y_1,z_1)$$

Damit ist grundsätzlich eine Beziehung zwischen der Spannungsfunktion eines Problems und der zugeordneten Verwölbungsfunktion bestimmt.
Ist bei praktischen Berechnungen die Bestimmung der Verwölbung erforderlich, so wird man diese nicht aus der Spannungsfunktion, sondern unmittelbar aus Gl. (9-13) unter Beachtung von Gl. (9-15) berechnen.

Wert der Spannungsfunktion auf Innenrändern

Auch bei Querschnitten mit Löchern gilt Gl. (9-23) unverändert sowohl auf allen Innen- als auch auf dem Außenrand (vgl. Bild 9.8).
Wie bei Vollquerschnitten kann $\psi(s)$ auf dem äußeren Rand zu Null gesetzt werden. Der konstante Wert auf einem Innenrand ist aus einer Verformungsbedingung zu bestimmen. Nach Integration der Verwölbung entlang eines Innenrandes muss die verbleibende Verwölbung verschwinden; also

$$\oint_{R_i} \frac{\partial u_x}{\partial s}\,ds = -\vartheta' \oint_{R_i} \frac{\partial \omega}{\partial s}\,ds = -\vartheta' \oint_{R_i} \left(\frac{\partial \omega}{\partial y}\frac{\partial y}{\partial s} + \frac{\partial \omega}{\partial z}\frac{\partial z}{\partial s}\right)ds = 0$$

Mit den Beziehungen (9-26) und mit (9-16) entwickelt man die rechte Gleichheit:

$$\oint_{R_i} \left[\left(\frac{\partial \psi}{\partial z} + z\right)\cos\alpha - \left(\frac{\partial \psi}{\partial y} + y\right)\sin\alpha\right]ds = 0$$

$$\oint_{R_i} \left(\frac{\partial \psi}{\partial z}\cos\alpha - \frac{\partial \psi}{\partial y}\sin\alpha\right)ds = -\oint_{R_i} (z\cos\alpha - y\sin\alpha)\,ds$$

$$\oint_{R_i} \left(\frac{\partial \psi}{\partial z}\cos\alpha - \frac{\partial \psi}{\partial y}\sin\alpha\right)ds = -\oint_{R_i} z\,dy + \oint_{R_i} y\,dz = 2\,A_i$$

Für jeden durch eine Kurve R_i festgelegten Hohlraum kann eine Gleichung dieser Art vorgegeben werden.

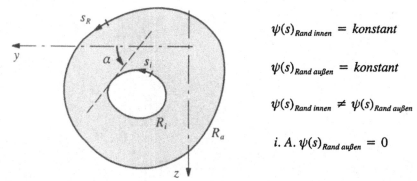

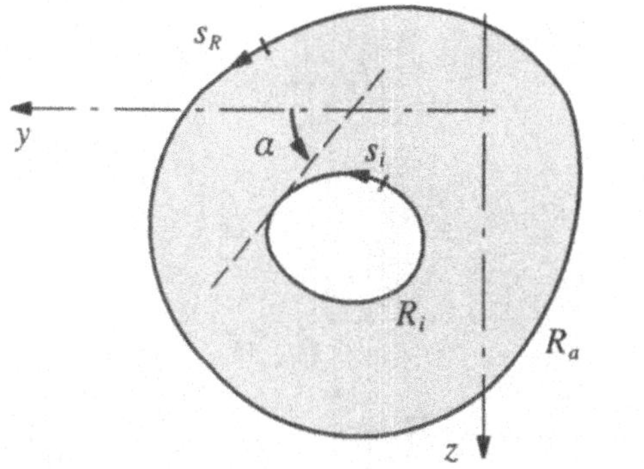

$$\psi(s)_{Rand\ innen} = konstant$$

$$\psi(s)_{Rand\ außen} = konstant$$

$$\psi(s)_{Rand\ innen} \neq \psi(s)_{Rand\ außen}$$

$$i.\,A.\ \psi(s)_{Rand\ außen} = 0$$

Bild 9.8 Querschnitt mit Loch; Umfangsordinaten; Wert der Spannungsfunktion auf den Rändern

Bei der Lösung einer Aufgabe gibt man den Wert von ψ_i auf dem Innenrand R_i als konstante Größe vor und bestimmt ihren Wert aus obigen Verträglichkeitsbedingungen.

9.3.3 Einfluss der Drehachse auf die Verwölbung

In Hinblick auf die in Kapitel 10 darzustellende Theorie der Wölbkrafttorsion dünnwandiger offener Stäbe wird in diesem Teilabschnitt der Einfluss der Drehachse auf die Verwölbung der St. Venant'schen Torsion untersucht. Bislang wurde willkürlich angenommen, dass eine Drehung des Stabes um seine Schwerachse erfolgt. Für den Fall einer Rotation um eine beliebige zur Schwerachse parallele Drehachse $D(y_D, z_D)$ lassen sich die Verschiebungen generell in zwei Anteile aufspalten. Der *erste Anteil* stellt eine Starrkörperbewegung des unverzerrten Stabkörpers dar. Bild 9.9 zeigt diesen Anteil für einen Stab mit Rechteckquerschnitt der Seitenabmessungen d und t und der Länge l. Zum besseren Verständnis ist eine verhältnismäßig große Bewegung dargestellt. Im Rahmen der hier zugrunde gelegten Theorie I. Ordnung sind jedoch nur sehr kleine Verschiebungen zugelassen, die im mechanischen Modell als Verschiebungen senkrecht zu Radiusstrahlen erfasst werden. Der Stab ist in $x = 0$ gabelgelagert:

$$u_x(0,0,0) = 0 \qquad u_y(0,y,z) = 0 \qquad u_z(0,y,z) = 0 \qquad \vartheta(0) = 0$$

In einem *ersten Schritt* führen wir im Schwerpunkt des Endquerschnitts in $x = l$ eine Punkthalterung ein, die kein Torsionsmoment aufnimmt, und verdrehen den Stab um die Drehachse D. Er wird dabei eine Starrkörperverdrehung erfahren, deren Verschiebungen (von der Ausgangslage in die unterlegte Position) wie folgt lauten (siehe Bild 9.9):

$$u_{y\,Starrkörper}(x,\,y,\,z) = z_D\,\vartheta(l) \qquad u_{z\,Starrkörper}(x,\,y,\,z) = -\,y_D\,\vartheta(l)$$

$$u_{x\,Starrkörper}\,(x,y,z) = -\,z_D\,\frac{\vartheta(l)}{l}\,y + y_D\,\frac{\vartheta(l)}{l}\,z \tag{9-27}$$

In einem *zweiten Schritt* ist eine Drehung um die Schwerachse des Stabes selbst wiederum um den Winkel ϑ zu überlagern.

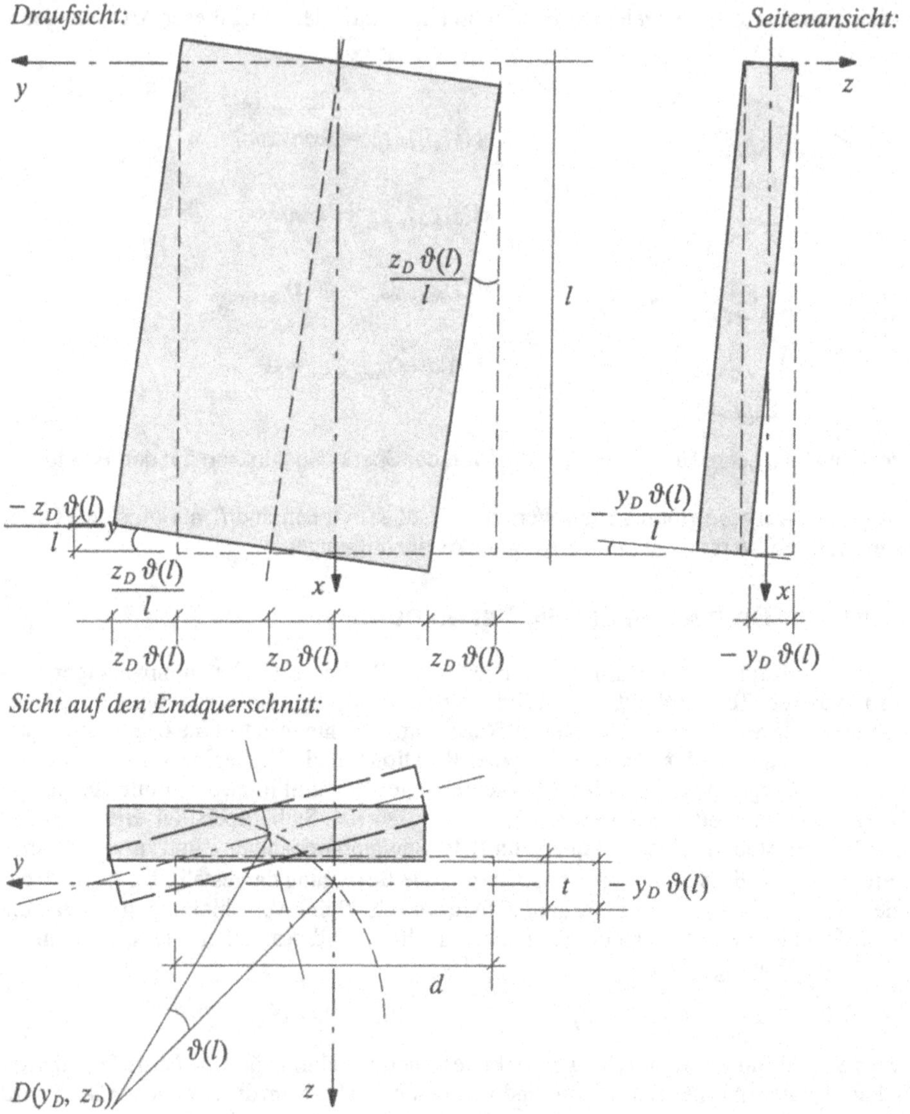

Bild 9.9: Starrkörperbewegung eines Stabes mit Rechteckquerschnitt bei Drehung um $D(y_D, z_D)$

Die zugeordneten Verschiebungen werden durch die Gleichungen (9-4.1), (9-13) und (9-15), sowie durch die Gln. (9-4.2) and (9-4.3) beschrieben. Erstere bestimmen die Verwölbung, letztere die Bewegung von Punkten in der Querschnittsebene. Sie stellen zusammen den *zweiten Anteil* der gesamten Verschiebungen dar. Diese Verschiebungen beschreiben den Übergang etwa des Endquerschnitts von der unterlegten in die verdrehte Lage in Bild 9.9. (Es sei daran erinnert, dass diese Aufspaltung des resultierenden Verschiebungszustandes im Rahmen einer Theorie I. Ordnung zulässig ist, weil bei linearen kinematischen Beziehungen und einem linearen Stoffgesetz auch der Einfluss der Verschiebungen im Gleichgewicht vernachlässigt wird.)

Führt man nun für die im Rahmen der St. Venant'schen Theorie konstante Größe $\vartheta(l)/l$ die Ableitung ϑ' ein, so folgt mit

$$\omega_0 = z_D y - y_D z \tag{9-28}$$

für die Summe der Verschiebungen der Schritte 1 und 2:

$$u_x(x,y,z) = -\left(\omega_V(y, z) + \omega_0(y, z)\right)\vartheta' \tag{9-29.1}$$

$$u_y(x, y, z) = -(z - z_D)\,\vartheta(x) \tag{9-29.2}$$

$$u_z(x, y, z) = (y - y_D)\,\vartheta(x) \tag{9-29.3}$$

Es ist festzuhalten, dass durch den Übergang von der Rotation um die Schwerachse zu einer anderen zu dieser parallelen Drehachse eine zusätzliche Neigung der Verwölbung auftritt. Der Spannungszustand der St. Venant'schen Torsion wird durch die damit verbundene Starrkörperbewegung offensichtlich nicht verändert und ausschließlich durch den Verwölbungsanteil $\omega_V(y,z)$ erfasst. Die angestellten Überlegungen gelten im Grundsatz für beliebige Querschnittsformen.

In Kapitel 10 wird gezeigt, dass im Rahmen der Wölbkrafttorsion dünnwandiger Stäbe gerade der im Rahmen der Torsion ohne Wölbbehinderung bedeutungslose Anteil $\omega_0(y,z)$ zu Wölbnormalspannungen führt, deren Änderung in Stablängsrichtung zu Längsschubspannungen und letztlich zu einem eigenständigen Anteil des resultierenden Torsionsmoments führt.

9.3.4 Zusammenstellung maßgebender Beziehungen

In Tabelle 9.1 sind die maßgebenden Beziehungen der St. Venant'schen Torsion einerseits in Abhängigkeit einer Verwölbungsfunktion, andererseits in Abhängigkeit einer Spannungsfunktion gegenübergestellt.

Exakte Lösungen für die Verwölbungsfunktion $\omega_V(y, z)$ bzw. für die Spannungsfunktion $\psi(y, z)$ sind nur für wenige Querschnitte bekannt, z.B. für den Kreis- und den Kreisringquerschnitt, den elliptischen Querschnitt, den Querschnitt in der Form eines gleichseitigen Dreiecks und für den Rechteckquerschnitt (siehe z.B. *Weber, Günther (1958)*). Die Lösung für den letztgenannten Querschnitt wird eingehend in Kapitel 9.5 besprochen. Fehlen geschlossene Lösungen, so ist i. A. eine numerische Lösung mit der Methode der Finiten Elemente angebracht. Frühe Arbeiten hierzu liegen z.B. mit *Zienkiewicz, Cheung (1965)* und *Krahula, Lauterbach (1969)*, neuere Veröffentlichungen liegen mit *Gruttmann, Wagner, Sauer* (1998) oder mit *Wunderlich, Pilkey (2002)* vor. In Kapitel 11.2 werden wir die Anwendung der Finite-Element-Methode auf das gegebene Problem zeigen.

Es ist festzuhalten, dass die Verwölbung ω_V von Querschnitten beliebiger Form mit und ohne Löchern sich streng nur über die Lösung der partiellen Dgln. (9-13) mit Beachtung der Randbedingungen (9-13) bzw. des entsprechenden Prinzips der virtuellen Verschiebungen (9-10) ergibt.

Lösungen der reinen (St. Venant'schen) Torsion ohne Behinderung der Querschnittsverwölbung sind durch die in Tabelle 9.1 zusammengestellten Beziehungen bestimmt.

Tabelle 9.1 Beziehungen der St. Venant'schen Torsion von Stäben mit Vollquerschnitt

Maßgebende Beziehungen als Funktion einer

Wölbfunktion $\omega_V(y,z)$ **Spannungsfunktion** $\psi(y,z)$

Verschiebungen

$$u_x(x,y,z) = -\vartheta'(x)\,\omega_V(y,z)$$
$$u_y(x,y,z) = -z\,\vartheta(x)$$
$$u_z(x,y,z) = y\,\vartheta(x)$$

Spannungen

$$\tau_{xy} = -G\vartheta'\left(\frac{\partial\omega_V}{\partial y} + z\right) \qquad \tau_{xy} = G\vartheta'\,\frac{\partial\psi(y,z)}{\partial z}$$
$$\tau_{xz} = -G\vartheta'\left(\frac{\partial\omega_V}{\partial z} - y\right) \qquad \tau_{xz} = -G\vartheta'\,\frac{\partial\psi(y,z)}{\partial y}$$

Gleichgewichtsbedingung — Verträglichkeitsbedingung

$$\frac{\partial^2\omega_V}{\partial y^2} + \frac{\partial^2\omega_V}{\partial z^2} = 0 \qquad \frac{\partial^2\psi}{\partial y^2} + \frac{\partial^2\psi}{\partial z^2} = -2$$

$$\int_A \left(\left(\frac{\partial\omega_V}{\partial y} + z\right)\delta\frac{\partial\omega_V}{\partial y} + \left(\frac{\partial\omega_V}{\partial z} - y\right)\delta\frac{\partial\omega_V}{\partial z}\right) dA = 0$$

Prinzip der virtuellen Verschiebungen — Prinzip der virtuellen Kräfte

$$\int_A \left(\frac{\partial\psi}{\partial y}\,\frac{\partial\delta\psi}{\partial y} + \frac{\partial\psi}{\partial z}\,\frac{\partial\delta\psi}{\partial z} - 2\,\delta\psi\right) dA = 0$$

Randbedingung im Querschnitt

$$\left(\frac{\partial}{\partial z}\omega_V(s) - y\right)\frac{dy}{ds} - \left(\frac{\partial}{\partial y}\omega_V(s) + z\right)\frac{dz}{ds} = 0 \qquad \psi(s) = konst.$$

Torsionsträgheitsmoment

$$I_{TV} = \int_A \left(\frac{\partial}{\partial y}(\omega_V z) - \frac{\partial}{\partial z}(\omega_V y) + y^2 + z^2\right) dA \qquad I_{TV} = 2\int_A \psi\, dA$$

Torsionsmoment

$$M_x = G\,I_{TV}\,\vartheta'$$

Drehwinkel

$$GI_{TV}\,\vartheta'' = 0$$

9.4 Membrananalogie

Wie in den Abschnitten 9.3.2.1 und 9.3.2.2 dargelegt, müssen Lösungen der Prandtlschen Spannungsfunktion der Dgl. (9-22) und der zugeordneten Randbedingung (9-23) genügen. Gleichungen mit analogem Aufbau treten in unterschiedlichen Gebieten der Physik auf und werden als Differentialgleichungen der Feldtheorie bezeichnet. Auf dem Gebiet des Bauingenieurwesens gilt dies z.B. für die Wärmeleitung in Festkörpern, die Diffusion in porösen Medien, die Grundwasserströmung im gesättigten Bereich und für den Wärme- und Stofftransport in Fluiden. Für den vorliegenden Aufgabenkreis der Torsionstheorie soll hier kurz die Membrananalogie besprochen werden. Sie gestattet es, die Prandtlsche Spannungsfunktion anschaulich zu deuten. Hierzu denken wir uns aus einer dünnen starren Platte ein Loch von der Form des zu untersuchenden Querschnitts herausgeschnitten (in Bild 9.10 ist dies für einen schmalen Rechteckquerschnitt dargestellt). Diese Aussparung wird nun mit einer dünnen gewichtslosen Membran (Seifenhaut) überspannt, wobei sie entlang des gesamten Lochrandes mit der Platte verbunden bleibt. Eine Membran in diesem Sinne des Wortes ist dadurch gekennzeichnet, dass in jedem beliebigen Schnitt eine konstante in der Tangentialebene gelegene, senkrecht zum Schnitt gerichtete Normalkraft S je Längeneinheit auftritt.

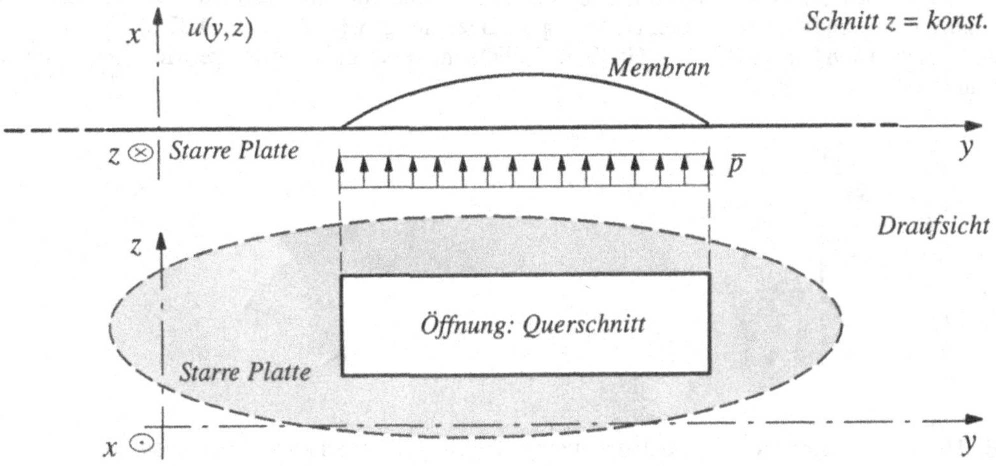

Bild 9.10 Flach gespannte Membran

Solange der Druck zu beiden Seiten der Membran gleich ist, bleibt diese eben. Sobald auf einer Seite einen Überdruck $\overline{p}$ aufgebracht wird, wölbt sich die Membran aus. Bezeichnen wir die Verschiebungen senkrecht zur Plattenebene mit $u(y,\ z)$, so wird die Funktion der Auslenkung der Membran durch

$$\frac{\partial^2 u}{\partial y^2} + \frac{\partial^2 u}{\partial z^2} = \frac{\overline{p}}{S} \qquad (9\text{-}30)$$

beschrieben. Entlang des Lochrandes, der in der Analogie dem Querschnittsrand entspricht, muss die Verschiebung verschwinden:

$$u(s) = 0 \qquad (9\text{-}31)$$

Wählen man $\frac{\overline{p}}{S} = 2$, so sind die beschreibenden Feldgleichungen (9-22) und (9-30), sowie die Randbedingungen (9-23) und (9-31) vollständig analog.
Die Form der Spannungsfunktion $\psi(y, z)$ über einem gegebenen Querschnitt ist also die einer Membran, die über diesen Querschnitt gespannt und mit einem Überdruck von $\frac{\overline{p}}{S} = 2$ beaufschlagt wird, ist also gleich. Die Bilder 9.6, 9.12, 9.15 und 9.17 veranschaulichen dies.

9.5 Stab mit Rechteckquerschnitt

In diesem Kapitel werden die in den vorangehenden Teilabschnitten erhaltenen Ergebnisse zur St. Venant'schen Torsion von Stäben mit beliebigem Querschnitt zur Berechnung von Stäben spezialisiert, deren Querschnitte sich aus schmalen Rechteckquerschnitten zusammensetzen lassen. Die folgenden Überlegungen bilden weiter die Grundlage zum mechanischen Modell der Wölbkrafttorsion dieser Bauteile, die in Kapitel 10 behandelt wird.
Für den Stab mit Rechteckquerschnitt (vgl. Bild 9.11) lässt sich bei Drehung um die x-Achse (Schwerachse) eine exakte (Reihen-) Lösung für alle Zustandsgrößen finden. Für beliebige Seitenverhältnisse gelten die Gln. (9-32.1) bis (9-37.1) der Tabelle 9.2.
Für Stäbe mit schmalen Rechteckquerschnitten (die durch ein Seitenverhältnis von $d/t \gtrsim 10$ gekennzeichnet sind) gelten in guter Näherung die Beziehungen (9-32.2) bis (9-37.2). Sie entstehen, wenn man in den Gln. (9-32.1) bis Gl. (9-36.1) die Summenterme nach den gestrichelten lotrechten Linien vernachlässigt.

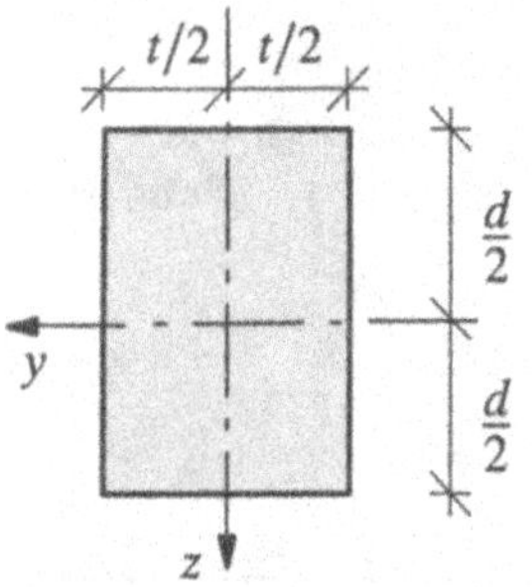

Bild 9.11 Bezeichnungen am Rechteckquerschnitt; die Schwerachse ist Drehachse

Die erwähnte Vernachlässigung der Summenterme in der exakten Lösung liefert für die Schubspannung τ_{xy} parallel zur kürzeren Querschnittsseite den Wert Null. Eine Berechnung von I_T auf der Grundlage der Gln. (9-33.2) und (9-34.2) würde tatsächlich nur das halbe Torsionsträgheitsmoment von Gl. (9-37.1) liefern. Dieser Defekt in der Näherungslösung ist dadurch bedingt, dass ein gegebenes Torsionsmoment tatsächlich genau zur Hälfte von den Schubspannungen τ_{xy} und τ_{xz} abgetragen wird. Mit der Näherung (9-32.2) entfällt der entsprechende Anteil und muss von Hand ergänzt werden. Einige der obigen Formeln sind in den folgenden Bildern ausgewertet.

Wir merken schließlich an, dass die mit den Beziehungen (9-32.1) bis (9-37.1) gegebene Reihenlösung für den Rechteckquerschnitt mit beliebigem Seitenverhältnis gilt. Die Beziehungen (9-32.2) bis (9-37.2) stellen eine Näherung für schmale Rechteckquerschnitte dar. Beide Gruppen von Formeln dürfen nicht auf andere Querschnittsformen angewendet werden. Dies würde sowohl zu qualitativen als auch zu quantitativen Fehlern führen.

Tabelle 9.2 Zustandsgrößen nach St. Venant tordierter Stäbe mit Rechteckquerschnitt

Spannungsfunktion:

$$\psi(y,z) = \frac{t^2}{4} - y^2 + 8\,\frac{t^2}{\pi^3} \cdot \sum_{n=1,3,5,\dots} \frac{(-1)^{\frac{n+1}{2}}}{n^3}\,\frac{\cos\frac{n\pi y}{t}\,\cosh\frac{n\pi z}{t}}{\cosh\frac{n\pi d}{2t}} \qquad (9\text{-}32.1)$$

Schmales Rechteck: $\psi(y,z) \approx \frac{t^2}{4} - y^2$ (9-32.2)

Schubspannungen:

$$\tau_{xy} = 8\,G\,t\,\frac{\vartheta'}{\pi^2} \sum \frac{(-1)^{\frac{n+1}{2}}}{n^2}\,\frac{\cos\frac{n\pi y}{t}\,\sinh\frac{n\pi z}{t}}{\cosh\frac{n\pi d}{2t}} \qquad (9\text{-}33.1)$$

Schmales Rechteck: $\tau_{xy} \approx 0$ (9-33.2)

$$\tau_{xz} = G\,\vartheta' \left[\, 2\,y + 8\,\frac{t}{\pi^2} \sum \frac{(-1)^{\frac{n+1}{2}}}{n^2}\,\frac{\sin\frac{n\pi y}{t}\,\cosh\frac{n\pi z}{t}}{\cosh\frac{n\pi d}{2t}} \right] \qquad (9\text{-}34.1)$$

Schmales Rechteck: $\tau_{xz} \approx 2\,G\,\vartheta'\,y$ (9-34.2)

Torsionsmoment:

$$M_x = \frac{1}{3}\,G\,\vartheta'\,d\,t^3 \left[\, 1 - \frac{192\,t}{\pi^5\,d} \sum \frac{1}{n^5} \tanh\frac{n\,\pi\,d}{2\,t} \right] \qquad (9\text{-}35.1)$$

Schmales Rechteck: $M_x \approx \frac{1}{3}\,G\,\vartheta'\,d\,t^3$ (9-35.2)

Verwölbung:

$$\omega_V(y,z) = -\left[\, y\,z + 8\,\frac{t^2}{\pi^3} \sum \frac{(-1)^{\frac{n+1}{2}}}{n^3}\,\frac{\sin\frac{n\pi y}{t}\,\sinh\frac{n\pi z}{t}}{\cosh\frac{n\pi d}{2t}} \right] \qquad (9\text{-}36.1)$$

Schmales Rechteck: $\omega \approx -\,y\,z$ (9-36.2)

$$u_x(y,z) = -\,\vartheta'\,\omega_V(y,\,z)$$

Torsionsträgheitsmoment:

$$I_{TV} = \frac{1}{3}\,d\,t^3 \left[\, 1 - \frac{192\,t}{\pi^5\,d} \sum \frac{1}{n^5} \tanh\frac{n\,\pi\,d}{2\,t} \right] \qquad (9\text{-}37.1)$$

Schmales Rechteck: $I_T \approx \frac{1}{3}\,d\,t^3$ (9-37.2)

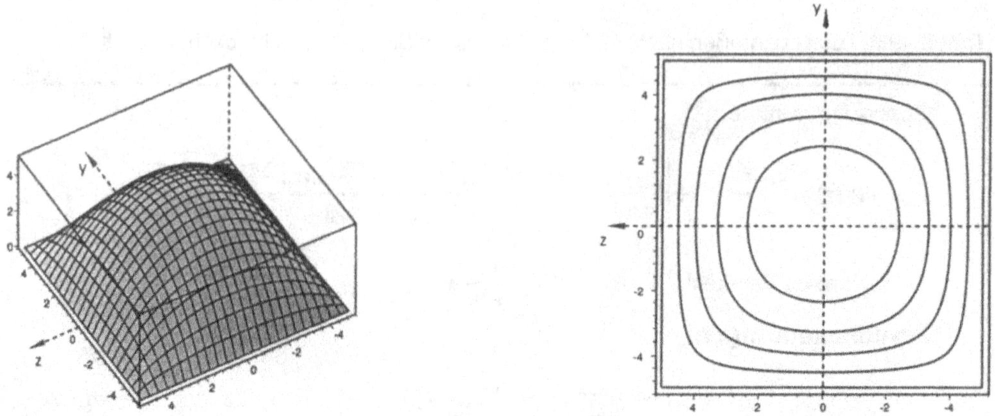

Bild 9.12 Spannungsfunktion eines Quadratquerschnitts, Ansicht und Höhenlinienplan

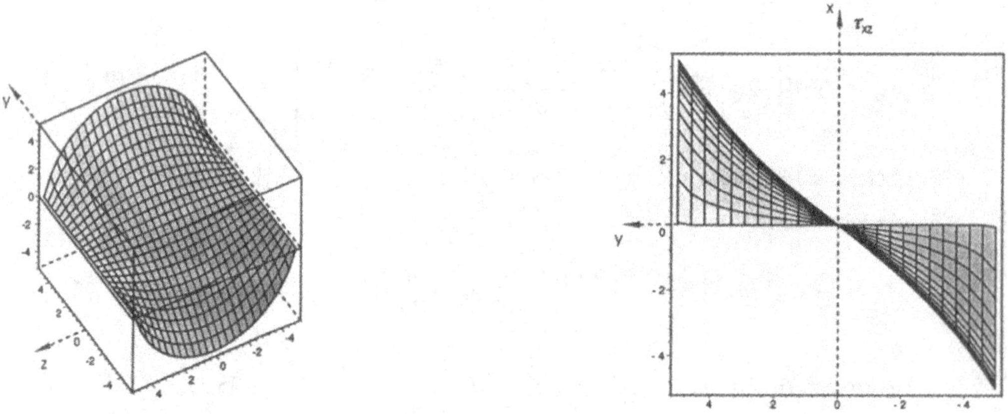

Bild 9.13 Schubspannungen τ_{xz} eines Quadratquerschnitts, Ansicht und Schnitt z = 0

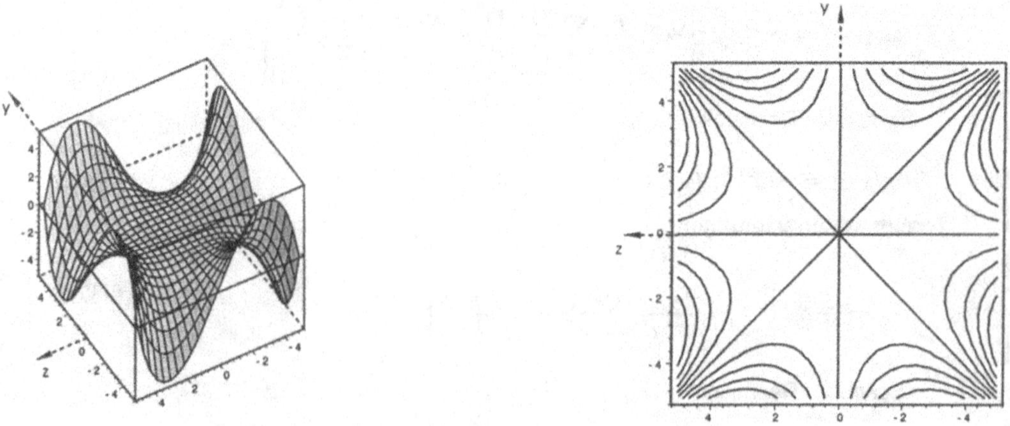

Bild 9.14 Verwölbung eines Quadratquerschnitts, Ansicht und Höhenlinienplan

In Bild 9.12 ist die Spannungsfunktion eines Quadratquerschnitts links im Schrägbild und rechts im Höhenlinienplan dargestellt. Bild 9.13 zeigt links die Größe und Verteilung der Schubspannung τ_{xz} im Schrägbild und rechts im Schnitt $z = 0$. Wir erkennen aus beiden Bildern, dass die Verteilung dieser Spannungen in Schnitten parallel zur y-Achse umso stärker nichtlinear ist, je mehr der Abstand von der y-Achse wächst. Bild 9.14 schließlich zeigt die Verwölbung links im Schrägbild und rechts im Höhenlinienplan. Sie ist zur y-Achse, zur z-Achse und zu den Querschnittsdiagonalen antimetrisch und verschwindet damit auf diesen Achsen.

In den Bildern 9.15 und 9.16 ist die Spannungsfunktion und die Verwölbung eines Rechteckquerschnitts mit einem Seitenverhältnis 1 : 2 jeweils im Schrägbild und im Höhenlinienplan dargestellt. Während die Veränderung der Spannungsfunktion mit Hilfe der Membrananalogie gut nachvollziehbar ist, ändert sich die Form der Verwölbung qualitativ. Sie ist wiederum antimetrisch zur y-Achse und zur z-Achse, aber nicht mehr zu den Querschnittsdiagonalen. Antimetrie zu den Querschnittsdiagonalen ist tatsächlich nur für den Quadratquerschnitt gegeben. Für Rechteckquerschnitte mit einem Seitenverhältnis von $d/t \gtrsim 1.451$ weist jeder Querschnittsquadrant nur noch Verwölbungen eines Vorzeichens auf.

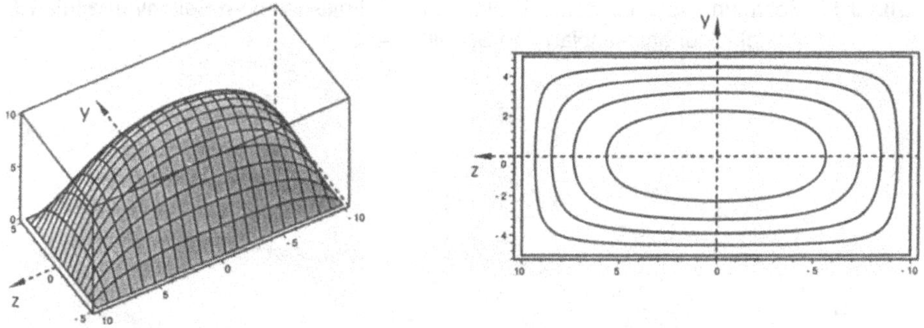

Bild 9.15 Spannungsfunktion eines Rechteckquerschnitts mit dem Seitenverhältnis 1:2; Ansicht und Höhenlinienplan

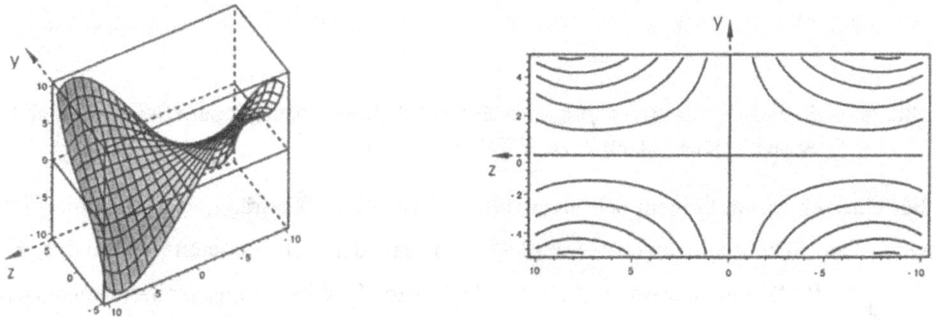

Bild 9.16 Verwölbung eines Rechteckquerschnitts mit dem Seitenverhältnis 1:2; Ansicht und Höhenlinienplan

In den Bildern 9.17 bis 9.20 sind die Spannungsfunktion, die Schubspannungen τ_{xy} und τ_{xz} und die Verwölbung eines Rechteckquerschnitts mit einem Seitenverhältnis von 1 : 5 dargestellt, jeweils ergänzt durch Höhenlinienpläne und Schnitte.

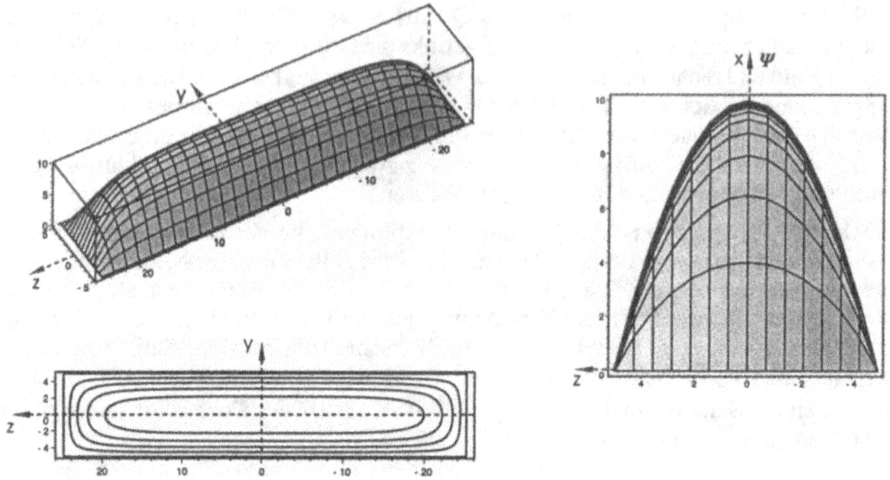

Bild 9.17 Spannungsfunktion eines Rechteckquerschnitts mit dem Seitenverhältnis 1:5; Ansicht, Höhenlinienplan und Schnitt $z = 0$

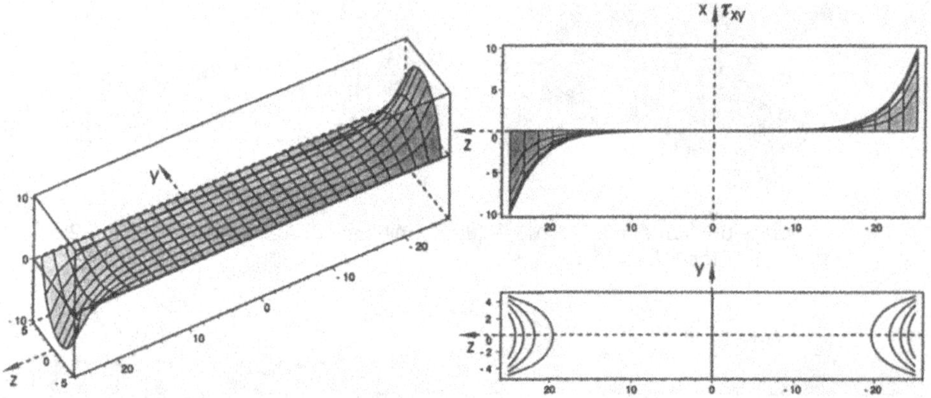

Bild 9.18 Schubspannungen τ_{xy} für einen Rechteckquerschnitts mit dem Seitenverhältnis 1:5; Ansicht, Höhenlinienplan und Schnitt $y = 0$

Für Querschnitte mit einem Seitenverhältnis von etwa 1:10 beträgt das Verhältnis der Maximalwerte der Schubspannungen $\frac{\tau_{xy}}{\tau_{xz}} \approx 0.75$ und das der zugeordneten maximalen Hebelarme $\frac{\max z}{\max y} \approx 10$. Wie oben erwähnt, liefern jedoch beide Schubspannungskomponenten nach Durchführung der entsprechenden Integration einen gleichen Beitrag zum Torsionsmoment.

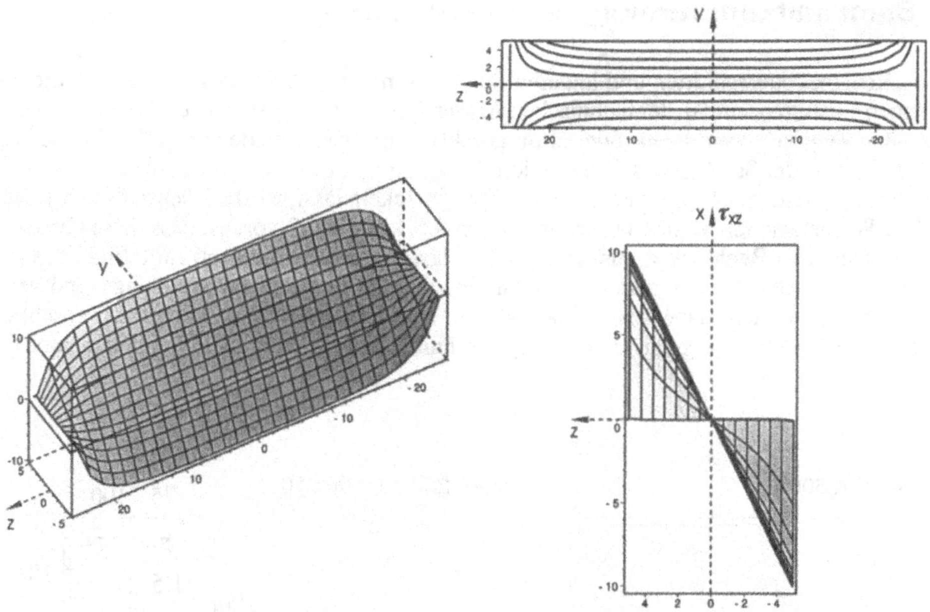

Bild 9.19 Schubspannungen τ_{xz} für einen Rechteckquerschnitts mit dem Seitenverhältnis 1:5; Ansicht, Höhenlinienplan und Schnitt $z = 0$

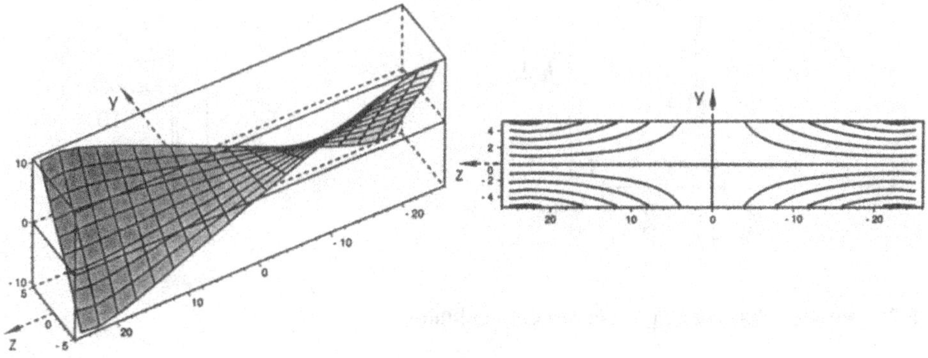

Bild 9.20 Verwölbung eines Rechteckquerschnitts mit dem Seitenverhältnis 1:5; Ansicht und Höhenlinienplan

Für die folgenden Überlegungen ist insbesondere die Entwicklung dieser Funktionen für schmale Rechtecke (mit einem Seitenverhältnis etwa von $d/t \gtrsim 10$) von Bedeutung. Für solche Querschnitte wird die Form der Spannungsfunktion in Schnitten $-0.4\,d \lesssim z \lesssim 0.4\,d$ gut durch Gl. (9-32.2) beschrieben. In diesem Bereich ändert sich auch die Maximalordinate der Spannungsfunktion nur sehr schwach.
Die Wölbfunktion wird für schmale Rechteckquerschnitte näherungsweise durch das hyperbolische Paraboloid der Gl. (9-36.2) erfasst. Im Gegensatz zum Quadrat nimmt sie extreme Werte in den Querschnittsecken an.

9.6 Stäbe mit dünnwandigem offenen Querschnitt

Neben Rechteckquerschnitten und anderen Sonderformen von Vollquerschnitten, für die genaue Lösungen existieren, sind in der technischen Anwendung Näherungslösungen für dünnwandige offene, dünnwandige geschlossene oder offen-geschlossene Querschnitte von großer Bedeutung. Da sich das Modell der St. Venant'schen Torsion dünnwandiger offener Querschnitte aus der entsprechenden Lösung schmaler Rechteckquerschnitte entwickeln lässt, wird zunächst diese Aufgabe behandelt. Wir setzen also in den Unterabschnitten 9.6.1 und 9.6.2 voraus, dass diese Querschnitte sich aus schmalen Rechtecken zusammensetzen lassen, so dass die Profilmittellinie des ganzen Querschnitts abschnittsweise gerade ist (Ausrundungen im Bereich von Kreuzungs- und Verzweigungsbereichen werden dabei vernachlässigt). Im Unterabschnitt 9.6.2 werden wir anschließend Hinweise zur Berücksichtigung von in der Querschnittsebene gekrümmten Wandelementen geben.

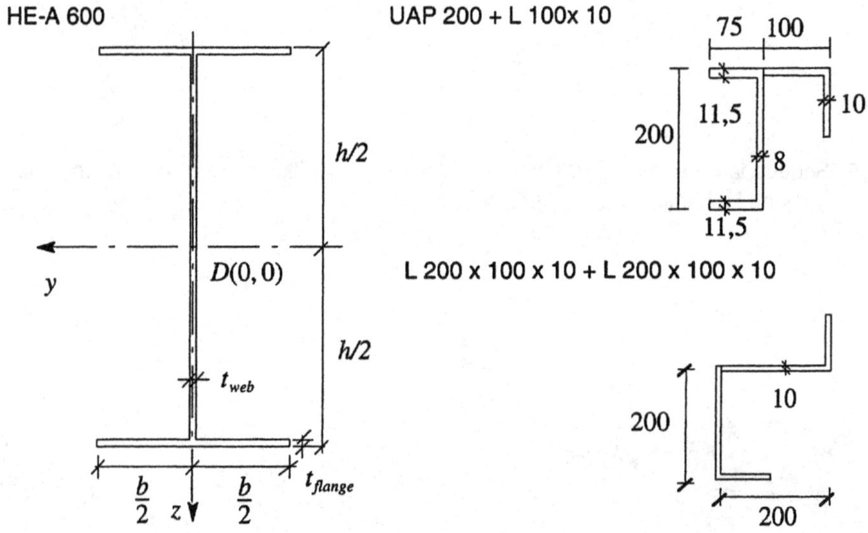

Bild 9.21: Formen dünnwandiger offener Querschnitte

9.6.1 Torsionsträgheitsmoment

Wie in Kapitel 9.3 dargelegt, kann die Lösung des St. Venant'schen Torsionsproblems mittels einer Verwölbungsfunktion oder mittels einer Spannungsfunktion gefunden werden. Im Rahmen des letztgenannten Lösungswegs lässt sich nun eine qualitative Vorstellung über die Form der Spannungsfunktion anhand der Membrananalogie entwickeln, die in Kapitel 9.4 dargestellt wurde.
Die Spannungsfunktion des Gesamtquerschnitts kann dabei für dünnwandige Profile näherungsweise aus den Spannungsfunktionen der einzelnen schmalen Rechteckteilquerschnitte zusammengesetzt werden. Dabei vernachlässigen wir Unregelmäßigkeiten in den Verschneidungs- und Überlappungsbereichen der einzelnen Wandabschnitte (siehe Bild 9.22), obgleich eine Reihe von Autoren Korrekturfaktoren hierfür ermittelt haben.

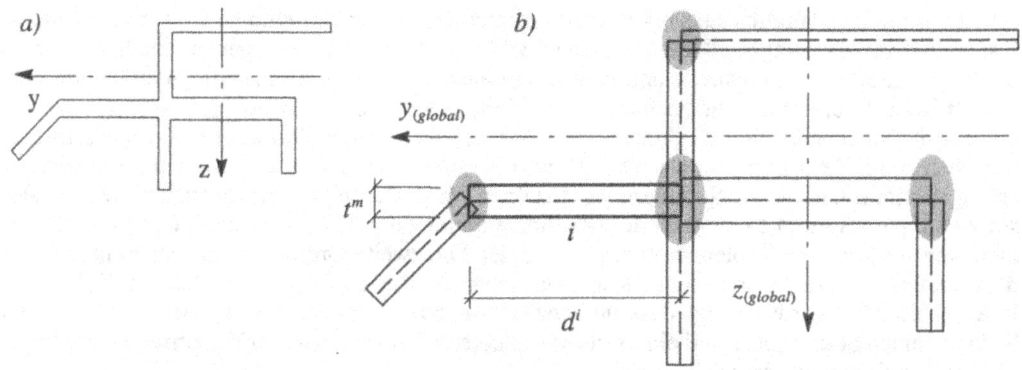

Bild 9.22 a) Dünnwandiger, offener Querschnitt; b) erzeugende Abschnitte, Mittellinien der Teilquerschnitte (gestrichelte Linie) und Übergangsbereiche (angelegte Bereiche)

Für jeden einzelnen der schmalen Wandabschnitte (mit einem Seitenverhältnis von etwa $d/t \gtrsim 10$) nehmen wir die mit Gl. (9-37.2) gegebene Näherung für das Torsionsträgheitsmoment an und erhalten durch Summation für den Gesamtquerschnitt (der hochgestellte Index i kennzeichnet den Wandabschnitt).

$$I_T \approx \sum_i I_T^i = \sum_i \frac{1}{3}\, d^i \left(t^i\right)^3 \tag{9-38}$$

9.6.2 Verwölbung

Im Hinblick auf die in Kapitel 10 zu entwickelnde Theorie der Wölbkrafttorsion werden wir im Folgenden eine Näherung für die Verwölbung dünnwandiger offener Querschnitte bereitstellen. Dabei erweist es sich als zweckmäßig, außer dem bereits definierten kartesischen x-y-z-Koordinatensystem im Querschnitt problembezogen eine neue Ortskoordinate s einzuführen (s. Bild 9.23).

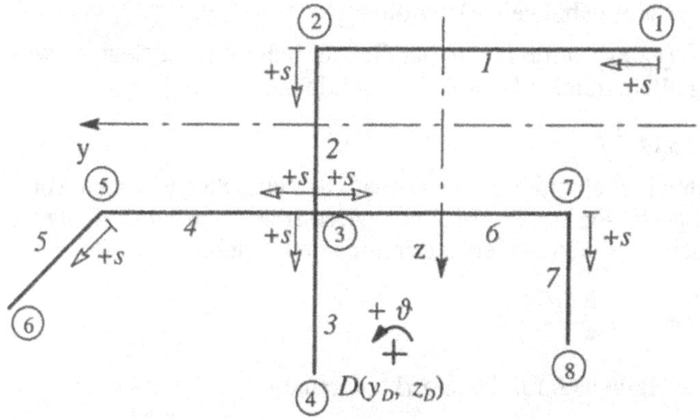

Bild 9.23 Bezugssystem, Mittellinien der Wandabschnitte, Knoten- und Abschnittsnummern und positiver Richtungssinn der Mittellinienordinate s bei dünnwandigen, offenen Querschnitten

Hierzu denken wir uns den dünnwandigen, offenen Querschnitt wie im letzten Abschnitt 9.6.1 in eine Anzahl abschnittsweise gerader Wandabschnitte zerlegt. Diese schmalen Rechteck-Teilquer-

schnitte werden gedanklich stets bis zu den Schnittpunkten ihrer Mittellinien weitergeführt und in Knick- und Verzweigungspunkten miteinander verbunden. Diese Verzweigungs- und Knickpunkte der Profilmittellinien, Endpunkte und Punkte, in denen sich Wanddicken sprunghaft ändern, werden als Knoten bezeichnet und so durchnummeriert, dass von einem beliebigen Außenknoten beginnend durchgehende Pfade zu allen anderen Endknoten bestehen. Die Lage der Knoten ist im kartesischen x-y-z-Bezugssystem des Querschnitts gegeben. Im Zuge der Knotennummerierung erzeugen wir mitlaufend die Nummern der einzelnen Wandabschnitte und ordnen diesen ein lokales s-n-Koordinatensystem so zu, dass die s-Ordinate entlang der Mittellinie zählt und stets von der kleineren zur größeren Knotennummer gerichtet ist. Die zweite Ordinate steht senkrecht auf s, so dass s, n und x ein rechtsorientiertes Koordinatensystem bilden (siehe Bilder 9.23 und 9.25).
In Abschnitt 9.3.3 wurde gezeigt, dass die Verschiebungen eines um eine beliebige Achse tordierten Stabes in einen Starrkörperanteil einerseits und andererseits in einen durch Verzerrungen hervorgerufenen Anteil zerlegt werden können.
Nunmehr wird angenommen, dass die verzerrungsinduzierten Zustandsgrößen der einzelnen Wandabschnitte in deren lokalem s-n-Koordinatensystem durch die in Kapitel 9.5 angegebene Näherung für schmale Rechteckquerschnitte hinreichend genau beschrieben werden. Geht man nun von den allgemeinen Querschnittskoordinaten y und z zu den Wandabschnittskoordinaten s und n über (wobei wir ihren Ursprung zunächst im Schwerpunkt des Teilquerschnitts annehmen), so erhält man für einen der Wandabschnitte:

(9-32.2): $$\psi(s,n) \approx \frac{(t)^2}{4} - (n)^2$$

(9-33.2): $\tau_{xn} \approx 0$ (9-34.2): $\tau_{xs} \approx 2\,G\,\vartheta'\,n$

(9-36.2): $\omega_V \approx -\,s\,n$

Wird ein Stab mit schmalem Rechteckquerschnitt um seine eigene Schwerachse tordiert, so wird der Größtwert des spannungsinduzierten Anteils der Verwölbung auf der Grundlage der Näherung in seinen Eckpunkten erreicht:

Verzerrungsanteil: $$u_{Vz} = \frac{t}{2}\,\frac{d}{2}\,\vartheta'$$

Die Mittellinie des Wandabschnitts erfährt dabei keine Verwölbung.

Wird derselbe Stab um eine Achse $D(y_D, z_D)$ verdreht, die parallel zur Schwerachse liegt, so wird der Starrkörperanteil der Bewegung allein durch Gl. (9-27.3) beschrieben:

Starrkörperanteil: $$u_{St}(x,s,n) = (-\,n_D\,y + s_D\,z)\,\vartheta'$$

Wendet man die beiden letztgenannten Beziehungen auf den gedanklich vom Steg getrennten oberen Flansch des in Bild 9.21 links dargestellten Profils HE-A 600 an, so erhält man bei Drehung um den Schwerpunkt des gesamten Systems für den verzerrungsinduzierten Anteil:

Verzerrungsanteil: $$u_{Vz} = \frac{t}{2}\,\frac{b}{2}\,\vartheta'$$

Mit $n_D = \frac{h-t}{2}$, $s = \frac{b}{2}$ und $s_D = 0$ ergibt sich für den Starrkörperanteil:

Starrkörperanteil: $$u_{St} = \left(-\,\frac{h-t}{2}\,\frac{b}{2}\right)\vartheta'$$

Für das Verhältnis der Verwölbung aus der Starrkörperbewegung zur spannungsinduzierten Verwölbung errechnet man für das behandelte Profil (HE-A 600):

$$\frac{u_{St}}{u_{Vz}} = \frac{h}{t} - 1 \approx 23$$

Weitere Berechnungen für vergleichbare dünnwandige offene Profile ergeben Verhältniswerte größer bis sehr viel größer 10. Auf der Grundlage dieser Vergleichsrechnungen kann man schließen, dass bei dünnwandigen offenen Querschnitten der Anteil der spannungsinduzierten Verwölbung gegenüber demjenigen der Starrkörperbewegung vernachlässigt werden darf. Weiter wird angenommen, dass dieser Anteil über die Dicke der jeweiligen Wandabschnitte konstant ist.
Wir werden uns also im Folgenden darauf beschränken, die Verwölbung der Mittelfläche dünnwandiger Stäbe zu berechnen, die im Querschnitt selbst als die Gesamtheit der Mittellinien der erzeugenden Rechtecke in Erscheinung tritt. Aus der Gestalt der Spannungsfunktionen $\psi(s, n)$ der Teilquerschnitte kann man schließen, dass Schubspannungen $\tau_{xs}(x, s)$ bzw. Schubverzerrungen $\gamma_{xs}(x, s)$ außerhalb der Übergangsbereiche der Knoten identisch verschwinden bzw. vernachlässigt werden dürfen. Damit gilt dort entlang der Profilmittellinien näherungsweise:

$$\frac{\partial \psi}{\partial n} = \tau_{sx} \approx 0$$

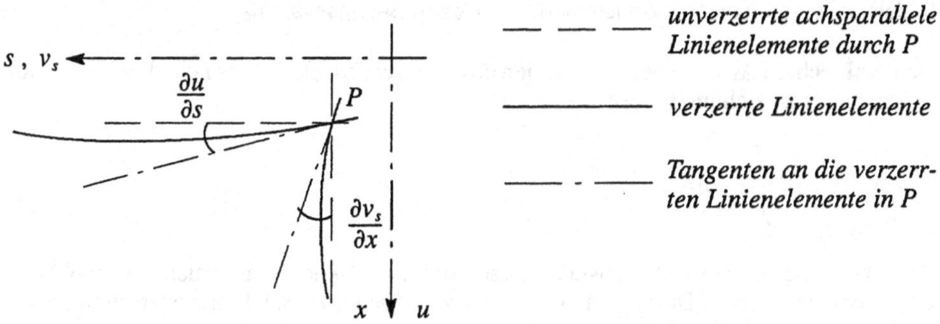

Bild 9.24 Schubverzerrungen in der Mittelfläche eines Wandabschnitts

Mit den Bezeichnungen von Bild 9.25 (wobei $u(x, s)$ die Verschiebung eines Punktes der Wandmittelfläche in x-Richtung, $v_s(x, s)$ diejenige in Richtung der lokalen s-Ordinate darstellt) folgt daraus:

$$\gamma_{xs} = \frac{\partial u}{\partial s} + \frac{\partial v_s}{\partial x} = 0$$

Löst man die rechte Gleichheit der letzten Beziehung nach $u(s)$ auf und integriert imnerhalb eines Abschnitts i über s, so erhält man für eine beliebige Drehachse $D(y_D, z_D)$:

$$u^i(s) = -\int_0^s \frac{\partial v_s^i}{\partial x}\, ds^i + u^i(0)$$

Wenngleich die Koordinate s elementweise definiert ist, wird im Folgenden der Hochindex i nicht mehr mit angeschrieben.
Für kleine Verschiebungen im Rahmen der Theorie I. Ordnung erhalten wir mit der üblichen Bezeichnung $|n_D| = r_{tD}$ für die Verschiebung in Richtung der Ordinate s (vgl. Bild 9.25):

$$v_s(x) = r_{tD}\,\vartheta(x) \tag{9-39}$$

$$v = r_{sD}\,\vartheta$$

$$v_s = r_{sD}\,\vartheta\,\cos\alpha = r_{sD}\,\vartheta\,\frac{n_D}{r_{sD}} = n_D\,\vartheta$$

$$v_n = r_{sD}\,\vartheta\,\sin\alpha = r_{sD}\,\vartheta\,\frac{s - s_D}{r_{sD}} = (s - s_D)\,\vartheta$$

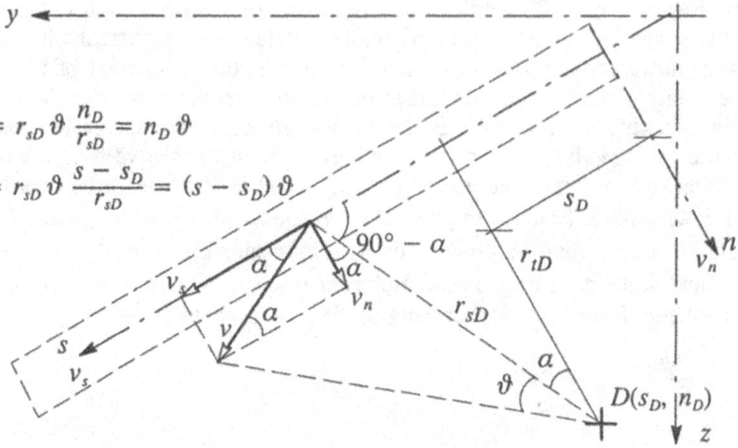

Bild 9.25 Verschiebungen eines Wandelements im lokalen Bezugssystem

r_{tD} stellt den senkrechten Abstand der Mittellinien des Querschnittselementes i dar. Differentiation und Einsetzen dieser Beziehung liefert:

$$u(s) = -\,\vartheta' \int_0^s r_{tD}\,ds + u(0)$$

Bei abschnittsweise bekannten Anfangswerten lassen sich die von der Beanspruchung unabhängigen Integrale vorab auswerten. Dazu wird in Analogie zu Abschnitt 9.3.1.1 eine querschnittsbezogene Verwölbungsfunktion eingeführt:

$$\boxed{\omega_D(s) = \int_0^s r_{tD}\,ds + \omega_D(0)} \tag{9-40}$$

Damit erhalten wir in symbolischer Darstellung die Verwölbung des Gesamtquerschnitts zu:

$$\boxed{u(s) = -\,\omega_D(s)\,\vartheta'} \tag{9-41}$$

Bei dieser Schreibweise ist zu beachten, dass die unabhängige Ortsvariable s mit dem Querschnitt verbunden und abschnittsweise definiert ist.

Die numerische Auswertung der Beziehung (9-40) beginnt man zweckmäßigerweise im Abschnitt 1 in Knoten 1 und setzt dort $\omega_1^1 = 0$ (wobei im vorliegenden Text im Hinblick auf eine allgemein anwendbare Vorgehensweise darauf verzichtet wird, Symmetrieeigenschaften des Querschnitts in Betracht zu ziehen). Auswertung des Integrals liefert den Wert der Verwölbung in Knoten 2 zu ω_2^1. Da zwischen dem Ende des Querschnittselementes 1 und dem Beginn des Elementes 2 keine Längsklaffung auftreten darf, stellt ω_2^1 den Anfangswert der Verwölbung für das Wandelement 2 sowie für alle weiteren, gegebenenfalls vom Knoten 2 abgehenden Wandelemente dar. Auf diese Weise kann man die Verwölbung aller Wandelemente dünnwandiger, offener Querschnitte bestimmen, wenn wir die oben beschriebene Numerierung von Knoten und Elementen folgerichtig durchgeführt wurde. (Eine zweckmäßige Numerierung von Knoten und Elementen eines Querschnitts schließt also ein, dass bei der abschnittsweisen Auswertung der Integration stets den Anfangswert der Verwölbung vorliegt.)

Bei vorgegebener Lage der Drehachse D ist der differentielle Zuwachs $d\omega_D = r_{tD}\, ds$ über die Länge eines Abschnitts positiv, wenn das Kreuzprodukt der Vektoren $\boldsymbol{r}_{sD}$ (der von Drehpol D ausgeht und zum Punkt s des jeweiligen Wandabschnitts i zeigt) und $\boldsymbol{ds}$ (der vom Schnitt s zum Schnitt $s + ds$ zeigt) in Richtung der positiven x-Achse zeigt.

$$d\omega = r_{sD} \times ds$$

Der Zuwachs der Verwölbung eines voraussetzungsgemäß geraden Abschnitts i der durch die Knoten a und b bestimmt ist, errechnet sich also vorzeichenrichtig zu (vgl. Bild 9.26) :

$$\Delta\omega_D = (y_a - y_D) \cdot (z_b - z_a) - (z_a - z_D) \cdot (y_b - y_a) \tag{9-42}$$

Wir bestätigen dieses Ergebnis anschaulich:

$$\Delta\omega_D = r_{tD}\, d \tag{9-43}$$

$$= r_{aD} \sin(\beta - \alpha)\, d$$

$$= r_{aD}\, d\,(\sin\beta \cos\alpha - \cos\beta \sin\alpha)$$

$$= r_{aD}\, d\left(\frac{(z_b - z_a)}{d}\frac{(y_a - y_D)}{r_{aD}} - \frac{(y_b - y_a)}{d}\frac{(z_a - z_D)}{r_{aD}}\right)$$

$$\Delta\omega_D = (y_a - y_D) \cdot (z_b - z_a) - (z_a - z_D) \cdot (y_b - y_a)$$

Diese Gleichung (9-43) eignet sich gut zur Kontrolle vorgelegter Ergebnisse oder für kleineren Handrechnungen.

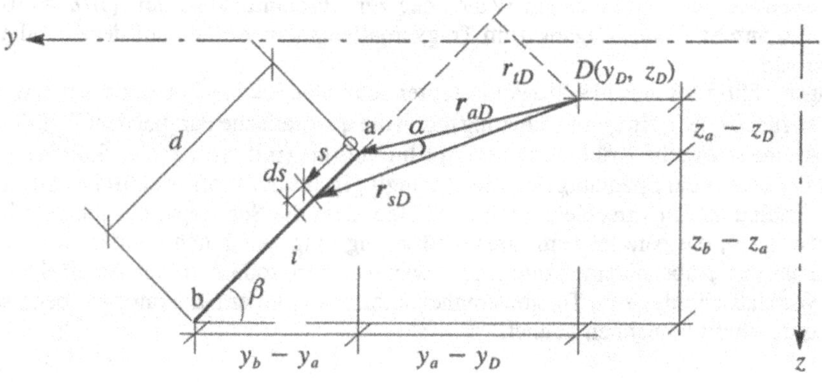

Bild 9.26 Zur Ermittlung der Grundverwölbung eines Abschnitts *m*

Wir erinnern daran, dass die mit den obigen Gleichungen ausgewiesene Verwölbung eine Starrkörperbewegung darstellt. Damit ist es möglich, im Rechenmodell der St. Venant'schen Torsion dünnwandiger offener Querschnitte die Verwölbung auf Grund geometrischer Daten allein zu bestimmen.
Weiter ist festzuhalten, dass die Form der Verwölbung durch die Lage der Drehachse beeinflusst wird. Bei Vollquerschnitten wird i. A. die Schwerachse als Drehachse angenommen. Ist die Drehachse jedoch durch Nachbarbauteile, Verbände oder andere Randbedingungen festgelegt, so haben wir diese gebundene Achse einer rechnerischen Untersuchung zugrunde zu legen.

9.6.3 Abschnittsweise gekrümmte Wandabschnitte (Hinweise)

Gelegentlich werden in Bau- und Maschinenbaupraxis Stäbe mit offenem dünnwandigen Querschnitt eingesetzt, die aus in der Querschnittsebene gekrümmter Wandelementen bestehen oder solche enthalten. Bild 9.27 zeigt einige Beispiele mit abschnittsweise konstanter Krümmung und konstanter Wandstärke.

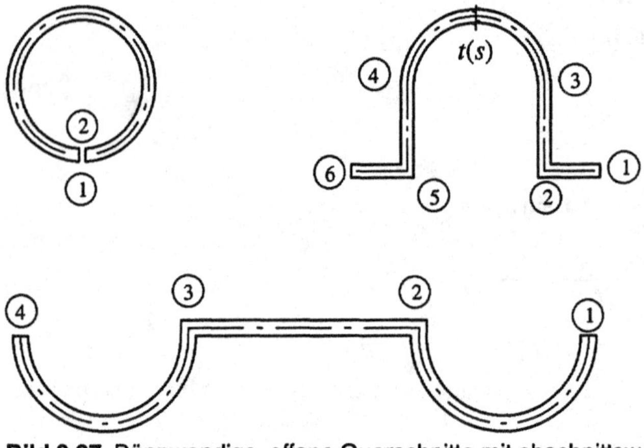

Bild 9.27 Dünnwandige offene Querschnitte mit abschnittsweise konstanter Krümmung

Nehmen wir auch hier das Verhältnis der Wanddicke zur Abschnittslänge mit $t(s)/d \gtrsim 10$ an, so eröffnet sich ein anschaulicher Zugang zum Tragverhalten solcher Stäbe auf der Grundlage der Membrananalogie.
Die Spannungsfunktion des in Bild 9.28a dargestellten schmalen Rechteckquerschnitts bzw. Wandabschnitts wird für $d/t \gtrsim 10$ in guter Näherung durch die quadratische Parabel der Gl. (9-32.2) beschrieben. Für eine schwache Krümmung der Profilmittellinie (mit etwa $r/t \gtrsim 5$ und $d/t \gtrsim 10$) wird sich der Größtwert der Spannungsfunktion geringfügig aus der Profilmittelfläche heraus zum Krümmungsmittelpunkt hin verschieben mit der Folge, dass die Schubspannungen parallel zum Außenrand etwas ab-, die parallel zum Innenrand geringfügig zunehmen werden. Insbesondere wird sich aber das von ψ überspannte Volumen nur wenig ändern, sodass wir den Anteil eines mäßig gekrümmter Wandabschnittes zum Torsionsträgheitsmoment in guter Näherung wie beim schmalen Rechteckquerschnitt berechnen können:

$$I_T \approx \frac{1}{3} \int_0^d t(s)^3 \, ds$$

In dieser Beziehung ist die Integration über die gesamte (abgewickelte) Länge der gekrümmten Profilmittellinie durchzuführen.

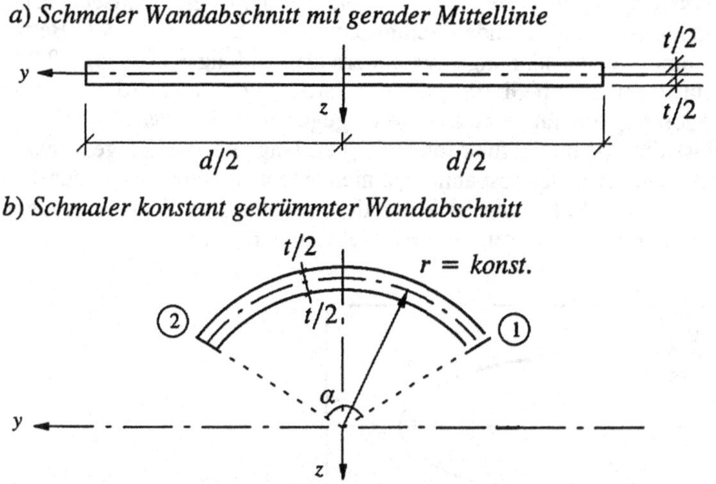
a) Schmaler Wandabschnitt mit gerader Mittellinie
y
z
t/2
t/2
d/2
d/2
b) Schmaler konstant gekrümmter Wandabschnitt
t/2
r = konst.
t/2
②
①
α
y
z

Bild 9.28 Gerader und konstant gekrümmter Wandabschnitt gleicher Wanddicke und gleicher Länge der Profilmittellinie und $d/t \gtrsim 10$

Analoge Überlegung und Vergleichsrechnungen zeigen, dass die Verwölbung und die Schubspannungen gekrümmter Wandabschnitte wie folgt berechnen werden können:

$$\omega_D(s) \approx \int_0^s r_{tD}(s)\, ds + \omega_D(0) \qquad\qquad \tau_{xs} \approx 2\, G\, \vartheta'\, n$$

Bei der Berechnung der Verwölbung ist zu beachten, dass der Abstand der Tangente an die Profilmittellinie eine Funktion der Profilmittellinienordinate s ist. Die Größe r_{tD} ist nur dann konstant, wenn der Krümmungsmittelpunkt eines kreisförmig gekrümmten Wandabschnitts mit dem Drehpunkt des Querschnitts zusammenfällt.

9.7 Zum Tragverhalten tordierter Stäbe mit beliebigem Querschnitt

Ziel der folgenden Überlegungen ist es, einige Besonderheiten im mechanischen Modell der St. Venant'schen Torsion herauszuarbeiten, die einen anschaulichen Übergang vom Vollquerschnitt zur Bredt'schen Torsion einzelliger dünnwandiger Querschnitten ermöglichen. Weiter erlauben sie, in gewissen Grenzen den Einfluss der Form dünnwandiger offener Querschnitte auf das Torsionsträgheitsmoment zu diskutieren. Die folgenden Überlegungen gehen aus von einer Spannungsfunktion und der zugeordneten Membrananalogie.

9.7.1 Schubspannungslinien

Gemäß Gl. (9-23) ist $\psi(y, z)$ auf der Mantellinie eines einfach umrandeten Querschnitts konstant. Da die Schubspannungen laut Gl. (9-5) nur von den ersten Ableitungen der Spannungsfunktion ψ abhängen, kann man diesen Wert ohne Nachteile gleich null setzen.

(9-5.1): $\tau_{xy} = G\vartheta' \dfrac{\partial\psi(y,z)}{\partial z}$ (9-5.2): $\tau_{xz} = -\,G\vartheta' \dfrac{\partial\psi(y,z)}{\partial y}$

Nun definiert man als *Schubspannungslinien* s_i diejenigen Linien über der Querschnittsebene, die von den jeweils dort sich einstellenden resultierenden Schubspannungen tangiert werden. Betrag und Richtung der Spannungen einer Schubspannungslinie ändern sich entlang s_i (vgl. Bild 9.29). Sie ergeben sich also in Übereinstimmung mit Gl. (9-5) aus der Forderung, dass die Ableitung der Spannungsfunktion $\psi(y,z)$ in Richtung der Tangente an eine vorgegebene Schubspannungslinie s_i verschwindet. Daraus folgt, dass die Spannungsfunktion $\psi(y,z)$ entlang jeder beliebigen Schubspannungslinie einen konstanten Wert hat. Schubspannungslinien sind also Höhenlinien der über dem Querschnitt aufgespannt gedachten Spannungsfunktion, dem sogenannten Spannungshügel. Auch die Linie der Umfangsordinate s ist in diesem Sinne Schubspannungslinie.

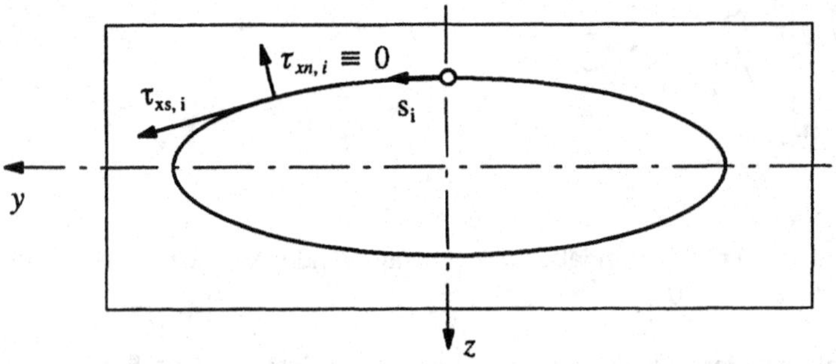

Bild 9.29 Schubspannungen auf Schubspannungslinien

Zu den Schubspannungslinien lässt sich nun eine orthogonale Kurvenschar konstruieren, die Falllinien des Spannungshügels. Sie gestattet, den Abstand $\Delta_{i,i+1}$ zweier benachbarter Schubspannungslinien i und $i+1$ zu ermitteln (siehe Bild 9.30).

Für die mittlere, durch den Querstrich gekennzeichnete, resultierende Schubspannung der durch die Schubspannungslinien i und $i+1$ festgelegten Lamelle gilt näherungsweise:

$$|\bar{\tau}_{xs,i,i+1}| = \frac{|\psi_{i+1} - \psi_i|}{\Delta_{i,i+1}(s)}\, G\vartheta'$$

Der Lamellen-Schubfluss wiederum wird von s unabhängig:

$$|\bar{\tau}_{xs,i,i+1}|\,\Delta_{i,i+1}(s) = |T_{i,i+1}| = |(\psi_{i+1} - \psi_i)|\, G\vartheta' \tag{9-44}$$

Wir betrachten nun eine spezielle Schubspannungslinie s_i. Die Menge aller zur Stabachse parallelen Stablängsfasern, die im Querschnitt die Schubspannungslinie s_i durchdringen, bilden im Stabkörper eine zusammenhängende zylindrische Fläche. Da die resultierenden Schubspannungen im Querschnitt tangential zu s_i gerichtet sind, bleibt die beschriebene Fläche frei von Spannungen τ_{xn}. Der homogene, isotrope, prismatische nach St. Venant verdrehte Stab darf also entlang aller gedachten Schubspannungslinien aufgeschnitten werden, ohne dass der ursprüngliche Formänderungs- und Spannungszustand sich ändert. Auf den Stabkörper bezogen, entstehen mit diskret gewählten Schubspannungslinien ineinander geschobene Hohlzylinder (vgl. Bild 9.30). Das aufgebrachte Torsionsmoment wird über die Gesamtheit der durch das Auftrennen entstehenden Einzellamellen abgetragen. Jede Einzellamelle stellt dabei jeweils einen einzelligen Querschnitt mit veränderlicher Wandstärke dar. Das Tragverhalten eines derartigen dünnwandigen einzelligen Querschnitts wird im folgenden Unterkapitel 9.7.2 behandelt.

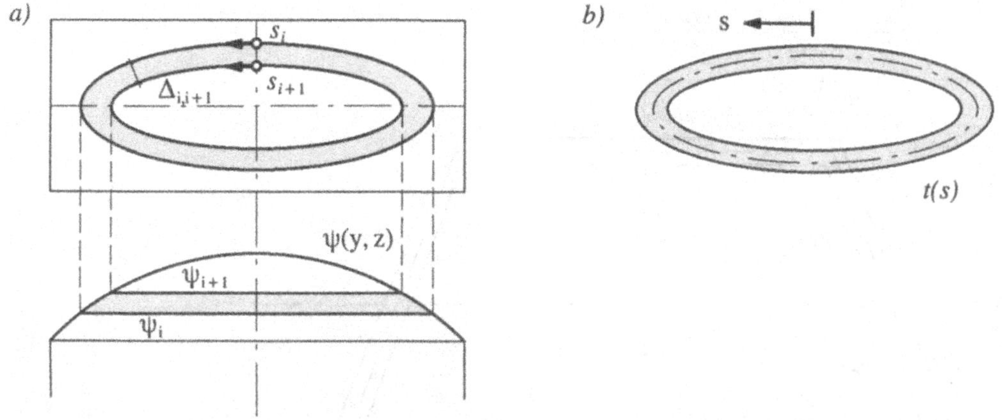

Bild 9.30 *a)* Spannungsfunktion in Querschnittslamellen zwischen benachbarten Schubspannungslinien; *b)* herausgeschnittener Röhrenquerschnitt, einzelliger Querschnitt nach Bredt

9.7.2 Einzellige dünnwandige Querschnitte (Bredt'sche Torsion)

Bezeichnet man wie bei offenen Querschnitten mit r_t den Abstand der Tangente an die Profilmittellinie von einem beliebigen Bezugspunkt z.B. der Stabachse aus, so errechnet sich das resultierende Torsionsmoment des in Bild 9.31 dargestellten Querschnitts zu:

$$M_x = \oint r_t \, T_B \, ds = T_B \oint r_t \, ds = 2 A_m \, T_B$$

In dieser Beziehung stellt $A_m = \frac{1}{2} \oint r_t \, ds$ die von der Profilmittellinie umschlossene, von der Lage der Drehachse unabhängige Fläche dar.

Daraus erhält man den von der Wandstärke unabhängigen Schubfluss und die zugeordneten von der Wandstärke abhängigen Schubspannung:

$$T_B = \frac{M_x}{2 A_m} \qquad (9\text{-}45) \qquad\qquad \tau_{xs,B}(s) = \frac{M_x}{2\, t(s)\, A_m} \qquad (9\text{-}46)$$

Der Index B in diesen und in den folgenden Beziehungen kennzeichnet jene Zustandsgrößen, denen im Bredt'schen Torsionsmodell Eigenschaften zugeordnet sind, die von jenen der allgemeinen St. Venant'schen Torsion abweichen.

Offensichtlich treten im Rahmen des Bredt'schen Torsionsmodells die betragsmäßig größten Schubspannungen in der kleinsten Wandstärke auf, wohingegen sie bei dünnwandigen offenen Querschnitten in den dicksten Wänden auftreten.

Da die Schubspannungen im Bredt'schen Torsionsmodell näherungsweise über die Wanddicke konstant angenommen werden, herrscht in den Wänden (bei Vernachlässigung von Störzonen in gegebenenfalls vorhandenen Knicken) ein ebener Verzerrungszustand:

$$\gamma_{xs,B} = \frac{\partial u_B}{\partial s} + \frac{\partial v_{s,B}}{\partial x} = \frac{\tau_{xs,B}}{G}$$

Auflösung der rechten Gleichheit liefert:

$$\frac{\partial u_B}{\partial s} = \frac{\tau_{xs,B}}{G} - \frac{\partial v_{s,B}}{\partial x} \tag{9-47}$$

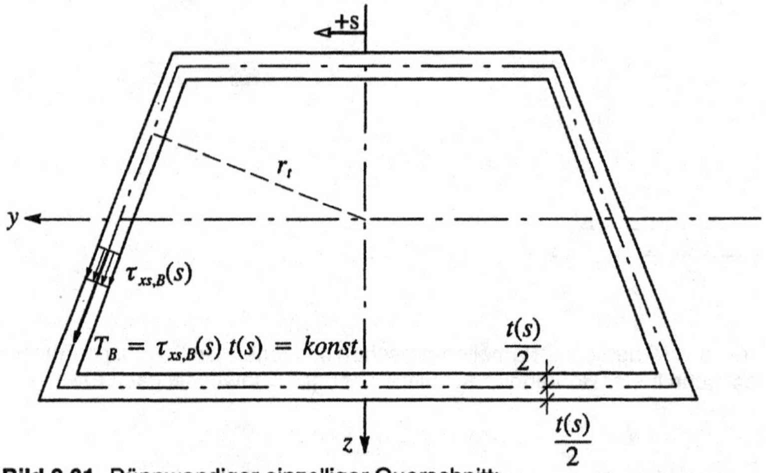

Bild 9.31 Dünnwandiger einzelliger Querschnitt;
Schubspannungen, Schubfluss und zugeordneter Hebelarm

Für formtreue Querschnitt gilt gemäß Gl. (9-40): $v_s = r_{tD}\,\vartheta$. Damit sowie mit (9-46) geht (9-47) über in:

$$\frac{\partial u_B}{\partial s} = \frac{M_x}{2\,G\,t\,A_m} - r_{tD}\,\vartheta'$$

Integration über s liefert:

$$u_B(x,s) = \tilde{u}_B(x,s_1) + \int_{s_1}^{s} \left(\frac{M_x}{2\,G\,t\,A_m} - r_{tD}\,\vartheta' \right) ds \tag{9-48}$$

Wird die Integration in $s = s_1$ begonnen und über den Umfang der Mittellinienordinate durchgeführt, so muss im End- bzw. Anfangspunkt wieder der gleiche Wert der Verwölbung $\tilde{u}_B$ ausgeweisen werden (andernfalls würden wir eine Klaffung in Längsrichtung erhalten):

$$\oint_{s_1}^{s_1} \left(\frac{M_x}{2\,G\,t\,A_m} - r_{tD}\,\vartheta' \right) ds + \tilde{u}_B(x,s_1) = \tilde{u}_B(x,s_1)$$

$$\frac{M_x}{2\,G\,t\,A_m} \oint \frac{1}{t(s)}\, ds = \vartheta' \oint r_{tD}\, ds = \vartheta'\, 2\,A_m$$

Daraus errechnet sich das Torsionsmoment zu:

$$M_x = \frac{4\,A_m^2\,G}{\oint \frac{ds}{t(s)}}\,\vartheta'$$

Mit dem Bredt'schen Torsionsträgheitsmoment eines einzelligen Querschnitts

$$I_{TB} = \frac{4\,A_m^2}{\oint \frac{ds}{t}} \tag{9-49}$$

folgt die gewohnte Darstellung:

$$M_x = G\,I_{TB}\,\vartheta' \tag{9-50}$$

Hält man für einen gegebenen Querschnitt die Wandstärke $t(s)$ (und damit die Abwicklungslänge) und die von der Profilmittellinie umschlossene Fläche A_m fest, so bleiben unabhängig von der Querschnittsform die Verwindung ϑ' und der Schubfluss T_B unter einem gegebenen M_x gleich.
Die in Bild 9.32 dargestellten Querschnittsformen weisen daher bei gleichem Torsionsmoment die gleiche Verwindung und den gleichen Schubfluss auf:

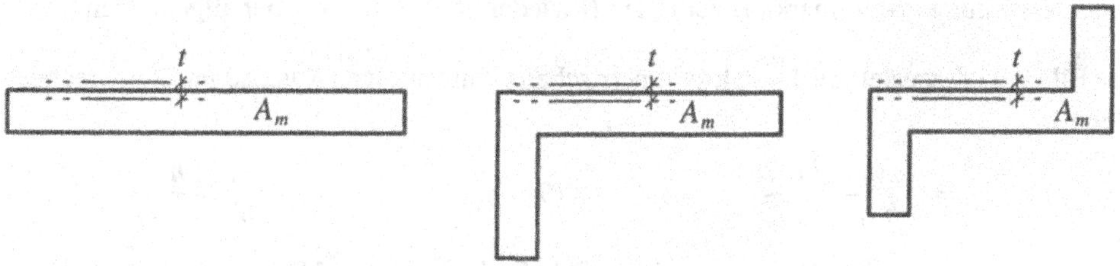

Bild 9.32 Mittellinien einzelliger Querschnitte mit gleicher Umfangslänge und gleicher umschlossener Fläche A_m

Wenn der Querschnitt aus Wandabschnitten unterschiedlicher Dicke aufgebaut ist, so können diese Abschnitte ohne Einfluss auf ϑ' vertauscht oder verschoben werden.
Mit der Querschnittskonstanten

$$\Lambda_B = \frac{I_{TB}}{2\,A_m} = \frac{2\,A_m}{\oint \frac{ds}{t}} = \frac{\oint r_t\,ds}{\oint \frac{ds}{t}} \tag{9-51}$$

lassen sich Schubfluss (Gl. (9-45)) und Verwölbung (Gl. (9-48) kürzer ausdrücken:

$$T_B = \frac{M_x}{2\,A_m} = \frac{M_x}{I_{TB}}\,\Lambda_B \tag{9-52}$$

$$u_B(x,s) = \tilde{u}_B(x,s_1) + \int_{s_1}^{s} \left(\frac{G\,I_{TB}\,\vartheta'}{2\,G\,t\,A_m} - r_{tD}\,\vartheta' \right) ds = \tilde{u}_B(x,s_1) - \vartheta' \int_{s_1}^{s} \left(r_{tD} - \frac{\Lambda_B}{t} \right) ds$$

Ohne Einschränkung der Allgemeingültigkeit setzen wir $\tilde{u}_B(x,s_1) = -\vartheta'\,u_B(s_1)$ (der Anfangswert der Verwölbung $u_B(x,s_1)$ hängt wohl von s, aber nicht von der Stablängsordinate x ab) und erhalten:

$$u_B(x,s) = -\vartheta' \left[u_B(s_1) + \int_{s_1}^{s} \left(r_{tD} - \frac{A_B}{t} \right) ds \right]$$

Mit der Verwölbungsfunktion der sogenannten Bredt'schen Torsion

$$\omega_B(s) = u_B(s_1) + \int_{s_1}^{s} \left(r_{tD} - \frac{A_B}{t} \right) ds \tag{9-53}$$

erhalten wir damit einen zu Gl. (9-4) analogen Zusammenhang:

$$u_B(x,s) = -\vartheta' \, \omega_B(s) \tag{9-54}$$

Damit ist allgemein gezeigt, dass die Verwölbung dünnwandiger einzelliger Querschnitte im Bredt'schen Torsionsmodell formelmäßig aus der Querschnittsgeometrie allein bestimmt werden kann. In der Beziehung (9-53) markiert der Index D wieder den Bezug zu einer allgemeinen Drehachse.

Für den in Bild 9.33 dargestellten doppelt symmetrischen dünnwandigen Kastenquerschnitt rechnet man explizit:

(9-49): $$I_{TB} = \frac{2\,(b\,h)^2\, t_h\, t_b}{b\, t_h + h\, t_b}$$ (9-51): $$A_B = \frac{b\, t_b\, h\, t_h}{b\, t_h + h\, t_b}$$

Für den doppelt symmetrischen Querschnitt fallen Schubmittelpunkt und Schwerpunkt zusammen (vgl. Abschnitt A3-3). Auswertung der Beziehung (9-53) liefert für den Betrag der Verwölbung eines der Eckpunkte:

$$|\omega_B| = \left| \frac{b\,h}{4} \frac{-\frac{b}{t_b} + \frac{h}{t_h}}{\frac{b}{t_b} + \frac{h}{t_h}} \right|$$

Wir folgern daraus, dass ein Kastenquerschnitt der betrachteten Art dann wölbfrei ist, wenn die Bedingung $b\, t_h = h\, t_b$ erfüllt ist.

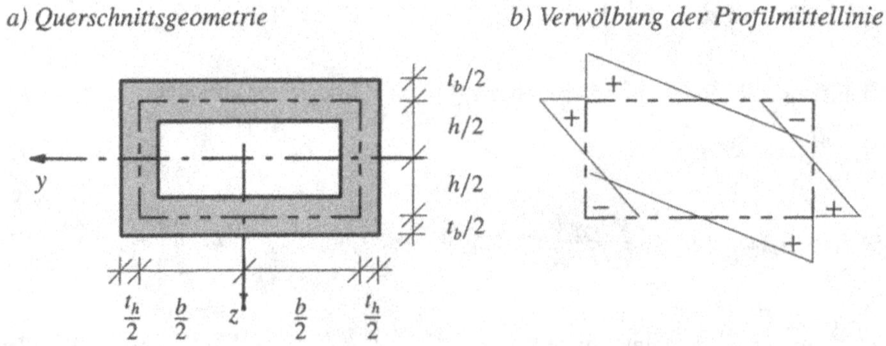

Bild 9.33: Einzelliger doppelt symmetrischer Kastenquerschnitt; Geometrie und Verwölbung $\omega_B(s)$

Abschließend wird in Bild 9.34 der Unterschied zwischen der Spannungsfunktion eines einzelligen Querschnitts im Bredt'schen Rechenmodell und der strengen Lösung St. Venant'schen Torsion qualitativ verdeutlicht.

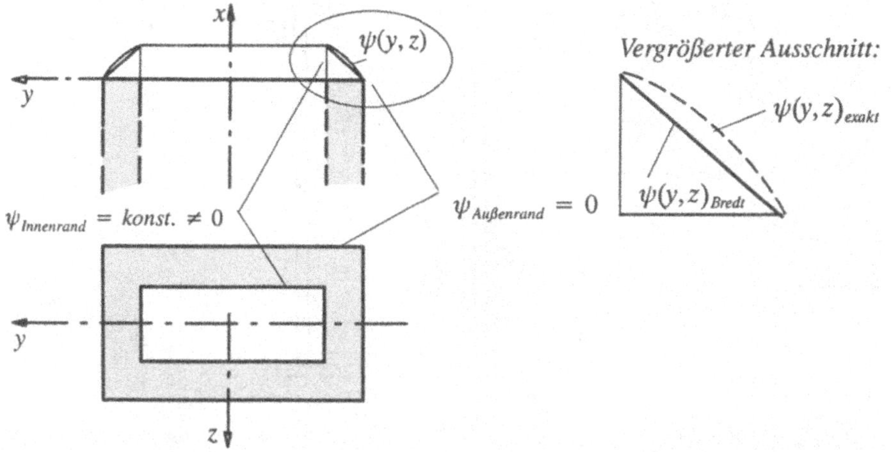

Bild 9.34 Spannungsfunktion und Schubspannungen eines einzelligen Querschnitts; Unterschied zwischen Bredt'scher und St. Venant'scher Lösung

Die Spannungsfunktion $\psi(y,z)$ des St. Venant'schen Rechenmodells weist auch bei einzelligen dünnwandigen Querschnitten in Schnitten $s = konst.$ quer über die Wanddicke eine nichtverschwindende Krümmung auf, die umso schwächer wird, dünner die Wand ist. Im Rahmen des Bredt'schen Rechenmodells wird sie gänzlich vernachlässigt.

9.7.3 Mehrzellige dünnwandige Querschnitte (Hinweise)

Man gewinnt einen unmittelbaren Zugang zum mechanischen Modell des mehrzelligen dünnwandigen Querschnitts, wenn die Ergebnisse des Abschnitts 9.7.2 auf den vorliegenden Problemkreis übertragen werden. Grundlage der folgenden Darstellung bildet wieder die Berechnung über die Spannungsfunktion. Ohne Einschränkung der Allgemeingültigkeit entwickeln wir unsere Überlegung anhand des in Bild 9.35 *a)* dargestellten dreizelligen Querschnitts. Den einzelnen Wandabschnitten wird wie oben eine Profilmittellinien-Koordinate zugewiesen. Gemäß Abschnitt 9.3.2.2 kann die Spannungsfunktion ψ entlang des Außenrandes Null und entlang der Innenränder der Zellen 1, 2 bzw. 3 konstant zu ψ_1, ψ_2 bzw. ψ_3 gesetzt werden. Mit der Bredt'schen Annahme eines linearen Verlaufs von ψ über die Wanddicke aus Gl. (9-44) lässt sich zunächst in den Außenwänden der Zellen 1 bis 3 ein von der Wanddicke unabhängiger Zellen-Schubfluss definieren:

$$T_1 = \psi_1 \, G \vartheta' \qquad T_2 = \psi_2 \, G \vartheta' \qquad T_3 = \psi_3 \, G \vartheta'$$

Für die den Zellen 1 und 2 gemeinsame Querschnittswand 4 folgt daraus ein resultierender Schubfluss $T^4 = T_1 - T_2$. Dieses Ergebnis bestätigen wir anhand des qualitativen Bildes der Spannungsfunktion des gesamten Querschnitts (Schnitt A-A) von Bild 9.35 *b)*. Analoges folgt für die übrigen Innenwände. Auf dieser Grundlage lässt sich für jede der Zellen eine Kontinuitätsbedingung der in Abschnitt 9.7.2 erläuterten Art anschreiben, die zusammen ein Gleichungssystem für die unbekannten Zellen-Schubflüsse bilden.

Zu erwähnen ist, dass sich aufgrund dieser Überlegungen und analog zu Abschnitt 9.7.2 die Verwölbung der Bredt'schen Torsion mehrzelliger dünnwandiger Querschnitte aus der Querschnittsgeometrie bestimmen lässt.

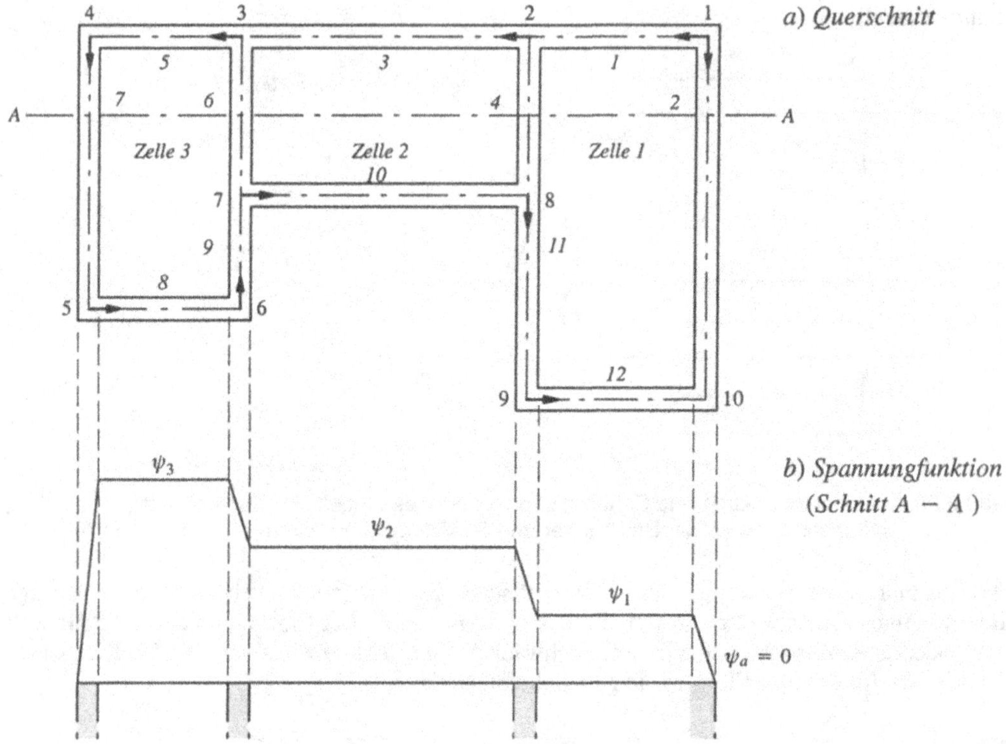

Bild 9.35: Querschnitt und Spannungsfunktion eines dreizelligen Querschnitts

9.7.4 Dünnwandige offene Querschnitte

In Fortführung der in Abschnitt 9.7.1 angestellten Überlegungen lassen sich die Schubspannungen im Querschnitt eines dünnwandigen offenen Profils gedanklich zu Lamellenschubflüssen der oben besprochenen Art zusammenfassen. Für sie gelten die entwickelten Zusammenhänge. Daraus folgt, dass die Gestalt der Profilmittellinie eines solchen Querschnitts (beinahe) keinen Einfluss auf die Verwindung und die einzelnen Lamellenschubflüsse und somit auch keinen Einfluss auf das gesamte Torsionsmoment hat. Die Einschränkung "beinahe" bezieht sich wieder auf Übergangszonen im Bereich der Profilkanten (siehe Bild 9.36).

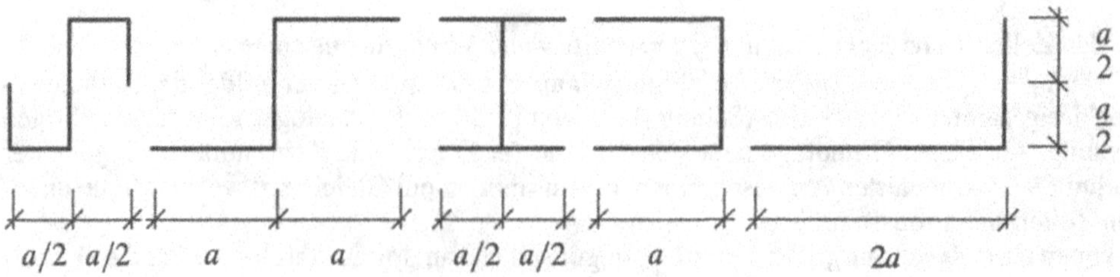

Bild 9.36 Hinsichtlich der St. Venant'schen Torsion gleichwertige Querschnitte (Profilmittellinien)

9.8 Zusammenstellung maßgebender Beziehungen

In Bild Tabelle 9.1 sind die wesentlichen Beziehungen der St. Venant'schen (reinen) Torsion dünnwandiger Stäbe mit offenem Profil (rechte Spalte) und mit einzelligem geschlossenen Profil gegenübergestellt. Wir weisen darauf hin, dass ein Linientorsionsmoment $\overline{m}_x$ im Rahmen dieser Theorie streng nur für wölbfreie Querschnitte zugelassen ist.

Tabelle 9.1 Formeln zur St. Venant'schen Torsion prismatischer Stäbe mit dünnwandigem, offenen oder geschlossenen Querschnitten (Übersicht)

Geschlossener, einzelliger Querschnitt	Offener Querschnitt
Verwölbung	
$u(x,s) = -\vartheta'(x)\,\omega_B(s)$	$u(x,s) = -\vartheta'(x)\,\omega_D(s)$
Einheitsverwölbung	
$\omega_B = \int \left(r_t - \frac{\Lambda_B}{t}\right) ds$	$\omega_D = \int r_{tD}\, ds$
$\Lambda_B = \frac{I_{TB}}{2\,A_m}$	
Torsionsträgheitsmoment	
$I_{TB} = 4\frac{A_m^2}{\oint \frac{ds}{t}}$	$I_T = \frac{1}{3}\int t^3\, ds$
Torsionsmoment	
$M_x = GI_{TB}\,\vartheta'$	$M_x = GI_T\,\vartheta'$
Spannungen	
$\tau_{xs,B} = \frac{M_x}{2\,t\,A_m}$	$\tau_{xs} = M_x\,\frac{t}{I_T}$
Schubfluss	
$T_B = \frac{M_x}{2\,A_m}$	———
Gleichgewicht am Stabelement	
$GI_{TB}\,\vartheta'' = \overline{m}_x$	$GI_T\,\vartheta'' = \overline{m}_x$

10 Räumlich beanspruchte Stäbe

In Kapitel 9 haben wir die Grundlagen der St. Venant'schen Torsion von geraden, prismatischen Stäben mit unterschiedlicher Querschnittsausbildung entwickelt. Den vorgestellten Torsionsmodellen war wesentlich gemeinsam, dass die Querschnittsverwölbung an keiner Stelle eines Stabes behindert wird, dass sie somit für alle Querschnitte gleich ist ($\vartheta' = konst.$) und durch einen Produktansatz der Form $u(x, y, z) = -\omega(y, z)\,\vartheta'$ beschrieben werden kann. In Abhängigkeit von der Querschnittsform haben sich dabei mechanische Modelle mit unterschiedlichen Eigenschaften ergeben.
Wie im vorangehenden Kapitel dargelegt, stellt die St. Venant'sche Torsion von Stäben mit Vollquerschnitten mit und ohne Löchern im Rahmen der dreidimensionalen Elastizitätstheorie ein widerspruchsfreies Bauteilmodell dar.
Im Torsionsmodell für dünnwandige offene Querschnitte bleiben Verzerrungen γ_{xn} in Ebenen senkrecht zur Wandmittelfläche unberücksichtigt, der Beitrag der zugeordneten Schubspannungen zum resultierenden Torsionsmoment muss aber in Rechnung gestellt werden. Verzerrungen γ_{xs} in Ebenen parallel zur Wandmittelfläche verschwinden in letzterer identisch und sind ansonsten in Näherung linear über den Querschnitt verteilt. Störzonen im Rahmen dieser Modellvorstellung treten u. a. in End-, Knick- und Verzweigungspunkten der einzelnen Wandelemente im Querschnitt auf, werden aber vernachlässigt (s. Kapitel 9.6).
Bei dünnwandigen einzelligen Querschnitten schließlich kann in den einzelnen Querschnittswänden in Näherung ein ebener Spannungszustand angenommen werden: Schubspannungen τ_{xs} (ebenso wie Verzerrungen γ_{xs}) werden als konstant über die Wanddicke verteilt angenommen, Schubspannungen τ_{xn} (ebenso wie Verzerrungen γ_{xn}) werden vernachlässigt (Abschn. 9.7.2).

Auf diesen Ergebnissen aufbauend werden in diesem Kapitel die Grundzüge einer Theorie räumlich beanspruchter dünnwandiger Stäbe dargestellt. Dabei werden wir besonderes Augenmerk auf die Entwicklung eines Torsionsmodells für behinderte Verwölbung legen (Wölbkrafttorsion). Weiter wird gezeigt, dass die für Stäbe mit Vollquerschnitt geltenden Gesetzmäßigkeiten in den ausgewiesenen Beziehungen enthalten sind.

10.1 Annahmen und Berechnungsmodelle

Die Annahmen und Vorgaben, die den anschließenden Ausführungen zugrunde liegen, lassen sich wie folgt zusammenfassen (vgl. auch die Abschnitte 3.2.1, 3.3.1 und 9.2). Dabei wird den einzelnen Stabelementen ein lokales kartesisches Bezugssystem zugeordnet, so dass die x-Achse mit der Stablängsachse zusammenfällt. Für dünnwandige Querschnitte wird parallel hierzu das in Abschnitt 9.6.2 beschriebene x-s-Koordinatensystem verwendet.

1. Die untersuchten Stabelemente sind gerade und weisen entlang der Stabachse einen konstanten Querschnitt auf.
2. Die einzelnen Bauteile (Stabelemente) sind aus homogenem, isotropen Baustoff hergestellt.
3. Im Ausgangszustand sind die Stäbe spannungsfrei und befinden sich in planmäßiger Lage.
4. Alle wirkenden Lasten werden im lokalen Bezugssystem beschrieben.

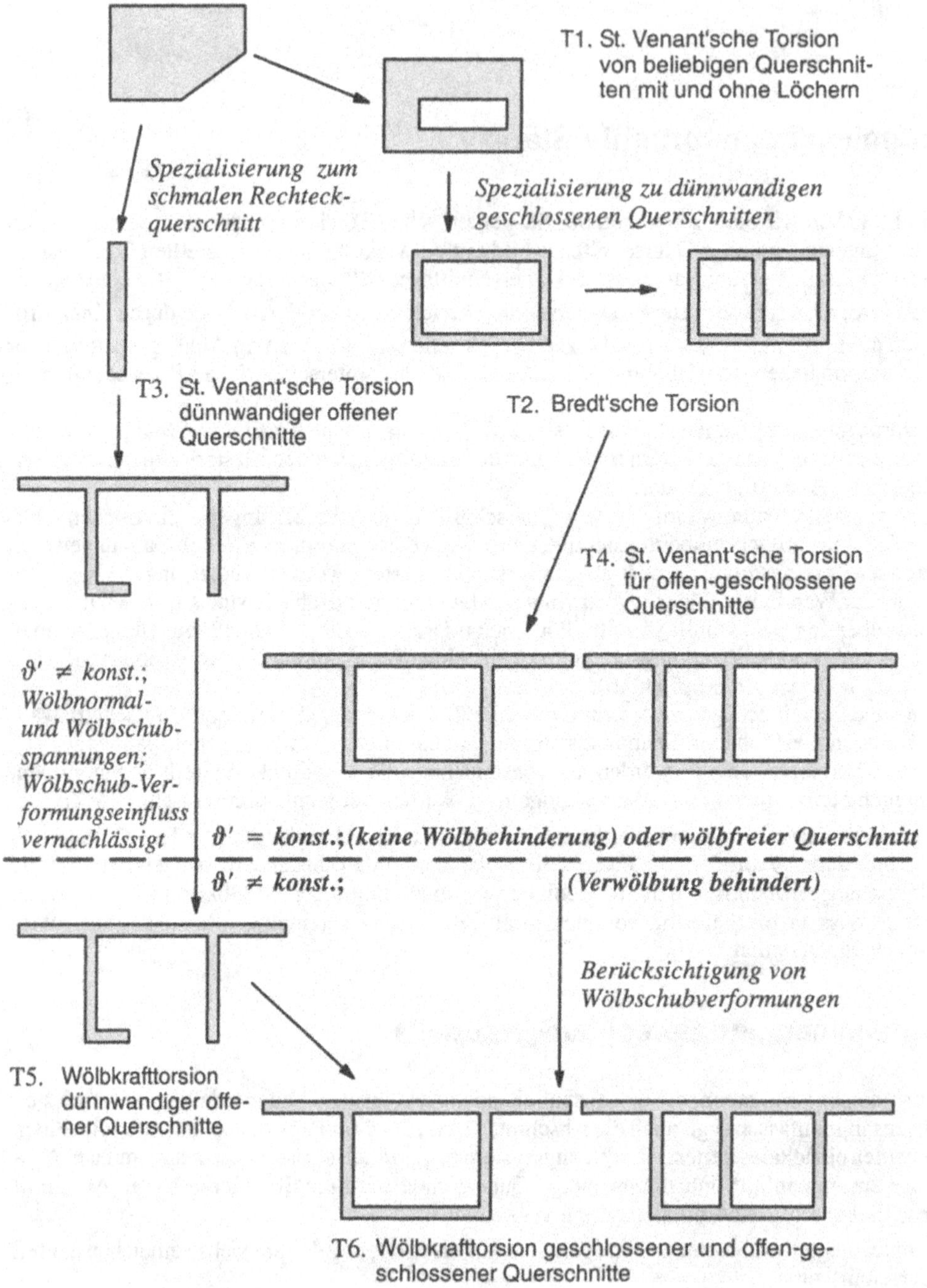

Bild 10.1 Mechanische Modelle zur Torsion prismatischer Stäbe mit speziellen Querschnittsformen (die beigefügten Kurzbezeichnungen *Ti* korrespondieren mit denen des Textes, Kapitel 10.1, Punkt 8)

5. Die Gleichgewichtsbedingungen werden mit Hilfe des Prinzips der virtuellen Verschiebungen in Analogie zu Kap. 3.3 und 4 als Euler'sche Gleichungen des Integralprinzips erhalten.
6. Die Querschnitte bleiben formtreu. Dehnungen und Gleitungen sowie Spannungen in der Querschnittsebene werden vernachlässigt. Damit verschwinden für Vollquerschnitte und für dünnwandige Querschnitte die Dehnungen ε_y und ε_z der Gln. (3-2.2) und (3-2.3) sowie die Gleitungen γ_{xy} der Gl. (3-2.4) in der Querschnittsebene definitionsgemäß. Für die Querkontraktion infolge von Längsdehnungen wird die Querdehnzahl ν zu Null angenommen. Dies gilt für alle Beanspruchungsarten, also für Längskraftdehnung, zweiachsige Biegung und für die Wölbkrafttorsion dünnwandiger Stäbe.
7. Für die Querkraftbiegung gilt die Hypothese von Bernoulli: Der Einfluss von Verzerrungen aus Schubspannungen bzw. Querkräften auf den Verschiebungs- und Spannungszustand wird vernachlässigt, d. h. die Querschnitte bleiben unter Belastung eben und senkrecht zur Stabachse. Im kartesischen Bezugssystem verschwinden damit die Gleitungen γ_{xz} und γ_{xy} der Gln. (3-2)/5 und (3-2)/6 identisch.
   Sollen im Einzelfall die Einflüsse von Schubverzerrungen aus Querkräften näherungsweise berücksichtigt werden, so kann dies auf die in Kapitel 3.3 gezeigte Weise erfolgen.
8. In Abhängigkeit von der Querschnittsausbildung, den Randbedingungen und der Belastung eines Stabes wird die Torsion durch folgende mechanische Modelle erfasst (vgl. Bild 10.1):
   - T1. Bei Stäben mit Vollquerschnitt oder dickwandigem Querschnitt mit und ohne Löchern gilt, gegebenenfalls bei Vernachlässigung von Wölbbehinderungseffekten, die in Kapitel 9.3 entwickelte St. Venant'sche Torsionstheorie.
     Für wölbfreie Querschnitte und für nicht wölbfreie Querschnitte aber konstante Verwindung (ϑ'= konst.) wird, wie mehrfach erwähnt, eine strenge Lösung im Sinne der räumlichen Elastizitätstheorie erhalten. Für schwach veränderliches ϑ' wird der Einfluss der Wölbbehinderung (somit der Wölbnormalspannungen) im Sinne einer technischen Näherung vernachlässigt.
   - T2. Für einzellige Querschnitte mit dünnen Wänden liefert unter sonst gleichen Voraussetzungen die in Abschnitt 9.7.2 dargestellte Bredt'sche Torsionstheorie hinreichend genaue Ergebnisse. Hier werden die Schubverzerrungen bzw. die Schubspannungen quer über die Dicke einer Wand näherungsweise als konstant angenommen. Damit ist auch der Schubfluss in den einzelnen Wänden eine konstante Größe.
     Für mehrzellige dünnwandige Querschnitte gelten analoge Beziehungen. Hinweise hierzu werden in Abschnitt 9.7.3 gegeben.
   - T3. Bei dünnwandigen offenen Querschnitten ohne nennenswerte Wölbbehinderung kann die allgemeine St. Venant'sche Torsionstheorie zur Theorie dünnwandiger Querschnitte spezialisiert werden. Wie in Kapitel 9.6 dargestellt, bleiben die Mittelebenen der Profilwände (schub-) spannungsfrei, die Schubspannungen sind linear über die Wanddicke verteilt; die Verwölbung des Querschnitts errechnet sich als die Verwölbung der Mittelflächen der Profilwände als geometrische Größe.
   - T4. Bei Stäben mit dünnwandigem, offen-geschlossenem Querschnitt (und einem hohen Anteil offener Querschnittsteile) können im Grundsatz die unter T2. und T3. genannten Spannungszustände überlagert, bzw. als gleichzeitig wirkend angenommen werden.
   - T5. Sind bei dünnwandigen offenen Querschnitten die Einflüsse einer Wölbbehinderung nicht mehr zu vernachlässigen, so ist die klassische Theorie der Wölbkrafttorsion anzuwenden, deren maßgebende Grundlagen und Zusammenhänge im vorliegenden Kapitel und im zugeordneten Anhang A3 (Normierung der Wölbfunktionen dünnwandiger Querschnitte) behandelt werden. Wie wir zeigen werden, wirken hier St. Venant'sche

Schubspannungen, Wölbnormalspannungen und Wölbschubspannungen gleichzeitig. Die letztgenannten können konstant über die Wanddicke verteilt angenommen werden. Der Einfluss der Wölbschubverzerrungen auf die Verteilung der Spannungen wird in Analogie zur Vernachlässigung der Biegeschubverzerrungen (s. Pkt. 7.) vernachlässigt. Diese Vorgehensweise wird in der Literatur als Hypothese von Wagner bezeichnet. Der Verwölbungsansatz wird als Produktansatz von der St. Venant'schen Torsion dünnwandiger Querschnitte übernommen.

T6. Kann bei dünnwandigen geschlossenen Querschnitten der Einfluss der Wölbbehinderung nicht mehr vernachlässigt werden, so sind hier die Auswirkungen der Wölbschubverzerrungen in Betracht zu ziehen.

Die unter T1. bis T6. genannten mechanischen Modelle der Torsion von Stäben unterscheiden sich wesentlich in ihren kinematischen und konstitutiven Annahmen. Wie in Kap. 9 dargelegt, lassen sie sich jedoch alle folgerichtig aus der St. Venant'schen Torsion herleiten. In Bild 10.1 ist diese Abhängigkeit schematisch dargestellt.

Die weitere Darstellung umfasst die Wölbkrafttorsion von Stäben aus unterschiedlichen Baustoffen mit beliebigen Vollquerschnitten mit und ohne Löchern (Torsionsmodell T1.), von einzelligen dünnwandigen Querschnitten (T2.), von dünnwandigen offenen Querschnitten bei fehlender oder vernachlässigbarer Wölbbehinderung (T3.) sowie mit offenen dünnwandigen Querschnitten mit Berücksichtigung der Wölbkrafttorsion (T5.).
Weiterführende Hinweise insbesondere zur Berechnung von Stäben mit unter (T4.) und (T6.) angesprochenen Querschnittsformen werden in Kapitel 10.7 gegebenen.
Vereinfachungen, die sich im Zuge der folgenden Darstellung insbesondere für Stäbe mit Vollquerschnitt ergeben, werden im Kontext erklärt.

10.2 Kinematik

Ansatz für Verschiebungen

Auf der Grundlage der Annahmen von Kapitel 10.1 - insbesondere mit den Voraussetzungen der Punkte 6. (Querschnitt bleibt formtreu) und 7. (Hypothese von Bernoulli) sowie einem Produktansatz für die Querschnittsverwölbung aus Torsion - lassen sich die Verschiebungen $u_x(x,y,z)$, $u_y(x,y,z)$ und $u_z(x,y,z)$ eines beliebigen Punktes $P(x,y,z)$ des Stabkontinuums durch die Verschiebungen u, v, w einer zunächst beliebigen Stabachse und die Verdrehung ϑ um diese ausdrücken:

$$u_x(x,y,z) = u\cdot(1) - v'\cdot(y) - w'\cdot(z) - \vartheta'\cdot(\omega(y,z)) \tag{10-1.1}$$

$$u_y(x,y,z) = v - \vartheta\, z \quad (10\text{-}1.2) \qquad u_z(x,y,z) = w + \vartheta\, y \quad (10\text{-}1.3)$$

Wenngleich die torsionsbedingte achsiale Verschiebung eines Querschnitts nur bezogen auf die Querschnittsform und damit im Rahmen eines definierten Torsionsmodells berechnet werden kann, steht die Wölbfunktion $\omega(y,z)$ hier zunächst sowohl für die St. Venant'sche Verwölbung von dickwandigen oder Vollquerschnitten, als auch für die (verzerrungsfreie) Verwölbung der Profilmittellinie der Theorie dünnwandiger (offener) Querschnitte.
Um den Produktcharakter des Ansatzes für die Längsverschiebungen

$$u_x(x,y,z) = \sum(f_1(x)\cdot f_2(y,z))$$

auf der rechten Seite von Gl. (10-1.1) zu verdeutlichen, sind querschnittsbezogene Größen in Klammern gesetzt. Die Zulässigkeit dieses Produktansatzes stellt eine wesentlich Voraussetzung für die

Entwicklung einer eindimensionalen auf den Stab bezogenen Kinematik dar, bei der das Querschnittsproblem und die Längswirkung eines Stabes getrennt werden. Vgl. dazu Abschnitte 10.5.2.

Die konstante Funktion 1 in der ersten Klammer der rechten Seite von (10-1.1) wird hier formal eingeführt. Die Zweckmäßigkeit dieser Vorgehensweise wird weiter unten deutlich.

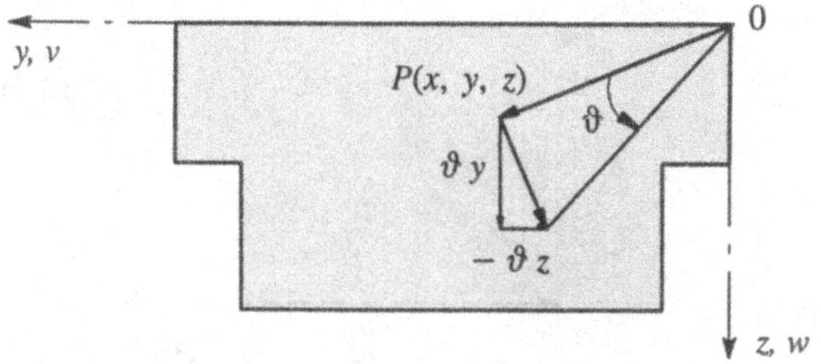

Bild 10.2 Verschiebung eines materiellen Punktes *P* infolge einer Verdrehung des Querschnitts um den Ursprung eines beliebigen Bezugssystems

Man beachte, dass die Funktionen $u_x(x, y, z)$, $u_y(x, y, z)$ und $u_z(x, y, z)$ in den obigen Ausdrücken sich auf einen beliebigen Punkt im Inneren oder auf der Oberfläche des Stabkörpers beziehen, während die Verschiebungen u, v, w und ϑ (ohne ausdrückliche Angabe ihrer Abhängigkeit von der Stablängsordinate x) sich auf die Stabachse beziehen.

Verzerrungen

Die nicht identisch verschwindenden Verzerrungsgrößen des Stabkörpers lassen sich allgemein als Funktion der Verschiebungsfelder des dreidimensionalen Kontinuums angeben (vgl. Kap. 10.1, Annahme 6.):

(3-2)/1: $$\varepsilon_x(x, y, z) = \frac{\partial u_x(x, y, z)}{\partial x}$$

(3-2)/4: $$\gamma_{xy}(x, y, z) = \frac{\partial u_y(x, y, z)}{\partial x} + \frac{\partial u_x(x, y, z)}{\partial y}$$

(3-2)/6: $$\gamma_{xz}(x, y, z) = \frac{\partial u_z(x, y, z)}{\partial x} + \frac{\partial u_x(x, y, z)}{\partial z}$$

Mit den Verschiebungsansätzen (10-1) folgt für die Dehnung einer Stabfaser:

$$\varepsilon_x(x, y, z) = u' \, 1 - v'' \, y - w'' \, z - \vartheta'' \, \omega \tag{10-2.1}$$

Für die Gleitung γ_{xy} in einem Punkt des Stabkontinuums hat man zunächst:

$$\gamma_{xy}(x, y, z) = v' - \vartheta' \, z - v' - \vartheta' \, \frac{\partial \omega}{\partial y} = - \vartheta' \left(\frac{\partial \omega}{\partial y} + z \right)$$

Wegen der Annahme der Hypothesen von Bernoulli und Wagner ist der verbleibende Term der letzten Beziehung der St. Venant'schen Torsion zuzuordnen (s. Kapitel 10.1, Punkt 8., Torsionsmodell T5. und Bild 10.3).

Damit können wir die oben vorläufig eingeführte Funktion der Verwölbung in die bereits in Abschnitt 9.3.3 erläuterten Anteile aufspalten:

$$\omega(y, z) = \omega_V(y, z) + \omega_0(y, z) \tag{10-3}$$

Der erste Anteil $\omega_V(y, z)$ ist der St. Venant'schen Torsion *ohne* oder *mit vernachlässigter* Wölbbehinderung zugeordnet. Dieser Anteil ist in der Regel bei allen Querschnittsformen gegeben. Der zweite Anteil $\omega_0(y, z)$ erfasst die Starrkörperbewegung der Wände offener dünnwandiger Querschnitte (vgl. dazu auch Abschnitt 9.6.2). Er ist stets und nur zu berücksichtigen, wenn Wölbbehinderungen durch Auflagerbedingungen, Knotenpunktsausbildung oder Lasteinleitung auftreten. Damit ergibt sich:

$$\gamma_{xy,V}(x, y, z) \approx -\vartheta'\left(\frac{\partial \omega_V}{\partial y} + z\right) \tag{10-2.2}$$

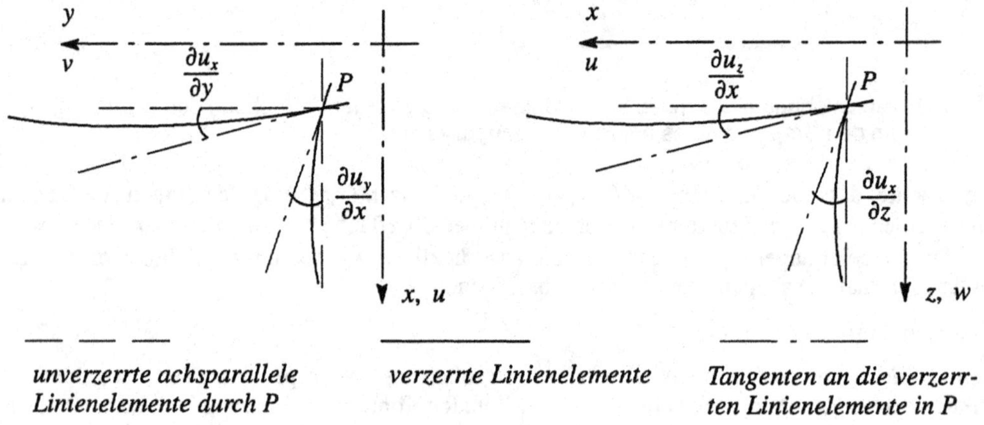

Bild 10.3 Schubverzerrungen in der *x-y-*, beziehungsweise *x-z*-Ebene

Analog folgt für Gleitungen parallel zur *x-z*-Ebene (wobei auch hier der Index *0* wie oben gegen *V* ausgetauscht wurde):

$$\gamma_{xz,V}(x, y, z) \approx -\vartheta'\left(\frac{\partial \omega_V}{\partial z} - y\right) \tag{10-2.3}$$

Für die Drehwinkel der Stabachse bzw. deren Verzerrungen verwenden wir die bereits in den Kapiteln 3 und 4 verwendeten kinematischen Beziehungen:

$$\varphi_y = -w' \qquad \varphi_z = -v' \qquad \psi = -\vartheta' \tag{10-4}$$

$$\kappa_z = \varphi_z' \qquad \kappa_y = \varphi_y' \qquad \kappa_\omega = \psi' \tag{10-5}$$

Damit lassen sich die Verzerrungen der Stabachse durch Verschiebungsableitungen ausdrücken:

$$\varepsilon = u' \qquad \kappa_z = -v'' \qquad \kappa_y = -w'' \qquad \kappa_\omega = -\vartheta'' \tag{10-6}$$

Mit (10-4) geht (10-1.1) über in:

$$u_x(x, y, z) = u\,1 + \varphi_z\,y + \varphi_y\,z + \psi\,\omega_0 \tag{10-7}$$

und mit (10-6) erhält man für die Dehnung einer Stabfaser mit (10-2.1):

$$\varepsilon_x(x, y, z) = \varepsilon\,1 + \kappa_z\,y + \kappa_y\,z + \kappa_\omega\,\omega_0 \tag{10-8}$$

Eingeprägte Verzerrungen

Bislang wurde stillschweigend angenommen, dass Verschiebungen und Verzerrungen der Stabachse, somit die Dehnungen einzelner Stabfasern, durch Spannungen hervorgerufen werden. Wir erweitern diese Vorgabe indem eingeprägte Dehnungen $\bar{\varepsilon}(x)$ (als bezogene Längenänderungen) und eingeprägte Krümmungen $\bar{\kappa}_y(x)$ und $\bar{\kappa}_z(x)$ zugelassen werden. Wenn diese aus einer gleichmäßigen Erwärmung eines Bauteils oder aus einem konstanten Temperaturgradienten über seine Höhe stammen, gilt:

$$\bar{\varepsilon}_T = \alpha_T \overline{T} \qquad \bar{\kappa}_{zT} = \alpha_T \frac{\overline{\Delta T_y}}{h_y} \qquad \bar{\kappa}_{yT} = \alpha_T \frac{\overline{\Delta T_z}}{h_z} \qquad (10\text{-}9)$$

Da eingeprägte Verzerrungen dieser Art jedoch auch aus Schwinden oder Kriechen der Bauteile oder aus plastischen Verzerrungen resultieren können, wird der Index T im Folgenden nicht mehr angeschrieben. Der Klarheit halber sei erwähnt, dass eingeprägte Verzerrungen unmittelbar (z.B. bei statisch bestimmt gelagerten Bauteilen) keine Spannungen, aber Verschiebungen hervorufen.

Die gesamten (resultierenden) Verzerrungen in einem Punkt eines Stabes setzen sich also aus spannungsinduzierten und eingeprägten Verzerrungen zusammen.

$$\varepsilon_{ges} = \varepsilon + \bar{\varepsilon} \qquad \kappa_{z\,ges} = \kappa_z + \bar{\kappa}_z \qquad \kappa_{y\,ges} = \kappa_y + \bar{\kappa}_y \qquad (10\text{-}10)$$

Spannungsinduzierte Verzerrungen werden erhalten, wenn von den resultierenden Verzerrungen (durch des Index *ges* gekennzeichnet) der Anteil der eingeprägten (kinematisch bestimmten) Verzerrungen abgezogen wird. Sind eingeprägte Verzerrungen zu berücksichtigen, so stellen also die Drehwinkel und Verzerrungen der Stabachse der Beziehungen (10-4) bis (10-6) gesamte (resultierenden) Größen dar:

$$\varepsilon_{ges} = u' \qquad \kappa_{z\,ges} = -\,v'' \qquad \kappa_{y\,ges} = -\,w'' \qquad (10\text{-}11)$$

An dieser Stelle sei darauf hingewiesen, dass die Schreib- und Bezeichnungsweise in der Literatur in diesen Fällen nicht immer eindeutig ist, da begrifflich mitunter nicht unterschieden wird zwischen eingeprägten (kinematisch vorgegebenen) und spannungsinduzierten Verzerrungen und der Summe aus diesen Anteilen.

Matrizielle Darstellung

Für einen späteren Gebrauch schreiben wir Gl. (10-2.1) bzw. (10-8) formal um. Die nur von der Stablängsordinate abhängigen resultierenden bez. spannungsinduzierten Verzerrungen der rechten Seite der letztgenannten Gleichung lassen sich in Vektoren $\boldsymbol{\kappa}_{ges}(x)$ bzw. $\boldsymbol{\kappa}(x)$ zusammenfassen.

$$\boldsymbol{\kappa}^T_{ges}(x) = \begin{bmatrix} \varepsilon_{ges} & \kappa_{z\,ges} & \kappa_{y\,ges} & \kappa_{\omega\,ges} \end{bmatrix} \qquad (10\text{-}12)$$

$$\boldsymbol{\kappa}^T(x) = \begin{bmatrix} \varepsilon & \kappa_z & \kappa_y & \kappa_\omega \end{bmatrix} \qquad (10\text{-}13)$$

Analog zu diesen Vektoren lässt sich der Vektor eingeprägter Verzerrungen bilden:

$$\bar{\boldsymbol{\kappa}}^T(x) = \begin{bmatrix} \bar{\varepsilon} & \bar{\kappa}_z & \bar{\kappa}_y & 0 \end{bmatrix} \qquad (10\text{-}14)$$

Die zweiten Terme der Produkte der rechten Seiten von Gl. (10-2.1) bzw. (10-8) sind nur von den Querschnittsordinaten abhängig. Sie können für Dehnung, Biegung um die y- und um die z-Achse und für Torsion als *Grundverwölbung* der zugeordneten Beanspruchungszustände aufgefasst werden. Diese Bezeichnungsweise wurde ursprünglich nur für Längsverschiebungen tordierter Stäbe verwendet. Im Hinblick auf eine mechanisch begründete, systematische Darstellung einer Stab-

theorie, die Längskraftbeanspruchung, zweiachsige Biegung, St. Venant'sche bzw. Wölbkrafttorsion und (eine hier nicht behandelte) Profilverzerrung umfasst, erweist es sich als zweckmäßig und naheliegend, analoge Zustände dieser Beanspruchungsarten auch begrifflich in gleicher Weise zu benennen (siehe auch *Schardt (1989)*, *Roik (1972)* u. a.).
Für einen materiellen Querschnittspunkt lassen sie sich ebenfalls in einem Vektor zusammen:

$$\omega^T(y,z) = [1 \quad y \quad z \quad \omega_0(y,z)] \tag{10-15.1}$$

$$\omega^T(y,z) = [\omega_x \quad \omega_z \quad \omega_y \quad \omega_0(y,z)] \tag{10-15.2}$$

Wir werden in Abschnitten 10.4.2 und 10.6.1 mit Vorteil die zweite Form der Darstellung nutzen.
Mit diesen Vereinbarungen erhält man für die Verzerrung eines beliebigen Punktes des Stabes:

$$\varepsilon_x(x,y,z) = \omega^T(y,z)\,\kappa(x) \tag{10-16}$$

In diesem Zusammenhang ist darauf hinzuweisen, dass die Grundverwölbungen ω_x, ω_z und ω_y der Längskraftbeanspruchung, und der zweiachsigen Biegung unabhängig von der Form eines Querschnitts festgelegt sind. Demgegenüber kann die Grundverwölbung der Torsion insbesondere auf Grund unterschiedlicher Annahmen nur querschnittsbezogen beschrieben werden. Sie stellt damit ein bestimmendes Element der Kinematik räumlich beanspruchter Stäbe dar und bildet eine wesentliche Grundlage der in Kap. 10.1, Punkt 8 beschriebenen Torsionsmodelle.

10.3 Stoffgesetze

Wegen der angenommenen Formtreue der Querschnitte und der Gültigkeit der Hypothesen von Bernoulli und Wagner können wir lediglich ein Stoffgesetz für Längsnormalspannungen einführen, die durch Längskraftdehnung, zweiachsige Biegung und Wölbkrafttorsion hervorgerufen werden sowie für denjenigen Anteil der Schubspannungen, die nicht durch Änderungen der Normalspannungen von Biegung und Wölbkrafttorsion verursacht werden. Für die Beziehung zwischen spannungsinduzierten Dehnungen und diese Spannungen gelte ein linear-elastisches Stoffgesetz.

Längsnormalspannungen

Für die Längsnormalspannungen aus Normalkraft, zweiachsige Biegung und Torsion wird mit $\nu = 0$ (d. h. Querkontraktionseinflüsse werden vernachlässigt) ein eindimensionales Hooke'sches Gesetz (im Sinne eines Stabfasermodells) angenommen:

$$\sigma_x(x,y,z) = \varepsilon_x(x,y,z)\,E \tag{10-17.1}$$

Mit spannungsinduzierten Verzerrungen und (10-8) geht obige Beziehung über in:

$$\sigma_x(x,y,z) = E\left(\varepsilon\,1 + \kappa_z\,y + \kappa_y\,z + \kappa_\omega\,\omega_0\right) \tag{10-17.2}$$

In gesamten (resultierenden) und eingeprägten Verzerrungen ausgedrückt ergibt sich ausführlich:

$$\sigma_x(x,y,z) = E\left[(\varepsilon_{ges} - \bar{\varepsilon})\,1 + (\kappa_{z\,ges} - \bar{\kappa}_z)\,y + (\kappa_{y\,ges} - \bar{\kappa}_y)\,z + \kappa_\kappa\,\omega_0\right] \tag{10-17.3}$$

Mit (10-16) schreibt man alternativ matriziell:

$$\sigma(x,y,z) = E\,\omega^T\kappa \tag{10-17.4}$$

$$\sigma(x,y,z) = E\,\omega^T\left(\kappa_{ges} - \bar{\kappa}\right) \tag{10-17.5}$$

Tabelle 10.1 Funktion der Grundverwölbung, Verzerrungen und Spannungen der Torsionsmodelle T1. (Vollquerschnitte), T2. (dünnwandige Hohlquerschnitte), T3. (St. Venant'sche Torsion dünnwandiger offener Querschnitte) und T5. (Wölbkrafttorsion dünnwandiger offener Querschnitte) sowie maßgebende Kapitel.
Die Bezeichnung der Torsionsmodelle bezieht sich auf Kapitel 10.1 bzw. Bild 10.1.

T1.	T2.	T3.	T5.
$\frac{\partial^2 \omega_V}{\partial y^2} + \frac{\partial^2 \omega_V}{\partial z^2} = 0$	$\omega_B = \int \left(r_t - \frac{A_B}{t} \right) ds$	$\omega_0 = \int r_t \, ds$	$\omega = \omega_V + \omega_0$
$\gamma_{xy} = -\left(\frac{\partial \omega_V}{\partial y} + z \right) \vartheta'$	$\gamma_{xs}(x, s) \neq 0$	$\gamma_{xs}(x, s, 0) = 0$	$\gamma_{xs}(x, s, 0) \approx 0$
		$\gamma_{xs}(x, s, n) \neq 0$	$\tau_{xs,\omega}(x, s) = f(\sigma_{x,\omega})$
$\tau_{xy}(y, z) = G\,\gamma_{xy}(y, z)$	$\tau_{xs}(x, s) = G\,\gamma_{xs}(x, s)$	$\tau_{xs}(x, s, n) = G\,\gamma_{xs}(x, s, n)$	$\tau_{xs,V}(x, s, n) = G\,\gamma_{xs}(x, s, n)$
$\gamma_{xz} = -\left(\frac{\partial \omega_V}{\partial z} - y \right) \vartheta'$	$\gamma_{xn}(x, s, n) \approx 0$	$\gamma_{xn}(x, s, n) \approx 0$	$\gamma_{xn}(x, s, n) \approx 0$
$\tau_{xz}(y, z) = G\,\gamma_{xz}(y, z)$	$\tau_{xn}(x, s) \approx 0$	$\tau_{xn}(x, s, n) \approx 0$	$\tau_{xn}(x, s, n) \approx 0$
$\varepsilon_x(x, y, z) \equiv 0$	$\varepsilon_x(x, y, z) \equiv 0$	$\varepsilon_x(x, y, z) \equiv 0$	$\varepsilon_x(x, s) = -\vartheta'(x)\,\omega_0$
$\sigma_x(x, y, z) \equiv 0$	$\sigma_x(x, y, z) \equiv 0$	$\sigma_x(x, y, z) \equiv 0$	$\sigma_x(x, s) = \varepsilon_x(x, s)\,E$
Kapitel 9.3	Kapitel 9.7.2	Kapitel 9.6	Kapitel 10

Schubspannungen

Für die Schubspannungen aus St. Venant'scher Torsion gilt das allgemeine Hooke'sche Gesetz der dreidimensionalen Elastizitätstheorie (siehe Kapitel 3 und 9.2):

$$\tau_{xy,V}(x, y, z) = G\,\gamma_{xy,V}(x, y, z) \qquad \tau_{xz,V}(x, y, z) = G\,\gamma_{xz,V}(x, y, z) \qquad (10\text{-}18)$$

Folgerichtig ist auch hier der Index V bei den Spannungen angefügt, vergl. hierzu Tabelle 10.1.

10.4 Prinzip der virtuellen Verschiebungen für den Stab

10.4.1 Formulierung für ein beliebiges Bezugssystem

Im Folgenden wird das in früheren Kapiteln besprochene Prinzip der virtuellen Verschiebungen benutzt, um für das zu untersuchende Bauteil die notwendigen Gleichgewichtsbedingungen mit den zugehörigen Randbedingungen im differentiellen wie im integralen Sinne herzuleiten.
Wir werden hier unsere Aufmerksamkeit wie in Abschnitt 9.3.1.2 ausschließlich auf ein Bauteil bzw. Stabelement und die sein Tragverhalten beschreibenden maßgebenden Gleichungen konzen-

trieren. Fragen konkreter Systemrandbedingungen und die Berechnung von Tragwerken, die sich aus Bauteilen zusammensetzen, werden in den Kapiteln 11 bis 13 behandelt (vgl. insbesondere Kapitel 13.1).
Wir gehen aus von einem räumlich belasteten Tragwerk, das wie in Kapitel 2.9 beschrieben, aus einer Anzahl von Stabelementen besteht und denken uns für die weitere Entwicklung *einen* Stab der Länge l unmittelbar vor seinen Anschlussknoten durch einen vollständigen Rundschnitt aus dem belasteten Tragwerk herausgetrennt.
Diesem Stab sei ein lokales kartesisches Koordinatensystem zugeordnet. In den Schnittstellen am Stabanfang und am Stabende werden, wie in Bild 10.2 angegeben, alle möglichen Schnittgrößen in positiver Wirkungsrichtung angenommen. Der vollständige Satz an linienhaft einwirkenden Lasten ist in Bild 10.3 dargestellt. Es ist festzuhalten, dass bei der gewählten Vorgehensweise an den Stabrändern ausschließlich Kräfte-Randbedingungen einzuhalten sind.

Virtuelle Arbeit der Spannungen

Dieser Anteil der virtuelle Arbeit lässt sich gemäß Kapitel 3 folgendermaßen darstellen:

$$(3\text{-}5)/1:\; -\delta W_i = \int_l \int_A \left[\sigma_x\,\delta\varepsilon_x + \sigma_y\,\delta\varepsilon_y + \sigma_z\,\delta\varepsilon_z + \tau_{xy}\,\delta\gamma_{xy} + \tau_{yz}\,\delta\gamma_{yz} + \tau_{zx}\,\delta\gamma_{zx}\right] dA\,dx \qquad (10\text{-}19)$$

Die weitere Entwicklung dieses Arbeitsanteils erfolgt in den Abschnitten 10.4.2 und 10.4.3.

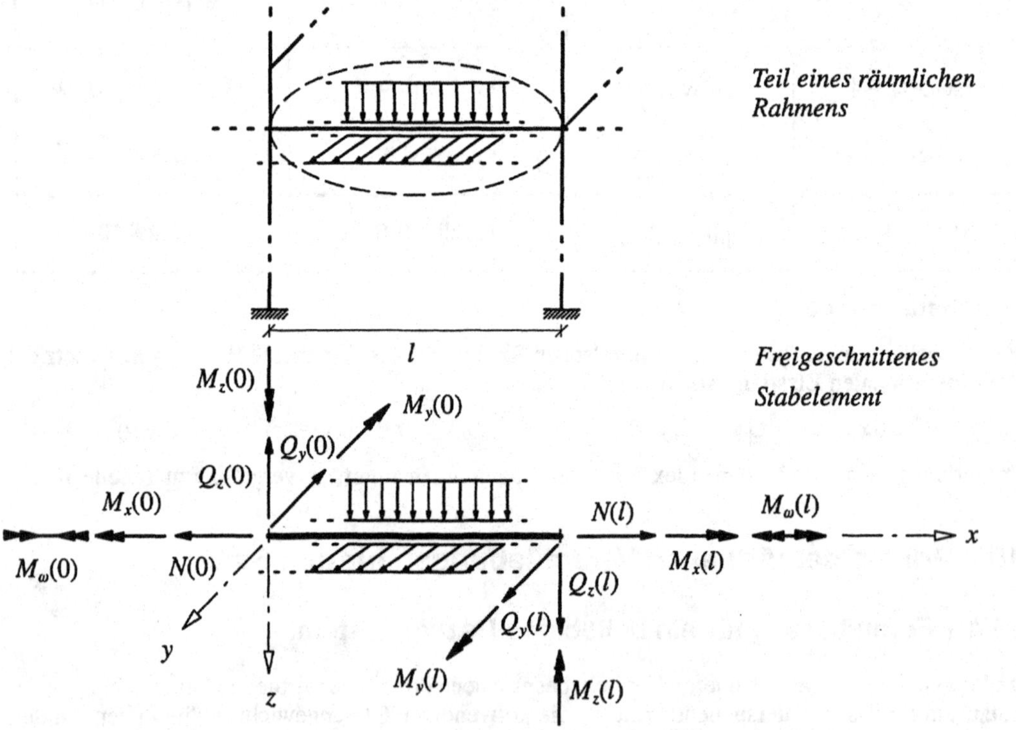

Bild 10.2 Rundschnitt am Element eines belasteten Stabtragwerks mit Einwirkungen und Spannungsresultierenden in den Endquerschnitten

Virtuelle Arbeit der Spannungsresultierenden der Endquerschnitte

Für die virtuelle Arbeit der in den Schnittflächen der Stabenden anzusetzenden Schnittgrößen folgt:

$$
\begin{aligned}
-\delta W_R = & -N(l)\,\delta u(l) - Q_y(l)\,\delta v(l) - Q_z(l)\,\delta w(l) \\
& - M_x(l)\,\delta\vartheta(l) - M_y(l)\,\delta\varphi_y(l) - M_z(l)\,\delta\varphi_z(l) - M_\omega(l)\,\delta\psi(l) \\
& + N(0)\,\delta u(0) + Q_y(0)\,\delta v(0) + Q_z(0)\,\delta w(0) \\
& + M_x(0)\,\delta\vartheta(0) + M_y(0)\,\delta\varphi_y(0) + M_z(0)\,\delta\varphi_z(0) + M_\omega(0)\,\delta\psi(0)
\end{aligned}
$$

Bzw. zusammengefasst:

$$
\begin{aligned}
-\delta W_R = & -\big[N(x_R)\,\delta u(x_R) + Q_y(x_R)\,\delta v(x_R) + Q_z(x_R)\,\delta w(x_R) \\
& + M_x(x_R)\,\delta\vartheta(x_R) + M_y(x_R)\,\delta\varphi_y(x_R) + M_z(x_R)\,\delta\varphi_z(x_R) + M_\omega(x_R)\,\delta\psi(x_R)\big]_a^b
\end{aligned}
\qquad (10\text{-}20)
$$

Hier und im Folgenden stehen a und b für die Ordinate x_R des Stabanfangs bzw. des Stabendes. Bei Stäben mit konstantem Querschnitt liegt der Ursprung des lokalen Koordinatensystems im Stabanfang und man erhält $x_R = a = 0$ bzw. $x_R = b = l$. Das Bimomentes M_ω werden wir im Zuge der Herleitung und insbesondere in Abschnitt 10.6.1 mechanisch erläutern.
Der Anteil der Spannungsresultierenden der Endquerschnitte wird zusammen mit allen übrigen Anteilen bei der endgültigen Bilanz der virtuellen Arbeiten in Abschnitt 10.4.5 berücksichtigt.

Virtuelle Arbeit einwirkender Linienkräfte und Linienmomente

Die virtuelle Arbeit der Einwirkungen erhält man aus Gl. (3-5)/2 durch Anpassung der Einwirkungen des Kontinuums an diejenigen des Stabes wobei konsequent jeder Schnittgröße eine Linienlast zuzuordnen ist.

$$
\delta W_a = \int_l \Big[\overline{p}_{xp}\,\delta u + \overline{p}_{yp}\,\delta v + \overline{p}_{zp}\,\delta w + \overline{m}_{xp}\,\delta\vartheta + \overline{m}_{yp}\,\delta\varphi_y + \overline{m}_{zp}\,\delta\varphi_z + \overline{m}_{\omega p}\,\delta\psi\Big]\,dx \qquad (10\text{-}21)
$$

Hier greift die Feldbelastung zunächst in der beliebig gewählten Lastachse p an (gekennzeichnet durch den Index p). Das Linienbimoment $\overline{m}_{\omega p}$ wird wie die zugeordnete Schnittgröße M_ω im Zuge der Herleitung und insbesondere in Abschnitt 10.6.1 mechanisch erläutern.
Allgemein sind die Schnittgrößen des positiven Schnittufers wie die positiven Linienlasten des Feldes orientiert, am negativen besitzen sie die umgedrehte Orientierung. Zur Wahl der positiven Wirkungsrichtungen von Einwirkungen und Schnittgrößen vergleiche die Ausführungen des Abschnitts 10.4.2.
Der Arbeitsanteil der Einwirkungen wird in Abschnitt 10.4.4 weiterentwickelt.

Virtuelle Verschiebungen und virtuelle Verzerrungen

Die virtuellen Verschiebungen denken wir uns z.B. entstanden als (unendlich kleine) Variation der wirklichen Verschiebungen (vgl. Abschnitt 3.2.4):

$$\delta u = \delta(u)$$

$$\delta v = \delta(v) \qquad \delta w = \delta(w) \qquad \delta\vartheta = \delta(\vartheta) \qquad (10\text{-}22)$$

Durch Ableiten der virtuellen Verschiebungen auf der Grundlage der Beziehungen Gl. (10-2) erhalten wir virtuelle Verzerrungen:

$$\delta\varepsilon = \delta u'$$

$$\delta\kappa_z = -\delta v'' \qquad \delta\kappa_y = -\delta w'' \qquad \delta\kappa_\omega = -\delta\vartheta'' \qquad (10\text{-}23)$$

Virtuelle Dehnungen diskreter Stabfasern lassen sich mit Gl. (10-6) in Abhängigkeit der Verzerrungen der Stabachse darstellen:

$$\delta\varepsilon(x,y,z) = \delta\varepsilon\, 1 + \delta\kappa_z\, y + \delta\kappa_y\, z + \delta\kappa_\omega\, \omega_0 \qquad (10\text{-}24)$$

Entsprechend folgen virtuelle Gleitungen der St. Venantschen Zustände zu:

$$\delta\gamma_{xy,V}(x,y,z) = -\delta\vartheta'\left(\frac{\partial\omega_V}{\partial y} + z\right) \qquad \delta\gamma_{xz,V}(x,y,z) = -\delta\vartheta'\left(\frac{\partial\omega_V}{\partial z} - y\right) \qquad (10\text{-}25)$$

In den letzten beiden Beziehungen ist auf der rechten Seite jeweils nur $\vartheta(x)$ zu variieren, da sowohl $\omega_0(y,z)$ als auch $\omega_V(y,z)$ als bekannt anzunehmen ist. Die Berechnung von $\omega_0(y,z)$ wurde in Abschnitt 9.6.2 gezeigt. Eine numerische Vorgehensweise zur Bestimmung von $\omega_V(y,z)$ für Querschnitte beliebiger Form wird in Kapitel 11.2 vorgestellt.

Wir halten fest, dass man sich das zu untersuchende Bauteil durch einen Rundschnitt vollständig aus dem Zusammenhang eines belasteten Rahmens herausgeschnitten denken kann. Damit sind im vorliegenden Zusammenhang an die virtuellen Verschiebungen keine kinematischen (geometrischen) Randbedingungen zu stellen.
Sie müssen jedoch in dem Maße stetig und differenzierbar sein, um die in den Gleichungen (10-25) geforderten Ableitungen bilden zu können.

10.4.2 Virtuelle Arbeit der Spannungen im beliebigen Bezugssystem

Mit den in Kap. 10.1 angegebenen Annahmen 6. (Querschnitt bleibt formtreu), 7. (Hypothese von Bernoulli) und T5. (Klassische Theorie der Wölbkrafttorsion dünnwandiger, offener Querschnitte mit der Hypothese von Wagner) geht Gl. (3-37)) über in:

$$-\delta W_i = \int_l \int_A \big[\sigma_x(x,y,z)\,\delta\varepsilon_x(x,y,z) + \tau_{xy,V}(x,y,z)\,\delta\gamma_{xy,V}(x,y,z) + \tau_{zx,V}(x,y,z)\,\delta\gamma_{zx,V}(x,y,z)\big]\, dA\, dx \qquad (10\text{-}26.1)$$

Mit den virtuellen Verzerrungen (10-24) und (10-25) folgt (wobei wie oben bereits erwähnt, die Wölbfunktionen als gegeben vorausgesetzt werden, sodass nur die von x abhängigen Funktionen variiert werden):

$$-\delta W_i = \int_l \int_A \Big[\sigma_x(x,y,z)\left(\delta\varepsilon\, 1 + \delta\kappa_z\, y + \delta\kappa_y\, z + \delta\kappa_\omega\, \omega_0\right) + \tau_{xy,V}(x,y,z)\left(-\delta\vartheta'\left(\frac{\partial\omega_V}{\partial y} + z\right)\right) + \tau_{zx,V}(x,y,z)\left(-\delta\vartheta'\left(\frac{\partial\omega_V}{\partial z} - y\right)\right)\Big]\, dA\, dx \qquad (10\text{-}26.2)$$

$$- \delta W_i = \int_l \int_A \left[\delta\varepsilon\, \sigma_x\, 1 \; + \delta\kappa_z\, \sigma_x\, y + \delta\kappa_y\, \sigma_x\, z + \delta\kappa_\omega\, \sigma_x\, \omega_0\right] dA\, dx$$

$$- \int_l \int_A \delta\vartheta'\, \tau_{xy,V} \left(\frac{\partial\omega_V}{\partial y} + z\right) + \delta\vartheta'\, \tau_{zx,V} \left(\frac{\partial\omega_V}{\partial z} - y\right) dA\, dx$$

$$= \int_l \left[\delta\varepsilon \int_A \sigma_x\, 1\, dA \; + \delta\kappa_z \int_A \sigma_x\, y\, dA + \delta\kappa_y \int_A \sigma_x\, z\, dA + \delta\kappa_\omega \int_A \sigma_x\, \omega_0\, dA\right] dx$$

$$- \int_l \delta\vartheta' \int_A \left(\tau_{xy,V} \left(\frac{\partial\omega_V}{\partial y} + z\right) + \tau_{zx,V} \left(\frac{\partial\omega_V}{\partial z} - y\right)\right) dA\, dx$$

Die querschnittsbezogenen Integrale liefern diejenigen Spannungsresultierenden, bzw. Schnittgrößen, deren erzeugenden Spannungen ein Stoffgesetz zugeordnet ist:

$$N = \int_A \sigma_x\, 1\, dA \tag{10-27.1}$$

$$M_z = \int_A \sigma_x\, y\, dA \quad (10\text{-}27.2) \qquad M_y = \int_A \sigma_x\, z\, dA \quad (10\text{-}27.3) \qquad M_\omega = \int_A \sigma_x\, \omega_0\, dA \quad (10\text{-}27.4)$$

$$M_{xV} = - \int_A \left(\tau_{xy,V} \left(\frac{\partial\omega_V}{\partial y} + z\right) + \tau_{zx,V} \left(\frac{\partial\omega_V}{\partial z} - y\right)\right) dA \tag{10-27.5}$$

Damit gilt unabhängig von der Vorgabe eines speziellen Stoffgesetzes:

$$- \delta W_i = \int_l \left(\delta\varepsilon\, N + \delta\kappa_z\, M_z + \delta\kappa_y\, M_y + \delta\kappa_\omega\, M_\omega + \delta\vartheta'\, M_{xV}\right) dx \tag{10-26.3}$$

Die Spannungsresultierenden N, M_y, M_z, M_ω und M_{xV} erweisen sich als die Arbeitskomplemente der Verzerrungen der Stabachse ε, κ_y, κ_z, κ_ω und ϑ'.

Die mit Gl. (10-27.4) ausgewiesene Schnittgröße des Bimomentes der Wölbkrafttorsion tritt nur bei Stäben mit dünnwandigen offenen oder geschlossenen Querschnitten auf. Sie wird zusammen mit der zugeordneten Einwirkung des Linienbimomentes (einschließlich eventueller Einzelwirkungen) in Abschnitt 10.6.1 erörtert.

Zur Bildung des St. Venant'schen Torsionsmomentes M_{xV} vergl. auch Abschnitt 9.3.1.2, Teilabschnitt "Torsionsmoment", Gl. (9-8) sowie Teilabschnitt "Torsionsträgheitsmoment", Gl. (9-17) mit den entsprechender Erläuterungen.

Die mit den Gln. (10-27.1) bis (10-27.4) definierten Schnittgrößen werden im Hinblick auf die mit dem Bildungsgesetz festgelegten positiven Wirkungsrichtungen als *"spannungsorientiert"* bezeichnet. Fasst man die "Hebelarme" der Normalspannungen dieser Spannungsresultierenden als Grundverwölbungen der Längskraftwirkung, der zweiachsigen Biegung und der Torsion auf, so er-

gibt sich als Definition der von der Längsnormalspannung abhängigen Resultierenden:
Am positiven Schnittufer liefert ein differentielles Flächenelement eines Querschnitts, mit der zugeordneten positiven Spannung und der maßgebenden Grundverwölbung multipliziert, einen positiven Beitrag zur jeweiligen Schnittgröße (vgl. auch Kap. 10.2, Teilabschnitt "Matrizielle Darstellung").
Für die positiven Wirkungsrichtungen spannungsorientierter Schnittgrößen und Einwirkungen gilt:
Alle Vektoren der am differentiellen Element verteilt oder diskret wirkenden Lasten sowie alle Vektoren der Zustandsgrößen des positiven Schnittufers sind in Richtung der Koordinatenachsen orientiert, ausgenommen die der z-Achse zugeordneten Drehvektoren.
Die wichtigsten Eigenschaften dieser Festlegung lassen sich folgendermaßen zusammenfassen:
Da die Schnittgrößen als Resultierende von Spannungen über deren Wirkungsrichtungen definiert werden, kann eine eigene allgemeine Definition der Wirkungsrichtung der Schnittgrößen entfallen.
Für den zweiachsig beanspruchten Biegeträger ergeben sich in den Gleichgewichtsbedingungen, im Stoffgesetz und im Formelwerk für den Spannungsnachweis einschließlich der Vorzeichen völlig analoge Beziehungen.
Bimomente der Wölbkrafttorsion und der Profilverformung können in der Regel nicht vektoriell, wohl aber über Spannungen definiert werden. Damit ist eine durchgehend einheitliche Definitionsgrundlage für alle Arten von Schnittgrößen gegeben, die auch für Schnittgrößen von Flächentragwerken (Platten, Scheiben, Schalen) gilt.
Ergänzend ist zu erwähnen, dass in der Literatur außer spannungsorientierten auch *koordinatenorientierte* Schnittgrößen verwendet werden. Eine eingehende Erörterung der Eigenschaften sowie der Vor- und Nachteile beider Festlegungen liegt mit *Kiener (1988)* vor.

Eliminiert man aus Gl. (10-26.2) mittels der Beziehungen (10-17.2) und (10-18) auch die Spannungen, so erhält man die nur in Verzerrungsgrößen geschriebene Form:

$$- \delta W_i = \int_l \int_A \Big[E\,(\varepsilon + \kappa_z\, y + \kappa_y\, z + \kappa_\omega\, \omega_0)\,(\delta\varepsilon + \delta\kappa_z\, y + \delta\kappa_y\, z + \delta\kappa_\omega\, \omega_0) + \\ + G\,\vartheta' \left(\frac{\partial \omega_V}{\partial y} + z\right) \delta\vartheta' \left(\frac{\partial \omega_V}{\partial y} + z\right) + G\,\vartheta' \left(\frac{\partial \omega_V}{\partial z} - y\right) \delta\vartheta' \left(\frac{\partial \omega_V}{\partial z} - y\right) \Big]\, dA\, dx$$

Ausmultiplizieren der Klammern und umordnen führt auf:

$$- \delta W_i = \int_l \int_A \Big[E\,[\varepsilon\, \delta\varepsilon + \varepsilon\, \delta\kappa_z\, y + \varepsilon\, \delta\kappa_y\, z + \varepsilon\, \delta\kappa_\omega\, \omega_0 \\ + \kappa_z\, \delta\varepsilon\, y + \kappa_z\, \delta\kappa_z\, y^2 + \kappa_z\, \delta\kappa_y\, y\, z + \kappa_z\, \delta\kappa_\omega\, y\, \omega_0 \\ + \kappa_y\, \delta\varepsilon\, z + \kappa_y\, \delta\kappa_z\, y\, z + \kappa_y\, \delta\kappa_y\, z^2 + \kappa_y\, \delta\kappa_\omega\, z\, \omega_0 \\ + \kappa_\omega\, \delta\varepsilon\, \omega_0 + \kappa_\omega\, \delta\kappa_z\, y\, \omega_0 + \kappa_\omega\, \delta\kappa_y\, \omega_0\, z + \kappa_\omega\, \delta\kappa_\omega\, \omega_0^2] \\ + G\,\vartheta'\, \delta\vartheta' \left[\left(\frac{\partial \omega_V}{\partial y} + z\right)^2 + \left(\frac{\partial \omega_V}{\partial z} - y\right)^2 \right] \Big]\, dA\, dx$$

Die querschnittsbezogenen Integrationen sind unabhängig von den Einwirkungen und lassen sich vorab durchführen. Die Integration erstreckt sich jeweils über den gesamten Querschnitt.

$$
\begin{aligned}
-\delta W_i = \int_l \Bigg[& \delta\varepsilon\, E \left[\varepsilon \int 1\, dA + \kappa_z \int y\, dA + \kappa_y \int z\, dA + \kappa_\omega \int \omega_0\, dA \right] + \\
& + \delta\kappa_z\, E \left[\varepsilon \int y\, dA + \kappa_z \int y^2\, dA + \kappa_y \int y\, z\, dA + \kappa_\omega \int y\, \omega_0\, dA \right] + \\
& + \delta\kappa_y\, E \left[\varepsilon \int z\, dA + \kappa_z \int y\, z\, dA + \kappa_y \int z^2\, dA + \kappa_\omega \int \omega_0\, z\, dA \right] + \\
& + \delta\kappa_\omega\, E \left[\varepsilon \int \omega_0\, dA + \kappa_z \int y\, \omega_0\, dA + \kappa_y \int \omega_0\, z\, dA + \kappa_\omega \int \omega_0^2\, dA \right] + \\
& + \delta\vartheta'\, G\, \vartheta' \int \left[\left(\frac{\partial \omega_V}{\partial y} + z \right)^2 + \left(\frac{\partial \omega_V}{\partial z} - y \right)^2 \right] dA \Bigg] dx
\end{aligned}
\tag{10-26.4}
$$

Wie in Abschnitt 9.3.1.2 gezeigt, lässt sich das Integral der letzten Zeile in folgende Form bringen:

$$
I_T = \int \left[\frac{\partial}{\partial y}(\omega_V\, z) - \frac{\partial}{\partial z}(\omega_V\, y) + z^2 + y^2 \right] dA \tag{10-28}
$$

Es entspricht also dem St. Venant'sche Torsionsträgheitsmoment (in Übereinstimmung mit den Ergebnissen von Abschnitt 9.3.1.3):

Ausführung der erforderlichen Integrationen in (10-26.4) und (10-28) liefert die Querschnittswerte. Ihr Bildungsgesetz wird besonders deutlich, wenn man die mit Gl. (10-15.2) eingeführte Bezeichnung für die jeweilige Grundverwölbung verwendet. In Abschnitt 10.6.1 wird bei der mechanischen Erörterung des Bimomentes der Wölbkraft-Torsion davon Gebrauch gemacht.

Querschnittsfläche:

$$
A = \int 1\, dA \tag{10-29.1}
$$

Statische Momente und statisches Wölbmoment:

$$
S_z = \int y\, dA \quad (10\text{-}30.1) \qquad S_y = \int z\, dA \tag{10-30.2}
$$

$$
S_\omega = \int \omega_0\, dA \tag{10-30.3}
$$

Biegeträgheitsmomente und Wölbträgheitsmoment (Wölbkrafttorsion):

$$
I_z = \int y^2\, dA \quad (10\text{-}29.2) \qquad I_y = \int z^2\, dA \tag{10-29.3}
$$

$$
I_\omega = \int \omega_0^2\, dA \tag{10-29.4}
$$

Zentrifugalmoment (Deviationsmoment) und Wölbflächenmomente:

$$I_{yz} = \int y\, z\, dA \qquad (10\text{-}30.4) \qquad I_{z\omega} = \int y\, \omega_0\, dA \qquad (10\text{-}30.5)$$

$$I_{y\omega} = \int z\, \omega_0\, dA \qquad (10\text{-}30.6)$$

Die oben mit den Gln. (10-29) und (10-30) eingeführten Querschnittskenngrößen werden in der Literatur unterschiedlich bezeichnet. Die Schreibweise dieses Buches ist wesentlich an den Wölbfunktionen und Achsen orientiert und verwendet die Kernbuchstaben A für die Querschnittsfläche, S für statische Flächenmomente 1. Ordnung und I für Flächenträgheitsmomente.
Die Bezeichnungsweise von *Bornscheuer (1952)* beschränkt sich auf den Kernbuchstaben A. Die Indizes entsprechen konsequent den Wölbfunktionen (wobei die konstante Funktion 1 nicht angeschrieben wird).
Daneben werden weitere Bezeichnungsweisen verwendet (z. B. *Petersen (1988)*), die mehr historisch und weniger mechanisch begründet sind. Beispielsweise wird häufig das Torsionsträgheitsmoment als Torsionswiderstand bezeichnet und mit dem Buchstaben C abgekürzt.
Mit den oben festgelegten Querschnittswerten geht (10-26.4) über in:

$$\begin{aligned}\delta W_i = \int_l \Big[& \delta\varepsilon\, E\, [\varepsilon\, A + \kappa_z S_z + \kappa_y S_y + \kappa_\omega S_\omega\,] + \\ & + \delta\kappa_z E\, [\varepsilon\, S_z + \kappa_z I_z + \kappa_y I_{yz} + \kappa_\omega I_{z\omega}\,] + \\ & + \delta\kappa_y E\, [\varepsilon\, S_y + \kappa_z I_{yz} + \kappa_y I_y + \kappa_\omega I_{y\omega}\,] + \\ & + \delta\kappa_\omega E\, [\varepsilon\, S_\omega + \kappa_z I_{\omega z} + \kappa_y I_{\omega y} + \kappa_\omega I_\omega\,] + \quad \delta\vartheta'\, G\, \vartheta'\, I_T \Big]\, dx \end{aligned} \qquad (10\text{-}26.5)$$

Struktur der maßgebenden Gleichungen im beliebigen Bezugssystem

Mit den Festlegungen (10-12), (10-15) und (10-14) lässt sich (10-26.5) auch im Hinblick auf die im Anhang A3 durchzuführende Normierung der Wölbfunktionen zweckmäßig in Matrizenschreibweise darstellen:

$$-\,\delta W_i = \int_l \delta\kappa^T E \int_A \omega\, \omega^T\, dA\, \kappa + \delta\vartheta'\, G I_T\, \vartheta'\, dx$$

Fasst man die normalspannungsrelevanten Querschnittswerte in einer Matrix

$$A = \int \omega\, \omega^T\, dA = \begin{bmatrix} A & S_z & S_y & S_\omega \\ S_z & I_z & I_{yz} & I_{z\omega} \\ S_y & I_{zy} & I_y & I_{y\omega} \\ S_\omega & I_{z\omega} & I_{\omega y} & I_\omega \end{bmatrix} \qquad (10\text{-}31)$$

zusammen, so geht (10-26.5) über in:

$$-\delta W_i = \int_l \left(\delta\kappa^T E A \,\kappa + \delta\vartheta'\, GI_T \vartheta'\right) dx \qquad (10\text{-}26.6)$$

Es sei an dieser Stelle daran erinnert, dass die bislang dargestellten Überlegungen von einem allgemeinen Bezugssystem ausgehen, wobei die Drehung $\vartheta(x)$ um die beliebig festgelegte x-Achse des Stabes erfolgt. In diesem Bezugssystem ergeben sich bei einer folgerichtigen weiteren Entwicklung des Prinzips der virtuellen Verschiebungen gekoppelte lineare Beziehungen zur Bestimmung der das Tragverhalten des Stabes beschreibenden Funktionen $u(x)$, $v(x)$, $w(x)$ und $\vartheta(x)$.

Eine Diagonalisierung der Matrix der Querschnittswerte A und damit die Entkoppelung der maßgebenden Beziehungen gelingt durch den Übergang zum Hauptachsensystem. Dieser Übergang, bei dem die Querschnittswerte (10-30) identisch verschwinden, wird im Anhang A3 behandelt. Weiter wird dort die Identität von Drehachse und x-Achse aufgegeben.

Die Überlegungen der nun folgenden Abschnitte finden im Hauptachsensystem eines Stabes statt, in dem die Querschnitte sich um die Schubmittelpunktsachse drehen. Die Längsverschiebung u bezieht sich auf die Schwerachse, die Verschiebungen v und w sowie die zugeordneten Drehwinkel φ_y und φ_z kennzeichnen Bewegungen der Schubmittelpunktsachse.
Abweichend von Abschnitt 10.4.1 ist im Hauptachsensystem vorausgesetzt, dass N, M_y und M_z im Schwerpunkt und Q_y, Q_z, M_x und M_ω im Schubmittelpunkt wirken. Vgl. hierzu Bild 10.3.

10.4.3 Virtuelle innere Arbeit im Hauptachsensystem

Lasten, Zustands- und Schnittgrößen sind dabei wie im Bild 10.3 dargestellt zu beziehen. Im Hauptachsensystem mit der Schubmittelpunktsachse als Drehachse geht (10-26.5) über in:

$$-\delta W_i = \int_l \left[\delta\varepsilon\; EA\; \varepsilon + \delta\kappa_z\, EI_z\, \kappa_z + \delta\kappa_y\, EI_y\, \kappa_y + \delta\kappa_\omega\, EI_\omega\, \kappa_\omega + \delta\vartheta'\; GI_T\, \vartheta'\right] dx \qquad (10\text{-}32.1)$$

, bzw. mit (10-10):

$$-\delta W_i = \int_l \left[\delta\varepsilon\; EA\,(\varepsilon_{ges} - \bar{\varepsilon}) + \delta\kappa_z\, EI_z\,(\kappa_{z\,ges} - \bar{\kappa}_z) + \delta\kappa_y\, EI_y\,(\kappa_{y\,ges} - \bar{\kappa}_y) + \delta\kappa_\omega\, EI_\omega\, \kappa_\omega + \delta\vartheta'\; GI_T\, \vartheta'\right] dx$$

(10-32.2)

Die Produkte “Querschnittssteifigkeit mal spannungsinduzierter Verzerrung” in (10-32.1) stellen diejenigen Schnittgrößen des Stabes dar, denen unmittelbar ein Stoffgesetz zugeordnet ist. Mit

$$N = EA\,\varepsilon \qquad (10\text{-}33.1)$$

$$M_{xV} = GI_T\,\vartheta' \qquad (10\text{-}33.2)$$

$$M_y = EI_y\,\kappa_y \quad (10\text{-}33.3) \qquad M_z = EI_z\,\kappa_z \quad (10\text{-}33.4)$$

$$M_\omega = EI_\omega\,\kappa_\omega \qquad (10\text{-}33.5)$$

erhält man für die innere Arbeit aus (10-32.1):

$$-\delta W_i = \int_l \left[N\,\delta\varepsilon + M_z\,\delta\kappa_z + M_y\,\delta\kappa_y + M_\omega\,\delta\kappa_\omega + M_{xV}\,\delta\vartheta'\right] dx \qquad (10\text{-}32.3)$$

Drückt man die Verzerrungen und deren Variationen in (10-32.2) durch die Verschiebungen der Schwer- und Schubmittelpunktsachse und deren Ableitungen aus, so folgt mit den Gln. (10-6) und (10-23):

$$- \delta W_i = \int_l \left[EA\,(u' - \overline{\varepsilon})\,\delta u' + EI_z\,(v'' + \overline{\kappa}_z)\,\delta v'' + EI_y\left(w'' + \overline{\kappa}_y\right)\delta w'' + EI_\omega\,\vartheta''\,\delta\vartheta'' + GI_T\,\vartheta'\,\delta\vartheta' \tag{10-32.4}$$

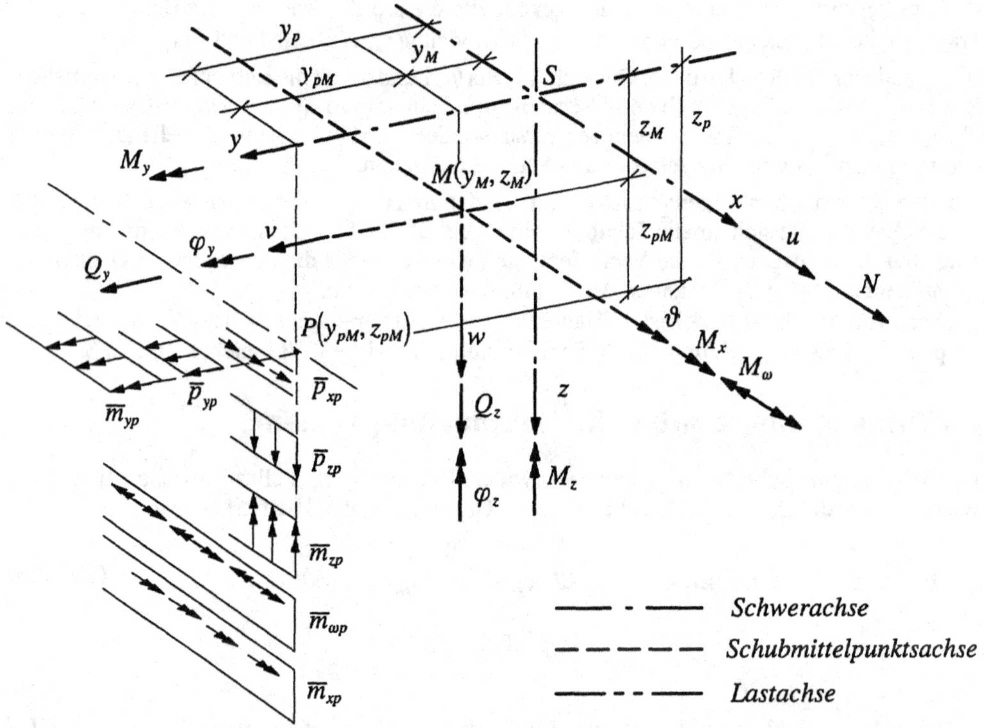

Bild 10.3 Positive Wirkungsrichtung von Einwirkungen, Schnitt- und Zustandsgrößen am Stab

Mit den Gln. (10-6) lassen sich die Schnittgrößen der Gln. (10-33) auch als Funktion der Verschiebungen der Stabachse ausdrücken:

$$N = EA\,(u' - \overline{\varepsilon}) \tag{10-34.1}$$

$$M_{xV} = GI_T\,\vartheta' \tag{10-34.2}$$

$$M_y = -\,EI_y\left(w'' + \overline{\kappa}_y\right) \tag{10-34.3}$$

$$M_z = -\,EI_z\,(v'' + \overline{\kappa}_z) \tag{10-34.4}$$

$$M_\omega = -\,EI_\omega\,\vartheta'' \tag{10-34.5}$$

Damit geht (10-32.4) über in:

$$- \delta W_i = \int_l \left[N\,\delta u' - M_z\,\delta w'' - M_y\,\delta v'' - M_\omega\,\delta\vartheta'' + M_{xV}\,\delta\vartheta'\right] dx \tag{10-32.5}$$

10.4.4 Virtuelle äußere Arbeit im Hauptachsensystem

Die virtuelle Arbeit der Einwirkungen ist grundsätzlich mit (10-21) gegeben. Um unterschiedliche Lastangriffspunkte bzw. Lastangriffsachsen $P(y_p, z_p)$ unterscheiden zu können, fügen wir bei deren Ordinaten den Index p an und erhalten:

$$\delta W_a = \int_l \left[\overline{p}_{xp}\,\delta u_p + \overline{p}_{yp}\,\delta v_p + \overline{p}_{zp}\,\delta w_p + \overline{m}_{xp}\,\delta\vartheta + \overline{m}_{yp}\,\delta\varphi_y + \overline{m}_{zp}\,\delta\varphi_z + \overline{m}_{\omega p}\,\delta\psi\right] dx \qquad (10\text{-}35.1)$$

Die Verschiebungen u_p, v_p und w_p der Lastachse lassen sich analog (10-1) durch die Verschiebungen u der Schwerachse und durch die Verschiebungen v, w und ϑ der Schubmittelpunktsachse M ausdrücken.

$$u_p = u - y_p\,v' - z_p\,w' - \omega_p\,\vartheta'$$

$$v_p = v - \vartheta\,z_{pM} \qquad\qquad w_p = w + \vartheta\,y_{pM} \qquad (10\text{-}36)$$

Mit den Variationen dieser Verschiebungen geht (10-35.1) über in:

$$\begin{aligned}\delta W_a = \int_l \Big[&\overline{p}_{xp}\left(\delta u - y_p\,\delta v' - z_p\,\delta w' - \omega_p\,\delta\vartheta'\right) + \overline{p}_{yp}\left(\delta v - \delta\vartheta\,z_{pM}\right) \\ &+ \overline{p}_{zp}\left(\delta w + \delta\vartheta\,y_{pM}\right) + \overline{m}_{xp}\,\delta\vartheta + \overline{m}_{yp}\,\delta\varphi_y + \overline{m}_{zp}\,\delta\varphi_z + \overline{m}_{\omega p}\,\delta\psi\Big]\,dx\end{aligned} \qquad (10\text{-}35.2)$$

Zusammenfassen nach gleichen Wirkungen liefert mit den Bezeichnungen (10-4):

$$\begin{aligned}\delta W_a = \int_l \Big[&\overline{p}_{xp}\,\delta u + \overline{p}_{yp}\,\delta v + \overline{p}_{zp}\,\delta w + \left(\overline{m}_{xp} - \overline{p}_{yp}\,z_{pM} + \overline{p}_{zp}\,y_{pM}\right)\delta\vartheta \\ &- \left(\overline{m}_{yp} + \overline{p}_{xp}\,z_p\right)\delta w' - \left(\overline{m}_{zp} + \overline{p}_{xp}\,y_p\right)\delta v' - \left(\overline{m}_{\omega p} + \overline{p}_{xp}\,\omega_p\right)\delta\vartheta'\Big]\,dx\end{aligned} \qquad (10\text{-}35.3)$$

Wir erkennen, dass Linienkräfte $\overline{p}_{yp}$ und $\overline{p}_{zp}$, die nicht in der Schubmittelpunktsachse des Stabes angreifen, zu Linientorsionsmomenten $\overline{m}_x$ führen (bei $y_{pM} \neq 0$ und/oder $z_{pM} \neq 0$). Weiter liefern Linienkräfte $\overline{p}_{xp}$ die nicht in der Schwerachse des Stabes angreifen, Linienbiegemomenten $\overline{m}_y$ (bei $z_p \neq 0$) und $\overline{m}_z$ (bei $y_p \neq 0$) sowie Linienbimoment $\overline{m}_\omega$ (letzteres bei $\omega_p \neq 0$).
Mit auf die Schwer- bzw. Schubmittelpunktsachse bezogenen Linienmomenten

$$\overline{m}_x = \overline{m}_{xp} - \overline{p}_{yp}\,z_{pM} + \overline{p}_{zp}\,y_{pM}$$

$$\overline{m}_y = \overline{m}_{yp} + \overline{p}_{xp}\,z_p \qquad \overline{m}_z = \overline{m}_{zp} + \overline{p}_{xp}\,y_p \qquad \overline{m}_\omega = \overline{m}_{\omega p} + \overline{p}_{xp}\,\omega_p \qquad (10\text{-}37)$$

erhalten wir für den entsprechenden Arbeitsanteil kürzer:

$$\delta W_a = \int_l \left[\overline{p}_x\,\delta u + \overline{p}_y\,\delta v + \overline{p}_z\,\delta w + \overline{m}_x\,\delta\vartheta + \overline{m}_y\,\delta\varphi_y + \overline{m}_z\,\delta\varphi_z + \overline{m}_\omega\,\delta\psi\right] dx \qquad (10\text{-}35.4)$$

Da die oben beschriebenen Versatzwirkungen mit (10-37) in den Linienmomenten enthalten sind, entfällt in der letzten Gleichung der Index p auch in den Linienkräften (d. h. $\overline{p}_x$ ist auf die Schwerachse, $\overline{p}_y$ und $\overline{p}_z$ sind auf die Schubmittelpunktsachse bezogen). Wie erwähnt, werden die Entstehung und Wirkung von Linienbimomenten in Abschnitt 10.6.1 erörtert.

10.4.5 Resultierende Formulierung

Die gesamte Bilanz der (negativen) virtuellen Arbeit $-\delta W = -\delta W_i - \delta W_R - \delta W_a = 0$ geht für das betrachtete Stabelement mit den Gln. (10-35.4), (10-32.5) und (10-20) über in:

$$\int \left[N\,\delta u' + M_{xV}\,\delta\vartheta' - M_y\,\delta w'' - M_z\,\delta v'' - M_\omega\,\delta\vartheta'' \right] dx$$

$$- \int \left[\overline{p}_x\,\delta u + \overline{p}_y\,\delta v + \overline{p}_z\,\delta w + \overline{m}_x\,\delta\vartheta - \overline{m}_y\,\delta w' - \overline{m}_z\,\delta v' - \overline{m}_\omega\,\delta\vartheta' \right] dx$$

$$- \left[N(x_R)\,\delta u(x_R) + Q_y(x_R)\,\delta v(x_R) + Q_z(x_R)\,\delta w(x_R) \right.$$

$$\left. + M_x(x_R)\,\delta\vartheta(x_R) + M_y(x_R)\,\delta\varphi_y(x_R) + M_z(x_R)\,\delta\varphi_z(x_R) + M_\omega(x_R)\,\delta\psi(x_R) \right]_a^b = 0 \qquad (10\text{-}38.1)$$

Gehen wir bei den inneren Arbeiten der Schnittgrößen nicht von Gl. (10-32.5), sondern von Gl. (10-32.4) aus, so ändert sich der erste Integralterm und wir erhalten das Prinzip in einer reinen Verschiebungsformulierung:

$$\int \left[EA\,(u' - \overline{\varepsilon})\,\delta u' + GI_T\,\vartheta'\,\delta\vartheta' + EI_y\,(w'' + \overline{\kappa}_y)\,\delta w'' + EI_z\,(v'' + \overline{\kappa}_z)\,\delta v'' + EI_\omega\,\vartheta''\,\delta\vartheta'' \right] dx$$

$$- \int \left[\overline{p}_x\,\delta u + \overline{p}_y\,\delta v + \overline{p}_z\,\delta w + \overline{m}_x\,\delta\vartheta - \overline{m}_y\,\delta w' - \overline{m}_z\,\delta v' - \overline{m}_\omega\,\delta\vartheta' \right] dx$$

$$- \left[N(x_R)\,\delta u(x_R) + Q_y(x_R)\,\delta v(x_R) + Q_z(x_R)\,\delta w(x_R) \right.$$

$$\left. + M_x(x_R)\,\delta\vartheta(x_R) + M_y(x_R)\,\delta\varphi_y(x_R) + M_z(x_R)\,\delta\varphi_z(x_R) + M_\omega(x_R)\,\delta\psi(x_R) \right]_a^b = 0 \qquad (10\text{-}38.2)$$

Die Gleichungen (10-38) stellen in unterschiedlicher Formulierung das Prinzip der vituellen Verschiebungen für den untersuchten räumlich beanspruchten Stab dar. Offensichtlich stellt der erste Integralterm die innere virtuelle Arbeit der Spannungsresultierenden im Stab dar. Der zweite Integralterm erfasst die äußere virtuelle Arbeit der im Feld wirkenden Linienlasten und Linienmomente. Die Summe in eckigen Klammern beschreibt die virtuelle Arbeit der an den Stabenden durch den Rundschnitt um das Stabelement freigesetzten Spannungsresultierenden.
Mit Gl. (10-38.2) werden in Kapitel 11 Elementmatrizen der Wölbkrafttorsion hergeleitet.

10.5 Differentialgleichungen, Kräfterandbedingungen, Schnittgrößen

10.5.1 Stäbe mit dünnwandigem offenen Querschnitt unter Wölbkrafttorsion

Wir wollen jetzt die das Tragverhalten eines räumlich beanspruchten Stabes beschreibenden Differentialgleichungen mit den zugehörigen Kräfte-Randbedingungen als Eulersche Gleichungen aus Gl. (10-38.1) herleiten. Dazu wird diese Beziehung, wie in Kapitel 4.1 für den ebenen Rahmen gezeigt, durch partielle Integration so umgeformt, dass im Integranden nur die virtuellen Funktionen, nicht aber deren Ableitungen auftreten (vgl. auch Anhang A1-1). Auf diesem Wege folgt:

$$\int \Big[- N'\,\delta u - M_{xV}'\,\delta\vartheta - M_y''\,\delta w - M_z''\,\delta v - M_\omega''\,\delta\vartheta$$

$$- \overline{p}_x\,\delta u - \overline{p}_y\,\delta v - \overline{p}_z\,\delta w - \overline{m}_x\,\delta\vartheta - \overline{m}_y'\,\delta w - \overline{m}_z'\,\delta v - \overline{m}_\omega'\,\delta\vartheta \Big]\, dx$$

$$+ [N\,\delta u]_a^b + [M_{xV}\,\delta\vartheta]_a^b - [M_y\,\delta w']_a^b + [M_y'\,\delta w]_y^b$$

$$- [M_z\,\delta v']_a^b + [M_z'\,\delta v]_a^b - [M_\omega\,\delta\vartheta']_a^b + [M_\omega'\,\delta\vartheta]_a^b + [\overline{m}_y\,\delta w]_a^b + [\overline{m}_z\,\delta v]_a^b + [\overline{m}_\omega\,\delta\vartheta]_a^b$$

$$- \big[N(x_R)\,\delta u(x_R) + Q_y(x_R)\,\delta v(x_R) + Q_z(x_R)\,\delta w(x_R)$$

$$+ M_x(x_R)\,\delta\vartheta(x_R) + M_y(x_R)\,\delta\varphi_y(x_R) + M_z(x_R)\,\delta\varphi_z(x_R) + M_\omega(x_R)\,\delta\psi(x_R)\big]_a^b = 0$$

Umordnen der Terme nach den virtuellen Verschiebungen liefert:

$$\int \Big\{ \big[- N' - \overline{p}_x\big]\delta u + [- (M_{xV} + M_\omega')' - \overline{m}_x - \overline{m}_\omega']\,\delta\vartheta$$

$$+ \big[- M_y'' - \overline{p}_z - \overline{m}_y'\big]\delta w + \big[- M_z'' - \overline{p}_y - \overline{m}_z'\big]\delta v \Big\}\, dx$$

$$+ [(N - N(x_R)\,)\,\delta u]_a^b$$

$$+ [(M_{xV} + M_\omega' + \overline{m}_\omega - M_x(x_R))\,\delta\vartheta]_a^b + [(- M_\omega + M_\omega(x_R))\,\delta\vartheta']_a^b$$

$$+ \big[(M_y' + \overline{m}_y - Q_z(x_R))\,\delta w\big]_a^b + \big[(- M_y + M_y(x_R))\,\delta w'\big]_a^b$$

$$+ \big[(M_z' + \overline{m}_z - Q_y(x_R))\,\delta v\big]_a^b + [(- M_z + M_z(x_R))\,\delta v']_a^b = 0 \qquad (10\text{-}38.3)$$

Die gesamte Arbeit verschwindet für beliebige virtuelle Verschiebungen, wenn im Integranden alle Terme in eckigen Klammern und in den an den Rändern auszuwertenden Ausdrücken alle Glieder in runden Klammern für sich verschwinden. Letzteres ist zu fordern, da wir für die virtuellen Verschiebungen keine geometrischen (kinematischen) Randbedingungen vorgeschrieben haben. Zu null gesetzt liefern die entsprechenden Klammerterme des Integranden die beschreibenden Feldgleichung und diejenigen der ausintegrierten Terme die zugeordneten Randbedingungen (mit *Rb.* abgekürzt).

Die Differentialgleichungen stellen dem Prinzip der virtuellen Verschiebungen entsprechend stets Gleichgewichtsbedingungen, die Randbedingungen stets Kräfterandbedingungen dar.

1. Längskraftbeanspruchung

Dgl. : $N' + \overline{p}_x = 0$ (10-39.1)

Rb. : $N(x_R) = N$ (10-39.2)

In der letztgenannten Beziehung bezeichnet $N(x_R)$ auf der linken Gleichungsseite die durch den in Abschnitt 10.4.1 beschriebenen Rundschnitt freigesetzte, außen auf den Endquerschnitten des Stabes wirkende (Schnitt-) Kraft, während N auf der rechten Seite der ebenfalls in x_R, jedoch im Stab wirkenden Spannungsresultierenden zugeordnet ist. Diese Überlegungen gelten sinngemäß für die der Torsion und der Biegung um die y- bzw. um die z-Achse zugeordneten Randbedingungen.

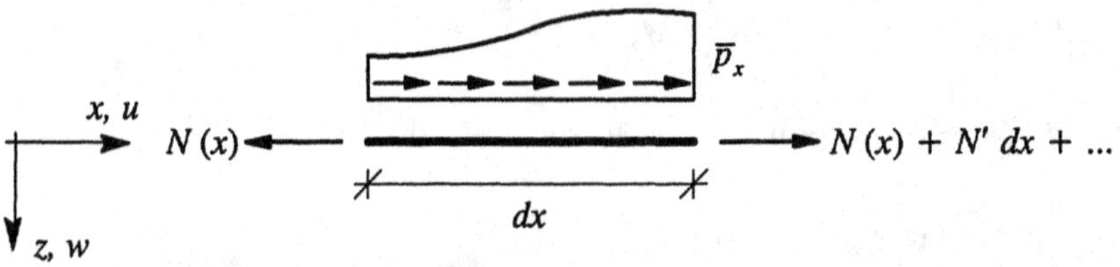

Bild 10.4 Normalkraft und Linienlängsbelastung am differentiellen Element eines Fachwerkstabes

2. Torsion

$$\text{Dgl.:} \quad (M_{xV} + M_\omega')' + \overline{m}_\omega' + \overline{m}_x = 0 \tag{10-40.1}$$

$$\text{Rb. 1:} \quad M_x(x_R) = M_{xV} + M_\omega' + \overline{m}_\omega \tag{10-40.2}$$

$$\text{Rb. 2:} \quad M_\omega(x_R) = M_\omega \tag{10-40.3}$$

Aus der ersten Randbedingung erkennen wir, dass sich das resultierende Torsionsmoment M_x eines Querschnitts aus dem St. Venant'schen Anteil M_{xV}, dem Wölbtorsionsmoment $M_{x\omega} = M_\omega'$ sowie dem Anteil des Linienbimomentes $\overline{m}_\omega$ zusammensetzt.

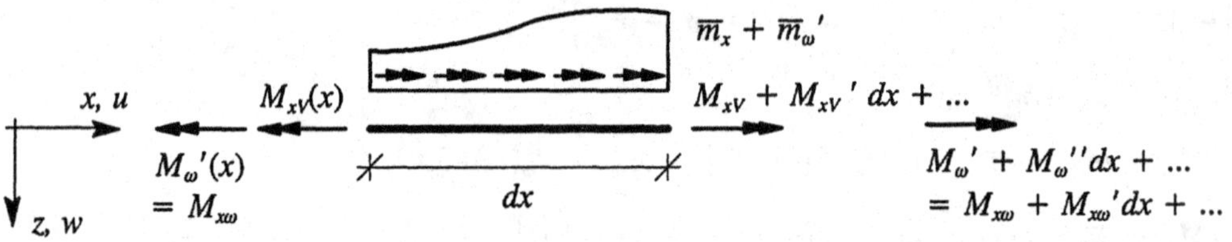

Bild 10.5 Schnittgrößen und Linientorsionsmoment am differentiellen Element eines Torsionsstabes (das Linienbimoment ist nicht dargestellt).

3. Biegung um die *y*-Achse

Die folgenden Beziehungen sind bereits in Kapitel 4 hergeleitet worden. Sie werden hier der Vollständigkeit halber noch einmal angeschrieben.

$$\text{Dgl.:} \quad M_y'' + \overline{m}_y' + \overline{p}_z = 0 \tag{10-41.1}$$

$$\text{Rb. 1:} \quad Q_z(x_R) = M_y' + \overline{m}_y \tag{10-41.2}$$

$$\text{Rb. 2:} \quad M_y(x_R) = M_y \tag{10-41.3}$$

Aus der ersten Randbedingung ersehen wir, dass die Querkraft Q_z sich aus der Änderung des Biegemomentes M_y' und dem Anteil des Linienbiegemomentes $\overline{m}_y$ zusammensetzt.

Wir können feststellen, dass diese Gleichung auch erhalten werden, wenn man am differentiellen Element das Gleichgewicht der Momente um das positive Schnittufer bildet. Bei dieser Methode der Herleitung maßgebender Gleichgewichtsgleichungen der Stabstatik (und verwandter Gebiete) werden die betreffender Zustands- und Einwirkungsgrößen in einer Umgebung $x + dx$ von x in Taylorreihen entwickelt. Die gesuchten Beziehungen werden unmittelbar durch Bilden des Gleichgewichts von Kräften und Momenten am differentiellen Stabelement erhalten. Zur mechanisch und formal folgerichtigen Begründung und Ausführung der Vorgehensweise vgl. *Kreuzinger, Kiener (1995)*.

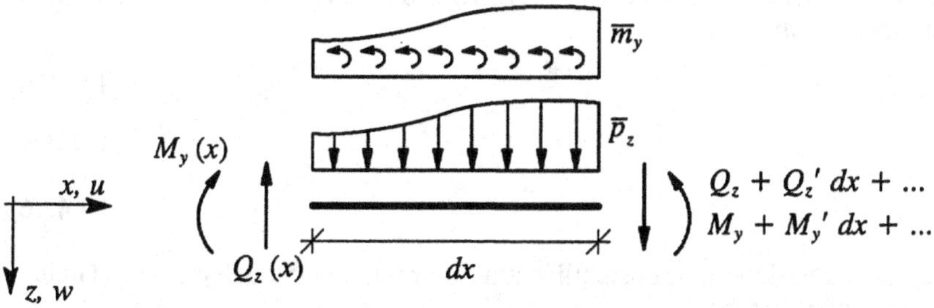

Bild 10.6 Schnittgrößen und zugeordnete Einwirkungen am differentiellen Element eines Biegestabes (Biegung in der *x*-*z*-Ebene)

4. Biegung um die *z*-Achse

$$\text{Dgl.:} \quad M_z'' + \overline{m}_z' + \overline{p}_y = 0 \qquad (10\text{-}42.1)$$

$$\text{Rb. 1:} \quad Q_y(x_R) = M_z' + \overline{m}_z \qquad (10\text{-}42.2)$$

$$\text{Rb. 2:} \quad M_z(x_R) = M_z \qquad (10\text{-}42.3)$$

Für die Biegung um die *z*-Achse gelten die unter 3. zur Biegung um die *y*-Achse gegebenen Anmerkungen analog.

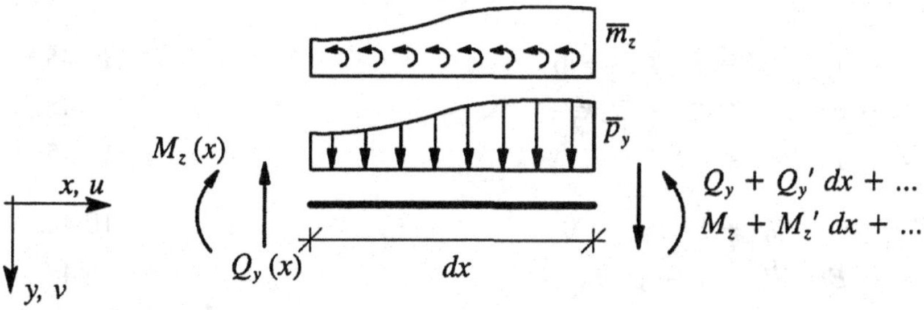

Bild 10.7 Schnittgrößen und zugeordnete Einwirkungen am differentiellen Element eines Biegestabes (Biegung in der *x*-*y*-Ebene)

Randterme

Hinsichtlich der Anmerkungen zu den obigen Randbedingungen sei noch einmal daran erinnert, dass der in Abschnitts 10.4.1 beschriebene Rundschnitt um ein Stabelement die Stabachse an beliebiger Stelle x schneiden kann. Wir dürfen also an Stelle der Größen $N(x_R)$, $Q_y(x_R)$, $Q_z(x_R)$, $M_x(x_R)$, $M_y(x_R)$, $M_z(x_R)$ und $M_\omega(x_R)$ in den Randbedingungen die Schnittgrößen $N(x)$, $Q_y(x)$, $Q_z(x)$, $M_x(x)$, $M_y(x)$, $M_z(x)$ und $M_\omega(x)$ setzen.

Damit reduzieren sich die Beziehungen (10-39.2), (10-40.3), (10-41.3) und (10-42.3) auf triviale Aussagen. Die Gleichungen (10-40.2), (10-41.2) und (10-42.2) nehmen folgende Gestalt an:

$$M_x(x) = M_{xV} + M_\omega' + \overline{m}_\omega \qquad (10\text{-}40.4)$$

$$Q_z(x) = M_y' + \overline{m}_y \qquad (10\text{-}41.5)$$

$$Q_y(x) = M_z' + \overline{m}_z \qquad (10\text{-}42.5)$$

Damit gehen die Gln. (10-40.1), (10-41.1) und (10-42.1) über in die maßgebenden Differentialgleichungen der resultierenden Schnittgrößen:

$$M_x' + \overline{m}_x = 0 \tag{10-40.5}$$

$$Q_z' + \overline{p}_z = 0 \tag{10-41.6}$$

$$Q_y' + \overline{p}_y = 0 \tag{10-42.6}$$

Die letzten beiden Beziehungen sichern offensichtlich am differentiellen Stabelement das Gleichgewicht der Kräfte senkrecht zur Stabachse.
Wir halten noch einmal fest, dass positive Einzellasten stets wie die zugeordneten Schnittgrößen des positiven Schnittufers orientiert sind.

Maßgebende Beziehungen in Verschiebungsgrößen

Mit den Stoffgesetzen der Schnittgrößen der Gln. (10-34) erhält man die maßgebenden Beziehungen in Verschiebungsgrößen.

1. $$EA\, u'' + \overline{p}_x - EA\, \overline{\varepsilon}' = 0 \tag{10-43.1}$$
   $$N = EA\,(u' - \overline{\varepsilon}) \tag{10-43.2}$$

2. $$GI_T \vartheta'' - EI_\omega \vartheta'''' + \overline{m}_\omega' + \overline{m}_x = 0 \tag{10-44.1}$$
   $$M_x = GI_T \vartheta' - EI_\omega \vartheta''' + \overline{m}_\omega \tag{10-44.2}$$
   $$M_\omega = -EI_\omega \vartheta'' \tag{10-44.3}$$

3. $$EI_y\, w'''' - \overline{p}_z - \overline{m}_y' + EI_y \overline{\kappa}_y'' = 0 \tag{10-45.1}$$
   $$Q_z = -EI_y\, w''' + \overline{m}_y - EI_y \overline{\kappa}_y' \tag{10-45.2}$$
   $$M_y = -EI_y \left(w'' + \overline{\kappa}_y\right) \tag{10-45.3}$$

4. $$EI_z\, v'''' - \overline{p}_y - \overline{m}_z' + EI_z \overline{\kappa}_z'' = 0 \tag{10-46.1}$$
   $$Q_y = -EI_z\, v''' + \overline{m}_z - EI_z \overline{\kappa}_z' \tag{10-46.2}$$
   $$M_z = -EI_z\,(v'' + \overline{\kappa}_z) \tag{10-46.3}$$

Resultierendes System von Differentialgleichungen 4. Ordnung

Offensichtlich lassen sich die Gln. (10-43.1) bis (10-46.1) matriziell zu einem resultierenden Differentialgleichungssystem 4. Ordnung der Gl. (10-47) zusammenfassen.

$$E \begin{bmatrix} A & 0 & 0 & 0 \\ 0 & I_z & 0 & 0 \\ 0 & 0 & I_y & 0 \\ 0 & 0 & 0 & I_\omega \end{bmatrix} \begin{bmatrix} u^{II} \\ v^{IV} \\ w^{IV} \\ \vartheta^{IV} \end{bmatrix} - G \begin{bmatrix} 0 \\ 0 \\ 0 \\ I_T \end{bmatrix} \vartheta^{II} = \begin{bmatrix} -\overline{p}_x + EA\,\overline{\varepsilon}' \\ \overline{p}_y + \overline{m}_z' - EI_z \overline{\kappa}_z'' \\ \overline{p}_z + \overline{m}_y' - EI_y \overline{\kappa}_y'' \\ \overline{m}_x + \overline{m}_\omega' \end{bmatrix} \tag{10-47}$$

Die Koeffizientenmatrix des Systems entspricht der in Gl. (10-31) für ein allgemeines Bezugssystem ausgewiesenen Matrix der Querschnittswerte $\boldsymbol{A}$. Im Hauptachsensystem ist nur die Hauptdiagonale besetzt und erlaubt so die unabhängige Untersuchung von Normalkraft-, Biege- und Torsionszuständen.

Resultierendes System von Differentialgleichungen 1. Ordnung

Bereits in Kapitel 2.7 war darauf hingewiesen worden, dass die Grundgleichungen der Statik stets auf kinematischen Beziehungen, den Stoffgesetzen der Bauteil sowie auf Gleichgewichtsbeziehungen gründen (vgl. insbesondere Bild 2.7).
Im vorliegenden Zusammenhang eines geraden Stabes mit dünnwandigem, offenen Querschnitt sind die kinematischen Beziehungen mit den Gln. (10-4)/1 bis (10-4)/3 gegeben. Das Stoffgesetz kann für die Spannungsresultierenden in der Form (10-34)/1und (10-34)/3 bis (10-34)/5 geschrieben werden. Die Gleichgewichtsbedingungen im Feld wurden mit den Gln. (10-39.1), (10-40.4) und (10-40.5), (10-41.5) und (10-41.6) sowie mit (10-42.5) und (10-42.6) erhalten.

Durch fortgesetzte Elimination der Verzerrungen und Schnittgrößen lassen sich die Beziehungen (10-43.1) bis (10-46.1) entwickeln, die auch in der matriziellen Form (10-47) angeschrieben werden können. Diese in Verschiebungsgrößen formulierten Gleichungen sind linear und (im Hauptachsensystem) entkoppelt. Da die Fundamentalsysteme der homogenen Gleichungen für Stäbe mit konstanten Querschnitt bekannt sind, lassen sich für diese Gruppe von Bauteilen stets planmäßig Lösungen in geschlossener Form angeben. Darüber hinaus liegen analytische Lösungen für viele, in der Praxis eingesetzten Stäbe mit veränderlichem Querschnitt vor (*Kiener (1988)*).

Die oben angegebenen maßgebenden Gleichungen lassen sich jedoch auch unmittelbar in Gestalt eines Differentialgleichungssystem 1. Ordnung angeben. Wie man ohne weiteres nachvollzieht, entsprechen die vierzehn Gleichungen des Systems von Gl. (10-48) der Reihe nach den bereits oben angeführten Beziehungen:

(10-34)/1: $N = EA\,(u' - \bar{\varepsilon})$

(10-4)/2: $\varphi_z = -v'$

(10-4)/1: $\varphi_y = -w'$

(10-4)/3: $\psi = -\vartheta'$

(10-34.3): $M_y = -EI_y\left(w'' + \bar{\kappa}_y\right)$

(10-34.4): $M_z = -EI_z\,(v'' + \bar{\kappa}_z)$

(10-34.5): $M_\omega = -EI_\omega\,\vartheta''$

(10-39.1): $N' + \bar{p}_x = 0$

(10-42.6): $Q_y' + \bar{p}_y = 0$

(10-41.6): $Q_z' + \bar{p}_z = 0$

(10-40.4): $M_x' + \bar{m}_x = 0$

(10-41.5): $Q_z = M_y' + \bar{m}_y$

(10-42.5): $Q_y = M_z' + \bar{m}_z$

(10-40.2): $M_x = M_{xV} + M_\omega' + \bar{m}_\omega$

$$
\frac{d}{dx}\begin{bmatrix} u \\ v \\ w \\ \vartheta \\ \varphi_y \\ \varphi_z \\ \psi \\ N \\ Q_y \\ Q_z \\ M_x \\ M_y \\ M_z \\ M_\omega \end{bmatrix}
=
\left[\begin{array}{ccccccc|ccccccc}
0 & 0 & 0 & 0 & 0 & 0 & 0 & \frac{1}{EA} & 0 & 0 & 0 & 0 & 0 & 0 \\
0 & 0 & 0 & 0 & 0 & -1 & 0 & 0 & 0 & 0 & 0 & 0 & 0 & 0 \\
0 & 0 & 0 & 0 & -1 & 0 & 0 & 0 & 0 & 0 & 0 & 0 & 0 & 0 \\
0 & 0 & 0 & 0 & 0 & 0 & -1 & 0 & 0 & 0 & 0 & 0 & 0 & 0 \\
0 & 0 & 0 & 0 & 0 & 0 & 0 & 0 & 0 & 0 & 0 & \frac{1}{EI_y} & 0 & 0 \\
0 & 0 & 0 & 0 & 0 & 0 & 0 & 0 & 0 & 0 & 0 & 0 & \frac{1}{EI_z} & 0 \\
0 & 0 & 0 & 0 & 0 & 0 & 0 & 0 & 0 & 0 & 0 & 0 & 0 & \frac{1}{EI_\omega} \\
\hline
k_u & 0 & 0 & 0 & 0 & 0 & 0 & 0 & 0 & 0 & 0 & 0 & 0 & 0 \\
0 & k_v & 0 & 0 & 0 & 0 & 0 & 0 & 0 & 0 & 0 & 0 & 0 & 0 \\
0 & 0 & k_w & 0 & 0 & 0 & 0 & 0 & 0 & 0 & 0 & 0 & 0 & 0 \\
0 & 0 & 0 & k_\vartheta & 0 & 0 & 0 & 0 & 0 & 0 & 0 & 0 & 0 & 0 \\
0 & 0 & 0 & 0 & 0 & 0 & 0 & 0 & 0 & 1 & 0 & 0 & 0 & 0 \\
0 & 0 & 0 & 0 & 0 & 0 & 0 & 0 & 1 & 0 & 0 & 0 & 0 & 0 \\
0 & 0 & 0 & 0 & 0 & 0 & GI_T & 0 & 0 & 0 & 1 & 0 & 0 & 0
\end{array}\right]
\begin{bmatrix} u \\ v \\ w \\ \vartheta \\ \varphi_y \\ \varphi_z \\ \psi \\ N \\ Q_y \\ Q_z \\ M_x \\ M_y \\ M_z \\ M_\omega \end{bmatrix}
+
\begin{bmatrix} \bar{\varepsilon} \\ 0 \\ 0 \\ 0 \\ \bar{\kappa}_y \\ \bar{\kappa}_z \\ 0 \\ -\bar{p}_x \\ -\bar{p}_y \\ -\bar{p}_z \\ -\bar{m}_x \\ -\bar{m}_y \\ -\bar{m}_z \\ -\bar{m}_\omega \end{bmatrix}
\qquad (10\text{-}48)
$$

In den Beziehungen (10-48)/8 bis (10-48)/11 sind die in Kapitel 4 für den Fall ebener Beanspruchung besprochenen Bettungskräfte mit angeschrieben.
Diese Formulierung ist selbstverständlich mechanisch und mathematisch den Gleichungen 4. Ordnung gleichwertig. Sie dient als Ausgangsformulierung für die in Kapitel 11 gezeigte Darstellung von Übertragungsmatrizen und Lastvektoren.

10.5.2 Stäbe mit gedrungenem Querschnitt unter St. Venant'scher Torsion

Mit Ausnahme der wölbfreien Kreis- bzw. Kreisringquerschnitte erleiden auch gedrungene (nicht dünnwandige) Querschnitte mit oder ohne Löchern unter Torsionsbelastung eine Verwölbung, deren Verteilung im Querschnitt nach Kapitel 9.3 bestimmt ist. Wird diese Verwölbung durch entsprechende Randbedingungen, Knotenpunktsausbildungen oder Lasten behindert oder gänzlich unterbunden, so werden im Stabkörper zumindest Wölbnormalspannungen entstehen, die die Größe und Verteilung der reinen (St. Venant'schen) Längsschubspannungen beeinflussen. Auf diesen Umstand hat bereits *Bredt (1896)* hingewiesen. Weitere Arbeiten zu diesem Problemkreis stammen von *Föppl (1920)*, *Timoshenko (1921)* und *Szabo (1956)*. Bei Stäben mit gedrungenen bzw. dickwandigen Querschnitten ergeben sich Besonderheiten, die letztlich zu einer erheblichen Vereinfachung der Tragwerksanalyse führen und die teilweise im Vorgriff auf die folgenden Kapitel anhand des in Bild 11.13 dargestellten Kragarmes unter Torsionsmomentenbelastung besprochen werden sollen.

Die Ergebnisse der genannten und weiterer hier nicht einzeln angeführter Arbeiten sowie eigener vergleichender Untersuchungen lassen sich folgendermaßen zusammenfassen:

1.) Bei gedrungenen Querschnitten klingen die Störungen aus Wölbbehinderung ungleich schneller ab als bei dünnwandigen Querschnitten.
Vergleichende Zahlenrechnungen zeigen, dass die aus der Behinderung der Torsionsverwölbung resultierenden Spannungszustände innerhalb einer Entfernung abgeklungen sind, die etwa der größeren Querschnittsabmessung entspricht (St. Venant'scher Störbereich). Die Extremwerte der zugeordneten Spannungszustände liegen innerhalb eines Bereichs, der durch maximal die halbe größere Querschnittsabmessung gekennzeichnet ist (vgl. Bild 10.9).

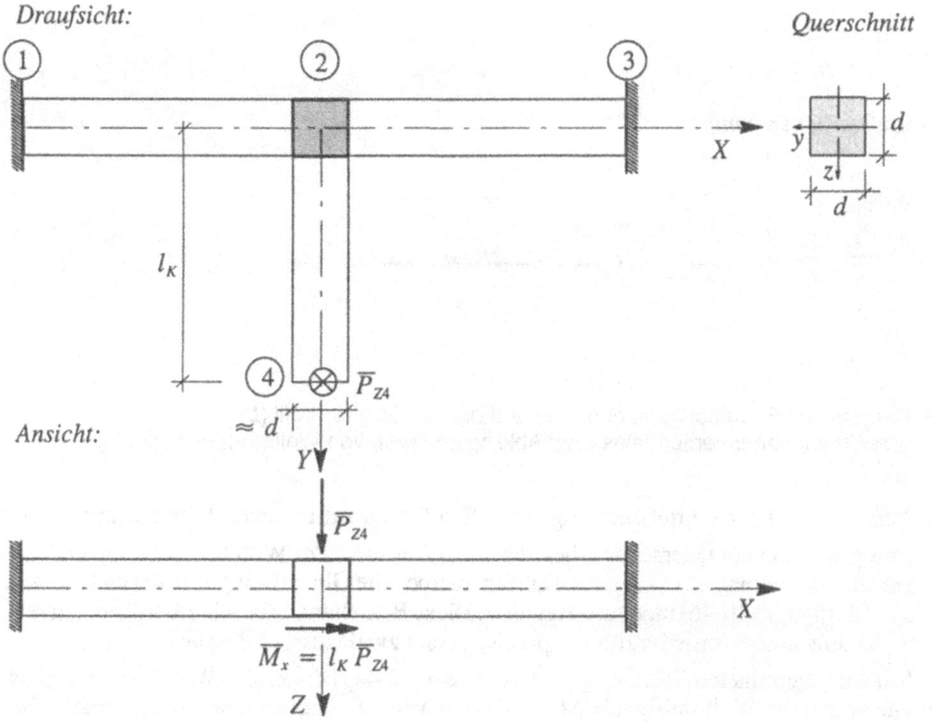

Bild 10.8 Beidseits eingespannter Träger 1-2-3 mit Kragarm 2-4 und Einzellast in Knoten 4

2.) Zur Beschreibung des Abklingverhaltens dieser Spannungszustände ist der Bernoullische Produktansatz der Form $-\vartheta'(x)\,\omega(y,\ z)$ nicht mehr haltbar, da die Abhängigkeit der Verteilungsfunktion ω der Verwölbung im Querschnitt im interessierenden Bereich i. A. stark von x abhängt.

3.) Des weiteren bleibt der Querschnitt in einem Störungsbereich d nicht formtreu. Damit ist es nicht möglich, im Abklingbereich der Wölbbehinderung eine resultierende Querschnittsverdrehung anzugeben. Wölbnormalspannungen haben also bei Querschnitten dieser Art eher den Charakter einer Lasteinleitung, bei denen stabtypische kinematische Annahmen nicht mehr gelten (vgl. hierzu auch Kapitel 10.7).

4.) Der Schubmittelpunkt unsymmetrischer oder einfach symmetrischer Querschnitte fällt zwar auch bei gedrungenen Querschnitten nicht mit dem Schwerpunkt zusammen. Jedoch ist der Abstand zwischen beiden Punkten dabei in der Regel eine Größenordnung kleiner als die kennzeichnender Querschnittsabmessungen. Bei praktischen Berechnungen kann er daher häufig näherungsweise zu Null angenommen werden.

a) Rechteckquerschnitt

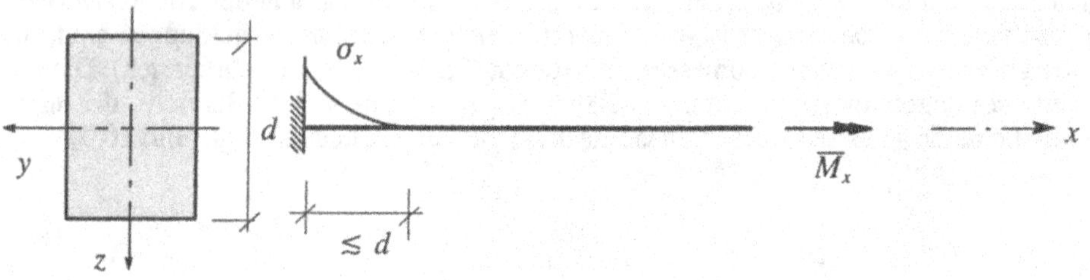

b) Dünnwandiger Querschnitt

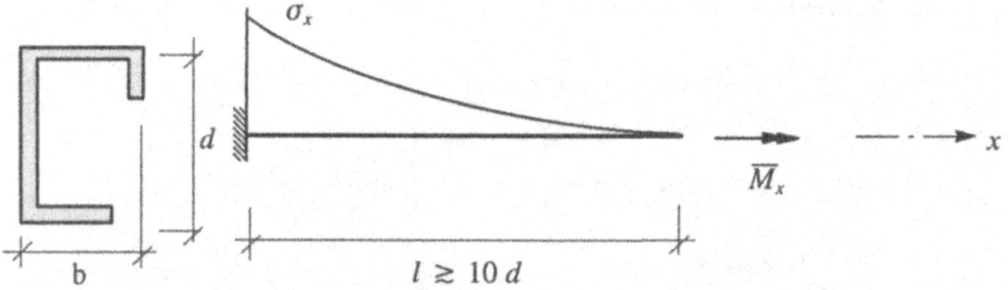

Bild 10.9 Kragarm mit Rechteckquerschnitt (*a*) und dünnwandiges Profil (*b*) unter Torsionsmomentenbelastung; Abklingverhalten von Wölbnormalspannung

Die unter Punkt 1.) bis 4.) beschriebenen Eigenschaften führen auf folgende Vereinfachungen:

Bei Stäben mit gedrungenem Querschnitt, bei denen die Einflüsse der Wölbbehinderung aus Torsion wie oben erläutert vernachlässigt werden dürfen, bleiben die Gln. (10-39), (10-41) und (10-42) bzw. (10-43), (10-45) und (10-46) unverändert gültig. Diese Beziehungen beschreiben das Tragverhalten eines Bauteils unter Normalkraftbeanspruchung und zweiachsiger Biegung.

In den der Torsion zugeordneten Beziehungen (10-40) und (10-44) können das Wölbbimoment, das Linienbimoment und die Wölbsteifigkeit EI_ω näherungsweise zu Null angenommen werden. Die Beziehungen (10-40.3), (10-40.2), (10-40.4) und (10-44.3) entfallen damit bzw. liefern identische Aussagen, so dass sich die maßgebenden Gleichungen vereinfachen:

$$M_x' + \overline{m}_x = 0 \tag{10-49.1}$$

$$GI_T \vartheta'' + \overline{m}_x = 0 \tag{10-49.2}$$

$$M_x = GI_T \vartheta' \tag{10-49.3}$$

Die Bestimmung der Querschnittshauptachsen und die Berechnung des Schubmittelpunktes gedrungener Querschnitte ist in Anhang A3-2 behandelt.

10.6 Berechnung von Spannungsresultierenden und Spannungen

10.6.1 Mechanische Erörterung von Bimoment und Linienbimoment

In den Beziehungen, die das Tragverhalten von Stäben unter Torsion beschreiben, tritt analog zur Biegung das sogenannte Bimoment auf. Der Begriff Bimoment wurde, geschichtlich gesehen, in der Theorie der Wölbkrafttorsion dünnwandiger Stäbe entwickelt. Die erste Arbeit von *Timoshenko (1905)*,die sich mit Fragen der Wölbkrafttorsion befasst, hat (ohne dieses Wort zu gebrauchen), einen verdrehten Träger mit I-Querschnitt untersucht. Für diesen speziellen Querschnitt lässt sich das Bimoment tatsächlich als ein entgegengesetzt wirkendes Momentenpaar deuten (siehe Bild 10.14). Vergleicht man die Bildungsgesetze der Normalkraft N, der Biegemomente M_y und M_z der zweiachsigen Biegung und des Bimomentes der Wölbkrafttorsion M_ω, so erkennt man, dass sie in analoger Weise zu bilden sind, wenn nur die mit Gl. (10-15.2) definierten Grund-, Einheits- oder Hauptverwölbungen dieser Zustände konsequent eingeführt werden (vgl. hierzu Abschnitt 10.4.2 und Anhang A3-1):

(10-15.2): $$\omega^T(y,z) = \begin{bmatrix} \omega_x & \omega_z & \omega_y & \omega_0(y,\, z) \end{bmatrix}$$

Die folgenden Bilder zeigen dies anhand eines I-Querschnitts.

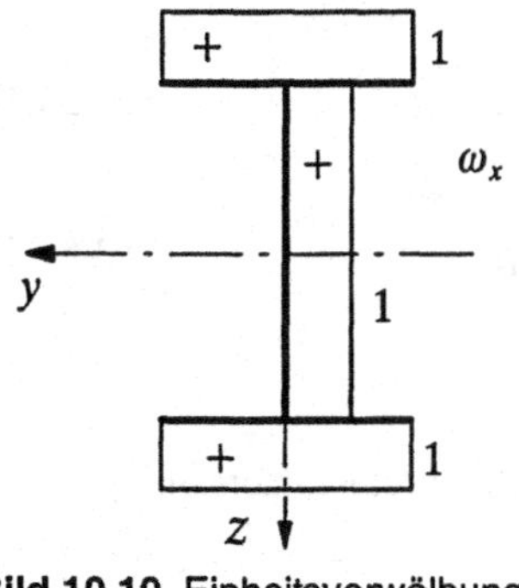

$$\omega_x(s) = +1 \qquad (10\text{-}50.1)$$

$$N(x) = \int \sigma_x(x,s)\, \omega_x(s)\, t(s)\; ds \qquad (10\text{-}50.2)$$

Bild 10.10 Einheitsverwölbung und Bildungsgesetz der Normalkraft

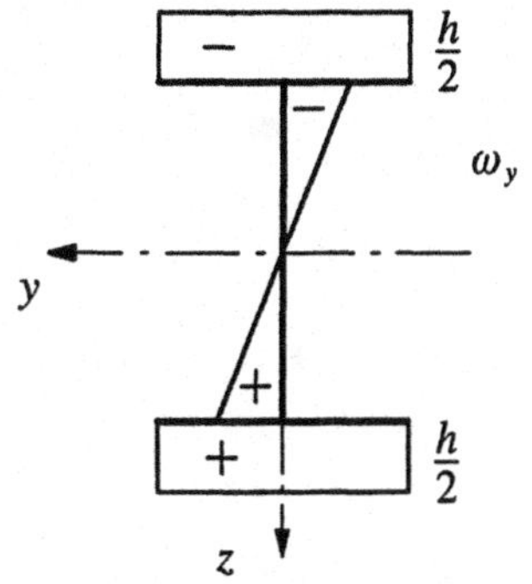

$$\omega_y(s) = +z \qquad (10\text{-}51.1)$$

$$M_y(x) = \int \sigma_x(x,s)\, \omega_y(s)\, t(s)\; ds \qquad (10\text{-}51.2)$$

Bild 10.11 Einheitsverwölbung und Bildungsgesetz des Momentes bei Biegung um die *y*-Achse

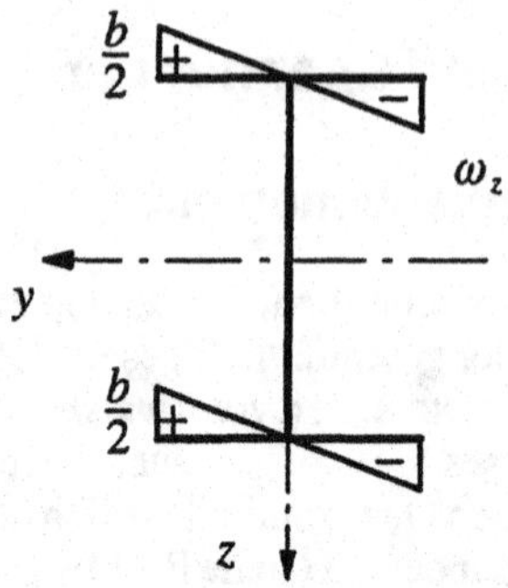

$$\omega_z(s) = +\, y(s) \tag{10-52.1}$$

$$M_z(x) = \int \sigma_x(x, s)\, \omega_z(s)\, t(s)\, ds \tag{10-52.2}$$

Bild 10.12 Einheitsverwölbung und Bildungsgesetz des Momentes bei Biegung um die *z*-Achse

Die Verteilung der Normalspannungen infolge eines Bimomentes lassen sich berechnen, wenn wir Gl. (10-34.5) nach $-\vartheta'' = \kappa_\omega$ auflösen und in Gl. (10-17.2) einsetzen:

$$\sigma_\omega(x, s) = \frac{M_\omega(x)}{I_\omega}\, \omega(s)$$

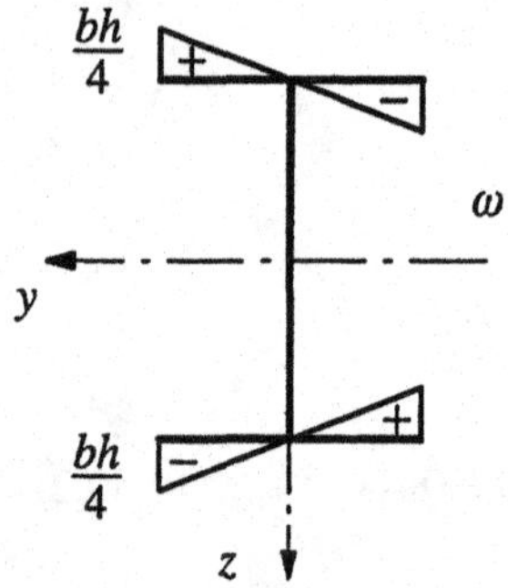

$$\omega(s) = \int r_t\, ds \tag{10-53.1}$$

$$M_\omega(x) = \int \sigma_x(x, s)\, \omega(s)\, t(s)\, ds \tag{10-53.2}$$

Bild 10.13 Einheitsverwölbung und Bildungsgesetz des Bimomentes der Wölbkrafttorsion

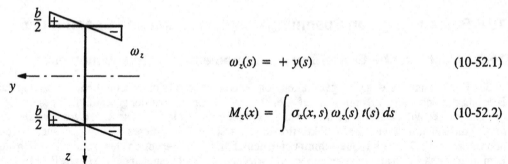

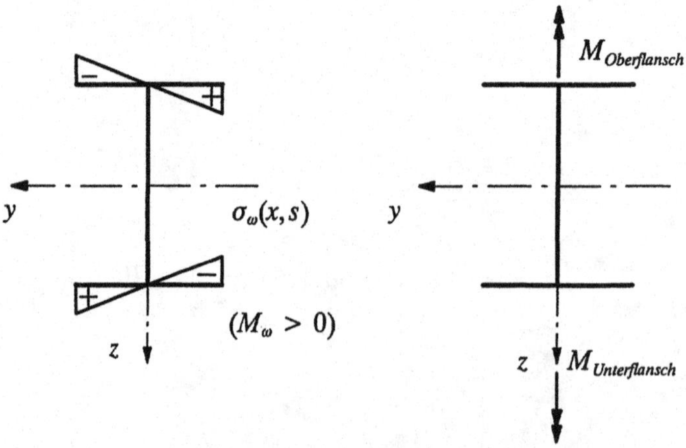

Bild 10.14 Verteilung der Wölbnormalspannungen und Bimoment beim Träger mit I-Querschnitt

Ein Blick auf die in Bild A.3-4 dargestellte normierte Verwölbung (Hauptverwölbung) der Torsion eines allgemeinen Querschnitts zeigt, dass dort mehr als zwei auf einzelne Wände bezogene Momente, zuzüglich einiger ebenfalls auf einzelne Wände bezogene Normalkräfte erforderlich sind, um das resultierende Bimoment darzustellen. Die Gesamtheit dieser Teilmomente und Teilnormalkräfte steht vektoriell über den gesamten Querschnitt zusammengefasst im Gleichgewicht. Ein Bimoment der Wölbkrafttorsion oder der (in dieser Arbeit nicht behandelten) Profilverzerrung ist die verallgemeinerte resultierende Schnittkraft eines in einem Querschnitt vorhandenen Eigenspannungszustandes, der sich ausschließlich aus Längsnormalspannungen aufbaut.
Bei dünnwandigen Querschnitten gilt für diesen Eigenspannungszustand das Prinzip von St. Venant i. A. nicht mehr (vgl. Abschnitt 10.5.2). Darüber hinaus ist mit seinem Abklingen eine Verdrehung der Querschnitte bei der Torsion verbunden (vgl. Abschnitt 13.4.3).

Eingeprägte Momente und Bimomente

Wir wollen die geschilderten Zusammenhänge am Beispiel der in Bild 10.15 dargestellten Kragstütze verdeutlichen. Die Stütze selbst ist sowohl zur x-y-, als auch zur x-z-Ebene symmetrisch. Die dargestellte Einwirkung läßt sich nun in vier Lastgruppen zerlegen, die zu diesen Symmetrie-Ebenen jeweils symmetrisch bzw. antimetrisch wirken (vgl. Bild 10.15 *d)* bis *g)*).
Die Summe dieser Einwirkungen liefert die ursprüngliche Belastung. Wir erkennen, dass die Gruppe der Einwirkungen *d)* einer zentrischen Normalkraft, die der Gruppe *e)* einem Biegemoment um die y-Achse und die der Gruppe *f)* einem Biegemoment um die z-Achse entspricht.
Die Linienlängslasten der Gruppe *g)* sind in ihrer Gesamtheit affin zu den in Bild 10.14 dargestellten Wölbnormalspannungen verteilt. Die Summe der Einwirkungen der Gruppe *g)* entspricht einem eingeprägten Bimoment der Wölbkrafttorsion.
Die Bildungsgesetze der eingeprägten Spannungsresultierenden sind mit

$$\bar{\sigma}(s) = \frac{\bar{p}_x(s)}{t(s)}$$

mit den Gln. (10-50.2) bis (10-53.2) gegeben. Mit der Randordinate der Einwirkung p folgt:

$$\bar{N}(l) = \int \bar{p}_x(l,s)\,\omega_x(s)\,ds = \frac{1}{4}\,p\,b \tag{10-54.1}$$

$$\bar{M}_y(l) = \int \bar{p}_x(l,s)\,\omega_y(s)\,ds = \frac{1}{8}\,p\,b\,h \tag{10-54.2}$$

$$\bar{M}_z(l) = \int \bar{p}_x(l,s)\,\omega_z(s)\,ds = \frac{1}{12}\,p\,b^2 \tag{10-54.3}$$

$$\bar{M}_\omega(l) = \int \bar{p}_x(l,s)\,\omega_M(s)\,ds = -\frac{1}{24}\,p\,b^2\,h \tag{10-54.4}$$

Übrigens ergibt sich das gleiche Ergebnis, wenn wir uns die am linken Unterflansch wirkende Linienlast als resultierende Einzelkraft

$$\bar{P}_x = \frac{1}{4}\,p\,b$$

im äußeren Drittelspunkt der Linienlast wirkend denken.

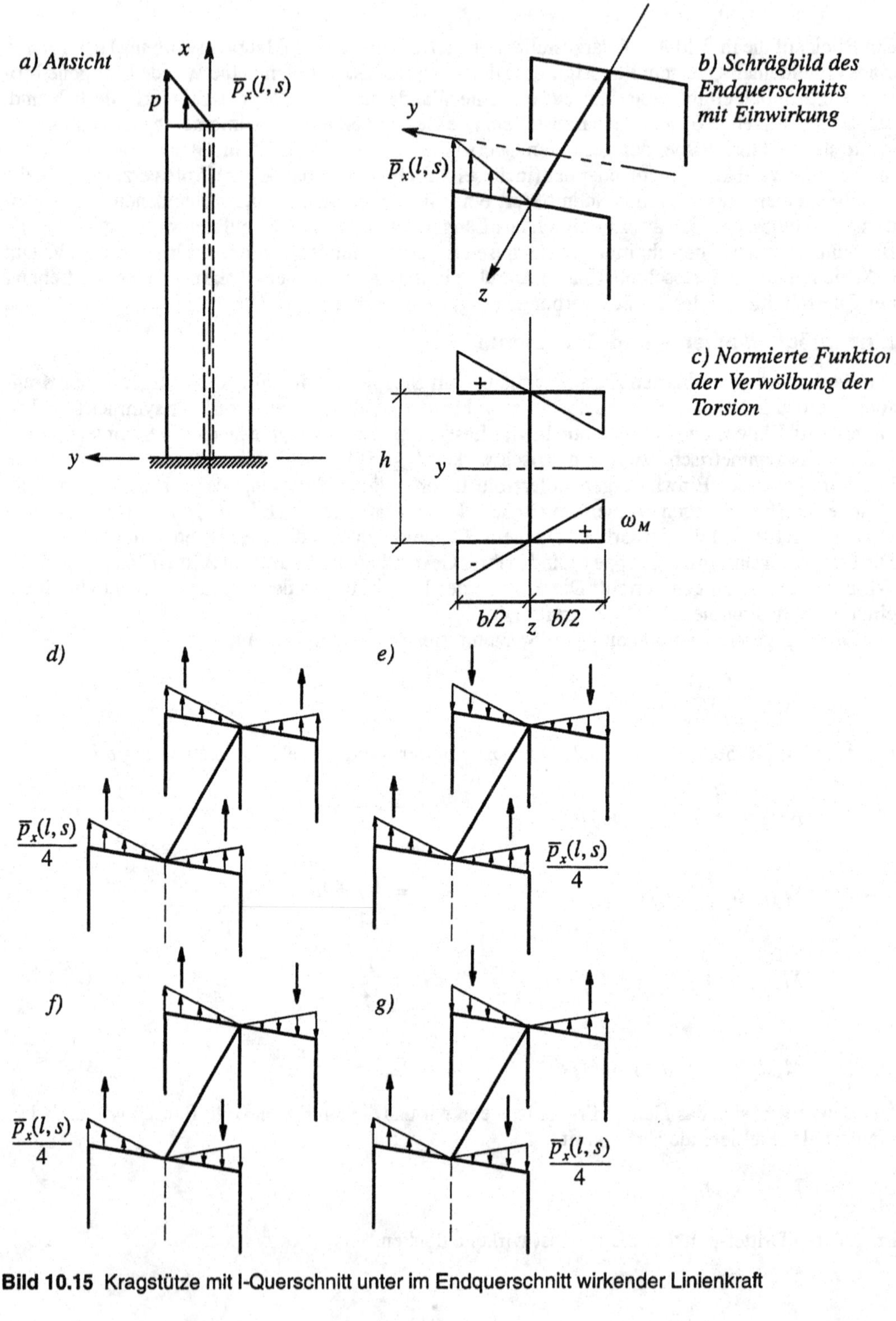

Bild 10.15 Kragstütze mit I-Querschnitt unter im Endquerschnitt wirkender Linienkraft

Zur Berechnung der im Endquerschnitt der Stütze einzuprägenden Lastgrößen kann im allgemeinen Fall in den obigen Gleichungen das Integral durch eine Summe ersetzt werden:

$$\overline{N}(x) = \sum_c \overline{P}_{xc}(x, s_c)\, \omega_x(s_c) \qquad = \frac{1}{4}\, p\, b \tag{10-55.1}$$

$$\overline{M}_y(x) = \sum_c \overline{P}_{xc}(x, s_c)\, \omega_y(s_c) \qquad = \frac{1}{8}\, p\, b\, h \tag{10-55.2}$$

$$\overline{M}_z(x) = \sum_c \overline{P}_{xc}(x, s_c)\, \omega_z(s_c) \qquad = \frac{1}{12}\, p\, b^2 \tag{10-55.3}$$

$$\overline{M}_\omega(x) = \sum_c \overline{P}_{xc}(x, s_c)\, \omega_M(s_c) \qquad = -\frac{1}{24}\, p\, b^2\, h \tag{10-55.4}$$

Die Summe erstreckt sich über alle in einem Innen- oder Endquerschnitt x wirkenden Kräfte $\overline{P}_{xc}(s_c)$. Schließlich erhalten wir das gleiche Ergebnis, wenn die Gln. (10-50.2) bis (10-53.2) unmittelbar und ohne Zerlegung in symmetrisch und antimetrisch wirkende Anteile ausgewertet werden. Das in Bild 10.15 dargestellte System wird in Abschnitt 13.4.3 zahlenmäßig behandelt.

Eingeprägte Linienmomente und Linienbimomente

Die oben dargelegte Analogie in den Bildungsgesetzen der Biegemomente und des Bimomentes der Wölbkrafttorsion gilt in entsprechender Weise für Linienbiegemomente und Linienbimomente. Gemäß Gl. (10-37)/2 bis (10-37)/4 führt eine Linienlängslast $\overline{p}_x$ zu Linienbiege- bzw. Linienbimomenten:

$$\overline{m}_y = \omega_{y,p}\, \overline{p}_x \quad (10\text{-}56.1) \qquad \overline{m}_z = \omega_{z,p}\, \overline{p}_x \quad (10\text{-}56.2) \qquad \overline{m}_\omega = \omega_{M,p}\, \overline{p}_x \quad (10\text{-}56.3)$$

Wir wollen diesen Zusammenhang anhand des in Bild 10.16 gezeigten Systems erläutern.

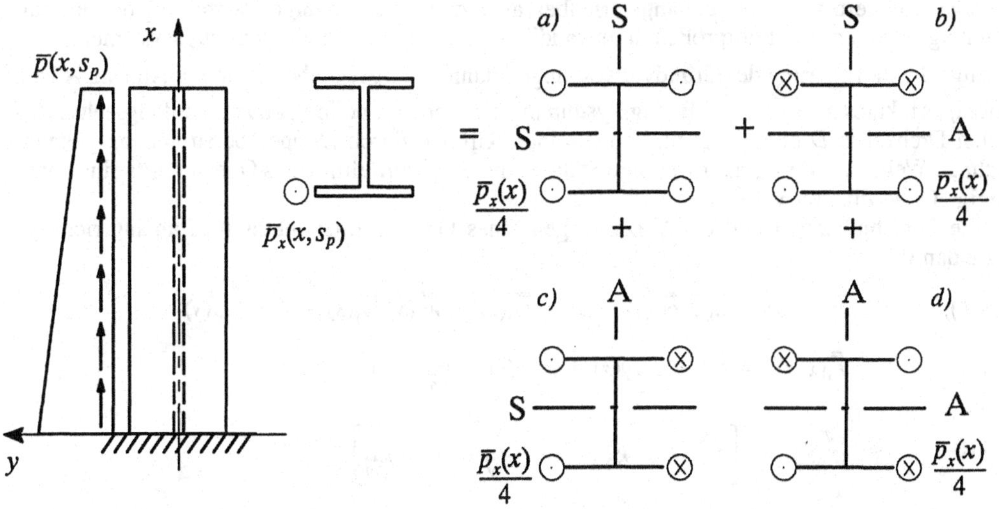

Bild 10.16 Kragstütze mit I-Querschnitt unter ausmittig angreifender Linienlängskraft; Lastaufspaltung

Wie in Bild 10.15 gezeigt, lässt sich auch hier eine an der linken Kante des Unterflansches eines I-Trägers wirkende Linienlängsbelastung $\overline{p}_x(x, s_p)$ in vier symmetrisch respektive antimetrisch wirkende Gruppen von Linienlasten zerlegen.
Die Linienlängskräfte der Teilgruppen wirken für den Gesamtstab als Linienlängskraft $\overline{p}_x(x)$, als Linienbiegemomente $\overline{m}_y(x)$ und $\overline{m}_z(x)$ sowie als Linienbimoment $\overline{m}_\omega(x)$:

$$\overline{p}_x = 4\,\frac{\overline{p}_x}{4}\,1 \qquad = \overline{p}_x\,\omega_{xp} \qquad = \overline{p}_x$$

$$\overline{m}_y = 4\,\frac{\overline{p}_x}{4}\,\frac{h}{2} \qquad = \overline{p}_x\,\omega_{yp} \qquad = \overline{p}_x\,\frac{h}{2}$$

$$\overline{m}_z = 4\,\frac{\overline{p}_x}{4}\,\frac{b}{2} \qquad = \overline{p}_x\,\omega_{zp} \qquad = \overline{p}_x\,\frac{b}{2}$$

$$\overline{m}_\omega = 4\,\frac{\overline{p}_x}{4}\left(-\frac{h}{2}\,\frac{b}{2}\right) \qquad = \overline{p}_x\,\omega_{Mp} \qquad = -\,\overline{p}_x\,\frac{hb}{2}$$

Für ihre Berechnung ist die Aufspaltung in symmetrisch und antimetrisch wirkende Anteile nicht notwendig. Vielmehr erhält man in Verallgemeinerung direkt durch Anwendung der Gln. (10-56):

$$\overline{p}_x(x) = \sum_p \overline{p}_x(x, s_p)\,\omega_x(s_p) \qquad \overline{m}_y(x) = \sum_p \overline{p}_x(x, s_p)\,\omega_y(s_p)$$

$$\overline{m}_z(x) = \sum_p \overline{p}_x(x, s_p)\,\omega_z(s_p) \qquad \overline{m}_\omega(x) = \sum_p \overline{p}_x(x, s_p)\,\omega_M(s_p)$$

Die erste dieser Gleichungen ist aus formalen Gründen mit angeschrieben.

10.6.2 Spannungsresultierende und Verzerrungen der Stabachse

Die oben erläuterten Zusammenhänge erlauben auch eine zweckmäßige Darstellung der normalspannungsbezogenen Schnittgrößen dünnwandiger Träger in allgemeinen Bezugssystemen.

Im Zuge der Normierung der Grundverwölbungen dünnwandiger Stäbe wurden in Anhang A3 ein beliebiges lokales $\overline{\overline{x}} - \overline{\overline{y}} - \overline{\overline{z}}$ – Bezugssystem mit einer ebenso beliebigen zur Stablängsachse parallelen Drehachse D eingeführt und zugeordnete Größen durch Doppelüberstreichung gekennzeichnet. Weiter wurde für dünnwandige Stäbe in der Profilmittellinie des Querschnitts eine unabhängige Ortsordinate s verwendet.
Für die Verschiebungen und die Verzerrungen eines Querschnittspunktes in Stablängsrichtung folgte damit:

(A.3-1): $\overline{\overline{u}}_x(x,\ s) = \overline{\overline{u}}(x)\,\overline{\overline{\omega}}_x(s) - \overline{\overline{v}}'(x)\,\overline{\overline{\omega}}_z(s) - \overline{\overline{w}}'(x)\,\overline{\overline{\omega}}_y(s) - \vartheta'(x)\,\overline{\overline{\omega}}(s)$

Gl. (10-8): $\overline{\overline{\varepsilon}}_x(x, s) = \overline{\overline{\varepsilon}}\,1 + \kappa_{\overline{\overline{z}}}\,y(s) + \kappa_{\overline{\overline{y}}}\,z(s) + \kappa_{\overline{\overline{\omega}}}\,\overline{\overline{\omega}}(s)$

Gl. (10-13): $\overline{\overline{\kappa}}^T(x) = \begin{bmatrix}\overline{\overline{\varepsilon}} & \kappa_{\overline{\overline{z}}} & \kappa_{\overline{\overline{y}}} & \kappa_{\overline{\overline{\omega}}}\end{bmatrix}$

Gl. (10-15): $\overline{\overline{\omega}}^T(s) = \begin{bmatrix}1 & \overline{\overline{y}}(s) & \overline{\overline{z}}(s) & \overline{\overline{\omega}}(s)\end{bmatrix}$

Gl. (10-16): $\overline{\overline{\varepsilon}}(x, s) = \overline{\overline{\omega}}^T(s)\,\overline{\overline{\kappa}}(x)$

Damit ergaben sich in Kapitel 10.3 für die Längsnormalspannungen dünnwandiger Querschnitte (bei Abwesenheit eingeprägter Krümmungen):

Gl. (10-17.4): $\sigma_x(x,s) = E\,\varepsilon_x = E\,\overline{\overline{\omega}}^T\,\overline{\overline{\kappa}}$

Spannungsresultierende, die von diesen Längsnormalspannungen abhängen, fassen wir in einem Vektor zusammen:

$$\overline{\overline{m}}^T(x) = \begin{bmatrix} \overline{\overline{N}} & \overline{\overline{M}}_z & \overline{\overline{M}}_y & \overline{\overline{M}}_\omega \end{bmatrix} \tag{10-57}$$

Mit (10-2.1) und (10-12) lassen sich die in (10-57) enthaltenen Schnittgrößen gemäß Gl. (10-50.2) bis (10-53.2) matriziell darstellen:

$$\overline{\overline{m}}(x) = \int \overline{\overline{\omega}}(s)\,\sigma(x,s)\,dA = E\int \overline{\overline{\omega}}\,\overline{\overline{\omega}}^T\,\overline{\overline{\kappa}}\,dA = E\int \overline{\overline{\omega}}\,\overline{\overline{\omega}}^T\,dA\,\overline{\overline{\kappa}} \tag{10-58}$$

Mit der im Anhang A3 im Einzelnen beschriebenen Matrix der Querschnittswerte $\overline{\overline{A}}$ folgt:

$$\overline{\overline{m}}(x) = E\,\overline{\overline{A}}\,\overline{\overline{\kappa}} \tag{10-59}$$

10.6.3 Normalspannungen

Gl. (10-59) lässt sich nach dem Vektor der Krümmungen auflösen:

$$\overline{\overline{\kappa}}(x) = \frac{1}{E}\,\overline{\overline{A}}^{-1}\,\overline{\overline{m}}(x) \tag{10-60}$$

Damit kann man die Längsnormalspannungen aus Gl. (10-17.4) für jeden beliebigen Punkt des Stabes berechnen:

$$\sigma(x,s) = \overline{\overline{\omega}}^T(s)\,\overline{\overline{A}}^{-1}\,\overline{\overline{m}}(x) \tag{10-61}$$

Die Gln. (10-60) und (10-61) gelten so für beliebige lokale Bezugssysteme.

Für den Fall eines beliebigen Schwerachsensystems mit vorgeschriebener Drehachse bzw. bei Drehung um die Schubmittelpunktsachse ergeben sich folgende Matrizen:

$$\overline{\overline{A}}^{-1} = \frac{1}{n}\begin{bmatrix} \frac{1}{A} & 0 & 0 & 0 \\ 0 & I_{\bar y} I_{\bar\omega} + I_{\bar y\bar\omega}^2 & I_{\bar\omega} I_{\bar y\bar z} + I_{\bar y\bar\omega} I_{\bar z\bar\omega} & I_{\bar y} I_{\bar z\bar\omega} + I_{\bar y\bar z} I_{\bar y\bar\omega} \\ 0 & I_{\bar\omega} I_{\bar y\bar z} + I_{\bar y\bar\omega} I_{\bar z\bar\omega} & I_{\bar z} I_{\bar\omega} + I_{\bar z\bar\omega}^2 & I_{\bar z} I_{\bar y\bar\omega} + I_{\bar y\bar z} I_{\bar z\bar\omega} \\ 0 & I_{\bar y} I_{\bar z\bar\omega} + I_{\bar y\bar z} I_{\bar y\bar\omega} & I_{\bar z} I_{\bar y\bar\omega} + I_{\bar y\bar z} I_{\bar z\bar\omega} & I_{\bar y} I_{\bar z} + I_{\bar y\bar z}^2 \end{bmatrix}$$

Dabei ist der Nenner des Vorfaktors eine Funktion aller nicht verschwindenden Flächenträgheitsmomente des Schwerachsensystems:

$$n = I_{\bar y} I_{\bar z} I_{\bar\omega} + I_{\bar z} I_{\bar y\bar\omega}^2 + I_{\bar y\bar z}^2 I_{\bar\omega} + I_{\bar y} I_{\bar z\bar\omega}^2$$

$$\overline{\overline{A}}_M^{-1} = \begin{bmatrix} \frac{1}{A} & 0 & 0 & 0 \\ 0 & \frac{I_{\bar{y}}}{I_{\bar{y}} I_{\bar{z}} + I^2_{\bar{y}\bar{z}}} & \frac{I_{\bar{y}\bar{z}}}{I_{\bar{y}} I_{\bar{z}} + I^2_{\bar{y}\bar{z}}} & 0 \\ 0 & \frac{I_{\bar{y}\bar{z}}}{I_{\bar{y}} I_{\bar{z}} + I^2_{\bar{y}\bar{z}}} & \frac{I_{\bar{z}}}{I_{\bar{y}} I_{\bar{z}} + I^2_{\bar{y}\bar{z}}} & 0 \\ 0 & 0 & 0 & \frac{1}{I_{\omega_M}} \end{bmatrix}$$

$$A^{-1} = \begin{bmatrix} \frac{1}{A} & 0 & 0 & 0 \\ 0 & \frac{1}{I_z} & 0 & 0 \\ 0 & 0 & \frac{1}{I_z} & 0 \\ 0 & 0 & 0 & \frac{1}{I_\omega} \end{bmatrix}$$

Die allgemeine Invertierung der Matrix der Querschnittswerte $\overline{\overline{A}}$ ist mit Hilfe eines Computeralgebrasystems gut möglich, liefert aber ein sehr umfangreiches Formelwerk und sollte daher i. A. numerisch durchgeführt werden.

Im Hauptachsensystem verschwinden in A alle Koeffizienten außerhalb der Hauptdiagonalen (nach den Festlegungen von Anhang A3 ohne Querstriche), sodass Gl. (10-61) für dünnwandige offene Querschnitte übergeht in:

$$\sigma(x, s) = \frac{N}{A} 1 + \frac{M_y}{I_y} z(s) + \frac{M_z}{I_z} y(s) + \frac{M_\omega}{I_\omega} \omega(s) \tag{10-62}$$

Für Vollquerschnitte entfällt der Anteil des Bimomentes.

Weiter ist anzumerken, dass Gl. (10-61) für einen Punkt bzw. Knoten im Querschnitt x gilt. Sollen die Normalspannungen σ in mehreren Querschnittspunkten berechnet werden, so kann man die Grundverwölbungen dieser Querschnittspunkte in eine Matrix $\boldsymbol{\Omega}$ eingliedern. Die Spalte i dieser Matrix enthält dann die Grundverwölbungen des Querschnittsknotens k (von insgesamt n Knoten):

$$\boldsymbol{\Omega} = [\, \omega_1 \;\omega_2 \;..\; \omega_k \;..\; \omega_{n-1} \;\omega_n \,] \tag{10-63}$$

Gl. (10-61) geht dann über in:

$$\sigma(x, s) = \overline{\overline{\boldsymbol{\Omega}}}^T(s)\, \overline{\overline{A}}^{-1}\, \overline{\overline{\boldsymbol{m}}}(x) \tag{10-64}$$

Vergleiche hierzu das Zahlenbeispiel in Anhang A3-1.5.

10.6.4 Schubspannungen

Bei bekanntem Verlauf von Biegenormalspannungen kann die Ermittlung von Biegeschubspannungen nach den Regeln der Technischen Biegelehre erfolgen. Wir wollen hier lediglich einige Hinweise zur Berechnung der Schubspannungen aus Torsion geben.

10.6.4.1 St. Venant'sche Schubspannungen

Aus (3-36) erhält man mit (10-2.2) sowie mit (10-2.3) für die Schubspannungen der St. Venant'schen Torsion:

$$\tau_{xy,V} = -\frac{M_{xV}}{I_T}\left(\frac{\partial \omega_V}{\partial y} + z\right) \qquad \tau_{xz,V} = -\frac{M_{xV}}{I_T}\left(\frac{\partial \omega_V}{\partial z} - y\right) \qquad (10\text{-}65)$$

Ort und Betrag extremer resultierender Schubspannungen $\tau(y,z) = \sqrt{\tau_{xy}^2 + \tau_{xz}^2}$ lassen sich für allgemeine Querschnitte nicht formelmäßig angeben. Bei dünnwandigen Querschnitten finden wir extreme Werte von τ_{xs} an den Längsseiten des dicksten Wandabschnitts.

10.6.4.2 Wölbschubspannungen

Die Schubspannungen aus Wölbkrafttorsion können in Analogie zu denen der Querkraftbiegung nur über Gleichgewichtsbetrachtungen gewonnen werden.
Dazu untersuchen wir den voraussetzungsgemäß ebenen Spannungszustand am differentiellen Element der Wandscheibe eines dünnwandigen Trägers (s. Bild 10.17 sowie Kapitel 10.1 , Punkt T5.).
Für eine konstante Wandstärke t liefert das Gleichgewicht der Kräfte in x- und in s-Richtung die Beziehungen:

$$\frac{\partial}{\partial x}(\sigma_{x,\omega}\, t) + \frac{\partial}{\partial s}(\tau_{sx,\omega}\, t) + \overline{q}_x = 0 \qquad \frac{\partial}{\partial x}(\tau_{xs,\omega}\, t) + \frac{\partial}{\partial s}(\sigma_{s,\omega}\, t) + \overline{q}_s = 0 \qquad (10\text{-}66)$$

Diese Gleichungen stellen die vollständigen Gleichgewichtsbedingungen des ebenen Spannungszustandes der Elastizitätstheorie der Scheiben dar. Auf der Grundlage der Hypothese von Wagner und mit Hilfe des (eindimensionalen) Hookeschen Gesetzes ist $\sigma_{x,\omega}(x,s)$ in Näherung bekannt.

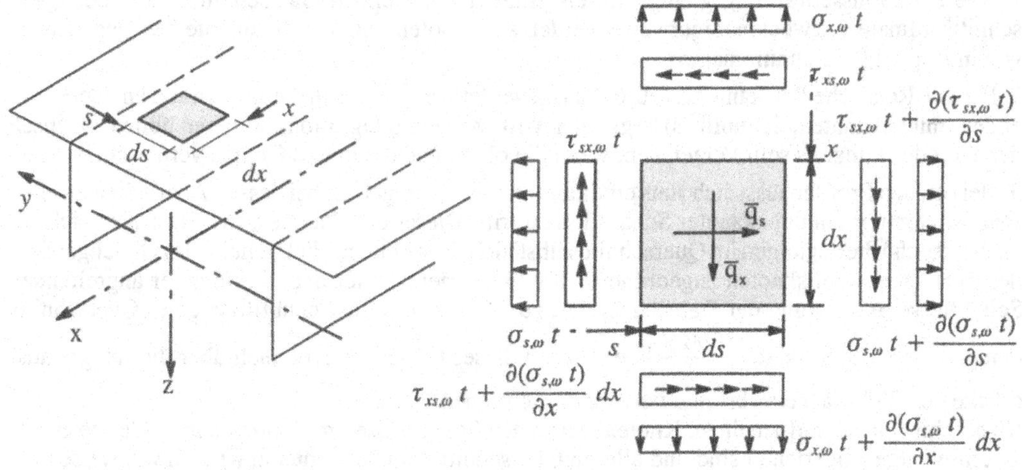

Bild 10.17 Dünnwandiger Träger mit differentiellem Element einer Wandscheibe; Spannungen am differentiellen Wandelement

Aus der ersten der Gleichungen (10-66) lassen sich dann Schubspannungen $\tau_{xs,\omega}(x,s)$ und damit aus der zweiten Quernormalspannungen $\sigma_{s,\omega}(x,s)$ bestimmen. Die von ihnen verursachten Verzerrungen und Verschiebungen (welche die Verteilung von $\sigma_{x,\omega}(x,s)$ sicherlich beeinflussen) stehen mit den Ausgangshypothesen über die Verteilung der Verschiebungen (Hypothese von Wagner) und

Spannungen über dem Querschnitt nicht in Einklang. Dieser Einfluss wird jedoch in der Regel vernachlässigt.
Bei Vernachlässigung von Flächenlasten $\overline{q}_s(x, s)$, $\overline{q}_x(x, s)$ und Quernormalspannungen $\sigma_{s,\omega}(x, s)$ liefert die Auflösung der ersten der obigen Gleichungen (10-66) nach Integration über s den Schubfluss der Wölbkrafttorsion $T_\omega = \tau_{xs,\omega}\, t$ für einen Abschnitt mit $s_1 \leqq s \leqq s_2$:

$$\tau_{xs,\omega}\, t = T_\omega(s_2) = -\int_{s_1}^{s_2} \frac{\partial}{\partial x}\left(\sigma_{x,\omega}\, t\right) ds + T_\omega(s_1) = -\int_{s_1}^{s_2} -E\,\omega\,\vartheta'''\, t\, ds + T_\omega(s_1)$$

$$T_\omega(s_2) = E\,\vartheta''' \int_{s_1}^{s_2} \omega\; t\; ds + T_\omega(s_1) \qquad (10\text{-}67.1)$$

Mit der Wölbfläche

$$S_\omega(s_2) = \int_{s_1}^{s_2} \omega(s)\; dA + S_\omega(s_1) \qquad (10\text{-}68)$$

folgt auch:

$$T_\omega(s_2) = E\,\vartheta'''\; S_\omega(s_2) + T_\omega(s_1) = -\frac{M_\omega{}'}{I_\omega} S_\omega(s_2) + T_\omega(s_1) \qquad (10\text{-}67.2)$$

Am offenen Querschnitt können die Wölbfläche der Gl. (10-68) bzw. der Schubfluss der Gl. (10-67) auf der Grundlage folgender Überlegungen berechnet werden:

1. Die Schubflussermittlung gelingt mittels einer Integration im Querschnitt x über der Querschnittsordinate s. Zweckmäßigerweise werden alle Knoten und Wandelemente des Querschnitts wie in Kapitel 9 durchnummeriert.

2. Für alle Randscheiben kann Gl. (10-67) ausgewertet werden, wenn die Integration an den Profilenden (mit bekanntem Schubfluss) begonnen wird. Wie bei Integrationsaufgaben üblich, wechselt der Wert des Integrals sein Vorzeichen, wenn die obere und die untere Grenze vertauscht werden.

3. Bei offenen Profilen lässt sich stets ein Integrationspfad angeben, bei dessen Abarbeiten an allen Innenknoten nur ein unbekannter Schubfluss auftritt. Dieser unbekannte Schubfluss lässt sich zunächst durch Überlegungen im Querschnitt selbst nicht bestimmen. Vielmehr ist das Gleichgewicht des dem Querschnittsknoten zugeordneten Kantenelements unter der Wirkung der angreifenden Schubflüsse in Richtung der Stabslängsachse zu fordern. Da alle Schubflüsse eines Querschnitts den gleichen Multiplikator $-\dfrac{M_\omega{}'}{I_\omega}$ haben, kann dieses Gleichgewicht auch über die Integralausdrücke der Wölbfläche selbst und vorab aufgeschrieben werden.
Da alle im Querschnitt zu einem Knoten weisenden Schubflüsse am Kantenelement der positiven x-Achse entgegengerichtet sind und alle im Querschnitt vom betrachteten Knoten wegweisenden Schubflüsse am Kantenelement in Richtung der positiven x-Achse wirken, kann das Gleichgewicht der Schubflüsse am Kantenelement (in Richtung der Stablängsachse) auch über die Analogie der im Querschnitt zu und abfließenden Schubflüsse angeschrieben werden.

4. Da die statischen Momente des Gesamtquerschnitts bei Bezug auf die Hauptachsen verschwinden, ist das Ergebnis einer Berechnung unabhängig vom Integrationsweg.

Bei bekanntem Schubfluss folgt das mit Gl. (10-40.2) ausgewiesene Wölbtorsionsmoment $M_{x\omega} = M_\omega{}'$ bei Abwesenheit eines Linienbimomentes zu:

$$M_{x\omega}(x) = \int T_\omega(s)\, r_t\, ds = \frac{M_\omega'}{I_\omega} \int S_\omega(s_2)\, r_t\, ds \tag{10-69}$$

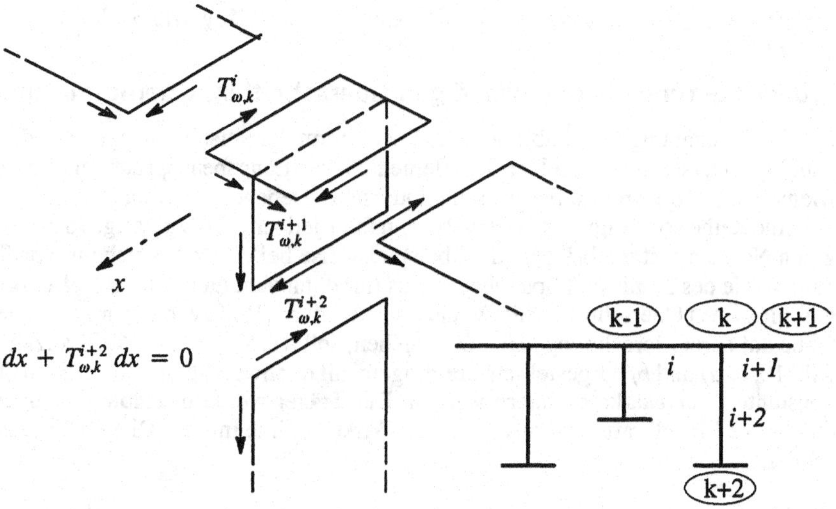

$$\sum T = 0:$$

$$- T^{i}_{\omega,k}\, dx + T^{i+1}_{\omega,k}\, dx + T^{i+2}_{\omega,k}\, dx = 0$$

Bild 10.18: Wölb-Schubflüsse am Kantenelement

10.7 Ergänzende und weiterführende Hinweise

Wölbkrafttorsion mit Berücksichtigung der Wölbschubverzerrungen

Bei *dünnwandigen Stäben mit offenem Profil* sind die St.-Venant'schen Schubspannungen linear über die Wanddicke verteilt. Ihre Hebelarme sind von der Größenordnung der Wanddicke und somit sehr klein. Daraus folgt, dass der St.-Venant'sche Torsionswiderstand GI_{TV} klein und die Verformungen (die Verwindung und damit die Verwölbung) entsprechend groß werden. Daraus ergibt sich wiederum, dass der Einfluss einer Wölbbehinderung dementsprechend groß sein wird.
Verglichen mit den St.-Venant'schen Schubspannungen (in der klassischen Theorie der Wölbkrafttorsion von Stäben mit dünnwandigem, offenen und formtreuen Querschnitt, die dadurch gekennzeichnet ist, dass in ihr Wölbschubverzerrungseinflüsse nicht berücksichtigt werden, bezeichnet man sie als "primäre" Schubspannungen), sind die Wölbschubspannungen ("sekundäre" Schubspannungen) jedoch klein, so dass der Einfluss ihrer Verformungen vernachlässigt werden kann. Ihr Beitrag zum Torsionsmoment ist aber zu berücksichtigen, da ihre Hebelarme von der Größenordnung der Querschnittsabmessungen sind.

Bei der Verdrehung von *geschlossenen Profilen* sind die St.-Venant'schen ("primären") Schubspannungen über die Wanddicke nur schwach veränderlich bzw. konstant (Bredt). Ihre Hebelarme sind jetzt wie die der ("sekundären") Wölbschubspannungen von der Größenordnung der Querschnittsabmessungen. Daraus ergibt sich, dass der St.-Venant'sche Torsionswiderstand $GI_{TV} + GI_{TB}$ dieser Profile ungleich größer, die Verformungen (Verwindung und Verwölbung) ungleich kleiner sind als die offener Profile. Demnach wird sich auch der Einfluss einer Wölbbehinderung weniger stark bemerkbar machen als bei offenen Profilen.

Andererseits haben St.-Venant'sche bzw. Bredt'sche und Wölb-Schubspannungen durchaus die gleiche Größenordnung. Somit sind auch die von ihnen hervorgerufenen Verzerrungen von gleicher Größenordnung und es ist nicht mehr zulässig, einen der beiden Verformungseinflüsse gegenüber dem anderen zu vernachlässigen.
Frühe Arbeiten zur Berücksichtigung der Wölbschubverzerrungen bei der Wölbkrafttorsion dünnwandiger Stäbe stammen von *Flügge, Marguerre (1950)* und insbesondere *Heilig (1961)*. Für rechnerbezogene Formulierungen sei auf die Arbeiten von *Pilkey, Wunderlich (1994)* und *Ramm, Hofmann (1995)* verwiesen.

Profilverzerrung bei dünnwandigen Querschnitten; Quernormalspannungen

Bei der Berechnung von Stabtragwerken wird normalerweise vorausgesetzt, dass dünn- und dickwandige Querschnitte einzelner Stabelemente unter Längsbeanspruchung, ein- oder zweiachsiger Biegung und Torsion ihre Form (in der Querschnittsebene) behalten (vgl. Kapitel 10.1, Punkt 6.). Für eine Reihe von Tragwerken ist diese Annahme jedoch nicht zulässig. So ist auch in den einschlägigen Normen festgeschrieben, dass beispielsweise bei der Untersuchung von Trägern des Stahlbaus sowie des Stahl- und Spannbetonbaus mit dünnwandigen offenen, offen-geschlossenen oder geschlossenen Querschnitten die Beanspruchung durch Profilverzerrung gesondert zu beachten ist. Ohne auf deren Berechnung näher einzugehen, soll das Wesen der Profilverzerrung anhand des in Bild 10.19 *a)* und *b)* dargestellten Kragträgers mit dünnwandigem, einzelligen Quadratquerschnitt konstanter Wandstärke erläutern werden. Der Träger werde in Knoten 1 seines Endquerschnitts durch eine Einzelkraft beansprucht, deren Wirkungslinie mit der Diagonalen einen Winkel α einschließe.

Um die einzelnen Komponenten des Tragverhaltens dieses Systems deutlich hervortreten zu lassen, wird die angreifende Kraft $\overline{F}_1$ in Komponenten parallel (Lastfall I: $\overline{F}_1^{I}$) und senkrecht (Lastfall II: $\overline{F}_1^{II}$) zur gestrichelt eingezeichneten Querschnittsdiagonalen aufgespalten.
Weiter nutzen wir die Tatsache, dass die x-y-Ebene und die x-z-Ebene des Tragwerks Symmetrieebenen sind und spalten die Kraft $\overline{F}_1^{I}$ in vier Lastgruppen I_{SS}, I_{AS}, I_{SA} und I_{AA} und die Kraft $\overline{F}_1^{II}$ in weitere vier Lastgruppen II_{SS}, II_{AS}, II_{SA} und II_{AA} wie in Bild 10.19 *c)* dargestellt auf. Die Summe aller acht Lastgruppen liefert offensichtlich wieder die im Querschnittsknoten 1 angreifende Einzellast. Wir halten auch fest, dass die Einzelkräfte der vier Lastgruppen in den Knoten 1 bis 4 des Endquerschnitts wirken.

Für die Einwirkungszustände I und II lassen sich eine Reihe von Feststellungen treffen:

1.) Die Kräfte der Gruppe I_{SS} besitzen keine resultierende Kraft, in der Nachbarschaft des Endquerschnitts herrscht Querzug in den Querschnittswände 1 bis 4. Die Schnittgrößen N, Q_y, Q_z, M_x, M_y und M_z verschwinden somit identisch.

2.) Analoges gilt für die Kräfte der Gruppe II_{SS}, in der Nachbarschaft des Endquerschnitts herrscht Querzug in den Wände 2 und 4 und Querdruck in den Wänden 1 und 3.

3.) Die Kräfte der Gruppen I_{AS} und II_{AS} besitzen jeweils eine lotrecht wirkende Resultierende, die im Träger Schnittgrößen Q_z und M_y hervorruft. Die übrigen Schnittgrößen verschwinden identisch.

4.) Die Kräfte der Gruppen I_{SA} und II_{SA} besitzen zusammen keine Resultierende. Somit verschwinden alle Schnittgrößen.

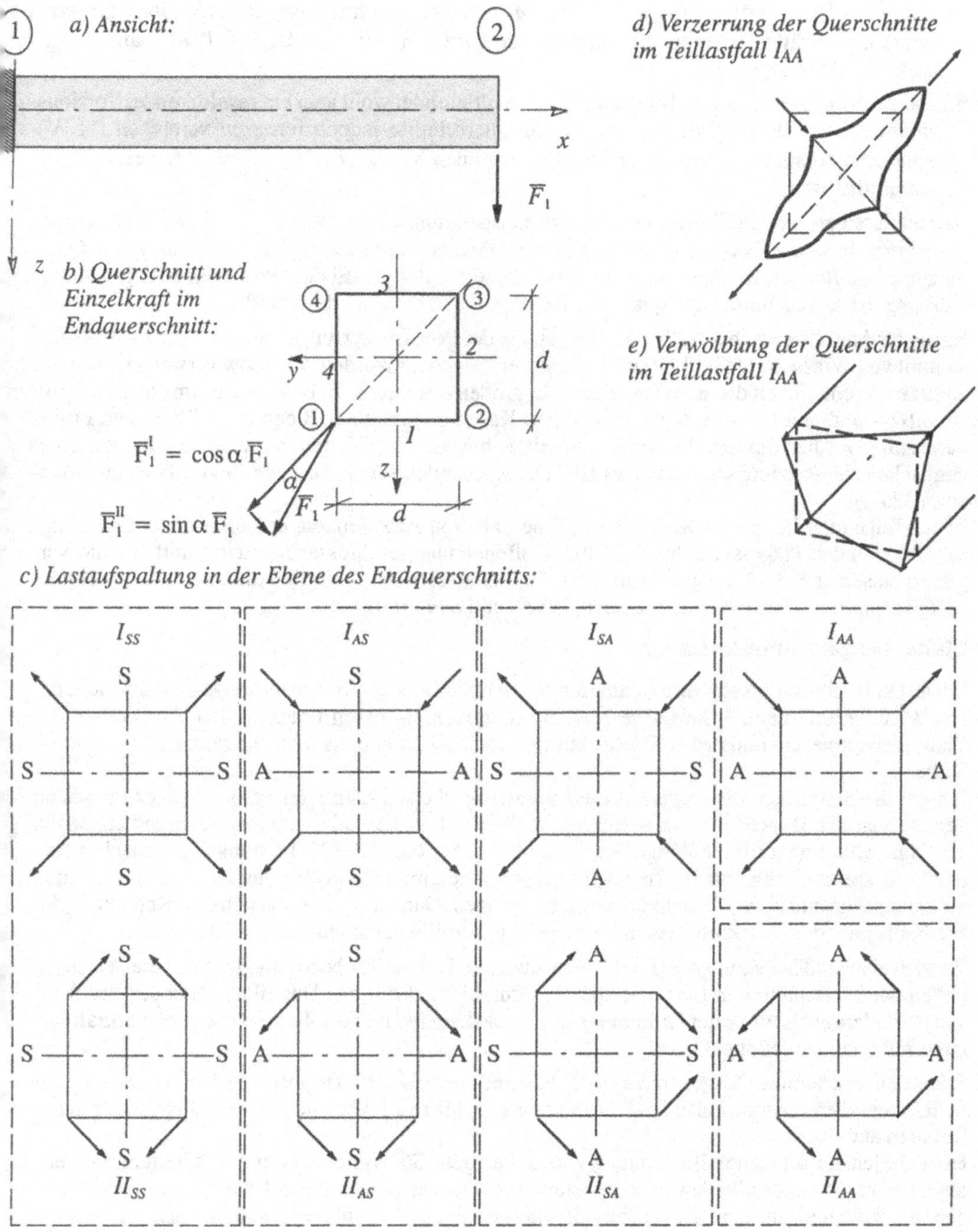

Bild 10.19: Kragträger mit Einzelkraft im Endquerschnitt; Lastaufspaltung

5.) Die Kräfte der Gruppe I_{AA} bilden weder eine Resultierende, noch ein resultierendes Torsionsmoment. Die Schnittgößen N, Q_y, Q_z, M_x, M_y und M_z verschwinden somit identisch. Dennoch wirkt diese Kräftegruppe profilverzerrend und führt z. B. auf die in Bild 10.19 *d)* qualitativ dargestellte Querbiegelinie.

6.) Die Kräfte der Gruppe II_{AA} besitzen keine Resultierende, wohl aber ein resultierendes Torsionsmoment unter dessen Wirkung sich seine Querschnitte jedoch formtreu verdrehen (St. Venant'sche Torsion vorausgesetzt). Die Schnittgrößen N, Q_y, Q_z, M_x, M_y und M_z verschwinden somit identisch.

Vernachlässigen wir den Einfluss der Quernormalspannungen σ_y bzw. σ_z in Querschnittswänden parallel zur y- bzw. z-Achse auf die Verformung des Profils, so führt doch der Teillastfall I_{AA} zu Querbiegung, somit zu einer Verzerrung des Querschnitts in der y-z-Ebene. Profilverzerrung und Verwölbung der Querschnitte sind qualitativ in Bild 10.19 *d)* und *e)* dargestellt.

Ein erster Ansatz zur rechnerischen Untersuchung der Profilverzerrung dünnwandiger Kastenträger stammt von Wlassow und ist 1940 in Rußland veröffentlicht worden. Wlassow verwendet Produktansätze und entwickelt diese im Sinne des Weggrößenverfahrens. Er benutzt sie, um den Beanspruchungszustand eines zweifach symmetrischen Kastenträgers unter Biegung, Drillung und Profilverzerrung zu bestimmen. Wlassows Arbeiten blieben im Westen bis zum Erscheinen einer englischen Übersetzung seines Buches 1961, bzw. einer deutschen Ausgabe 1964 unbekannt (*Wlassow (1964)*).
In den folgenden Jahren erschienen eine große Zahl von Arbeiten, die bemüht sind, das mechanische Modell des Trägers mit dünnwandigem offenen und geschlossenen Querschnitt und die Verfahren zu seiner Berechnung zu verfeinern. Erwähnt seien hier lediglich die Arbeiten von *Steinle (1967), Guohoa (1987), Kiener, Rausch (1988)* und *Schardt (1989).*

Stäbe mit gekrümmter Achse

In diesem Buch werden schwerpunktmäßig ebene und räumliche Rahmentragwerke behandelt, deren Bauteile eine gerade Stabachse besitzen. Ungeachtet dessen treten in den Tragwerken des Bauingenieurwesens und in den Konstruktionen des Maschinenbaus eben und räumlich gekrümmte Stäbe auf.
Liegen die Stabachse, die Lager und die Belastung eben gekrümmter Stäbe in einer Ebene, so spricht man von Bogen. Beispiele sind die im Aufriss konstant oder variabel gekrümmten Bogen des Massivbaus oder die Tübbinge des Tunnelbaus. Als Folge der Krümmung der Stabachse sind die Längskraftwirkung und die Biegewirkung gekoppelt mit entsprechenden Auswirkungen in den kinematischen und in den Gleichgewichtsbeziehungen. Daraus ergibt sich auch eine Koppelung der Freiheitsgrade der Querkraftbiegung und der Längskraftbeanspruchung am Stabelement.

Werden eben und konstant gekrümmte Stäbe quer zur Tragwerksebene gelagert und belastet, so erhalten wir Kreisringträger. Beispiele sind im Grundriss gekrümmte Durchlaufträger des Brückenbaus. Wiederum als Folge der Krümmung der Stabachse sind hier die Torsion und die Querkraftbiegung miteinander gekoppelt.

Räumlich gekrümmte Träger treten z. B. bei frei gewendelten Treppen des Hochbaus oder bei Schraubenfederkonstruktionen des Maschinenbaus, in Einzelfällen auch bei räumlich gekrümmten Brücken auf.
Hinsichtlich der statischen Berechnung von Stäben bzw. Stabsystemen mit gekrümmtem Elementen ist weiter zu unterscheiden zwischen stark und schwach gekrümmten Bauteilen, zwischen Stäben mit Vollquerschnitten und solchen mit dünnwandigen offenen oder geschlossenen Querschnitten. Die folgenden Hinweise sollen dem Leser lediglich einen Einstieg in die umfangreiche Literatur zu diesem Thema ermöglichen: *Schumpich (1957), Tezcan, Ovunc (1965), Dabrowski (1968), Kollbrunner, Haydin (1972), Ramm, Hofmann (1995).*

11 Elementbeziehungen des räumlich beanspruchten Stabes

11.1 Vorbemerkung

In Kapitel 10.5 waren die maßgebenden Gleichungen gerader Stäbe unter allgemeiner Belastung im Hauptachsensystem hergeleitet worden. Die erhaltenen Grundgleichungen in integraler und in differentieller Form und die zugeordneten Randbedingungen sind wesentlich dadurch ausgezeichnet, dass sie linear und entkoppelt sind. Aus der letztgenannten Eigenschaft folgt, dass die Zustände Dehnung (im Sinne einer Beanspruchung von Fachwerkstäben), Biegung in der x-z-Ebene und Biegung in der x-y-Ebene (z. B. für entsprechend gelagerte und belastete Durchlaufträgersysteme) sowie Torsion (z. B. für ein- oder mehrfeldrige tordierte Stäbe) unabhängig und getrennt voneinander berechnet werden können. Die Ergebnisse aus diesen Beanspruchungszuständen können dann überlagert und für einen Spannungsnachweis gemeinsam weiterverarbeitet werden.
Zustandsgrößen räumlicher Rahmen werden wie ebene Systeme zweckmäßigerweise mit dem Weggrößenverfahren oder mit der Finite-Element-Methode berechnet. Die maßgebenden Beziehungen für Normalkraftbeanspruchung, für Biegung um die y-Achse, für Biegung um die z-Achse und für Torsion bleiben bei Untersuchungen im Rahmen einer linearen Theorie und bei Bezug auf Hauptachsen auch bei einer räumlichen Beanspruchung entkoppelt. Die Elementmatrizen und Beziehungen für Biegung um die z-Achse werden durch Austausch der Steifigkeiten und Freiheitsgrade aus denen der Biegung um die y-Achse gewonnen.
Weiter ergibt sich aus den Darlegungen des Kapitels 10, dass für die Untersuchung tordierter Stäbe mit allgemeiner Querschnittsform das St. Venant'sche Torsionsträgheitsmoment benötigt wird. Von einigen wenigen Querschnittsformen abgesehen ist diese Größe nur über eine numerische Lösung der maßgebenden Dgln. (9-4) bzw. (9-16) unter Beachtung der zugeordneten Randbedingungen möglich. Wir werden daher im folgenden Teilabschnitt einen auf der Methode der Finiten Elemente fußenden Lösungsweg verwenden. Das gleiche Verfahren wurde bereits in Kap. 4.3.4 zur Berechnung von Elementmatrizen elastisch gebetteter Stäbe verwendet (vgl. Kap. 8.1). In Abschnitt 11.4.3.2 werden wir den gleichen Weg beschreiten, um Elementmatrizen tordierter Stäbe mit dünnwandigen offenen Querschnitten zu entwickeln.
Anschließend werden in den Kapiteln 11.3 und 11.4 die für die Berechnung räumlicher Rahmen benötigten Grundmatrizen zusammengestellt bzw. hergeleitet.

11.2 Torsionsträgheitsmoment der St. Venant'schen Torsion

Wie in Kapitel 9 gezeigt, kann das St. Venant'sche Torsionsträgheitsmoment entweder mit Hilfe einer Verwölbungsfunktion $\omega_V(y, z)$ (vgl. Abschn. 9.3.1) oder einer Spannungsfunktion $\psi(y, z)$ berechnet werden (vgl. Abschn. 9.3.2). Da beide Vorgehensweisen mechanisch gleichwertig sind, werden wir uns im Folgenden auf die erstgenannte Methode beschränken, bei der die Lösung auf der Grundlage des Prinzips der virtuellen Verschiebungen erhalten wird. Da keine Verwechslungsmöglichkeit besteht, wird der Index V in diesem Kapitel nicht mit angeschrieben .
Die gesuchte Querschnittsgröße errechnet sich aus der Verwölbungsfunktion gemäß:

(9-17): $$I_T = \iint_A \left[\frac{\partial}{\partial y}(\omega\, z\,) - \frac{\partial}{\partial z}(\omega\, y\,) + y^2 + z^2 \right] dA$$

Die Verwölbung ist als Lösung der partiellen Differentialgleichung (Gleichgewicht) sowie der zugeordneten statischen Randbedingung bestimmt:

(9-13): $$\frac{\partial^2\omega}{\partial y^2} + \frac{\partial^2\omega}{\partial z^2} = 0 \qquad\qquad n_z \frac{\partial\omega}{\partial z} + n_y \frac{\partial\omega}{\partial y} - y\, n_z + z\, n_y = 0$$

Diesen Beziehungen gleichwertig ist das Prinzip der virtuellen Verschiebungen in der Form:

(9-18): $$\int_A \left(\frac{\partial\omega}{\partial y}\frac{\partial\delta\omega}{\partial y} + \frac{\partial\omega}{\partial z}\frac{\partial\delta\omega}{\partial z} + \frac{\partial}{\partial y}(z\,\delta\omega) - \frac{\partial}{\partial z}(y\,\delta\omega) \right) dA = 0$$

Für den Fall eines Rechteckquerschnitts ist die strenge Lösung für $\omega(y,\ z)$ in Gestalt einer Reihe bekannt und in Kapitel 9.5, Gl. (9.5), angegeben. In Bild 9.12 ist sie für den Fall eines Rechteckquerschnitts mit dem Seitenverhältnis 1:2 dargestellt. Für einen allgemein berandeten Querschnitt (wie den in Bild 9.5 und 11.1 dargestellten) soll mit Hilfe der Methode der Finiten Elemente eine Näherung gesucht werden. Im Rahmen dieses Buches beschränken wir uns darauf, nur diejenigen Einzelheiten und Eigenschaften der Methode vorstellen, die für ein hinreichendes Verständnis des hier gestellten Problems unmittelbar von Bedeutung sind (vgl. Abschn. 9.3.4).

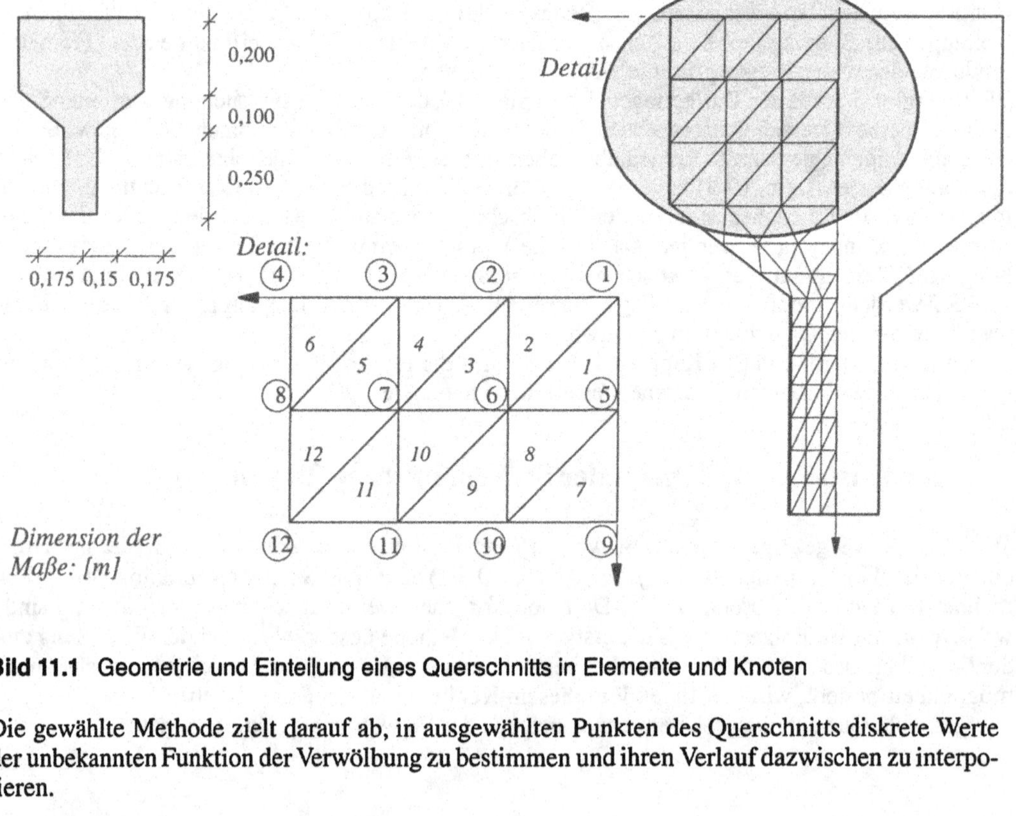

Bild 11.1 Geometrie und Einteilung eines Querschnitts in Elemente und Knoten

Die gewählte Methode zielt darauf ab, in ausgewählten Punkten des Querschnitts diskrete Werte der unbekannten Funktion der Verwölbung zu bestimmen und ihren Verlauf dazwischen zu interpolieren.

Dazu wird der Querschnitt diskretisiert, indem er in geeigneter Weise in Teilflächen aufgeteilt wird. Wie in Bild 11.1 dargestellt, werden dreieckförmige Elemente gewählt, die weder untereinander gleich, noch kongruent sein müssen, aber (im Idealfall) einem gleichseitigen Dreieck nahe kommen sollen. Die bei diesem Vorgang entstehenden Knoten und Elemente werden global (über den ganzen Querschnitt hinweg) von 1 beginnend bis n bzw. m durchnummeriert. Der gesuchten Wert von ω im Knoten k wird mit ω_k bezeichnet. Weiter benötigen man eine Annahme über den Verlauf von $\omega(y, z)$ im Bereich eines beliebigen Elementes. Wir wählen für alle Elemente einen linearen Verlauf und erreichen damit eine Näherung der gesuchten Funktion in Form eines Vielflachs. Die exakte Lösung muss demgegenüber der Dgl. (9-13) sowie der zugehörigen Randbedingung (9-15) genügen und ist somit in allen Punkten des Querschnittsgebietes stetig und wenigstens zweimal differenzierbar.

In Bild 11.2 ist in der Querschnittsebene ein Element mit den Funktionswerten in seinen Eckknoten und der im Elementgebiet zu interpolierenden Fläche im Schrägbild dargestellt. Für die nunmehr folgenden Überlegungen auf der Ebene eines Elementes werden seine Eckknoten ergänzend zur globalen Numerierung lokal mit 1, 2 und 3 (Index e) bezeichnet. Dabei wird das Element im Gegenuhrzeigersinn umfahren. Es wird sich im Folgenden als zweckmäßig erweisen, die Interpolationsfunktion im Element im Sinne der in Kapitel 4 eingeführten Formfunktionen anzusetzen:

$$\omega^i(y,z) = \omega_1{}^i N_1(y,z) + \omega_2{}^i N_2(y,z) + \omega_3{}^i N_3(y,z) = \sum_{e=1}^{3} \omega_e{}^i N_e(y,z) \tag{11-1}$$

Die drei Anteile $N_e(y, z)$ haben im Knoten e den Wert 1, in den beiden anderen Knoten den Wert 0. Die ω_e^i stellen die noch zu bestimmenden diskreten Funktionswerte in den Knoten e dar.

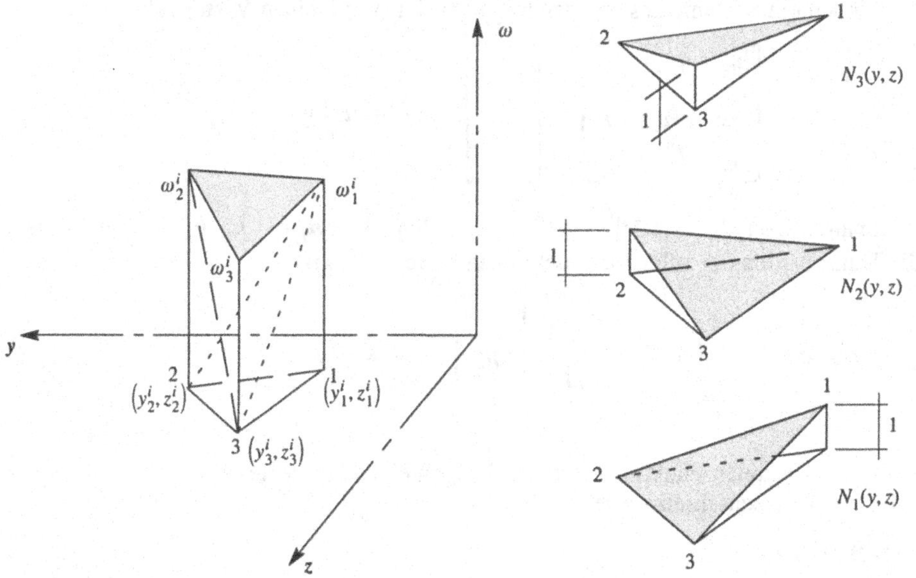

Bild 11.2 Interpolation von ω im Element i

Für die folgenden Überlegungen schreiben wir den Index i des allgemeinen Elementes i. A. nicht an.

Der Ansatz für die Formfunktion $N_1(y, z)$ kann also lauten:

$$N_1(y,\ z) = h_{11}\,1 + h_{12}\,y + h_{13}\,z$$

Die Freiwerte können offensichtlich aus den Vorgaben für $N_1(y,z)$ in den lokalen Knoten 1 bis 3 bestimmt werden:

$$\begin{bmatrix} 1 & y_1 & z_1 \\ 1 & y_2 & z_2 \\ 1 & y_3 & z_3 \end{bmatrix} \begin{bmatrix} h_{11} \\ h_{12} \\ h_{13} \end{bmatrix} = \begin{bmatrix} 1 \\ 0 \\ 0 \end{bmatrix}$$

Analoges gilt für die Formfunktionen $N_2(y,z)$ und $N_3(y,z)$, wobei die Bestimmung entsprechender Freiwerte auf analogem Wege erfolgt. Da die Koeffizientenmatrizen der drei Gleichungssysteme in allen Fällen identisch sind, lassen sie sich zusammenfassen:

$$\begin{bmatrix} 1 & y_1 & z_1 \\ 1 & y_2 & z_2 \\ 1 & y_3 & z_3 \end{bmatrix} \begin{bmatrix} h_{11} & h_{21} & h_{31} \\ h_{12} & h_{22} & h_{32} \\ h_{13} & h_{23} & h_{33} \end{bmatrix} = \begin{bmatrix} 1 & 0 & 0 \\ 0 & 1 & 0 \\ 0 & 0 & 1 \end{bmatrix} ; \quad \boldsymbol{Y H} = \boldsymbol{I} \qquad (11\text{-}2)$$

Da weiter die Determinante der Koeffizientenmatrix $\boldsymbol{Y}$ gleich der zweifachen Dreiecksfläche des Elementes und somit ungleich Null ist, kann die Matrix invertiert werden (vgl. hierzu Anhang 3, Gl. (A.3-31)/1). Wir erhalten also:

$$\boldsymbol{H} = \boldsymbol{Y}^{-1}$$

Die Formfunktionen eines Elementes ergeben mit $\boldsymbol{y}^T = [\,1 \;\; y \;\; z\,]$ einen Vektor $\boldsymbol{N}^T$:

$$\begin{bmatrix} N_1 \\ N_2 \\ N_3 \end{bmatrix} = \begin{bmatrix} h_{11} & h_{12} & h_{13} \\ h_{21} & h_{22} & h_{23} \\ h_{31} & h_{32} & h_{33} \end{bmatrix} \begin{bmatrix} 1 \\ y \\ z \end{bmatrix} ; \quad \boldsymbol{N}^T = \boldsymbol{H}^T \boldsymbol{y}$$

Fasst man die Spalten j von $\boldsymbol{H}^T = \left(\boldsymbol{Y}^{-1}\right)^T = \left(\boldsymbol{Y}^T\right)^{-1}$ im Zeilenvektor $\boldsymbol{h}_j = \left[\, h_{1j} \;\; h_{2j} \;\; h_{3j} \,\right]$ zusammen, so liefert die Transposition der zuletzt angeschriebenen Beziehung:

$$\begin{bmatrix} N_1 & N_2 & N_3 \end{bmatrix} = \begin{bmatrix} 1 & y & z \end{bmatrix} \begin{bmatrix} \boldsymbol{h}_1 \\ \boldsymbol{h}_2 \\ \boldsymbol{h}_3 \end{bmatrix} ; \quad \boldsymbol{N} = \boldsymbol{y}^T \boldsymbol{H} \qquad (11\text{-}3)$$

Mit dem Vektor der diskreten Funktionswerte der Knoten eines Elementes $\boldsymbol{v}^i = [\,\omega_1{}^i \;\; \omega_2{}^i \;\; \omega_3{}^i\,]^T$ lässt sich (11-1) in Matrizenschreibweise angeben:

$$\omega(y,z) = \boldsymbol{N}\,\boldsymbol{v}$$

Für die weitere Entwicklung werden die in Gl. (9-18) auftretenden partiellen Ableitungen von $\omega(y,z)$ bzw. der Formfunktionen im jeweiligen Element benötigt. Mit den erhaltenen Zwischenergebnissen folgt aus (11-3):

$$\frac{\partial N(y,z)}{\partial y} = \frac{\partial\, \boldsymbol{y}^T}{\partial y}\boldsymbol{H} = [\,0 \;\; 1 \;\; 0\,]\,\boldsymbol{H} = \boldsymbol{h}_2 \qquad (11\text{-}4)$$

Analog:

$$\frac{\partial N(y,z)}{\partial z} = \boldsymbol{h}_3 \tag{11-5}$$

Damit können wir den Anteil des Elementes i an der gesamten virtuellen Arbeit der Gl. (9-18) angeben:

$$\delta W^i = \int_{A^i} \left(\frac{\partial \delta\omega}{\partial y}\frac{\partial \omega}{\partial y} + \frac{\partial \delta\omega}{\partial z}\frac{\partial \omega}{\partial z} + \frac{\partial \delta\omega}{\partial y} z - \frac{\partial \delta\omega}{\partial z} y \right) dA^i$$

Mit den obigen Ergebnissen folgt weiter:

$$\delta W^i = \int_{A^i} \left(\delta\boldsymbol{v}^T \frac{\partial \boldsymbol{N}^T}{\partial y}\frac{\partial \boldsymbol{N}}{\partial y}\boldsymbol{v} + \delta\boldsymbol{v}^T \frac{\partial \boldsymbol{N}^T}{\partial z}\frac{\partial \boldsymbol{N}}{\partial z}\boldsymbol{v} + \delta\boldsymbol{v}^T \frac{\partial \boldsymbol{N}^T}{\partial y} z - \delta\boldsymbol{v}^T \frac{\partial \boldsymbol{N}^T}{\partial z} y \right) dA^i$$

$$\delta W^i = \delta\boldsymbol{v}^T \left[\int_{A^i} \left(\frac{\partial \boldsymbol{N}^T}{\partial y}\frac{\partial \boldsymbol{N}}{\partial y} + \frac{\partial \boldsymbol{N}^T}{\partial z}\frac{\partial \boldsymbol{N}}{\partial z} \right) dA^j \boldsymbol{v} + \int \left(\frac{\partial \boldsymbol{N}^T}{\partial y} z - \frac{\partial \boldsymbol{N}^T}{\partial z} y \right) dA^i \right]$$

Mit (11-4) und (11-5) geht das zunächst über in:

$$\delta W^i = \delta\boldsymbol{v}^T \left[\int_{A^i} \left(\boldsymbol{h}_2^T \boldsymbol{h}_2 + \boldsymbol{h}_3^T \boldsymbol{h}_3 \right) dA^i \boldsymbol{v} + \int \left(\boldsymbol{h}_2^T z - \boldsymbol{h}_3^T y \right) dA^i \right]$$

Die Integrale stellen gemäß Kap. 4 die Steifigkeitsmatrix, bzw. den Lastvektor des Elements dar:

$$\boldsymbol{k}^i = \int \left(\boldsymbol{h}_2^T \boldsymbol{h}_2 + \boldsymbol{h}_3^T \boldsymbol{h}_3 \right) dA^i = \frac{A^i}{2}\left(\boldsymbol{h}_2{}^T \boldsymbol{h}_2 + \boldsymbol{h}_3{}^T \boldsymbol{h}_3 \right)$$

$$\overline{\boldsymbol{p}}^i = \int \left(\boldsymbol{h}_2^T z - \boldsymbol{h}_3^T y \right) dA^i = \frac{A^i}{3}\left((z_1 + z_2 + z_3)\, \boldsymbol{h}_2{}^T - (y_1 + y_2 + y_3)\, \boldsymbol{h}_3{}^T \right)$$

Der Anteil der virtuellen Arbeit des Elementes i beträgt mit diesen Bezeichnungen:

$$\delta W^i = (\delta \boldsymbol{v}^i)^T \left(\boldsymbol{k}^i \boldsymbol{v}^i + \boldsymbol{p}^{i0} \right)$$

Für die folgenden Überlegungen benötigen wir die Koeffizienten der beteiligten Matrizen allgemein und schreiben ausführlich:

$$\delta W^i = \begin{bmatrix} \delta\omega_1^i \\ \delta\omega_2^i \\ \delta\omega_3^i \end{bmatrix}^T \left[\begin{bmatrix} k_{11}^i & k_{12}^i & k_{13}^i \\ k_{21}^i & k_{22}^i & k_{23}^i \\ k_{31}^i & k_{32}^i & k_{33}^i \end{bmatrix} \begin{bmatrix} \omega_1^i \\ \omega_2^i \\ \omega_3^i \end{bmatrix} + \begin{bmatrix} p_1^{i0} \\ p_2^{i0} \\ p_3^{i0} \end{bmatrix} \right] \tag{11-6}$$

Das Prinzip der virtuellen Verschiebungen in der Formulierung von Gl. (9-18) bezieht sich auf die gesamte, über dem Querschnitt aufgespannte, bzw. diskretisierte Fläche. Wir haben also die bei beliebigen virtuellen Änderung der Wölbfläche bzw. ihrer diskreten Knotenwerte geleistete Arbeit über den Querschnitt zu summieren (vgl. Kap. 7). Hierzu bildet man zweckmäßigerweise die Gl. (11-6) zugeordnete globale Form.

$$\delta W = \delta \boldsymbol{V}^T (\boldsymbol{K}\,\boldsymbol{V} + \overline{\boldsymbol{P}}) = 0 \tag{11-7}$$

Der Vektor $\boldsymbol{V}$ enthält jetzt in der Reihenfolge der gewählten Nummerierung die gesuchten Freiheitsgrade der Verschiebung, der Vektor $\delta\boldsymbol{V}$ in gleicher Anordnung zugeordneten virtuellen Verschiebungen.
Die auch im vorliegenden Zusammenhang als globale Steifigkeitsmatrix bezeichnete Matrix $\boldsymbol{K}$ nimmt die Steifigkeiten der einzelnen Elemente auf. Dieser Vorgang ist für das Element 9 unseres Beispiels im Bild 11.3 verdeutlicht (vgl. auch Kapitel 7.5).
Den lokalen Knoten $e = 1, 2$ und 3 des Elementes entsprechen die globalen Knoten $k_1^9 = 6$, $k_2^9 = 11$ und $k_3^9 = 10$. Entsprechend werden die Koeffizienten der Elementlastvektoren topologiegesteuert im globalen Vektor $\overline{\boldsymbol{P}}$ aufsummiert (vgl. Kap. 7). Bild 11.3 entnimmt man, dass die virtuelle Arbeit des gesamten Systems als skalare Größe für beliebige Vektoren $\delta\boldsymbol{V}$ dann verschwindet, wenn gilt:

$$\boldsymbol{K}\,\boldsymbol{V} + \overline{\boldsymbol{P}} = \boldsymbol{0} \tag{11-8}$$

Es ist noch anzumerken, dass diese Beziehung als Gleichungssystem erst gelöst werden kann, wenn die Randbedingungen auf Systemebene eingearbeitet werden. Für das Beispiel eines zur z-Achse symmetrischen Querschnitts ergibt sich die gesuchte Wölbfläche als zur z-Achse antimetrische Funktion, die somit auf der z-Achse selbst verschwindet. Wir dürfen somit ω_k in allen, auf dieser Achse liegenden Knoten 1, 5, 9 u. s. w. zu null annehmen und die zugeordneten Zeilen 1, 5, und so weiter in Bild 11.3 streichen.

$$\delta W = \begin{bmatrix} \delta\omega_1 \\ \vdots \\ \delta\omega_6 \\ \vdots \\ \delta\omega_{10} \\ \delta\omega_{11} \\ \vdots \\ \delta\omega_n \end{bmatrix}^T \left[\begin{array}{c} \begin{array}{ccccccccc} \omega_1 & & \omega_6 & & \omega_{10} & \omega_{11} & & \omega_n \end{array} \\ \begin{bmatrix} & & & & & & \\ & & \vdots & & \vdots & \vdots & \\ & \cdots & +k_{11}^9 & \cdots & +k_{13}^9 & +k_{12}^9 & \cdots \\ & & \vdots & & \vdots & \vdots & \\ & \cdots & +k_{31}^9 & \cdots & +k_{33}^9 & +k_{32}^9 & \cdots \\ & \cdots & +k_{21}^9 & \cdots & +k_{23}^9 & +k_{22}^9 & \cdots \\ & & \vdots & & \vdots & \vdots & \\ & & & & & & \end{bmatrix} \begin{bmatrix} \omega_1 \\ \vdots \\ \omega_6 \\ \vdots \\ \omega_{10} \\ \omega_{11} \\ \vdots \\ \omega_n \end{bmatrix} + \begin{bmatrix} p_1^0 \\ \vdots \\ p_6^0 \\ \vdots \\ p_{10}^0 \\ p_{11}^0 \\ \vdots \\ p_n^0 \end{bmatrix} \end{array} \right] =$$

$$\delta W = \delta \boldsymbol{V}^T \left[\quad \boldsymbol{K} \quad \boldsymbol{V} + \overline{\boldsymbol{P}} \quad \right] = 0$$

Bild 11.3: Virtuelle Arbeit am System: Einfügen der Arbeitsanteile von Element 9

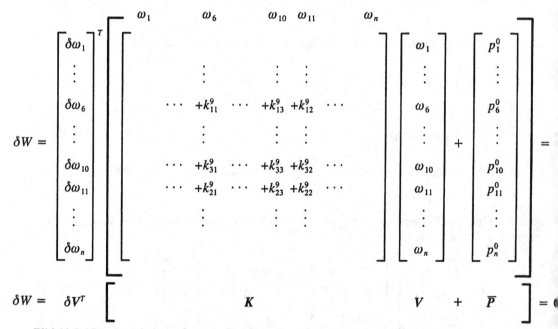

Nach Lösen des Gleichungssystems (11-8) sind die diskreten Werte von ω_k in allen n Querschnittsknoten bekannt und wir können das gesuchte Torsionsträgheitsmoment näherungsweise bestimmen. Im Rahmen der getroffenen Diskretisierung und mit den gewählten Ansatzfunktionen sind deren erste Ableitungen nach y und z elementweise konstante Größen.

Mit den Koordinaten des Schwerpunktes von Element i $y_S^i = \frac{1}{3}(y_1{}^i + y_2{}^i + y_3{}^i)$ und $z_S^i = \frac{1}{3}(z_1{}^i + z_2{}^i + z_3{}^i)$ liefert die Auswertung von Gl. (9-17):

$$I_T \approx \sum \left\{ \left[y_S^i \boldsymbol{h}_2^T - z_S{}^i \boldsymbol{h}_2{}^T \right] \boldsymbol{v}^i + \left(y_S^i\right)^2 + \left(z_S^i\right)^2 \right\} A^i$$

Bild 9.5 zeigt im Schrägbild die Funktion der Grundverwölbung $\omega(y, z)$.
Zu erwähnen bleibt, dass die Genauigkeit des Ergebnisses mit einer verfeinerten Diskretisierung und mit verbesserten Ansatzfunktionen gesteigert werden kann.
Ist die Verwölbung bekannt, so lassen sich auch die Schubspannungen gemäß Gl. (9-5) elementweise berechnen:

$$\tau_{xy}^i = -\frac{M_x}{I_T}\left(\boldsymbol{h}_2{}^i \boldsymbol{v}^i + z_S^i\right) \qquad \tau_{xz}^i = -\frac{M_x}{I_T}\left(\boldsymbol{h}_3 \boldsymbol{v}^i - y_S^i\right)$$

Die Berechnung der Grundverwölbung eines Querschnitts kann also im wesentlichen nach der in Kapitel 4 und 7 dargestellten Vorgehensweise geschehen. Dies gilt insbesondere für die Ermittlung der Steifigkeitsmatrizen und Knotenkräfte der einzelnen Element und für den Aufbau der globalen Steifigkeitsmatrix.

11.3 Stäbe ohne Behinderung der Verwölbung aus Torsion

11.3.1 Positive Wirkungsrichtung von Zustandsgrößen und Einwirkungen

Die positiven Lasten und Zustandsgrößen räumlich beanspruchter Stäbe (Verschiebungen und Feldschnittgrößen) sind in Bild 11.4 dargestellt (vgl. dazu die Kapitel 4.2 und 10.4.2).
Die im allgemeinen Weggrößenverfahren und in der Finite-Element-Methode zusätzlich benötigten Einzelwerte der Schnittgrößen und Verschiebungen an den Elementrändern sind in Bild 11.5 eingezeichnet.
Dabei ist zu beachten, dass die Stabend-Kraftgrößen des allgemeinen Weggrößenverfahrens und der Finite-Element-Methode (Vorzeichen-Konvention 2) verfahrensbedingt festgelegt sind und zum Beispiel im Ergebnisprotokoll einer elektronischen Berechnung i. A. nicht ausgedruckt werden. Dabei ist es nicht von Belang, ob das Tragverhalten eines Stabelementes durch Differentialgleichungen oder durch ein äquivalentes Arbeitsprinzip beschrieben wird.

Stabend-Kraftgrößen sind ausschließlich an den Rändern eines Stabelementes definiert. Ihre Vektoren weisen stets in Richtung der lokalen Achsen des Stabelementes. Ihre Transformation zu Feldschnittgrößen an den Elementrändern ist unabhängig von der Festlegung der positiven Wirkungsrichtung der letzteren notwendig. Die Transformationsmatrizen $\boldsymbol{C}$ sind Diagonalmatrizen, deren Elemente gleich -1 oder +1 sind.
Die nur diskret an einem Knoten definierten Verschiebungen werden mit großen Buchstaben, die als Funktion der unabhängigen Ortsvariablen x gegebenen Verschiebungen im Element werden mit kleinen Buchstaben geschrieben.

Es sei an dieser Stelle darauf hingewiesen, dass auch rein handrechnungsorientierte Weggrößen-Verfahren, wie das im Jahre 1932 veröffentliche Cross-Verfahren und die von Kani entwickelte Variante Stabendgrößen in diesem Sinne eingeführt haben (*Cross (1930)* und *Kani (1949)*).

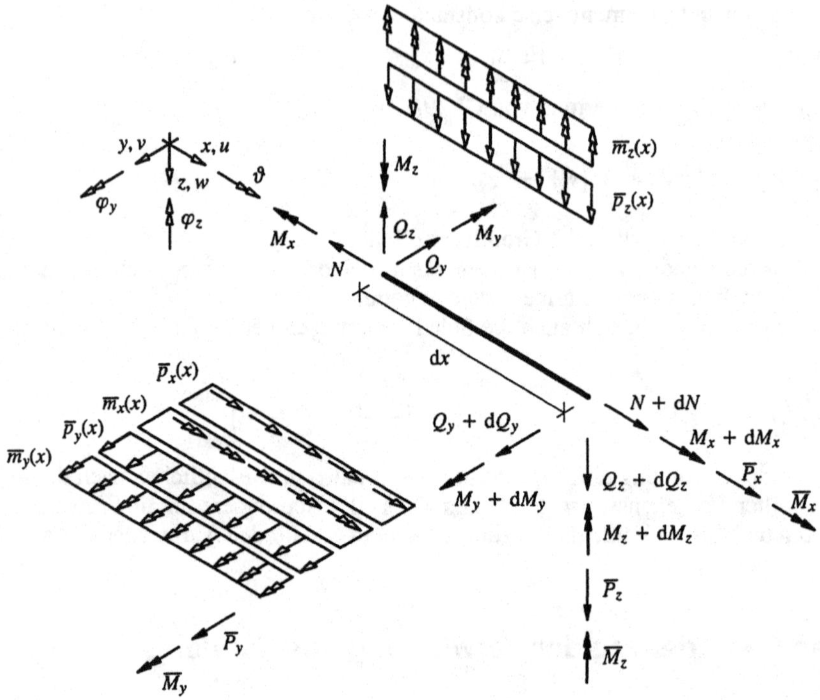

Bild 11.4 Positive Wirkungsrichtung von Lasten und Zustandsgrößen am differentiellen Stabelement

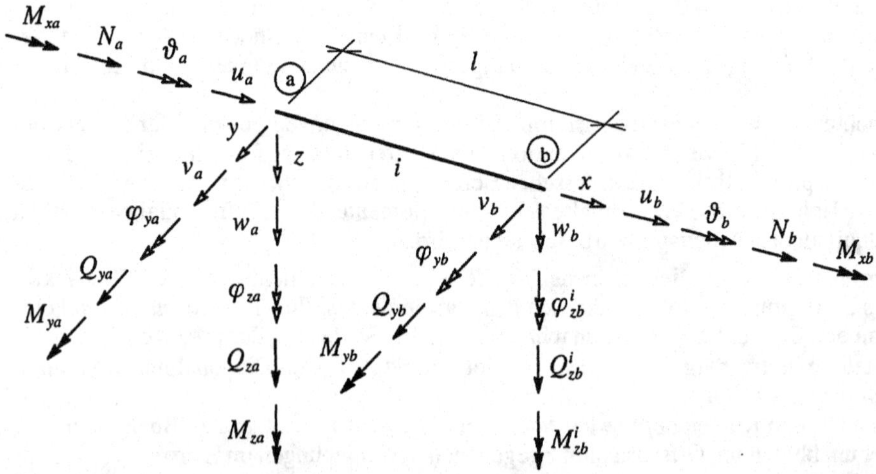

Bild 11.5 Positive Wirkungsrichtung von Stabend-Verschiebungen und Stabend-Kräften am Element i (Vorzeichen-Konvention 2)

Die im Punkt x eines Stabes gegebenen Verschiebungen und Schnittgrößen lassen sich mit den Festlegungen von Bild 11.4 zu Zustandsvektoren zusammenfassen (Feldgrößen):

$$u^T = \begin{bmatrix} u(x) & v(x) & w(x) & \vartheta(x) & \varphi_y(x) & \varphi_z(x) \end{bmatrix} \tag{11-9}$$

$$s^T = \begin{bmatrix} N(x) & Q_y(x) & Q_z(x) & M_x(x) & M_y(x) & M_z(x) \end{bmatrix} \tag{11-10}$$

Auf der Grundlage der in Bild 11.4 und 11.5 gegebenen Definitionen lassen sich an den Elementrändern die in den Gleichungen (11-11) und (11-12) gegebenen Vektoren der Stabend-Weggrößen $\boldsymbol{v}$ und der Stabendkräfte $\boldsymbol{p}$ des Weggrößenverfahrens bzw. der Finite-Element-Methode bilden (vgl. auch Kap. 4).

$$\begin{aligned} \boldsymbol{v}^T &= \\ &= [\; u_a \quad v_a \quad w_a \quad \vartheta_a \quad \phi_{ya} \quad \phi_{za} \mid u_b \quad v_b \quad w_b \quad \vartheta_b \quad \phi_{yb} \quad \phi_{zb} \;] \\ &= [\; u(a) \quad v(a) \quad w(a) \quad \vartheta(a) \quad \varphi_y(a) \quad -\varphi_z(a) \mid u(b) \quad v(b) \quad w(b) \quad \vartheta(b) \quad \varphi_y(b) \quad -\varphi_z(b) \;] \\ &= [\; u(a) \quad v(a) \quad w(a) \quad \vartheta(a) \quad -w'(a) \quad v'(a) \mid u(b) \quad v(b) \quad w(b) \quad \vartheta(b) \quad -w'(b) \quad v'(b) \;] \end{aligned}$$

(11-11.1.) - (11-11.3.)

$$\begin{aligned} \boldsymbol{p}^T &= \\ &= [\; N_a \quad Q_{ya} \quad Q_{za} \quad M_{xa} \quad M_{ya} \quad M_{za} \mid N_b \quad Q_{yb} \quad Q_{zb} \quad M_{xb} \quad M_{yb} \quad M_{zb} \;] \\ &= [\; -N(a) - Q_y(a) - Q_z(a) - M_x(a) \quad -M_y(a) \quad M_z(a) \mid N(b) \quad Q_y(b) \quad Q_z(b) \quad M_x(b) \quad M_y(b) - M_z(b) \;] \end{aligned}$$

(11-12.1.), (11-12.2.)

Der Vektor $\boldsymbol{p}^0$ enthält die Knotenkräfte eines Grundelementes des geometrisch bestimmten Hauptsystems.

$$\begin{aligned} (\boldsymbol{p}^0)^T &= \\ &= [\; N_a^0 \quad Q_{ya}^0 \quad Q_{za}^0 \quad M_{xa}^0 \quad M_{ya}^0 \quad M_{za}^0 \mid N_b^0 \quad Q_{yb}^0 \quad Q_{zb}^0 \quad M_{xb}^0 \quad M_{yb}^0 \quad M_{zb}^0 \;] \end{aligned}$$

(11-13)

Bei gegebenem Vektor der Stabendgrößen $\boldsymbol{p}$ (dessen Komponenten in Vorzeichen-Konvention 2 ausgewiesen sind) gelangt man zum Vektor der bemessungsrelevanten Schnittgrößen $\boldsymbol{s}$ an den Stabenden, wenn man ersteren mit der bereits erwähnten Transformationsmatrix $\boldsymbol{C}$ multipliziert:

$$\boldsymbol{s} = \begin{bmatrix} \boldsymbol{s}(0) \\ \boldsymbol{s}(l) \end{bmatrix} = \boldsymbol{C}\,\boldsymbol{p} \tag{11-14}$$

Die Matrix $\boldsymbol{C}$ ist hier folgendermaßen belegt:

$$\boldsymbol{C} = diag\,[\; -1 \quad -1 \quad -1 \quad -1 \quad -1 \quad 1 \mid 1 \quad 1 \quad 1 \quad 1 \quad 1 \quad -1 \;] \tag{11-15}$$

11.3.2 Übertragungsmatrix und Lastvektoren

Die Weg- und Kraftgrößen am Anfang und am Ende eines Bauteils sind für die verschiedenen Beanspruchungszustände über die in Kapitel 4.2.2 angegebene grundlegende Beziehung verbunden:

(4-33): $$z_b = U z_a + \bar{z}$$

Die Dimension der in dieser Beziehung enthaltenen Matrizen sowie ihre Belegung sind von der Art der betrachteten Beanspruchung abhängig. Sie sind für reine Längskraftbeanspruchung und für einachsige Biegung in der x-z-Ebene in Kapitel 4.4 hergeleitet worden und werden hier der besseren Lesbarkeit halber noch einmal wiederholt. Zur Unterscheidung von entsprechenden Beziehungen eines in der x-y-Ebene beanspruchten Trägers haben wir den entsprechenden Index bei Zustandsgrößen und Querschnittssteifigkeiten angefügt.
Für die Längskraftbeanspruchung gilt:

$$z = \begin{bmatrix} u(x) \\ N(x) \end{bmatrix} \qquad U = \begin{bmatrix} 1 & \dfrac{l}{EA} \\ 0 & 1 \end{bmatrix} \qquad \bar{z} = \begin{bmatrix} \bar{u}(l) \\ \bar{N}(l) \end{bmatrix}$$

Für den in der x-z-Ebene beanspruchten Biegeträger gilt entsprechend:

$$z = \begin{bmatrix} w(x) \\ \varphi_y(x) \\ Q_z(x) \\ M_y(x) \end{bmatrix} \qquad U = \begin{bmatrix} 1 & -l & \dfrac{-l^3}{6EI_y} & \dfrac{-l^2}{2EI_y} \\ 0 & 1 & \dfrac{l^2}{2EI_y} & \dfrac{l}{EI_y} \\ 0 & 0 & 1 & 0 \\ 0 & 0 & l & 1 \end{bmatrix} \qquad \bar{z} = \begin{bmatrix} \bar{w}(l) \\ \bar{\varphi}_y(l) \\ \bar{Q}_z(l) \\ \bar{M}_y(l) \end{bmatrix}$$

Die maßgebenden Grundgleichungen der St. Venant'schen Torsion wurden in Kapitel 10 hergeleitet und lauten für den Stab mit konstantem Querschnitt:

(10-49.1): $GI_T \vartheta'' + \bar{m}_x = 0$ (10-49.3): $M_x = GI_T \vartheta'$

Sie erweisen sich als vollständig analog zu den Grundgleichungen des Fachwerkstabes. Damit können die Beziehungen des nach St. Venant tordierten Stabes durch Austausch der Verschiebungsfunktion und der Querschnittssteifigkeit gewonnen werden:

$$z = \begin{bmatrix} \vartheta(x) \\ M_x(x) \end{bmatrix} \qquad U = \begin{bmatrix} 1 & \dfrac{l}{GI_T} \\ 0 & 1 \end{bmatrix} \qquad \bar{z} = \begin{bmatrix} \bar{\vartheta}(l) \\ \bar{M}_x(l) \end{bmatrix} \tag{11-16}$$

Wie oben erläutert, erhält man weiter die das Tragverhalten eines in der x-y-Ebene auf Biegung beanspruchten Biegeträgers durch Austausch der beschreibenden Biegefunktion und der Indizes bei den Zustandsgrößen und Querschnittssteifigkeiten:

$$z = \begin{bmatrix} v(x) \\ \varphi_z(x) \\ Q_y(x) \\ M_z(x) \end{bmatrix} \qquad U = \begin{bmatrix} 1 & -l & \frac{-l^3}{6EI_z} & \frac{-l^2}{2EI_z} \\ 0 & 1 & \frac{l^2}{2EI_z} & \frac{l}{EI_z} \\ 0 & 0 & 1 & 0 \\ 0 & 0 & l & 1 \end{bmatrix} \qquad \bar{z} = \begin{bmatrix} \bar{v}(l) \\ \bar{\varphi}_z(l) \\ \bar{Q}_y(l) \\ \bar{M}_z(l) \end{bmatrix} \tag{11-17}$$

Den Vektor der Zustandsgrößen des Übertragungsverfahrens eines räumlich beanspruchten Stabes bilden wir mit den Beziehungen (11-9) und (11-10) gemäß:

$$z^T = [\boldsymbol{u}(x) \quad \boldsymbol{s}(x)]^T$$

Die Übertragungsmatrix des räumlich beanspruchten Stabes läßt sich folgerichtig aus den Beziehungen der Beanspruchungszustände Längsdehnung, Biegung um die y-Achse und Biegung um die z-Achse und Torsion aufbauen. Man erhält:

$$U = \left[\begin{array}{cccccc|cccccc} 1 & 0 & 0 & 0 & 0 & 0 & \frac{l}{EA} & 0 & 0 & 0 & 0 & 0 \\ 0 & 1 & 0 & 0 & 0 & -l & 0 & \frac{-l^3}{6EI_z} & 0 & 0 & 0 & \frac{-l^2}{2EI_z} \\ 0 & 0 & 1 & 0 & -l & 0 & 0 & 0 & \frac{-l^3}{6EI_y} & 0 & \frac{-l^2}{2EI_y} & 0 \\ 0 & 0 & 0 & 1 & 0 & 0 & 0 & 0 & 0 & \frac{l}{GI_T} & 0 & 0 \\ 0 & 0 & 0 & 0 & 1 & 0 & 0 & 0 & \frac{l^2}{2EI_y} & 0 & \frac{l}{EI_y} & 0 \\ 0 & 0 & 0 & 0 & 0 & 1 & 0 & \frac{l^2}{2EI_z} & 0 & 0 & 0 & \frac{l}{EI_z} \\ \hline 0 & 0 & 0 & 0 & 0 & 0 & 1 & 0 & 0 & 0 & 0 & 0 \\ 0 & 0 & 0 & 0 & 0 & 0 & 0 & 1 & 0 & 0 & 0 & 0 \\ 0 & 0 & 0 & 0 & 0 & 0 & 0 & 0 & 1 & 0 & 0 & 0 \\ 0 & 0 & 0 & 0 & 0 & 0 & 0 & 0 & 0 & 1 & 0 & 0 \\ 0 & 0 & 0 & 0 & 0 & 0 & 0 & 0 & l & 0 & 1 & 0 \\ 0 & 0 & 0 & 0 & 0 & 0 & 0 & l & 0 & 0 & 0 & 1 \end{array}\right] \tag{11-18}$$

Die Belegung des Lastvektors eines räumlich beanspruchten Stabes ist allgemein mit den Gln. (11-9) und (11-10) gegeben:

$$z^T = \left[\begin{array}{cccccc|cccccc} u(x) & v(x) & w(x) & \vartheta(x) & \varphi_y(x) & \varphi_z(x) & N(x) & Q_y(x) & Q_z(x) & M_x(x) & M_y(x) & M_z(x) \end{array}\right]$$

$$\bar{z}^T = \left[\begin{array}{cccccc|cccccc} \bar{u}(l) & \bar{v}(l) & \bar{w}(l) & \bar{\vartheta}(l) & \bar{\varphi}_y(l) & \bar{\varphi}_z(l) & \bar{N}(l) & \bar{Q}_y(l) & \bar{Q}_z(l) & \bar{M}_x(l) & \bar{M}_y(l) & \bar{M}_z(l) \end{array}\right]$$

Lastglieder für ausgewählte Beanspruchungsarten finden sich in Kapitel 4 sowie in *Ramm, Hofmann (1995)*.

Gl. (11-18) enthält als Untermenge die für die Schnittkraftberechnung statisch bestimmter Systeme allein benötigten Beziehungen. Die Übertragungsbeziehung für Schnittgrößen lautet:

$$\boldsymbol{s}(l) = \boldsymbol{U}_{ss}\,\boldsymbol{s}(0) + \bar{\boldsymbol{s}} \qquad (11\text{-}19.1)$$

Die Übertragungsmatrix (siehe Gl. (11-18)) und der Lastvektor der Schnittgrößen sind folgendermaßen belegt:

$$\boldsymbol{U}_{ss} = \left[\begin{array}{c|c|c|c|c|c} 1 & & & & & \\ \hline & 1 & & & & \\ \hline & & 1 & & & \\ \hline & & & 1 & & \\ \hline & & l & & 1 & \\ \hline & l & & & & 1 \end{array}\right]; \qquad (11\text{-}19.2)$$

$$\bar{\boldsymbol{s}} = \begin{bmatrix} -\int_0^l \bar{p}_x(x)\,dx \\ -\int_0^l \bar{p}_y(x)\,dx \\ -\int_0^l \bar{p}_z(x)\,dx \\ -\int_0^l \bar{m}_x\,dx \\ -\int_0^l\int_0^l \bar{p}_y(x)\,dx\,dx - \int_0^l \bar{m}_z(x)\,dx \\ -\int_0^l\int_0^l \bar{p}_z(x)\,dx\,dx - \int_0^l \bar{m}_y(x)\,dx \end{bmatrix} \qquad (11\text{-}19.3)$$

Die im Lastvektor enthaltenen Eintragungen entsprechen den Einspannschnittgrößen eines in $x = 0$ freien, in $x = l$ eingespannten Kragarmes unter gegebenen Einwirkungen, wobei die Wirkungslängen der Linienlasten nicht mit Abschnittslängen l übereinstimmen müssen.
Wir erinnern am Ende dieses Kapitels daran, dass alle Größen in Zustands- und Lastvektoren in Vorzeichen-Konvention 1 gegeben sind.

11.3.3 Steifigkeitsmatrix und Volleinspann-Schnittgrößen

Wie im vorhergehenden Abschnitt baut man die gesuchten Elementmatrizen aus den nunmehr bekannten Teilmatrizen auf. Die Vektoren der Stabend-Kräfte und der Stabend-Verschiebungen sowie die Steifigkeitsmatrix des Fachwerkstabes können Gl. (4-33) (Abschnitt 4.3.2) entnommen werden.

$$\boldsymbol{p} = [N_a \;\; N_b\,]^T; \qquad \boldsymbol{k} = \begin{bmatrix} \dfrac{EA}{l} & -\dfrac{EA}{l} \\ -\dfrac{EA}{l} & \dfrac{EA}{l} \end{bmatrix}; \qquad \boldsymbol{v} = [v_a \;\; v_b\,]^T; \qquad \boldsymbol{p}^0 = \left[N_a^0 \;\; N_b^0\right]^T$$

Für den in der x-z-Ebene beanspruchten Biegeträger ist der Vektor der Knotenkräfte mit Gl. (4-19), derjenige der Knotenverschiebungen mit Gl. (4-17) und die Steifigkeitsmatrix mit Gl. (4-41) bekannt. Für die analoge Beanspruchung in der x-y-Ebene folgt durch Austausch der Indizes:

$$\boldsymbol{p} = \begin{bmatrix} Q_{ya} \\ M_{za} \\ Q_{yb} \\ M_{zb} \end{bmatrix} \qquad \boldsymbol{k} = \begin{bmatrix} \frac{12EI_z}{l^3} & \frac{6EI_z}{l^2} & -\frac{12EI_z}{l^3} & \frac{6EI_z}{l^2} \\ \frac{6EI_z}{l^2} & \frac{4EI_z}{l} & -\frac{6EI_z}{l^2} & \frac{2EI_z}{l} \\ -\frac{12EI_z}{l^3} & -\frac{6EI_z}{l^2} & \frac{12EI_z}{l^3} & -\frac{6EI_z}{l^2} \\ \frac{6EI_z}{l^2} & \frac{2EI_z}{l} & -\frac{6EI_z}{l^2} & \frac{4EI_z}{l} \end{bmatrix} \qquad \boldsymbol{v} = \begin{bmatrix} v_a \\ \varphi_{za} \\ v_b \\ \varphi_{zb} \end{bmatrix} \qquad \boldsymbol{p}^0 = \begin{bmatrix} Q^0_{ya} \\ M^0_{za} \\ Q^0_{yb} \\ M^0_{zb} \end{bmatrix}$$

In jenen Fällen, in denen keine Wölbbehinderung auftritt oder in denen sie vernachlässigt wird, ist das mechanische Modell der St. Venant'schen Torsion anzuwenden. Wie im vorhergehenden Kapitel gewinnt man die entsprechende Steifigkeitsmatrix über die Analogie der maßgebenden Gleichungen von Fachwerkstab und Drillstab. Durch Austauschen der maßgebenden Verschiebungsfunktion und der Querschnittssteifigkeiten erhalten wir:

$$\boldsymbol{p} = \begin{bmatrix} M_{xa} \\ M_{xb} \end{bmatrix} \qquad \boldsymbol{k} = \begin{bmatrix} \frac{GI_T}{l} & -\frac{GI_T}{l} \\ -\frac{GI_T}{l} & \frac{GI_T}{l} \end{bmatrix} \qquad \boldsymbol{v} = \begin{bmatrix} \vartheta_a \\ \vartheta_b \end{bmatrix} \qquad \boldsymbol{p}^0 = \begin{bmatrix} M^0_{xa} \\ M^0_{xb} \end{bmatrix} \qquad (11\text{-}20)$$

Volleinspann-Momente für ausgewählte Lasten sind in Tafel 11.1 zusammengestellt.

Tabelle 11.1 Volleinspann-Momente beidseits gabelgelagerter, tordierter Stäbe

	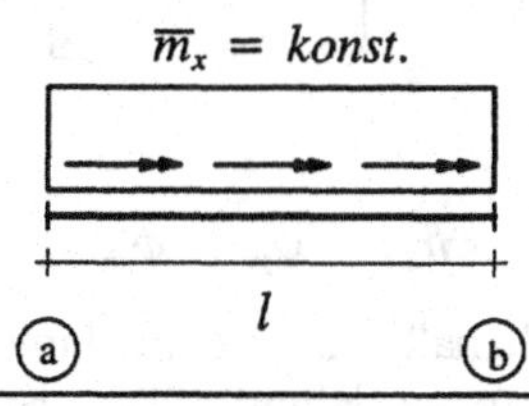	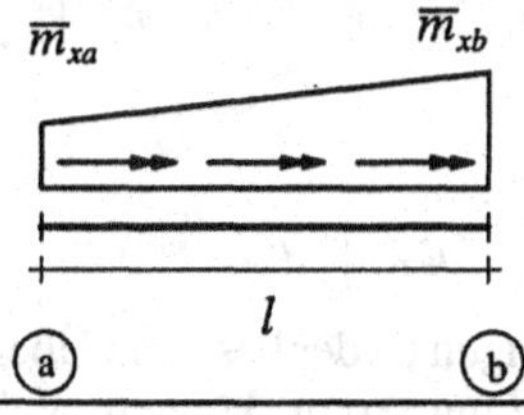	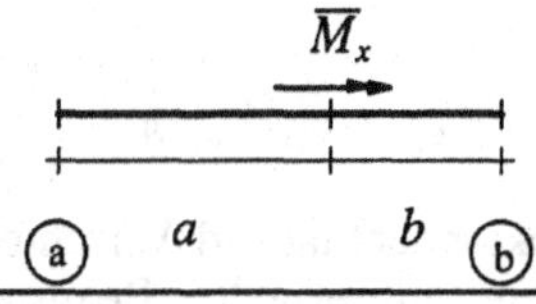
M^0_{xa}	$-\frac{\overline{m}_x\, l}{2}$	$-\frac{l}{6}\,(2\overline{m}_{xa} + \overline{m}_{xb})$	$-\overline{M}_x\,\frac{b}{l}$
M^0_{xb}	$-\frac{\overline{m}_x\, l}{2}$	$-\frac{l}{6}\,(\overline{m}_{xa} + 2\overline{m}_{xb})$	$-\overline{M}_x\,\frac{a}{l}$

Für den räumlich beanspruchten Stab ist die Belegung der Vektoren der Stabend-Kräfte und Stabend-Verschiebungen bereits mit den Gleichungen (11-11) bis (11-13) festgelegt worden. Die resultierende Steifigkeitsmatrix erhält man mit den oben zusammengestellten Beziehungen zu:

$$\boldsymbol{k} =$$

$$\left[\begin{array}{cccccc|cccccc}
\frac{EA}{l} & & & & & & -\frac{EA}{l} & & & & & \\
 & \frac{12EI_z}{l^3} & & & & \frac{6EI_z}{l^2} & & \frac{-12EI_z}{l^3} & & & & \frac{6EI_z}{l^2} \\
 & & \frac{12EI_y}{l^3} & & \frac{-6EI_y}{l^2} & & & & \frac{-12EI_y}{l^3} & & \frac{-6EI_y}{l^2} & \\
 & & & \frac{GI_T}{l} & & & & & & -\frac{GI_T}{l} & & \\
 & & \frac{-6EI_y}{l^2} & & \frac{4EI_y}{l} & & & & \frac{6EI_y}{l^2} & & \frac{2EI_y}{l} & \\
 & \frac{6EI_z}{l^2} & & & & \frac{4EI_z}{l} & & \frac{-6EI_z}{l^2} & & & & \frac{2EI_z}{l} \\
\hline
-\frac{EA}{l} & & & & & & \frac{EA}{l} & & & & & \\
 & \frac{-12EI_z}{l^3} & & & & -\frac{6EI_z}{l^2} & & \frac{12EI_z}{l^3} & & & & \frac{-6EI_z}{l^2} \\
 & & \frac{-12EI_y}{l^3} & & \frac{6EI_y}{l^2} & & & & \frac{12EI_y}{l^3} & & \frac{6EI_y}{l^2} & \\
 & & & -\frac{GI_T}{l} & & & & & & \frac{GI_T}{l} & & \\
 & & \frac{-6EI_y}{l^2} & & \frac{2EI_y}{l} & & & & \frac{6EI_y}{l^2} & & \frac{4EI_y}{l} & \\
 & \frac{6EI_z}{l^2} & & & & \frac{2EI_z}{l} & & \frac{-6EI_z}{l^2} & & & & \frac{4EI_z}{l}
\end{array}\right] \qquad (11\text{-}21)$$

$$\boldsymbol{v}^T =$$

$$\left[\begin{array}{cccccc|cccccc} u_a & v_a & w_a & \vartheta_a & \varphi_{ya} & \varphi_{za} & u_b & v_b & w_b & \vartheta_b & \varphi_{yb} & \varphi_{zb} \end{array}\right]$$

Der Vektor der Stabend-Verschiebungen ist der besseren Übersicht halber noch einmal mit angegeben. Für ausgewählte Beanspruchungsarten können Volleinspann-Schnittgrößen Kapitel 4, Tabelle 4.1 bis Tabelle 4.3 entnommen werden.

11.4 Stäbe mit Behinderung der Verwölbung aus Torsion

11.4.1 Positive Wirkungsrichtung von Zustandsgrößen und Einwirkungen

Bei dünnwandigen Stäben mit offenem Querschnitt wenden wir das mechanische Modell der Wölbkrafttorsion an, wenn die Verwölbung der Querschnitte in Verbindungs- oder Lagerknoten behindert ist und wenn Einzel- oder Linientorsionsmomente oder Einzel- oder Linienbimomente wirken. Dies ist im allgemeinen der Fall bei Tragwerken des Stahl- und Metallbaus, bei speziellen Konstruktionen auch im Stahlbetonbau (z. B. bei aussteifenden Kernen hoher Gebäude). Im Modell der Wölbkrafttorsion führt man als zusätzlichen unabhängigen Freiheitsgrad die Verwindung ψ ein.

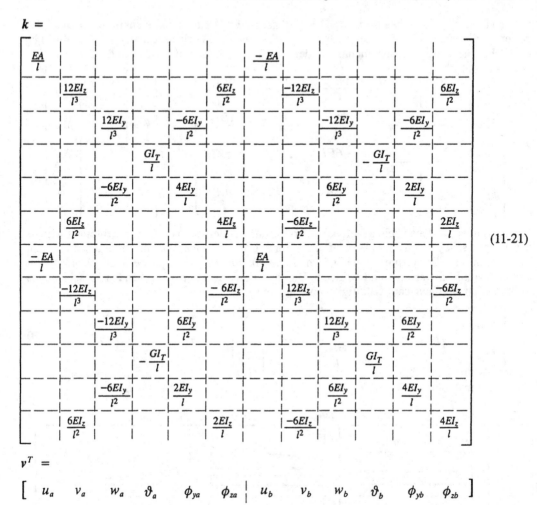

Die konjugierte Schnittgröße ist das Bimoment. Vergleiche im einzelnen Kapitel 9 und 10 sowie den zugeordneten Anhang A3.
Die positiven Lasten und Zustandsgrößen (Verschiebungen und Feldschnittgrößen) für Längsbeanspruchung und Biegung sind mit denen von Bild 11.4 identisch. Sie sind zusammen mit denen der Wölbkrafttorsion im folgenden Bild 11.6 dargestellt.

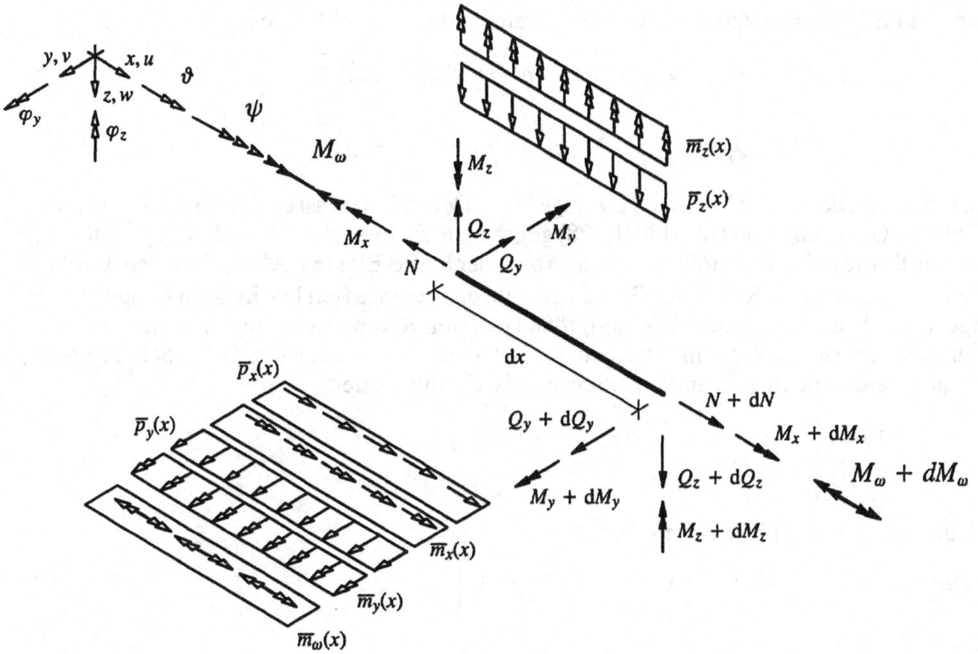

Bild 11.6 Positive Wirkungsrichtung von Lasten und Zustandsgrößen am differentiellen Stabelement

Die Stabend-Kräfte und Stabend-Verschiebungen des Weggrößenverfahrens sind in Bild 11.7 gezeichnet.

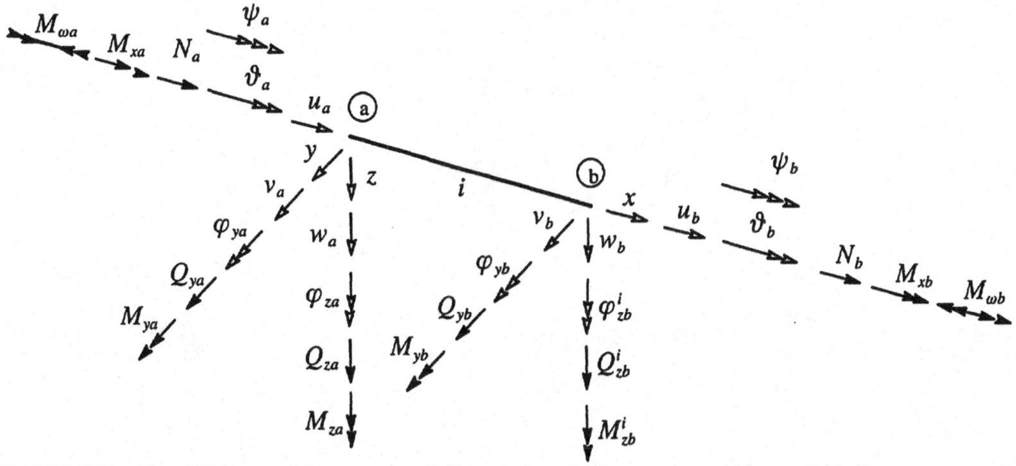

Bild 11.7 Positive Wirkungsrichtung von Stabend-Verschiebungen und Stabend-Kräften am Stabelement i (Vorzeichen-Konvention 2)

In den Bildern 11.6 und 11.7 ist bei den positiven Wirkungsrichtungen der Weggrößen die Verwindung mit drei Pfeilspitzen dargestellt. Sie ist positiv, wenn die Ableitung von $\vartheta(x)$ kleiner null ist $\left(\frac{d\vartheta}{dx} < 0\right)$.

Die im Punkt x eines Stabes gegebenen Verschiebungen und Schnittgrößen lassen sich mit den Festlegungen von Bild 11.4 zu Zustandsvektoren zusammenfassen (Feldgrößen):

$$\boldsymbol{u}^T = \begin{bmatrix} u(x) & v(x) & w(x) & \vartheta(x) & \varphi_y(x) & \varphi_z(x) & \psi(x) \end{bmatrix} \tag{11-22}$$

$$\boldsymbol{s}^T = \begin{bmatrix} N(x) & Q_y(x) & Q_z(x) & M_x(x) & M_y(x) & M_z(x) & M_\omega(x) \end{bmatrix} \tag{11-23}$$

Auf der Grundlage der in Bild 11.6 und 11.7 gegebenen Definitionen lassen sich an den Elementrändern die in der Gleichungen (11-26) bis (11-28) gegebenen Vektoren der Stabend-Weggrößen $\boldsymbol{v}$ und der Stabend-Kräfte $\boldsymbol{p}$ des Weggrößenverfahrens bzw. der Finite-Element-Methode bilden. Der Vektor $\boldsymbol{p}^0$ enthält die Stabend-Kräfte der Grundelemente des geometrisch bestimmten Hauptsystems. Bei gegebenem Vektor der Stabend-Schnittgrößen $\boldsymbol{p}$ (deren Komponenten in Vorzeichen-Konvention 2 ausgewiesen sind) gelangt man wieder zum Vektor der bemessungsrelevanten Schnittgrößen, wenn man ersteren mit einer Transformationsmatrix $\boldsymbol{C}$ multipliziert:

$$\boldsymbol{s} = \begin{bmatrix} \boldsymbol{s}(0) \\ \boldsymbol{s}(l) \end{bmatrix} = \boldsymbol{C}\,\boldsymbol{p} \tag{11-24}$$

Die Diagonalmatrix $\boldsymbol{C}$ ist hier folgendermaßen belegt:

$$\boldsymbol{C} = diag\,[\,-1 \quad -1 \quad -1 \quad -1 \quad -1 \quad 1 \quad -1 \;\big|\; 1 \quad 1 \quad 1 \quad 1 \quad 1 \quad -1 \quad 1\,] \tag{11-25}$$

Stabend-Weggrößen: *Stabend-Kraftgrößen:*

$$\mathbf{v}=\begin{bmatrix} u_a \\ v_a \\ w_a \\ \vartheta_a \\ \phi_{ya} \\ \phi_{za} \\ \psi_a \\ -- \\ u_b \\ v_b \\ w_b \\ \vartheta_b \\ \phi_{yb} \\ \phi_{zb} \\ \psi_b \end{bmatrix}=\begin{bmatrix} u(a) \\ v(a) \\ w(a) \\ \vartheta(a) \\ \varphi_y(a) \\ -\varphi_z(a) \\ \psi(a) \\ -- \\ u(b) \\ v(b) \\ w(b) \\ \vartheta(b) \\ \varphi_y(b) \\ -\varphi_z(b) \\ \psi(b) \end{bmatrix}=\begin{bmatrix} u(a) \\ v(a) \\ w(a) \\ \vartheta(a) \\ -w'(a) \\ v'(a) \\ -\vartheta'(a) \\ -- \\ u(b) \\ v(b) \\ w(b) \\ \vartheta(b) \\ -w'(b) \\ v'(b) \\ -\vartheta'(b) \end{bmatrix}; \quad \mathbf{p}=\begin{bmatrix} N_a \\ Q_{ya} \\ Q_{za} \\ M_{xa} \\ M_{ya} \\ M_{za} \\ M_{\omega a} \\ -- \\ N_b \\ Q_{yb} \\ Q_{zb} \\ M_{xb} \\ M_{yb} \\ M_{zb} \\ M_{\omega b} \end{bmatrix}=\begin{bmatrix} -N(a) \\ -Q_y(a) \\ -Q_z(a) \\ -M_x(a) \\ -M_y(a) \\ M_z(a) \\ -M_\omega(a) \\ -- \\ N(b) \\ Q_y(b) \\ Q_z(b) \\ M_x(b) \\ M_y(b) \\ -M_z(b) \\ M_\omega(b) \end{bmatrix}; \quad \mathbf{p}^0=\begin{bmatrix} N_a^0 \\ Q_{ya}^0 \\ Q_{za}^0 \\ M_{xa}^0 \\ M_{ya}^0 \\ M_{za}^0 \\ M_{\omega a}^0 \\ -- \\ N_b^0 \\ Q_{yb}^0 \\ Q_{zb}^0 \\ M_{xb}^0 \\ M_{yb}^0 \\ M_{zb}^0 \\ M_{\omega b}^0 \end{bmatrix};$$

(11-26) (11-27) (11-28)

11.4.2 Übertragungsmatrix und Lastvektoren

Im Kapitel 10.5 wurden die Dgl. (10-44.1) sowie die maßgebenden Schnittgrößen Gln. (10-44.2) und (10-44.3) hergeleitet, die das Tragverhalten eines tordierten geraden Stabes mit dünnwandigem offenen Querschnitt beschreiben. Für die Anwendung im Rahmen einer statischen Berechnung werden nun vollständige Lösungen dieser Gleichung benötigt, die an die verfahrensbezogen vorgegebenen Randbedingungen angepasst sind. Zunächst werden daher die benötigten Matrizen für den durch Torsion allein beanspruchten Stab hergeleitet. Dabei werden wir auf eine systematische Vorgehensweise Wert legen. Anschließend werden sie mit den Längskraft- und Biegezustände beschreibenden Anteilen zu resultierenden Matrizen zusammengefügt.

11.4.2.1 Entwicklung aus dem Fundamentalsystem der Dgl. (Torsion)

Wir gehen von der maßgebenden Dgl. (10-44.1) aus. Diese Gleichung ist linear, von 4-ter Ordnung und besitzt für $GI_T = konst.$ und $EI_\omega = konst.$ konstante Koeffizienten:

$$EI_\omega \vartheta'''' - GI_T \vartheta'' = \overline{m}_x + \overline{m}_\omega' \tag{11-29}$$

Unter einem Fundamentalsystem einer homogenen linearen, gewöhnlichen Differentialgleichung n-ter Ordnung wird allgemein ein System von n linear unabhängigen Funktionen verstanden, von denen jede die homogene Gleichung erfüllt. Wir erinnern daran, dass Ansätze der Finite-Element-Methode die erstgenannte Eigenschaft ebenfalls besitzen müssen. Die zweitgenannte Eigenschaft zeichnet exakte Lösungen des Problems aus, die stets und vollständig aus einem Fundamentalsystem entwickelt werden können. Dazu fassen wir seine Funktionen in einem Vektor zusammen:

$$\boldsymbol{n}(x) = \left[1 \quad \frac{x}{l} \quad \cosh\varepsilon\frac{x}{l} \quad \sinh\varepsilon\frac{x}{l} \right] \tag{11-30}$$

Der Parameter ε ist dabei definiert zu (vgl. hierzu Abschnitt 11.4.3.2):

$$\varepsilon = l\sqrt{\frac{GI_T}{EI_\omega}} \tag{11-31}$$

Er kennzeichnet wesentlich das Tragverhalten eines Stabes. Mit einem Vektor allgemeiner Freiwerte $\boldsymbol{c}^T = [C_1 \quad C_2 \quad C_3 \quad C_4]$ lässt sich die vollständige Lösung der in Diskussion stehenden Gleichung i. A. in folgender Form angeben:

$$\vartheta(x) = \boldsymbol{n}\,\boldsymbol{c} + \overline{\vartheta}(x)$$

Die partikuläre Lösung $\overline{\vartheta}(x)$ erfasst den Einfluss von verteilt oder konzentriert angreifenden Einwirkungen. Sie kann mit Hilfe geeignet gewählter Ansätze oder planmäßig mit Hilfe der Methode der Variation der Konstanten gewonnen werden (vgl. *Bronstein et al. (1995)*).
Wie in Unterkapitel 4.6 werden wir im Folgenden die mechanisch nicht deutbaren Freiwerte des Vektors $\boldsymbol{c}$ durch die Zustandsgrößen des Stabes am seinem Anfang ersetzen, um letztlich die Übertragungsmatrix des Stabelementes herzuleiten. Zur zweckdienlichen Darstellung der Zustandsgrößen der Wölbkrafttorsion werden folgende Matrizen eingeführt:

$$\boldsymbol{W}_x = \begin{bmatrix} \boldsymbol{n} \\ \boldsymbol{n}' \\ \boldsymbol{n}'' \\ \boldsymbol{n}''' \end{bmatrix} \qquad \boldsymbol{k}_Q = \begin{bmatrix} 1 & 0 & 0 & 0 \\ 0 & -1 & 0 & 0 \\ 0 & GI_T & 0 & -EI_\omega \\ 0 & 0 & -EI_\omega & 0 \end{bmatrix} \qquad \boldsymbol{z} = \begin{bmatrix} \vartheta(x) \\ \psi(x) \\ M_x - \overline{m}_\omega \\ M_\omega(x) \end{bmatrix} \qquad \overline{\boldsymbol{z}} = \boldsymbol{k}_Q \begin{bmatrix} \overline{\vartheta}(x) \\ \overline{\vartheta}'(x) \\ \overline{\vartheta}''(x) \\ \overline{\vartheta}'''(x) \end{bmatrix}$$

Der Vektor $\boldsymbol{W}_x$ enthält die Funktionen des Fundamentalsystems und seine Ableitungen. Statische Zustandsgrößen des lastfreien Stabes folgen mit einer Matrix der Querschnittssteifigkeiten $\boldsymbol{k}_Q$ gemäß $\boldsymbol{z} = \boldsymbol{k}_Q \boldsymbol{W}_x \boldsymbol{c}$. Der Einfluss einer Feldbelastung wird im Vektor $\overline{\boldsymbol{z}}$ erfasst. Damit folgt:

$$\boldsymbol{z}_x = \boldsymbol{k}_Q \boldsymbol{W}_x \boldsymbol{c} + \overline{\boldsymbol{z}}_x$$

Wir schreiben diese Gleichung analog zu der in Abschnitt 4.5.2 gezeigten Vorgehensweise für den Stabanfang an mit dem Ziel, die allgemeinen Freiwerte des Vektors $\boldsymbol{c}$ durch die Zustandsgrößen an eben dieser Stelle auszudrücken (wobei der Index a den Stabanfang kennzeichnet):

$$\boldsymbol{z}_a = \boldsymbol{k}_Q \boldsymbol{W}_a \boldsymbol{c} + \overline{\boldsymbol{z}}_a$$

Da der Vektor $\boldsymbol{n}$ voraussetzungsgemäß ein vollständiges Fundamentalsystem enthält, verschwindet die Determinante von $\boldsymbol{W}_x$, die Wronskische Determinante, an keiner Stelle des durch den Träger vorgegebenen Bereiches der x-Achse (vgl. *Bronstein et al. (1995)*). Die Inverse von $\boldsymbol{W}_a$ kann also stets bestimmt werden. Gleiches gilt für die Matrix $\boldsymbol{k}_Q$. Mit $\boldsymbol{c} = \boldsymbol{W}_a^{-1}\,\boldsymbol{k}_Q^{-1}\,(\boldsymbol{z}_a - \bar{\boldsymbol{z}}_a)$ können wir nunmehr für die Zustandsgrößen anschreiben:

$$\boldsymbol{z}_x = \boldsymbol{k}_Q\,\boldsymbol{W}_x\,\boldsymbol{W}_a^{-1}\,\boldsymbol{k}_Q^{-1}\,(\boldsymbol{z}_a - \bar{\boldsymbol{z}}_a) + \bar{\boldsymbol{z}}_x$$

Um zu einer Entkoppelung des homogenen und des partikulären Anteils der Lösung zu gelangen, bestimmen wir $\bar{\boldsymbol{z}}_x$ so, dass die Zustandsgrößen aus letzterem am Stabanfang verschwinden. Damit entfällt $\bar{\boldsymbol{z}}_a$ in der zuletzt angeschriebenen Beziehung. Der solchermaßen festgelegte Vektor $\bar{\boldsymbol{z}}_x$ wird als Lastvektor (des Übertragungsverfahrens) bezeichnet. Mit der Übertragungsmatrix

$$\boldsymbol{U}_x = \boldsymbol{k}_Q\,\boldsymbol{W}_x\,\boldsymbol{W}_a^{-1}\,\boldsymbol{k}_Q^{-1} \qquad (11\text{-}32)$$

erhält man also:

$$\boldsymbol{z}_x = \boldsymbol{U}_x\,\boldsymbol{z}_a + \bar{\boldsymbol{z}}_x$$

Auswertung von Gl.(11-32) mit Hilfe eines Computeralgebra-Systems oder von Hand liefert für den tordierten Stab bzw. Stababschnitt konstanten Querschnitts der Länge l (mit $a = 0$):

$$\boldsymbol{U} = \begin{bmatrix} 1 & -\dfrac{l\sinh\varepsilon}{\varepsilon} & \dfrac{l^3}{EI_\omega}\dfrac{(\varepsilon - \sinh\varepsilon)}{\varepsilon^3} & \dfrac{l^2}{EI_\omega}\dfrac{(1-\cosh\varepsilon)}{\varepsilon^2} \\ 0 & \cosh\varepsilon & -\dfrac{l^2}{EI_\omega}\dfrac{(1-\cosh\varepsilon)}{\varepsilon^2} & \dfrac{l}{EI_\omega}\dfrac{\sinh\varepsilon}{\varepsilon} \\ 0 & 0 & 1 & 0 \\ 0 & \dfrac{EI_\omega}{l}\,\varepsilon\sinh\varepsilon & \dfrac{l\sinh\varepsilon}{\varepsilon} & \cosh\varepsilon \end{bmatrix} \qquad (11\text{-}33)$$

Wirken im Inneren eines Stabes oder Stababschnittes verteilt oder konzentriert wirkende Lasten, so wird deren Einfluss entsprechend den obigen Darlegungen in Lastvektoren erfasst. Wie erwähnt kann ihre konsistente Entwicklung planmäßig aus dem mit Gl. (11-30) gegebenen Fundamentalsystem der maßgebenden Differentialgleichung mit Hilfe der Methode der Variation der Konstanten erfolgen (siehe z. B. *Bronstein et al. (1995)*).

Für ein Stabelement der Länge l und dem Parameter ε nach Gl. (11-31) ergibt sich der Lastvektoren für ein konstantes Linientorsionsmoment zu.

$$\bar{\boldsymbol{z}}_l = \begin{bmatrix} \bar{\vartheta}(l) \\ \bar{\psi}(l) \\ \bar{M}_x(l) \\ \bar{M}_\omega(l) \end{bmatrix} = \bar{m}_x \begin{bmatrix} \dfrac{\varepsilon^2 - 2(1-\cos\varepsilon)}{2\,\varepsilon^4}\dfrac{l^4}{EI_\omega} \\ -\dfrac{\varepsilon - \sin\varepsilon}{\varepsilon^3}\dfrac{l^3}{EI_\omega} \\ -\,l \\ \dfrac{1-\cos\varepsilon}{\varepsilon^2}\,l^2 \end{bmatrix} \qquad (11\text{-}34)$$

11.4.2.2 Lösung mit Matrizenreihen (Torsion)

Grundlage dieses effizienten Lösungsverfahrens ist das der Dgl. (10-44.1) bzw. (11-29) zugeordnete Differentialgleichungssystem 1. Ordnung:

$$z'(x) = A\,z(x) + \bar{r}(x) \tag{11-35}$$

Die Belegung der in dieser Beziehung enthaltenen Matrizen entnehmen wir Gl. (10-48):

$$z = \begin{bmatrix} \vartheta(x) \\ \psi(x) \\ M_x(x) \\ M_\omega(x) \end{bmatrix} \qquad A = \begin{bmatrix} 0 & -1 & 0 & 0 \\ 0 & 0 & 0 & \frac{1}{EI_\omega} \\ 0 & 0 & 0 & 0 \\ 0 & GI_T & 1 & 0 \end{bmatrix} \qquad \bar{r} = \begin{bmatrix} 0 \\ 0 \\ -\,\bar{m}_x - \bar{m}_\omega{}' \\ -\,\bar{m}_\omega \end{bmatrix} \tag{11-36}$$

Wie im Anhang A2 Matrizenreihen angegeben, erhält man die Übertragungsmatrix für einen Stababschnitt der Länge l gemäß Gl. (A2-20) zu:

$$U(x) = e^{Ax} = I + \frac{1}{1!}A\,x + \frac{1}{2!}A^2x^2 + \frac{1}{3!}A^3x^3 + \ldots$$

bzw. zu

$$U(l) = e^{Al} = I + \frac{1}{1!}A\,l + \frac{1}{2!}A^2l^2 + \frac{1}{3!}A^3l^3 + \ldots \tag{11-37}$$

Die analytische Lösung von Gl. (11-37) enthält Hyperbelsinus- und Hyperbelkosinus-Funktionen, deren Potenzreihenentwicklung theoretisch unendlich viele Glieder zur Darstellung benötigt. Wie man aus der Darstellung von Bild 11.8 erkennen kann, konvergiert die Reihe tatsächlich schnell.

$$U = I + \sum_{i=1}^{4}\frac{1}{i!}A^i l^i = \begin{bmatrix} 1.0000 & -300.48 & -0.5879\ 10^{-3} & -0.1103\ 10^{-4} \\ 0.0000 & 2.8857 & 0.1103\ 10^{-4} & 0.1325\ 10^{-6} \\ 0.0000 & 0.0000 & 1.0000 & 0.0000 \\ 0.0000 & 0.5135\ 10^{8} & 300.48 & 2.8857 \end{bmatrix}$$

$$U = I + \sum_{i=1}^{8}\frac{1}{i!}A^i l^i = \begin{bmatrix} 1.0000 & -316.71 & -0.6829\ 10^{-3} & -0.1127\ 10^{-4} \\ 0.0000 & 2.9258 & 0.1127\ 10^{-4} & 0.1396\ 10^{-6} \\ 0.0000 & 0.0000 & 1.0000 & 0.0000 \\ 0.0000 & 0.5413\ 10^{8} & 316.71 & 2.9258 \end{bmatrix}$$

$$U = I + \sum_{i=1}^{16}\frac{1}{i!}A^i l^i = \begin{bmatrix} 1.0000 & -316.75 & -0.6831\ 10^{-3} & -0.1127\ 10^{-4} \\ 0.0000 & 2.9259 & 0.1127\ 10^{-4} & 0.1397\ 10^{-6} \\ 0.0000 & 0.0000 & 1.0000 & 0.0000 \\ 0.0000 & 0.5414\ 10^{8} & 316.75 & 2.9259 \end{bmatrix}$$

HEA 200

$$E = 21000\ kN/cm^2 \quad I_T = 21\ cm^4 \quad I_\omega = 108000\ cm^6 \quad l = 200\ cm$$

Bild 11.8 Übertragungsmatrix eines tordierten Stabelementes nach 4, 8 und 16 Schritten der Reihenentwicklung

11.4.2.3 Resultierende Elementmatrizen

Die vollständige Übertragungsmatrix des räumlich beanspruchten Stabes kann nun aus den in diesem, sowie in Kapitel 4 aufgebauten Untermatrizen zusammengesetzt werden. Der zugeordnete Vektor der Zustandsgrößen wird aus den Vektoren $\boldsymbol{u}$ gemäß Gl. (11-22) und $\boldsymbol{s}$ gemäß Gl. (11-23) aufgebaut:

$$z^T(x) = [\boldsymbol{u}(x) \;\; \boldsymbol{s}(x)] \tag{11-38}$$

Ausführlich erhält man unter Berücksichtigung der Wölbkrafttorsion folgenden Vektor:

$$z^T(x) = [u \;\; v \;\; w \;\; \vartheta \;\; \varphi_y \;\; \varphi_z \;\; \psi \mid N \;\; Q_y \;\; Q_z \;\; M_x \;\; M_y \;\; M_z \;\; M_\omega]$$

Die Übertragungsmatrix für den dünnwandigen Stab ist mit Gl. (11-39) gegeben.

$$\boldsymbol{U} = \left[\begin{array}{ccccccc|ccccccc}
1 & 0 & 0 & 0 & 0 & 0 & 0 & \frac{l}{EA} & 0 & 0 & 0 & 0 & 0 & 0 \\
0 & 1 & 0 & 0 & 0 & -l & 0 & 0 & \frac{-l^3}{6EI_z} & 0 & 0 & 0 & \frac{-l^2}{2EI_z} & 0 \\
0 & 0 & 1 & 0 & -l & 0 & 0 & 0 & 0 & \frac{-l^3}{6EI_y} & 0 & \frac{-l^2}{2EI_y} & 0 & 0 \\
0 & 0 & 0 & 1 & 0 & 0 & \frac{-l\sinh\varepsilon}{\varepsilon} & 0 & 0 & 0 & \frac{l^3(\varepsilon-\sinh\varepsilon)}{\varepsilon^3 EI_\omega} & 0 & 0 & \frac{l^2(1-\cosh\varepsilon)}{\varepsilon^2 EI_\omega} \\
0 & 0 & 0 & 0 & 1 & 0 & 0 & 0 & 0 & \frac{l^2}{2EI_y} & 0 & \frac{l}{EI_y} & 0 & 0 \\
0 & 0 & 0 & 0 & 0 & 1 & 0 & 0 & \frac{l^2}{2EI_z} & 0 & 0 & 0 & \frac{l}{EI_z} & 0 \\
0 & 0 & 0 & 0 & 0 & 0 & \cosh\varepsilon & 0 & 0 & 0 & \frac{-l^2(1-\cosh\varepsilon)}{\varepsilon^2 EI_\omega} & 0 & 0 & \frac{l\sinh\varepsilon}{\varepsilon EI_\omega} \\
\hline
0 & 0 & 0 & 0 & 0 & 0 & 0 & 1 & 0 & 0 & 0 & 0 & 0 & 0 \\
0 & 0 & 0 & 0 & 0 & 0 & 0 & 0 & 1 & 0 & 0 & 0 & 0 & 0 \\
0 & 0 & 0 & 0 & 0 & 0 & 0 & 0 & 0 & 1 & 0 & 0 & 0 & 0 \\
0 & 0 & 0 & 0 & 0 & 0 & 0 & 0 & 0 & 0 & 1 & 0 & 0 & 0 \\
0 & 0 & 0 & 0 & 0 & 0 & 0 & 0 & 0 & l & 0 & 1 & 0 & 0 \\
0 & 0 & 0 & 0 & 0 & 0 & 0 & 0 & l & 0 & 0 & 0 & 1 & 0 \\
0 & 0 & 0 & 0 & 0 & 0 & \frac{EI_\omega\,\varepsilon\sinh\varepsilon}{l} & 0 & 0 & 0 & \frac{l\sinh\varepsilon}{\varepsilon} & 0 & 0 & \cosh\varepsilon
\end{array}\right] \tag{11-39}$$

11.4.3 Steifigkeitsmatrix und Volleinspann-Schnittgrößen

Im Folgenden werden zunächst sowohl die exakte, als auch genäherte Elementmatrizen für den durch Torsion allein beanspruchten Stab hergeleitet. Anschließend werden sie mit den Längskraft- und Biegezustände beschreibenden Anteilen zu resultierenden Matrizen zusammenfügen.

11.4.3.1 Ermittlung aus Übertragungsmatrix und Lastvektoren (Torsion)

In Kapitel 4 wurden die Zustandsgrößen eines Stabes an seinem Anfang mit denen des Stabendes verbunden:

(4-21): $$z_b = U\, z_a + \mathring{z}_b$$

Weiter wurde in Abschnitt 4.2.2 die Berechnung der Steifigkeitsmatrix aus der Übertragungsmatrix gezeigt. Für unseren Aufgabenbereich übernehmen wir folgende Beziehungen:

$$k = C \begin{bmatrix} -U_{vs}^{-1} U_{vv} & U_{vs}^{-1} \\ U_{vs} - U_{ss} U_{vs}^{-1} U_{vv} & U_{ss} U_{vs}^{-1} \end{bmatrix} \quad (11\text{-}40); \qquad p_0 = C \begin{bmatrix} -U_{vs}^{-1} \mathring{z}_{bv} \\ \mathring{z}_{bs} - U_{ss} U_{vs}^{-1} \mathring{z}_{bv} \end{bmatrix} \quad (11\text{-}41)$$

Die Matrix C ist eine Diagonalmatrix mit den Eintragungen:

$$C = diag\,[\,-1 \quad -1 \quad +1 \quad +1\,]$$

Mit den Gleichungen (11-40) und (11-41) lässt sich die Beziehung $p = k\,v + p^0$ für das räumlich beanspruchte Stabelement ausführlich anschreiben:

$$\begin{bmatrix} M_{xa} \\ M_{\omega a} \\ M_{xb} \\ M_{\omega b} \end{bmatrix} = \begin{bmatrix} \dfrac{F \cdot EI_\omega}{l^3} & -\dfrac{H \cdot EI_\omega}{l^2} & -\dfrac{F \cdot EI_\omega}{l^3} & -\dfrac{H \cdot EI_\omega}{l^2} \\ -\dfrac{H \cdot EI_\omega}{l^2} & \dfrac{A' \cdot EI_\omega}{l} & \dfrac{H \cdot EI_\omega}{l^2} & \dfrac{B' \cdot EI_\omega}{l} \\ -\dfrac{F \cdot EI_\omega}{l^3} & \dfrac{H \cdot EI_\omega}{l^2} & \dfrac{F \cdot EI_\omega}{l^3} & \dfrac{H \cdot EI_\omega}{l^2} \\ -\dfrac{H \cdot EI_\omega}{l^2} & \dfrac{B' \cdot EI_\omega}{l} & \dfrac{H \cdot EI_\omega}{l^2} & \dfrac{A' \cdot EI_\omega}{l} \end{bmatrix} \begin{bmatrix} \vartheta_a \\ \psi_a \\ \vartheta_b \\ \psi_b \end{bmatrix} + \begin{bmatrix} M_{xa}^o \\ M_{\omega a}^o \\ M_{xb}^o \\ M_{\omega b}^o \end{bmatrix} \quad (11\text{-}42)$$

Dabei gelten die Abkürzungen:

$$D' = l^2 \frac{GI_T}{EI_\omega} \qquad \varepsilon = \sqrt{D'}$$

$$A' = \frac{\varepsilon(\sinh\varepsilon - \varepsilon\cosh\varepsilon)}{2\,(\cosh\varepsilon - 1) - \varepsilon\sinh\varepsilon} \qquad B' = \frac{\varepsilon(\varepsilon - \sinh\varepsilon)}{2\,(\cosh\varepsilon - 1) - \varepsilon\sinh\varepsilon}$$

$$H = A' + B' \qquad F = 2H + D' \quad (11\text{-}43)$$

Darstellung der exakten Steifigkeitsmatrix in Reihenform

Die mit (11-42) gegebene exakte Steifigkeitsmatrix lässt sich in eine andere Form bringen, wenn ihre Koeffizienten in eine Potenzreihe nach dem Parameter ε entwickelt werden. Mit

$$\sinh\varepsilon = \varepsilon + \frac{1}{3!}\varepsilon^3 + \frac{1}{5!}\varepsilon^5 + \frac{1}{7!}\varepsilon^7 + \ldots \qquad \cosh\varepsilon = 1 + \frac{1}{2!}\varepsilon^2 + \frac{1}{4!}\varepsilon^4 + \frac{1}{6!}\varepsilon^6 + \ldots$$

erhält man für die Koeffizienten A' und B' der Gln. (11-43) nach einiger Zwischenrechnung (vgl. *Wunderlich, Pilkey (2002)*):

$$A' = 4 + \frac{2}{15}\varepsilon^2 - \frac{11}{6300}\varepsilon^4 + \ldots \qquad B' = 2 - \frac{1}{30}\varepsilon^2 + \frac{13}{12600}\varepsilon^4 - \ldots$$

Damit und mit den übrigen Größen der Gln. (11-43) lässt sich z. B. die Untermatrix der Wölbkrafttorsion $\boldsymbol{k}_{bb}$ entwickeln:

$$\boldsymbol{k}_{bb} = \left[\begin{array}{c|c} (2\,(A' + B') - D')\,\dfrac{EI_\omega}{l^3} & (A' + B')\,\dfrac{EI_\omega}{l^2} \\ \hline (A' + B')\,\dfrac{EI_\omega}{l^2} & A'\,\dfrac{EI_\omega}{l} \end{array}\right]$$

$$= \left[\begin{array}{c|c} \left(12 - \dfrac{6}{5}\varepsilon^2 - \dfrac{1}{700}\varepsilon^4 - \ldots\right)\dfrac{EI_\omega}{l^3} & \left(6 - \dfrac{1}{10}\varepsilon^2 - \dfrac{1}{1400}\varepsilon^4 - \ldots\right)\dfrac{EI_\omega}{l^2} \\ \hline \left(6 - \dfrac{1}{10}\varepsilon^2 - \dfrac{1}{1400}\varepsilon^4 - \ldots\right)\dfrac{EI_\omega}{l^2} & \left(4 - \dfrac{2}{15}\varepsilon^2 - \dfrac{11}{6300}\varepsilon^4 - \ldots\right)\dfrac{EI_\omega}{l} \end{array}\right]$$

$$= EI_\omega \left[\begin{array}{c|c} \dfrac{12}{l^3} & \dfrac{6}{l^2} \\ \hline \dfrac{6}{l^2} & \dfrac{4}{l} \end{array}\right] + \frac{GI_T}{30\,l}\left[\begin{array}{c|c} 36 & 3\,l \\ \hline 3\,l & 4\,l^2 \end{array}\right] + \frac{l}{700}\frac{GI_T^2}{EI_\omega}\left[\begin{array}{c|c} -1 & -\dfrac{l}{2} \\ \hline -\dfrac{l}{2} & -\dfrac{11\,l^2}{9} \end{array}\right]$$

$$+ \ldots$$

Der erste Term der Matrizenreihe nach dem letzten Gleichheitszeichen entspricht offensichtlich der exakten Steifigkeitsmatrix für $GI_T = 0$ (vgl. Gl. (11-52)). Mit dem zweiten wird in erster Näherung der St. Venant'sche Einfluss erfasst.

11.4.3.2 Genäherte Steifigkeitmatrix und Lastvektoren (Torsion)

In Kapitel 10 war das Prinzip der virtuellen Verschiebungen für den geraden Stab mit dünnwandigem offenen Querschnitt hergeleitet worden. Wenn wir in Gl. (10-38.2) alle Terme streichen, die sich auf zweiachsige Biegung und Dehnung des Stabes beziehen, folgt:

$$\int (EI_\omega\,\vartheta''\,\delta\vartheta'' + GI_T\,\vartheta'\,\delta\vartheta')\,dx - \int (\overline{m}_x\,\delta\vartheta - \overline{m}_\omega\,\delta\vartheta')\,dx$$
$$= \left[M_x(x_R)\,\delta\vartheta(x_R) + M_\omega(x_R)\,\delta\psi(x_R)\right]_a^b$$

Mit den in Gl. (11-27) festgelegten Stabend-Kraftgrößen erhalten alle Terme der zweiten Zeile gleiches Vorzeichen:

$$- \int (EI_\omega \vartheta'' \, \delta\vartheta'' + GI_T \vartheta' \, \delta\vartheta') \, dx \quad + \int (\overline{m}_x \, \delta\vartheta - \overline{m}_\omega \, \delta\vartheta') \, dx$$

$$= - (M_{xa} \, \delta\vartheta_a + M_{\omega a} \, \delta\psi_a + M_{xb} \, \delta\vartheta_b + M_{\omega b} \, \delta\psi_b) \qquad (11\text{-}44)$$

Im Folgenden soll eine genäherte Steifigkeitsmatrix (im Sinne der Methode der Finiten Elemente) für einen geraden Stab mit dünnwandigem, offenen Querschnitt hergeleitet werden. Dazu erfasst man die wahre Lösungsfunktion $\vartheta(x)$ näherungsweise durch einen Ansatz:

$$\vartheta(x) = N \, v \qquad \vartheta'(x) = N' \, v \qquad \vartheta''(x) = N'' \, v \qquad (11\text{-}45)$$

Analog wird für die Funktion des virtuellen Drehwinkels und seiner Ableitungen vereinbart:

$$\delta\vartheta(x) = N \, \delta v \qquad \delta\vartheta'(x) = N' \, \delta v \qquad \delta\vartheta''(x) = N'' \, \delta v \qquad (11\text{-}46)$$

Stabendkraft- und Stabendweggrößen sind wie in Gl. (11-42) festgelegt:

$$\boldsymbol{v}^T = [\vartheta_a \; \psi_a \; \vartheta_b \; \psi_b] \qquad \boldsymbol{p}^T = [M_{xa} \; M_{\omega a} \; M_{xb} \; M_{\omega b}]$$

Einsetzen der letztgenannten Beziehungen sowie von (11-45) bis (11-46) in (11-44) ergibt:

$$- \int \left(\delta \boldsymbol{v}^T \boldsymbol{N}''^T EI_\omega \boldsymbol{N}'' \, \boldsymbol{v} + \delta \boldsymbol{v}^T \boldsymbol{N}'^T GI_T \boldsymbol{N}' \, \boldsymbol{v} \right) dx + \int \delta \boldsymbol{v}^T \left(\boldsymbol{N}^T \overline{m}_x(x) - \boldsymbol{N}'^T \overline{m}_\omega(x) \right) dx = - \, \delta \boldsymbol{v}^T \boldsymbol{p} \qquad (11\text{-}47)$$

Mit den Abkürzungen für Steifigkeiten und Lastvektoren

$$\boldsymbol{k}_\omega = \int \boldsymbol{N}''^T \; EI_\omega \; \boldsymbol{N}'' \; dx \qquad (11\text{-}48) \qquad\qquad \boldsymbol{k}_V = \int \boldsymbol{N}'^T \; GI_T \; \boldsymbol{N}' \; dx \qquad (11\text{-}49)$$

$$\boldsymbol{p}^0 = - \int \left(\boldsymbol{N}^T \overline{m}_x(x) - \boldsymbol{N}'^T \overline{m}_\omega(x) \right) dx \qquad (11\text{-}50)$$

geht (11-47) über in:

$$\delta \boldsymbol{v}^T \left(- [\boldsymbol{k}_\omega + \boldsymbol{k}_V] \; \boldsymbol{v} - \boldsymbol{p}^0 \right) = - \, \delta \boldsymbol{v}^T \boldsymbol{p}$$

Diese Beziehung sichert am Stabelement Gleichgewicht und ist für beliebige $\delta \boldsymbol{v}^T$ erfüllt, wenn gilt:

$$\boldsymbol{p} = [\boldsymbol{k}_\omega + \boldsymbol{k}_V] \, \boldsymbol{v} + \boldsymbol{p}^0$$

Setzen man weiter

$$\boldsymbol{k} = \boldsymbol{k}_\omega + \boldsymbol{k}_V \qquad (11\text{-}51)$$

so erhalten wir wieder die zentrale Beziehung der Steifigkeitsmethoden $\boldsymbol{p} = \boldsymbol{k} \, \boldsymbol{v} + \boldsymbol{p}^0$.

Sie verbindet Stabend-Weggrößen eines Elementes mit den durch sie hervorgerufenen Stabendkraftgrößen. Sie stellen im Sinne einer Arbeit konjugierte Größen dar. Aus dieser Zuordnung resultiert die positive Wirkungsrichtung der Stabend-Kraftgrößen. Die Gleichung liefert zu einem gegebenen Satz von Weggrößen (und selbstverständlich bekannten Stabend-Kraftgrößen $\boldsymbol{p}^0$ eines geometrisch bestimmten Hauptsystems) den zum Gleichgewicht am Stabelement erforderlichen Satz von Stabend-Kraftgrößen $\boldsymbol{p}$ (die Herleitung dieser Beziehung in Kapitel 10 erfolgte mit Hilfe des Prinzips der virtuellen Verschiebungen). Da die Steifigkeitsmatrix $\boldsymbol{k}$ ohne Einarbeitung der Randbedingungen eines Stabelementes singulär ist, kann sie nicht invertiert werden. Sie kann also in der gegebenen Form weder hier noch sonstwo dazu benutzt werden, zu einem vorgegebenen Satz von Stabend-Kraftgrößen zugehörige Verschiebungen zu bestimmen.

Auswertung für einen kubischen Ansatz der Verdrehung

Nehmen wir für den tatsächlichen Verlauf der Verdrehlinie in N als Näherung die Formfunktionen eines kubischen Polynoms an, so lassen sich die Integrale in (11-48) und (11-49) auswerten. Für die beiden Anteile der Steifigkeitsmatrix $\boldsymbol{k}$ erhält man für das nur durch Torsion beanspruchte Stabelement:

$$\boldsymbol{k}_\omega = EI_\omega \begin{bmatrix} \frac{12}{l^3} & -\frac{6}{l^2} & -\frac{12}{l^3} & -\frac{6}{l^2} \\ -\frac{6}{l^2} & \frac{4}{l} & \frac{6}{l^2} & \frac{2}{l} \\ -\frac{12}{l^3} & \frac{6}{l^2} & \frac{12}{l^3} & \frac{6}{l^2} \\ -\frac{6}{l^2} & \frac{2}{l} & \frac{6}{l^2} & \frac{4}{l} \end{bmatrix} ; \quad \boldsymbol{k}_V = \frac{GI_T}{30\,l} \begin{bmatrix} 36 & -3\,l & -36 & -3\,l \\ -3\,l & 4\,l^2 & 3\,l & -l^2 \\ -36 & 3\,l & 36 & 3\,l \\ -3\,l & -l^2 & 3\,l & 4\,l^2 \end{bmatrix} \qquad (11\text{-}52)$$

Der Anteil $\boldsymbol{k}_V$ ist dem Beanspruchungszustand der St. Venant'schen Torsion zugeordnet, der Anteil $\boldsymbol{k}_\omega$ erfasst den Einfluss der Wölbbehinderung. In jedem Falle stellen die Torsionsmomente M_{xk} im Vektor der Stabendkräfte $\boldsymbol{p}$ die Summe aus dem St. Venant'schem Anteil M_{xV} und aus der Wölbkrafttorsion $M_{x\omega}$ dar.

Wir wollen nun einige Überlegungen zur Genauigkeit der genäherten Matrizen $\boldsymbol{k}_\omega$ und $\boldsymbol{k}_V$ anstellen und daraus Schlüsse für die Anwendung ziehen. Im ersten Schritt wird für das Stabelement 1 des in Bild 13.17 dargestellten Systems (Profil IPE 120) sowohl die exakte Steifigkeitsmatrix nach Gl. (11-42) als auch die genäherte Matrix nach Gl. (11-51) berechnet. Die erstgenannte Matrix und ihre Elemente werden durch einen hochgestellten Index F (Fundamentalsystem), die zweitgenannte Matrix und ihre Elemente durch einen hochgestellten Index N (Näherung) kennzeichnet.

$$\boldsymbol{k}^F_{300cm} = \begin{bmatrix} 62.0319 & -2257.73 & -62.0319 & -2257.73 \\ -2257.73 & 595417. & 2257.73 & 81902.0 \\ -62.0319 & 2257.73 & 62.0319 & 2257.73 \\ -2257.73 & 81902.0 & 2257.73 & 595417. \end{bmatrix} \quad \textit{Elementlänge}: 300\ cm$$

$$\boldsymbol{k}^N_{300cm} = \begin{bmatrix} 64.6827 & -2655.40 & -64.6827 & -2655.40 \\ -2655.40 & 812960. & 2655.40 & -16340.0 \\ -64.6827 & 2655.40 & 64.6827 & 2655.40 \\ -2655.40 & -16340.0 & 2655.40 & 812960. \end{bmatrix}$$

$$\boldsymbol{f}_{300cm} = \begin{bmatrix} 4.27329 & 17.6137 & 4.27329 & 17.6137 \\ 17.6137 & 36.5362 & 17.6137 & -119.951 \\ 4.27329 & 17.6137 & 4.27329 & 17.6137 \\ 17.6137 & -119.951 & 17.6137 & 36.5362 \end{bmatrix}$$

Bild 11.9 Genaue Steifigkeitsmatrix $\boldsymbol{k}^F$, genäherte Steifigkeitsmatrix $\boldsymbol{k}^N$ und Matrix relativer Fehler $\boldsymbol{f}$ (in Prozent) für ein Stabelement der Länge l = 300 cm (IPE 120, E = 21000 kN/cm², G = 8100 kN/cm², I_T = 1.74 cm⁴, I_ω = 890 cm⁶) Stabkennzahl ε = 8.24

Mit den Elementen beider Matrizen bilden wir eine Matrix relativer Fehler f, deren Elemente nach folgender Vorschrift gebildet werden:

$$f_{ik} = \frac{k^N_{ik} - k^F_{ik}}{k^F_{ik}} \cdot 100$$

Das Ergebnis dieser Berechnungen ist zusammen mit den Stabdaten in Bild 11.9 dargestellt. Bei einer Stabkennzahl von $\varepsilon = 8.24$ werden die einzelnen Elemente der genäherten Matrix meist zu groß, für zwei Elemente aber auch zu klein erhalten. Da die relative Abweichung bis zu 120 % beträgt, ist die genäherte Matrix so nicht verwendbar. Im 2. Schritt halbieren wir die Elementlänge und führen die gleichen Berechnungen aus. Die Stabdaten sind zusammen mit der Fehlermatrix in Bild 11.10 dargestellt.

$$k^F_{150cm} = \begin{bmatrix} 177.285 & -6249.38 & -177.285 & -6249.38 \\ -6249.38 & 733807. & 6249.38 & 203599. \\ -177.285 & 6249.38 & 177.285 & 6249.38 \\ -6249.38 & 203599. & 6249.38 & 733807. \end{bmatrix} \quad \textit{Elementlänge}: 150\ cm$$

$$k^N_{150cm} = \begin{bmatrix} 179.205 & -6393.40 & -179.205 & -6393.40 \\ -6393.40 & 780280. & 6393.40 & 178730. \\ -179.205 & 6393.40 & 179.205 & 6393.40 \\ -6393.40 & 178730. & 6393.40 & 780280. \end{bmatrix}$$

$$f_{150cm} = \begin{bmatrix} 1.08300 & 2.30455 & 1.08300 & 2.30455 \\ 2.30455 & 6.33314 & 2.30455 & -12.2147 \\ 1.08300 & 2.30455 & 1.08300 & 2.30455 \\ 2.30455 & -12.2147 & 2.30455 & 6.33314 \end{bmatrix}$$

Bild 11.10 Genaue Steifigkeitsmatrix $\boldsymbol{k}^F$, genäherte Steifigkeitsmatrix $\boldsymbol{k}^N$ und Matrix relativer Fehler $\boldsymbol{f}$ (in Prozent) für ein Stabelement der Länge $l = 150\ cm$ (IPE 120, E = 21000 kN/cm², G = 8100 kN/cm², $I_T = 1.74\ cm^4$, $I_\omega = 890\ cm^6$) Stabkennzahl $\varepsilon = 4.12$

Da der relative Fehler des Elementes $f_{24} = f_{42}$ in Bild 11.10 immer noch -12,2 % beträgt, halbieren wir die Elementlänge noch einmal und erhalten das in Bild 11.12 dargestellte Ergebnis. Der ausgewiesene Fehler beträgt dann für alle Elemente betragsmäßig weniger als 1%.

Die oben dargestellten Ergebnisse lassen sich zusammenfassen:

a) Für große Stabkennzahlen sind die relativen Fehler der Koeffizienten der genäherten Steifigkeitsmatrix von unterschiedlicher Größe und auch unterschiedlichem Vorzeichen. Für sehr kleine Stabkennzahlen streben die relativen Fehler gegen einen für alle Koeffizienten gleichen (sehr kleinen) Wert mit gleichem Vorzeichen.

b) Die Genauigkeit der genäherten Steifigkeitsmatrix nach Gl.(11-51) hängt im wesentlichen von der Stabkennzahl ε ab. Werden sowohl GI_T, als auch EI_ω mit dem gleichen Faktor erhöht, so erhöhen sich alle Koeffizienten um den gleichen Faktor. Ihre relativen Fehler sind bei gleichen Werten von ε gleich. Wird z.B. bei gleichem GI_T durch eine andere Querschnittsausbildung EI_ω erhöht oder erniedrigt, so erhalten wir wiederum für gleiche ε-Werte (aber bei geänderten Elementlängen) andere Werte der Koeffizienten der Steifigkeitsmatrix. Aber auch hier ergeben sich gleiche relative Fehler. Bei gegebenem Stabquerschnitt sollte die Elementlänge so gewählt werden, dass sich $\varepsilon \lesssim 1.0$ ergibt.

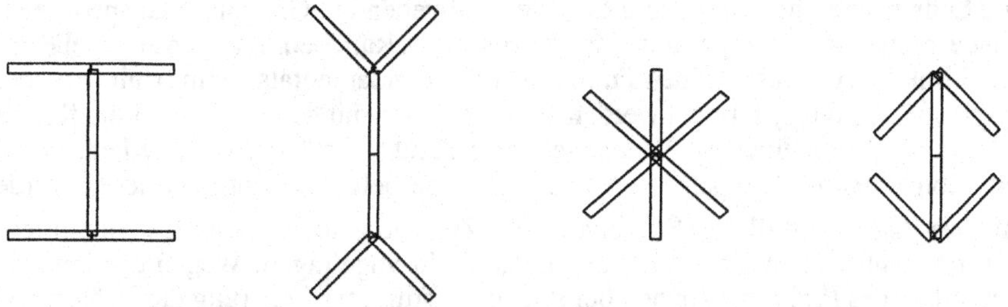

Bild 11.11 Dünnwandige Querschnitte mit gleichem A und GI_T, aber unterschiedlichem EI_ω

$$k^F_{75cm} = \begin{bmatrix} 756.044 & -21304.7 & -756.044 & -21304.7 \\ -21304.7 & .113055\ 10^7 & 21304.7 & 467295. \\ -756.044 & 21304.7 & 756.044 & 21304.7 \\ -21304.7 & 467295. & 21304.7 & .113055\ 10^7 \end{bmatrix}$$

Elementlänge : 75 cm

$$k^N_{75cm} = \begin{bmatrix} 757.130 & -21345.4 & -757.130 & -21345.4 \\ -21345.4 & .113774\ 10^7 & 21345.4 & 463165. \\ -757.130 & 21345.4 & 757.130 & 21345.4 \\ -21345.4 & 463165. & 21345.4 & .113774\ 10^7 \end{bmatrix}$$

$$f_{75cm} = \begin{bmatrix} .143642 & .191038 & .143642 & .191038 \\ .191038 & .635974 & .191038 & -.883810 \\ .143642 & .191038 & .143642 & .191038 \\ .191038 & -.883810 & .191038 & .635974 \end{bmatrix}$$

Bild 11.12 Genaue Steifigkeitsmatrix $\boldsymbol{k}^F$, genäherte Steifigkeitsmatrix $\boldsymbol{k}^N$ und Matrix relativer Fehler $\boldsymbol{f}$ (in Prozent) für ein Stabelement der Länge l = 75 cm (IPE 120, E = 21000 kN/cm², G = 8100 kN/cm², I_T = 1.74 cm⁴, I_ω = 890 cm⁶)
Stabkennzahl ε = 2.06

Abschließend weisen wir darauf hin, dass die Matrizen $\boldsymbol{k}_\omega$ und $\boldsymbol{k}_V$ identisch sind mit den ersten beiden Matrizen der Reihenentwicklung von (11-42).

Grenzfälle des Tragverhaltens

Aus der mit Gl. (11-44) gegebenen Formulierung des Prinzips der virtuellen Verschiebungen lassen sich zwei Grenzfälle des Tragverhaltens separieren, die *a)* durch $GI_T = 0$ und $EI_\omega > 0$ bzw. *b)* durch $GI_T > 0$ und $EI_\omega = 0$ bestimmt sind.
Die maßgebenden Beziehungen des Regelfalls (mit $GI_T > 0$ und $EI_\omega > 0$) sind in Tafel 11.2 denen der Grenzfälle gegenübergestellt.
Der Regelfall ist gekennzeichnet durch die Abtragung eines resultierenden Torsionsmomentes über einen St. Venant'schen Schubspannungszustand (Index V) und über einen Wölbschubspannungszustand (Index ω). Die jeweiligen Anteile dieser Spannungszustände können nicht über Gleichge-

wichtsüberlegungen allein berechnet werden. Systeme dieser Art, die man als innerlich statisch unbestimmt bezeichnet, sind dadurch gekennzeichnet, dass auf der linken Seite der maßgebenden Dgl. bzw. im Integral der inneren Arbeiten zwei oder mehr Terme auftreten.
Der Ordnung der höchsten Ableitung der maßgebenden Gleichung entsprechend können an den Rändern eines Stabes insgesamt vier Anfangs- bzw. Randbedingungen angegeben werden (vgl. Bild 11.13 links). Die ersten beiden Funktionen des Fundamentalsystems (mit denen ein vollständiges Polynom 1. Ordnung gebildet werden kann) stimmen mit denen beider Grenzfälle überein und können grundsätzlich einen St. Venant'schen Zustand vollständig beschreiben. Die dritte und vierte Funktion können als Hyperbelsinus und als Hyperbelcosinus angeschrieben werden.

Im *Grenzfall a)* entfällt der St. Venant'sche Zustand gänzlich. Damit wird ein resultierendes Torsionsmoment über Wölbschubspannungen allein abgetragen. Wegen der inneren statischen Bestimmtheit des Problems können bei statisch bestimmter Lagerung das Wölbtorsionsmoment und somit der gesamte Spannungszustand aus Gleichgewichtsbedingungen allein berechnet werden. Da die höchste Ordnung in der maßgebenden Differentialgleichung unverändert bleibt, können wie im Regelfall der Wölbkrafttorsion insgesamt vier Anfangs- bzw. Randbedingungen vorgeschrieben werden (vgl. Bild 11.13 links). Mit den Funktionen des Fundamentalsystems kann ein vollständiges kubisches Polynom gebildet werden. Daraus folgt, dass in diesem Falle die Formfunktionen der Finite-Element-Methode (so wir sie wie oben aus einem vollständigen kubischen Polynom aufbauen) die exakten Formfunktionen des durch $GI_T = 0$ und $EI_\omega > 0$ beschriebenen Problems darstellen. Wir werden also in diesen Fällen unabhängig von der Zahl und Länge der verwendeten Elemente exakte Lösungen erhalten (im Rahmen des mechanischen Modells).
Weiter lässt sich feststellen, dass in diesem Falle alle Zustandsgrößen und Beziehungen der Wölbkrafttorsion denen der einachsigen Biegung analog sind.

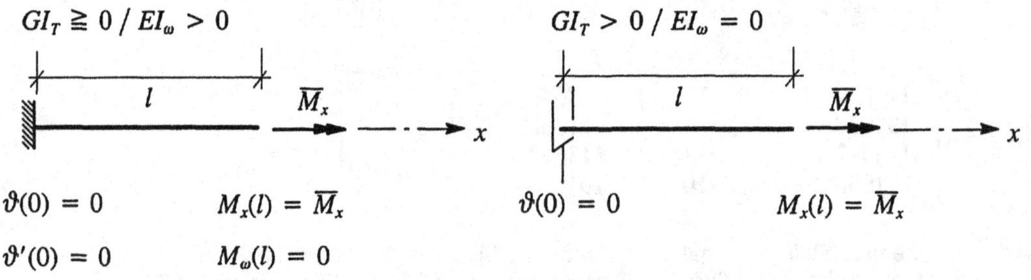

Bild 11.13 Kragarm mit Torsionsmoment;
Randbedingungen für den Regelfall und die Grenzfälle der Wölbkrafttorsion

Der *Grenzfall b)* entspricht einem rein St. Venant'sche Zustand (vgl. Kap. 9). Damit wird ein gegebenes Torsionsmoment über St. Venant'sche Schubspannungen allein abgetragen. Da die höchste Ordnung in der maßgebenden Differentialgleichung von 4 auf 2 reduziert wird, können insgesamt nur zwei Anfangs- bzw. Randbedingungen vorgeschrieben werden. Damit entfallen mögliche Vorgaben zur Wölbbehinderung bzw. über die Einwirkung von Bimomenten (vgl. Bild 11.13 rechts).

11.4.3.3 Resultierende Elementmatrizen

Nunmehr kann die gesamte Steifigkeitsmatrix des räumlich beanspruchten Stabes aus den entsprechenden Anteilen der Normalkraftdehnung, der zweiachsigen Biegung und der Torsion zusammengesetzt werden. Für den Stab mit dünnwandigem, offenen Querschnitt erhält man die in Bild 11.14 dargestellte genaue Matrix.

Tabelle 11.2 Querschnittssteifigkeiten, Schnittgrößen, Gleichgewichtsbeziehungen und Fundamentalsystem der Wölbkrafttorsion dünnwandiger, offener Querschnitte: Regelfall und Grenzfälle

	Querschnittssteifigkeiten	
$GI_T = 0 \,/\, EI_\omega > 0$	$GI_T > 0 \,/\, EI_\omega > 0$	$GI_T > 0 \,/\, EI_\omega = 0$
	Schnittgrößen	
$M_{x\omega} = -EI_\omega \cdot \vartheta'''$	$M_{x\omega} = -EI_\omega \vartheta'''$	$M_{x\omega} = 0$
$M_{xV} = 0$	$M_{xV} = GI_T \vartheta'$	$M_{xV} = GI_T \vartheta'$
$M_x = -EI_\omega \vartheta'''$	$M_x = -EI_\omega \vartheta''' + GI_T \vartheta'$	$M_x = GI_T \vartheta'$
$M_\omega = -EI_\omega \vartheta''$	$M_\omega = -EI_\omega \vartheta''$	$M_\omega = 0$
	Gleichgewicht	
$-\int EI_\omega \vartheta'' \, \delta\vartheta'' \, dx \ldots$	$-\int (EI_\omega \vartheta'' \, \delta\vartheta'' + GI_T \vartheta' \, \delta\vartheta') \, dx \ldots$	$-\int GI_T \vartheta' \, \delta\vartheta' \, dx \ldots$
$EI_\omega \vartheta^{IV} = \overline{m}_x$	$EI_\omega \vartheta^{IV} - GI_T \vartheta'' = \overline{m}_x$	$-GI_T \vartheta'' = \overline{m}_x$
	Fundamentalsystem	
$n = \left[1 \;\; \frac{x}{l} \;\; \left(\frac{x}{l}\right)^2 \;\; \left(\frac{x}{l}\right)^3 \right]$	$n = \left[1 \;\; \frac{x}{l} \;\; \cosh \varepsilon \frac{x}{l} \;\; \sinh \varepsilon \frac{x}{l} \right]$ $\varepsilon = l \sqrt{\frac{GI_T}{EI_\omega}}$	$n = \left[1 \;\; \frac{x}{l} \right]$

Die allgemein angegebenen Koeffizienten der Steifigkeitsmatrix in Gl. (11-54) errechnen sich folgendermaßen (Koeffizienten A', B', F und H siehe Gln. (11-43)):

$$k_{4,4} = -k_{4,11} = k_{11,11} = \frac{F\,EI_\omega}{l^3} \quad k_{7,7} = k_{14,14} = \frac{A'EI_\omega}{l} \qquad k_{7,7} = k_{14,14} = \frac{A'EI_\omega}{l}$$

$$k_{7,14} = \frac{B'EI_\omega}{l} \qquad k_{4,7} = k_{4,14} = -k_{7,11} = -k_{11,14} = -\frac{H\,EI_\omega}{l^2} \tag{11-53}$$

Wendet man statt der genauen Steifigkeitsmatrix die in Abschnitt 11.4.3.2 entwickelte genäherte Matrix an, so sind die Koeffizienten (11-53) durch die der Matrizen $\boldsymbol{k}_V$ und $\boldsymbol{k}_\omega$ zu ersetzen. Bei der

Berücksichtigung der Wölbkrafttorsion in räumlich beanspruchten Stabsystemen sind bei der Modellbildung eine Reihe von Besonderheiten zu beachten, die in Kapitel 13.4 eingehend besprochen werden.

Volleinspann-Schnittgrößen können z. B. *Kollbrunner, Hajdin (1972)*, *Petersen (1980)*, oder *Ramm, Hofmann (1995)* entnommen werden.

$$\boldsymbol{v}^T = \left[\begin{array}{ccccccc|ccccccc} u_a & v_a & w_a & \vartheta_a & \phi_{ya} & \phi_{za} & \psi_a & u_b & v_b & w_b & \vartheta_b & \phi_{yb} & \phi_{zb} & \psi_b \end{array}\right]$$

$$\boldsymbol{k} = \begin{bmatrix}
\frac{EA}{l} & & & & & & & -\frac{EA}{l} & & & & & & \\
& \frac{12EI_z}{l^3} & & & & \frac{6EI_z}{l^2} & & & \frac{-12EI_z}{l^3} & & & & \frac{6EI_z}{l^2} & \\
& & \frac{12EI_y}{l^3} & & \frac{-6EI_y}{l^2} & & & & & \frac{-12EI_y}{l^3} & & \frac{-6EI_y}{l^2} & & \\
& & & k_{4,4} & & & k_{4,7} & & & & k_{4,11} & & & k_{4,14} \\
& & \frac{-6EI_y}{l^2} & & \frac{4EI_y}{l} & & & & & \frac{6EI_y}{l^2} & & \frac{2EI_y}{l} & & \\
& \frac{6EI_z}{l^2} & & & & \frac{4EI_z}{l} & & & \frac{-6EI_z}{l^2} & & & & \frac{2EI_z}{l} & \\
& & & k_{7,4} & & & k_{7,7} & & & & k_{7,11} & & & k_{7,14} \\
-\frac{EA}{l} & & & & & & & \frac{EA}{l} & & & & & & \\
& \frac{-12EI_z}{l^3} & & & & -\frac{6EI_z}{l^2} & & & \frac{12EI_z}{l^3} & & & & \frac{-6EI_z}{l^2} & \\
& & \frac{-12EI_y}{l^3} & & \frac{6EI_y}{l^2} & & & & & \frac{12EI_y}{l^3} & & \frac{6EI_y}{l^2} & & \\
& & & k_{11,4} & & & k_{11,7} & & & & k_{11,11} & & & k_{11,14} \\
& & \frac{-6EI_y}{l^2} & & \frac{2EI_y}{l} & & & & & \frac{6EI_y}{l^2} & & \frac{4EI_y}{l} & & \\
& \frac{6EI_z}{l^2} & & & & \frac{2EI_z}{l} & & & \frac{-6EI_z}{l^2} & & & & \frac{4EI_z}{l} & \\
& & & k_{14,4} & & & k_{14,7} & & & & k_{14,11} & & & k_{14,14}
\end{bmatrix} \qquad (11\text{-}54)$$

Bild 11.14 Vektor der Stabend-Weggrößen und Steifigkeitsmatrix des räumlich beanspruchten geraden Stabes mit offenem, dünnwandigen Querschnitt (Wölbkrafttorsion)

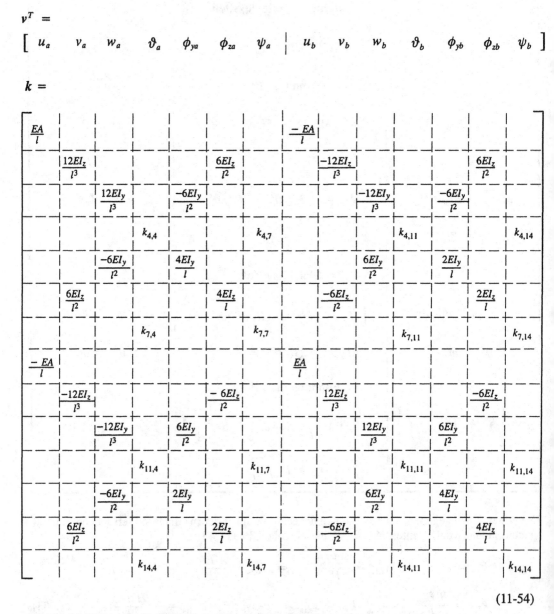

12 Kraftgrößen statisch bestimmter räumlicher Tragwerke

12.1 Übersicht

Für räumliche Stabtragwerke gelten in diesem sowie im folgenden Kapitel 13 ergänzend zu den Kapiteln 2 bis 11 folgende Vereinbarungen:

1. Ein räumliches Stabtragwerk ist durch die Gesamtheit seiner Bauteile bzw. Stabelemente und Lager bestimmt, die in definierten Knoten dehn-, biege- und torsionssteif oder entsprechend gelenkig miteinander verbunden sind. Für die zeichnerische Darstellung werden die in Bild 12.1 dargestellten Symbole verwendet.

2. Für die Bauteile eines Tragwerkes gelten die in den Kapiteln 9.2 und 11.1 getroffenen Annahmen. Die Querschnitte der Stäbe können dickwandig, dünnwandig geschlossen oder dünnwandig und offen ausgebildet sein. Torsion kann über St. Venantsche Torsion und/oder Wölbkrafttorsion abgetragen werden. Die Aufspaltung eines resultierenden Torsionsmomentes in einen St. Venantschen Anteil und in einen Wölbtorsionsanteil wird in Kapitel 13.4 behandelt.

3. Knotenbezogene Einwirkungen werden in der Regel im globalen Bezugssystem beschrieben. Verteilt wirkende Lasten können im globalen Bezugssystem oder in den lokalen Bezugssystemen der Stabelemente vorgegeben sein. Einzelwirkungen zwischen den Knoten werden i. A. im lokalen Bezugssystem beschrieben.

Wie in den vorangehenden Kapiteln werden auch hier spannungsorientierte Schnittgrößen verwendet (vgl. Abschn. 11.3.1).

In Kapitel 5 dieser Ausarbeitung wurde die Berechnung der Schnittgrößen statisch bestimmter ebener Rahmen gezeigt. Bei Tragwerken dieser Art gelingt dies ohne Kenntnis der Steifigkeiten der Bauteile allein auf der Basis von Gleichgewichtsbedingungen. Gleiches werden wird im vorliegenden Kapitel für statisch bestimmte räumliche Rahmen gezeigt. Dabei werden wir in den Abschnitten 12.3 bis 12.4.2 die Eigenschaft der statischen Bestimmtheit stillschweigend annehmen.
Ein allgemeines Kriterium für den Grad der statischen Unbestimmtheit räumlicher Rahmen wird im Teilabschnitt 12.4.3 vorgestellt.
Wenn wir im Vorgriff die in den Bildern 12.9 Trägerroststab, 12.12 Treppenlauf, 12.17 Räumlicher Rahmen 1 und 12.18 Räumlicher Rahmen 2 und 3 dargestellten Systeme betrachten, so erkennt man, dass sich räumliche Rahmen i. A. in einen oder mehrere gerade oder eben bzw. räumlich geknickte, gegebenenfalls auch verzweigte Stabzüge zerlegen lassen, an denen unter gegebenen Einwirkungen Lager- und/oder Verbindungsreaktionen (Kräfte und/oder Momente) wirken.
In Bild 12.12 ist dies der durch die Knoten 1-2-3-4 festgelegte Stabzug. Der räumliche Rahmen 1 von Bild 12.17 besteht aus den durch die Knoten 1-2-3-4-5 und 6-7-3-8-9 festgelegten Stabzügen.

Demnach wird die Berechnung statisch bestimmter räumlicher Rahmen im wesentlichen analog zu Kapitel 5 (ebene Rahmen) in folgenden Schritten gezeigt:
In Kapitel 12.2 werden zunächst die Gesetzmäßigkeiten dargestellt, mit denen die Komponenten von Verschiebungs-, Dreh-, Kraft- und Momentenvektoren vom lokalen Hauptachsensystem eines Bauteils ins globale Bezugssystem des Tragwerks und umgekehrt transformieren können. Von diesen Beziehungen wird auch im Kapitel 13 Gebrauch gemacht.

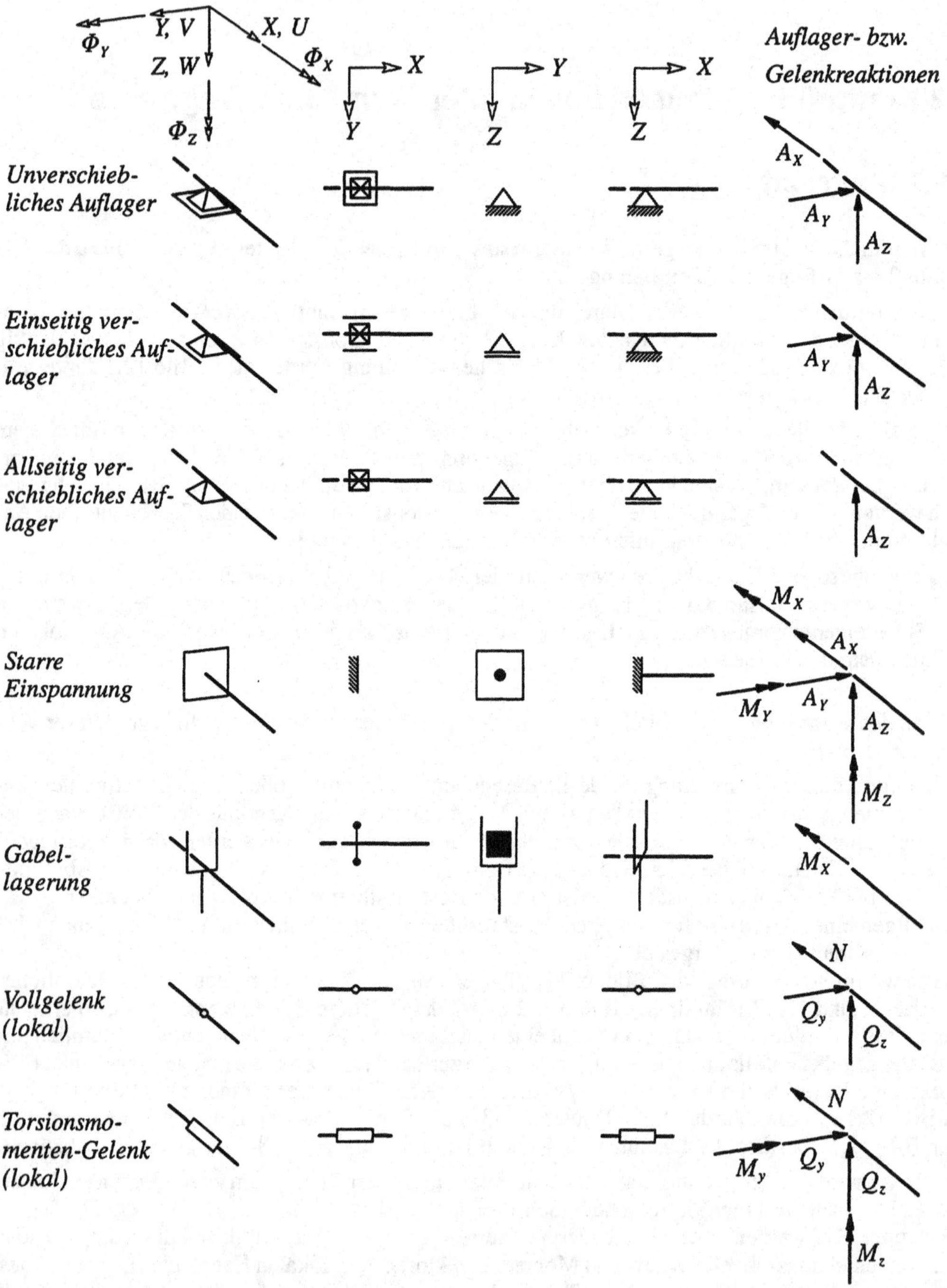

Bild 12.1 Symbole zur Darstellung räumlicher Stabtragwerke

In Kapitel 12.3 werden sodann einige Überlegungen zur Bestimmung von Auflager- und Verbindungsreaktionen vorangestellt, um anschließend die Berechnung dieser Größen sowie die Ermittlung der Schnittgrößen von Stäben und Stabzügen besprechen zu können. In Kapitel 12.4 folgen Anmerkungen zur Berechnung der Kraftgrößen von Systemen.
Zur Berechnung von Weggrößen statisch bestimmter räumlicher Systeme gilt sinngemäß das in Kapitel 5.5 gesagte.

12.2 Transformationsbeziehungen im Raum

Statisch bestimmte räumliche Rahmen können nach Lösen von Lager- und Verbindungsreaktionen räumlich geknickte Stäbe enthalten. Im Folgenden werden die Transformationsbeziehungen bereitstellen, mit derer Hilfe wir die Vektoren der Zustandsgrößen von einem lokalen Koordinatensystem eines Stabes bzw. Bauteils ins globale Koordinatensystem des Tragwerks überführen können und umgekehrt.

12.2.1 Systematik

Im globalen Koordinatensystem *X-Y-Z* ist ein Stab *i* mit den Anfangs- bzw. Endknoten *a* bzw. *b* und der Länge *l* in allgemeiner Lage gegeben. Die Koordinaten der Anschlussknoten $P_a(X_a, Y_a, Z_a)$ und $P_b(X_b, Y_b, Z_b)$ sind bekannt.

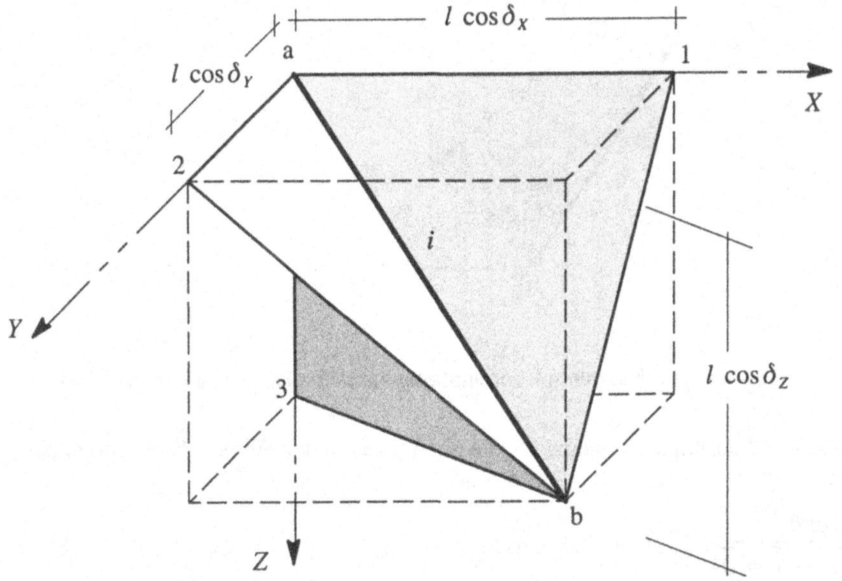

Bild 12.2 Stab *i* mit den Randknoten *a* und *b* in allgemeiner Lage im globalen Bezugssystem

Mit den gemäß Bild 12.2 festgelegten Hilfspunkten 1, 2 und 3 gilt für die Winkel δ_X, δ_Y, δ_Z, den die lokale *x*- Achse mit der *X*-, der *Y*- und der *Z*-Achse bilden:

$$\cos\delta_X = \frac{X_b - X_a}{l} \qquad \cos\delta_Y = \frac{Y_b - Y_a}{l} \qquad \cos\delta_Z = \frac{Z_b - Z_a}{l} \quad (12\text{-}1)$$

Aus den Knotenpunkt-Koordinaten errechnet man die Stablänge

$$l_{ab} = l = \sqrt{(X_b - X_a)^2 + (Y_b - Y_a)^2 + (Z_b - Z_a)^2} \tag{12-2}$$

Dem Stab selbst ist ein lokales x-y-z-Koordinatensystem so zugeordnet, dass die lokale x-Achse vom Knoten a zum Knoten b zeigt. Die Lage der y- und z-Achse ist durch einen Punkt $H(X_H, Y_H, Z_H)$ festgelegt, der in der x-y-Ebene, jedoch nicht auf der x-Achse selbst liegt.

Das globale X-Y-Z-Koordinatensystem kann offensichtlich in drei Schritten in das lokale x-y-z-Koordinatensystem überführt werden:

1. Drehung um die Y- Achse um den Winkel α, der wie folgt festgelegt ist:

$$\alpha = \arctan\left(\frac{\cos\delta_Z}{\cos\delta_X}\right), \quad \sin\alpha = \frac{\cos\delta_Z}{\sqrt{\cos^2\delta_X + \cos^2\delta_Z}}, \quad \cos\alpha = \frac{\cos\delta_X}{\sqrt{\cos^2\delta_X + \cos^2\delta_Z}} \tag{12-3}$$

Die Achsen dieses gedrehten Koordinatensystems sind X_α , $Y_\alpha \equiv Y$, Z_α.

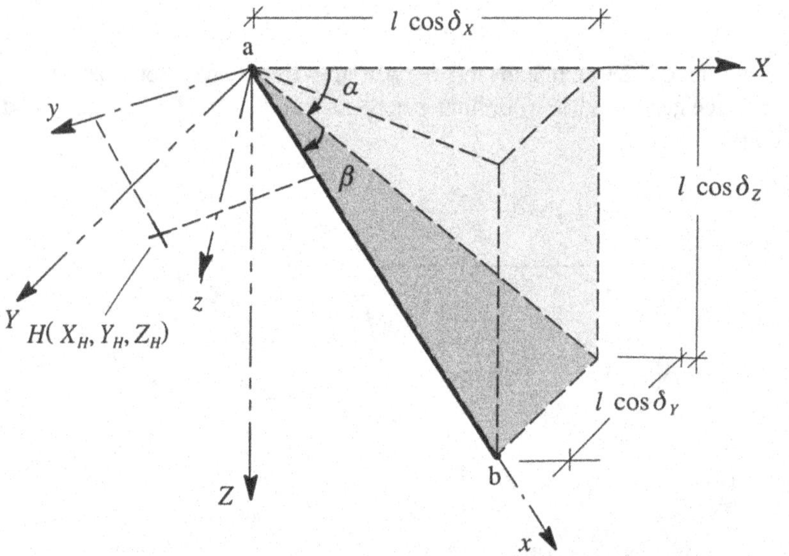

Bild 12.3 Stab in allgemeiner Lage mit lokalem Koordinatensystem im globalen Bezugssystem

2. Drehung des X_α, Y, Z_α - Koordinatensystems um die Z_α-Achse um den Winkel β, der folgendermaßen bestimmt ist:

$$\beta = \arctan\frac{\cos\delta_Y}{\sqrt{\cos^2\delta_X + \cos^2\delta_Z}}, \qquad \sin\beta = \cos\delta_Y, \qquad \cos\beta = \sqrt{\cos^2\delta_X + \cos^2\delta_Z} \tag{12-4}$$

Die Achsen des gedrehten Koordinatensystems sind $X_\beta \equiv x$, Y_β , $Z_\beta \equiv Z_\alpha$.

3. Drehung des x, Y_β, Z_β - Koordinatensystems um die (lokale) x-Achse um den Winkel γ.

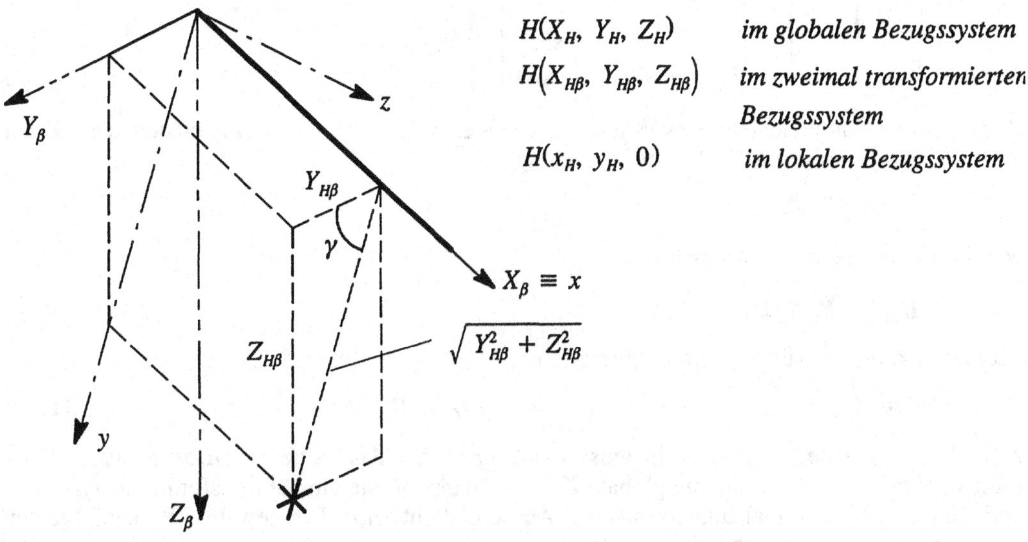

Bild 12.4 Stab im allgemeinen Bezugssystem mit Querschnittshauptachsen und Hilfspunkt H

$$\gamma = \arctan \frac{Z_{H\beta}}{Y_{H\beta}} \qquad \sin\gamma = \frac{Z_{H\beta}}{\sqrt{Y_{H\beta}^2 + Z_{H\beta}^2}} \qquad \cos\gamma = \frac{Y_{H\beta}}{\sqrt{Y_{H\beta}^2 + Z_{H\beta}^2}} \tag{12-5}$$

Die Koordinaten eines in der lokalen x-y-Ebene, jedoch außerhalb der Stabachse liegenden Hilfspunktes H sind im globalen und im lokalen Bezugsstem von Anfang an bekannt.

12.2.2 Transformation

Mit den Überlegungen der Kapitel 5.2 (insbesondere den Gl. (5-2)) und 12.2.1 erhält man nunmehr für die räumliche Transformation der Komponenten eines Vektors:

Schritt 1: Drehung um die Y-Achse um den Winkel α; für die Transformation der Komponenten eines Vektors $\boldsymbol{v}_G$ (v_X, v_Y, v_Z) gilt:

$$\begin{bmatrix} v_{X\alpha} \\ v_{Y\alpha} \\ v_{Z\alpha} \end{bmatrix} = \begin{bmatrix} \cos\alpha & 0 & \sin\alpha \\ 0 & 1 & 0 \\ -\sin\alpha & 0 & \cos\alpha \end{bmatrix} \begin{bmatrix} v_X \\ v_Y \\ v_Z \end{bmatrix} \qquad \boldsymbol{v}_\alpha = \boldsymbol{R}_\alpha \boldsymbol{v}_G \tag{12-6.1}$$

Schritt 2: Drehung des X_α, Y, Z_α - Koordinatensystems um die z_α-Achse um den Winkel β; für die Transformation der Komponenten des Vektors $\boldsymbol{v}_\alpha$ ($v_{X\alpha}, v_{Y\alpha}, v_{Z\alpha}$) gilt:

$$\begin{bmatrix} v_{X\beta} \\ v_{Y\beta} \\ v_{Z\beta} \end{bmatrix} = \begin{bmatrix} \cos\beta & \sin\beta & 0 \\ -\sin\beta & \cos\beta & 0 \\ 0 & 0 & 1 \end{bmatrix} \begin{bmatrix} v_{X\alpha} \\ v_{Y\alpha} \\ v_{Z\alpha} \end{bmatrix} \qquad \boldsymbol{v}_\beta = \boldsymbol{R}_\beta \boldsymbol{v}_\alpha \tag{12-6.2}$$

Schritt 3: Drehung des x, Y_β, Z_β - Koordinatensystems um die (lokale) x-Achse um den Winkel γ; für die Transformation der Komponenten des Vektors $\boldsymbol{v}_\beta$ ($v_{X\beta}, v_{Y\beta}, v_{Z\beta}$) gilt:

$$\begin{bmatrix} v_x \\ v_y \\ v_z \end{bmatrix} = \begin{bmatrix} 1 & 0 & 0 \\ 0 & \cos\gamma & \sin\gamma \\ 0 & -\sin\gamma & \cos\gamma \end{bmatrix} \begin{bmatrix} v_{X\beta} \\ v_{Y\beta} \\ v_{Z\beta} \end{bmatrix} \qquad \boldsymbol{v} = \boldsymbol{R}_\gamma \boldsymbol{v}_\beta \qquad (12\text{-}6.3)$$

Zwischen den Komponenten eines Vektors im globalen X-Y-Z-Bezugssystem und dem des lokalen x-y-z-Bezugssystems besteht also die Beziehung

$$\boldsymbol{v} = \boldsymbol{R}_\gamma \boldsymbol{R}_\beta \boldsymbol{R}_\alpha \boldsymbol{v}_G$$

Mit der resultierenden Rotationsmatrix $\boldsymbol{R}_{\gamma\beta\alpha}$

$$\boldsymbol{R}_{\gamma\beta\alpha} = \boldsymbol{R}_\gamma \boldsymbol{R}_\beta \boldsymbol{R}_\alpha \qquad (12\text{-}7)$$

hat man also für Hin- und Rücktransformation:

$$\boldsymbol{v} = \boldsymbol{R}_{\gamma\beta\alpha} \boldsymbol{v}_G \qquad \boldsymbol{v}_G = \boldsymbol{R}^T_{\gamma\beta\alpha} \boldsymbol{v} \qquad (12\text{-}8)$$

Anm. 1.: Das globale X-Y-Z-Koordinatensystem kann auch in das lokale x-y-z-Bezugssystem überführt werden, wenn zuerst um die globale Z-Achse, dann um die einmal transformierte Y_α-Achse und dann um die zweimal transformierte x-Achse gedreht wird. Die gewählte Reihenfolge der Transformationen ist jedoch beizubehalten.

Anm. 2.: Liegt die lokale x-Achse eines Stabes parallel zur globalen Y-Achse, so können die Beziehungen (12-3) und (12-4) nicht ausgewertet werden, da jeweils der Nenner verschwindet. In diesem Fall entfällt die α-Transformation; β wird zu $\pm$ 90°.
Liegt die lokale x-Achse parallel zur globalen X- oder Z-Achse, so gilt analoges.

Anm. 3.: Die resultierende Rotationsmatrix $\boldsymbol{R}_{\gamma\beta\alpha}$ lautet ausgeschrieben:

$$\boldsymbol{R}_{\gamma\beta\alpha} = \boldsymbol{R}_\gamma \boldsymbol{R}_\beta \boldsymbol{R}_\alpha = \begin{bmatrix} \cos\alpha\cos\beta & \sin\beta & \sin\alpha\cos\beta \\ -\cos\alpha\sin\beta\cos\gamma - \sin\alpha\sin\beta & \cos\beta\cos\gamma & -\sin\alpha\sin\beta\cos\gamma + \cos\alpha\sin\gamma \\ \cos\alpha\sin\beta\sin\gamma - \sin\alpha\cos\gamma & -\cos\beta\sin\gamma & \sin\alpha\sin\beta\sin\gamma + \cos\alpha\cos\gamma \end{bmatrix}$$

Anm. 4.: Zur Bestimmung des Winkels γ werden die Koordinaten des Hilfspunktes H im zweimal transformierten System benötigt. Mit $\boldsymbol{H}^T = [X_H, Y_H, Z_H]$ erhalten wir sie zu:

$$\boldsymbol{H}_\beta = \begin{bmatrix} x_{H\beta} \\ y_{H\beta} \\ z_{H\beta} \end{bmatrix} = \boldsymbol{R}_\beta \boldsymbol{R}_\alpha \boldsymbol{H} = \begin{bmatrix} \cos\alpha\cos\beta & \sin\beta & \sin\alpha\cos\beta \\ -\cos\alpha\sin\beta & \cos\beta & -\sin\alpha\sin\beta \\ -\sin\alpha & 0 & \cos\alpha \end{bmatrix} \begin{bmatrix} X_H \\ Y_H \\ Z_H \end{bmatrix} \qquad (12\text{-}9)$$

Damit lassen sich die Gleichungen (12-5) auswerten.

12.3 Stäbe und Stabzüge

12.3.1 Zur Berechnung von Lager- und Verbindungsreaktionen

Zur Berechnung löst man gedanklich alle Lager- und Bauteilverbindungen und führt in einem zweckmäßig gewählten globalen X-Y-Z-Bezugssystem die freigeschnittenen Reaktionen mit positiver Wirkungsrichtung ein. In den Kapiteln 12.3 bis 12.4.2 werden wir nur solche Systeme behandeln, bei denen in einem Knoten zwei Bauteile miteinander verbunden sind. Es ist dann zu beachten, dass Verbindungsreaktionen zwischen zwei Bauteilen paarweise, aber entgegengesetzt gerichtet eingeführt werden. Systeme, bei denen wie in Bild 12.5 drei (oder mehr) Bauteile verbunden sind, werden wir in Abschnitt 12.4.3 besprechen.

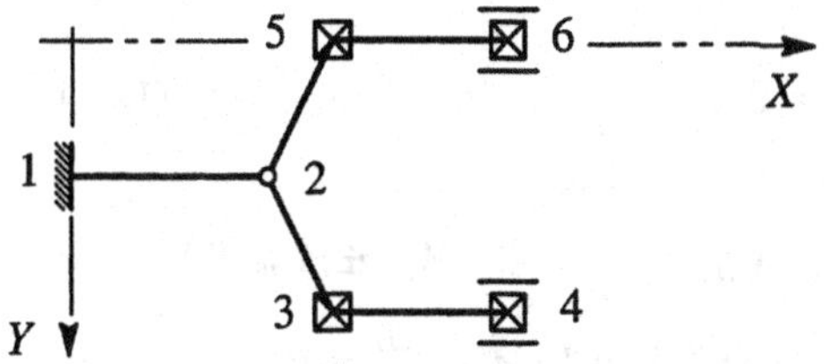

Bild 12.5 In der *X-Y*-Ebene liegender Rahmen. In Knoten *2* sind drei Bauteile in einem Gelenk miteinander verbunden.

An jedem geraden, geknickten oder verzweigten Stabzug müssen die angreifenden Lasten mit den Lager- und Verbindungsreaktionen im Gleichgewicht stehen.
Hinsichtlich der angreifenden Lasten nehmen wir an, dass Linienkräfte $\overline{p}_x$, $\overline{p}_y$ und $\overline{p}_z$ und Linienmomente $\overline{m}_x$, $\overline{m}_y$ und $\overline{m}_z$ a priori im lokalen Koordinatensystem eines voraussetzungsgemäß geraden Stabelementes gegeben sind oder aber in dieses Bezugssystem transformiert werden können (vgl. Abschn. 5.2). Im Hinblick auf eine zweckmäßige numerische Vorgehensweise teilen wir jedes Stabelement i eines Stabzugs in t Bereiche, so dass die angreifenden Linienlasten innerhalb eines Bereichs einen stetigen, differenzierbaren Verlauf aufweisen. Die Teilresultierenden der Linienlasten eines Bereichs q des Stabes i errechnen sich damit im lokalen Koordinatensystem zu:

$$\overline{P}_x^{i,q} = \int_{l_q} \overline{p}_x^{i,q}(x)\,dx \qquad \overline{P}_y^{i,q} = \int_{l_q} \overline{p}_y^{i,q}(x)\,dx \qquad \overline{P}_z^{i,q} = \int_{l_q} \overline{p}_z^{i,q}(x)\,dx$$

$$\overline{M}_x^{i,q} = \int_{l_q} \overline{m}_x^{i,q}(x)\,dx \qquad \overline{M}_y^{i,q} = \int_{l_q} \overline{m}_y^{i,q}(x)\,dx \qquad \overline{M}_z^{i,q} = \int_{l_q} \overline{m}_z^{i,q}(x)\,dx \qquad (12\text{-}10)$$

Die Koordinaten der Angriffspunkte $x^{i,q}$, $y^{i,q}$ und $z^{i,q}$ der damit bestimmten Teilresultierenden können nach den bekannten Regeln der Mechanik errechnet werden.
Die Umrechnung der Teilresultierenden ins globale Bezugssystem wurde im Unterkapitel 12.2 gezeigt und liefert $\overline{P}_X^{i,q}$, $\overline{P}_Y^{i,q}$ und $\overline{P}_Z^{i,q}$ bzw. $\overline{M}_X^{i,q}$, $\overline{M}_Y^{i,q}$ und $\overline{M}_Z^{i,q}$. Entsprechend ergeben sich die Koordinaten ihrer Angriffspunkte im globalen Bezugssystem zu $X^{i,q}$, $Y^{i,q}$ und $Z^{i,q}$. Wir nehmen in diesem Kapitel an, dass diese Grössen vorliegen. Weiter sind die in den Knoten eines Stabzuges angreifenden eingeprägten Lasten $\overline{F}_{Xk}$, $\overline{F}_{Yk}$ und $\overline{F}_{Zk}$ bzw. $\overline{M}_{Xk}$, $\overline{M}_{Yk}$ und $\overline{M}_{Zk}$ bekannt. In den Knoten des untersuchten Stabzugs können weiter Auflagerreaktionen A_{Xk}, A_{Yk} und A_{Zk} bzw. M_{Xk}, M_{Yk} und M_{Zk} sowie Verbindungsreaktionen V_{Xk}, V_{Yk} und V_{Zk} bzw. M_{Xk}^V, M_{Yk}^V und M_{Zk}^V wirken.
Ein Stabzug besitzt i. A. drei unabhängige Freiheitsgrade der Verschiebung (z. B. in Richtung der Achsen des globalen Bezugssystems) und drei unabhängige Freiheitsgrade der Drehung (z. B. um die Achsen des globalen Bezugssystems). Formuliert man die diesen Freiheitsgraden entsprechenden Gleichgewichtsbedingungen für Kräfte und Momente, so lassen sich je Stabzug sechs lineare Gleichungen ausgeben.

$$\sum F_X = 0: \quad \sum_{k=1}^{n} (\overline{F}_{Xk} - A_{Xk} \pm V_{Xk}) + \sum_{i=1}^{m} \sum_{q=1}^{t} \left(\overline{P}_X^{i,q} \right) = 0 \tag{12-11.1}$$

$$\sum F_Y = 0: \quad \sum_{k=1}^{n} (\overline{F}_{Yk} - A_{Yk} \pm V_{Yk}) + \sum_{i=1}^{m} \sum_{q=1}^{t} \left(\overline{P}_Y^{i,q} \right) = 0 \tag{12-11.2}$$

$$\sum F_Z = 0: \quad \sum_{k=1}^{n} (\overline{F}_{Zk} - A_{Zk} \pm V_{Zk}) + \sum_{i=1}^{m} \sum_{q=1}^{t} \left(\overline{P}_Z^{i,q} \right) = 0 \tag{12-11.3}$$

$$\sum M_X = 0: \quad \sum_{k=1}^{n} \left(\overline{M}_{Xk} - M_{Xk} \pm M_{Xk}^V - (\overline{F}_{Yk} - A_{Yk} \pm V_{Yk})\, Z_k + (\overline{F}_{Zk} - A_{Zk} \pm V_{Zk})\, Y_k\right)$$
$$+ \sum_{i=1}^{m} \sum_{q=1}^{t} \left(\overline{M}_X^{i,q} + \overline{P}_Z^{i,q}\, Y^{i,q} - \overline{P}_Y^{i,q}\, Z^{i,q} \right) = 0 \tag{12-11.4}$$

$$\sum M_Y = 0: \quad \sum_{k=1}^{n} \left(\overline{M}_{Yk} - M_{Yk} \pm M_{Yk}^V + (\overline{F}_{Xk} - A_{Xk} \pm V_{Xk})\, Z_k - (\overline{F}_{Zk} - A_{Zk} \pm V_{Zk})\, X_k\right)$$
$$+ \sum_{i=1}^{m} \sum_{q=1}^{t} \left(\overline{M}_Y^{i,q} + \overline{P}_X^{i,q}\, Z^{i,q} - \overline{P}_Z^{i,q}\, X^{i,q} \right) = 0 \tag{12-11.5}$$

$$\sum M_Z = 0: \quad \sum_{k=1}^{n} \left(\overline{M}_{Zk} - M_{Zk} \pm M_{Xk}^V + (\overline{F}_{Yk} - A_{Yk} \pm V_{Yk})\, X_k - (\overline{F}_{Xk} - A_{Xk} \pm V_{Xk})\, Y_k\right)$$
$$+ \sum_{i=1}^{m} \sum_{q=1}^{t} \left(\overline{M}_Z^{i,q} + \overline{P}_Y^{i,q}\, X^{i,q} - \overline{P}_X^{i,q}\, Y^{i,q} \right) = 0 \tag{12-11.6}$$

Fasst man sie mit den in Abschnitt 5.3.3 eingeführten Bezeichnungen zum Gleichungssystem

$$Q\, Y = \overline{P} \tag{12-12}$$

zusammen, so liefert seine Lösung für Systeme mit paarweise gleichen Verbindungsreaktionen die unbekannten Lager- bzw. Verbindungskräfte (vgl. die Beziehung gleicher Form (5-14)).
Stimmt die Anzahl der solchermaßen anzugebenden Gleichungen nicht mit der Anzahl der unbekannten Lager- und Verbindungsreaktionen überein, so ist das Tragwerk statisch unbestimmt, respektive unterbestimmt, siehe dazu Abschnitt 12.4.3.
Im folgenden Unterkapitel wird die systematische Berechnung von Lager- und Verbindungsreaktionen für verschiedene Typen räumlich beanspruchter Tragwerke gezeigt.

12.3.2 Torsionsstäbe

Lagerreaktionen

Zur Berechnung der unbekannten Lagerreaktion des in Bild 12.6 dargestellten Stabzuges entfernt man gedanklich in Knoten 2 das Auflager selbst und führt an seiner Stelle die mechanisch gleichwertige Auflagerreaktion (positiv entgegen der *X*-Richtung) ein.
Wenn die Auflagerreaktion im Knoten *s* angreift, nimmt die maßgebende Bedingungsgleichung (12-11.4) folgende Form an:

$$\sum M_X = 0: \quad \sum_{k=1}^{n} \overline{M}_{Xk} + \sum_{i=1}^{m} \sum_{q=1}^{t} \left(\overline{M}_X^{i,q} \right) - M_{Xs} = 0 \tag{12-13}$$

Die Resultierenden einwirkender Linienlasten sind mit Gl. (12-10)/4 bestimmt. Damit erhält man die gesuchte Auflagerreaktion des vorliegenden Beispiels zu:

$$M_{Xs} = \sum_k \overline{M}_{Xk} + \sum_i \int \overline{m}_X^i \, dx$$

Für die gegebenen Zahlenwerte errechnet man $M_{X2} = -3 - 3 + 2 \cdot 3 + 0.5 \cdot 2 \cdot 3 = 3\ kNm.$

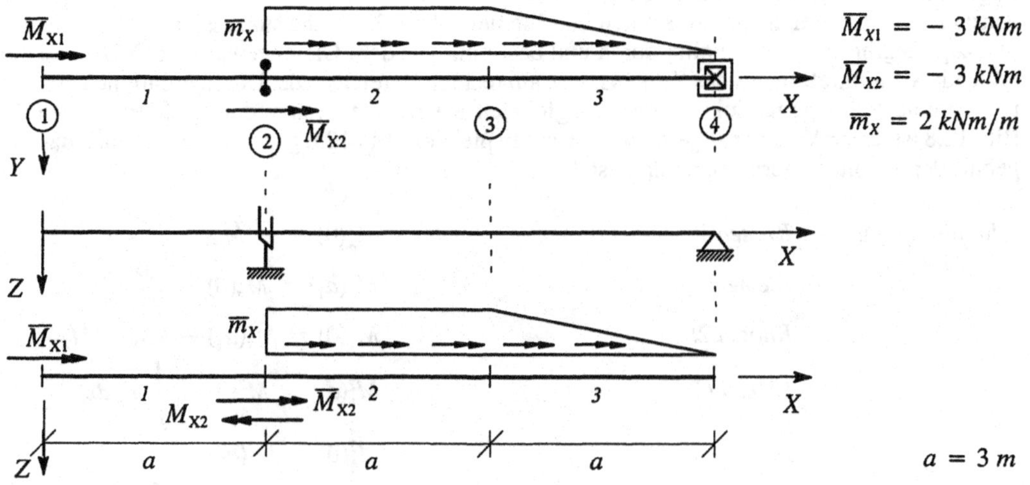

Bild 12.6 Torsionsstab: Grundriss, Ansicht, Auflagerreaktion

Schnittgrößen (Gleichgewicht an Rundschnitten)

Nach der Bestimmung aller Lager- und Verbindungsreaktionen ist die Verteilung der Schnittgrößen zu ermitteln. Dabei ist zu beachten, dass die gesuchten Schnittgrößen eines Stabes bzw. Stabelementes stets im lokalen Bezugssystem auszuweisen sind.

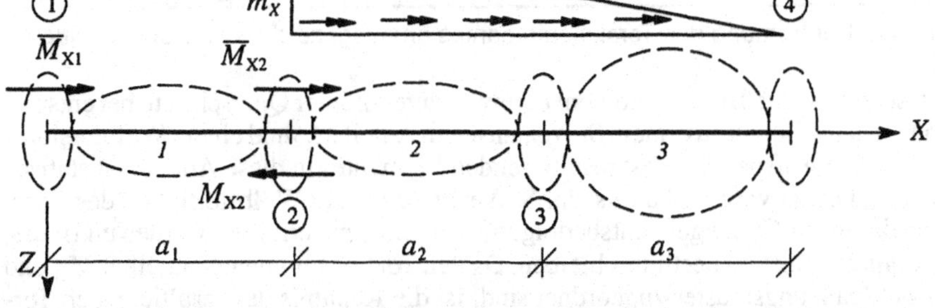

Bild 12.7 Torsionsstab, Einteilung in Knoten und Elemente (und gegebenenfalls Bereiche)

Die Verteilung des Torsionsmomentes in einem nur durch Torsionsmomente beanspruchten, geraden Stabzug ist bestimmt durch die Beziehungen (10-49.1). Bei bekanntem Anfangswert des Torsionsmomentes folgt unmittelbar:

$$M_x(x) = M_x(0) - \int_0^x \overline{m}_x \, dx \tag{12-14}$$

Die numerische Durchführung gelingt über eine Folge von Rundschnitten oder mit Hilfe des Übertragungsverfahrens. Zur Anwendung des erstgenannten Verfahrens führt man zweckmäßigerweise Bereichsgrenzen an den Angriffsorten von Momenten und Lagerreaktionen, sowie am Anfang und am Ende stetiger Lastfunktionen $\overline{m}_x(x)$ ein (so man dies nicht bereits im Zuge der Berechnung der Lagerreaktionen getan hat, s. Bild 12.7).
Anschließend führt man nun um Knoten und Elemente bzw. Bereiche sukzessive von Anfang des Stabzugs beginnend Rundschnitte durch und bestimmt aus dem Gleichgewicht der Momente die fehlende Schnittkraft rechts des Knotens bzw. am rechten Bereichsende. Die Integrationen können in einem bereichseigenen lokalen oder im globalen Koordinatensystem durchgeführt werden. In Bild 12.8 ist dieser Vorgang allgemein für das Beispiel von Bild 12.6 gezeigt. Dort ist auch das Ergebnis der Schnittkraftermittlung dargestellt.

Rundschnitt um

Knoten 1: $M_x^1(0) = -\overline{M}_{X1}$

Element 1: $M_x^1(a_1) = M_x^1(0)$

Knoten 2: $M_x^2(0) = M_x^1(a_1) - \overline{M}_{X2} + M_{X2}$

Element 2: $M_x^2(a_2) = M_x^2(0) - \int \overline{m}_x \, dx$

Knoten 3: $M_x^3(0) = M_x^2(a_2)$

Element 3: $M_x^3(a_3) = M_x^3(0) - \int \overline{m}_x \, dx$

Resultierendes Torsionsmoment:

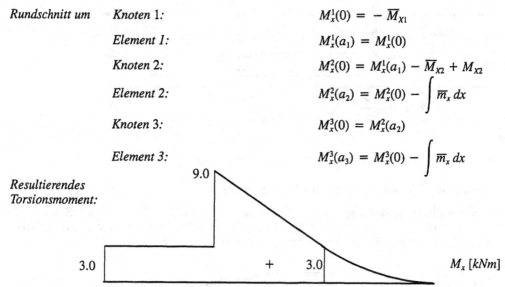

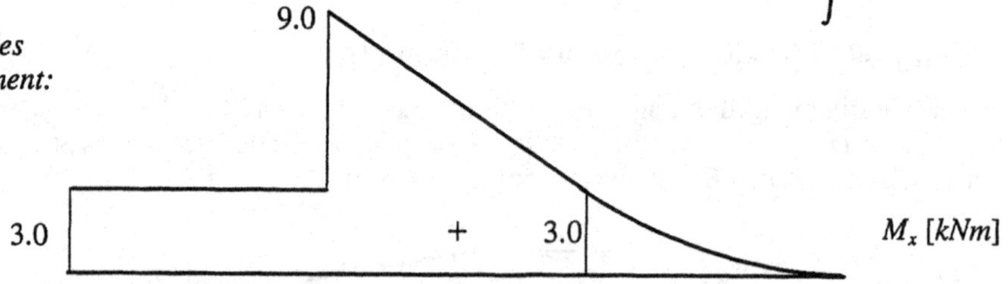

Bild 12.8 Torsionsstab, Bestimmung des Torsionsmomentes an ausgezeichneten Rundschnitten

Wie oben erläutert, setzt sich das Torsionsmoment dünnwandiger offener Querschnitte bei entsprechender Lager- und Lastausbildung aus einem St. Venantschen Anteil M_{xV} und einem Wölbtorsionsanteil $M_{x\omega}$ zusammen. Die Aufspaltung des resultierenden Momentes in diese Anteile ist statisch unbestimmter Natur und hängt vom Verhältnis der St. Venantschen zur Wölbsteifigkeit des Querschnitts ab. Sie kann damit aus Gleichgewichtsbedingungen allein nicht ermittelt werden und muss, ebenso wie das Bimoment selbst, unbestimmt bleiben. Da den Torsionsmomentenanteilen M_{xV} und $M_{x\omega}$ unterschiedliche Spannungsmuster zugeordnet sind, ist die Kenntnis des resultierenden Torsionsmoments allein nicht hinreichend für Spannungs- oder Verschiebungsnachweise.

12.3.3 Trägerroststäbe

Lagerreaktionen

Trägerroststäbe unterscheiden sich von reinen Biege- bzw. Torsionsstäben durch das gemeinsame Auftreten von Querkräften Q_z, Biegemomenten M_y und Torsionsmomenten M_x. Dies kann sowohl durch die Belastung selbst als auch durch eine entsprechende Lagerausbildung verursacht werden. Ein Stabelement eines Trägerrostes besitzt drei unabhängige Freiheitsgrade. Liegt die lokale x-Achse auf der globalen X-Achse und die y-Achse in der globalen X-Y-Ebene, so können dies eine Translation in Richtung der Z-Achse, eine Verdrehung (z. B.) um die Y-Achse und eine Verdrehung um die Längs- (X-) Achse sein. Er wird durch drei unabhängige Lagerreaktionen in seiner Lage gehalten. Somit sind drei linear unabhängige Gleichgewichtsbedingungen zu ihrer Berechnung zu formulieren, z. B. nehmen die Gln. (12-11.3) bis (12-11.5) folgende Gestalt an (vgl. Bild 12.9):

$$\sum_{k=1}^{n}\left(\overline{F}_{Zk} - A_{Zk} \pm V_{Zk}\right) + \sum_{i=1}^{m}\sum_{q=1}^{t}\left(\overline{P}_{Z}^{i,q}\right) = 0 \tag{12-15.1}$$

$$\sum_{k=1}^{n}\left(\overline{M}_{Xk} - M_{Xk} \pm M_{Xk}^{V} + \left(\overline{F}_{Zk} - A_{Zk} \pm V_{Zk}\right)Y_k\right) + \sum_{i=1}^{m}\sum_{q=1}^{t}\left(\overline{M}_{X}^{i,q} + \overline{P}_{Z}^{i,q}\,Y^{i,q}\right) = 0 \tag{12-15.2}$$

$$\sum_{k=1}^{n}\left(\overline{M}_{Yk} - M_{Yk} \pm M_{Yk}^{V} - \left(\overline{F}_{Zk} - A_{Zk} \pm V_{Zk}\right)X_k\right) + \sum_{i=1}^{m}\sum_{q=1}^{t}\left(\overline{M}_{Y}^{i,q} - \overline{P}_{Z}^{i,q}\,X^{i,q}\right) = 0 \tag{12-15.3}$$

Nach Auflösung eines entsprechenden Gleichungssystems kann die bereichsweise Ermittlung der Schnittgrößen erfolgen.

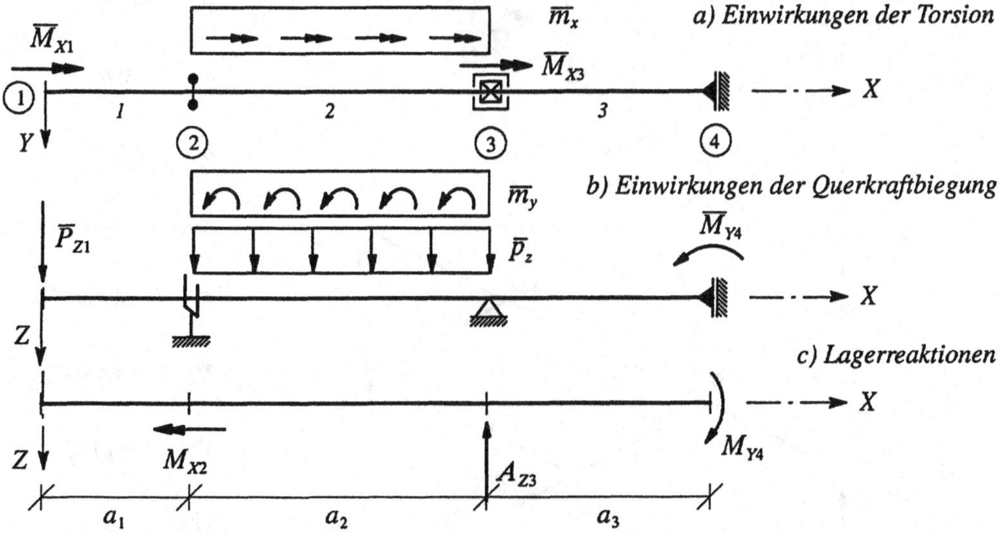

Bild 12.9 Trägerroststab: Draufsicht, Ansicht, Einwirkungen, Lagerreaktionen

Schnittgrößen

Wie in Kapitel 10 dargelegt, sind die maßgebenden Beziehungen des geraden Stabes für Längskraftbeanspruchung, Torsion und Biegung in den Hauptebenen im Hauptachsensystem entkoppelt. Somit können die Einwirkungen in einen Torsion und in einen Querkraftbiegung erzeugenden Anteil aufgespalten werden. Der begrifflichen Festlegung des Trägerroststabes entsprechend fehlen Längskraftanteile. Nach Berechnung der Lagerreaktionen des in Bild 12.9 dargestellten Systems kann demnach das Torsionsmoment wie oben erläutert ermittelt werden. Die Schnittgrößen der Querkraftbiegung können nach Abschnitt 5.3.2 bestimmt werden.

12.3.4 Verzweigte Trägerroststäbe

Lagerreaktionen

Die x- und die y-Achsen aller Elemente des in Bild 12.10 dargestellten, verzweigten Stabzugs liegen in der globalen X-Y-Ebene.

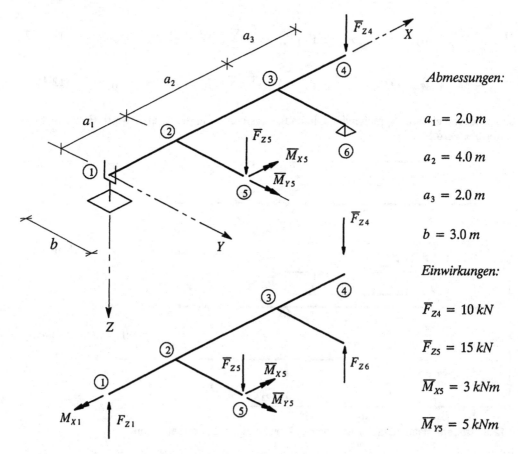

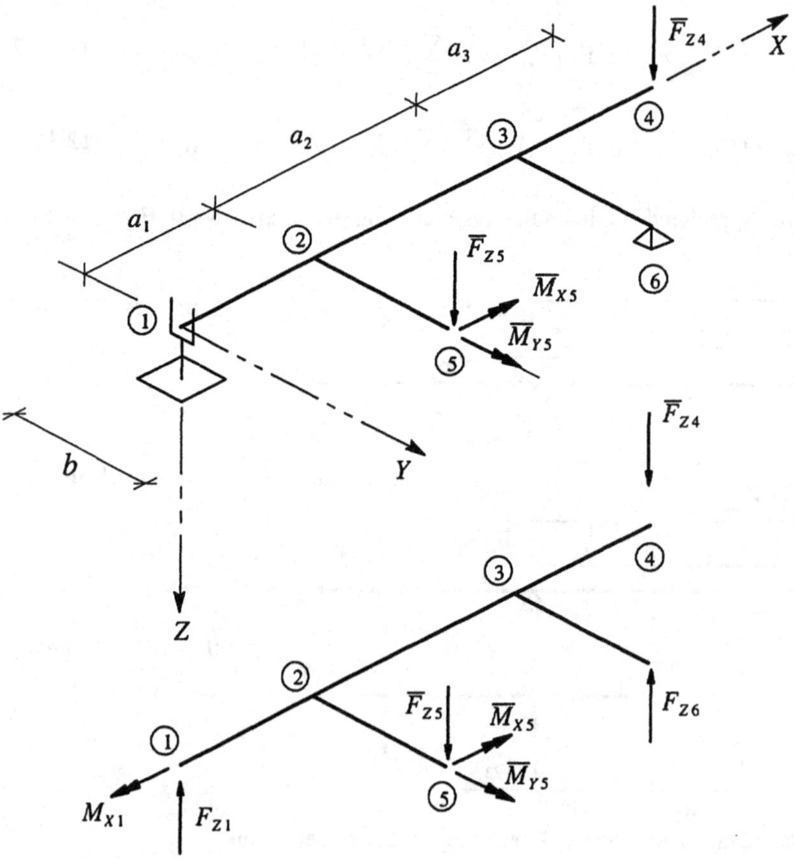

Abmessungen:

$a_1 = 2.0\,m$

$a_2 = 4.0\,m$

$a_3 = 2.0\,m$

$b = 3.0\,m$

Einwirkungen:

$\overline{F}_{Z4} = 10\,kN$

$\overline{F}_{Z5} = 15\,kN$

$\overline{M}_{X5} = 3\,kNm$

$\overline{M}_{Y5} = 5\,kNm$

Bild 12.10 Verzweigter Trägerroststab: System und Einwirkungen (oben) und positive Wirkungsrichtung der Lagerreaktionen (unten); Zahlenwerte

Einwirkungen und Lagerreaktionen werden im globalen X-Y-Z-Bezugssystem ausgewiesen. Für die Berechnung der letzteren benötigen wir die Orientierung der Querschnittshauptachsen der einzelnen Stabelemente jedoch nicht.

Nach gedanklicher Lösung von den Auflagern besitzt das System drei Freiheitsgrade der Bewegung, auf denen Einwirkungen und Lagerreaktionen Arbeit leisten: z. B. eine Verdrehung um die globale X-Achse, eine Verdrehung um die Y-Achse und eine Translation in Richtung der Z-Achse. Somit liefern die Beziehungen (12-11.3), (12-11.4) und (12-11.5) drei Gleichungen zur Berechnung der unbekannten Lagerreaktionen. Das Gleichungssystem (12-12) $\boldsymbol{Q}\,\boldsymbol{Y}^T = \overline{\boldsymbol{P}}$ und sein Ergebnis lauten in Zahlen:

$$\begin{bmatrix} -1.0 & 0.0 & -3.0 \\ 0.0 & 0.0 & 6.0 \\ 0.0 & -1.0 & -1.0 \end{bmatrix} \begin{bmatrix} M_{X1} \\ A_{Z1} \\ A_{Z5} \end{bmatrix} = \begin{bmatrix} -48 \\ 105 \\ -25 \end{bmatrix} \qquad \boldsymbol{Y}^T = \begin{bmatrix} -4.5 & 7.5 & 17.5 \end{bmatrix}$$

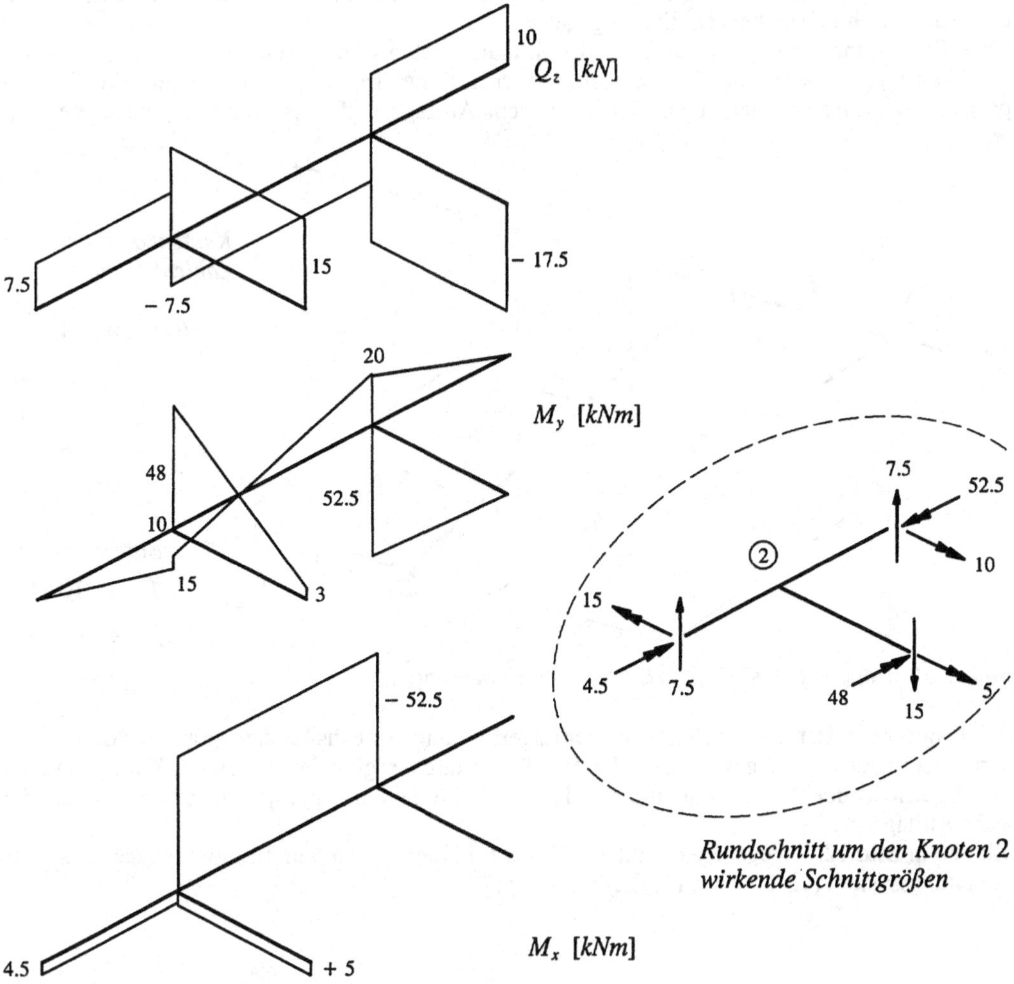

Bild 12.11 Verzweigter Trägerroststab: Schnittgrößen;
am Rundschnitt um den Knoten 2 wirkende Schnittgrößen

Schnittgrößen (Hinweise)

Mit den bekannten Lagerreaktionen lassen sich die Schnittgrößen der einzelnen Trägerroststäbe mit Beachtung der Übergangsbedingungen an den einzelnen Knoten anschaulich aus einer Folge von Rundschnitten um Knoten und Stabelemente oder mittels Übertragungsmatrizen ermitteln. Das Ergebnis ist in Bild 12.11 dargestellt.
In Bild 12.11 ist ergänzend ein Rundschnitt um den Knoten 2 mit den an diesem Knoten wirkenden Schnittgrößen gezeichnet. Sie stehen offensichtlich miteinander im Gleichgewicht.

12.3.5 Räumlich geknickte Stabzüge

Lagerreaktionen

Im Gegensatz zum eben geknickten Stabzug von Bild 12.10 zeigt Bild 12.12 einen räumlich geknickten Stabzug. Um den räumlichen Aufbau der Struktur zu verdeutlichen, sind die Knotenkoordinaten des Zahlenbeispiels explizit angegeben.
Nach Einführung eines globalen *X-Y-Z*-Koordinatensystems und zweckmäßiger Nummerierung von Knoten und Stäben schneiden wir alle Lagerreaktionen frei und können die in Bild 12.13 mit positiver Wirkungsrichtung eingezeichneten sechs Auflagerkräfte als Rechenunbekannte einführen.

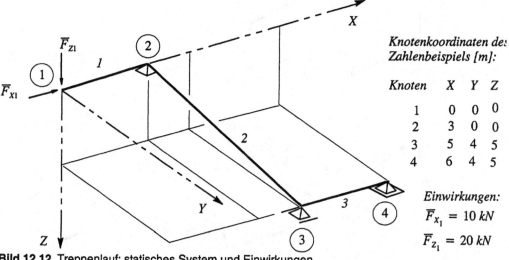

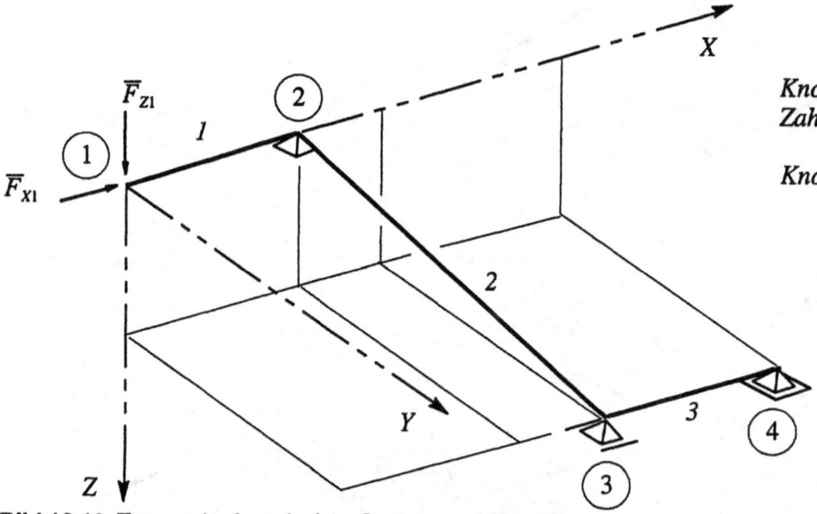

Knotenkoordinaten des Zahlenbeispiels [m]:

Knoten	*X*	*Y*	*Z*
1	0	0	0
2	3	0	0
3	5	4	5
4	6	4	5

Einwirkungen:
$\overline{F}_{X_1} = 10\ kN$
$\overline{F}_{Z_1} = 20\ kN$

Bild 12.12 Treppenlauf; statisches System und Einwirkungen

Das Tragwerk besitzt also (nach Lösung der Lagerbindungen) sechs Freiheitsgrade der Bewegung. Formulierung des Gleichgewichts der Kräfte in Richtung der globalen Achsen *X*, *Y* und *Z* und des Gleichgewichts der Momente um diese Achsen liefert ein Gleichungssystem zur Berechnung der sechs Auflagerkräfte.
Mit den in Bild 12.12 gegebenen Zahlenangaben für Abmessungen und Einwirkungen erhält das Gleichungssystem (12-11) bzw. (12-12) die Form:

$$\begin{bmatrix} 0.0 & 0.0 & 0.0 & -1.0 & 0.0 & 0.0 \\ 0.0 & -1.0 & 0.0 & 0.0 & -1.0 & 0.0 \\ -1.0 & 0.0 & -1.0 & 0.0 & 0.0 & -1.0 \\ 0.0 & 5.0 & -4.0 & 0.0 & 5.0 & -4.0 \\ 3.0 & 0.0 & 5.0 & -5.0 & 0.0 & 6.0 \\ 0.0 & -5.0 & 0.0 & 4.0 & -6.0 & 0.0 \end{bmatrix} \begin{bmatrix} A_{Z2} \\ A_{Y3} \\ A_{Z3} \\ A_{X4} \\ A_{Y4} \\ A_{Z4} \end{bmatrix} = \begin{bmatrix} -10 \\ 0 \\ -20 \\ 0 \\ 0 \\ 0 \end{bmatrix}$$

Auflösung liefert die unbekannten Auflagerreaktionen:

$$Y^T = [\,20.0 \quad -40.0 \quad 10.0 \quad 10.0 \quad 40.0 \quad -10.0\,]$$

Im obigen Gleichungssystem entspricht jeweils eine Zeile dem Gleichgewicht der Kräfte (in Richtung der X-, Y- und Z-Achse) bzw. der Momente (um die X-, Y- und Z-Achse). Insbesondere im Hinblick auf eine Berechnung von Hand oder auf eine Überprüfung vorhandener Rechenergebnisse lassen sich andere Bezugsachsen für die Formulierung des Gleichgewichts der Momente angeben, die zu mehr Null-Eintragungen in der Koeffizientenmatrix führen. Zugunsten einer systematischen Vorgehensweise verzichten wir darauf, derartige Vorteile zu nutzen. Sie sind bei Einsatz eines Rechners meist belanglos.

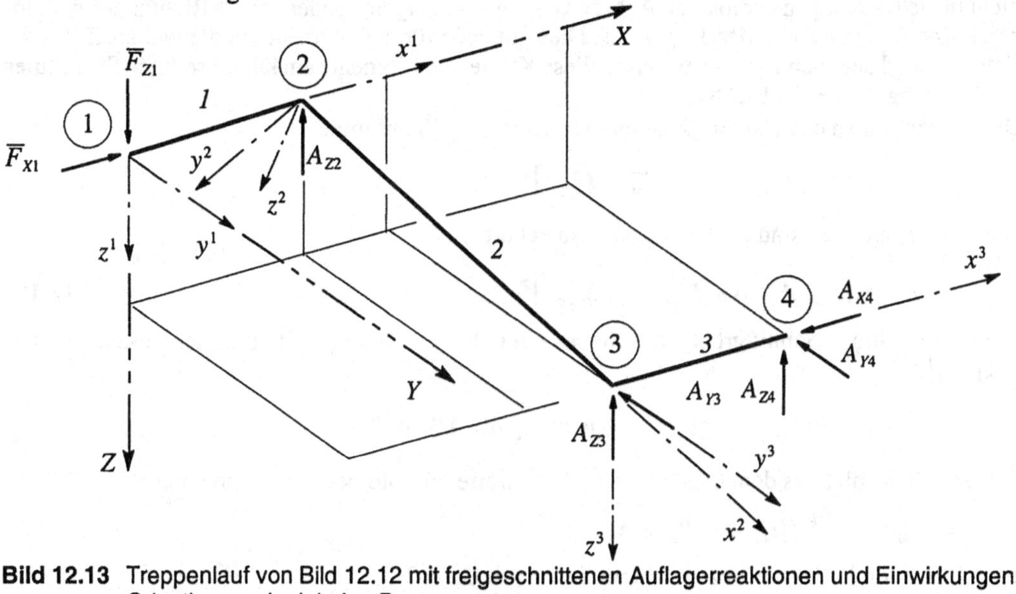

Bild 12.13 Treppenlauf von Bild 12.12 mit freigeschnittenen Auflagerreaktionen und Einwirkungen; Orientierung der lokalen Bezugssysteme

Schnittgrößen (mit Übertragungsmatrizen)

Nach der Berechnung der Lager- und Verbindungsreaktionen statisch bestimmter Tragwerke bleibt als allgemeine Aufgabe die Ermittlung der Schnittgrößen räumlich geknickter Stabzüge. Dabei haben wir zu beachten, dass diese, entsprechend den Voraussetzungen des Kapitels 10, im Hauptachsensystem der einzelnen geraden Stabbereiche auszuweisen sind. Die Orientierung der lokalen Bezugssysteme ist zusammen mit den Lagerreaktionen in Bild 12.13 dargestellt.

Übertragung der Zustandsgrößen

Wir nehmen an, dass das lokale $x^1 - y^1 - z^1$ – Bezugssystem von Stab 1 (Index 1) mit dem globalen X-Y-Z-Bezugssystem des Tragwerks zusammenfällt. Der Ursprung des lokalen $x^2 - y^2 - z^2$ – Bezugssystems von Stab 2 liegt im Knoten 2. Die lokale x^2- Achse zeigt zum Knoten 3. Die $x^2 - y^2$ – Ebene enthält den Punkt H(X_H^2, Y_H^2, Z_H^2) im globalen Koordinatensystem. Die z^2- Achse steht im Knoten 2 senkrecht auf der $x^2 - y^2$ – Ebene und bildet mit den letztgenannten Achsen ein Rechtssystem. Die lokalen Achsen des Stabes 3 verlaufen parallel zu den entsprechenden Achsen des globalen Bezugssystems. Der Koordinatenursprung liegt im Knoten 3.
Im Abschnitt 11.3.2 wurden die für die Übertragung der Schnittgrößen des räumlich beanspruchten Stabelementes benötigten Matrizen $\boldsymbol{s}$ (Gl. (11-10)), $\boldsymbol{U}_{ss}$ und $\bar{\boldsymbol{s}}$ (Gln. (11-19)) bereitgestellt.
Eine allgemeine Rechenvorschrift wird an einem in allgemeiner Lage gegebenen Stab $i = k$, der durch die Knoten k und $k+1$ begrenzt wird, erläutert. Wir nehmen an, dass die im Vektor $s_G^{k-1}(l_{k-1})$ zusammengefassten Schnittgrößen am Ende des Stabes $(k\text{-}1)$ bekannt sind:

$$s_G^{k-1}(l_{k-1}) = \left[F_X^{k-1}(l_{k-1})\ F_Y^{k-1}(l_{k-1})\ F_Z^{k-1}(l_{k-1})\ M_X^{k-1}(l_{k-1})\ M_Y^{k-1}(l_{k-1})\ M_Z^{k-1}(l_{k-1})\right]^T \tag{12-16}$$

Der Index G weist darauf hin, dass die positiven Vektoren der enthaltenen Kräfte und Momente nicht in die Richtungen der lokalen Achsen von Stab $k\text{-}1$ zeigen, sondern in die Richtungen der globalen Koordinatenachsen des Tragwerks. Dies gilt auch für das Moment um die globale Z-Achse. Entsprechend dem Schnittprinzip weisen diese Kräfte und Momente am knotenseitigen Schnittufer in die entgegengesetzte Richtung.
Die Einwirkungen des Knotens k fassen wir im Vektor $\overline{\boldsymbol{P}}_k$ zusammen:

$$\overline{\boldsymbol{P}}_k = \left[\overline{F}_{Xk}\ \overline{F}_{Yk}\ \overline{F}_{Zk}\ \overline{M}_{Xk}\ \overline{M}_{Yk}\ \overline{M}_{Zk}\ \right]^T \tag{12-17}$$

Die Lagerreaktionen sind im Vektor $\boldsymbol{A}_k$ gespeichert:

$$\boldsymbol{A}_k = \left[A_{Xk}\ A_{Yk}\ A_{Zk}\ M_{Xk}\ M_{Yk}\ M_{Zk}\ \right]^T \tag{12-18}$$

Die knotenseitigen Schnittgrößen des Stabes k im globalen Bezugssystem bilden zusammen den Vektor $s_G^k(0)$:

$$s_G^k(0) = \left[F_X^k(0)\ F_Y^k(0)\ F_Z^k(0)\ M_X^k(0)\ M_Y^k(0)\ M_Z^k(0)\right]^T \tag{12-19}$$

Dieser Vektor folgt aus dem Gleichgewicht der Kräfte und Momente am Knoten k zu:

$$s_G^k(0) = s_G^{k-1}(l_{k-1}) - \overline{\boldsymbol{P}}_k + \boldsymbol{A}_k \tag{12-20}$$

Transformation ins lokale Bezugssystem liefert mit Gl. (12-8):

$$s^k(0) = \boldsymbol{C}\,\boldsymbol{R}^k\, s_G^k(0) \tag{12-21}$$

Die Matrix $\boldsymbol{C}$ ist eine Diagonalmatrix mit der Belegung (vgl. (11-15)):

$$\boldsymbol{C} = diag\,[\,1\quad 1\quad 1\quad 1\quad 1\quad -1\,] \tag{12-22}$$

Wir gehen davon aus, dass verteilte Einwirkungen im lokalen Hauptachsensystem von Stab k beschrieben werden und dass die Übertragungsmatrix (Gl. (11-19.2)) und gegebenfalls den Lastvektor (Gl. (11-19.3)) bekannt sind. Damit folgen die Schnittgrößen am Stabende zu:

$$s^k(l_k) = \boldsymbol{U}_{ss}^k\, s^k(0) + \bar{s}^k \tag{12-23}$$

Transformation ins globale Bezugssystem liefert:

$$s_G^k(l_k) = \left(R^k\right)^T C\, s^k(l_k) \tag{12-24}$$

Dieser Vorgang ist über die gesamte Erstreckung eines räumlichen Stabzuges durchzuführen.

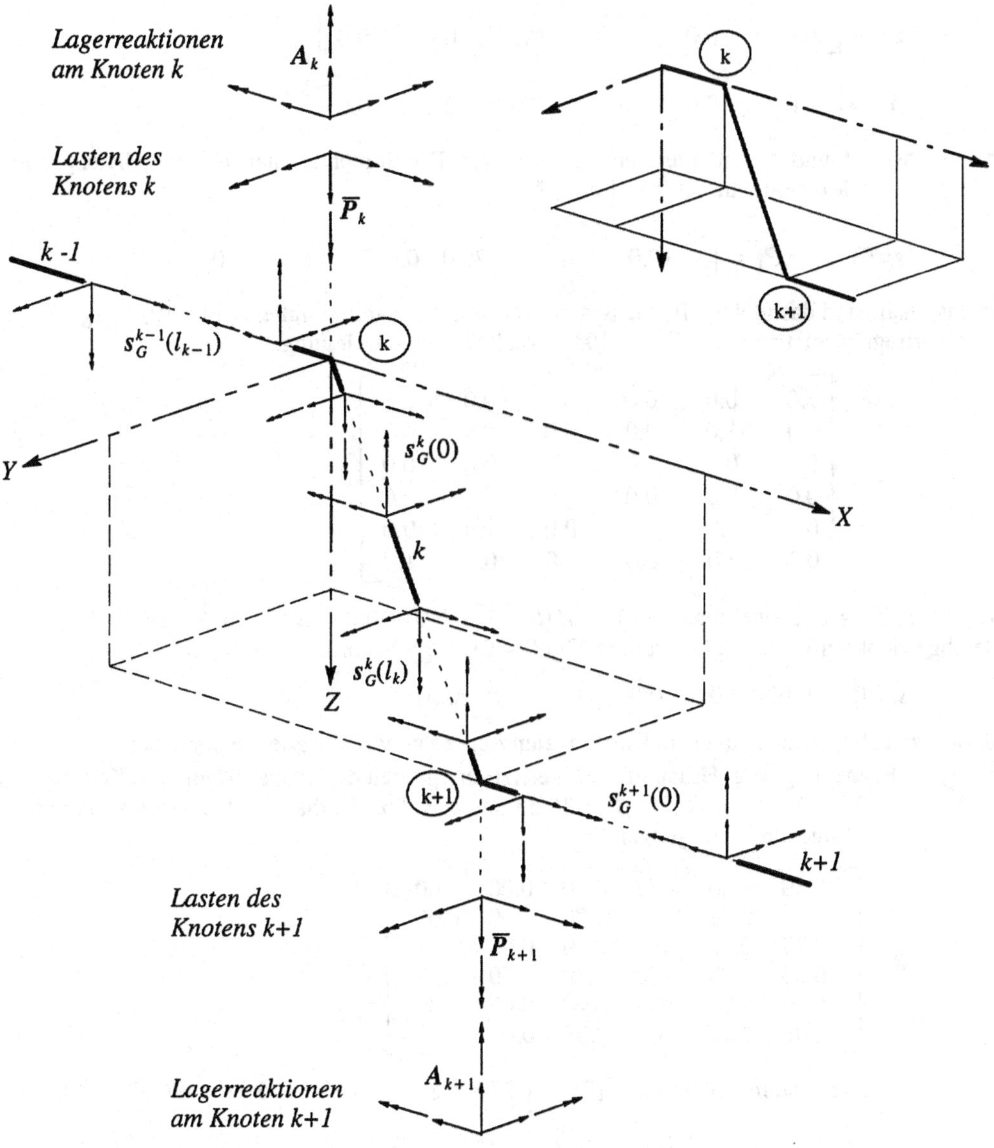

Bild 12.14 Stabelement $i = k$ mit den definierenden Knoten k und $k+1$;
globale Schnittgrößen an den Stabenden, Lagerreaktionen und Einwirkungen der Randknoten

Zahlenbeispiel

Um einen Vergleich von Zahlenwerten zu ermöglichen, werden im folgenden einige Zwischenergebnisse für die Stäbe 1 und 2 des in Bild 12.12 mit Abmessungen und Lasten gegebene Systems angegeben. Mit den in Abschnitt 12.3.5 errechneten Auflagerkräften erhält man:

$$\overline{P}_1 = \begin{bmatrix} 10.0 & 0.0 & 20.0 & 0.0 & 0.0 & 0.0 \end{bmatrix}^T$$

$$A_2 = \begin{bmatrix} 0.0 & 0.0 & 20.0 & 0.0 & 0.0 & 0.0 \end{bmatrix}^T$$

Die Vektoren $\overline{P}_2$ und A_1 enthalten nur Null-Einträge. Damit rechnet man aus dem Gleichgewicht der Kräfte und Momente am Knoten 1 aus Gl. (12-20) :

$$s_G^1(0) = -P_1 = \begin{bmatrix} -10.0 & 0.0 & -20.0 & 0.0 & 0.0 & 0.0 \end{bmatrix}^T$$

Da das lokale und das globale Bezugssystem für Stab 1 zusammenfallen, gilt $s^1(0) = s_G^1(0)$. Die Übertragungsmatrix nach Gl. (11-19.2) erhält folgende Belegung:

$$U_{ss}^1 = \begin{bmatrix} 1.0 & 0.0 & 0.0 & 0.0 & 0.0 & 0.0 \\ 0.0 & 1.0 & 0.0 & 0.0 & 0.0 & 0.0 \\ 0.0 & 0.0 & 1.0 & 0.0 & 0.0 & 0.0 \\ 0.0 & 0.0 & 0.0 & 1.0 & 0.0 & 0.0 \\ 0.0 & 0.0 & 3.0 & 0.0 & 1.0 & 0.0 \\ 0.0 & 3.0 & 0.0 & 0.0 & 0.0 & 1.0 \end{bmatrix}$$

Wegen $M_Z^1(l) = 0$ rechnet man $s^1(l_1) = s_G^1(l_1) = [-10.0 \quad 0.0 \quad -20.0 \quad 0.0 \quad -60.0 \quad 0.0]^T$. Gleichgewicht am Knoten 2 liefert nach Gl.(12-20) im globalen Bezugssystem:

$$s_G^2(0) = [-10.0 \quad 0.0 \quad 0.0 \quad 0.0 \quad -60.0 \quad 0.0]^T$$

Für Stab zwei liegen die lokalen und die globalen Achsen windschief zueinander. Der in der lokalen $x^2 - y^2$ – Ebene liegende Hilfspunkt H besitzt im globalen Bezugssystem die Koordinaten $(-3.0, 1.5, 0.0)$. Mit $\alpha = 68.2°$, $\beta = 36.6°$ und $\gamma = 56.1°$ erhält die Transformationsmatrix nach Gl.(12-7) folgende Eintragungen:

$$R = \begin{bmatrix} 0.30 & 0.60 & 0.75 & 0.00 & 0.00 & 0.00 \\ -0.89 & 0.45 & 0.00 & 0.00 & 0.00 & 0.00 \\ -0.33 & -0.67 & 0.67 & 0.00 & 0.00 & 0.00 \\ 0.00 & 0.00 & 0.00 & 0.30 & 0.60 & 0.75 \\ 0.00 & 0.00 & 0.00 & -0.90 & 0.45 & 0.00 \\ 0.00 & 0.00 & 0.00 & -0.33 & -0.67 & 0.67 \end{bmatrix}$$

Im lokalen Bezugssystem erhält man $s^2(0) = [-2.98 \quad 8.94 \quad 3.33 \quad -35.78 \quad -26.83 \quad -40.00]^T$.

12.4 Zusammengesetzte Systeme

12.4.1 Ebene, räumlich beanspruchte Rahmen und Trägerroste

Lager- und Verbindungsreaktionen

Das in Bild 12.15 dargestellte Tragwerk besteht nunmehr aus zwei in der X-Y-Ebene liegenden verzweigten Stabzügen. Der erste enthält die Stäbe 1, 2, 3 und 8, der zweite umfasst die Stäbe 4, 5, 6 und 7. Beide Stabzüge sind im Knoten 9 gelenkig miteinander verbunden und in den Knoten 6 und 7 belastet.
In Bild 12.16 sind im Explosionsbild die Einwirkungen sowie die Lager- und Verbindungsreaktionen in positiver Wirkungsrichtung eingetragen.
Wir stellen fest, dass 9 unbekannte Lager- und 3 unbekannte Verbindungsreaktionen auftreten, zu deren Bestimmung 12 Gleichgewichtsbeziehungen angeschrieben werden können.
Schreibt man dabei der Reihe nach zuerst die der Rahmentragwirkung dann die der Trägerrostwirkung zugeordneten Gleichgewichtsbedingungen an:

$$\sum F_X^{Stabzug\,1},\ \sum F_Y^{Stabzug\,1},\ \sum M_Z^{Stabzug\,1},\ \sum F_X^{Stabzug\,2},\ \sum F_Y^{Stabzug\,2},\ \sum M_Z^{Stabzug\,2}$$

$$\sum F_Z^{Stabzug\,1},\ \sum M_X^{Stabzug\,1},\ \sum M_Y^{Stabzug\,1},\ \sum F_Z^{Stabzug\,2},\ \sum M_X^{Stabzug\,2},\ \sum M_Y^{Stabzug\,2},$$

so nimmt das Gleichungssystem folgende Form an:

$$\left[\begin{array}{rrrrrr|rrrrrr}
-1.0 & 0.0 & 1.0 & 0.0 & 0.0 & 0.0 & 0.0 & 0.0 & 0.0 & 0.0 & 0.0 & 0.0 \\
0.0 & -1.0 & 0.0 & 1.0 & 0.0 & 0.0 & 0.0 & 0.0 & 0.0 & 0.0 & 0.0 & 0.0 \\
2.0 & 0.0 & -4.0 & 4.0 & 0.0 & 0.0 & 0.0 & 0.0 & 0.0 & 0.0 & 0.0 & 0.0 \\
0.0 & 0.0 & -1.0 & 0.0 & -1.0 & 0.0 & 0.0 & 0.0 & 0.0 & 0.0 & 0.0 & 0.0 \\
0.0 & 0.0 & 0.0 & -1.0 & 0.0 & -1.0 & 0.0 & 0.0 & 0.0 & 0.0 & 0.0 & 0.0 \\
0.0 & 0.0 & 0.0 & -4.0 & 6.0 & 0.0 & 0.0 & 0.0 & 0.0 & 0.0 & 0.0 & 0.0 \\
\hline
0.0 & 0.0 & 0.0 & 0.0 & 0.0 & 0.0 & -1.0 & -1.0 & -1.0 & 1.0 & 0.0 & 0.0 \\
0.0 & 0.0 & 0.0 & 0.0 & 0.0 & 0.0 & -2.0 & -2.0 & 0.0 & 4.0 & 0.0 & 0.0 \\
0.0 & 0.0 & 0.0 & 0.0 & 0.0 & 0.0 & 0.0 & 4.0 & 6.0 & 4.0 & 0.0 & 0.0 \\
0.0 & 0.0 & 0.0 & 0.0 & 0.0 & 0.0 & 0.0 & 0.0 & 0.0 & -1.0 & -1.0 & -1.0 \\
0.0 & 0.0 & 0.0 & 0.0 & 0.0 & 0.0 & 0.0 & 0.0 & 0.0 & -4.0 & -6.0 & -8.0 \\
0.0 & 0.0 & 0.0 & 0.0 & 0.0 & 0.0 & 0.0 & 0.0 & 0.0 & 4.0 & 0.0 & 6.0
\end{array}\right]
\begin{bmatrix} A_{X1} \\ A_{Y1} \\ V_{X9} \\ V_{Y9} \\ A_{X5} \\ A_{Y5} \\ A_{Z1} \\ A_{Z2} \\ A_{Z4} \\ V_{Z9} \\ A_{Z5} \\ A_{Z8} \end{bmatrix}
=
\begin{bmatrix} 0.0 \\ 0.0 \\ 0.0 \\ -10.0 \\ -20.0 \\ 0.0 \\ 0.0 \\ 0.0 \\ 0.0 \\ -30.0 \\ -220.0 \\ 70.0 \end{bmatrix}$$

Die Belegung der Koeffizientenmatrix zeigt, dass die unbekannten Lager- und Verbindungsreaktionen der Rahmentragwirkung unabhängig von denen der Trägerrostwirkung sind. Die gesuchten Kraftgrößen ergeben sich zu:

$$Y^T = [7.5\ \ 3.75\ \ 7.5\ \ 3.75\ \ 2.5\ \ 16.25\ \ -7.5\ \ -2.5\ \ 5.0\ \ -5.0\ \ 20.0\ \ 15.0\ ]$$

Schnittgrößen (Hinweis)

Mit den bekannten Lagerreaktionen lassen sich die Schnittgrößen der einzelnen Trägerroststäbe mit Beachtung der Übergangsbedingungen an den einzelnen Knoten anschaulich aus einer Folge von Rundschnitten um Knoten und Stabelemente oder mittels Übertragungsmatrizen ermitteln, vgl. entsprechende Hinweise in früheren Kapiteln.

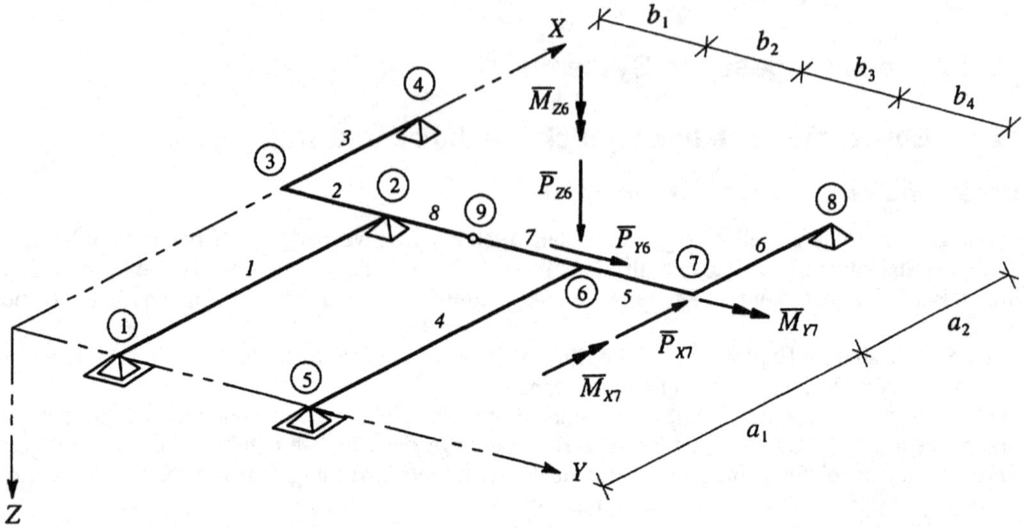

Bild 12.15 Ebenes, räumlich beanspruchtes Tragwerk und Einwirkungen

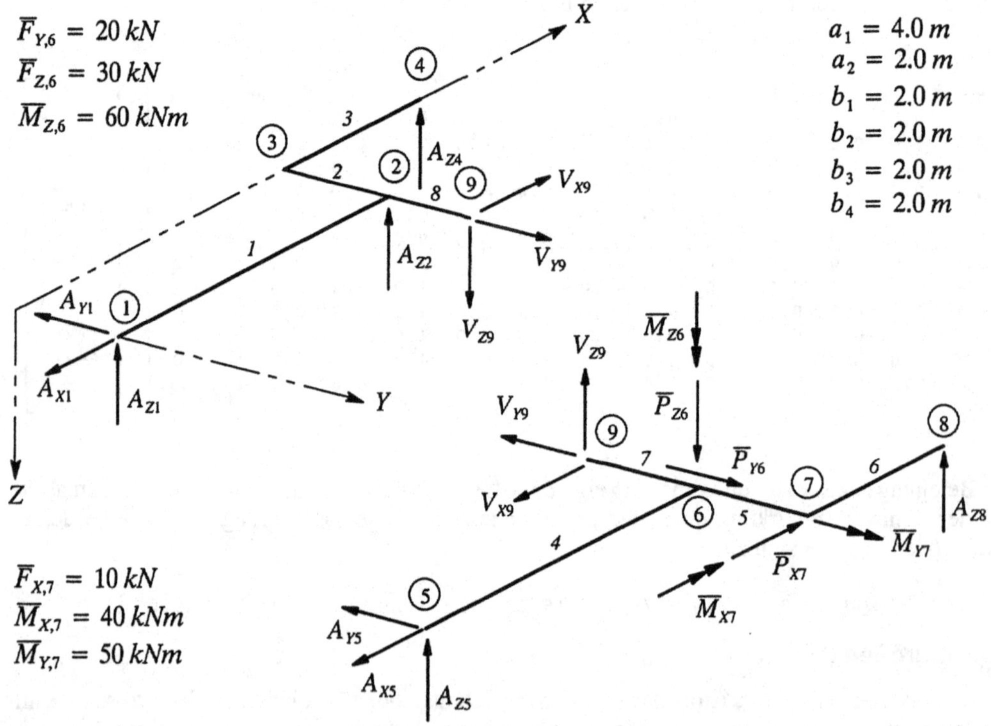

Bild 12.16 Ebenes Tragwerk (s. Bild 12.15): Einwirkungen, Lager- und Verbindungsreaktionen

12.4.2 Räumliche Rahmen

Lager- und Verbindungsreaktionen

Der in Bild 12.17 links dargestellte räumliche Rahmen 1 besteht aus zwei räumlich geknickten Stabzügen, die durch die Knoten 1-2-3-4-5 und 6-7-3-8-9 bestimmt sind. Durch das beide Stabzüge verbindende Gelenk in Knoten 3 können Verbindungsreaktionen V_{X3}, V_{Y3} und V_{Z3} übertragen werden. Sie sind zusammen mit den insgesamt 9 frei geschnittenen Lagerreaktionen in Bild 12.17 rechts dargestellt. Für jeden der Stabzüge muss die Summe der Kräfte z. B. in Richtung der Achsen des globalen Bezugssystems und die Summe der Momente z. B. um die globalen Bezugsachsen verschwinden. Die Formulierung dieser zwölf Bedingungen liefert ein Gleichungssystem zur Berechnung der unbekannten Lager- und Verbindungsreaktionen.
Wir erwähnen, dass es hier nicht möglich ist, (ebene) Rahmen- und Trägerrostzustände voneinander zu trennen.

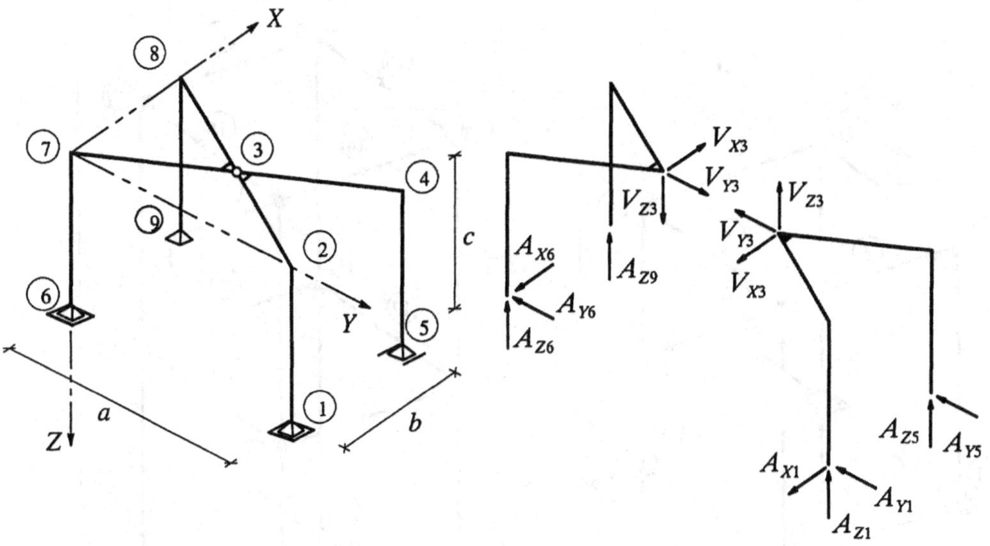

Bild 12.17 Räumlicher Rahmen 1: System, Lager- und Verbindungsreaktionen

Der in Bild 12.18 links dargestellte Rahmen 2 besteht aus vier räumlich geknickten und offen verzweigten Stabzügen. Er ist in den Knoten 1, 2, 3 und 4 unverschieblich gelenkig gelagert. In den Knoten 6, 8, 10 und 12 sind je zwei der Stabzüge gelenkig miteinander verbunden. In den Lager- und in den Verbindungsknoten können je 3, zusammen also 24 Kraftreaktionen übertragen werden (deren positive Wirkungsrichtung zweckmäßigerweise im globalen Bezugssystem ausgewiesen werden. Diesen unbekannten Größen stehen je Stabzug 6, also zusammen 24 mögliche Bedingungsgleichungen gegenüber.
Auch für dieses Tragwerk ist eine Aufspaltung in (ebene) Rahmen- und Trägerrostzustände nicht möglich.
Das in Bild 12.18 links gezeigte Tragwerk ist in den Lagerknoten gelenkig unverschieblich gelagert. Das System lässt sich nun um ein Stockwerk erhöhen, wenn die Knoten 5, 7, 9 und 11 als Fußpunkte eines darüber angeordneten Rahmens 2 verwendet werden. Ein derartiges System ist in Bild 12.18 rechts dargestellt.

Schnittgrößen (Hinweise)

Nach Berechnung der Lager- und Verbindungsreaktionen der in den Bildern 12.17 und 12.18 dargestellten Tragwerke können die zugeordneten Schnittgrößen anhand geeigneter Folgen von Rundschnitten oder aufgrund der in Abschnitt 12.3.5 gezeigten Vorgehensweise für die einzelnen Stabzüge bestimmt werden.

12.4.3 Zur statischen Bestimmtheit räumlicher Rahmen

In den Kapiteln 12.3 bis 12.4.2 haben wir allgemein räumlich beanspruchte Stabtragwerke untersucht, deren Lager- und Verbindungsreaktionen und in Fortführung deren Schnittgrößen sich allein aus Gleichgewichtsbedingungen errechnen ließen. Derartige Strukturen werden wie bei ebenen Systemen als statisch bestimmt bezeichnet.

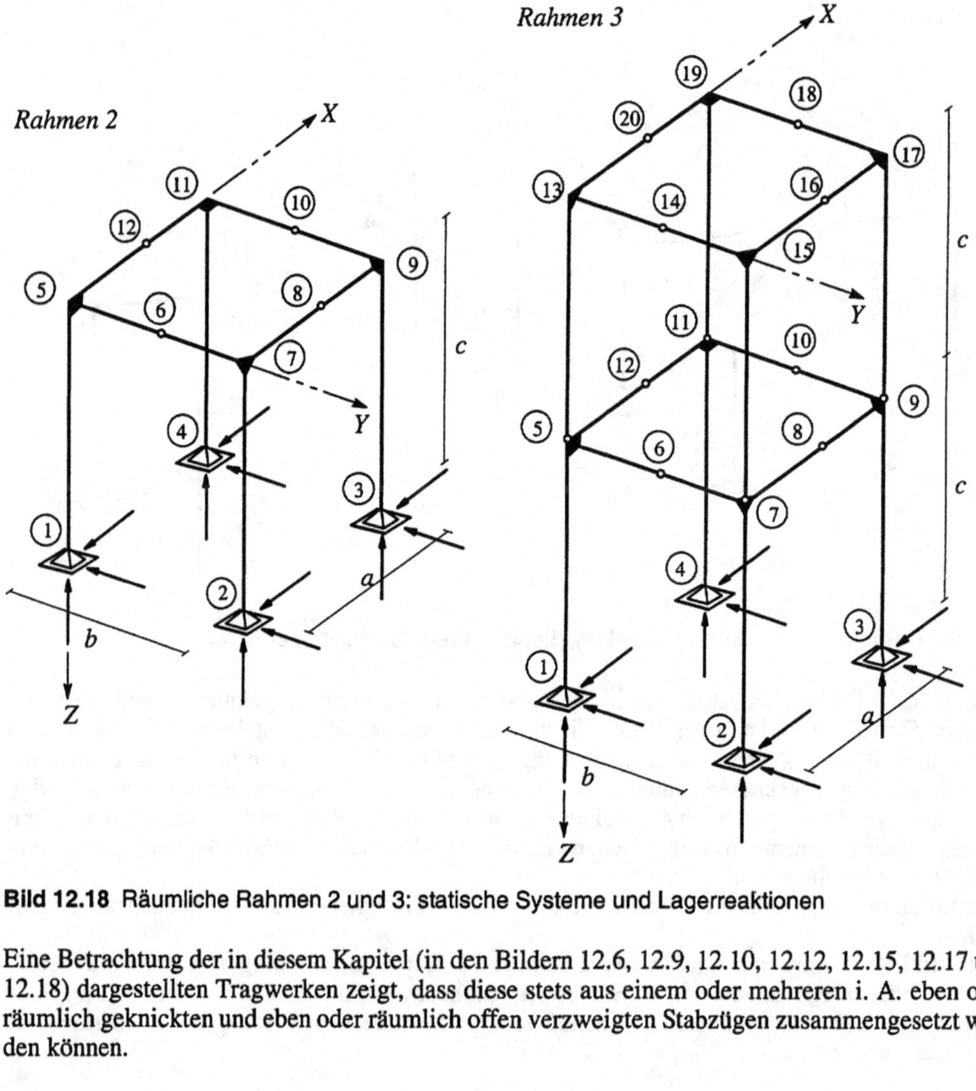

Bild 12.18 Räumliche Rahmen 2 und 3: statische Systeme und Lagerreaktionen

Eine Betrachtung der in diesem Kapitel (in den Bildern 12.6, 12.9, 12.10, 12.12, 12.15, 12.17 und 12.18) dargestellten Tragwerken zeigt, dass diese stets aus einem oder mehreren i. A. eben oder räumlich geknickten und eben oder räumlich offen verzweigten Stabzügen zusammengesetzt werden können.

Das Tragwerk ist als ganzes in n_L Knoten gelagert und in n_V Knoten miteinander verbunden. Wir betrachten zunächst Tragwerke, bei denen nur ein Bauteil mit einem Lager und jeweils nur zwei Stabzüge in einem Verbindungsknoten gekoppelt sind. In jedem Lagerknoten und in jedem Verbindungsknoten können eine resultierende Kraft und ein resultierendes Moment übertragen werden, die an den betroffenen Bauteilen entgegengesetzt gleich groß wirken.

Zum Zwecke der Berechnung denken wir uns sowohl die Kraft als auch das Moment in je drei Komponenten parallel zu den Achsen des globalen Koordinatensystems zerlegt. Lagerreaktionen werden zweckmäßigerweise tragwerksseitig als positiv angenommen, wenn ihre Vektoren den globalen Koordinatenachsen entgegengerichtet sind. Die Komponenten von Verbindungsreaktionen werden an den verbundenen Bauteilen ebenfalls entgegengesetzt gleich groß wirkend angenommen.
Sind mit einem Lagerknoten zwei oder mehr Bauteile bzw. mit einem Verbindungsknoten drei oder mehr Bauteile verbunden, so ist die Aufteilung der Reaktionskräfte im Knoten i. A. nicht a priori angebbar. In solchen Fällen schneidet man gedanklich den Lager- oder Verbindungsknoten selbst frei und führt die Komponenten der möglichen Verbindungsreaktionen zwischen Knoten und jedem der Bauteile als Rechenunbekannte ein. Die Forderung des Gleichgewichts aller Kräfte und Momente am gedanklich herausgetrennten Knoten liefert die im oben genannten Gleichungssystem noch fehlenden Beziehungen zur Bestimmung aller Lager- und Verbindungsreaktionen. Diese Vorgehensweise ist in Bild 12.19 für das Beispiel eines räumlichen Rahmens verdeutlicht.

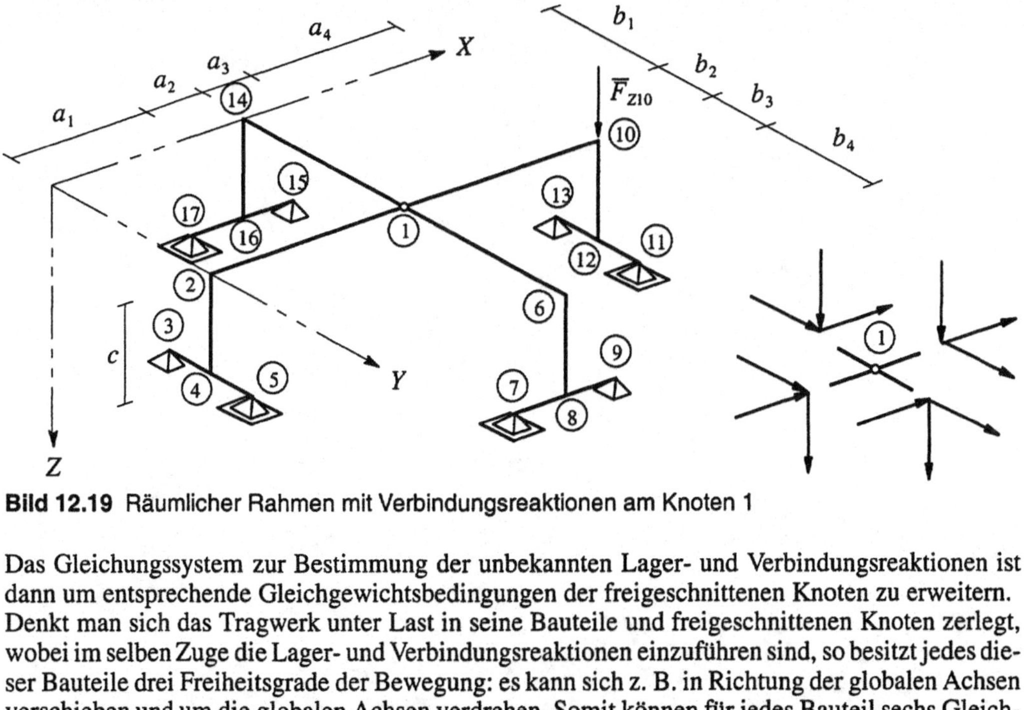

Bild 12.19 Räumlicher Rahmen mit Verbindungsreaktionen am Knoten 1

Das Gleichungssystem zur Bestimmung der unbekannten Lager- und Verbindungsreaktionen ist dann um entsprechende Gleichgewichtsbedingungen der freigeschnittenen Knoten zu erweitern. Denkt man sich das Tragwerk unter Last in seine Bauteile und freigeschnittenen Knoten zerlegt, wobei im selben Zuge die Lager- und Verbindungsreaktionen einzuführen sind, so besitzt jedes dieser Bauteile drei Freiheitsgrade der Bewegung: es kann sich z. B. in Richtung der globalen Achsen verschieben und um die globalen Achsen verdrehen. Somit können für jedes Bauteil sechs Gleichgewichtsbedingungen formuliert werden. Analoges gilt für die freigeschnittenen Knoten. Stimmt die Anzahl von solchermaßen formulierbaren Gleichgewichtsbedingungen mit der Anzahl unbekannter Lager- und Verbindungsreaktionen überein, so ist die Koeffizientenmatrix des Gleichungssystems i. A. invertierbar und das Gleichungssystem kann gelöst werden. Andernfalls ist eine Berechnung mit dem Weggrößenverfahren, der Finite-Element-Methode oder dem in Kap. 15 zu besprechenden Kraftgrößenverfahren vorzunehmen.

13 Räumliche Stabtragwerke (Weggrößenverfahren)

13.1 Vorbemerkung

Im vorliegenden Kapitel werden die Berechnung räumlich beanspruchter Stabtragwerke mit Hilfe des allgemeinen Weggrößenverfahrens gezeigt und einige Anmerkungen zur Modellbildung einerseits und zum Verhalten solcher Tragwerke unter definierten Einwirkungen andererseits ergänzt. Dazu wird das in Kapitel 7 für ebene Rahmen entwickelte Verfahren übernommen und auf den hier gegebenen Aufgabenkreis angewendet. Dabei ist im wesentlichen lediglich der erweiterte Satz von Freiheitsgraden und Zustandsgrößen anzusetzen. In den Abschnitten 13.2 bis 13.3.4 wird angenommen, dass das Torsionsverhalten der Stabelemente durch das mechanische Modell der St. Venant'schen Torsion beschrieben wird. In Unterkapitel 13.4 werden wir Stäbe mit dünnwandigem offenen Querschnitt in Betracht ziehen, deren Torsionsverhalten durch das mechanische Modell der Wölbkrafttorsion erfasst wird.

13.2 Transformationsbeziehungen

Räumliche Tragwerke mit Torsion ohne Wölbbehinderung

Die notwendigen Beziehungen zur ebenen Transformation von Vektoren sind in Kapitel 5.2, die zur räumlichen Transformation in Kapitel 12.2 bereitgestellt.
Die Zustandsgrößen eines räumlich beanspruchten Stabes lassen sich im lokalen Bezugssystem an beliebiger Stelle x zu vier Vektoren zusammenfassen: dem Vektor der Verschiebungen $\boldsymbol{v}$ (v_x, v_y, v_z), einem Vektor der Verdrehungen $\boldsymbol{\varphi}$ $(\vartheta, \varphi_y, -\varphi_z)$, dem Vektor der Kräfte $\boldsymbol{F}$ (N, Q_y, Q_z) und dem Vektor der Momente $\boldsymbol{M}$ $(M_x, M_y, -M_z)$, vgl. die Gln. (11-11), (11-12) und (11-13).
Da die Festlegung der positiven Wirkungsrichtung für Stabend-Verschiebungen, Stabend-Verdrehungen, Stabend-Kräfte und Stabend-Momente völlig analog erfolgt, gelten die Gleichungen (12-8) für die genannten Zustandsgrößen eines Stabelementes in gleicher Weise. Zustandsvektoren, die die in gleicher Reihenfolge angeordneten Komponenten mehrerer Einzelvektoren (mit je drei Komponenten in Richtung der X-, Y- und Z-, bzw. x-, y- und z- Achse) enthalten (Hypervektoren), werden durch Hyperdiagonalmatrizen transformiert, deren Diagonaluntermatrizen die Matrizen $\boldsymbol{R}$ bzw. $\boldsymbol{R}^T$ der Gleichungen (12-8) sind.

$$\boldsymbol{p} = \boldsymbol{R}_4 \boldsymbol{p}_G \qquad (13\text{-}1.1) \qquad\qquad \boldsymbol{p}_G = \boldsymbol{R}_4^T \boldsymbol{p} \qquad (13\text{-}1.2)$$

$$\boldsymbol{v} = \boldsymbol{R}_4 \boldsymbol{v}_G \qquad (13\text{-}1.3) \qquad\qquad \boldsymbol{v}_G = \boldsymbol{R}_4^T \boldsymbol{v} \qquad (13\text{-}1.4)$$

Die Hypermatrix $\boldsymbol{R}_h$ entsteht, wenn die Drehmatrix $\boldsymbol{R}$ h-mal in der Diagonalen angeordnet wird (vgl. dazu Bild 13.1):

$$\boldsymbol{R}_h = diag\left[\, \boldsymbol{R}_1, \dots, \boldsymbol{R}_j, \dots, \boldsymbol{R}_h \,\right]; \qquad \boldsymbol{R}_j = \boldsymbol{R}_{\gamma\beta\alpha} \qquad j = 1, \dots, h \qquad (13\text{-}2)$$

$$
\begin{bmatrix} N_a^i \\ Q_{ya}^i \\ Q_{za}^i \\ \hline M_{xa}^i \\ M_{ya}^i \\ M_{za}^i \\ \hline N_b^i \\ Q_{yb}^i \\ Q_{zb}^i \\ \hline M_{xb}^i \\ M_{yb}^i \\ M_{zb}^i \end{bmatrix}
=
\left[\begin{array}{ccc|ccc|ccc|ccc}
R_{11} & R_{12} & R_{13} & & & & & & & & & \\
R_{21} & R_{22} & R_{23} & & & & & & & & & \\
R_{31} & R_{32} & R_{33} & & & & & & & & & \\ \hline
 & & & R_{11} & R_{12} & R_{13} & & & & & & \\
 & & & R_{21} & R_{22} & R_{23} & & & & & & \\
 & & & R_{31} & R_{32} & R_{33} & & & & & & \\ \hline
 & & & & & & R_{11} & R_{12} & R_{13} & & & \\
 & & & & & & R_{21} & R_{22} & R_{23} & & & \\
 & & & & & & R_{31} & R_{32} & R_{33} & & & \\ \hline
 & & & & & & & & & R_{11} & R_{12} & R_{13} \\
 & & & & & & & & & R_{21} & R_{22} & R_{23} \\
 & & & & & & & & & R_{31} & R_{32} & R_{33}
\end{array}\right]
\begin{bmatrix} F_{Xa}^i \\ F_{Ya}^i \\ F_{Za}^i \\ \hline M_{Xa}^i \\ M_{Ya}^i \\ M_{Za}^i \\ \hline F_{Xb}^i \\ F_{Yb}^i \\ F_{Zb}^i \\ \hline M_{Xb}^i \\ M_{Yb}^i \\ M_{Zb}^i \end{bmatrix}
$$

Bild 13.1 Darstellung von Gl. (13-1.1): $\boldsymbol{p} = \boldsymbol{R}_4 \boldsymbol{p}_G$; Hypermatrix $\boldsymbol{R}_4$

Entsprechend ist einem Satz global bezogener Stabend-Weggrößen eines Elements gemäß Gl. (13-1.3) ein Satz lokal bezogener Verschiebungen zugeordnet. Die Belegung des Vektors $\boldsymbol{v}$ ist mit (11-11.3.) gegeben. Der Vektor globaler Weggrößen eines Elementes lautet:

$$\boldsymbol{v}_G^T = [\; u_{Xa} \quad u_{Ya} \quad u_{Za} \quad \varphi_{Xa} \quad \varphi_{Ya} \quad \varphi_{Za} \;|\; u_{Xb} \quad u_{Yb} \quad u_{Zb} \quad \varphi_{Xb} \quad \varphi_{Yb} \quad \varphi_{Zb} \;]$$

Die grundlegende Beziehung des Weggrößenverfahrens im lokalen Bezugssystem

$$\boldsymbol{p} = \boldsymbol{k}\,\boldsymbol{v} + \boldsymbol{p}^0$$

geht durch Linksmultiplikation mit der Hypermatrix $\boldsymbol{R} = \boldsymbol{R}_4$ (der Index ist im Folgenden wieder weggelassen) über in:

$$\boldsymbol{R}^T \boldsymbol{p} = \boldsymbol{R}^T \boldsymbol{k}\,\boldsymbol{v} + \boldsymbol{R}^T \boldsymbol{p}^0$$

Zur Konstruktion der Steifigkeitsmatrix eines beliebig angeordneten Stabelementes im globalen Bezugssystem fügen wir zwischen $\boldsymbol{k}$ und $\boldsymbol{v}$ eine Einheitsmatrix $\boldsymbol{I} = \boldsymbol{R}\,\boldsymbol{R}^T$ ein:

$$\boldsymbol{R}^T \boldsymbol{p} = \boldsymbol{R}^T \boldsymbol{k}\,\boldsymbol{R}\,\boldsymbol{R}^T \boldsymbol{v} + \boldsymbol{R}^T \boldsymbol{p}^0$$

Mit den Festlegungen:

$$\boldsymbol{p}_G = \boldsymbol{R}^T \boldsymbol{p} \qquad (13\text{-}3.1) \qquad\qquad \boldsymbol{k}_G = \boldsymbol{R}^T \boldsymbol{k}\,\boldsymbol{R} \qquad (13\text{-}3.2)$$

$$\boldsymbol{v}_G = \boldsymbol{R}^T \boldsymbol{v} \qquad (13\text{-}3.3) \qquad\qquad \boldsymbol{p}_G^0 = \boldsymbol{R}^T \boldsymbol{p}^0 \qquad (13\text{-}3.4)$$

gilt offensichtlich im globalen Bezugssystem:

$$\boldsymbol{p}_G = \boldsymbol{k}_G\,\boldsymbol{v}_G + \boldsymbol{p}_G^0 \qquad (13\text{-}4)$$

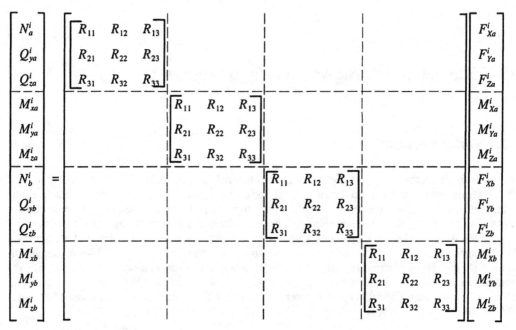

Bei bekanntem $\boldsymbol{v}_G$ (und a priori bekanntem $\boldsymbol{p}^0$) folgt für die lokalen Stabend-Schnittgrößen, bzw. Stabend-Verschiebungen:

$$\boldsymbol{p} = \boldsymbol{k}\,\boldsymbol{R}\,\boldsymbol{v}_G + \boldsymbol{p}^0 \qquad (13\text{-}5.1) \qquad\qquad \boldsymbol{v} = \boldsymbol{R}\,\boldsymbol{v}_G \qquad (13\text{-}5.2)$$

Querbelastete ebene Systeme mit Torsion ohne Wölbbehinderung

Im Folgenden werden die in Kapitel 12.2 entwickelten allgemeinen Transformationsbeziehungen für den häufigen Sonderfall spezialisiert, bei dem die Achsen aller Stäbe eines Tragwerks, somit alle Knoten einschließlich der Auflagerknoten in der $X-Y$ – Ebene liegen. Dann gilt für alle Stäbe $\Delta Z = Z_b - Z_a = 0$. Auch wenn dabei eine beliebige Orientierung der Querschnittshauptachsen und eine beliebige räumliche Belastung zugelassen wird, vereinfachen sich doch die Transformationsbeziehungen erheblich. In Bild 13.2, Teil 1 und 2, sind die allgemeinen Transformationsbeziehungen des Kapitels 12.2 denen gegenübergestellt, die sich für $\alpha = 0$ ergeben. Die verwendeten Bezeichnungen entsprechen den in Kapitel 12.2 eingeführten.

$\alpha \neq 0$	$\alpha = 0$
(12-1.1): $\cos\delta_X = \dfrac{X_b - X_a}{l}$	
(12-1.2): $\cos\delta_Y = \dfrac{Y_b - Y_a}{l}$	
(12-1.3): $\cos\delta_Z = \dfrac{Z_b - Z_a}{l}$	$\cos\delta_Z = 0$
(12-2): $l = \sqrt{(X_b - X_a)^2 + (Y_b - Y_a)^2 + (Z_b - Z_a)^2}$	$l = \sqrt{(X_b - X_a)^2 + (Y_b - Y_a)^2}$

1. Transformation: Drehung um Y um den Winkel α:

(12-3.2): $\sin\alpha = \dfrac{\cos\delta_Z}{\sqrt{\cos^2\delta_X + \cos^2\delta_Z}}$	$\sin\alpha = 0$
(12-3.3): $\cos\alpha = \dfrac{\cos\delta_X}{\sqrt{\cos^2\delta_X + \cos^2\delta_Z}}$	$\cos\alpha = 1$
(12-6.1): $\boldsymbol{R}_\alpha = \begin{bmatrix} \cos\alpha & 0 & \sin\alpha \\ 0 & 1 & 0 \\ -\sin\alpha & 0 & \cos\alpha \end{bmatrix}$	$\boldsymbol{R}_\alpha = \begin{bmatrix} 1 & 0 & 0 \\ 0 & 1 & 0 \\ 0 & 0 & 1 \end{bmatrix}$
	Diese Beziehung gilt auch für: $\Delta X = \Delta Z = 0$

Bild 13.2, Teil 1 Gegenüberstellung der allgemeinen Transformationsbeziehungen mit denen, die sich für $\alpha = 0$ ergeben, Drehung um Y um den Winkel α.

2. Transformation: Drehung um Z_a um den Winkel β:

(12-4.2): $\sin\beta = \cos\delta_Y$	$\sin\beta = \cos\delta_Y$
(12-4.3): $\cos\beta = \sqrt{\cos^2\delta_X + \cos^2\delta_Z}$	$\cos\beta = \cos\delta_X$

Transformation des kennzeichnenden Punktes H *(vgl. Abschnitt 12.2.1)*:

(12-9): $\boldsymbol{H}_\beta = \boldsymbol{R}_\beta \boldsymbol{R}_\alpha \ \boldsymbol{H}$ | $\boldsymbol{H}_\beta = \boldsymbol{R}_\beta \boldsymbol{H}$

$$\begin{bmatrix} x_{H\beta} \\ y_{H\beta} \\ z_{H\beta} \end{bmatrix} = \begin{bmatrix} \cos\beta & \sin\beta & 0 \\ -\sin\beta & \cos\beta & 0 \\ 0 & 0 & 1 \end{bmatrix} \begin{bmatrix} X_H \\ Y_H \\ Z_H \end{bmatrix}$$

3. Transformation: Drehung um x um den Winkel γ:

(12-5.2) $$\sin\gamma = \frac{Z_{H\beta}}{\sqrt{Y_{H\beta}^2 + Z_{H\beta}^2}}$$

(12-5.3) $$\cos\gamma = \frac{Y_{H\beta}}{\sqrt{Y_{H\beta}^2 + Z_{H\beta}^2}}$$

Resultierende Transformationsmatrix $\boldsymbol{R}$:

(12-7) $\boldsymbol{R} = \boldsymbol{R}_\gamma \boldsymbol{R}_\beta \boldsymbol{R}_\alpha$ | $\boldsymbol{R} = \boldsymbol{R}_\gamma \boldsymbol{R}_\beta$

$$\boldsymbol{R} = \begin{bmatrix} \cos\beta & \sin\beta & 0 \\ -\sin\beta\cos\gamma & \cos\beta\cos\gamma & \sin\gamma \\ \sin\beta\sin\gamma & -\cos\beta\sin\gamma & \cos\gamma \end{bmatrix}$$

Bild 13.2 Teil 2 Gegenüberstellung der allgemeinen Transformationsbeziehungen mit denen, die sich für $\alpha = 0$ ergeben, Drehung um Z_α um den Winkel β und Drehung um x um den Winkel γ

Trägerroste mit Torsion ohne Wölbbehinderung

Querbelastete Stabtragwerke, bei denen die Achsen aller Stäbe, somit alle Knoten einschließlich der Auflagerknoten und eine Querschnittshauptachse in der $X - Y -$Ebene liegen, werden allgemein als Trägerroste (Kreuzwerke) bezeichnet. Sie bestehen häufig aus zwei Scharen von Stäben, die sich i. A. unter dem gleichen Winkel kreuzen (vgl. Bild 13.3). Unterschiede in der statischen Modellbildung und im Tragverhalten ergeben sich durch die Art der Lager- und der Knotenpunktsausbildung. Letztere kann in Z-Richtung ausschließlich zug- und druckfest, aber auch zug-, druck-, biege- und torsionssteif erfolgen (s. z.B. *Homberg, Trenks (1962)*).

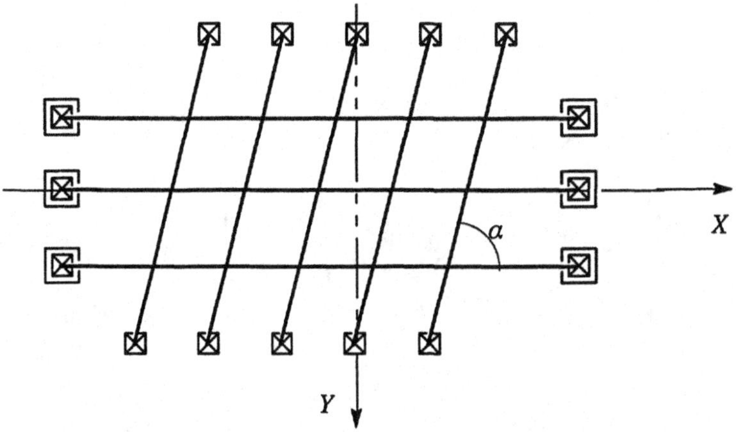

Bild 13.3 Trägerroste aus zwei Scharen sich kreuzender Stäbe (Draufsicht)

Wir werden im Folgenden Tragwerke der beschriebenen Art auch dann als Trägerroste bezeichnen, wenn sie nicht wirklich aus gekreuzten Trägerscharen bestehen, sondern lediglich aus geknickten oder verzweigten Stabzügen. Systeme dieser Art sind in den Bildern 13.12 und 13.30 dargestellt.

13.3 Systeme mit St. Venant'scher Torsion

13.3.1 Räumliche Rahmen

Die Grundzüge der Berechnung eines räumlichen Tragwerks sollen im Folgenden anhand des im Bild 13.4 dargestellten räumlich geknickten Stabzuges aus Stahlbeton erläutert werden. Das statische System stimmt mit dem in Bild 12.12 dargestellten System überein, ausgenommen sind die Auflagerausbildung und die Belastung.

Die Stäbe *1* bis *3* weisen einen Rechteckquerschnitt auf, dessen lokale Hauptachsen Bild 12.13 entnommen werden können. Schubmittelpunktsachse und Schwerachse aller Stäbe fallen jeweils zusammen. Die Schnittpunkte der Achsen der Stäbe 1 und 2 definieren den Knoten 2, die der Stäbe 2 und 3 den Knoten 3. Die Stäbe 1 bzw. 3 sind in den Knoten 1 bzw. 4 starr eingespannt.

Die Torsion von Stahlbetonträgern mit schmalem Rechteckquerschnitt wird mit dem Modell der St. Venant'schen Torsion erfasst.

Die Querschnittswerte der Stäbe sind zusammen mit den Transformationswinkeln α, β und γ in Bild 13.5 zusammengefaßt. Letztere ergeben sich mit den Gln. (12-1) und (12-2) aus (12-3)/1 bis (12-5)/1. Der in der lokalen $x^2 - y^2$ – Ebene liegende Hilfspunkt H besitzt im Zahlenbeispiel im globalen Bezugssystem die Koordinaten (– 3.0, 1.5, 0.0).

Für eine Berechnung mit dem Weggrößenverfahren weist das System unter Berücksichtigung der Ausbildung der beiden Lager und der freien Innenknoten 12 Freiheitsgrade der Verschiebung auf, nämlich die Verschiebungen U, V, W, Φ_X, Φ_Y und Φ_Z der Knoten 2 und 3.

Die lokalen Steifigkeitsmatrizen der Stäbe sind daher mit Gl. (11-21) zu berechnen.

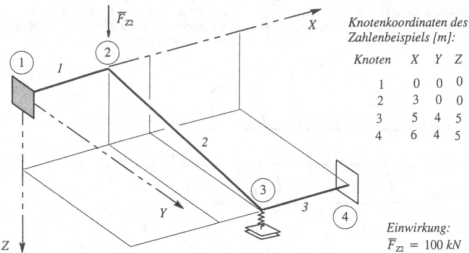

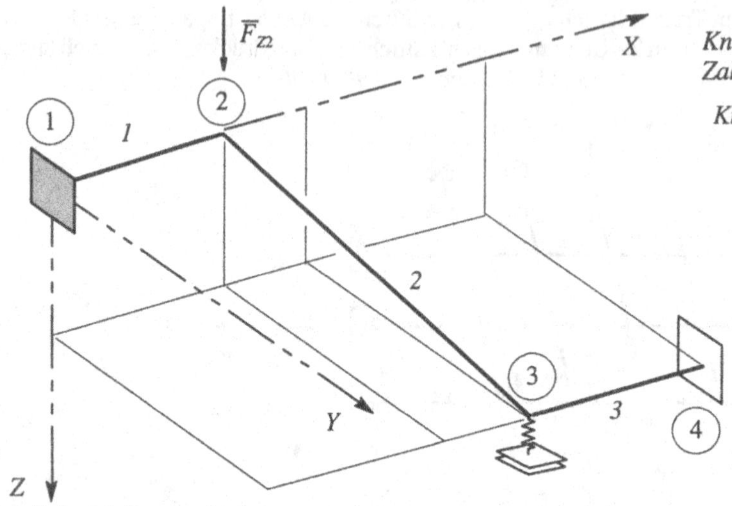

Knotenkoordinaten des Zahlenbeispiels [m]:

Knoten	*X*	*Y*	*Z*
1	0	0	0
2	3	0	0
3	5	4	5
4	6	4	5

Einwirkung:
$\overline{F}_{Z2} = 100\ kN$

Bild 13.4 Beispiel: Treppenlauf

Stab	1	2	3
E [kN/m²]	34 10^6	34 10^6	34 10^6
G [kN/m²]	14.2 10^6	14.2 10^6	14.2 10^6
$A\ [m^2]$	0.2	0.448	0.2
$I_y\ [m^4]$	0.000667	0.001493	0.000667
$I_z\ [m^4]$	0.01667	0.1873	0.01667
$I_T\ [m^4]$	0.00232	0.005914	0.00232
α	0.0	68.2°	0.0
β	0.0	36.6°	0.0
γ	0.0	56.14°	0.0

Bild 13.5 Treppenlauf: Material- und Querschnittswerte, Rotationswinkel

Die Zuordnung der Anfangs- und Endknoten zu den Stäben sowie die Zuordnung der Verschiebungsfreiheitsgrade zu den Knoten kann den folgenden Tabellen entnommen werden (vgl. dazu Abschnitt 7.5.2):

Knoten	U_{Xk}	U_{Yk}	U_{Zk}	Φ_{Xk}	Φ_{Yk}	Φ_{Zk}
1	0	0	0	0	0	0
2	1	2	3	4	5	6
3	7	8	9	10	11	12
4	0	0	0	0	0	0

	Stabanfang	Stabende
Stab *i*	Knoten *a*	Knoten *b*
1	1	2
2	2	3
3	3	4

Mit den in Kapitel 4.2 eingeführten Bezeichnungen und den Zahlenwerten von Bild 13.5 ergeben sich z. B. die Untermatrizen $\boldsymbol{k}_{aa}$ der Steifigkeitsmatrizen der Stäbe 1 und 2:

$$\boldsymbol{k}_{aa}^{1} = \begin{bmatrix} 2266700 & 0 & 0 & 0 & 0 & 0 \\ 0 & 251900 & 0 & 0 & 0 & 377860 \\ 0 & 0 & 10079 & 0 & -15119 & 0 \\ 0 & 0 & 0 & 10981 & 0 & 0 \\ 0 & 0 & -15119 & 0 & 30237 & 0 \\ 0 & 377860 & 0 & 0 & 0 & 755720 \end{bmatrix}$$

$$\boldsymbol{k}_{aa}^{2} = \begin{bmatrix} 2270700 & 0 & 0 & 0 & 0 & 0 \\ 0 & 253150 & 0 & 0 & 0 & 849120 \\ 0 & 0 & 2017.9 & 0 & -6768 & 0 \\ 0 & 0 & 0 & 12519 & 0 & 0 \\ 0 & 0 & -6768 & 0 & 30269 & 0 \\ 0 & 849120 & 0 & 0 & 0 & 3797300 \end{bmatrix}$$

Die lokalen Bezugssysteme der Stäbe 1 und 3 liegen parallel zum globalen Koordinatensystem. Für diese Stäbe entfällt somit eine Transformation von Zustandsgrößen vom lokalen zum globalen Bezugssystem und umgekehrt.

Für den Stab 2 liefert Gl. (12-7) mit den in Bild 13.5 eingetragenen Drehwinkeln die benötigte Rotationsmatrix:

$$\boldsymbol{R}_{\gamma\beta\alpha}^{2} = \boldsymbol{R}_{\gamma}^{2}\,\boldsymbol{R}_{\beta}^{2}\,\boldsymbol{R}_{\alpha}^{2} = \begin{bmatrix} 0.2981 & 0.5963 & 7454 \\ -0.8944 & 0.4472 & -0.0000 \\ -0.3334 & -0.6667 & 0.6667 \end{bmatrix}$$

Damit wird die Hyper-Diagonalmatrix $\boldsymbol{R}_{4}^{2} = diag[\boldsymbol{R}_{\gamma\beta\alpha}^{2}, \boldsymbol{R}_{\gamma\beta\alpha}^{2}, \boldsymbol{R}_{\gamma\beta\alpha}^{2}, \boldsymbol{R}_{\gamma\beta\alpha}^{2}]$ gemäß Rechenvorschrift (13-2) gebildet, mit der schließlich die globale Steifigkeitsmatrix des Stabes 2 nach Gl. (13-3.2) errechnet werden kann.

Die globale Steifigkeitsmatrix $\boldsymbol{K}$ (der Ordnung 12×12) und die Vektoren der unbekannten Knotenweggrößen $\boldsymbol{V}$ und der Knotenlasten $\overline{\boldsymbol{P}}$ erhalten die dargestellte Belegung:

$$\left[\begin{array}{c|c} \left[\;\boldsymbol{K}_{22} = \boldsymbol{k}_{bb}^{1} + \boldsymbol{k}_{aa,G}^{2}\;\right] & \left[\;\boldsymbol{K}_{23} = \boldsymbol{k}_{ab,G}^{2}\;\right] \\ \hline \left[\;\boldsymbol{K}_{32} = \boldsymbol{k}_{ba,G}^{2}\;\right] & \left[\;\boldsymbol{K}_{33} = \boldsymbol{k}_{bb,G}^{2} + \boldsymbol{k}_{aa}^{3}\;\right] \end{array}\right] \begin{bmatrix} U_2 \\ V_2 \\ W_2 \\ \Phi_{X2} \\ \Phi_{Y2} \\ \Phi_{Z2} \\ \hline U_3 \\ V_3 \\ W_3 \\ \Phi_{X3} \\ \Phi_{Y3} \\ \Phi_{Z3} \end{bmatrix} = \begin{bmatrix} 0 \\ 0 \\ \overline{F}_{Z2} \\ 0 \\ 0 \\ 0 \\ \hline 0 \\ 0 \\ 0 \\ 0 \\ 0 \\ 0 \end{bmatrix}$$

Für die Teilmatrix K_{22} errechnet man in Zahlen:

$$K_{22} = \begin{bmatrix} 404560 & 302860 & 504140 & 251160 & 507320 & -506320 \\ 302850 & 858910 & 1008300 & -130630 & -251140 & 253160 \\ 504130 & 1008300 & 1262400 & 4041.4 & -2006.6 & -11.232 \\ 251160 & -130630 & 4041.4 & 447330 & 834020 & -841120 \\ 507320 & -251140 & -2006.6 & 834040 & 1698100 & -1682000 \\ -506320 & 253160 & -11.231 & -841160 & -1682100 & 1694700 \end{bmatrix}$$

Die Lösung des globalen Gleichungssystems $K\,V = \overline{P}$ liefert die unbekannten Weggrößen des Systems. Damit können jedem Stab die Stabend-Verschiebungen im globalen Bezugssystem zugeordnet werden.

$$\left[\, v_G^1 \;\; v_G^2 \;\; v_G^3 \,\right] = \left[\begin{array}{ccc} 0 & -0.864\ 10^{-5} & 0.864\ 10^{-5} \\ 0 & -0.0009638 & 0.0002203 \\ 0 & 0.0067260 & 0.005747 \\ 0 & 0.0007754 & -0.001398 \\ 0 & -0.0011080 & 0.0006005 \\ 0 & -0.0005421 & -0.0000467 \\ \hline -0.864\ 10^{-5} & 0.864\ 10^{-5} & 0 \\ -0.0009638 & 0.0002203 & 0 \\ 0.0067260 & 0.005747 & 0 \\ 0.0007754 & -0.0013998 & 0 \\ -0.0011080 & 0.0006005 & 0 \\ -0.0005421 & 0.0000467 & 0 \end{array}\right] \begin{array}{l} \textit{Stabanfang} \\ \\ \textit{Stabende} \end{array}$$

Die Stabend-Verschiebungen im lokalen Bezugssystem folgen aus Gl. (13-5.2), die lokalen Stabend-Schnittgrößen aus Gl. (13-5.1), letztere zunächst nach Vorzeichen-Konvention 2.

$$\left[\, p^1 \;\; p^2 \;\; p^3 \,\right] = \left[\begin{array}{ccc} 19.59 & 64.40 & 19.59 \\ 37.92 & -0.58 & 37.92 \\ -51.04 & 0.72 & 48.70 \\ -8.52 & -9.27 & -14.10 \\ 84.93 & -22.90 & -68.52 \\ 159.32 & 78.49 & 48.05 \\ \hline -19.59 & -64.40 & -19.59 \\ -37.92 & 0.58 & -37.92 \\ 51.04 & -0.72 & -48.70 \\ 8.52 & 9.27 & 14.10 \\ 68.18 & 18.07 & -77.58 \\ -45.52 & -82.48 & 65.71 \end{array}\right] \begin{array}{l} \textit{Stabanfang} \\ \\ \textit{Stabende} \end{array}$$

Die bemessungsrelevanten Schnittgrößen am Anfang ($x = 0$) und am Ende der Stäbe ($x = l$) (die stets in Vorzeichen-Konvention 1 ausgewiesen werden) erhält man, wenn der Vektor der Stabend-Schnittgrößen mit der in Gl. (11-15) festgelegten Matrix C gemäß Gl. (11-14) multipliziert wird:

$$
C\left[p^1 \;\; p^2 \;\; p^3\right] = \left[\begin{array}{ccc} s^1(0) & s^2(0) & s^3(0) \\ \hline s^1(l_1) & s^2(l_2) & s^3(l_3) \end{array}\right] = \left[\begin{array}{rrr}
-19.59 & -64.40 & -19.59 \\
-37.92 & 0.58 & -37.92 \\
51.04 & -0.72 & -48.70 \\
8.52 & 9.27 & 14.10 \\
-84.93 & 22.90 & 68.52 \\
159.32 & 78.49 & 48.05 \\
\hline
-19.59 & -64.40 & -19.59 \\
-37.92 & 0.58 & -37.92 \\
51.04 & -0.72 & -48.70 \\
8.52 & 9.27 & 14.10 \\
68.18 & 18.07 & -77.58 \\
45.52 & 82.48 & -65.71
\end{array}\right]
$$

Mit den Knotenweggrößen und den Stabend-Schnittgrößen beziehungsweise den Schnittgrößen an den Stabrändern sind alle Zustandsgrößen am Anfang eines Stabelements bekannt. Damit können die Zustandsgrößen in jedem beliebigen Punkt im Stabinneren mit der Übertragungsmatrix gemäß (11-18) bestimmt werden. Zum Vergleich sind die Zustandsgrößen an den Rändern und in den Viertelspunkten von Stab 3 wiedergegeben:

$$
\left[\begin{array}{rrrrr}
0.865\ 10^{-5} & 0.649\ 10^{-5} & 0.432\ 10^{-5} & 0.216\ 10^{-5} & 0 \\
0.0002203 & 0.0001663 & 0.0000927 & 0.0000279 & 0 \\
0.005747 & 0.004595 & 0.002648 & 0.0008134 & 0 \\
-0.001398 & -0.001049 & -0.000699 & -0.0003495 & 0 \\
0.0006018 & 0.002268 & 0.002723 & 0.001967 & 0 \\
0.000046 & 0.0000913 & 0.0000985 & 0.0000681 & 0 \\
\hline
-19.60 & -19.60 & -19.60 & -19.60 & -19.60 \\
-37.94 & -37.94 & -37.94 & -37.94 & -37.94 \\
-48.83 & -48.83 & -48.83 & -48.83 & -48.83 \\
14.12 & 14.12 & 14.12 & 14.12 & 14.12 \\
68.69 & 32.07 & -4.55 & -41.17 & -77.79 \\
48.14 & 19.68 & -8.78 & -37.23 & -65.69
\end{array}\right] = \left[\begin{array}{c} u^3(x) \\ \hline s^3(x) \end{array}\right]
$$

$$
x = 0 \qquad x = 0.25\, l_3 \qquad x = 0.5\, l_3 \qquad x = 0.75\, l_3 \qquad x = l_3
$$

13.3.2 Räumlich beanspruchte ebene Tragwerke

In diesem Abschnitt soll die Berechnung und das Tragverhalten des in den Bildern 13.6 und 13.7 dargestellten Rahmens aus Stahlbeton erläutert werden.

Den Bildern entnimmt man, dass die lokalen x-Achsen aller Stäbe in der X-Z-Ebene liegen. Für alle Stäbe wird ein Querschnitt von $1.0\ \text{m} \cdot 0.27\ m$ angenommen. Die im Sinne von Unterkapitel 12.2, Gl. (12-3), (12-4) und (12-5) bestimmten Transformationswinkel sind zusammen mit den Querschnittswerten in Bild 13.8 zusammengestellt.

Als Belastung wirke die Einzelkraft $\overline{F}_{X2} = 10\ kN$ im Knoten 2.

Wegen der gleichen Querschnittsabmessungen und der gleichen Elementlängen ergeben sich die 12×12 - Steifigkeitsmatrizen $\boldsymbol{k}^i$ aller Elemente gemäß Bild 13.6 in den lokalen Koordinatensystemen gleich. Die resultierenden Rotationsmatrizen $\boldsymbol{R}_{\gamma\beta\alpha}$ gemäß Gl. (13-2) sind für die einzelne Stäbe unterschiedlich belegt und führen damit auf unterschiedlich belegte globale Steifigkeitsmatrizen $\boldsymbol{k}_G^i$ der Elemente i. Da die Knoten 1 und 4 fest eingespannt sind, sind beim Aufbau der globalen Steifigkeitsmatrix 12 Freiheitsgrade zu berücksichtigen, nämlich die Verschiebungen und Verdrehungen der Knoten 2 und 3.

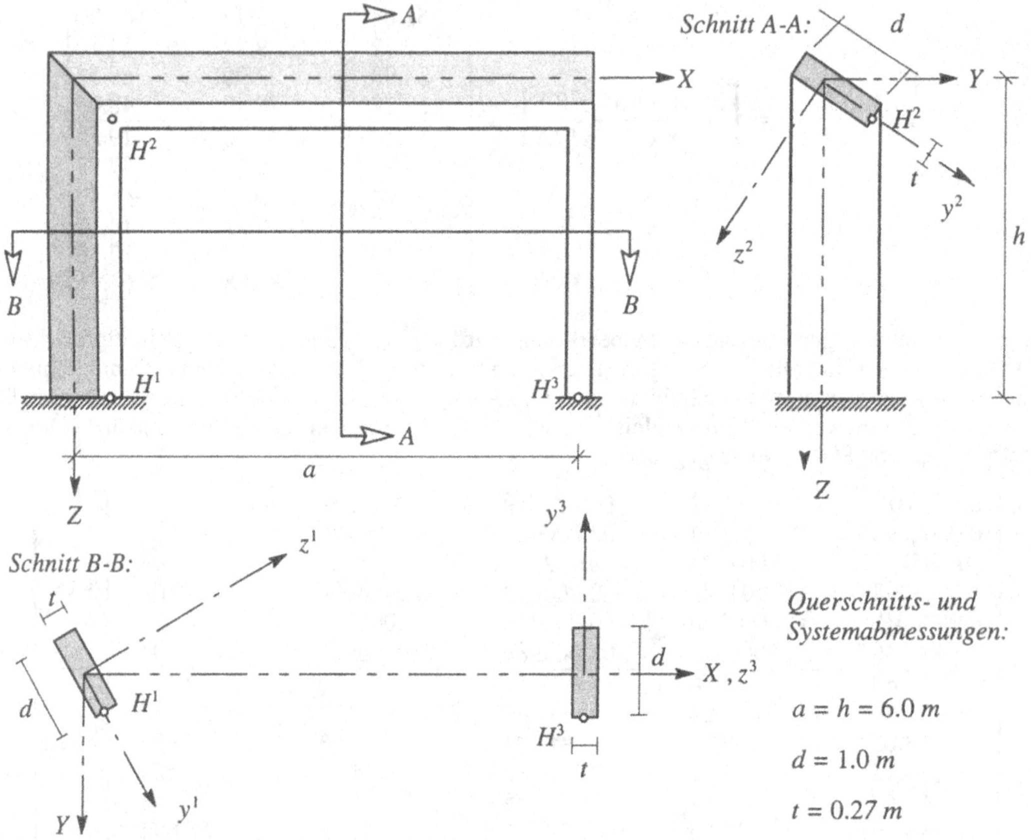

Querschnitts- und Systemabmessungen:

$a = h = 6.0\,m$

$d = 1.0\,m$

$t = 0.27\,m$

Bild 13.6 Beispiel: Räumlicher Rahmen, Abmessungen

Nach Berechnung der globalen Verschiebungen der Knoten 2 und 3 können die lokalen Stabendschnittgrößen gemäß Gl. (13-1.1) und die lokalen Stabend-Verschiebungen gemäß Gl. (13-1.3) wie im vorangehenden Beispiel ermittelt werden. Die Schnittgrößen der Elementränder sind nach Übergang zur Vorzeichenregelung 1 in Bild 13.9 ausgedruckt.
Im Hinblick auf die Beurteilung dieser Ergebnisse erinnern wir uns, dass in diesem Baeispiel ein ebenes Tragwerk untersuchet wird. Die Achsen aller Stäbe sowie die Auflager liegen in der globalen X-Z-Ebene, in der auch die im Knoten 2 angreifende Einzelkraft wirkt. Da jedoch die Querschnitts-Hauptachsen der Stäbe 2 und 3 nicht in dieser Ebene liegen, werden in allen Stäben des Tragwerks alle Schnittgrößen eines räumlich beanspruchten Bauteils aktiviert.
Ebenfalls in Bild 13.9 sind in den rechten Spalten die Schnittgröße angegeben, die erhalten werden, wenn bei sonst gleicher Tragwerksgeometrie der Winkel γ der Stäbe 1 und 2 zu Null angenommen wird. Man erkennt, dass alle Schnittgrößen eines in der X-Z-Ebene liegenden Trägerrost-Systems identisch verschwinden (vgl. den nachfolgenden Abschnitt 13.3.3), während die Schnittgrößen eines in der gleichen Ebene liegenden Rahmensystems durchweg ungleich null werden. Wir finden bestätigt, dass das Tragwerk in diesem Falle als ebener Rahmen trägt (und auch als solcher für die gegebene Last nach Kap. 7 hätte berechnet werden können).

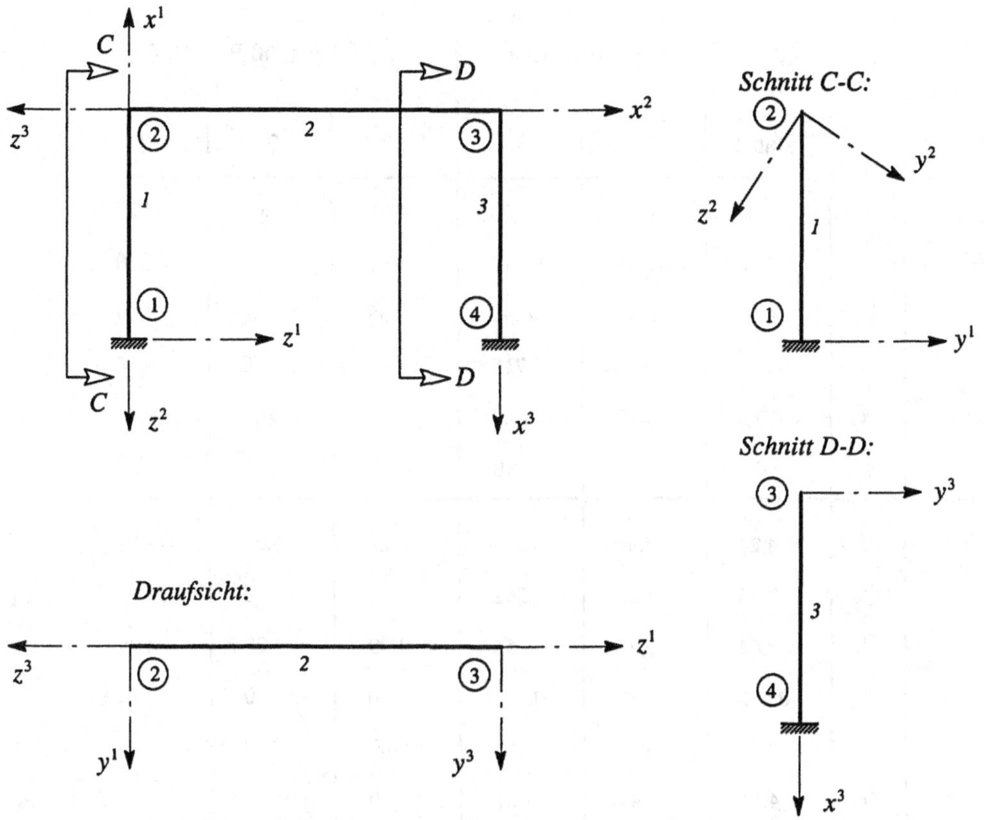

Bild 13.7 Beispiel: Räumlicher Rahmen, statisches System und Einwirkungen ($\gamma^1 = \gamma^3 = 0$; $\gamma^2 = 30°$)

Dim: [kN]. [m]

Stab	*1*	*2*	*3*
E	34 10^6	34 10^6	34 10^6
G	14.2 10^6	14.2 10^6	14.2 10^6
A	0,27	0,27	0,27
I_y	0.00164	0.00164	0.00164
I_z	0.0225	0.0225	0.0225
I_T	0.005425	0.005425	0.005425
α	-90°	0	90°
β	0	0	0
γ	30°	30°	0

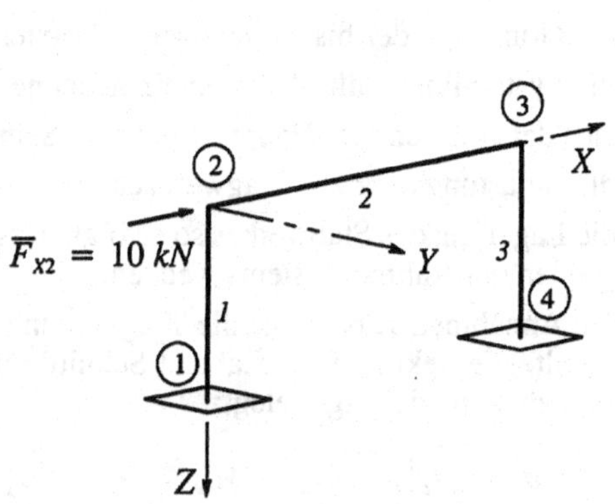

Bild 13.8 Beispiel: Räumlicher Rahmen, Material- und Querschnittswerte, Transformationswinkel

		α, β, γ gemäß Bild 13.8			α, β gemäß Bild 13.8 $\gamma^1 = \gamma^2 = \gamma^3 = 0$		
		Stab 1	2	3	Stab 1	2	3
Stab-anfang	N	4.20	-4.49	-4.20	4.28	-5.01	-4.28
	Q_y	2.96	-1.89	0.242	0	0	0
	Q_z	4.64	-3.76	4.51	4.99	-4.28	4.99
	M_x	-0.495	0.80	-0.715	0	0	0
	M_y	-13.3	9.77	-10.0	-14.27	10.69	-10.69
	M_z	10.0	-5.07	-0.80	0	0	0
Stab-ende	N	4.20	-4.49	-4.20	4.28	-5.01	-4.28
	Q_y	2.96	-1.89	0.242	0	0	0
	Q_z	4.64	-3.76	4.51	4.99	-4.28	4.99
	M_x	-0.495	0.80	-0.715	0	0	0
	M_y	9.92	-9.05	12.5	10.69	-10.69	14.26
	M_z	-4.80	4.40	-2.01	0	0	0

Bild 13.9 Beispiel: Räumlicher Rahmen, Schnittgrößen am Anfang und am Ende der Stäbe *1, 2, 3*

13.3.3 Trägerroste

Gerade Trägerrostelemente (ohne Wölbbehinderung)

Auf der Grundlage der bisher gegebenen Darstellung entsteht ein Trägerrost dann, wenn

1. die Systemlinien aller Stäbe in einer Ebene liegen (i. A. der X-Y-Ebene),
2. eine der Querschnitts-Hauptachsen aller Stäbe in der Tragwerksebene liegt (i. A. die y-Achse),
3. die Belastung quer zur Tragwerksebene wirkt,
4. die Lagerung des Stabwerkes so erfolgt, dass die Lasten des Trägerrostsystems keine Schnittgrößen des Rahmensystems wecken.

Mit den Annahmen 1. bis 4. ist die Tragwirkung eines ebenen Rahmens von der des Trägerrostes entkoppelt. Die Vektoren der Stabend-Schnittkräfte bzw. Stabend-Verschiebungen für ein Trägerrostelement sind wie folgt belegt:

$$p^T = \begin{bmatrix} Q^i_{za} & M^i_{xa} & M^i_{ya} & Q^i_{zb} & M^i_{xb} & M^i_{yb} \end{bmatrix} \tag{13-6.1}$$

$$v^T \quad \begin{bmatrix} w_a & \vartheta_a & \varphi_{ya} & w_b & \vartheta_b & \varphi_{yb} \end{bmatrix} \tag{13-6.2}$$

Die positiven Wirkungsrichtungen der Stabend-Schnittgrößen sind im folgenden Bild dargestellt.

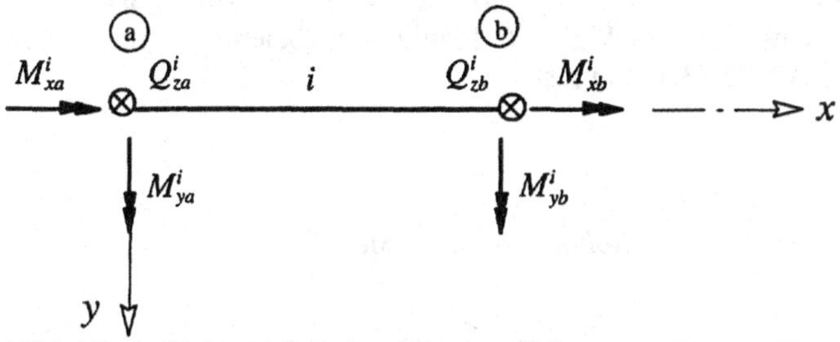

Bild 13.10 Stabend-Schnittgrößen am Trägerrostelement (Draufsicht)

Für die Drehungsmatrizen gilt (mit $\alpha = \gamma = 0$):

$$\boldsymbol{R}_\alpha = \boldsymbol{I} \qquad (13\text{-}7.1) \qquad\qquad \boldsymbol{R}_\gamma = \boldsymbol{I} \qquad (13\text{-}7.2)$$

$$\boldsymbol{R} = \boldsymbol{R}_\beta = \begin{bmatrix} 1 & 0 & 0 \\ 0 & \cos\beta & \sin\beta \\ 0 & -\sin\beta & \cos\beta \end{bmatrix} \qquad (13\text{-}7.3)$$

Für orthogonale Trägerroste kann β die Werte 0°, ± 90°, ± 180°, ± 270° annehmen.
Erst mit dem Übergang $\alpha = 0$ und $\gamma = 0$ (bzw. 90° bzw. 180°) für alle Elemente eines Stabwerkes entsteht ein wirklich ebenes Tragwerk.
Für das gerade Trägerrostelement im lokalen Koordinatensystem gilt wiederum $\boldsymbol{p}^i = \boldsymbol{k}^i\,\boldsymbol{v}^i + \boldsymbol{p}^{i0}$. Die Belegung der Vektoren der Zustandsgrößen kann den Gln. (11-11) und (11-12), die der Steifigkeitsmatrix Gl. (11-21) entnommen werden. Sie sind zusammen in Gl. (13-8) dargestellt. Bei verteilt oder diskret wirkenden Lasten im Feld eines Stabelementes ist dort der Vektor der Volleinspannschnittgrößen zu ergänzen.

$$\begin{bmatrix} Q^i_{za} \\ M^i_{xa} \\ M^i_{ya} \\ Q^i_{zb} \\ M^i_{xb} \\ M^i_{yb} \end{bmatrix} = \begin{bmatrix} \frac{12\,EI_y}{l^3} & 0 & \frac{-6\,EI_y}{l^2} & \frac{-12\,EI_y}{l^3} & 0 & \frac{-6\,EI_y}{l^2} \\ 0 & \frac{GI_T}{l} & 0 & 0 & \frac{-GI_T}{l} & 0 \\ \frac{-6\,EI_y}{l^2} & 0 & \frac{4\,EI_y}{l} & \frac{6\,EI_y}{l^2} & 0 & \frac{2\,EI_y}{l} \\ \frac{-12\,EI_y}{l^3} & 0 & \frac{6\,EI_y}{l^2} & \frac{12\,EI_y}{l^3} & 0 & \frac{6\,EI_y}{l^2} \\ 0 & \frac{-GI_T}{l} & 0 & 0 & \frac{GI_T}{l} & 0 \\ \frac{-6\,EI_y}{l^2} & 0 & \frac{2\,EI_y}{l} & \frac{6\,EI_y}{l^2} & 0 & \frac{4\,EI_y}{l} \end{bmatrix} \begin{bmatrix} w_a \\ \vartheta_a \\ \varphi_{ya} \\ w_b \\ \vartheta_b \\ \varphi_{yb} \end{bmatrix} \qquad (13\text{-}8)$$

Schiefe Trägerrostelemente

Die positiven Wirkungsrichtungen der Kraft- und der Weggrößen an den Rändern eines in der X-Y-Ebene gelegenen, gegenüber der X-Achse um den Winkel β geneigten Stabelementes im lokalen und im globalen Bezugssystem sind in Bild 13.11 dargestellt.

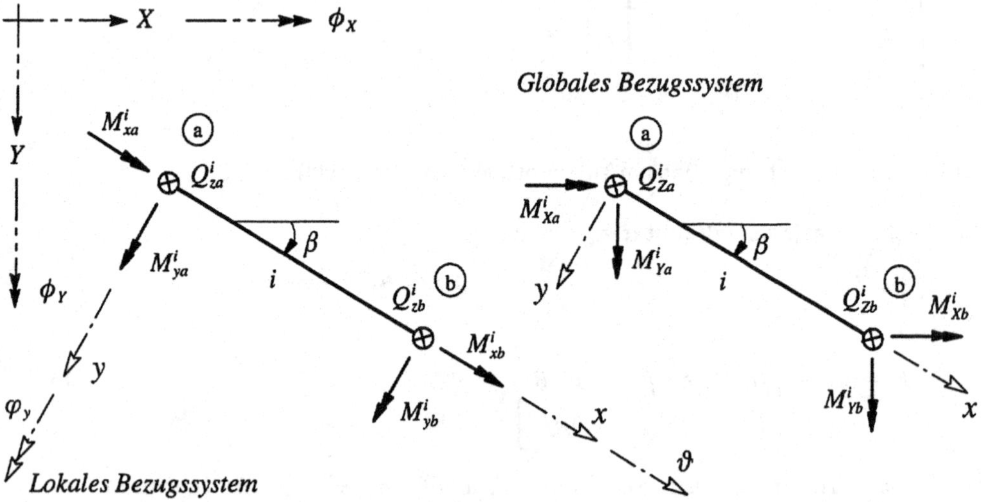

Bild 13.11 Trägerrostelement:
Stabend-Schnittgrößen im lokalen (links) und im globalen Koordinatensystem (rechts)

Im lokalen Bezugssystem gilt $\boldsymbol{p} = \boldsymbol{k}\,\boldsymbol{v} + \boldsymbol{p}^0$. Stabend-Schnittgrößen im globalen Bezugssystem erhält man, wenn die Vektoren der linken und rechten Seite gleichermaßen transformiert werden. Dabei kann der Winkel β für den Stabanfang a und für das Stabende b unterschiedlich festgelegt sein. Dies wird in den folgenden Beziehungen durch den Index a (für β_a) und b (für β_b) bei den Drehungsmatrizen ausgedrückt.
Mit der Hyperdiagonalmatrix

$$\boldsymbol{R}_{ab} = diag\,[\,\boldsymbol{R}_a\;\;\boldsymbol{R}_b\,] \tag{13-9}$$

folgt analog zu den Ausführungen von Unterkapitel 13.2 für das schiefe Trägerrostelement:

$$\boldsymbol{p}_G = \boldsymbol{R}_{ab}{}^T\boldsymbol{p} \quad (13\text{-}10.1) \qquad \boldsymbol{k}_G = \boldsymbol{R}_{ab}{}^T\boldsymbol{k}\,\boldsymbol{R}_{ab} \quad (13\text{-}10.2)$$

$$\boldsymbol{v}_G = \boldsymbol{R}_{ab}{}^T\boldsymbol{v} \quad (13\text{-}10.3) \qquad \boldsymbol{p}_G^0 = \boldsymbol{R}_{ab}{}^T\boldsymbol{p}^0 \quad (13\text{-}10.4)$$

Die Belegung der Vektoren der Stabend-Schnittkräfte und Stabend-Verschiebungen kann von den Gln. (13-6.1) und (13-6.2) übernommen werden, wenn die Orientierung am lokalen Koordinatensystem durch die am globalen Bezugssystem ausgetauscht wird.

$$\boldsymbol{p}_G^T = \begin{bmatrix} Q^i_{Za} & M^i_{Xa} & M^i_{Ya} & Q^i_{Zb} & M^i_{Xb} & M^i_{Yb} \end{bmatrix} \tag{13-11.1}$$

$$\boldsymbol{v}_G^T = \begin{bmatrix} u_{Za} & \varphi_{Xa} & \varphi_{Ya} & u_{Zb} & \varphi_{Xb} & \varphi_{Yb} \end{bmatrix} \tag{13-11.2}$$

Bei bekanntem $\boldsymbol{v}_G$ (und a priori bekanntem $\boldsymbol{p}^0$) folgt für die lokalen Stabend-Schnittgrößen, bzw. Stabend-Verschiebungen:

$$\boldsymbol{p} = \boldsymbol{k}\,\boldsymbol{R}_{ab}\,\boldsymbol{v}_G + \boldsymbol{p}^0 \qquad (13\text{-}12.1) \qquad\qquad \boldsymbol{v} = \boldsymbol{R}_{ab}\,\boldsymbol{v}_G \qquad (13\text{-}12.2)$$

Beispiel: Trägerrost

Wir wollen die Anwendung der entwickelten Beziehungen anhand des in Bild 13.12 dargestellten Systems zeigen.

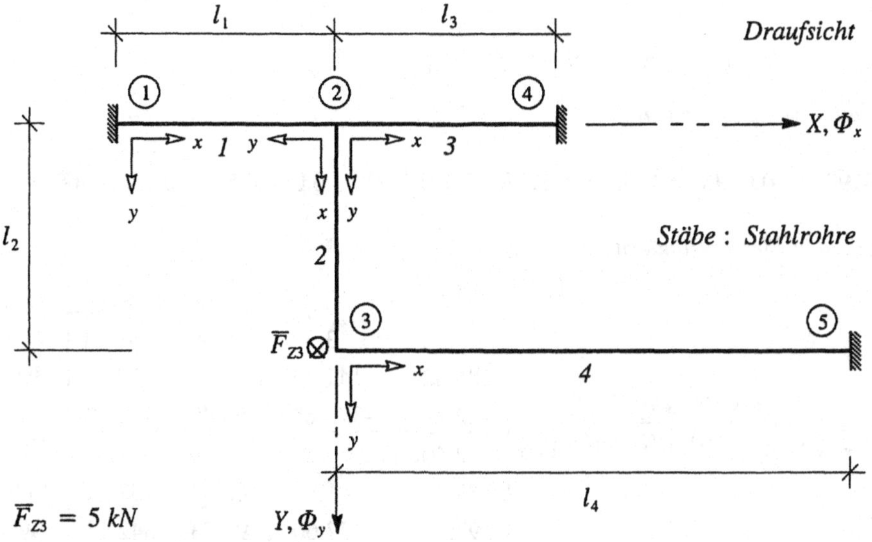

$l_1 = 150\ cm\,, \quad l_2 = 150\ cm\,, \quad l_3 = 150\ cm\,, \quad l_4 = 300\ cm$

$E = 21000\ kN/cm^2 \quad G = 8100\ kN/cm^2 \quad I_y = 177\ cm^4 \quad I_T = 354\ cm^4$

Bild 13.12 Trägerrost; statisches System und Einwirkungen

Das Tragwerk besteht aus Stahlrohren. Die Rohre sind an den Auflagerknoten eingespannt und in den Innenknoten biege- und torsionssteif miteinander verschweißt. Da der Kreisringquerschnitt der Stäbe wölbfrei ist, kann die St. Venant'sche Torsion angewendet werden. Damit sind im Rahmen des allgemeinen Weggrößenverfahrens die globalen Freiheitsgrade W, ϕ_X und ϕ_Y der Knoten 2 und 3 zu berücksichtigen.

$$V^T = \begin{bmatrix} W_2 & \Phi_{X2} & \Phi_{Y2} & W_3 & \Phi_{X3} & \Phi_{Y3} \end{bmatrix}$$

Alle wesentlichen Eingabe- und Systemwerte sind in Bild 13.12 zusammengestellt.

Die globale Steifigkeitsmatrix, der globaler Lastvektor, der Ergebnisvektor der globalen Verschiebungen und die bemessungsrelevanten Schnittgrößen an den Stabenden sind nachstehend abgedruckt.

Globale Steifigkeitsmatrix:

$$
K = \begin{bmatrix}
39.64800 & 991.200 & 0.000070 & -13.2160 & 991.200 & 0.000073 \\
991.200 & 137352.00 & 0.005857 & -991.200 & 49560.00 & 0.005027 \\
0.00007 & 0.005857 & 217356.00 & -0.000073 & 0.005027 & -19116.00 \\
-13.21600 & -991.200 & -0.000073 & 14.8680 & -991.200 & -247.80007 \\
991.200 & 49560.00 & 0.005027 & -991.200 & 108678.00 & 0.005857 \\
0.000073 & 0.005027 & -19116.00 & -247.80007 & 0.005857 & 68676.00
\end{bmatrix}
$$

Lastvektor:

$$
\overline{P}^T = \begin{bmatrix} 0 & 0 & 0 & 5 & 0 & 0 \end{bmatrix}
$$

Vektor der globalen Verschiebungen:

$$
V^T = \begin{bmatrix} 0.12819068 & 0.00969464 & 0.00071288 & 2.1914325 & 0.01439683 & 0.00810566 \end{bmatrix}
$$

Schnittgrößen an den Elementrändern:

$$
C\left[p^1\, p^2\, p^3\, p^4\right] = \left[\frac{s^1(0)\;\; s^2(0)\;\; s^3(0)\;\; s^4(0)}{s^1(l_1)\;\; s^2(l_2)\;\; s^3(l_3)\;\; s^4(l_4)}\right] = \begin{bmatrix}
2.40 & 3.39 & -0.99 & -1.61 \\
185.32 & 141.32 & -185.32 & -137.60 \\
-162.39 & -370.65 & 56.40 & 141.32 \\
\hline
2.40 & 3.39 & -0.99 & -1.61 \\
185.32 & 141.32 & -185.32 & -137.60 \\
197.72 & 137.60 & -91.73 & -342.18
\end{bmatrix}
\begin{matrix} Q_z(0) \\ M_x(0) \\ M_y(0) \\ Q_z(l) \\ M_x(l) \\ M_y(l) \end{matrix}
$$

Ergänzend sind in Bild 13.13 die am Knoten 2 wirkenden Momente um die X-Achse angetragen.

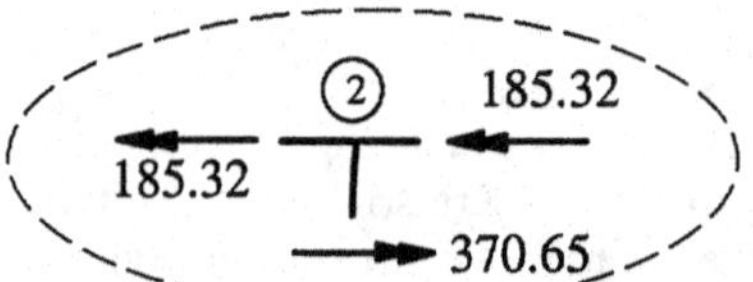

Dim. : [*kNm*]

Bild 13.13 Trägerrost gemäß Bild 13.12: Kontrolle der Momente um die *X*-Achse am Knoten 2

13.3.4 Durchlaufträger

Durchlaufträger aus Stahl oder Stahl- bzw. Spannbeton stellen ein wichtiges Tragwerk des konstruktiven Ingenieurbaus dar. Insbesondere im Brückenbau werden für die End- und Zwischenlager häufig einzelne oder Gruppen von Lagertöpfen verwendet, deren Anordnung und Steifigkeit entscheidenden Einfluss auf die Verteilung der Schnittgrößen hat.

Schief gelagerte Trägerelemente

Für das Stabelement im lokalen Bezugssystem (mit "geraden" Lagern) gelten die Beziehungen des

Abschnittes 13.3.3. Bei gleichen Auflagerschiefen β am Stabanfang und am Stabende gilt somit für die Hyperdiagonalmatrix der Transformation nach Gl. (13-9):

$$R = diag\,[R_\beta \;\; R_\beta] \tag{13-13}$$

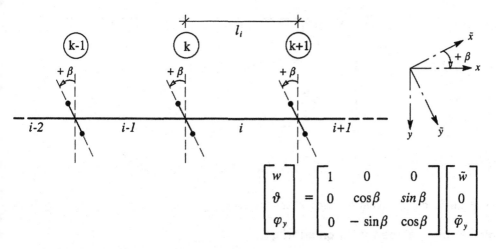

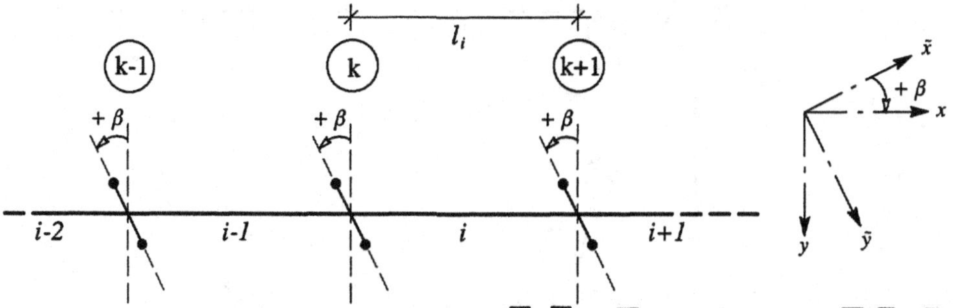

$$\begin{bmatrix} w \\ \vartheta \\ \varphi_y \end{bmatrix} = \begin{bmatrix} 1 & 0 & 0 \\ 0 & \cos\beta & \sin\beta \\ 0 & -\sin\beta & \cos\beta \end{bmatrix} \begin{bmatrix} \tilde{w} \\ 0 \\ \tilde{\varphi}_y \end{bmatrix}$$

Bild 13.14 Schief gelagerte Durchlaufträger;
Draufsicht, Koordinatensysteme, Transformation der Weggrößen

Die Festlegung von $+\beta$ erfolgt so, dass die früher gefundenen Transformationsbeziehungen gültig bleiben. Bei Tragwerken dieser Art besteht eine kinematische Kopplung in den Freiheitsgraden am Auflager, die in der in Bild 13.14 dargestellten Transformation zusammengefaßt ist. Um deutliche Lesbarkeit zu erreichen, wird bei indizierten Größen die Tilde nicht über die im Index stehende Achse ($\tilde{x}$ oder $\tilde{y}$), sondern über den Kernbuchstaben gesetzt.

Im quasi globalen Bezugssystem $\tilde{x} - \tilde{y} - z$ ist an den Auflagerknoten i. A. nur der Freiheitsgrad $\tilde{\varphi}_{yk}$ nicht gebunden ($\tilde{\varphi}_{xk} = \tilde{w}_k = w_k = 0$). Das Gleichgewicht der Momente am Knoten k liefert die notwendige Bestimmungsgleichung für diesen Drehwinkel $\tilde{\varphi}_{yk}$. Die Gegebenheiten sind in Bild 13.15 an einem Rundschnitt dargestellt. Vorzeichenrichtige Addition aller Momente liefert:

$$\tilde{M}^{i-1}_{yk} + \tilde{M}^{i}_{yk} + \tilde{k}_{\varphi y k}\tilde{\varphi}_{yk} = \bar{\tilde{M}}_{yk} \tag{13-14}$$

Unabhängig von einer speziellen Auflagerausbildung gilt im lokalen x-y-z-Koordinatensystem eines Stabelementes wieder $p = k\,v + p^0$.
Der Übergang vom $x - y - z -$ zum $\tilde{x} - \tilde{y} - z -$ System und umgekehrt gelingt analog Unterkapitel 13.2:

$$\tilde{p} = R^T p \quad (13\text{-}15.1) \qquad \tilde{k} = R^T k\, R \quad (13\text{-}15.2)$$

$$\tilde{v} = R^T v \quad (13\text{-}15.3) \qquad \tilde{p}^0 = R^T p^0 \quad (13\text{-}15.4)$$

$$\tilde{p} = \tilde{k}\,\tilde{v} + \tilde{p}^0 \tag{13-16}$$

Dabei stellt $\tilde{k}$ die Steifigkeitsmatrix des schief gelagerten Trägerrostelementes dar.

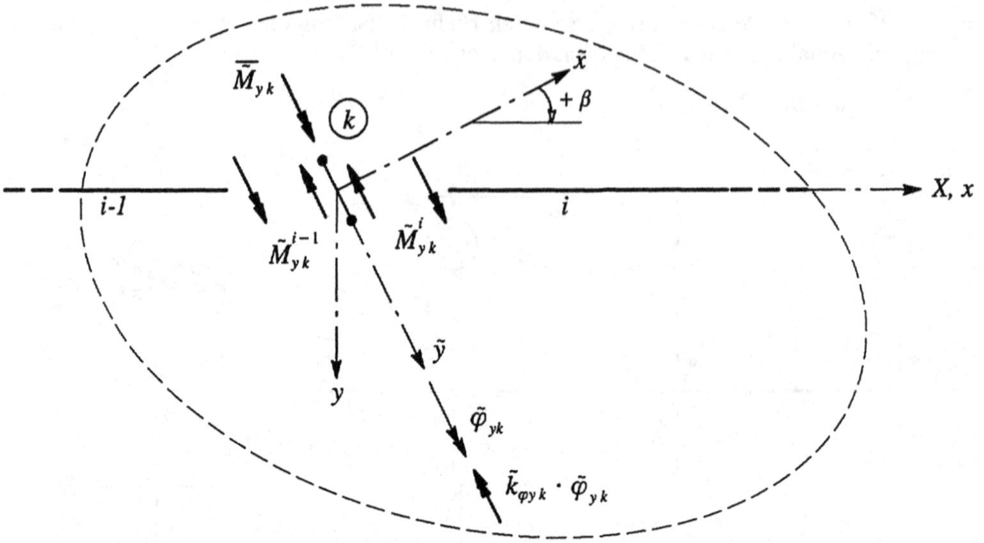

Bild 13.15 Zustandsgrößen am Rundschnitt um das Lager *k*

Beispiel: Schief gelagerter Durchlaufträger

Die hergeleiteten Beziehungen sollen nun auf das in Bild 13.16 dargestellte System angewendet werden (entnommen aus *Hees (1978)*).
Unter der Annahme einer rechnerisch über alle Grenzen wachsenden Dehnsteifigkeit der Stäbe sind Drehungen $\tilde{\varphi}_{y1}$, $\tilde{\varphi}_{y2}$ und $\tilde{\varphi}_{y3}$ um die Lagerlinien möglich. Die Träger 1 und 2 wirken als schief gelagerte Trägerrostelemente mit gleichen Auflagerschiefen. Die Pfeilerwand wirkt für die Stäbe 1 und 2 wie eine elastische Dreheinspannung (um die $\tilde{y}$ – Achse).
Mit $\beta_1 = \beta_2 = \beta_3 = -45°$ folgt für die Rotationsmatrix (Gl. (13-7.3) bzw. (13-9)):

$$R_\beta = \begin{bmatrix} 1 & 0 & 0 \\ 0 & 0.70711 & -0.70711 \\ 0 & 0.70711 & 0.70711 \end{bmatrix} \qquad R = diag\left[R_\beta \;\; R_\beta \right]$$

Für die Berechnung der Volleinspannschnittgrößen im geometrisch bestimmten Hauptsystem hat die Auflagerschiefe zunächst keinen Einfluss. Somit erhält man im lokalen x-y-z-Bezugssystem von Träger 2 (s. Tabelle 4.2, Zeile 2):

$$p^0 = \begin{bmatrix} -\frac{\bar{F}_Z}{2} & \bar{F}_Z \frac{e}{2} & \bar{F}_Z \frac{l_z}{8} & -\frac{\bar{F}_Z}{2} & \bar{F}_Z \frac{e}{2} & \bar{F}_Z \frac{l_z}{8} \end{bmatrix}$$

$$= \begin{bmatrix} Q_{Z,2}^{02} & M_{X,2}^{02} & M_{Y,2}^{02} & Q_{Z,3}^{02} & M_{X,3}^{02} & M_{Y,3}^{02} \end{bmatrix}$$

$$= \begin{bmatrix} -5 & 10 & 20 & -5 & 10 & -20 \end{bmatrix}$$

Im quasi globalen Bezugssystem folgt gemäß Gl. (13-15.4):

$$\tilde{\mathbf{p}}^0 = \mathbf{R}^T \mathbf{p}^0 = [\; \ldots \;\ldots\; 7{,}071 \;\ldots\; \ldots \; -21{,}213\;]^T$$

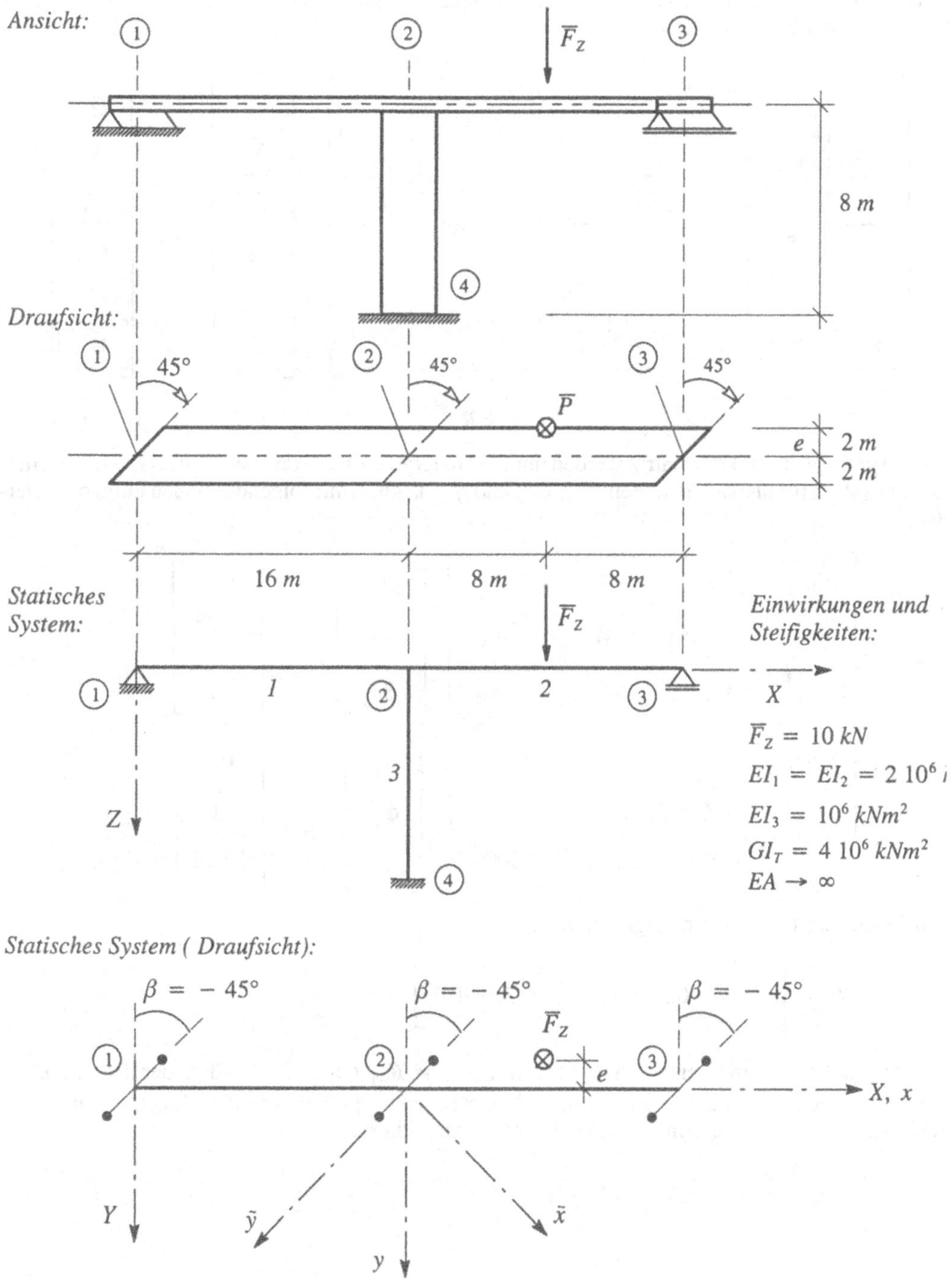

Bild 13.16 Durchlaufträger mit schiefen Auflagern: Tragwerk, statisches System, Einwirkungen

Für die Formulierung der globalen Gleichgewichtsbedingungen schreiben wir Gl. (13-16) für ein Trägerrostelement ausführlich an:

$$\begin{bmatrix} \tilde{Q}_{za} \\ \tilde{M}_{xa} \\ \tilde{M}_{ya} \\ \tilde{Q}_{zb} \\ \tilde{M}_{xb} \\ \tilde{M}_{yb} \end{bmatrix}^i = \begin{bmatrix} & & & & & \\ & & & & & \\ & & \boxed{\tilde{k}_{33}} & & & \boxed{\tilde{k}_{36}} \\ & & & & & \\ & & & & & \\ & & \boxed{\tilde{k}_{63}} & & & \boxed{\tilde{k}_{66}} \end{bmatrix}^i \begin{bmatrix} \tilde{w}_a \\ \tilde{\varphi}_{xa} \\ \tilde{\varphi}_{ya} \\ \tilde{w}_b \\ \tilde{\varphi}_{xb} \\ \tilde{\varphi}_{yb} \end{bmatrix}^i + \begin{bmatrix} \tilde{Q}^0_{za} \\ \tilde{M}^0_{xa} \\ \boxed{\tilde{M}^0_{ya}} \\ \tilde{Q}^0_{zb} \\ \tilde{M}^0_{xb} \\ \boxed{\tilde{M}^0_{yb}} \end{bmatrix}^i$$

$$\tilde{p} = R^T p \qquad \tilde{k} = R^T k\, R \qquad \tilde{v} = R^T v \qquad \tilde{p}^0 = R^T p^0$$

Für die globale Steifigkeitsmatrix werden nur die eingerahmten Größen benötigt. Das globale Gleichungssystem für die Unbekannten $\tilde{\varphi}_{y1}$, $\tilde{\varphi}_{y2}$ und $\tilde{\varphi}_{y3}$ kann damit folgendermaßen aufgebaut werden:

$$\begin{bmatrix} \tilde{k}^1_{33} & \tilde{k}^1_{36} & \\ \tilde{k}^1_{63} & \tilde{k}^1_{66} + \tilde{k}^3_{33} + k^3_{33} & k^2_{36} \\ & \tilde{k}^2_{63} & \tilde{k}^2_{66} \end{bmatrix} \begin{bmatrix} \tilde{\varphi}_{y1} \\ \tilde{\varphi}_{y2} \\ \tilde{\varphi}_{y3} \end{bmatrix} = \begin{bmatrix} 0 \\ -\tilde{M}^{02}_{y2} \\ -\tilde{M}^{03}_{y2} \end{bmatrix}$$

$$\begin{bmatrix} 375000 & & \\ & 1250000 & \\ & & 375000 \end{bmatrix} \begin{bmatrix} \tilde{\varphi}_{y1} \\ \tilde{\varphi}_{y2} \\ \tilde{\varphi}_{y3} \end{bmatrix} = \begin{bmatrix} 0 \\ -7.07 \\ 21.21 \end{bmatrix}$$

Der Vektor der Unbekannten ergibt sich zu:

$$V^T = \begin{bmatrix} 0 & -0.566\ 10^{-5} & 0.566\ 10^{-4} \end{bmatrix}$$

Die Stabend-Schnittmomente erhält man mit $R_{ab} = R_{\beta\beta}$ durch Anwenden der Beziehungen (13-12.1). Nach Übergang zu bemessungsrelevanten Schnittgrößen sind die Momente und Querkräfte des geometrisch bestimmten Hauptsystems zu addieren.

13.4 Systeme mit Wölbkrafttorsion

13.4.1 Vorbemerkung

Im Kapitel 13.3 waren räumliche Stabtragwerke untersucht worden, bei denen Einflüsse der Wölbbehinderung unberücksichtigt bleiben konnten. Der Beanspruchungszustand tordierter Stabelemente wurde durch das mechanische Modell der St. Venant'schen Torsion erfasst. Ihr Spannungszustand ist mit der Berechnung der lokal festgelegten Freiheitsgrade u, v, w, ϑ, φ_y und φ_z vollständig bestimmt. I. A. kann dabei davon ausgegangen werden, dass der Schubmittelpunkt und der Schwerpunkt der Elementquerschnitte zusammenfallen. Der Bezug zu den global definierten Freiheitsgraden des Weggrößenverfahrens ist durch die in Unterkapitel 12.2 beschriebene Transformation eindeutig bestimmt. Wenn die Verbindung der Stabelemente untereinander hinreichend steif ist, werden für die statische Berechnung keine Details der Knotenpunktausbildung benötigt.
Bei dünnwandigen offenen oder offen-geschlossenen Querschnitten ergeben sich i. A. aus Lagerung, Lasteinleitung oder Knotenpunktausbildung Wölbbehinderungseffekte, so dass die Theorie der Wölbkrafttorsion anzuwenden ist. Dies stellt für die dünnwandigen Konstruktionen des Stahl- und allgemeinen Metallbaus im konstruktiven Ingenieurbau, im Anlagen- und Maschinenbau, im Fahrzeugbau usw. den Regelfall dar. Dabei muss die *Verwindung* ψ als zusätzlicher Freiheitsgrad und das Bimoment M_ω als arbeitsmäßig zugeordnete Kraftgröße mitgeführt werden.
Damit kommt der Art und Einleitung der Belastung sowie der Ausbildung der Anschlussdetails große Bedeutung zu. Dies soll im Folgenden an einigen Beispielen erläutert werden.
Im Rahmen der vorliegenden Ausarbeitung wird dabei angenommen, dass die einzelnen Stäbe, bzw. Stabelemente I-Querschnitt aufweisen. Für weitergehende Erörterungen sei auf die Literatur verwiesen (siehe z. B. *Schrödter, Wunderlich (1985), Krenk, Damkilde (1992)*).

13.4.2 Torsionsträger mit Kragarm

Wir untersuchen den in Bild 13.17a dargestellten durchlaufenden Träger mit Kragarm. Er ist in den Knoten 1 und 3 mittels einer Gabellagerung unverschieblich und unverdrehbar gehalten. Unter dem Einfluss des in Knoten 2 eingeprägten Torsionsmomentes $\overline{M}_{X2}$ wird der Träger sich verdrehen, aber nicht verschieben.

Wenn dieses System zunächst ohne Berücksichtigung von Wölbbehinderungseffekten berechnet wird, so ergibt sich in Stab *1* ein konstantes Torsionsmoment von $M_x^1 = +50\ kNm$, in Stab *2* ein solches von $M_x^2 = -50\ kNm$. In beiden Stäben treten nur die dem mechanischen Modell der St. Venant'schen Torsion entsprechenden Schubspannungen auf. Stab *3* erfährt dabei weder Spannungen, noch Verschiebungen. Aus dem gesagten folgt, dass Stab *1* eine positive Verwindung, Stab *2* eine negative Verwindung erfährt. Damit wird sich also der Querschnittspunkt a von Stab *1* im Knoten 2 in Richtung der positiven *X*-Achse verschieben wollen, der Querschnittspunkt a von Stab 2 wird sich im gleichen Querschnitt in Richtung der negativen *X*-Achse bewegen wollen. Eine ähnliche Diskrepanz ergibt sich in Knoten 3: der Endquerschnitt von Stab *2* wird sich nach St. Venant frei verwölben, der benachbarte Querschnitt von Stab *3* tut dies nicht, da er kein Torsionsmoment, somit auch keine Verwindung erfährt. Diese geometrische Unverträglichkeit kann nur behoben werden, wenn wir das erweiterte Torsionsmodell der Wölbkrafttorsion anwenden und in den Knoten nicht nur die Gleichheit der Verdrehung, sondern mit dem Knotenfreiheitsgrad ψ (lokal), resp. Ψ (global) auch die der Verwölbung benachbarter Querschnitte, aber unterschiedlicher Stabelemente fordern. Offensichtlich müssen dabei die Systemlinien der Querschnitte benachbarter Stäbe zusammenfallen.

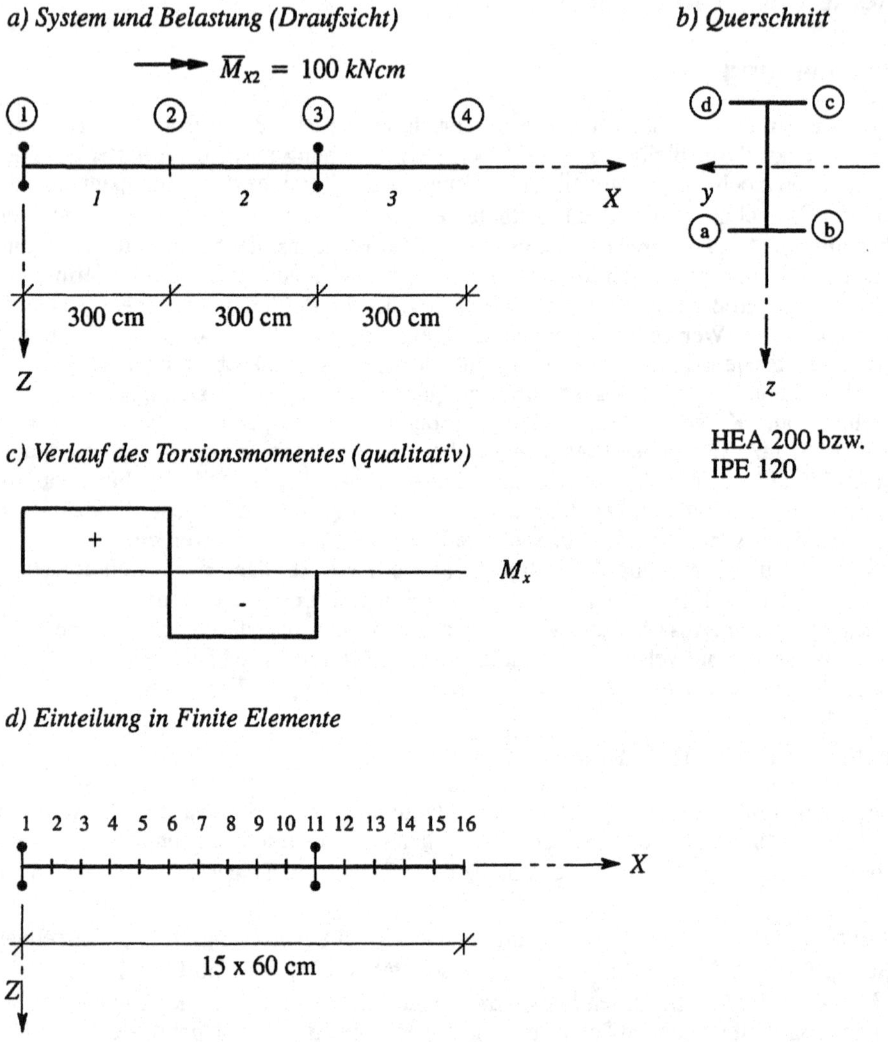

Bild 13.17 Torsionsträger mit Kragarm: System und Elementeinteilung bei einer Berechnung mit exakten und mit genäherten Steifigkeitsmatrizen

Als Ergebnis der globalen Berechnung werden sich die Freiheitsgrade der Verdrehung und der Verwindung so einstellen, dass das Gleichgewicht der Torsionsmomente und der Bimomente an den Knoten gegeben ist.
Wir erkennen, dass die Formulierung der Gleichgewichtsbedingungen für das Bimoment keine Schwierigkeiten bereitet, solange es sich um tordierte Durchlaufträger handelt, deren Einheitsverwölbung hinreichend gut übereinstimmt. Andernfalls kann das rechnerisch ausgewiesene Bimoment nicht vom Endquerschnitt des einen Stabelements zum Anfangsquerschnitt des benachbarten übertragen werden.

In den Bildern 13.18 bis 13.21 sind die Ergebnisse einer Finite-Element-Berechnung dargestellt, die für zwei Standardprofile IPE 200 und HEA 200 durchgeführt wurde. Dabei wurden die im Teilabschnitt 11.4.3.2, Gl. (11-52) ausgewiesenen genäherten Steifigkeitsmatrizen verwendet.

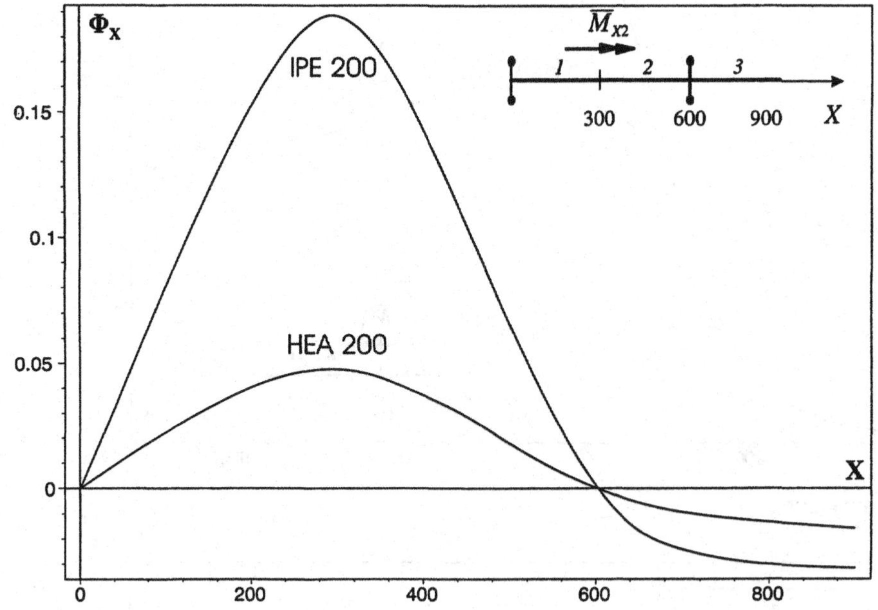

Bild 13.18 Verdrehung Φ_X

Das Tragverhalten des Systems wird geprägt durch die Stabkennzahlen der Profile, die sich für den gesamten Stab 1 zu

$$\varepsilon^1_{HEA\,200} = 300\sqrt{\frac{8100\;21.1}{21000\;108000}} = 2.6 \text{ und zu } \varepsilon^1_{IPE\,200} = 300\sqrt{\frac{8100\;6.98}{21000\;12990}} = 4.32 \text{ ergeben.}$$

Für eine Länge der Finiten Elemente von 60 cm erhält man demgegenüber:

$$\varepsilon^1_{HEA\,200} = 60\sqrt{\frac{8100\;21.1}{21000\;108000}} = 0.52 \text{ und } \varepsilon^1_{IPE\,200} = 60\sqrt{\frac{8100\;6.98}{21000\;12990}} = 0.86$$

Bild 13.18 entnehmen wir, dass das weichere gegenüber dem stärkeren Profil zu erheblich größeren Verdrehungen führt. Dies gilt insbesondere auch im Kragarmbereich, in dem das resultierende Torsionsmoment aus Gleichgewichtsgründen identisch verschwindet.

Aus Bild 13.19 lässt sich ablesen, dass die Verwölbung des Querschnitts 3 unter dem Einfluss des Kragarms auf etwa 60 % der Verwölbung des Anfangsquerschnitts 1 abgesenkt wird. Stab 3 wirkt also für den Stab 2 im Sinne einer Wölbfeder.

In Bild 13.20 ist das resultierende Torsionsmoment und seine Aufspaltung in den St. Venant'schen und in den Wölbtorsionsanteil für das Profil IPE 200 aufgezeichnet. Durch den versteifenden Einfluss des Kragarms beträgt das resultierende Torsionsmoment von Stab 2 rd. 54.5 kNm, das von Stab 1 rd. 45.5 kNm. Die Summe aus St. Venant'schem und Wölbtorsionsmoment liefert stets das resultierende Torsionsmoment.

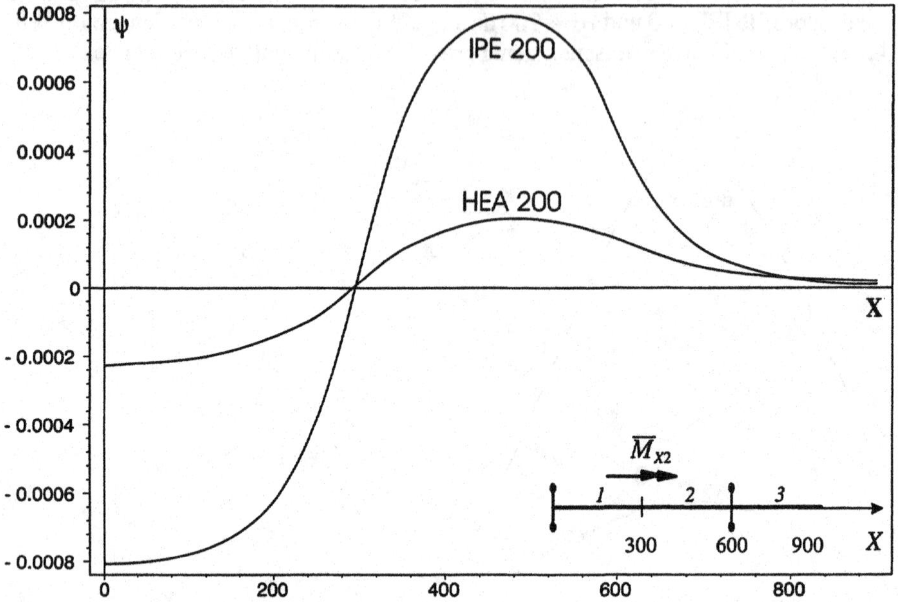

Bild 13.19 Verwindung Ψ

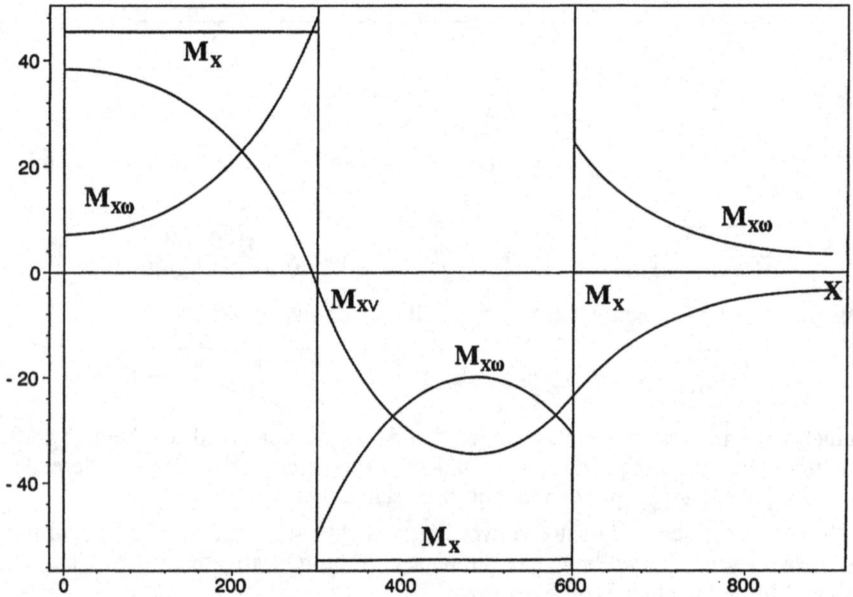

Bild 13.20 St. Venant'sche Torsionsmoment M_{xV}, Wölbtorsionsmomente $M_{x\omega}$ und resultierendes Torsionsmoment M_x (IPE 200)

In Bereichen verschwindender oder schwacher Wölbbehinderung (z. B. in der ersten Hälfte von Stab 1) überwiegt der erstgenannte Anteil, in Bereichen mit starker Wölbbehinderung überwiegt

das Wölbtorsionsmoment (im vorliegenden Beispiel trifft dies für die zweite Hälfte von Stab 1 und 2 und die erste Hälfte von Stab 2 zu). In Bereichen mit identisch verschwindendem Torsionsmoment ergeben sich die beiden Torsionsmomentenanteile betragsmäßig gleich, jedoch mit entgegengesetzten Vorzeichen. Sie erreichen am Anfang (Knoten 3) von Stab 3 ihren Extremwert, sind jedoch im vollständig spannungsfreien Endquerschnitt (Knoten 4) noch nicht abgeklungen.
Bild 13.21 zeigt schließlich den Verlauf des Bimomentes für beide Profile. Für das stärkere Profil HEA 200 beträgt der Größtwert des Bimomentes im Lastangriffspunkt rd. 5499 $kNcm^2$.

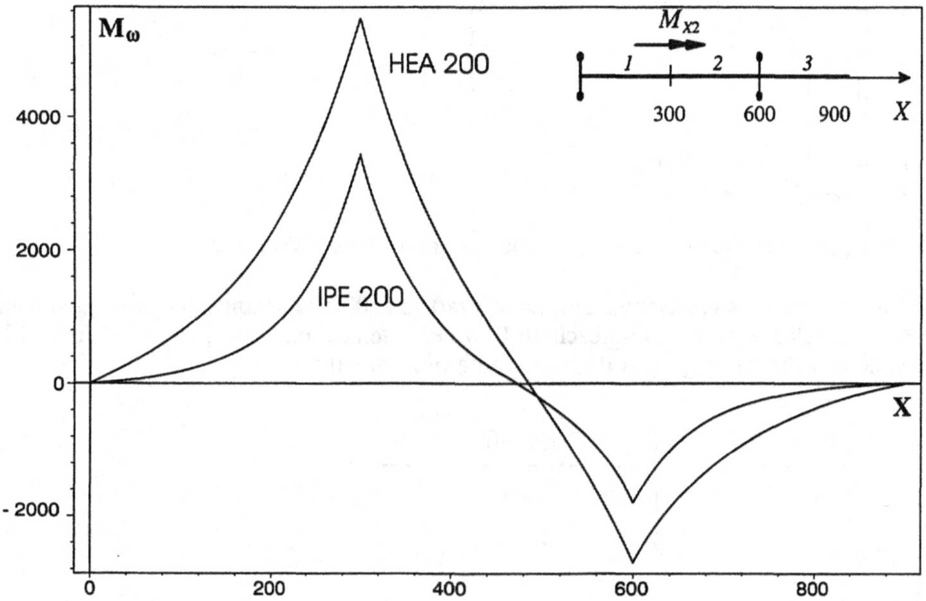

Bild 13.21 Wölbbimomente M_ω

Mit Gl. (10-62) ergeben sich Wölbnormalspannungen in den Querschnittsknoten a bis d betragsmäßig zu rd. 4.6 kN/cm^2. Für das schwächere Profil IPE 200 beträgt demgegenüber der Größtwert des Bimomentes im Lastangriffspunkt nur rd. 3450 $kNcm^2$. Für die Wölbnormalspannungen in den Querschnittsknoten a bis d errechnet man jedoch rd. 12.7 kN/cm^2.

13.4.3 Stütze unter exzentrischer Einzellast

Zur weiteren Erörterung des Verhaltens räumlich beanspruchter dünnwandiger Stäbe wird die in Bild 13.22 dargestellte Stütze unter exzentrisch angreifender Einzellast behandelt. Dieses Beispiel vertieft die in Kapitel 10.6.1 vorgestellten Überlegungen einerseits zur Entstehung eingeprägter Bimomente und andererseits zum Tragverhalten dünnwandiger, offener Stäbe unter solchen Einwirkungen. Im Gegensatz zum Beispiel des vorhergehenden Abschnitts haben wir hier zentrischen Druck, zweiachsige Biegung und Wölbkrafttorsion in Betracht zu ziehen. Zur Erläuterung des Tragverhaltens wurde die Berechnung wieder für die Standardprofile HEA 200 und IPE 200 durchgeführt. Die hierfür benötigten Kennwerte sind mit den üblichen Bezeichnungen in Bild 13.24 zusammengestellt.

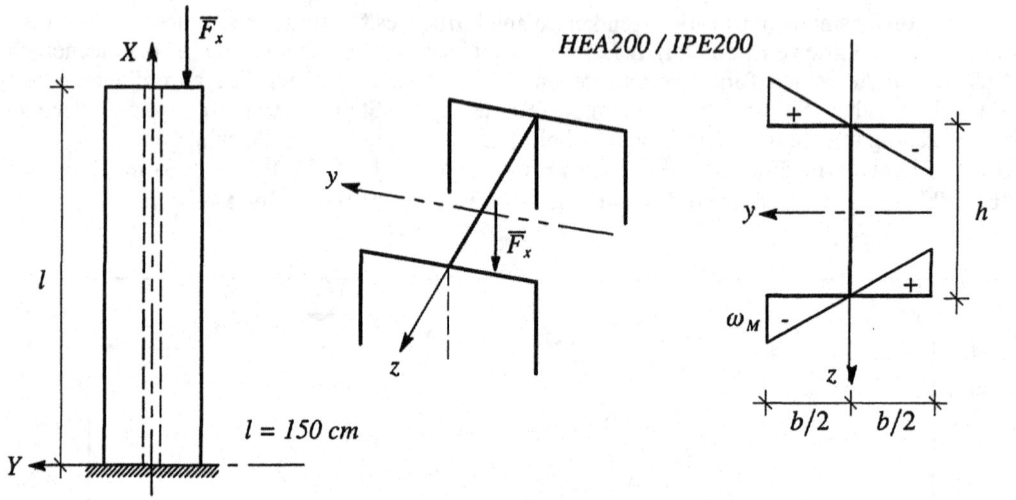

Bild 13.22 Kragstütze mit I-Querschnitt unter ausmittig angreifender Druckkraft

In beiden Fällen wird im Endquerschnitt eine Druckkraft von 100 kN im Punkt (y_P, z_P) eingetragen. In Anwendung der Überlegungen von Abschnitt 10.6.1 erhalten wir mit den Gln. (10-55) die in Bild 13.23 dargestellten Einwirkungen im Endquerschnitt des Bauteils.

	HEA 200	IPE 200
$\overline{N}$	-100	-100
$\overline{Q}_Y$	0	0
$\overline{Q}_Z$	0	0
$\overline{M}_X$	0	0
$\overline{M}_Y$	$-100 \cdot 9 = -900$	$-100 \cdot 9.575 = -957.5$
$\overline{M}_Z$	$100 \cdot 4 = -400$	$100 \cdot 4 = -400$
$\overline{M}_\omega$	$(-100) \cdot (-36) = -3600$	$(-100) \cdot (-38.3) = -3830$

Dim.: [kN], [cm]

Bild 13.23 Randbedingungen am Stützenkopf

Die volle Einspannung am Stützenfuß ist wird durch folgende Vorgaben erfasst:

$$U(0) = V(0) = W(0) = \Phi_X(0) = \Phi_Y(0) = \Phi_Z(0) = \Psi(0) = 0$$

Die Berechnung wurde mit exakten und mit genäherten Steifigkeitsmatrizen durchgeführt. Im zweiten Fall wurden 15 Elemente für die Stütze verwendet, wobei sich die Kennzahl der Elemente mit $\varepsilon \leq 0.15$ sehr niedrig ergibt. Die Ergebnisse beider Berechnungen stimmen sehr gut überein. In den Bildern 13.25 bis 13.27 ist die Verdrehung Φ_X, die Verwindung Ψ, das St. Venantsche Torsionsmoment M_{xV} sowie das Wölbtorsionsmoment $M_{x\omega}$ aufgezeichnet. Die letztgenannten Anteile des resultierenden Torsionsmomentes werden weder im Weggrößenverfahren, noch in der Finite-Element-Methode unmittelbar ausgewiesen, da im Vektor der Stabend-Schnittgrößen $\boldsymbol{p}$ nur das resultierende Torsionsmoment $M_x = M_{xV} + M_{x\omega}$ auftritt.

	HEA200	IPE200
h	19.0	20.0
b	20.0	10.0
s	0.65	0.56
t	1.0	0.85
A	53.8	28.5
I_y	3690	1940
I_z	1340	142
I_T	21.0	6.98
I_ω	108000	12990
$\max\lvert\omega\rvert$	90.0	47.875
y_p	-4.0	-4.0
z_p	9.0	9.575
ω_p	36.0	38.3

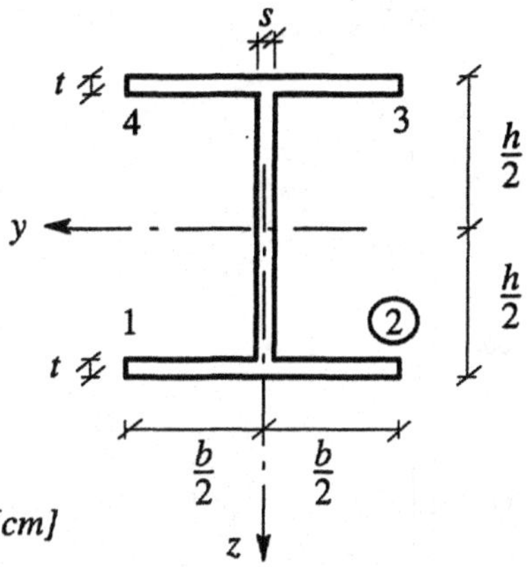

Dim.: [cm]

$E = 21000\ kN/cm^2 \qquad G = 8100\ kN/cm^2$

$$\varepsilon_{HEA\,200} = 150\sqrt{\frac{8100 \cdot 21.0}{21000 \cdot 108000}} = 1.3$$

$$\varepsilon_{IPE\,200} = 150\sqrt{\frac{8100 \cdot 6.98}{21000 \cdot 12990}} = 2.16$$

Bild 13.24 Querschnitt, Bezeichnungen und Kennwerte der Stahlprofile HEA200 und IPE200

Da die Verwindung Ψ direkt als Rechenunbekannte beider Verfahren vorhanden ist, ermittelt man zweckmäßigerweise zunächst den St. Venant'schen Anteil $M_{xV} = -\Psi\, GI_T$ und anschließend den Wölbtorsionsanteil gemäß $M_{x\omega} = M_x - M_{xV}$.

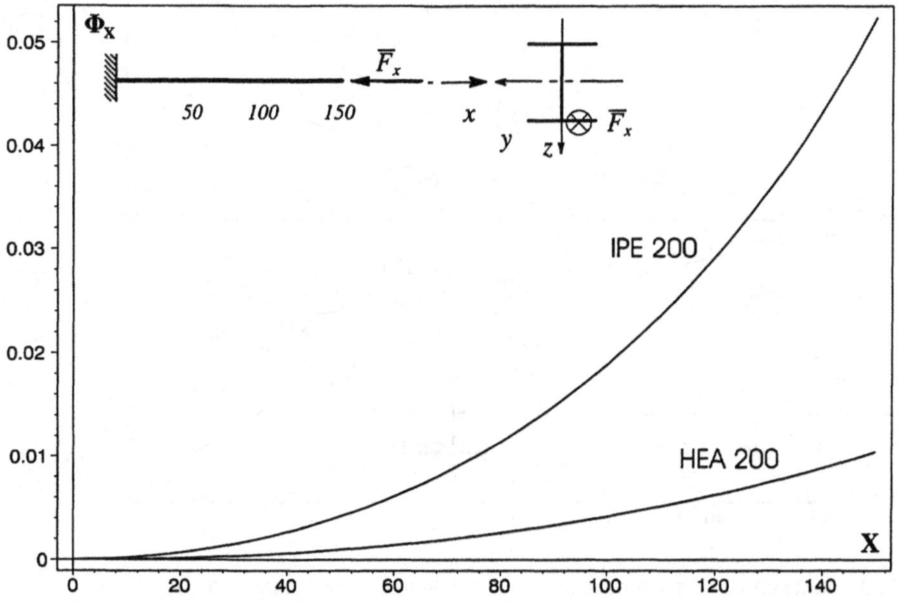

Bild 13.25 Verdrehung Φ_X

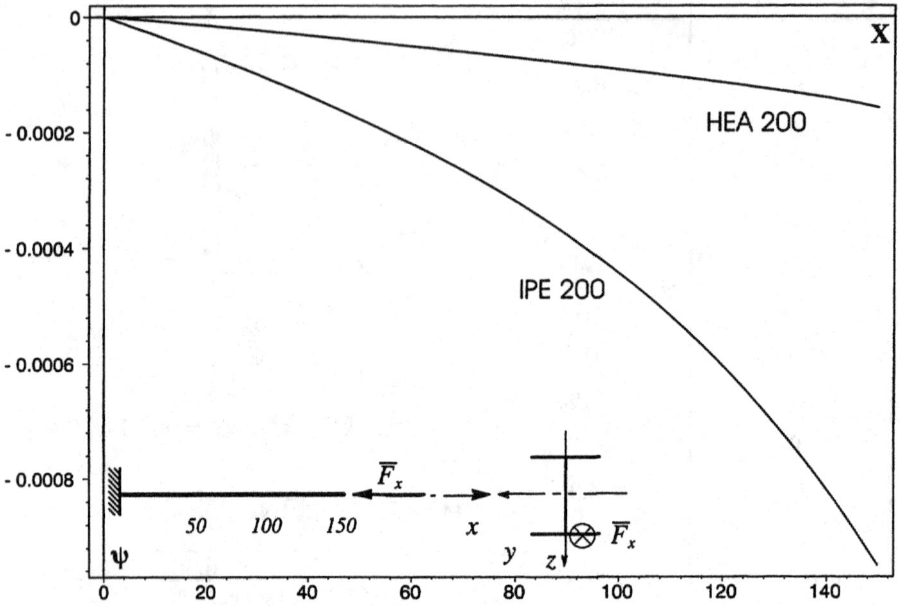

Bild 13.26 Verwindung Ψ

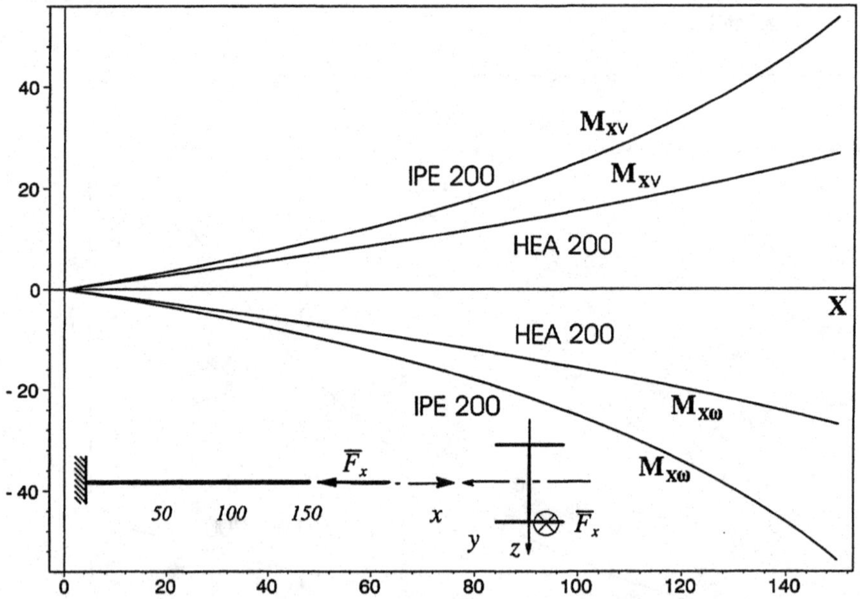

Bild 13.27 St. Venant'sche Torsionsmomente M_{xV} und Wölbtorsionsmomente $M_{x\omega}$

Bei Anwendung des Weggrößenverfahrens werden bei dieser Vorgehensweise (d. h. mit analytischer Steifigkeitsmatrizen) im Rahmen des mechanischen Modells genaue Ergebnisse erhalten. Mit der Finite-Element-Methode ergeben sich auf dem gleichen Wege (jetzt mit genäherten Elementmatrizen) Zahlenwerte, die bei hinreichend kleinen Werten des Element-Parameters ε gut mit denen des Weggrößenverfahrens übereinstimmen (vgl. hierzu die in Abschnitt 11.4.3.2 gegebenen Erläuterungen). Es sei erwähnt, dass es auch denkbar ist, das St. Venantsche Torsionsmoment über $\boldsymbol{p} = \boldsymbol{k}_V \boldsymbol{v}$ und das Wöbtorsionsmoment über $\boldsymbol{p} = \boldsymbol{k}_\omega \boldsymbol{v}$ zu errechnen. Vergleichende Untersuchungen haben jedoch ergeben, dass bei dieser Vorgehensweise eine erheblich größere Zahl von Elementen notwendig ist, um für die Teilmomente M_{xV} und $M_{x\omega}$ Zahlenwerte in der gleichen Genauigkeit zu erhalten wie bei der oben geschilderten Vorgehensweise.

Schließlich ist in Bild 13.28 das Wölbbimoment M_ω dargestellt. Aus dieser Zeichnung lässt sich entnehmen, dass das Bimoment des torsionsweicheren Profils IPE 200 im Einspannquerschnitt noch etwa ein Viertel, das des steiferen HEA 200 sogar noch die Hälfte des am Stützenkopf eingeprägten Last-Bimomentes beträgt.

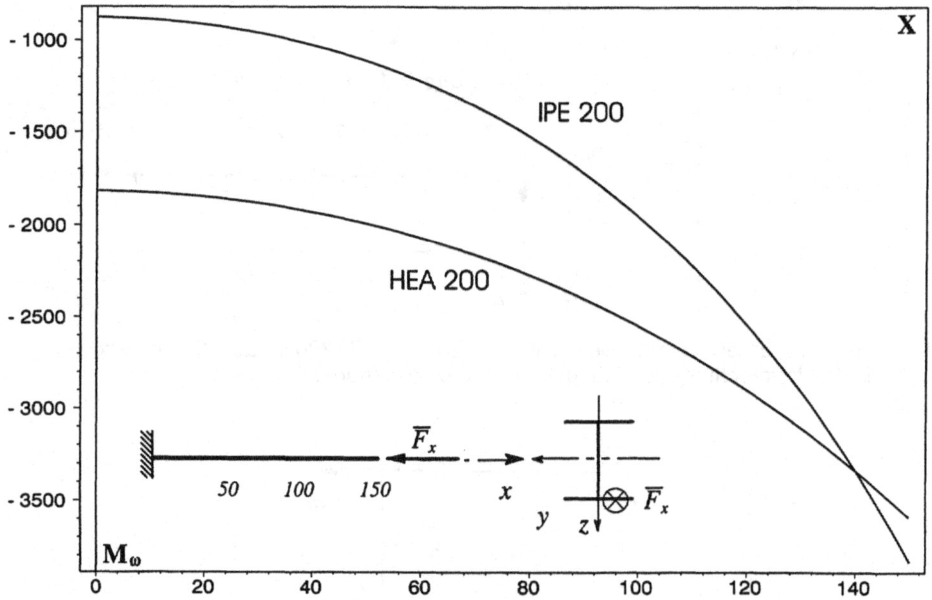

Bild 13.28 Wölbbimomente M_ω

Obwohl am Stützenende kein Torsionsmoment eingeleitet wurde, bewirkt das durch die exzentrisch eingeleitete Druckkraft zwangsläufig aktivierte Bimoment eine Verdrehung der Querschnitte (vgl. dazu die im Abschnitt 10.6.1 gegebenen Erläuterungen).

Dieser Verdrehung zugeordnet bauen sich im Stab betragsmäßig gleiche, jedoch entgegengesetzt wirkende St. Venant'sche Torsionsmomente und Wölbtorsionsmomente auf, die im Einspannquerschnitt verschwinden und im Lastquerschnitt den größten Wert aufweisen.

Ausgewählte Zahlenergebnisse sind in Bild 13.29 für beide Profile zusammengestellt. Die Zahlen für die Längsbeanspruchung sowie die Biegung um die Y- und die Z-Achse bedürfen keiner weiteren Erklärung.

	HEA200	IPE200	
v_{16}	-0.16	-1.51	*Lastquerschnitt*
w_{16}	0.131	0.264	
ϕ_{X16}	0.0104	0.0525	
ψ_{16}	-0.000158	-0.000952	
$\max\lvert\sigma_{X,16}\rvert$	10.01	36.44	
N_1	-100	-100	*Einspannquerschnitt*
M_{Z1}	400	400	
M_{Y1}	-900	-957.5	
$M_{\omega 1}$	-1816.2	-876.8	
$\sigma_{x,2,N}$	-1.86	-3.51	
$\sigma_{x,2,M_Z}$	2.98	-14.08	
$\sigma_{x,2,M_Y}$	-2.19	-4.72	
$\sigma_{x,2,M_\omega}$	.51	-3.23	
$\max\lvert\sigma_{X,1}\rvert$	8.55	25.55	

Einteilung in Finite Elemente:

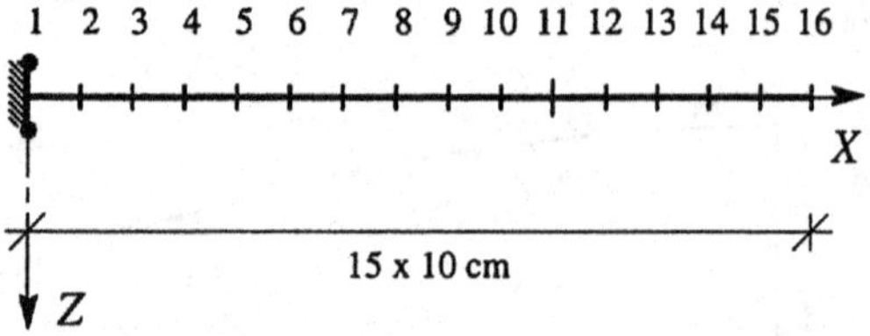

Bild 13.29 Ausgewählte Ergebnisse für die Profile HEA200 und IPE200 im Einspannquerschnitt und im Lastquerschnitt (Spannungen im Querschnittspunkt 2)

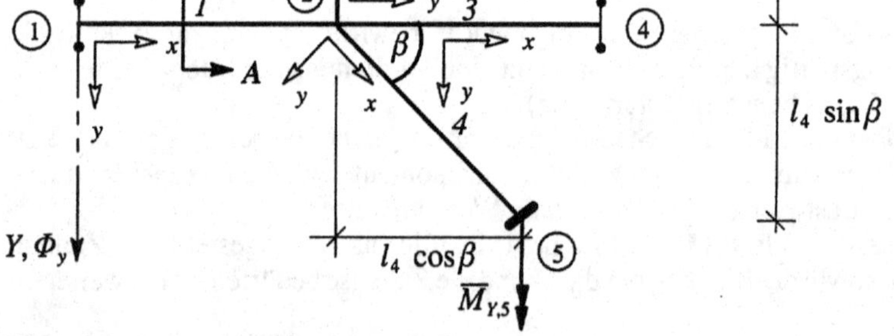

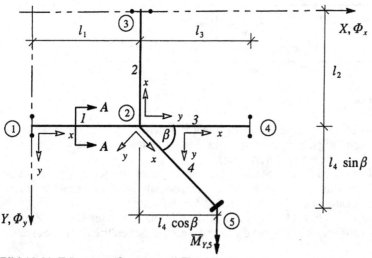

Bild 13.30 Trägerrost; System und Einwirkung

13.4.4 Trägerroste

Nach den Überlegungen zur Berechnung und zum Tragverhalten von tordierten Durchlaufträgern werden wir uns nun in gleicher Weise mit geknickten Trägern bzw. mit Trägerrosten befassen. Die Systemlinien und die lokalen y-Achsen der Stäbe der in den Bildern 13.30 und 13.31 dargestellten Struktur liegen in der X-Y-Ebene. Alle Querschnitte bestehen aus I-Profilen, wobei die Stege auf der globalen X-Y-Ebene senkrecht stehen.
Die Querschnittswerte sind in Bild 13.31 zusammengefaßt. Die Stäbe sind in den Knoten 1, 3 und 4 punkt- und gabelgelagert und im Innenknoten biegesteif miteinander verbunden. Der Abstand der Flanschmittelflächen beträgt für beide Profile 10 cm. Bild 13.31 zeigt die gegenseitige Zuordnung der Stabelemente, aber nicht die konstruktive Ausbildung des Knotens.

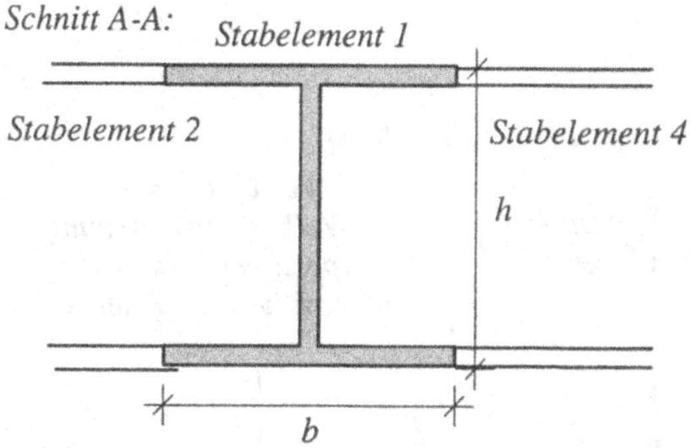

Stabelemente:	1, 3	2, 4
h	10.3	10.6
b	15.0	15.0
$t_{Flansch} = t_{Steg}$	0.3	0.6
I_y	100.0	500.0
I_ω	156.25	8437.5
I_T	0.18	2.88

Dimension:[cm]

Bild 13.31 Trägerrost; Querschnittswerte und Knotenpunktsausbildung

Die globale Steifigkeitsmatrix und der Vektor der globalen Freiheitsgrade sind wie folgt belegt:

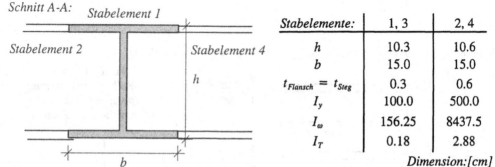

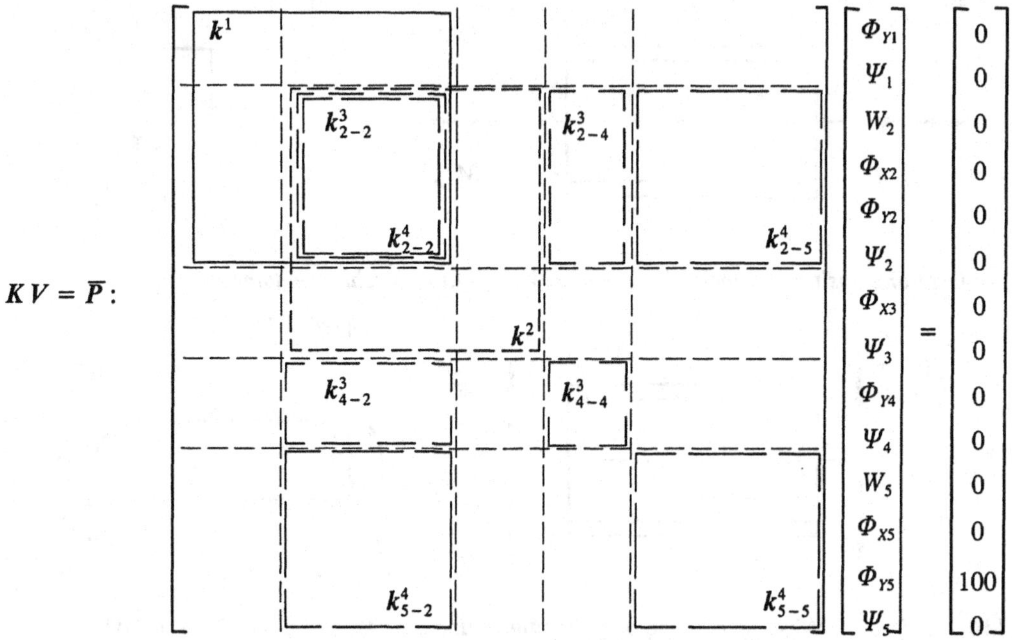

Im Hinblick auf die Berechnung dieser Systeme mit dem Weggrößenverfahren wollen wir einige Überlegungen zur Behandlung des Freiheitsgrades der *Verwindung* ψ bzw. Ψ vorweg anstellen.

a) Darstellung positiver Bimomente (VzK 1)

e) Einheitsverwölbung

$M_\omega(0)$ $M_\omega(l)$ x l z

b) Aufspaltung positiver Bimomente (VzK 1) in Flanschbiegemomente

$\dfrac{M_\omega(0)}{2}$ $\dfrac{M_\omega(l)}{2}$ $\dfrac{M_\omega(0)}{2}$ $\dfrac{M_\omega(l)}{2}$

f) Verteilung der Wölbnormalspannungen (positives Schnittufer, positives Bimoment)

c) Darstellung positiver Stabend-Bimomente (VzK 2)

$M_{\omega,a}$ $M_{\omega,b}$

$(\ f\ddot{u}r\ M_\omega > 0)$

d) Aufspaltung positiver Stabend-Bimomente (VzK 2) in Flanschbiegemomente

Draufsicht:

$\dfrac{M_{\omega,a}}{2}$ $\dfrac{M_{\omega,b}}{2}$ $\dfrac{M_{\omega,a}}{2}$ $\dfrac{M_{\omega,b}}{2}$ 1 3 x $\dfrac{M_{\omega,a}}{2}$ $\dfrac{M_{\omega,b}}{2}$ z

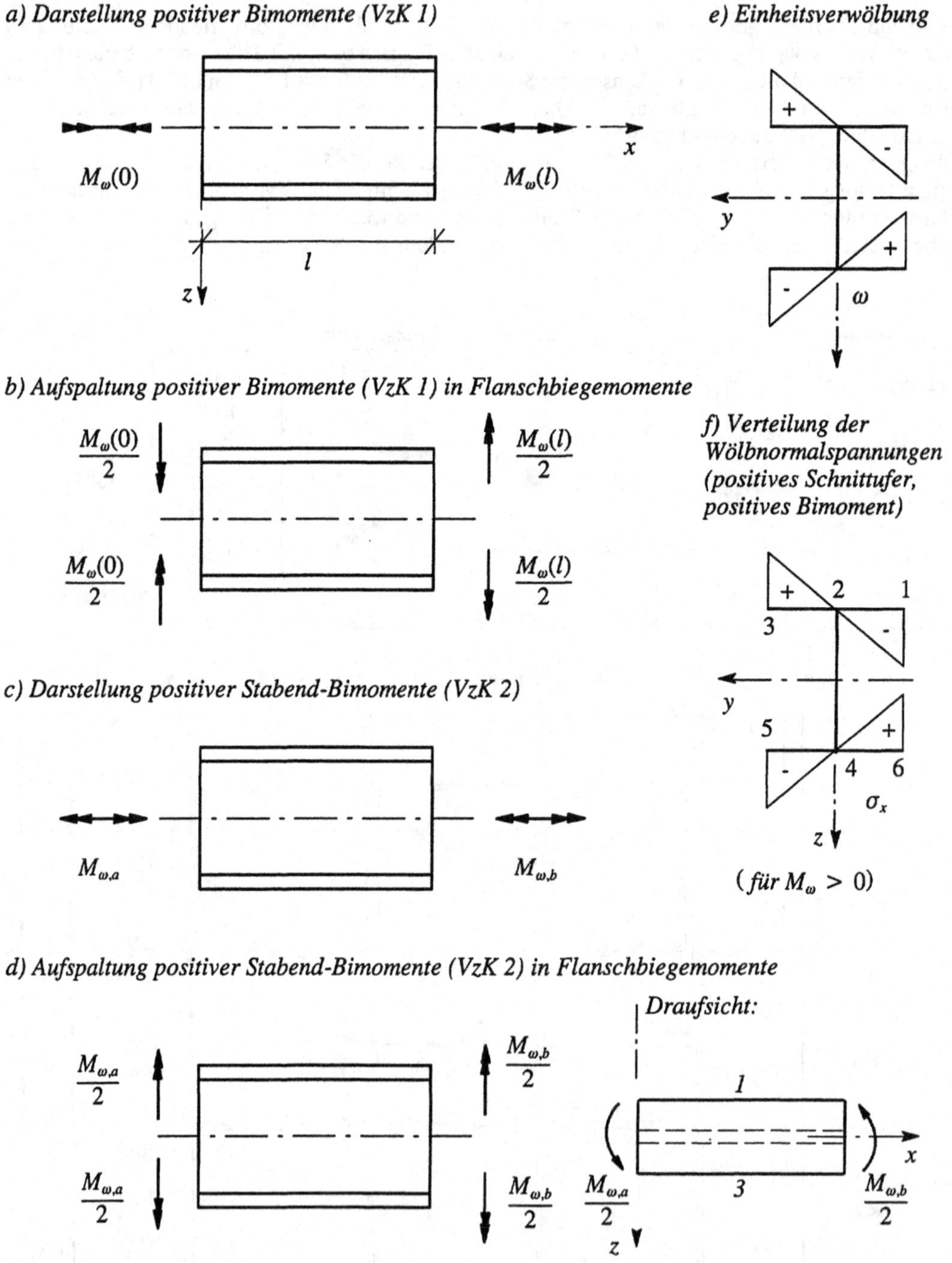

Bild 13.32 Positive Wirkungsrichtung des Bimoments und der Stabend-Bimomente (I-Profil)

In Bild 13.32a ist zunächst die positive Wirkungsrichtung eines Bimomentes am Anfang und am Ende eines Trägers der Länge l symbolisch angegeben (Vorzeichenregelung 1). Mit der im Anhang A3 definierten Einheitsverwölbung und dem in Kapitel 10 festgelegten Bildungsgesetz für das Bimoment sind das Vorzeichen und die Verteilung der Wölbnormalspannungen im Querschnitt eindeutig festgelegt. Ein positives Bimoment erzeugt Normalspannungen, die affin zur Einheitsverwölbung verteilt sind (und das gleiche Vorzeichen wie diese besitzen). Für den gewählten, doppelt symmetrischen I-Querschnitt kann das Bimoment veranschaulicht, bzw. aufgespalten werden in zwei entgegengesetzt drehende, aber betragsmäßig gleiche Flanschbiegemomente. Für ein positives Bimoment haben diese den in Bild 13.32b dargestellten Wirkungssinn. Positive Bimomente, die auf der positiven, bzw. negativen Seite eines Querschnitts bzw. Stababschnitts wirken, stehen wie alle Stabschnittgrößen miteinander im Gleichgewicht. Ein positives Bimoment erzeugt also im Querschnittsknoten 3 am positiven ebenso wie am negativen Schnittufer Zug.
Für den Algorithmus des allgemeinen Weggrößenverfahrens werden jedoch Stabend-Schnittgrößen in der Vorzeichenregelung 2 benötigt. Die wie alle Stabend-Schnittgrößen nur an den Rändern eines Stabelementes definierten Stabend-Bimomente sind in Bild 13.32c mit positiver Wirkungsrichtung angezeichnet. In Bild 13.32d sind wieder die entsprechenden Flanschbiegemomente mit positiver Wirkungsrichtung angetragen.
Die folgenden Überlegungen werden anhand des in Bild 13.30 dargestellten Trägerrostes mit $\approx 30° < \beta \leqq 90°$ durchgeführt. Wir betrachten zunächst den in Bild 13.33 dargestellten Ausschnitt um den Knoten 2. Die Stäbe 1, 3 und 2,4 haben jeweils gleichen Querschnitt und sind entlang der Berührungskanten von Stegen und Flanschen verschweißt.

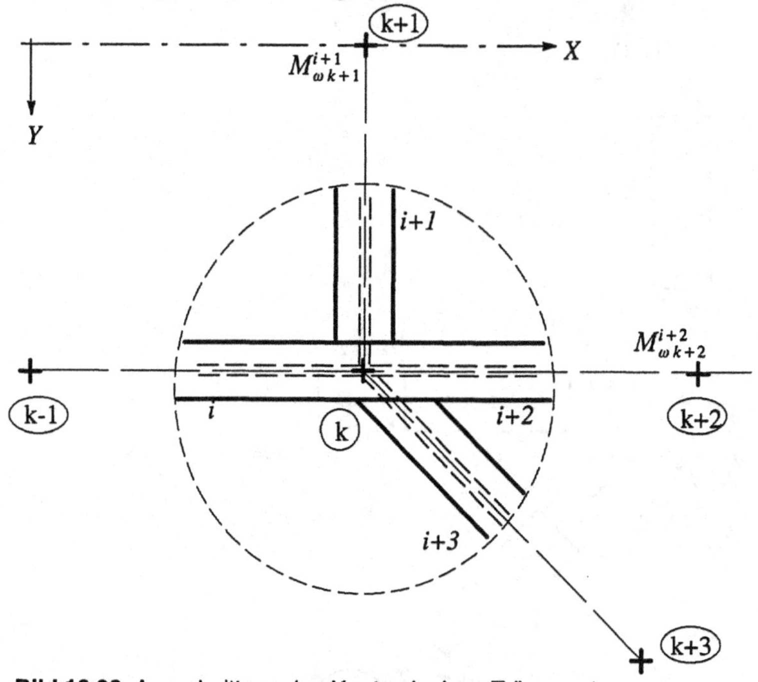

Bild 13.33 Ausschnitt um den Knoten k eines Trägerrostes

Jede Zeile des globalen Gleichungssystems des Weggrößenverfahrens zur Bestimmung der globalen Freiheitsgrade des Systems sichert an einem Knoten Gleichgewicht der Kräfte oder Momente in Richtung oder um eine globale Koordinatenachse. Dies gilt auch für jene Zeilen, die dem Gleichgewicht der Bimomente an einem Knoten zugeordnet sind. Diese Vorstellung bereitet für die in den

vorangehenden Abschnitten behandelten Durchlaufträger keine Probleme, da dort der Endquerschnitt des einen Stabelementes mit dem Anfangsquerschnitt des nächsten zusammenfällt. Bei den hier zu behandelnden, geknickten Stabzügen und Trägerrosten ergeben sich jedoch Schwierigkeiten, weil der Freiheitsgrad der *Verwindung* zunächst nur im lokalen Koordinatensystem, nicht aber global definiert werden kann. Gleiches gilt für das Bimoment. Es ist zwar im Querschnitt eindeutig definiert, besitzt aber keine Orientierung im Raum und kann somit nicht nach den bekannten Regeln von Unterkapitel 5.2 bzw. 12.2 transformiert werden.
Dennoch lassen sich für die hier zu behandelnden Systeme Vorgehensweisen angeben, die anschaulich einsehbar sind und zu zuverlässigen Ergebnissen führen.
Dazu trennen wir für die in Bild 13.33 gegebene Anordnung von Stäben die Stabelemente vom Knotenkörper des Knotens *k* und führen im Sinne eines Rundschnittes die Stabend-Bimomente ein (wir konzentrieren unsere Aufmerksamkeit auf diese Schnittgröße und lassen die übrigen weg). Das Bild 13.34 liefert eine Draufsicht, dargestellt sind die positiven Wirkungsrichtungen der Teilbimomente der oberen Flansche, bzw. Flanschplatte. Man erkennt, dass der Wirkungssinn der knotenseitigen Momente aller Anschlusselemente gleich ist (Vorzeichenregelung 2). Eine entsprechende Überlegung gilt für die untere Flanschplatte des Knotenkörpers. Aus den Eigenschaften des Bimomentes eines Trägers mit I-Querschnitt (das Teilbimoment des oberen Flansches ist gleich demjenigen des unteren Flansches, jedoch mit umgedrehter Wirkungsrichtung) folgt, dass die Summe der an der oberen Knotenplatte wirkenden Momente entgegen gleich derjenigen der unteren ist. Dabei ist es für die betrachtete Knotenpunktausbildung unerheblich, unter welchen Winkeln β die einzelnen Stabelemente am Knoten zusammengeführt werden.

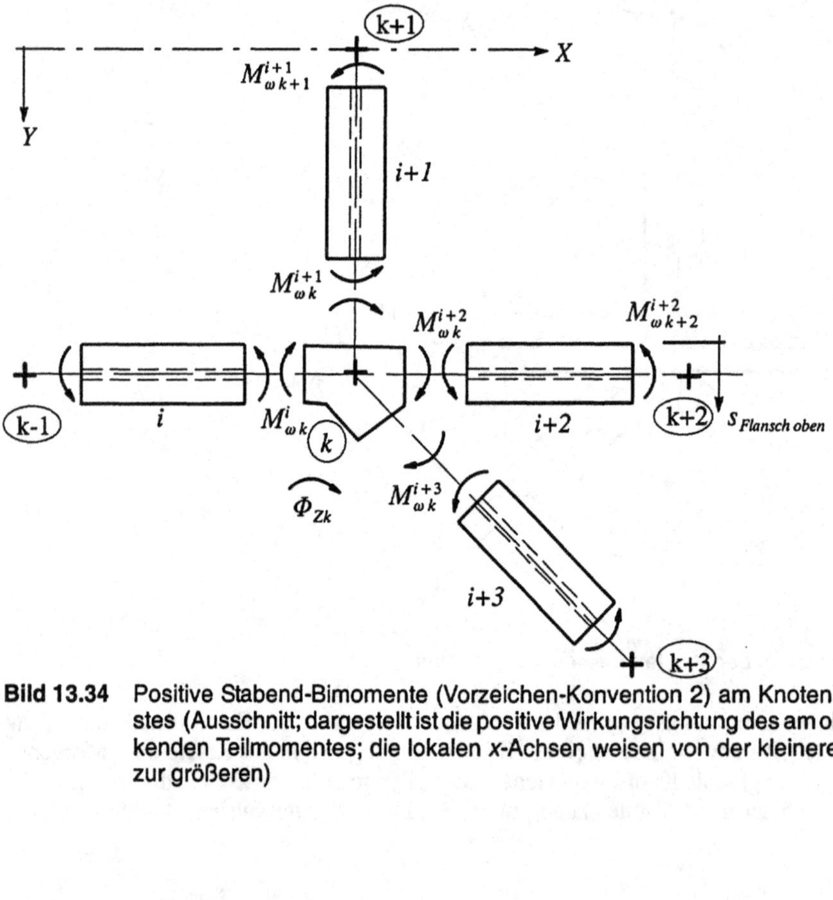

Bild 13.34 Positive Stabend-Bimomente (Vorzeichen-Konvention 2) am Knoten k eines Trägerrostes (Ausschnitt; dargestellt ist die positive Wirkungsrichtung des am oberen Flansch wirkenden Teilmomentes; die lokalen *x*-Achsen weisen von der kleineren Knotennummer zur größeren)

In Abhängigkeit von der konstruktiven Durchbildung des Knotenpunktes können drei Varianten des Rechenmodells unterschieden werden.

1. Wenn wir zunächst von einer im Grenzübergang starren Ausbildung des Knotenkörpers ausgehen können, so folgt daraus, dass die Verwölbung aller angeschlossenen Stäbe in den rechnerischen Anschlussquerschnitten identisch verschwinden muss. Die Stabend-Bimomente der angeschlossenen Stäbe verschwinden nicht, stehen auch nicht miteinander im Gleichgewicht, sondern sind vom Knotenkörper aufzunehmen. Dies kann konstruktiv durch mit den Stäben verschweißte starre Endplatten verwirklicht werden, die ihrerseits mit einem starren Knotenkörper verbunden gedacht sind. Die Vorstellung eines starren Knotenkörpers schließt Verzerrungen, nicht aber Starrkörperbewegungen aus. Insbesondere ist aber eine relative Verdrehung ($\Delta\Phi_{Zk}$) der oberen gegenüber der unteren Knotenplatte ausgeschlossen.
2. Wir nehmen an, dass die an der oberen und an der unteren Knotenflanschscheibe angreifenden Teilbimomente im Gleichgewicht sind. Dann erfährt jede der Flanschscheiben eine betragsmäßig gleiche, aber entgegengesetzt gerichtete Drehung um die globale Z-Achse, die für die Querschnitte des Beispiels aus der Verwindung errechnet werden kann:

$$\Phi_{Z,k\,Oberflansch} = \left(-\frac{\partial u(x,\,y)}{\partial y}\right)_{Oberflansch} = \Psi_k\left(-\frac{d\omega(y)}{dy}\right)_{Oberflansch} = -\,\Phi_{Z,k\,Unterflansch}$$

Dabei sind $+s$ und $+y$ als im Oberflansch gleich orientiert angenommen. Offensichtlich beeinflusst die konstruktive Ausbildung der Verbindung der angeschlossenen Stege das Rechenergebnis nicht.
Die dem globalen Freiheitsgrad Ψ_k zugeordnete Zeile des Gleichungssystems setzt hier die Summe aller am Knoten k angreifenden Bimomente zu null: $\sum M_{\omega\,k} = 0$.
3. Unterdrückt die konstruktive Ausbildung des Knotens die Ausbildung eines Bimomentes in den Endquerschnitten, so kann man gedanklich von Bimomentengelenken ausgehen. Wird im vorliegenden Zusammenhang von wölbbehindernden Effekten von Linientorsionsmomenten oder im Feld eingeprägten Lasttorsions- oder Lastbimomenten abgesehen, so werden Torsionsmomente nur durch St. Venant'sche Torion abgetragen (vgl. dazu die Abschnitte 13.3.1 bis 13.3.4).

Um die Auswirkungen der Knotenpunktsausbildung auf das Tragverhalten von Trägerrosten zu verdeutlichen, wurde der in Bild 13.30 dargestellte Trägerrost mit $\beta = 90°$ auf der Grundlage der Modellierungsvarianten 1 und 2 berechnet. Die wichtigsten Ergebnisse sind in Bild 13.35 zusammengestellt. Zur besseren Einordnung sind verschiedentlich die im Querschnittsknoten 3 durch Biege-, bzw. Bimomente hervorgerufenen Normalspannungen in Klammern mit angegeben.

Weiter ist anzumerken:

1. In der Modellierungsvariante 1 (mit starrer Ausbildung des Knotenkörpers) wird das angreifende Lastmoment über den Stab 4 zum Knoten 2 geleitet und dort nahezu ausschließlich über Biegung der Stäbe 1 und 3 aufgenommen. Das Bimoment von $M^4_{\omega,2} = -\,4515\ kNcm^2$ ist von der Stirnplatte des Stabes 4, bzw. dem starren Knotenkörper aufzunehmen und wird damit nicht an die übrigen, im Knoten 2 angeschlossenen Stäbe weitergeleitet, vgl. Bild 13.35, Detail *"Ergebnisse gemäß Spalte 1"*. Der sehr kleine Anteil des Torsionsmomentes von Stab 2 von $M^2_x = 0.4\ kNcm$ ruft seinerseits in diesem Stab ein Bimoment $M^4_{\omega,2} = -\,33.11\ kNcm^2$ hervor.

2. In der Modellvariante 2 wird das Torsionsmoment von Stab 4 ebenfalls im wesentlichen durch Biegung der Stäbe 1 und 3 abgetragen, wobei die Summe der Biegemomente beider Stäbe $M^1_{y,2} + M^3_{y,2} = 107.56\ kNcm$ das angreifende Lastmoment betragsmäßig überschreitet. Dies ist damit zu erklären, dass das in Knoten 5 wirkende Moment am Knotenanschnitt außer dem Torsions-

moment ein Bimoment von $M^4_{\omega,2} = -2465\ kNcm^2$ hervorruft, welches über den definierten Knotenfreiheitsgrad $\Psi_2 = -0.0008238$ den Wölbsteifigkeiten der Stäbe 1 bis 3 entsprechend an diese weitergeleitet wird. In Bild 13.35 sind die Oberflanschmomente der am Knoten 2 angeschlossenen Stäbe mit ihren gegebenen Wirkungsrichtungen eingezeichnet. Das in Knoten 2 von Element 2 aufgenommene Bimoment von $M^2_{\omega,2} = 2329\ kNcm^2$ bewirkt in diesem Stab ein Torsionsmoment von $M^2_{x,2} = -7.57\ kNcm$, welches zu den ausgewiesenen Biegemomenten der Stäbe 1 und 3 führt.

	Stabanschlüsse über starre Stirnplatten	*Verwindung im Knoten 2 gemeinsamer Freiheitsgrad*
ϕ_{Y2}	0.002371	0.002561
ϕ_{Y5}	0.04394	0.08133
ψ_2	0.0	-0.0008238
M^1_x	0.0	-0.2256
M^1_{y2} ($\sigma_{x,3}$)	49.8 (-2.49)	53.78 (-2.69)
$M^1_{\omega 2}$	0.0	-67.68
M^2_x	0.40	-7.566
$M^2_{\omega 2}$ ($\sigma_{x,3}$)	-33.11 (-0.147)	2329 (10.35)
M^3_x	0.0	-0.2256
M^3_{y2}	-49.8	-53.78
$M^3_{\omega 2}$	0.0	67.68
M^4_x	100.0	100.0
$M^4_{\omega 2}$ ($\sigma_{x,3}$)	-4515 (-20.1)	-2465 (-10.95)
$M^4_{\omega 5}$	4515	5698

Ergebnisse gemäß Spalte 1:

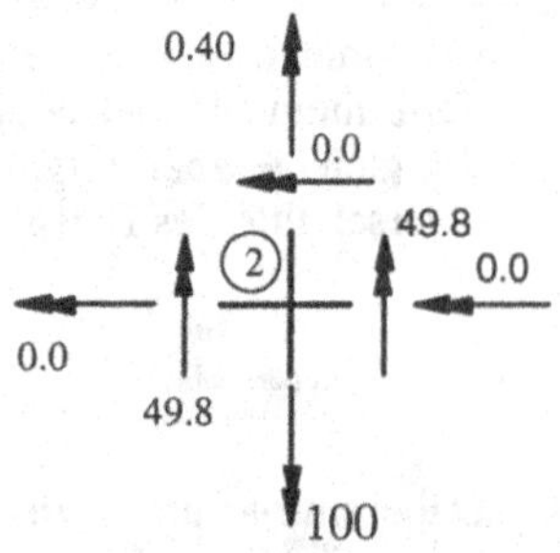

Ergebnisse gemäß Spalte 2:

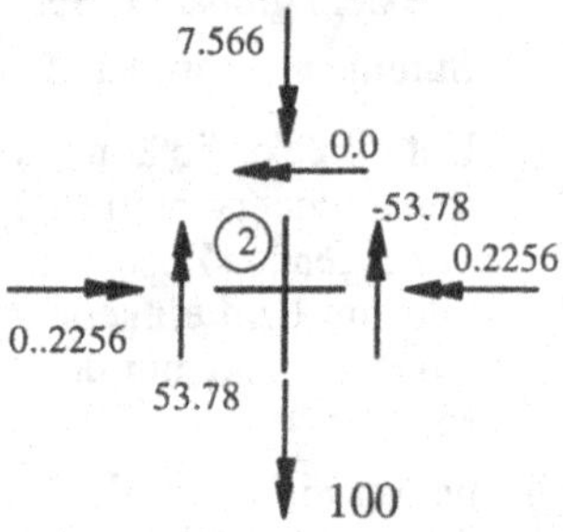

Wirkungsrichtung der am Oberflansch des Knotenkörpers angreifenden Teilbimomente:

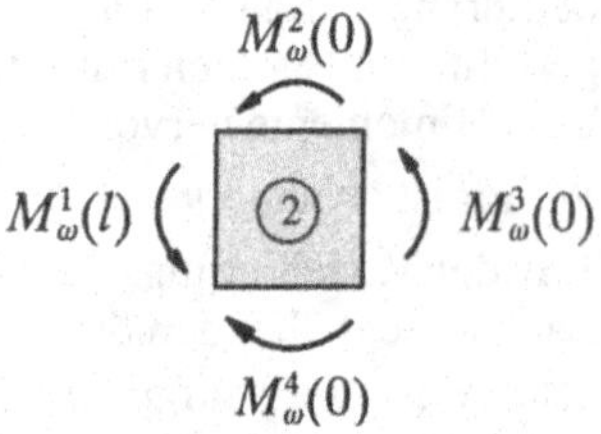

Dim.: [kN], [cm], [rad]

Bild 13.35 Trägerrost und Last gemäß Bild 13.30 ($\beta = 90°$): Ausgewählte Rechenergebnisse bei unterschiedlicher Ausbildung des Knotenpunktes 2 ($\overline{M}_{Y,5} = 100\ kN$)

Damit ist dargelegt, dass für die Berechnung eines Tragwerks, welches tordierte Stäbe mit dünnwandigen, offenen Querschnitten enthält, die konstruktive Durchbildung bekannt sein bzw. angenommen werden muss. Damit kann sichergestellt werden, dass die in einer Berechung ausgewiesene Weiterleitung von Bimomenten an anschließende Bauteil bzw. Knoten- oder Lagerkörper sich am wirklichen Tragwerk auch einstellen kann.

14 Einflusslinien

14.1 Vorbemerkung

Der Begriff der Einflusslinie und die Leistung des Konzeptes wird anhand des in Bild 14.1 dargestellten Durchlaufträgers erläutert.
Er sei Teil eines Kranbahnsystems und werde durch eine lotrecht wirkende Last beansprucht, die in einem vorab festgelegten Bereich über den Träger wandern kann. Die Veränderlichkeit der Last wird durch einen Kreisbogen unter dem Kraftvektor gekennzeichnet, der zulässige Bereich des Lastangriffspunktes durch eine gestrichelte Linie über den betroffenen Stäben. Ein solchermaßen definierter Stabzug wird im Folgenden auch als Lastgurt bezeichnet. Wir untersuchen also keinen dynamischen Vorgang, sondern nehmen eine Laststellung beliebig an.

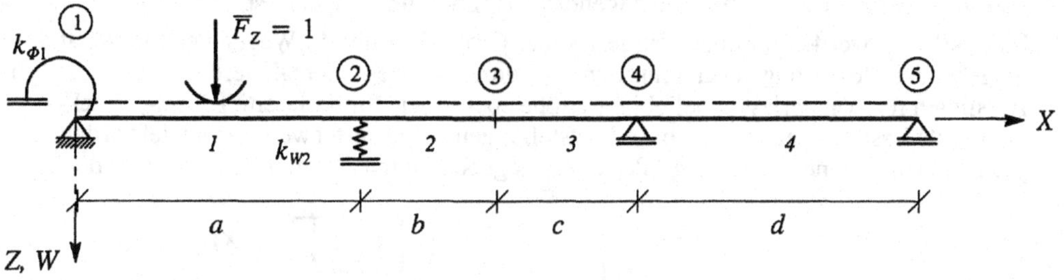

Bild 14.1 Durchlaufträger: System mit Wanderlast

Gesucht ist zum Beispiel die Durchsenkung W_3, die lotrecht wirkende Auflagerkraft A_{Z4} oder das Biegemoment M_3^2 von Stab 2 im Knoten 3 - jeweils in Abhängigkeit von der Stellung der sogenannten Wanderlast, deren Betrag gleich 1 *kN* angenommen wird.
Als Ergebnis der in Kapitel 14.2 erläuterten und in Kapitel 14.3 durchgeführten Berechnung ist in Bild 14.2 die Einflusslinie für die Durchsenkung W_3, nämlich $\eta_{W,3}$ angetragen. In Kapitel 14.3 sind für das gegebene Beispiel weitere Einflusslinien dargestellt, nämlich die für die lotrechte Auflagerkraft in Knoten 4, $\eta_{AZ,4}$, für das Biegemoment von Stab 2 in Knoten *3*, $\eta_{M,3}^2$ und für die Querkraft von Stab 3 in Knoten 4, $\eta_{Q,4}^3$.
Einflusslinien werden also stets mit dem Buchstaben η bezeichnet. Ein tiefgestellter Index kennzeichnet die entsprechende Zustandsgröße und gegebenenfalls den zugeordneten Knoten den statischen Systems, ein hochgestellter Index stellt wie üblich den Bezug zum Stabelement her.
Eine Einflusslinie liefert den Wert einer Zustandsgröße S an einem vorab festgelegten Ort, wenn sich die Wanderlast in einem Punkt des zulässigen Bereiches befindet. Die gesuchten Ordinaten werden, abweichend von der sonst üblichen Darstellung von Zustandslinien, am jeweiligen Angriffspunkt der Wanderlast angetragen.

Einflusslinien stellen somit Funktionen einer unabhängigen Ortsvariablen (z.B. der *globalen* Ortsvariablen *X*) dar. Sie sind in der Regel abschnittsweise stetig. An den Abschnittsgrenzen können Knicke und begrenzte Sprünge, jedoch keine Pole auftreten.

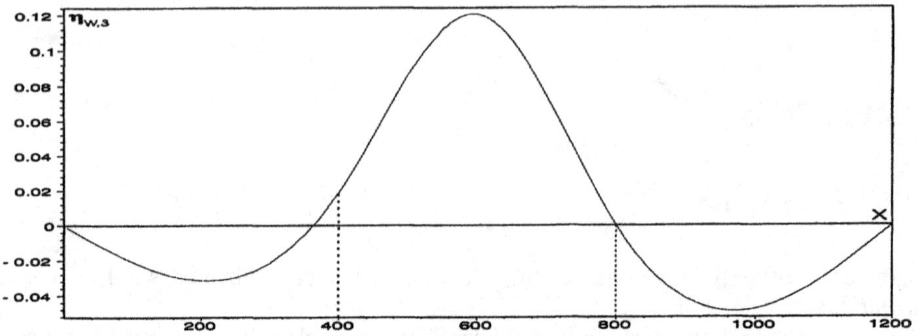

Bild 14.2 Durchlaufträger: Einflusslinie $\eta_{W,3}$ für die Durchsenkung von Knoten 3

Eine kurze Betrachtung der dargestellten Einflusslinien lässt deren wesentliche Leistungen sofort erkennen:

1. Man kann aus dem Bild der Funktion der Einflusslinie einer Zustandsgröße für einen vorgegebenen Ort unmittelbar den Wert ablesen, den diese annehmen kann - somit auch ihren Maximal- bzw. Minimalwert sowie die zugehörige Position der Wanderlast.
2. Einflusslinien werden für eine Wanderlast der Größe 1 ermittelt. Wegen der Linearität aller eingehenden Beziehungen (und nur dann ist dieses Konzept zu realisieren) können die Einflusslinien für Wanderlasten beliebiger Größe ebenso wie für definierte Einzel-, Block- oder gemischte Lastgruppen für gegebene Laststellungen ausgewertet werden und liefern dann den gesuchten Wert einer Zustandsgröße für die gegebene Intensität und Konstellation der Last.

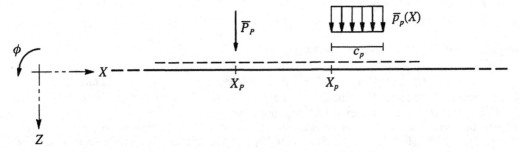

Bild 14.3 Zur Auswertung von Einflusslinien

Für mehrere Einzel- und Blocklasten erhält man für eine Zustandsgröße S (s. Bild 14.3):

$$S = \sum_P \eta_S(X_P)\, \overline{P}_P + \sum_p \int_{X_p}^{X_p+c_p} \eta_S(X_p)\, \overline{p}_p(X)\, dX \tag{14-1}$$

Die Anwendung dieser Beziehung wird in Kapitel 14.3 gezeigt.

Einflusslinien werden benötigt, wenn in ihrer Größe und gegenseitigen Zuordnung gegebene Lastkollektive in unterschiedlicher Position auf ein Tragwerk einwirken können. Dies ist u.a. im Brükken- und Kranbau der Fall.

14.2 Ermittlung von Einflusslinien

Die Berechnung der Einflusslinien von Stabtragwerken kann grundsätzlich auf der Basis des Kraftgrößen- oder des Weggrößenverfahrens erfolgen. Wir werden uns im Folgenden den Zielsetzungen dieses Buches entsprechend darauf beschränken, die Bestimmung von Einflusslinien für Kraft- und Weggrößen ebener Rahmen mittels des Weggrößenverfahrens zu zeigen.

14.2.1 Die Sätze von *Betti* und *Maxwell-Mohr*

Die Herleitung der gesuchten Beziehungen gelingt anschaulich und übersichtlich auf der Grundlage des Satzes von *Betti*, bzw. eines Spezialfalles, des Satzes von *Maxwell-Mohr*. Diese werden zunächst dem Ziel dieses Kapitels entsprechend am Beispiel des normalkraftfreien Durchlaufträgers von Bild 14.1 entwickelt.
Es seien zwei in ihren Angriffspunkten und in ihrer Größe unabhängige Gruppen von Einzellasten vorgegeben. Da das Verhalten eines Biegeträgers untersucht werden soll, können diese Einzellasten als Kräfte oder Momente festgelegt sein (vgl. Bild 14.4).
Im Folgenden werden nun die Arbeiten der Lasten beider Gruppen jeweils auf den Wegen der eigenen und der fremden Lastgruppe angeschrieben. Um zu einer zweckdienlichen Schreibweise zu gelangen, werden die Einzellasten der ersten Gruppe unabhängig von ihrer Dimension mit $\overline{P}_j^{(1)}$, $j = 1, \ldots, m$, und das zugeordnete Arbeitskomplement mit d_{jq} bezeichnet. Für die Einzellasten der zweiten Gruppe schreiben wir $\overline{P}_k^{(2)}$, $k = 1, \ldots, n$ bzw. d_{kq}. In beiden Fällen bezeichnet der zweite Index q die verursachende Lastgruppe und kann somit die Werte 1 oder 2 annehmen.
Wird das System zuerst mit der Lastgruppe 1 und anschließend mit der Lastgruppe 2 beaufschlagt, so ergibt sich die insgesamt geleistete äußere Arbeit zu:

$$W_{a,1-2} = \frac{1}{2}\sum_{j=1}^{m} \overline{P}_j^{(1)} d_{j1} + \frac{1}{2}\sum_{k=1}^{n} \overline{P}_k^{(2)} d_{k2} + \sum_{j=1}^{m} \overline{P}_j^{(1)} d_{j2}$$

Die ersten beiden Summen erfassen hier die Arbeit der ersten bzw. der zweiten Lastgruppe auf ihren eigenen Wegen, während der dritte Term die Arbeit der Lastgruppe 1 auf den Wegen der Lastgruppe 2 darstellt.
Werden die Lastgruppen im umgekehrter Reihenfolge aufgebracht, so erhält man hier für die insgesamt geleistete äußere Arbeit:

$$W_{a,2-1} = \frac{1}{2}\sum_{k=1}^{n} \overline{P}_k^{(2)} d_{k2} + \frac{1}{2}\sum_{j=1}^{m} \overline{P}_j^{(1)} d_{j1} + \sum_{k=1}^{n} \overline{P}_k^{(2)} d_{k1}$$

Da für das gegebene durchgängig lineare System bei beiden Belastungsreihenfolgen die gleiche äußere (und innere) Arbeit geleistet werden muss, folgt:

$$\sum_{j=1}^{m} \overline{P}_j^{(1)} d_{j2} = \sum_{k=1}^{n} \overline{P}_k^{(2)} d_{k1} \qquad (14\text{-}2)$$

Dieser, als *Satz von Betti* bekannte Sachverhalt lässt sich für linear-elastische Strukturen verallgemeinern und lautet dann:

" Die Arbeit, die ein System (1) von Lasten auf den Verschiebungswegen eines Systems (2) von Lasten leistet, ist gleich der Arbeit, die das zweitgenannte System auf den Wegen des ersten leistet."

Im nächsten Unterkapitel werden zwei Sonderfälle von (14-2) benötigen, die vorab explizit angeben werden.

Im ersten Fall bestehen beide Lastgruppen aus je einer Einzelkraft, etwa $\overline{P}_1^{(1)} = \overline{F}_1$ und $\overline{P}_2^{(2)} = \overline{F}_2$. Dann geht (14-2) über in:

$$\overline{F}_1\, d_{12} = \overline{F}_2\, d_{21} \tag{14-3}$$

Der erste Index der Weggrößen kennzeichnet den Wirkungsort, der zweite beschreibt wieder die verursachende Kraftgröße.

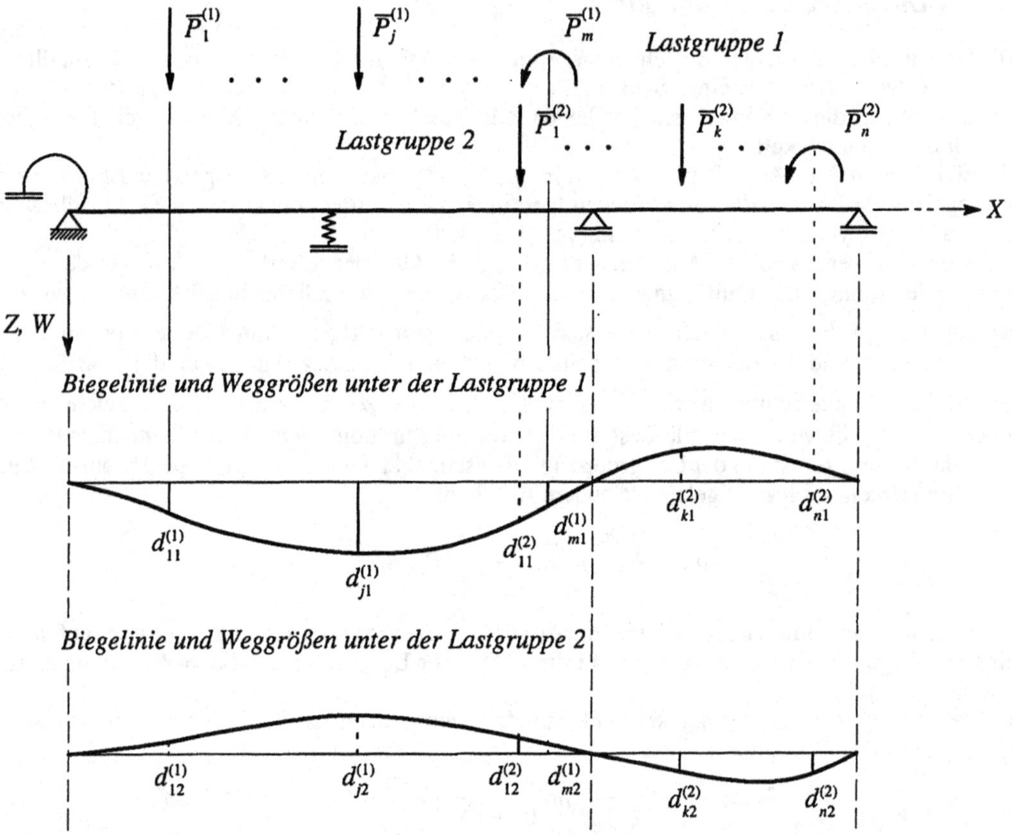

Bild 14.4 Zur Herleitung der Sätze von *Betti* und *Maxwell-Mohr*

Im zweiten Fall besteht die erste Lastgruppe ebenfalls aus einer Einzellast, etwa $\overline{P}_1^{(1)} = \overline{F}_1$, die zweite jedoch aus einem Einzelmoment, etwa $\overline{P}_2^{(2)} = \overline{P}_2 = \overline{M}_2$. Dann geht (14-2) über in:

$$\overline{F}_1\, d_{12} = \overline{M}_2\, d_{21} \tag{14-4}$$

Nehmen wir in den Beziehungen (14-3) und (14-4) die Einwirkungen mit gleichem Betrag, bzw. zu 1 an, so folgt allgemein:

$$d_{jk} = d_{kj} \tag{14-5}$$

Da hier nur mehr eine Kraftgröße je Lastgruppe in Betracht zu ziehen ist, kann der hochgestellte Index in Klammern entfallen.

Die obenstehende Gleichung wird als *Satz von Maxwell-Mohr bezeichnet:*

"Die Verschiebung am Ort und in Richtung einer Lastgröße j, hervorgerufen durch eine Lastgröße k, ist gleich der Verschiebung am Ort und in Richtung einer Lastgröße k, hervorgerufen durch die Lastgröße j."

14.2.2 Einflusslinien für Weggrößen

Wir erläutern das grundsätzliche Vorgehen anhand des Durchlaufträgers von Bild 14.1 und suchen zunächst die Einflusslinie für die Durchsenkung des Knotens 2 infolge der lotrechten Wanderlast, die allgemein im Punkt p wirken soll.

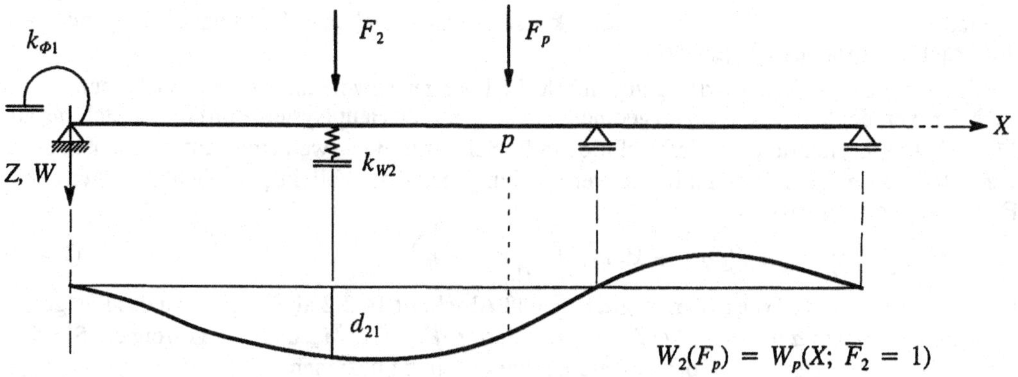

Bild 14.5 Zur Herleitung der Einflusslinie für die Durchsenkung des Knotens 2

Wir gehen aus von Gl. (14-3), interpretieren $\overline{F}_1$ als Wanderlast (mit Betrag 1) im beliebigen Punkt p stehend und wählen F_2 (fest im Knoten 2 stehend) zu 1. Dann folgt zunächst (mit vertauschten Seiten):

$$\overline{F}_2\, W_{2p} = \overline{F}_p\, W_{p2}$$

Nach Kürzung der 1 in der oben eingeführten Schreibweise folgt formal:

$$\eta_{W2}(X) = W_{p2}(X) \qquad (14\text{-}6)$$

In dieser Gleichung ist die unabhängige Variable stets die globale Ortsvariable des Lastgurtes. Sie bezeichnet jedoch auf der linken Gleichungsseite die Stellung der Wanderlast, auf der rechten Seite hingegen ist sie Ortsvariable der Funktion einer Biegelinie im üblichen Sinn.

Die gesuchte Durchsenkung des Knotens 2 infolge einer im Punkt p stehenden Last 1 ist gleich der Durchsenkung des Punktes p, wenn im Knoten 2 die Last 1 wirkt.

Ist die Einflusslinie für die Verdrehung des Knotens 2 gesucht, so geht man von (14-4) aus, interpretiert F_1 wieder als Wanderlast (vom Betrag 1) und wählt $\overline{M}_2$ (fest im Knoten 2 stehend) zu 1. Analog folgt:

$$\overline{M}_2\, \Phi_{2p} = \overline{F}_p\, W_{p2}$$

$$\eta_{\phi 2}(X) = W_{p2}(X) \qquad (14\text{-}7)$$

Die gesuchte Verdrehung des Knotens 2 infolge einer im Punkt p stehenden Kraft ist gleich der Durchsenkung des Punktes p, wenn im Knoten 2 das Moment 1 wirkt.

14.2.3 Einflusslinien für Schnittgrößen

Nach Kapitel 4, Gl. (4-22) gilt für ein durch Querkraftbiegung beanspruchtes Stabelement i mit den Randknoten a und b:

(4-22): $$\boldsymbol{p}^i = \boldsymbol{k}^i \boldsymbol{v}^i + \boldsymbol{p}^{i0} \tag{14-8}$$

Die Eintragungen j von $\boldsymbol{p}^i$ entsprechen den Stabend-Schnittgrößen des Stabes im geometrisch unbestimmten Hauptsystem. Für die der Zeile j von (14-8) zugeordnete Schnittgröße folgt:

$$p_j^i = k_{j1}^i\, w_a + k_{j2}^i\, \varphi_a + k_{j3}^i\, w_b + k_{j4}^i\, \varphi_b + p_j^{i0} \tag{14-9}$$

Die Indices bei den Koeffizienten der Steifigkeitsmatrizen beziehen sich hier und im Folgenden auf die 4 mal 4 Matrix des Biegestabes.

Für das System und die Einwirkungen von Bild 14.1 hängen sowohl die Knotenverschiebungen als auch der Wert der Schnittgrößen im geometrisch bestimmten Hauptsystem von der Laststellung ab. Man erhält offensichtlich die Einflusslinie für die Schnittgröße p_j^i, wenn man auf der rechten Seite von (14-9) an die Stelle diskreter Knotenverschiebungen und der Volleinspann-Schnittgrößen deren Einflusslinien setzt. Also:

$$\eta_{pj}^i = k_{j1}^i\, \eta_{wa} + k_{j2}^i\, \eta_{\varphi a} + k_{j3}^i\, \eta_{wb} + k_{j4}^i\, \eta_{\varphi b} + \eta_{pj}^{i0} \tag{14-10}$$

Die Einflusslinien der Weggrößen werden gemäß Abschnitt 14.2.2 als Biegelinien des Lastgurtes unter in den Knoten a und b wirkenden Einheitslasten $\overline{F}_{za}$, $\overline{F}_{zb}$, $\overline{M}_{ya}$ und $\overline{M}_{yb}$ gewonnen. Sie sind für die Systemberechnung auf das globale Bezugssystem zu beziehen.

Der letzte Term in (14-10) stellt die Einflusslinie der Schnittgröße p_j^i im geometrisch bestimmten Hauptsystem dar. Dieser Term verschwindet dann nicht, wenn der betrachtete Stab Teil des Lastgurtes ist. Für diesen Anteil soll jetzt eine zweckmäßige Verfahrensweise für das Beispiel des Momentes am Stabende entwickelt werden.
Dazu führen wir vorübergehend im geometrisch bestimmten Hauptsystem am Ende des Stabes i ein Momentengelenk ein (s. Bild 14.6 *a)*).
Unter der Wirkung der in m stehenden Wanderlast $\overline{F}$ vom Betrag 1 stelle sich in b die Verdrehung φ_{bm} ein. Sie ist also eine Funktion des Aufpunktes m. Nach dem in 14.2.1 hergeleiteten Satz von *Maxwell-Mohr* ist diese Verdrehung gleich der Durchbiegung w_{mb} des Punktes m, wenn am Stabende in Punkt b ein Moment vom Betrag 1 wirkt:

$$\varphi_{bm} = w_{mb} \tag{14-11}$$

Die Funktion der Biegelinie w_{mb} ist identisch mit der dem Knotendrehwinkel φ_b zugeordneten, im Kapitel 4 entwickelten Formfunktion N_4, geteilt durch die zugeordnete Steifigkeit k_{44} (die Formfunktion N_4 stellt sich ein unter $\varphi_b = 1$, bzw. einem Endmoment von $M_b = k_{44}$):

$$w_{mb}(x) = \frac{N_4(x)}{k_{44}}$$

Mit Gl. (4-37)/4 (vgl. Bild 4.13) hat man ausgeschrieben:

$$w_{mb}(x) = \left(\left(\frac{x}{l}\right)^2 - \left(\frac{x}{l}\right)^3\right) \frac{l}{k_{44}}$$

Wegen (14-11) gilt also:

$$\varphi_{bm} = \frac{N_4(x)}{k_{44}} \tag{14-12}$$

Die unabhängige Variable x auf der rechten Seite korrespondiert vor dem Hintergrund des Satzes von *Maxwell-Mohr* mit dem Angriffsort der Wanderlast F.

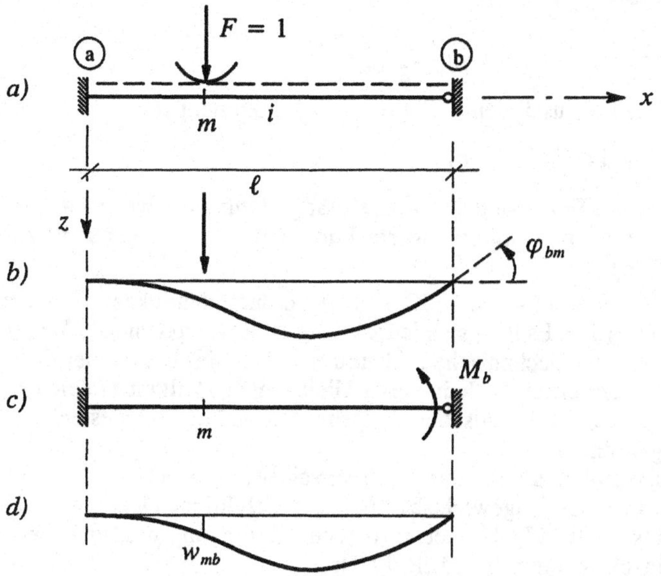

Bild 14.6 Zur Herleitung der Einflusslinien von Stabend-Sschnittgrößen (hier $\eta^{i0}_{M,b}$)

Im geometrisch bestimmten Hauptsystem muss jedoch unter dem Einfluss der lotrechten Wanderlast $\overline{F}$ der Neigungswinkel φ_{bm} wieder verschwinden. Wir erreichen dies, wenn beidseits des Gelenks in b ein Moment

$$M_b = -k_{44}\,\varphi_{bm} = -k_{44}\,\frac{N_4(x)}{k_{44}} = -N_4(x)$$

wirkt (siehe Bild 14.6*c*)). Die gesuchte Funktion der Einflusslinie im geometrisch bestimmten Hauptsystem ergibt sich also zu

$$\eta^{i,0}_{M_b} = -N_4(x)\,. \tag{14-13.1}$$

Analog ergibt sich für die Einflusslinien der übrigen Stabend-Schnittgrößen des Biegestabes im geometrisch bestimmten Hauptsystem:

$$\eta^{i,0}_{Q_a} = -N_1(x) \qquad (14\text{-}13.2) \qquad\qquad \eta^{i,0}_{M_a} = -N_2(x) \tag{14-13.3}$$

$$\eta^{i,0}_{Q_b} = -N_3(x) \tag{14-13.4}$$

Die Funktionen $N_1(x)$ bis $N_3(x)$ sind die in Kapitel 4, Gl. (4-37) festgelegten Formfunktionen.

Wir erkennen, dass einer Einflusslinie für Schnittgrößen mit dem Anteil des geometrisch bestimmten Hauptsystems ein Knick (bei Einflusslinien für Momente) bzw. ein Sprung (bei Einflusslinien für Querkräfte) eingeprägt wird. Dieser Sachverhalt ist in der älteren Literatur mitunter als *Satz von Land* beschrieben.

14.2.4 Einflusslinien für Auflagerkräfte

Wir beginnen unsere Überlegungen mit nachgiebigen Lagern. Für Lager dieser Art ist eine nicht verschwindende, aber endliche Steifigkeit anzunehmen. Für das System von Bild 14.1 ist für jeden Lastfall vorab festgelegt:

$$A_{Z4} = k_{W4} W_4 \qquad\qquad M_{Y1} = k_{\Phi 1} \Phi_1$$

Ohne weiteren Nachweis folgt für die Einflusslinien nachgiebiger Lagerkomponenten:

$$\eta_{AZ,k} = k_{W,k} \eta_{W,k} \quad (14\text{-}14) \qquad\qquad \eta^i_{MY,k} = k_{\Phi Y,k} \eta_{\Phi Y,k} \quad (14\text{-}15)$$

An die Stelle von Z resp. W in der ersten Beziehung können bei Längsbettung die Indizes X resp. U treten. Der Index k gibt den Knoten an, an dem die Lagerreaktion wirkt. Der Index i stellt wie üblich den Bezug zum Stabelement her.

Starren Lagern ist eine über alle Grenzen wachsende Steifigkeit zugeordnet; damit kann der eben beschriebene Weg nicht beschritten werden. Es lässt sich jedoch eine erfolgversprechende Vorgehensweise entwickeln, wenn wir uns an die mechanische Bedeutung einer Zeile des globalen Gleichungssystems des Weggrößenverfahrens erinnern. Jede dieser Gleichungen stellt eine Gleichgewichtsbedingung für diejenigen Knoten des statischen Systems dar, denen mindestens ein Freiheitsgrad der Verschiebung zugeordnet ist.
Dies gilt nicht für starre Lagerkomponenten, die a priori keine Verschiebung erfahren.
Ungeachtet dessen kann die zugeordnete Gleichgewichtsbedingung angeschrieben werden.
Für die Auflagerkraft A_{Z4} des Systems von Bild 14.1 lautet sie (unter der Bedingung, dass im Knoten 4 selbst keine lotrecht wirkende Einzellast angreift; s. Bild 14.7):

$$A_{Z4} + Q_4^3 + Q_4^4 = 0$$

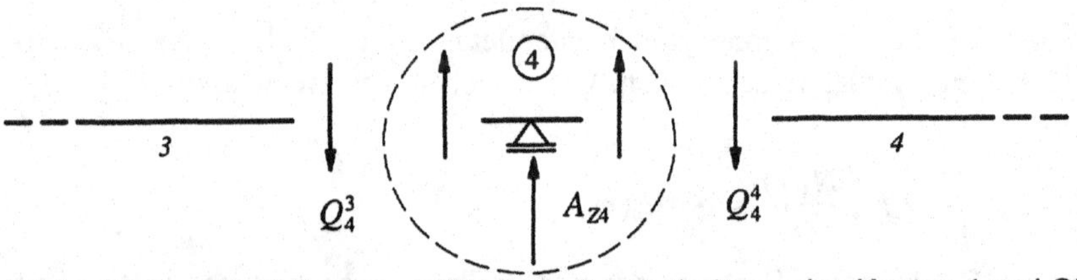

Bild 14.7 Durchlaufträger nach Bild 14.1: Rundschnitt um den Knoten 4 und Gleichgewicht lotrecht wirkender Kräfte

Drücken man in dieser Beziehung die Stabend-Querkräfte durch die Weggrößen der benachbarten Knoten aus und löst nach der gesuchten Auflagerkraft auf, so folgt:

$$\begin{aligned} A_{Z4} = &- k_{31}^3 W_3 - k_{32}^3 \Phi_3 - k_{33}^3 W_4 - k_{34}^3 \Phi_4 - Q_4^{3\,0} \\ &- k_{11}^4 W_4 - k_{12}^4 \Phi_4 - k_{13}^4 W_5 - k_{14}^4 \Phi_5 - Q_4^{4\,0} \end{aligned}$$

Aus dieser Beziehung resultiert die gesuchte Einflusslinie für die Auflagerkraft A_{Z4}, wenn die identisch verschwindenden Weggrößen W_4 und W_5 gestrichen und für die verbleibenden deren Einflusslinien eingesetzt werden.

$$\eta_{AZ,4} = - k_{31}^3 \eta_{W,3} - k_{32}^3 \eta_{\Phi,3} - \left(k_{34}^3 + k_{12}^4\right) \eta_{\Phi,4} - k_{14}^4 \eta_{\Phi,5} - \eta_{Q,4}^{3\,0} - \eta_{Q,4}^{4\,0} \qquad (14\text{-}16)$$

Die Einflusslinien für die Weggrößen ermitteln wir nach Abschnitt 14.2.2. Die beiden letzten Terme der rechten Seite sind wieder im geometrisch bestimmten Hauptsystem zu bestimmen und liegen mit Gl. (14-13.2) und (14-13.4) vor.

14.3 Beispiel

Im Folgenden sollen die Einflusslinien für ausgewählte Zustandsgrößen des in Bild 14.1 gegebenen Sytems angegeben werden. Die benötigten Zahlenwerte sind in Bild 14.8a) zusammengestellt. In allen Fällen wird als Wanderlast eine lotrechte Einzelkraft angenommen, die im gesamten Bereich des Stabzuges 1-2-3-4 wirken kann.
Die Auswertung von Einflusslinien wird für die in Bild 14.8c) gegebene Belastung gezeigt.

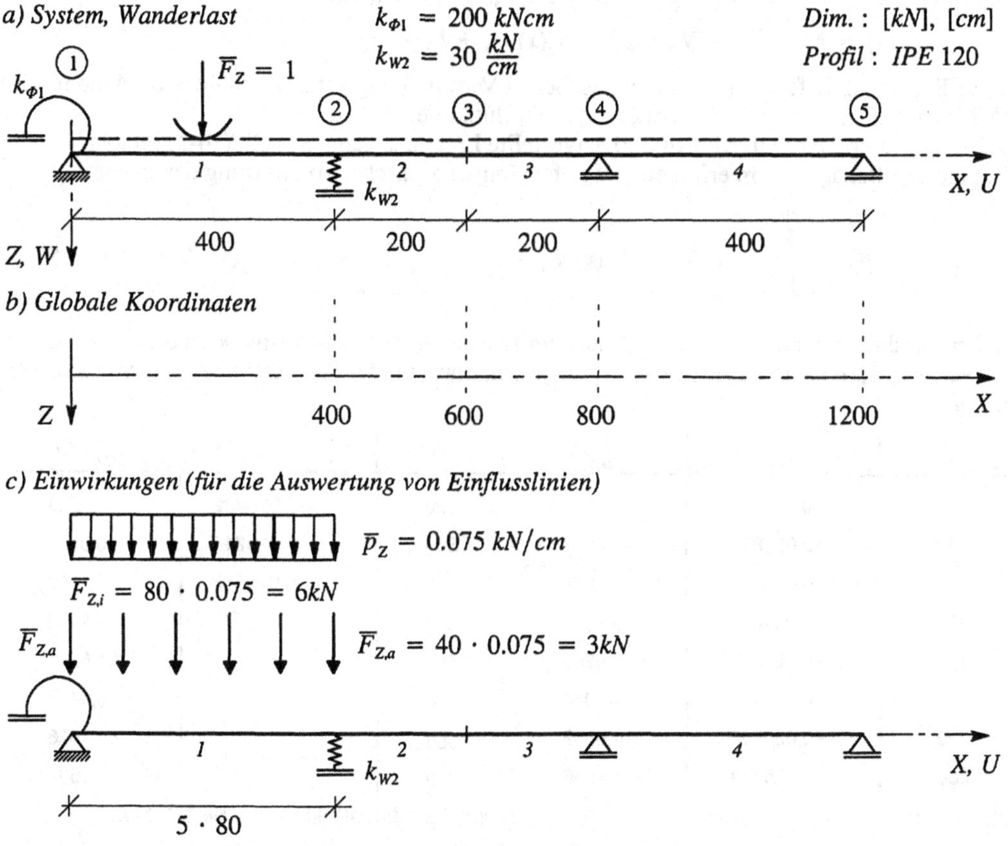

Bild 14.8 Durchlaufträger: System, Zahlenwerte, Querschnitt

Die Einflusslinie für die lotrechte Verschiebung des Knotens 3 ergibt sich nach Gl. (14-6) als Biegelinie des Durchlaufträgers, wenn im Aufpunkt, also in Knoten 3, eine lotrechte Kraft vom Betrag 1 wirkt. Die Lösung der Aufgabe erfordert die Durchführung einer geometrisch unbestimmten Rechnung nach den in den Kapiteln 6 und 7 vorgestellten Grundsätzen. Als Ergebnis erhält man zunächst die Durchsenkung W_k und die Neigung Φ_{Yk} in den Systemknoten k:

Stab	*1*	*2*	*3*	*4*
W_a	0	0,018553	0,120468	0
Φ_a	0,000226	-0,000589	0,000058	0,000636
W_b	0,018553	0,120468	0	0
Φ_b	-0,000589	0,000058	0,000636	-0,000318

Bild 14.9 Durchsenkung W_k und Verdrehung Φ_k der Knoten (stabweise) unter $\overline{F}_{Z,3} = 1$

Für die numerische Auswertung der gesuchten Einflusslinie wird lediglich die Biegelinie des Lastgurtes benötigt. Mit den Formfunktionen des Biegestabes und den aus der globalen Berechnung bekannten Knotenverschiebungen gilt stabweise (vgl. Kapitel 4, Gl. (4-43)):

$$w(x) = N_1(x)\, w_a + N_2(x)\, \varphi_a + N_3(x)\, w_b + N_4(x)\, \varphi_b$$

Diese Beziehung liefert mit den oben gegebenen Verschiebungen für die Stäbe 1 bis 4 die in Bild 14.2 im globalen Bezugssystem dargestellte Einflusslinie.
Die Auswertung für die in Bild 14.8 *c)* dargestellte Linienlast kann mit Gl. (14-1) im lokalen oder im globalen Bezugssystem erfolgen und liefert (mit analytischer Auswertung des Integrals):

$$W_3(\overline{p}_Z) = \int_0^{400} \left(N_1(x)\, W_1 + N_2(x)\, \Phi_1 + N_3(x)\, W_2 + N_4(x)\, \Phi_2\right) \overline{p}_Z(x)\, dx = -\ 0.5357$$

Stehen nur die Ordinaten der Einflusslinie zum Beispiel in den Zehntelspunkten der Stabelemente zur Verfügung, so kann die Auswertung numerisch, etwa mit der Summationsformel von Simpson erfolgen.

X	$\eta_{W,3}(X)$	$\eta^2_{M,3}(X)$	X	$\eta_{W,3}(X)$	$\eta^2_{M,3}(X)$
0	0	0	320	-0,016432	-10,7229
40	-0,008877	-3,8197	360	-0,018742	-6,0235
80	-0,017110	-7,4064	400	0,018553	0,8103
120	-0,024048	-10,5223	440		9,9773
160	-0,029037	-12,9299	480		21,5211
200	-0,031423	-14,3914	520		35,4463
240	-0,030553	-14,6692	560		51,7578
280	-0,025774	-13,5256	600		70,4601

Bild 14.10 Wert der Einflusslinien $\eta_{W,3}$ und $\eta^2_{M,3}$ in den Zehntelspunkten von Stab 1 bzw. 2

Die Ausrechnung liefert im Rahmen der oben ausgewiesenen Stellen das gleiche Ergebnis. Ersetzt man andererseits die aufgebrachte Belastung $\overline{p}^1_Z$ a priori durch die ebenfalls in Bild 14.8 *c)* gegebenen Einzellasten, so errechnen wir durch Auswerten des ersten Terms von Gl. (14-1):

$$W_3 = \left(\eta_{W,3}(0) + \eta_{W,3}(400)\right)\overline{F}_{Z,a} + \left(\eta_{W,3}(80) + \eta_{W,3}(160) + \eta_{W,3}(240) + \eta_{W,3}(320)\right)\overline{F}_{Z,i} = -\ 0.5031$$

Die Einflusslinie für die Verdrehung des Knotens 2 ergibt sich nach Gl. (14-7) als Biegelinie des Durchlaufträgers, wenn im Aufpunkt, also in Knoten 2, eine Biegemoment vom Betrag 1 wirkt. Auf der Basis der Ergebnisse einer geometrisch unbestimmten Rechnung (wie oben) ergibt sich die in Bild 14.11 dargestellte Einflusslinie.

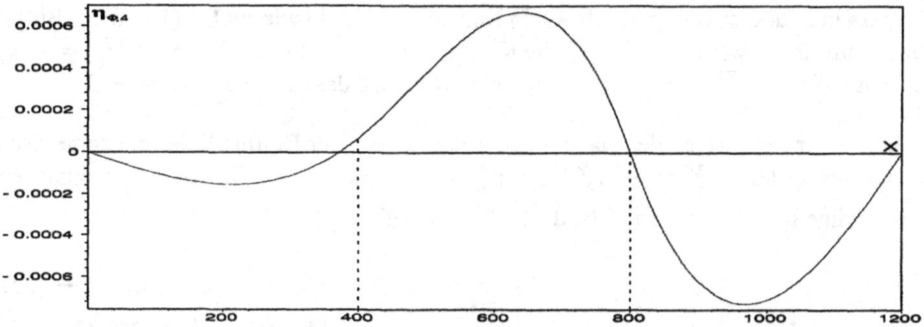

Bild 14.11 Durchlaufträger: Einflusslinie $\eta_{\Phi,4}$ für die Verdrehung des Trägers in Knoten 4

Die Einflusslinie für das Biegemoment von Stab 2 in Knoten 3 ermitteln wir mit Gl. (14-10) als Biegelinie des Durchlaufträgers, wenn im Anfangsknoten 2 des Elementes die Kraft $\overline{F}_{Z,2} = k_{41}^2$ und das Moment $\overline{M}_{Y2} = k_{42}^2$ und im Endknoten 3 die Kraft $\overline{F}_{Z3} = k_{43}^2$ und das Moment $\overline{M}_{Y3} = k_{44}^2$ gleichzeitig wirken (s. Bild 14.12; die Indices bei den Koeffizienten der Steifigkeitsmatrix beziehen sich auf die 4 mal 4 Matrix des Biegestabes).

$$\overline{F}_{Z,2} = k_{41}^2 = -1001.7$$
$$\overline{M}_{Y,2} = k_{42}^2 = 66780$$
$$\overline{F}_{Z,3} = k_{43}^2 = 1001.7$$
$$\overline{M}_{Y,3} = k_{44}^2 = 133560$$

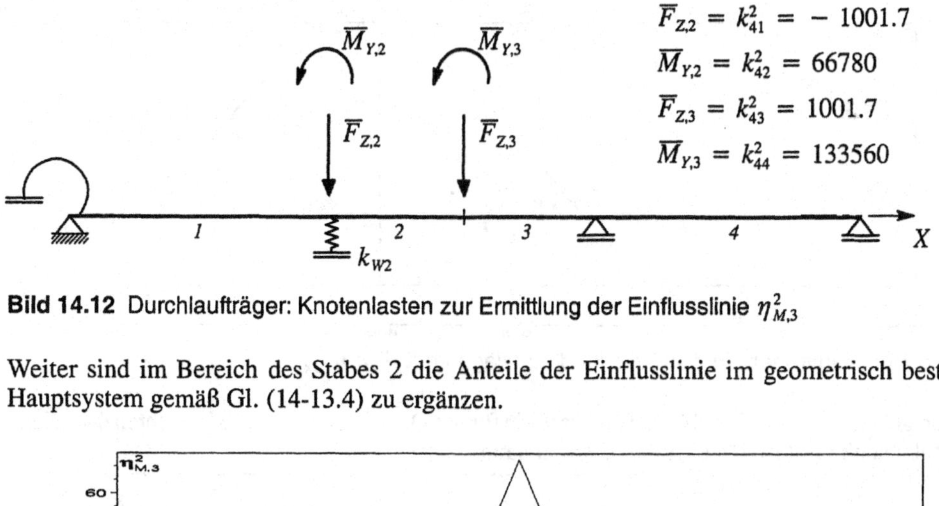

Bild 14.12 Durchlaufträger: Knotenlasten zur Ermittlung der Einflusslinie $\eta_{M,3}^2$

Weiter sind im Bereich des Stabes 2 die Anteile der Einflusslinie im geometrisch bestimmten Hauptsystem gemäß Gl. (14-13.4) zu ergänzen.

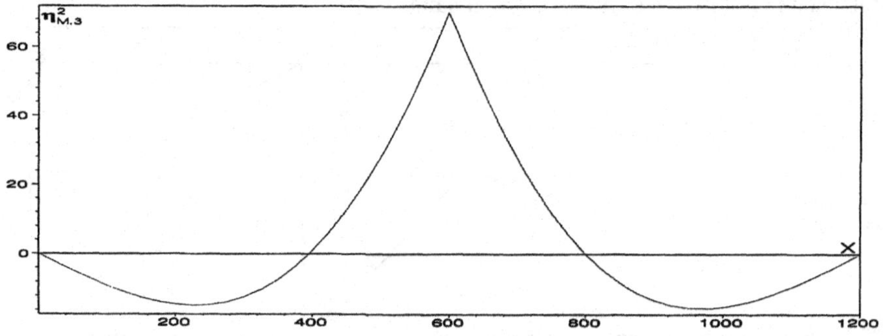

Bild 14.13 Durchlaufträger: Einflusslinie $\eta_{M,3}^2$ für das Biegemoment von Stab 2 im Knoten 3 M_3^2

Für den Leser, der die Einflusslinie numerisch nachvollziehen möchte, sind in Bild 14.10 die Werte von $\eta_{M,3}^2$ in diskreten Punkten der Stäbe 1 und 2 angegeben.

Die Einflusslinie für die Auflagerkraft A_{Z4} in Knoten 4 ermitteln wir mit Gl. (14-16) als Biegelinie des Durchlaufträgers, wenn in Knoten 3 die Kraft $\overline{F}_{Z3} = -k_{31}^3$ und das Moment $\overline{M}_{Y3} = -k_{32}^3$, in Knoten 4 das Moment $\overline{M}_{Y,4} = -k_{34}^3 - k_{12}^4$ und in Knoten 5 das Moment $\overline{M}_{Y,5} = -k_{14}^4$ wirken (s. Bild 14.14).

Weiter haben wir im Bereich der Stäbe 3 und 4 die Anteile der Einflusslinie im geometrisch bestimmten Hauptsystem, $\eta_{Q_4}^{3,0} = -N_3(x)$ und $\eta_{Q_4}^{4,0} = -N_1(x)$, analog Gl. (14-13) zu ergänzen.

Die vollständige Einflusslinie ist in Bild 14.15 dargestellt.

$$\overline{F}_{Z,3} = -k_{31}^3 = 10.02 \qquad\qquad \overline{M}_{Y,4} = -k_{34}^3 - k_{12}^4 = -751.28$$

$$\overline{M}_{Y,3} = -k_{32}^3 = -1001.7 \qquad\qquad \overline{M}_{Y,5} = -k_{14}^4 = 250.42$$

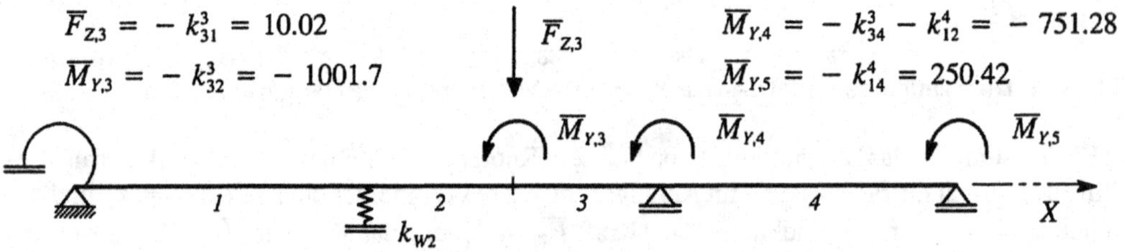

Bild 14.14 Durchlaufträger: Knotenlasten zur Ermittlung der Einflusslinie $\eta_{AZ,4}$

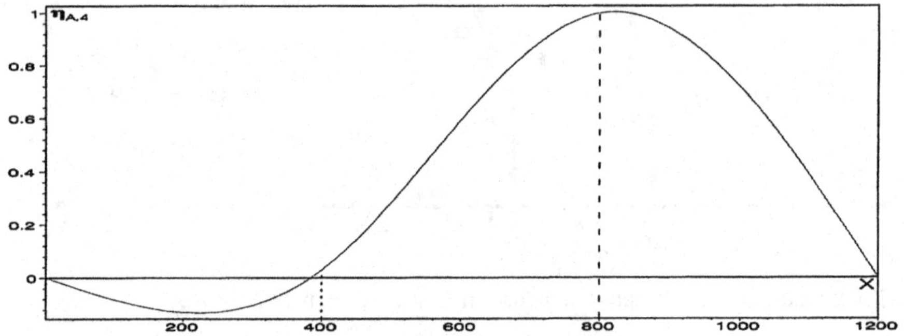

Bild 14.15 Durchlaufträger: Einflusslinie für die Auflagerkraft A_{Z4}: $\eta_{AZ,4}$

Ergänzend geben wir in Bild 14.16 die Einflusslinie für die Querkraft von Stab 3 in Knoten 4 wieder, die ebenfalls nach Gl. (14-10) ermittelt werden kann.

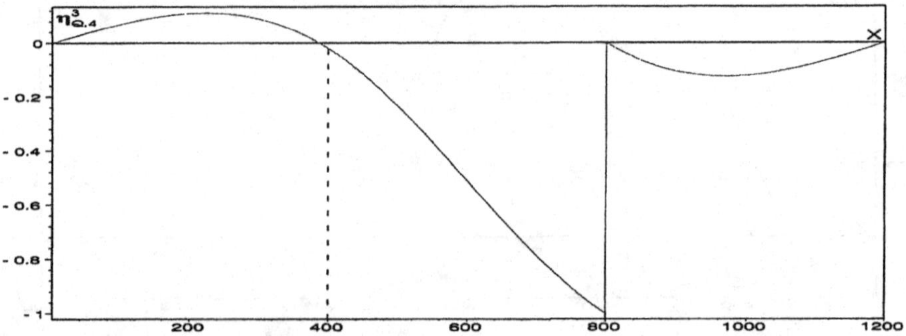

Bild 14.16 Durchlaufträger: Einflusslinie $\eta_{Q,4}^3$ für die Querkraft von Stab 3, Knoten 4

15 Strukturberechnung mit dem Kraftgrößenverfahren

15.1 Allgemeines

15.1.1 Zur Methode

In den letzten Jahrzehnten hat das Kraftgrößenverfahren als Folge der Erfindung des Computers seine überragende Bedeutung als Berechnungsverfahren für Tragwerke zwar weitgehend eingebüßt, trotzdem ist es auch heute noch für Handrechnungen, für Überschlagrechnungen anhand einfacher Systeme oder für Kontrollrechnungen nicht unwichtig. Wir werden deshalb in diesem Buch das Verfahren soweit behandeln wie es zum Verständnis der Grundlagen und zur Durchführung der Berechnung erforderlich ist und verweisen im übrigen auf die vorhandene umfangreiche Literatur, z.B. *Pflüger (1978)*, *Krätzig, Wittek (1990)*, *Duddeck/Ahrens (1997)*.

Aufgrund des weitgehend analogen Aufbaus des Weggrößen- und Kraftgrößenverfahrens läßt sich die von einer Methode her bekannte Herleitung auf die andere übertragen, was die Ableitung wesentlich vereinfacht. Dabei betonen wir die Formulierung des Rechengangs auf der Grundlage des zugeordneten Prinzips der virtuellen Kräfte, das für die Herleitung des Kraftgrößenverfahrens sowie des Arbeits- und Reduktionssatzes verwendet wird. Dies erlaubt es, auf Grund der dualen Eigenschaften der Prinzipe auch den Unterschied im Ablauf der Methoden vergleichend darzustellen.

Wie bereits im Kapitel 2 erwähnt, beruht der Siegeszug des Weggrößenverfahrens nach dem Aufkommen des Computers darauf, dass sich der Rechengang und insbesondere das Aufstellen der Last-und Einheitszustände einfach und systematisch formalisieren lässt, was die programmtechnische Realisierung wesentlich erleichtert. Insbesondere ist es möglich - wie in Kapitel 4 bis 7 gezeigt - den beidseits eingespannten Träger als geometrisches Grundsystem zu verwenden und auf diese Weise die Stabeigenschaften elementweise zu erfassen.
Dagegen beeinflussen die Last-und Einheitszustände des Kraftgrößenverfahrens meist die gesamte Struktur, da sie von vornherein das Gleichgewicht erfüllen müssen. Ihre Wahl ist dadurch stark vom betrachteten Tragwerk abhängig und deshalb schlecht systematisierbar. Auf der anderen Seite hat man in anschaulicher Weise Gleichgewichtzustände aufzustellen, was anhand einfacher Systeme eingeübt werden kann und das oft gelobte "statische Gefühl" eines Tragwerkplaners fördert. Es ist deshalb ein typisches Handrechenverfahren und seine Beherrschung ist für den Ingenieur in der Praxis auch heute noch angebracht..

Vorab sei noch erwähnt, dass wir in der Formulierung des Kraftgrößenverfahrens in diesem Buche bewusst auf eine durchgängige Verwendung des Matrizen-Kalküls verzichten. Bei allen Vorteilen, die es für eine fundierte Darstellung des Verfahrens bietet, kann dieser Formalismus nach unserer Erfahrung auch den mechanischen Hintergrund des Verfahrens überdecken. Deshalb erscheint es uns im Rahmen der relativ kurzen Darstellung der Methode in diesem Kapitel wichtiger, den Schwerpunkt auf die Begründung des Verfahrens zu legen und nehmen dabei die Nachteile einer langschriftlichen Schreibweise in Kauf. Für eine umfassende Formulierung des Kraftgrößenverfahrens in Matrizenschreibweise wird auf *Krätzig (1998)* verwiesen.

Zur Bezeichnungsweise wird weiterhin angemerkt, dass auf die beim Weggrößenverfahren zweckmäßige Unterscheidung des Bezugs auf globale und lokale Koordinaten durch Groß- und Kleinbuchstaben hier verzichtet wird und Weggrößen nur mit Kleinbuchstaben geschrieben werden.

15.1.2 Einführungsbeispiel

Bevor wir das Verfahren und seine Begründung näher besprechen, werden einführend einige wesentliche Punkte des Konzepts vorgestellt und anhand eines einfachen Beispiels veranschaulicht. Insbesondere soll im Anschluss an die Kapitel 5 und 12, in denen statisch bestimmte Tragwerke behandelt wurden, der Begriff der statischen Unbestimmtheit erläutert werden.

Bild 15.1a) zeigt die statische Systemskizze eines Zweifeldträgers unter konstanter Streckenlast. Für die Berechnung der Beanspruchung des Trägers und der auftretenden Biegemomente reichen die Gleichgewichtsbedingungen allein nicht aus. Dies wäre möglich, wenn das System aus zwei Einfeldträgern mit gelenkigen Endauflagern bestünde. Dieses sogenannte Hauptsystem ist rechts daneben abgebildet. Die tatsächlich vorhandene biegesteife Verbindung wird durch ein Gelenk ersetzt, so dass die Biegemomente M_0 sich gemäß Kap. 5.3.2 parabelförmig ergeben und an den Gelenken der Stützen verschwinden, vgl. Bild 15.1b). Die zugehörige Neigung der Biegelinie dieses Lastzustandes ist über der Mittelstütze links und rechts verschieden und weist einen Sprung auf. Beim wirklichen System muss sich über der Stütze jedoch eine kontinuierlich durchlaufende Biegelinie einstellen, die bei gleichen Stützweiten der beiden Felder aus Symmetriegründen dort horizontal verläuft. Diese Bedingung einer kinematischen Verträglichkeit lässt sich nun dazu nutzen, die Größe des Biegemomentenpaares über der Stütze so zu bestimmen, dass die Biegelinie des wirklichen Systems über der Mittelstütze glatt verläuft und der Sprung in der Neigung der Biegelinie verschwindet. Diese Größe bezeichnet man auch als statisch Unbestimmte X_1 und das System deshalb als einfach statisch unbestimmt.

Der Verlauf des endgültigen Biegemoments folgt durch Überlagern der Biegemomente des Lastzustandes M_0 mit den Biegemomenten aus der statisch unbestimmten Wirkung $X_1 M_1$, vgl. Bild 15.1a. Entsprechendes gilt auch für die anderen Zustandsgrößen.

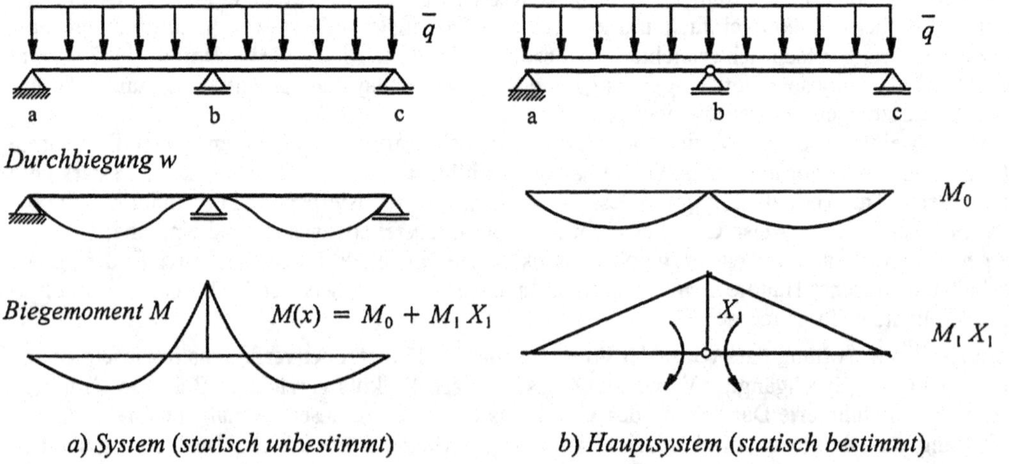

Bild 15.1 Zweifeldträger

Damit ist die Vorgehensweise des Kraftgrößenverfahrens in einfachen Zügen skizziert. Dieser Rechengang gilt in gleicher Weise für beliebige Tragwerke, nur sind dann so viel Unbekannte anzusetzen wie es dem Grad der statischen Unbestimmtheit entspricht, die entsprechend den Angaben im Kapitel 5 und 12 zu bestimmen ist.

Für die Kraftgrößen des statisch unbestimmten Systems gilt dann allgemein der Ansatz, z.B. für das Moment:

$$M(x) \;=\; M_0(x) \;+\; \sum_k M_k(x) \cdot X_k \tag{15-1}$$

Dabei ist noch darauf hinzuweisen, dass die Statisch Unbestimmten X_k als dimensionslose Multiplikatoren der Einheitszustände der Kraftgrößen eingeführt werden.

Nach der Behandlung des Einführungsbeispiels können die wesentlichen Schritte des Kraftgrößenverfahrens zusammengestellt werden:
Zunächst ist *im ersten Schritt* die Modellbildung mit dem Festlegen des statischen Systems, den Kennwerten und Einwirkungen durchzuführen. Sodann sind die Unbekannten zu wählen und die Verläufe der Schnittgrößen der Gleichgewichtszustände infolge der Einwirkungen (Lastzustand) und der statisch Unbestimmten (Einheitszustände) zu bestimmen (*Schritt 2*). Dies erfolgt am Hauptsystem, das i. A. als statisch bestimmt gewählt wird und das mit Hilfe der in Kapitel 5 und 12 gezeigten Methoden zu behandeln ist.
Darauf folgt die Ermittlung der zugehörigen Nachgiebigkeitswerte für diese beiden Zustände (*Schritt 3*), analog der Ermittlung der Steifigkeitskoeffizienten beim Weggrößenverfahren. Entsprechend der Wahl der Statisch Unbestimmten kann man bei Kenntnis der Nachgiebigkeiten die zugehörigen Weggrößen berechnen, am Beispiel also jeweils die Tangentenneigung (Verdrehung) der Biegelinie über der Mittelstütze (wo die Unbekannte X_1 angesetzt ist).
Diese Werte dienen als Bausteine der kinematischen Bedingungsgleichungen zur Bestimmung der Unbekannten (*Schritt 4*). Sie werden mit Hilfe des Prinzips der virtuellen Kräfte ermittelt, das in den folgenden Kapiteln näher betrachtet wird. Nach Lösung des algebraischen Gleichungssystems (*Schritt 5*) werden dann die endgültigen Kraftgrößen durch Überlagerung der Last- und Einheitsspannungszustände berechnet, z.B. für die Momente gemäß Gl. (15-1). Schließlich können für den Entwurf erforderliche Weggrößen an ausgewählten Punkten mit Hilfe des in Kapitel 15.4.1 behandelten Arbeitssatzes bestimmt werden (*Schritt 6*).

Die allgemeine Vorgehensweise des Kraftgrößenverfahren ist in der Übersicht in Kap. 15.5.2 dargestellt. Im Vergleich mit dem Weggrößenverfahren (vgl. Tabelle in Kap. 7.3.3) wird der duale Charakter der beiden Methoden deutlich.

15.1.3 Ergänzungsarbeit (konjugierte Formänderungsarbeit)

Wie schon der Name sagt, werden beim Kraftgrößenverfahren bei der Formulierung der Grundgleichungen Kraftgrößen als Unbekannten verwendet. Für eine integrale Form dieser Beziehungen sind also die zugehörigen Arbeitsausdrücke entsprechend in Spannungen bzw. Kraftgrößen als Unbekannten auszudrücken.

Einführend betrachten wir dazu die Formänderungsarbeit eines Stabes

$$-W_i = \int_x \int_A \frac{1}{2}\; \varepsilon\, \sigma\, dA\;\, dx = \int_x \frac{1}{2}\; \varepsilon\, N\; dx$$

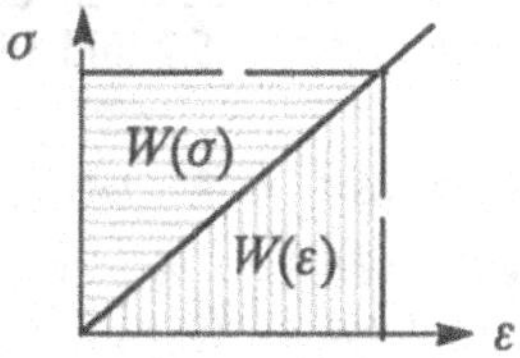

Im nebenstehenden Bild wird die auf das Volumenelement bezogene Arbeit geometrisch durch die Fläche unterhalb der Kurve im $\sigma - \varepsilon -$ Diagramm wiedergegeben. Wir erinnern daran, dass sich Formänderungsarbeit und Formänderungsenergie durch ihr Vorzeichen unterscheiden. Die Formänderungsenergie ist die im Körper aufgespeicherte Formänderungsarbeit und wird allgemein mit positivem Vorzeichen definiert. Damit erhält die Formänderungsarbeit das in der obigen Gleichung für W eingeführte negative Vorzeichen.

Nach Einsetzen des Hooke'schen Stoffgesetzes geht der obige Ausdruck über in

$$- W_i(\varepsilon) = \int_x \frac{1}{2}\ \varepsilon\ EA\ \varepsilon\ dx$$

und ist damit in Verzerrungen und so vollständig in Weggrößen formuliert. Schreibt man ihn stattdessen in Spannungen bzw. Spannungsresultierenden, so folgt mit $W_i(\varepsilon) + W_i(\sigma) = \sigma\,\varepsilon$ (vgl. Bild)

$$- W_i(\sigma) = - W_i{}^* = \int_x \int_A \frac{1}{2}\ \sigma\ \varepsilon\ dA\ dx = \int_x \frac{1}{2}\ N \frac{1}{EA}\ N\ dx\,,$$

wobei wir hier von der *Ergänzungsarbeit* oder *konjugierten Formänderungsarbeit* sprechen. Bei einem linearen Stoffgesetz haben beide Ausdrücke den gleichen Wert. Sie sind aber in Abhängigkeit von unterschiedlichen Variablen geschrieben. Zur Unterscheidung wird die Ergänzungsarbeit mit einem Stern (*) markiert.

Entsprechend können die *virtuellen* Arbeitsausdrücke auch in Abhängigkeit virtueller Spannungen bzw. Spannungsresultierenden angegeben werden, z.B. als *virtuelle Ergänzungsarbeit*:

$$- \delta W_i(\sigma) = - \delta W_i{}^* = \int_x \delta N\,\varepsilon\ dx = \int_x \delta N \frac{1}{EA}\, N\, dx$$

Die angeführten Beziehungen lassen sich nach dem verallgemeinerten Hooke'schen Gesetz in analoger Form auch für zwei- oder dreidimensionale Probleme anwenden (z.B. für das Kontinuum), indem dort die in Kap. 3.2.5 angegebenen mehrdimensionalen Komponenten für Dehnungen $\boldsymbol{\varepsilon}$, Spannungen $\boldsymbol{\sigma}$ und die Elastizitätsmatrix $\boldsymbol{E}$ eingesetzt werden.

Für die virtuelle Ergänzungsarbeit der inneren Wirkungen im Kontinuum erhalten wir damit (analog zu den virtuellen inneren Arbeiten in Gl. (3-5)/1)

$$- \delta W_i^*(\sigma) = \int_V \left(\delta\sigma_x\,\varepsilon_x + \delta\sigma_y\,\varepsilon_y + \delta\sigma_z\,\varepsilon_z + \delta\tau_{xy}\,\gamma_{xy} + \delta\tau_{yz}\,\gamma_{yz} + \delta\tau_{zx}\,\gamma_{zx} \right) dV \qquad (15\text{-}2)$$

15.1.4 Prinzip der virtuellen Kräfte

Nach Einführung des Begriffs der Ergänzungsarbeit sind wir nun in der Lage, als Grundlage des Kraftgrößenverfahrens das Prinzip der virtuellen Kräfte heranzuziehen, das vor seiner formelmäßigen Darstellung in Kap. 15.2 und 15.3 zunächst als Satz postuliert wird:

Prinzip der virtuellen Kräfte (PvK):

Die virtuelle Ergänzungsarbeit ist für statisch zulässige virtuelle Kräfte dann, und nur dann gleich Null, wenn der wirkliche Verschiebungszustand, auf dem die virtuellen Kräfte Arbeit leisten, kinematisch verträglich ist und die kinematischen Randbedingungen erfüllt.

Voraussetzung ist, dass die virtuellen Kraftgrößen statisch zulässig sind, d.h. dass sie im Gleichgewicht sind und die statischen Randbedingungen erfüllen.

Im Vergleich mit dem Prinzip der virtuellen Verschiebungen in Kap. 3.3.4 und 4.1 erkennt man den analogen Aufbau: Die im PvK enthaltene mechanische Aussage ist im PvV als Nebenbedingung von vornherein zu erfüllen, und umgekehrt ist die im PvV enthaltene Aussage Nebenbedingung des PvK. Formulierung und Aufbau des Prinzips der virtuellen Kräfte für Stabtragwerke werden ausführlich im nachfolgenden Kapitel 15.2 erläutert.

Analog dem in Kapitel 4.1 für das Prinzip der virtuellen Verschiebungen angegebenen Zusammenhang wird hier die Verbindung zwischen dem Prinzip der virtuellen Kräfte als integraler Formulierung und den zugehörigen Differentialgleichungen schematisch dargestellt:

Prinzip der virtuellen Kräfte (Prinzip der konjugierten virtuellen Arbeiten)	$\Leftrightarrow$	*Kinematische Verträglichkeit und Kinematische Randbedingungen*
Integral über Gesamtsystem (Globale Formulierung)		Differentialgleichungen (Lokale Formulierung)

Dieser Übergang vom Prinzip der virtuellen Kräfte zu den daraus folgenden Differentialgleichungen wird detailliert im Kapitel 15.3 besprochen.

15.2 Das Prinzip der virtuellen Kräfte für Stabtragwerke

15.2.1 Innere virtuelle Ergänzungsarbeit

Zur Formulierung der Grundgleichungen in Kraftgrößen betrachtet man einen Stab gemäß dem Elementkonzept als Teil des Tragwerks (siehe Kap. 2.9). Das Volumen V in Gl. (15-2) ist aufgrund der Reduktion auf die Stabachse für jeden Stab durch Querschnittsfläche mal Länge zu ersetzen. Das Integral über x steht für die Summe der Arbeiten über alle Stäbe des Tragwerks. Dann gilt analog Gl. (3-5)/1 für die innere virtuelle Ergänzungsarbeit:

$$-\delta W_i^* = \int_x \int_A \left(\delta\sigma_x \varepsilon_x + \delta\sigma_y \varepsilon_y + \delta\sigma_z \varepsilon_z + \delta\tau_{xy} \gamma_{xy} + \delta\tau_{yz} \gamma_{yz} + \delta\tau_{zx} \gamma_{zx} \right) dA\, dx \qquad (15\text{-}3)$$

Nach Definition der in Kapitel 3.3.4 angegebenen Spannungsresultierenden - vgl. auch Bild 3.10 - erhält man analog der für das PvV gültigen Beziehung (3-40) unter Bezug aller Größen auf die Stabachse:

$$-\delta W_i{}^* = \int_x \left(\delta N \varepsilon + \delta M_z \kappa_z + \delta M_y \kappa_y + \delta M_\omega \kappa_\omega + \delta M_{TV} \gamma_{TV} + \underline{\delta Q_y \gamma_y + \delta Q_z \gamma_z + \delta M_{x\omega} \gamma_{x\omega}} \right) dx$$

(15-4)

Dieser Ausdruck der inneren virtuellen Ergänzungsarbeit zeigt ebenso wie Gl. (3-40), welche Verzerrungsgrößen eines Punktes der Stabachse den Schnittgrößen im Sinne einer Arbeit zugeordnet sind (Arbeitskomplemente). Der Sachverhalt ist in Tabelle 3.1 dargestellt, aus der auch die Verteilung dieser Größen über den Querschnitt zu entnehmen ist.

Nach Einführung der zusätzlichen kinematischen Hypothesen (Annahmen 5. und 6. in Kap. 3.3.1)

$$\gamma_y = \gamma_z = \gamma_{x\omega} = 0$$

entfallen in Gl. (15-4) die zugeordneten letzten drei Anteile (unterstrichen).

Für die vollständige Formulierung in Kraftgrößen sind in Gl. (15-4) die Verzerrungsgrößen mit Hilfe des Stoffgesetzes (3-4) durch die zugeordneten Spannungen und unter Verwendung der entsprechenden Definitionen - vgl. Gl. (3-39) und Tabelle 3.1 - durch die Spannungsresultierenden zu ersetzen. Dabei werden die Querschnittswerte gemäß Gln. (3-43) und (3-44) verwendet. *Unter Bezug auf die Hauptachsen* ergeben sich die entkoppelten Beziehungen zwischen Verzerrungsgrößen und Spannungsresultierenden:

$$\varepsilon = \frac{N}{EA} \qquad \kappa_z = \frac{M_z}{EI_z} \qquad \kappa_y = \frac{M_y}{EI_y} \qquad \kappa_\omega = \frac{M_\omega}{EI_\omega} \qquad \gamma_{TV} = \frac{M_{TV}}{G\,I_T} \tag{15-5}$$

Nach Einsetzen in Gl.(15-4) erhalten wir den Anteil der inneren virtuellen Ergänzungsarbeit für das Prinzip der virtuellen Kräfte, bezogen auf die geraden Hauptachsen des jeweils betrachteten Stabes.

15.2.2 Äußere virtuelle Ergänzungsarbeit

Für die Formulierung der äußeren virtuellen Ergänzungsarbeit wird ebenfalls vorausgesetzt, dass alle Einwirkungen *in Bezug auf die Hauptachsen* angegeben sind. Diese Transformation wurde in Abschnitt 3.3.4.4 ausführlich behandelt und ist hier in gleicher Weise anzuwenden.

Einwirkende Kraftgrößen (Lasten)

Eingeprägte Kraftgrößen sind durch die einzuhaltenden Nebenbedingungen an den Kraftzustand (Gleichgewicht und statische Randbedingungen) erfasst und treten als bekannte Kraftgrößen nicht explizit in zusätzlichen Termen im Prinzip der virtuellen Kräfte auf.

Einwirkende Weggrößen (Dehnungen, Verkrümmungen, Verschiebungen)

Für das Prinzip der virtuellen Kräfte liefern sowohl eingeprägte Dehnungen $\bar{\varepsilon}_0(x)$ und Verkrümmungen $\bar{\kappa}_y(x)$ und $\bar{\kappa}_z(x)$ als auch eingeprägte Verschiebungsgrößen an diskreten Punkten Anteile der äußeren virtuellen Ergänzungsarbeit. Wenn die Verzerrungsgrößen aus einer gleichmäßigen Erwärmung eines Bauteils oder aus einem konstanten Temperaturgradienten über seine Höhe stammen, werden diese wie in Gl. (3-57) durch

$$\bar{\varepsilon}_T = \alpha_T \overline{T} \qquad \bar{\kappa}_{zT} = \alpha_T \overline{\Delta T_y} \,/\, h_y \qquad \bar{\kappa}_{yT} = \alpha_T \overline{\Delta T_z} \,/\, h_z \tag{15-6}$$

beschrieben. Da eingeprägte Verzerrungen dieser Art jedoch auch aus Schwinden oder Kriechen der Bauteile oder aus plastischen Verzerrungen resultieren können, wird der Index T im Folgenden weggelassen. Der Klarheit halber sei erwähnt, dass in bestimmten Fällen (z.B. bei statisch bestimmt gelagerten Bauteilen) eingeprägte Verzerrungen keine Spannungen, wohl aber Verschiebungen hervorrufen.

Analog zum Vorgehen in Kapitel 3.3.4.4 bildet man den Vektor eingeprägter Verzerrungen:

(3-58): $$\bar{\kappa}^T(x) = \begin{bmatrix} \bar{\varepsilon} & \bar{\kappa}_z & \bar{\kappa}_y & 0 \end{bmatrix}$$

Die entsprechenden äußeren virtuellen Ergänzungsarbeiten erhalten wir durch Multiplikation mit den zugehörigen Arbeitskomplementen. Dabei ist zu beachten, dass positive eingeprägte Dehnungen in gleicher Weise wie die elastischen Dehnungen im Inneren des Körpers eine negative virtuelle Arbeit leisten. Unter Bezug auf die Hauptachsen folgt aus Gl. (3-46):

$$\textit{Stäbe}: \qquad \delta W_a^* = -\int_x \left(\delta N\,\bar{\varepsilon} + \delta M_z\,\bar{\kappa}_z + \delta M_y\,\bar{\kappa}_y \right) dx \tag{15-7}$$

Zusätzlich zu den Einwirkungen auf die Stäbe - Integrale längs der Stabachsen x - sind mögliche Anteile aus den durch Querstrich gekennzeichneten vorgegebenen Verschiebungsgrößen an einzelnen Punkten (Knoten) zu berücksichtigen wie sie z.B. bei Lagerverschiebungen oder -verdrehungen auftreten:

$$\text{Knoten}: \qquad \delta W_a^* = \left[\delta N\,\bar{u} + \delta Q_y\,\bar{v} + \delta Q_z\,\bar{w} + \delta M_x\,\bar{\varphi}_x + \delta M_y\,\bar{\varphi}_y + \delta M_z\,\bar{\varphi}_z\right]\Big|_{R_u} \qquad (15\text{-}8)$$

Bei vorgegebenen Weggrößen sind die konjugierten Kraftgrößen als Reaktionen zu betrachten. In der Schreibweise (z.B. δA_x statt δN) wird dies explizit erst ab Kap. 15.2.4 unterschieden.

15.2.3 Zusammenfassung zum Prinzip der virtuellen Kräfte

Wie bereits in Kapitel 3.3 deutlich wurde, kann man das Arbeitsprinzip durch Aufsummieren der verschiedenen Anteile gewinnen, was eine Veranschaulichung des komplexen Sachverhalts erleichtert. Auf dieser Basis folgt das *Prinzip der virtuellen Kräfte (PvK)* durch Zusammenfassen der inneren und äußeren virtuellen Ergänzungsarbeiten aus den beiden Kapiteln 15.2.1 und 15.2.2 zu:

$$
\begin{aligned}
-\delta W^* = & \int_x \Big(\underbrace{\delta N \frac{N}{EA}}_{\text{Längskraft}} + \underbrace{\delta M_z \frac{M_z}{EI_z}}_{\text{Biegung um y-Achse}} + \underbrace{\delta M_y \frac{M_y}{EI_y}}_{\text{Biegung um z-Achse}} + \underbrace{\delta M_\omega \frac{M_\omega}{EI_\omega}}_{\text{Wölbkraft-Torsion}} + \underbrace{\delta M_{xV} \frac{M_{xV}}{GI_T}}_{\text{Reine Torsion}} \Big)\, dx \\
& + \int_x \Big(\underbrace{\delta Q_z \frac{Q_z}{GA_{sz}}}_{\text{Querkraft in y-Richtung}} + \underbrace{\delta Q_y \frac{Q_y}{GA_{sy}}}_{\text{Querkraft in z-Richtung}} + \underbrace{\delta M_{x\omega} \frac{M_{x\omega}}{GA_{x\omega}}}_{\text{Wölbkraft-Schub}} \Big)\, dx \qquad (15\text{-}9) \\
& + \int_x \underbrace{\left(\delta N\,\bar{\varepsilon} + \delta M_y\,\bar{\kappa}_y + \delta M_z\,\bar{\kappa}_z \right)}_{\text{Eingeprägte Verzerrungen}}\, dx \\
& - \underbrace{\left[\delta N\,\bar{u} + \delta Q_y\,\bar{v} + \delta Q_z\,\bar{w} + \delta M_x\,\bar{\varphi}_x + \delta M_y\,\bar{\varphi}_y + \delta M_z\,\bar{\varphi}_z \right]\Big|_{R_u}}_{\text{Vorgegebene Verschiebungsgrößen}} = 0
\end{aligned}
$$

In der Anwendung auf ein Stabtragwerk werden in Gl.(15-9) die Integrale über x so verstanden, dass sie sich als Zusammenfassung zum Gesamtvolumen des Tragwerks als Summe über alle Stäbe des Systems erstrecken. Auf die explizite Verwendung eines Summenzeichens wird zur Vereinfachung der Schreibweise in Übereinstimmung mit der einschlägigen Literatur verzichtet. Entsprechendes gilt für die Summe vorgegebener Verschiebungen an den Knoten k, die zum Rand R_u zusammengefasst werden.

Nach Einführung der Hypothesen (3-41) entfällt wegen Vernachlässigung der aus den Schubverzerrungen folgenden Anteile die zweite Zeile der obigen Beziehung und es verbleibt die Form:

$$
\begin{aligned}
-\delta W^* = & \int_x \left(\delta N \frac{N}{EA} + \delta M_z \frac{M_z}{EI_z} + \delta M_y \frac{M_y}{EI_y} + \delta M_{x\omega} \frac{M_{x\omega}}{EI_\omega} + \delta M_{xV} \frac{M_{xV}}{GI_T} \right) dx \\
& + \int_x \left(\delta N\,\bar{\varepsilon} + \delta M_y\,\bar{\kappa}_y + \delta M_z\,\bar{\kappa}_z \right) dx \qquad (15\text{-}10) \\
& - \left[\delta N\,\bar{u} + \delta Q_y\,\bar{v} + \delta Q_z\,\bar{w} + \delta M_x\,\bar{\varphi}_x + \delta M_y\,\bar{\varphi}_y + \delta M_z\,\bar{\varphi}_z \right]\Big|_{R_u} = 0
\end{aligned}
$$

Außerdem wird darauf hingewiesen, dass die innere virtuelle Ergänzungsarbeit wie in Gl. (15-4) häufig abgekürzt mit Hilfe der Verzerrungsgrößen geschrieben wird. Dies ist zwar zur Schreiberleichterung zweckmäßig, jedoch ist zu beachten, dass nur Kraftgrößen die Unbekannten des Prinzips der virtuellen Kräfte sind.

15.2.4 Eben beanspruchte Stabtragwerke

Die weiteren Erörterungen zum Kraftgrößenverfahren erfolgen vereinfachend an Systemen ohne Torsionswirkungen, d. h. an eben beanspruchten Stabtragwerken. Bei Bedarf können auf Grund des bausteinartigen Aufbaus der Gleichungen die zusätzlichen Terme für räumlich beanspruchte Stabtragwerke in einfacher Weise hinzugefügt werden. Außerdem erscheint es für praktische Anwendungen zweckmäßig, auch den Einfluss von Einzelfedern an bestimmten Stellen miteinzubeziehen, wobei diese in Richtung der Längs- beziehungsweise Querverschiebung oder als Drehfeder angesetzt werden können. Die zugehörigen Federkräfte hängen mit den Verschiebungen bzw. der Verdrehung über eine Steifigkeitskonstante k zusammen. Im Rahmen des Kraftgrößenverfahrens sind die Verschiebungsgrößen durch die Federkräfte mittels der inversen Steifigkeit, also der Nachgiebigkeit der Feder, zu erfassen, z.B. die Durchbiegung an der Stelle j durch $w_j = (F_w/k_w)_j$. In ähnlicher Weise können gebettete Balken durch Zusatzterme entsprechenden Aufbaues als Integral längs x statt als Summe berücksichtigt werden.
Zur Vereinfachung der Schreibweise werden außerdem wie in Kapitel 4 die Zustandsgrößen $M_y, \varphi_y, \kappa_y, Q_z, \gamma_z$ ohne unteren Index geschrieben. Aus Gl. (15-10) folgt dann die Form:

$$
\begin{aligned}
-\delta W^* = & \underbrace{\int_x \left(\delta N \frac{N}{EA} + \delta Q \frac{Q}{GA_s} + \delta M \frac{M}{EI} \right) dx}_{\text{Längskraft} \quad \text{Biegung}} + \underbrace{\sum_{\text{Federn}} \left[\delta F_u \frac{F_u}{k_u} + \delta F_w \frac{F_w}{k_w} + \delta F_\varphi \frac{F_\varphi}{k_\varphi} \right]_j}_{\text{Einzelfedern}} \\
& + \underbrace{\int_x (\delta N \bar{\varepsilon} + \delta M \bar{\kappa})\, dx}_{\text{Eingeprägte Verzerrungen}} - \underbrace{[\delta N \bar{u} + \delta Q \bar{w} + \delta M \bar{\varphi}]\Big|_{R_u}}_{\text{Vorgegebene Verschiebungsgrößen}} = 0
\end{aligned}
\tag{15-11}
$$

15.3 Vom Prinzip der virtuellen Kräfte zu den lokalen Grundgleichungen (Dgln.) und kinematischen Randbedingungen

Bevor wir im Weiteren das Kraftgrößenverfahren auf der Grundlage des Prinzips der virtuellen Kräfte entwickeln, erscheint es zweckmäßig, einen Abschnitt einzufügen, der die mechanische Bedeutung des Prinzips der virtuellen Kräfte in der Anwendung auf Stabtragwerke noch näher beleuchtet. Dieses Kapitel kann auch überschlagen werden, wenn diese Überlegungen bereits bekannt sind, z.B. durch Studium des entsprechenden Kapitels 4.1. für das Weggrößenverfahren.

Das Prinzip der virtuellen Kräfte lässt sich völlig analog zum Prinzip der virtuellen Verschiebungen in eine Form überführen, aus der man unmittelbar ablesen kann, welche lokalen Grundgleichungen (in differentieller Form) sie enthalten. Dies wird nachfolgend für die Anteile der Längskraft und der einachsigen Biegung gezeigt; andere Wirkungen lassen sich analog behandeln. Zur Vereinfachung der Schreibweise werden dabei wie bereits im letzten Abschnitt die Zustandsgrößen $M_y, \varphi_y, \kappa_y, Q_z, \gamma_z$ ohne unteren Index geschrieben. Nach Gl. (15-4) und Gl. (15-7), (15-8) erhält man für die innere und äußere virtuelle Ergänzungsarbeit für das gesamte System (hier ohne Anteile der Einzelfedern):

$$\delta W_i{}^* = -\underbrace{\int_x (\delta N\,\varepsilon + \delta Q\,\gamma + \delta M\,\kappa)\,dx}_{\text{aus Beanspruchung der Stäbe}}$$

$$\delta W_a{}^* = -\underbrace{\int_x (\delta N\,\bar{\varepsilon} + \delta M\,\bar{\kappa})\,dx}_{\text{aus vorgegebenen Verzerrungen}} + \underbrace{[\delta N\,\bar{u} + \delta Q\,\bar{w} + \delta M\,\bar{\varphi}]\Big|_{R_u}}_{\text{aus vorgegebenen Randverschiebungen}}$$

Als zusätzliche statische Bedingung (Nebenbedingung) der virtuellen Kräfte gilt: Ein zulässiger virtueller Spannungszustand muss in jedem Punkt x längs der Stabachse im Gleichgewicht (statisch verträglich) sein und die statischen Randbedingungen (R_p) des Systems erfüllen:

$$\left.\begin{aligned} \delta(N' + \bar{p}_x) &= \delta N' = 0\,; \\ \delta(Q' + \bar{p}_z) &= \delta Q' = 0 \\ \delta(M' - Q + \bar{m}_y) &= 0\,; \end{aligned}\right\} \text{in } x \qquad \left.\begin{aligned} \delta(N - \bar{N}) &= \delta N = 0 \\ \delta(Q - \bar{Q}) &= \delta Q = 0 \\ \delta(M - \bar{M}) &= \delta M = 0 \end{aligned}\right\} \text{auf } R_p$$

Unter diesen Nebenbedingungen gilt das Prinzip der virtuellen Kräfte $\delta W^* = 0$: (15-12)

$$-\delta W^* = \int_x (\delta N\,\varepsilon + \delta Q\,\gamma + \delta M\,\kappa)\,dx + \int_x (\delta N\,\bar{\varepsilon} + \delta M\,\bar{\kappa})\,dx - [\delta N\,\bar{u} + \delta Q\,\bar{w} + \delta M\,\bar{\varphi}]\Big|_{R_u} = 0$$

Zur Ableitung der zugehörigen Grundgleichungen führt man die Nebenbedingungen des virtuellen Kräftezustands (Gleichgewicht) als formale Erweiterung des Arbeitsprinzips ein (unterstrichene Terme):

$$-\delta W^* = \int_x (\delta N\,\varepsilon + \delta Q\,\gamma + \delta M\,\kappa)\,dx + \int_x (\delta N\,\bar{\varepsilon} + \delta M\,\bar{\kappa})\,dx - [\delta N\,\bar{u} + \delta Q\,\bar{w} + \delta M\,\bar{\kappa}]\Big|_{R_u}$$

$$+ \underline{\int_x [\delta N'\,u + \delta Q'\,w + \delta(M' - Q)\,\varphi]\,dx} = 0$$

Danach werden die Ableitungen der virtuellen Größen in der letzten (unterstrichenen) Zeile mit Hilfe der partiellen Integration (Teilintegration)

$$\int_a^b u\,dv = [u\,v]\Big|_a^b - \int_a^b v\,du \qquad \text{bzw. über das gesamte System:} \qquad \int_x u\,dv = [u\,v]\Big|_R - \int_x v\,du$$

umgeformt (siehe Anhang A1), wobei zusätzliche Randterme entstehen:

$$[\delta N\,u]\Big|_R - \int_x \delta N\,u'\,dx + [\delta Q\,w]\Big|_R - \int_x \delta Q\,w'\,dx + [\delta M\,\varphi]\Big|_R - \int_x \delta M\,\varphi'\,dx - \int_x \delta Q\,\varphi\,dx$$

Wird diese Beziehung mit Gl. (15-12) zusammengefasst und beachtet man dabei, dass die statischen Randbedingungen auf R_p voraussetzungsgemäß erfüllt sind, so erhalten wir mit $R = R_p + R_u$:

$$
\begin{aligned}
-\delta W^* = \int_x [\delta N(\varepsilon - u') + \delta Q(\gamma - \varphi - w') + \delta M(\kappa - \varphi')]\,dx \\
+ [\delta N u + \delta Q w + \delta M \varphi]\Big|_{R_u} \\
+ \int_x [\delta N \bar{\varepsilon} + \delta M \bar{\kappa}]\,dx - [\delta N \bar{u} + \delta Q \bar{w} + \delta M \bar{\varphi}]\Big|_{R_u} = 0
\end{aligned}
$$

Unter Berücksichtigung der Nebenbedingungen (Gleichgewicht und statische Randbedingungen) liefert das Sortieren nach den virtuellen Kraftgrößen die zu Gl. (15-12) gleichwertige Beziehung:

$$
\begin{aligned}
-\delta W^* = \int_x \{\delta N[\varepsilon - u' + \bar{\varepsilon}] + \delta Q[\gamma - \varphi - w'] + \delta M[\kappa - \varphi' + \bar{\kappa}]\}\,dx \\
\text{Kinematische Beziehungen} \\
+ \delta N[u - \bar{u}]\Big|_{R_u} + \delta Q[w - \bar{w}]\Big|_{R_u} + \delta M[\varphi - \bar{\varphi}]\Big|_{R_u} = 0 \\
\text{Kinematische Randbedingungen}
\end{aligned}
\qquad (15\text{-}13)
$$

Daraus kann man entnehmen, dass für beliebige statisch zulässige virtuelle Kraftzustände die virtuelle Ergänzungsarbeit δW^* des gesamten Tragwerks nur dann gleich Null ist, wenn die Ausdrücke in den eckigen Klammern jeder für sich verschwinden. Das sind aber gerade die lokalen kinematischen Bedingungen (Beziehungen zwischen Verzerrungen und Verschiebungen) in jedem Punkt längs der Stabachsen x und die geometrischen Randbedingungen auf R_u. Voraussetzung ist, dass die virtuellen Kraftgrößen im Gleichgewicht sind und die statischen Randbedingungen auf R_p erfüllen.
Man kann also folgern:

Die virtuelle Ergänzungsarbeit dW^* eines Tragwerks ist unter statisch zulässigen virtuellen Kraftgrößen nur dann gleich Null, wenn der Verschiebungszustand, auf dem die virtuellen Kräfte Arbeit leisten, kinematisch verträglich ist und die kinematischen Randbedingungen erfüllt.

Die Bedingung, dass die gesamte virtuelle Ergänzungsarbeit den Wert Null annimmt, ist gleichbedeutend mit der Forderung, dass im Falle der kinematischen Verträglichkeit die (skalaren) Werte der inneren und äußeren virtuellen Ergänzungsarbeiten gleich sein müssen.

Mit der obigen Umformung konnte also gezeigt werden, dass das Prinzip der virtuellen Ergänzungsarbeiten - Gl. (15-12) - eine integrale (globale) Form der kinematischen Bedingungen im Feld und auf den Rändern - Gl. (15-13) - darstellt, wie dies das Schema im einführenden Abschnitt 15.1.4. zeigt. Bei dieser Umformung wird im wesentlichen die Teilintegration verwendet, die eine spezielle eindimensionale Form des Gauß'schen Satzes (Divergenztheorems) darstellt, vgl. Anhang A1. Damit können wir z.B. bei einem Produkt unter dem Integral die Ableitung der einen Größe durch die Ableitung der anderen ersetzen, wobei sich ein zusätzlicher Randterm ergibt.

Für die Längswirkung in den Stäben und an den Rändern folgt direkt aus Gl.(15-13):

$$\varepsilon + \bar{\varepsilon} = u', \qquad \text{in } x \qquad u = \bar{u} \qquad \text{auf } R_u$$

Dies ist die lokale kinematische Bedingung für alle Punkte x der Stabachsen und die kinematischen Randbedingungen auf R_u. Entsprechend ergeben sich für die Biegeanteile die Beziehungen:

$$\gamma - \varphi = w', \qquad \text{in } x \qquad w = \bar{w} \qquad \text{auf } R_u$$

$$\kappa + \bar{\kappa} = \varphi', \qquad \text{in } x \qquad \varphi = \bar{\varphi} \qquad \text{auf } R_u$$

Diese lokalen kinematischen Bedingungen werden häufig auch durch anschauliche Betrachtung am differentiellen Trägerelement gewonnen wie dies in Kapitel 3.3.2 gezeigt ist.

Zusammenfassend werden neben den aus dem Prinzip der virtuellen Kräfte folgenden lokalen kinematischen Gleichungen und Randbedingungen - als Nebenbedingungen des PvK - die (lokalen) Gleichgewichtsbedingungen und statischen Randbedingungen sowie die stofflichen Grundgleichungen (Werkstoffgesetz) aufgeführt:

Gleichgewicht: $\quad N' + \bar{p}_x = 0 \qquad Q' + \bar{p}_z = 0 \qquad M' - Q + \bar{m}_y = 0$

Werkstoffgesetz: $\quad N = EA\,\varepsilon \qquad Q = GA'\gamma \qquad M = EI\,\kappa\,;$

Kinematik: $\quad \varepsilon + \bar{\varepsilon} = u' \qquad \gamma = \varphi + w' \qquad \kappa + \bar{\kappa} = \varphi'\,;$

oder $\quad \gamma = 0 \rightarrow \varphi = -w'\,; \quad \kappa + \bar{\kappa} = -w''$

Randbedingungen:

Kraftgrößen: $\quad N = \bar{N}\,; \qquad Q = \bar{Q}\,; \qquad M = \bar{M}$

Verschiebungsgrößen: $\quad u = \bar{u}\,; \qquad w = \bar{w}\,; \qquad \varphi = \bar{\varphi}$

Die überstrichenen Größen sind vorgeschriebene oder eingeprägte Größen (die auch Null sein können). Vorgeschriebene Weggrößen $\bar{w}$ ungleich Null sind z.B Stützensenkungen, vorgeschriebene Kraftgrößen gleich Null entsprechen einem "freien Rand".

Am Rand können *entweder* Kräfte *oder* Verschiebungen vorgeschrieben werden. Man kann die Berandung also in einen Teil mit Kräfterandbedingungen R_p und einen mit Verschiebungsrandbedingungen R_u aufteilen. Die "Oberfläche" eines Balkens zwischen den Lagern gehört ebenfalls zur Berandung und zwar zu dem Teil R_p, an dem Kräfte vorgeschrieben werden (Streckenlasten oder lastfrei).

Beispiele für verschiedene Arten von Randbedingungen:

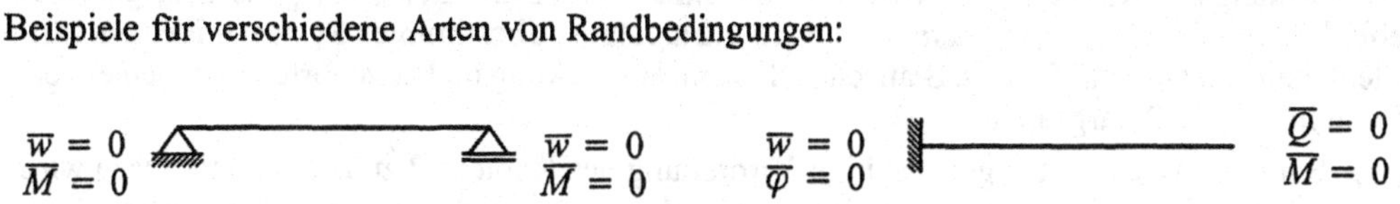

15.4 Ermittlung diskreter Weggrößen: Arbeitssatz und Reduktionssatz

15.4.1 Arbeitssatz

Das Prinzip der virtuellen Kräfte kann auch dazu herangezogen werden, Einzelwerte von Verschiebungsgrößen an einem vorgegebenen Punkt des Tragwerks zu berechnen, wenn der Verlauf der Kraftgrößen bekannt ist wie dies zur Berechnung bestimmter Weggrößen oder Nachgiebigkeiten beim Aufstellen der Bedingungsgleichungen des Kraftgrößenverfahren der Fall ist. Außerdem lässt sich diese Vorgehensweise auch mit Vorteil zur Kontrolle vorliegender Ergebnisse von Tragwerksberechnungen verwenden.

Zur Herleitung gehen wir vom bekannten Prinzip der virtuellen Kräfte nach Gleichung (15-11) aus und betrachten die Anteile $[\delta N \bar{u} + \delta Q \bar{w} + \delta M \bar{\varphi}]\,|_{R_u}$, wobei R_u die Summe aller Punkte k mit vorgegebenen Verschiebungen umfasst.

Für den Fall, dass eine einzelne Durchbiegung im Punkt m ermittelt werden soll, denken wir uns den Term $\delta Q\, \bar{w}$ aufgespalten: in einen Arbeitsanteil für die virtuelle Arbeit am Punkt m, an dem die Einzelverschiebung ermittelt werden soll und in die weiteren Anteile mit Reaktionskräften an den Auflagern infolge von eingeprägten Verschiebungen an diesen Stellen (die auch Null sein können). Dies ergibt die Form $\delta Q\, \bar{w} = \delta P_m\, w_m + \sum_l \delta A_l\, \bar{w}_l$. Die virtuelle Kraft δP_m kann beliebig gewählt werden. Für $\delta P_m = 1$ erhalten wir gerade die gesuchte Einzelverschiebung w an der Stelle m. Mit dieser Aufteilung folgt aus dem Prinzip der virtuellen Kräfte nach Gleichung (15-11) für $\delta P_m = 1$:

$$1\, w_m = \underbrace{\int_x \left[\delta M \left(\frac{M}{EI} + \bar{\kappa} \right) + \delta N \left(\frac{N}{EA} + \bar{\varepsilon} \right) \right] dx}_{\text{Stäbe}} + \underbrace{\sum_j \delta F_{Fj} \frac{F_{Fj}}{k_{wj}}}_{\text{Federn}} - \underbrace{\sum_l \delta A_l\, \bar{w}_l}_{\text{Stützensenkung}} \qquad (15\text{-}14)$$

Diese Beziehung wird in der Baustatik häufig auch als *"Arbeitssatz"* bezeichnet. Zur Ermittlung anderer Einzelwirkungen der Verschiebungen oder Verdrehungen ist das PvK in analoger Weise anzuwenden wie in den folgenden Beispielen deutlich wird.

15.4.2 Beispiel: Statisch bestimmter Zweifeldträger mit Gelenk

Die Anwendung des Arbeitssatzes wird zunächst anhand des Einführungsbeispiels gezeigt, eines Zweifeldträgers, dessen Hauptsystem in Kap. 15.1.2 als statisch bestimmtes System mit einem Mittelgelenk gewählt wurde@@@@. Statisches System, Einwirkung und zugehöriger Momentenverlauf sind in Bild 15.2 dargestellt.

Ziel der Berechnung ist es, die gegenseitige Verdrehung des Knotens 2 zu bestimmen. Dazu wird das konjugierte virtuelle Momentenpaar $\delta M = 1$ im Knoten 2 aufgebracht und der zugehörige Verlauf der Biegemomente ermittelt, vgl. Bild 15.3.

Die Anwendung des Arbeitssatzes erfordert es, die in Gl. (15-14) auftretenden Integrale numerisch auszuwerten. Im vorliegenden Beispiel sind keine Normalkräfte vorhanden, so dass nur Arbeitsanteile der Biegemomente zu berücksichtigen sind. Für den Anteil der Biegemomente ist der Verlauf aus Bild 15.2 mit dem aus dem virtuellen Momentenpaar $\delta M = 1$ folgenden Verlauf aus Bild 15.3 multiplikativ zu verknüpfen und das Integral numerisch in den Integrationsgrenzen auszuwerten.

Integrale der Art $\int_0^l f(x)\,g(x)\,dx$ treten in der Regel bei der Anwendung des Arbeitssatzes und des Kraftgrößenverfahrens auf. Die Funktionen $f(x)$ bzw. $g(x)$ stehen für wirkliche oder virtuelle Schnittgrößen bzw. Verzerrungen, die häufig zumindest abschnittsweise konstant, linear, quadratisch oder kubisch veränderlich sind und von denen man einzelne Werte an den Rändern oder im Feld kennt. Insbesondere für eine schnelle Auswertung von Hand wurden Integrationstabellen der Art von Tabelle 15.1, die eine Auswahl der gängigsten Fälle enthält und am Ende dieses Kapitels angefügt ist. Weitere Tabellen können in der Literatur entnommen werden, z.B. *Wendehorst (2002)*.

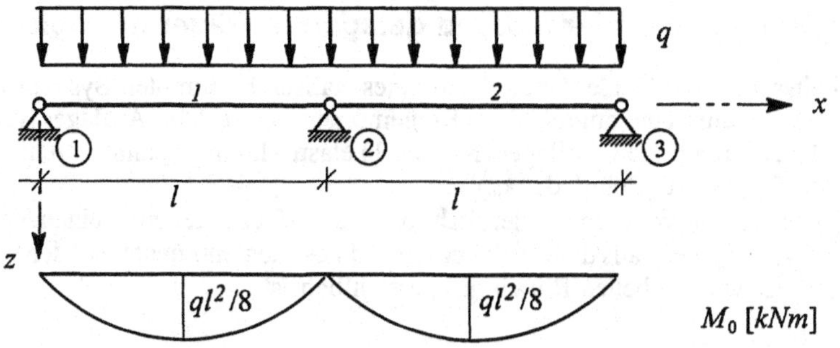

Bild 15.2 Zweifeldträger mit angreifender Streckenlast und Verlauf des Biegemoments

Gegenseitige Verdrehung der Stäbe 1 und 2 im Knoten 2

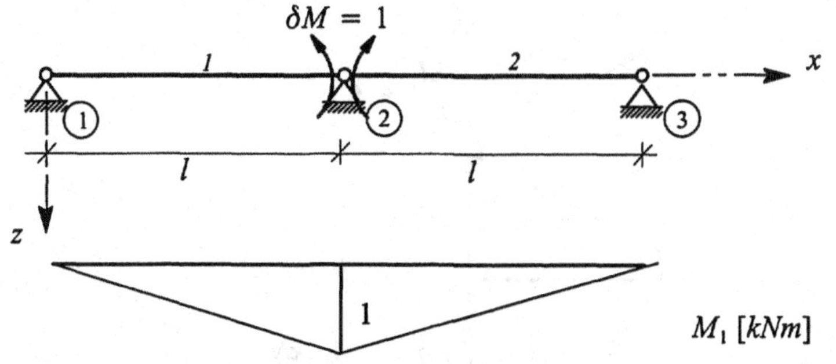

Bild 15.3 Virtuelles Momentenpaar im Knoten 2 mit Verlauf des Biegemoments

Durch numerische Integration (Überlagern) der Momentenverläufe aus Bild 15.2 und Bild 15.3 (Dreieck mit Parabel) ergibt sich mit Gl. (15-14) der EI-fache Wert der gegenseitigen Verdrehung der Stäbe 1 und 2 am Knoten 2 zu:

$$EI\,\Delta\varphi_2 = \frac{1}{3}\,\frac{l}{EI}\,\frac{ql^2}{8}\,2 = \frac{ql^3}{12\,EI}$$

Ergänzend kann hier noch gezeigt werden, wie man damit zu den numerischen Ergebnissen des Einführungsbeispiels gelangt. Wie in Kap. 15.1.2 erläutert, wird beim durchlaufenden Zweifeldträger (ohne Mittelgelenk) dieser Wert der gegenseitigen Verdrehung durch die Statisch Unbestimmte X_I so verändert, dass mit $\Delta\varphi_2 = 0$ der Knick in der Biegelinie verschwindet. Diese kinematische Bedingung dient als Bestimmungsgleichung für X_I. Dazu ist die Wirkung der Unbestimmten an diesem Knoten in gleicher Weise mit dem Arbeitssatz zu berechnen. Das erfolgt durch Multiplikation des Momentenverlaufs von Bild 15.3 mit sich selbst und Integration. Man erhält:

$$EI\Delta\varphi_2 = \frac{1}{3}\frac{l}{EI}\,1\,2 = \frac{2}{3}\frac{l}{EI}$$

Daraus folgt die Bestimmungsgleichung für die Statisch Unbestimmte X_1

$$\frac{2}{3}\frac{l}{EI}\,X_1 + \frac{ql^3}{12\,EI} = 0 \qquad \text{und damit} \quad X_1 = -\frac{ql^2}{8}\ .$$

15.4.3 Beispiel: Statisch bestimmter federnd gelagerter Träger mit Gelenk

Die Anwendung des Arbeitssatzes wird außerdem anhand eines statisch bestimmten Systems mit einem Mittelgelenk gezeigt, das durch ein angreifendes Biegemoment am rechten Auflager (Knoten 3) belastet ist. Der Träger ist am linken Auflager (Knoten 1) elastisch eingespannt (Drehfeder k_φ) und am Knoten 3 federnd gelagert (Dehnfeder k_w).
Für die Berechnung reicht es aus, die Verhältnisse der Stab- und Feder-Steifigkeiten zueinander zu kennen. Sie sind in Bild 15.4 angegeben, aus dem auch der Verlauf des Biegemoments und der Wert der Auflagerkraft aufgrund der vorgegebenen Einwirkung ersichtlich ist.

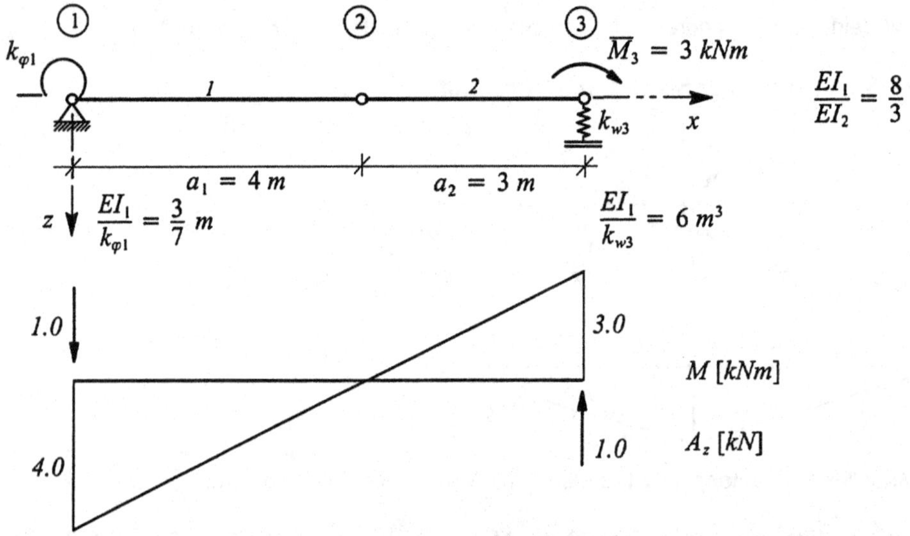

Bild 15.4 Stabsystem mit angreifendem Einzelmoment; Biegemoment und Lagerreaktionen

Ziel der Berechnung ist es, die Durchbiegung des Knotens 2 zu berechnen. Dazu wird die zugeordnete virtuelle Kraftgröße $\delta F_{z2} = 1$ im Knoten 2 aufgebracht und der zugehörige Verlauf der Biegemomente und Lagerreaktionen ermittelt, vgl. Bild 15.5.

Durchsenkung des Knotens 2

Zur Berechnung der Durchbiegung des Momentengelenks (Knoten 2) ist für den Anteil der Biegemomente der Verlauf aus Bild 15.4 mit dem aus der virtuellen Kraft $\delta F_{z2} = 1$ folgenden Momentenverlauf aus Bild 15.5 multiplikativ zu verknüpfen und das Integral numerisch auszuwerten.

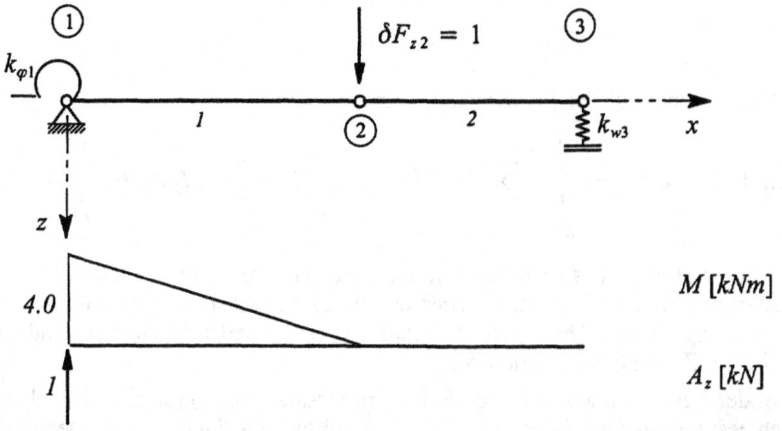

Bild 15.5 Virtuelle Kraft im Knoten 2 mit Verlauf des Biegemoments und Lagerreaktion

Die Auswertung ist im vorliegenden Fall besonders einfach, da das Ergebnis für die auftretenden dreiecksförmigen Funktionen der Biegemomente direkt der Tabelle 15.1 zu entnehmen ist und nur noch durch den Federanteil der Drehfeder (elastische Einspannung) zu ergänzen ist. Es folgt:

$$EI_1\, 1\, w_2 = \int_0^{a_1} \delta M^1(x)\, M^1(x)\, dx + \delta M_{\varphi 1}\, M_{\varphi 1} \frac{EI_1}{k_{\varphi 1}} = \frac{1}{6}\, 4\, 4\, 4 + 4\, 4\, \frac{3}{7} = 17.52$$

15.4.4 Reduktionssatz

Die Auswertung der Integrale kann bei statisch unbestimmten Systemen dadurch erleichtert werden, dass der virtuelle Kräftezustand nur das Gleichgewicht und die statischen Randbedingungen zu erfüllen hat - also statisch zulässig sein muss - , im übrigen aber beliebig gewählt werden kann. Er braucht für die betrachtete Struktur insbesondere nicht mit dem wirklichen Kräftezustand übereinzustimmen, sondern kann so einfach wie möglich gewählt werden, z.B. am statisch bestimmten System. Diese Vorgehensweise wird auch als Anwendung des sogenannten *Reduktionssatzes* bezeichnet.

Aufgrund der Ableitung aus dem PvK bedarf es keines zusätzlichen "Beweises" des Reduktionssatzes. Zur Erläuterung betrachten wir eine Struktur mit einem statisch bestimmten Hauptsystem und der Aufspaltung des Kräftezustands gemäß Gl. (15-1) bzw.(15-16) in einen Lastanteil und einen Einheitsspannungsanteil. Vereinfachend schreiben wir nur die Momente an (die ggf. durch weitere Anteile zu erweitern wären):

$$M(x) \;=\; M_0(x) \;+\; \sum_k M_k(x) \cdot X_k$$

Die gesamten Verkrümmungen des wirklichen Zustandes ergeben sich zu:

$$\kappa(x) = \frac{1}{EI}\left(M_0 + \sum_k M_k X_k \right) + \bar{\kappa} \;=\; \frac{M_0}{EI} + \sum_k \frac{M_k}{EI} X_k + \bar{\kappa}$$

und der virtuelle Kräftezustand zu:

$$\delta M = \sum_i M_i \cdot \delta X_i$$

Nach Einsetzen in den Momentenanteil des Prinzips der virtuellen Kräfte (15-11)

$$\delta W^* = -\int_x \delta M\left(\frac{M}{EI} + \bar{\kappa}\right)dx = -\int_x \left(\sum_i M_i \cdot \delta X_i\right)\frac{1}{EI}\left(M_0 + \sum_k M_k X_k + \bar{\kappa}\right) = 0$$

ist abzulesen, dass die Ergänzungsarbeit des virtuellen Kräftezustands (virtuelle Momente) - der nur von den virtuellen Unbestimmten abhängt - auf den Wegen des wirklichen Zustands (Verkrümmungen) verschwindet. Anders ausgedrückt: Die virtuelle Ergänzungsarbeit jedes Einheitszustandes auf den Wegen des wirklichen Zustandes ist gleich Null.

Deshalb reicht es aus, bei der Bestimmung der Integrale im Arbeitssatz (15-14) für den virtuellen Kräftezustand ein statisch bestimmtes System der betrachteten Struktur zu wählen, was die Berechnung erheblich vereinfacht.

15.4.5 Beispiel: Statisch unbestimmter Zweifeldträger

Als Beispiel für die Anwendung des Arbeitssatzes und des Reduktionssatzes wird ein Zweifeldträger unter konstanter Streckenlast untersucht, für den sowohl die Tangentenneigung am Ende des rechten Feldes als auch die Durchbiegung in der Mitte des linken Feldes bestimmt wird.

Vorausgesetzt ist, dass der Verlauf der Momente und damit auch der Verkrümmungen aus einer vorher durchgeführten Berechnung bereits bekannt sei. Deshalb ist diese Vorgehensweise besonders für die Kontrolle von Einzelverschiebungen angezeigt.

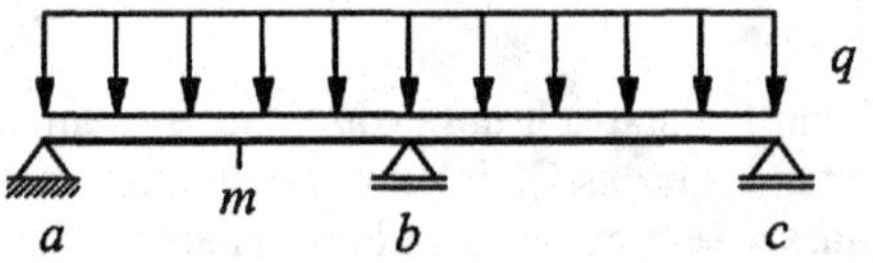

Gesucht ist die Neigung an der Stelle c. | Gesucht ist die Durchbiegung an der Stelle m.

Annahme: Die wirkliche Verteilung der Krümmungen im System sei bereits bekannt:

$$\kappa(x) = \frac{M(x)}{EJ}$$

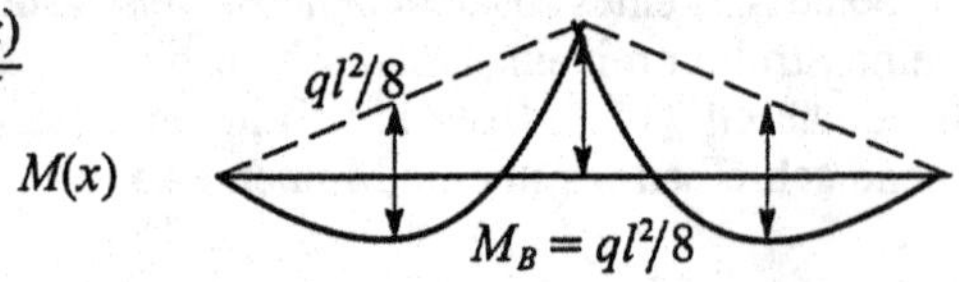

Dann kann die Arbeitsgleichung nach den auf R_u vorhandenen Randtermen aufgelöst werden. Dazu ist die gesuchte Einzelgröße als eingeprägte Größe aufzufassen und der virtuelle Zustand in Abhängigkeit von der zur gesuchten Größe korrespondierenden Einzelgröße zu wählen:

$$- \delta W^* = \int_x \left(\delta M \frac{M}{EI} \right) dx - [\delta Q \, \overline{w} + \delta M \, \overline{\varphi}] \Big|_{R_u} = 0$$

$$\text{z.B.}: \quad \delta M \, \overline{\varphi}_c = \int_x \delta M \frac{M}{EI} dx \rightarrow \overline{\varphi}_c$$

Die gesuchte Weggröße kann als eingeprägt aufgefasst werden: $\varphi_c = \overline{\varphi}_c$

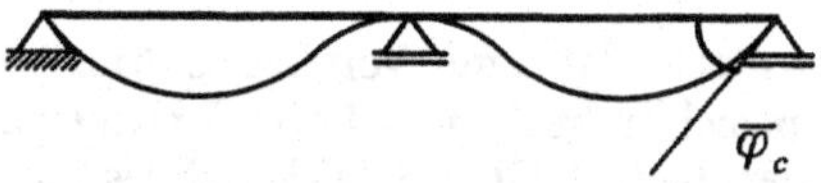

$$\text{z.B.}: \quad \delta P \, \overline{w}_m = \int_x \delta M \frac{M}{EI} dx \rightarrow \overline{w}_m$$

Die gesuchte Weggröße kann als eingeprägt aufgefasst werden: $w = \overline{w}$

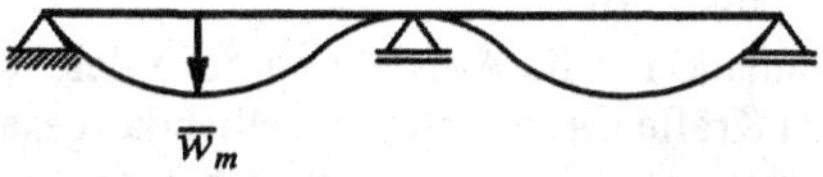

Ansatz eines virtuellen Kräftesystems mit zu φ_c korrespondierender Kraftgröße $\delta M_c = 1$

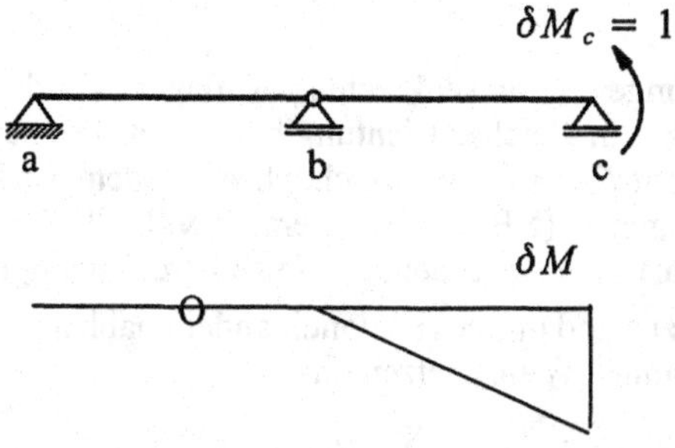

Ansatz eines virtuellen Kräftesystems mit zu w_m korrespondierender Kraftgröße $\delta P_m = 1$

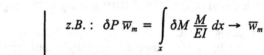

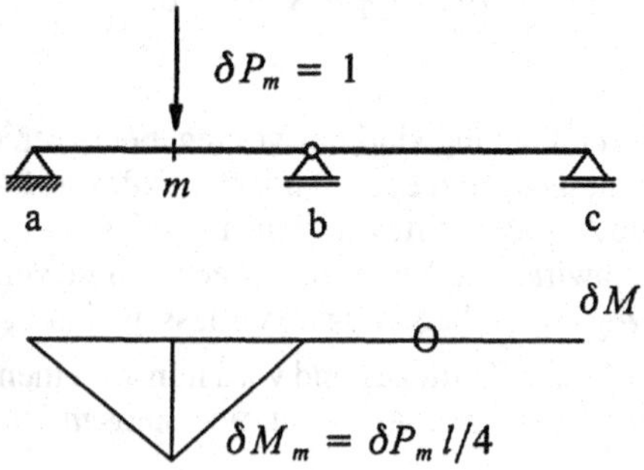

Da der virtuelle Zustand als Nebenbedingung nur das Gleichgewicht und die statischen Randbedingungen erfüllen muss, sonst aber unabhängig vom wirklichen Zustand sein kann, genügt es, diesen an einem möglichst einfachen (z.B. statisch bestimmten) Ersatzsystem zu bilden → *Reduktionssatz*
Die Auswertung mit Hilfe von Tabelle 15.1 liefert unter Anwendung des Arbeitsatzes:

$$\delta M \, \varphi_c = \frac{1}{6} \, \delta M \frac{l}{EI} \frac{ql^2}{8} + \frac{1}{2} \, \delta M \frac{l}{EI} \frac{ql^2}{8}$$

$$\rightarrow \varphi_c = \frac{1}{16} \frac{q \, l^3}{EI}$$

$$\delta P \, w_m = \frac{5}{12} \, \delta P \frac{l}{4} \frac{ql^2}{8} \frac{l}{EJ} - \frac{1}{4} \, \delta P \frac{l}{4} \frac{ql^2}{8} \frac{l}{EJ}$$

$$\rightarrow w_m = \frac{2}{384} \frac{ql^4}{EJ}$$

15.5 Berechnung statisch unbestimmter Tragwerke

15.5.1 Herleitung der Bestimmungsgleichungen für die Unbekannten

Wenn die Gleichgewichtsbedingungen für die Ermittlung der Kraftgrößen eines Tragwerks nicht ausreichen, so müssen die gekoppelten Grundgleichungen (Gleichgewicht, Kinematik und Stoffgesetz) gleichzeitig gelöst werden. Die Abarbeitung erfolgt beim Kraftgrößenverfahren in der Weise, dass zunächst die Gleichgewichtsbedingungen am geeignet gewählten System - dem Hauptsystem - erfüllt werden, bevor die kinematische Verträglichkeit durch Lösung eines algebraischen Gleichungssystems mit Hilfe geeignet gewählter unbekannter Kraftgrößen - den statisch Unbestimmten- hergestellt wird.

Als Grundlage für die Aufstellung des Gleichungssystems kann dabei mit Vorteil das Prinzip der virtuellen Kräfte als eine globale - über das gesamte System sich erstreckende - Form der Kinematik und kinematischen Randbedingungen herangezogen werden. Gemäß Gl. (15-11) lautet das Prinzip der virtuellen Kräfte für ebene Rahmen, wobei die Anteile aus Querkraftschub gegenüber denen aus Biegung vernachlässigt sind:

$$\delta W^* = -\int\left[\delta M\left(\frac{M}{EI}+\bar{\kappa}\right) + \delta N\left(\frac{N}{EA}+\bar{\varepsilon}\right)\right]dx - \sum_j \delta F_{wj}\frac{F_{wj}}{k_{wj}} + \sum_l \delta A_l\,\bar{w}_l = 0 \qquad (15\text{-}15)$$

Zur Vereinfachung sind nur vorgegebene Verschiebungen $\bar{w}$ an senkrechten Auflagern (Widerlagersenkungen) und Federn mit der Federsteifigkeit k_w in gleicher Richtung betrachtet. Die zugeordnete Auflagerkraft wird mit A und die Federkraft mit $F_w = k_w\, w$ bezeichnet. Außerdem werden noch einwirkende Verkrümmungen $\bar{\kappa}$ und Verzerrungen $\bar{\varepsilon}$ (z.B. aus Temperatur, vgl. Gl. (15-6)) einbezogen. Andere Wirkungen lassen sich bei Bedarf in entsprechender Weise berücksichtigen.

Der wirkliche Kräftezustand wird nun aus einem Lastzustand und soviel voneinander unabhängigen Einheits-Zuständen aufgebaut wie statisch Unbestimmte X_k anzusetzen sind:

$$\begin{aligned} M(x) &= M_0(x) + \sum_k M_k(x)\cdot X_k\;; \qquad & F_{wj} &= F_{wj,0} + \sum_k F_{wj,k}\cdot X_k \\ N(x) &= N_0(x) + \sum_k N_k(x)\cdot X_k\;; \qquad & A_l &= A_{l,0} + \sum_k A_{l,k}\cdot X_k \end{aligned} \qquad (15\text{-}16)$$

Der Lastzustand mit den Kräftesystemen $M_0(x)$ und $N_0(x)$ steht mit den äußeren Lasten im Gleichgewicht. Daraus folgt, dass die linear voneinander unabhängigen Gleichgewichtssysteme $M_k(x)$ und $N_k(x)$ Eigenspannungszustände sein müssen. Sie werden auch als Einheitsspannungszustände infolge der Statisch Unbestimmten $X_k = 1$ bezeichnet.

Lastzustand und Einheitsspannungszustände werden am Hauptsystem ermittelt, das am einfachsten als statisch bestimmt gewählt wird. Dann reichen für die Ermittlung der Kraftgrößen die Gleichgewichtsbedingungen aus, vgl. Kapitel 5 und 12. Diese Zustände erstrecken sich im Unterschied zum Weggrößenverfahren im allgemeinen über das gesamte Tragwerk oder über größere Teilbereiche und ihre Ermittlung ist nicht so leicht zu systematisieren wie die der Einheitszustände des Weggrößenverfahrens, bei dem ein Einfeldträger als Grundelement des geometrischen Hauptsystems ausreicht.

Die gesamten Verkrümmungen des wirklichen Zustandes erhält man nach Aufspaltung in Last- und Einheitsspannungszustände zu:

$$\kappa(M) + \bar{\kappa} = \frac{1}{EI}\Big(M_0 + \sum_k M_k X_k \Big) + \bar{\kappa} = \frac{M_0}{EI} + \sum_k \frac{M_k}{EI} X_k + \bar{\kappa}$$

Analog folgt für die Verzerrungen:

$$\varepsilon(N) + \bar{\varepsilon} = \frac{1}{EA}\Big(N_0 + \sum_k N_k X_k \Big) + \bar{\varepsilon} = \frac{N_0}{EA} + \sum_k \frac{N_k}{EA} X_k + \bar{\varepsilon}$$

Nunmehr bildet man entsprechend der Aufspaltung in Gl. (15-16) den von den Unbestimmten abhängigen virtuellen Kräftezustand:

$$\begin{aligned} \delta M &= \sum_i M_i \cdot \delta X_i & \delta N &= \sum_i N_i \cdot \delta X_i \\ \delta F_{wj} &= \sum_i F_{wj,i} \cdot \delta X_i & \delta A_l &= \sum_i A_{l,i} \cdot \delta X_i \end{aligned} \qquad (15\text{-}17)$$

Die in den Gln. (15-16) und (15-17) angegebenen Ansätze werden nun in das PvK (15-15) eingesetzt:

$$\int_x \Big[\sum_i M_i \,\delta X_i \left(\frac{M_0}{EI} + \sum_k \left(\frac{M_k}{EI} X_k \right) + \bar{\kappa} \right) + \sum_i N_i \,\delta X_i \left(\frac{N_0}{EA} + \sum_k \left(\frac{N_k}{EA} X_k \right) + \bar{\varepsilon} \right) \Big] dx$$

$$+ \sum_j \Big[\sum_i F_{wj,k}\,\delta X_i \Big] \frac{1}{k_{wj}} \Big[F_{wj,0} + \sum_k F_{wj,k} X_k \Big] - \sum_l \Big[\sum_i A_{l,i}\,\delta X_i \Big] \bar{w}_l = 0$$

Die Unbekannten δX_i des virtuellen Kräftezustandes sind Einzelwerte und nicht über x veränderlich. Sie können vor das Integral gezogen werden:

$$\sum_i \delta X_i \; \Big\{ \int_x \Big[M_i \left(\sum_k \frac{M_k}{EI} X_k + \frac{M_0}{EI} + \bar{\kappa} \right) + N_i \left(\sum_k \frac{N_k}{EA} X_k + \frac{N_0}{EA} + \bar{\varepsilon} \right) \Big] dx$$

$$+ \sum_j F_{wj,i} \frac{1}{k_{wj}} \Big[F_{wj,0} + \sum_r F_{wj,k} X_k \Big] - \sum_l A_{l,i}\, \bar{w}_l \Big\} = 0$$

Zur Verdeutlichung wird das i-te Summenglied des virtuellen Kräftezustandes noch einmal ausgeschrieben:

$$\delta X_i \; \Big\{ \int_x \Big(M_i \frac{M_1}{EI} X_1 + M_i \frac{M_2}{EI} X_2 + \ldots + M_i \frac{M_n}{EI} X_n + M_i \frac{M_0}{EI} + M_i \bar{\kappa}$$

$$+ N_i \frac{N_1}{EA} X_1 + N_i \frac{N_2}{EA} X_2 + \ldots + N_i \frac{N_n}{EA} X_n + N_i \frac{N_0}{EA} + N_i \bar{\varepsilon} \Big) dx$$

$$+ \sum_j \Big[F_{wj,i} \frac{1}{k_{wj}} F_{wj,0} + \frac{F_{wj,i}}{k_{wj}} F_{wj,1} X_1 + \ldots + \frac{F_{wj,i}}{k_{wj}} F_{wj,n} X_n \Big] - \sum_l A_{l,i}\, \bar{w}_l \Big\} = 0$$

Fasst man nun noch die Anteile für die einzelnen Unbekannten X_k zusammen, so kommt man schließlich zu der für das Kraftgrößenverfahren typischen Form des Gleichungsystems für die Berechnung der statischen Unbestimmten:

$$\delta X_i \left\{ X_1 \underbrace{\left[\int_x \left(M_i \frac{M_1}{EI} + N_i \frac{N_1}{EA} \right) dx + \sum_j F_{wj,i} \frac{F_{wj,1}}{k_{wj}} \right]}_{F_{i1}} \dots + X_k \underbrace{\left[\int_x \left(M_i \frac{M_k}{EI} + N_i \frac{N_k}{EA} \right) dx + \sum_j F_{wj,i} \frac{F_{wj,k}}{k_{wj}} \right]}_{F_{ik}} \dots + \right.$$

$$+ \dots X_n \underbrace{\left[\int_x \left(M_i \frac{M_n}{EI} + N_i \frac{N_n}{EA} \right) dx + \sum_j F_{wj,i} \frac{F_{wj,n}}{k_{wj}} \right]}_{F_{in}} +$$

$$\left. + \underbrace{\int_x \left(M_i \frac{M_0}{EI} + M_i \overline{\kappa} + N_i \frac{N_0}{EA} + N_i \overline{\varepsilon} \right) dx + \sum_j F_{wj,i} \frac{F_{wj,0}}{k_{wj}} - \sum_l A_{li} \overline{w}_l}_{F_{i0}} \right\} = 0 \qquad (15\text{-}18)$$

Für beliebige δX_i müssen die Ausdrücke in der geschweiften Klammer verschwinden und wir erhalten für $i = 1, 2, \dots, n$ jeweils eine Zeile des linearen Gleichungssystems:

$$\begin{aligned} F_{11} X_1 + F_{12} X_2 + \dots + F_{1n} X_n + F_{10} &= 0; \\ F_{21} X_1 + F_{22} X_2 + \dots + F_{2n} X_n + F_{20} &= 0; \\ &\vdots \\ F_{n1} X_1 + F_{n2} X_2 + \dots + F_{nn} X_n + F_{n0} &= 0; \end{aligned}$$

In Matrizenschreibweise:

$$[F_{ik}][X_k] + [F_{i0}] = [0]$$

oder $$\mathbf{F}\ \mathbf{X} + \mathbf{F_0} = \mathbf{0} \qquad (15\text{-}19)$$

Die Koeffizienten F_{ik} des Gleichungssystems zur Bestimmung der Unbekannten X_i werden häufig auch als δ_{ik}- Zahlen bezeichnet. Ihre mechanische Bedeutung kann man der Ausgangsgleichung (15-15) entnehmen. Die Koeffizienten F_{ik} verbinden Weggrößen mit Kraftgrößen und stellen deshalb Nachgiebigkeiten im Sinne der in Kapitel 4.5 erläuterten Elementeigenschaften dar. Sie werden deshalb in Konsequenz zu der bei computerorientierten Berechnungsverfahren üblichen Bezeichnungsweise auch mit dem Buchstaben F (System) bzw. f (Element) bezeichnet.

15.5.2 Übersicht: Vorgehensweise beim Kraftgrößenverfahren

Der Rechengang des Kraftgrößenverfahrens wird in Analogie zu der beim Weggrößenverfahren in Kap. 7.3.3 gezeigten Zusammenstellung in der nachstehenden Übersicht dargestellt.

1. Modellbildung
- Statisches System und Elementeinteilung
- Geometrie und Stabkennwerte
- Einwirkungen: Lasten, vorgegebene Verschiebungen, Temperatur u.ä.

2a. Hauptsystem
- statisch bestimmt
- statisch Unbestimmte X_k des Systems

2b. Lastzustand
- infolge Einwirkungen
- Auflagerreaktionen am Hauptsystem und Verläufe im Feld

2c. Einheitsspannungszustände
- infolge Einheitswirkungen der Unbekannten
- Auflagerreaktionen am Hauptsystem und Verläufe der Zustandsgrößen im Feld

3. Ermittlung der Nachgiebigkeiten und Lastanteile
- für jeden Einheitsspannungszustand
- mit Hilfe des Prinzips der virtuellen Kräfte $\longrightarrow F_{ik}, F_{i0}$

4. Aufbau des algebraischen Gleichungssystems (Kinematik):
- Aufbau der Gesamt-Nachgiebigkeitsmatrix $\boldsymbol{F}$ der Struktur
- Aufbau des Vektors der Einwirkungen $\overline{\boldsymbol{F}}$
- für die Gesamtstruktur $\longrightarrow \boldsymbol{F}\boldsymbol{X} = \overline{\boldsymbol{F}}$

5. Lösen des Gleichungssystems
- liefert die statisch Unbestimmten $\longrightarrow \boldsymbol{X}$

6. Ermittlung der endgültigen Kraftgrößen
- Überlagerung der Last- und Einheitsspannungszustände

7. Ermittlung der Verschiebungsgrößen
- Verschiebungsgrößen an ausgewählten Punkten mit Hilfe des Arbeitssatzes
- Verläufe im Feld ergänzen

8. Beurteilung und Weiterverarbeitung der Ergebnisse (Bemessung etc.)
- Plausibilitätsüberlegungen,
- Kontrollrechnungen, z.B. Bestimmung von Einzelverschiebungen mit Hilfe des Reduktionssatzes

15.5.3 Beispiel: Rahmen

Die Berechnung der Schnittgrößen eines ebenen Rahmens wird anhand des in Bild 15.6 dargestellten Systems gezeigt. Er ist durch drei verschiedene Lastfälle beansprucht:

1. Durch eine lotrechte Einzellast in Knoten 2: $\overline{P}_{z2} = 10\ kN$
2. Durch eine waagerechte Lagerverschiebung des Knotens 5 von $\overline{U}_5 = -0.001\ [m]$.
3. Durch einen über den Querschnitt der Stäbe 3 und 4 linear veränderlichen Temperaturgradienten: $\Delta\overline{T} = 10°\ [K]$. Dabei denken wir uns die Trägerunterseite gegenüber der Stabachse um 5° [K] erwärmt, die Trägeroberseite um den gleichen Betrag abgekühlt.

Gesucht sind lastfallweise die Lagerreaktionen und Schnittgrößen.

1. Statisches System und Grad der statischen Unbestimmtheit (Modellbildung)

Das Tragwerk besteht aus *einem* geknickten Stabzug ($s = 1,\ r_V = 0$), der durch $r_L = 5$ unabhängige Lagerreaktionen in seiner Lage gehalten ist. Er ist demnach $n = r_V + r_L - 3\,s = 2$-fach statisch unbestimmt, vgl. Kap. 5.4.4.

Für die Ermittlung der Schnittgrößen und Lagerreaktionen wird nicht die wahre Größe der Querschnitts- und Lagersteifigkeiten benötigt, sondern es reicht aus, die Verhältnisse dieser Größen zueinander zu kennen. Sie sind ebenfalls in Bild 15.6 angegeben:

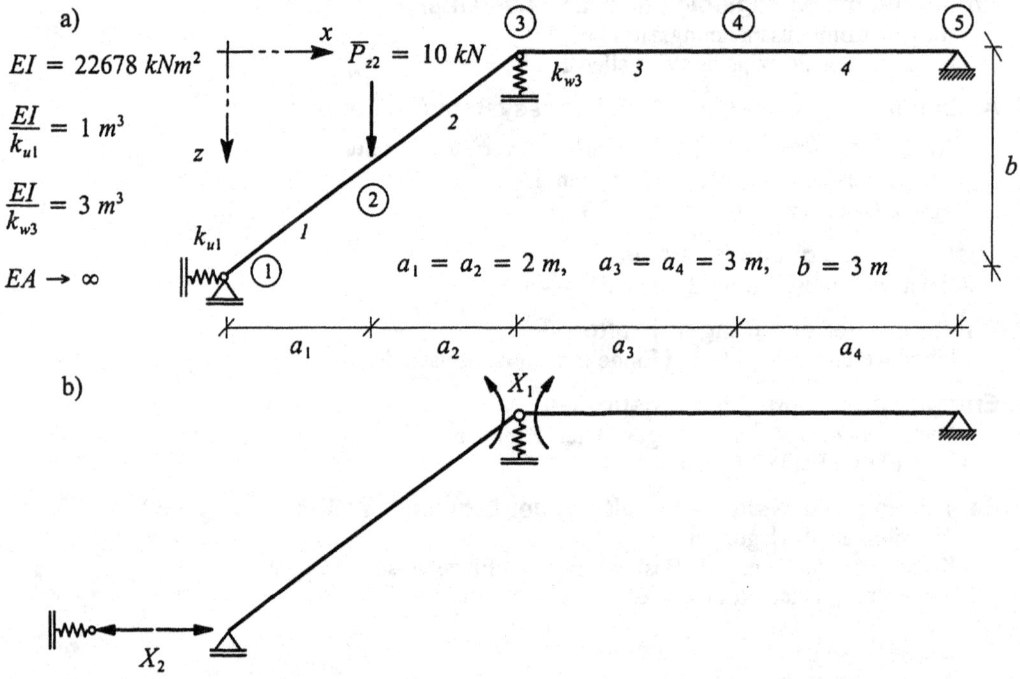

Bild 15.6: Ebener Rahmen: a) Statisches System, Abmessungen, Steifigkeiten, Einwirkungen b) statisch bestimmtes Hauptsystem

2a. Hauptsystem

Im nächsten Schritt wählt man ein statisch bestimmtes Hauptsystem, indem entsprechend dem Grade der statischen Unbestimmtheit Schnittkraftgelenke eingeführt und / oder Lagerreaktionen freigeschnitten werden. Diese Wahl kann wie oben erläutert grundsätzlich frei getroffen werden, sollte jedoch so sein, dass die Schnittgrößen am entstehenden statisch bestimmten Hauptsystem einfach zu ermitteln und die anschließenden Integrationen einfach und übersichtlich durchzuführen sind. Andererseits will man eine gut konditionierte, möglichst diagonal-dominante Koeffizientenmatrix des Systems der Verträglichkeitsgleichungen erhalten.

Im vorliegenden Beispiel wählen wir das Moment in Stab 2, Knoten 3 und die Federkraft des Lagers 1 als Statisch Unbestimmte (siehe Bild 15.6 b)) und beachten, dass bei der Einführung von Gelenken die freigeschnittenen Lager- und / oder Schnittreaktionen stets paarweise und mit entgegengesetzter Wirkungsrichtung anzusetzen sind.

2. Last- und Einheitsspannungszustände

Nunmehr können die Lager- und Verbindungsreaktionen sowie die Schnittgrößen der Lastfälle 1 bis 3 im statisch bestimmten Hauptsystem gemäß Kap. 5 berechnet werden. Das Ergebnis dieser Berechnungen für den ersten Lastfall ist in Bild 15.7 dargestellt:

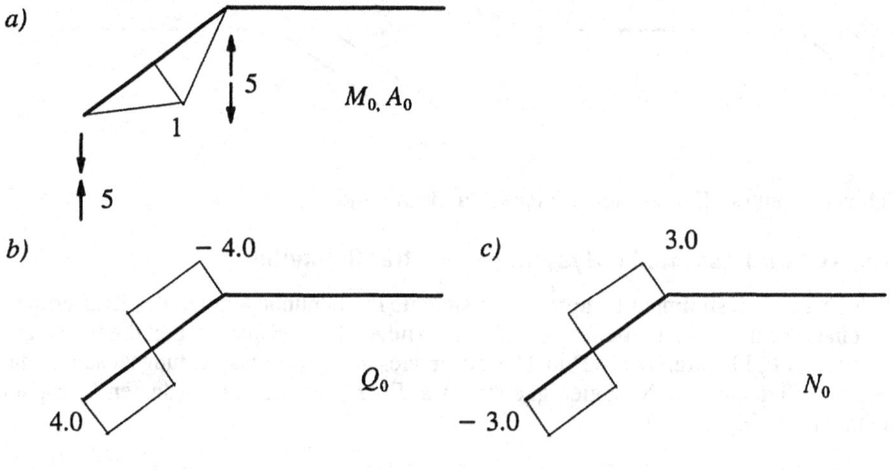

Bild 15.7: Lastspannungszustand, Lastfall 1

Im zweiten Lastfall verschiebt sich das gesamte statisch bestimmte System um den vorgegebenen Betrag kräftefrei nach links. Im dritten Lastfall verkrümmen sich die Stäbe 2 und 3 ebenfalls kräftefrei um den vorgeschriebenen Betrag.

Lager- und Verbindungsreaktionen sowie Schnittgrößen für die in Bild 15.6 b) gewählten Einheitsverschiebungszustände werden auf der Grundlage der in Kap. 5 gegebenen Überlegungen bestimmt. Das Ergebnis ist in Bild 15.8 dargestellt:

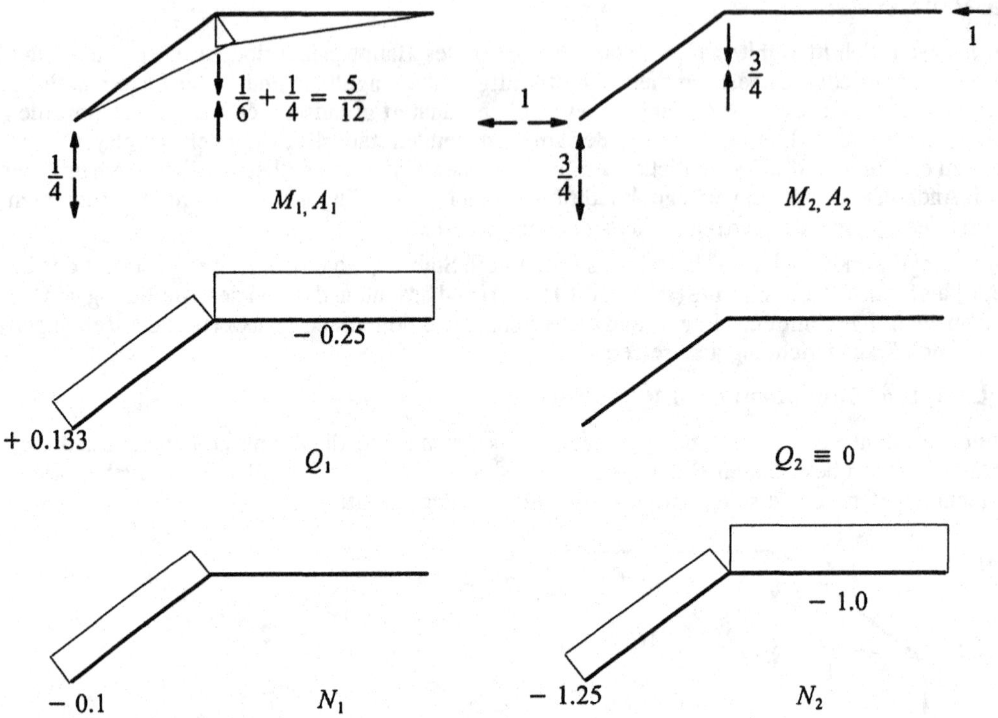

Bild 15.8: Schnittgrößen der Einheitsspannungszustände X_1 und X_2

3. Nachgiebigkeiten, Lastanteile, System der Verträglichkeiten

Mit der Wahl des statisch bestimmten Hauptsystems sind die Rechenunbekannten des Kraftgrößenverfahrens für eine bestimmte Aufgabe festgelegt. Im vorliegenden Beispiel stellen die unbekannten X_1 und X_2 die Multiplikatoren der in Bild 15.8 ausgewiesenen Einheitsspannungszustände dar. Die EI_1-fachen Koeffizienten der Nachgiebigkeitsmatrix $EI_1\, F_{ik}$ und der zugeordneten Lastspalte $EI_1\, F_{i0}$ entnehmen wir Gl. (15-18):

$$EI_1\, F_{ik} = \int_x \left(M_i M_k + N_i N_k \frac{EI_1}{EA} \right) dx + \sum_j F_{wj,i} F_{wj,k} \frac{EI_1}{k_{wj}}$$

$$EI_1\, F_{i0} = \int_x \left(M_i M_0 \frac{EI_1}{EI} + M_i EI_1 \overline{\kappa}_T + N_i N_0 \frac{EI_1}{EA} + N_i EI_1 \overline{\varepsilon}_T \right) dx + \sum_j F_{wj,i} F_{wj,0} \frac{EI_1}{k_{wj}} - \sum_l A_{li} EI_1 \overline{w}_l$$

Mit Hilfe der in Tabelle 15.1 angegebenen Integrationsformeln erhält man die EI_1-fachen Nachgiebigkeiten und Lastglieder:

$$EI_1\, F_{11} = \frac{1}{3}\, 1^2\, 5 + \frac{1}{3}\, 1^2\, 6 + \frac{5}{12} \frac{5}{12} \frac{EI_1}{k_{w3}} = 4.187 \qquad EI_1\, F_{12} = \frac{5}{12} \frac{3}{4} \frac{EI_1}{k_{w3}} = 0.937$$

$$EI_1\, F_{22} = 1\; 1 \frac{EI_1}{k_{u1}} + \frac{3}{4} \frac{3}{4} \frac{EI_1}{k_{w3}} = 2.687$$

Lastfall 1:

$$EI_1\,F_{10} = \frac{1}{4}\,1\,1\,5 - \frac{5}{12}\,\frac{1}{2}\,\frac{EI_1}{k_{w3}} = 0.625$$

$$EI_1\,F_{20} = -\frac{3}{4}\,\frac{1}{2}\,\frac{EI_1}{k_{w3}} = -\,1.125$$

Lastfall 2:

$$EI_1\,F_{10} = 0$$

$$EI_1\,F_{20} = 22678(-\,0.001) = -\,22.678$$

Lastfall 3:

$$EI_1\,F_{10} = 22678\frac{1}{2}\,1\,0.00001\,\frac{10}{0.2}(3 + 3) = 34.02$$

$$EI_1\,F_{20} = 0$$

4. Algebraisches Gleichungssystem der kinematischen Verträglichkeit

Die Koeffizienten F_{ik} und F_{i0} liefern unmittelbar das Gleichungssystem $\boldsymbol{F\,X} = \overline{\boldsymbol{F}}$ für die drei untersuchten Lastfälle:

$$\begin{bmatrix} 4.187 & 0.937 \\ 0.937 & 2.687 \end{bmatrix} \begin{bmatrix} X_1^{(1)} & X_1^{(2)} & X_1^{(3)} \\ X_2^{(1)} & X_2^{(2)} & X_2^{(3)} \end{bmatrix} = \begin{bmatrix} -\,6.25 & 0 & -\,34.02 \\ 11.25 & 22.678 & 0 \end{bmatrix}$$

5. Lösen des Gleichungssystems

Die Lösung des Gleichungssystems liefert die Multiplikatoren der Einheitsspannungszustände:

$$\begin{bmatrix} X_1^{(1)} & X_1^{(2)} & X_1^{(3)} \\ X_2^{(1)} & X_2^{(2)} & X_2^{(3)} \end{bmatrix} = \begin{bmatrix} -\,2.63 & -\,2.05 & -\,8.81 \\ 5.1 & 9.15 & 3.07 \end{bmatrix}$$

6. Ermittlung der endgültigen Kraftgrößen:

Die endgültigen Lager- und Verbindungsreaktionen sowie die Schnittgrößen des statisch unbestimmten Systems folgen durch Addieren des Lastspannungszustandes mit den X_r-fachen Einheitsspannungszuständen gemäß Gl. (15-16).

Das Ergebnis dieser Überlagerung ist in Bild 15.9 für die Lastfälle 1 und 3 dargestellt. Der Schnittkraftverlauf für den Lastfall 2 entspricht qualitativ dem des Lastfalls 3, wobei die Zahlenwerte aus den oben angegebenen Werten der Statisch Unbestimmten folgen.

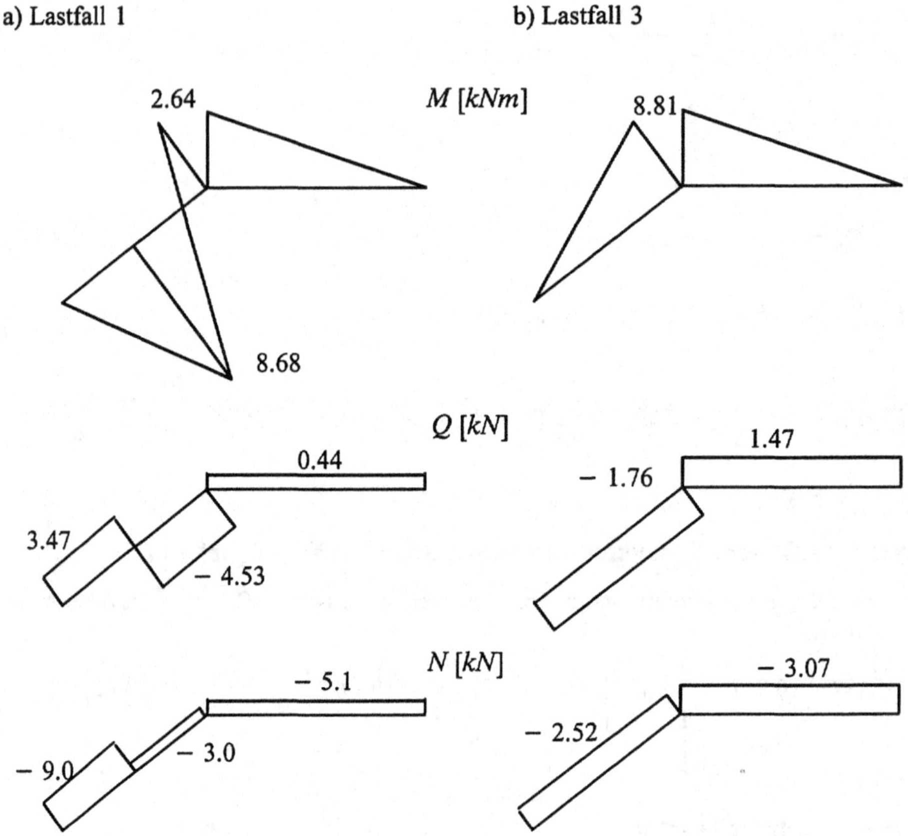

Bild 15.9: Schnittgrößen der Lastfälle 1 und 3 im statisch unbestimmten System

7. Ermittlung der Verschiebungsgrößen

Verschiebungsgrößen in diskreten Tragwerkspunkten lassen sich mit Hilfe des in Kapitel 15.4 angegebenen Arbeitssatzes berechnen.
Der Verlauf von Zustandsgrößen zwischen den definierten Tragwerksknoten kann gemäß der in den Kapiteln 4 und 5 erläuterten Vorgehensweise ermittelt werden.

15.5.4 Wechselnde statisch bestimmte Hauptsysteme

In Abschnitt 15.5.1 wurde erläutert, dass Last- und Eigenspannungszustände des Kraftgrößenverfahrens an einem statisch bestimmten Hauptsystem gebildet werden können. Um von einem n-fach statisch unbestimmten System zu einem statisch bestimmten Hauptsystem zu gelangen, können n Schnittkraftgelenke eingeführt und/oder eine entsprechende Zahl von Auflager- und/oder Verbindungsreaktionen freigeschnitten werden. Im Regelfall wird man die n erforderlichen, linear unabhängigen Einheits-Spannungszustände erzeugen, indem man dem einmal gewählten statisch bestimmten Hauptsystem je eine der freigeschnittenen Schnittgrößen und Verbindungs- oder Lagerreaktionen mit zweckmäßig gewähltem Betrag einprägt:

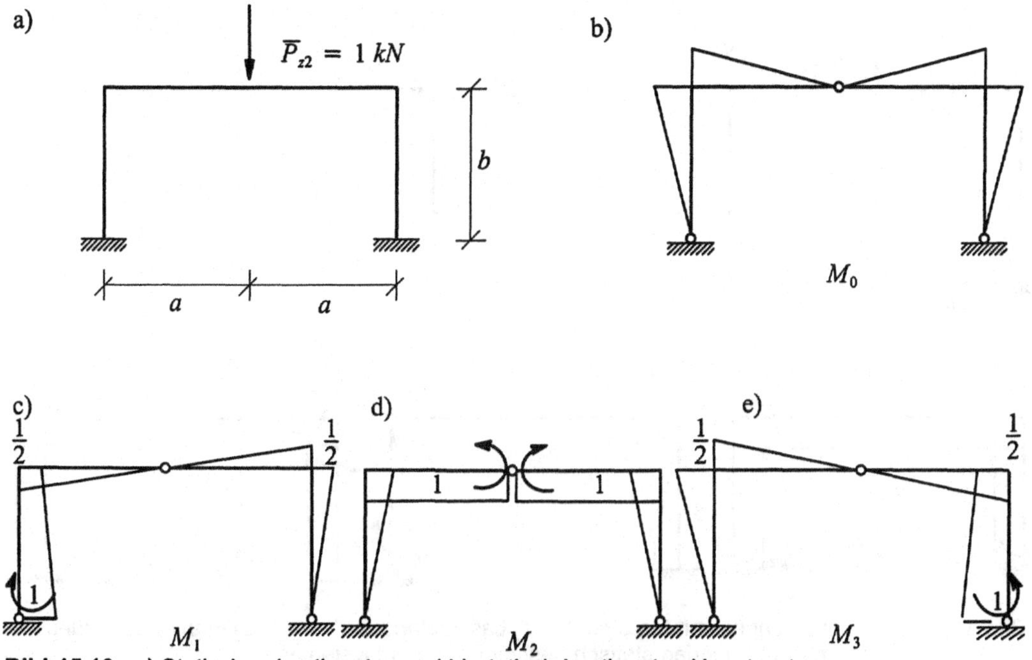

Bild 15.10: a) Statisch unbestimmtes und b) statisch bestimmtes Hauptsystem, c) bis e) Einheitsspannungszustände am gewählten statisch bestimmten Hauptsystem,

Wir erläutern diesen Vorgang anhand des in Bild 15.10 a) dargestellten 3-fach statisch unbestimmten Hauptsystems. Mit Einführung von drei Momentengelenken in den Knoten 1, 3 und 5 erhalten wir ein statisch bestimmtes Hauptsystem. Der daran gebildete Lastspannungszustand ist in Bild 15.10 b) dargestellt. Die in den Knoten 1, 3 und 5 auftretenden relativen Schnittuferverdrehungen sind durch drei unabhängige Einheitsspannungszustände zu beseitigen. Wir erzeugen diese Zustände, indem am statisch unbestimmten System an jedem der drei Knoten jeweils ein Gelenk eingeführt und dort je ein virtuelles Doppelmoment vom Betrag 1 eingeprägt wird. Die zugeordneten Biegemomenten-, Querkraft- und Normalkraftzustände können mit Hilfe von Kapitel 5 berechnet werden. Wir bezeichnen den Verlauf der Momente, Querkräfte und Normalkräfte des ersten Zustandes mit M_1, Q_1, N_1 und so weiter. Der Verlauf der Momente M_1, M_2 und M_3 der Zustände 1 bis 3 ist in Bild 15.10 c) bis e) dargestellt.

Diese drei virtuellen Kraftzustände sind offensichtlich voneinander linear unabhängig. Deshalb ist es auch möglich, Linearkombinationen der drei Zustände zu bilden, die man jeweils verschiedenen Hauptsystemen zuordnen kann. Dies zeigt Bild 15.11, in dem derselbe Rahmen mit Einheitszuständen dargestellt ist, die aus den obigen durch Überlagerung gewonnen und damit voneinander linear unabhängig sind und die man sich auch an verschiedenen statisch bestimmten Hauptsystemen ermittelt denken kann:

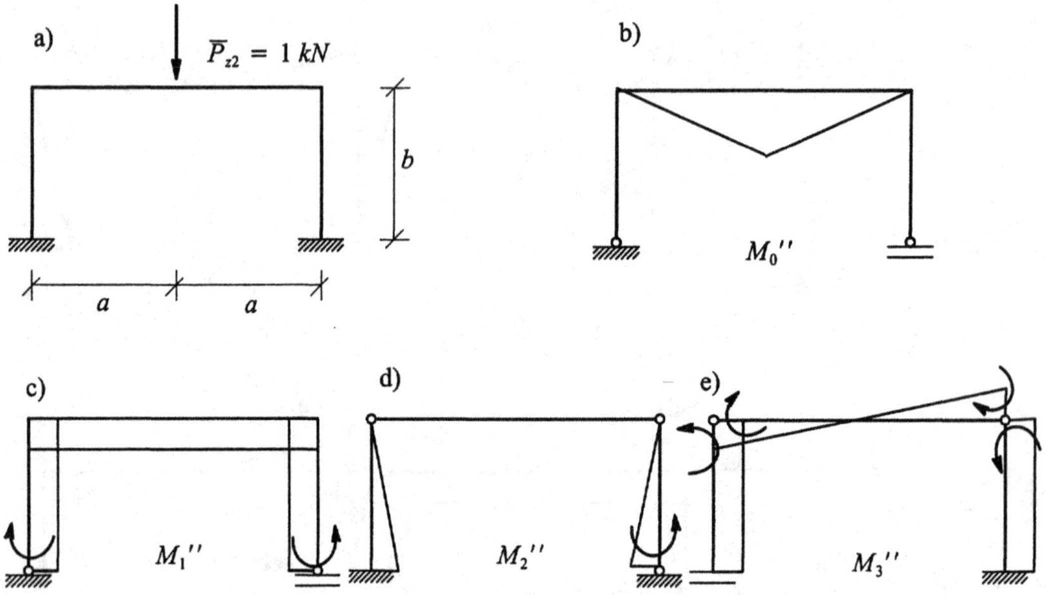

Bild 15.11: a) Statisch unbestimmtes System, b) Lastzustand und c) bis e) Einheitsspannungszustände an wechselnden statisch bestimmten Hauptsystemen

15.5.5 Statisch unbestimmte Hauptsysteme

Die Herleitung des Kraftgrößenverfahrens aus dem Prinzip der virtuellen Kräfte lässt außerdem erkennen, dass die Einheitsspannungszustände nicht unbedingt an statisch bestimmten Hauptsystemen aufgestellt werden müssen, sondern dass auch andere Möglichkeiten bestehen. Als Nebenbedingung ist nur zu fordern, dass sie

1. das Gleichgewicht und die statischen Randbedingungen erfüllen und
2. voneinander linear unabhängig sind.

Aus diesem Grund ist es sowohl möglich, verschiedene Hauptsysteme für die jeweiligen Einheitszustände zu wählen als auch Hauptsysteme zu wählen, die statisch unbestimmt sind.
Dies kann von Vorteil sein, wenn für spezielle Systeme fertige Lösungen vorliegen oder diese beispielsweise aus Handbüchern entnommen werden können.

Die Verwendung statisch unbestimmter Hauptsysteme soll mit Hilfe des in Bild 15.12 dargestellten Beispiels erläutert werden. Dieses System ist für beliebige Einwirkungen 4-fach statisch unbestimmt. (Wir können z.B. das linke Lager mit drei unabhängigen Lagerreaktionen und das mittlere Lager mit einer Lagerreaktion entfernen und erhalten einen statisch bestimmten Kragarm). Für die gegebene Belastung verbleibt wegen der fehlenden Längsbeanspruchung ein 3-fach statisch unbestimmtes Tragwerk, vgl. Bild 15.12 a). Über dem Zwischenauflager (genauer am Ende von Stab 1 oder am Anfang von Stab 2) führt man ein Momentengelenk ein und erzeugt den zugeordneten Eigenspannungszustand, indem man beidseits dieses Momentengelenks ein Momentenpaar vom Betrag 1 mit entgegengesetzter Wirkungsrichtung angreifen lässt (Bild 15.12 b). Da das verbleibende 2-fach statisch unbestimmte Hauptsystem aus zwei Trägern besteht, die an einem Ende gelenkig lotrecht unverschieblich gelagert, am anderen Ende voll eingespannt sind, können wir den zugeordneten realen und den virtuellen Schnittkraftzustand unmittelbar einer Formelsammlung entnehmen, die diese Grundsysteme unter der vorliegenden Beanspruchung enthält, z.B. *Wendehorst (2002)*, Abschnitt Statik und Festigkeitslehre. Für das gewählte statisch unbestimmte Hauptsystem erhalten wir die in (Bild 15.12 c) eingezeichneten Momenten-Verläufe und daraus mit Hilfe von Tabelle 15.1 die Nachgiebigkeiten

$$EI\,F_{11} = 2\,\frac{1}{6}\left[\frac{1}{2}\left(2\,\frac{1}{2} - 1\right) + (-1)\left(\frac{1}{2} + 2\,(-1)\right)\right] l = \frac{l}{2}$$

$$EI\,F_{10} = \frac{1}{6}\left[0 + 2\,\frac{p\,l^2}{2\,8}\left(-1 + \frac{1}{2}\right) + \left(-\frac{p\,l^2}{8}\frac{1}{2}\right)\right] l = -\frac{1}{6}\,l\,\frac{p\,l^2}{8}$$

Für die statisch unbestimmte Berechnung folgt die Bestimmungsgleichung

$$EIF_{11}\,X_1 + EIF_{10} = 0 \qquad \text{und daraus} \qquad X_1 = -\frac{-\frac{1}{6}\,l\,\frac{p\,l^2}{8}}{\frac{1}{2}\,l} = \frac{p\,l^2}{24}\,.$$

Die Überlagerung des Last- und des Eigenspannungszustandes ist wie üblich durchzuführen. Die endgültige Momentenverteilung ist in Bild 15.12d) eingetragen.

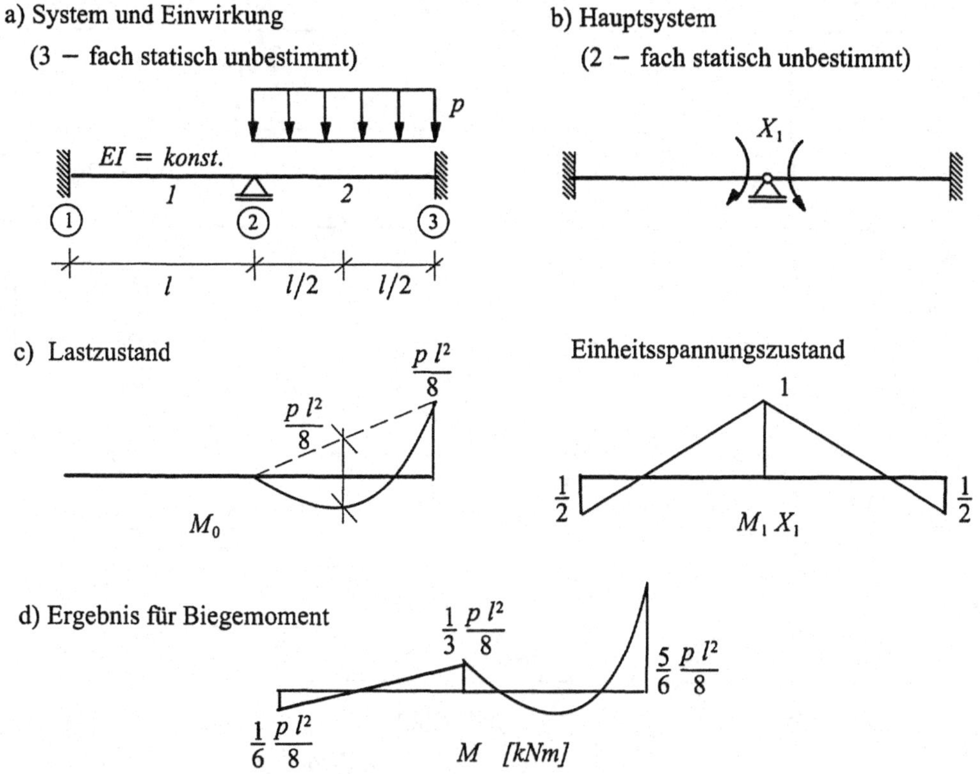

Bild 15.12: Für senkrechte Lasten 3-fach statisch unbestimmter Zweifeldträger: Berechnung mit statisch unbestimmtem Hauptsystem

Tabelle 15.1 Numerische Integration

Auswertung von Integralen der Form: $I = \int_0^l f(x)\, g(x)\, dx = (Formel)$

$g(x)$ / $f(x)$	g 	g 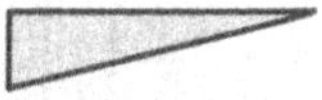	g_1  g_2
$\int_l g(x)^2\, dx$	$g^2\, l$	$\frac{1}{3}\, g^2\, l$	$\frac{1}{3}\,(g_1^2 + g_1 g_2 + g_2^2)\, l$
f 	$f g\, l$	$\frac{1}{2}\, f g\, l$	$\frac{1}{2}\, f(g_1 + g_2)\, l$
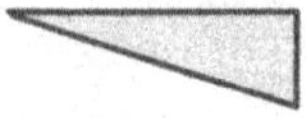 f	$\frac{1}{2}\, f g\, l$	$\frac{1}{6}\, f g\, l$	$\frac{1}{6}\, f(g_1 + 2g_2)\, l$
f 	$\frac{1}{2}\, f g\, l$	$\frac{1}{3}\, f g\, l$	$\frac{1}{6}\, f(2g_1 + g_2)\, l$
f_1  f_2	$\frac{1}{2}\,(f_1 + f_2)\, g\, l$	$\frac{1}{6}(2f_1 + f_2) g\, l$	$\frac{1}{6}[f_1\,(2g_1 + g_2) + f_2\,(g_1 + 2g_2)]\, l$
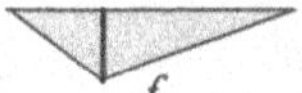 f; $\alpha\, l$, $\beta\, l$	$\frac{1}{2}\, f g\, l$	$\frac{1}{6}\, f g(1 + \beta)\, l$	$\frac{1}{6}\, f[g_1(1 + \beta) + g_2(1 + \alpha)]\, l$
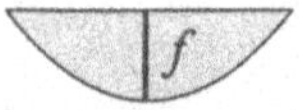 f; $l/2$, $l/2$	$\frac{2}{3}\, f g\, l$	$\frac{1}{3}\, f g\, l$	$\frac{1}{3}\, f(g_1 + g_2)\, l$
f 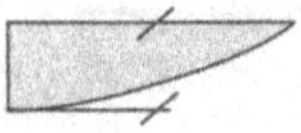	$\frac{2}{3}\, f g\, l$	$\frac{5}{12}\, f g\, l$	$\frac{1}{12}\, f\,(5g_1 + 3g_2)\, l$
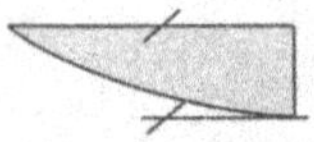 f	$\frac{2}{3}\, f g\, l$	$\frac{1}{4}\, f g\, l$	$\frac{1}{12}\, f\,(3g_1 + 5g_2)\, l$
$l/2$, $l/2$; f_1 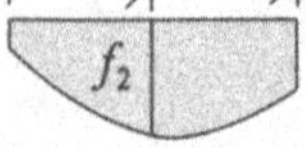 f_2 f_3	$\frac{1}{6}\,(f_1 + 4f_2 + f_3) g\, l$	$\frac{1}{6}\,(f_1 + 2f_2)\, g\, l$	$\frac{1}{6}\,[f_1\, g_1 + 2f_2\,(g_1 + g_2) + f_3\, g_2]\, l$

Anhang A1: Integralsätze

In diesem Anhang werden einige Integralsätze zusammengestellt, auf die in verschiedenen Kapiteln des Buches Bezug genommen wird. Für einen Fall wird der Integralsatz einschließlich Beweis angegeben, weitere Details zu den Herleitungen können aus verschiedenen Lehrbüchern entnommen werden, siehe z. B. *Malvern (1969), Bronstein et al. (1995)*

A1-1 Partielle Integration (Teilintegration)

Die Beziehung für die auch als Teilintegration bezeichnete partielle Integration lautet:

$$\int_a^b \frac{d(u\,v)}{dx}\,dx = \int_a^b u\,dv + \int_a^b v\,du = [u\,v]\Big|_a^b$$

$$\text{oder} \qquad \int_a^b u\,dv = [u\,v]\Big|_a^b - \int_a^b v\,du \tag{A1-1}$$

Das Integral erstreckt sich zwischen den beiden Randpunkten a und b eines linienförmigen (in einer Koordinate x beschriebenen) Gebietes. Dazwischen müssen die zu integrierenden Funktionen differenzierbar sein. Die partielle Integration wird hauptsächlich benutzt, um wie in der zweiten Beziehung von (A1-1) die Ableitungen einer Funktion auf die andere zu übertragen. Zusätzlich entsteht dabei ein Randterm, der an den beiden Randpunkten auszuwerten ist.

A1-2 Flächenintegral - Linienintegral

Der Integralsatz zur Umwandlung von Flächenintegralen in Linienintegrale und umgekehrt wird mit verschiedenen Namen in Verbindung gebracht (z.B. Satz von Green) und üblicherweise geschrieben als:

$$\int_A \frac{\partial f(y,z)}{\partial y}\,dA = \oint_s f(y,z)\,n_y\,ds \qquad \text{bzw.} \qquad \int_A \frac{\partial f(y,z)}{\partial z}\,dA = \oint_s f(y,z)\,n_z\,ds \tag{A1-2}$$

Die Funktion $f(y,z)$ ist von den zwei Flächenkoordinaten mit $dA = dy\,dz$ als Flächenelement abhängig. Zusätzlich wird längs des Randes der Fläche eine Koordinate s eingeführt, über die ein vollständiges Linienintegral gebildet wird.

Die Orientierung des Randes wird durch ein begleitendes Dreibein eines Randpunkts $P(y,z)$ beschrieben, dessen zwei Einheitsvektoren $\boldsymbol{t}$ und $\boldsymbol{n}$ aus Gl.(A1-3) zu entnehmen sind. Daraus sind auch die häufig verwendeten Komponenten n_z und n_y (Richtungs-Kosinuus der Normalen auf einem Punkt der Berandung) zu ersehen:

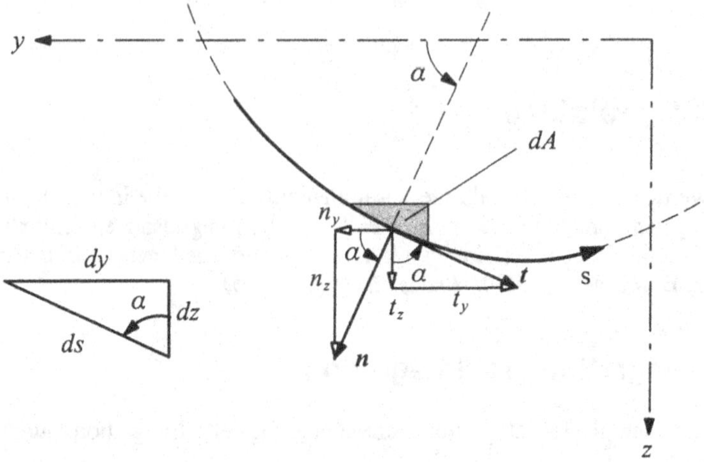

Bild A1-1 Randkurve einer Fläche mit Einheitsvektoren

Die Komponenten dieser nach "außen" gerichteten, auf der Berandungskurve senkrecht stehenden Einheitsnormalen ergeben sich daraus zu

$$\boldsymbol{n} = \begin{bmatrix} n_y \\ n_z \end{bmatrix} = \begin{bmatrix} \cos\alpha \\ -\sin\alpha \end{bmatrix} = \begin{bmatrix} \dfrac{dz}{ds} \\ -\dfrac{dy}{ds} \end{bmatrix} \qquad \text{(A1-3)}$$

Zur weiteren Erläuterung des Integralsatzes Gl. (A1-2) soll für einen Term dieser Gleichung dessen Herleitung gezeigt werden, die in entsprechender Weise auch für die anderen Integralsätze gilt. Dazu wird eine einfach zusammenhängende Fläche A mit der Randkoordinate s in einem kartesischen Koordinatensystem y,z betrachtet:

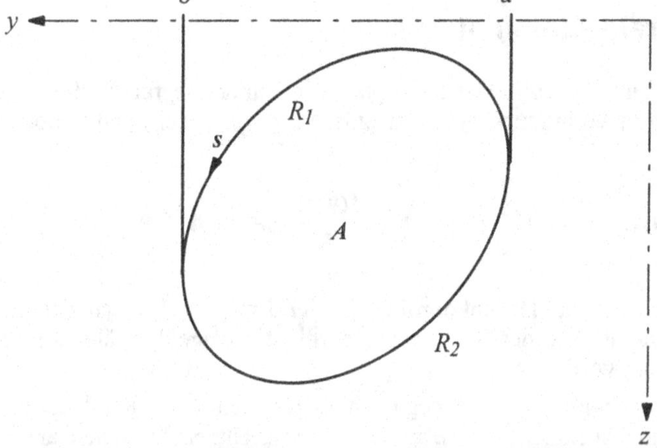

Bild A1-2 Fläche A im kartesischen Koordinatensystem, mit Randkoordinate s

Die Randkurve der Fläche wird bei der als einfach zusammenhängend angenommenen Fläche in die beiden Teilkurven R_1 und R_2 aufgespalten, die sich jeweils zwischen den Punkten a und b der Abszisse y erstrecken

$$R_1: \quad z = z_1(y)\,, \qquad R_2: \quad z = z_2(y)$$

Die Integration zwischen diesen beiden Punkten führt mit $dA = dy\,dz$ zu

$$\int_A \frac{\partial f}{\partial z}\,dA = \int_a^b \Big[\int_{z_1}^{z_2} \frac{\partial f}{\partial z}\,dz\ \Big]\,dy = \int_a^b \big[f(y,z_2) - f(y,z_1)\big]\,dy$$

Bei der Auswertung der beiden Integrale ist noch zu berücksichtigen, dass für die Teilkurve R_2 die Integrationsrichtung negativ ist (von b nach a) wie aus Bild A1-2 ersichtlich. Damit folgt mit der Summe der beiden Teilkurven (von b über a nach b) ein geschlossenes Randintegral längs s:

$$\int_A \frac{\partial f}{\partial z}\,dA = -\int_b^a f(y,z) - \int_a^b f(y,z)\,dy = -\oint_s f(s)\,\frac{dy}{ds}\,ds$$

Aus Gl.(A1-3) kann man erkennen, dass diese Beziehung noch mit Hilfe der Komponente n_z der Normalen eines Punktes der Randkurve auszudrücken ist, womit der zweite Term von Gl.(A1-2) bewiesen ist:

$$\int_A \frac{\partial f}{\partial z}\,dA = -\oint_s f(s)\,\frac{dy}{ds}\,ds = \oint_s f(s)\,n_z\,ds\,.$$

Häufig sind Arbeitsausdrücke umzuformen, worin statt einer Funktion f ein Produkt - z.B. $(g\,h)$ - auftritt. Dann ergibt sich aus Gleichung (A1-2):

$$\int_A \frac{\partial(g\,h)}{\partial y}\,dA = \oint_s (g\,h)\,n_y\,ds \qquad \text{bzw.} \qquad \int_A \frac{\partial(g\,h)}{\partial z}\,dA = \oint_s (g\,h)\,n_z\,ds \tag{A1-4}$$

Mit der partiellen Ableitung des Produkts folgt z.B. aus der ersten Gleichung von (A1-4):

$$\int_A g\,\frac{\partial h}{\partial y}\,dA = \oint_s (g\,h)\,n_y\,ds - \int_A h\,\frac{\partial g}{\partial y}\,dA \tag{A1-5}$$

Diese Beziehung stellt ebenfalls eine Art Teilintegrationsformel dar, weil sie auch die Ableitungen einer Funktion auf die andere Funktion verschiebt und wie bei Gl. (A1-1) dabei ein zusätzliches Randintegral entsteht.

Außerdem ist festzuhalten, dass sich ein Integralsatz sowohl auf eine skalarwertige Funktion f wie auch auf Vektoren oder Tensoren beziehen kann. Dies wird aus Gl. (A1-2) ersichtlich, wenn dort die Komponenten eines Vektors $\boldsymbol{u}$ anstelle von f eingesetzt und die sich ergebenden Gleichungen addiert werden. Man erhält dann:

$$\int_A \left[\frac{\partial u_y}{\partial y} + \frac{\partial u_z}{\partial z}\right] dA = \oint_s \left[\,u_y n_y + u_z n_z\,\right] ds \tag{A1-6}$$

Dies ist die zweidimensionale Form des Gauß'schen Integralsatzes, der für den dreidimensionalen Fall im nächsten Unterkapitel behandelt wird.

Umformungen von Flächenintegralen zu Linienintegralen treten z. B. bei der Formulierung der Grundgleichungen in der Torsionstheorie auf. Als Beispiel wird hier das Prinzip der virtuellen Verschiebungen mit Verwölbungen des Querschnitts als Unbekannte behandelt. Diese integrale Grundgleichung ist in Kapitel 9, Gl. (9-11) oder in *Wunderlich, Pilkey (2002)*, S. 431 angegeben und lautet:

$$\delta W = \iint \left[\delta \frac{\partial \omega}{\partial y} \left(\frac{\partial \omega}{\partial y} + z \right) + \delta \frac{\partial \omega}{\partial z} \left(\frac{\partial \omega}{\partial z} - y \right) \right] dA = 0 \qquad \text{(A1-7)}$$

Die Anwendung von Gl.(A1-5) mit $g = \delta\omega$ und $h = \frac{\partial \omega}{\partial y} + z$ führt für den ersten Term zu

$$\iint_A \left\{ \delta \frac{\partial \omega}{\partial y} \left(\frac{\partial \omega}{\partial y} + z \right) \right\} dA = \oint_s \delta\omega \left(\frac{\partial \omega}{\partial y} + z \right) n_y \, ds - \iint_A \left\{ \delta\omega \left(\frac{\partial^2 \omega}{\partial y^2} \right) \right\} dA$$

und entsprechend für den zweiten Term zu

$$\iint_A \left\{ \delta \frac{\partial \omega}{\partial z} \left(\frac{\partial \omega}{\partial z} - y \right) \right\} dA = \oint_s \delta\omega \left(\frac{\partial \omega}{\partial z} - y \right) n_z \, ds - \iint_A \left\{ \delta\omega \left(\frac{\partial^2 \omega}{\partial z^2} \right) \right\} dA$$

Zusammengefasst erhält man die umgeformte Gleichung:

$$\iint_A \left[\delta \frac{\partial \omega}{\partial y} \left(\frac{\partial \omega}{\partial y} + z \right) + \delta \frac{\partial \omega}{\partial z} \left(\frac{\partial \omega}{\partial z} - y \right) \right] dA = \oint_s \left[\delta\omega \left\{ \left(\frac{\partial \omega}{\partial y} + z \right) n_y + \left(\frac{\partial \omega}{\partial z} - y \right) n_z \right\} \right] ds$$

$$- \iint_A \left[\delta\omega \left\{ \frac{\partial^2 \omega}{\partial z^2} + \frac{\partial^2 \omega}{\partial z^2} \right\} \right] dA = 0 \qquad \text{(A1-8)}$$

Daraus kann man schließen, dass für beliebige Variationen der Verwölbung diese integrale Gleichung erfüllt ist, wenn die zugehörigen Terme in der geschweiften Klammer auf der rechten Seite verschwinden. Dies sind gerade die lokalen Gleichgewichtsbedingungen für die Verwölbung, die für jeden Punkt auf der Querschnittsfläche A erfüllt sein müssen und außerdem die Randbedingungen über den Rand s, die ausdrücken, dass die tangentialen Schubspannungen aus Torsionswirkungen auf dem gesamten Rand verschwinden müssen.

A1-3 Gauß'scher Integralsatz (Divergenz-Theorem): Volumenintegral - Flächenintegral

Neben den bisher besprochenen Integraltransformationen spielt in der Anwendung von Variationsprinzipien die Umformung von dreidimensionalen Volumenintegralen in zweidimensionale Flächenintegrale oder umgekehrt eine wichtige Rolle. Hierzu wendet man mit Vorteil den Gauß'schen Integralsatz (Divergenz-Theorem) an, der die allgemeinste Form der hier betrachteten Integralsätze darstellt und aus dem die anderen Varianten abzuleiten sind. In symbolischer Schreibweise lautet es:

$$\int_V div\, \boldsymbol{v} \; dV = \int_S \boldsymbol{v} \cdot \boldsymbol{n} \; dA \qquad \text{(A1-9)/1}$$

Die unter dem Integral auftretende Divergenz eines beliebigen Vektorfeldes $\boldsymbol{v}$ ist definiert durch:

$$div\, \boldsymbol{v} = \frac{\partial v_x}{\partial x} + \frac{\partial v_y}{\partial y} + \frac{\partial v_z}{\partial z} \qquad \text{oder:} \quad div\, \boldsymbol{v} = v_{x,x} + v_{y,y} + v_{z,z} = v_{i,i}$$

In der letzten Gleichung ist zusätzlich die allgemein gebräuchliche Index-Schreibweise angegeben, welche die Darstellung erheblich vereinfacht. Dabei wird die partielle Integration durch ein Komma markiert und außerdem die Einstein'sche Summenkonvention angewendet, nach der über gleiche Indizes zu summieren ist. Wie man erkennt, bezieht sich in diesem Fall der Index i der Reihe nach auf die drei Koordinaten x, y und z. Bezeichnet man in gleicher Weise die drei Komponenten n_x, n_y, n_z des Normalenvektors, so folgt das Divergenztheorem in Indexschreibweise:

$$\int_V \left[v_{x,x} + v_{y,y} + v_{z,z}\right] dV = \int_A \left[v_x n_x + v_y n_y + v_z n_z\right] dA \tag{A1-9)/2}$$

oder mit Hilfe der Summationskonvention (hier: $i = x, y, z$) in der besonders einprägsamen Form:

$$\int_V v_{i,i}\, dV = \int_A v_i n_i\, dA \tag{A1-9)/3}$$

Im Oberflächenintegral ist der Integrand ein Skalarprodukt aus einem beliebigen Vektor $\boldsymbol{v}$ mit dem Normalenvektor $\boldsymbol{n}$. Dieser steht auf einem Punkt der Oberfläche senkrecht und ist nach auswärts gerichtet. Seine Komponenten sind jeweils durch den Richtungs-Kosinus zwischen $\boldsymbol{n}$ und den Koordinatenlinien definiert (vgl. auch Bild A1-1, in dem der Normalenvektor und seine Komponenten für den Rand einer Fläche grafisch veranschaulicht sind):

$$n_x = \cos(n,x), \qquad n_y = \cos(n,y)\,, \qquad n_z = \cos(n,z) \tag{A1-10}$$

Eine typische Anwendung des Gauß'schen Integralsatzes ist die Umformung eines über das Volumen gebildeten Arbeitsausdrucks in ein Flächenintegral. In ähnlicher Weise wie bei der Umformung der Beziehung (A1-4) ergibt sich hier in Indexschreibweise:

$$\int_V (\sigma_{ij}\,\delta u_j)_{,i}\, dV = \int_A (\sigma_{ij}\,\delta u_j)\, n_i\, dA = \int_A (\sigma_{ij}\, n_i)\, \delta u_j\, dA = \int_A p_j\, \delta u_j\, dA \tag{A1-11}$$

Ausgeschrieben erhält man dafür:

$$\begin{aligned}
&\int_V \Big[\frac{\partial}{\partial x}(\sigma_x\,\delta u_x) + \frac{\partial}{\partial y}(\tau_{yx}\,\delta u_x) + \frac{\partial}{\partial z}(\tau_{zx}\,\delta u_x) \\
&\quad + \frac{\partial}{\partial x}(\tau_{xy}\,\delta u_y) + \frac{\partial}{\partial y}(\sigma_y\,\delta u_y) + \frac{\partial}{\partial z}(\tau_{zy}\,\delta u_y) \\
&\quad + \frac{\partial}{\partial x}(\tau_{xz}\,\delta u_z) + \frac{\partial}{\partial y}(\tau_{yz}\,\delta u_z) + \frac{\partial}{\partial z}(\sigma_z\,\delta u_z)\Big]\, dV \\
&= \int_A \Big[(\sigma_x n_x + \tau_{yx} n_y + \tau_{zx} n_z)\,\delta u_x + (\tau_{xy} n_x + \sigma_y n_y + \tau_{zy} n_z)\,\delta u_y \\
&\quad + (\tau_{xz} n_x + \tau_{yz} n_y + \sigma_z n_z)\,\delta u_z\Big]\, dA = \int_A \Big[p_x\,\delta u_x + p_y\,\delta u_y + p_z\,\delta u_z\Big]\, dA
\end{aligned}$$

Die zur Teilintegration gleichartige Struktur erkennt man deutlich, wenn Gl.(A1-11)

$$\int_V (\sigma_{ij}\,\delta u_j)_{,i}\; dV = \int_V (\sigma_{ij,i}\,\delta u_j + \sigma_{ij}\,\delta u_{j,i})\; dV = \int_A p_j\,\delta u_j\; dA$$

mit Hilfe der Indexschreibweise in der Form

$$\int_V \sigma_{ij,i}\,\delta u_j\; dV = \int_A p_j\,\delta u_j\; dA - \int_V \sigma_{ij}\,\delta u_{j,i}\, dV \qquad \text{(A1-12)}$$

dargestellt wird. Diese Beziehung wurde in Kapitel 3.1 bei der Gewinnung der lokalen Gleichgewichtsbedingungen und der statischen Randbedingungen aus dem Prinzip der virtuellen Arbeiten verwendet.

Anhang A2: Matrizenreihen und Dgl. Systeme 1. Ordnung

A2-1 Vorbemerkung

In den Kapiteln 4 und 11 werden Matrizenreihen verwendet um Übertragungsmatrizen und Lastvektoren von Stäben auf der Basis des zugehörigen Systems von Differentialgleichungen 1. Ordnung zu ermitteln. In diesem Anhang werden einige Grundlagen dieser Vorgehensweise ohne Anspruch auf Vollständigkeit und mathematische Strenge dargestellt. Für ein vertieftes Studium dieses Kalküls wird der Leser auf einschlägige Veröffentlichungen z. B. *Pestel, Leckie (1963), Waller, Krings (1975) oder Zurmühl, Falk (1986)* verwiesen.

A2-2 Gewöhnliche Dgln. als Systeme von Dgln. 1. Ordnung

In Abschnitt 4.1.1 wurde mit Gl. (4-10) das System von Differentialgleichungen 1. Ordnung des Biegeträgers hergeleitet:

(4-10): $$\frac{dz}{dx} = \boldsymbol{A}\,\boldsymbol{z} + \boldsymbol{r}$$

Für den Fall des schubstarren Biegeträgers sind die Matrizen $\boldsymbol{z}$, $\boldsymbol{A}$ und $\boldsymbol{r}$ wie folgt belegt:

$$z(x) = \begin{bmatrix} w(x) \\ \varphi(x) \\ Q(x) \\ M(x) \end{bmatrix} \qquad A(x) = \begin{bmatrix} 0 & -1 & 0 & 0 \\ 0 & 0 & 0 & \frac{1}{EI(x)} \\ 0 & 0 & 0 & 0 \\ 0 & 0 & 1 & 0 \end{bmatrix} \qquad \bar{r}(x) = \begin{bmatrix} 0 \\ \bar{\kappa}(x) \\ -\bar{p}(x) \\ -\bar{m}(x) \end{bmatrix}$$

Dieses System enthält direkt die mechanischen Grundgleichungen des Problems und beschreibt das Tragverhalten eines Biegestabes mathematisch und mechanisch in gleicher Weise wie die zugeordnete Dgl. 4. Ordnung (vgl. Gl. (4-12) in Abschnitt 4.1.1).

Da das System von Dgln. 1. Ordnung als Ausgangspunkt wichtiger numerischer Verfahren dient, zeigen wir zunächst, dass jede lineare gewöhnliche Differentialgleichung in planmäßiger Weise in ein äquivalentes System von Gleichungen 1. Ordnung überführt werden kann. So erhält man für die Differentialgleichung n-ter Ordnung der Funktion $w(x)$

$$w^{(n)} + a_{n-1}\,w^{(n-1)} + a_{n-1}\,w^{(n-1)} + \,..\, + a_1\,w^{(1)} + a_0\,w^{(0)} + f(x) = 0 \tag{A2-1}$$

durch Einführen neuer, gleichfalls von x abhängiger Variabler

$$w_1 = w'; \qquad w_2 = w''; \qquad .... \qquad w_{n-1} = w^{(n-1)}$$

das folgende System von Differentialgleichungen 1. Ordnung:

$$\frac{dw}{dx} = w_1; \qquad \frac{dw_1}{dx} = w_2; \qquad \frac{dw_2}{dx} = w_3; \qquad .... \qquad \frac{dw_{n-2}}{dx} = w_{n-1}$$

$$\frac{dw_{n-1}}{dx} = f(x,\ w, w_1\ ,\ ...,\ w_{n-1})$$

Dieser Satz von Gleichungen lässt sich matriziell zusammenfassen:

$$\frac{d}{dx}\begin{bmatrix} w \\ w_1 \\ w_2 \\ \vdots \\ w_{n-2} \\ w_{n-1} \end{bmatrix} = \begin{bmatrix} 0 & 1 & 0 & \cdot & 0 & 0 \\ 0 & 0 & 1 & \cdot & 0 & 0 \\ & & & & & \\ & & & & \vdots & \vdots \\ & & & & & 1 \\ -a_0 & -a_1 & -a_2 & \cdot & -a_{n-2} & -a_{n-1} \end{bmatrix} \begin{bmatrix} w \\ w_1 \\ w_2 \\ \vdots \\ w_{n-2} \\ w_{n-1} \end{bmatrix} + \begin{bmatrix} 0 \\ 0 \\ \\ \vdots \\ 0 \\ -f(x) \end{bmatrix} \qquad \text{(A2-2)}$$

Auf dieser Grundlage verallgemeinern wir die letzte Beziehung bzw. Gl. (4-10) und vereinbaren folgende Belegung der enthaltenen Matrizen:

$$\boldsymbol{y}^T = [\, y_1(x) \quad y_2(x) \quad ... \quad y_n(x)\,]$$

$$\boldsymbol{q}^T = [\, q_1(x) \quad q_2(x) \quad ... \quad q_n(x)\,]$$

$$\boldsymbol{A} = [\, a_{ik}\,]$$

Damit kann ein System der Art der Gl. (A2-2) folgendermaßen angegeben werden:

$$\frac{d\boldsymbol{y}}{dx} = \boldsymbol{A}\,\boldsymbol{y} + \boldsymbol{q}(x) \qquad \text{(A2-3)}$$

Ausgeschrieben:

$$\frac{d}{dx}\begin{bmatrix} y_1(x) \\ y_2(x) \\ \vdots \\ y_n(x) \end{bmatrix} = \begin{bmatrix} a_{11} & \cdot & a_{1n} \\ \vdots & \vdots & \vdots \\ a_{n1} & \cdot & a_{nn} \end{bmatrix} \begin{bmatrix} y_1(x) \\ y_2(x) \\ \vdots \\ y_n(x) \end{bmatrix} + \begin{bmatrix} q_1(x) \\ q_2(x) \\ \vdots \\ q_n(x) \end{bmatrix}$$

Bei dieser Vorgehensweise stellen die Eintragungen der Vektoren und der Koeffizientenmatrix des resultierenden Gleichungssystems i. A. noch nicht mechanische Variable des Problems dar.

A2-3 Matrizenreihen

Die hier zur Anwendung kommenden Matrizenreihen sind ihres mathematischen Verhaltens wegen in Analogie zur Potenzreihenentwicklung der Exponentialfunktion definiert (vgl. z. B. *Bronstein et al. (1995)*. Für diese gilt:

$$e^{x} = 1 + \frac{1}{1!}x + \frac{1}{2!}x^2 + \frac{1}{3!}x^3 + \frac{1}{4!}x^4 + \frac{1}{5!}x^5 \; ... \qquad \text{(A2-4)}$$

In gleicher Weise definiert man nun die Potenzreihe einer quadratischen Matrix $\boldsymbol{A}$:

$$e^{\boldsymbol{A}} = \boldsymbol{I} + \frac{1}{1!}\boldsymbol{A} + \frac{1}{2!}\boldsymbol{A}^2 + \frac{1}{3!}\boldsymbol{A}^3 + \frac{1}{4!}\boldsymbol{A}^4 + \frac{1}{5!}\boldsymbol{A}^5 \; ... \qquad \text{(A2-5)}$$

Wir halten fest, dass mit der Schreibweise e^A eine quadratische Matrix bestimmt ist, deren Bildungsgesetz mit der rechten Seite von (A2-5) definiert ist. Die Ergebnismatrix e^A, die Einheitsmatrix $\boldsymbol{I}$ und die konstituierende Matrix $\boldsymbol{A}$ sind quadratisch und von gleichem Typ. Ist $\boldsymbol{A}$ eine Nullmatrix, so ergibt sich aus der letzten Gleichung:

$$e^0 = \boldsymbol{I} \tag{A2-6}$$

Es macht Sinn Exponentialreihen dieser Art einzuführen, da ihre Konvergenz für eine Reihe wichtiger Klassen von Matrizen gesichert ist. Wir wollen im Folgenden zeigen, dass die für die Funktion (A2-4) geltenden algebraischen Operationen in gleicher Weise für das Rechnen mit Matrizenfunktionen anzuwenden sind. Die Regeln für das Rechnen mit Matrizen bleiben erhalten.

1) Für kommutative Matrizen $\boldsymbol{A}$ und $\boldsymbol{B}$ (d. h. für Matrizen, für die das Kommutativgesetz der gewöhnlichen Multiplikation gilt) hat man:

$$\boldsymbol{B}\, e^{\boldsymbol{A}} = e^{\boldsymbol{B}}\, \boldsymbol{B} \tag{A2-7}$$

Wir bestätigen durch Ausrechnen:

$$\boldsymbol{B}\, e^{\boldsymbol{A}} = \boldsymbol{B}\left(\boldsymbol{I} + \frac{1}{1!}\boldsymbol{A} + \frac{1}{2!}\boldsymbol{A}^2 + \frac{1}{3!}\boldsymbol{A}^3 + \ldots\right) = \boldsymbol{B} + \frac{1}{1!}\boldsymbol{B}\,\boldsymbol{A} + \frac{1}{2!}\boldsymbol{B}\,\boldsymbol{A}^2 + \frac{1}{3!}\boldsymbol{B}\,\boldsymbol{A}^3 + \ldots$$

$$e^{\boldsymbol{A}}\,\boldsymbol{B} = \left(\boldsymbol{I} + \frac{1}{1!}\boldsymbol{A} + \frac{1}{2!}\boldsymbol{A}^2 + \frac{1}{3!}\boldsymbol{A}^3 + \ldots\right)\boldsymbol{B} = \boldsymbol{B} + \frac{1}{1!}\boldsymbol{A}\,\boldsymbol{B} + \frac{1}{2!}\boldsymbol{A}^2\,\boldsymbol{B} + \frac{1}{3!}\boldsymbol{A}^3\,\boldsymbol{B} + \ldots$$

Wegen $\boldsymbol{B}\,\boldsymbol{A}\,\boldsymbol{A} = \boldsymbol{A}\,\boldsymbol{B}\,\boldsymbol{A} = \boldsymbol{A}\,\boldsymbol{A}\,\boldsymbol{B}$ u. s. w. folgt obige Beziehung.

2) Für das Produkt $e^{\boldsymbol{A}}\, e^{\boldsymbol{B}}$ erhalten wir zunächst durch formales Ausrechnen:

$$\begin{aligned} e^{\boldsymbol{A}}\, e^{\boldsymbol{B}} &= \left(\boldsymbol{I} + \frac{1}{1!}\boldsymbol{A} + \frac{1}{2!}\boldsymbol{A}^2 + \frac{1}{3!}\boldsymbol{A}^3 + \ldots\right)\cdot\left(\boldsymbol{I} + \frac{1}{1!}\boldsymbol{B} + \frac{1}{2!}\boldsymbol{B}^2 + \frac{1}{3!}\boldsymbol{B}^3 + \ldots\right) \\ &= \boldsymbol{I} + \frac{1}{1!}\boldsymbol{B} + \frac{1}{2!}\boldsymbol{B}^2 + \frac{1}{3!}\boldsymbol{B}^3 + \frac{1}{4!}\boldsymbol{B}^4 + \ldots \\ &\quad + \frac{1}{1!}\boldsymbol{A} + \frac{1}{1!}\boldsymbol{A}\boldsymbol{B} + \frac{1}{2!}\boldsymbol{A}\boldsymbol{B}^2 + \frac{1}{3!}\boldsymbol{A}\boldsymbol{B}^3 + \ldots \\ &\quad + \frac{1}{2!}\boldsymbol{A}^2 + \frac{1}{2!}\boldsymbol{A}^2\boldsymbol{B} + \frac{1}{2!}\frac{1}{2!}\boldsymbol{A}^2\boldsymbol{B}^2 + \frac{1}{2!}\frac{1}{3!}\boldsymbol{A}^2\boldsymbol{B}^3 + \ldots \\ &\quad + \frac{1}{3!}\boldsymbol{A}^3 + \frac{1}{3!}\frac{1}{1!}\boldsymbol{A}^3\boldsymbol{B} + \frac{1}{3!}\frac{1}{2!}\boldsymbol{A}^3\boldsymbol{B}^2 + \ldots \\ &\quad + \frac{1}{4!}\boldsymbol{A}^4 + \ldots \end{aligned}$$

Zusammenfassen übereinander angeschriebenen Potenzen der Matrizen $\boldsymbol{A}$ und $\boldsymbol{B}$ liefert:

$$\begin{aligned} e^{\boldsymbol{A}}\, e^{\boldsymbol{B}} &= \boldsymbol{I} + \frac{1}{1!}(\boldsymbol{A} + \boldsymbol{B}) + \frac{1}{2!}(\boldsymbol{A}^2 + 2\boldsymbol{A}\boldsymbol{B} + \boldsymbol{B}^2) \\ &\quad + \frac{1}{3!}(\boldsymbol{B}^3 + 3\boldsymbol{A}\boldsymbol{B}^2 + 3\boldsymbol{A}^2\boldsymbol{B} + \boldsymbol{A}^3) \\ &\quad + \frac{1}{4!}(\boldsymbol{B}^4 + 4\boldsymbol{A}\boldsymbol{B}^3 + 6\boldsymbol{A}^2\boldsymbol{B}^2 + 4\boldsymbol{A}^3\boldsymbol{B} + \boldsymbol{A}^4) \; + \ldots \end{aligned}$$

Mit der Annahme kommutativer Matrizen $\boldsymbol{A}$ und $\boldsymbol{B}$ erhalten wir

$$e^{A}\,e^{B} = I + \frac{1}{1!}(A + B) + \frac{1}{2!}(A + B)^2 + \frac{1}{3!}(A + B)^3 + \dots \tag{A2-8}$$

, also:

$$e^{A}\,e^{B} = e^{A+B} \tag{A2-9}$$

3) Ohne Nachweis geben wir an, dass die Entwicklung

$$e^{Ax} = I + \frac{1}{1!}Ax + \frac{1}{2!}A^2x^2 + \frac{1}{3!}A^3x^3 + \frac{1}{4!}A^4x^4 + \dots \tag{A2-10}$$

für konstante $\boldsymbol{A}$ und beliebige $x \geq 0$ konvergiert.
4) Für die spezielle Wahl $B = -A$ bekommt man aus (A2-8):

$$e^{A}\,e^{-A} = I \tag{A2-11}$$

Somit muss die Summenmatrix e^{-A} die Inverse der Summenmatrix e^{A} sein:

$$e^{-A} = \left(e^{A}\right)^{-1} \tag{A2-12}$$

Offensichtlich gilt dann auch:

$$e^{-Ax} = \left(e^{Ax}\right)^{-1} \tag{A2-13}$$

5) Für die Ableitung der letztgenannten Beziehung nach dem Parameter x rechnet man formal

$$\frac{d}{dx}e^{Ax} = \frac{d}{dx}\left(I + \frac{1}{1!}Ax + \frac{1}{2!}A^2x^2 + \frac{1}{3!}A^3x^3 + \frac{1}{4!}A^4x^4 + \dots\right)$$

und erhält damit:

$$\frac{d}{dx}e^{Ax} = A\,e^{Ax} \tag{A2-14}$$

6) Die Stamm-Matrizenfunktion von e^{A} lautet

$$\int e^{Ax}\,dx = A^{-1}(e^{Ax} - I)$$

, was sich durch elementares Nachrechnen verifizieren lässt:

$$\begin{aligned}\frac{d}{dx}\left[A^{-1}(e^{Ax} - I)\right] &= \frac{d}{dx}\left[A^{-1}\left(I + \frac{1}{1!}Ax + \frac{1}{2!}A^2x^2 + \frac{1}{3!}A^3x^3 + \frac{1}{4!}A^4x^4 + \dots - I\right)\right]\\ &= \frac{d}{dx}\left[\frac{1}{1!}Ix + \frac{1}{2!}Ax^2 + \frac{1}{3!}A^2x^3 + \frac{1}{4!}A^3x^4 + \dots\right]\\ &= I + \frac{1}{1!}Ax + \frac{1}{2!}A^2x^2 + \frac{1}{3!}A^3x^3 + \dots\end{aligned}$$

Für das anschließend benötigte Integral in den Grenzen 0 und x erhalten wir mit (A2-6):

$$\int_0^x e^{At}\,dt = A^{-1}(e^{Ax} - I) \qquad \text{(A2-15)}$$

A2-4 Lösung von Dgl. Systemen 1. O. mittels Matrizenreihen

Wir setzen jetzt konstante Matrizen A voraus und übernehmen die in Kap. 4 eingeführten Bezeichnungen für Zustands- und Lastvektoren. Zur Lösung des Dgl. Systems

(4-10): $$\frac{dz}{dx} = A\,z + r(x)$$

bildet man in Analogie zur Vorgehensweise bei der Lösung linearer Dgln. 1. Ordnung den Ansatz:

$$z(x) = e^{Ax}\,z(0) + e^{Ax}\int_0^x e^{-At}\,r(t)\,dt \qquad \text{(A2-16)}$$

Wir bestätigen die Richtigkeit durch Einsetzen in die Ausgangsgleichung. Ableiten der letzten Beziehung liefert zunächst mit (A2-14) und (A2-13):

$$\frac{d}{dx}z(x) = A\,e^{Ax}\,z(0) + A\,e^{Ax}\int_0^x e^{-At}\,r(t)\,dt + e^{Ax}\,e^{-Ax}\,r(x)$$

Damit und mit (A2-16) geht (4-10) über in:

$$A\,e^{Ax}\,z(0) + A\,e^{Ax}\int_0^x e^{-At}\,r(t)\,dt + r(x) = A\,e^{A(x)}\,z(0) + A\,e^{Ax}\int_0^x e^{-At}\,r(t)\,dt + r(x)$$

Damit ist die Zulässigkeit des Ansatzes bestätigt.

Die Summenmatrix e^{A} in (A2-16) stellt bei Problemen der Stabstatik offensichtlich die Übertragungsmatrix und der Integralterm den Lastvektor der Aufgabe dar. Mit den Festlegungen

$$U(x) = e^{Ax} \qquad \text{(A2-17)}$$

$$\bar{z}(x) = U(x)\int_0^x U^{-1}(t)\,r(t)\,dt \qquad \text{(A2-18)}$$

geht der Lösungsansatz (A2-16) über in:

$$z(x) = U(x)\,z(0) + \bar{z}(x) \qquad \text{(A2-19)}$$

Diese Form entspricht der einer Anfangswertaufgabe: Bei bekannten Zustandsgrößen an der Stelle 0 werden diejenigen an der Stelle x ermittelt.

Übertragungsmatrix und Lastvektor sind damit als Potenzreihe der konstituierenden Matrix $\boldsymbol{A}$ des zugeordneten Systems von Differentialgleichungen 1. Ordnung darstell- und berechenbar. Mit (A2-10) erhalten wir aus (A2-17) unmittelbar:

$$\boldsymbol{U} = \boldsymbol{I} + \frac{1}{1!}\boldsymbol{A}\,l + \frac{1}{2!}\boldsymbol{A}^2\,l^2 + \ldots \tag{A2-20}$$

Für konstante Lastvektoren $\boldsymbol{r}$ folgt mit (A2-17) und (A2-15) aus (A2-18) auch:

$$\bar{z}(x) = e^{\boldsymbol{A}x}\int_0^x e^{-\boldsymbol{A}t}\,dt\,\boldsymbol{r} = e^{\boldsymbol{A}x}(-\boldsymbol{A})^{-1}\left(e^{-\boldsymbol{A}x} - \boldsymbol{I}\right)\boldsymbol{r}$$

Abschließend zeigen wir ausführlich die Darstellung des Lastvektors als Funktion der konstituierenden Matrix $\boldsymbol{A}$.

$$\begin{aligned}
\bar{\mathbf{z}}(x) &= e^{\boldsymbol{A}x}(-\boldsymbol{A})^{-1}\left(e^{-\boldsymbol{A}x} - \boldsymbol{I}\right)\boldsymbol{r} \\
&= e^{\boldsymbol{A}x}(-\boldsymbol{A})^{-1}\left[\boldsymbol{I} + \frac{1}{1!}(-\boldsymbol{A})x + \frac{1}{2!}(-\boldsymbol{A})^2x^2 + \frac{1}{3!}(-\boldsymbol{A})^3x^3 + \ldots - \boldsymbol{I}\right](-\boldsymbol{A})(-\boldsymbol{A})^{-1}\boldsymbol{r} \\
&= e^{\boldsymbol{A}x}\left[\boldsymbol{I} + \frac{1}{1!}(-\boldsymbol{A})x + \frac{1}{2!}(-\boldsymbol{A})^2x^2 + \frac{1}{3!}(-\boldsymbol{A})^3x^3 + \ldots - \boldsymbol{I}\right](-\boldsymbol{A})^{-1}\boldsymbol{r} \\
&= e^{\boldsymbol{A}x}\left[e^{-\boldsymbol{A}x}\ldots - \boldsymbol{I}\right](-\boldsymbol{A})^{-1}\boldsymbol{r} \\
&= \left[\boldsymbol{I} - e^{\boldsymbol{A}x}\right](-\boldsymbol{A})^{-1}\boldsymbol{r} \\
&= \left[\boldsymbol{I} - \boldsymbol{I} - \frac{1}{1!}(\boldsymbol{A})x - \frac{1}{2!}(\boldsymbol{A})^2x^2 - \frac{1}{3!}(\boldsymbol{A})^3x^3 - \ldots\right](-\boldsymbol{A})^{-1}\boldsymbol{r} \\
&= \left[-\frac{1}{1!}(\boldsymbol{A})x - \frac{1}{2!}(\boldsymbol{A})^2x^2 - \frac{1}{3!}(\boldsymbol{A})^3x^3 - \ldots\right](-\boldsymbol{A})^{-1}\boldsymbol{r} \\
&= \left[\frac{1}{1!}(\boldsymbol{A})x + \frac{1}{2!}(\boldsymbol{A})^2x^2 + \frac{1}{3!}(\boldsymbol{A})^3x^3 + \ldots\right]\boldsymbol{A}^{-1}\boldsymbol{r} \\
&= x\left[\frac{1}{1!}\boldsymbol{I} + \frac{1}{2!}\boldsymbol{A}\,x + \frac{1}{3!}\boldsymbol{A}^2\,x^2 + \ldots\right]\boldsymbol{r}
\end{aligned}$$

Anhang A3: Hauptachsentransformation

In diesem Anhang wird zunächst in A3-1 für einen Stab mit konstantem, dünnwandigen offenen Querschnitt die Normierung der Wölbfunktionen gezeigt. Dieser Normierung entspricht der Übergang von einem beliebigen Bezugssystem zum Hauptachsensystem mit der Schubmittelpunktsachse als Drehachse. Wie in den Kapiteln 9 und 10 angenommen, sind die einzelnen Wandabschnitte gerade. Hinweise zu Querschnitten mit gekrümmten Wandabschnitten werden in Kap. 9.6.3 gegeben.

Die in A3-2 folgenden Überlegungen enthalten den Übergang von einem beliebigen Bezugsystem eines Vollquerschnitts (gedrungenen Querschnitts) zu seinem Hauptsystem. Da das Bimoment der Wölbkrafttorsion nur für dünnwandige Querschnitte sinnvoll definiert werden kann, werden die entsprechenden Beziehungen für Vollquerschnitte in Kapitel A3-2 gesondert zusammengestellt.

Die Überlegungen der Kapitel 3.3, 9 und 10.2 bis 10.4.2 wurden in einem beliebigen $x-y-z-$Bezugssystem durchgeführt, dessen $x-$Achse gleichzeitig Drehachse war. Wir kennzeichnen Größen dieses Bezugssystems wegen der im folgenden zu besprechenden Transformationen jetzt durch zweifache Überstreichung und nehmen weiter an, dass Drehungen nicht mehr um die x-Achse erfolgen, sondern um eine beliebige, zur Stabachse parallele Achse $D\left(\bar{\bar{y}}_D, \bar{\bar{z}}_D\right)$.

Die ein- bzw. zweifache Überstreichung in diesem Anhang bezieht sich im Zuge des zu besprechenden Normierungsprozesses in der Regel auf die Funktionen der Querschnittsverwölbung und ist nicht zu verwechseln mit derjenigen, mit der Einwirkungen jeder Art gekennzeichnet werden.

A3-1 Dünnwandige offene Querschnitte

A3-1.1 Ausgangszustand: beliebiges Bezugssystem

Grundverwölbungen

Wie in Kapitel 9.6 führen wir für dünnwandige Stäbe in der Profilmittellinie des Querschnitts ergänzend eine unabhängige Ortsordinate s ein (siehe Bild A.3-2). Damit verlieren die Koordinaten $\bar{\bar{y}}$ und $\bar{\bar{z}}$ im gegebenen Zusammenhang den Charakter reiner Ortsvariabler und werden zu abhängigen Größen, die ebenso wie $\bar{\bar{\omega}}$ abschnittsweise als Funktion von s darstellbar sind.

Für die Verschiebung eines Querschnittspunktes in Stablängsrichtung ist in Kap. 10.2 mit Gl. (10-1.1) für alle Beanspruchungsarten ein Produktansatz vereinbart:

$$\bar{\bar{u}}_x(x,\ s) = \bar{\bar{u}}(x)\,\bar{\bar{\omega}}_x(s) - \bar{\bar{v}}'(x)\,\bar{\bar{\omega}}_z(s) - \bar{\bar{w}}'(x)\,\bar{\bar{\omega}}_y(s) - \bar{\bar{\vartheta}}'(x)\,\bar{\bar{\omega}}(s) \qquad \text{(A.3-1)}$$

Da Verwechslungen nicht zu befürchten sind, wird der Index 0 beim zweiten Faktor des letzten Terms, der bei dünnwandigen Querschnitten die Verwölbung der Profilmittellinie kennzeichnet, in diesem Anhang weggelassen.

Für die Grundverwölbungen aus Längskraftbeanspruchung, zweiachsiger Biegung und Torsion gelten die mit den in Gl. (10-15.2) eingeführten Bezeichnungen:

$$\bar{\bar{\omega}}_x(s) = 1 \qquad \bar{\bar{\omega}}_z(s) = \bar{\bar{y}}(s) \qquad \bar{\bar{\omega}}_y(s) = \bar{\bar{z}}(s) \qquad \bar{\bar{\omega}}(s) = \int r_{tD}\, ds$$

Wir halten fest, dass $\bar{\bar{\vartheta}}(x)$ und die Grundverwölbung $\bar{\bar{\omega}}(s)$ im allgemeinen Bezugssystem stets auf eine beliebige Drehachse $D\left(\bar{\bar{y}}_D\,,\ \bar{\bar{z}}_D\right)$ bezogen werden können.

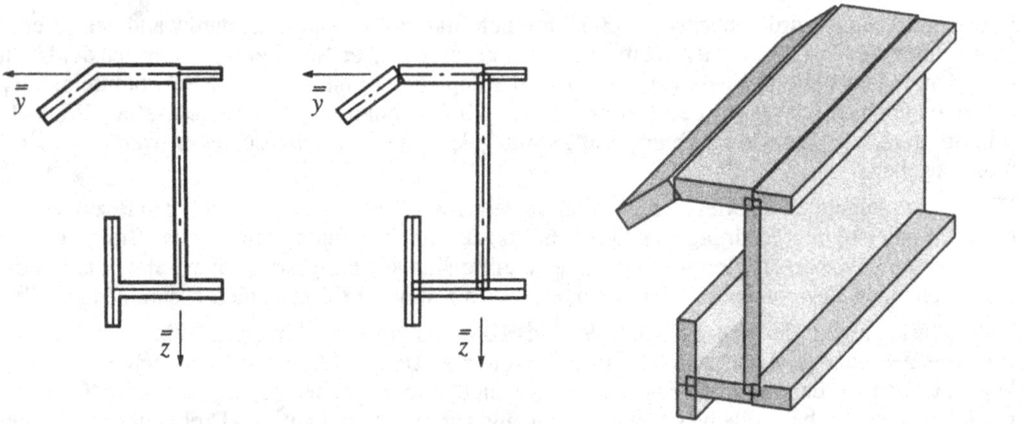

Bild A.3-1 Dünnwandiger offener Querschnitt (links), erzeugende Rechtecke (mitte), Schrägbild

Die Funktionen $\bar{\bar{\omega}}_z(s) = \bar{\bar{y}}(s)$ und $\bar{\bar{\omega}}_y(s) = \bar{\bar{z}}(s)$ sind nach der Einführung der unabhängigen Ortsvariable s und des $x - \bar{\bar{y}} - \bar{\bar{z}}$ Bezugssystems bekannt. Die Wölbfunktion $\bar{\bar{\omega}}(s)$ kann gemäß Kapitel 9.6 abschnittsweise bestimmt werden.

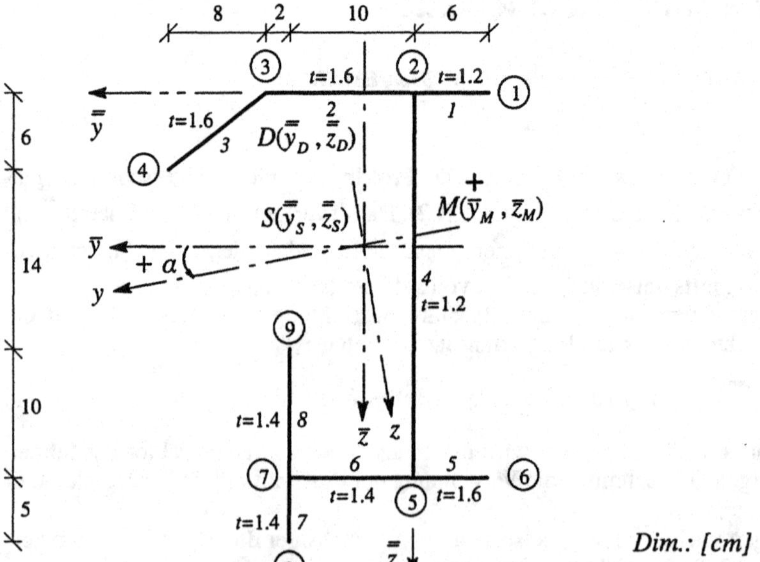

Bild A.3-2 Dünnwandiger offener Querschnitt: Profilmittellinie, Abmessungen, Querschnittsknoten, Wandelemente, Wandstärken und Bezugssysteme

Die Grundverwölbungen eines Querschnittspunktes und die Verzerrungen eines Punktes x der Stabachse haben wir in Kapitel 10, Gl. (10-15) und (10-14) in Vektoren zusammengefasst:

$$\text{(10-15):} \qquad \bar{\bar{\omega}}^T(s) = \begin{bmatrix} 1 & \bar{\bar{y}}(s) & \bar{\bar{z}}(s) & \bar{\bar{\omega}}(s) \end{bmatrix} \qquad \text{(A.3-2)}$$

$$\text{(10-14):} \qquad \bar{\bar{\kappa}}^T(x) = \begin{bmatrix} \varepsilon & \kappa_{\bar{\bar{z}}} & \kappa_{\bar{\bar{y}}} & \kappa_{\bar{\bar{\omega}}} \end{bmatrix} \qquad \text{(A.3-3)}$$

Der Anteil der inneren virtuellen Arbeiten im Prinzip der virtuellen Verschiebungen war im beliebigen Bezugssystem in den Kapiteln 3 bzw. 10.4.2 mit den Gln. (3-43) bzw. Gl. (10-26.5) hergeleitet worden und lautet (ohne Anteile eingeprägter Verzerrungen):

$$\begin{aligned} -\delta W_i = \int_l & \delta\varepsilon\, E \left[\varepsilon A + \kappa_{\bar{\bar{z}}} S_{\bar{\bar{z}}} + \kappa_{\bar{\bar{y}}} S_{\bar{\bar{y}}} + \kappa_{\bar{\bar{\omega}}} S_{\bar{\bar{\omega}}} \right] + \\ & + \delta\kappa_{\bar{\bar{z}}} E \left[\varepsilon S_{\bar{\bar{z}}} + \kappa_{\bar{\bar{z}}} I_{\bar{\bar{z}}} + \kappa_{\bar{\bar{y}}} I_{\bar{\bar{yz}}} + \kappa_{\bar{\bar{\omega}}} I_{\bar{\bar{z\omega}}} \right] \\ & + \delta\kappa_{\bar{\bar{y}}} E \left[\varepsilon S_{\bar{\bar{y}}} + \kappa_{\bar{\bar{z}}} I_{\bar{\bar{yz}}} + \kappa_{\bar{\bar{y}}} I_{\bar{\bar{y}}} + \kappa_{\bar{\bar{\omega}}} I_{\bar{\bar{y\omega}}} \right] \\ & + \delta\kappa_{\bar{\bar{\omega}}} E \left[\varepsilon S_{\bar{\bar{\omega}}} + \kappa_{\bar{\bar{z}}} I_{\bar{\bar{z\omega}}} + \kappa_{\bar{\bar{y}}} I_{\bar{\bar{y\omega}}} + \kappa_{\bar{\bar{\omega}}} I_{\bar{\bar{\omega}}} \right] + \delta\vartheta' \, G \vartheta' \, I_T \, dx \end{aligned} \qquad \text{(A.3-4)}$$

Die in dieser Beziehung enthaltenen Querschnittswerte sind gemäß Gl. (3-43) und (3-44) bzw. Gl. (10-29) bis (10-30) festgelegt. Das St. Venant'sche Torsionsträgheitsmoment I_T ist im Gegensatz zur Querschnittverwölbung unabhängig von der Drehachse und erhält somit keine Kennzeichnung des Bezugssystems. Es bleibt daher im Folgenden außer Betracht.
Wie in Abschnitt 10.4.2 dargelegt, lässt sich diese Beziehung mit

$$\bar{\bar{A}} = \int \bar{\bar{\omega}}\, \bar{\bar{\omega}}^T \, dA \qquad \text{(A.3-5)}$$

in Matrizenschreibweise darstellen:

$$-\delta W_i = \int_l \left(\delta\bar{\bar{\kappa}}^T E \bar{\bar{A}} \bar{\bar{\kappa}} + \delta\bar{\bar{\vartheta}}' \, G I_T \bar{\bar{\vartheta}}' \right) dx$$

Die allgemeine Belegung der Matrix der Querschnittswerte $\bar{\bar{A}}$ ist in Tabelle A.3-1 gezeigt.

Querschnittswerte

Mit Kenntnis der nur von der Querschnittsgestalt abhängigen Grundverwölbungen lassen sich die in (A.3-5) enthaltenen Querschnittsintegrale auswerten.
Für das Flächendifferential gilt bei den hier betrachteten dünnwandigen Querschnitten stets:

$$dA = t(s)\, ds$$

Die Integration wird für alle Querschnittswerte im Anfangsknoten von Wandabschnitt 1 (der Randknoten sein sollte) mit Anfangswerten $\bar{\bar{\omega}}_x^1(0) = \bar{\bar{\omega}}_z^1(0) = \bar{\bar{\omega}}_y^1(0) = \bar{\bar{\omega}}^1(0) = 0$ begonnen und sukzessive über alle Abschnitte m durchgeführt (siehe dazu Kapitel 9.6.2). Diese Auswertung kann z.B. mit Hilfe der in Tabelle 15.1 enthaltenen Formeln erfolgen und liefert:

$$A = \sum_m t_m\, l_m$$

$$S_{\bar{\bar{z}}} = \frac{1}{2} \sum_m \left(\bar{\bar{y}}_a + \bar{\bar{y}}_b\right) t_m\, l_m \qquad S_{\bar{\bar{y}}} = \frac{1}{2} \sum_m \left(\bar{\bar{z}}_a + \bar{\bar{z}}_b\right) t_m\, l_m \qquad S_{\bar{\bar{\omega}}} = \frac{1}{2} \sum_m \left(\bar{\bar{\omega}}_a + \bar{\bar{\omega}}_b\right) t_m\, l_m$$

$$I_{\bar{\bar{z}}} = \frac{1}{6} \sum_m \left(\bar{\bar{y}}_a \left(2\,\bar{\bar{y}}_a + \bar{\bar{y}}_b\right) + \bar{\bar{y}}_b \left(\bar{\bar{y}}_a + 2\,\bar{\bar{y}}_b\right)\right) t_m\, l_m$$

$$I_{\overline{\overline{zy}}} = \frac{1}{6} \sum_m \left(\bar{\bar{y}}_a \left(2\,\bar{\bar{z}}_a + \bar{\bar{z}}_b\right) + \bar{\bar{y}}_b \left(\bar{\bar{z}}_a + 2\,\bar{\bar{z}}_b\right)\right) t_m\, l_m$$

$$I_{\overline{\overline{z\omega}}} = \frac{1}{6} \sum_m \left(\bar{\bar{y}}_a \left(2\,\bar{\bar{\omega}}_a + \bar{\bar{\omega}}_b\right) + \bar{\bar{y}}_b \left(\bar{\bar{\omega}}_a + 2\,\bar{\bar{\omega}}_b\right)\right) t_m\, l_m$$

$$I_{\bar{\bar{y}}} = \frac{1}{6} \sum_m \left(\bar{\bar{z}}_a \left(2\,\bar{\bar{z}}_a + \bar{\bar{z}}_b\right) + \bar{\bar{z}}_b \left(\bar{\bar{z}}_a + 2\,\bar{\bar{z}}_b\right)\right) t_m\, l_m$$

$$I_{\overline{\overline{y\omega}}} = \frac{1}{6} \sum_m \left(\bar{\bar{z}}_a \left(2\,\bar{\bar{\omega}}_a + \bar{\bar{\omega}}_b\right) + \bar{\bar{z}}_b \left(\bar{\bar{\omega}}_a + 2\,\bar{\bar{\omega}}_b\right)\right) t_m\, l_m$$

$$I_{\bar{\bar{\omega}}} = \frac{1}{6} \sum_m \left(\bar{\bar{\omega}}_a \left(2\,\bar{\bar{\omega}}_a + \bar{\bar{\omega}}_b\right) + \bar{\bar{\omega}}_b \left(\bar{\bar{\omega}}_a + 2\,\bar{\bar{\omega}}_b\right)\right) t_m\, l_m \qquad \text{(A.3-6)}$$

Ziel der in den folgenden Abschnitten durchzuführenden Normierung der Grundverwölbungen ist es, in der Matrix der Querschnittswerte $\bar{\bar{A}}$ alle Eintragungen außerhalb der Hauptdiagonale zum Verschwinden zu bringen. Die drei Schritte der Normierung stellen einen Wechsel des Bezugssystems bzw. der Drehachse dar:

a. Übergang von einem allgemeinen Bezugssystem mit beliebiger Drehachse zu einem allgemeinen Schwerachsensystem bei unveränderter Drehachse (Abschnitt A3-1.2)

b. Bezug der Drehung auf die Schubmittelpunktsachse des Querschnitts (Abschnitt A3-1.3)

c. Übergang zum Hauptachsensystem bei Drehung um die Schubmittelpunktsachse (Abschnitt A3-1.4)

A3-1.2 Übergang zum allgemeinen Schwerachsensystem

Der Übergang von einem allgemeinen Bezugssystem zu einem achsparallelen Schwerachsensystem $x - \bar{y} - \bar{z}$ stellt den ersten Schritt der oben beschriebenen Normierung dar.

Einheitsverwölbungen

Durch eine Translation der Grundverwölbungen $\bar{\bar{\omega}}_z(s) = \bar{\bar{y}}(s)$, $\bar{\bar{\omega}}_y(s) = \bar{\bar{z}}(s)$ und $\bar{\bar{\omega}}(s)$ in Richtung der Stabachse gelingt der Übergang zu einem (einfach überstrichenen) allgemeinen Schwerachsensystem, in dem die Querschnittswerte $S_{\bar{z}}$, $S_{\bar{y}}$ und $S_{\bar{\omega}}$ verschwinden.

$$\bar{\bar{y}}(s) = \bar{y}(s) + \bar{\bar{y}}_S \qquad \bar{\bar{z}}(s) = \bar{z}(s) + \bar{\bar{z}}_S \qquad \bar{\bar{\omega}}(s) = \bar{\omega}(s) + \bar{\bar{\omega}}_S \qquad \text{(A.3-7)}$$

Es ist zu beachten, dass tatsächlich eine Transformation der abhängigen Grundverwölbungen durchgeführt wird. Die anfänglich eingeführte, unabhängige Querschnittsordinate s bleibt in allen Schritten der Berechnung mit dem Stabkörper verbunden.

Anwendung der Transformation auf die statischen Momente $S_{\bar{\bar{z}}}$, $S_{\bar{\bar{y}}}$ sowie auf die Wölbfläche $S_{\bar{\bar{\omega}}}$ und Nullsetzen des Ergebnisses liefert zunächst:

$$S_{\bar{z}} = \int \bar{y}\, dA = \int \bar{\bar{y}}(s) - \bar{\bar{y}}_S\, dA = S_{\bar{\bar{z}}} - \bar{\bar{y}}_S A = 0$$

$$S_{\bar{y}} = \int \bar{z}\, dA = \int \bar{\bar{z}}(s) - \bar{\bar{z}}_S\, dA = S_{\bar{\bar{y}}} - \bar{\bar{z}}_S A = 0$$

$$S_{\bar{\omega}} = \int \bar{\omega}\, dA = \int \bar{\bar{\omega}}(s) - \bar{\bar{\omega}}_S\, dA = S_{\bar{\bar{\omega}}} - \bar{\bar{\omega}}_S A = 0$$

Aus den rechten Gleichheiten erhält man für die Freiwerte $\bar{\bar{y}}_S$, $\bar{\bar{z}}_S$ und $\bar{\bar{\omega}}_S$ der Gln. (A.3-7):

$$\bar{\bar{y}}_S = \frac{S_{\bar{\bar{z}}}}{A} \qquad \bar{\bar{z}}_S = \frac{S_{\bar{\bar{y}}}}{A} \qquad \bar{\bar{\omega}}_S = \frac{S_{\bar{\bar{\omega}}}}{A} \tag{A.3-8}$$

Die Transformationsbeziehungen (A.3-7) lassen sich matriziell zusammenfassen:

$$\bar{\omega} = \begin{bmatrix} 1 & 0 & 0 & 0 \\ -\bar{\bar{y}}_S & 1 & 0 & 0 \\ -\bar{\bar{z}}_S & 0 & 1 & 0 \\ -\bar{\bar{\omega}}_S & 0 & 0 & 1 \end{bmatrix} \bar{\bar{\omega}}\,; \qquad \bar{\omega} = T_S\, \bar{\bar{\omega}} \tag{A.3-9}$$

Weiter können die neuen Ordinaten der Drehachse errechnet werden zu:

$$\bar{y}_D = \bar{\bar{y}}_D - \bar{\bar{y}}_S \qquad \bar{z}_D = \bar{\bar{z}}_D - \bar{\bar{z}}_S$$

Wir erinnern daran, dass sowohl $\bar{\omega}$ als auch $\bar{\bar{\omega}}$ auf die beliebige Drehachse $D(\bar{y}_D, \bar{z}_D)$ bzw. $D(\bar{\bar{y}}_D, \bar{\bar{z}}_D)$ bezogen sind.

Querschnittswerte

Mit (A.3-9) stellt man alle Querschnittswerte des allgemeinen Schwerachsensystems in Matrizenschreibweise dar:

$$\bar{A} = \int_A \bar{\omega}\,\bar{\omega}^T dA = \int_A T_S\, \bar{\bar{\omega}}\,\bar{\bar{\omega}}^T\, T_S^{\,T} dA = T_S\, \bar{\bar{A}}\, T_S^{\,T} \tag{A.3-10}$$

Sind die Konstanten $\bar{\bar{y}}_S$, $\bar{\bar{z}}_S$ und $\bar{\bar{\omega}}_S$ berechnet, so können auch aus Gl. (A.3-9) die Werte der Wölbfunktionen in den Querschnittsknoten und aus Gl. (A.3-10) die Querschnittswerte im verschobenen Bezugssystem bestimmt werden. Die Belegung der Matrix $\bar{A}$ der Querschnittswerte ist allgemein in Tabelle A.3-1 gezeigt.

A3-1.3 Schubmittelpunkt im allgemeinen Schwerachsensystem

Für die Bestimmung der Koordinaten des Schubmittelpunkts im allgemeinen Schwerachsensystem können die folgenden Überlegungen angestellt werden.

Transformation der Torsionsverwölbung

Zunächst untersuchen wir, welcher Transformation die Verwölbung $\overline{\omega}(s)$ beim Übergang von einer allgemeinen Drehachse *D* zur Schubmittelpunktachse *M* zu unterwerfen ist. Der größeren Klarheit halber sowie im Hinblick auf die Überlegungen des Abschnitts 9.6.2 seien bei den Radiusstrahlen die Indizes *D* bzw. *M* angefügt, die den Bezug zur allgemeinen Drehachse bzw. zur Schubmittelpunktsachse kennzeichnen.

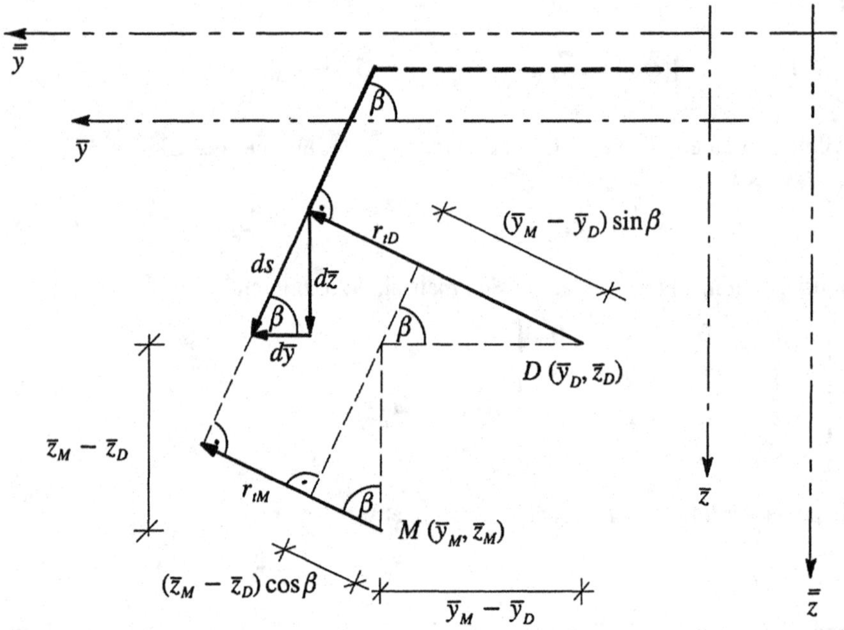

Bild A.3-3 Radiusstrahlen bei einem Wechsel der Drehachse im allgemeinen Schwerachsensystem

Aus Bild A.3-3 liest man für den auf den Schubmittelpunkt *M* bezogenen Radiusstrahl ab (wobei der Vektor $+\beta$ in Richtung der positiven x-Achse zeigt):

$$r_{tM}(s) = r_{tD}(s) - (\overline{y}_M - \overline{y}_D)\sin\beta + (\overline{z}_M - \overline{z}_D)\cos\beta \tag{A.3-11}$$

Wenn wir beachten, dass *s* die unabhängige Ortsvariable darstellt, ergibt sich aus Bild A.3-3 der Zusammenhang:

$$\frac{d\overline{z}}{ds} = \sin\beta \qquad \frac{d\overline{y}}{ds} = \cos\beta \tag{A.3-12}$$

Geht man mit (A.3-11) in die Definitionsgleichung der Grundverwölbung der Torsion

(9-40): $$\omega_D(s) = \int_0^s r_{tD}\,ds + \omega_D(0)$$

, so erhält man für die auf die neue Drehachse bezogene Verwölbung (wobei die Konstanten $\overline{\overline{\omega}}_{M0}$ und $\overline{\omega}_S$ aus Zweckmäßigkeitsgründen mit- bzw. eingeführt werden):

$$\overline{\omega}_M(s) = \int\limits_s r_{tM}\, ds + \overline{\omega}_S - \overline{\overline{\omega}}_{M0}$$

$$= \int\limits_0^s \left[r_{tD} - (\overline{y}_M - \overline{y}_D)\, \sin\beta + (\overline{z}_M - \overline{z}_D)\, \cos\beta\right] ds + \overline{\omega}_S - \overline{\overline{\omega}}_{M0}$$

$$= \int\limits_0^s \left[r_{tD} - (\overline{y}_M - \overline{y}_D)\, \frac{d\overline{z}}{ds} + (\overline{z}_M - \overline{z}_D)\, \frac{d\overline{y}}{ds}\right] ds + \overline{\omega}_S - \overline{\overline{\omega}}_{M0}$$

$$= \int\limits_0^s r_{tD}\, ds - (\overline{y}_M - \overline{y}_D) \int\limits_{\overline{z}(0)}^{\overline{z}} d\overline{z} + (\overline{z}_M - \overline{z}_D) \int\limits_{\overline{y}(0)}^{\overline{y}} d\overline{y} + \overline{\omega}_S - \overline{\overline{\omega}}_{M0}$$

$$= \int\limits_0^s r_{tD}\, ds - (\overline{y}_M - \overline{y}_D)\, (\overline{z} - \overline{z}(0)) + (\overline{z}_M - \overline{z}_D)\, (\overline{y} - \overline{y}(0)) + \overline{\omega}_S - \overline{\overline{\omega}}_{M0}$$

$$= \overline{\overline{\omega}} - \overline{\overline{\omega}}_{M0} + \overline{y}\,(\overline{z}_M - \overline{z}_D) - \overline{z}\,(\overline{y}_M - \overline{y}_D) - \overline{y}(0)\,(\overline{z}_M - \overline{z}_D) + \overline{z}(0)\,(\overline{y}_M - \overline{y}_D) + \overline{\omega}_S$$

Mit (A.3-7) folgt:

$$\overline{\omega}_M = \overline{\omega} + \overline{y}\,(\overline{z}_M - \overline{z}_D) - \overline{z}\,(\overline{y}_M - \overline{y}_D) - \overline{y}(0)\,(\overline{z}_M - \overline{z}_D) + \overline{z}(0)\,(\overline{y}_M - \overline{y}_D) + \overline{\omega}_S \qquad \text{(A.3-13)}$$

Von $\overline{\omega}_M$ nach Gl. (A.3-13) ist wieder zu fordern, dass die Wölbfläche $S_{\overline{\omega}_M}$ verschwindet.

$$S_{\overline{\omega}_M} = \int \overline{\omega}_M\, dA = \int \overline{\omega}\, dA + (\overline{z}_M - \overline{z}_D) \int \overline{y}\, dA - (\overline{y}_M - \overline{y}_D) \int \overline{z}\, dA$$

$$+ \left[\overline{\omega}_S - \overline{y}(0)\,(\overline{z}_M - \overline{z}_D) + \overline{z}(0)\,(\overline{y}_M - \overline{y}_D)\right] \int dA = 0$$

Die ersten drei Integrale verschwinden im Schwerachsensystem. Da die Querschnittsfläche selbst stets größer null ist, folgt:

$$\overline{\omega}_S - \overline{y}(0)\,(\overline{z}_M - \overline{z}_D) + \overline{z}(0)\,(\overline{y}_M - \overline{y}_D) = 0$$

Daraus:

$$\overline{\omega}_S = \overline{y}(0)\,(\overline{z}_M - \overline{z}_D) - \overline{z}(0)\,(\overline{y}_M - \overline{y}_D) \qquad \text{(A.3-14)}$$

Damit erhält man für die auf die Schubmittelpunktsachse M bezogene Einheitsverwölbung:

$$\overline{\omega}_M(s) = \overline{\omega}(s) + \overline{y}(s)\,(\overline{z}_M - \overline{z}_D) - \overline{z}(s)\,(\overline{y}_M - \overline{y}_D) \qquad \text{(A.3-15)}$$

Durch den Bezug auf die Schubmittelpunktsachse erfährt die Einheitsverwölbung $\overline{\omega}(s)$ eine Schiefstellung um die $\overline{y}-$ und um die $\overline{z}-$ Achse (vgl. hierzu Abschnitt 9.3.3).

Mit (A.3-15) ergibt sich im allgemeinen Schwerachsensystem für $I_{\overline{z}\overline{\omega}M}$ zunächst:

$$I_{\bar{z}\bar{\omega}M} = \int \bar{y}\,\bar{\omega}_M\,dA = \int \bar{y}\left[\,\bar{\omega} - (\bar{y}_M - \bar{y}_D)\,\bar{z} + (\bar{z}_M - \bar{z}_D)\,\bar{y}\,\right]dA$$

$$= I_{\bar{z}\bar{\omega}} - (\bar{y}_M - \bar{y}_D)\,I_{\bar{y}\bar{z}} + (\bar{z}_M - \bar{z}_D)\,I_{\bar{z}}$$

Eine analoge Beziehung folgt für $I_{\bar{y}\bar{\omega}M}$. Die Forderung nach dem Verschwinden beider Wölbflächenmomente führt auf ein Gleichungssystem für die Schubmittelpunktsordinaten $\bar{y}_M$ und $\bar{z}_M$:

$$I_{\bar{z}\bar{\omega}M} = I_{\bar{z}\bar{\omega}} - (\bar{y}_M - \bar{y}_D)\,I_{\bar{y}\bar{z}} + (\bar{z}_M - \bar{z}_D)\,I_{\bar{z}} = 0$$
$$I_{\bar{y}\bar{\omega}M} = I_{\bar{y}\bar{\omega}} - (\bar{y}_M - \bar{y}_D)\,I_{\bar{y}} + (\bar{z}_M - \bar{z}_D)\,I_{\bar{y}\bar{z}} = 0$$

In Matrizenschreibweise:

$$\begin{bmatrix} I_{\bar{y}\bar{z}} & -I_{\bar{z}} \\ I_{\bar{y}} & -I_{\bar{y}\bar{z}} \end{bmatrix} \begin{bmatrix} \bar{y}_M - \bar{y}_D \\ \bar{z}_M - \bar{z}_D \end{bmatrix} = \begin{bmatrix} I_{\bar{z}\bar{\omega}} \\ I_{\bar{y}\bar{\omega}} \end{bmatrix} \qquad \text{(A.3-16)}$$

Die allgemeine Lösung liefert die Koordinaten der Schubmittelpunktsachse:

$$\bar{y}_M - \bar{y}_D = \frac{-I_{\bar{y}\bar{z}}\,I_{\bar{z}\bar{\omega}} + I_{\bar{z}}\,I_{\bar{y}\bar{\omega}}}{I_{\bar{z}}\,I_{\bar{y}} - I^2_{\bar{y}\bar{z}}} \qquad \bar{z}_M - \bar{z}_D = \frac{I_{\bar{y}\bar{z}}\,I_{\bar{y}\bar{\omega}} - I_{\bar{y}}\,I_{\bar{z}\bar{\omega}}}{I_{\bar{z}}\,I_{\bar{y}} - I^2_{\bar{y}\bar{z}}} \qquad \text{(A.3-17)}$$

Die Transformation der Verwölbung gemäß Gl. (A.3-15) wird matriziell zusammengefasst:

$$\bar{\omega}_M = \begin{bmatrix} 1 & 0 & 0 & 0 \\ 0 & 1 & 1 & 0 \\ 0 & 0 & 0 & 0 \\ 0 & \bar{z}_M - \bar{z}_D & -(\bar{y}_M - \bar{y}_D) & 1 \end{bmatrix} \bar{\omega} \quad , \quad \bar{\omega}_M = T_M\,\bar{\omega} \qquad \text{(A.3-18)}$$

Querschnittswerte

Bei bekannten Schubmittelpunktskoordinaten errechnen sich die Querschnittswerte zu:

$$\bar{A}_M = \int_A \bar{\omega}_M\,\bar{\omega}_M{}^T\,dA = \int_A T_M\,\bar{\omega}\,\bar{\omega}^T\,T_M^T\,dA = T_M\,\bar{A}\,T_M^T \qquad \text{(A.3-19)}$$

Damit ergibt sich die Belegung von $\bar{A}_M$ allgemein wie in Tabelle A.3-1 gezeigt.
Die im allgemeinen Schwerachsensystem auf den Schubmittelpunkt M bezogenen in $\bar{\omega}_M$ enthaltenen Verwölbungen werden auch als *Einheitsverwölbungen* bezeichnet.

A3-1.4 Übergang zum Hauptachsensystem

Der Übergang vom allgemeinen $x - \bar{y} - \bar{z}$ − Schwerachsensystem zum $x - y - z$ −Hauptachsensystem stellt den letzten Schritt der Normierung dar.

Transformation der Wölbfunktionen

Der Übergang zum Hauptachsensystem gelingt durch eine Drehung der (einfach überstrichenen) allgemeinen Querschnitts-Schwerachsen um die x-Achse. Mit den Festlegungen (dabei zeigt der Vektor $+\alpha$ in Richtung der positiven x-Achse, vgl. dazu Kapitel 5.2)

$$\mathbf{y} = \begin{bmatrix} y \\ z \end{bmatrix}; \quad \bar{\mathbf{y}} = \begin{bmatrix} \bar{y} \\ \bar{z} \end{bmatrix}; \quad \mathbf{T} = \begin{bmatrix} \cos\alpha & \sin\alpha \\ -\sin\alpha & \cos\alpha \end{bmatrix}$$

schreibt man:

$$\mathbf{y} = \mathbf{T}\,\bar{\mathbf{y}} \tag{A.3-20}$$

Für das Deviationsmoment im gedrehten System folgt:

$$I_{yz} = \int (\bar{y}\cos\alpha + \bar{z}\sin\alpha)(-\bar{y}\sin\alpha + \bar{z}\cos\alpha)\, dA$$

$$= -\cos\alpha\,\sin\alpha\, I_{\bar{z}} + \cos^2\alpha\, I_{\bar{y}\bar{z}} - \sin^2\alpha\, I_{\bar{y}\bar{z}} + \sin\alpha\,\cos\alpha\, I_{\bar{y}}$$

Im Hauptachsensystem muss das Deviationsmoment verschwinden:

$$-\cos\alpha\,\sin\alpha\, I_{\bar{z}} + \cos^2\alpha\, I_{\bar{y}\bar{z}} - \sin^2\alpha\, I_{\bar{y}\bar{z}} + \sin\alpha\,\cos\alpha\, I_{\bar{y}} = 0$$

$$-I_{\bar{z}} + I_{\bar{y}} + \left(\frac{1}{\tan\alpha} - \tan\alpha\right) I_{\bar{y}\bar{z}} = -I_{\bar{z}} + I_{\bar{y}} + \frac{2}{\tan 2\alpha}\, I_{\bar{y}\bar{z}} = 0$$

Aus der rechten Gleichheit erhält man die Bestimmungsgleichung für α:

$$\tan 2\alpha = \frac{2\, I_{\bar{y}\bar{z}}}{I_{\bar{z}} - I_{\bar{y}}} \tag{A.3-21}$$

Für den Vektor $\boldsymbol{\omega}$ lautet die Transformation für die Drehung beliebiger Schwerachsen zu den Hauptachsen:

$$\boldsymbol{\omega} = \begin{bmatrix} 1 & 0 & 0 & 0 \\ 0 & \cos\alpha & \sin\alpha & 0 \\ 0 & -\sin\alpha & \cos\alpha & 0 \\ 0 & 0 & 0 & 1 \end{bmatrix} \bar{\boldsymbol{\omega}}_M\,; \qquad \boldsymbol{\omega} = \boldsymbol{T}_H\, \bar{\boldsymbol{\omega}}_M \tag{A.3-22}$$

Die Wölbfunktionen 1 , $y(s)$, $z(s)$ und $\omega(s) = \omega_M(s)$ werden als *Hauptverwölbungen* bezeichnet.

Querschnittswerte

Damit lässt sich die Matrix A der Querschnittswerte im Hauptachsensystem als Funktion der Matrix $\bar{A}$ darstellen:

$$\boldsymbol{A} = \int_A \boldsymbol{\omega}\,\boldsymbol{\omega}^T dA = \int_A \boldsymbol{T}_H \bar{\boldsymbol{\omega}}_M \bar{\boldsymbol{\omega}}_M^T \boldsymbol{T}_H^T\, dA = \boldsymbol{T}_H \bar{\boldsymbol{A}}_M \boldsymbol{T}_H^T \tag{A.3-23}$$

In $\boldsymbol{A}$ verschwinden jetzt alle Eintragungen ausserhalb der Hauptdiagonalen (vgl. Tabelle A.3-1). Für die Koordinaten des Schubmittelpunktes rechnet man:

$$\boldsymbol{y}_M = \boldsymbol{T}_H \bar{\boldsymbol{y}}_M$$

Während die Querschnittsfläche A den durchgeführten Transformationen gegenüber invariant ist, nehmen die Trägheitsmomente I_z, I_y und I_ω im Hauptachsensystem extreme Werte an.

Tabelle A.3-1 Normierung der Wölbfunktionen; Querschnittsachsen und Querschnittswerte

Wölbfunktionen	Querschnittsachsen	Querschnittswerte
$\bar{\bar{1}}(s)$ $\bar{\bar{y}}(s)$ $\bar{\bar{z}}(s)$ $\bar{\bar{\omega}}(s)$	Beliebige Achsen $S(\bar{\bar{y}}_S,\ \bar{\bar{z}}_S)$ $D(\bar{\bar{y}}_D,\ \bar{\bar{z}}_D)$	$\bar{\bar{A}} = \begin{bmatrix} A & S_{\bar{\bar{z}}} & S_{\bar{\bar{y}}} & S_{\bar{\bar{\omega}}} \\ S_{\bar{\bar{z}}} & I_{\bar{\bar{z}}} & I_{\bar{\bar{y}}\bar{\bar{z}}} & I_{\bar{\bar{z}}\bar{\bar{\omega}}} \\ S_{\bar{\bar{y}}} & I_{\bar{\bar{y}}\bar{\bar{z}}} & I_{\bar{\bar{y}}} & I_{\bar{\bar{y}}\bar{\bar{\omega}}} \\ S_{\bar{\bar{\omega}}} & I_{\bar{\bar{z}}\bar{\bar{\omega}}} & I_{\bar{\bar{y}}\bar{\bar{\omega}}} & I_{\bar{\bar{\omega}}} \end{bmatrix}$
$\bar{y}(s) = \bar{\bar{y}}(s) - \bar{\bar{y}}_S$ $\bar{z}(s) = \bar{\bar{z}}(s) - \bar{\bar{z}}_S$ $\bar{\omega}(s) = \bar{\bar{\omega}}(s) - \bar{\bar{\omega}}_S$	a. Schwerachsen Beliebige Drehachse D $S(\bar{y}_S = 0,\ \bar{z}_S = 0)$ $D(\bar{y}_D,\ \bar{z}_D)$	$\bar{A} = \begin{bmatrix} A & 0 & 0 & 0 \\ 0 & I_{\bar{z}} & I_{\bar{y}\bar{z}} & I_{\bar{z}\bar{\omega}} \\ 0 & I_{\bar{z}\bar{y}} & I_{\bar{y}} & I_{\bar{y}\bar{\omega}} \\ 0 & I_{\bar{z}\bar{\omega}} & I_{\bar{y}\bar{\omega}} & I_{\bar{\omega}} \end{bmatrix}$
$\bar{\omega}_M(s) = \bar{\omega}(s)$ $+ \bar{y}(s)(\bar{z}_M - \bar{z}_D)$ $- \bar{z}(s)(\bar{y}_M - \bar{y}_D)$	b. Schwerachsen Drehung um Schubmittelpunkt $D \equiv M(\bar{y}_M,\ \bar{z}_M)$	$\bar{A}_M = \begin{bmatrix} A & 0 & 0 & 0 \\ 0 & I_{\bar{z}} & I_{\bar{y}\bar{z}} & 0 \\ 0 & I_{\bar{y}\bar{z}} & I_{\bar{y}} & 0 \\ 0 & 0 & 0 & I_{\bar{\omega}_M} \end{bmatrix}$
$y(s) = \bar{y}(s)\cos\alpha$ $- \bar{z}(s)\sin\alpha$ $z(s) = -\bar{y}(s)\cos\alpha$ $+ \bar{z}(s)\sin\alpha$ $\omega(s) = \omega_M(s) = \bar{\omega}_M(s)$	c. Hauptachsen Drehung um Schubmittelpunkt $D \equiv M(y_M,\ z_M)$	$A = \begin{bmatrix} A & 0 & 0 & 0 \\ 0 & I_z & 0 & 0 \\ 0 & 0 & I_y & 0 \\ 0 & 0 & 0 & I_\omega \end{bmatrix}$

A3-1.5 Zahlenbeispiel: Dünnwandiger offener Querschnitt

Im Hinblick auf die numerische Auswertung verwenden wir die in Kapitel 10.6.3 eingeführte, den Spaltenvektoren $\overline{\overline{\omega}}$ zugeordnete Rechteckmatrix $\overline{\overline{\Omega}}$, in deren Spalten die diskreten Funktionswerte der Wölbfunktionen der Querschnittsknoten abgelegt werden:

(10-63): $$\overline{\overline{\Omega}} = \begin{bmatrix} 1 & 1 & \cdots & 1 \\ \overline{\overline{y}}_1 & \overline{\overline{y}}_2 & \cdots & \overline{\overline{y}}_n \\ \overline{\overline{z}}_1 & \overline{\overline{z}}_2 & \cdots & \overline{\overline{z}}_n \\ & & \cdots & \\ \overline{\overline{\omega}}_1 & \overline{\overline{\omega}}_2 & \cdots & \overline{\overline{\omega}}_n \end{bmatrix} \qquad \text{(A.3-24)}$$

Bei abschnittsweise geraden Querschnittswänden ist der Verlauf der Funktionen der Grundverwölbungen zwischen den Knoten linear.
Für den in Bild A.3-2 mit Abmessungen dargestellten Querschnitt werden spaltenweise die Anfangs- und Endknoten, die Wandstärken und die Längen der einzelnen Querschnittsabschnitte in einer Matrix der Wandelemente $\boldsymbol{Q}$ zusammengefasst:

$$\boldsymbol{Q} = \begin{bmatrix} 1 & 2 & 1.2 & 6.0 \\ 2 & 3 & 1.6 & 12.0 \\ 3 & 4 & 1.6 & 10.0 \\ 2 & 5 & 1.2 & 30.0 \\ 5 & 6 & 1.6 & 6.0 \\ 5 & 7 & 1.4 & 10.0 \\ 7 & 8 & 1.4 & 5.0 \\ 7 & 9 & 1.4 & 10.0 \end{bmatrix}$$

Die Funktionswerte der Verwölbung der Torsion $\overline{\overline{\omega}}_k$ lassen sich mit Hilfe der Beziehung (9-42) für alle Querschnittsknoten k berechnen und zusammen mit den Funktionswerten der zweiachsigen Biegung, $\overline{\overline{y}}_k$ und $\overline{\overline{z}}_k$, sowie der konstanten Funktion 1 in der Matrix $\boldsymbol{\Omega}$ ablegen. Im allgemeinen Bezugssystem nehmen wir an, dass der Stab sich um die x – Achse dreht und erhalten:

$$\overline{\overline{\Omega}}^T = \begin{bmatrix} 1.0 & -6.0 & 0.0 & 0.0 \\ 1.0 & 0.0 & 0.0 & 0.0 \\ 1.0 & 12.0 & 0.0 & 0.0 \\ 1.0 & 20.0 & 6.0 & 72.0 \\ 1.0 & 0.0 & 30.0 & 0.0 \\ 1.0 & -6.0 & 30.0 & 180.0 \\ 1.0 & 10.0 & 30.0 & -300.0 \\ 1.0 & 10.0 & 35.0 & -250.0 \\ 1.0 & 10.0 & 20.0 & -400.0 \end{bmatrix}$$

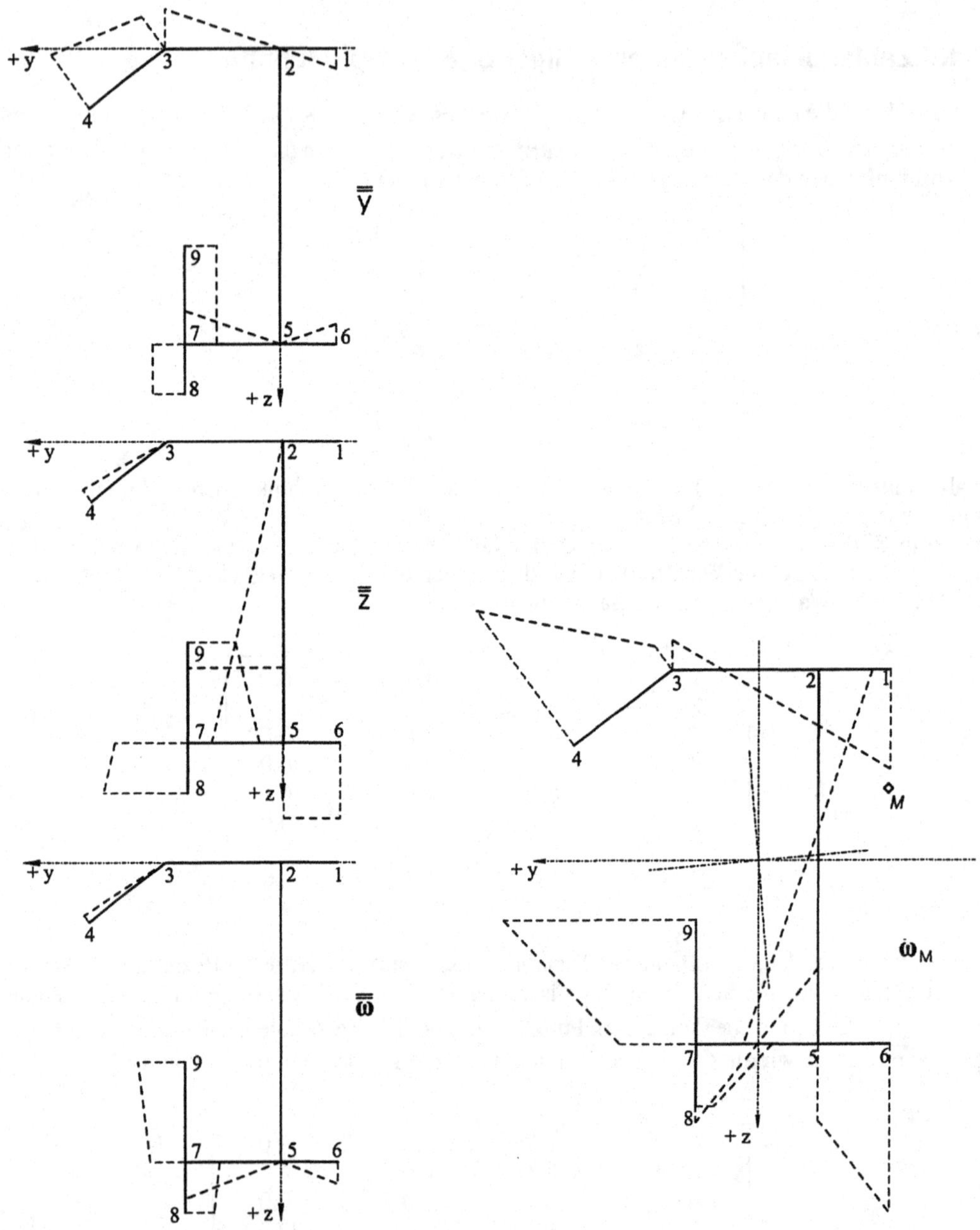

Bild A.3-4 Normierung der Wölbfunktionen; Grundverwölbungen $\bar{\bar{y}}(s)$, $\bar{\bar{z}}(s)$ und $\bar{\bar{\omega}}(s)$, Querschnittsachsen, Einheitsverwölbung der Torsion

Mit der Matrix $\bar{\bar{\Omega}}$ der Grundverwölbungen aller definierten Querschnittsknoten gemäß Gl. (10-63) können die Integrale der Gleichungen (10-29) und (10-30) bzw. (A.3-6) im allgemeinen Bezugssystem berechnet und in $\bar{\bar{A}}$ gespeichert werden.

(A.3-5): $$\overline{\overline{A}} = \begin{bmatrix} 123.0 & 600.8 & 1873.5 & -7485.0 \\ 600.8 & 7871.2 & 7843.0 & -75722.0 \\ 1873.5 & 7843.0 & 48507.0 & -218526.0 \\ -7485.0 & -75722.0 & -218526.0 & 2808828.0 \end{bmatrix}$$

Der Übergang zu einem allgemeinen Schwerachsensystem, dessen Querschnittsachsen zu denen des anfänglichen Koordinatensystems parallel liegen, stellt den ersten Schritt der Normierung der Wölbfunktionen dar. Die Transformationsmatrix T_S kann nach Bestimmung der Konstanten $\overline{\overline{y}}_S$, $\overline{\overline{z}}_S$ und $\overline{\overline{\omega}}_S$ gemäß Gl. (A.3-9) gebildet werden:

$$T_S = \begin{bmatrix} .1.0 & 0.0 & 0.0 & 0.0 \\ -4.9 & 1.0 & 0.0 & 0.0 \\ -15.2 & 0.0 & 1.0 & 0.0 \\ 60.9 & 0.0 & 0.0 & 1.0 \end{bmatrix}$$

Damit berechnet man zunächst die Matrix der Wölbfunktionsordinaten für alle Querschnittsknoten im allgemeinen Schwerachsensystem:

(A.3-9): $$\overline{\Omega}^T = \left(T_S \overline{\overline{\Omega}}\right)^T = \begin{bmatrix} 1.0 & -10.9 & -15.2 & 60.9 \\ 1.0 & -4.9 & -15.2 & 60.9 \\ 1.0 & 7.1 & -15.2 & 60.9 \\ 1.0 & 15.1 & -9.2 & 132.9 \\ 1.0 & -4.9 & 14.8 & 60.9 \\ 1.0 & -10.9 & 14.8 & 240.9 \\ 1.0 & 5.1 & 14.8 & -239.1 \\ 1.0 & 5.1 & 19.8 & -189.1 \\ 1.0 & 5.1 & 4.8 & -339.1 \end{bmatrix}$$

Mit Gl. (A.3-10) folgt die Matrix der Querschnittswerte im allgemeinen Schwerachsensystem:

$$\overline{A} = T_S \overline{\overline{A}} T_S^T = \begin{bmatrix} 123.0 & 0.0 & 0.0 & 0.0 \\ 0.0 & 4936.6 & -1308.2 & -39161.1 \\ 0.0 & -1308.2 & 19970.4 & -104516.7 \\ 0.0 & -39161.1 & -104516.7 & 2353338.4 \end{bmatrix}$$

Die Lösung des Gleichungssystems (A.3-16) ist allgemein mit Gl. (A.3-17) gegeben und liefert die Differenz von Schubmittelpunkts- und Drehpunktskoordinaten:

$$\overline{y}_M - \overline{y}_D = \frac{-(-1308.2)(-39161.1) + 4936.6(-104516.7)}{4936.6\ 19970.4 - (-1308.2)^2} = -5.9$$

$$\overline{z}_M - \overline{z}_D = \frac{-(-1308.2)(-104516.7) - 19970.4(-39161.1)}{4936.6\ 19970.4 - (-1308.2)^2} = 9.5$$

Damit folgt gemäß Gl. (A.3-18):

$$T_M = \begin{bmatrix} 1.0 & 0.0 & 0.0 & 0.0 \\ 0.0 & 1.0 & 0.0 & 0.0 \\ 0.0 & 0.0 & 1.0 & 0.0 \\ 0.0 & 9.5 & 5.9 & 1.0 \end{bmatrix}$$

Bezieht man im allgemeinen Schwerachsensystem die Drehung auf den Schubmittelpunkt, so ändern sich nur die Werte der Wölbfunktion der Torsion:

(A.3-18): $$\overline{\Omega}_M^T = \left(T_M \overline{\Omega}\right)^T = \begin{bmatrix} 1.0 & -10.9 & -15.2 & -131.6 \\ 1.0 & -4.9 & -15.2 & -74.7 \\ 1.0 & 7.1 & -15.2 & 39.2 \\ 1.0 & 15.1 & -9.2 & 222.2 \\ 1.0 & -4.9 & 14.8 & 101.0 \\ 1.0 & -10.9 & 14.8 & 224.1 \\ 1.0 & 5.1 & 14.8 & -104.2 \\ 1.0 & 5.1 & 19.8 & -24.9 \\ 1.0 & 5.1 & 4.8 & -262.7 \end{bmatrix}$$

So erhält man:

(A.3-19): $$\overline{A}_M = T_M \overline{A}\, T_M^T = \begin{bmatrix} 123.0 & 0.0 & 0.0 & 0.0 \\ 0.0 & 4936.6 & -1308.2 & 0.0 \\ 0.0 & -1308.2 & 19970.4 & 0.0 \\ 0.0 & 0.0 & 0.0 & 1369984.3 \end{bmatrix}$$

Der letzte Schritt der Normierung ist die Drehung des Schwerachsensystems zum Hauptachsensystem. Gl. (A.3-21) liefert $\alpha = 4.94°$. Die Rotationsmatrix erhält folgende Belegung:

$$T_H = \begin{bmatrix} 1 & 0 & 0 & 0 \\ 0 & 0.996 & 0.086 & 0 \\ 0 & -0.086 & 0.996 & 0 \\ 0 & 0 & 0 & 1 \end{bmatrix}$$

Mit Gl. (A.3-22) errechnet man (das Bild rechts zeigt die Hauptverwölbung der Torsion):

$$\Omega^T = \left(T_H \overline{\Omega}_M\right)^T = \begin{bmatrix} 1.0 & -12.2 & -14.2 & -131.6 \\ 1.0 & -6.2 & -14.8 & -74.7 \\ 1.0 & 5.8 & -15.8 & 39.2 \\ 1.0 & 14.3 & -10.5 & 222.2 \\ 1.0 & -3.6 & 15.1 & 101.0 \\ 1.0 & -9.6 & 15.6 & 224.1 \\ 1.0 & 6.4 & 14.3 & -104.2 \\ 1.0 & 6.8 & 19.2 & -24.9 \\ 1.0 & 5.5 & 4.3 & -262.7 \end{bmatrix}$$

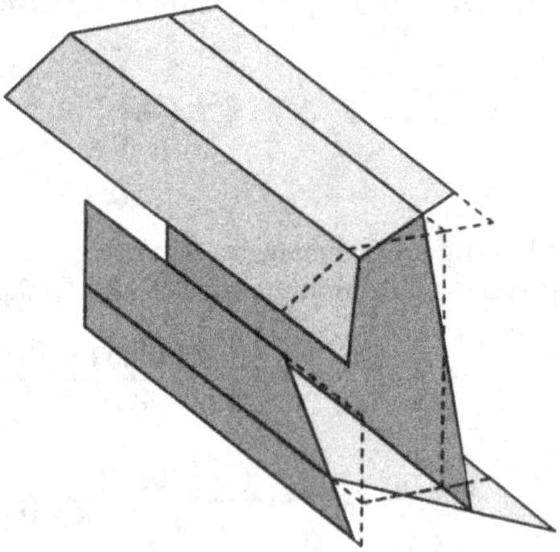

Letztlich erhält man aus Gl.

(A.3-23): $$A = T_H \overline{A}_M T_H^T = \begin{bmatrix} 123.0 & 0.0 & 0.0 & 0.0 \\ 0.0 & 4823.6 & 0.0 & 0.0 \\ 0.0 & 0.0 & 20083.4 & 0.0 \\ 0.0 & 0.0 & 0.0 & 1369984.3 \end{bmatrix}$$

A3-2 Vollquerschnitte

In diesem Kapitel wird für einen Stab mit Vollquerschnitt (gedrungenem Querschnitt) der Übergang von einem beliebigen Bezugssystem zum Hauptachsensystem gezeigt.

Bei Querschnitten dieser Art ergeben sich Besonderheiten, die ausführlich in Abschnitt 10.5.2 besprochen wurden.

Vor dem Hintergrund der dort geschilderten Überlegungen lassen sich die maßgebenden Beziehungen des Hauptachsenproblems gedrungener Querschnitte mit folgenden Annahmen aus denen dünnwandiger offener Querschnitte herleiten:

1. Für beliebige Querschnitte ist die Profilmittellinie nicht definiert. Damit entfällt auch die zugeordnete Mittellinienordinate.
2. Die Änderung der Verwölbung aus Torsion, somit auch der Einfluss von Wölbbehinderungseffekten, wird vernachlässigt. Damit ist in Gl. (10-3) der Anteil ω_0 der normalspannungsrelevanten Verwölbung im Ansatz für die Längsverschiebung zu streichen. Dies gilt jedoch nicht für die spannungsinduzierten Verwölbungsanteile ω_V bei der Ermittlung des St. Venant'schen Torsionsträgheitsmomentes I_{TV}.

A3-2.1 Ausgangszustand: beliebiges Bezugssystem

Grundverwölbungen

Wie in den Kapiteln 9.2 bis 9.4.2 wird in einem beliebigen $x - \bar{\bar{y}} - \bar{\bar{z}}$ – Bezugssystem angenommen, dass der Stab sich um die x-Achse dreht.

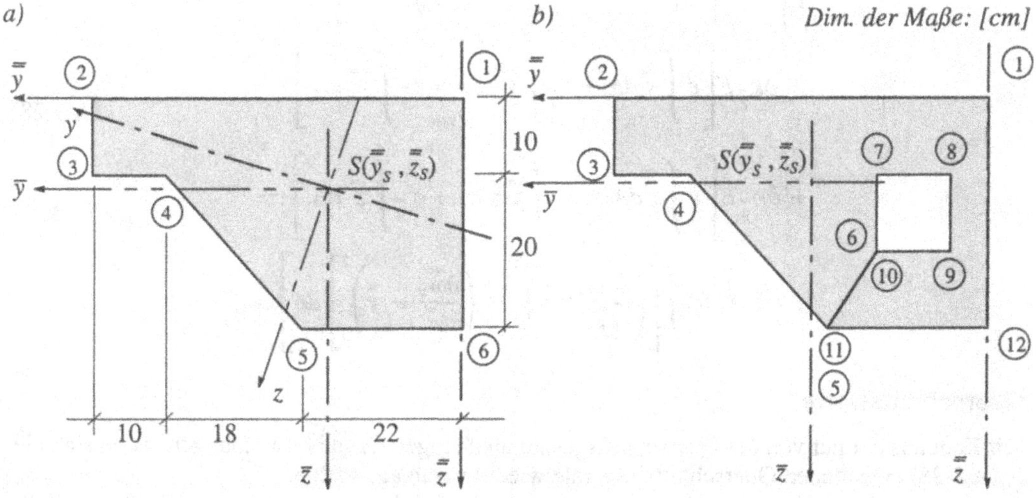

Bild A.3-5 Gedrungene Querschnitte im beliebigen Bezugssystem

Der Querschnitt wird in diesem Bezugssystem zweckmäßigerweise durch einen erzeugenden Randpolygonzug beschrieben, mit dem eine Umfangsordinate s verbunden wird (s. Bild A.3-5). Diese

Randlinienordinate ist nicht mit der gleich bezeichneten Mittellinienordinate s dünnwandiger Profile zu verwechseln.
Der Produktansatz für die Längsverschiebungen lautet:

$$\bar{\bar{u}}_x\left(x, \overline{\bar{y}, \bar{z}}\right) = \bar{\bar{u}}(x)\,\bar{\bar{\omega}}_x\left(\bar{\bar{y}}, \bar{\bar{z}}\right) - \bar{\bar{v}}'(x)\,\bar{\bar{\omega}}_z\left(\bar{\bar{y}}, \bar{\bar{z}}\right) - \bar{\bar{w}}'(x)\,\bar{\bar{\omega}}_y\left(\bar{\bar{y}}, \bar{\bar{z}}\right) - \bar{\bar{\vartheta}}'(x)\,\bar{\bar{\omega}}_V\left(\bar{\bar{y}}, \bar{\bar{z}}\right) \quad \text{(A.3-25)}$$

Der letztgenannte Anteil ist wie in Kapitel 10.2 erläutert der St. Venant'schen Torsion zugeordnet und wird bei der Berechnung normalspannungsinduzierter Längsdehnungen vernachlässigt.
Für diese erhalten wir also:

$$\bar{\bar{\varepsilon}}\left(x, \bar{\bar{y}}, \bar{\bar{z}}\right) = \bar{\bar{u}}'(x)\,\bar{\bar{\omega}}_x\left(\bar{\bar{y}}, \bar{\bar{z}}\right) - \bar{\bar{v}}''(x)\,\bar{\bar{\omega}}_z\left(\bar{\bar{y}}, \bar{\bar{z}}\right) - \bar{\bar{w}}''(x)\,\bar{\bar{\omega}}_y\left(\bar{\bar{y}}, \bar{\bar{z}}\right) \quad \text{(A.3-26)}$$

Die Grundverwölbungen aus Längskraftbeanspruchung und zweiachsiger Biegung sind wie in Kapitel 9 definiert:

$$\bar{\bar{\omega}}_x\left(\bar{\bar{y}}, \bar{\bar{z}}\right) = 1 \qquad \bar{\bar{\omega}}_z\left(\bar{\bar{y}}, \bar{\bar{z}}\right) = \bar{\bar{y}} \qquad \bar{\bar{\omega}}_y\left(\bar{\bar{y}}, \bar{\bar{z}}\right) = \bar{\bar{z}}$$

Im Hinblick auf eine analoge Darstellung für alle Querschnittsformen werden die Verwölbungen der Eckpunkte des Querschnitts wie in Kapitel 10.2, Gl. (10-15) in einem Vektor zusammengefasst:

$$\bar{\bar{\omega}}^T\left(\bar{\bar{y}}, \bar{\bar{z}}\right) = \begin{bmatrix} 1 & \bar{\bar{y}}(s) & \bar{\bar{z}}(s) \end{bmatrix} \quad \text{(A.3-27)}$$

Der Anteil der inneren Kräfte im Prinzip der virtuellen Verschiebungen war im beliebigen Bezugssystem für dünnwandige Querschnitte in Abschnitt 10.4.2 mit Gl. (10-26.4) hergeleitet worden und lautet ohne die dort enthaltenen eingeprägten Verzerrungen und ohne den Verwölbungsanteil ω_0:

$$\begin{aligned} -\delta W_i = \int_l \Bigg[& \delta\varepsilon\, E\left[\varepsilon \int dA + \kappa_{\bar{\bar{z}}} \int \bar{\bar{y}}\, dA + \kappa_{\bar{\bar{y}}} \int \bar{\bar{z}}\, dA\right] \\ & + \delta\kappa_{\bar{\bar{z}}} E\left[\varepsilon \int \bar{\bar{y}}\, dA + \kappa_{\bar{\bar{z}}} \int \bar{\bar{y}}^2\, dA + \kappa_{\bar{\bar{y}}} \int \overline{\overline{yz}}\, dA\right] \\ & + \delta\kappa_{\bar{\bar{y}}} E\left[\varepsilon \int \bar{\bar{z}}\, dA + \kappa_{\bar{\bar{z}}} \int \bar{\bar{y}}\,\bar{\bar{z}}\, dA + \kappa_{\bar{\bar{y}}} \int \bar{\bar{z}}^2\, dA\right] + \\ & + \delta\vartheta'\, G\,\vartheta' \int\left[\left(\frac{\partial \bar{\bar{\omega}}_V}{\partial \bar{\bar{y}}} + \bar{\bar{z}}\right)^2 + \left(\frac{\partial \bar{\bar{\omega}}_V}{\partial \bar{\bar{z}}} - \bar{\bar{y}}\right)^2\right] dA \Bigg] dx \end{aligned} \quad \text{(A.3-28)}$$

Querschnittswerte

Mit Kenntnis der nur von der Querschnittsgestalt abhängigen Grundverwölbungen lassen sich die in (A.3-28) enthaltenen Querschnittsintegrale wieder vorab auswerten.
Dabei gelten die in Kap. 3.3 und Abschnitt 10.4.2 eingeführten Festlegungen für A, $I_{\bar{\bar{z}}}$, $I_{\bar{\bar{y}}}$, $S_{\bar{\bar{z}}}$, $S_{\bar{\bar{y}}}$ und $I_{\overline{\overline{yz}}}$, wobei für die hier betrachteten gedrungenen Querschnitte das Flächendifferential mit $dA = dy\, dz$ einzusetzen ist. Das letzte Querschnittsintegral in (A.3-28) ist der St. Venant'sche Tor-

sions zuzuordnen und liefert das Torsionsträgheitsmoment I_{TV}. Dieses ist wiederum unabhängig von der Drehachse und erhält somit keine Kennzeichnung des Bezugssystems. Es bleibt daher im Folgenden außer Betracht. Damit geht Gl. (A.3-28) über in:

$$
\begin{aligned}
-\delta \mathrm{W_i} = \int_l & \delta\varepsilon\, E\left[\varepsilon A + \kappa_{\bar{z}} S_{\bar{z}} + \kappa_{\bar{y}} S_{\bar{y}}\right] + \delta\kappa_{\bar{z}} E\left[\varepsilon S_{\bar{z}} + \kappa_{\bar{z}} I_{\bar{z}} + \kappa_{\bar{y}} I_{\overline{yz}}\right] \\
& + \delta\kappa_{\bar{y}} E\left[\varepsilon S_{\bar{y}} + \kappa_{\bar{z}} I_{\overline{yz}} + \kappa_{\bar{y}} I_{\bar{y}}\right] + \delta\vartheta'\, G\, \vartheta'\, I_{TV}\, dx
\end{aligned}
\tag{A.3-29}
$$

Im Hinblick auf eine spätere numerische Auswertung lässt sich diese Beziehung mit dem Vektor der Grundverwölbungen nach Gl. (A.3-27) wieder in Matrizenschreibweise darstellen:

$$
-\delta W_i = \int_x \delta\bar{\bar{\kappa}}^T E \int_A \bar{\bar{\omega}}\,\bar{\bar{\omega}}^T dA\, \bar{\bar{\kappa}} + \delta\bar{\bar{\vartheta}}'\, GI_{TV}\, \bar{\bar{\vartheta}}'\, dx
$$

Die Matrix der Querschnittswerte

$$
\bar{\bar{A}} = \int \bar{\bar{\omega}}\,\bar{\bar{\omega}}^T dA \tag{A.3-30}
$$

umfasst jetzt drei Zeilen und drei Spalten (s. Tabelle A.3-2). Damit folgt für die innere Arbeit:

$$
-\delta W_i = \int_l \left(\delta\bar{\bar{\kappa}}^T E \bar{\bar{A}}\,\bar{\bar{\kappa}} + \delta\bar{\bar{\vartheta}}'\, GI_{TV}\, \bar{\bar{\vartheta}}'\right) dx
$$

Für die hier betrachteten polygonal umrandeten Querschnitte führt man die Flächenintegrale zweckmäßigerweise mit Hilfe des Gauß'chen Integralsatzes in Linienintegrale über, die für abschnittsweise gerade Querschnittsumrandungen auf folgende Summationen führen:

$$
A = \frac{1}{2}\sum_{k=1}^{n}\left(\bar{\bar{y}}_k \bar{\bar{z}}_{k+1} - \bar{\bar{z}}_k \bar{\bar{y}}_{k+1}\right)
$$

$$
S_{\bar{z}} = \frac{1}{6}\sum_{k=1}^{n}\left(\bar{\bar{y}}_k \bar{\bar{z}}_{k+1} - \bar{\bar{z}}_k \bar{\bar{y}}_{k+1}\right)\left(\bar{\bar{y}}_k + \bar{\bar{y}}_{k+1}\right) \qquad S_{\bar{y}} = \frac{1}{6}\sum_{k=1}^{n}\left(\bar{\bar{y}}_k \bar{\bar{z}}_{k+1} - \bar{\bar{z}}_k \bar{\bar{y}}_{k+1}\right)\left(\bar{\bar{z}}_k + \bar{\bar{z}}_{k+1}\right)
$$

$$
\begin{aligned}
I_{\bar{z}} &= \frac{1}{12}\sum_{k=1}^{n}\left(\bar{\bar{y}}_k \bar{\bar{z}}_{k+1} - \bar{\bar{z}}_k \bar{\bar{y}}_{k+1}\right)\left(\bar{\bar{y}}_k^2 + \bar{\bar{y}}_k \bar{\bar{y}}_{k+1} + \bar{\bar{y}}_{k+1}^2\right) \\
I_{\overline{yz}} &= \frac{1}{24}\sum_{k=1}^{n}\left(\bar{\bar{y}}_k \bar{\bar{z}}_{k+1} - \bar{\bar{z}}_k \bar{\bar{y}}_{k+1}\right)\left(2\,\bar{\bar{y}}_k \bar{\bar{z}}_k + \bar{\bar{z}}_k \bar{\bar{y}}_{k+1} + \bar{\bar{y}}_k \bar{\bar{z}}_{k+1} + 2\,\bar{\bar{y}}_{k+1} \bar{\bar{z}}_{k+1}\right) \\
I_{\bar{y}} &= \frac{1}{12}\sum_{k=1}^{n}\left(\bar{\bar{y}}_k \bar{\bar{z}}_{k+1} - \bar{\bar{z}}_k \bar{\bar{y}}_{k+1}\right)\left(\bar{\bar{z}}_k^2 + \bar{\bar{z}}_k \bar{\bar{z}}_{k+1} + \bar{\bar{z}}_{k+1}^2\right)
\end{aligned}
\tag{A.3-31}
$$

Ziel der in den folgenden Abschnitten durchzuführenden Normierung der Grundverwölbungen ist es wieder, in der Matrix der Querschnittswerte $\bar{\bar{A}}$ alle Eintragungen außerhalb der Hauptdiagonale zum Verschwinden zu bringen. Wie in Abschnitt A3-1.1 lässt sich diese Normierung als Übergang zu speziellen Bezugssystemen deuten, wovon wir im folgenden Gebrauch machen wollen.

a. Übergang von einem allgemeinen Bezugssystem zu einem allgemeinen Schwerachsensystem (Abschnitt A3-2.2)

b. Der Übergang vom einer allgemeinen Drehachse zur Schubmittelpunktsachse entfällt (vgl. Kap. 10.5.2).

c. Übergang zum Hauptachsensystem (Abschnitt A3-2.3).

A3-2.2 Übergang zum allgemeinen Schwerachsensystem

Einheitsverwölbungen

Durch eine Translation der Grundverwölbungen $\overline{\overline{\omega}}_z$ und $\overline{\overline{\omega}}_y$ in Richtung der Stabachse gelingt der Übergang zu einem (einfach überstrichenen) allgemeinen Schwerachsensystem, in dem die Querschnittswerte $S_{\overline{z}}$ und $S_{\overline{y}}$ verschwinden.

$$\overline{\overline{y}} = \overline{y} + \overline{\overline{y}}_S \qquad\qquad \overline{\overline{z}} = \overline{z} + \overline{\overline{z}}_S \tag{A.3-32}$$

Anwendung der Transformation auf die statischen Momente $S_{\overline{\overline{z}}}$ und $S_{\overline{\overline{y}}}$ sowie Null setzen des Ergebnisses liefert zunächst:

$$S_{\overline{z}} = \int \overline{y}\, dA = \int \overline{\overline{y}} - \overline{\overline{y}}_S\, dA = S_{\overline{\overline{z}}} - \overline{\overline{y}}_S A = 0$$

$$S_{\overline{y}} = \int \overline{z}\, dA = \int \overline{\overline{z}} - \overline{\overline{z}}_S\, dA = S_{\overline{\overline{y}}} - \overline{\overline{z}}_S A = 0$$

Aus den rechten Gleichheiten erhält man für die Freiwerte $\overline{\overline{y}}_S$, und $\overline{\overline{z}}_S$ der Gln. (A.3-32):

$$\overline{\overline{y}}_S = \frac{S_{\overline{\overline{z}}}}{A} \qquad\qquad \overline{\overline{z}}_S = \frac{S_{\overline{\overline{y}}}}{A} \tag{A.3-33}$$

Diese Größen sind identisch mit den Koordinaten des Querschnitts-Schwerpunktes im allgemeinen $x - \overline{\overline{y}} - \overline{\overline{z}}$ -Bezugssystem. Die Transformationsbeziehungen (A.3-32) lassen sich matriziell zusammenfassen:

$$\overline{\omega} = \begin{bmatrix} 1 & 0 & 0 \\ -\overline{\overline{y}}_s & 1 & 0 \\ -\overline{\overline{z}}_s & 0 & 1 \end{bmatrix} \overline{\overline{\omega}}\,; \qquad \overline{\omega} = T_S\, \overline{\overline{\omega}} \tag{A.3-34}$$

Bei Vollquerschnitten kann der Bezug zur Drehachse im Index entfallen, da wir stets Drehung um die jeweilige Stabachse x annehmen.

Querschnittswerte

Mit (A.3-34) stellt man alle Querschnittswerte des allgemeinen Schwerachsensystems in Matrizenschreibweise dar:

$$\overline{A} = \int_A \overline{\omega}\,\overline{\omega}^T dA = \int_A T_S \overline{\overline{\omega}}\,\overline{\overline{\omega}}^T T_S^{\,T} dA = T_S \overline{\overline{A}}\, T_S^{\,T} \tag{A.3-35}$$

Sind die Konstanten $\bar{\bar{y}}_S$ und $\bar{\bar{z}}_S$ berechnet, so können aus Gl. (A.3-34) die Wölbfunktionen und aus Gl. (A.3-35) die Querschnittswerte im verschobenen Bezugssystem bestimmt werden. Die Belegung der Matrix $\bar{\bar{A}}$ der Querschnittswerte ist in Tabelle A.3-2 gezeigt.

Tabelle A.3-2 Normierung der Wölbfunktionen; Querschnittsachsen und Matrix der Querschnittswerte

Wölbfunktionen	Querschnittsachsen	Querschnittswerte
$\bar{\bar{1}}$ $\bar{\bar{y}}$ $\bar{\bar{z}}$	Beliebige Achsen $S(\bar{\bar{y}}_S,\ \bar{\bar{z}}_S)$	$\bar{\bar{A}} = \begin{bmatrix} A & S_{\bar{\bar{z}}} & S_{\bar{\bar{y}}} \\ S_{\bar{\bar{z}}} & I_{\bar{\bar{z}}} & I_{\bar{\bar{y}}\bar{\bar{z}}} \\ S_{\bar{\bar{y}}} & I_{\bar{\bar{y}}\bar{\bar{z}}} & I_{\bar{\bar{y}}} \end{bmatrix}$
$\bar{1}$ $\bar{y} = \bar{\bar{y}} - \bar{\bar{y}}_S$ $\bar{z} = \bar{\bar{z}} - \bar{\bar{z}}_S$	a. Beliebige Schwerachsen $S(\bar{y}_S = 0,\ \bar{z}_S = 0)$	$\bar{A} = \begin{bmatrix} A & 0 & 0 \\ 0 & I_{\bar{z}} & I_{\bar{y}\bar{z}} \\ 0 & I_{\bar{z}\bar{y}} & I_{\bar{y}} \end{bmatrix}$
1 $y = \bar{y}\cos\alpha - \bar{z}\sin\alpha$ $z = -\bar{y}\cos\alpha + \bar{z}\sin\alpha$	c. Hauptachsen Drehung jeweils um die x-Achse	$A = \begin{bmatrix} A & 0 & 0 \\ 0 & I_z & 0 \\ 0 & 0 & I_y \end{bmatrix}$

A3-2.3 Übergang zum Hauptachsensystem

Transformation der Wölbfunktionen

Der Übergang zum Hauptachsensystem entspricht vollständig dem in Abschnitt A3-1.4 gezeigten Vorgang. Insbesondere gelten die Transformationsgleichung (A.3-20) ($\boldsymbol{y} = \boldsymbol{T}\,\bar{\boldsymbol{y}}$) und die Bestimmungsgleichung (A.3-21) $\left(\tan 2\alpha = \dfrac{2\,I_{\bar{y}\bar{z}}}{I_{\bar{z}} - I_{\bar{y}}}\right)$ für den Drehwinkel zwischen Schwerachsensystem und Hauptachsensystem unverändert.

Für den Vektor $\boldsymbol{\omega}$ lautet die Transformation für die Drehung beliebiger Schwerachsen zu den Hauptachsen:

$$\boldsymbol{\omega} = \begin{bmatrix} 1 & 0 & 0 \\ 0 & \cos\alpha & \cos\alpha \\ 0 & -\sin\alpha & \sin\alpha \end{bmatrix} \bar{\boldsymbol{\omega}}\,; \qquad \boldsymbol{\omega} = \boldsymbol{T}_H\,\bar{\boldsymbol{\omega}} \tag{A.3-36}$$

Querschnittswerte

Damit lässt sich die Matrix A der Querschnittswerte im Hauptachsensystem als Funktion der Matrix $\bar{A}$ darstellen:

$$A = \int_A \omega\, \omega^T dA = \int_A T_H \bar{\omega} \bar{\omega}^T T_H^T dA = T_H \bar{A} T_H^T \qquad \text{(A.3-37)}$$

Die Matrix A weist damit wieder die gewünschte Diagonalform auf.

Es sei daran erinnert, dass die Drehachse mit der Stabachse identifiziert wird. Auch für gedrungene Querschnitte nehmen die Trägheitsmomente extreme Werte an.

A3-2.4 Zahlenbeispiel: Gedrungener Querschnitt

Im Hinblick auf die numerische Auswertung verwenden wir wieder die in Abschnitt 10.6.3 eingeführte, dem Vektor $\bar{\bar{\omega}}$ zugeordnete Rechteckmatrix $\bar{\bar{\Omega}}$, in deren Spalten hier die den Querschnittsrandpunkten zugeordneten, diskreten Funktinswerte der Wölbfunktionen für Längskraftdehnung und zweiachsige Biegung abgelegt werden und erhalten für den in Bild A.3-5 *a)* mit Abmessungen dargestellten Querschnitt:

$$\bar{\bar{\Omega}} = \begin{bmatrix} 1.0 & 1.0 & 1.0 & 1.0 & 1.0 & 1.0 & 1.0 \\ 0.0 & 50.0 & 50.0 & 40.0 & 22.0 & 0.0 & 0.0 \\ 0.0 & 0.0 & 10.0 & 10.0 & 30.0 & 30.0 & 0.0 \end{bmatrix}$$

Mit Ω können die Integrale der Gleichungen (10-29) und (10-30) bzw. (A.3-31) im allgemeinen Bezugssystem berechnet und in $\bar{\bar{A}}$ gespeichert werden.

(A.3-30): $$\bar{\bar{A}} = \begin{bmatrix} 1120 & 22380 & 14300 \\ 22380 & 632013 & 241500 \\ 14300 & 241500 & 261333 \end{bmatrix}$$

Der erste Schritt der Normierung der Wölbfunktionen erfolgt durch den Übergang zu einem allgemeinen Schwerachsensystem, dessen Querschnittsachsen zu denen des anfänglichen Koordinatensystems parallel liegen. Die Transformationsmatrix T_S kann nach Bestimmung der Konstanten $\bar{\bar{y}}_S$ und $\bar{\bar{z}}_S$ gemäß (A.3-34) gebildet werden:

$$T_S = \begin{bmatrix} 1 & 0 & 0 \\ -19.98 & 1 & 0 \\ -12.77 & 0 & 1 \end{bmatrix}$$

Damit berechnet man die Matrix der Wölbfunktionsordinaten für alle Querschnittsknoten im allgemeinen Schwerachsensystem zu:

(A.3-34):

$$\bar{\Omega} = T_S \bar{\bar{\Omega}} = \begin{bmatrix} 1.0 & 1.0 & 1.0 & 1.0 & 1.0 & 1.0 & 1.0 \\ -19.98 & 30.02 & 30.02 & 20.02 & 2.02 & -19.98 & -19.98 \\ -12.77 & -12.77 & -2.77 & -2.77 & 17.23 & 17.23 & -12.77 \end{bmatrix}$$

Mit Gl. (A.3-34) erhält man die Matrix der Querschnittswerte im allgemeinen Schwerachsensystem:

(A.3-35): $$\bar{A} = T_S \bar{\bar{A}} T_S^T = \begin{bmatrix} 1120 & 0 & 0 \\ 0 & 184814 & -44244 \\ 0 & -44246 & 78752 \end{bmatrix}$$

Der letzte Schritt der Normierung geschieht durch Drehung des Schwerachsensystems zum Hauptachsensystem. Aus Gl. (A.3-21) folgt $\alpha = -19.9°$. Die Rotationsmatrix erhält die Belegung:

$$T_H = \begin{bmatrix} 1 & 0 & 0 \\ 0 & 0.940 & -0.341 \\ 0 & 0.341 & 0.940 \end{bmatrix}$$

Damit errechnet man die Koordinaten der Querschnittseckpunkte im Hauptachsensystem:

(A.3-36):
$$\Omega = T_H \bar{\Omega} = \begin{bmatrix} 1.0 & 1.0 & 1.0 & 1.0 & 1.0 & 1.0 & 1.0 \\ -14.44 & 32.57 & 29.16 & 19.76 & -3.97 & -24.66 & -14.44 \\ -18.81 & -1.78 & 7.63 & 4.22 & 16.89 & 9.39 & -18.80 \end{bmatrix}$$

Letztlich erhält man aus Gl. (A.3-37):

$$A = T_H \bar{A} T_H^T = \begin{bmatrix} 1120 & 0.0 & 0.0 \\ 0.0 & 200847 & 0.0 \\ 0.0 & 0.0 & 62719 \end{bmatrix}$$

Die Hauptachsen des Querschnitts sind in Bild A.3-5 eingezeichnet.

A3-2.5 Schubmittelpunkt im Hauptachsensystem (Hinweise)

Wie in Abschnitt 10.5.2 erörtert, kann bei Stäben mit Vollquerschnitten i. A. angenommen werden, dass die Schubmittelpunktsachse und die Schwereachse zusammenfallen, d. h. im Schwerachsensystem gilt $\bar{y}_M \approx \bar{z}_M \approx 0$. Insbesondere für Querschnittsformen, die im Übergangsbereich von dünnwandigen offenen zu Vollquerschnitten liegen, kann die genaue Lage des Schubmittelpunktes im beliebigen Schwerachsensystem mit den Gln. (A.3-17) bestimmt werden. Mit $\bar{y}_D = \bar{z}_D = 0$ gilt also:

$$\bar{y}_M = \frac{-I_{\bar{y}\bar{z}} I_{\bar{z}\bar{\omega}} + I_{\bar{z}} I_{\bar{y}\bar{\omega}}}{I_{\bar{z}} I_{\bar{y}} - I_{\bar{y}\bar{z}}^2} \qquad \bar{z}_M = \frac{I_{\bar{y}\bar{z}} I_{\bar{y}\bar{\omega}} - I_{\bar{y}} I_{\bar{z}\bar{\omega}}}{I_{\bar{z}} I_{\bar{y}} - I_{\bar{y}\bar{z}}^2} \qquad \text{(A.3-38)}$$

Dabei ist allerdings zu beachten, dass die in den Querschnittswerten auftretende Verwölbung aus Torsion $\omega_V(y,z)$ unter Beachtung der Randbedingung (9-15) aus Gl. (9-13) zu berechnen ist, also:

$$I_{\bar{y}\bar{\omega}} = \int_A \bar{y}\, \bar{\omega}_V \, dA \qquad I_{\bar{z}\bar{\omega}} = \int_A \bar{z}\, \bar{\omega}_V \, dA \qquad \text{(A.3-39)}$$

In Kapitel 11.2 wurde ein Finite-Element-Verfahren zur Berechnung dieser Funktion beschrieben.

Unter Voraussetzungen, die denen der St. Venant'schen Torsion entsprechen, haben erstmals *Schwalbe (1935)* und *Trefftz (1935)* die Frage des Schubmittelpunkts für gedrungene, einfach berandete Querschnitte im Hauptachsensystem behandelt. *Sowa (1965)* hat gezeigt, dass die Beziehungen (A.3-38) auch gelten, wenn man von einem beliebigen Schwerachsensystem ausgeht.

A3-3 Berücksichtigung von Symmetrieeigenschaften

Für die Berechnung der Zustandsgrößen von Stabtragwerken werden sowohl für die Festlegung des statischen Systems als auch für die eigentliche Rahmenberechnung eine Reihe von Größen bzw. Funktionen der Querschnitte der verwendeten Stabelemente benötigt.
Unabhängig von der Art des Querschnitts sind dies im allgemeinen die Lage der Hauptachsen mit Schwerpunkt und Schubmittelpunkt. Tritt Torsion auf, so wird zunächst die Funktion der Grund- bzw. Hauptverwölbung ω benötigt, mit deren Hilfe erst Ort und Größe von Schubspannungen oder Wölbnormalspannungen im Querschnitt bestimmt werden können.

Sowohl bei der Berechnung der angesprochenen Querschnittsgrößen als auch bei ihrer Überprüfung kann es dabei von Vorteil sein, Symmetrieeigenschaften des Querschnitts selbst auszunutzen.
Die folgenden Überlegungen beziehen sich auf drei Gruppen von Querschnitten, die schematisch in den Bildern A.3-6 bis A.3-8 dargestellt sind. Diese Zusammenstellung enthält eine Reihe von Querschnittstypen, die in der Konstruktionspraxis häufiger auftreten und ist keinesfalls vollständig.
Die Bezeichnung von Querschnittsabmessungen orientiert sich an den im Stahlbau üblichen Gepflogenheiten, sie werden jedoch im vorliegenden Zusammenhang auch zur Beschreibung von Querschnitten des Stahl- und Spannbetonbaus sowie des Holzbaus verwendet. Für Verhältnisse $b/t \gtrsim 10$ und $h/s \gtrsim 10$ können sie als dünnwandig offen, offen-geschlossen oder geschlossen gelten. Die dann maßgebende Profilmittellinie ist gestrichelt eingezeichnet.

Für alle Querschnitte ist qualitativ die Lage der Hauptachsen (mit leerer Pfeilspitze) eingetragen. Die ungefähre Lage des Schubmittelpunkts ist mit einem kleinen Kreis für Vollquerschnitte (Symbol: ○) und mit einem Rechteck für dünnwandige Querschnitte markiert (Symbol: □).

Bild A.3-6 zeigt punktsymmetrische Querschnitte ohne Symmetrieachse. Der Schubmittelpunkt fällt hier stets mit dem Schwerpunkt zusammen. Für die Verwölbung gilt $\omega(y, z) = \omega(-y, -z)$, für die Spannungsfunktion $\psi(y, z) = \psi(-y, -z)$.

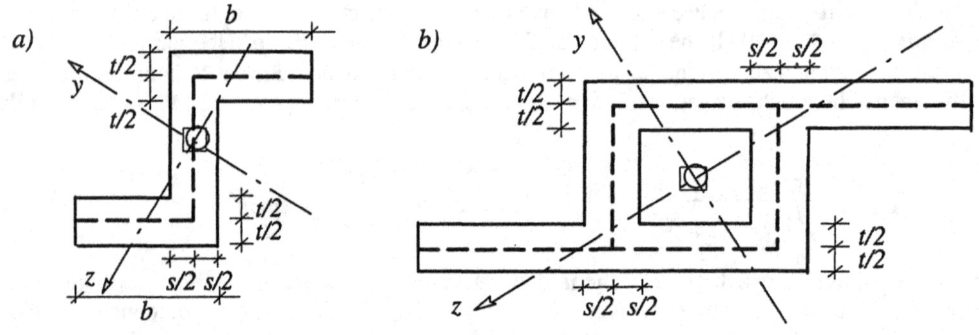

Bild A.3-6 Punktsymmetrische Querschnitte ohne Achsensymmetrie

In Bild A.3-7 sind eine Reihe von Querschnitten dargestellt, die keine Punktsymmetrie, jedoch eine Symmetrieachse S_1 aufweisen. Schwerpunkt und Schubmittelpunkt liegen stets auf der Symmetrieachse, fallen jedoch i. A. nicht zusammen. Die Verwölbung dieser Querschnitte ist zur Symmetrieachse des Querschnitts antimetrisch, die Spannungsfunktion ist symmetrisch dazu, vgl. hierzu die in den Bildern 9.5 und 9.6 dargestellten Bilder der Verwölbung und der Spannungsfunktion.

Sind die Längen der Flansche bzw. Schenkel der in Bild A.3-7 dargestellten Querschnitte nicht gleich, so besitzen diese keine Symmetrieeigenschaften mehr. Für dickwandige oder Vollquerschnitte dieser Art fallen Schubmittelpunkt und Schwerpunkt nicht zusammen. Für dünnwandige Profile schneiden sich aber die geraden Profilmittellinien aller Wandabschnitte in einem Punkt. Derartige dünnwandige Querschnitte sind ebenfalls *wölbfrei*.

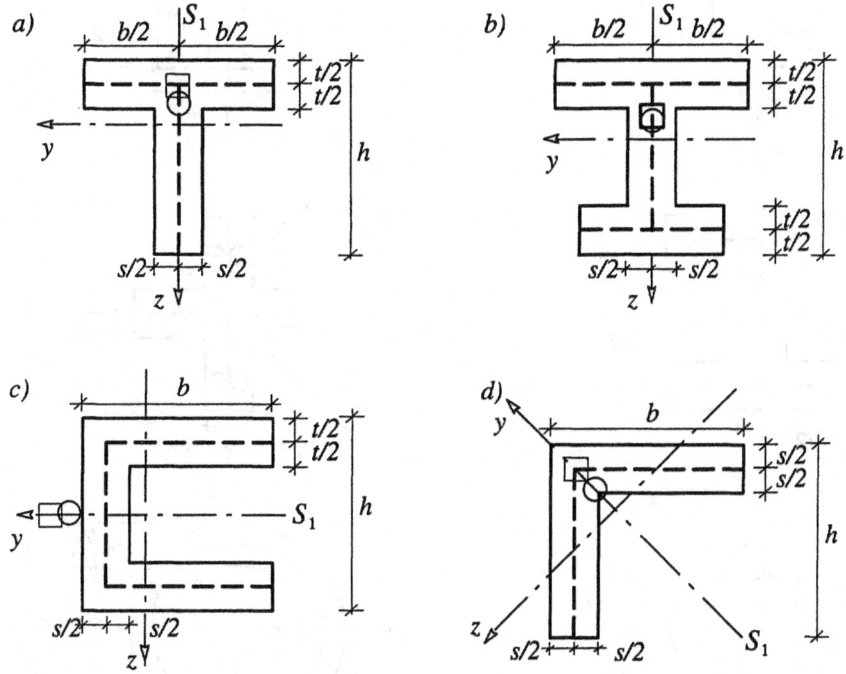

Bild A.3-7 Nicht punktsymmetrische Querschnitte mit einer Symmetrieachse S_1

In Bild A.3-8 sind eine Reihe von punktsymmetrischen Querschnitten mit zwei oder mehr Symmetrieachsen S_k dargestellt (wobei der Index deren Anzahl angibt). In allen Fällen fällt der Schubmittelpunkt im Ursprung des Hauptachsensystems mit dem Schwerpunkt zusammen. Dabei ist jede Symmetrieachse des Querschnitts Antimetrieachse für die Verwölbung und Symmetrieachse für die Spannungsfunktion. Im Gegensatz zum Ellipsenquerschnitt ist für den Kreis- und Kreisringquerschnitt jeder Durchmesser Symmetrieachse. Daraus folgt, dass die Hauptverwölbung dieser Querschnitte identisch verschwindet. Solche Querschnitte werden als wölbfrei bezeichnet. Ergänzend ist für die Querschnitte *a), b), c)* und *e)* in den durch die Symmetrieachsen festgelegten Bereichen für $\vartheta' > 0$ das Vorzeichen der St. Venant'schen Verwölbung $u(y, z)$ eingetragen.

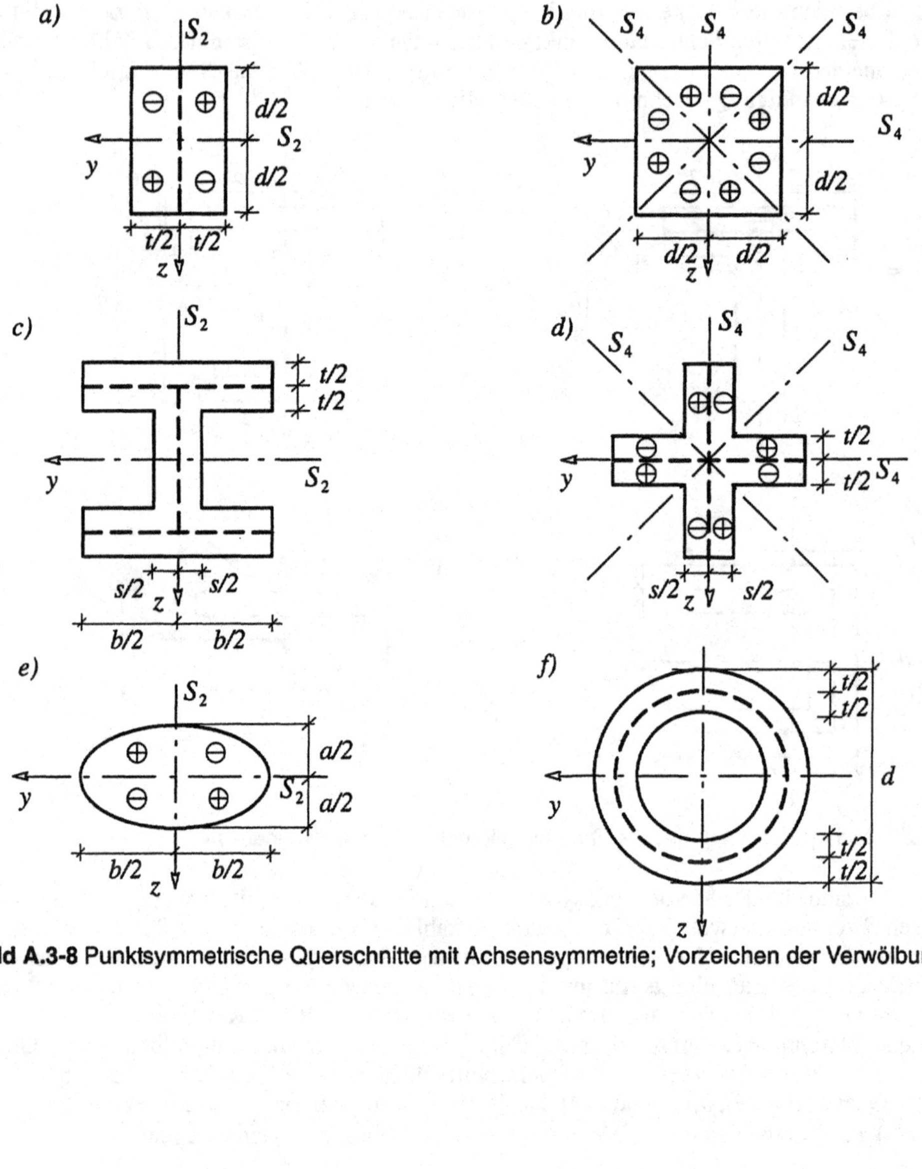

Bild A.3-8 Punktsymmetrische Querschnitte mit Achsensymmetrie; Vorzeichen der Verwölbung

Literatur

Argyris J., Mlejnek H.-P. (1987): Die Methode der Finiten Elemente. Bd. I bis III. F. Vieweg & Sohn Braunschweig/Wiesbaden.

Avramidis I. (1982): Übertragungs- und Steifigkeitsmatrizen für den elastisch gebetteten Zug- und Druckstab nach der Theorie II. Ordnung. Bautechnik 59, 99-104, 140-142.

Bargstädt H.-J., Duddeck, H. (1989): Beanspruchungsabhängige Steifigkeiten dicker Stahlbetonrahmen. Bautechnik 66, 337-342.

Bathe K. J. (1986): Finite-Elemente-Methoden. Springer Berlin-u.a.

Bornscheuer F. W. (1952), (1953): Systematische Darstellung des Biege- und Verdrehvorgangs unter besonderer Berücksichtigung der Wölbkrafttorsion. Stahlbau 21, 225-232, Stahlbau 22, 32-44.

Bredt R. (1896): Kritische Anmerkungen zur Drehungselastizität. Zeitschrift des Vereins deutscher Ingenieure 40, 785-790.

Bronstein I. N., Semendjajew K. A., Musiol G., Mühlig H. (1995): Taschenbuch der Mathematik. 2. Auflage. Harri Deutsch Frankfurt am Main.

Cross H. (1930): Analysis of continuous frames by distributing fixed end-moments. Trans. ASCE 56, 919.

Courant R., Hilbert, D. (1968): Methoden der mathematischen Physik. Springer Berlin-u.a.

Dabrowski R. (1965): Der Schubverformungseinfluß auf die Wölbkrafttorsion der Kastenträger mit verformbarem biegesteifen Profil. Bauingenieur 40, 444-449.

Dabrowski R. (1968): Gekrümmte dünnwandige Träger. Springer Berlin-u.a..

Duddeck H., Ahrens H. (1997): Statik der Stabtragwerke. Betonkalender I. Ernst & Sohn Berlin.

Flügge W., Marguerre K. (1950): Wölbkräfte in dünnwandigen Profilstäben. Ing.-Archiv 18, 23-38.

Föppl A. (1920): Die Beanspruchung eines Stabes von elliptischem Querschnitt auf Drillen bei behinderter Querschnittsverwölbung. Sitzungsberichte der Bayer. Akad. d. Wissen., Math.-physik. Kl., München, 261-273.

Fung Y. C. (1965): Foundation of Solid Mechanics. Englewood Cliffs Prentice Hall.

Green A. E., Zerna W. (1954/1963): Theoretical Elasticity. Oxford University Press.

Goodey W. J. (1936): Shear stresses in hollow sections. Aircraft Engineering, 93-95, 102.

Gruttmann F., Wagner W., Sauer R. (1998): Zur Berechnung von Wölbfunktion und Torsionskennwerten beliebiger Stabquerschnitte mit der Methode der Finiten Elemente. Bauing. 73, 138-143.

Guldan R. (1959): Rahmentragwerke und Durchlaufträger. 6. Aufl., Springer Wien.

Guohoa L. (1987): Analysis of box girder and truss bridges. Springer Berlin-u.a.

Hahn H. G. (1985): Elastizitätstheorie. B. G. Teubner Stuttgart.

Hees G. (1978): Formänderungsgrößenverfahren bei Trägern mit schiefen Auflagern. Bautechnik, 122-128.

Heilig R. (1961): Der Schubverformungseinfluß auf die Wölbkrafttorsion von Stäben mit offenem Profil. Der Stahlbau 30, 97 - 103

Hoff N. J., Mautner S. E. (1946): Bending and buckling of sandwich beams. Journal of the Aeronautical Sciences 15, 707-720.

Homberg H., Trenks K. (1962): Drehsteife Kreuzwerke. Springer Berlin.

Kani G. (1949): Die Berechnung mehrstöckiger Rahmen. Konrad Wittwer Stuttgart.

Kersten R. (1982): Das Reduktionsverfahren der Baustatik, (2.Auflage). Springer Berlin.

Kleinlogel A., Haselbach W. (1967): Rahmenformeln, 14. Aufl., Ernst & Sohn Berlin.

Kiener, G., Rausch, M. (1988): Theorie und Tragverhalten des einzelligen Kastenträgers mit geneigten Stegen. Mitteilungen aus dem Institut für Bauingenieurwesen I, München.

Kiener G. (1988): Zur Frage der positiven Wirkungsrichtung der Schnittgrößen räumlich beanspruchter Stäbe. Bauingenieur 63, 557-560.

Kiener G. (1988): Übertragungsmatrizen, Lastvektoren, Steifigkeitsmatrizen und Volleinspannschnittgrößen einer Gruppe konischer Stäbe mit linear veränderlichen Querschnittsabmessungen. Bauingenieur 63, 567-574.

Klingmüller O., Bourgund U. (1992): Sicherheit und Risiko im Konstruktiven Ingenieurbau. Friedr. Vieweg & Sohn Braunschweig.

Kreuzinger H., Kiener G. (1995): Zur Herleitung maßgebender Differentialgleichungen der Baustatik. Bauingenieur 70, 321-322.

Kollbrunner C. F., Haydin N. (1972): Dünnwandige Stäbe, Band 1, Stäbe mit undeformierbaren Querschnitten. Springer Berlin-u.a.

Krahula J. L., Lauterbach G. F. (1969): A Finite Element Solution for Saint-Venant Torsion. AIAA Journal, 2200-2203.

Krätzig W. B., Wittek U. (1990): Tragwerke 1. Springer Berlin-u.a.

Krätzig W. B.(1998): Tragwerke 2. 3. Aufl., Springer Berlin-u.a.

Krenk S., Damkilde L. (1992): Torsionssteifigkeit und Deformation von Rahmenecken aus I-Trägern. Stahlbau 61, 173-178.

Leipholz H. (1968): Einführung in die Elastizitätstheorie. G. Braun Karlsruhe.

Lorenz H. (1911): Die Torsion dünnwandiger Hohlzylinder mit Zwischenstegen. Dinglers Polytechnisches Journal 92, 497-499.

Malvern L. E.(1969): Introduction to the Mechanics of a Continuous Medium. Prentice Hall Englewood Cliffs.

Manderla H. (1880): Die Berechnung der Sekundär-Spannungen welche im einfachen Fachwerk infolge starrer Knotenverbindungen auftreten. Von der Kgl. Technischen Hochschule in München Gekrönte und Diplomierte Preisschrift. Selbstverlag des Verfassers Wien u. Allgemeine Bauzeitung

Pestel E. C., Leckie F. A. (1963): Matrix Method in Elastomechanics. Mc Graw Hill.

Petersen C. (1980): Statik und Stabilität der Baukonstruktionen. Vieweg & Sohn Braunschweig/ Wiesbaden.

Petersen C. (1988): Der Stahlbau. Vieweg & Sohn Braunschweig / Wiesbaden.

Pflüger A. (1937): Beitrag zur Ermittlung der Schubspannungen in mehrzelligen Hohlquerschnitten. Ingenieur-Archiv 8, 25-29

Pflüger A. (1978): Statik der Stabtragwerke. Springer Berlin-u.a..

Prandtl L. (1903): Zur Torsion von prismatischen Stäben. Phys. Z. 4, 758-770.

Ramm E., Hofmann Th. J. (1995): Stabtragwerke. In: Der Ingenieurbau. Grundwissen. Band Baustatik / Baudynamik. G. Mehlhorn (Hrsg). Ernst & Sohn Berlin.

Reißner H. (1926): Neuere Probleme aus der Flugzeugstatik. Zeitschrift für Flugtechnik und Motorluftschiffahrt 17, 137-146, 179-185, 384-393.

Roik K., Carl J., Lindner J. (1972): Biegetorsionsprobleme gerader dünnwandiger Stäbe. Ernst & Sohn Berlin-München-Düsseldorf.

Saal G., Saal H. (1981), (1982): Grundformeln des Weggrößen- Übertragungsverfahrens für Stäbe. Der Stahlbau 50, 134-142, Der Stahlbau 51, 190-191.

Saint-Venant, A.J.-C.B. de (1847): Mémoire sur l'équilibre des corps solides, dans las limites de leur élasticité, et sur les conditions de luer résistance, quand les déplacements éprouvés par leurs points ne sont pas trés-petits. Comptes rendus, Vol. XXIV., 260-263.

Schardt R. (1989): Verallgemeinerte Technische Biegelehre. Springer Berlin-u.a.

Schrödter V., Wunderlich W. (1985): Tragsicherheit räumlich beanspruchter Stabtragwerke. In: Finite Elemente - Anwendungen in der Baupraxis. H. Grundmann, E. Stein, W. Wunderlich (Hrsg.), Ernst & Sohn Berlin, 461-473.

Schumpich G. (1957): Beitrag zur Kinetik und Statik ebener Stabwerke mit gekrümmten Stäben. Österreichisches Ingenieur-Archiv, 194-225.

Schwalbe W. L. (1935): Über den Schubmittelpunkt in einem durch eine Einzellast gebogenen Balken. ZAMM 15, 138-143.

Schwarz H. R. (1980): Methode der finiten Elemente. Teubner Studienbücher Mathematik.

Sowa W. (1965): Beitrag zur rechnerischen Bestimmung des Schubmittelpunktes von dickwandigen, einfach-symmetrischen und einfach zusammenhängenden Querschnitten. Diss. Darmstadt.

Stein E., Wunderlich W. (1973): Finite-Element-Methoden als Variationsverfahren der Elastostatik. In: "Finite Elemente in der Statik", K.E. Buck et al (Hrsg.), Ernst & Sohn Berlin, 71-125.

Stein E., Barthold F.-J. (1996): Elastizitätstheorie. In: Der Ingenieurbau: Grundwissen Bd. Werkstoffe / Elastizitätstheorie. G. Mehlhorn (Hrsg.), Ernst & Sohn Berlin, 165 - 434

Stein E. (Ed.) (2002): Error- controlled adaptive finite elements in solid mechanics. J. Wiley & Sons

Steinle A. (1967): Torsion und Profilverformung. Dissertation Stuttgart.

Stüssi F. (1947): Zusammengesetzte Vollwandträger. Abhandlungen IVBH 8, 249-269.

Szabo I. (1964): Höhere Technische Mechanik. 4. Auflage. Springer Berlin-u.a.

Tezcan S. S., Ovunc B. (1965): Analysis of Plane and Space Frameworks with Curved Members. IVBH 337-352.

Timoshenko S. P. (1921a): On the torsion of a prism, one of the cross-sections of which remains plane. Proc. Lond. math. Soc. 20, 389-397.

Timoshenko S. P. (1921b): On the correction for shear of the differential equation for transverse vibration of prismatic bars. Philos. Magazin 41, 744-746.

Trefftz E. (1935): Über den Schubmittelpunkt in einem durch eine Einzellast gebogenen Balken. ZAMM 15, 220-225.

Wagner H., Pretscher W. (1929): Verdrehung und Knickung von offenen Profilen. Luftfahrtforschung, 174-180.

Waller H., Krings W. (1975): Matrizenmethoden in der Maschinen- und Bauwerksdynamik. B. I.-Wissenschaftsverlag Mannheim, Wien, Zürich.

Washizu, K. (1975): Variational Methods in Elasticity and Plasticity. 2nd ed., Pergamon Oxford.

Weber C., Günther W. (1958): Torsionstheorie. Vieweg & Sohn Braunschweig.

Wendehorst R. (2002): Bautechnische Zahlentafeln. 30. Aufl., Teubner Stuttgart.

Winkler E. (1867): Die Lehre von der Elastizität und Festigkeit. Verlag H. Dominicus Prag.

Wlassow W. S. (1964): Dünnwandige elastische Stäbe, Band 1. VEB-Verlag Berlin.

Wunderlich W. (1966): Differentialsystem und Übertragungsmatrizen der Biegetheorie allgemeiner Rotationsschalen. Dissertation, TH Hannover 1966. Schriftenreihe des Lehrstuhls für Stahlbau, TH Hannover, Heft 4.

Wunderlich W. (1973): Grundlagen und Anwendung eines verallgemeinerten Variationsverfahrens. In: "Finite Elemente in der Statik". K.E. Buck et al (Hrsg.), Ernst & Sohn Berlin, 126-144.

Wunderlich W. (1976): Zur computerorientierten Formulierung von Stabilitätsproblemen. In: Festschrift W. Zerna, Institut KIB. Werner Verlag, Düsseldorf, 111-119.

Wunderlich W., Beverungen G. (1977): Geometrisch nichtlineare Theorie und Berechnung eben gekrümmter Stäbe. Bauingenieur 52, 225-237.

Wunderlich W. (1977): Incremental formulation for geometrically nonlinear problems. In: Formulations and Computational Algorithms in Finite-Element-Analysis. K. J. Bathe, J. T. Oden W. Wunderlich (eds.), MIT Press Cambridge Mass., 193-240.

Wunderlich W. (1987): Das Element-Konzept, Anwendungen in der Baustatik. In: Tagungsheft Baustatik-Baupraxis 3. E. Ramm (Hrsg.) Stuttgart, 14.1-15.25.

Wunderlich W., Redanz W. (1995): Die Methode der Finiten Elemente. In: Der Ingenieurbau: Grundwissen. Bd. Rechnerorientierte Baumechanik. G. Mehlhorn (Hrsg.), Ernst & Sohn Berlin, 141-247.

Wunderlich W., Pilkey D. (2002): Mechanics of Structures, Variational and Computational Methods, 2nd Edition. CRC Press Inc. Boca Raton, Florida.

Zienkiewicz O. C., Cheung Y. K. (1965): Finite Elements in the Solution of Field Problems. The Engineer, 507-510.

Zienkiewicz O. (1984): Methoden der finiten Elemente, (2. Auflage). Carl Hanser München-Wien.

Zurmühl R., Falk S. (1986): Matrizen und ihre Anwendungen. 5. Aufl., Springer Berlin-u.a.

Sachverzeichnis

A

B

D

E

R

S

T

U

V

W

Z